维生素的生物合成

Biosynthesis of Vitamins

张大伟　马延和　主编

化学工业出版社

·北京·

内 容 简 介

本书由中国科学院天津工业生物技术研究所组织编写，详细总结了维生素的生物代谢途径、生物合成方法，同时介绍了维生素的理化性质、生理功能、应用领域、化学合成路线、工业生产、知识产权、市场销售及前景展望等。本书共计19章，包括维生素概论，脂肪族维生素A、维生素D、维生素E和维生素K的生物合成，水溶性维生素C、维生素B_1、维生素B_2、维生素B_3、维生素B_5、维生素B_6、维生素B_7、维生素B_8、维生素B_9和维生素B_{12}的生物合成及类维生素辅酶Q_{10}、硫辛酸、生物类黄酮和维生素B_T的生物合成。

本书可作为高等院校生物工程、生物技术、生物化工、代谢工程、发酵工程等专业师生的参考用书，还可作为科研院所、企业研发部门、生产部门、工程技术人员及市场销售人员的工具书，也可以作为关心及爱好维生素营养及应用的广大读者的科普读物。

图书在版编目（CIP）数据

维生素的生物合成 / 张大伟，马延和主编. -- 北京 ：化学工业出版社，2025. 1. -- ISBN 978-7-122-46676-1

Ⅰ. Q56；Q945.11

中国国家版本馆CIP数据核字第2024GN6804号

责任编辑：王 琰 仇志刚 　　　　　　文字编辑：张熙然
责任校对：王 静 　　　　　　　　　　装帧设计：关 飞 任心怡

出版发行：化学工业出版社（北京市东城区青年湖南街13号　邮政编码100011）
印　　装：北京建宏印刷有限公司
787mm×1092mm　1/16　印张33　字数775千字　2025年10月北京第1版第1次印刷

购书咨询：010-64518888 　　　　　　　售后服务：010-64518899
网　　址：http://www.cip.com.cn
凡购买本书，如有缺损质量问题，本社销售中心负责调换。

定　　价：368.00元

主编简介

张大伟，男，汉族，1978 年 12 月生，辽宁大连人，生物化工与合成生物技术专家，国家杰出青年科学基金、天津市杰出青年科学基金获得者。2007 年获北京化工大学生物化工专业博士，之后在美国威斯康星大学密尔沃基分校和美国加州理工学院从事博士后研究 5 年。2012 年回国受聘于中国科学院天津工业生物技术研究所，任研究员、研究组组长，2024 年 3 月起任研究所所务委员、学术委员会副主任。2024 年 8 月起，同时担任天津科技大学生物工程学院院长。2025 年 4 月起，担任中国科学院天津工业生物技术研究所副所长。

主要从事微生物代谢工程、合成生物技术、生物化工等领域研究。聚焦国家重大需求，针对维生素生物合成等重大瓶颈问题进行攻关，开展系统深入的研究，主要包括微生物细胞工厂中多基因长途径的组装、元件与宿主适配、代谢调控、体外多酶催化等技术开发。在 *Nature Communications*、*PNAS* 等 SCI 期刊发表论文共 80 余篇，获授权专利 50 余项。先后主持或参与国家重点研发计划、国家自然科学基金、中国科学院基金、天津市提升行动计划、企业科技攻关等多个项目，研究成果涵盖基础科学研究至产业化应用全链条，多项技术实现企业应用。获 2020 年天津市科学技术进步一等奖，2020 年中国轻工业联合会科技进步二等奖，2018 年中国产学研合作创新奖等荣誉。任中国化工学会生物化工专委会委员。

马延和，男，汉族，1961年10月生，河北盐山人，农工党成员，天津市第十八届人大常委会副主任，中国科学院天津工业生物技术研究所创始所长。1983年8月参加工作，工学博士，研究员。1983年8月南开大学生物系微生物学专业毕业后，到中国科学院微生物研究所从事科研工作，历任微生物研究所生物技术中心副主任、所长助理、极端环境微生物中心主任、微生物资源前期开发国家重点实验室副主任。2007年3月起，先后任中国科学院天津工业生物技术研究与发展中心筹建工作组组长、中国科学院天津工业生物技术研究所筹建工作组副组长。2012年10月至2023年11月，任中国科学院天津工业生物技术研究所所长。主要从事极端微生物与生物工程研究。已在 *Science*、*Nat Commun*、*AngerInt Ed*、*Metab Eng* 等杂志发表SCI论文300多篇，申请发明专利200多项，已获授权100余项，主编专著2部。在"二氧化碳制淀粉"等方向取得系列原创性成果，并推动多项工业生物制造技术的创新与产业化，为我国工业微生物发展及新一代工业生物技术进步作出开创性贡献。获国家技术发明二等奖、中科院发明二等奖、中石化联合会技术发明一等奖、中国轻工联合会科技进步一等奖、天津市科技进步二等奖等荣誉，其研究成果入选2021年度中国科学十大进展、中国生命科学十大进展，并获2022年度天津市自然科学特等奖。曾任国家863计划生物医药领域专家组专家、国家973计划重大项目首席科学家，并担任国家战略性新兴产业咨询专家委员会委员、国家新材料发展咨询专家委员会委员等。

序

    维生素在有机体生长、代谢、发育过程中发挥着重要的作用，是机体所需重要营养素之一，被国外科学家命名为"维持生命的营养素"。维生素种类较多，化学结构各异，功效也不尽相同，但是人体和动植物都需要从外部获得，一旦缺乏某种维生素，则会影响其正常代谢。

    维生素主要是采用化学方法或生物方法进行合成，目前随着生物合成和生物制造技术快速发展，维生素生物合成途径的代谢调控机理不断被解析，生物合成瓶颈不断被突破，使得生物法合成维生素受到了越来越多的重视并且逐步走向应用。全面了解维生素的性能、多领域的应用、生物合成与调控、生产方法等对维生素行业的发展具有重要理论和应用价值，有助于推进我国维生素行业及相关行业的发展，提高我国人民的健康水平。

    该书主编张大伟研究员和马延和研究员组织国内维生素合成领域专家学者编写该书，围绕维生素的发现历史、维生素的应用、维生素生物合成和化学合成方法、产业应用及知识产权等领域展开介绍。该书全面系统地阐述了维生素合成领域的基本知识和最新进展，内容翔实，资料丰富，并且注重基础理论、前沿技术和交叉技术的融合与应用，不仅适合作为普通大众的科普读物，也适合作为高等院校有关专业的教学参考书，还可以作为维生素生产领域科研人员和技术人员的工具书。望此书可以传播相关的基础知识和科学研究，吸引更多对维生素感兴趣的人员参与到维生素的生物合成和绿色制造相关领域来，加速推动我国维生素行业发展，为人民生命健康、畜牧饲料等领域作出贡献。

谭天伟

2025 年 1 月

前　言

维生素是人和动物为维持正常的生理功能而必需的一类微量有机物质，在机体生长、代谢、发育过程中发挥着重要的作用。维生素是 19 世纪的伟大发现之一，关于维生素的研究至今已有百余年历史。维生素的生物合成途径一直是科学研究的热点，通过生物学家、化学家等多年的努力，生物合成路线不断被解析、完善、丰富，甚至人工创建。目前维生素的合成主要有化学合成路线和生物合成路线两种，其工业生产推动了维生素下游产业的应用，主要包括饲料畜牧、医药、食品等应用领域。欧美发达国家人均消费维生素量远高于国内人群，随着对"健康中国"认知的不断提高及对美好生活的向往，维生素在医药健康、食品营养等方面的应用也越来越受到关注，未来市场提升潜力巨大。另外，维生素的种类繁多、生物代谢途径复杂、合成路线各异，目前少有相关书籍能较为全面系统地介绍维生素的理化性质、功能与健康、化学合成路线、生物代谢途径、生物合成方法及其工业生产等情况。

基于此，张大伟研究员和马延和研究员邀请中国科学院天津工业生物技术研究所、中国科学院沈阳应用生态研究所、武汉大学、江南大学、浙江工业大学、中国科学院微生物研究所、北京化工大学、宿迁学院、中国科学院广州生物医药与健康研究院、中国科学院深圳先进技术研究院、上海交通大学、浙江新和成股份有限公司等相关高校、科研院所及企业的科研人员组织编写了《维生素的生物合成》一书。

本书共计 19 章，不仅系统地介绍了脂溶性、水溶性维生素和部分类维生素的历史与发现、理化性质、相应的缺乏症和应用领域等，还对各种维生素和类维生素的合成方法和工艺进行了系统的梳理，重点介绍了生物法合成维生素和类维生素的进展，并进行了知识产权分析以及对发展前景的展望。本书由张大伟研究员、马延和研究员担任主编，董会娜副研究员担任副主编。主要编写人员及分工如下：第 1 章董会娜、张大伟、马延和，第 2 章徐慧、杨伟超、高明夫、史美君、满都拉、李嘉文，第 3 章张武元，第 4 章马田、黄敏、刘天罡，第 5 章张学礼、李清艳，第 6 章崔世修、刘龙，第 7 章李国伟，第 8 章夏苗苗、张大伟，第 9 章王亚军、翁春跃，第 10 章温廷益、刘树文，第 11 章刘林霞、张大伟，第 12 章杜广庆、张大伟，第 13 章孙新晓、袁其朋，

第 14 章张腾月、付刚、张大伟，第 15 章房欢、康倩、张大伟，第 16 章朱永强、叶丽丹、于洪巍，第 17 章孙益嵘，第 18 章王益娜、祝晓熙、刘佳钰、张磊、卢丽娜、刘晓楠、江会锋，第 19 章董会娜、张大伟。本书编者大都多年奋战在科研或生产一线，具有较好的维生素相关教学及研发背景。

本书既可以作为专业书籍帮助相关研究领域的科研工作者和工程技术人员进一步深入地了解维生素领域的研究方法和最新研究进展，亦可以作为科普书籍让普通大众了解维生素的知识。

本书的出版历经两年多的时间，经过精心的筹划、编写、校稿等多个环节，得到了同行的大力支持，但由于作者们同时肩负繁重的科研教学任务，书稿难免会存在一些疏漏和不足，恳请专家和读者们批评指正！

编者

2025 年 5 月

目　录

第4章　维生素 E / 091

第5章 维生素 A / 120

第6章 维生素 K / 149

第 7 章 维生素 B₁ / 175

第 8 章 维生素 B₂ / 202

第 9 章 维生素 B₃ / 231

第10章　维生素B₅ / 255

第11章　维生素B₆ / 274

第14章 维生素B₉ / 354

第15章 维生素B₁₂ / 382

第16章 辅酶Q₁₀ / 408

第17章 硫辛酸 / 430

第18章 生物类黄酮 / 456

第19章　维生素B_T / 485

第1章
维生素概论

董会娜，张大伟，马延和
中国科学院天津工业生物技术研究所

1.1   维生素的定义

维生素是维持机体正常的生理功能和活动的一类微量有机物质，在机体生长、代谢和发育过程中均发挥着重要的作用。这类物质是一类调节物质，在体内既不是构成身体组织的原料，也不是能量的来源。维生素一般在机体中不能合成或合成量不足，不能满足机体需求。一旦缺乏就会引发相应的维生素缺乏症，对健康造成危害。因此，虽然机体对维生素的需求量很少，但必须经常从食物中获得。

1.2   维生素的分类与特性

维生素是个庞大的家族，已知的维生素有 14 种（表 1-1），根据维生素的溶解性可大致将维生素分为两大类：一类为脂溶性维生素，其溶于脂肪及有机溶剂，不溶于水；另一类为水溶性维生素，其可溶于水，不溶于非极性有机溶剂。维生素原是在化学结构上类似于某种维生素的物质，经过简单的代谢反应即可转变成维生素，如 β- 胡萝卜素能转变为维生素 A，故可将 β- 胡萝卜素称为"维生素 A 原"。

表1-1   已知的维生素种类和应用领域[1]

分类	名称	主要代表	商品形式	应用领域
脂溶性维生素	维生素 A	维生素 A 醇（视黄醇）、维生素 A 醛（视黄醛）、3- 脱氢维生素 A_2 醇 维生素 A 原、β- 胡萝卜素和 γ- 胡萝卜素	维生素 A 乙酸酯、棕榈酸酯 β- 胡萝卜素	饲料、医药 饲料、食品
	维生素 D	D_2 麦角钙化醇、D_3 胆钙化醇	维生素 D_2、维生素 D_3	饲料、医药
	维生素 E	α- 生育酚、β- 生育酚	D-α- 生育酚 DL-α- 生育酚 D-α- 生育酚乙酸酯 DL-α- 生育酚乙酸酯	饲料、医药
	维生素 K	维生素 K_1、维生素 K_2	维生素 K_1、维生素 K_2	饲料、医药
水溶性维生素	维生素 B_1	硫胺素	硫胺素盐酸盐、硫胺素硝酸盐、硫胺素焦磷酸盐	饲料、医药
	维生素 B_2	核黄素	核黄素、磷酸核黄素钠	饲料、医药
	维生素 B_3	烟酸、维生素 PP	烟酸、烟酰胺	饲料、医药
	维生素 B_5	泛酸	泛酸钙、泛酸钠	饲料
	维生素 B_6	吡哆醇、吡哆醛、吡哆胺	吡哆醇盐酸盐	饲料、医药
	维生素 B_7	生物素、维生素 H、辅酶 R	D- 生物素	饲料、医药
	维生素 B_8	肌醇	肌醇、肌糖、环己六醇、纤维醇	饲料、医药

续表

分类	名称	主要代表	商品形式	应用领域
水溶性 维生素	维生素 B_9	叶酸、维生素 M、蝶酰谷氨酸	叶酸	饲料、医药
	维生素 B_{12}	钴胺素、辅酶 B_{12}	氰钴胺	饲料、医药
	维生素 C	抗坏血酸、脱氢抗坏血酸	抗坏血酸、抗坏血酸钠、抗坏血酸钙	饲料、食品、医药

1.2.1　脂溶性维生素

脂溶性维生素包括维生素 A、维生素 D、维生素 E、维生素 K 等。这类维生素大多稳定性较强，一般只含有碳、氢、氧三种元素，在食物中多与脂质共存。在进入消化道后，脂溶性维生素以脂肪为载体，经胆汁乳化后才能被机体吸收。被吸收进入血液后，脂溶性维生素需要和某种蛋白质结合，才能被运转到全身。若膳食中脂肪占比过低，则会影响脂溶性维生素的吸收，甚至造成摄入不足，进而出现缺乏症状。若脂溶性维生素摄入量大于机体需求，可以储存在体内，因此，在一个较短时间内不摄入脂溶性维生素也不会马上患缺乏症。但若长期过量摄入或短期大量摄入脂溶性维生素，则会在体内积累，影响机体的正常新陈代谢，甚至引起中毒现象。

1.2.2　水溶性维生素

水溶性维生素主要包括 B 族维生素和维生素 C。B 族维生素有多种，包括维生素 B_1（硫胺素，thiamine）、维生素 B_2（核黄素，riboflavin）、维生素 B_3 [（烟酸，nicotinic acid）和（烟酰胺，nicotinamide）]、维生素 B_5（泛酸，pantothenic acid）、维生素 B_6 [（吡哆醇，pyndoxine）、（吡哆醛，pyridoxal）、（吡哆胺，pyridoxamine）及它们的磷酸衍生物]、维生素 B_7（生物素，biotin）、维生素 B_8（肌醇，inositol）、维生素 B_9（叶酸，folic acid）、维生素 B_{12}（钴胺素，cobalamin）等。水溶性维生素除了含有碳、氢、氧元素外，有的还含有氮、硫等其他元素。与脂溶性维生素不同，水溶性维生素在人体内贮存很少，可直接被肠道吸收，而进入人体内的多余的水溶性维生素很快从尿中排出，摄入量偏高一般不会引起中毒现象，对健康影响很小。若摄入量过少则较快出现缺乏症状。由于水溶性维生素在机体内不易储存，必须每天供给一定量并保持经常性供给。

1.3　维生素的发现史

人类从很早的时候就明白身体出现某些病症的原因是体内缺少某些物质，可到底缺少什么物质，却迟迟未能发现。早在公元前 3500 年，古埃及人就发现了能防治夜盲症的物质。唐代名医孙思邈在《千金要方》中专门介绍可用赤小豆、乌豆等治疗脚气病；长期吃糙米可预防脚气病。曾波及整个欧洲的坏血病，在远航船队和海军部队中大量出现。海员们全身无力，肌肉和关节疼痛难忍，牙齿肿胀出血。这一度使英、法等国的航海业处于瘫痪状态。大约在 17 世纪初，西方人渐渐发现用橘子、柠檬就可以治疗这种可怕的疾病，从那时起，海员们航海时都会服用柠檬汁来预防坏血病。

1912 年，脚气病的病因学研究揭晓了第一个维生素——维生素 B_1。此后，越来越多的维生素被发现、分离、合成。至今，维生素的研究已有百余年历史，共有 17 位科学家因其在维生素研究上的贡献获得了诺贝尔奖（图 1-1）[1]。

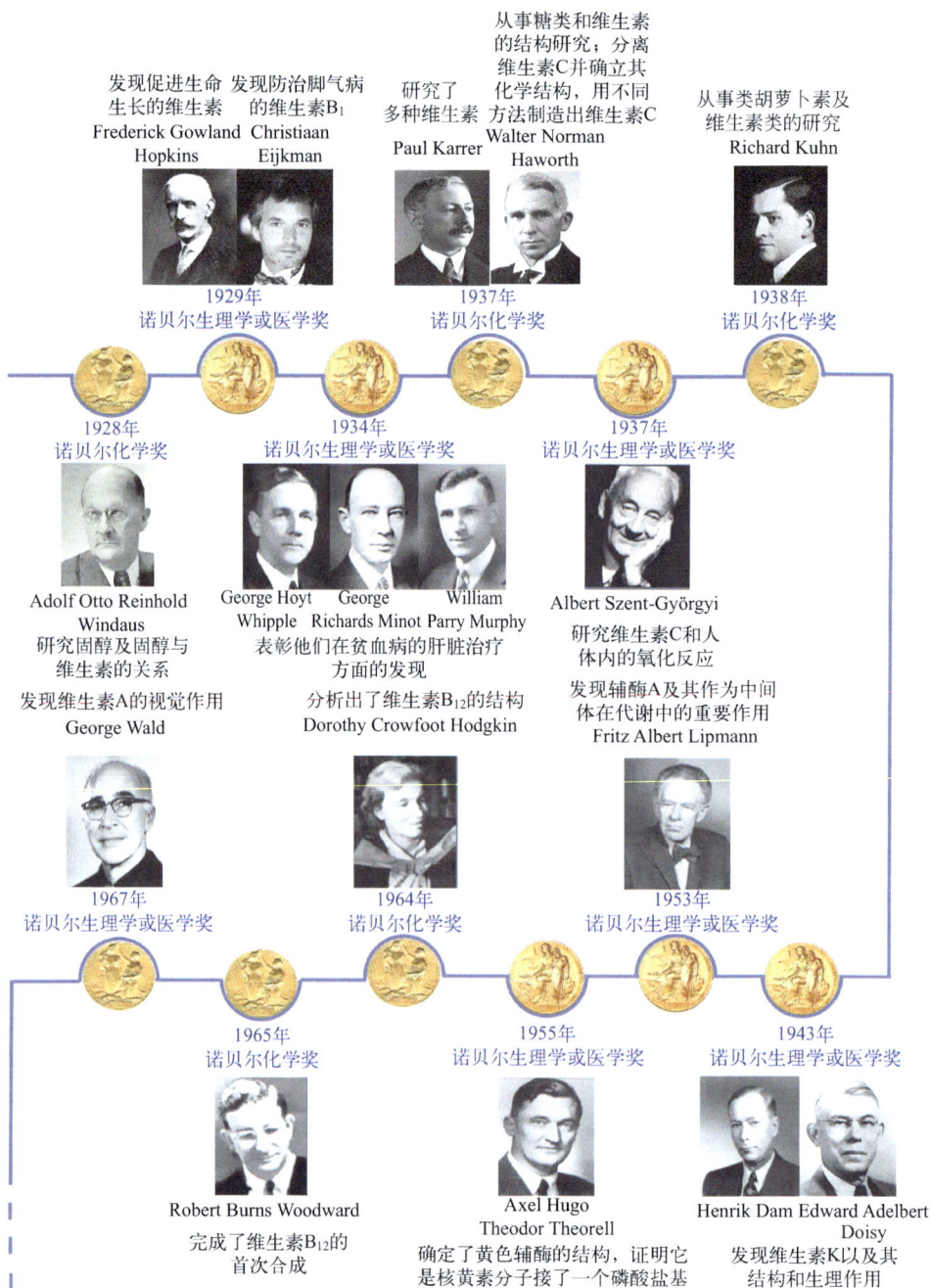

图 1-1　维生素的发现与相关诺贝尔奖

1926 年，德国化学家 Adolf Otto Reinhold Windaus 发现阳光可以把一种与胆固醇有关的甾醇转变为维生素 D，由麦角甾醇经光照合成的维生素 D 可治疗佝偻病。由于这一发现以及相关固醇及维生素的关系的研究成果，Windaus 获得了 1928 年诺贝尔化学奖。

英国生物化学家 Frederick Gowland Hopkins 在研究鼠类饲料时发现，如果只含蛋白质、脂肪、糖类及矿物质而没有维生素，鼠类是不能生存的，由此确立食物中须含有生命必需的微量物质。荷兰的 Christiaan Eijkman 医生发现米糠中有一种物质可以防治可怕的脚气病，这种米糠中的特殊物质就是维生素 B_1。1929 年，Hopkins 与 Eijkman 一起获得了诺贝尔生理学或医学奖。

美国病理学家 Georg Hoyt Whipple 在 1920 年证明了用肝作饲料可促进狗的血红蛋白再生。基于此，1926 年，波士顿的医生 George Richards Minot 和 William Parry Murphy 提出了贫血病的肝脏疗法，即让病人把肝作为饮食的重要部分，他们分离出了有效成分，并通过试验确认该有效成分就是维生素 B_{12}。Whipple、Minot 和 Murphy 共获了 1934 年的诺贝尔生理学或医学奖。

英国化学家 Walter Norman Haworth 在研究糖类与维生素的结构上获得突破，人工合成了维生素 C，这是第一种人工合成的维生素。而瑞士化学家 Paul Karrer 独自合成了维生素 B_2，即核黄素，并测定维生素 A 及维生素 B_2 的结构。这两位科学家共获了 1937 年诺贝尔化学奖。

1928 年，匈牙利生物化学家 Albert Szent-Györgyi 从植物汁液及肾上腺萃取物中分离出一种有机还原剂，能够把氢离子从一种化合物传递到另一种化合物上，并且有很强的抗坏血效果，经过 4 年研究，证明并命名其为维生素 C。他又发现辣椒的维生素 C 含量特别高，是茄子的 25 倍，经过潜心研究他成功从辣椒中提取了数千克的维生素 C，之后获得了 1937 年诺贝尔生理学或医学奖。

奥地利 - 德国化学家 Richard Kuhn 在 1935 年首次合成了维生素 B_2，1937 年合成了维生素 A，在类胡萝卜素和维生素结构的研究上有卓越成就，因此获得了 1938 年诺贝尔化学奖。1939 年又合成了维生素 B_6，并发现了它的化学式。

1934 年，丹麦生物化学家 Henrik Dam 以小鸡做实验，发现一种具凝血功能的物质，经证明这是一种脂溶性维生素，并将其命名为"凝血维他命"，依据英文单词首字母 K 命名为维生素 K。之后的 3 个月，另一位美国科学家 Edward Adelbert Doisy 在腐败的鱼肉中，也分离出一种和维生素 K 有相同生理功能的结晶，并确定了它的结构。依发现时间顺序，科学界分别把它们命名为维生素 K_1 与维生素 K_2，两人也分享了 1943 年的诺贝尔生理学或医学奖。

生于德国的犹太裔美国籍生物化学家 Fritz Albert Lipmann 从大量猪肝中提取出了辅酶 A，确定了它的结构式，并确定了辅酶 A 作为中间体在代谢中的重要作用，与提出了三羧酸循环理论的英国生物化学家 Hans Adolf Krebs 共同获得了 1953 年的诺贝尔生理学或医学奖。

瑞典生物化学家 Axel Hugo Theodor Theorell 确定了黄色辅酶的结构，证明它是在核黄素分子上连接了一个磷酸基团，因此获 1955 年诺贝尔生理学或医学奖。

英国化学家 Dorothy Crowfoot Hodgkin OM 善于使用 X 射线衍射分析技术研究复杂的有机分子，她通过 X 射线分析出了维生素 B_{12} 的分子构造并于 1964 年获诺贝尔化学奖。难得的是，Dorothy 曾热情地帮助第三世界国家的科研事业。1959 年她率英国科学家代表团赴北京参加中华人民共和国成立 10 周年庆典，她一生共访问中国 8 次。

美国有机化学家、现代有机合成之父 Robert Burns Woodward 带领团队做了近千个复杂的有机合成实验，历时 11 年，终于在他离世前几年完成了复杂的维生素 B_{12} 的合成工作，并获得了 1965 年诺贝尔化学奖。

美国生物学家 George Wald 在 1938 年的研究中证明了食物中缺乏维生素 A 会导致视黄醛的供应缺乏和视紫质减少，因而产生夜盲；发现维生素 A 是视网膜感光色素的主要成分，是保持正常视力不可或缺的。因此获得 1967 年的诺贝尔生理学或医学奖。

到目前为止，人们发现、分离并合成出 14 种维生素，各种维生素的发现、分离、结构、合成均有大量的实验数据支持。

1.4　维生素的应用

（1）维生素在饲料方面的应用

2017 年中国维生素产量 29 万吨，2018 年中国维生素产量为 33.4 万吨，同比增长 15.17%。2019 年中国维生素产量为 33.2 万吨，同比下降 0.6%。2020 年中国维生素产量约 35.9 万吨，同比增长 7.5%，占全球产量的 78.4%。维生素市场的产量整体稳中趋涨。其中 80% 的维生素进入了下游的动物饲料应用中。

2013 年农业部公布的《饲料添加剂品种目录（2013）》（农业部公告第 2045 号）规定了可以应用于养殖动物的 35 种维生素及类维生素，包括维生素 A、维生素 A 乙酸酯、维生素 A 棕榈酸酯、β- 胡萝卜素、盐酸硫胺（维生素 B_1）、硝酸硫胺（维生素 B_1）、核黄素（维生素 B_2）、盐酸吡哆醇（维生素 B_6）、氰钴胺（维生素 B_{12}）、L- 抗坏血酸（维生素 C）、L- 抗坏血酸钙、L- 抗坏血酸钠、L- 抗坏血酸 -2- 磷酸酯、L- 抗坏血酸 -6- 棕榈酸酯、维生素 D_2、维生素 D_3、天然维生素 E、DL-α- 生育酚、DL-α- 生育酚乙酸酯、亚硫酸氢钠甲萘醌（维生素 K_3）、二甲基嘧啶醇亚硫酸甲萘醌、亚硫酸氢烟酰胺甲萘醌、烟酸、烟酰胺、D- 泛醇、D- 泛酸钙、DL- 泛酸钙、叶酸、D- 生物素、氯化胆碱、肌醇、L- 肉碱、L- 肉碱盐酸盐、甜菜碱、甜菜碱盐酸盐，而 25- 羟基胆钙化醇（25- 羟基维生素 D_3）仅可应用于猪和家禽，L- 肉碱酒石酸盐仅可应用于宠物。

《饲料添加剂品种目录（2013）》中亦规定了维生素 E 和 L- 抗坏血酸 -6- 棕榈酸酯可作为抗氧化剂应用于养殖动物。抗氧化剂可以保护饲料中的营养成分，延长保质期，且对养殖动物无害。维生素也需要额外添加抗氧化剂以延长其货架期，维生素 E 和 L- 抗坏血酸 -6- 棕榈酸酯可以作为保护维生素的抗氧化剂的辅料进入维生素成品中。2017 年农业部公告第 2625 号修订的《饲料添加剂安全使用规范》对每种维生素的适用动物和推荐添加量及最高限量进行了规定。

（2）维生素在食品方面的应用 [2]

维生素 C 和维生素 E 因具备抗氧化能力，在食品中经常被用作抗氧化剂。维生素 C 可以用在多种食品中，尤其是液态的酒和饮料中。而抗坏血酸棕榈酸酯和维生素 E 可溶于脂肪，可以用于油脂中以提高油脂的稳定性。抗坏血酸棕榈酸酯及其同系物亦可增强维生素 E 的抗氧化作用。维生素 C 作为还原剂可以加速肉品的腌制过程，产生均匀的色泽，还可以减少亚硝酸的用量，保护肉质不被氧化，使肉的色泽一致，保存时间更长久。

维生素 C 也可作为面粉处理剂用在面包糕点生产中。低面筋含量的面粉需要添加"烘焙改良剂"，而维生素 C 可以替代之前的化学改良剂溴酸钾、过硫酸铵。维生素 C 添加到面团后，成为一种活跃的氧化剂，可以增强面团的韧性降低黏性，使面包烘烤后体积增大。

人体需要的维生素主要是从食物中获取。"营养不良就是营养饥饿"，即使是新时代的中国人仍然有很多人"营养饥饿"，快节奏的生活致使很多人不注意营养均衡，导致"营养饥饿"。美国国会在 1994 年发布了《膳食补充剂健康教育法》（Dietary Supplement Health and Education Act, DSHEA）[3]。DSHEA 中对"膳食补充剂"进行了定义，即含有"膳食成分"、用于补充膳食的口服产品。这类"膳食成分"包括维生素、矿物质、草药药材、氨基酸以及诸如酶、器官组织、腺、代谢物等一类的物质。

（3）维生素在药物方面的应用

维生素可以用来治疗维生素缺乏症，如维生素 A 可以用来治疗眼干燥症、夜盲症，维生素 B_1 可以用来治疗脚气病，维生素 B_2 可以用来治疗口舌炎症，维生素 B_3 可以用来治疗糙皮病，维生素 B_5 可以抗应激、抗寒冷、抗感染、防止某些抗生素的毒性以及消除术后腹胀等。维生素 C 和 D 可增强免疫系统，辅助预防疾病和感染。维生素 E 和维生素 C 广泛用于皮肤护理产品中，因其具有抗氧化特性，有助于保护皮肤免受自由基伤害。对于处于孕期、成长发育期和老年期等的特定人群，维生素可以用于促进健康。某些维生素在药物治疗中可以用作辅助疗法，比如高剂量的维生素 A 用于某些皮肤病的治疗。

1.5　维生素合成的现状

1.5.1　脂溶性维生素

1.5.1.1　维生素 A

维生素 A 是具有视黄醇生物活性的 β- 紫罗宁衍生物的统称，包括维生素 A_1 及维生素 A_2。维生素 A 产业链上游产品是以柠檬醛为原料制成的 β- 紫罗兰酮，下游产品主要包括饲料产品、医药产品和食品等。常用的维 A 衍生物是其烷基酸酯，以维生素 A 乙酸酯（retinol acetate）最具代表性，全球各大公司的产品均以维生素 A 乙酸酯为主。目前合成维生素 A 乙酸酯主要采用三种不同的技术路线 / 工艺：Roche 公司的 $C_{14}+C_6$ 合成工艺、BASF 公司的

$C_{15}+C_5$ 合成工艺和 Rhone-poulene 公司的技术路线。Roche 工艺技术成熟、收率稳定，是应用最为广泛的维生素 A 合成方法[4-6]。

天然维生素A主要来自维生素A原（β-胡萝卜素、α-胡萝卜素和β-隐黄质等类胡萝卜素），自然界中一些高等植物、真菌和一些微生物中存在维生素 A 原合成途径，代谢过程如图 1-2 所示。目前文献报道的 β-胡萝卜素产量最高达到 2g/L 左右。任双喜等[7]采用 N^+ 注入和 N-甲基 -N'- 硝基 -N- 亚硝基胍（NTG）诱变处理一株三孢布拉氏霉菌优良菌株 SCB201，在优化培养条件下，与 SCB200 结合培养产 β- 胡萝卜素达到 2g/L。Li 等[8] 利用 CRISPR/Cas9 的方法对 E. coli 中的各基因进行改造并组合调控，β- 胡萝卜素的产量达到 2.0g/L。虽然合成生物学和代谢工程的发展加速了维生素 A 合成领域的发展，但是生物法合成成本依然较高，生物合成技术仍面临很高的技术壁垒。

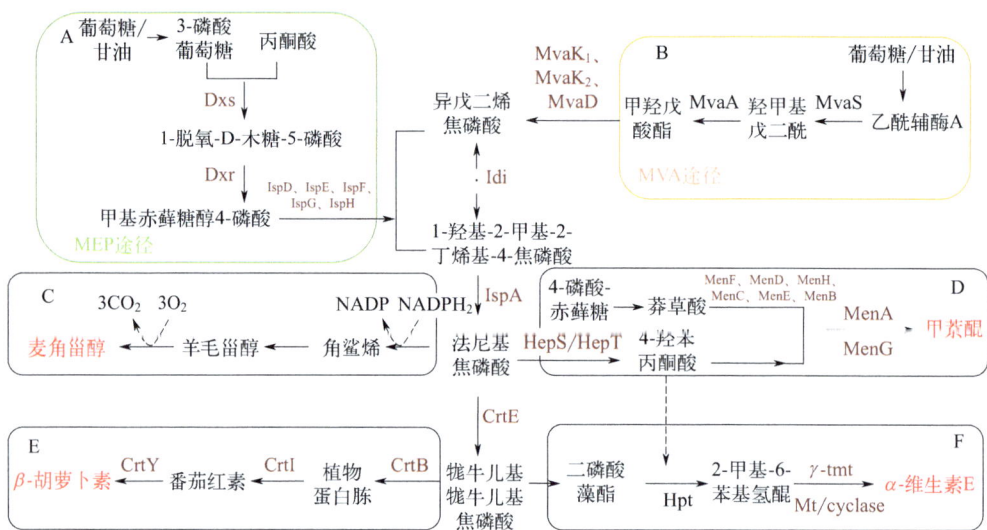

图1-2　脂肪族维生素 A、D、E、K 的代谢合成途径

Dxs—1- 脱氧 -D- 木酮糖 5- 磷酸合成酶；Dxr—1- 脱氧 -D- 木酮糖 -5- 磷酸还原异构酶；IspD—2-C- 甲基 -D- 赤藓糖醇 -4- 磷酸胞苷酸转移酶；IspE—4- 二磷酸胞苷 -2-C- 甲基 -D- 赤藓糖醇酶；IspF—2-C- 甲基 -D- 赤藓糖醇 -2,4- 环二磷酸合成酶；IspG—1- 羟基 -2- 甲基 -2-（E）- 丁烯基 -4- 二磷酸合成酶；IspH—4- 羟基 -3- 甲基丁 -2- 烯基二磷酸还原酶；MvaS—羟甲基戊二酰 -CoA 合酶；MvaA—羟甲基戊二酰 -CoA 还原酶；MvaK$_1$—甲羟戊酸激酶；MvaK$_2$—磷酸甲羟戊酸激酶；MvaD—二磷酸甲羟戊酸脱羧酶；Idi—异戊烯基焦磷酸异构酶；IspA—香叶基转移酶；CrtE—GGPP 合酶；CrtB—八氢番茄红素合酶；CrtI—八氢番茄红素去饱和酶；CrtY—番茄红素环化酶；HepS/HepT—庚戊烯基焦磷酸合成酶组分 Ⅰ／Ⅱ；MenF—异分支酸合酶；MenD—2- 琥珀酸 -5- 烯醇式丙酮基 -6- 羟基 -3- 环己烯 -1- 羧酸合酶；MenH—2- 琥珀酰 -6- 羟基 -2,4- 环己二烯 -1- 羧酸合酶；MenC—O- 琥珀酰苯甲酸合酶；MenE—O- 琥珀酰苯甲酸辅酶 A 连接酶；MenB—（1,4）- 二羟基 -2- 萘酰辅酶 A 合酶；MenA—（1,4）- 二羟基 -2- 萘甲酸七异戊二烯基转移酶；MenG—去甲基甲萘醌甲基转移酶；γ-tmt—γ- 生育酚甲基转移酶；Mt/cyclase—甲基转移酶；Hpt—次黄嘌呤磷酸核糖基转移酶

1.5.1.2　维生素D

维生素 D 根据其侧链结构的不同有维生素 D_2、维生素 D_3、维生素 D_4、维生素 D_5、维生素 D_6 和维生素 D_7 等多种形式，维生素 D_2（麦角钙化醇）和维生素 D_3（胆钙化醇）最为常见。维生素 D 的生物合成是沿着甾醇途径进行的，维生素 D_2 是由麦角甾醇在紫外线 B 段（UVB）暴露下生成，维生素 D_3 则是由 7- 脱氢胆固醇在 UVB 暴露下生成。维生素 D_2 的前体麦角甾醇可以通过发酵法生产，所用菌种主要为酵母（代谢途径见图 1-2 中的 C 途径），

麦角甾醇是其细胞膜的主要组成成分。Tan 等[9]对麦角甾醇发酵参数进行了优化，结果发现溶解氧可作为酵母补料分批发酵的有效控制参数，当溶解氧控制在 12%±1% 时，采用脉冲补料法发酵，麦角甾醇总收率可达到 1160mg/L。目前，维生素 D₃ 主要采用化学合成法生产。维生素 D₃ 的工业生产工艺主要有两种：溴化 / 脱溴化氢法和氧化还原法。溴化 / 脱溴化氢法发明较早，曾被国外几家大企业技术垄断。1999 年后我国独创性的"氧化还原法"中试成功，形成了"维生素 D₃ 生产新工艺"，打破了国际垄断。

维生素 D₃ 的前体 7- 脱氢胆固醇的生物合成方法已建立，主要生产菌种为酿酒酵母。Guo 等[10]在酿酒酵母中过表达了关键的甲羟戊酸（MVA）途径基因（*ERG10*、*ERG13*、*tHMG1* 等），敲除了 *ERG6* 基因，工程菌在 5L 发酵罐中发酵 7- 脱氢胆固醇的产量达到 1.07g/L。2022 年江南大学[11]构建了 CRISPR 介导的动态激活系统，得到的酵母工程菌在摇瓶中 7- 脱氢胆固醇的产量可达到 455.6mg/L，在 5L 发酵罐中达到 2870mg/L，是目前报道的利用微生物细胞工厂代谢合成 7- 脱氢胆固醇的最高产量。

1.5.1.3　维生素 E

维生素 E 是一组亲脂化合物，包含生育三烯酚和生育酚共 8 种自然形式，即 α- 生育酚、β- 生育酚、γ- 生育酚、δ- 生育酚和 α- 三烯生育酚、β- 三烯生育酚、γ- 三烯生育酚、δ- 三烯生育酚，α- 生育酚是自然界中分布最广泛、含量最丰富且活性最高的维生素 E 形式[12]。维生素 E 分为天然维生素 E 和合成维生素 E。天然维生素 E 主要来源于植物原料，食用安全性高，是具有生理活性的右旋体，生物活性高。合成维生素 E 是 DL 消旋体，其重要合成原料为异植物醇及三甲基氢醌，生理活性与天然维生素 E 相比明显偏低。合成维生素 E 可大批量生产，且产品结构易于调控、价格低，是目前维生素 E 行业的主流产品，占比 80% 左右。

我国科学家刘天罡教授团队提出以生物发酵法合成法尼烯（$C_{15}H_{24}$），并以法尼烯为前体化学合成维生素 E 前体异植物醇（$C_{20}H_{400}$），进而合成维生素 E。这个合成方法颠覆了国外垄断几十年的化学全合成技术[13]。年产万吨级维生素 E 的工厂已于 2017 年成功在中国湖北投产并生产至今。而利用微生物合成法尼烯是生产法尼烯的最佳方式，其合成效率和成本决定了新工艺能否全面替代传统的合成工艺。美国 Amyris 团队在酿酒酵母中进行中央碳代谢重编程，引入 4 种非天然代谢反应及优化发酵控制过程，实现了 130g/L 法尼烯的高效合成[14]。刘天罡教授团队通过在酿酒酵母中进行底盘优化、关键酶异源表达、关键酶法尼烯合酶筛选及定向进化以及法尼烯生物合成代谢流优化等工程改造，使法尼烯产量达到 55.4g/L，并且在该过程中实现了另一种高值化合物番茄红素的联产，进一步降低了该过程的成本。然而，针对维生素 E 的代谢工程研究主要集中在植物、微生物等底盘细胞，代谢途径见图 1-2 中的途径 F），总体来说，相关研究相对较少且多样性的策略还相对缺乏，产量也相对较低[15]。

1.5.1.4　维生素 K

维生素 K 又叫凝血维生素，包括维生素 K₁、维生素 K₂、维生素 K₃、维生素 K₄ 等几种形式，其中维生素 K₁、维生素 K₂ 是天然存在的，是脂溶性维生素；而维生素 K₃、维生素 K₄ 是人工合成的，属于水溶性的维生素，需要通过肝脏转化成维生素 K₁ 或维生素 K₂ 后才能发挥作用[16]。维生素 K₂ 是一系列含有甲萘醌母核，且 C3 位上带有数目不等的异戊二烯侧链的化合物的统称，通常用 MK-n 来表示，n 代表的是侧链上异戊二烯单元的数目，维生素 K$_2$ 共有 14 种形式，其中 MK-7 被认为是维生素 K$_2$ 最具生物活性的形式，具有最高的活性和最稳定的血清水平[4]。

纳豆菌比其他细菌具有更强的产 MK-7 的能力（代谢途径见图 1-2 中的途径 D）。从日本传统食品纳豆中分离出的枯草芽孢杆菌（*B. subtilis*）出发改造的甲萘醌耐受的 *B. subtilis* 突变菌株 K3-176 在优化发酵培养基条件和成分之后，MK-7 的产量大约为 35.0mg/L[17]。Cui 等[18]通过开发一个基于 Phr60-Rap60-Spo0A 的双功能 QS 系统动态平衡的目标产物的合成与细胞生长之间的关系模型，通过动态调控使枯草芽孢杆菌中 MK-7 产量提高了 40 倍，在摇瓶中产量从 9mg/L 提升至 360mg/L，在 15L 发酵罐中可达到 200mg/L。维生素 K$_2$ 也已经在 *E.coli* 中实现了生物法合成。Gao 等[19]通过组合代谢工程和膜工程，开发了一种用于 MK-7 合成的高效代谢工程大肠杆菌菌株，在有氧条件下明显增加大肠杆菌菌株中 MK-7 的产量。在放大发酵实验中，发酵 52h 后，MK-7 的产量达到 1350mg/L，生产率为 26mg/（L·h）。这是有史以来报道的最高效价的 MK-7。

1.5.2　水溶性维生素

1.5.2.1　维生素 C

维生素 C 是一种大宗维生素，全球每年需求在 15 万吨左右，年产值超 80 亿元[5]，比其他维生素的总和还多，而且其需求量还在以每年 10% 左右的速度增长。随着人们生活水平的日益提高，维生素 C 在人们日常生活中的需求量将会越来越大，涉及的领域也会越来越广。

维生素 C 最经典的工业生产法是莱氏法，是一种化学合成法[20,21]（图 1-3 中的途径 A）。"莱氏法"工艺的应用大大提高了维生素 C 的产量。但是随着人们环保意识的提高，"莱氏法"的弊端逐渐显现：生产工序复杂落后，工艺路线较长，较难连续化操作，劳动强度大，收率较低，耗费大量有毒、易燃化学药品，易造成严重的环境污染[22]。中国科学院微生物研究所、北京制药厂和东北制药集团股份有限公司合作发明了"两步发酵法"[23]。目前，国内所有维生素 C 生产厂家，均采用"两步发酵法"（图 1-3 中的途径 B）。与"莱氏法"相比较，该法不仅大大简化了工艺流程，避免了有毒化学药品的使用，而且该工艺维生素 C 总收率获得了大幅度提高。Anderson 在 Sonoyama 等在二步串联发酵的基础上，通过基因工程方法将一株棒杆菌中的 2,5- 二酮基 -D- 葡萄糖酸还原酶（2,5-DKG 还原酶）基因重组到能转化 D- 葡萄糖积累 2,5- 二酮基 -D- 葡萄糖酸的草生欧文氏菌（*Erwinia herbicola*）中，并成功表达，从而获得了一步转化菌株，该菌株可直接氧化葡萄糖生成 2- 酮基 -L- 古龙酸（2-KLG）（图 1-3 中途径的 C）。这就是建立在葡萄糖串联发酵基础上的"一步发酵法"，其关键酶是 2,5- 二酮基 -D- 葡萄糖酸还原酶，目前大部分研究都集中在该还原酶上[24]。但是，因为转化率较低，"一步发酵法"离实际应用还有一段距离，但这为未来维生素 C 发酵技术研究开辟了一条新道路。

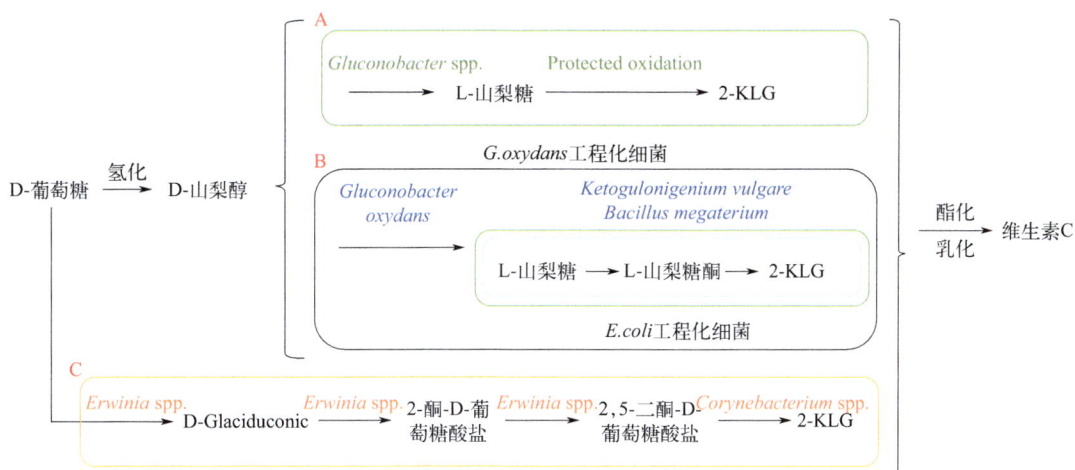

图 1-3　维生素 C 合成途径

Gluconobacter spp.— 葡 萄 糖 杆 菌 属；Protected oxidation— 抗 氧 化；*Gluconbacter oxydans*— 氧 合 葡 萄 糖 杆 菌；*Ketogulonigenium vulgare*—普通生酮基古龙酸杆菌；*Bacillus megaterium* —巨大芽孢杆菌；*Erwinia* spp.—欧文氏菌属；*Corynebacterium* spp.—棒状杆菌属；*G. oxydans*—氧化葡萄糖酸杆菌；*E.coli*—大肠杆菌

1.5.2.2　维生素 B$_1$

维生素 B$_1$（硫胺素）由嘧啶环和噻唑环通过亚甲基结合而成，是首个被发现的 B 族维生素。目前维生素 B$_1$ 的工业化方法主要是化学合成法，合成路线可以分为：汇聚式和直线式。由于汇聚式路线的中间过程收率较低，工业上主要采用直线式路线。维生素 B$_1$ 的主要供应商为江西天新药业股份有限公司、华中药业股份有限公司、兄弟科技股份有限公司、新发药业有限公司和帝斯曼（DSM），其中 4 家为中国企业，中国产能占全球产能的 93%，行业集中度高，呈寡头垄断格局[5]。

生物合成法合成途径已经明确，Cardinale 等[25]在大肠杆菌中，通过以核糖开关为基础的硫胺素焦磷酸（TPP）生物传感器揭示了硫胺素的转运子；经过遗传改造并结合天然 *thiFSGH*、*thiC*、*thiE* 和 *thiD*（图 1-4）基因的过表达，TPP 的产量提高到 0.8mg/L。但是，目前微生物合成过程中的转录因子调控以及生物合成限制步骤仍需进一步研究，还无法应用于工业生产。

1.5.2.3　维生素 B$_2$

维生素 B$_2$（核黄素）在生物体内的两种生物活性形式是黄素单核苷酸（FMN）和黄素腺嘌呤二核苷酸（FAD）。维生素 B$_2$ 的生物合成是从鸟苷三磷酸和 5- 磷酸核糖开始的，通过 6 个酶促步骤完成[26]（图 1-4）。维生素 B$_2$ 已经完全实现发酵法生产，产量超过 20g/L。传统的发酵法主要以棉阿舒囊霉（*Ashbya gossypii*）、枯草芽孢杆菌（*Bacillus subtilis*）和阿舒假囊酵母等作为核黄素生产菌种，工业生产中主要以枯草芽孢杆菌为生产菌种。中国湖北广济药业股份有限公司利用一株对脯氨酸类似物表现出抗性的 *B. subtilis*（KCCM-10445）来合成核黄素，核黄素产量超过 26g/L[27]。

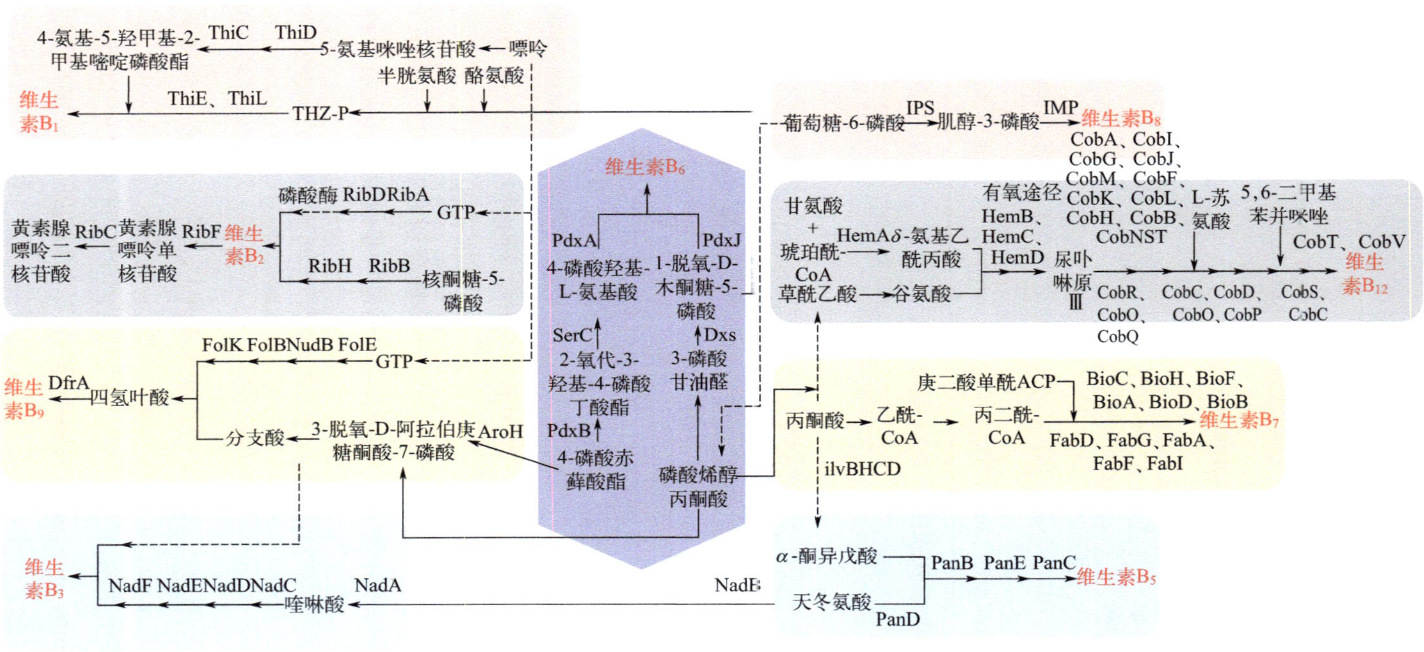

图 1-4　B 族维生素代谢途径

RibA—GTP 环化酶Ⅱ；RibB—3, 4- 二羟基 -2- 丁酮 -4- 磷酸合成酶；RibD—二氨基羟基磷酸核糖基氨基嘧啶脱氨酶；RibH—6, 7- 二甲基 -8- 核糖腺合酶；Ribf—黄素腺嘌呤单核苷酸腺苷酰转移酶；RibC—核黄素合酶；AroH—分支酸变位；FolE—GTP 环化水解酶 IA；NudB—三磷酸二氢蝶呤二磷酸酶；FolB—7, 8- 二氢蝶呤醛酶 / 聚合酶 / 氧化酶；FolK—2- 氨基 -4- 羟基 -6- 羟甲基二氢蝶啶二磷激酶；DfrA—二氢叶酸还原酶；NadB—L- 天冬氨酸氧化酶；NadA—喹啉酸合成酶；NadC—烟酸核苷酸焦磷酸酶；NadD—烟酸核苷酸腺苷酸转移酶；NadE/NadF—NAD$^+$ 合成酶；ThiC/ThiD—磷酸甲乙基嘧啶合成酶；Th E—磷酸硫胺素焦磷酸化酶；ThiL—硫胺素单磷酸激酶；BioC—丙二酰 -CoA *O*- 甲基转移酶；BioH—庚二酰 -（酰基载体蛋白）甲基酯酶；BioF—8- 氨基 -7- 氧代壬酸合酶；BioA—8- 氨基 -7- 氧代壬酸氨基转移酶；BioD—脱硫生物素合成酶；BioB—生物素合成酶；FabD—*S*- 丙二酰基转移酶；FabG—3- 氧代酰基 -（酰基载体蛋白）还原酶；FabA—3- 羟基酰基 -（酰基载体蛋白）脱水酶；FabF—3- 氧代酰基 -（酰基载体蛋白）合成酶Ⅱ；FabI—烯酰 -（酰基载体蛋白）还原酶Ⅰ；ilvBHCD—提高 *ilv* 基因的转录水平；PdxB—4- 磷酸赤藓糖酸脱氢酶；SerC—磷酸丝氨酸氨基转移酶；PdxA—4- 羟基苏氨酸 -4- 磷酸脱氢酶；PdxJ—5- 磷酸吡哆醇合成酶；Dxs—1- 脱氧 -D- 木酮糖 -5- 磷酸合成酶；IMP—肌醇单磷酸酶；IPS—肌醇 -1- 磷酸合酶；HemA—谷氨酰 -tRNA 还原酶；HemB—卟啉原合酶；HemC—羟甲基胆烷合酶；HemD—尿卟啉原 - Ⅲ合酶；CobA- 尿卟啉 - Ⅲ *C*- 甲基转移酶；CobI—前咕啉 -2*C*（20）甲基转移酶；CobG—前咕啉 -3B 合酶；CobJ—前咕啉 -3BC17- 甲基转移酶；CobF—前咕啉 -6A 合酶；CobK—前咕啉 -6A/ 钴 - 前咕啉 -6A 还原酶；CobL—前咕啉 -6B 甲基转移酶；CobH—前咕啉 -8X/ 钴 - 前咕啉 -8 甲基变位酶；CobB—钴酸 -a, c- 二酰胺合酶；cobNST—氢咕酸 -a, c- 二酰胺：钴连接酶；CobR—钴（Ⅱ）钴酸 -a, c- 二酰胺还原酶；CobO/CobP—类钴酸腺苷转移酶；CobQ—腺苷钴酸合酶；Cobs/Cobr—腺苷钴酸胺 -GDP 核糖转移酶；CobC—钴胺素生物合成蛋白；CobD—腺苷钴酰胺磷酸合酶；CobV/CobT—烟酸核苷酸 - 二甲基苯并咪唑磷酸核糖转移酶；CobM—前咕啉 -4c11—转甲基酶；PanB—3- 甲基 -2- 氧代丁二酸单甲基转移酶；PanC—泛硫乙胺合成酶；PanE—2- 脱氢泛酸 -2- 还原酶

维生素 B_2 的工业发酵一般为二级发酵，发酵液先沉淀再氧化然后分离提纯。玉米淀粉糖是发酵生产维生素 B_2 的主要原料，约占生产成本的 50% 以上。维生素 B_2 的主要供应商为广济药业、帝斯曼、巴斯夫及海嘉诺，行业集中度高，呈寡头垄断格局。

1.5.2.4　维生素 B_3

维生素 B_3 又称尼克酸，包括烟酸、烟酰胺和烟酰胺核糖核苷 3 种形式，它们是烟酰胺腺嘌呤二核苷酸（NAD）和烟酰胺腺嘌呤二核苷酸磷酸酯（NADP）合成的重要前体物质[28]。维生素 B_3 合成途径已明确（图 1-4），但目前没有商业化的发酵过程，其工业生产方法主要为氨氧化法和电解氧化法，但是前者生产成本高、反应需要在 300℃ 以上，后者生产成本低，但电解效率不高，限制着烟酸的工业生产[5]。目前国外维生素 B_3 的供应商主要有瑞士龙沙、美国凡特鲁斯、印度吉友联，我国有兄弟科技股份有限公司、四川绵阳市崴尼达医药科技有限责任公司、山东泓达生物科技有限公司等，其中国外产能占全球产能的 60% 以上。

生物转化法应用逐渐增加，利用腈水解酶制备烟酸受到了前所未有的重视[29]，与传统的化学过程相比，腈水解酶催化反应条件温和、选择性强、废物少、产率高、原子经济性高，具有巨大的经济和社会效益。

1.5.2.5　维生素 B_5

维生素 B_5 又称泛酸，性质不稳定，易被酸、碱、盐、热破坏，而且呈黏稠油状，极易吸湿，常用的制剂是泛酸钙。可以通过 D- 泛解酸和 β- 丙氨酸酶法合成获得，但是 D- 泛解酸的市场价格较高。全球共 6 家维生素 B_5 生产商，其中 4 家为中国企业，国内产能占全球产能的近 80%。亿帆医药股份有限公司为维生素 B_5 最大供应商，采用酶生物拆分法生产，全球市场占有率 40% ~ 45%，稳居龙头地位。

发酵法直接生产维生素 B_5 的技术也正在发展中。在 *B. subtilis* 和 *E. coli* 中，泛酸是由前体丙酮酸和天冬氨酸为底物经 7 个酶催化形成。泛解酸和 β- 丙氨酸（通过 L- 天冬氨酸 -α- 脱羧酶 PanD 脱羧生成）经过泛酸合成酶（PanC）缩合形成泛酸（图 1-4）。德国巴斯夫公司在枯草芽孢杆菌中过表达 *ilvBN*、*ilvC*、*panB*、*panC*、*panD*、*glyA*、*serA*、*ylmA* 和 *gcv* 等基因，敲除 *coaX*，并下调 *coaA* 等基因，结果维生素 B_5 产量达到 82g/L[30, 31]。

1.5.2.6　维生素 B_6

维生素 B_6 又称吡哆素，包括吡哆醇、吡哆醛及吡哆胺 3 种易于转化的吡啶衍生物，市场上主要以烟酸吡哆醇形式出售。目前，工业上通常采用化学合成法生产维生素 B_6，进一步分为吡啶酮法、噁唑法和炔基醚法。噁唑法为工业上采用的主流方法，目前的研究也多集中于噁唑法合成工艺的改进，这种方法具有原料易得、收率高、生产成本相对较低等优点。目前主要合成维生素 B_6 的企业有江西天新药业股份有限公司、DSM 等。

发酵法直接生产维生素 B_6 的技术也正在发展中。维生素 B_6 的从头合成途径包括两条：1- 脱氧 -D- 木酮糖 -5- 磷酸依赖性途径（DXP- 依赖性途径）和 1- 脱氧 -D- 木酮糖 -5- 磷酸非依赖性途径（DXP- 非依赖性途径）[32]（图 1-4）。苜蓿中华根瘤菌（*S. meliloti*）天然高产维生素 B_6，野生型 IFO14782 菌株 7d 内产生 84mg/L 的吡哆醇[33]。通过在该菌株中过表达 5-

磷酸吡哆醇（PNP）合成酶 PdxJ，7d 内产生 362mg/L 的吡哆醇[34]。而过表达来自 *E. coli* 的 4-磷酸赤藓糖脱氢酶（Epd）和自身的 5- 磷酸吡哆醇合成酶（PdxJ），可将维生素 B_6 的产量进一步提高到 1.3g/L[35]，这也是目前报道的最高产量。

1.5.2.7　维生素 B_7

维生素 B_7 又称生物素，其生产工艺主要以 Sternbach 合成路线为基础，现行的工业化生产方法在此基础上进行了改进。生物素具有 3 个手性中心，合成工艺属不对称合成，其工艺路线长，生产难度极大，壁垒高。国内生产企业的产能占全球 97% 以上的市场份额。浙江圣达生物药业股份有限公司是全球最大的供应商，产品占全球的市场份额约 30%。

一些微生物可以产生生物素，合成途径见图 1-4。Streit 等[36] 在土壤杆菌（*Agrobacterium*）和根瘤菌（*Rhizobium*）HK4 中，用强启动子 tac 过表达来自 *E. coli* 的生物素基因，并在生物素合成酶（BioB）前引入已修饰的核糖体结合位点（RBS），可以产生 110mg/L 的生物素。Bower 等[37] 通过重组和调控 *B. subtilis* 中的生物素操纵子基因，使生物素产量超过 1g/L。Clack 等[38] 通过化学诱变降低了易变假单胞菌（*Pseudomonas mutabilis*）中生物素的负反馈调节，并且导入含有自身生物素合成操纵子的表达载体后，通过优化发酵条件，其发酵罐中的生物素产量达到 15g/L。

1.5.2.8　维生素 B_8

维生素 B_8 又称肌醇、环己六醇，是一种具有旋光性及生物活性的化合物。目前每年肌醇的全球需求量大概为 15000t。肌醇的生产方法主要有化学酸水解植酸法、微生物发酵法和体外多酶分子机器法。利用微生物生产肌醇效价高、产量高。在酿酒酵母和大肠杆菌中葡萄糖 6- 磷酸的生物合成途径都是由肌醇 -1- 磷酸合酶（IPS）和肌醇单磷酸酶（IMP）催化的（图 1-4）。

淀粉体外酶促法生产肌醇已在四川博浩达生物科技有限公司进行。该过程在 60000L 的反应器中运行，以多酶分子机器将价格低廉的淀粉转化为肌醇，原料转化率超过了 80%，产品浓度超过 100g/L[39]。微生物发酵法目前仍处于技术开发阶段，目前中国科学院微生物所和北京化工大学在重组菌株开发方面取得了显著进展，所报道的发酵产量分别达到 106g/L[40] 和 76g/L[41]，有望不久后实现工业化应用。

1.5.2.9　维生素 B_9

维生素 B_9 又称叶酸，分子由 3 部分组成：来源于对氨基苯甲酸（PABA）的中心芳香族核心，可以被修饰的蝶呤环以及一个或多个谷氨酸的链。其生物活性形式是四氢叶酸。在工业上通常采用化学法来合成，主要是以对氨基苯甲酰 - L- 谷氨酸、三氯丙酮和 2，4，5- 三氨基 - 6- 羟基嘧啶硫酸盐为原料。目前全球叶酸的供应几乎全部来自中国，主要企业有常州牛塘化工厂有限公司、新发药业有限公司等。发酵法生产维生素 B_9 目前也在迅速发展，合成途径见图 1-4，但产量仅在 mg/L 的水平。在 *B. subtilis* 中，通过增加前体物质供应，并且阻断 5- 甲基四氢叶酸的分解代谢途径后，5-MeTHF（5- 甲基四氢叶酸）产量达到 952.05μg/L[42]。据报道，*A. gossypii*（棉阿舒囊霉）可自然合成 40μg/L 的叶酸，经代谢工程改造后可达 6595μg/L[43]。

1.5.2.10　维生素 B₁₂

维生素 B$_{12}$ 又称钴胺素，是一类含钴的咕啉类化合物的总称，羟钴胺素、氰基钴胺素、脱氧腺苷钴胺素和甲基钴胺素是维生素 B$_{12}$ 的主要存在形式。其化学合成法过于复杂且成本昂贵，故维生素 B$_{12}$ 也主要是通过微生物发酵来生产，主要通过费氏丙酸杆菌、谢氏丙酸杆菌以及脱氮假单胞菌等进行大规模的工业化生产，合成途径见图 1-4，国内生产维生素 B$_{12}$ 的发酵水平为 200 ～ 300mg/L[44]。全球维生素 B$_{12}$ 产能主要集中在中国，其中华北制药集团有限责任公司、河北华荣制药有限公司、河北玉星生物（集团）股份有限公司和宁夏金维制药股份有限公司这四家公司的产能、产量以及出口量占据全国 90% 左右。河北玉星生物连续多年均为全球最大的维生素 B$_{12}$ 生产厂商，2020—2022 年，每年实际产量（折纯）达到 60 吨，约占全球维生素 B$_{12}$ 产量的 60% 份额。

1.6　维生素行业发展概况

维生素的工业化生产始于 1934 年，当时瑞士罗氏公司是全球最大的维生素生产厂家，一度占有 40% 的世界维生素市场。进入 21 世纪，由于环保监管持续严格、打击垄断价格操纵政策等导致部分生产企业退出或关停了相关维生素的生产线。全球维生素市场经过不断的分化和整合，基本形成了帝斯曼、巴斯夫和中国企业三足鼎立的态势。我国已成为少数能生产全部种类的维生素的国家之一。

维生素行业的供给多呈寡头垄断格局。因为维生素行业的进入壁垒如技术壁垒、资金壁垒、成本壁垒和品牌壁垒均较高。据统计，常见维生素中，维生素 A、维生素 B$_7$、维生素 D$_3$ 及维生素 E 的中间体合成技术壁垒高，生产企业少，中间体的供应情况可能在较大程度上影响这 4 种维生素的生产；维生素 A、维生素 B$_1$ 及维生素 B$_7$ 本身的合成技术壁垒高，市场难有新进入者；而维生素 B$_1$、维生素 B$_5$ 及维生素 B$_9$ 合成工艺的环保壁垒高，若无高昂的环保投入，难以进入该行业。多数细分维生素种类的市场集中度较高，其中维生素 B$_1$、维生素 B$_2$、维生素 B$_6$、维生素 B$_7$ 及维生素 B$_9$ 已形成典型的寡头垄断格局，而维生素 C 呈现 5 家主要厂商掌握主要产能的格局，而由于技术壁垒较低，行业中小产能过多，产能过剩严重。

维生素行业的需求特点是下游以饲料为主，需求具备刚性特征。饲料行业占比最大，达到 48%，医药化妆品及食品饮料行业分别占比 30% 和 22%。从维生素品种看，多数维生素品种下游应用中饲料占比大于 50%，其中维生素 D$_3$、维生素 A 及维生素 B$_7$ 饲料应用占比超过 80%，而维生素 C 在饲料行业应用的占比非常小，主要应用于食品饮料行业。

维生素行业的运行特点是周期性强，寡头形成"价格同盟"。维生素行业属于周期性行业，在行业寡头垄断生产格局下，供应方对市场有极大的话语权，主要生产企业形成定价默契，尤其是市场低迷时行业内"价格同盟"强势。

1.7 类维生素简介

机体内存在一些物质，它们所具有的功效与维生素类似，通常称之为类维生素物质。还有一类物质似乎有一定的生理功能，但实际上并非维持人体正常功能所必需的，如果食物中不供给，也不会影响健康，亦无缺乏症出现。如生物类黄酮，往往与维生素 C 相伴存在，能够增强维生素 C 的生理功能，但单独存在时并不显示一定的功能。主要包括生物类黄酮、维生素 B_T（左旋肉碱）、辅酶 Q、苦杏仁苷、硫辛酸、对氨基苯甲酸（PABA）、潘氨酸、牛磺酸等。

类维生素物质种类繁杂，没有一个统一的分类标准。目前已发现的有 4 个类维生素物质都是维生素前体，其中，胡萝卜素是维生素 A 的前体，维生素 D 的前体是麦角甾醇，人体自己合成的一种脱氢胆固醇能在光照条件下转化为维生素 D。食物中如含有一定比例的维生素前体，则可以代替一部分该维生素的供给。

人体能够合成多种类维生素。人体肝脏能够合成一定的肉毒碱。硫辛酸也能够被人体合成，其具有许多 B 族维生素的功能和作用，以辅酶形式参与人体的能量代谢。

不同类型的类维生素物质的合成方式和方法也不尽相同。本书从第 16 章开始，将主要介绍类维生素如辅酶 Q_{10}、硫辛酸、生物类黄酮和维生素 B_T 的具体研究进展和行业情况。

进入 21 世纪后，人们对生物法生产维生素和类维生素领域的研究热情大增，随着生物技术领域各种技术的发展，生物法合成维生素和类维生素将会快速发展，相信维生素和类维生素将来会更多地造福于人类。

参 考 文 献

[1] 顾君华. 维生素传 [M]. 北京：中国农业科学技术出版社，2019.

[2] GB 2760—2014.

[3] 曾红颖，周海春，孙学工. 美国膳食补充剂管理概览——美国食品药品管理局食品安全与应用营养中心 [R]. 中国营养产业发展报告，2006.

[4] 王岩岩，刘林霞，金朝霞，等. 代谢工程在维生素生产中的应用及研究进展 [J]. 代谢工程学报，2021，37（5）：1748-1770.

[5] 张莲玮. 维生素行业深度报告：13 个主要维生素品种生产工艺与市场格局解析 [R].2020.

[6] 李专成. 维生素 A 合成工艺评述 [J]. 化学工程与装备，2009（2）：95-100.

[7] 任双喜，尹光琳. 三孢布拉氏霉生物合成 β- 胡萝卜素的研究—— I . 三孢布拉氏霉负菌优良菌株 SCB201 的选育 [J]. 微生物学通报，1998，25（1）：20-23.

[8] Li Y F，Lin Z Q，Huang C，et al. Metabolic engineering of *Escherichia coli* using CRISPR-Cas9 meditated genome editing [J]. Metab Eng，2015，31：13-21.

[9] Tan T W，Zhang M，Gao H. Ergosterol production by fed-batch fermentation of *Saccharomyces cerevisiae* [J]. Enzyme Microb Technol，2003，33（4）：366-370.

[10] Guo X J，Xiao W H，Wang Y，et al. Metabolic engineering of *Saccharomyces cerevisiae* for 7-dehydrocholesterol

overproduction [J]. Biotechnol. Biofuels, 2018, 11: 192.

[11] Xiu X, Sun Y, Wu Y, et al. Modular remodeling of sterol metabolism for overproduction of 7-dehydrocholesterol in engineered yeast[J]. Bioresour Technol, 2022, 360: 127572-127581.

[12] Kaiser S, Di Mascio P, Murphy M E, et al. Physical and chemical scavenging of singlet molecular oxygen by tocopherols [J]. Arch Biochem Biophys, 1990, 277 (1): 101-108.

[13] Ye Z, Shi B, Huang Y, et al. Revolution of vitamin E production by starting from microbial fermented farnesene to isophytol [J]. The Innovation, 2022, 3 (3): 100228.

[14] Meadows A L, Hawkins K M, Tsegaye Y, et al. Rewriting yeast central carbon metabolism for industrial isoprenoid production [J]. Nature, 2016, 537 (7622): 694-697.

[15] Shen B, Zhou P, Jiao X, et al. Fermentative production of vitamin E tocotrienols in *Saccharomyces cerevisiae* under cold-shock-triggered temperature control [J]. Nat Commun, 2020, 11 (1): 5155.

[16] Grober U, Reichrath J, Holick M F, et al. Vitamin K: an old vitamin in a new perspective[J]. Dermato-Endocrinol, 2014, 6: e968490.

[17] Tsukamoto Y, Kasai M, Kakuda H. Construction of a *Bacillus subtilis* (natto) with high productivity of vitamin K2 (menaquinone-7) by analog resistance [J]. Biosci Biotechnol Biochem, 2001, 65 (9): 2007-2015.

[18] Cui S X, Xia H Z, Chen T C, et al. Cell membrane and electron transfer engineering for improved synthesis of menaquinone-7 in *Bacillus subtilis* [J]. iScience, 2020, 23 (3): 100918.

[19] Gao Q, Chen H, Wang G, et al. Highly efficient production of menaquinone-7 from glucose by metabolically engineered *Escherichia coli* [J]. ACS Synthetic Biology, 2021, 10 (4): 756-765.

[20] Hancock R D, Viola R. The use of micro-organisms for L-ascorbic acid production: current status and future perspectives [J]. Appl Microbiol Biotechnol, 2001, 56 (5/6): 567-576.

[21] Hancock R D, Viola R. Biotechnological approaches for L-ascorbic acid production [J]. Trends Biotechnol, 2002, 20 (7): 299-305.

[22] 尹光琳. 维生素 C 生产技术的现状及发展趋势 [J]. 生物工程学报, 1986, 2 (4): 17-21.

[23] 尹光琳, 陶增鑫, 于龙华, 等. L- 山梨糖发酵产生维生素 C 前体 -2- 酮基 -L- 古龙酸的研究 .I. 菌种的分离筛选和鉴定 [J]. 微生物学报, 1980, 20 (2): 246-251.

[24] Kaswurm V, Pacher C, Kulbe K, et al. 2, 5-Diketo-gluconic acid reductase from *Corynebacterium glutamicum*: Characterization of stability, catalytic properties and inhibition mechanism for use in vitamin C synthesis[J]. Process Biochem, 2012, 47 (12): 2012-2019.

[25] Cardinale S, Tueros F G, Sommer M O A. Genetic-metabolic coupling for targeted metabolic engineering [J]. Cell Rep, 2017, 20 (5): 1029-1037.

[26] Fischer M, Bacher A. Biosynthesis of flavocoenzymes [J]. Nat Prod Rep, 2005, 22 (3): 324-350.

[27] EFSA Panel on Additives and Products or Substances used in Animal Feed (FEEDAP), Rychen G, Aquilina G, et al. Safety of vitamin B2 (80%) as riboflavin produced by *Bacillus subtilis* KCCM-10445 for all animal species [J]. EFSA J, 2018, 16 (3): e5223.

[28] Chand T, Savitri B. Industrial biotechnology of vitamins, biopigments, and antioxidants [M]. Weinheim: John Wiley & Sons, Ltd, 2016.

[29] 王大明. 烟酸的生物转化与提取工艺研究 [D]. 石家庄: 河北师范大学, 2012.

［30］Yocum R R，Thomas A P，Janice G P，et al. Microorganisms and processes forenhanced production of pantothenate：US 2008/0166777［P］.2008-07-10.

［31］约卡姆，帕特森，佩罗，等．用于提高泛酸产量的微生物和方法：CN1639349A［P］. 2005-07-13.

［32］Tanaka T，Tateno Y，Gojobori T. Evolution of vitamin B_6（pyridoxine）metabolism by gain and loss of genes［J］. Mol Biol Evol，2005，22（2）：243-250.

［33］Hoshino T，Ichikawa K，Nagahashi Y. Microorganism and process for preparing vitamin B_6：EP20030748039［P］. 2007-04-18.

［34］Hoshino T，Ichikawa K，Tazoe M. DNA encoding flavin-adenine-dinucleotide-dependent-D-erythronate -4-phosphate-dehydrogenase，pdxr，and microbial production of vitamin B_6：EP 20030750631［P］. 2003-09-25.

［35］Rosenberg J，Ischebeck T，Commichau F M. Vitamin B_6 metabolism in microbes and approaches for fermentative production［J］. Biotechnol Adv，2017，35（1）：31-34.

［36］Streit W R，Entcheva P. Biotin in microbes，the genes involved in its biosynthesis，its biochemical role and perspectives for biotechnological production［J］. Appl Microbiol Biotechnol，2003，61（1）：21-31.

［37］Bower S G，Perkins J B，Yocum R R，et al. Biotin biosynthesis in *Bacillus subtilis*：US 6841366［P］. 2005-01-11.

［38］Clack B A，Youngblood A B. Nucleic acid for biotin production：US 7423136B2［P］. 2005-10-19.

［39］You C，Shi T，Li Y，et al. An *in vitro* synthetic biology platform for the industrial biomanufacturing of myo-inositol from starch［J］. Biotechnol Bioeng，2017，114（8）：1855-1864.

［40］You R，Wang L，Shi C，et al. Efficient production of myo-inositol in *Escherichia coli* through metabolic engineering［J］. Microb Cell Fact，2020，19（1）：1-10.

［41］Tang E，Shen X，Wang J，et al. Synergetic utilization of glucose and glycerol for efficient myo-inositol biosynthesis［J］. Biotechnol Bioeng，2020，117（4）：1247-1252.

［42］Jägerstad M I，Jastrebova J. Occurrence，stability，and determination of formyl folates in foods［J］. J Agric Food Chem，2013，61（41）：9758-9768.

［43］Serrano-Amatriain C，Ledesma-Amaro R，López-Nicolás R，et al. Folic acid production by engineered *Ashbya gossypii*［J］. Metab Eng，2016，38：473-482.

［44］Sivakumar G，Jeong K，Lay J O Jr. Biomass and *RRR-α*-tocopherol production in *Stichococcus bacillaris* strain siva 2011 in a balloon bioreactor［J］. Microb Cell Fact，2014，13：79.

第 2 章
维生素 C

徐慧，杨伟超，高明夫，史美君，
满都拉，李嘉文
中国科学院沈阳应用生态研究所

2.1 概述

维生素 C，又名 L- 抗坏血酸（L-ascorbic acid），是人体必需的一种水溶性维生素。维生素 C 含有起电子载体作用的还原性质子，因而具有抗氧化特性，在人体胶原蛋白合成、氨基酸和胆固醇代谢、保持酶活性等方面发挥着重要的生理作用。但由于人体缺少维生素 C 合成的关键酶——L- 古洛糖酸内酯氧化酶，所以人类必须从外界摄入维生素 C。近年来，随着人们生活水平的提高和健康意识的增强，维生素 C 的全球市场需求呈稳步增加趋势。

2.1.1 维生素 C 的发现与历史

维生素 C 的发现与人类远洋航海不可分割。1519 年，葡萄牙航海家麦哲伦率领远洋船队向太平洋进发。进发 3 个月后，有的船员牙龈破了，有的船员流鼻血，有的船员浑身无力，到达太平洋时，原来的二百多人，只有三十几人活了下来。当时人们将这种疾病称为坏血病，主要症状有牙龈出血、牙齿变松、呼吸困难等。1734 年，在开往格陵兰岛的海船上，又有船员得了严重的坏血病，当时这种病无法医治，其他船员只好把他抛弃在一个荒岛上。待苏醒过来，他用野草充饥，几天后他的坏血病竟然不治而愈了。那个时期，航海旅程漫长，船员的食物主要是干面包、风干肉等，缺少新鲜蔬菜和水果。1734 年，奥地利医生克拉默服役的军队中坏血病流行，他发现患病的全是士兵，军官则没有患病的，而他注意到军官可以吃到水果和蔬菜，士兵则只能吃到面包和豆子，因此他写了一份报告，提出水果和蔬菜可以预防坏血病，但当时没有人理会他。1747 年，英国海军军医林德偶然发现了克拉默的报告，他总结了前人的经验，做了一个著名的对比试验，验证了柠檬和橘子可有效治疗坏血病，并建议海军和远征船队的船员在远航时要多吃些柠檬，他的意见最终被采纳，从此发生坏血病的概率大为降低，这在当时简直就是奇迹。然而对于这种奇迹背后的深层次原因，当时的人们却无法做出正确的解释。

直到 1928 年，匈牙利科学家阿尔伯特·圣捷尔吉（Albert Szent-Györgyi）成功地从牛的肾上腺中提取出抗氧化物质。1937 年，44 岁的圣捷尔吉因"与生物燃烧过程的相关研究，尤其是关于维生素 C 与延胡索酸的催化作用"而被授予诺贝尔生理学或医学奖（图 2-1）。正是因为维生素 C 的发现，使无数坏血病患者的生命从死亡的边缘被挽救了回来。

图 2-1　匈牙利科学家阿尔伯特·圣捷尔吉

2.1.2 维生素 C 的来源

水果和蔬菜是维生素 C 最丰富的天然来源，其中卡卡杜李（又称费氏榄仁）和卡姆果的维生素 C 浓度最高。维生素 C 也存在于一些肉类中，尤其是肝脏。维生素 C 是最广泛使用的营养补充剂，包括多种形式，如片剂、粉剂及其胶囊等。植物通常是维生素 C 的良好来源，而植物食品中的维生素 C 含量取决于植物的种类、土壤条件、气候、采摘时间、储存条件和制备方法。表 2-1 是不同植物和动物中的维生素 C 含量。

表2-1　植物和动物体内的维生素C含量

来源分类	种类	维生素 C 含量 / (mg/100g)	来源分类	种类	维生素 C 含量 / (mg/100g)	来源分类	种类	维生素 C 含量 / (mg/100g)
植物	卡卡杜李	1000～5300	植物	木瓜	60	植物	西瓜	10
	卡姆果	2800		草莓	60		香蕉	9
	刺果茶藨子	2500		柠檬	53		洋葱	7.4
	针叶樱桃	1677		菠萝	48		桃	7
	沙棘	695		羽衣甘蓝	41		胡萝卜	6
	西印度醋栗	445		哈密瓜	40		苹果	6
	山刺玫	426		大蒜	31		石刁柏（俗名芦笋）	6
	番石榴	228		树莓	30		梨	4
	黑茶藨子	200		菠菜	30		黄瓜	3
	红辣椒	190		杧果	28		茄子	2
	欧芹	130		马铃薯	20	动物	牛肝	36
	猕猴桃	90		番茄	13.7		牡蛎	30
	花椰菜	90		蔓越莓	13		鳕鱼卵	26
	抱子甘蓝	80		蓝莓	10		猪肝	23
	枸杞子	73		葡萄	10		驼奶	5
	荔枝	70		杏	10		人类母乳	4
	柿子	66		李	10		牛奶	2

绝大多数动物（不包括人和豚鼠）能自己合成维生素 C。因此，一些动物产品可作为膳食维生素 C 的来源。在动物肝脏中维生素 C 含量最高，在肌肉中含量最低。人类母乳中含有维生素 C，但其含量有限。所有过量的维生素 C 都会通过泌尿系统排出。

在某些条件下维生素 C 会发生化学分解，尤其是在食品烹饪过程中，烹饪可以使蔬菜中维生素 C 含量降低约 60%。研究表明，新切好的水果在冰箱里存放几天不会损失太多维生素 C。

2.2 维生素C的性质、作用、检测技术和应用

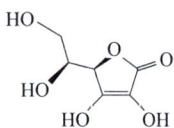

图 2-2 维生素 C 的结构式

维生素C的化学式为$C_6H_8O_6$，其结构与葡萄糖类似，在其分子中第2及第3位上两个相邻的烯醇式羟基极易解离而释放出H^+，故具有酸的性质（图2-2）。维生素C具有很强的还原性，很容易被氧化成脱氢维生素C，不过该反应是可逆的，并且抗坏血酸和脱氢抗坏血酸具有同样的生理功能，但脱氢抗坏血酸若进一步水解生成二酮古洛糖酸，则反应不可逆并完全失去生理效能。

2.2.1 维生素C的物理化学性质

性状：维生素C为白色结晶或结晶性粉末，无臭，味酸，久置颜色渐变微黄。在水中易溶，呈酸性，在乙醇中微溶，在三氯甲烷或乙醚中不溶。

酸性：维生素C分子结构中具有烯二醇结构，C2—OH由于受共轭效应影响，酸性极弱（$pK_2=11.57$），C3—OH酸性则较强（$pK_1=4.17$），故维生素一般表现为一元酸，可与碳酸氢钠作用。

旋光性：维生素C分子结构中含有2个手性碳原子，因而具有旋光性。

还原性：分子结构中的烯二醇基具有极强的还原性，易被氧化成二酮基而成为脱氢抗坏血酸，脱氢抗坏血酸在碱性溶液或强酸性溶液中可进一步水解生成二酮古洛糖酸而失去活性。

水解性：维生素C和碳酸钠作用可生成单钠盐，不发生水解，因双键使内酯环变得稳定，但在强碱溶液中，内酯环可水解，生成酮酸盐。

糖类性质：维生素C的结构与糖相似，因而具有糖类性质。

紫外吸收：维生素C分子中具有共轭双键，其稀盐酸溶液在243nm处有最大吸收，若在中性或碱性条件下，则红移至265nm。

2.2.2 维生素C的生理学作用

2.2.2.1 维生素C在动物中的生理学作用

在动物体内，维生素C的生理学作用主要体现在以下方面。①促进抗体形成。高浓度维生素C有助于食物蛋白质中的胱氨酸还原为半胱氨酸，进而合成抗体。②促进铁吸收。维生素C能使难以吸收的三价铁还原为易于吸收的二价铁，从而促进了铁的吸收。能使亚铁络合酶等的巯基处于活性状态，以便有效地发挥作用，故维生素C是治疗贫血的重要辅助药物。③促进四氢叶酸形成。维生素C能促进叶酸还原为四氢叶酸后发挥作用，故对巨幼红细胞性贫血有一定疗效。④维持巯基酶的活性。⑤体内补充大量的维生素C后，可以缓解铅、汞、镉、砷等重金属对机体的毒害作用。⑥有研究证明维生素C可以阻断致癌物 N-亚硝基化合物合成，预防癌症。⑦维生素C可通过逐级供给电子而转变为半脱氢抗坏血酸

和脱氢抗坏血酸的过程清除体内超氧负离子自由基（$O_2^{-\cdot}$）、有机自由基（$R^{\cdot}$）和有机过氧基（$ROO^{\cdot}$）等自由基。

2.2.2.2　维生素 C 在植物中的生理学作用

在植物体内，维生素 C 的生理学作用主要体现在以下几个方面。①维生素 C 是一种水溶性高活性抗氧化剂，直接参与有氧代谢过程中活性氧的去除使植物免受自由基侵害。②维生素 C 同时还能维持脂溶性抗氧化剂——维生素 E 的还原状态，从而保护机体和正常代谢免受氧化胁迫造成的伤害。因此，维生素 C 可以帮助植物延缓衰老和抵抗逆境，如干旱、盐胁迫、臭氧和紫外线等。③维生素 C 直接调节植物细胞的分裂生长和伸长，调控细胞壁的代谢与膨大。④维生素 C 参与许多植物的新陈代谢过程，如乙烯、赤霉素、花青素、维生素 E 合成等多条代谢途径，在其中充当辅助因子。

2.2.3　维生素 C 的分析检测技术

目前，定量测定维生素 C 的方法较多，依据测定原理，主要将其归纳为化学法、光谱法、色谱法等。

（1）化学法

通常是指还原型或氧化型维生素 C 与特定化合物发生化学反应，并使反应体系发生颜色变化，通过观测颜色变化来对维生素 C 进行定量测定。化学法对检测设备要求低，操作简单，但测定过程易受样品中其它还原性物质、背景颜色等因素的干扰。以下列举了较为常用的测定维生素 C 的化学法。

① 2,6- 二氯靛酚滴定法。2,6- 二氯靛酚在酸性溶液中呈现淡红色，被还原型维生素 C 还原后淡红色随即消失。据此，利用标准 2,6- 二氯靛酚溶液滴定样品中的还原型维生素 C。在一定范围内，标准 2,6- 二氯靛酚溶液的用量与还原型维生素 C 的含量成正比。

② 碘滴定法，又称碘量法。该方法是维生素 C 检测的国家标准之一。在酸性环境中，利用标准碘溶液滴定样品中还原型维生素 C 时，碘被维生素 C 还原为碘离子，而无法使指示剂（淀粉）呈现蓝色；当样品中的还原型维生素 C 全部被碘氧化时，继续滴加碘标准液会使指示剂由无色转变成蓝色，即为滴定终点。通过碘标准溶液的用量可计算出还原型维生素 C 的含量。

③ 钼蓝比色法。在酸性环境中，偏磷酸与磷钼酸盐反应生成磷钼酸，后者经还原型维生素 C 还原生成钼蓝络合物，其含量与还原型维生素 C 含量成正比，通过测定钼蓝络合物吸光度可确定样品中还原型维生素 C 含量。该法不易受样品颜色的影响，但钼蓝络合物的最大吸收波长在不同研究中有所差异，需进一步优化。

④ 固蓝盐法。固蓝盐与还原型维生素 C 作用生成黄色化合物，该过程同样需要在酸性介质中完成。通过测定黄色化合物吸光度，可计算出样品中还原型维生素 C 的含量。

⑤ 2,4- 二硝基苯肼法。该法可用于总维生素 C 含量的测定。样品中还原型维生素 C 经活性炭作用被氧化，随后与 2,4- 二硝基苯肼生成红色脎。在硫酸溶液中，红色脎的含量与总维生素 C 含量成正比，同样可通过测定红色脎的吸光度确定样品中总维生素 C 的含量。

（2）光谱法

利用维生素 C 自身或与特定化合物作用生成的产物所具有的光学性质对维生素 C 进行定量测定。主要包括紫外分光光度法、红外漫反射光谱法、荧光法和原子吸收分光光度法。

① 紫外分光光度法[1]。利用还原型维生素 C 在紫外区具有最大吸光度的特点，直接对样品中的维生素 C 进行测定。该方法测定便捷，但易受背景物质的干扰。可通过测定还原型维生素 C 被氧化前后的吸光度变化来减少干扰。

② 红外漫反射光谱法。基于在近红外光谱区获得的分子中 C—H 键、O—H 键的信息计算维生素 C 含量。该方法的优点在于不需要对样品中维生素 C 进行提取即可直接检测，但光谱图信息的分析过程较为繁琐。此外，也有利用中红外光谱区测定维生素 C 的方法。

③ 荧光法。该法适用于测定总维生素 C 的含量。利用活性炭先将还原型维生素 C 氧化，随后与邻苯二胺结合生成具有荧光的喹喔啉，荧光强度在一定范围内与维生素 C 的含量成线性关系。活性炭的预处理过程可能对测定结果有较大影响。

④ 原子吸收分光光度法。这是一种间接测定维生素 C 的方法。维生素 C 在酸性介质中将硫酸铜中的 Cu^{2+} 还原为 Cu^+，后者与硫氰酸铵反应生成硫氰酸铜沉淀。沉淀经硝酸溶解后，采用原子吸收法测定铜含量，从而推算出维生素 C 的含量。

（3）色谱法

一般指高效液相色谱法。该方法是药品、食品等中的维生素 C 含量检测的国家标准之一。色谱法利用样品中各组分在流动相与固定相中分配系数的不同实现分离，再使各组分分别进入检测器（维生素 C 的测定采用紫外检测器），避免了不同组分间的相互干扰。色谱法是目前国内外应用最为广泛的分析和测定维生素 C 的方法，检测结果的可靠性也普遍被认同。采用 L- 半胱氨酸、二硫苏糖醇或三（2- 羧乙基）膦盐酸盐作为氧化型维生素 C 的还原剂，可分别测定样品中的还原型维生素 C 和总维生素 C 的含量。此外，也可采用气相色谱 - 质谱联用法以及离子排斥色谱法测定维生素 C，但应用实例较少[2]。

除上述方法外，还有电位滴定法、电化学法、示波溴量法、酶法、流动注射化学发光法等。从整体上看，维生素 C 的检测方法繁多，当对检测结果要求相对宽泛时，可采用化学法，若对结果有严格要求，且样品数量较多时，色谱法仍然是目前最为适合的检测手段。

2.2.4　维生素 C 的应用和市场

全球每年工业生产 15 万～ 18 万吨维生素 C，主要用于制药工业（约 50%），其次是作为抗氧化剂用于食品产业（约 25%）和饮料产业（约 15%）。只有大约 10% 的维生素用于动物饲料，这与主要应用在饲料领域的其他维生素形成了鲜明对比。目前，中国维生素 C 生产商满足了当今世界几乎全部的维生素 C 需求。但是，在 20 世纪 50 年代末，中国的维生素 C 产能只有 30t/a，东北制药集团股份有限公司引进国外的"莱氏法"率先尝试生产维生素 C。当时，罗氏、巴斯夫、默克和武田制药等大型制造商控制着维生素 C 的全球供应。到 20 世纪 90 年代初，26 家中国制造商生产的维生素已经占据了世界维生素 C 市场的三分之一。认识到这一威胁后，国外老牌生产商通过几轮大幅降价，试图阻止中国企业进一步进入市场。到 2002 年，只有 4 家中国制造商幸存下来，当年的价格也创下了历史新低。维生素 C 的价格经过 2003 年和 2004 年上半年的短暂回升，多年来一直保持在 4 美元 /kg 以下的低水平。这导致大多数西方公司放弃了维生素 C 的生产。2008 年，维生素 C 价格飙升至 10 美元 /kg 以上，部分原因是粮食原料价格上涨，但也因为石家庄的两家中国维生素 C 工厂即将停产。高价格一直持续到 2010 年年中，当时中国山梨醇的主要生产商山东天力药业有限公司宣布进入维生素 C 市场。目前，中国维生素 C 生产领先的制药企业包括：东北制药集团股份有限公司、鲁维制药集团有限公司、山东天力药业有限公司、石药集团维生药业（石家庄）有限公司、内蒙古华北制药华凯药业有限公司、浙江新和成股份有限公司、宁夏启元药业有限公司、安徽丰原集团有限公司、帝斯曼江山制药（江苏）有限公司等。可以说目前国际市场上的维生素 C 原粉均来自中国。经过 20 年的激烈价格战，荷兰帝斯曼公司在苏格兰工厂生产的 Quali-C 维生素 C 产品成为国际市场上保留下来的唯一的西方维生素 C 产品，且因为定位于高端市场，受大宗维生素 C 产品价格波动影响较小。

相对于国际市场，国内市场对维生素 C 需求则相对较低。内需、外需的占比极不平衡，外需出口占全国产能的 90% 以上，内需仅占不到 10%。究其原因，欧美国家对维生素 C 的研究和应用历史较长，公众对维生素 C 的认知程度较高，有一半以上的人群长期服用。而我国消费者受传统文化影响，倾向于从食物中获取维生素 C，长期积淀的消费观念在一定程度上制约着我国维生素 C 国内需求的发展。但从另一个角度来看，由于人口众多、人均摄入量较低，中国维生素 C 市场的上升空间是非常值得期待的。

开发高附加值的维生素 C 衍生物是维生素 C 生产企业提高竞争力的途径之一，也是拓展维生素 C 应用领域的重要方向。罗氏公司生产了维生素 C 钠晶体、维生素 C 钙、维生素 C 磷酸酯镁等品种，这些产品售价远远高于单纯的维生素 C 产品。我国也有厂家在研究开发维生素 C 衍生物，如河北维尔康制药有限公司和鲁维制药集团有限公司就已经开始研发甚至成规模地生产包衣维生素 C、维生素 C 钠盐、维生素 C 钙盐、维生素 C 口含片等系列维生素 C 产品。

随着人们生活水平的日益提高，维生素 C 在人们日常生活中的需求量将会越来越大，涉及的领域也会越来越广。罗氏公司及有关专家预测，世界市场对维生素 C 的需求，在今后五十年内仍将呈上升趋势。另外，随着国内市场对维生素 C 认识的不断深入，国内对维生素 C 的需求量将会和美国、日本等发达国家比肩。可见，维生素 C 的发展前景是相当广阔的。

2.3　维生素 C 的合成方法

自从人们意识到维生素 C 的各种有益作用后，便开展了对其提取与合成的研究工作，此后维生素 C 的产量逐年增加，合成方法也不断被改进。维生素 C 的生产方法从最开始的从食物中提取，发展到化学 - 生物合成法（化学合成为主）和如今应用广泛的生物发酵法。

2.3.1   浓缩提取法

二十世纪二三十年代，人们对于维生素 C 的结构、性质尚不清楚，获取其产品的途径只是经验性地由富含"还原性因子"的生物组织，如柠檬、胡桃、野蔷薇、辣椒、肾上腺等提取获得 [3]。此法生产成本高、产量有限，远远不能满足人们日益增长的需求。

2.3.2   化学 – 生物合成法

由于从植物中提取维生素 C 的方法已经满足不了人们日益增加的需求。1933 年德国化学家 Reichstein 等以普通易得的 D- 葡萄糖为原料，在高温高压下将其加氢还原成 D- 山梨醇，然后用醋酸菌发酵将其转化成 L- 山梨糖，再经过酮化和化学氧化，水解得到 2- 酮基 -L- 古龙酸（2-KLG 或 2KGA），最后经盐酸酸化得到维生素 C。此方法后来被称为"莱氏法"。"莱氏法"的工艺流程主要包括以下五个步骤：

① D- 葡萄糖在高温高压和镍催化作用下，加氢还原成 D- 山梨醇；

② D- 山梨醇经微生物，如生黑葡萄糖酸杆菌（*Gluconobacter melanogenus*）或弱氧化醋酸杆菌（*Acetobacter suboxydans*）发酵转化为 L- 山梨糖；

③ L- 山梨糖在丙酮和硫酸的作用下，经酮化生成双丙酮 -L- 山梨糖，再用苯或甲苯提取，提取液除去单酮山梨糖后，蒸去溶剂而后分离出双酮糖；

④ 双酮糖在铂催化下经高锰酸钠氧化，再水解生成 2- 酮基 -L- 古龙酸；

⑤ 2- 酮基 -L- 古龙酸通过烯醇化和内酯化，在酸性或碱性条件下，转化生成维生素 C。

"莱氏法"的反应途径见图 2-3。

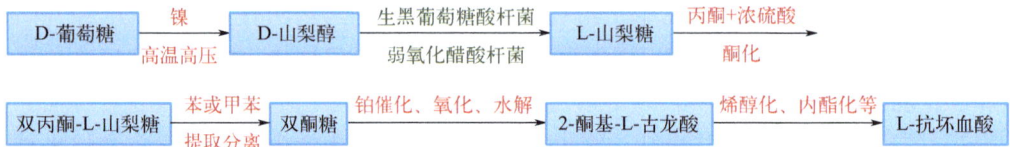

图 2-3   "莱氏法"工艺反应途径

"莱氏法"工艺的应用大大提高了维生素 C 的产量。但从 D- 山梨醇到维生素 C 的总收率仅为 15% ～ 18%。经过工艺不断优化，总收率可达到 60% ～ 65%。由于葡萄糖为大宗原料，中间体（尤其是双丙酮 -L- 山梨糖）的化学性质稳定，工艺流程的不断改进，产品质量好、收率较高，"莱氏法"曾经是发达国家公司生产维生素 C 的主要方法，包括瑞士罗氏公司（2003 年 1 月维生素业务转让给荷兰帝斯曼公司）、日本武田、德国巴斯夫和默克公司等。但是在技术进步和人们环保意识提高后，"莱氏法"的弊端逐渐显现：生产工序复杂落后，工艺路线较长，较难连续化操作，劳动强度大，收率较低，耗费大量有毒、易燃化学药品，造成严重的环境污染 [4]。因此，"莱氏法"已越来越不能适应日益扩大的维生素 C 工业生产的要求。

自 20 世纪 60 年代以来，各国科研人员对"莱氏法"工艺进行了大量的改进研究工作，试图简化方法或以生物氧化法替代以化学合成为主的"莱氏法"，现在许多重要研究成果已经在实际生产中得到应用，并最终由生物发酵法完全替代了化学 - 生物合成法。

2.3.3 生物发酵法

随着生命科学的不断发展，各国科学家对微生物发酵生产维生素 C 做了大量研究。在理论上先后提出了 L- 山梨糖途径、D- 山梨醇途径、2- 酮基 -D- 葡萄糖酸途径、L- 艾杜糖酸途径、2,5- 二酮基 -D- 葡萄糖酸途径、D- 葡萄糖途径等利用微生物发酵生产维生素 C 前体 2- 酮基 -L- 古龙酸的途径（图 2-4），以期通过生物发酵法来简化"莱氏法"，达到降低成本、提高产量的目的。

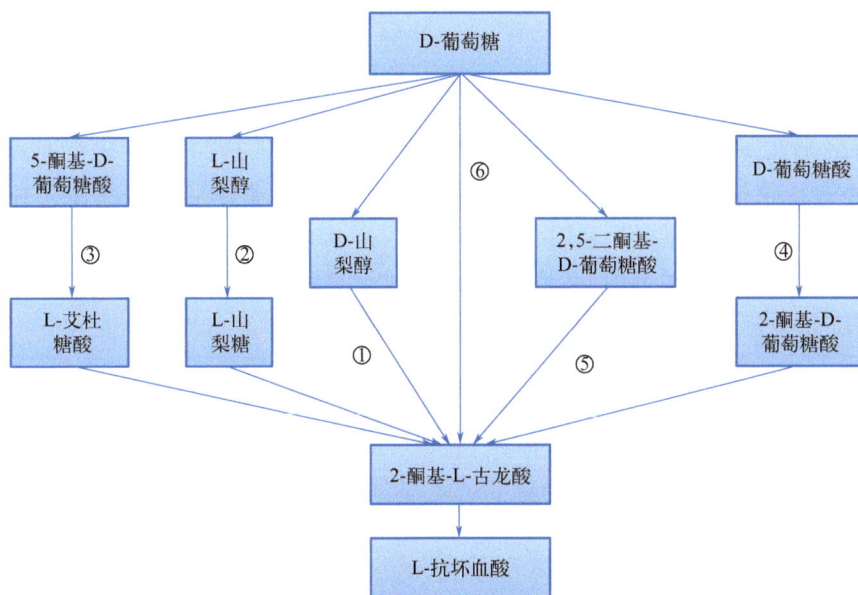

图 2-4　由 D- 葡萄糖生成 2-KGA 的代谢途径

①D- 山梨醇途径；②L- 山梨糖途径；③L- 艾杜糖酸途径；④2- 酮基 -D- 葡萄糖酸途径；⑤2,5- 二酮基 -D- 葡萄糖酸途径；⑥D- 葡萄糖途径

① D- 山梨醇途径：由 D- 葡萄糖高压加氢还原成 D- 山梨醇，再利用醋酸杆菌（*Acetobacter* spp.）或假单胞菌（*Pseudomonas* spp.）发酵产生 2- 酮基 -L- 古龙酸。但该途径的产量很低，无实用价值。

② L- 山梨糖途径：从 L- 山梨醇发酵生成 L- 山梨糖，再经过发酵转化生成 2- 酮基 -L- 古龙酸，即"二步发酵法"。其中由 L- 山梨醇先转化为 L- 山梨糖，再由 L- 山梨糖转化为 2- 酮基 -L- 古龙酸。我国在 20 世纪 70 年代发明的"两步发酵法"即此途径。

③ L- 艾杜糖酸途径：从 D- 葡萄糖氧化生成 D- 葡萄糖酸，先经过弱氧化醋酸杆菌氧化生成 5- 酮基 -D- 葡萄糖酸，然后利用梭杆菌（*Fusobacterium* spp.）还原或加氢反应生成 L- 艾杜糖酸，再经过细菌氧化产生 2- 酮基 -L- 古龙酸。该途径虽然每一步的转化率都很高，但是由于步骤繁多无实用价值。

④ 2- 酮基 -D- 葡萄糖酸途径：从 D- 葡萄糖氧化生成 D- 葡萄糖酸，再经发酵产生 2- 酮基 -D- 葡萄糖酸，最后再由棒状杆菌（*Corynebaterium* spp.）或短杆菌（*Brevibacterium* spp.）转化生成 2- 酮基 -L- 古龙酸。由于从 20 世纪 70 年代中期开展了 2,5- 二酮基 -D- 葡萄糖酸途径的研究，这条途径也早已无实用意义。

⑤ 2,5- 二酮基 -D- 葡萄糖酸途径：即从 D- 葡萄糖开始的 D- 葡萄糖串联发酵途径。由氧化葡萄糖酸杆菌或欧文氏菌属（*Erwinia* spp.）菌株将 D- 葡萄糖氧化成 2,5- 二酮基 -D- 葡萄糖酸，再由棒状杆菌属或短杆菌属将其转化成 2- 酮基 -L- 古龙酸[5]。这一方法最突出的优点是绕开了在 5.1 ～ 6.1MPa、120 ～ 150℃条件下对 D- 葡萄糖高压加氢制备 D- 山梨醇。20 世纪 70 年代中期的"葡萄糖串联发酵法"就是根据此途径发明的。

⑥ D- 葡萄糖途径：该途径是把"葡萄糖串联发酵法"的两株菌欧文氏菌属和棒状杆菌属的相关特性结合到一株菌中，构建"基因工程菌"，从 D- 葡萄糖直接发酵产生 2- 酮基 -L- 古龙酸[6]。

2.3.3.1　两步发酵法

"两步发酵法"首先是由美国的 Tengerdy[7] 和 Huang[8] 于 20 世纪 60 年代提出来的，但最初菌种的转化率很低。望月一男[9] 采用诱变技术处理并筛选菌系使转化率提高到46%。"两步发酵法"的原理是利用两步微生物发酵实现从 L- 山梨醇到 2- 酮基 -L- 古龙酸的转化。第一步发酵是由生黑葡萄糖酸杆菌等完成，第二步是由氧化葡萄糖酸杆菌[10] 和芽孢杆菌属的细菌混合发酵完成。"两步发酵法"的生产工艺流程如图 2-5 所示。

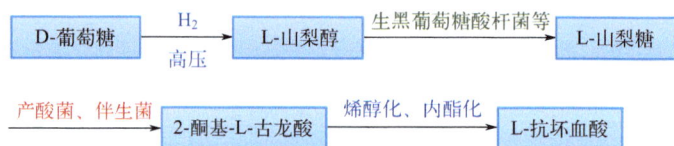

图 2-5　L- 山梨糖发酵途径

这种"两步发酵法"是由中国科学院微生物研究所、北京制药厂和东北制药集团股份有限公司合作，在 20 世纪 70 年代发明的[11]。以尹光琳、陶增鑫、严自正、宁文珠为核心的研发团队从 5327 株细菌中筛选到能利用 L- 山梨糖产生 2- 酮基 -L- 古龙酸的优良菌株N1197A。在用 N1197A 菌株进行发酵条件实验过程中，从平皿中发现有颜色与外观较为接近而大小明显不同的两种菌株，并证实只有两种菌在一起混合培养时，才能正常产生 2- 酮基 -L- 古龙酸。N1197A 大菌落细菌为杆状，端圆，革兰氏染色阴性，无芽孢，单个或成对排列，0.4μm×（1.0 ～ 1.8）μm。根据其生理生化特征，按照《伯杰细菌鉴定手册》鉴定为条纹假单胞杆菌（*Pseudomonas striata*）。小菌落细菌为椭圆至短棒状，革兰氏染色阴性，无芽孢，（0.5 ～ 0.7）μm×（0.6 ～ 1.2）μm，单个或成对排列。菌落呈圆点状，表面微凸起，边缘整齐，无色透明。进一步对其进行了生理生化特征研究，根据《伯杰细菌鉴定手册》，小菌落菌株被鉴定为氧化葡萄糖酸杆菌。此后经国内许多厂家不断改进，自 1976 年 6 月通过中试鉴定后，该法已逐渐在全国范围内推广使用。1988 年，宁文珠等成功地以巨大芽孢杆菌（*Balillus megaterium*）替代了条纹假单胞杆菌作为氧化葡萄糖酸杆菌的伴生菌，经过多方面研究，发酵时间缩短到 48h 左右，转化率达 79.5%。目前能够作为伴生菌的菌种有蜡样芽孢杆菌（*B. cereus*）、苏云金芽孢杆菌（*B. thuringiensis*）、枯草芽孢杆菌（*B. subtilis*）、地衣芽孢杆菌（*B. licheniformis*）等。目前，国内所有维生素 C 生产
厂家，均采用"两步发酵法"（图 2-6）。与"莱氏法"相比较，该法不仅大大简化了工艺
流程，避免了有毒化学药品的使用，而且该工艺的维生素 C 总收率获得了大幅度提高。目前，
随着维生素 C 生产企业在设备上的更新换代和发酵参数上的精准控制，在工业大生产中，
第一步发酵（从山梨醇至山梨糖）山梨醇至山梨糖的转化率达 99%；第二步发酵（从山梨
糖至 2- 酮基 -L- 古龙酸）的终点 2- 酮基 -L- 古龙酸浓度可达 130mg/mL，山梨糖至 2- 酮基 -L-
古龙酸的转化率达 93% 左右。可见，与"莱氏法"相比较，"两步发酵法"在转化效率、
生产成本和环保排放方面有着巨大优势，最后彻底替代了"莱氏法"。

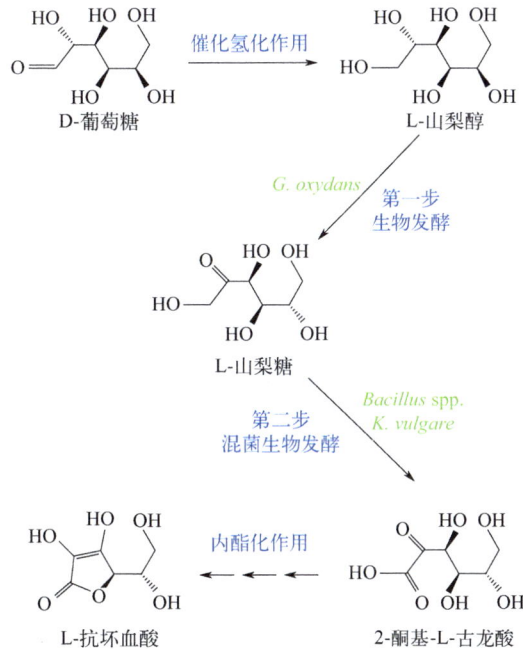

图 2-6　维生素 C 的两步发酵法

　　然而，随着生产成本不断攀升和环保要求日益趋严，沿用了近 50 年的"两步生物发酵法"
亟待革新生产技术和工艺。

　　维生素 C 两步发酵法的显著特征是其第二步发酵为两种菌的混合发酵。一种菌为产酸菌，
俗称小菌 [如普通生酮基古龙酸菌（*Ketogulonicigenium vulgare*）]，可将 L- 山梨糖转化为 2-
酮基 -L- 古龙酸，但其单独培养困难，转化效率极低。另一种菌为伴生菌，俗称大菌 [如巨
大芽孢杆菌（*Bacillus megaterium*）]，不能转化合成 2- 酮基 -L- 古龙酸，但能提供促进产酸
菌生长和催化产酸的伴生物质，从而大幅度提升产酸菌的发酵效率。这种产酸菌对伴生菌高
度依赖的混菌发酵模式，存在两菌间营养和空间竞争等固有问题，是当前阻碍发酵效率进一
步提升的瓶颈。

2.3.3.2　葡萄糖串联发酵法

　　采用能够氧化 D- 葡萄糖积累 2, 5- 二酮基 -D- 葡萄糖酸和还原 2, 5- 二酮基 -D- 葡萄糖酸

生成 2- 酮基 -L- 古龙酸的菌株进行串联发酵即葡萄糖串联发酵法，也称"新两步发酵法"（图 2-7）。首先，葡萄糖经第一步反应氧化得到 2,5- 二酮基 -D- 葡萄糖酸（2,5-DKG）；然后 2,5-DKG 再经第二步反应还原为 2- 酮基 -L- 古龙酸。能够完成第一步转化作用的菌株包括葡萄糖酸杆菌属、假单胞菌属、杆菌属、醋酸杆菌属、醋酸单胞菌属（Acetomonas）、欧文氏菌属等中的某些菌株。Sonoyama 等[12]报道了一系列的菌株可以完成从 2,5- 二酮基 -D- 葡萄糖酸到 2- 酮基 -L- 古龙酸的转化：短杆菌（Brevibacterium spp.）、节杆菌（Arthrobacter spp.）、微球菌（Micrococcus spp.）、葡萄球菌（Staphylococcus spp.）、假单胞菌（Pseudomonas spp.）和芽孢杆菌（Bacillus spp.）。"新两步发酵法"省掉了从 D- 葡萄糖加氢生成 L- 山梨醇的步骤，大大简化了"莱氏法"的工艺程序，很有应用前途。但是该方法在生产上还存在许多问题，如中间产物 2,5- 二酮基 -D- 葡萄糖酸不稳定，且在代谢途径上需经一个比 2- 酮基 -L- 古龙酸氧化态更高的 2,5- 二酮基 -D- 葡萄糖酸还原生成 2- 酮基 -L- 古龙酸，因此效率较低，成本高。2,5- 二酮基 -D- 葡萄糖酸到 2- 酮基 -L- 古龙酸转化是由 2,5- 二酮基 -D- 葡萄糖酸还原酶催化完成的。

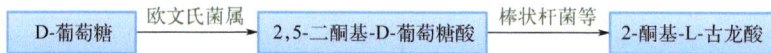

| D-葡萄糖 | 欧文氏菌属 → | 2,5-二酮基-D-葡萄糖酸 | 棒状杆菌等 → | 2-酮基-L-古龙酸 |

图 2-7   2,5- 二酮基 -D- 葡萄糖酸发酵途径

2.3.3.3   一步发酵法

通过基因工程方法将棒状杆菌的 2,5- 二酮基 -D- 葡萄糖还原酶转化到能够利用 D- 葡萄糖生成 2,5- 二酮基 -D- 葡萄糖的菌中，并成功表达，实现了一步发酵法合成 2- 酮基 -L- 古龙酸，也称作 2- 酮基 -L- 古龙酸途径（图 2-8）。1985 年，Anderson 在 Sonoyama 等在串联发酵的基础上，通过基因工程方法将一株棒杆菌中的 2,5- 二酮基 -D- 葡萄糖酸还原酶（2,5-DKG 还原酶）基因重组到能转化 D- 葡萄糖积累 2,5- 二酮基 -D- 葡萄糖酸的草生欧文氏菌（Erwinia herbicola）中，并成功表达，从而获得了一步转化菌株，该菌株可直接氧化 D- 葡萄糖生成 2- 酮基 -L- 古龙酸。建立在葡萄糖串联发酵基础上的一步发酵法，其关键酶是 2,5-DKG 还原酶，目前大部分研究都集中在该还原酶上。该酶的最适 pH 范围为 5.0～8.0，在 35℃时稳定性最高。2-KLG 对其有微弱的抑制性，而 Mg^{2+}、Ca^{2+}、SO_4^{3-} 和 Cl^- 等对其有较强的抑制性。所以实际应用中应该避免使用这些离子[13]。

图 2-8   用重组菌株实现由 D- 葡萄糖到 2- 酮基 -L- 古龙酸的"一步发酵法"

采用构建基因工程菌的一步发酵法，简化了工艺，节约了能源。林红雨等筛选欧文氏菌属和棒状杆菌属两者的 35 个融合子，约 40% 能转化葡萄糖为 2- 酮基 -L- 古龙酸。目前，因为转化率较低，"一步发酵法"离实际应用还有一段距离，但这为未来维生素 C 发酵技术研究开辟了一条新道路。

2.3.4　自然界中维生素 C 的生物合成与代谢途径

2.3.4.1　植物中维生素 C 合成与代谢途径

维生素 C 可以参与人体内胶原蛋白、细胞间基质和神经递质等物质的生物合成，增强人体免疫系统的功能性。维生素 C 与皮质类固醇、硫胺素联合使用，可以治疗由败血病引发的器官功能性障碍。它还是多种重要生化过程中的辅酶因子，如对铁离子的吸收等。Hemild 和 Angelique[14] 在 2021 年提出将维生素 C 纳入新冠病毒治疗方案的想法。Cerullo 等[15] 等研究也得出了相似的结论。近几年，使用高剂量维生素 C 治疗癌症的观点受到了热议。Blaszczak 等[16] 就维生素 C 对癌细胞产生作用的三个靶点进行分析与讨论，分别是氧化还原失衡、表观遗传重编程和氧气感应系统调节，为维生素 C 治疗癌症的临床试验提供了理论依据。维生素 C 是人体必需的水溶性维生素，但由于人体内缺少合成维生素 C 的关键酶——L- 古洛糖内酯氧化酶，所以只能通过食用富含维生素 C 的蔬菜、水果或者工业合成的维生素 C 的产品的方式补充人体所需的维生素 C。

在植物体内，维生素 C 可以作为功能酶的辅助因子，参与植物脱落酸、赤霉素以及植物激素（乙烯）等的合成过程[17]。植物维生素 C 可以通过调节植物脱落酸、水杨酸、茉莉酸等抑制植物生长发育的信号分子水平，进而达到促进植物生长和代谢的作用[18]。维生素 C 对植物的光合作用也存在一定影响。维生素 C 可以参与植物叶黄素循环，保护植物免受光抑制，延缓叶片衰老[19]。

美国营养学会与中国营养学会推荐的成人每日维生素 C 摄入量分别是 90mg 和 100mg。血液中维生素 C 含量长时间低于 10μmol/L 将会引起维生素 C 缺乏症，即坏血病。轻者会有牙龈出血、伤口愈合受损或贫血等症状；重者会导致抑郁，甚至死亡。由于人体内缺乏合成维生素 C 的关键酶（即 L- 古洛糖内酯氧化酶），所以需要通过食用蔬菜、水果或者工业合成的维生素 C 产品来补充维生素 C。有研究表明，虽然工业合成的维生素 C 与植物源维生素 C 从结构上并没有区别，但蔬菜和水果中的微量成分会提高维生素 C 在人体内的生物利用率[20, 21]。所以提高植物的维生素 C 含量是植物学和农业科学领域的一个重要研究内容。

综合现有文献的研究结论，我们总结出高等植物中存在四种维生素 C 合成代谢途径，分别为 L- 半乳糖（L-galactose）途径、肌醇（Myo-inositol）途径、L- 古洛糖（L-gulose）途径以及 D- 半乳糖醛酸（D-galacturonic acid）途径（图 2-9）[22-24]。

（1）L- 半乳糖途径

L- 半乳糖途径是高等植物中维生素 C 生物合成最主要的途径，由 Smirnoff 和 Wheeler 等在 1998 年发现。目前，该途径具体合成过程已经明确：从 D- 葡萄糖 -6- 磷酸开始，经过 D-6- 磷酸果糖、D-6- 磷酸甘露糖、GDP-D- 甘露糖、GDP-L- 半乳糖、L- 半乳糖和 L- 半乳糖 -1, 4-

内酯等中间产物，通过 9 个酶：葡萄糖 -6- 磷酸异构酶（PGI）、甘露糖 -6- 磷酸异构酶（PMI）、甘露糖磷酸变位酶（PMM）、GDP-D- 甘露糖焦磷酸化酶（GMP）、GDP- 甘露糖 -3′,5′ - 差向异构酶（GME）、GDP-L- 半乳糖磷酸化酶（GGP）、L- 半乳糖 -1- 磷酸化酶（GPP）、L- 半乳糖脱氢酶（GalDH）和 L- 半乳糖酸 -1,4- 内酯脱氢酶（GalLDH）催化的 9 步反应合成维生素 C[25]。

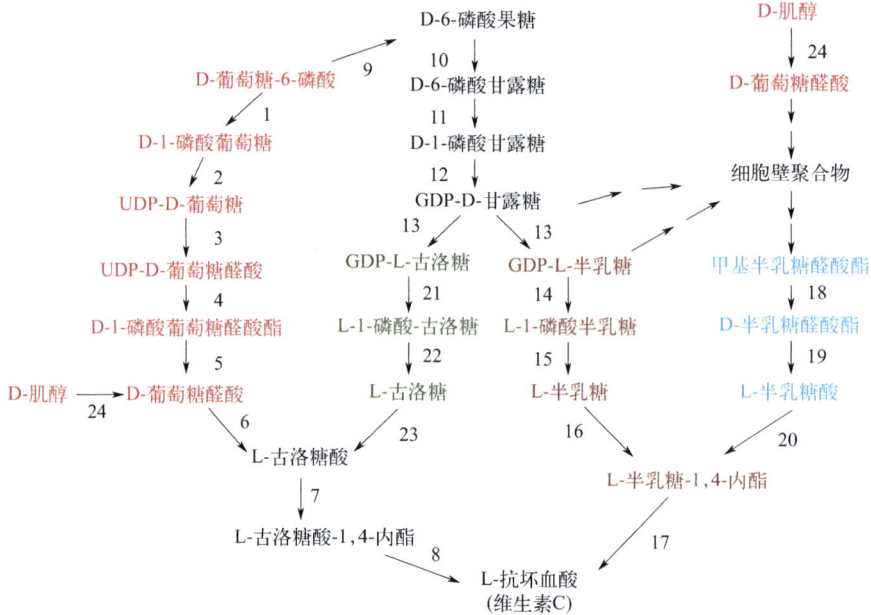

图 2-9　植物体内维生素 C 的合成途径

1—PGM，葡萄糖磷酸变位酶；2—UDP，UDP 葡萄糖焦磷酸化酶；3—UDP-GluDH，UDP 葡萄糖脱氢酶；4—葡萄糖醛酸 -1-磷酸尿苷酰转移酶；5—葡萄糖醛酸激酶；6—GluUR，D- 葡萄糖醛酸还原酶；7—醛糖酸内酯酶；8—GLO，L- 古洛糖酸 -1,4-内酯氧化还原酶；9—PGI，葡萄糖 -6- 磷酸异构酶；10—PMI，甘露糖 -6- 磷酸异构酶；11—PMM，甘露糖磷酸变位酶；12—GMP，GDP-D- 甘露糖焦磷酸化酶；13—GME，GDP- 甘露糖 -3′ 5′ - 差向异构酶；14—GGP，GDP-L- 半乳糖磷酸化酶；15—GPP，L- 半乳糖 -1- 磷酸化酶；16—GalDH，L- 半乳糖脱氢酶；17—GalLDH，L- 半乳糖酸 -1,4- 内酯脱氢酶；18—甲基酯酶；19—GalUR，D- 半乳糖醛酸还原酶；20—醛缩内酯酶（待验证）；21—磷酸二酯酶（待验证）；22—糖磷酸化酶（待验证）；23—GulDH，古洛糖脱氢酶；24—MIXO，肌醇氧化酶

　　研究发现，L- 半乳糖途径存在于拟南芥、胡萝卜、萝卜等大多数植物之中，是被广泛认可的维生素 C 合成途径[26,27]。在 L- 半乳糖途径中，GPP 是催化生产 L- 半乳糖的关键酶。当猕猴桃中的 *GPP* 基因在番茄、草莓中过量表达，和对照组相比，番茄中维生素 C 含量增加了 3 ～ 6 倍，草莓中维生素 C 含量增加了 2 倍[28-30]。在烟草和拟南芥等模式植物中，通过反义 RNA 方法对 L- 半乳糖途径中的基因进行研究后发现，植物体内维生素 C 积累下降[31,32]。

（2）肌醇途径

　　2004 年，Lorence 等从拟南芥的 4 号染色体中鉴定出一个肌醇氧化酶基因（*MIXO4*），和野生型相比，过量表达 *MIXO4* 的拟南芥中维生素 C 含量升高 2 ～ 3 倍。在肌醇途径中，首先 D- 肌醇在肌醇氧化酶（Myo-inositol oxygenase，MIXO）的作用下生成 D- 葡萄糖醛酸（D-glucuronate），这步反应被认为是肌醇途径中的关键反应。随后，D- 葡萄糖醛酸在 D- 葡萄糖醛酸还原酶（glucuroate reductase，GluUR）的催化下生成 L- 古洛糖酸（L-gulonic acid）。在醛糖酸内酯酶（aldono lactonase）的内酯化作用下，L- 古洛糖酸转化为 L- 古洛糖酸 -1, 4- 内酯。L- 古洛糖 -1, 4- 内酯是合成维生素 C 的前体物质。最后，L- 古洛糖酸 -1, 4- 内酯氧化还原酶（GLO）以 L- 古洛糖酸 -1, 4- 内酯为底物，催化合成维生素 C[33, 34]。

（3）L- 古洛糖途径

L- 古洛糖酸 -1, 4- 内酯(L-GulL)本来是维生素 C 在动物体内合成途径中重要的中间物质，但在 1999 年 Davey 等在植物中也检测到了它的存在。因此，建立了一条与动物相关的新维生素 C 合成途径。合成途径为 GDP-D- 甘露糖在 3′ 差向异构化反应下，经过 GME 催化后转化生成 GDP-L- 半乳糖，同时，在 5′ 差向异构化反应下，经过 GME 催化生成 GDP-L- 古洛糖。在 L- 半乳糖途径基础上，GDP-L- 古洛糖的生成标志着 L- 古洛糖途径的出现。经过一系列反应后，GDP-L- 古洛糖分别转化生成 L- 古洛糖和 L- 古洛糖酸 -1, 4- 内酯（L-GulL）。最后，L- 古洛糖酸 -1, 4- 内酯在 GLO 的作用下合成维生素 C。通过质谱分析技术研究发现，L- 古洛糖酸 -1, 4- 内酯存在于拟南芥之中[35]。在烟草中过量表达拟南芥 *AtGuLO2*、*AtGuLO3*、*AtGuLO5*，能够显著提高转基因烟草中维生素 C 的积累[36,37]。另外，将小鼠 *GulLO* 在马铃薯中过量表达也能促进维生素 C 在马铃薯中的合成，同时增加了对非生物胁迫的抗性[38]。可见，植物中 L- 古洛糖途径和动物体维生素 C 合成途径类似。

（4）D- 半乳糖醛酸途径

在 1954 年，Isherwood 等把 D- 半乳糖醛酸甲酯施加于拟南芥培养细胞及水芹幼苗，研究发现抗坏血酸的含量明显提高，从而提出了 D- 半乳糖醛酸途径。植物细胞壁降解后能够产生 D- 半乳糖醛酸甲酯[21]。在 D- 半乳糖醛酸途径中，半乳糖醛酸甲酯是合成维生素 C 的前体物质。D- 半乳糖醛酸甲酯在甲基酯酶的作用下转化成 D- 半乳糖醛酸[38]。随后在 D- 半乳糖醛酸还原酶的催化下 D- 半乳糖醛酸生成 L- 半乳糖酸。L- 半乳糖酸在醛糖酸内酯酶的作用下转化生成 L- 半乳糖醛酸 1, 4- 内酯，进而在 GalLDH 的催化下完成维生素 C 合成[25]。因此，D- 半乳糖醛酸途径和 L- 半乳糖途径存在交汇，同时也表明两者可以相互协调维生素 C 合成。2004 年安华明的研究发现，在缫丝花的果实中维生素 C 生物合成的主要途径为 L- 半乳糖途径，次要途径为 D- 半乳糖醛酸途径，而在叶内，维生素 C 主要通过 D- 半乳糖醛酸途径来合成[39]。这些研究都为高等植物中 D- 半乳糖醛酸途径的存在提供强有力的证据。

（5）植物维生素 C 循环代谢途径

植物中，维生素 C 循环代谢途径也被称为抗坏血酸 - 谷胱甘肽（ascorbic acid-glutathione, AsA-GSH）途径（图 2-10）。维生素 C 在植物线粒体内膜上合成后，参与植物体细胞内活动。在维生素 C 参与的抗氧化系统中，维生素 C 作为一种抗氧化剂和电子供体在抗坏血酸氧化酶（AO）和抗坏血酸过氧化物酶（APX）的作用下形成单脱氢抗坏血酸（MDHA）[40]。MDHA 极不稳定，可以在单脱氢抗坏血酸还原酶（MDHAR）的催化下重新还原为维生素 C，或者在非酶作用下转化为脱氢抗坏血酸（DHA）。随后，大部分 DHA 被脱氢抗坏血酸还原酶（DHAR）还原成维生素 C，还有一部分 DHA 发生酶促反应生成 2, 3- 二酮古洛糖酸。在 DHAR 将 DHA 还原生成维生素 C 的过程中，还会伴随还原型谷胱甘肽（GSH）氧化成氧化型谷胱甘肽（GSSG）的反应过程。GSSG 在谷胱甘肽还原酶（GR）的作用下生成 GSH，并以 NADPH 作为辅助因子。以上途径被称为 AsA-GSH 循环，且与活性氧（ROS）的清除密切相关[41,42]。AsA/DHA 比例是调节植物细胞内多种生理功能的基础。

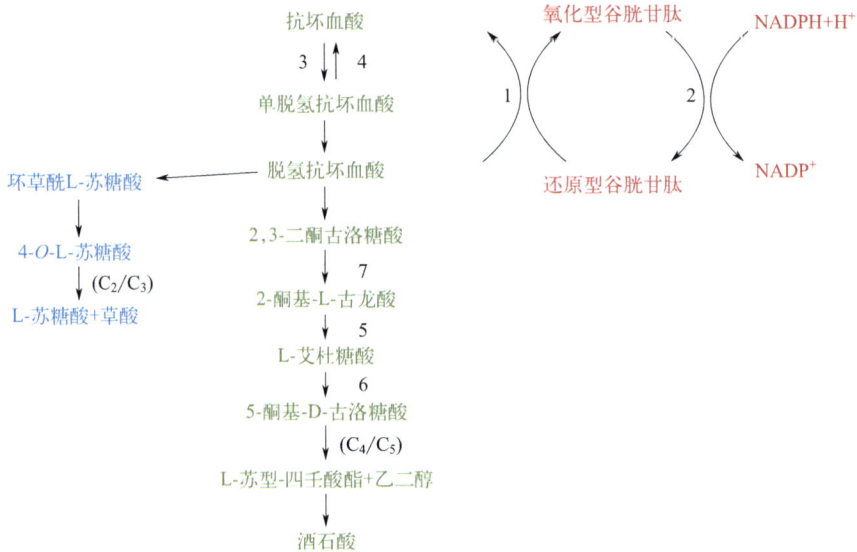

图 2-10　植物体内维生素 C 的循环和分解代谢途径

1—DHAR，脱氢抗坏血酸还原酶；2—GR，谷胱甘肽还原酶；3—APX，抗坏血酸过氧化物酶；4—MDHAR，单脱氢抗坏血酸还原酶；5—2-KGR，2-酮基-L-古龙酸还原酶；6—L-IDH，L-艾杜糖脱氢酶；7—酯酶

（6）植物维生素 C 分解代谢途径

目前，维生素 C 在植物体内的分解代谢途径研究较少，主要分解产物为草酸（oxalic acid，OxA）和酒石酸（tartaric acid，TA）（图 2-10）。研究表明，$1-[^{14}C]$-AsA 在发生 C2/C3 断裂时形成草酸，该过程可能在植物异细胞的液泡中发生。根据最初报道，维生素 C 的氧化产物 DHA 先生成环草酰 L-苏糖酸，随后水解产生草酸和 L-苏糖酸[43]。然而，最近的一项动力学研究表明环草酰 L-苏糖酸、草酰 L-苏糖酸盐和 OxA 是同时形成的[44]。对于植物而言，通过维生素 C 分解而产生的草酸并不是植物体内草酸积累的主要途径。此外，对于植物中草酸合成过程的相关酶及该过程在植物中维生素 C 代谢所起的作用仍然不清楚。草酸与体内的钙形成草酸钙结晶，对调节植物细胞中钙水平、有害金属离子的吸收和对害虫的抗性都有积极意义[45,46]。另外，DHA 降解为草酸的过程中可产生 H_2O_2，而 H_2O_2 作为信号物质能促进细胞壁的松弛，有利于细胞扩张和果实成熟过程中的软化[47,48]。

酒石酸主要是通过维生素 C 的 C4/C5 之间的骨架断裂形成，这也是植物中酒石酸积累的主要途径。早期的放射性同位素示踪研究表明，将 $[^{14}C]$-AsA 或 $[^{14}C]$-DHA 施加给葡萄后，维生素 C 首先转化为 2-酮基-L-古龙酸（2-KGA），然后经葡萄醛酮还原酶还原为 L-艾杜糖酸[49]。L-艾杜糖酸经 L-IDH 催化后形成了 5-酮基-D-古洛糖酸[49]。但维生素 C 是如何精确地转化为 2-KGA（该途径的第一个中间产物）的仍然未知。Linster 等[50]鉴定了一种具有 2-KGA 还原酶活性的葡萄醛酮还原酶，该酶与拟南芥中的羟基丙酮酸还原酶异构体 2 相似度最高。酶学分析表明，该酶能将植物中的 2- 酮 -L- 古龙酸还原为 L- 艾杜糖酸，并利用 NADPH 作为首选辅酶有效地合成酒石酸。

2.3.4.2　动物中维生素 C 合成与分解代谢途径

维生素 C 同样是动物维持生理机能所必需的一种低分子有机化合物。在动物体内起着调节和控制机体代谢的作用。根据目前研究，大多数动物体内维生素 C 是通过 D- 葡萄糖醛酸和 L- 古洛糖酸 -1, 4- 内酯（L-GulL）合成抗坏血酸的（图 2-11）。据报道，衰老标记蛋白 30（SMP30）/ 葡萄糖内酯酶（GNL）催化 L- 古洛糖酸转化为 L- 古洛糖酸 -1, 4- 内酯[51]。在大鼠肝脏、肾脏和肺中，SMP30 的表达随着衰老而降低。*SMP30* 基因敲除小鼠的血浆、肝脏和肾脏中的维生素 C 水平明显低于野生型小鼠[52]。维生素 C 生物合成的最后一步是 L- 古洛糖酸 -1, 4- 内酯氧化酶（GLO）催化 L- 古洛糖酸 -1, 4- 内酯转化为维生素 C。少部分动物由于缺失维生素 C 合成途径中催化最后一步的关键酶 GLO，而丧失了合成维生素 C 的能力，需要补充外源维生素 C 维持生命活动[53]。目前有关维生素 C 在动物体内分解代谢的研究较少。维生素 C 主要分布于人体血液中的白细胞或血小板内，在血浆和红细胞中含量也高。维生素 C 在组织中以维生素 C 和 DHA 两种形式存在。有研究通过放射性标记实验对维生素 C 降解进行了跟踪。在人体内摄入后，44% 的 [1-^{14}C] 维生素 C 的放射性可在尿液中以草酸的形式被回收，20% 为 2- 酮基 -D- 葡萄糖酸（DKG），2% 最后以 DHA 形式存在[54]。草酸随尿排出，剩下的维生素 C 通过体液排出。也有一部分维生素 C 与体内有毒代谢产物相结合。多项研究表明抗坏血酸降解产物可与蛋白质相互作用，导致晚期糖基化末端产物的形成，可能在糖尿病并发症和细胞变性中发挥作用[55, 56]。目前关于维生素 C 在动物体内的消化、吸收、代谢、组织分配和利用率还有待进一步研究。

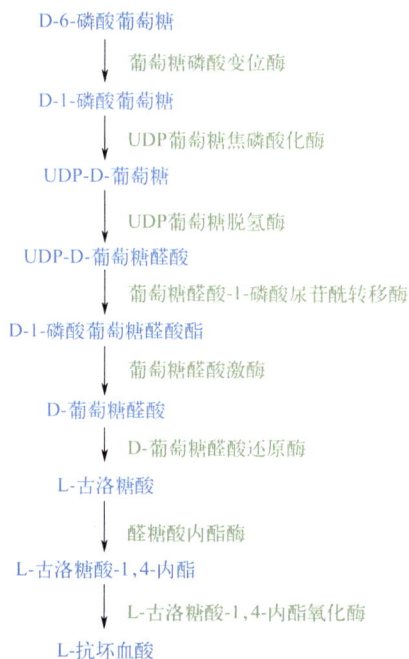

图 2-11　动物体内维生素 C 的合成途径示意图

2.4 维生素 C 混菌发酵技术

2.4.1 维生素 C 混菌发酵体系中的伴生关系

维生素 C 两步发酵法中的第二步发酵是产酸菌和伴生菌的混合发酵,将 L- 山梨糖转化为 2-KLG。这个维生素 C 混菌发酵体系中包括两个菌株,一种菌株为普通生酮基古龙酸菌(俗称产酸菌或小菌),可将底物山梨糖转化为维生素 C 的前体——2- 酮基 -L- 古龙酸,但产酸菌单独生长缓慢、糖酸转化效率极低;另一种为巨大芽孢杆菌或蜡样芽孢杆菌等(俗称伴生菌或大菌),伴生菌自身不能产 2- 酮基 -L- 古龙酸,却能显著促进产酸菌生长和转化 2- 酮基 -L- 古龙酸(图 2-12)。由于在该混菌发酵过程中极难同时满足两种菌各自的需求,往往顾此失彼而使混菌关系失衡,导致发酵稳定性差、效率低下甚至发酵失败。这种产酸菌对伴生菌的绝对依赖性是长期以来阻碍维生素 C 发酵效率提升的一个关键技术瓶颈。

大量研究证实,发酵效率的高低取决于产酸菌的数量和催化酶(山梨糖 / 酮脱氢酶)活性,而产酸菌的高转化能力又依赖于伴生菌所释放的"伴生物质"。因此,挖掘"伴生物质"、查明关键酶催化特性、阐明相互作用机制,一直是维生素 C 发酵技术研究领域的热点和难点。

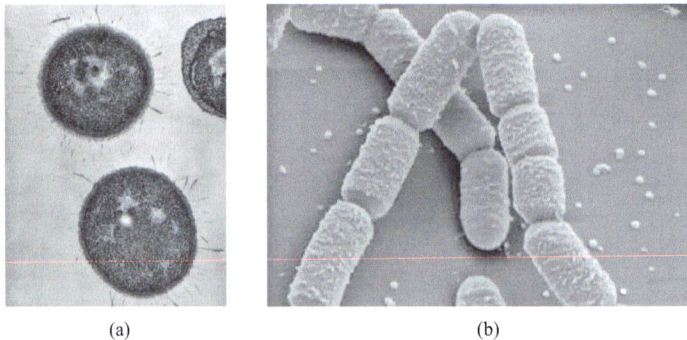

(a)   (b)

图 2-12   产酸菌普通生酮基古龙酸菌(a)和伴生菌巨大芽孢杆菌(b)的电子显微镜照片[10]

2.4.1.1 伴生菌的"伴生物质"及其作用机制

多数学者认为伴生菌提供某种或某些物质促进了产酸菌的生长和产酸,并提出其依据。迄今,已报道的"伴生物质"主要有以下几类。

(1)蛋白质

中国科学院沈阳应用生态研究所维生素 C 新技术研发团队在国内率先开展了伴生物质的研究[57],发现巨大芽孢杆菌(大菌)培养液中分子质量在 30 ～ 50kDa 及大于 100kDa 的组分明显促进产酸菌产酸,并初步证实它们为两种蛋白质。罗曼等[58]经过超滤分级分离巨大芽孢杆菌 25-B 胞外组分上清液、胞内组分上清液和全组分上清液,发现分子质量大于 30 kDa 的组分对小菌生长和产酸的促进作用最明显,并且高温处理明显降低这种作用,因而推测伴生因子为蛋白质。宫晓丽和吕淑霞等[59,60]研究发现巨大芽孢杆菌 *B.m* 2980 促进产酸代谢的活性物质具有蛋白质的部分属性，推测是一种或多种由伴生菌在胞内合成并释放到胞外的蛋白质。Jia 等[61]通过蛋白质定位分析，检测了内生芽孢杆菌 Hbe603 释放到细胞外环境中的蛋白质，发现能够降解产酸菌周边环境中大分子物质的胞外酯酶、氨基肽酶和多糖脱乙酰酶，并且还发现了能清除超氧化物的超氧化物歧化酶。白玲等[62]通过研究 2 株伴生菌——巨大芽孢杆菌 25-B 和短小芽孢杆菌 HJ04 的生长特性、胞外蛋白含量和两种伴生菌的混菌发酵体系的抗氧化能力，发现伴生菌分泌活性蛋白能力及抗氧化能力与混菌体系 2-KLG 产量呈正相关性，推测在混菌发酵前期大菌通过释放胞外活性蛋白为小菌的生长提供营养，而在发酵中后期，大菌通过释放具有抗氧化能力的活性蛋白或小分子物质平衡体系的氧化还原状态，降低发酵体系 ROS 水平从而改善小菌的产酸环境。因此，众多研究结果表明，伴生菌能合成并分泌活性蛋白为产酸菌提供营养并清除活性氧 ROS，从而促进产酸菌生长和产酸。但是，截至目前，所有具有伴生作用的蛋白质均没有得到鉴定和功能验证，这是维生素 C 混菌发酵技术研究中尚待解决的关键科学问题。

（2）氨基酸

蛋白质是生物功能的主要载体，而氨基酸是蛋白质的构件分子。Liu 等[63]通过全基因组序列注释重建氨基酸代谢途径，发现在 8 种不同氨基酸(L-组氨酸、L-甘氨酸、L-赖氨酸、L-脯氨酸、L-苏氨酸、L-甲硫氨酸、L-亮氨酸和 L-异亮氨酸）的从头生物合成途径中，产酸菌缺乏一种或多种关键酶。其中 L-甘氨酸、L-脯氨酸、L-苏氨酸及 L-异亮氨酸，这四种氨基酸最重要，并且外源添加后能显著提高 2-KLG 产量，提高幅度为 11.8% ~ 20.4%。但是在产酸菌中参与氨基酸转运和代谢相关的基因只占基因总数 15.2%，这提示在混菌培养时，小菌可能是通过转运源自环境中的氨基酸来满足自身生长需要，而氨基酸除了由培养基提供之外，更多可能是由伴生菌提供[64]。

（3）维生素类物质

研究表明小菌需大菌提供（或额外添加）B 族维生素才能维持其正常代谢[65]。Leduc 等[66]研究了 *K. vulgare*（普通生酮基古龙酸菌）LMP P-20356 对叶酸类物质的需求，发现外源添加叶酸不能促进细胞生长，但添加叶酸衍生物则能显著促进细胞生长，推测小菌可能是缺乏叶酸还原酶，无法将叶酸还原为二氢叶酸和四氢叶酸。Cai 等[67]把 *L. lactis*（乳酸乳球菌）MG1363 的叶酸合成基因簇在 *K. vulgare* DSM 4025 中过量表达，细胞内叶酸浓度较野生型提高了 8 倍，细胞密度和 2-KLG 产量分别提高了 25% 和 35%。Jia 等[61]基于基因组学比较了两种大菌 *B. megaterium* 与 *B. endophyticus*（内生芽孢杆菌）Hbe603 的 B 族维生素合成途径，发现它们均具有 8 种 B 族维生素的合成途径，这为大菌能向小菌提供 B 族维生素的假说提供了理论线索。

（4）嘌呤类物质

Zhou 等[68]利用气相色谱仪与飞行时间质谱仪联用技术研究了大小菌间的关系，认为两菌间通过交换代谢产物而实现相互作用，发现在伴生菌周围累积的鸟嘌呤被产酸菌利用。Ma 等[64]的研究显示伴生菌芽孢释放过程中所产生的腺嘌呤、鸟嘌呤、黄嘌呤和次黄嘌呤能够帮助小菌抵御活性氧（ROS）。后续的研究证实了大菌的产孢裂解可以为小菌提供嘌呤类物质以合成嘌呤核苷酸，从而弥补小菌嘌呤合成的缺陷[69]。

综上所述，伴生菌的"伴生物质"应该有多种，除了大家所公认的蛋白质类物质外，氨基酸、维生素、嘌呤类等小分子有机物也具有促进产酸菌生长和产酸的作用，都应归属于"伴生物质"。

2.4.1.2 产酸菌的关键酶——山梨糖 / 山梨酮脱氢酶

产酸菌中与 2-KLG 催化直接相关的催化酶的数量和活性显著影响着 2-KLG 合成效率。研究已证实产酸菌中催化 L- 山梨糖转化为 2-KLG 的关键酶为山梨糖脱氢酶（SDH）和 / 或山梨酮脱氢酶（SNDH），L- 山梨糖在 SDH 的催化下转化成 L- 山梨酮 /2-KLG，而 L- 山梨酮在 SNDH 的催化下继续转化为 2-KLG。目前已从不同产酸菌中分离出 SDH 和 SNDH，而且发现产酸菌存在多种 SDH 和 SNDH 或 SSDH（L- 山梨糖 /L- 山梨酮脱氢酶），这可能与其山梨糖的转化效率不同有关。文献报道，*K. vulgare* WSH-001 含有 5 种 SSDH 和 2 种 SNDH，*K. vulgare* Y25 含有 4 种 SDH 和多种 SNDH，*K. vulgare* Hbe602 含有 6 种 SDH 和 2 种 SNDH，*K. vulgare* SKV 含有 6 种 SDH 和 1 种 SNDH[70-73]。Du 等[74] 发现在 *K. vulgare* Hbe602 中单独过表达关键酶的基因 sdh 和 sndh 不能使 2-KLG 的产量提高，然而将合成辅酶吡咯喹啉醌（PQQ）的基因簇和 sdh、sndh 同时过量表达则能使 2-KLG 的产量提高 20%，证明 PQQ 是 *K. vulgare* 合成 2-KLG 的脱氢酶的辅酶。王盼盼[75] 通过导入 PQQ 合成基因构建 PQQ 合成重组菌株 *E. coli* BL21（DE3）/pRSF-ssda1-pET-pqq 和 *E. coli* BL21（DE3）/pRSF-ssda3-pET-pqq，实现重组细胞在不添加 PQQ 情况下全细胞催化产 2-KLG，但产量（11.2g/L 和 12.4g/L）和转化率（56.8% 和 61.7%）均偏低。

2.4.1.3 伴生菌与产酸菌的相互作用研究

大菌可为小菌提供伴生因子，促进小菌生长和产酸，这是普遍共识。但是在混菌发酵体系中，小菌的生长代谢又对大菌产生了什么影响？它们之间如何互相交流、互相影响？小菌是否也有利于大菌生长？通过研究维生素 C 两步发酵营养组学，发现随着传代时间的延长，在小菌生长和代谢速度加快的同时，大菌对营养物质有更强更快的摄取能力，且大菌对环境的适应性也在不断增强，延滞期缩短的同时稳定期也有更高的生物量。马倩[69] 对连续发酵传代的 *B. cereus-K. vulgare* 混菌体系进行了蛋白组分析，经 150 代传代，两菌各自获得了更强的生长能力。周剑[76] 在固体培养基上间隔培养大小菌时发现了大菌向小菌移动的现象，经过分析胞内外化学组分，他们认为小菌通过在胞外积累营养物质吸引大菌向其移动，并能产生吡啶二羧酸促进大菌产生芽孢，而大菌在胞外积累赤藓糖等物质又促进了小菌产酸。杜瑾[77] 通过基因组分析发现小菌具有分解、吸收并利用大菌提供的蛋白质、肽类和氨基酸类物质的系统，以及响应环境变化的转录蛋白和趋化调控系统，而大菌基因组编码完整的芽孢形成套件，但缺失大量芽孢合成基因及 rap-phr 信号系统。他们进一步利用两菌的全基因组数据构建基因组水平代谢网络，发现大菌可能通过弥补小菌合成途径中的代谢缺陷形成代谢互补关系而构成稳定的共生关系。张林[78] 发现短小芽孢杆菌在衰亡期裂解死亡，释放出大量的碱性物质导致发酵环境 pH 逐渐增大，而小菌对 2-KLG 的积累又会使 pH 降低。两菌对 pH 的正反调节作用使 pH 维持在一定范围，保证了小菌的正常繁殖及产酸。

由此可见，伴生菌通过为产酸菌提供营养物质和营造适宜的生存环境来刺激产酸菌生长和产酸，而产酸菌通过在胞外积累某些化学物质吸引伴生菌并促使其发生产孢等一系列有利于产酸菌的行为。伴生菌与产酸菌通过这种不断的交流来强化彼此间的合作，从而实现互利共生（图 2-13）。

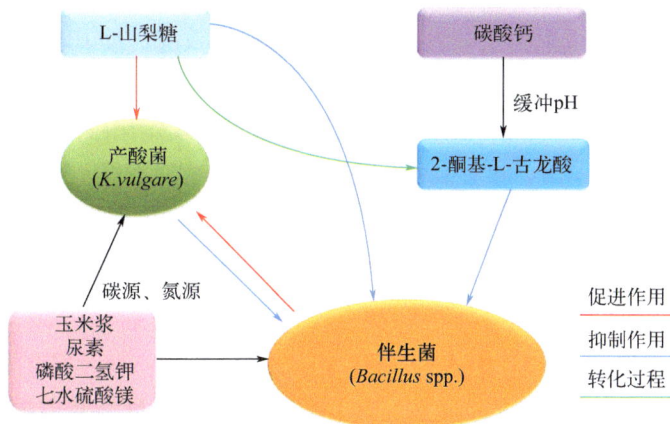

图 2-13 伴生菌与产酸菌间相互作用示意图

2.4.2 维生素 C 的菌种选育和基因工程菌

在维生素 C 混菌发酵研究初期，人们往往认为只有芽孢杆菌才是伴生菌。根据文献报道，欧文氏菌属（*Erwinia*）、埃希氏菌属（*Escherichia*）、柠檬酸杆菌属（*Citrobacter*）、变形菌属（*Proteus*）、嗜麦芽黄单胞菌（*Xanthomonas maltophilia*）和掷孢酵母（*Sporobolomyces roseus*）等均可作为伴生菌促进产酸菌生长和产酸，扩大了混菌组合的选择范围。除了从自然界发掘新菌资源外，更多学者试图通过使用诱变选育、适应性进化和基因工程技术等手段来改造目前工业生产上所应用的发酵菌株。

（1）诱变选育

诱变选育人为地利用理化因素等诱变剂处理提高微生物的突变率，扩大变异幅度，再经筛选后获得具有优良特性的变异菌株。

常用的诱变剂有物理和化学诱变剂。卢育新等[79]采用微波结合化学诱变剂吖啶橙复合诱变苏云金芽孢杆菌，筛选得到一株遗传性状稳定的高效伴生菌 F328，其与 *K. vulgare* 混合发酵的糖酸转化率提高 7.77%，2-KLG 浓度达到 90.2mg/mL。

低能离子注入诱变育种技术是近年发展起来的一种新型育种技术。低能离子通过能量沉积、动量传递、离子注入及电荷交换等引起生物细胞内遗传物质发生非致死性的局部突变，突变率达 10%～20%，而且回复突变率极低。赵世光等[80]运用低能离子注入技术对大菌和小菌进行了选育，L-山梨糖转化为 2-KLG 的转化效率由 75% 提高到 94%，使用诱变获得的 GO29-BM279 组合体系发酵，L-山梨糖的转化率高达 93.4%。

空间诱变育种技术是一种借助航空器的新型育种技术。该技术利用太空的特殊环境，如宇宙射线、微重力、高真空、微磁场等因素，对微生物或植物种子进行诱变，最终筛选获得目的性状显著提升的突变株。中国科学院沈阳应用生态研究所与东北制药集团股份有限公司的维生素 C 发酵技术联合研发团队于 2008 年在神舟七号飞船上进行了搭载维生素 C 发酵菌株的太空诱变试验，从上万株菌中筛选获得高效突变组合菌，其发酵的糖酸转化率提高到了 94.5%[81]。

大气压冷等离子体对微生物及哺乳动物 DNA 的损伤效应，使其具有应用于细胞诱变的潜力。射频大气压辉光放电（RF-APGD）等离子体可以在室温下产生稳定均匀的等离子体，采用射流方式与待处理样品作用，使其对微生物细胞的致死作用降低。RF-APGD 还可以产生高浓度的多种中性活性粒子，可导致细胞内遗传及代谢物质改变，具有活性粒子种类多、诱变速度快、安全等特点，是一种高效改造菌种的新方法。若将该技术用于维生素 C 菌种筛选，相信能获得大量高活性的伴生菌与产酸菌。

（2）适应性进化选育

在微生物进化过程中，与环境相适应的基因型得以保存。在选育过程中，通过人工施加定向选择压力，使微生物沿着所需的方向进化，从而获得目标性状菌种。在当前维生素 C 混菌发酵机制尚未阐明的情况下，通过适应性进化选育来强化两菌间的相互作用，使两菌在发酵过程中更好地协调，从而达到选育高效菌种、提高产酸效率的目的。

高赟[82] 通过 GC-TOFMS 技术分别检测混菌在传代过程中大小菌和关键营养物质的变化，发现前 50 代混菌发酵的糖酸转化率波动大，至 150 代时糖酸转化率明显提高，这揭示了两菌间的交流使得彼此互相影响，菌株的优良性状也得到强化。邹旸[83] 通过对混菌体系进行为期 150d 的适应性进化选育，使两菌关系转变为趋于完全互利共生的关系，且得到转化率提高 16% 的高产小菌菌株。另外，底物抑制效应也是限制发酵产量的因素。曾伟主等[84] 应用基于微流控技术的全自动高通量微生物液滴培养系统，将出发菌株在不同浓度梯度的 L- 山梨糖培养基中培养、传代，获得能够耐受高浓度 L- 山梨糖的进化菌株 2-F6。

（3）基因工程菌

维生素 C 混菌发酵过程涉及两株菌之间的共生关系，影响因素较多，难以精确控制，而传统的诱变选育等技术存在正向突变率低、筛选周期长等缺点。近年来，随着组学技术和基因工程技术的快速发展及其在维生素 C 发酵菌株上的应用，人们对两菌关系有了更加深入的认识，特别是对产酸菌产酸关键酶了解得更加透彻（图 2-14）。在此背景下，科学家更希望能够通过基因工程手段来改造维生素 C 发酵菌株，使大菌的伴生效果更显著、使产酸菌的转化率更高，甚至希望能将产酸菌中的关键转化酶在细菌通用底盘细胞中进行表达，以实现第二步的"单菌发酵"，从而彻底消除混菌发酵的种种弊端。此外，更为理想的是，通过构建基因工程菌将第一步和第二步发酵整合成一种菌的一步发酵，改"三菌两步发酵"为"单菌一步发酵"，将大大简化生产工艺和成本，这是维生素 C 发酵领域科研工作者一直追求的目标。

① 基因工程改造伴生菌

伴生菌的芽孢形成和芽孢稳定性是影响两菌互生作用的两个重要因素，但一直缺乏直接证据证明芽孢形成及其稳定性对产酸菌生长和产酸的影响。Zhu 等[86] 通过分别敲除伴生菌 B. megaterium 芽孢生成的主调控基因 spo0A 和吡啶二羧酸合成酶 A 亚基编码基因 spoVFA，获得了芽孢形成的缺陷株和非稳定芽孢突变株。所获缺陷株和突变株分别与产酸菌混合发酵结果显示，与野生菌系相比，芽孢生成缺陷系与芽孢不稳定系的山梨糖转化率分别下降了33%和70%，产酸菌的最大数量分别下降了5%和49%，表明芽孢形成和芽孢稳定性与两菌互生作用过程紧密关联。尽管构建该基因工程菌的主要目的并非是提高发酵效率，但该研究给我们提供了一个思路，即有可能通过基因工程手段来控制芽孢形成的时间，进而调控产酸菌的生长和代谢，提高发酵产酸的效率。

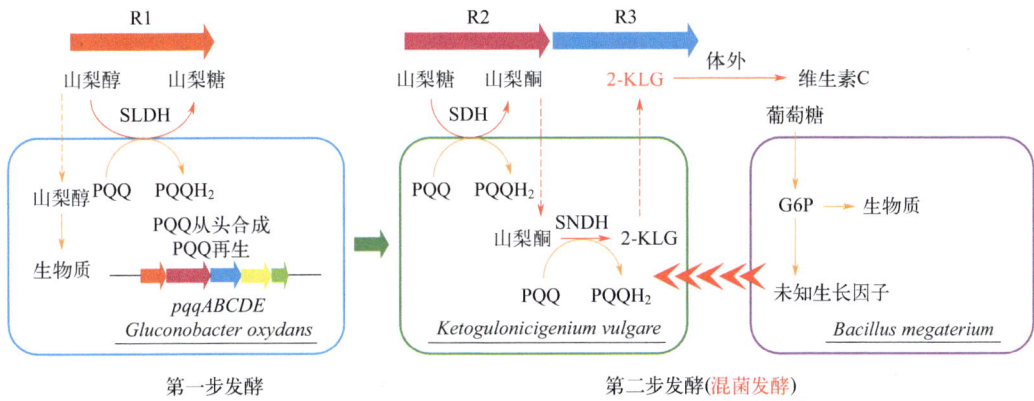

图2-14 "两步发酵法"中菌株关系、底物转化和关键酶的作用示意图[85]

R1—反应1；R2—反应2；R3—反应3；*Gluconobacter oxydans*—氧化葡萄糖酸杆菌；*Ketogulonicigenium vulgare*—普通生酮古龙酸菌；*Bucillus magaterium*—巨大芽孢杆菌；PQQ—吡咯喹啉醌；G6p—葡萄糖-6-磷酸；SLDH—D-山梨糖脱氢酶；SDH—D-山梨醇脱氢酶；2-KLG—2-酮基-L-古龙酸；PQQH$_2$—还原态吡咯喹啉醌；SNDH—山梨酮脱氢酶

石贵阳等[87]构建了一株通过基因插入/敲除技术可以过表达D-山梨醇脱氢酶（SLDH）并使山梨醇高效转化为山梨糖的基因工程伴生菌（地衣芽孢杆菌，*Bacillus licheniformis*），其与产酸菌进行混合发酵，开创了"两菌共发酵"转化D-山梨醇到古龙酸的"一锅法"模式。试验结果表明，发酵48h时的古龙酸含量达到75.26g/L，醇酸转化率达到了75%。尽管古龙酸含量和转化率较工业化生产水平有一定差距，但其直接省去了第一步发酵过程，若能将古龙酸产量和转化率进一步提高，则极具工业化应用价值。

伴生菌对产酸菌的生长和产酸起着至关重要的作用。利用基因工程技术，过量表达和释放伴生菌所含有的对产酸菌具有重要生理功能的伴生物质，可作为未来基因工程技术改造和提升伴生菌的一个重要方向。

② 基因工程改造产酸菌

利用基因工程技术和手段对产酸菌进行改造以提高生长和发酵转化效率，一直是研究的热点。

叶酸衍生物是产酸菌的关键生长因子。为了促进产酸菌生长和提高古龙酸产量，Cai等[67]在乳酸乳球菌MG1363的叶酸基因簇中鉴定出5个参与叶酸生物合成的基因（*folB*, *folKE*, *folP*, *folQ* 和 *folC*）并在产酸菌（*K. vulgare* DSM 4025）中进行过表达。含有叶酸生物合成基因簇的重组菌株的细胞内叶酸浓度比野生型高8倍。在摇瓶实验中，重组菌的细胞密度和古龙酸产量分别显著提高了18%和14%。在5L发酵罐实验中，与未过度表达叶酸生物合成基因的野生型相比，提高了约25%的细胞密度和增加了约35%的古龙酸产量。

山梨糖/山梨糖酮脱氢酶基因（*sdh* 和 *sndh*）是产酸菌转化山梨糖为2-酮基-L-古龙

酸的关键酶基因。Du 等[74] 通过基因调控产酸菌中的山梨糖 / 山梨糖酮脱氢酶基因（sdh 和 sndh）和酶的辅因子吡咯喹啉醌（PQQ）的合成基因（pqqABCDEN）的表达水平，试图提高混菌发酵条件下的古龙酸产量。研究结果表明，仅过表达 sdh/sndh 并不能显著提高 2-KLG 的产量，说明辅因子 PQQ 是酶转化所必需的。通过 pqqA、pqqABCDE 和 pqqABCDEN 的差异表达，分别获得了不同表达水平的 PQQ。在摇瓶中 sdh/sndh 和 pqqABCDEN 组合表达，使古龙酸的产量（79.17g/L）比原菌株提高了 20%。这些结果表明关键酶和辅因子的平衡共表达是提高产酸菌生物合成的一个有效策略。

张怡轩等[88] 从能量代谢角度对产酸菌进行了改造。她们首先通过网站预测启动子，并利用绿色荧光蛋白基因作为报告基因筛选得到内源性启动子，再通过基因工程技术改造产酸菌，构建了高效合成乙酰辅酶 A 的新颖 XFP-PTA 糖代谢途径，以减少由 L- 山梨糖生成乙酰辅酶 A 过程中二氧化碳的释放量，从而提高碳的利用效率，使更多的山梨糖转化为 2-KGA。所构建的基因工程产酸菌，可高效地转化 L- 山梨糖为乙酰辅酶 A，发酵 24h 的乙酰辅酶 A 含量较对照提高 1.4 倍，发酵结束时的产酸菌生物量较对照提高 22.27%，转化率（91.96%）提高了 16.75%。

产酸菌氨基酸生物合成途径的缺陷是其生长不良、产量低的一个关键原因。Pan 等[89] 通过表达产酸菌在苏氨酸、脯氨酸和组氨酸生物合成途径中缺失的基因，构建了 5 个不同菌株基因工程菌。在摇瓶中单独培养时，表达苏氨酸生物合成途径的氧化葡萄糖杆菌基因（hsk）的菌株（SyBE_Kv02080002）生物量最高，转化速率提高 25.13%。在 5L 发酵罐中与伴生菌（内生芽孢杆菌，Bacillus endophyticus）共培养时，发酵周期缩短了 28.57%。而且，SyBE_Kv02080002 菌株中苏氨酸生物合成途径的重建使编码山梨糖酮脱氢酶和油酸脱氢酶的基因表达上调，从而提高了古龙酸的产量。这项研究表明，重建产酸菌中缺失的生物合成途径是提高目标产物生产力的有效途径。

目前采用的基因敲除、基因敲入及点突变修饰等基因组改造技术中，多采用的是抗性筛选标记，但其影响菌种生长并在食品行业应用中受到限制等。所以，研发 K. vulgare 基因组的无抗和无痕改造技术对于通过基因工程改造和提升产酸菌能力是十分迫切和必要的。陆浩等[90] 通过重叠 PCR、TA 克隆、转化等方法获得尿嘧啶磷酸核糖转移酶基因（upp）敲除打靶质粒，进一步通过同源重组获得了产酸菌（K. vulgare）的 upp 基因缺失突变株 K. vulgare Δupp。该项研究对于无痕遗传修饰技术在维生素 C 发酵上的应用具有较好的参考价值。

③ 构建表达产酸关键酶的大肠杆菌菌株

Zeng 等[91] 将山梨糖 / 山梨酮脱氢酶（SSDHs）在大肠杆菌中过表达，通过全细胞催化筛选可合成古龙酸的重组大肠杆菌，然后在重组大肠杆菌表达 SSDHs 的辅酶 PQQ 并优化催化条件，使重组工程菌的古龙酸产量进一步提高，在 5L 发酵罐中，古龙酸产量达 72.4g/L，转化率为 71.2%。该工程菌产量虽然较之前有大幅度提高，但与当前工业发酵水平仍存在较大差距。

④ "一步发酵"基因工程菌

2- 酮基 -L- 古龙酸是维生素 C 的前体，目前由 D- 山梨醇通过两步发酵转化而成。但这条路线涉及三种细菌，混合培养系统复杂且难以精准控制。因此，用一步法取代传统的两步发酵工艺在维生素 C 工业中可能是一场革命性的工作。Gao 等[92] 研究将产酸菌

（*K. vulgare* WSH 001）中的 5 个 L- 山梨糖脱氢酶（SDH）和 2 个 L- 山梨糖酮脱氢酶（SNDH）的不同组合引入氧化葡萄糖杆菌（*Gluconobacter oxydans* WSH 003），最优组合的菌可生成 4.9g/L 的古龙酸。此外，将 SDH 和 SNDH 在 *G. oxydans* 中进行融合表达，重组菌株 *G. oxydans/pGUC-k0203-GS-k0095* 在 168h 后的古龙酸产量达到了 32.4g/L。进一步通过增强脱氢酶的辅因子——吡咯喹啉醌（PQQ）的生物合成，使古龙酸的产量提高到 39.2g/L，比独立表达脱氢酶的产量提高了 8.0 倍。虽然该项研究的古龙酸产量和转化速率较现有工业发酵仍有很大差距，但为我们从 D- 山梨醇到古龙酸的"单菌一步发酵"开了先河。随着科学家对转化菌株的深入研究和基因工程技术的发展，我们预期"单菌一步发酵"的效率将获得更大的提升。

2.5　维生素 C 的工业生产概览

2.5.1　混菌发酵新技术和工艺

与已报道的莱氏法、串联发酵法相比，"二步发酵法"仍然是目前最理想的 2-KLG 生产方法。因此，如何优化混菌发酵过程依然是目前研究的重点，主要研究方向包括：①现有工艺参数优化。基于现有发酵工艺，对培养基和培养条件（包括溶解氧、pH、温度等）进行调整和优化。如采用响应面法，对发酵培养基的组成及比例进行优化，提高了大小菌数量和发酵效率[93]；通过额外添加碳源、氮源和辅助因子，如明胶、谷胱甘肽等促进小菌生长和产酸[63,78]；根据大、小菌生长及小菌产酸在不同阶段对养分和环境因子的需求不同，多人提出了分阶段控制环境条件以提高发酵效率的新策略，均不同程度提高了发酵效率[94]；通过发酵过程补料策略解除底物抑制效应[86,95]。②基于双伴生菌的"三菌混合发酵体系"。中国科学院沈阳应用生态研究所团队在研究不同大菌对小菌生长和产酸影响时发现，不同大菌进入对数期早晚和对数期持续长短有显著差异，它们在发酵前期和后期对小菌的伴生作用明显不同，即一种大菌在发酵前期对小菌的伴生效果较好，而另一种大菌则在发酵后期伴生效果较好。根据这一特性，提出了在发酵体系中加入两种伴生菌，分别为小菌在发酵前期和发酵后期提供更优的伴生条件，从而提高发酵效率的方法。通过小试和中试试验，三菌混合发酵模式有效缩短了发酵周期，提高了发酵效率[96]。③含一步菌的"混菌发酵"。元英进团队依据共生原理，将一步发酵和二步发酵的三种菌放在一个发酵系统，构建了 *G. oxydans*、*K. vulgare* 和 *Bacillus* 混菌体系，以期缩短发酵周期并简化工艺流程，发酵在 30h 内完成，2-KLG 产量为 73.7g/L[97,98]。

2.5.2　单菌发酵新技术和工艺

混菌发酵过程存在两种菌之间的营养和空间竞争，导致发酵稳定性差、转化率低，也造成了原料浪费和成本居高不下。多年来，很多学者试图通过构建单菌发酵体系来取代现有的混菌发酵体系，期望能彻底摆脱混菌发酵中存在的上述问题。

一般地，维生素 C 单菌发酵的研发思路是构建能直接利用 D- 葡萄糖或 D- 山梨醇产 2-KLG 的基因工程菌。①通过代谢工程改造小菌菌株实现单菌发酵。王彩云[99]通过重构 *K. robustum*（产酮古洛糖酸菌）SPU-B003 的 XFP-PTA 代谢途径，使该菌株胞内乙酰辅酶 A 含量提高 2.4 倍，生物量和 2-KLG 产量分别提高 17.27% 和 21.09%。②在工程菌中过表达转化酶以实现单菌发酵。周景文团队构建了一株过表达 SDH 的大肠杆菌工程菌 2-F6，在 5L 发酵罐中 2-KLG 的产量达 5.70g/L，底物转化率达 74.5%，但上述菌株的转化率和古龙酸产量仍较现有混菌生产方法有较大差距[81]。Zeng 等在大肠埃希菌中过表达 SSDHs 及其辅酶吡咯喹啉醌（PQQ），使重组工程菌的 2-KLG 产量达 72.4g/L，转化率达到 71.2%，具有经进一步改造后达到当前工业发酵水平的潜力[82]。

鉴于目前已研发出的基因工程菌尚难以达到混菌发酵的转化率水平，中国科学院沈阳应用生态所维生素 C 团队从混菌生态学的角度研究发酵工艺及其调控，以期进一步提高发酵效率。一方面，从细胞和分子水平上研究了混菌关系及相互作用机理[100, 101]，研发出一种三级种液制备新技术，使发酵终点时三级种液中伴生菌浓度下降 90%、产酸菌浓度提高 3 倍，形成了在三级种子罐中以伴生活性物质替代伴生菌、解除伴生菌依赖性的发酵新技术；另一方面，研究了关键酶——山梨糖脱氢酶和古龙酸还原酶的催化特征[74]，优化酶催化过程，即增加山梨糖脱氢酶活性、降低古龙酸还原酶活性，建立了细胞生长 - 酶促催化的发酵双平台控制新工艺[102, 103]；把解除伴生菌依赖性技术与双平台调控技术相集成，从而创建了在 300m³ 发酵罐上实现单菌发酵的维生素 C 发酵新技术及其工艺，新技术显著提升了发酵效率（批次产量提高 6.04%，发酵周期缩短 17.7%，整体发酵效率提升了 27%）。另外，新工艺使伴生菌数量显著降低，从而有效降低了超滤工段的废菌渣排放量（减少 25%），加速了企业的绿色化生产进程。该技术已应用于东北制药集团股份有限公司，产生了较好的经济和环境效益。

2.5.3　古龙酸到维生素 C 的化学合成工艺

2.5.3.1　发酵液中古龙酸的提取

第二次发酵终点的发酵醪液中，古龙酸的含量占 8% ～ 12%，其中含有大量的菌丝、蛋白质和悬浮颗粒等杂质。要提纯古龙酸，就应先将大量的菌丝、蛋白质和悬浮颗粒去除。传统方法有加热沉淀法和化学凝聚法，现在大多都被膜超滤技术所取代。超滤是一种膜分离技术，具有无相变、节能、操作简便、不造成新污染等优点。发酵液中的古龙酸钠通过超滤膜，使其与菌丝、蛋白质等大分子杂质分离，得到高纯度的古龙酸钠溶液。超滤工艺收率约 98%。

超滤后得到的古龙酸钠溶液，再经过离子交换树脂脱盐和活性炭脱色，通过三效蒸发浓缩、结晶、离心分离后最终得到古龙酸结晶，其古龙酸含量约 89%。

2.5.3.2　古龙酸到维生素 C 的化学合成

古龙酸到维生素 C 的化学转化，有酸转化和碱转化两种方法。

酸转化是将古龙酸置于浓盐酸中转化成维生素 C，该方法由于对设备腐蚀严重，污染环境，影响产品质量，已被碱转化完全取代。

碱转化是将 2- 酮基 -L- 古龙酸在甲醇中用浓硫酸催化酯化生成 2- 酮基 -L- 古龙酸甲酯，再用碳酸氢钠将 2- 酮基 -L- 古龙酸甲酯转化为维生素 C 钠盐，最后再用硫酸酸化成维生素 C（图 2-15）。

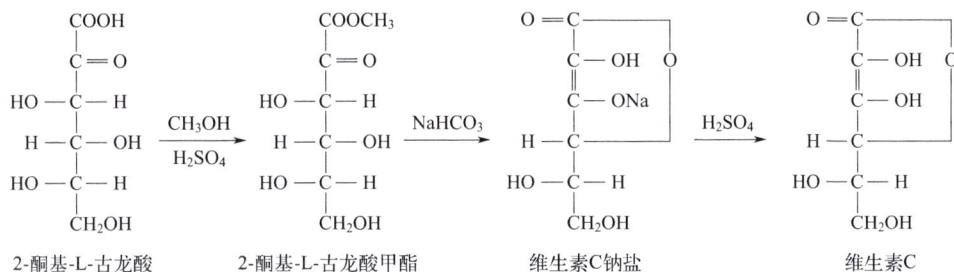

图 2-15　碱转化法生产维生素 C 的工艺路线图

2.5.4　维生素 C 发酵工业"三废"及其综合利用

我国维生素 C 产业规模大、消耗高、排放多。按目前维生素 C 生产技术水平测算，每生产 1t 维生素 C，需消耗 6.6t 原材料、2.98t 标准煤、183m^3 水，COD（化学需氧量）排放量 1.4t。维生素 C 生产中排放的两种典型高浓度废液，一种是废古龙酸母液，我国年排放量达数万吨，其 COD 值高达（8～10）×10^{5}mg/L，且 pH 值小于 0.5，呈强酸性。另一种是维生素 C 第二步混菌发酵醪液经过超滤后的浓缩液（俗称废菌渣），我国年排放量高达数十万吨，其 COD 值为（5～10）×10^{4}mg/L。目前，维生素 C 生产企业把上述废液均按污水来处理。例如，以厌氧生物发酵技术处理废古龙酸母液，产生沼气用来补充工厂供热；以好氧活性污泥法来处理废菌渣。上述处理方式均需消耗大量能源，且仍排放大量剩余污泥。上述高浓度污水给企业和社会带来巨大环保压力，成为制约维生素 C 行业绿色可持续发展的难题，亟须开发维生素 C 高浓度废渣液的资源化、高值化利用技术。

中国科学院沈阳应用生态研究所研发团队在全面分析废古龙酸母液组成和古龙酸再结晶特性的基础上，开发出高效回收 2- 酮基 -L- 古龙酸并进一步生产维生素 C 钠盐新技术。同时，开发出以废弃母液为原料制备新型有机肥技术，实现了废母液 100% 资源化再利用，从而彻底解决了维生素 C 废母液的环保处理难题。

中国科学院沈阳应用生态研究所研发团队还利用现代生物化学原理，研制出维生素 C 废弃超滤浓缩液常温变性和沉淀剂，使其固液高效分离，进一步以固体滤饼为主要原料开发出高效农用饲料和微生物菌剂，最终将维生素 C 废超滤浓缩液资源化利用。

以废母液和废菌渣为主要原料制备出的新型（生物）有机肥，为农业提供了数十万吨的优质有机质和有益微生物，可大幅度提高土壤中可溶性小分子有机碳含量，提高土壤氮磷钾的利用率，提高作物抗逆性，有效提高作物产量和品质。同时，使维生素 C 发酵工业的超滤浓缩液和废母液排放量减少 80%～100%，全面解除维生素 C 企业的环保压力，助力维生素 C 产业绿色、可持续发展。

2.6　维生素 C 的专利分析与前景展望

2.6.1　专利分析

以"2- 酮基 -L- 古龙酸""古龙酸母液""菌渣""维生素 C""蛋白渣""废菌渣""山梨糖"等为检索词，经过专利检索和筛选后，共得到近 20 年（2003—2022 年）申请的、与维生素 C 工业发酵相关的国内外专利 70 多项。

这些专利从申请书内容上，主要分为四大类，分别是"第一步发酵菌种及技术"、"第二步发酵菌种及技术"、"一步法发酵菌种及技术"和"维生素 C 生产废弃物处置及资源化利用技术"。其中，"第二步发酵菌种及技术"的专利数量最多，申请的单位也最多，这可能是因为第二步发酵效率一直是制约维生素 C 整体效率提升的关键步骤，众多企业和科研机构为了提高第二步发酵效率在不断寻求新的工艺和技术。近年来，"维生素 C 生产废弃物处置及资源化利用技术"方面的专利申请数量明显增多，特别是在古龙酸母液和发酵菌渣的资源化利用方面的专利申请量显著增加，表明维生素 C 废液的处置问题已成为当前维生素 C 生产企业亟须解决的重要环保问题。

从专利申请单位来看，江南大学、中国科学院沈阳应用生态研究所、天津大学等是申请量较多的科教单位，山东天力药业有限公司、浙江新和成药业有限公司、东北制药集团股份有限公司等是申请量较多的维生素 C 生产企业。江南大学和天津大学侧重于利用分子生物学技术和基因工程手段进行菌种改造从而提升生产和发酵效率；中国科学院沈阳应用生态研究所主要是利用微生物生态学原理进行发酵工艺优化，并长期注重维生素 C 废母液和废蛋白渣的资源化利用技术的开发；维生素 C 生产企业除了聚焦发酵技术，也很关注从 2- 酮基 -L- 古龙酸到维生素 C 的新工艺开发及废液资源化再利用的探索。

（1）"维生素 C 第一步发酵菌种及技术"相关专利分析

近 20 年，相关专利主要涉及第一步发酵菌种选育和高浓度发酵两方面。由于第一步工业发酵菌种——氧化葡萄糖酸杆菌的发酵转化率已经很高，达到 98% 以上，因此目前的关注点是提高现有菌种的发酵效率，主要是通过菌种选育和工艺优化来缩短发酵周期、提高发酵终点山梨糖的浓度。

陈坚等[104]公布了一种采用克隆工程菌提高山梨糖生产效率的方法，应用代谢工程策略，在氧化葡萄糖酸杆菌中过量表达外源山梨醇脱氢酶基因，使山梨醇脱氢酶活性提高了 1.33 倍，产物山梨糖含量达到 225g/L，较出发菌株缩短发酵周期 12h。焦迎晖等[105]公开了一种弗氏葡糖杆菌，对高浓度山梨醇具备极高的耐受能力，在 48% 山梨醇浓度下可生长并将 D- 山梨醇转化为 L- 山梨糖，50 L 发酵罐培养的终点山梨糖浓度最高达到 462mg/mL，32% ～ 40% 山梨醇浓度下发酵，山梨糖生成速率和终点山梨糖浓度明显优于对照工业菌株。周景文等[106]通过基因工程手段，敲除山梨醇到山梨糖代谢的副产物相关基因，提高了醇糖转化效率。司振军等[107]通过 ARTP 诱变，获得一株转化活性高、对温度敏感的菌株，不仅缩短发酵周期，还能实现低温灭菌，减少高温对营养物质的破坏，有助于提高第二步发酵的古龙酸产量。

在第一步发酵工艺方面，李荣杰等[108]公布了一种初始浓度为 130 ～ 160g/L、发酵过程中流加高浓度山梨醇使发酵液中山梨醇浓度控制在 100 ～ 150g/L 的发酵工艺，可使发酵终点山梨糖浓度达到 300 ～ 330g/L。肖江锋等[109]公开了一种在发酵初期添加明胶、柠檬酸和衣康酸的发酵工艺，促进了菌株的细胞代谢和产物生成速率，发酵终点的山梨糖含量达到 420mg/mL。唐春晖等[110,111]公开了在培养基中添加黄原胶、卡拉胶、乳化硅油等成分提高山梨糖生产效率的专利。第一步发酵工艺的相关专利还有菌种固定化发酵[112]和高浓度连续发酵专利[113]等。

（2）"维生素 C 第二步发酵菌种及技术"相关专利分析

维生素 C 第二步发酵培养基优化和工艺调优是专利申请的一个热点。焦迎晖等[114]公开了一种通过添加黄原胶和透明质酸显著促进产酸菌生长代谢，从而提高发酵效率的方法。司振军等[115]发现了在培养基中添加细胞色素 C 和血红素、发酵过程中加入吡咯喹啉醌，可以缩短发酵周期，提高发酵中 2- 酮基 -L- 古龙酸的合成效率。崔莉等[116]在种子培养基和发酵培养基中加入酵母蛋白胨和核黄素，改善了发酵液的质量。虞龙等[117]公开了一种促进产酸菌生长和产酸的方法，在发酵液中加入电解质、硫辛酸、天麻提取物等成分，能够有效缩短发酵周期，提高发酵效率。张海宏等[118]通过在发酵过程中添加葡萄糖来调节伴生菌和产酸菌的数量和比例，显著缩短发酵周期并提高了发酵转化率。杨伟超等[119]公开了一种双伴生发酵体系，通过在发酵系统中加入两种不同生长特性的伴生菌，从而满足产酸菌整个生长周期的需求，有效提高了发酵效率。唐春晖等[120]还公开了一种添加微量元素促进糖酸转化的专利。

在菌种选育方面，肖江锋等[121]公开了一种产酸菌的诱变筛选方法，该法采用低温常压等离子体诱变技术，增加了获得高效菌株的概率。徐慧等[122]开发了一种诱变后产酸菌的平板快速筛选方法，在平板中加入溴麝香草酚蓝，若产酸菌株转化效率高，其菌落周边的黄色圈就大，这样可大大提高初筛的效率和准确性。张怡轩等[88]公开了一种基于代谢途径改造的利用产酸菌单菌高效生产 2-KGA 的方法。通过启动子筛选和密码子优化，构建了新颖的糖代谢途径，可高效地将山梨糖转化为乙酰辅酶 A，从而提高生物量和 2-KGA 的产量。郭惠芬等[123]通过诱变分离筛选，得到一株抗噬菌体的巨大芽孢杆菌菌株 VC2-180914-145，发酵 2-KLG 的产量稳定。

（3）"一步法发酵菌种及技术"相关专利分析

为了克服两步发酵法存在发酵总周期长、工序复杂、生产成本高等不利因素，江南大学等科教机构开展了利用基因工程技术构建一步法发酵菌种的研究并取得了重要进展。

陈坚等[124]公开了一种改造大肠杆菌产维生素 C 前体——2- 酮基 -L- 古龙酸的方法。他们将来源于氧化葡萄糖酸杆菌的山梨醇脱氢酶和辅酶，与来源于普通生酮基古龙酸菌的山梨糖脱氢酶 / 山梨酮脱氢酶基因共同表达于大肠杆菌中，获得了一株利用山梨醇生产 2- 酮基 -L- 古龙酸的基因工程菌，2- 酮基 -L- 古龙酸的产量达到 87g/L。周景文等[125]在氧化葡萄糖酸杆菌中引入山梨糖脱氢酶 / 山梨酮脱氢酶基因，并调节两个酶的比例，实现山梨醇通过氧化葡萄糖酸杆菌生产 2- 酮基 -L- 古龙酸，摇瓶产量达到 45.39g/L。石贵阳等[87]公开了一种将过表达山梨醇脱氢酶（SLDH）的地衣芽孢杆菌与产酸菌混合培养，实现了"一锅法"转化，降低了生产成本。周景文等[126]开发了一种以葡萄糖为底物一步发酵合成古龙酸的氧化葡萄糖酸杆菌，通过敲除醛酮还原酶、异源表达2,5-DKG转运蛋白、2,5-DKG还原酶，获得了能够通过葡萄糖直接合成2-酮基-L-古龙酸的重组氧化葡萄糖酸杆菌。

（4）"维生素C生产废弃物处置及资源化利用技术"相关专利分析

维生素C废弃物的相关专利，主要集中于两种大宗废弃物——废古龙酸母液和废菌渣的资源化利用技术方面。

维生素C废古龙酸母液因其COD值极高（60万～80万mg/L）、pH极低，因而无法进行常规的生化好氧、厌氧水处理，其有效处置问题是维生素C企业亟须解决的环保难题。中国科学院沈阳应用生态研究所开发了一系列关于从废母液中回收2-酮基-L-古龙酸[127]、废母液生产抗生土壤改良剂[128]、废母液生产生物有机肥[129]、废母液生产适用于盐碱地的种子包衣剂[130]等相关技术，近年来的一些专利进一步证实了废母液具有改良土壤和提高作物产量的功效[131,132]，特别是Xu等[132]公开的改性废母液显著提高作物维生素C含量的专利，首次在国际上报道了古龙酸可以促进植物维生素C高效积累的现象。他们进一步将废母液等开发成新型功能型有机肥料，实现了废母液的资源化和高值化利用。

关于废菌渣的专利，主要集中在将其开发成液体肥料[133]或菌体饲料蛋白[134]方面。但废菌渣含固率很低（3%～6%），在资源化开发利用过程中，如何高效脱水也是众多企业和研究机构重点关注的问题[135]。

2.6.2　前景展望

虽然维生素C原粉市场价格波动剧烈，但是其市场需求一直在稳定增长。目前，维生素C工业化生产仍然采用"两步发酵法"，生产工艺上并没有重大革新。因此，可以预期在未来一段时期，基于现有维生素C两步发酵技术的菌种选育（传统或基因工程方法）、发酵工艺优化、高浓度发酵、连续发酵技术与工艺等，仍将是相关研究和开发的重点内容。

随着分子生物学和基因工程技术的快速发展，维生素C现有的"两步混菌发酵法"极有可能被更高效率、更简便的"一步单菌发酵法"所取代。未来一段时间，与基因工程菌构建相关的基因、调控单元、表达载体等专利会增多，新的基因工程菌及其相应的发酵工艺条件等专利的申请数量也会呈现上涨趋势。

另外，在自然界中，数量众多、体量庞大的植物是维生素C的最大合成者，同时也是人类获取维生素C的主要供给者。未来可能能通过强化植物维生素C合成过程来让植物为人类贡献更多维生素C。例如，中国科学院沈阳应用生态研究所徐慧团队通过为植物提供合成维生素C途径中的前体物质或维生素C分解途径中的中间体，来促进植物的维生素C积累[136,137]。同时，这提示我们维生素C生产或将不仅局限于人工合成，还可以把人工合成与植物合成结合起来，使维生素C合成效率大幅提升。

随着国家对生产企业的环保要求越来越严格，维生素C企业更加重视生产废弃物的环保处理，特别是对维生素C生产过程中排放的两种以万吨计的大宗废弃物——废古龙酸母液和废菌渣的无害化、资源化、高值化处置技术的需求将更加迫切。可以预见，未来几年内，关于维生素 C 废液处置的相关专利会有明显的增加。同时，维生素 C 废液的资源化、高值化利用有望成为一个新兴产业。

参 考 文 献

[1] 林向成，汤泉 . 紫外分光光度法测定艾草中还原型维生素 C 含量 [J]. 理化检验（化学分册），2012，48（5）：611-613.

[2] Fleissing E，Apenbrinck E，Zhang X，et al. Vitamin analysis comparison study[J]. Am J Ophthalmol，2021，222：202-205.

[3] 施乃德曼 . 维生素 C 的制造 [M]. 北京：食品工业出版社，1956.

[4] 尹光琳 . 维生素 C 生产技术的现状及发展趋势 [J]. 生物工程学报，1986，2（4）：17-21.

[5] Sonoyama T，Kageyama B，Yagi S，et al. Biochemical aspects of 2-keto-L-gulonate accumulation from 2，5-diketo-D-gluconate by *Corynebacterium* sp. and its mutants[J]. Agri Biol Chem，1987，51：3039-3047.

[6] Anderson S，Marks C，Lazarus R，et al. Production of 2-Keto-L-gluconate，an intermediate in L-ascorbate synthesis，by a genetically modified *Erwinia herbicola*[J]. Science，1985，230：144-149.

[7] Tengerdy R. Redox potential changes in the 2-keto-L-gulonic acid fermentation——I. Correlation between redox potential and dissolved-oxygen concentration[J]. J Biochem Microbiol Technol Eng，1961，3（3）：241-253.

[8] Huang H. Preparation of 2-keto-l-gulonic acid：3043749[P]. 1962.

[9] 望月一男 . 日本公开特许公报：昭 3743475[P].1969.

[10] Urbance J，Bratina B，Stoddard S，et al. Taxonomic characterization of *Ketogulonigenium vulgare* gen. nov.，sp. nov. and *Ketogulonigenium robustum* sp. nov.，which oxidize L-sorbose to 2-keto-L-gulonic acid[J]. Int J Syst Evol Micr，2001，51（3）：1059-1070.

[11] 尹光琳，陶增鑫，于龙华，等 . L- 山梨糖发酵产生维生素 C 前体 -2- 酮基 -L- 古龙酸的研究菌种的分离筛选和鉴定 [J]. 微生物学报，1980，20（2）：246-251.

[12] Sonoyama T，Kageyama B，Yagi S，et al. Biochemical aspects of 2-keto-L-gulonate accumulation from 2，5-diketo-D-gluconate by Corynebacterium sp. and its mutants[J]. Agri Biol Chem，1987，51：3039-3047.

[13] Kaswurm V，Pacher C，Kulbe K，et al. 2，5-Diketo-gluconic acid reductase from *Corynebacterium glutamicum*：Characterization of stability，catalytic properties and inhibition mechanism for use in vitamin C synthesis[J]. Process Biochem，2012，47（12）：2012-2019.

[14] Hemilä H，Angelique M E，de Man. Vitamin C and COVID-19[J]. Front Med，2021，18（7）：559811.

[15] Cerullo G，Negro M，Parimbelli M，et al. The long history of vitamin C：from prevention of the common cold to potential aid in the treatment of COVID-19[J]. Front Immunol，2020，28（11）：574029.

[16] Blaszczak W，Barczak W，Masternak J，et al. Vitamin C as a modulator of the response to cancer therapy[J]. Molecules，2019，24（3）：453.

[17] Smirnoff N. Ascorbic acid metabolism and functions：a comparison of plants and mammals [J]. Free Radic Biol Med，2018，122：116-129.

[18] Pastori G M. Leaf vitamin C contents modulate plant defense transcripts and regulate genes that control development through hormone signaling [J]. The Plant Cell，2003，15（4）：939-951.

[19] Saga G, Giorgetti A, Fufezan C C, et al. Mutation analysis of violaxanthin ee-epoxidase identifies substrate-binding sites and residues involved in catalysis [J]. J Biol Chem, 2010, 285 (31): 23763-23770.

[20] Carr A C, Vissers M C M. Synthetic or food-derived Vitamin C-are they equally bioavailable [J]. Nutrients, 2013, 5(11): 4284-4304.

[21] Paciolla C, Fortunato S N D. Vitamin C in plants: from functions to biofortification [J]. Antioxidants, 2019, 8 (11): 519.

[22] Smirnoff N G W. Ascorbic acid in plants: Biosynthesis and function [J]. Crit Rev Biochem Mol Biol, 2000, 35 (4): 291-314.

[23] Lorence A, Chevone B I, Mendes P, et al. Myo-inositol oxygenase offers a possible entry point into plant ascorbate biosynthesis [J]. Plant Physiol, 2004, 134: 1200-1205.

[24] Wolucka B A, Van M M. GDP-mannose 3', 5'-epimerase forms GDP-L-gulose, a putative intermediate for the de novo biosynthesis of Vitamin C in plants [J]. J Biol Chem, 2003, 278 (48): 47483-47490.

[25] Qian W Q, Yu C M, Qin H, et al. Molecular and functional analysis of phosphomannomutase (PMM) from higher plants and genetic evidence for the involvement of PMM in ascorbic acid biosynthesis in Arabidopsis and Nicotiana benthamiana [J]. Plant J, 2007, 49 (3): 399-413.

[26] Dowdle J, Ishikawa T, Gatzek S, et al. Two genes in Arabidopsis thaliana encoding GDP-L-galactose phosphorylase are required for ascorbate biosynthesis and seedling viability [J]. Plant J, 2007, 52 (4): 673-689.

[27] Alós E, Rodrigo M J, Zacarías L. Differential transcriptional regulation of L-ascorbic acid content in peel and pulp of citrus fruits during development and maturation [J]. Planta, 2014, 239 (5): 1113-1128.

[28] Bulley S M, Maysoon R, Dana H, et al. Gene expression studies in kiwifruit and gene over-expression in Arabidopsis indicates that GDP-L-galactose guanyltransferase is a major control point of vitamin C biosynthesis [J]. J Exp Bot, 2009 (3): 765-778.

[29] Li M, Ma F. Ascorbate biosynthesis during early fruit development is the main reason for its accumulation in kiwi [J]. PLoS One, 2010, 5 (12): e14281.

[30] Bulley S, Wright M, Rommens C, et al. Enhancing ascorbate in fruits and tubers through over-expression of the l-galactose pathway gene GDP-l-galactose phosphorylase [J]. Plant Biotechnol J, 2012, 10 (4): 390-397.

[31] Tokunaga T, Miyahara K, Esaka T M. Generation and properties of ascorbic acid-overproducing transgenic tobacco cells expressing sense RNA for L-galactono-1, 4-lactone dehydrogenase [J]. Planta, 2005, 220 (6): 854-863.

[32] Kwon S Y, Choi S M, Ahn Y O, et al. Enhanced stress-tolerance of transgenic tobacco plants expressing a human dehydroascorbate reductase gene [J]. J Plant Physiol, 2003, 160 (4): 347-353.

[33] Tenhaken, Raimund E. Myoinositol oxygenase controls the level of myoinositol in Arabidopsis, but does not increase ascorbic acid [J]. Plant Physiol, 2009, 149 (2): 1042-1049.

[34] Endres S, Tenhaken R. Down-regulation of the myo-inositol oxygenase gene family has no effect on cell wall composition in Arabidopsis [J]. Planta, 2011, 234 (1): 157-169.

[35] Wagner C, Sefkow M, Kopka J. Construction and application of a mass spectral and retention time index database generated from plant GC/EI-TOF-MS metabolite profiles [J]. Phytochemistry, 2003, 62 (6): 887-900.

[36] Yabuta Y, Maruta T, Nakamura A, et al. Conversion of L-galactono-1, 4-lactone to L-ascorbate is regulated by the photosynthetic electron transport chain in Arabidopsis [J]. Biosci Biotechnol Biochem, 2008, 72 (10): 2598-2607.

［37］Takanori M，Yaka I，Takahiro M，et al. The Contribution of Arabidopsis homologs of L-gulono-1，4-lactone oxidase to the biosynthesis of ascorbic acid［J］. Biosci Biotechnol Biochem，2010，74（7）：1494-1497.

［38］Lim M Y，Pulla R K，Park J M，et al. Over-expression of l-gulono-γ-lactone oxidase（GLOase）gene leads to ascorbate accumulation with enhanced abiotic stress tolerance in tomato［J］. In vitro Cellular & Developmental Biology-Plant，2012，48：453-461.

［39］Upadhyaya C P，Young K E，Akula N，et al. Over-expression of strawberry d-galacturonic acid reductase in potato leads to accumulation of vitamin C with enhanced abiotic stress tolerance［J］. Plant Sci，2010，177（6）：659-667.

［40］Paciolla C，Paradiso A，De Pinto M C. Cellular redox homeostasis as central modulator in plant stress［J］. Redox State as a Central Regulator of Plant-Cell Stress Responses，2016：1-23.

［41］Foyer C H，Noctor G. Ascorbate and glutathione：The heart of the redox hub1［J］. Plant Physiol，2011，155（1）：2-18.

［42］Noé G，Hélène G，Rebecca S. Ascorbate as seen through plant evolution：the rise of a successful molecule［J］. J Exp Bot，2013，64（1）：33-53.

［43］Simpson G，Ortwerth B J. The non-oxidative degradation of ascorbic acid at physiological conditions［J］. Molecular Basis of Disease，2000，1501（1）：12-24.

［44］Parsons H T，Yasmin T，Fry S C. Alternative pathways of dehydroascorbic acid degradation *in vitro* and in plant cell cultures：novel insights into vitamin C catabolism［J］. Biochem J，2011，440（3）：375-383.

［45］Khan S R. Calcium oxalate in biological systems［M］. Florida：CRC Press，1995.

［46］Nakata P A. Advances in our understanding of calcium oxalate crystal formation and function in plants［J］. Plant Sci，2003，164（6）：901-909.

［47］Loewus F A. Biosynthesis and metabolism of ascorbic acid in plants and of analogs of ascorbic acid in fungi［J］. Phytochemistry，1999，52（2）：193-210.

［48］Tooulakou G，Giannopoulos A，Nikolopoulos D，et al. Alarm photosynthesis：calcium oxalate crystals as an internal CO_2 source in plants［J］. Plant Physiol，2016，171（4）：2577-2585.

［49］Burbidge C A，Ford C M，Melino V J，et al. Biosynthesis and cellular functions of tartaric acid in grapevines［J］. Front Plant Sci，2021，12：643024.

［50］Jia Y，Burbidge C A，Sweetman C. An aldo-keto reductase with 2-keto-l-gulonate reductase activity functions in l-tartaric acid biosynthesis from vitamin C in *Vitis vinifera*［J］. J Biol Chem，2019，294（44）：15932-15946.

［51］Linster C L，Van Schaftingen E. Vitamin C - Biosynthesis，recycling and degradation in mammals［J］. FEBS J，2007，274（1）：1-22.

［52］Kondo Y，Inai Y，Sato Y，et al. Senescence marker protein 30 functions as gluconolactonase in L-ascorbic acid biosynthesis，and its knockout mice are prone to scurvy［J］. P Natl Acad Sci USA，2006，103（15）：5723-5728.

［53］Burns J J，Peyser P，Moltz A. Missing step in guinea pigs required for the biosynthesis of l-ascorbic acid［J］. Science，1956，124（3232）：1148-1149.

［54］Hellman L，Burns J J. Metabolism of l-ascorbic acid-1-c-14 in man［J］. J Biol Chem，1958，230（2）：923-930.

［55］Regulus P，Desilets J F，Klarskov K，et al. Characterization and detection in cells of a novel adduct derived from the conjugation of glutathione and dehydroascorbate［J］. Free Radical Bio and Med，2010，49（6）：984-991.

［56］Kay P，Wagner J R，Gagnon H，et al. Modification of peptide and protein cysteine thiol groups by conjugation with a degradation product of ascorbate［J］. Chem Res Toxicol，2013，26（9）：1333-1339.

[57] 吕淑霞，冯树，张忠泽，等 . 维生素 C 二步发酵中伴生菌的作用机制 [J]. 微生物学通报，2001，28（5）：10-13.

[58] 罗曼，吕淑霞，郭智勇，等 . 巨大芽孢杆菌 25-B 对普通生酮基古龙酸菌伴生作用机理的探究 [J]. 食品科技，2013，38（6）：35-39.

[59] 宫晓丽，郭智勇，吕淑霞，等 . 巨大芽孢杆菌 B. m 2980 产孢对氧化葡萄糖酸杆菌产酸的影响 [J]. 工业微生物，2013，43（6）：49-53.

[60] 吕淑霞，牛建双，马镝，等 . 维生素 C 混菌发酵中大菌不同胞外组分对小菌的影响 [J]. 食品与生物技术学报，2011，30（5）：700-704.

[61] Jia N，Du J，Ding M Z，et al. Genome sequence of *Bacillus endophyticus* and analysis of its companion mechanism in the Ketogulonigenium vulgare-Bacillus strain consortium[J]. PLoS One，2015，10：e0135104.

[62] 白玲，刘沛含，张云鹤，等 . 维生素 C 混菌发酵中不同伴生菌伴生能力差异的研究 [J]. 河北农业大学学报，2017，40（2）：56-60.

[63] Liu L M，Chen K J，Zhang J，et al. Gelatin enhances 2-keto-L-gulonic acid production based on Ketogulonigenium vulgare genome annotation[J]. J Biotechnol，2011，156（3）：182-187.

[64] Ma Q，Zhou J，Zhang W，et al. Integrated proteomic and metabolomic analysis of an artificial microbial community for two-step production of vitamin C[J]. PloS One，2011，6（10）：e26108.

[65] Zhang J，Zhou J W，Liu J，et al. Development of chemically defined media supporting high cell density growth of *Ketogulonicigenium vulgare* and *Bacillus megaterium*[J]. Bioresource Technol，2011，102（7）：4807-4814.

[66] Leduc S，de Troostembergh J C，Lebeault J M. Folate requirements of the 2-keto-L-gulonic acid-producing strain *Ketogulonigenium vulgare* LMP P-20356 in L-sorbose/CSL medium[J]. Appl Microbiol Biot，2004，65（2）：163-167.

[67] Cai L，Yuan M Q，Li Z J，et al. Genetic engineering of *Ketogulonigenium vulgare* for enhanced production of 2-keto-L-gulonic acid[J]. J Biotechnol，2012，157（2）：320-325.

[68] Zhou J，Ma Q，Yi H，et al. Metabolome profiling reveals metabolic cooperation between *Bacillus magaterium* and *Ketogulonicigenium vulgare* during induced swarm motility[J]. Appl Environ Microb，2011，77（19）：7023-7030.

[69] 马倩 . 维生素 C 混菌发酵体系蛋白与代谢组学研究 [D]. 天津：天津大学，2015.

[70] Liu L，Li Y，Zhang J，et al. Complete genome sequence of the industrial strain *Ketogulonicigenium vulgare* WSH-001[J]. J Bacteriol，2011，193（21）：6108-6019.

[71] Xiong X H，Han S，Wang J H，et al. Complete genome sequence of the bacterium *Ketogulonicigenium vulgare* Y25[J]. J Bacteriol，2011，193（1）：315-316.

[72] Jia N，Ding M Z，Du J，et al. Insights into mutualism mechanism and versatile metabolism of *Ketogulonicigenium vulgare* Hbe602 based on comparative genomics and metabolomics studies[J]. Sci Rep-UK，2016，6（1）：1-8.

[73] Jia N，Ding M Z，Du J，et al. Complete genome sequence of the industrial bacterium *ketogulonicigenium vulgare* SKV[J]. Genome Announc，2016，4（6）：e01426-16.

[74] Du J，Bai W，Song H，et al. Combinational expression of sorbose/sorbosone dehydrogenases and cofactor pyrroloquinoline quinine increases 2-keto-L-gulonic acid production in *Ketogulonigenium vulgare*-Bacillus cereus consortium[J]. Metab Eng，2013，19：50-56.

[75] 王盼盼 . 2- 酮基 -L- 古龙酸合成相关脱氢酶的酶学性质及催化研究 [D]. 无锡：江南大学，2019.

[76] 周剑 . 维生素 C 二步发酵中两菌通讯以及提高产量的研究 [D]. 天津：天津大学，2012.

[77] 杜瑾 . 基于基因组分析的 VC 发酵混菌体系共生机制及功能强化 [D]. 天津：天津大学，2013.

[78] 张林 . 维生素 C 混菌发酵提高 2-KLG 产量的研究 [D]. 沈阳：沈阳农业大学，2017.

[79] 卢育新，刘春雷，张全钢，等 . 微波 - 吖啶橙复合诱变选育 VC 发酵伴生菌 [J]. 科技信息，2007，18：36-37.

[80] 赵世光，王陶，余增亮 . 维生素 C 二步发酵中离子注入诱变巨大芽孢杆菌的生物学效应 [J]. 激光生物学报，2007，16（4）：455-459.

[81] Yang W C，Han L，Mandlaa M，et al. Spaceflight- induced enhancement of 2- keto- L-gulonic acid production by a mixed culture of *Ketogulonigenium vulgare* and *Bacillus thuringiensis*[J]. Lett Appl Microbiol，2013，57（1）：54-62.

[82] 高赟 . 维生素 C 二步发酵营养组学的研究 [D]. 天津：天津大学，2012.

[83] 邹旸 . 适应性进化策略强化 VC 生产两菌相互作用的代谢水平分析 [D]. 天津：天津大学，2013.

[84] 曾伟主，单小玉，房峻，等 . 微液滴适应性进化强化大肠杆菌耐受高浓度 L- 山梨糖 [J]. 食品与发酵工业，2021，47（1）：1-7.

[85] 高丽丽 . 一步单菌发酵生产 2- 酮基 -L- 古龙酸工程菌的构建与优化 [D]. 无锡：江南大学，2014.

[86] Zhu Y，Liu J，Du G，et al. Sporulation and spore stability of *Bacillus megaterium* enhance *Ketogulonigenium vulgare* propagation and 2-keto-L-gulonic acid biosynthesis[J]. Bioresource Technology，2012，107：399-404.

[87] 石贵阳，吴志勇，李由然，等，一种发酵生产维生素 C 前体 2- 酮基 -L- 古龙酸的方法：201811358451.7[P]. 2018-11-15.

[88] 张怡轩，王彩云 . 一种基于代谢途径改造的生产 2- 酮基 -L- 古龙酸的方法：ZL201711169537.0[P]. 2022-03-01.

[89] Pan C H，Wang E X，Jia N，et al. Reconstruction of amino acid biosynthetic pathways increases the productivity of 2-keto-l-gulonic acid in *Ketogulonicigenium vulgare-Bacillus endophyticus* consortium via genes screening[J]. Journal of Industrial Microbiology and Biotechnology，2017，44（7）：1031-1040.

[90] 陆浩，李天明，刘金雷，等 . 基于尿嘧啶磷酸核糖转移酶为负向筛选标记的生酮古龙酸杆菌基因组无痕修饰系统的构建 [J]. 食品科学，2017，38（4）：39-44.

[91] Zeng W Z，Wang P P，Li N，et al. Production of 2-keto-L-gulonic acid by metabolically engineered *Escherichia coli*[J]. Bioresource Technol，2020，318：1-8.

[92] Gao，L，Hu，Y，Liu，J，et al. Stepwise metabolic engineering of *Gluconobacter oxydans* WSH-003 for the direct production of 2-keto-l-gulonic acid from d-sorbitol[J]. Metabolic Engineering，2014，24：30-37.

[93] 廖林 . Vc 混菌发酵中胶红酵母解除普通生酮基古龙酸杆菌氧化胁迫的研究 [D]. 沈阳：沈阳农业大学，2018.

[94] Yang W C，Sun H，Dong D，et al. Enhanced 2-keto-L-gulonic acid production by a mixed culture of *Ketogulonicigenium vulgare* and *Bacillus megaterium* using three-stage temperature control strategy[J]. Braz J Microbiol，2021，52（1）：257-265.

[95] 潘才慧 . 工程化改造酮古龙酸杆菌强化混菌间的互作关系 [D]. 天津：天津大学，2017.

[96] Mandlaa M，Yang W C，Han L T，et al. Two-helper-strain co-culture system：a novel method for enhancement of 2-keto-l-gulonic acid production[J]. Biotechnol Lett，2013，35（11）：1853-1857.

[97] 王恩旭 . 维生素 C 一步混菌发酵体系的设计与构建 [D]. 天津：天津大学，2017.

[98] Ma Q，Bi Y H，Wang E X，et al. Integrated proteomic and metabolomic analysis of a reconstructed three-species microbial consortium for one-step fermentation of 2-keto-L-gulonic acid，the precursor of vitamin C[J]. J Ind Microb Biot，2019，46（1）：21-31.

[99] 王彩云 . 基于基因组分析的酮古龙酸菌高效生产 2-KGA 代谢途径的构建 [D]. 沈阳：沈阳药科大学，2018.

[100] Mandlaa，Yang W，Liu C，et al. L-sorbose is not only a substrate for 2-keto-L-gulonic acid production in the artificial

microbial ecosystem of two strains mixed fermentation[J]. J Ind Microb Biot，2015，42（6）：897-904.

[101] 张忠泽，汲涌，徐慧，等.伴生菌活性蛋白制剂及在 Vc 二步发酵中的应用：201110062433.6[P].2011-09-14.

[102] 陈宏权，徐慧，吕淑霞，等.一种古龙酸的高温发酵的方法：201110329992.9[P].2014-07-23.

[103] 张海宏，韩利涛，谢占武，等.一种通过伴生菌数量的适应调节来制备 2- 酮基 -L- 古龙酸的方法：201310521113.1[P].2015-07-22.

[104] 陈坚，周景文，王小北，等.一种采用自克隆工程菌发酵生产 L- 山梨糖的方法：201210145148.5[P].2014-06-18.

[105] 焦迎晖，胡静，李晓东，等.弗氏葡糖杆菌及其在将 D- 山梨醇转化为 L- 山梨糖中的应用：202111565489.3[P].2021-12-20.

[106] 周景文，陈坚，刘立，等.一种提高氧化葡萄糖酸杆菌山梨糖产量和生产强度的方法：201910089489.7[P].2020-11-06.

[107] 司振军，童菲菲，朱甲名，等.一种氧化葡糖杆菌及其在生产古龙酸中的应用：202011555961.0[P].2022-07-08.

[108] 李荣杰，穆晓玲，李维理，等.一种生产山梨糖的方法：201110206336.X[P].2013-07-10.

[109] 肖江锋，黄建民，冯丽萍，等.一种高浓度 L- 山梨糖发酵生产工艺：201410561050.7[P].2017-08-22.

[110] 唐春晖，周晓琳，赵培培，等.一种促进生黑葡糖酸杆菌生长代谢的方法：2021114465183.0[P].2021-12-03.

[111] 唐春晖，周文洁，张全景，等.一种缩短生黑葡萄糖酸杆菌发酵周期的方法：202111467862.1[P].2021-12-03.

[112] 陈坚，周景文，王小北，等.一种采用固定化菌株高效生产 L- 山梨糖的方法：201210145609.9[P].2014-04-09.

[113] 张忠泽，汲涌，徐慧，等.一种山梨醇的高浓度连续发酵工艺：201010561138.0[P].2010-11-25.

[114] 焦迎晖，胡静，刘丽华，等.一种促进普通生酮基古龙酸菌生长代谢的方法：201911234187.0[P].2019-12-05.

[115] 司振军，李乔平，胡柏剡，等.2- 酮基 -L- 古龙酸的发酵用培养基及 2- 酮基 -L- 古龙酸的发酵生产方法：201811626312.8[P].2021-06-15.

[116] 崔莉，李学兵，盛雪，等.一种提升维生素 C 前体 2- 酮基 -L- 古龙酸效率的方法：201911206238.9[P].2019-11-29.

[117] 虞龙，冯帅，孙翠霞，等.一种促进酮古龙酸菌生长和产酸的方法：202010817203.5[P].2020-08-14.

[118] 张海宏，韩利涛，谢占武，等.一种通过伴生菌数量的适应性调节来制备 2- 酮基 -L- 古龙酸的方法：201310521113.1[P].2015-07-22.

[119] 杨伟超，徐慧，满都拉，等.一种利用三种菌混合发酵转化山梨糖 2- 酮基 -L- 古龙酸的方法：201210453539.3[P].2014-01-08.

[120] 唐春晖，桑元丽，陶伟娜，等.一种在 VC 混菌种子罐中添加多种微量元素缩短发酵周期提高产酸收率的方法：202210004586.3[P].2022-01-05.

[121] 肖江锋，周风娟，赵杜娟，等.一种普通生酮基古龙酸菌的诱变筛选方法：201510877643.9[P].2015-12-04.

[122] 徐慧，杨伟超，韩利涛，等.一种 VC 二步发酵菌株的筛选方法：201210453520.9[P].2012-11-13.

[123] 郭惠芬，于新燕，马学霞，等.一种巨大芽孢杆菌菌株以及其应用：202011555295.0[P].2022-07-29.

[124] 陈坚，高丽丽，周景文，等.一种改造大肠杆菌产维生素 C 前体 2- 酮基 -L- 古龙酸的方法：201110146020.6[P].2013-10-16.

[125] 周景文，陈坚，高媛，等.一种生产 2- 酮基 -L- 古龙酸的氧化葡萄糖酸杆菌的基因工程菌：201610865126.4[P].2016-09-29.

[126] 周景文，陈坚，李光，等.一种以葡萄糖为底物一步发酵合成 2- 酮基 -L- 古龙酸的氧化葡萄糖酸杆菌及应用：202210514258.8[P].2022-05-11.

[127] 张蕾，张忠泽.一种应用古龙酸母液回收古龙酸的实用工艺：200510047445.6[P].2005-10-19.

[128] 徐慧，张颖，李慧，等.利用古龙酸母液生产的抗生土壤改良剂及其制备方法：200610134528.3[P].2008-12-10.

[129] 杨伟超，徐慧，张忠泽，等.一种以北虫草废弃培养基和维生素 C 发酵废弃物古龙酸母液生产有机肥及其制备方法：2013106947301[P].2018-03-08.

[130] 徐慧，寇涌苹，王力华，等.一种适于盐碱地的玉米种子包衣剂及其制备方法：201410714235.7[P].2017-01-11.

[131] 徐慧，杨伟超，高明夫，等.一种提高农作物维生素 C 含量的调节液及其制备方法和应用：201910588061.7[P].2019-07-02.

[132] Xu H，Yang W C，Sun H，et al. Regulating solution，fertilizer and soil conditioner for increasing vitamin C content of plants as well as preparation and application thereof，WIPO：AU 2021104231[P]. 2020-5-25.

[133] 张颖，倪志龙，杨伟超，等.一种应用 VC 发酵醪液生产氨基酸肥的方法：200710012580.6[P].2009-11-11.

[134] 徐慧，杨伟超，张颖，等.以维生素 C 发酵废弃物生产菌体蛋白和多肽有机肥的方法：200910248459.2[P].2012-07-04.

[135] 徐慧，杨伟超，孙浩，等.一种维生素 C 发酵菌渣的快速、高效脱水方法：201910629572.9[P].2019-07-12.

[136] Gao M F，Sun H，Shi M J，et al. 2-Keto-L-Gulonic acid improved the salt stress resistance of non-heading Chinese cabbage by increasing L-ascorbic acid accumulation[J]. Frontiers in Plant Science，2021，12：697184.

[137] Wang B，Sun H，Yang W C，et al. Potential utilization of vitamin C industrial effluents in agriculture：soil fertility and bacterial community composition[J]. Science of the Total Environment，2022，851（Pt 2）：158253.

第 3 章
维生素 D

张武元
中国科学院天津工业生物技术研究所

维生素 D 是一组亲脂性类固醇衍生物,具有许多生理功能,包括增加肠道钙和磷酸盐的吸收,促进骨骼、肾脏对钙的重吸收等。人类及所有脊椎动物的骨骼健康、肌肉收缩、机体免疫等功能都依赖于血钙和磷酸盐合理的生理浓度,所以维生素 D 在维持这些生理机能中扮演了重要的角色[1]。维生素 D 缺乏会导致罹患高血压、自身免疫疾病、糖尿病和癌症等疾病的风险升高。因此,维生素 D 日益受到人们的关注,是最佳的健康助剂。与其他维生素类似,维生素 D 发现和功能研究的历史漫长而传奇,时间跨度长达 350 多年[2]。众多的医生、营养学家、生物化学家、化学家和分子生物学家都为维生素 D 的研究做出了重要的贡献,诸如:对维生素 D 的性质、功能、代谢、作用机制等持续研究,大幅地拓展我们对维生素 D 的认知。维生素 D 的研究可以称之为现代医学的亮点之一。本章节将系统梳理维生素 D 的相关知识,包括其发现的历史、种类及来源、命名规则、化学合成、生物合成和代谢途径以及当前的应用领域现状及未来展望。

3.1　概述

3.1.1　维生素 D 的发现史

大约在 17 世纪初期,文献首次记载了营养缺乏症:儿童佝偻病和成人骨软化症。当时人们缺乏足够的医学知识将这些病症与其他骨骼疾病区分开来,然而相关症状的文献记载都明确指出维生素 D 缺乏是导致诸如佝偻病等骨骼畸形的主要原因。随后在 1900—1920 年,医生和生物化学家阐明了阳光缓解维生素 D 缺乏相关疾病的机制,并确定了维生素 D 分子的两种主要形式,即维生素 D_2 和维生素 D_3。此后直到 1967 年,首次研究了维生素 D 的体内代谢,并发现了维生素 D 的活性结构,即 1, 25- 二羟基维生素 D_3(通用名为骨化三醇或钙三醇)。该活性维生素 D 的发现有力地推动了人类对维生素 D 的认识,即维生素 D 特有的代谢机制:由转运蛋白、代谢酶和维生素 D 受体共同来调节维生素 D 的作用。该机制不仅在骨骼中,而且在身体许多其他组织中都发挥着重要的生理作用。维生素 D 大致分为两类:动物来源的维生素 D_3(通常称为胆钙化醇)和植物或真菌来源的维生素 D_2(简称麦角钙化醇)。两种物质的结构相似(图 3-1),且在体内具有相似的效力、代谢模式和生理功能。

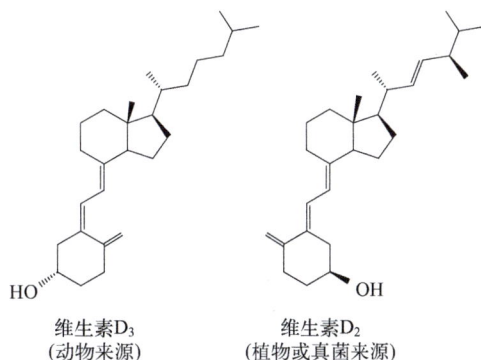

维生素 D_3
(动物来源)

维生素 D_2
(植物或真菌来源)

图 3-1　维生素 D_2 和 D_3 的结构

维生素 D 的历史与发展可以分为具有明显特征的四个阶段[2]：

① 1650—1890，维生素 D 缺乏病症的研究；

② 1890—1930，维生素 D 的发现及其结构解析；

③ 1930—1975，维生素 D 代谢及活性维生素 D 研究；

④ 1975 年至今，维生素 D 的细胞机制、功能和与维生素 D 相关的人类疾病。

3.1.2　维生素 D 缺乏病症的研究

佝偻病的英文单词为"rickets"，通常认为起源于英国多塞特郡方言中的动词"rucket"，意指呼吸困难[3]。然而，也有人认为佝偻病一词来源于盎格鲁 - 撒克逊语"wrikken"，意为扭曲。随着研究的不断深入，维生素 D 缺乏症的最新定义已发展到包括软骨细胞分化缺陷、生长板缺乏矿化，但维生素 D 缺乏症的共同特征就是骨基质矿化或钙化不足[3]。佝偻病的特征是骨骼变形和畸形，特别是长骨弯曲以及肋骨、手臂、腿和颈部关节的骨骺扩大。病患胸部疼痛，呼吸困难。在中国，医学文献将严重佝偻病的肋骨畸形称为"鸡胸"[4]。严重的佝偻病常伴有肺炎，维生素 D 缺乏导致免疫功能不足会进一步加剧病情。尽管佝偻病很少会危及生命，但毫无疑问它会降低患者的生活质量并导致多种继发性问题。

患维生素 D 缺乏症的部分原因是皮肤从 7- 脱氢胆固醇合成维生素 D_3 不足，以及从植物或真菌摄取的维生素 D_2 或动物产品摄取的维生素 D_3 较少。在工业革命时期，煤炭等化石燃料的燃烧产生大量的烟雾，导致大规模的空气污染，屏蔽了太阳辐射，大大减少了到达地面的紫外线，使人体皮肤合成维生素 D 的功能被弱化了。因此，在 18 至 19 世纪，欧洲工业化城市的佝偻病发病率较高。佝偻病在 16 至 20 世纪的英国尤为普遍[5]。

虽然佝偻病似乎与缺乏阳光照射有关。但到了 18 世纪后期，许多英国人主张使用鱼肝油治疗佝偻病，这表明维生素 D 在营养方面的应用潜力[6]。

3.1.3　维生素 D 的功能和发现

19 世纪 90 年代，Owen 和 Palm 等明确支持环境因子理论的研究人员提供的证据表明[2]：英国不同地区以及中国北部和南部的佝偻病发病率存在很大的差异。医疗传教士 Palm 坚持将儿童暴露在阳光下可以治愈佝偻病。随后，欧洲和美国的众多研究人员进行了更深入的研究表明实验室的动物和患有佝偻病的儿童在阳光或汞弧灯发出的光下可获得治愈[5,7]。这些研究清楚地表明，缺乏紫外线辐射是患佝偻病的原因之一。

此外，营养因子也可能是病因。营养学家的研究证实：高纯度糖类、蛋白质、脂肪和盐的饮食不能完全满足实验室动物的生长和生命需求[8]。通过添加各种"微量因子"，研究人员能够恢复动物的生长和全方位的生理活动。第一个微量因子是由 Funk 发现的硫胺素[9]，硫胺素治愈了神经炎。硫胺素后来被更名为维生素 B_1，它是一类被定义为"来自饮食的微量化合物，每天需要少量，但对生命至关重要"的维生素物质之一。维生素 D 被确定为在骨骼生长、钙和磷酸盐稳态中发挥关键作用的物质之一。然而，若严格按照维生素的定义，维生素 D 的命名并不准确，因为它也可以通过暴露于紫外线而获得。

　　在许多研究人员独立研究成果的基础上，约翰霍普金斯大学的 McCollum 将后来发现的营养因子称为维生素 D[10]。英国的 Edward Mellanby 推断，佝偻病可能是由于饮食不足，于是先设法让比格犬患有严重的佝偻病（如仅喂食燕麦片），然后用鱼肝油治愈佝偻病[11]。由于鱼肝油含有丰富的脂质和维生素 A，因此无法明确治愈佝偻病的活性成分。McCollum 通过鱼肝油加热和鼓泡氧气以破坏维生素 A，发现热处理过的鱼肝油仍然可以治愈佝偻病[12]。在新的维生素命名法的基础上，他将这种新物质命名为维生素 D。但是，该领域如何协调看似无关的发现，即紫外线和称为维生素 D 的营养物质都可以治愈佝偻病？

　　随后，在威斯康星大学麦迪逊分校工作的 Harry Steenbock 证明了在辐照后的酵母中含有大量维生素 D（后来证明是维生素 D_2）。将酵母源的维生素作为食品添加剂加入牛奶中，这是人类首款维生素 D 强化食品[2]。Steenbock 和威斯康星大学申请了用维生素 D 强化牛奶的专利，其收益被用于建立威斯康星校友研究基金会（WARF），该基金会旨在让大学获得收益并持续用于未来的研究。WARF 以 Steenbock 的专利收益资助了维生素 D 领域内外的许多科学家的研究，其中包括几位诺贝尔奖获得者。此外，各种食品（包括牛奶、人造黄油、面包甚至啤酒）中的维生素 D 强化剂已成为世界范围内预防佝偻病和骨软化症的主要营养工具[2]。

　　在 20 世纪 20 年代后期，Adolf Windaus 及同事从辐照过的植物甾醇混合物中分离出关键的活性物质，并将其命名为维生素 D_1，但其结构尚未得到鉴定（后来维生素 D_1 被证明是维生素 D_2 和速甾醇的混合物）。以 Askew 为首的英国研究小组成功地鉴定并确定了植物衍生甾醇的结构[13]，即维生素 D_2（或麦角钙化醇）。Windaus 的小组同样证实了维生素 D_2 的结构，并且还分离和鉴定了动物来源的抗佝偻病维生素 D_3（或胆钙化醇）及其皮肤前体 7-脱氢胆固醇[14]。由于发现了维生素 D_3、7- 脱氢胆固醇和其它几种甾醇的结构，Windaus 获得了 1928 年的诺贝尔化学奖。

3.1.4　维生素 D 代谢及活性维生素 D

　　自 1930 年起，相继报道了利用化学法成功合成维生素 D_2 和维生素 D_3，为进一步研究它们的生物学功能和新陈代谢打下了基础。维生素 D 主要是在钙和磷酸盐稳态中发挥相关生理作用[15]，包括：

　　①刺激肠道来吸收钙和磷酸盐；②从骨骼中调动钙；③促进肾脏对钙的重新吸收。

　　上述三种功能都有助于提高血钙和磷酸盐浓度，确保这些离子可用于维持机体健康和预防佝偻病。阐明维生素 D 的生理功能机制是 1930—1960 年的主要研究焦点，结果表明维生素 D 与其他钙和磷酸盐相关激素的作用密切相关。25-OH-D_3（骨化二醇）在生物学上被证明比维生素 D_3 更有效，并且以更高的浓度存在于血液中[16]。现在，25-OH-D_3 已经被确定为维生素 D_3 循环时的主要存在形式。随后，更多的科学家加入维生素 D 的相关研究中，并发现了一种比 25-OH-D_3 更有效的代谢物，即 1, 25- 二羟基维生素 D_3[1, 25-(OH)$_2$-D_3、骨化三醇]。它现在被普遍认为是维生素 D_3 的激素形式。Kodicek、Norman 和 DeLuca 等几个科研小组在 1, 25-(OH)$_2$-D_3 的发现和 / 或结构鉴定中发挥了重要作用[2]。化学法合成 1, 25-(OH)$_2$-D_3 最早由 Semmler 等人实现[17]，并在 20 世纪 70 年代初由罗氏集团进行商业化生产，临床上称为骨化三醇[18]。

上述两个主要代谢物：25-OH-D$_3$ 和 1,25-（OH）$_2$-D$_3$ 的鉴定引发了维生素 D 领域的研究热潮，由此发现了许多其它维生素 D 代谢物。其中主要有维生素 D$_2$ 的代谢物，包括 25-OH-D$_2$、1,25-（OH）$_2$-D$_2$ 和 24,25-（OH）$_2$-D$_2$。此外，在由放射性维生素 D$_3$ 产生的代谢混合物中还发现了几种被假定为无活性的代谢物，包括：24,25-（OH）$_2$-D$_3$、25,26-（OH）$_2$-D$_3$、25-OH-D$_3$-26,23-内酯、1,24,25-（OH）$_3$-D$_3$ 等。维生素 D$_3$ 和维生素 D$_2$ 的主要代谢物及其组织来源、生物合成酶和生物学作用如表 3-1 所示。

表3-1　维生素D$_2$和维生素D$_3$的主要代谢物及其组织来源、生物合成酶和生物学作用

代谢物	名称	组织来源	关键合成酶	生物学作用	参考文献
维生素 D$_3$ 代谢物					
25-OH-D$_3$	骨化二醇	肝脏	25-羟化酶（CYP2R1）	主要循环代谢物	[19]
1,25-（OH）$_2$-D$_3$	骨化三醇	肾脏（主要）肾外部位	1α-羟化酶（CYP27B1）	活性类固醇激素	[20] [21] [22]
24,25-（OH）$_2$-D$_3$	24,25-二羟基胆钙化醇	肾脏（主要）肾外部位	24-羟化酶（CYP24A1）	主要分解代谢物	[23] [24]
25,26-（OH）$_2$-D$_3$	25,26-二羟基胆钙化醇	未知	羟化酶（？）	分解代谢物	[25]
25-OH-D$_3$-26,23-内酯	23,26-内酯-25-羟基胆钙化醇	肾脏（主要）肾外部位	24-羟化酶（CYP24A1）	主要分解代谢物	[26]
1,24,25-（OH）$_3$-D$_3$	1,24,25-三羟基胆钙化醇	肾脏（主要）肾外部位	24-羟化酶（CYP24A1）	未知的可能代谢物	[27]
钙酸	—	肾脏（主要）肾外部位	24-羟化酶（CYP24A1）	排泄形式	[53]
钙酸	—	肾脏（主要）	24-羟化酶（CYP24A1）	排泄形式	[28]
4β,25-（OH）$_2$-D$_3$	4β,25-胆钙化醇	肝脏	一般细胞色素P450（CYP3A4）	排泄形式	[29]
维生素 D$_2$ 代谢物					
25-OH-D$_2$	er-骨化二醇	肝脏	25-羟化酶（CYP2R1）	主要循环代谢物	[30]
1,25-（OH）$_2$-D$_2$	er-骨化三醇	肾脏（主要）	1α-羟化酶（CYP27B1）	活性类固醇激素	[31]
24,25-（OH）$_2$-D$_2$	24,25-二羟基维生素 D$_2$	肾脏（主要）	24-羟化酶（CYP24A1）	主要分解代谢物	[32]
1,24,25-（OH）$_3$-D$_2$	1,24,25-三羟基维生素 D$_2$	肾脏（主要）	24-羟化酶（CYP24A1）	假定的分解代谢物	[33]

3.1.5　维生素 D 的细胞机制、功能及与维生素 D 相关的疾病

维生素 D 活性形式的发现为维生素 D 的研究提出了新的任务：

① 阐明 1, 25-（OH）$_2$-D$_3$ 如何产生其各种生物学效应的信号转导机制；

② 鉴定负责上述 1, 25-（OH）$_2$-D$_3$ 合成和分解代谢的酶；

③ 更清晰地认识维生素 D 内在分泌系统的调节机制。

上述研究几乎是与 20 世纪 60 年代后期开始认识到新陈代谢同时开始的[34]。由于该阶段有关维生素 D 的研究多集中于细胞机制、功能及其相关的人类疾病等方面，与本书的核心内容关系不大，这部分内容不再详述。但是，有关维生素 D 机制研究的两个重要内容值得一提，即维生素 D 结合球蛋白[35]以及细胞色素 P450 酶参与的维生素 D 代谢[36]。作为一种脂溶性维生素，维生素 D 需要一种蛋白质将其运输到全身各处，该过程由可结合维生素 D 的球蛋白（通常缩写为 DBP）来执行。DBP 对维生素 D 及其大多数主要代谢物的亲和力最高，尤其是 25- 羟基 - 维生素 D。

20 世纪 70 年代初，在肝脏和肾脏的组织提取物中首次发现了负责维生素 D 代谢的含细胞色素 P450 的酶（CYP）[2]。在组织培养中根据它们的羟基化活性命名：25- 羟化酶、1α- 羟化酶和 24- 羟化酶。1990—2005 年，三种酶都在细胞培养系统中得到了克隆、表达和纯化。这三种酶现在被命名为 CYP2R1、CYP27B1 和 CYP24A1。关于 CYP 的功能和催化机理的相关研究可参考文献 [36]。

3.2　维生素 D 的来源

维生素 D 的来源主要有两种途径：自身合成与膳食摄取。在光照条件下，皮肤组织能够合成维生素 D$_3$。皮肤合成维生素 D 依赖于光照时间和强度（290 ～ 315nm），只有较低纬度（35° 以下）地区的光照条件才可以满足[37]。因此，膳食摄入维生素 D 是必不可少的途径。但很少有食物源含有天然维生素 D。低膳食摄入量和来自光合成的维生素 D 的不足通常会导致普通人群无法满足其身体对维生素 D 的需求。

在食物源中，鱼类中天然维生素 D$_3$ 的含量最高，可能是因为其不断富集食物链底部浮游微藻中的高含量维生素 D$_3$[38]。三文鱼中维生素 D$_3$ 的含量为 30μg/100g，金枪鱼中含有 2.9μg/100g。维生素 D$_3$ 的其他来源包括：肉类（约 0.6μg/100g）、鸡蛋（约 1.75μg/100g）和奶制品（约 0.1μg/100g）。动物源性食品中维生素 D 的含量取决于动物的饲料。真菌和酵母菌在光照作用下可以合成维生素 D$_2$，在受真菌污染的植物中也可以获得维生素 D$_2$。传统上认为植物中只存在维生素 D$_2$。维生素 D$_2$ 的食物来源非常有限，野生蘑菇是维生素 D$_2$ 的重要来源之一。牛奶中含有少量的维生素 D$_2$，一般认为其来自奶牛食用的青草或干草。

3.3 维生素 D 的命名、结构及分类

根据 1960 年 IUPAC（国际纯粹与应用化学联合会）发表的《IUPAC 关于维生素命名规则》和 1966 年修订的《生物化学中重要杂类化合物的俗名》，维生素 D_2 的俗名为麦角钙化醇，维生素 D_3 的俗名为胆钙化醇。但随着对维生素 D 代谢和功能研究的不断深入，人们对维生素 D 类似物及其化学性质重新产生了兴趣，这使得一些旧的命名规则变得繁琐，同时也导致在文献中使用了一些不合适的缩写。于是生物化学命名委员会要求 H. F. DeLuca 与其他专家协商，制定一个维生素 D 代谢物的简化及可扩展的普适性命名规则（1981 年《维生素 D 的命名（修订版）》）[39]。该新命名规则扩大了 1966 年规则 M-2 节的范围，并建议采用新的较短的俗名。从生物化学角度而言，最重要的变化分别是胆钙化醇、25- 羟基胆钙化醇和 $1\alpha, 25$- 二羟基胆钙化醇对应的骨化醇、骨化二醇和骨化三醇。骨化醇不一定比胆钙化醇更适合维生素 D_3 本身，但被建议在羟基化衍生物的新名称中使用。总的来说，维生素 D 类化合物命名规则极其复杂，接下来进一步简要介绍。

3.3.1 半系统命名

虽然目前所有具有维生素 D 活性的化合物都可以采用半系统的甾体名称进行描述，但这些名称通常使用起来很麻烦。于是出现了以（$5R, 10R$）-9, 10- 裂 - 胆甾烷为母体分子的新名字。然而甾体的应用规则的主要难点在于当 A 环的朝向是母体甾体形式时才能将维生素 D 衍生品描述成 "α" 和 "β" 构型。IUPAC 建议这些描述符不能用于维生素 D 化合物的 A 环、C-6 或 C-7，其手性中心应标为 R 或 S，双键标为 E 或 Z。表 3-2 列出了一些具体化合物。

表3-2　维生素D化合物的命名

当前俗名	推荐使用的俗名	系统命名法的甾体名称
胆钙化醇	骨化醇或胆钙化醇	9, 10- 开环胆甾 -5, 7, 10（19）- 三烯 -3β- 醇
25- 羟基胆钙化醇	骨化二醇	（$5Z, 7E$）-9, 10- 开环胆甾 -5, 7, 10（19）- 三烯 -3β, 25- 二醇
$1\alpha, 25$- 羟基胆钙化醇	骨化三醇	（$5Z, 7E$）-（$1S, 3R$）-9, 10- 开环胆甾 -5, 7, 10（19）- 三烯 -1, 3, 25- 三醇
维生素 D_2	维生素 D_2	（$5Z, 7E, 22E$）-（$3S$）-9, 10- 裂 - 开环胆甾 -5, 7, 10（19）- 三烯 -1, 3, 25- 三醇
$1\alpha, 25$- 羟基麦角钙化醇	er- 骨化三醇	（$5Z, 7E, 22E$）-（$1S, 3R$）-9, 10- 裂 - 开环胆甾 -5, 7, 10(19), 22- 四烯 -1, 3, 25- 三醇
22, 23- 二氢麦角钙化醇	22, 23- 二氢维生素 D_2	（$5Z, 7E, 22E$）-（$3S$）-9, 10- 裂 -5, 7, 10(19)- 麦角三烯 -1, 3, 25- 三醇
$1\alpha, 24R, 25$- 三羟基胆钙化醇	钙四醇	（$5Z, 7E$）-（$1S, 3R, 24R$）-9, 10- 裂 -5, 7, 10（19）- 胆甾三烯 -1, 3, 24, 25- 四醇

根据序列规则，不能把 *R* 或 *S* 从一个化合物转移到它的衍生物上（图 3-2）。

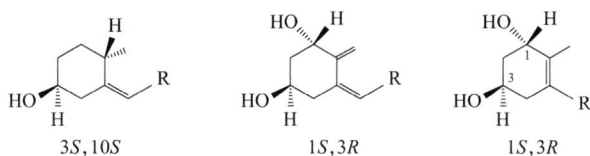

3*S*,10*S*　　　　　1*S*,3*R*　　　　　1*S*,3*R*

图 3-2　A 环的立体化学结构举例

3.3.2　母体化合物的立体结构

许多研究人员使用修饰俗名来表明化合物之间的关系。如果胆钙化醇的名称是"钙化醇"［（**1**）与（**2**）相同］，则可以结合使用基于胆钙化醇和麦角钙化醇的名称进行大幅度缩短；胆钙化醇仍可作为钙醇的普通替代名称，但不能应用于它的代谢物的命名。虽然钙醇是维生素 D_3 系列的母体名称，并且能够进一步修饰，但没有新的母体碳氢化合物被命名。因此，这个名字只能用于含有 3- 羟基和 3 个共轭双键组成的体系的化合物。除非另有规定，否则 3- 羟基的构型与甾体母体的 3β- 羟基的构型保持不变，例如在没有 2- 取代和 4- 取代的前提下，如果 1 位没有取代，则构型为 3*S*，如果 1 位也有羟基，则构型为 3*R*。除非另有说明外，三烯体系为 5, 7, 10（19）与 5*Z*, 7*E* 立体化学构型。

3.3.3　原子编号规则

采用甾体的编号规则进行编号，编号顺序如图 3-3 所示。

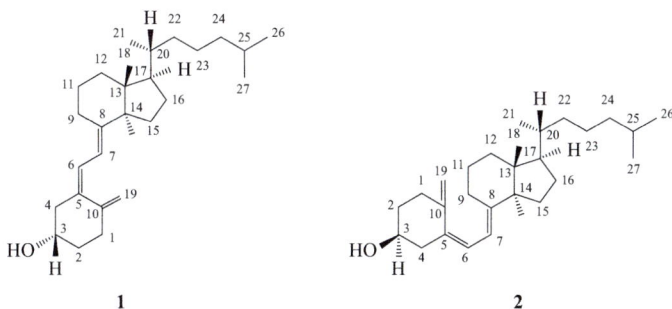

1　　　　　　　　　**2**

图 3-3　维生素 D 系列化合物编号

3.3.4　三烯类化合物的立体化学异构

如规则 2 所述，除另有说明外，"calci"前缀包括 5, 7, 10（19）- 三烯体系的 5*Z*, 7*E* 立体化学结构。前缀"ta"用于钙醇，将三烯的位置改变为 5（10）, 6, 8，隐含 6*E* 构型，例如他卡西醇［（**3**）与（**4**）相同］。将"iso"前缀应用于钙醇，将三烯的位置改为 1（10），5，7，隐含 7E 构型，这个前缀需要在 5 号位置指定立体化学构型，例如（5E）- 异钙醇（**5**）（见表 3-3 和图 3-4）。

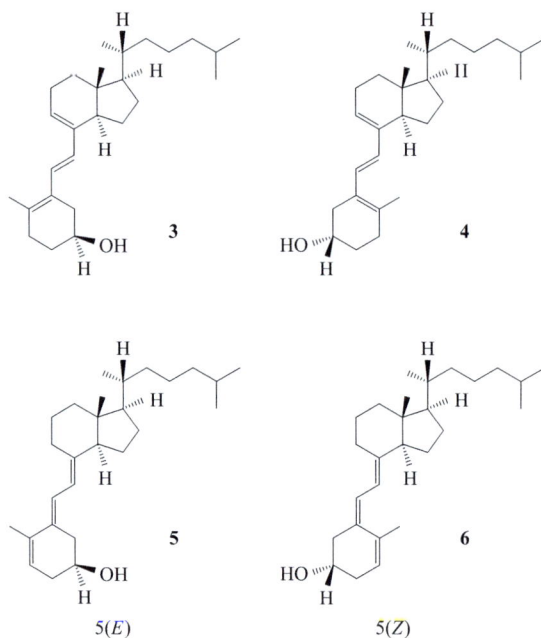

图 3-4　三烯类化合物的立体化学

用前缀"ta"表示的钙醇结构（**3**）和（**4**）；用前缀"iso"表示的钙醇结构（**5**）和（**6**）

表3-3　俗名变化

前缀	来源	影响
calci	钙化醇（calciferol）	9, 10- 裂 -5, 7, 10（19）- 胆甾三烯，具有 5Z, 7E 构型
ta	速甾醇（tachysterol）	将钙化醇的三烯变为 5（10），6，8，具有 6E 构型
iso	异维生素 D₃（isovitamin D₃）	将钙化醇的三烯变为 1（10），5，7，具有 7E 构型
er	麦角甾醇（ergosterol）	引入 22（23）双键 22E 构型，如果没有其他改变，则为 24R 构型

3.3.5　侧链命名方法

前缀"er"（表 3-3）表示维生素 D₂ 系列的侧链（**7**），例如钙醇。除有说明以外，此前缀表示（**7**）中含有 22E、24R 的构型。麦角钙化醇的俗名保持不变，但不应用于其代谢物的命名。也不能把 R 或 S 从一个化合物转移到它的衍生物上（图 3-5）。

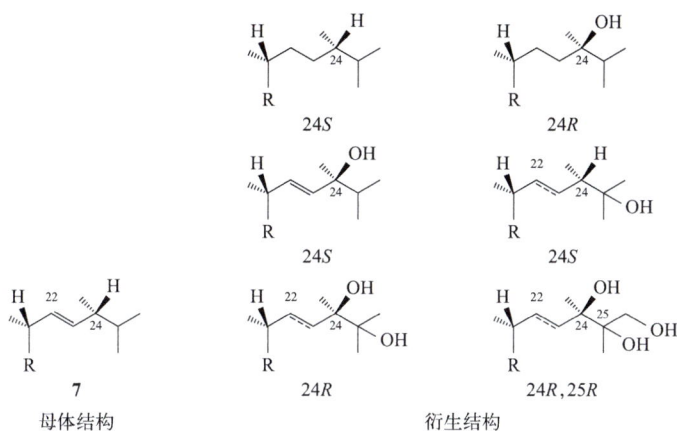

图 3-5　维生素 D₂ 系列化合物的 24 和 25 位的立体构型

3.3.6　其他命名规则

母体化合物的其他修饰可按照 IUPAC 的《有机化学命名法》第 F 节中所述，使用适当的前缀命名。

如果词干及其后缀以及表 3-3 中列出的前缀所示的结构有变化，则通过适当的定位和词缀（位置 1、3、20 或 24 的 R 或 S；5、6、7 或 22 号位置的 E 或 Z；α 或 β 在 13、14 或 17 位）体现。这些修改的进一步细节见规则 F-6.3 和甾体规则 2S-3.2 和 2S-3.4；前缀 "ent-" 和 "rac-" 的使用也在这些参考文献中给出（F-6.4，F-6.5，F-6.6；2S-5.1，2S-5.3 和 2S-5.4）。

此外，维生素 D 系列化合物的命名还涉及前缀、后缀、立体化学及其它官能团的结合使用，具体规则可参考《维生素 D 的命名》（修订版）。

3.4　维生素 D 的性质和应用

3.4.1　性质

维生素 D 是一种脂溶性有机化合物，也被称为 "D 激素"，是一种具有激素活性的物质。它的激素受体存在于 "骨、肠、肾" 等其他众多组织与器官中，不仅影响骨代谢，也影响多种其它组织和器官，与多种器官疾病的发生、发展有关。因此，维生素 D 对于不同年龄段的人都很适用，可以根据自身特点科学且适当地补充维生素 D，既能有效提升健康水平，又可以降低患病风险。

人体普遍存在维生素 D 不足的情况，在美国和许多欧洲国家，在食物中强化维生素 D 被认为是一种有效策略[40]。牛奶和人造黄油是富含维生素 D 的主要产品，还有橙汁、面包、奶酪和酸奶等[41]。强化维生素 D 在每个国家都有不同的监管制度，有强制或非强制性的，并且添加水平相应不同。因生活方式、社会环境和职业环境等因素的影响，越来越多的人因缺乏维生素 D 而导致身体出现亚健康状态，尤其是处于发育期的儿童、身体器官系统功能下降的老年人群和慢性病患者，更迫切地希望通过合理的维生素 D 摄入，达到调节人体机能、预防疾病、促进身体健康的目的。

尽管有许多有益效果，但过量的维生素 D 是有毒的，会导致高钙血症和高磷血症并引起许多软组织的矿化[42]。受影响的动物表现出严重的胃肠道症状、高血压、心律异常、神经系统症状（例如癫痫发作），最终可能导致死亡。这也是一些国家使用维生素 D_3 作为杀虫剂的基础。维生素 D_3 毒性的发病机制尚不完全清楚。高浓度的 25-OH-D 可以激活 VDR（维生素 D 受体）并激发维生素 D 反应基因的基因转录，高浓度的维生素 D 代谢物会扰乱维生素 D 结合蛋白的功能，导致释放游离的 1,25-$(OH)_2$-D_3，其进入细胞并刺激基因转录，这可能是引起动物不良反应的原因。

3.4.2　维生素 D 的治疗和保健作用

鉴于维生素 D 对人类及脊椎类动物的重要作用，本节将主要讨论其在人类治疗与保健及动物饲料添加剂中的两大重要应用。

（1）调节机体钙、磷代谢，维持骨骼的正常生长

维生素 D 的重要功能之一是促进肠道对钙磷的吸收，增加破骨细胞的活性和数量，维持骨骼健康[43]。维生素 D 在体内被肝、肾中的氧化酶转换成活性形式，促进肠道对钙和磷吸收和储备，维持人体组织液中钙和磷的浓度，并可以正常地沉着在骨骼上，从而促进骨骼矿化、保持肌力、改善平衡能力和降低跌倒风险。体内的维生素 D 水平过低与骨质密度下降、骨骼脆弱和骨质疏松有密切关系。因此，摄取足够的维生素 D 有助于降低骨折的风险，特别是从进食中吸收充足钙质更有助于强化骨骼。

（2）预防多种骨疾病的发生

临床上最常见的骨疾病包括骨质疏松、佝偻病与骨软化和继发性甲状旁腺功能亢进[44]。在骨形成、骨生长和重建过程中维生素 D 以及维生素 D 的活性形式都会参与其中。当维生素 D 严重缺乏时，钙离子在小肠内的吸收降低，1,25-$(OH)_2$-D_3 受到抑制，无法向小肠黏膜细胞移动，结合钙蛋白含量显著减少，从而影响维生素 D 的代谢引起相应的骨疾病的发生（如骨质疏松和骨软化等）。

（3）降低多种慢性疾病的发病率，减少癌症的风险

维生素 D 在肾脏、心血管及免疫系统等起广泛作用，如细胞分化和抗增殖因子等。研究证明慢性肾脏病的发展及许多心血管疾病的并发症都与维生素 D 相关，低血清维生素 D 水平和癌症风险增加之间有很强的关系。维生素 D 需在肾脏中转换后才具有生物学效应。当维生素 D 缺乏时，会对胰岛素耐受性和血浆肾素浓度有影响，从而诱发慢性疾病；同时缺乏维生素 D 会影响细胞分化和凋亡以及自身免疫调节功能，对癌细胞增殖产生影响。因此，补充维生素 D 可以改善生化终点，降低多种慢性疾病的发病率，减少癌症的风险。

3.4.3　维生素 D 在饲料添加剂领域的应用

维生素 D 常作为添加剂加入动物饲料中。对于长期饲养在阴暗条件下的畜禽来说，在饲养过程中饲料中的营养物质的适当供给是动物良好生长和健康发展的重要保障，动物维生素 D 缺乏症会导致生理功能的紊乱。比如畜禽缺乏维生素 D 会导致骨矿化障碍和骨质疏松[2]；蛋鸡产蛋率和蛋质量显著降低；临产、高产奶牛患产后瘫痪的风险增加[4]。因此，在饲料中添加饲料添加剂（适量的维生素 D）具有重要的生物学应用价值，具体生物学功能如下。

（1）维持动物体内钙、磷代谢稳态

维生素 D 的基本功能是促进动物肠道对钙、磷的吸收，提高血液中钙和磷的水平，促进机体的生长和骨骼的钙化。钙和磷作为动物机体中必不可少的常量元素，是维持骨骼正常代谢的关键因素。维生素 D 作为钙在小肠内跨膜转运的媒介，对钙离子的吸收有促进作用，而磷在小肠内是独立吸收的过程，主要是通过磷转运蛋白在肠绒毛细胞转运磷。但是当缺乏维生素 D 时，阻挡了钙离子的吸收，同时在小肠内与磷离子结合生成磷酸钙，抑制了磷的吸收，使血液中的钙磷含量下降。

（2）促进骨骼发育和生长

机体中钙磷储量最大的组织器官是骨骼，动物的骨组织始终在吸收和重建的过程中不断发生变化[1]。其中维生素 D 可以通过调控维生素 D 受体直接作用于成骨细胞。当缺乏维生素 D 时，血清中钙磷的不足主要源于活性代谢产物减少，从而导致软骨基质、软骨组织出现问题，即钙化不良和堆积，甚至造成骨质疏松和骨生长迟缓。

（3）改善肌肉的品质

通常所说的肉质，即肌肉品质[45]。目前研究比较多的是维生素 D 对猪牛羊等家畜肌肉品质的影响。饲料中的维生素 D 对动物肉质的提升受到多方面因素的影响，比如：动物的品种和遗传的差异、维生素 D 补饲方式、肌肉类型等。一般通过补充维生素 D 来提高动物肌肉中的钙离子浓度，进而激活钙蛋白酶，并作用于肌原纤维，肌纤维的完整结构降解后，肌肉的嫩度增加，肉质也相应地得到改善。

（4）维持免疫功能

维生素 D 有 D_2（麦角钙化醇）和 D_3（胆钙化醇）两种活性形式，1,25-$(OH)_2$-D_3 参与免疫调节，属于新型的免疫调节激素[15]。维生素 D_3 缺乏或过量，都对动物的免疫功能产生不利影响。当维生素 D 缺乏时，T 淋巴细胞和辅助性 T 细胞数量下降，导致了细胞免疫功能降低，同时也会抑制 B 细胞的分化，降低免疫功能；当维生素 D 过量时，T 细胞免疫调节受到抑制，导致免疫力下降[46]。

（5）影响生产性能

适量的维生素 D_3 能促进钙离子在肠黏膜细胞中与钙结合蛋白结合，促进跨细胞转运，加快在细胞内的扩散，促进在小肠的主动吸收，从而提高产蛋性能、改善蛋壳质量。同时，研究表明维生素 D_3 的添加能显著降低发病率（胫骨软骨病发病率、佝偻病发病率、腿病发生率等），对动物生长性能具有促进作用。

3.5   维生素 D 的生物合成途径

3.5.1   甾醇——合成维生素 D 的前体

在已得到解析的生物合成途径中，维生素 D 类化合物的合成极其复杂，例如，仅羊毛甾醇向胆固醇（维生素 D 的前体）的转化就需要 9 种不同的酶参与[47]。因此，接下来将详细介绍维生素 D 在植物、真菌和动物中的生物合成。

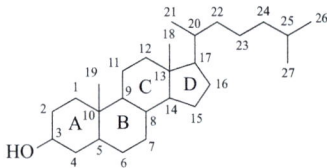

图 3-6   甾醇的核心是一个稠合的四环结构（A、B、C 和 D 环）

甾醇对所有真核生物都是必不可少的。它们是细胞膜的组成部分，具有调节膜流动性和渗透性的功能。甾醇作为许多类固醇激素的前体也发挥着重要作用，包括维生素 D 和芸苔素，以及多种次级代谢物，如皂苷和配糖生物碱等。甾醇由四个环组成，分别称为 A、B、C 和 D 环，具有一个或多个双键、C17 上的长柔性侧链、连接到 C3 的羟基和各种取代基（图 3-6）。C3 上的羟基可以被长链脂肪酸或酚酸酯化，得到甾醇酯（图 3-7）。甾醇酯存在于所有植物中，代表甾醇的一种储存形式，最常见于植物细胞的细胞质中[48, 49]。3- 羟基也可以与糖类相连，形成甾醇糖苷（图 3-7）。甾醇糖苷通常由不同糖类的混合物组成，脂肪酸对糖的酯化可产生乙酰化甾醇糖苷（图 3-7）[50]。

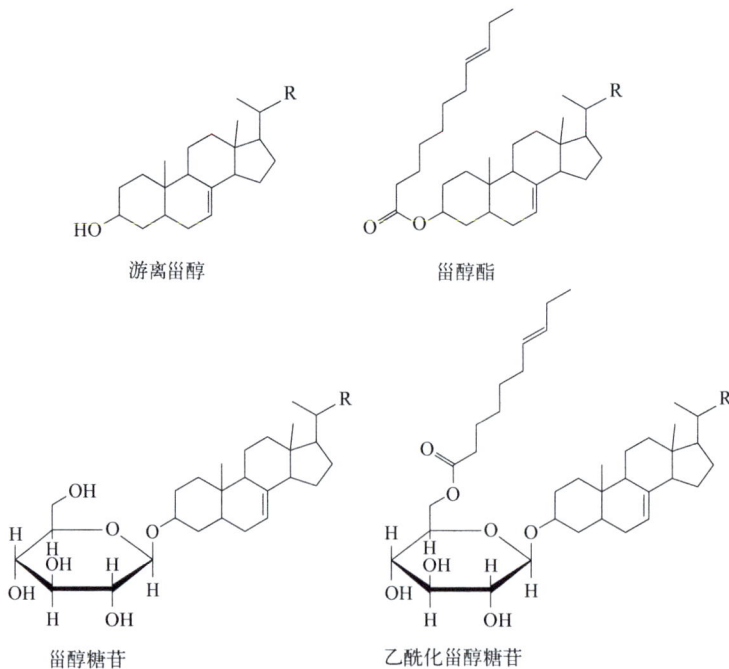

游离甾醇

甾醇酯

甾醇糖苷

乙酰化甾醇糖苷

图 3-7   游离甾醇及其复合物的基本结构

一般来说，甾醇可以根据侧链 C24 位的烷基化程度分为三类：24- 去甲基甾醇（不含

烷基）、24- 脱甲基甾醇（含一个甲基）和 24- 乙基甾醇（含一个乙基）。24- 去甲基甾醇常
见于动物体内，而 24- 脱甲基甾醇和 24- 乙基甾醇则主要存在于植物和真菌中。动物和真
菌主要积累终产物：甾醇、胆固醇（24- 去甲基甾醇）和麦角甾醇（24- 脱甲基甾醇）。而相
比之下，植物则产生种类更多的甾醇。在植物中已经发现了 250 多种甾醇，但通常以谷甾
醇、菜油甾醇和豆甾醇为主[51]。植物甾醇通常在 B 环的 C5 和 C6 之间具有双键，称为 Δ5-
甾醇。Δ5- 甾醇是最常见的，但也有 Δ7- 甾醇、Δ5, 7- 甾醇和 Δ22- 甾醇的相关报道[49]。植
物物种含有的甾醇由基因组决定，而且甾醇差异很大[52]。例如，模式植物拟南芥的甾醇组
成为 64% 谷甾醇、11% 菜油甾醇、6% 豆甾醇、3% 异岩藻甾醇、2% 芸苔甾醇和 14% 的其
它不常见的甾醇。胆固醇是动物体内的主要甾醇，但植物中也可以产生少量的甾醇。通常，
胆固醇占植物甾醇总量的 1% ～ 2%，茄科植物中含量更高。

3.5.2　维生素 D 生物合成

　　维生素 D 的生物合成是沿着甾醇途径进行的，即维生素 D_2 是由麦角甾醇在 UVB 暴露
下生成，维生素 D_3 则是由 7- 脱氢胆固醇在 UVB 暴露下生成。因此，我们需要首先了解这
些甾醇前体的合成机理，才能全面地了解植物中维生素 D 的合成是如何发生的。甾醇的生
物合成可分为两部分。第一部分是甲羟戊酸途径。所有的类异戊二烯化合物，包括甾醇，都
是通过甲羟戊酸途径，从常见的 C_5 异戊二烯结构单元二磷酸异戊酯（IPP）及其异构体二甲
基烯丙基二磷酸（DMAPP）形成的，一分子 DMAPP 和两分子 IPP 组装生成法尼基焦磷酸
（FPP）。最后，由两个分子 FPP 结合来制造角鲨烯[51]。角鲨烯的环化是通过中间体 2,3-
氧化角鲨烯，在一系列酶促环化作用下形成羊毛甾醇或环阿屯醇（图 3-8、图 3-9）。动物
和真菌在羊毛甾醇合酶（LAS）的催化下形成羊毛甾醇，而植物在环阿屯醇合酶（CAS）的
催化下形成环阿屯醇（图 3-9）。已有一些综述性文章报道了甾醇途径的相关酶和基因[53]，
本章不再对该部分内容进行详述。本章重点列举与维生素 D_2 和维生素 D_3 生物合成相关的 2,3-
氧化角鲨烯下游步骤。

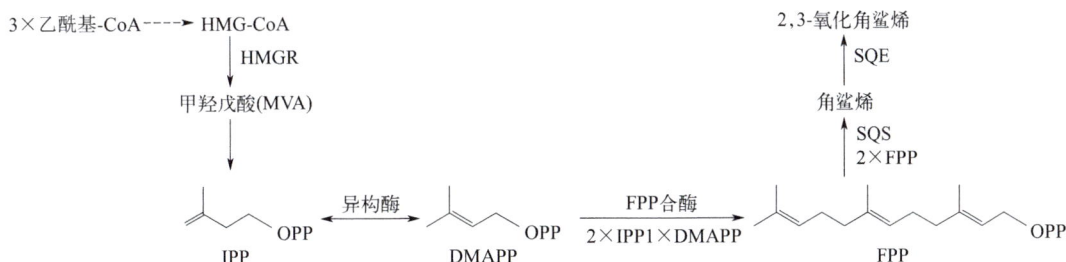

图 3-8　甾醇生物合成途径的第一部分

HMGR—3- 羟基 -3- 甲基戊二酰辅酶 A 还原酶；SQE—角鲨烯环氧化酶

3.5.3　产生维生素 D_3 的甾醇生物合成——动物

　　胆固醇是动物甾醇途径的主要最终产物，由羊毛甾醇转化而成（图 3-10）。九种不同

的酶参与羊毛甾醇转化为胆固醇的过程，其功能包括脱甲基、加氢和异构[47]。有人提出了两条胆固醇合成途径：Kandutsch-Russell 途径和 Bloch 途径，路径的分歧点为甾醇侧链中C24 位的双键的还原[47]。如图 3-10 所示，在 Kandutsch-Russell 途径中，C24 双键的还原是第一步，该通路中胆固醇的前体是 7- 脱氢胆固醇，最后一步是通过 Δ5,7- 甾醇 -Δ7- 还原酶（7- 脱氢胆固醇还原酶）还原 Δ7- 双键来生成胆固醇。在 Bloch 途径中，链甾醇是胆固醇的前体，甾醇 -Λ24- 还原酶催化链甾醇生成胆固醇。胆固醇生物合成途径中的反应流程尚未完全解析，因此，关于胆固醇合成路径的更深入的信息还有待挖掘[38]。羊毛甾醇和链甾醇的所有的中间体都可以发生甾醇 -Δ24- 还原酶催化的 C24-C25 双键的还原，这些中间体又可以作为 Kandutsch-Russell 途径中的底物，如图 3-10 中的 7- 脱氢链甾醇所示。

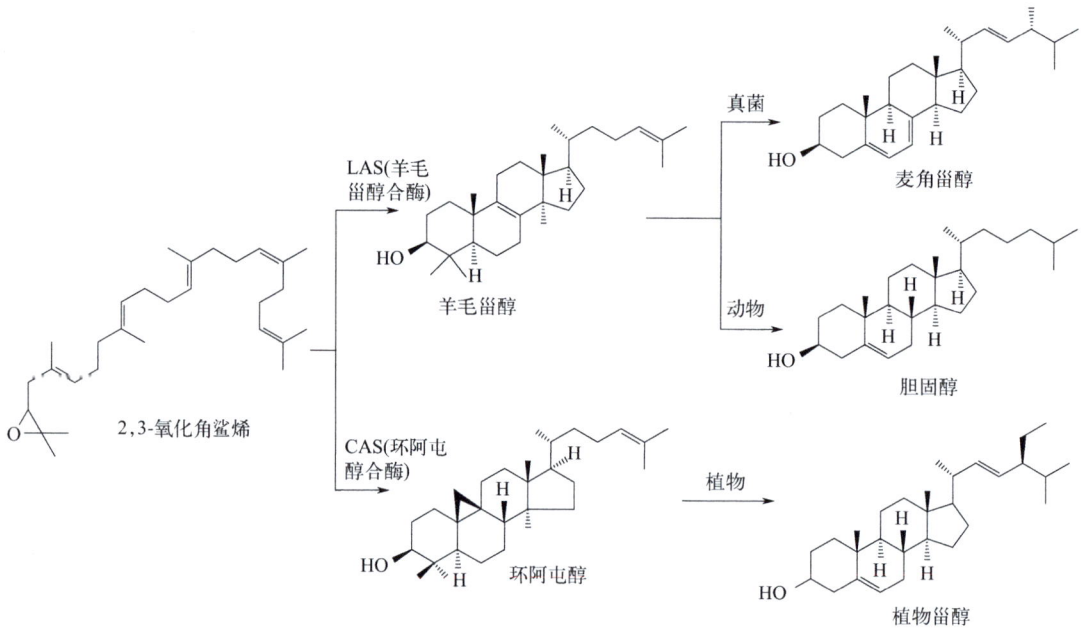

图 3-9　2,3- 氧化角鲨烯在一系列酶促环化作用下生成羊毛甾醇或环阿屯醇等过程

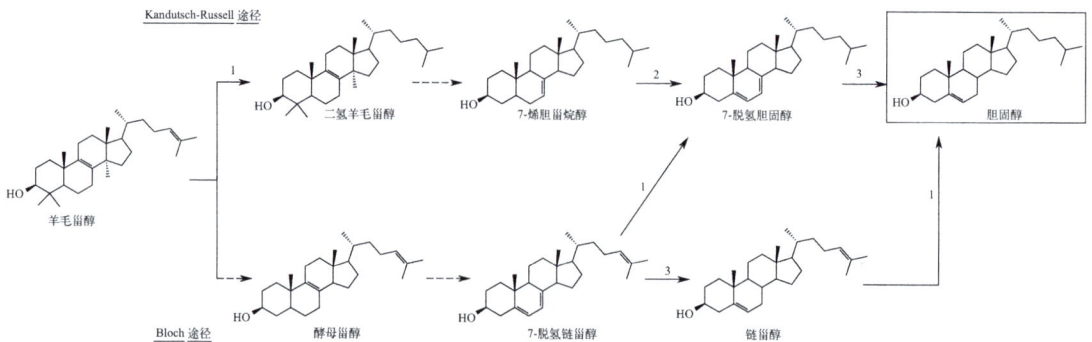

图 3-10　简化的胆固醇生物合成分歧途径

羊毛甾醇在一系列酶反应中转化为胆固醇：虚线箭头表示可能不止一个生物合成步骤参与；实线箭头表示已确定的生物合成步骤：1—甾醇 -Δ24- 还原酶；2—甾醇 -5- 去饱和酶；3—7- 脱氢胆固醇还原酶

3.5.4　产生维生素 D₂ 的甾醇生物合成——真菌

真菌中主要的甾醇终产物是通过羊毛甾醇合成的麦角甾醇（图 3-9）。酿酒酵母是被用作阐明麦角甾醇途径的一个常用模型系统，并且所有涉及的相关酶都已得到鉴定[54]。胆固醇和麦角甾醇共享途径，直到生成酵母甾醇。真菌源甾醇与动物源甾醇的不同之处在于 C24 的甲基取代。侧链的烷基化由 S- 腺苷甲硫氨酸甾醇甲基转移酶（ERG6）催化，该酶在酿酒酵母中将酵母甾醇转化为粪甾醇（图 3-11）[55]。植物中的维生素 D₂ 可能来自共生真菌或真菌感染，至于植物是否会产生麦角甾醇还有待进一步的研究证明。

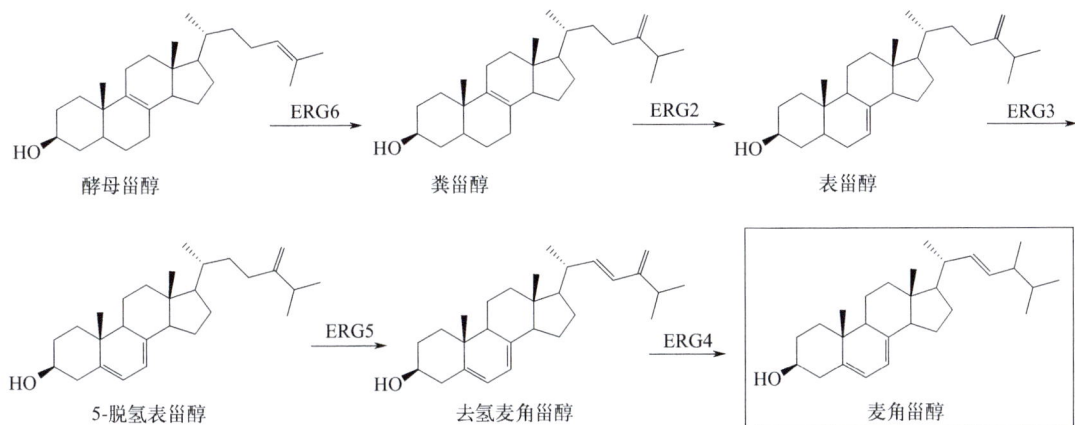

图 3-11　酿酒酵母中麦角甾醇生物合成途径的五个关键步骤
ERG2—C-8 甾醇异构酶；ERG3—C-5 甾醇去饱和酶；EGR5—C-22 甾醇脱氢酶；ERG4—麦角甾醇合成酶

3.5.5　产生维生素 D₃ 的甾醇生物合成——植物

已在模式植物拟南芥中鉴定出了参与 24- 脱甲基甾醇和 24- 乙基甾醇合成的酶。然而，24- 去甲基甾醇如胆固醇和 7- 脱氢胆固醇的生物合成途径目前仍然不是很清楚。这可能是因为这些甾醇在拟南芥等植物中仅有少量的存在。生物合成突变体和转基因植物的实验表明，介导 24- 脱甲基甾醇和 24- 乙基甾醇的酶也参与了 24- 去甲基甾醇的合成。

3.5.5.1　羊毛甾醇作为甾醇的替代前体

植物甾醇是通过环阿屯醇合酶催化的环阿屯醇合成的（图 3-9）。然而，有证据表明拟南芥、人参和百脉根中存在羊毛甾醇合酶基因。因此，植物中羊毛甾醇可作为甾醇合成的替代中间体。拟南芥中证实存在羊毛甾醇合成途径[56]。羊毛甾醇途径仅贡献了 1.5% 的谷甾醇生物合成量，然而，若过表达羊毛甾醇合酶，这一比例可增加到 4.5%。

因此，植物中的甾醇可以通过两种生物合成途径合成，即环阿屯醇和 / 或通过羊毛甾醇。胆固醇和 7- 脱氢胆固醇可以通过已知的动物羊毛甾醇的途径在植物中形成（图 3-9）。在未来的研究中，亟待解决的问题是确认合成甾醇的植物如茄科植物，是否具有更高效的羊毛甾醇合酶，从而促进维生素 D 的生物合成途径的解析及应用。

3.5.5.2　S-腺苷甲硫氨酸甾醇甲基转移酶（SMT）

植物甾醇与动物甾醇的区别在于 C24 上存在甲基或乙基。S-腺苷甲硫氨酸甾醇甲基转移酶（SMT）催化两个碳原子从 S-腺苷甲硫氨酸转移以进行 24-烷基化，这是植物甾醇生物合成的重要调控步骤[57]。C24 上的烷基取代基可以为甲基或乙基。

烷基的取代发生在途径的不同阶段，由两类 SMT 酶催化：SMT1 和 SMT2。SMT1 优选催化坏阿屯醇的第一次甲基化以产生 24-亚甲基环阿屯醇[51,58]。胆固醇与主要植物甾醇谷甾醇、豆甾醇和菜油甾醇的比例已被证明是受 SMT1 活性的控制。因此，调控 SMT1 可能是增加植物中 7-脱氢胆固醇和胆固醇含量的有效方法[38]。

3.6　维生素 D 的生物代谢途径

3.6.1　植物中维生素 D_3 及代谢

（1）维生素 D_3 原和维生素 D_3

维生素 D_3 及其前体 7-脱氢胆固醇已在几种茄科植物的叶子中发现，但其含量差异较大[59]。因为一些研究使用植物细胞培养而非整株植物进行研究，这可以解释已有研究之间的一些差异性。大多数研究证明，维生素 D_3 是在 UVB 的照射下合成，使用灵敏的液相色谱电喷雾电离串联质谱（LC-ESI-MS/MS）检测，证明暴露于 UVB 下的植物中维生素 D_3 的含量是未暴露植物的 18 ~ 64 倍[60]。然而，缺少 UVB 照射的研究中也可以检测到维生素 D_3。维生素 D_3 由维生素 D_3 原异构转化而来，异构是温度依赖的反应，因此可以推测可能是温度影响的结果。有研究报道了高温以及高温和 UVB 组合对番茄、青葡萄和辣椒的影响，证实了温度升高确实会在一定程度上提升植物中维生素 D_3 的含量[60]。

（2）维生素 D_3 的羟化代谢

在各种植物中都发现了维生素 D_3 的羟化代谢产物，这类代谢产物被称为活性维生素 D。如活性维生素 D_3 系列 25-OH-D_3 和 1,25-（OH）$_2$-D_3。1,25-（OH）$_2$-D_3 在茄属植物中含量最高，不仅在叶子中，而且在果实、茎和根中都广泛存在[61]。已有研究表征了在茄属植物中参与 25-OH-D_3 和 1,25-（OH）$_2$-D_3 合成的酶活性[62]。维生素 D 代谢中 25-羟化酶活性已定位于微粒体，而 1α-羟化酶活性则定位于线粒体和微粒体[62]。然而，尚未从植物中分离出具有活性的 25-羟化酶或 1α-羟化酶。有关维生素 D_3 及其羟基化代谢物在植物生理学中的作用，可参阅 Jäpelt[38] 和 Boland[63] 等人的文章。

3.6.2　动物体中维生素 D_3 及代谢

在攻克佝偻病及其他相关骨骼疾病的长期努力中，人类对维生素 D 的代谢与运作方式已经有了清晰的认识，下面将具体阐述。

（1）维生素 D 的激活

前面已经提到维生素 D 的两个来源：皮肤中的 7- 脱氢胆固醇（7-DHC）在紫外线照射下异构化为维生素 D_3，或从饮食中摄入维生素 D_2 或维生素 D_3。在 290 至 315nm 范围内的紫外线照射下，7-DHC 转化为维生素 D_3 原，并在后续 3 天左右，进一步热异构化为维生素 D_3（图 3-12）[64]。维生素 D_3 在皮肤中的形成效率受皮肤色素沉着和紫外线强度的影响[64]。在日照不足的情况下，紫外线的穿透力不足以将 7-DHC 转化为维生素 D_3 原。在高海拔地区，紫外线辐射较强烈，动物会长时间过度暴露于紫外线下，在该情况下，维生素 D_3 原会光异构化为生物惰性的速甾醇和光甾醇，它们在正常皮肤更新过程中与角质形成细胞一起脱落[64]。一旦维生素 D_3 在皮肤中形成，它就会优先与真皮毛细血管中的维生素 D 结合蛋白结合，并储存在脂肪中或运输到肝脏。无论是从阳光照射还是饮食中获得，维生素 D_2 和维生素 D_3 没有生物活性，必须经过两次羟基化反应才能被激活。图 3-12 显示了维生素 D 转化为其活性形式所涉及的步骤。25- 羟基化主要发生在肝脏中，而第二次 1α- 羟基化发生在肾脏中[65]。只有在第二次羟基化完成后，维生素 D 才具有生物活性。

（2）肝脏内 25- 羟基化

肝细胞中多种 P450 酶被认为介导维生素 D 进行 25- 羟基化[65]，包括 CYP27A1、CYP3A4、CYP2R1 和 CYP2J3，而维生素 D 代谢中的这一步骤在很大程度上不受调节。由于 25-OH-D_3 与维生素 D 结合蛋白密切相关，因此它是稳定的，是循环中维生素 D 的主要形式[64]。血清中 25-OH-D_3 的浓度与膳食摄入量成正比，可作为一种膳食消耗和 / 或皮肤生产的衡量标准，也是医学上判断是否缺乏维生素的关键检测指标。

（3）肾脏内 1α- 羟基化

维生素 D 活化过程的下一步取决于血浆钙离子浓度。如果血浆钙离子浓度低，肾脏会发生 25-OH-D_3 的 1α- 羟基化，产生活性形式的维生素 $D[1,25-(OH)_2-D_3]$，但如果钙浓度足够，则 25-OH-D_3 经历 24- 羟基化为无活性代谢物。肾脏 1α- 羟化酶（CYP27B1）还受甲状旁腺激素（PTH）、降钙素和 $1,25-(OH)_2-D_3$ 反馈抑制的调节。当血浆钙离子浓度低时，PTH 可能直接激发 1α- 羟化酶基因启动子，或间接通过环腺苷酸（cAMP）途径激发肾脏 1α- 羟化酶的活性[65]。

然而，当血浆钙离子浓度正常时，降钙素被认为可上调肾 1α- 羟化酶产生 $1,25-(OH)_2-D_3$。$1,25-(OH)_2-D_3$ 反过来可对 1α- 羟化酶产生反馈抑制，主要是体现在对 PTH 和 cAMP 途径的抑制。血浆磷酸盐浓度也参与控制 $1,25-(OH)_2-D_3$ 的产生。低血浆磷酸盐浓度可诱导肾脏 1α- 羟化酶活性，而与 PTH 或钙浓度无关。高血浆磷酸盐浓度可通过调节磷酸盐、成纤维细胞生长因子的活性来抑制 $1,25-(OH)_2-D_3$ 的形成[67]。

3.6.3　分解代谢途径

CYP24 催化活性维生素 D 分解代谢主要有两个途径[68]。第一个涉及 C24 加氧，生成骨化酸，而第二个通过将 $1,25-(OH)_2-D_3$ 的 23- 羟基化生成 $1,25-(OH)_2-D_3$- 内酯（图 3-12）[64]。*CYP24* 基因启动子中包含两个维生素 D 响应元件（VDRE）。这些元件允许 $1,25-(OH)_2-D_3$ 通过维生素 D 受体（VDR）上调 CYP24 的表达，并激发其自身的分解代谢。PTH 和血浆磷酸盐浓度也参与控制分解代谢途径[69]。当血清离子钙浓度正常且 PTH 被抑制时，CYP24 活性和表达增加，因此 25-OH-D$_3$ 转化为效力低得多的 24, 25- 二羟基维生素 D$_3$，而 1, 25-（OH）$_2$-D$_3$ 被分解代谢。相反，低血浆磷酸盐浓度会降低 CYP24 的表达和活性，从而减少 1, 25-（OH）$_2$-D$_3$ 的分解代谢。维生素 D 的主要靶器官是肠道、骨骼、肾脏和甲状旁腺。对于 PTH，维生素 D 的主要功能是将血浆钙离子和磷酸盐浓度维持在狭窄的生理限度内。

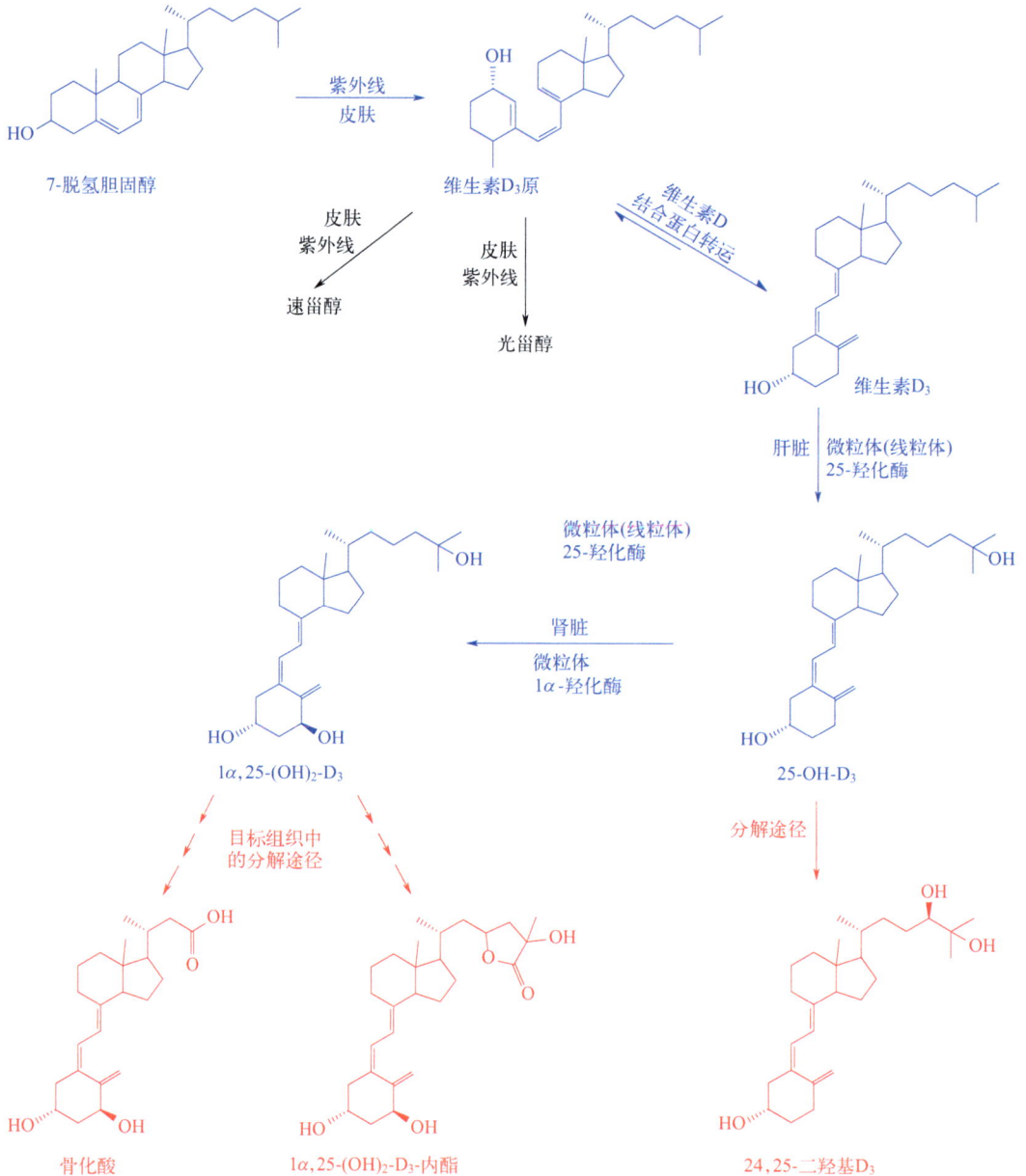

图 3-12   维生素 D 在动物体内的合成、活化和分解（蓝色）与 CYP24 细胞色素催化维生素 D 的分解途径（红色）

维生素 D 在动物体内的合成、活化和分解过程包括：皮肤中的 7- 脱氢胆固醇暴露于紫外线，经热异构化生成维生素 D$_3$ 原，并由维生素 D 结合蛋白转运至肝脏。维生素 D$_3$ 通过细胞色素 P450 酶在肝脏中发生 25- 羟基化，随后转运至肾脏并在近曲小管中发生 1α- 羟基化，从而产生维生素 D 的活性形式 1, 25-（OH）$_2$-D$_3$。CYP24 细胞色素酶会催化维生素 D 的分解途径包括 7- 脱氢胆固醇的异构化产生惰性的速甾醇和光甾醇，以及骨化酸等[66]

3.7　维生素 D 的代谢工程及酶催化合成研究进展

3.7.1　维生素 D 的代谢工程研究进展

此部分重点介绍维生素 D_3 的代谢合成。维生素 D_3 在体内的代谢合成极其复杂，但其代谢的核心是 7- 脱氢胆固醇，后者经紫外线诱变，即可合成维生素 D_3。酿酒酵母作为一种模式化工业微生物，其固有的甲羟戊酸途径为外源甾醇的合成提供了必要途径[70]。通过引入外源 *DHCR24*（δ24- 甾醇还原酶）基因，已有多项研究构建了 7- 脱氢胆固醇在酿酒酵母中完整的合成途径（图 3-13），本节主要讨论 7- 脱氢胆固醇的生物合成代谢途径。

甲羟戊酸模块中，7- 脱氢胆固醇代谢合成的限速步骤是 HMG-CoA 还原酶催化 3- 羟基 -3- 甲基戊二酰辅酶 A 还原为甲羟戊酸。引入外源 *HMG*（HMG-CoA 还原酶）基因或过表达截短的内源 *tHMG1* 基因均可有效促进碳通量流向角鲨烯。1998 年 Polakowski 等[71] 在野生型酿酒酵母中过表达甲羟戊酸代谢模块限速酶 HMG-CoA 还原酶，虽然使角鲨烯的合成量得到显著积累，但是对后鲨烯路径中相关甾醇类化合物的合成影响微弱。

其主要限速步骤集中于后鲨烯模块，其中角鲨烯环氧酶（*ERG1*）和羊毛固醇 14α- 去甲基化醇酶（*ERG11*）是麦角甾醇合成中的关键基因，即只有过表达这两个酶，才会显著提升相关甾醇类化合物的积累量。2003 年德国柏林工业大学的 Veen[72] 课题组对酿酒酵母内角鲨烯环氧酶和羊毛固醇 14α- 去甲基化醇酶进行过表达，使得角鲨烯向甾醇类物质转化更高效，后鲨烯路径生产总甾醇的量比野生型菌株提高了 3 倍。Lang 等[73] 随后进一步通过引入来自小鼠和人的 C8- 甾醇异构酶（*ERG2*）、C5- 甾醇去饱和酶（*ERG3*）以及 δ24- 甾醇还原酶基因，并将 C22- 甾醇脱氢酶基因（*ERG5*）和甾醇 C24- 甲基转移酶基因（*ERG6*）失活且截短的 HMG-CoA 还原酶基因过表达，获得了能合成 7- 脱氢胆固醇的酿酒酵母工程菌。

为了促进 7- 脱氢胆固醇的合成，虽然有很多研究通过过表达甲羟戊酸代谢模块和后鲨烯模块的必要基因，增加其代谢通量，以及敲除 *ERG5*、*ERG6* 基因减少副产物麦角甾醇对碳代谢流的消耗，但是这些非动态调节的修饰会引起代谢过程中氧化还原电位失衡等问题[74]。2015 年 Sun 等[74] 使用 NADH 氧化酶（NOX）和选择性氧化酶（AOX1），降低胞内自由态 $NADH/NAD^+$ 的比值，缓解了由于敲除酿酒酵母工程菌 BY4742 的 *ERG5* 基因，阻断内源性麦角甾醇的合成途径导致的氧化还原失衡。2021 年江南大学刘龙团队使用 CRISPR 干扰系统动态抑制 *ERG6* 基因的表达，细胞成活率比直接敲除 *ERG6* 的细胞增加 43%，在摇瓶验证实验中，7- 脱氢胆固醇达 365.5mg/L。该团队在此基础上又构建了 CRISPR 介导的动态激活系统，得到酵母工程菌在摇瓶中 7- 脱氢胆固醇的产量可达到 455.6mg/L，在 5L 发酵罐中达到 2870mg/L，是目前报道的利用微生物细胞工厂代谢合成 7- 脱氢胆固醇的最高产量[75]。

值得一提的是，ERG 蛋白的亚细胞分布也是影响 7- 脱氢胆固醇代谢合成的因素之一。后鲨烯路径中的限速酶分布在内质网和脂质体之间，ERG1 和 ERG27 在两种细胞器上都有发现，而 ERG7 是唯一仅存在于脂质体中的酶，其余的 ERG 蛋白位于内质网中。这种分布模式可能会增加 ERG 蛋白催化和传递甾醇中间体的难度，导致代谢流不平衡，甚至降低目的产物的产量。同时，酵母细胞中产生的过量甾醇总是以酯类化合物的形式存储在脂质体中。细胞器为不同的酶催化反应提供了适宜的微环境，例如 pH 值或氧化还原电势。2021 年 Guo

等[76]通过重新安排后鲨烯路径中的限速酶在内质网和脂质体之间的分布来缓解代谢瓶颈，从而起到促进 7- 脱氢胆固醇生产的作用。

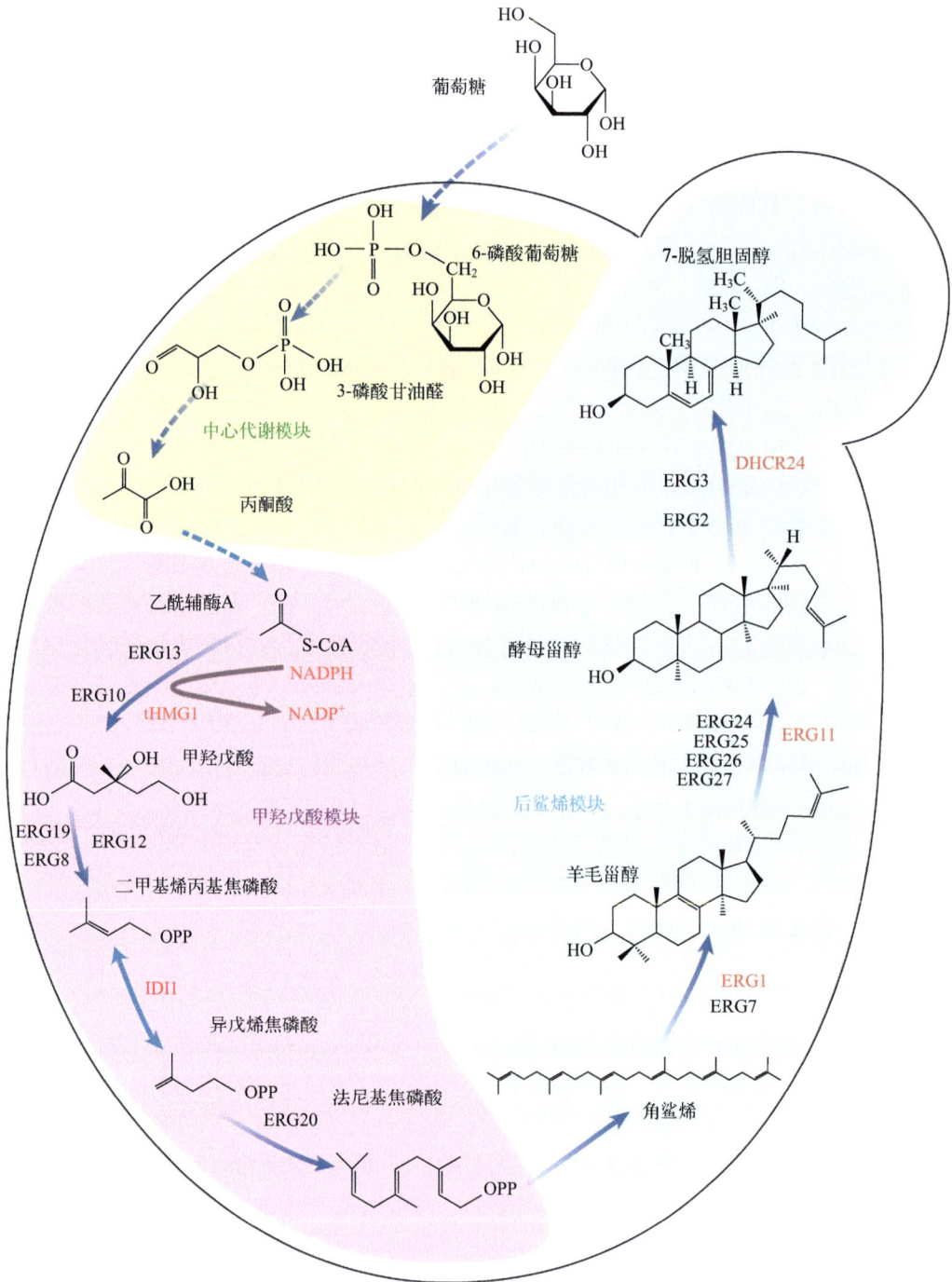

图 3-13　7- 脱氢胆固醇代谢路径及工程策略

ERG10—乙酰乙酸辅酶 A 硫解酶；ERG13—3- 羟基 -3- 甲基戊二酰辅酶 A 合酶；ERG12—甲羟戊酸激酶；ERG8—甲羟戊酸 -5-磷酸激酶；ERG19—甲羟戊酸焦磷酸脱羧酶；ERG20—法尼基焦磷酸合酶；IDI1—异戊烯基焦磷酸异构酶；ERG24—δ14- 甾醇还原酶；ERG25—甲基甾醇羟化酶单加氧酶；ERG26—甾醇 -4α- 羧酸酯 -3- 脱氢酶；ERG27—3- 酮类固醇还原酶

3.7.2　活性维生素 D 的酶催化研究进展

虽然维生素 D 具有多种生理功能，但是其本身没有活性，必须在体内经历肝脏和肾脏两次代谢激活，转化为活性维生素 D（如 25- 羟基维生素 D 等）后才能发挥生物学效应。目前，活性维生素 D 的合成往往依赖化学法全合成，但此方法产率低，并且过程复杂。微生物或酶因其化学选择性、区域选择性和立体选择性使其成为各种有机合成的理想催化剂。作为一种可持续的替代方法，体外酶催化反应在活性维生素 D 的合成方面展示出广泛的应用前景。

3.7.2.1　P450 单加氧化酶催化合成活性维生素 D

C25 和 C1α 位是工业上微生物转化过程中维生素 D_3 的两个主要羟基化反应位点。在已报道的酶中，P450 单加氧酶能够在维生素 D_3 的 C25 和 C1 位进行选择性羟基化生成活性维生素 D。通过研究发现链霉菌可用于将 25-OH-D_3 的 C1α 位转化为 1, 25-（OH）$_2$-D_3[77]；自养假诺卡氏菌（*Pseudonocardia autotrophica*）ID 9302 和假诺卡氏菌（*Pseudonocardia*）KCTC 1029BP 用于 1, 25-（OH）$_2$-D_3 的转化[78]；*P. autotrophica* CGMCC5098 可用于 25-OH-D_3 的转化[79]。然而，以野生型菌株来生产活性维生素 D_3 却存在活性低、副产物多等缺点。因此，表达并改造关键酶对于提高维生素 D_3 羟化酶的羟基化活性非常有必要。Kawauchi 等[80] 将自养无枝酸菌（*Amycolata autotrophica*）FEM BP-1573 中 25- 羟化酶基因克隆出来，在变铅青链霉菌（*Streptomyces lividans*）细胞中进行表达，获得重组菌株 CYP105A2。在 200 L 发酵罐中，CYP105A2 可将维生素 D_3 转化为 25-OH-D_3，产量由野生型的 8.3mg/L 提升至 20mg/L。

来源于灰白链霉菌的细胞色素 P450SU-1（CYP105A1），是研究最充分的维生素 D_3 羟化酶之一[81]。研究发现 CYP105A1 不仅对维生素 D_2 和维生素 D_3 具有 25- 羟化活性，而且对 25-OH-D_3 也具有 1α- 羟化活性，但 CYP105A1 对维生素 D_3 羟基化活性较低。随后他们采用定点突变策略，获得了对维生素 D_3 羟基化活性提高的突变体[82]。当位点 R84A 和 R73V 发生单点突变时，酶活性较野生型有明显提升；当将这两个位点组合突变时，双突变体 R73V/R84A 对 1α-OH-D_3 的 25- 羟基化和 25-OH-D_3 的 1α- 羟基化活性分别比野生型酶高出约 400 倍和 100 倍（表 3-4）。

表3-4　CYP105A1酶的工程化以提高维生素D_3的羟化活性

CYP105A1	产物	K_m /（mol/L）	k_{cat}/s^{-1}	k_{cat}/K_m/（$M^{-1} s^{-1}$）	相对酶活性
WT	1α（OH）	$1.0×10^{-5}$	$1.3×10^{-4}$	$1.3×10^{1}$	1
	25（OH）	$4.4×10^{-6}$	$4.3×10^{-5}$	9.8	1
R73V	1α（OH）	$1.8×10^{-5}$	$6.2×10^{-3}$	$3.5×10^{2}$	28
	25（OH）	$2.7×10^{-6}$	$4.2×10^{-4}$	$1.5×10^{2}$	15
R84A	1α（OH）	$8.7×10^{-6}$	$4.2×10^{-3}$	$4.8×10^{2}$	39
	25（OH）	$2.4×10^{-6}$	$4.2×10^{-4}$	$1.7×10^{2}$	17
R73V/R84A	1α（OH）	$6.5×10^{-6}$	$3.5×10^{-2}$	$5.4×10^{3}$	432
	25（OH）	$2.2×10^{-6}$	$2.3×10^{-3}$	$1.0×10^{3}$	105

随后 Yu 等通过改造羟化酶 CYP105A1 及其氧化还原伴侣 Fdx 和 Fdr，构建了一个单细菌多酶系统，将维生素 D_3 转化为其生理活性形式 25-OH-D_3 和 1, 25-$(OH)_2$-D_3[83]。该系统在 1mmol/L 辅酶 NADH 和 35g/L 生物催化剂负载条件下，成功地制备了 2.491mg/L 的 25-OH-D_3 和 0.698mg/L 的 1, 25-$(OH)_2$-D_3。

3.7.2.2　非特异性过氧合酶（UPO）催化合成活性维生素 D

来源于茶树菇的非特异性过氧合酶（unspecific peroxygenases，EC. 1.11.2.1，又称过氧化酶、过加氧酶）于 2004 年首次被发现[84]，具有良好的催化活性和广泛的底物谱，是一种极具开发价值的新型氧化酶（图 3-14）。过氧合酶在结构上与 P450 单加氧酶相似，含有与半胱氨酸配位的血红素单元。所不同的是，过氧合酶能够直接利用 H_2O_2 作为协同底物，生成催化活性物 compound I 而无需经历 O_2 的还原活化，可有效规避 P450 酶等单加氧酶的电子传递路径长、酶活性低等困难。因此，过氧合酶在开发高原子经济性、绿色催化工艺及新分子合成研究中受到越来越多的关注[85, 86]。Gutiérrez 等报道了一种新的生物催化方法来制备 25- 羟基维生素 D[87]。该方法以维生素 D_3 和维生素 D_2 为原料，H_2O_2 为共底物，用来自灰拟鬼伞（Coprinopsis cinerea）的非特异性过氧合酶（CciUPO）和来自柱状田头菇菌（Agrocybe aegerita）的非特异性过氧合酶（AaeUPO）作为催化剂，在温和条件下可实现维生素 D_3 和维生素 D_2 C25 的区域选择性羟基化（图 3-15A 和 B）。CciUPO 区域选择性地转化了底物维生素 D_3 和维生素 D_2；AaeUPO 仅催化维生素 D_2 的区域选择性转化，而在维生素 D_3 羟基化过程中形成了几种副产物。

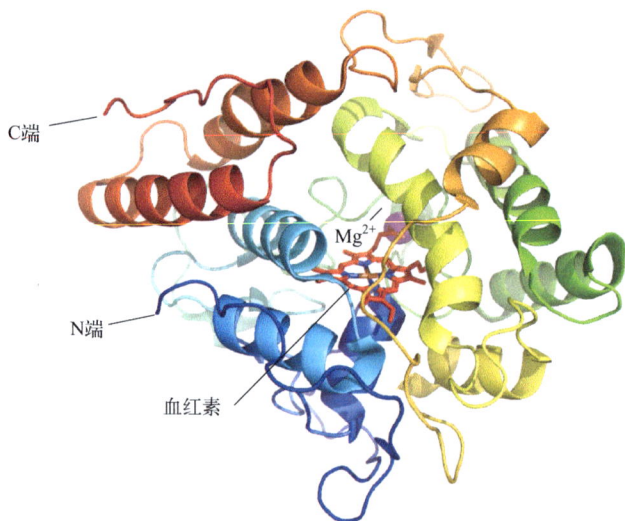

图 3-14　源于茶树菇的过氧合酶的结构（PDB ID：5OXU）

2022 年，Zhang 等报道了骨化三醇的新合成方法。该方法以 AaeUPO 为催化剂，将阿法骨化醇 [1α-OH-D_3] 进一步转化为骨化三醇 [1, 25-$(OH)_2$-D_3]（图 3-15C）[88]。该反应可获得 80.3% 的骨化三醇，选择性良好。在半制备规模合成中（200mL），骨化三醇的分离收率为 72%。

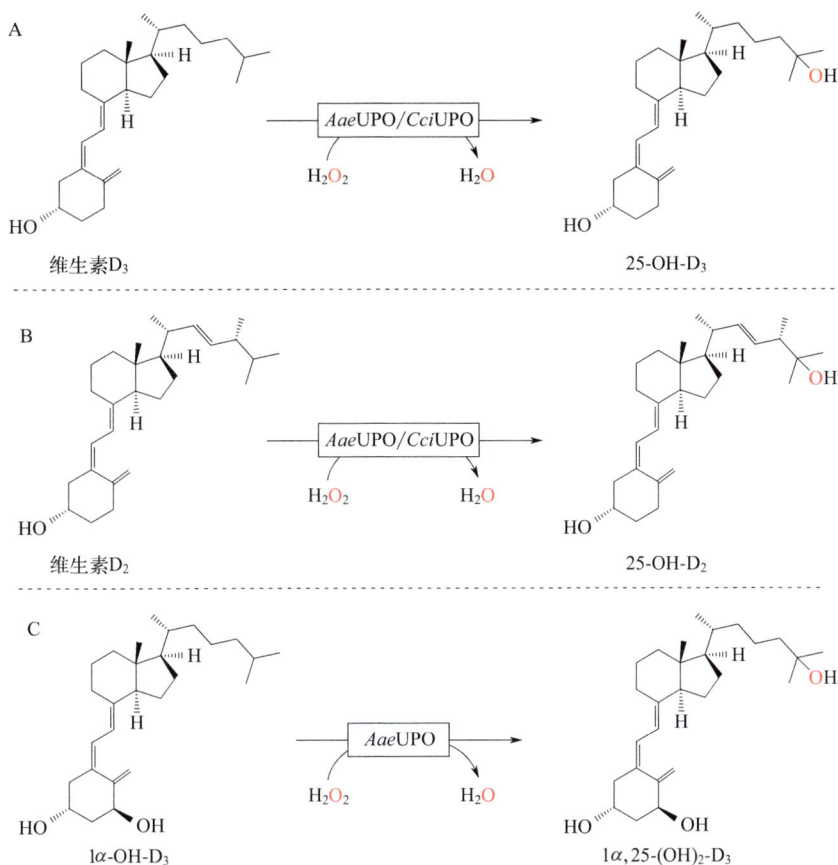

图 3-15　两种非特异性过氧合酶（UPO）催化维生素 D 合成活性维生素 D

A 和 B—CciUPO 和 AaeUPO 催化维生素 D_2 和维生素 D_3 合成 25-OH-D_2 和 25-OH-D_3；C—AaeUPO 催化 1α-OH-D_3 羟基化生成 1, 25-（OH）$_2$-D_3

　　上述针对 P450 酶及过氧合酶的研究在一定程度上展示了这类氧化酶的应用前景，预计在不久的将来我们会看到其成功用于活性维生素 D 产业化的报道。

3.8　维生素 D 的工业生产概览

　　目前，维生素 D_3、维生素 D_2 及其多种活性维生素 D 已经在临床上被应用于治疗骨质疏松、骨质缺乏、佝偻病和其他相关的疾病，表 3-5 中列举了几种主要的维生素 D 药物。

　　如前文所述，维生素 D_2 和维生素 D_3 获取方式主要有皮肤合成、光化学合成、生物合成等。工业合成方法主要包括热化学和光化学方法，因为热化学法合成维生素 D 需要 20 多步，路线冗长，而光化学法相比要简单得多，所以本节主要介绍工业合成方法中的光化学法，该法也是目前国内外工业上获得维生素 D 的主要生产方式。

表3-5　用于治疗佝偻病和相关疾病的商业化维生素D药物

维生素 D 药物（维生素D类似物）	药物名称	公司	适用范围	备注
25-羟基维生素 D_3	骨化二醇	欧加隆（上海）医药科技有限公司	维生素缺乏慢性肾脏病	第一个维生素 D 代谢物在美国普强公司得到授权
1,25-二羟基维生素 D_3	骨化三醇	罗氏制药	维生素 D 依赖性佝偻病 I A 型	第一个维生素 D 活性类似物
1α-羟基维生素 D_3	阿法骨化醇	利奥制药	维生素 D 缺乏慢性肾脏病	不需要肾脏激活的 1-羟基化前药
1α-羟基维生素 D_2	度骨化醇	赛诺菲	慢性肾脏病	不需要肾脏激活的 1-羟基化前药
19-去甲基-1α,25-二羟维生素 D_2	帕立骨化醇	雅培制药	慢性肾脏病	活性"低钙"维生素 D 类似物
卡泊三醇	达力士	利奥制药	银屑病	局部快速代谢侧链修饰维生素 D 类似物

注：用于慢性肾脏病 3～4 期及以上阶段的维生素 D 药物可用于抑制继发性甲状旁腺功能亢进，同时也具有适度的血清钙升高活性。

3.8.1　维生素 D_2 的工业合成

维生素 D_2 通常以麦角甾醇为原料进行工业化生产。苗景赟等[89]以麦角甾醇为原料，利用自制的反应器，采用连续光转化的方式实现维生素 D_2 的合成。其反应过程是将高位槽中的麦角甾醇溶液在石英套管中的紫外光源的照射下发生光转化得到维生素 D_2，并保存在反应液受液槽中。作者通过调控反应条件发现，当使用 32W 紫外光源和紫外分光光度计，采用无水乙醇作为反应溶剂，将麦角甾醇的起始浓度控制在 1.0～1.2g/L，反应停留时间在 26～28min 时，麦角甾醇的转化率可达 60%，其目标产物维生素前体和维生素 D_2 的选择性为 65%（图 3-16）。

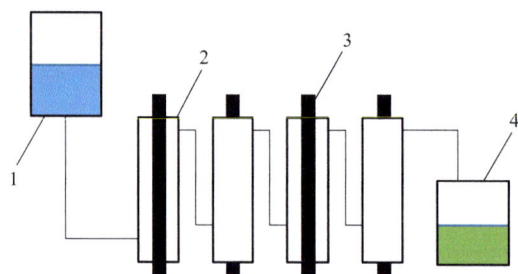

图 3-16　维生素 D_2 的工艺流程图
1—麦角甾醇溶液高位槽；2—石英套管；3—紫外光源；4—反应液受液槽

程学新等[90]发明了一种光合成维生素 D_2 的新方法。在 N_2 氛围下，23～30℃，将麦角甾醇溶在极性和非极性混合溶剂体系中，随后加入抗氧化剂，利用大功率的汞灯和内浸上行鼓泡式光化学反应器进行反应。通过使用混合溶剂可以很好地保证麦角甾醇的浓度，同时利用溶解度差别回收为转化的麦角甾醇原料并作为下一次反应的原料，在提纯过程中既可以免去柱色谱分离方法降低成本，又能以 30% 的转化率获得纯度为 99% 的维生素 D_2。

谭天伟等[91]进一步报道了 200L 体系制备维生素 D_2 的方法，分别设置了间歇式和连续式光反应器和紫外线（UV）灯（间歇式光反应器为 65W，连续式光反应器为 30W），其原理图如图 3-17 和图 3-18 所示。间歇式光反应器装有 20 根石英管，每根石英管有两个夹层。形成一个用于过滤器循环的腔室，可以去除 275nm 以下的大部分紫外线。水套被用来维持所需的温度范围，UV 灯设置在每根管的中间。连续式光反应器由四根石英管串联在一起。每根管子有两个腔室，里面的腔室是过滤腔，外面的腔室允许反应物溶液流动，反应物流量和过滤器流量由蠕动泵控制。研究结果显示，采用间歇式光反应器进行反应时，麦角甾醇的转化率为 50%，维生素 D_2 前体的选择性为 84%。使用连续式光反应器时麦角甾醇的转化率为 73%，维生素 D_2 前体的选择性为 62%。

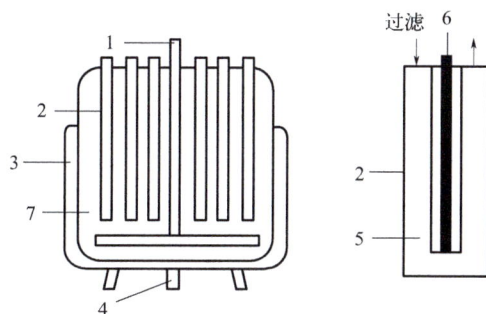

图 3-17　间歇式光反应器示意图

1—氮气分配盘；2—石英管；3—冷却水；4—出料口；5—盐过滤器；6—紫外灯；7—反应室

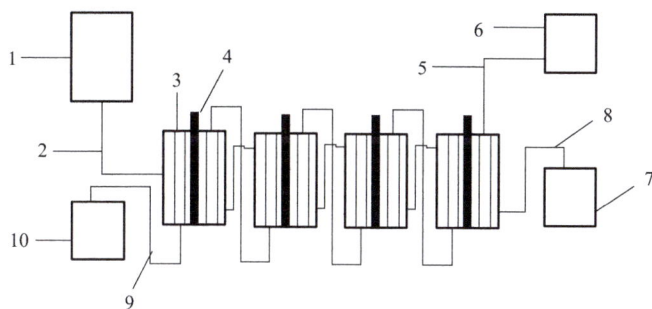

图 3-18　连续式光反应器示意图

1—原料液储液槽；2—进料口；3—石英夹层；4—紫外灯；5—过滤器进口；6—过滤器栖槽；7—储液槽；8—排料口；9—过滤器出口；10—滤液储存槽

3.8.2　维生素 D_3 的工业合成

目前，在工业化生产过程中主要采用大功率的中压汞灯产生的紫外线为光源去照射 7-脱氢胆固醇来合成维生素 D_3，工艺类似维生素 D_2 的合成。然而由于光照反应的转化率较低、反应过程复杂、产生的副产物多，因此，残留在产品维生素 D_3 的杂质较多，给后续提纯和应用带来很大困难。

张谦[92] 报道了一种维生素 D_3 的制备方法以及其所使用的设备，使用高低沸点混合溶剂溶解 7-脱氢胆固醇，再进行光反应，随后对光反应液进行冷却结晶、过滤、浓缩后得维生素 D$_3$ 粗产品，产生的滤饼经加热溶解后添加 7- 脱氢胆固醇和低沸点溶剂继续作为光化学反应的原料，该合成方法处理过程中不用更换溶剂，所得产品质量好，合成过程如图 3-19 所示。

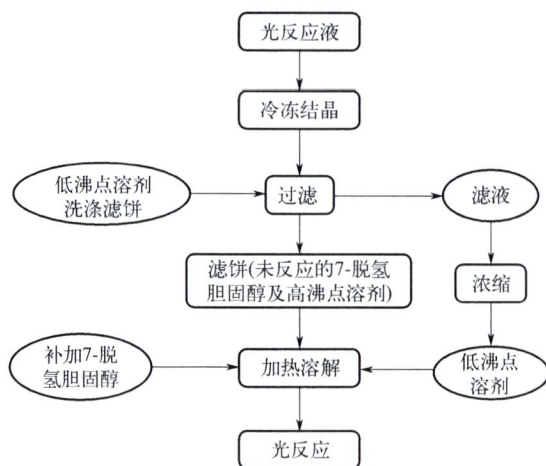

图 3-19   维生素 D$_3$ 的合成工艺路线

何德海[93,94]利用自行设计的装置制备维生素 D$_3$，首先将 7- 脱氢胆固醇和抗氧化剂溶于 95% 的乙醇配制成光化学反应液，升温至 48～52℃，然后开启光化学反应装置，待高压汞灯的电压和电流稳定后，通过输液泵将光化学反应液输入雾化器喷嘴，控制反应液流量在 0.3～0.8L/min，用紫外线照射反应液，通过浓缩结晶提纯处理，得到维生素 D$_3$，产率为 72%，该方法可有效避免过度光照产生副反应。

随着维生素 D 系列研究的不断深入，越来越多的设备及化学合成方法被报道出来，相信不久的将来维生素 D 的化学生产工艺在收率及效率等方面将得到进一步改进。

3.8.3   活性维生素 D 的合成

除了维生素 D$_3$ 和维生素 D$_2$ 的合成主要依赖化学合成外，其对应的多种活性维生素 D 同样基于化学全合成的思路。下面简单介绍几种重要的活性维生素 D 的合成方法。

（1）阿法骨化醇的合成

以维生素 D$_3$ 为起始原料，通过酯化、成环、氧化、开环，以及光化学反应合成阿法骨化醇，总收率为 31%（图 3-20）[95]。具体反应过程分步完成：首先，将维生素 D$_3$ 的羟基用对甲苯磺酰氯进行保护，得到化合物 **2**；随后在碳酸氢钠 / 甲醇体系中进行环化，得到化合物 **3**；在过氧化叔丁醇和 SeO$_2$ 下对化合物 **3** 进行选择性氧化，得到化合物 **4**，然后进一步在乙酸和二甲基亚砜作用下得到 **5a** 和 **5b** 的混合物。开环反应的副产物 5,6- 反式异构体（**5b**）通过选择性 Diels-Alder 反应（以顺丁烯二酸酐为亲二烯并通过柱色谱进一步分离）消耗并从 5,6- 顺 -1α- 羟基维生素 D$_3$（**5a**）中分离出来，然而该方法效率低，过程繁琐，因此研究者选用蒽为光敏剂通过光化学反应将其完全转化为 **5a**。通过这种方式，既简化了合成阿法骨化醇的程序，又提高了产率。

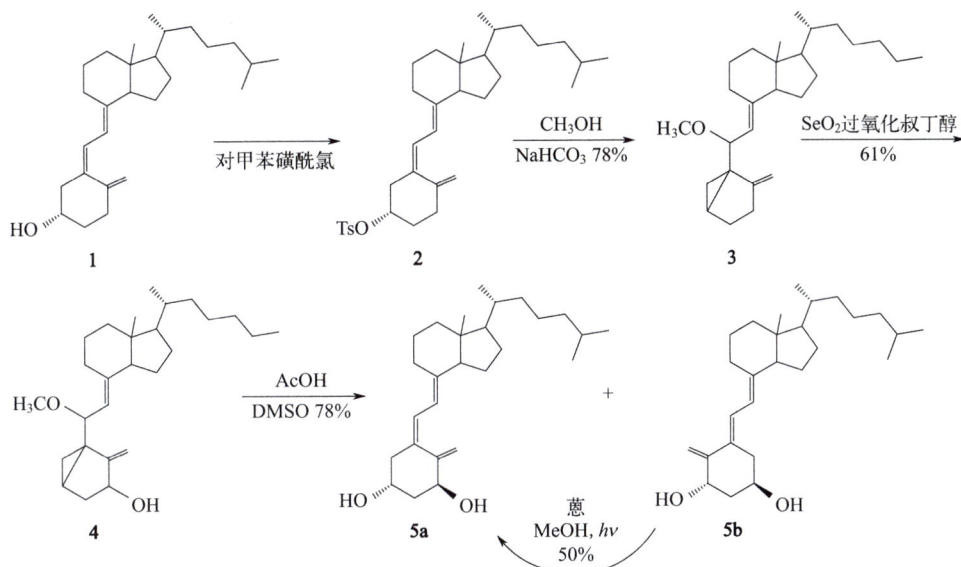

图 3-20　阿法骨化醇的合成路线

（2）1,25- 二羟基维生素 D_3 全合成（骨化三醇）

陈阳生等[96]以维生素 D_2 为原料合成骨化三醇（图 3-21），首先与液态 SO_3 反应，再

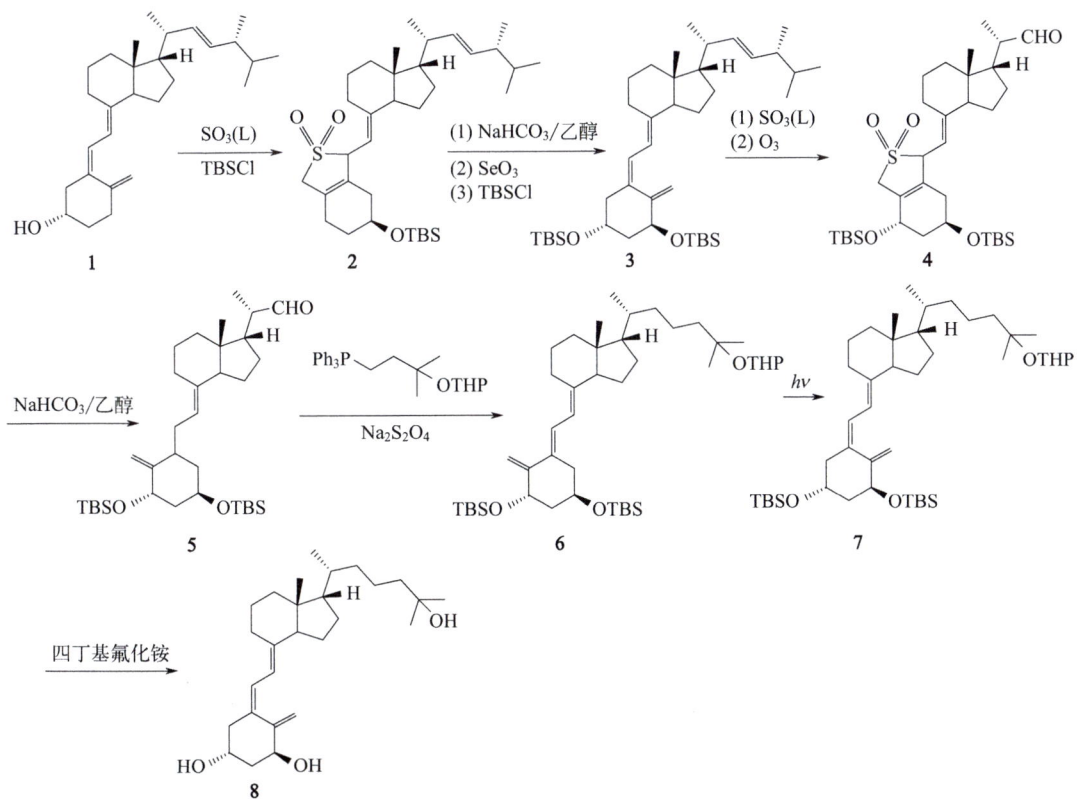

图 3-21　骨化三醇的合成路线

用叔丁基二甲基氯硅烷（TBSCl）对羟基进行保护得到化合物 **2**。化合物 **2** 在 NaHCO₃/ 乙醇中回流脱去 SO₂，然后用 SeO₃ 进行烯丙位氧化，TBSCl 进行羟基保护生成化合物 **3**。化合物 **3** 在液态 SO₃ 中反应，经 O₃ 氧化，在 NaHCO₃/ 乙醇中回流脱去 SO₂ 生成化合物 **5**。化合物 **5** 和 2- 甲基 -4- 三苯基膦基丁基 -2- 四氢吡喃醚发生接入支链等一系列反应后生成化合物 **6**。化合物 **6** 在高压汞灯照射下使其异构化为顺式产物化合物 **7**。化合物 **7** 利用四丁基氟化铵反应脱去保护基即得骨化三醇（化合物 **8**）。该反应路径的最终收率为 17.1%，反应过程中不需要使用氰化钠，为工业化生产提供了参考。

（3）25- 羟基维生素 D₃ 全合成（骨化二醇）

Prowotorow 等 [97] 报道了一种磺酰化物 F1 的合成方法（图 3-22）。第一步反应以烯硅醚结构与甲基环烯戊酮反应生成化合物 **3**，无需分离，化合物 **3** 直接与 1- 苯巯基 -3- 丁烯 -2- 酮反应可得到化合物 **4**（72%）。进一步在碱性条件下发生分子内缩合成环得到环烯酮化合物 **5**（78%），用 DIBALH 还原化合物 **5** 生成双羟基化合物 **6**（94%），最后依次经过磺酰化、环氧化以及还原三步反应可以得到合成骨化二醇的前体（59%），总收率 31%。

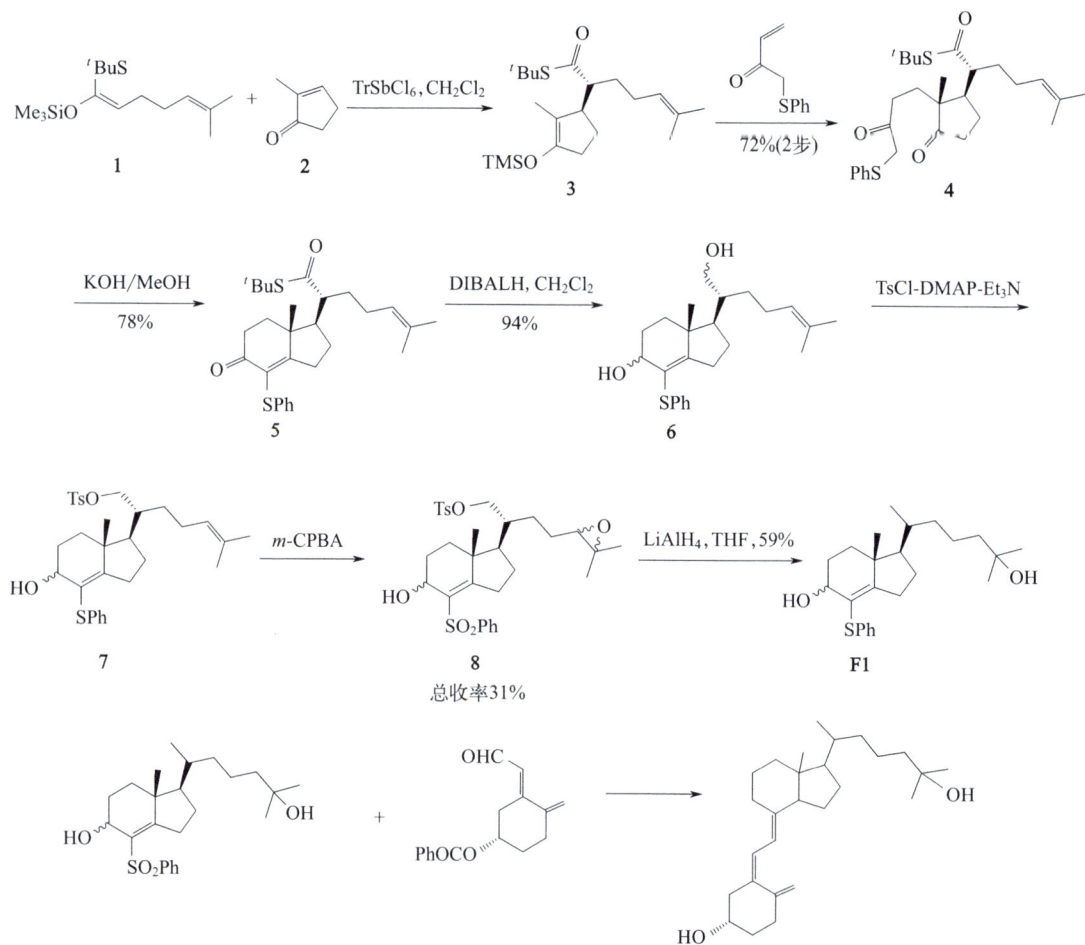

图 3-22　骨化二醇全合成路线

3.9　维生素 D 的专利分析与前景展望

维生素 D 也被称为"阳光维生素"，是构建和维持健康骨骼的必要营养元素。由于日趋严重的社会老龄化、新药研发领域对维生素 D 及其活性形式的兴趣，以及文化习俗、母乳喂养、日光照射减少和防晒霜使用量增加等因素，人们对维生素 D 的使用与需求一直在增加。当前饲料与食品级维生素 D_3 及活性衍生物的全球需求量约为 7500 吨，预计未来需求量将以每年 4% ～ 6% 的速度增长，市场前景非常广阔。

目前在维生素 D_3 及其活性衍生物的工业合成中，前者主要采用光化学转化，而后者多采用化学全合成的方法。值得一提的是，近 5 年多，生物合成的专利越来越多。某种程度反映了生物技术在这类重要化合物合成方面的研发热度越来越高，全球维生素 D_3 及活性衍生物的行业技术正处于渐进式成长期，具有良好的发展机遇。在维生素 D_3 合成中，帝斯曼公司在 7-DHC 基因工程菌构建过程中，通过调节甾醇 Δ24- 还原酶、甾醇酰基转移酶、C8- 甾醇异构酶、C5- 甾醇去饱和酶等酶的表达进行了系统优化，大幅提高了生产率。而在活性维生素 D 的合成中，相关研发方向和思路还主要集中在菌株及 P450 酶系的开发，由于 P450 酶系的表达量、催化活性与底物的亲和力等方面存在一定缺陷，因此目前亟待开发活性更高的催化酶系，寻求更高的转化率。目前已有专利主要围绕线粒体 P450、25- 羟化酶、1α- 羟化酶、胞外磷酸糖蛋白、VDH、CYP105A1、CYP2R1、CYP109E1、CYP109A2、CYP-sb3a 等 P450 酶系进行布局。从生产菌株的种类来看，维生素 D 及其活性形式的合成菌株主要有酵母菌株、诺卡氏菌、玫瑰链孢霉菌、无分枝酸菌、核尾链霉菌、放线菌、鞘氨醇单胞菌等。此外骨化二醇的生产菌株还包括了蜡状芽孢杆菌。

从专利申请人所在国分析发现，维生素 D 活性衍生物专利技术主要来源于 3 个国家，分别为中国、日本、荷兰。这三个国家的申请人专利项数累计占比超过 80%。日本申请人研发起步早，实力强，专利布局数量较多。中国申请人研发起步晚，在第二发展时期专利布局数量明显增长。同时，日本、韩国、荷兰、美国的申请人全球专利布局意识强，国际化程度较高。其中日本申请人海外布局数量最多、地域最广。值得注意的是综合实力较强的日本申请人并未在我国内地展开专利布局，可能与维生素 D_3 活性衍生物药类在我国属于处方药，其生产、审批监管较为严格，入市门槛高有关。另外，中国申请人申请数量较高，但海外布局数量极少，国际化程度较低，某种程度反映我国申请人海外布局意识不强，技术竞争性相对较低。

随着维生素 D 系列产品的需求不断增长，高效的菌株及酶系对于开发绿色高效的维生素 D 生物合成路线具有重要意义。同时，得益于分子生物学、生物信息学、合成生物学和过程强化等学科及技术的巨大进步和推动，预计未来维生素 D 以及本书中其他种类的维生素合成将实现由化学合成向生物合成的实质性转变，从而推动维生素行业的高效、绿色及可持续发展。

参 考 文 献

[1]　Sahota O. Understanding vitamin D deficiency [J].Age and Ageing, 2014, 43（5）: 589-591.

［2］ Jones G. 100 years of vitamin D：historical aspects of vitamin D［J］. Endocr Connect，2022，11（4）：e210594-e210604.

［3］ O'Riordan J L H，Bijvoet O L M. Rickets before the discovery of vitamin D［J］. Bonekey Rep，2014，3：478-483.

［4］ Wheeler B J，Snoddy A M E，Munns C，et al. A brief history of nutritional rickets［J］. Front Endocrinol（Lausanne），2019，10：795-799.

［5］ Chesney R W. Theobald palm and his remarkable observation：how the sunshine vitamin came to be recognized［J］. Nutrients，2012，4（1）：42-51.

［6］ Nair R Maseeh A. Vitamin D：the "sunshine" vitamin［J］. J Pharmacol Pharaco，2012，3（2）：118-126.

［7］ Hess A F，Weinstock M. Antirachitic properties imparted to inert fluids and to green vegetables by ultra-violet irradiation［J］. J Biol Chem，1924，62（2）：301-313.

［8］ Hopkins F G. Feeding experiments illustrating the importance of accessory factors in normal dietaries［J］. J Physiol-London，1912，44（5/6）：425-460.

［9］ Funk C. The preparation from yeast and certain foodstuffs of the substance the deficiency of which in diet occasions polyneuritis in birds［J］. J Physiol，1912，45（1-2）：75-81.

［10］ McCollum E V，Simmonds N，Becker J E，et al. Studies on experimental rickets：XXI. An experimental demonstration of the existence of a vitamin which promotes calcium deposition［J］. J Biol Chem，1922，53（2）：293-312.

［11］ Mellanby E. An experimental investigation on rickets［J］. Nutr Rev，1976，34（11）：338-340.

［12］ McCollum E V. The paths to the discovery of vitamins A and D［J］. J Nutr，1967，91（2）：11-16.

［13］ Askew F A，Bourdillon R B，Bruce H M，et al. The distillation of vitamin D［J］. P Roy Soc A-Math Phy. Series B，Containing Papers of a Biological Character，1930，107（748）：76-90.

［14］ Windaus A，Schenck F，Werder F T. Über das antirachitisch wirksame Bestrahlungsprodukt ans 7-Dehydro-cholesterin［J］. Hoppe Seylers Z Physiol Chem，1936，241（1-3）：100-103.

［15］ Ellison D L，Moran H R. Vitamin D：vitamin or hormone［J］. Nurs Clin North Am，2021，56（1）：47-57.

［16］ Pfotenhauer K M，Shubrook J H. Vitamin D deficiency，its role in health and disease，and current supplementation recommendations［J］. J Osteopath Med，2017，117（5）：301-305.

［17］ Semmler E J，Holick M F，Schnoes H K，et al. The synthesis of 1α,25-dihydroxycholecalciferol——A metabolically active form of vitamin D_3［J］. Tetrahedron Lett，1972，13（40）：4147-4150.

［18］ Puzas J E，Turner R T，Howard G A，et al. Synthesis of 1,25-dihydroxycholecalciferol and 24,25-dihydroxycholecalciferol by calvarial cells. Characterization of the enzyme systems［J］. Biochem J，1987，245（2）：333-338.

［19］ Blunt J W，DeLuca H F，Schnoes H K. 25-hydroxycholecalciferol. A biologically active metabolite of vitamin D_3［J］. Biochemistry，1968，7（10）：3317-3322.

［20］ Lawson D E M，Wilson P W，Kodicek E. Metabolism of vitamin D. A new cholecalciferol metabolite，involving loss of hydrogen at C-1，in chick intestinal nuclei［J］. Biochem J，1969，115（2）：269-277.

［21］ Myrtle J F，Haussler M R，Norman A W. Evidence for the biologically active form of cholecalciferol in the intestine［J］. J Biol Chem，1970，245（5）：1190-1196.

［22］ Semmler E J，Schnoes H K，Deluca H F，et al. Synthesis of 1 alpha, 25-dihydroxycholecalciferol - metabolically active form of vitamin-d3［J］. Tetrahedron Lett，1972（40）：4147-4150.

［23］ Suda T，DeLuca H F，Schnoes H K，et al. 21,25-dihydroxycholecalciferol. A metabolite of vitamin D_3 preferentially active on bone［J］. Biochemistry，1970，9（14）：2917-2922.

［24］ Holick M F，Schnoes H K，DeLuca H F，et al. Isolation and identification of 24，25-dihydroxycholecalciferol，a metabolite of vitamin D_3 made in the kidney［J］. Biochemistry，1972，11（23）：4251-4255.

［25］ Suda T，DeLuca H F，Schnoes H K，et al. 25，26-Dihydroxycholecalciferol，a metabolite of vitamin D_3 with intestinal calcium transport activity［J］. Biochemistry，1970，9（24）：4776-4780.

［26］ Holick M F，Kleiner-Bossaller A，Schnoes H K，et al. 1，24，25-Trihydroxyvitamin D_3：a metabolite of vitamin D_3 effective on intestine［J］. J Biol Chem，1973，248（19）：6691-6696.

［27］ Kaufmann M，Martineau C，Arabian A，et al. Calcioic acid：in vivo detection and quantification of the terminal C24-oxidation product of 25-hydroxyvitamin D_3 and related intermediates in serum of mice treated with 24，25-dihydroxyvitamin D_3［J］. J Steroid Biochem，2019，188：23-28.

［28］ Wang Z，Schuetz E G，Xu Y，et al. Interplay between vitamin D and the drug metabolizing enzyme CYP3A4［J］. J Steroid Biochem，2013，136：54-58.

［29］ Suda T，DeLuca H F，Schnoes H，et al. 25-hydroxyergocalciferol：a biologically active metabolite of vitamin D_2［J］. Biochem Bioph Res Co，1969，35（2）：182-185.

［30］ Jones G，Schnoes H K，DeLuca H F. Isolation and identification of 1，25-dihydroxyvitamin D_2［J］. Biochemistry，1975，14（6）：1250-1256.

［31］ Jones G，Schnoes H K，Levan L，et al. Isolation and identification of 24-hydroxyvitamin D_2 and 24，25-dihydroxyvitamin D_2［J］. Arch Biochem Biophys，1980，202（2）：450-457.

［32］ Reddy G S，Tserng K Y. Isolation and identification of 1，24，25-trihydroxyvitamin D_2，1，24，25，28-tetrahydroxyvitamin D_2，and 1，24，25，26-tetrahydroxyvitamin D_2：new metabolites of 1，25-dihydroxyvitamin D_2 produced in the rat kidney［J］. Biochemistry，1986，25（18）：5328-5336.

［33］ Junaid K，Rehman A. Impact of vitamin D on infectious disease-tuberculosis-a review［J］. Clin Nutr Exp，2019，25：1-10.

［34］ Haussler M R，Myrtle J F，Norman A W. The association of a metabolite of vitamin D_3 with intestinal mucosa chromatin in vivo［J］. J Biol Chem，1968，243（15）：4055-4064.

［35］ Bouillon R，Schuit F，Antonio L，et al. Vitamin D binding protein：a historic overview［J］. Front Endocrinol，2020，10：910-930.

［36］ Jones G，Prosser D E，Kaufmann M. Cytochrome P450-mediated metabolism of vitamin D［J］. J Lipid Res，2014，55（1）：13-31.

［37］ Holick M F.Vitamin D：A millenium perspective［J］. J Cell Biochem，2003，88（2）：296-307.

［38］ Jäpelt R B，Jakobsen J. Vitamin D in plants：a review of occurrence，analysis，and biosynthesis［J］. Front Plant Sci，2013，4：136.

［39］ Nomenclature I-I J C o B. Nomenclature of vitamin-d - recommendations 1981［J］. Eur J Biochem，1982，124（2）：223-227.

［40］ Khayyatzadeh S S，Bagherniya M，Abdollahi Z，et al. What is the best solution to manage vitamin D deficiency［J］. IUBMB life，2019，71（9）：1190-1191.

［41］ Gupta R，Behera C，Paudwal G，et al. Recent advances in formulation strategies for efficient delivery of vitamin D［J］. AAPS pharmscitech，2019，20（1）：1-12.

［42］ Alshahrani F，Aljohani N. Vitamin D：deficiency，sufficiency and toxicity［J］. Nutrients，2013，5（9）：3605-3616.

［43］ Ramasamy I. Vitamin D metabolism and guidelines for vitamin D supplementation［J］. Clin Biochem Rev，2020，41（3）：

103-126.

[44] Ma J，Chai S，Wan L，et al. Research progress in the effect of vitamin D deficiency on skeletal and extraskeletal health[J]. Chinese Journal of Osteoporosis，2020，26（1）：109-113.

[45] Yang J，Deng Q，Huang F，et al. Present state of vitamin D fortification and its stability[J]. Food Sci，2013，34（7）：312-315.

[46] 李婉，张爱忠，姜宁．维生素 A 和维生素 D 的免疫学研究进展［J］.畜禽业，2006（24）：14-18.

[47] Nes W D. Biosynthesis of cholesterol and other sterols[J]. Chem Rev，2011，111（10）：6423-6451.

[48] Benveniste P. Sterol metabolism[J]. The Arabidopsis Book/American Society of Plant Biologists，2002，1：401-413.

[49] Piironen V，Lindsay D G，Miettinen T A，et al. Plant sterols：biosynthesis，biological function and their importance to human nutrition[J]. J Sci Food Agric，2000，80（7）：939-966.

[50] Potocka A，Zimowski J. Metabolism of conjugated sterols in eggplant. Part 1. UDP-glucose：sterol glucosyltransferase[J]. Acta Biochim Pol，2008，55（1）：127-134.

[51] Hartmann M A. 5 Sterol metabolism and functions in higher plants[M].Berlin：Springer，2004.

[52] Schaller H. New aspects of sterol biosynthesis in growth and development of higher plants[J]. Plant Physiol Biochem，2004，42（6）：465-476.

[53] Kawagoe F，Mototani S，Kittaka A. The synthesis and biological evaluation of D-ring-modified vitamin D analogues[J]. Biomolecules，2021，11（11）：1639-1659.

[54] Lees N D，Skaggs B，Kirsch D R，et al. Cloning of the late genes in the ergosterol biosynthetic pathway of *Saccharomyces cerevisiae*-A review[J]. Lipids，1995，30（3）：221-226.

[55] Bach T J，Benveniste P. Cloning of cDNAs or genes encoding enzymes of sterol biosynthesis from plants and other eukaryotes：heterologous expression and complementation analysis of mutations for functional characterization[J]. Prog Lipid Res，1997，36（2-3）：197-226.

[56] Ohyama K，Suzuki M，Kikuchi J，et al. Dual biosynthetic pathways to phytosterol via cycloartenol and lanosterol in *Arabidopsis*[J]. Proc Natl Acad Sci，2009，106（3）：725-730.

[57] Schaller H. The role of sterols in plant growth and development[J]. Prog Lipid Res，2003，42（3）：163-175.

[58] Du Y，Fu X，Chu Y，et al. Biosynthesis and the roles of plant sterols in development and stress responses[J]. Int J Mol Sci，2022，23（4）：2332-2353.

[59] Skliar M，Curino A，Milanesi L，et al. Nicotiana glauca：another plant species containing vitamin D_3 metabolites[J]. Plant Sci，2000，156（2）：193-199.

[60] Jäpelt R B，Silvestro D，Smedsgaard J，et al. Quantification of vitamin D_3 and its hydroxylated metabolites in waxy leaf nightshade（*Solanum glaucophyllum* Desf.），tomato（*Solanum lycopersicum* L.）and bell pepper（*Capsicum annuum* L.）[J]. Food Chem，2013，138（2-3）：1206-1211.

[61] Curino A，Milanesi L，Benassati S，et al. Effect of culture conditions on the synthesis of vitamin D_3 metabolites in *Solanum glaucophyllum* grown in vitro[J]. Phytochemistry，2001，58（1）：81-89.

[62] Esparza M S，Vega M，Boland R L. Synthesis and composition of vitamin D-3 metabolites in *Solanum malacoxylon*[J]. Biochim Biophys Acta Gen Subj，1982，719（3）：633-640.

[63] Boland R，Skliar M，Curino A，et al. Vitamin D compounds in plants[J]. Plant Sci，2003，164（3）：357-369.

[64] Jones G，Strugnell S A，Deluca H F. Current understanding of the molecular actions of vitamin D[J]. Physiol Rev，

1998，78（4）：1193-1231.

［65］ Prosser D E，Jones G. Enzymes involved in the activation and inactivation of vitamin D［J］. Trends Biochem Sci，2004，29（12）：664-673.

［66］ Haussler M R，Whitfield G K，Haussler C A，et al. The nuclear vitamin D receptor：biological and molecular regulatory properties revealed［J］. J Bone Miner Res，1998，13（3）：325-349.

［67］ Brenza H L，Kimmel-Jehan C，Jehan F，et al. Parathyroid hormone activation of the 25-hydroxyvitamin D_3-1α-hydroxylase gene promoter［J］. Proc Natl Acad Sci，1998，95（4）：1387-1391.

［68］ Beckman M J，Tadikonda P，Werner E，et al. Human 25-hydroxyvitamin D_3-24-hydroxylase，a multicatalytic enzyme［J］. Biochemistry，1996，35（25）：8465-8472.

［69］ Huh S Y，Gordon C M. Vitamin D deficiency in children and adolescents：epidemiology，impact and treatment［J］. Rev Endocr Metab Dis，2008，9（2）：161-170.

［70］ Qu L，Xiu X，Sun G，et al. Engineered yeast for efficient de novo synthesis of 7-dehydrocholesterol［J］. Biotechnol Bioeng，2022，119（5）：1278-1289.

［71］ Polakowski T，Stahl U，Lang C. Overexpression of a cytosolic hydroxymethylglutaryl-CoA reductase leads to squalene accumulation in yeast［J］.Appl Microbiol Biotechnol，1998，49（1）：66-71.

［72］ Veen M，Stahl U，Lang C. Combined overexpression of genes of the ergosterol biosynthetic pathway leads to accumulation of sterols in *Saccharomyces cerevisiae*［J］. FEMS yeast research，2003，4（1）：87-95.

［73］ Lang C，Veen M. Preparation of 7-dehydrocholesterol and/or the biosynthetic intermediates and/or secondary products thereof in transgenic organisms：US Patent 10，385，375［P］. 2011-07-23.

［74］ Su W，Xiao W H，Wang Y，et al. Alleviating redox imbalance enhances 7-dehydrocholesterol production in engineered *Saccharomyces cerevisiae*［J］. PloS one，2015，10（6）：e0130840-e0130854.

［75］ Xiu X，Sun Y，Wu Y，et al. Modular remodeling of sterol metabolism for overproduction of 7-dehydrocholesterol in engineered yeast［J］. Bioresour Technol，2022，360：127572-127581.

［76］ Guo X J，Yao M D，Xiao W H，et al. Compartmentalized reconstitution of post-s qualene pathway for 7-dehydrocholesterol overproduction in *Saccharomyces cerevisiae*［J］. Front Microbiol，2021，12：663973-663983.

［77］ Sasaki J，Mikami A，Mizoue K，et al. Transformation of 25-and 1 alpha-hydroxyvitamin D_3 to 1 alpha，25-dihydroxyvitamin D_3 by using *Streptomyces* sp. strains［J］. Appl Environ Microbiol，1991，57（10）：2841-2846.

［78］ Kang D J，Im J H，Kang J H，et al. Whole cell bioconversion of vitamin D_3 to calcitriol using *Pseudonocardia* sp. KCTC 1029BP［J］. Bioprocess Biosyst Eng，2015，38（7）：1281-1290.

［79］ Luo J，Jiang F，Fang W，et al. Optimization of bioconversion conditions for vitamin D_3 to 25-hydroxyvitamin D using *Pseudonocardia autotrophica* CGMCC5098［J］. Biocatal Biotransformation，2017，35（1）：11-18.

［80］ Kawauchi H，Sasaki J，Adachi T，et al. Cloning and nucleotide sequence of a bacterial cytochrome P-450VD25 gene encoding vitamin D-3 25-hydroxylase［J］. Biochim Biophys Acta Gene Regul Mech，1994，1219（1）：179-183.

［81］ Sakaki T，Sugimoto H，Hayashi K，et al. Bioconversion of vitamin D to its active form by bacterial or mammalian cytochrome P450［J］. Biochim Biophys Acta Bioenerg，2011，1814（1）：249-256.

［82］ Hayashi K，Sugimoto H，Shinkyo R，et al. Structure-based design of a highly active vitamin D hydroxylase from *Streptomyces griseolus* CYP105A1［J］. Biochemistry，2008，47（46）：11964-11972.

［83］ Fu B，Ren Q，Ma J，et al. Enhancing the production of physiologically active vitamin D（3）by engineering the hydroxylase CYP105A1 and the electron transport chain[J]. World J Microbiol Biotechnol，2021，38（1）：14-23.

[84] Ullrich R，Nüske J，Scheibner K，et al. Novel haloperoxidase from the agaric basidiomycete *agrocybe aegerita* oxidizes aryl alcohols and aldehydes [J]. Appl Environ Microbiol，2004，70（8）：4575-4581.

[85] Grogan G. Hemoprotein Catalyzed Oxygenations：P450s，UPOs，and Progress toward scalable reactions[J]. JACS Au，2021，1（9）：1312-1329.

[86] Sigmund M-C，Poelarends G J. Current state and future perspectives of engineered and artificial peroxygenases for the oxyfunctionalization of organic molecules[J]. Nat Catal，2020，3（9）：690-702.

[87] Babot E D，del Rio J C，Kalum L，et al. Regioselective hydroxylation in the production of 25-hydroxyvitamin D by *Coprinopsis cinerea* peroxygenase[J]. ChemCatChem，2015，7（2）：283-290.

[88] Li Y，Zhang P，Sun Z，et al. Peroxygenase-catalyzed selective synthesis of calcitriol starting from alfacalcidol[J]. Antioxidants，2022，11（6）：1044-1054.

[89] 苗景赟，邓利，谭天伟. 麦角固醇连续光转化生产维生素 D_2 新工艺 [J]. 北京化工大学学报（自然科学版），2003，30（3）：37.

[90] 程学新，张宝文，刘颙颙，等. 光化学合成维生素 D-（2）的方法：1307154C [P]. 2007-03-28.

[91] Jike L，Bei S Y，Yun M J，et al. Photochemical production of vitamin D_2，scale-up and optimization[J]. Chem Eng Technol，2007，30（2）：261-264.

[92] 张谦，石程，杨芝. 维生素 D_3 的制备方法及设备：101381336 [P]. 2009-03-11.

[93] 何德海. 一种制备维生素 D_3 的光化学反应装置：202238034U [P]. 2012-05-30.

[94] 何德海. 一种制备维生素 D_3 的工艺方法：102276510A [P]. 2011-12-14.

[95] Ding J，Guo X，Zeng Z，et al. A modified synthesis of the antiosteoporosis drug alfacalcidol via a key photochemical transformation of 1α-5，6-*trans*-vitamin D_3[J]. Synlett，2013，24（19）：2606-2608.

[96] 陈阳生，翟翠云，任莉. 骨化三醇的合成 [J]. 中国新药杂志，2005，14（1）：69-72.

[97] Prowotorow I，Stepanenko W，Wicha J. Diastereoselective approaches to *trans*-hydrindane derivatives- total synthesis of 8-（phenylsulfonyl）de-A，B-cholestane precursors to 25-hydroxyvitamin D_3[J]. Eur J Org Chem，2002，2002（16）：2727-2735.

第 4 章
维生素 E

马田[1]，黄敏[1]，刘天罡[2,3]

[1] 中国科学院深圳先进技术研究院，

[2] 上海交通大学生命科学技术学院，

[3] 武汉大学药学院

4.1　概述

4.1.1　维生素 E 的发现和发展史

1922 年，Herbert McLean Evans 和 Katharine Julia Scott Bishop 在小鼠中发现了一种有助于恢复生育功能的饮食成分"因子 X"[1]；1924 年，Barnett Sure 进一步深入研究了"因子 X"对于生殖的重要性，将其归类为维生素，并命名为维生素 E[2]；同年，Herbert McLean Evans 等从小麦胚芽油中分离出维生素 E[3]；1936 年，Erhard Fernholz 提出了维生素 E 的结构[4]；1938 年，Paul Karrer 等人通过化学全合成实现了维生素 E 的人工合成[5]。自此维生素 E 的人工合成拉开序幕。1938—1947 年，罗氏公司实现了维生素 E 的工业化生产，成为全球首家实现维生素 E 生产的企业。1959 年，上海新亚药业有限公司成功开发了维生素 E 合成技术，成为我国首家实现维生素 E 工业化生产的企业。随着技术的发展，巴斯夫、帝斯曼、罗氏等少数几家欧美国际巨头以技术优势和资本实力，逐渐形成了对全球维生素 E 的行业垄断。然而，这种垄断并未持久。1999 年，以罗氏等多家维生素生产企业组成的卡特尔联盟因违反了反垄断法，被巨额罚款，价格联盟被打破，全球维生素 E 产业重新洗牌，首家实现维生素 E 生产的罗氏后续也被帝斯曼收购了其维生素 E 业务。全球维生素 E 的行业波动为我国的维生素 E 产业发展提供了契机，我国的多家企业逐渐走上世界舞台。2007 年，维生素 E 市场稳定，形成了以帝斯曼、巴斯夫、浙江新和成股份有限公司（以下简称新和成）、浙江医药股份有限公司（以下简称浙江医药）、北大医药股份有限公司（以下简称北大医药）五家企业主导的维生素 E 市场，后三者皆为我国的企业。2015 年，北大医药因产能过剩、价格持续下行等原因，逐渐退出了维生素 E 的市场竞争。2016 年，帝斯曼瑞士工厂出现装置和技术问题，我国部分企业因环保检查力度加大停产和限产，维生素 E 市场趋紧。2017 年，我国能特科技有限公司（以下简称能特科技）携新技术进入该行业，打破了持续的垄断现象，同时缓解了维生素 E 行业的困境。但同年年底，巴斯夫工厂发生了火灾事故，导致维生素 E 的生产前体柠檬醛紧缺，全球维生素 E 供应再次紧张、价格暴涨。2018 年，随着巴斯夫复产、能特科技扩产，维生素 E 行业逐渐趋于稳定。2019 年，能特科技与帝斯曼就维生素 E 及其中间体业务组建合资公司益曼特健康产业（荆州）有限公司并重组营运，至 2021 年已建成目前在全球同行中自我配套最完整的维生素 E 产业链。经过多年的发展（图 4-1），维生素 E 行业已相对成熟，每年全球消耗及产能需求趋于稳定。

4.1.2　维生素 E 的来源

维生素 E 按获取来源的不同主要分为天然提取的维生素 E 和化学合成的维生素 E。天然维生素 E 仅由可光合作用的有机体，如真核藻类、绿色植物、原核蓝藻等产生。人和动物的正常发育虽然需要维生素 E 但却不能自主合成，需要从饮食中摄取。常见富含维生素 E 的食物主要有橄榄油、葵花籽油、坚果、大豆、鳄梨、小麦和绿叶蔬菜等[6]，这些食物中所含有的维生素 E 主要是具有生理活性的右旋体结构。天然提取的维生素 E 已广泛应用于保健品、医药品、食品、饲料以及化妆品等。通过化学合成获得的维生素 E，主要由DL 消旋体组成，产物的生理活性低于天然维生素 E。由于化学合成法合成成本低，可大批量进行生产，是目前维生素 E 的主要获得方式，大约占维生素 E 全球市场的 80%，多用于饲料添加剂。

图 4-1　维生素 E 的发展历程

4.1.3　维生素 E 的功能

　　维生素 E 普遍存在于各种组织和细胞，在生物学系统中具有重要作用，它能够直接影响机体的一些生理功能。维生素 E 的主要功能之一是抗氧化，作为过氧自由基的强效清除剂，维生素 E 是人和动物体内自由基介导的脂质过氧化连锁反应的主要抑制剂[7]，抑制功能可维持全身细胞膜中长链多不饱和脂肪酸的完整性，从而维持其结构和生理功能[8,9]。维生素 E 作为生殖必不可少的因子，能够促进性激素分泌，增加精子活力和数量，提高生育能力，预防流产[10]。除此之外，维生素 E 对多种疾病的治疗有益，包括心血管疾病、神经退行性疾病、老年黄斑变性、非酒精性脂肪肝和阿尔茨海默病等。例如，维生素 E 被认为在预防动脉粥样硬化和其他与氧化压力有关的疾病中发挥了关键作用[8,11]；维生素 E 也被证明参与了转录的调节、花生四烯酸（可调节血管和炎症）的释放和细胞信号的途径调节（如调节蛋白激酶 C 信号控制的细胞增殖和凋亡）[8,9]；维生素 E 作为一种辅助疗法已被证明可以减缓老年性黄斑变性病程进展，但高剂量的维生素 E 与视网膜色素变性的进展相关 [12,13]；非酒精性脂肪肝可通过大剂量补充 α- 生育酚而减少 [14]；高剂量的 α- 生育酚补充剂可能在减缓阿尔茨海默病的进展中发挥作用 [15]。

维生素 E 缺乏或过量补充都会对机体造成影响。维生素 E 缺乏可造成周围神经病变、共济失调和反射不足等 [16,17]。长期缺乏维生素 E 的病人红细胞寿命缩短，临床上表现为溶血症 [18]。维生素 E 缺乏症较为罕见，可能发生在难以吸收脂肪的病人身上，如患囊性纤维化、克罗恩病和慢性胰腺炎的病人，在这些情况下，可能需要补充维生素 E [19]。维生素 E 过度补充也可能会导致中毒，最明显的表现是出血风险增加，长期服用大量维生素 E，可引起视力模糊、乳腺肿大、腹泻、头晕、流感样综合征、头痛、恶心及胃痉挛、乏力软弱等，除此之外，血清中维生素 E 含量高会导致其他脂溶性维生素的吸收减少，从而损害骨矿化、凝血功能，并减少维生素 A 的储存等 [20,21]，如维生素 K 缺乏可引起出血倾向，改变内分泌代谢（甲状腺、垂体和肾上腺），改变免疫机制，影响性功能，并有出现血栓性静脉炎或栓塞的危险。

4.2　维生素 E 的结构、性质和应用

4.2.1　维生素 E 的结构

维生素 E（vitamin E，简称 VE），是人和动物必需的一种维生素，因其缺乏可能导致不孕 [1]，又被称为生育酚。维生素 E 的结构共有 8 种自然形式，分别是 α- 生育酚、β- 生育酚、γ- 生育酚和 δ- 生育酚以及 α- 生育三烯酚、β- 生育三烯酚、γ- 生育三烯酚和 δ- 生育三烯酚（图 4-2）[22]。其中，α- 生育酚因其能够被肝脏内的转移蛋白优先识别并被转移输送到各组织中发挥功能，是最具生物活性的维生素 E 形式 [8,9]，通常也被直接称作维生素 E。常见的维生素 E 衍生物有维生素 E 乙酸酯、维生素 E 琥珀酸酯和维生素 E 烟酸酯，三者都可分解转化为维生素 E。国际标准下 1 个国际单位（IU）的维生素 E 即 1mg DL-α- 生育酚乙酸酯。

4.2.2　维生素 E 的理化性质

维生素 E（以 α- 生育酚为例）属于脂溶性化合物，其为淡黄色或金黄色透明状黏稠液体，相对密度 0.957，凝固点 -27.5℃，沸点 200 ～ 250℃，易溶于氯仿、乙醚、丙酮和植物油，溶于醇，不溶于水，对热、酸稳定，对碱不稳定，在光、氧和一些金属离子的存在下容易被氧化 [23]。因为维生素 E 在有氧条件下不稳定，所以在实际应用中经常使用的是能够相对稳定保存的维生素 E 衍生物，如维生素 E 乙酸酯、维生素 E 烟酸酯和维生素 E 亚油酸酯等，维生素 E 衍生物也可像游离的维生素 E 一样起到抗氧化作用。

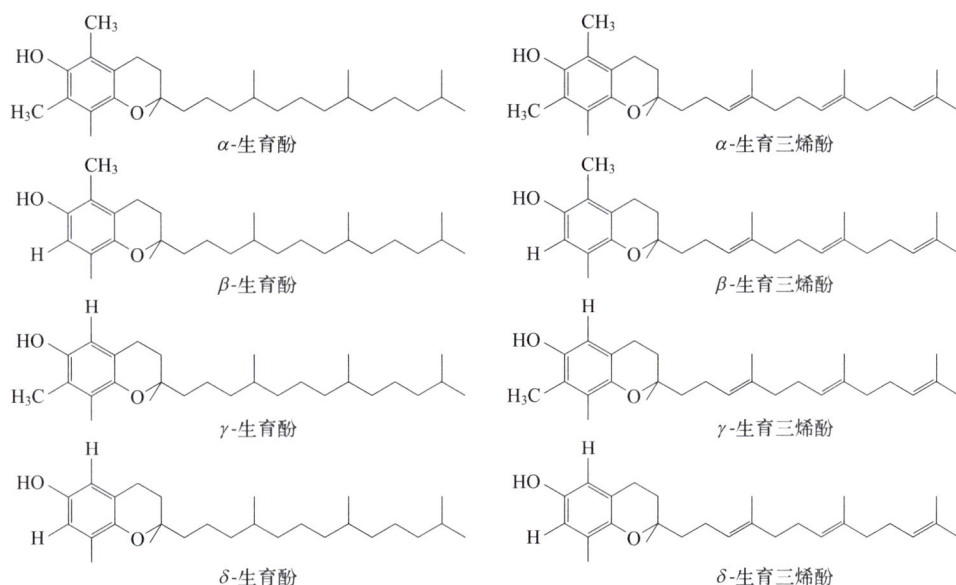

图 4-2　维生素 E 的结构

4.2.3　维生素 E 的应用

随着人们生活水平的提高,维生素 E 作为营养补充剂和抗氧化剂已经被广泛应用于饲料、医药、保健品、食品、化妆品等行业。维生素 E 在饲料中单位添加量较小,以《鸡饲养标准》(NY/T 33—2004)为例,每千克饲料中维生素 E 的适宜含量为 5 个国际单位(折合维生素 E 3.34mg),虽然其添加量在百万分之一到十万分之一之间,但在畜禽免疫、预防疾病、促进畜禽的繁殖和提高产蛋率等方面有重要意义[24, 25]。维生素 E 在我国医院的用药普及率很高,多用于心、脑血管疾病以及先兆流产、习惯性流产、不育症、更年期障碍的辅助治疗,还可用于甲状腺功能亢进、肝硬化、蛋白质缺乏症的治疗以及接受肠外营养人群、妊娠妇女、哺乳期妇女等,具有良好的医用价值。作为保健产品,维生素 E 已走进千家万户。随着经济的发展、生活方式的转变以及社会老龄化程度的加剧,人们对养生保健倍加关注,我国维生素 E 市场也在不断发展。作为化妆品,维生素 E 因其抗氧化能力以及提高保湿性能、提升皮肤的光滑性和延缓衰老等功效,被国内外各大日化用品公司在高、中档护肤美容用品中用作重要的添加剂。

截至 2021 年底,全球维生素 E 总产能约 14 万 t/a。我国是维生素 E 生产大国,产量较为稳定,维持在(6.5 ～ 8)× 10^4 t/a。2021 年,我国维生素 E 市场销售额达到了 37.5 亿美元,其中出口金额为 8.54 亿美元。从出口地区分布情况来看,我国维生素 E 主要出口北美洲、欧洲和亚洲,数量占比分别为 36.2%、27.8% 和 24.1%。从国家分布情况来看,美国和德国是我国主要出口国,数量占比分别为 33.6% 和 18.9%。从生产商来说,国内维生素 E 生产企业主要有新和成、浙江医药、能特科技、吉林北沙制药有限公司等,国外主要供应商是帝斯曼和巴斯夫。虽然近年来我国维生素 E 发展速度较快,但我国维生素 E 人均消耗量远远低于世界平均水平，国内潜在市场巨大。维生素 E 作为必需维生素在保健、医药、食品、化妆品等领域的需求量也将稳步增长[26]。

4.3　维生素 E 的合成方法

维生素 E 的合成方法目前主要有 3 种，分别是天然提取法、化学全合成法和生物 - 化学合成法。

4.3.1　天然提取法

天然维生素 E 主要存在于油料作物种子及大豆油、玉米油、菜籽油等植物油脂中，其中以植物油脂精炼副产品——油脂脱臭馏出物中含量最多，是目前提取生产天然维生素 E 的主要来源[27]。目前天然维生素 E 的提取工艺主要有化学处理法、蒸馏法、萃取法、生物法、吸附法等，为了得到高纯度的天然维生素 E，提取工艺往往综合运用多种方法[28-32]。目前，国外天然维生素 E 提取工艺较成熟，主要包括：皂化 - 萃取法、酯化 - 超临界萃取法、水解 - 蒸馏法、酯化（酯交换）- 蒸馏法等。国内天然维生素 E 提取是将脱臭馏出物中脂肪酸用低级醇进行酯化，然后再中和，再将其中的甾醇冷却结晶过滤，滤液除去溶剂后，经蒸馏获得含量较高的天然维生素 E 浓缩物。天然提取获得的维生素 E 是含有多种维生素 E 的混合物，由不同的生育酚和生育三烯酚等多种成分构成，其成分构成的含量和比例多由其提取原料中的维生素 E 的成分构成决定。

4.3.2　化学全合成法

全球 80% 以上的维生素 E 由化学全合成，其主要以简单易得的大宗化学品为原料，通过不同的多步化学催化路线，最终获得维生素 E。由于技术的发展，人们开发了不同的技术路线以合成维生素 E，但基本均由两个关键中间体：作为主环的 2,3,5- 三甲基氢醌（以下简称"三甲基氢醌"）和作为支链的异植物醇合成，两种中间体可在催化剂的作用下，一步缩合为维生素 E（图 4-3），收率高达 95% 以上[33,34]，其中，不同的催化剂和反应溶剂均可实现此步催化反应，针对该步的研究已经相对成熟且反应效率较好。

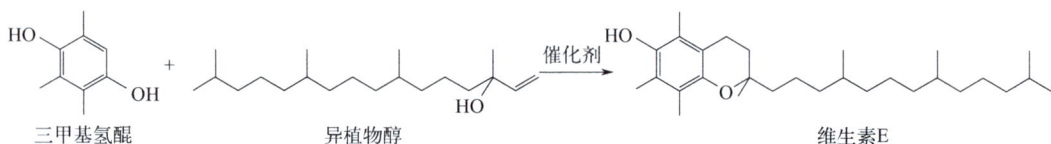

图 4-3　三甲基氢醌与异植物醇一步缩合生成维生素 E

中间体三甲基氢醌和异植物醇的合成技术发展至今已有许多不同的合成路线[35]，不同的工艺在维生素 E 产品的收率和质量上各有千秋，而不同来源的原料供给，也提高了整条合成路线抵御风险的能力。

（1）主环三甲基氢醌的合成

三甲基氢醌作为维生素 E 的主环供体，是一种白色针状结晶。根据合成原料的不同，三甲基氢醌的合成路线有巴豆醛法、间甲苯酚法、偏三甲苯法、叔丁基苯酚法、苯酚法、对二甲苯法、异佛尔酮法等（图 4-4）。

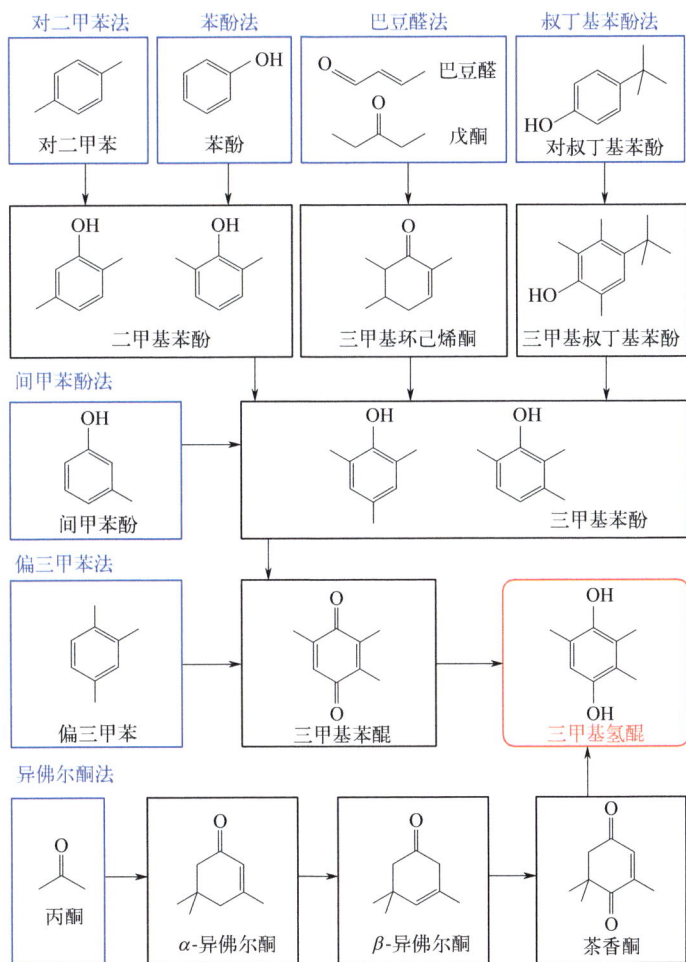

图 4-4　三甲基氢醌的主要合成工艺

巴豆醛法是比较早期发展起来的三甲基氢醌的生产工艺，由德国巴斯夫开发。该法主要是以巴豆醛、戊酮为原料缩合得到三甲基环己烯酮，再通过脱氢合成三甲基苯酚，随后氧化为三甲基苯醌，最后加氢合成三甲基氢醌。该法经过几步反应即可实现三甲基氢醌的合成，但收率不高，从而成本较高，因此逐渐被后期发展起来的合成技术替代。

间甲苯酚法是国外普遍采用的合成技术[36]，通常是以间甲苯酚为原料，在甲醇环境下发生烷基化得到三甲基苯酚，随后氧化加氢经由三甲基苯醌合成三甲基氢醌。该工艺的原料间甲苯酚可由煤焦油或石油产品制取，来源较为丰富，加上其合成流程较短、产品收率高、污染较小，该合成路线受到了很多生产企业的青睐。然而，由于我国间甲苯酚的产能规模较小，多年来高度依赖于进口，原料的限制制约了该方法在我国的普及和发展。

偏三甲苯法是由偏三甲苯经一系列磺化、硝化、加氢、水解、氧化步骤催化合成三甲基苯醌，然后再加氢还原为三甲基氢醌。该法的原料偏三甲苯价廉易得，但整条合成路线步骤较多，产物收率低，并且生产过程中产生大量含酚废水，对企业来说三废处理成本较高，目前已很少在生产过程中被采用[37]。目前，也有研究开发偏三甲苯直接氧化制备三甲基苯醌的技术，以减少合成过程及步骤，提高合成效率，但该方法中廉价的工业氧化剂还有待发展[38]。

叔丁基苯酚法、苯酚法和对二甲苯法由能特科技在不同发展阶段提出。2012年，叔丁基苯酚法被提出，该法是由叔丁基苯酚和甲醇在铁氧化物为催化剂的条件下合成二甲基叔丁基苯酚，再与甲醇在氧化铝为催化剂的条件下合成三甲基叔丁基苯酚，然后经硫酸脱掉叔丁基后精馏得到三甲基苯酚[39]，随后氧化加氢经由三甲基苯醌合成三甲基氢醌。该法采用了较为易得的叔丁基苯酚为原料，缓解了我国在间甲苯酚原料紧缺的情况下合成三甲基氢醌的困难。同年，苯酚法被提出，该法是由苯酚与甲醇发生甲基化合成2,6-二甲基苯酚，再经磺化、酯化、傅克烷基化、脱磺酸基等反应，生成三甲基氢醌[40]。该方法也绕过了间甲苯酚的原料紧缺问题，提供了另一种可行方案。2014年，苯酚法被进一步改进，对二甲苯法被提出，该法是以对二甲苯为起始原料，经过磺化、中和、酸化等反应生成2,5-二甲基苯酚，再经甲基化得到三甲基苯酚，随后氧化加氢经由三甲基苯醌合成三甲基氢醌。相比于前期发展的叔丁基苯酚法和苯酚法，对二甲苯法的合成路线更加简单，原料成本更低，具有更强的竞争力。

异佛尔酮法是近些年发展起来的三甲基氢醌合成技术。该法首先由丙酮聚合合成 α- 异佛尔酮，随后通过重排获得 β- 异佛尔酮，β- 异佛尔酮经氧化合成茶香酮后，通过重排酰化、皂化水解得到三甲基氢醌[41]。该法原料廉价易得、工艺简单、污染小，是一种相对优势且高效环保的合成工艺。但是，由于该法的转化率和选择性受反应条件影响较大，对操作要求较为严格，对反应设备的要求也相对较高，目前很多的相关研究集中在其反应催化剂的改进方面，以期提出更优的合成技术。

（2）侧链异植物醇的合成

异植物醇作为维生素 E 的侧链供体，是一种无色油状液体。根据制备过程中重要中间体的不同，异植物醇的合成路线可分为假性紫罗兰酮法和芳樟醇法（图 4-5）。

假性紫罗兰酮法是制备异植物醇的经典催化路线。该法是柠檬醛与丙酮在碱性条件下缩合生成假性紫罗兰酮，然后经炔化、氢化、缩合等化学催化反应最终合成异植物醇[42]。其中，主要的原料之一柠檬醛的获取是一个关键环节，柠檬醛目前有两种获取方式，一种是天然提取，一种是化学合成。柠檬醛的天然提取法主要是从山苍子油中以蒸馏法获得[43]，工艺技术已趋于成熟。虽然山苍子资源相对丰富，但由于其所含的柠檬醛较少、提取纯化成本较高，大规模生产的难度比较大。柠檬醛的化学合成是其主流的生产方式，主要有异丁烯法和脱氢芳樟醇法（图 4-6）。异丁烯法是由异丁烯和甲醛"一锅法"合成，该过程由异丁烯和甲醛缩合得到 3- 甲基 -3- 丁烯 -1- 醇，该中间体部分发生双键异构生成异戊烯醇和部分发生氧化的 3- 甲基 -3- 丁烯醛，二者可经过重排得到柠檬醛，收率可达 95%。脱氢芳樟醇法主要以丙酮、乙炔经多步反应形成脱氢芳樟醇，并在催化剂作用下直接重排生成柠檬醛，该法的催化步骤比较少，原料利用较为充分[44]，是多家企业采用的合成方法。

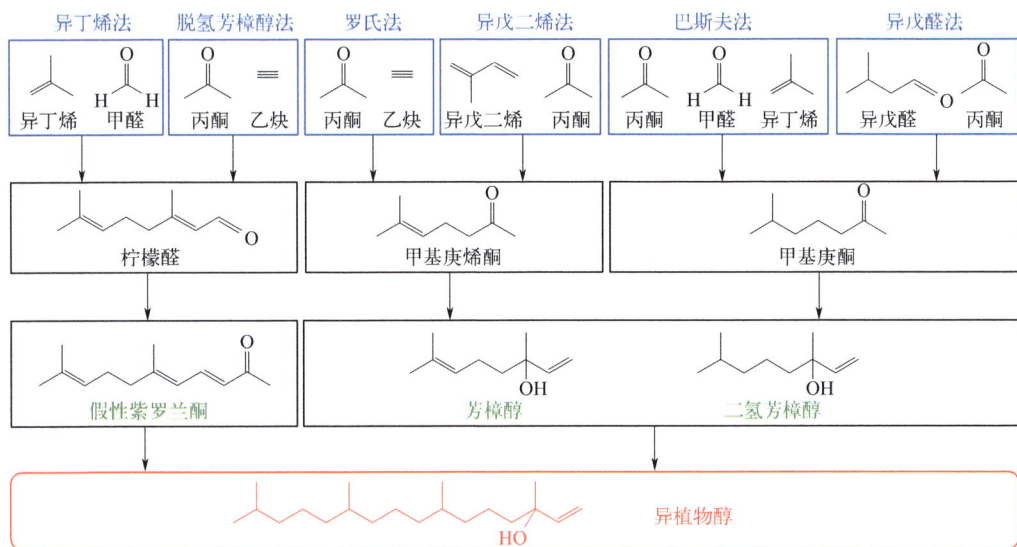

图 4-5　异植物醇的主要合成工艺

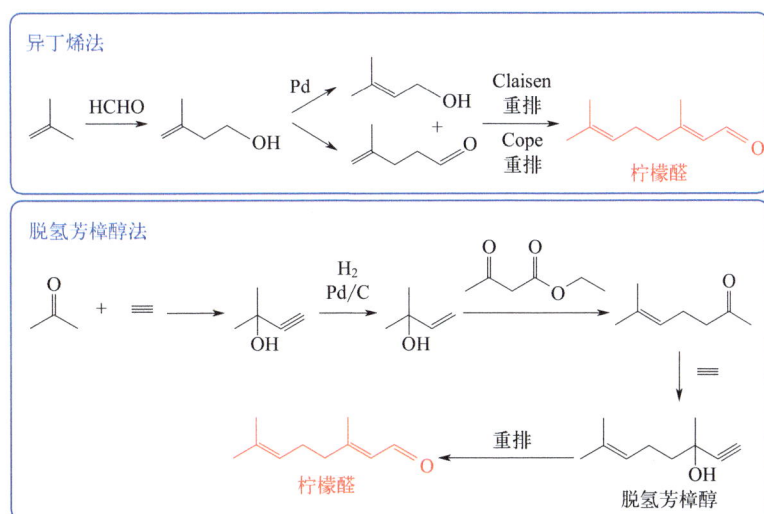

图 4-6　柠檬醛的化学合成

芳樟醇法是目前异植物醇制备所采用的主流合成路线，主要是通过甲基庚烯酮或甲基庚酮合成芳樟醇或二氢芳樟醇，再经缩合、炔化、氢化等多步催化反应，经过碳链延长最终合成异植物醇[45,46]。其中，主要的原料甲基庚烯酮或甲基庚酮的合成是关键，主要有罗氏法、异戊二烯法、巴斯夫法和异戊醛法等。罗氏法以丙酮和乙炔为原料，先合成2-甲基-3-丁烯-2-醇（甲基丁烯醇），再经过加碳及氧化获得6-甲基-5-庚烯-2-酮（甲基庚烯酮）；异戊二烯法以异戊二烯和丙酮为原料，先发生加成反应合成氯代异戊烯，再与乙酰乙酸甲酯缩合生成甲基庚烯酮；巴斯夫法以丙酮、甲醛、异丁烯为原料，在高温高压下一步合成6-甲基-6-庚烯-2-酮，它可以转位获得甲基庚烯酮，也可以氢化得到6-甲基-2-庚酮（甲基庚酮）；异戊醛法以异戊醛和丙酮为原料，通过缩合、氢化、蒸馏后得到甲基庚酮[47,48]。

假性紫罗兰酮法与芳樟醇法合成异植物醇的催化路线经过多年发展已经较为成熟，不同方法各有千秋，从操作的简便性和催化步骤的简化性来说，假性紫罗兰酮法较优，但从规模化生产中间体假性紫罗兰酮和芳樟醇的可行性以及成本效益方面来看，芳樟醇法稍具优势。但总的来说，两者均具有设备要求高、技术门槛高、安全要求高等特点。

4.3.3 生物-化学合成法

在维生素E的化学全合成工艺中，由两个重要中间体——三甲基氢醌和异植物醇一步缩合成维生素E的效率可达99%，三甲基氢醌的合成也随着技术的发展，门槛逐渐降低，异植物醇的高效合成是该工艺中的关键难点。随着各领域科学技术的发展，交叉学科的技术碰撞，我国科学家刘天罡教授团队开发了将生物与化学技术相结合高效获得异植物醇从而合成维生素E的创新工艺，该法以一步微生物发酵获得法尼烯（$C_{15}H_{24}$），再经三步化学催化合成异植物醇（$C_{20}H_{40}O$）进而合成维生素E（图4-7），相比传统化学全合成工艺，大大简化了合成路线，降低了投资成本、碳排放量以及生产安全要求。

法尼烯是一种植物来源的十五碳不饱和烯烃，其目前主要有两种获取方式，分别是天然提取法和微生物发酵法。天然提取法主要是从植物中提取，由于法尼烯在植物中的含量比较低，以天然提取的方式大量用于化工市场的难度非常高。微生物发酵法因其不受季节、地域、气候等因素的影响，原料易获取、生产周期短、成本低廉、产物质量可控易纯化、安全性高，并且环境污染较少等，成为获得法尼烯的优势途径。微生物发酵法的关键在于法尼烯高产菌株的创制。随着代谢工程和合成生物学的发展，工程改造微生物使其利用廉价原料高效合成目标化合物成为可能。刘天罡教授团队通过在酿酒酵母中进行底盘优化、关键酶异源表达、关键酶法尼烯合酶筛选及定向进化以及法尼烯生物合成代谢流优化等一系列系统代谢工程改造，实现55.4g/L法尼烯的高效合成，并且在该过程中，实现高值化合物番茄红素的联产，进一步降低了该过程的成本[49]。另一方面，分泌到胞外的油状法尼烯可以通过简易分离纯化获得。这些技术使得法尼烯能够通过较低成本获得，是维生素 E 合成新工艺建立的重要基础。美国 Amyris 团队也在酿酒酵母中进行了工程改造，通过引入四种非天然代谢反应，并进一步优化发酵控制过程，实现了 130g/L 法尼烯的高效合成[50]，也为维生素 E 合成新工艺以更低成本发展提供了条件。

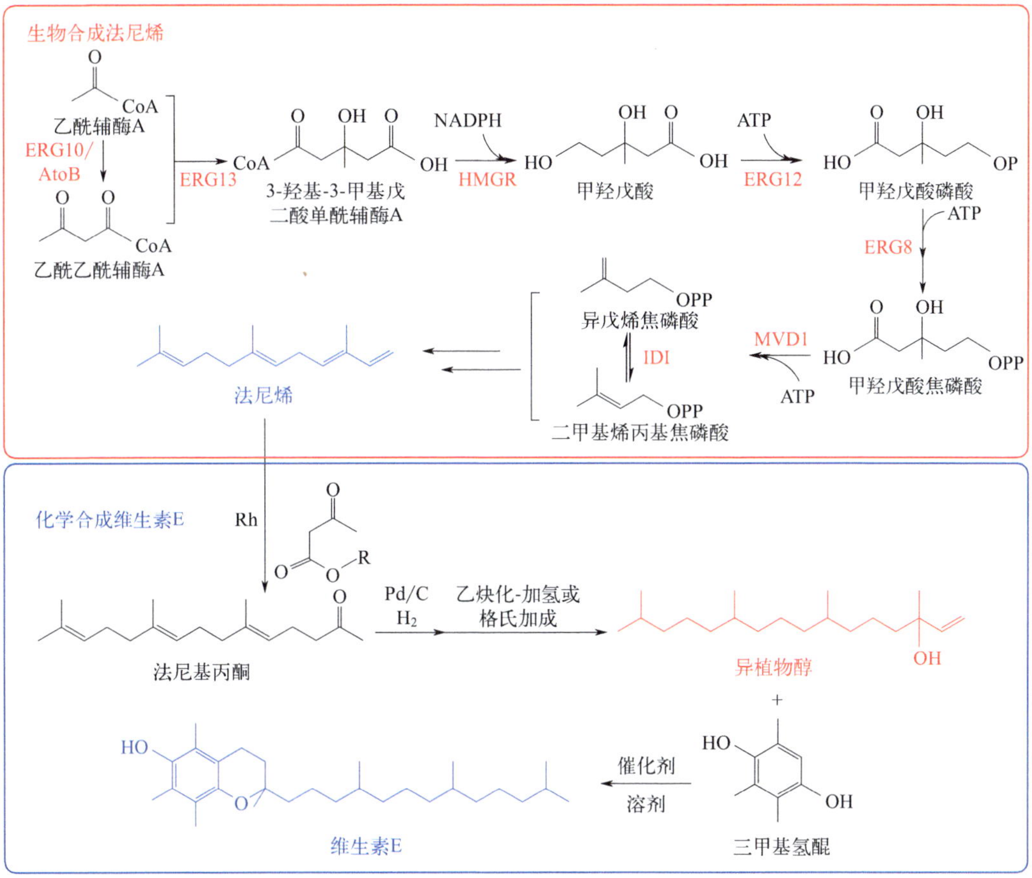

图 4-7　生物 - 化学法合成维生素 E

ERG10/AtoB—乙酰乙酰辅酶 A 硫解酶；ERG13—3- 羟基 -3- 甲基戊二酰辅酶 A 合酶；HMGR—3- 羟基 -3- 甲基戊二酰辅酶 A 还原酶；ERG12—甲羟戊酸激酶；ERG8—甲羟戊酸 -5- 磷酸激酶；MVD1—甲羟戊酸焦磷酸脱羧酶；IDI—异戊二烯异构酶

　　进一步地，刘天罡教授团队提出了由法尼烯与乙酰乙酸酯在金属铑催化下缩合获得法尼基丙酮（得率 95%），经还原获得六氢法尼烯丙酮（得率 98%），再经乙炔化生成异植物醇（得率 99%），三步反应实现以法尼烯为原料，总得率为 92% 的异植物醇合成工艺[49]（图 4-7）。该工艺仅通过 1 步微生物发酵和 4 步化学催化即可实现维生素 E 的合成，而主流的维生素 E 化学全合成法中，不考虑从起始原料（如丙酮、乙炔等小分子）合成的情况下，不论是以芳樟醇、二氢芳樟醇或柠檬醛为前体都需要 7 步催化反应合成异植物醇（图 4-8），可见，新工艺显著缩短了合成步骤，降低了技术门槛，提高了生产安全性以及在生产操作中的便捷性，打破了长期垄断的传统化学全合成工艺，是一个具有颠覆性的合成工艺。

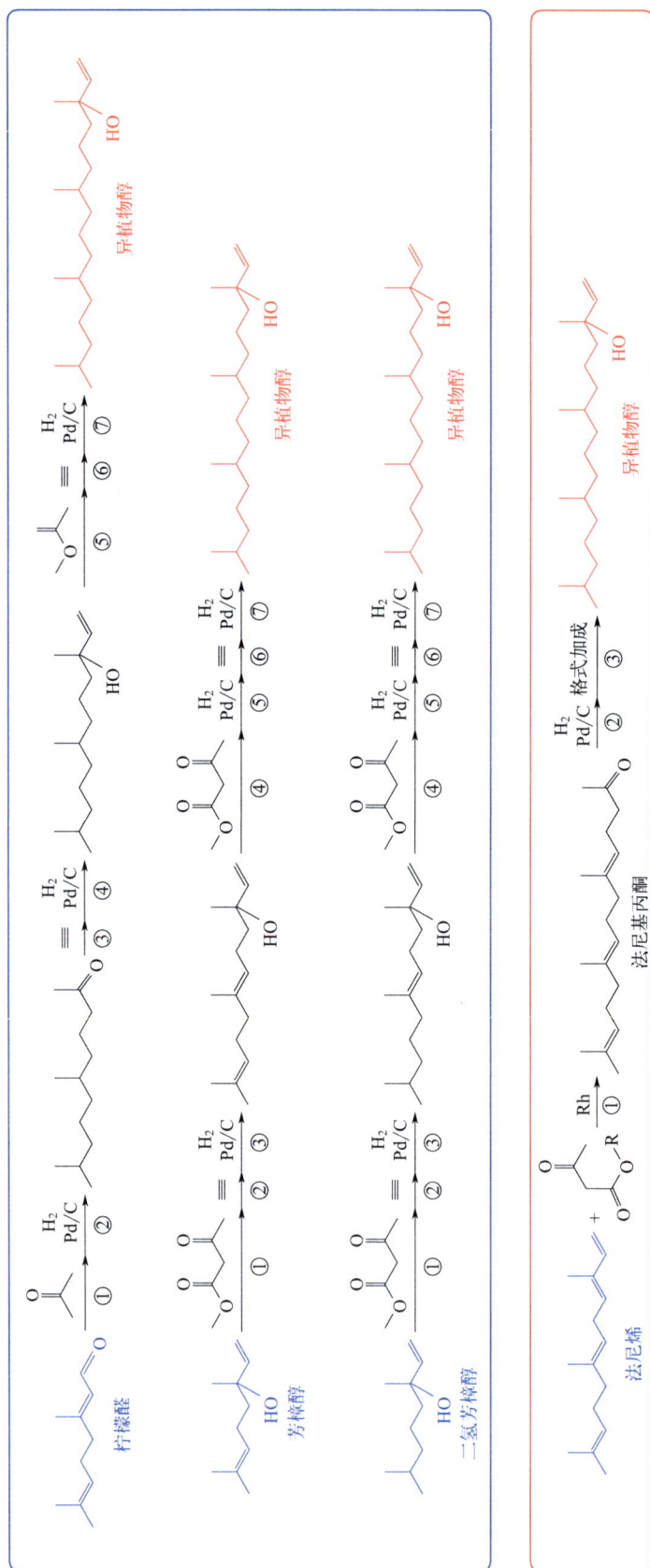

图4-8　以法尼烯为前体和以芳樟醇、二氢芳樟醇或柠檬醛为前体合成异植物醇

4.4　维生素 E 的生物合成代谢途径

4.4.1　维生素 E 的生物合成途径

维生素 E 存在于哺乳动物、光合细菌、真菌和植物中，主要由光合生物合成[51,52]。1979 年，维生素 E 的生物合成途径被初步勾勒[53]。随后的十几年，维生素 E 合成途径在拟南芥和集胞藻 PCC 6803 中逐渐被挖掘完善[54]，其生物合成主要涉及三条途径：莽草酸途径、非甲羟戊酸途径、生育酚途径。莽草酸途径合成维生素 E 的亲水性头部供体尿黑酸（HGA），非甲羟戊酸（2-C- 甲基 -D- 赤藓糖醇 -4- 磷酸途径，MEP）途径合成维生素 E 的疏水性尾部供体植基二磷酸（PDP）或牻牛儿基牻牛儿基二磷酸（GGDP），生育酚途径将头尾缩合修饰为不同类型的维生素 E 产物[55]。

莽草酸途径中，酪氨酸经酪氨酸氨基转移酶（TAT）合成对羟苯基丙酮酸（HPP），HPP 在对羟苯基丙酮酸双加氧酶（HPPD/PDS1）的催化下生成尿黑酸（HGA）。非甲羟戊酸途径中，甘油醛 -3- 磷酸和丙酮酸合成 1- 脱氧 -D- 木酮糖 -5- 磷酸（DXP），DXP 经过多步催化形成 GGDP，GGDP 在牻牛儿基牻牛儿基还原酶（GGR）作用下形成 PDP，进一步参与生育酚的合成。生育酚途径中，HGA 在尿黑酸植基转移酶（HPT）或尿黑酸牻牛儿基牻牛儿基转移酶（HGGT）的催化下，与 PDP 或 GGDP 发生缩合，生成 2- 甲基 -6- 植基苯醌（MPBQ）或 2- 甲基 -6- 牻牛儿基牻牛儿基苯醌（MGGBQ）。MPBQ 或 MGGBQ 由 2- 甲基 -6- 植基苯醌甲基转移酶（MPBQMT）甲基化为 2,3- 二甲基 -6- 植基苯醌（DMPBQ）或 2,3- 二甲基 -6- 牻牛儿基牻牛儿基苯醌（DMGGBQ）。生育酚环化酶（TC）可以直接作用于 MPBQ（MGGBQ），生成 δ- 生育酚（生育三烯酚），也可以催化 DMPBQ（DMGGBQ）生成 γ- 生育酚（生育三烯酚）。δ- 生育酚（生育三烯酚）和 γ- 生育酚（生育三烯酚）在 γ- 生育酚甲基转移酶（γ-TMT）作用下分别转换为 β- 生育酚（生育三烯酚）和 α- 生育酚（生育三烯酚）[55,56]（图 4-9）。

4.4.2　维生素 E 的生物代谢途径

1956 年，维生素 E 的第一个代谢物——西蒙代谢物被报道，1965 年，有研究发现动物体摄取 α- 生育酚后可检测到尿液中出现一种新的代谢物——α-3′- 羧基乙基羟基苯并二氢吡喃（α-CEHC），随后更多的维生素 E 代谢物被发现，维生素 E 代谢途径也逐渐被揭示[57,58]。维生素 E 的代谢主要是生育酚或生育三烯酚的侧链逐步被降解，侧链的降解开始于细胞色素 P450 家族成员的 ω- 羟化和 ω- 氧化，然后进行传统的 β- 氧化[59]（图 4-10）。以 α- 生育酚为例，ω- 羟化将 α- 生育酚转化为 α-13′- 羟基生育酚（13′-OH），随后经 ω- 氧化合成 α-13′- 羧基生育酚（13′-COOH），在 5 个循环的 β- 氧化下，逐次生成 α-11′- 羧基二甲基癸基羟基苯并二氢吡喃（11′-COOH，α-11′-CDMDHC）、α-9′- 羧基二甲基辛基羟基苯并二氢吡喃（α9′-COOH，α-9′-CDMOHC）、α-7′- 羧基甲基己基羟基苯并二氢吡喃（7′-COOH，α-7′-CMHHC）、α-5′- 羧基甲基丁基羟基苯并二氢吡喃（5′-COOH，α-5′-CMBHC）、α-CEHC。其他生育酚的代谢情况相同，生育三烯酚的代谢情况也类似。其中，哪种细胞色素 P450 启动了侧链的氧化，目前仍有争议[59]。α-CEHC 是维生素 E 代谢的水溶性终产物，随尿液排出。

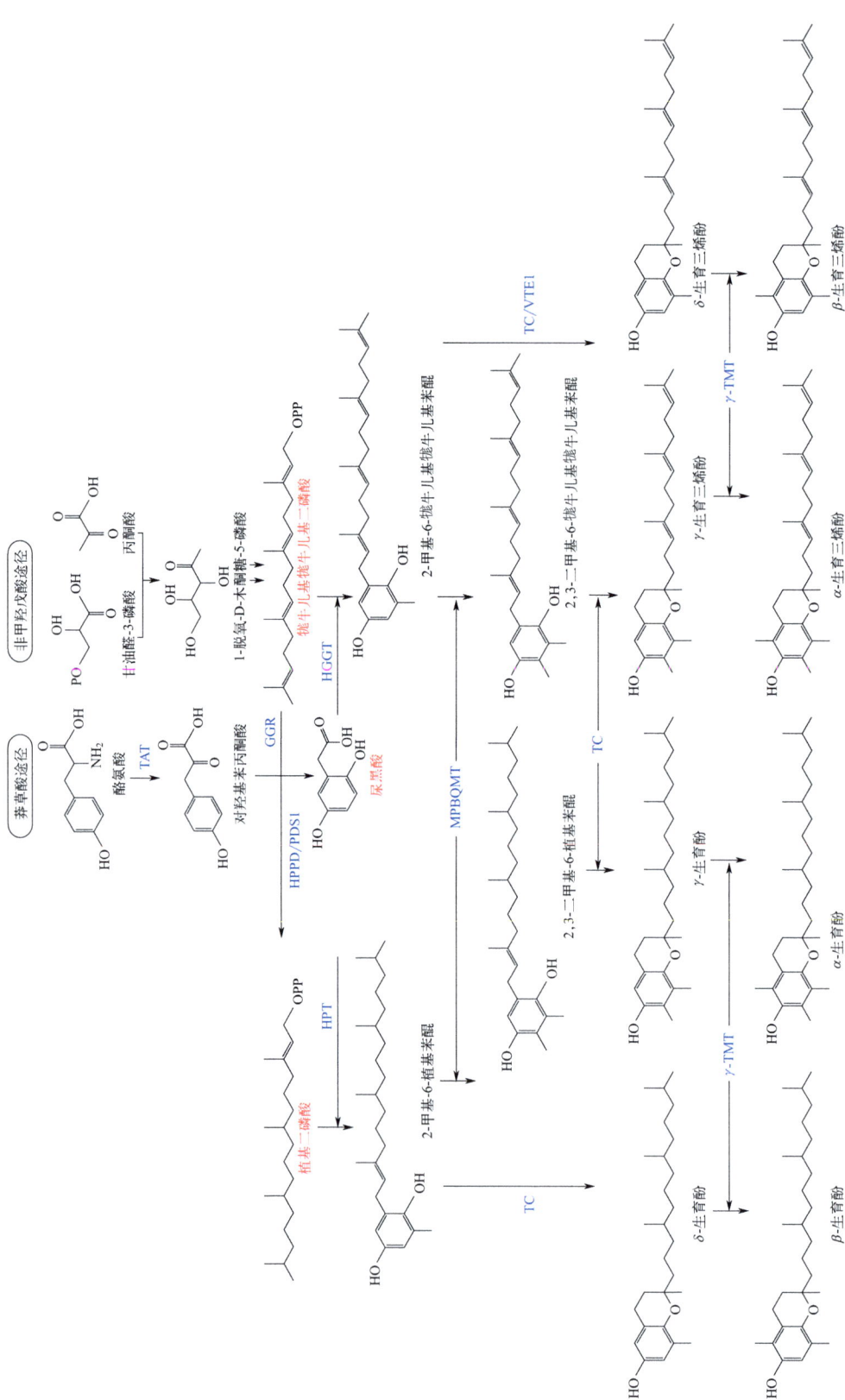

图4-9 维生素E的生物合成

TAT—酪氨酸氨基转移酶；HPPD/PDS1—对羟苯基丙酮酸双加氧酶；GGR—牻牛儿基牻牛儿基还原酶；HPT—尿黑酸植基转移酶；HGGT—尿黑酸牻牛儿基牻牛儿基转移酶；MPBQMT—2-甲基-6-植基苯醌甲基转移酶；TC—生育酚环化酶；γ-TMT—γ-生育酚甲基转移酶

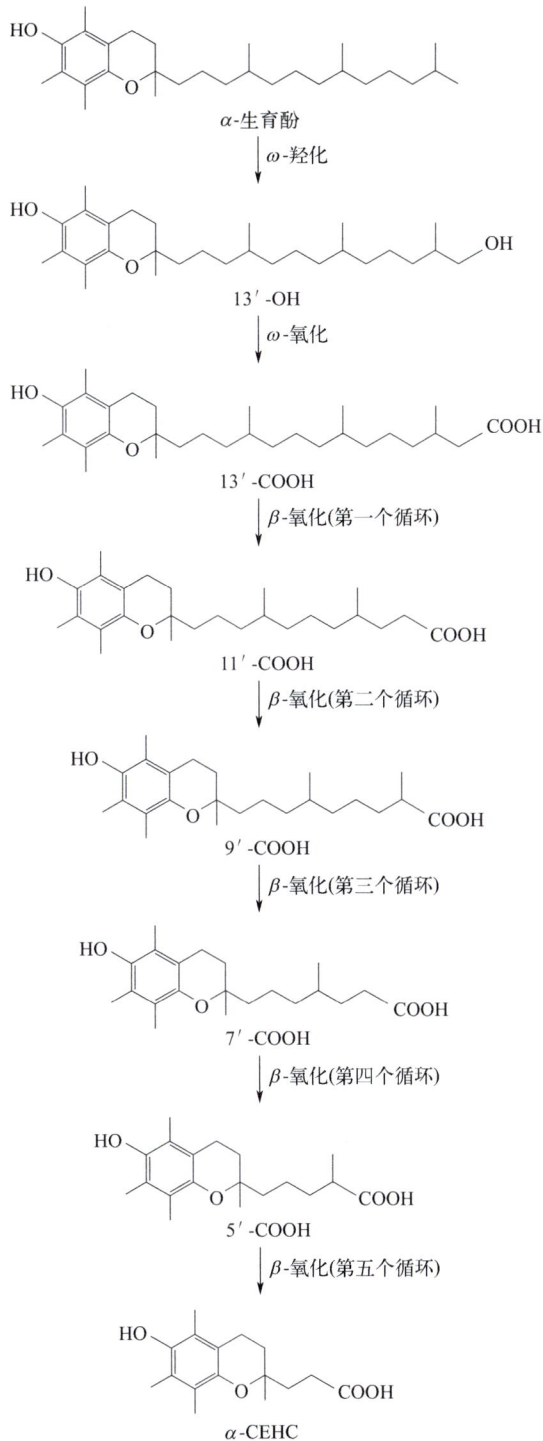

图 4-10　α- 生育酚的代谢途径

13′-OH—α-13′- 羟基生育酚；13′-COOH—α-13′- 羧基生育酚；11′-COOH—α-11′- 羧基二甲基癸基羟基苯并二氢吡喃（α-11′-CDMDHC）；9′-COOH—α-9′- 羧基二甲基辛基羟基苯并二氢吡喃（α-9′-CDMOHC）；7′-COOH—α-7′- 羧基甲基己基羟基苯并二氢吡喃（α-7′-CMHHC）；5′-COOH—α-5′- 羧基甲基丁基羟基苯并二氢吡喃（α-5′-CMBHC）；α-CEHC—α-3′- 羧基乙基羟基苯并二氢吡喃

4.5 不同底盘中维生素 E 的代谢工程研究进展

目前，针对维生素 E 的代谢工程研究主要集中在植物、微生物等底盘细胞（表 4-1），总体研究相对较少且多样性的策略相对缺乏，对维生素 E 在生物体中的高产机制挖掘相对缺乏，但已报到的研究仍然揭开了维生素 E 生物合成面纱的一角，为后续进一步的研究奠定了基础。

4.5.1 植物

目前，植物是维生素 E 生物合成的主要来源，如油菜、大麦、水稻、番茄、玉米和大豆等，但其在胞内的含量非常有限，且含量、组成和在不同的植物组织中差异很大。通常光合组织中维生素 E 的含量在 10 ~ 50mg/g 鲜重，以 α- 生育酚为主要成分；种子中的含量在 300 ~ 2000mg/g 油，以 γ- 生育酚为主要成分[55]。随着生物技术的发展，研究者们大多在拟南芥、烟草、大豆等多种植物中尝试进行工程改造以提高维生素 E 的总含量或是调整各组成成分的比例，少数研究集中在藻类、细菌、真菌中。

拟南芥是维生素 E 代谢工程改造的经典对象，主要工程策略为途径关键酶的调控表达。例如，为了研究植物 MEP 通路中的限速步骤，过表达 MEP 途径的第一个关键酶编码基因 *dxs*，DXS 的蛋白表达水平增加了 0.5 倍左右，对应的拟南芥 15 天幼苗中的生育酚含量提高了 1 倍左右，说明提高 DXS 的表达水平是提高植物维生素 E 生物合成能力的有效方式[60]；通过在拟南芥中异源表达大麦来源的 *HGGT* 编码基因，生育酚和生育三烯酚含量均有提升，其中生育酚含量增加幅度较小，生育三烯酚含量增加较大，最终拟南芥叶片中总生育酚含量增加 10 倍以上，说明 HGGT 是生育三烯酚类生物合成的关键酶，并且能显著促进生育酚的合成[61]；VTE1 催化生育酚生物合成的倒数第二步，过表达 *VTE1* 基因，拟南芥叶片中的生育酚浓度增加了 7 倍，但是会引起生育酚组成成分的改变，使 α- 生育酚向 γ- 生育酚转变，被认为是叶片中生育酚合成的主要限制因子之一，也是调控维生素 E 成分合成的关键基因[62]；异源表达甘蓝型油菜来源的 *VTE4* 同源基因，拟南芥种子中的 α- 生育酚含量增加了 50 倍，可见 *VTE4* 是 α- 生育酚合成的限速步骤之一[63]；γ-TMT 是维生素 E 生物合成途径最后一步的催化酶，催化 δ- 生育酚合成 β- 生育酚和 γ- 生育酚合成 α- 生育酚，在拟南芥中异源表达苜蓿来源的 γ-TMT 可以使种子中生育酚浓度提高 10 ~ 15 倍[64]；在拟南芥中利用特异性启动子（胡萝卜 DC3 启动子）介导 γ-TMT 过表达，拟南芥种子中维生素 E 总量不变的情况下，γ- 生育酚向 α- 生育酚转化，最终使得 α- 生育酚的产量提高了 95%[65]；利用可以与 γ-TMT 基因的启动子区或者编码区特异结合的锌指结构转录因子，也可提高 γ-TMT 基因的表达量，从而使种子中 α- 生育酚含量增加 20 倍[66]；利用组成型启动子过表达 *HPT* 编码基因，拟南芥种子和叶片中维生素 E 含量分别增加了 4.4 倍和 1.4 倍，其中维生素 E 含量增加主要来自 γ- 生育酚的增加，在过表达 HPT 编码基因的基础上同时利用组成型启动子过表达 γ-TMT，γ- 生育酚全部转化为 α- 生育酚的同时总生育酚含量增加了 12 倍，说明联合提高 HPT 和 γ-TMT 的表达量可以作为提高拟南芥叶片和种子中维生素 E 含量的有效策略[67]。

　　除了拟南芥以外，对于大豆、烟草、玉米、马铃薯、水稻、油菜等底盘植株的维生素 E 代谢工程改造也多有报道，且效果显著。例如，在大豆中异源表达拟南芥来源的 *VTE3* 与 *VTE4*，种子维生素 E 组分中的 α- 生育酚增加了 8 倍，由原来的不到 10%，增加到 95%，种子中维生素 E 活性增加了 5 倍[68]；在大豆中异源表达拟南芥来源的 *VTE2*、*HPPD*、*GGH* 和草生欧文氏菌来源的 *TYRA* 编码基因，大豆种子中总的维生素 E 含量从 320ng/mg 提升到 4800ng/mg，提高了 15 倍[69]；异源表达大麦来源的 *HGGT*，大豆种子中维生素 E 的含量提高了 8 ～ 10 倍，其中，维生素 E 主要以 δ- 生育三烯酚和 γ- 生育三烯酚的形式存在，在异源表达 *HGGT* 的基础上同时过表达 γ-TMT 基因，维生素 E 主要为 α- 生育酚和 β- 生育酚的形式[70]；在烟草中通过人工合成 HPT、TC、TMT 多基因操纵子，同时利用 RNA 元件使操纵子转录本分割成稳定的单顺反子，显著提高了烟叶中 α- 生育酚和生育三烯酚的含量[71]；异源表达拟南芥来源的 *HPPD* 和酵母来源的预苯酸脱氢酶基因，烟草叶片中的维生素 E 含量增加近 10 倍、种子中的生育三烯酚大量积累[72]；在玉米中异源表达大麦来源的 *HGGT* 编码基因，维生素 E 含量增加了 6 倍[61]；在玉米中异源表达大豆来源的 *GmTMT2a* 编码基因，玉米籽粒中 α- 生育酚含量提高了 3 ～ 4.5 倍[73]；在马铃薯中异源表达拟南芥来源的 *HPT* 和 γ-TMT 基因，维生素 E 含量提高了 173% ～ 258%[74]；在水稻中过表达 *VTE1* 或异源表达拟南芥来源的 *HPPD*，均可提高维生素 E 的含量[75,76]；在芥菜型油菜中过表达 γ-TMT 基因，油菜中 α- 生育酚含量提高 6 倍[77]。

　　虽然在植物中针对维生素 E 的工程改造很多，但由于植物本身生长周期长，生物量积累速度慢，合成维生素 E 的产量较低，经过改造后的产量提升也十分有限，而且多以低活性形式存在，大大限制了通过植物工程改造大量合成维生素 E 的可能性，但大多工程改造提升维生素 E 产量的同时，可以提升植株对环境的应激能力[55]，这在提升作物产量、改良作物品质方面仍然具有重要意义。

4.5.2　藻类

　　微藻作为光合自养微生物，能够通过光合作用将太阳能转化为生物质能，从合成原料角度来说，微藻作为底盘生物合成维生素 E 在绿色制造方面具有重要应用前景。迄今为止，已发现的能合成维生素 E 的微藻主要有裸藻（*Euglena gracilis*）、水生集胞藻（*Synechocystis aquatilis*）、纯顶螺旋藻（*Spirulina platensis*）、衣藻（*Chlamydomonas*）、杜氏藻（*Dunaliella tertiolecta*）、微绿球藻（*Nannochloropsis oculata*）、心形扁藻（*Tetraselmis suecica*）、棕鞭藻（*Ochromonas*）、等鞭金藻（*Isochrysis galbana*）等[78]。其中，裸藻中的天然维生素 E 的含量相对较高，可达 1.12 ～ 7.35mg/g（细胞干重），其中的主要成分为 α- 生育酚，占其总量的 97% 以上[79]。人们为了提高藻类合成维生素 E 的产量，大多采用传统的培养条件优化，如：在低温条件下培养裸藻可以促进活性氧的产生，裸藻中维生素 E 的积累量可以增加 6 ～ 7 倍[80]；改变光照强度和调整光暗循环可以刺激裸藻的维生素 E 合成[81]；调整培养基成分也可促进维生素 E 的合成，如调整有机碳源乙醇、乳酸和半乳糖等在培养基中的比例[82]，降低氮源在培养基中的浓度[83]等。

藻类中维生素 E 的代谢工程研究相对植物中较少，而其中，集胞藻 PCC 6803 因其生长速度快、遗传操作简单等优势，是藻类中维生素 E 的代谢工程研究相对较多的底盘细胞。例如，利用聚球藻 PCC 7942 来源的硝酸盐诱导型启动子 PnirA（亚硝酸盐还原酶）介导拟南芥来源的 *HPPD* 在集胞藻 PCC 6803 中异源表达，可使集胞藻中维生素 E 总量提高 5 倍，其中生育三烯酚的比例可达总维生素 E 含量的 20%[84]。在集胞藻 PCC 6803 中仅异源表达拟南芥来源的 *HPPD*，维生素 E 产量即可提高 7 倍，同时异源表达拟南芥来源的 *HPPD* 和草生欧文氏菌来源的 *TYRA*，维生素 E 产量提高 10 倍，同时表达草生欧文氏菌来源的 *TYRA* 和拟南芥来源的 *HPPD* 和 *GGH*，维生素 E 产量可提高 15 倍，同时过表达草生欧文氏菌来源的 *TYRA* 和拟南芥来源的 *HPPD*、*VTE2* 和 *GGH*，维生素 E 产量可提高 16.5 倍，但再进一步过表达更多的代谢途径中的酶，维生素 E 产量增加幅度有限[69]。藻类相对植物细胞具有生长速度快、培养条件简单等优势，在廉价的基本培养基中利用藻类通过光合自养或是异能自养方式生产维生素 E 具有一定的产业前景，但同时需要考虑藻类对光照强度和光照节律的鲁棒性问题和高密度培养带来的光强变弱的问题，更多工程改造藻类高产维生素 E 的研究有待进一步开发。

4.5.3 微生物

微生物中维生素 E 的代谢工程研究相对较少，主要集中在酿酒酵母中，且合成产物集中在生育三烯酚。Sun 等通过在酿酒酵母中整合 δ- 生育三烯酚合成所必需的三个外源基因 *HPD*、*HPT* 和 *VTE1* 实现其异源合成，接着过表达 MVA 途径中的关键酶 tHMG1 和 GGPPS 以增加前体的供给，最后通过响应面法对目标菌株的发酵培养基进行优化，在 2L 发酵罐中可产生 4.10mg/L δ- 生育三烯酚[85]。Shen 等从拟南芥、蓝藻、烟草等来源克隆合成维生素 E 的关键基因——HPPD、syHPT、MPBQMT、TC 和 γ-TMT 的编码基因，并在酿酒酵母中异源表达，在这个过程中对拟南芥来源的酶进行叶绿体转运肽的预测和切除。通过过表达 syHPT、TC 和 γ-TMT 解除维生素 E 合成途径的关键限速步骤，优化莽草酸途径和甲羟戊酸途径，增加 SAM 的供给等策略，且结合并采用新设计的冷击温控系统，最终在 5 L 发酵罐中使总生育三烯酚产量达到 320mg/L[86]。Jiao 等从产物分泌的角度，探索双相萃取发酵条件和筛选内源性转运蛋白来实现生育三烯酚的分泌生产，产量在摇瓶水平达到 82.68mg/L[87]。*E. coli* 中也有代谢工程方面的研究报道，但屈指可数。Albermann 等通过异源表达拟南芥或蓝藻来源的 *HPD*、*GGPPS*、*GGR*、*TC* 等基因合成 δ- 生育三烯酚，但产量相对较低，仅有 15μg/g[88]；MGGBQ 是生育酚和生育三烯酚合成的重要前体，将异源基因 *crtE*、*hpd* 和 *hpt* 分别整合到大肠杆菌的染色体中，进一步在染色体上增加一个拷贝的 *idi*，并随后提高 *dxs* 的表达水平，最终 MGGBQ 产量增加 135%，达到 1425μg/g[89]。

总的来说，通过工程改造生物体以低廉的原料全合成维生素 E 的方式相比目前主流的化学全合成法，产量低、成本高，并不适合进行规模化生产。另一方面，化学全合成法所面临的高门槛、低成本、绿色环保等问题，也为维生素 E 行业的发展提出了挑战，开发更安全、更高效的合成技术已成为改善维生素 E 行业现状的迫切需要（表 4-1）。

表4-1　维生素E的代谢工程研究进展

底盘	代谢工程策略	效果提升	参考文献
拟南芥	过表达 *dxs*	15d 幼苗中的生育酚含量提高了 1 倍左右	[60]
	异源表达大麦来源的 *HGGT*	叶片中生育三烯酚含量增加 10 倍以上	[61]
	过表达 *VTE1*	叶片中的生育酚浓度增加了 7 倍，并使 α-生育酚向 γ-生育酚转变	[62]
	异源表达甘蓝型油菜来源的 *VTE4*	种子中的 α-生育酚含量增加了 50 倍	[63]
	异源表达苜蓿来源的 γ-TMT 基因	δ-生育酚向 β-生育酚转变，γ-生育酚向 α-生育酚转变，种子中生育酚浓度提高 10～15 倍	[64]
	利用特异性启动子（胡萝卜 DC3 启动子）介导 γ-TMT 基因过表达	种子中维生素 E 总量不变，γ-生育酚向 α-生育酚转变，最终 α-生育酚占比提高到 95%	[65]
	利用锌指结构转录因子，提高 γ-TMT 基因的表达量	种子中 α-生育酚增加 20 倍	[66]
	利用不同的组成型启动子过表达 HPT 和 γ-TMT 基因	过表达 *HPT*，种子和叶片中 γ-生育酚分别增加了 4.4 倍和 1.4 倍；同时过表达 *HPT* 和 γ-TMT 基因，γ-生育酚全部转化为 α-生育酚，总生育酚含量增加了 12 倍	[67]
大豆	异源表达拟南芥来源的 *VTE3* 与 *VTE4*	种子中维生素 E 组分中的 α-生育酚增加了 8 倍	[68]
	异源表达拟南芥来源的 *VTE2*、*HPPD*、*GGH* 和草生欧文氏菌来源的 *TYRA*	种子中总的维生素 E 含量从 320ng/mg 提升到 4800ng/mg，提高了 15 倍	[69]
	异源表达大麦来源的 *HGGT*，同时过表达 γ-TMT 基因	种子中维生素 E 转变为活性更高的 α-生育酚和 β-生育酚的形式，维生素 E 的含量提高了 8～10 倍	[70]
烟草	人工合成 HPT、TC、TMT 多基因操纵子，同时利用 RNA 元件使操纵子转录本分割成稳定的单顺反子	显著提高了烟叶中 α-生育酚和生育三烯酚的含量	[71]
	异源表达拟南芥来源的 *HPPD* 和酵母来源的 *PDH*	叶片中的维生素 E 含量增加近 10 倍、种子中的生育三烯酚大量积累	[72]
玉米	过表达大麦来源的 *HGGT*	维生素 E 含量增加了 6 倍	[61]
	异源表达大豆来源的 *GmTMT2a* 基因	玉米籽粒中 α-生育酚含量提高了 3～4.5 倍	[73]
马铃薯	过表达拟南芥来源的 *HPT* 和 γ-TMT 基因	维生素 E 含量提高了 173%～258%	[74]
水稻	过表达 *VTE1* 或拟南芥来源的 *HPPD*	均提高维生素 E 的含量	[75, 76]
油菜	在芥菜型油菜中过表达 γ-TMT 基因	油菜中 α-生育酚含量提高 6 倍	[77]
集胞藻 PCC 6803	利用聚球藻 PCC 7942 的硝酸盐诱导型启动子 PnirA 介导拟南芥来源的 *HPPD* 异源表达	维生素 E 总量提高 5 倍，其中生育三烯酚的比例可以达到 20%	[84]
	同时过表达草生欧文氏菌来源的 *TYRA* 和拟南芥来源的 *HPPD*、*VTE2*、*GGH*	维生素 E 总量提高 16.5 倍	[69]

续表

底盘	代谢工程策略	效果提升	参考文献
酿酒酵母	异源表达 HPD、HPT 和 VTE1，过表达 tHMG1 和 GGPPS	2L 发酵罐中 δ-生育三烯酚产量达到 4.10mg/L	[85]
	异源表达拟南芥、蓝藻、烟草等来源的 HPPD、syHPT、MPBQMT、TC 和 γ-TMT，对拟南芥来源的酶进行叶绿体转运肽的预测和切除；采用冷击温控系统	5L 发酵罐中生育三烯酚产量达到 320mg/L	[86]
	优化双相萃取发酵条件和筛选内源性转运蛋白	生育三烯酚产量在摇瓶水平达到 82.68mg/L	[87]
大肠杆菌	异源表达拟南芥或蓝藻来源的 HPD、GGPPS、GGR、TC 等基因	δ-生育三烯酚产量达到 15μg/g	[88]
	将异源基因 crtE、hpd 和 hpt 分别整合到染色体中，增加染色体上 idi 拷贝数，过表达 dxs	前体 MGGBQ 产量增加 135%，达到 1425μg/g	[89]

4.6   维生素 E 的工业生产概览

国外对天然维生素 E 的研究和生产于 20 世纪 80 年代就达到了规模化，主要的机构有美国的 ADM 公司、德国的 HENKEL 公司等。我国天然维生素 E 的研究和生产起步较晚，至 20 世纪 80 年代，才开始有企业和科研机构陆续进入该领域进行探索性研究开发，主要的机构有中粮天科生物工程（天津）有限公司、江苏春之谷生物制品有限公司等，所开发的技术多数是以植物油脱臭馏出物为原料，提取方法原理大体相同，设备、试剂等有所不同[32]。天然提取法获得的维生素 E 与人工合成的维生素 E 相比，其吸收率、生理活性更胜一筹，但维生素 E 含量在作物每克细胞中仅为微克级别[90]，产量较低，不同来源的维生素 E 含量和成分组成也差异较大[91]，受原料中维生素 E 含量影响较大，生产成本高，产量难以满足各方面的需求。

化学全合成法是目前维生素 E 的主要生产方式。主要中间体三甲基氢醌新合成路线的提出和催化条件的优化，促进了维生素 E 行业的不断更新和持续发展。目前，国外生产三甲基氢醌的公司主要有国际巨头德国巴斯夫和瑞士帝斯曼等。而三甲基氢醌的研发曾经一度是国内企业的主要技术障碍，但随着技术的逐渐突破，展现出后来居上的趋势，同时也降低了三甲基氢醌的合成门槛，具备生产能力的企业逐渐崭露头角，主要的企业有能特科技、新和成等。另一个主要中间体异植物醇的合成路线，整体思路都比较简单，但不同合成路径的核心中间体都是柠檬醛。由于柠檬醛原料基本被德国巴斯夫、日本可乐丽和我国新和成垄断，并且受限于丙酮原料用量大、回收能耗高、危险系数高等因素，生产难度比较高。化学全合成法相比于天然提取法大大降低了生产成本，且产物成分及纯度较易控制，受原料的限制较小，便于大规模生产，但该技术仍然存在很多问题，例如合成路径复杂、技术壁垒高、成本高，其生产设备大部分为专用设备，且安全风险较大等，新企业进入该行业领域非常困难，而且随着技术的发展以及环保政策的收紧，很多厂商逐渐退出竞争，全球目前仅数十家企业在生产，且生产长期集中在个别企业，形成了行业垄断。

　　生物 - 化学合成法是近几年由生物技术与化学合成碰撞出的创新技术，工程改造的微生物通过发酵合成法尼烯，以法尼烯为前体化学合成维生素 E。相比于天然提取法，该法的成本大大降低，受原料的限制较小，相比于化学全合成法，该法大大缩短了合成步骤，同时大幅减少了易爆原料的使用，在设备、建设投资等方面要求都低了很多，生产过程能耗低、污染小、可再生，更环保、更简单、更高效、更安全。该法也打破了经过 80 多年发展的主流维生素 E 化学全合成历史，直接挑战传统生产工艺，改变了维生素 E 的全球市场格局[92]。基于此新型工艺，年产万吨级维生素 E 的工厂已于 2017 年成功在中国湖北投产并生产至今。

4.7　维生素 E 的专利分析与前景展望

4.7.1　专利分析

　　为了研究维生素 E 合成相关专利的发展趋势，此处统计了 incoPat 数据库中 2003—2022 年（截至 2022 年 7 月 31 日）与维生素 E 合成相关的有效专利，并在申请数量、地域分布、申请人及技术构成几个方面进行了分析。

4.7.1.1　维生素 E 合成相关专利的申请数量分析

　　2003 至 2011 年，全球维生素 E 合成相关专利的申请数量相对较少，之后开始进入快速发展阶段，并在 2013 年达到峰值，随后逐年减少（图 4-11），我国维生素 E 合成相关专利申请数量的发展趋势与全球发展趋势类似（图 4-11），维生素 E 合成相关研究经过快速增长期之后，已经进入相对缓慢的发展阶段。进一步分析数据可以发现，我国维生素 E 相关专利数在 2013 年以后占全球专利数的比例在 25% ～ 50%，可见这一阶段全球维生素 E 相关专利申请数量的增加主要来自我国的贡献，体现出了我国维生素 E 合成方面的快速发展以及竞争优势，但另一方面，也可以看出近年来维生素 E 合成方面发展的脚步逐渐减缓，进入了瓶颈期。

4.7.1.2　维生素 E 合成相关专利的地域分布分析

　　为了研究维生素 E 合成在各个国家或地区的研究趋势，对维生素 E 合成相关专利主要申请地区进行统计分析（图 4-12）。全球维生素 E 合成相关专利申请最多的国家是中国，其专利申请数占全球总专利申请数的 36.1%，其次是世界知识产权组织和欧洲专利局，分别占比 27.9% 和 14.8%，三者总占比接近全球总专利申请数的 80%，其它排名靠前的国家和地区还有日本和美国，专利占比都在 8% 左右。中国、世界知识产权组织和欧洲专利局在全球维生素 E 合成相关领域的发展中占主导地位。我国维生素 E 合成相关专利的地域分布以浙江省和湖北省在众多省市中表现突出，其专利申请数都占到全国总专利数量的 27.8%；其次是山东省，占比在 16.7% 左右；其他省市例如北京、辽宁、吉林、广东和陕西占比都在 5% 左右。

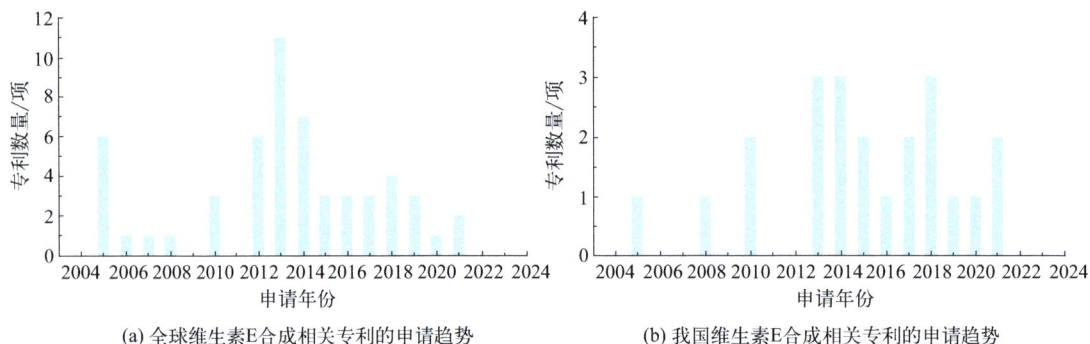

(a) 全球维生素E合成相关专利的申请趋势　　　　(b) 我国维生素E合成相关专利的申请趋势

图 4-11　全球及我国维生素 E 合成相关专利的申请趋势

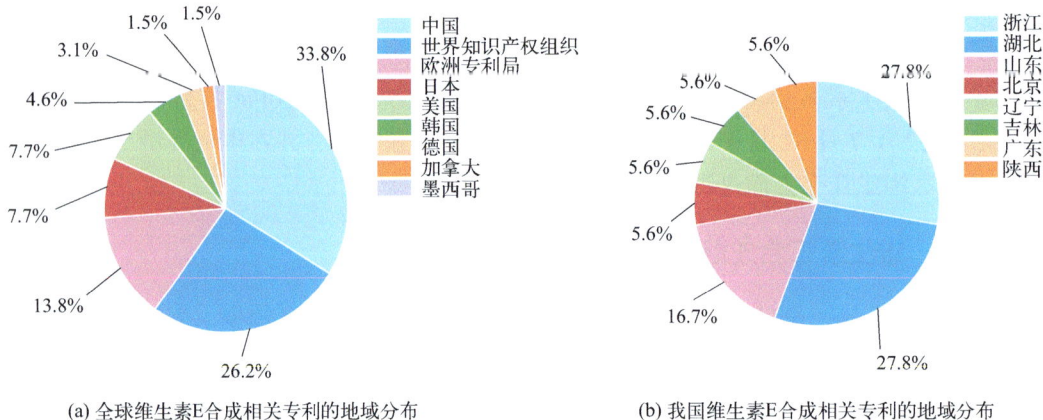

(a) 全球维生素E合成相关专利的地域分布　　　　(b) 我国维生素E合成相关专利的地域分布

图 4-12　全球及我国维生素 E 合成相关专利的地域分布

4.7.1.3　维生素 E 合成相关专利的申请人分析

为了了解维生素 E 合成研究的重点机构，对维生素 E 合成相关专利的专利申请人进行统计分析见图 4-13。全球排名前 6 的专利申请人中，4 个是企业，2 个是高等学校。企业是维生素 E 合成相关专利申请的主力军，其中，荷兰企业帝斯曼以其在生物医药领域的长期耕耘，在申请数量上遥遥领先于其他机构，占比达到 46.1%；排名第二的是德国巴斯夫，占比达到 33.3%；其他申请人专利数之间差距较小，占比均在 5.1%。排名靠前的申请人中有 3 个来自我国的机构，分别是浙江大学、武汉大学和浙江新和成股份有限公司。根据前述专利申请数量上的趋势分析，我国总的维生素 E 合成相关专利数领先其他国家和地区，但是申请人排名却并没有表现出类似的现象，说明我国在维生素 E 合成相关领域研发的机构较多、总体量大，研究并未集中在少数机构中。这里值得一提的是武汉大学和能特科技合作，以较少的专利数，在生产总成本大大降低的同时，产能仍占有近 1/4 的全球维生素 E 市场。

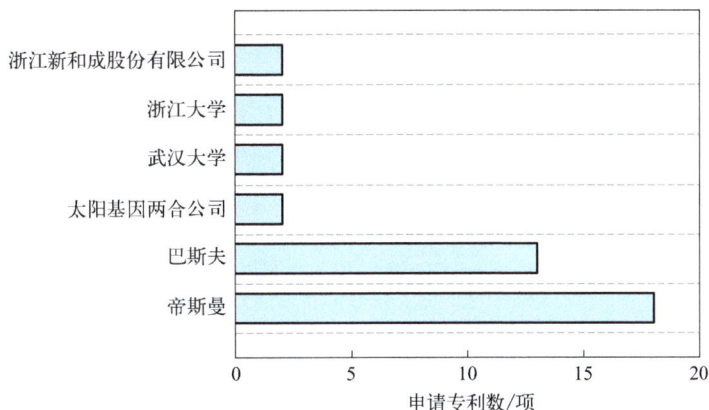

图 4-13　维生素 E 合成相关专利主要申请人

4.7.1.4　维生素 E 合成相关专利技术构成分析

为了全面了解维生素 E 合成相关研究覆盖的技术类别以及各技术分支的创新热度，对相关专利的技术构成进行国际专利分类体系（IPC）统计分析。IPC 是国际通用的专利文献分类和检索工具，是一种等级分类系统，按等级递降顺序进行划分。一个完整的 IPC 分类号由代表部、大类、小类和大组或小组的类号构成，各等级分别由类号和类名构成，较低等级的内容是所述较高等级内容的细分。如图 4-14，在维生素 E 合成全球相关专利的技术构成中，C07C 分类是维生素 E 合成应用最为广泛的技术领域，在 IPC 分类里面属于无环或碳环化合物领域，占比达到 32.7%；其次，涉及杂环化合物（C07D）技术占比 14.5%；涉及微生物或酶、培养基（C12N）技术占比 11.8%；涉及催化作用或胶体化学（B01J）的技术占比为 10%；涉及有机化学方法（C07B）的技术占比为 8.3%；植物组织培养技术、发酵或使用酶的方法合成目标化合物、医用、牙科用或梳妆用的配制品、园艺栽培都有一定程度的技术构成占比。我国维生素 E 合成相关专利技术构成与全球大体类似。无论是全球还是我国，整体来说维生素 E 合成相关专利技术主要分布在有机化学和微生物合成领域。

4.7.2　前景展望

随着维生素 E 行业的成熟度越来越高，其行业发展也进入了瓶颈期。新技术的创造、新功能的开发、新应用的拓展是打破其瓶颈的关键。技术是发展的核心，成本是发展的动力，环保是发展的源泉，维生素 E 行业的发展，三者缺一不可。随着近些年科学技术的高速发展，各学科领域也都快速发生着变化，交叉学科的技术融合打开了一扇促进科学技术融通的大门，为解决实际生产问题提供了一个无限可能的出口。生物技术作为近些年发展态势较强的学科，因其低成本、高回报、绿色环保、可持续发展的特点将成为未来维生素 E 行业发展的优势技术，目前开发成功并实现产业化的例子在多个领域都显现出了其潜力，例如，生产基础化工品富马酸[93]、生物塑料聚羟基脂肪酸酯[94]、生物农药亦是盘尾丝虫病治疗药物的阿维菌素[95]等。合成生物技术作为其中交叉性较强的新兴产业技术，具有强大的辐射能力和创新潜力，这不仅体现在技术的开发、功能的创新以及应用的拓展上，也体现在其不同于传统技术的交叉和综合性[53]。这些新兴技术领域及交叉领域的技术碰撞，有望突破现有瓶颈，为维生素 E 行业的发展带来新的活力。

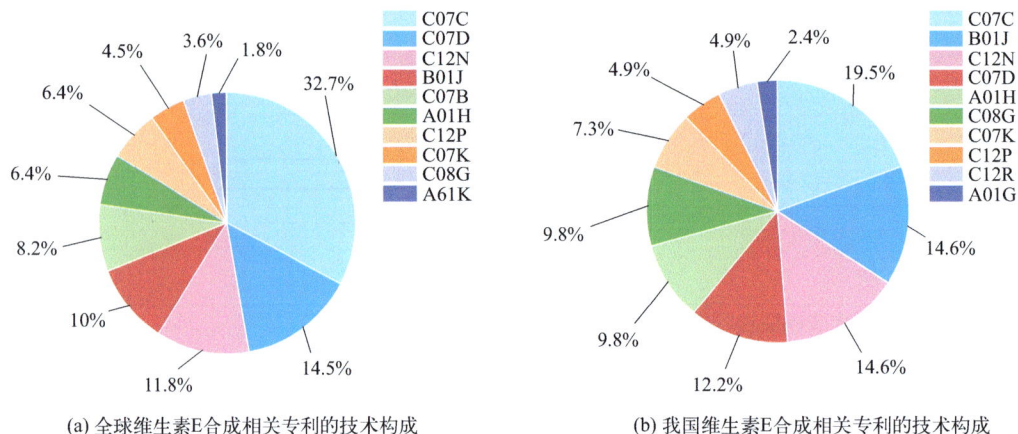

(a) 全球维生素E合成相关专利的技术构成   (b) 我国维生素E合成相关专利的技术构成

图 4-14   全球和我国维生素 E 合成相关专利的技术构成（IPC 分类）

C07C—无环或碳环化合物；C07D—杂环化合物；C12N—微生物或酶、培养基；B01J—催化作用或胶体化学；C07B—有机化学方法；A01H—植物组织培养技术；C12P—发酵或使用酶的方法合成目标化合物；C07K—肽、环状二肽；C08G—用碳 - 碳不饱和键以外的反应得到的高分子化合物；A61K—医用、牙科用或梳妆用的配制品；C12R—涉及微生物的 C12C 至 C12Q 小类；A01G—园艺栽培

参 考 文 献

[1] Evans H M，Bishop K S. On the existence of a hitherto unrecognized dietary factor essential for reproduction [J]. Science，1922，56（1458）：650-651.

[2] Sure B. Dietary requirements for reproduction II. The existence of a specific virtamin for reproduction [J]. J Biol Chem，1924，58（3）：693-709.

[3] Evans H M，Emerson O H，Emerson G A. The isolation from wheat germ oil of an alcohol，a-tocopherol having the properties of vitamin E [J]. J Biol Chem，1936，56：319-323.

[4] Fernholz E. On the constitution of α-tocopherol [J]. J Am Chem Soc，1938，60：700-705.

[5] Karrer P，Fritzsche H，Ringier B H，et al. Synthesis of α-tocopherol（vitamin E）[J]. Chim Acta，1938，21：520-525.

[6] Colombo M L. An update on vitamin E，tocopherol and tocotrienol-perspectives [J]. Molecules，2010，15（4）：2103-2113.

[7] Halliwell B，Gutteridge J. Free radicals in biology and medicine [M]. New York：Oxford Univ Press，2007.

[8] Brigelius-Flohé R，Kelly F J，Salonen J T，et al. The European perspective on vitamin：Current knowledge and future research [J]. Am J Clin Nutr，2002，76（4）：703-716.

[9] Traber M G. Vitamin E regulatory mechanisms [J]. Annu Rev Nutr，2007，27：347-362.

[10] Burton G W，Ingold K U. Vitamin E：application of the principles of physical organic chemistry to the exploration of its structure and function [J]. Accounts Chem Res，1986，19（7）：194-201.

[11] Ii L J R，Oates J A，Linton M R F，et al. The relationship between dose of vitamin E and suppression of oxidative stress in humans [J]. Free Radical Bio Med，2007，43（10）：1388-1393.

[12] Bartlett H，Eperjesi F. Possible contraindications and adverse reactions associated with the use of ocular nutritional supplements [J]. Ophthal Physl Opt，2005，25（3）：179-194.

[13] Evans J R，Lawrenson J G. Antioxidant vitamin and mineral supplements for preventing age-related macular degeneration [J]. Cochrane DB Syst Rev，2017，7：CD000253.

[14] Uchida D，Takaki A，Adachi T，et al. Beneficial and paradoxical roles of anti-oxidative nutritional support for non-alcoholic fatty liver disease [J]. Nutrients，2018，10（8）：977.

[15] Farina N，Llewellyn D，Isaac M G E K N，et al. Vitamin E for Alzheimer′s dementia and mild cognitive impairment [J]. Cochrane DB Syst Rev，2017，4：CD002854.

[16] Becker A E，Vargas W，Pearson T S. Ataxia with vitamin E deficiency may present with cervical dystonia [J]. Tremor Other Hyperk，2016，6：374.

[17] Donato I D，Bianchi S，Federico A. Ataxia with vitamin E deficiency：update of molecular diagnosis [J]. Neurol Sci，2010，31（4）：511-515.

[18] Niki E，Traber M G. A history of vitamin E [J]. Ann Nutr Metab，2012，61（3）：207-212.

[19] Traber M G. Vitamin E inadequacy in humans：causes and consequences [J]. Adv Nutr，2014，5（5）：503-514.

[20] Bjelakovic G，Nikolova D，Gluud C. Meta-regression analyses，meta-analyses，and trial sequential analyses of the effects of supplementation with beta-carotene，vitamin A，and vitamin E singly or in different combinations on all-cause mortality：do we have evidence for lack of harm [J]. PloS One，2013，8（9）：e74558.

[21] Miller III E R，Pastor-Barriuso R，Dalal D，et al. Meta-analysis：high-dosage vitamin E supplementation may increase all-cause mortality [J]. Ann Intern Med，2005，142（1）：37-46.

[22] Kamai-Eldin A，Appelqvist L A. The chemistry and antioxidant properties of tocopherols and tocotrienols [J]. Lipids，1996，31（7）：671-701.

[23] Zaaboul F，Liu Y. Vitamin E in food stuff：Nutritional，analytical，and food technology aspects [J]. Compr Rev Food Sci F，2022，21：964-998.

[24] Bellés M，Campo M，Roncalés P，et al. Supranutritional doses of vitamin E to improve lamb meat quality [J]. Meat Sci，2019，149：14-23.

[25] Pontes G，Monteiro P，Prata A B，et al. Effect of injectable vitamin E on incidence of retained fetal membranes and reproductive performance of dairy cows [J]. J Dairy Sci，2015，98（4）：2437-2449.

[26] 华经产业研究院 . 2021—2026 年中国维生素 E 市场供需现状及投资战略研究报告 [R]. 2022.

[27] Brigelius-Flohé R. Vitamin E：the shrew waiting to be tamed [J]. Free Radical Bio Med，2009，46（5）：543-554.

[28] Mccurry P M，Turner S W. Processes for the purification of tocopherol and/or sterol compounds and compositions containing orthoborate ester mixtures：US6429320B1 [P]. 2002-08-06.

[29] 刘云，丁霄霖，朱丹华 . 超临界 CO_2 萃取浓缩天然维生素 E 的研究 [J]. 化学工程，2006，34（4）：59-62.

［30］ 栾礼侠，许松林，任艳奎．分子蒸馏技术提纯天然维生素 E 的工艺研究［J］.中国粮油学报，2006，21（1）：100-103.

［31］ Binder T P，Hilaly A K. Process for production of high purity tocopherols：US6673945B2［P］.2004-01-06.

［32］ 武文华，曹玉平，刘凯，等．天然维生素 E 提取工艺研究现状［J］.中国油脂，2016，41（8）：88-91.

［33］ Grafen P，Kiefer H，Jaedicke H. Preparation of vitamin E：US5468883A［P］.1995-11-21.

［34］ Olson G L，Saucy G. Synthesis of vitamin E：US4243598A［P］.1981-01-06.

［35］ 马田，邓子新，刘天罡．维生素 E 的"前世"和"今生"［J］.合成生物学，2020，1（2）：174-186.

［36］ 白元盛，李子成，王立新，等．2，3，5- 三甲基氢醌的合成研究进展［J］.合成化学，2014，22（3）：423-428.

［37］ Carril M，Altmann P，Bonrath W，et al. Methyltrioxorhenium-catalysed oxidation of pseudocumene in the presence of amphiphiles for the synthesis of vitamin E［J］.Catal SciTechnol，2012，2：722-724.

［38］ 张天永，刘晓思，李彬，等．偶联剂改性对 γ-Al$_2$O$_3$ 催化氧化偏三甲苯性能的影响［J］.化学通报，2017，80（6）：573-578.

［39］ 乔建成，陈强，蔡东伟．一种通过 4- 叔丁基苯酚合成 2，3，6- 三甲基苯酚的工艺：102976902B［P］.2013-03-20.

［40］ 乔建成，陈强，蔡东伟．一种通过苯酚合成 2，3，6- 三甲基苯酚的工艺：102976903B［P］.2013-03-20.

［41］ Kishore D，Rodrigues A E. Liquid phase catalytic oxidation of isophorone with tert-butylhydroperoxide over Cu/Co/Fe-MgAl ternary hydrotalcites［J］.Appl Catal A-Gen，2008，345（1）：104-111.

［42］ Kuśtrowski P，Sułkowska D，Chmielarz L，et al. Aldol condensation of citral and acetone over mesoporous catalysts obtained by thermal and chemical activation of magnesium–aluminum hydrotalcite-like precursors［J］.Appl Catal A-Gen，2006，302（2）：317-324.

［43］ 黄敏，钟振声．从山苍子油中提取柠檬醛的研究进展［J］.精细化工中间体，2003，33（3）：13-15.

［44］ 蒋淇忠，徐俊，马紫峰，等．脱氢芳樟醇合成柠檬醛［J］.高校化学工程学报，2002，16（2）：185-188.

［45］ Babler J H. Process for preparing tertiary alkynols：US5349071A［P］.1994-09-20.

［46］ Yoichi K，Noriaki K，Hideharu I，et al. Process for producing 6-methyl-3-hepten-2-one and 6-methyl-2-heptanone analogues，and process for producing phyton or isophytol：US5955636A［P］.1999-09-21.

［47］ Kido Y，Kitayama M，Yoneda K，et al. Process for producing 6-methylheptan-2-one：US5840992A［P］.1998-11-24.

［48］ 王哲，毛善俊，李浩然，等．维生素 E 的催化合成路线分析［J］.物理化学学报，2018，34（6）：598-617.

［49］ Ye Z，Shi B，Huang Y，et al. Revolution of vitamin E production by starting from microbial fermented farnesene to isophytol［J］.The Innovation，2022，3（3）：100228.

［50］ Meadows A L，Hawkins K M，Tsegaye Y，et al. Rewriting yeast central carbon metabolism for industrial isoprenoid production［J］.Nature，2016，537（7622）：694-697.

［51］ Grusak M A，Dellapenna D. Improving the nutrient composition of plants to enhance human nutrition and health［J］.Annu Rev Plant Physiol Plant Mol Biol，1999，50：133-161.

［52］ Munné-Bosch S. The function of tocopherols and tocotrienols in plants［J］.Crit Rev Plant Sci，2002，21：31-57.

［53］ Soll J，Schultz G. Comparison of geranylgeranyl and phytyl substituted methylquinols in the tocopherol synthesis of spinach chloroplasts［J］.Bioc Hem Bioph Res Co，1979，91（3）：715-720.

［54］ Penna D D，Pogson B J. Vitamin synthesis in plants［J］.Annu Rev Plant Biol，2006，57：711-738.

［55］ Ali E，Hussain S，Hussain N，et al. Tocopherol as plant protector：an overview of Tocopherol biosynthesis enzymes and their role as antioxidant and signaling molecules [J]. Acta Physiol Plant, 2022, 44: 20.

[56] Laurent M S. Vitamin E biosynthesis and its regulation in plants [J]. Antioxidants, 2018, 7: 2.

[57] Eisengart A, Milhorat A T, Simon E J, et al. The metabolism of vitamin E, II Purification and characterization of urinary metabolites of a-tocopherol [J]. J Biol Chem, 1956, 221: 807-817.

[58] Brigelius-Flohé R. Vitamin E research: Past, now and future [J]. Free Radical Bio Med, 2021, 177: 381-390.

[59] Pope S, Burtin G, Clayton P, et al. New synthesis of (+/-)-alpha-CMBHC and its confirmation as a metabolite of alpha-tocopherol (vitamin E) [J]. Bioorgan Med Chem, 2001, 9: 1337-1343.

[60] Estevez J M, Cantero A, Reindl A, et al. 1-Deoxy-D-xylulose-5-phosphate synthase, a limiting enzyme for plastidic isoprenoid biosynthesis in plants [J]. J Biol Chem, 2001, 276 (25): 22901-22909.

[61] Cahoon E B, Hall S E, Ripp K G, et al. Metabolic redesign of vitamin E biosynthesis in plants for tocotrienol production and increased antioxidant content [J]. Nat Biotechnol, 2003, 21 (9): 1082-1087.

[62] Kanwischer M. Alterations in tocopherol cyclase activity in transgenic and mutant plants of *Arabidopsis* affect tocopherol content, tocopherol composition, and oxidative stress [J]. Plant Physiol, 2005, 137 (2): 713-723.

[63] Endrigkeit J, Wang X, Cai D, et al. Genetic mapping, cloning, and functional characterization of the BnaX.VTE4 gene encoding a γ-tocopherol methyltransferase from oilseed rape [J]. Theor Appl Genet, 2009, 119 (3): 567-575.

[64] Huili J, Guangyan F, Zan W, et al. Overexpression of Medicago sativa TMT elevates the alpha-tocopherol content in *Arabidopsis* seeds, alfalfa leaves, and delays dark-induced leaf senescence [J]. Plant Sci, 2016, 249: 93-104.

[65] Shintani D, DellaPenna D. Elevating the vitamin E content of plants through metabolic engineering [J]. Science, 1998, 282 (5396): 2098-2100.

[66] Eenennaam A, Li G, Venkatramesh M, et al. Elevation of seed alpha-tocopherol levels using plant-based transcription factors targeted to an endogenous locus [J]. Metab Eng, 2004, 6 (2): 101-108.

[67] Collakova E. Homogentisate phytyltransferase activity is limiting for tocopherol biosynthesis in *Arabidopsis* [J]. Plant Physiol, 2003, 131 (2): 632-642.

[68] Van Eenennaam A L, Lincoln K, Durrett T P, et al. Engineering vitamin E content: from *Arabidopsis* mutant to soy oil [J]. Plant Cell, 2003, 15 (12): 3007-3019.

[69] Karunanandaa B, Qi Q, Hao M, et al. Metabolically engineered oilseed crops with enhanced seed tocopherol [J]. Metab Eng, 2005, 7: 384-400.

[70] Konda A R, Nazarenus T J, Nguyen H, et al. Metabolic engineering of soybean seeds for enhanced vitamin E tocochromanol content and effects on oil antioxidant properties in polyunsaturated fatty acid-rich germplasm [J]. Metab Eng, 2020, 57: 63-73.

[71] Lu Y, Rijzaani H, Karcher D, et al. Efficient metabolic pathway engineering in transgenic tobacco and tomato plastids with synthetic multigene operons [J]. P Natl Acad Sci USA, 2013, 110 (8): E623-E632.

[72] Pascal R, Claire S, Manuel D, et al. Engineering plant shikimate pathway for production of tocotrienol and improving herbicide resistance [J]. Plant Physiol, 2004, 134 (1): 92-100.

[73] Zhang L, Luo Y, Zhu Y, et al. GmTMT2a from soybean elevates the α-tocopherol content in corn and *Arabidopsis* [J]. Transgenic Res, 2013, 22: 1021-1028.

[74] Upadhyaya D C, Bagri D S, Upadhyaya C P, et al. Genetic engineering of potato (*Solanum tuberosum L.*) for enhanced

α-tocopherols and abiotic stress tolerance [J]. Physiol Plantarum，2021，173（1）：116-128.

[75] Ouyang S，He S，Liu P，et al. The role of tocopherol cyclase in salt stress tolerance of rice（*Oryza sativa*）[J]. Sci China Life Sci，2011，54（2）：181-188.

[76] Farré G，Sudhakar D，Naqvi S，et al. Transgenic rice grains expressing a heterologous ρ-hydroxyphenylpyruvate dioxygenase shift tocopherol synthesis from the γ to the α isoform without increasing absolute tocopherol levels [J]. Transgenic Res，2012，21（5）：1093-1097.

[77] Yusuf M A，Sarin N B. Antioxidant value addition in human diets：genetic transformation of *Brassica juncea* with γ-TMT gene for increased α-tocopherol content [J]. Transgenic Res，2007，16：109-113.

[78] 史晓丽，陈德富，陈喜文 . 利用微藻生产维生素 E 的研究现状与应用前景 [J]. 生物学通报，2011，46（6）：5-7.

[79] Tani Y，Tsumura H. Screening for tocopherol-producing microorganisms and α-tocopherol production by *Euglena gracilis* Z [J]. J Agr Chem Soc Jan，1989，53：305-312.

[80] Fujita T，Ogbonna J C，Tanaka H，et al. Effects of reactive oxygen species on α-tocopherol production in mitochondria and chloroplasts of *Euglena gracilis* [J]. J Appl Phycol，2009，21（2）：185-191.

[81] Ogbonna J C，Tanaka H. Cyclic autotrophic/heterotrophic cultivation of photosynthetic cells：A method of achieving continuous cell growth under light/dark cycles [J]. Bioresource Technol，1998，65：65-72.

[82] Fujita T，Aoyagi H，Ogbonna J C，et al. Effect of mixed organic substrate on α-tocopherol production by *Euglena gracilis* in photoheterotrophic culture [J]. Appl Microbiol Biot，2008，79（3）：371-378.

[83] Durmaz Y. Vitamin E（α-tocopherol）production by the marine microalgae *Nannochloropsis oculata*（*Eustigmatophyceae*）in nitrogen limitation [J]. Aquaculture，2007，272：717-722.

[84] Qi Q，Hao M，Ng W，et al. Application of the *Synechococcus nirA* promoter to establish an inducible expression system for engineering the *Synechocystis* tocopherol pathway [J]. Appl Environ Microb，2005，71（10）：5678-5684.

[85] Sun H，Yang J，Lin X，et al. De novo high-titer production of delta-tocotrienol in recombinant *Saccharomyces cerevisiae* [J]. J Agr Food Chem，2020，68：7710-7717.

[86] Shen B，Zhou P，Jiao X，et al. Fermentative production of vitamin E tocotrienols in *Saccharomyces cerevisiae* under cold-shock-triggered temperature control [J]. Nat Commun，2020，11（1）：5155.

[87] Jiao X，Shen B，Li M，et al. Secretory production of tocotrienols in *Saccharomyces cerevisiae* [J]. ACS Synth Biol，2022，11：788-799.

[88] Albermann C，Ghanegaonkar S，Lemuth K，et al. Biosynthesis of the vitamin E compound δ-tocotrienol in recombinant *Escherichia coli cells* [J]. ChemBioChem，2008，9（15）：2524-2533.

[89] Ghanegaonkar S，Conrad J，Beifuss U，et al. Towards the in vivo production of tocotrienol compounds：Engineering of a plasmid-free *Escherichia coli* strain for the heterologous synthesis of 2-methyl-6-geranylgeranyl-benzoquinol [J]. J Biotechnol，2013，164（2）：238-247.

[90] 李禄慧，徐妙云，张兰，等 . 不同作物中维生素 E 含量的测定和比较 [J]. 中国农学通报，2011，27（26）：124-128.

[91] Dellapenna D. A decade of progress in understanding vitamin E synthesis in plants [J]. J Plant Physiol，2005，162（7）：729-737.

[92] 张先恩 . 中国合成生物学发展回顾与展望 [J]. 中国科学：生命科学，2019，49（12）：1543-1572.

［93］ Deng Y，Li S，Xu Q，et al. Production of fumaric acid by simultaneous saccharification and fermentation of starchy materials with 2-deoxyglucose-resistant mutant strains of *Rhizopus oryzae* ［J］. Bioresource Technol，2012，107：363-367.

［94］ Chen G Q，Jiang X R. Engineering microorganisms for improving polyhydroxyalkanoate biosynthesis ［J］. Curr Opin Biotechnol，2018，53：20-25.

［95］ Gao Q，Tan G Y，Xia X，et al. Learn from microbial intelligence for avermectins overproduction ［J］. Curr Opin Biotech，2017，48：251-257.

第 5 章
维生素 A

张学礼，李清艳
中国科学院天津工业生物技术研究所

5.1　概述

　　维生素 A 是第一个被发现的、极其重要、极易缺乏的，为人体维持正常代谢和机能所必需的一种脂溶性维生素。狭义上的维生素 A 是指视黄醇。广义上维生素 A 是指视黄醇（retinol）、视黄醛（retinal）、视黄酸（retinoic acid，简写为 RA）和视黄酯（retinyl ester）[1]。维生素 A 的两种主要的生物活性代谢物是全反式视黄酸（ATRA）以及 11- 顺式视黄醛，全反式视黄酸是核激素受体的配体，11- 顺式视黄醛是视杆和视锥的光敏色团，是视力所必需的。

　　维生素 A 最早于 1913 年由美国科学家发现，美国耶鲁大学的研究人员玛格丽特·戴维斯（Margaret Davis）等在鲟鱼肝脏中提取脂溶性物质；同时期，美国的威斯康星州埃尔默·麦考伦（Elmer V. McCollum）发现奶油、蛋黄或鱼肝油中提取的脂素"lipin"，可以促进用单一的猪油或橄榄油为饲料油脂喂养的大鼠的存活和生长；因其脂溶性特点，当时被命名为"脂溶性 A"[1]。其实早在 1000 多年前，中国唐代医学家孙思邈（公元 581—682 年）在《千金要方》中就记载了用动物肝脏可治疗夜盲症；而也有巴西人以鱼肝油治疗眼干燥症、丹麦人以橄榄油治疗眼干燥症的文献记载。随着陆续有新的为人体所必需的脂溶性物质被科学家发现，到 1920 年，"脂溶性 A"被英国科学家正式命名为维生素 A[2]。1931 年瑞士化学家保罗·卡勒（Paul Karrer）等成功地从鱼肝油中提取出维生素 A，测定出维生素 A 的视黄醇结构，并获得 1937 年的诺贝尔化学奖。Isler 于 1947 年首次人工合成维生素 A，我国也于 1963 年成功合成了维生素 A。在此前后维生素 A 缺乏与眼干燥症、组织分化异常和免疫功能受损之间的关系也得到确认[1]。从 20 世纪 50 年代开始，维生素 A 开始进入商品化工业合成生产，并逐步在饲料产品中添加使用。

　　维生素 A 只存在于动物体内，在鱼类特别是鱼肝油中含量很多。植物中并不含有维生素 A，但许多蔬菜和水果含有一些胡萝卜素，主要包括 β- 胡萝卜素（β-carotene）、α- 胡萝卜素（α-carotene）和 β- 隐黄质（β-cryptoxanthin），在小肠中可分解为维生素 A，它们是膳食视黄醇的前体物质，故被称为维生素 A 原[3]。所以维生素 A 的膳食来源主要有两大类，第一类为动物性食物中含有的视黄醇和视黄酯。第二类为来自植物性食物的、在体内可以转化生成视黄醇的类胡萝卜素。

5.2　维生素 A 的性质和应用

5.2.1　维生素 A 及维生素 A 原的结构与理化性质

　　维生素 A 是一组由 20 碳结构构成的、具有一个 β- 紫罗酮环、一个由四个头尾相连的类异戊二烯单元组成的侧链以及在 C15 位结合了一个羟基（视黄醇，retinol）或者醛基（视黄醛，retinal）或者羧酸基（视黄酸，retinoic acid）或者酯基（视黄酯，retinyl ester）的分子集合（图 5-1）[3]。

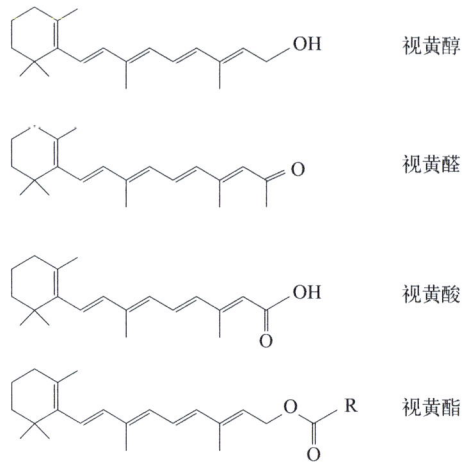

图 5-1　维生素 A 的分子结构

视黄醇是维生素 A 的最主要代表。视黄醇纯品为黄色片状结晶，分子量为 286.46，分子式 $C_{20}H_{30}O$，易被氧化，紫外线可促进其氧化破坏。视黄醇可以被可逆地氧化为视黄醛，视黄醛具备视黄醇的全部生物活性；还可以进一步被氧化成视黄酸，视黄酸只具备视黄醇的部分生物活性，不能满足视觉或动物繁殖的需要。参与视觉循环的维生素 A 形式是 11- 顺视黄醛，而维生素 A 主要是以视黄酰棕榈酸酯的形式储存[3]。

维生素 A 属于脂溶性维生素，可以不同程度地溶于大部分有机溶剂，但不溶于水。维生素 A 及其衍生物很容易被氧化和异构化，特别是暴露于光线（尤其是紫外线）、氧气、性质活泼的金属以及高温环境时，可加快这种氧化破坏。在理想条件下，如低温冷冻等，血清、组织或结晶态的类视黄醇可保持长期稳定。在无氧条件下，视黄醛对碱比较稳定，但在酸中不稳定，可发生脱氢或双键的重新排列。在维生素 A 的衍生物中，视黄酸和视黄酯的稳定性最好[3]。

视黄醇和其它类视黄醇都具有连续共轭双键，它们都能产生特有的紫外线或可见光吸收光谱。在乙醇溶剂中，全反式视黄醇的最大吸收波长为 325nm，全反式视黄醛的最大吸收波长为 381nm，全反式视黄酸的最大吸收波长为 350nm。视黄醇在 325nm 波长紫外线照射下，可以产生 470nm 荧光。目前最常见的类视黄醇检测方法，就是利用其上述特性，采用反相高效液相色谱，配合紫外 / 荧光检测器来完成[3]。

β- 胡萝卜素（β-carotene）、α- 胡萝卜素（α-carotene）和 β- 隐黄质（β-cryptoxanthin）等类胡萝卜素，在小肠中可分解为维生素 A，被统称为维生素 A 原[3]。β- 胡萝卜素是类胡萝卜素最为突出的一个成分，原因在于它是最早被认识的类胡萝卜素组分；它在食物中分布最广、含量最丰富，特别是在蔬菜、水果中最突出，几乎所有的蔬菜、水果，或多或少都含有 β- 胡萝卜素；此外，β- 胡萝卜素是维生素 A 原活性最强的类胡萝卜素。

β- 胡萝卜素分子式为 $C_{40}H_{56}$，分子量为 536.87，其分子结构中含有许多共轭双键，这些双键既可吸收可见光中的某些光谱，使其呈现特殊颜色，同时又使其具有极强的淬灭活性氧自由基的能力，可减轻机体抗氧化损伤，从而发挥疾病预防作用。β- 胡萝卜素分子实际上就是两个尾部相连的视黄醇分子，通过中心裂解或偏心裂解，可转变成两个或一个维生素 A。β- 胡萝卜素又分为全反式或顺式异构体。全反式 β- 胡萝卜素经过中心裂解，可以生成两个全反式视黄醇（维生素 A），顺式 β- 胡萝卜素转化为维生素 A 的产量较低 [3]。

　　α- 胡萝卜素与 β- 胡萝卜素分子结构相似，为同分异构体，差别在于一端的 β- 紫罗酮环中的 $5'$，$6'$ 双键发生变化，而此 β- 紫罗酮环是维生素 A 活性所必需的结构。因此，α- 胡萝卜素转变为维生素 A 的产量只有 β- 胡萝卜素的一半。除维生素 A 活性外，α- 胡萝卜素的性质和功效与 β- 胡萝卜素相似 [3]。

　　β- 隐黄质，也被称为 β- 隐黄素、β- 胡萝卜素 -3- 醇，是一种含氧的叶黄素类的类胡萝卜素，其分子结构为 $C_{40}H_{56}O$，分子量为 552.87。β- 胡萝卜素一个紫罗酮环的 $3'$ 氢原子被羟基代替，形成 β- 隐黄质，与 β- 胡萝卜素相比，β- 隐黄质比 β- 胡萝卜素多了一个氧原子；由此造成 β- 紫罗酮环结构变化，使这一半分子失去维生素 A 活性，故 β- 隐黄质和 α- 胡萝卜素一样，转变为维生素 A 的产量只有 β- 胡萝卜素的一半。除维生素 A 活性外，β- 隐黄质同样具有较强的抗氧化活性 [3]。

5.2.2　体内维生素 A 的循环和代谢

　　所有维生素 A 的膳食来源主要有两大类，第一类为动物性食物中含有的视黄醇和视黄酯。第二类为来自植物性食物的在体内可以转化生成视黄醇的 β- 胡萝卜素。

　　动物性食品中的视黄酯在饮食摄入后从小肠吸收，并在肠道中转化为视黄醇。过量的视黄醇再次转化为酯，与乳糜微粒结合，并通过淋巴转移到肝脏（图 5-2）[4]。然后以视黄酯的形式储存于肝窦周隙的肝星状细胞中 [5]。体内大约 80% 的维生素 A 以视黄酯的形式存在，尤其是视黄醇棕榈酸酯 [6]。当身体需要维生素 A 时，储存在肝脏中的视黄酯从肝星状细胞释放到肝细胞，通过视黄酯水解酶（REH）将其转化为视黄醇，然后通过血液转移到目标组织（图 5-2）。视黄醇通过短链视黄醇脱氢酶（RDH）转化为视黄醛，视黄醛通过视黄醛脱氢酶（Raldh）氧化为视黄酸（图 5-2）。因此，维生素 A 在循环系统中主要以视黄醇的形式存在 [1]。

　　另一方面，摄入包含维生素 A 原的蔬菜后，从小肠吸收，由 β- 胡萝卜素 -15,15- 单（双）氧酶 [BCM（D）O] 在小肠黏膜分解成视黄醛 [4]，然后视黄醛被短链脘氢酶 / 还原酶（SDR）还原为视黄醇，视黄醇转化为视黄酯（图 5-2）。之后，它通过上述相同的途径到达目标细胞，视黄醇转化为视黄醛，然后转化为视黄酸（图 5-2）。视黄酸通过细胞色素 P450 26（CYP26）代谢为 4-*O*- 视黄酸 [1]。

　　维生素 A 及其代谢物主要经胆汁从机体排泄。维生素 A 在胆汁中以固定浓度分泌，排泄量由胆汁量决定。肝储备越高，相应的排泄量越多 [3]。

5.2.3　维生素 A 的生理功能

　　维生素 A 在人体具有广泛且重要的生理功能。维生素 A 的直接功能是构成视觉细胞内的感光物质——视紫红质；而其间接功能是因为维生素 A 之一视黄酸（RA）具有细胞核激素样作用，RA 与受体结合，从而调控靶细胞基因的相应区域。RA 受体的最重要功能是调控细胞分裂和分化。这种调控结果可影响到机体的各个方面，包括生长发育、生殖功能、免疫功能、造血功能等[3]。

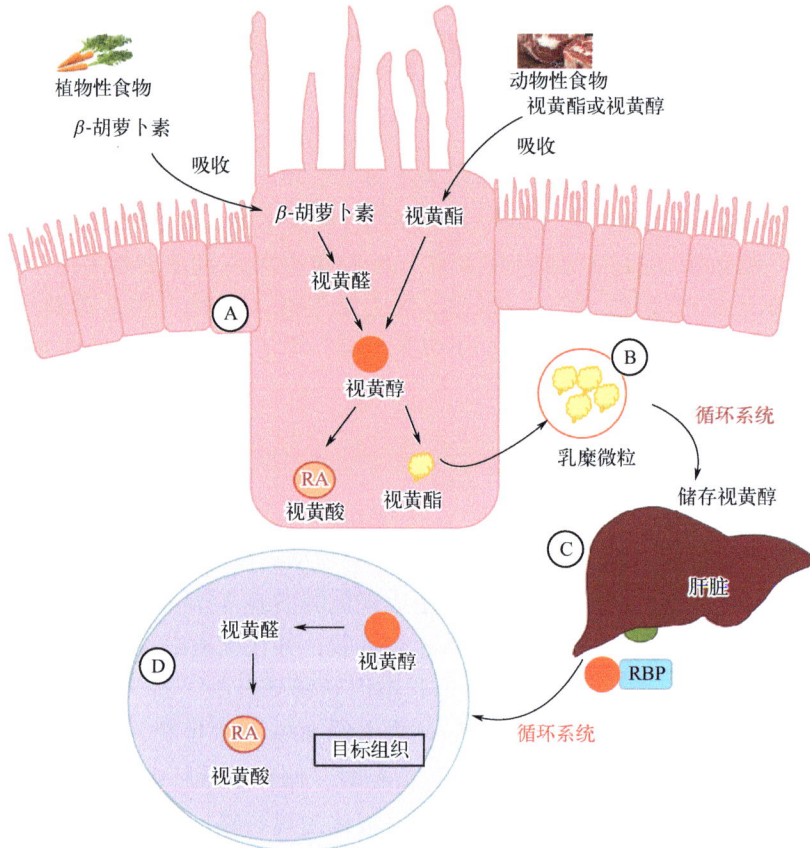

图 5-2　维生素 A 生物循环

RBP—视黄醇结合蛋白；A—从食物中摄取维生素 A 和维生素 A 原经小肠吸收；B—与乳糜微粒结合，并通过淋巴转移到肝脏；C—在肝脏和 RBP 结合，经血液转运至目的细胞；D—在目标组织中转化为视黄酸行使其功能

5.2.3.1　维生素 A 可以维持正常的视觉功能

维生素 A 经典的或最早被认识的功能是在视觉细胞内参与维持暗视感光物质循环。维生素 A 是构成视觉细胞内的感光物质——视紫红质的主要原料；11- 顺式视黄醛与视蛋白结合形成视紫红质，它能维持暗光下的夜视功能。视紫红质感光后，11- 顺式视黄醛转变为全反式视黄醛并与视蛋白分离，产生视觉电信号。当光线越暗时，视紫红质分解越少，相对的合成也就越多，维持暗光适应。如维生素 A 缺乏，消耗的维生素 A 将无法得到补充，将会影响人在暗光下的视力，这就是所谓的夜盲症。维生素 A 缺乏刚发生时，短期内及时补充维生素 A，暗光下的视觉就可得到恢复。但是维生素 A 如果长期缺乏，会造成视蛋白损伤，视杆细胞退化，此时即使补充维生素 A，暗光下的视觉也很难得到恢复。此外维生素 A 还

可以调节眼睛的发育及眼表上皮细胞的正常分化，研究发现，维生素 A 参与结膜分化，对角膜糖蛋白合成及能量代谢起作用，同时也能够调控角膜表皮生长因子受体基因的表达，从而促进角膜生长或修复。除此之外，维生素 A 也影响腺体的分泌，研究发现，缺乏维生素 A 时可以造成眼表上皮细胞过度角化，泪腺萎缩，角结膜干燥引起眼干燥症，进而发展为严重的角膜软化症，角膜溶化穿孔以致失明 [3]。

5.2.3.2　维生素 A 提高免疫功能

维生素 A 通过核受体对靶基因的调控，可以提高细胞免疫功能，促进免疫细胞产生抗体，以及促进 T 淋巴细胞产生某些淋巴因子。

维生素 A 在肠道吸收代谢为 RA，RA 作为肠道黏膜的调节信号，促进人叉头框蛋白 P3（Foxp3）调节 T 细胞分化 [7] 和免疫球蛋白（Ig）A 产生 [8]，在黏膜免疫应答中发挥着关键作用。此外，RA 参与淋巴组织诱导细胞（LTi）介导的淋巴细胞团的形成，从而影响肠黏膜免疫系统的发育，还能诱导先天免疫细胞如先天淋巴样细胞（ILCs）等。在感染过程中，RA 可诱导树突状细胞（dendritic cells,DCs）产生促炎细胞因子，促进效应 T 细胞的分化和对黏膜的保护。因此，RA 在维持肠道屏障内稳态、平衡免疫和耐受方面起着至关重要的作用 [9]。

此外，由于 RA 具有调节活性，不仅在肠道，而且在中枢神经系统和肺黏膜等其他组织中也发挥着重要的控制炎症性疾病的作用。因此，RA 在免疫系统中的作用，即维持黏膜和上皮稳态和促进抗炎功能 [9]。

5.2.3.3　维生素 A 促进生长发育和维持生殖功能

生殖组织和哺乳动物的胚胎发生依赖视黄酸受体 RAR 进行基因调节，维生素 A 对这些组织具有极其重要的作用。这些作用也是通过对细胞增殖、分化的调控实现的，尤其是参与软骨内成骨。维生素 A 缺乏时，长骨形成和牙齿发育均受阻碍；男性睾丸萎缩，精子数量减少、活力下降 [3]。

5.2.3.4　维生素 A 可以维持上皮结构的完整

维生素 A 对于上皮的正常形成、发育与维持有重要的作用。上皮组织完整性有赖于维生素 A 的维持，它还可维护细胞膜和细胞器膜结构的完整，促进皮肤与黏膜的发育、再生及结缔组织黏多糖的合成 [10]。维生素 A 是调节糖蛋白合成的一种辅酶，对上皮细胞的细胞膜起稳定作用，维持上皮细胞的形态完整和功能健全。维生素 A 的这种对组织功能与完整性的作用，是通过介导邻近细胞间的信息交流而实现的 [3]。

维生素 A 缺乏会造成上皮组织干燥，正常的柱状上皮细胞转变为角状的复层鳞状细胞，导致细胞角化。全身各种组织的上皮细胞都会受到影响，但受累最早的是眼睛结膜、角膜和泪腺上皮细胞，泪腺分泌减少导致眼干燥症，结膜或角膜干燥、软化甚至穿孔。皮肤毛囊、皮脂腺、汗腺、舌味蕾、呼吸道和肠道黏膜、泌尿和生殖道黏膜等上皮细胞均会受到影响，从而产生相应临床表现和黏膜屏障功能受损 [3]。

5.2.3.5　维生素 A 可以促进神经元分化

信号分子在胚胎期组织和器官的正确发育中起着关键作用，RA 是这些信号分子之一。RA 在核水平起作用，RA 促进多种基因的转录，包括一些编码转录因子、信号分子、结构蛋白和表面受体的基因 [11]。其中由 RA 诱导的 WNT 抑制剂 dickkopf-1（DKK1）是胚胎干细胞分化所必需的 [11]。

RA 可以通过控制神经元分化、运动轴突生长和神经模式来调节大脑发育。利用 P19 胚胎癌细胞系和神经母细胞瘤细胞系进行的体外研究表明，使用高剂量的 RA 可使这些细胞分化为不同类型的神经元和胶质细胞。RA 与生长因子或神经营养因子的组合可以使造血干细胞和神经元胚胎干细胞分化为神经元 [11]。此外，因 RA 分化的几种类型的神经干细胞在成人大脑的不同区域移植后可以存活并形成神经元，如纹状体（用于治疗帕金森病和亨廷顿病）和室下区（用于治疗中风）。RA 还控制着两栖动物和鱼类模型中形成的初级神经元数量。这些神经元是第一个在神经板中形成的，创造出控制逃逸运动的回路，对生存至关重要 [11]。因此，除了维持成年神经元的分化状态外，RA 在胚胎发育过程中的神经发生过程中起着重要作用 [11]。

5.2.3.6　维生素 A 可以维持血脑屏障完整性

RA 对血脑屏障（blood-brain barrier，BBB）完整性的发展和维护尤为重要 [12]。BBB 是一层连续的内皮细胞（EC），构成中枢神经系统（CNS）的血管壁，控制人脑和血液之间的物质交换，避免了大脑环境中毒素和病原体的存在。血脑屏障是由神经血管单位（neurovascular unit，NVU）的一些元素构成的。血脑屏障与 NVU 细胞的相互作用对血脑屏障至关重要，并最终对中枢神经系统的内稳态至关重要 [13]。NVU 由血管细胞［平滑肌细胞（SMC）、EC 和周细胞］、胶质细胞（星形胶质细胞、小胶质细胞和少突胶质细胞）和神经元组成。在血管水平上，RA 似乎促进 SMC 收缩表型的表达，从而确保在大口径血管水平上控制脑血流量（cerebral blood flow，CBF）。RA 还调节周细胞的适当募集，周细胞填充脑血管系统，并在 CNS 毛细血管水平控制 CBF。除此之外，RA 维持构成血管的内皮细胞的活性和完整性，确保 BBB 的完整性。在胶质细胞水平，RA 促进星形胶质细胞中载脂蛋白 E（ApoE）的表达，降低 BBB 的通透性 [14]。这种分子还可以减少小胶质细胞的炎症表型表达，从而控制大脑环境的炎症。此外，RA 促进成熟少突胶质细胞的形成，进而促进受损轴突的再髓鞘化 [14]。

5.2.3.7　维生素 A 具有改善贫血的功能

早期的研究发现，维生素 A 缺乏与铁代谢异常有关，维生素 A 治疗可提高人体血红蛋白浓度并减少贫血 [15]。维生素 A 营养状况对血液系统的影响，不仅仅体现在膳食维生素 A 促进铁吸收的直接作用，还存在对铁营养状况的某种调控作用，包括刺激造血母细胞、促进抗感染、动员铁进入红细胞系 [3]。另外，视黄酸（RA）信号在许多不同谱系细胞的多个发育阶段的胚胎造血中发挥作用；研究表明，该信号通路的激活可以影响胚胎干细胞分化培养中的造血发育 [16-18]。维生素 A 通过信号通路调控 T 细胞分化改善免疫介导的再生性障碍贫血[19]、调控铁代谢相关蛋白表达、增加血清铁浓度改善贫血[20, 21]。

5.2.3.8　维生素 A 参与抑制肿瘤生长

除影响正常健康相关进化功能外，维生素 A 还有纠正多种病理状态的调节作用。RA 可预防多种癌症，全反式 RA 是最丰富的天然维甲酸。目前正在对维生素 A 进行临床试验，验证其是否能用于治疗淋巴瘤、白血病、黑色素瘤、肺癌、宫颈癌、肾癌、神经母细胞瘤和胶质母细胞瘤[22]。口服全反式维甲酸（ATRA）被用于一线治疗成人急性早幼粒细胞白血病（APL）。AR 和三氧化二砷（ATO）的结合，使 APL 的 5 年无病生存率跃升至 90% 以上，达到了治愈的标准[23]。大量证据表明，ATRA 对 APL 具有双重治疗作用：分化相关基因的转录激活和通过自噬途径降解 PML/ RARa 癌蛋白[23]。ATRA 通过抑制和降解 Pin1 在多种癌症（如人类皮肤鳞状细胞癌、乳腺癌、结肠癌、前列腺癌和肝细胞癌）中发挥重要作用。李留法[24]等阐述了抗癌机制是维生素 A 可在肿瘤细胞中诱导 RA 的 β 受体的表达，从而抑制肿瘤细胞的增殖；同时维生素 A 作为化疗药物的辅助剂，可通过氧化剂依赖性激活线粒体途径而诱导癌细胞凋亡，而且 RA 可抑制转化生长因子 - β，从而抑制了人乳癌细胞的增殖和分化[24]。

5.2.4　维生素 A 缺乏与过量的危害

5.2.4.1　维生素 A 缺乏的危害

维生素 A 缺乏具有临床和机能性表征。维生素 A 缺乏症的临床表现主要是眼部和视觉以及其他上皮功能异常的症状和体征[3]。

（1）眼部和视觉表现

眼干燥症是维生素 A 缺乏的典型临床特征之一。维生素 A 严重不足时会出现夜盲症。由于顺视黄醛得不到足够的补充，视杆细胞不能合成足量的视紫红质，所以出现夜盲症，表现为在黄昏和光线较昏暗的环境中视物不清。另外，维生素 A 严重不足时可发生以眼部干燥、溃疡、流泪、怕光、角膜与结膜干燥为特征的角膜软化症。此急性病症常见于严重缺乏维生素 A 的儿童，通常以眼干燥和比托斑为预兆，最后可发生严重视力障碍，甚至失明[25]。

（2）其他上皮功能异常的表现

毛囊增厚(毛囊角质化)是维生素 A 缺乏的皮肤表征。黏膜内黏蛋白生成减少，黏膜形态、结构和功能异常，可导致疼痛和黏膜屏障功能下降，可累及咽喉、扁桃体、支气管、肺脏和消化道黏膜。维生素 A 缺乏和边缘缺乏导致儿童患感染性疾病风险和死亡率升高[3]。

（3）胚胎生长和发育异常

维生素 A 缺乏会损伤胚胎生长。严重缺乏维生素 A 的实验动物多发生胚胎吸收，而存活下来的胚胎也会出现眼睛、肺、泌尿道和心血管系统畸形。人体缺乏维生素 A 时较少出现形态异常，但可见肺脏的功能异常[3]。

（4）免疫功能受损

维生素 A 缺乏可导致血液淋巴细胞、自然杀伤细胞减少和特异性抗体反应减弱。维生素 A 摄入不足时，可观察到白细胞数量下降，淋巴器官质量减轻，T 细胞功能受损和对免疫原性肿瘤抵抗力降低。在实验动物以及人体试验中，维生素 A 缺乏多导致体液和细胞免疫功能异常[3]。

（5）感染性疾病的患病率和死亡率升高

维生素 A 缺乏可导致实验动物和人类感染性疾病发病率和死亡率增加，尤其是在发展中国家。患有轻度到中度维生素 A 缺乏症的儿童呼吸道感染和腹泻风险升高；患轻度眼干燥症儿童的死亡率是无眼干燥症儿童的四倍。给患麻疹的住院患儿补充大剂量维生素 A，能明显降低儿童病死率，减轻并发症的严重程度。研究显示，补充维生素 A 可降低幼儿腹泻和疟疾的严重程度[3]。

5.2.4.2　维生素 A 过量的危害

维生素 A 的毒副作用主要取决于视黄醇及视黄酯的摄入量，并与机体的生理及营养状况有关。肝脏维生素 A 浓度超过 300mg/g 被认为是过量，并会引起相应临床毒性表现。急性维生素 A 过量的临床表现包括严重皮疹、头痛、假性脑瘤性昏迷导致快速死亡。慢性过量相对更为常见，临床表现包括中枢神经系统紊乱性症状、肝脏纤维化、腹水和皮肤损伤。最近有报道婴儿维生素 A 过量导致的骨髓抑制、成人慢性维生素 A 过量导致的高钙血症。研究发现，油基维生素 A 或肝脏来源维生素 A 的毒性只有水合的、乳化的和固体视黄醇补充剂毒性的 1/10[3]。

（1）致畸作用

研究证实，13-顺-视黄酸具有致畸作用，人类大剂量补充维生素 A 可能会有致畸风险。大量动物实验证实，过量维生素 A 可致胚胎畸形。流行病学资料显示，过量摄入预先形成的维生素 A 可导致出生缺陷。最敏感的时期为胚胎生成期（孕早期），维生素 A 过量引起的出生缺陷主要发生于由脑神经演变的器官，如颅面畸形、中枢神经系统畸形（不包括神经管畸形）、甲状腺畸形和心脏畸形等。人们估计长期每日摄入预先形成的维生素 A 超过 1 万 IU 就可致畸。孕妇口服视黄醇类似物治疗皮肤病可能使胎儿出现这些出生缺陷。但妊娠早期局部使用维生素 A 类似物，导致生长畸形的风险很小，甚至没有风险[3]。

（2）骨矿物质丢失和骨质疏松症风险

动物实验发现，维生素 A 过多的最显著特征是骨吸收加速、骨脆性和自发性骨折[26]。Melhus 等对瑞典妇女进行横断面调查和病例对照研究结果显示，在每日摄入量不超过 1.5mg 的情况下，骨矿物质密度随维生素 A 摄入量的增加而提高；当每日摄入量大于 1.5mg 时，增加维生素 A 摄入量可提高骨质疏松和髓性骨折的风险[27]。

（3）肝脏损伤

动物实验和人体试验资料证实，维生素 A 过量与肝功能异常之间存在非常明确的因果关系，这是因为肝脏是维生素 A 的主要储存器官，也是维生素 A 毒性的主要靶器官。维生素 A 过量引起的肝脏异常包括可逆性的肝脏酶活性升高、肝脏纤维化、肝硬化和死亡[3]。

（4）增加心血管疾病风险

对心血管疾病的观察性研究发现，维生素 A 过量可能会增加心血管疾病风险。在美国成人的队列研究中，高血清视黄醇水平与高心血管疾病风险有关，但仅限于男性。目前的研究资料显示，β- 胡萝卜素等类胡萝卜素的毒性很低。与维生素 A 不同，目前尚没有类胡萝卜素缺乏或毒性的报道。过多摄入 β- 胡萝卜素可导致胡萝卜素血症，出现暂时性皮肤黄染。有报道，受试者长期摄入大量胡萝卜等食物或每日补充 30mg 或更多的 β- 胡萝卜素时，即可发生胡萝卜素血症。减少这样的类胡萝卜素摄入后数天或数周，这些症状即可逆转[3]。

5.2.5　维生素 A 的应用

维生素 A 为脂溶性维生素类药，主要用于防治夜盲症、眼干燥症，也用于烧伤后皮肤的局部化脓性感染。近年来随着临床药理学研究的不断深入，人们发现维生素 A 对多种疾病都有治疗作用。

（1）治疗消化性溃疡、应激性溃疡

维生素 A 参与胃内上皮组织的正常代谢，并参与上皮组织间质中黏多糖合成，对人的胃黏膜损伤有保护作用。用法：在胃溃疡常规治疗过程中加服维生素 A，每次 5 万 U，每日 3 次。对于伴有维生素 A 血浓度降低和应激性溃疡患者，口服或静脉给予大剂量维生素 A，每日 10 万～ 40 万 U，能减少患者的胃出血[28]。

（2）治疗良性乳腺肿瘤

维生素 A 类化合物与调节细胞的生长代谢有关，维生素 A 对细胞膜和溶酶体膜有促溶作用，可抑制癌细胞增殖，促进癌细胞向正常组织分化。用法：每日 1.5 万 U，口服，连续用药 3 个月[28]。

（3）辅助治疗麻疹

患儿由于体内维生素 A 的利用率增加，导致急性维生素 A 缺乏。大量维生素 A 可降低麻疹患儿的死亡率。用法：在常规疗法的基础上加用维生素 A 20 万 U，口服，次日重复一次，以后酌减[28]。

（4）治疗鳞状毛囊角化病、痤疮、扁平疣和其他皮肤病

维生素 A 可以抑制皮脂腺分泌，使角化异常的细胞正常角化，其具有抗炎和调节免疫的作用，是治疗严重性痤疮效果比较好的药物。用法：每日 10 万 U，持续 6 个月。维生素 A 和维生素 E 联合应用可以治疗鳞状毛囊角化病，用法：每日口服维生素 A 5 万 U，加维生素 E100mg，持续 2 个月。此外，还有人将其用于质粒寻常性银屑病等，也取得了较好效果。扁平疣是由乳头瘤病毒感染所致的表皮肿瘤，该病毒的成熟与细胞的角化程度有关。维生素 A 可通过改变表皮成熟过程，对感染的细胞核内的病毒颗粒起破坏作用，或抑制病毒颗粒的复制，使疣消退。用法：维生素 A 每次 5 万 U，每日 3 次，口服，一般治疗 1 ～ 4 周[28]。

（5）治疗月经过多症

月经过多的重要因素之一是维生素 A 缺乏，这是由于维生素 A 是产生类固醇激素所必需的一种辅酶。用法：维生素 A 每次 2.5 万 U，每日 2 次，口服，连服 15 天[28]。

（6）防治早产儿支气管 - 肺发育不良症

对早产婴儿应用机械通气后可引起支气管 - 肺发育不良症。而维生素 A 能促进损伤组织产生新的纤毛和无纤毛的柱状上皮细胞，对呼吸道有保护作用。用法：维生素 A 每日 1500 ～ 2800U/kg，口服喂养[28]。

（7）扭转烧伤后的免疫抑制剂

近年发现，大面积烧伤病人的非特异性免疫和淋巴细胞都受到热创伤的严重影响，在烧伤的患者和动物实验模型中，常以 T 细胞的缺损最为突出；而维生素 A 对免疫反应，尤其是由 T 细胞介导的免疫反应有明显的作用，从而揭示了该药在烧伤病人中应用的可行性。据报道，对 30% 体表面积烧伤的老鼠分别采用腹腔内注射维生素 A 3000U，或相同量的 0.9% 氯化钠溶液。在烧伤后的第 7 日，发现维生素 A 可使淋巴细胞增殖反应数增加。说明维生素 A 可能是扭转烧伤后免疫抑制作用的有效物质[29]。

对人体而言，维生素 A 不可或缺，也不可滥用，只要保证含有丰富的维生素 A 或胡萝卜素的食物供应，即可有效地预防维生素 A 缺乏，而无需额外服用维生素 A 补充剂。

5.3   维生素 A 的合成方法

常用的维生素 A 衍生物是其烷基酸酯，如乙酸酯、丙酸酯、棕榈酸酯等，其结构式见图 5-1。其中以维生素 A 乙酸酯（retinol acetate）最具代表性，世界上各大公司的产品均以维生素 A 乙酸酯为主。

目前合成维生素 A 乙酸酯主要采用三种不同的技术路线。瑞士罗氏公司的 $C_{14}+C_6$ 合成路线、德国巴斯夫公司的 $C_{15}+C_5$ 合成路线和法国罗纳 - 普朗克公司的技术路线。

5.3.1 $C_{14}+C_6$ 合成路线

1947 年，瑞士罗氏公司经过多年努力，以 β- 紫罗兰酮为原料，完成了全反式维生素 A 乙酸酯的全合成。这条路线于 1948 年首次实现了工业化，以格利雅反应为其特征，也是世界各地最为广泛采用的合成维生素 A 方法[30]。

这条路线的主线由 β- 紫罗兰酮开始，经 Darzens 反应、格利雅反应、氢化、乙酸化、羟基溴化、脱溴化氢六步操作完成。其反应式如图 5-3 所示。

罗氏合成工艺的优点是技术较成熟，收率稳定，各反应中间体的立体构型比较清晰，不必使用很特殊的原料。缺陷是使用的原辅材料高达 40 余种，反应步骤长，固定投资大，且为串联反应，不易于生产控制。该技术路线是世界上维生素 A 厂商采用的主要合成方法[30]。

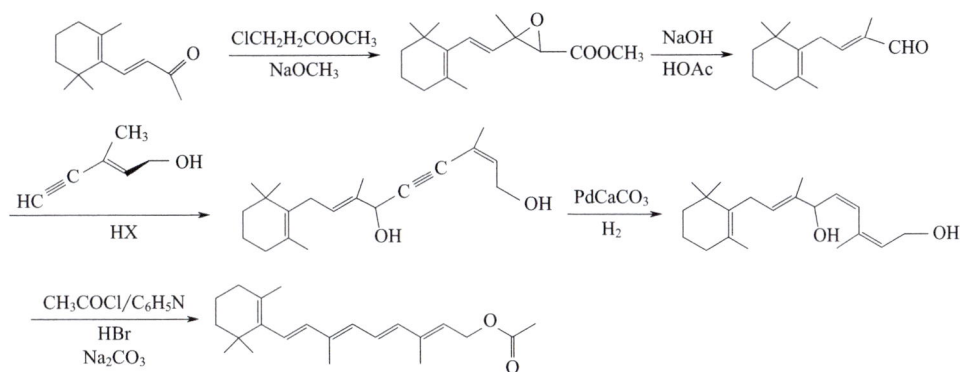

图 5-3　C₁₄+C₆ 合成路线

5.3.2　C₁₅+C₅ 合成路线

C₁₅+C₅ 合成路线是 Pommer 等 20 世纪 50 年代研究开发的维生素 A 合成方法，为巴斯夫技术路线奠定了基础，后经十余年的不断改进完善，巴斯夫公司于 1971 年投入工业生产。典型特征是 Witting 反应。以 β- 紫罗兰酮为起始原料和乙炔进行格氏反应生成乙炔 -β- 紫罗兰醇，选择加氢得到乙烯 -β- 紫罗兰醇，再经 Witting 反应之后，在醇钠催化下，与 C₅ 醛缩合生成维生素 A 乙酸酯[30]。

本合成路线明显的优点是反应步骤少，工艺路线短，收率高。但工艺中的乙炔化、低温及无水等具有较高工艺技术要求，核心技术难点是 Witting 反应。巴斯夫公司对该合成工艺进行了较长时间的改进研究，成功地解决了氯苯、金属钠、三氯化磷在甲苯中的反应问题，实现了高放热的 Witting 缩合瞬间完成。而且用这种方法合成维生素 A 时，原料三苯基膦价格较高，生成大量的顺式异构体和氧化三苯基膦副产物，难以分离。巴斯夫公司将 Witting 反应后产生的氧化三苯基膦通过光气与赤磷还原成三苯基膦循环使用。C₁₅+C₅ 合成路线（图 5-4）主要的缺陷是需使用剧毒的光气，对工艺和设备要求高，较难实现。

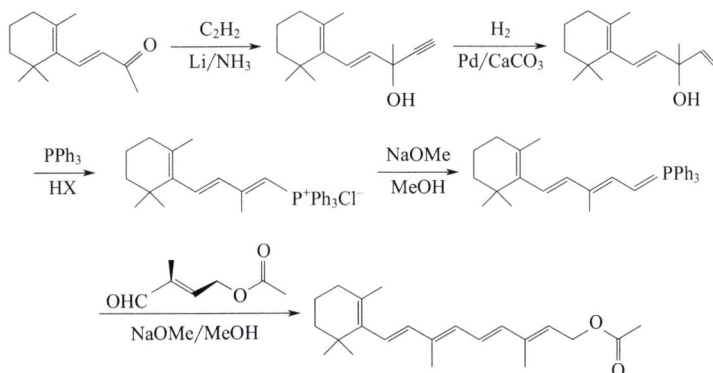

图 5-4　C₁₅+C₅ 合成路线

在 C₁₅+C₅ 的合成工艺中，1992 年 Babler 等人使用亚磷酸四乙酯与 C₁₅ 醛反应，成功地合成了 C$_{15}$ 醛磷酸酯。1994 年田中光孝等人将其应用于维生素 A 乙酸酯的合成，从而开发了利用 Witting 反应制备维生素 A 的新方法，可避免传统巴斯夫合成工艺使用价格高的三苯基膦和剧毒的光气，是一条具有潜在工业应用前景、值得深入研究的维生素 A 合成新工艺。

5.3.3 罗纳·普朗克公司的技术路线

另一条主要路线是罗纳·普朗克公司的技术路线，以砜类化合物中间体为特征。砜类化合物为中间体的技术路线最早见于 1973 年，Chadardes 等将 C$_{15}$ 砜在叔丁醇钾作用下和 C$_5$ 醇乙酸酯的卤化物反应，再脱去苯磺酸基得到维生素 A[31]。其反应过程如图 5-5 所示。

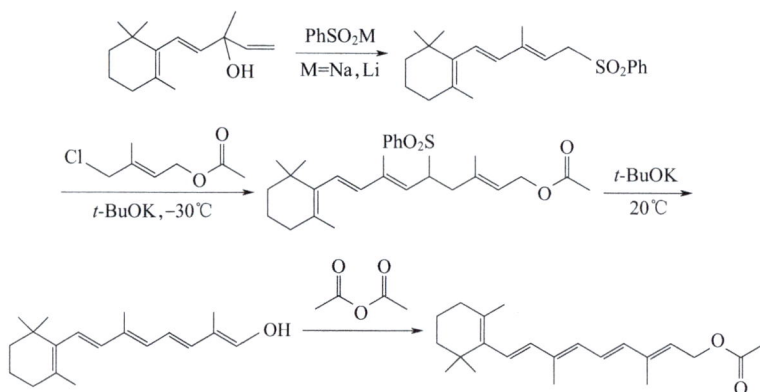

图 5-5 罗纳·普朗克公司的技术路线

5.4 维生素 A 的生物合成代谢途径

维生素 A 的膳食来源主要有两大类，第一类为动物性食物中含有的视黄醇和视黄酯。第二类为来自植物性食物的在体内可以转化生成视黄醇的类胡萝卜素，即维生素 A 原。动物并不具备维生素 A 原生物合成途径，动物性食物中含有的视黄醇和视黄酯是由动物摄取植物、藻类等有机体中维生素 A 原转化而来；因此天然维生素 A 主要来自维生素 A 原，而自然界中的维生素 A 原合成途径主要存在植物和藻类中。另外，自然界存在以视黄醛为辅基的含有细菌视紫红质或变形视紫红质的微生物[35,36]，该类微生物中视黄醛以与细菌视紫红质或变形视紫红质结合形式存在。因此，此类微生物中含有维生素 A 合成途径——视黄醛生物合成途径。

5.4.1 维生素 A 原的生物合成途径

β- 胡萝卜素、α- 胡萝卜素和 β- 隐黄质属于类胡萝卜素，类胡萝卜素主要在一些高等植物、真菌、细菌中产生，其合成途径见图 5-6。将合成途径分成 4 个模块，IPP 和 DMAPP 合成途径、

GGPP 合成途径、番茄红素合成途径和维生素 A 原合成途径[32]。首先，IPP 和 DMAPP 合成模块包括两种途径，即甲羟戊酸途径（mevalonate pathway，MVA）和甲基赤藓糖醇 -4- 磷酸（MEP）途径。在真菌和植物细胞胞液 / 内质网上，由乙酰 CoA 经羟甲基戊二酰 -CoA 形成甲羟戊酸，随后经 2 步激酶反应，产生甲羟戊酸焦磷酸，然后脱羧为 IPP，称 MVA 途径。而在细菌与植物质体中，3- 磷酸甘油醛和丙酮酸通过依赖硫胺素的 1- 脱氧木酮糖 -5- 磷酸合成酶（DXS）催化缩合，再由 1- 脱氧木酮糖 -5- 磷酸还原异构酶（DXR）转变为 4- 磷酸 2-C- 甲基 -D- 赤藓糖醇，最后形成 IPP，而后 IPP 在 IPP 异构酶的催化下异构成二甲基丙烯基焦磷酸（DMAPP），称为 MEP 途径。IPP 与 DMAPP 是活化的 C_5 单位，可以在此基础上合成各种萜类。DMAPP 与 3 个 IPP 首尾相连形成牻牛儿基牻牛儿基焦磷酸（GGPP），由多种异戊烯转移酶可以催化 IPP 转移缩合[32,33]。然后在八氢番茄红素合成酶的作用下 2 分子 GGPP 头对头合成类胡萝卜素代谢途径中的第一个类胡萝卜素八氢番茄红素，再通过去饱和合成维生素 A 原的共同前体物质番茄红素。番茄红素经一次番茄红素 β- 环化酶催化和一次番茄红素 ε- 环化酶催化，使番茄红素一端形成 β- 紫罗兰酮环，一端形成 α- 紫罗兰酮环，产生 α- 胡萝卜素。番茄红素经两次番茄红素 β- 环化酶催化，使番茄红素两端形成 β- 紫罗兰酮环，产生 β- 胡萝卜素。而 β- 胡萝卜素羟基化酶催化 β- 胡萝卜素一端紫罗兰酮环 3 位羟基化，形成 β- 隐黄质[32]。

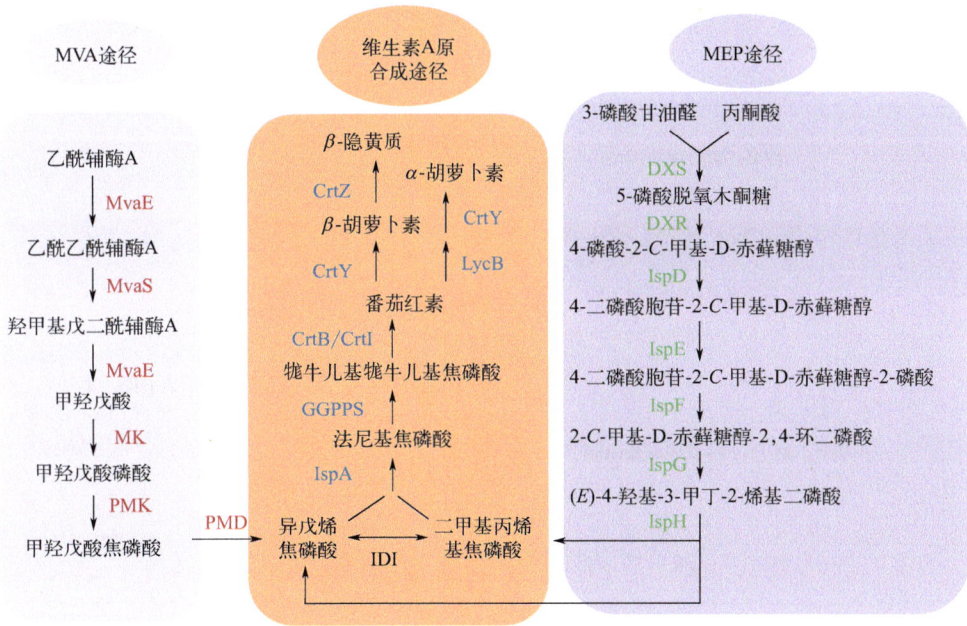

图 5-6　维生素 A 原生物合成途径

MVA 途径—甲羟戊酸途径；MEP 途径—甲基赤藓糖醇 -4- 磷酸途径；MvaE—乙酰基转移酶 / 羟甲戊二酰辅酶 A 还原酶；MvaS—羟甲基戊二酰辅酶 A 合酶；MK—甲羟戊酸激酶；PMK—甲羟戊酸磷酸激酶；PMD—甲羟戊酸焦磷酸脱羧酶；IDI—异戊烯基焦磷酸异构酶；DXS—1- 脱氧木酮糖 5- 磷酸合成酶；DXR—1- 脱氧木酮糖 5- 磷酸还原异构酶；IspD—4- 二磷酸胞苷 -2 -C- 甲基 -D- 赤藓糖醇转移酶；IspE—4- 二磷酸胞苷 -2 -C- 甲基 -D- 赤藓糖醇激酶；IspF—2-C- 甲基 -D- 赤藓糖醇 -2,4- 环二磷酸合成酶；IspG—（E）-4- 羟基 -3- 甲丁 -2- 烯基二磷酸合成酶；IspH—（E）-4- 羟基 -3- 甲丁 -2- 烯基二磷酸还原酶；IspA—法尼基磷酸合成酶；GGPPS—牻牛儿基牻牛儿基焦磷酸合成酶；CrtB—八氢番茄红素合成酶；CrtI—番茄红素合成酶；CrtY—番茄红素 β- 环化酶；LycB—番茄红素 ε- 环化酶；CrtZ—β- 胡萝卜素羟基化酶

5.4.2　视黄醛合成途径

能够合成视黄醛的微生物通常存在于海洋透光带中，透光带中约 13% 的微生物具有视黄醛合成途径，该途径中萜类化合物前体物质 IPP 和 DMAPP 在 FPP 合成酶、GGPP 合成酶、八氢番茄红素合成酶、番茄红素合成酶、番茄红素 β 环化酶作用下合成 β- 胡萝卜素，然后在由 *blh* 基因编码的 β- 胡萝卜素 -15，15′ - 双脱氧酶作用下合成视黄醛[37]（图 5-7）。

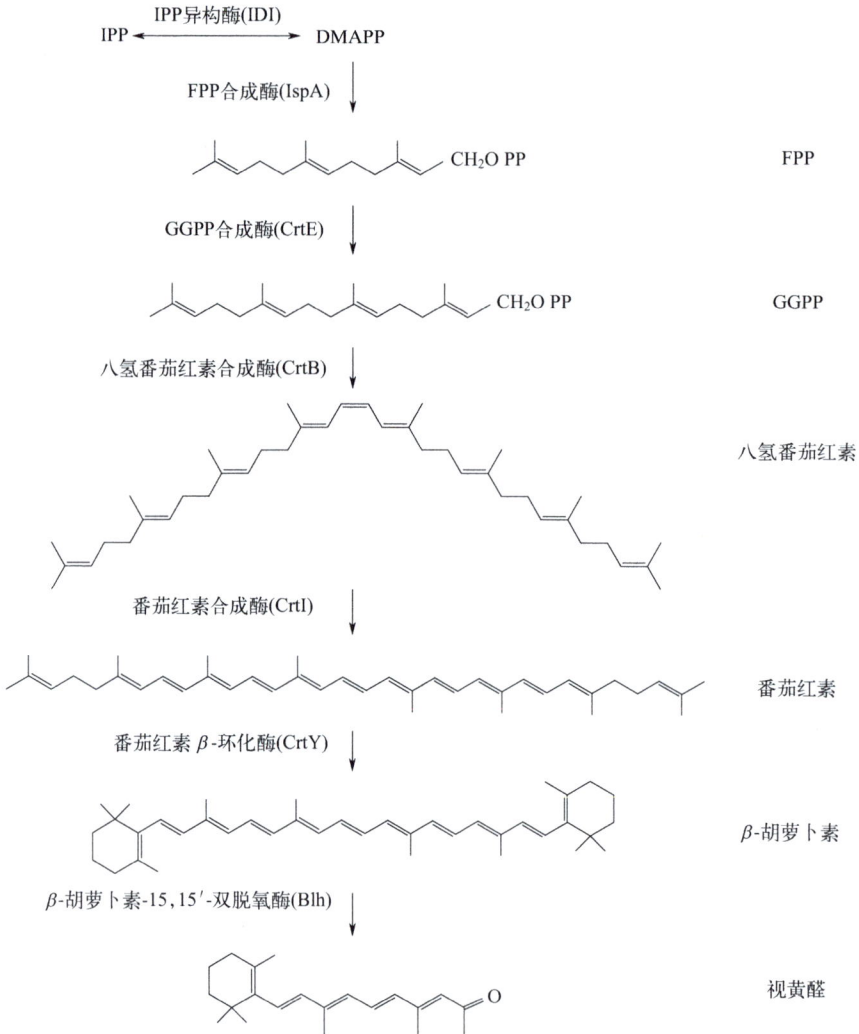

图 5-7　海洋透光带微生物中视黄醛生物合成途径

5.5　维生素 A 和维生素 A 原的代谢工程研究进展

作为健康补充剂，维生素 A 早已经通过化学方法实现商业化生产。然而，维生素 A 的化学合成过程中的酸化和水解需要石油基化学品,如丙酮和乙炔[34]。由于需要通过额外的净化步骤去除不良化学物质,生产纯视黄醇的成本增加。因此,维生素 A 和维生素 A 原的代谢工程研究受到广泛关注。

5.5.1　维生素 A 的代谢工程研究进展

虽然海洋透光带中微生物可以合成视黄醛,但是,微生物中维生素 A 以和蛋白结合的形式存在,不适合大规模生产。因此,有人尝试利用工程大肠杆菌选择性生产视黄醇[38,39]。图 5-8 为代谢工程菌株中维生素 A 合成途径,代谢工程菌株利用 MEP 途径或 MVA 途径合成的 β- 胡萝卜素,经一系列反应合成视黄醇、视黄醛、视黄酸等。Jang 等将经密码子优化的、人工合成的来自未培养海洋菌 66A03 的 blh 基因和 β- 胡萝卜素合成途径基因一起在大肠杆菌中表达,构建产维生素 A 工程菌株。然后通过表达 MVA 途径提高产量,添加十二烷进行两相发酵减少降解,最终维生素 A 产量为 136mg/L,其中视黄醛为 67mg/L,视黄醇为 54mg/L,视黄醇乙酸酯 15mg/L[38]。过表达氧化还原酶编码的 ybbO 和消除氯霉素乙酰转移酶编码的 cat 基因,导致工程大肠杆菌中类维生素 A 的比例发生变化,视黄醇的产量 76mg/L,视黄醛产量减少。工程菌株与野生型菌株相比,视黄醇产量增加了 1.4 倍,视黄醇产量占总维生素 A 产量的 88%[39]。Han 等在产 β- 胡萝卜素的大肠杆菌中共表达 blh 和来自人肝癌细胞 Hep3B 的 raldh(视黄醛脱氢酶基因),在重组大肠杆菌中合成视黄酸,产量达到 8.2mg/L[40]。

Sun 等将 β- 胡萝卜素生物合成途径和编码 β- 胡萝卜素 -15, 15′ - 双加氧酶(BCMO)的基因引入木糖发酵的酿酒酵母中,将木糖转化为维生素 A。由此产生的酵母菌株从木糖中产生维生素 A 的量比以葡萄糖为碳源时高 4 倍。进行以十二烷或橄榄油为萃取剂的两相原位萃取时,维生素 A 产量增加了 2 倍。此外,十二烷原位萃取木糖补料分批发酵的最终维生素 A 产量为 3350mg/L,由视黄醛(2094mg/L)和视黄醇(1256mg/L)组成[41]。为了有效地将视黄醛转化为视黄醇,使工程酿酒酵母生产高纯度和高产量的视黄醇,通过引入人视黄醇脱氢酶 RDH12 和 NADH 氧化酶,实现了酿酒酵母以木糖为碳源,高效选择性生产视黄醇[42]。

5.5.2　天然产 β- 胡萝卜素有机体合成 β- 胡萝卜素的研究进展

β- 胡萝卜素是维生素 A 原活性最强的类胡萝卜素;β- 胡萝卜素除了可以裂解成维生素 A,行使维生素 A 的功能外,同时其本身具有良好的预防癌症、心血管疾病和白内障的作用,也能提高机体的免疫功能,兼具有较高的营养价值和药用价值。目前广泛应用于食品、药品、化妆品和保健品行业。代谢工程合成 β- 胡萝卜素研究受到广泛关注(图 5-8)[43]。

天然 β- 胡萝卜素可以来自植物和微生物发酵。自然界中,许多植物包括绿叶蔬菜、水果、块根块茎、花卉等均含有丰富的 β- 胡萝卜素。β- 胡萝卜素在藻类中广泛存在,如佛氏绿胶藻(Chlorogloea frisschi)、杜氏盐藻(Dunaliella salina)、泥生颤藻(Oscillatoria limosa)等。目前,杜氏盐藻因其能生成大量 β- 胡萝卜素而成为工业上最重要的盐藻物种[44]。自然界中,除植物、藻类外,微生物也能大量合成 β- 胡萝卜素,如部分真菌和细菌。在真菌中,目前主要利用丝状真菌如三孢布拉氏霉菌（*Blakeslea trispora*）和酵母如红发夫酵母（*Phaffia rhodozyma*）、白球拟酵母（*Torulopsis candida*）等生产 *β*- 胡萝卜素[45]。产 *β*- 胡萝卜素的细菌主要有欧文氏菌（*Erwinia uredovora*）、成团泛菌（*Pantoea agglomerans*）等，其本身含有存在于染色体上的 *β*- 胡萝卜素合成基因——牻牛儿基牻牛儿基焦磷酸合成酶基因（*crtE*）、八氢番茄红素合成酶基因（*crtB*）、八氢番茄红素脱氢酶基因（*crtI*）、番茄红素环化酶基因（*crtY*）。利用这些野生菌株生产 *β*- 胡萝卜素周期短、代谢快、相对安全，比植物、藻类效率更高，但野生菌株生活性能差，产量低，难以实现工业化[44]。

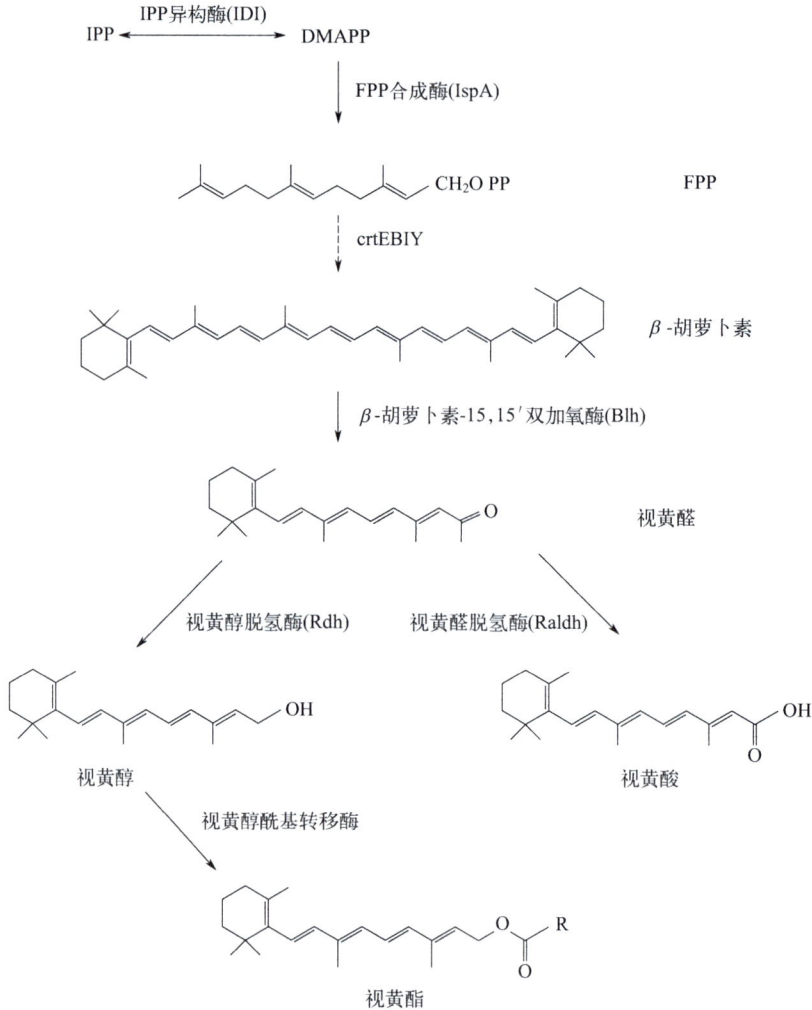

图 5-8　代谢工程菌中维生素 A 合成途径

5.5.2.1　杜氏盐藻产 *β*- 胡萝卜素研究进展

杜氏盐藻是一种耐盐绿色微藻，是 *β*- 胡萝卜素最丰富的微藻来源。在胁迫条件下，如高盐度 / 光照强度、极端温度和 / 或缺乏营养物质，盐生 *D. salina* 可能积累大量 *β*- 胡萝卜素（高达 10%，干生物量基础）[46]。对于 *β*- 胡萝卜素的生产，采用两阶段栽培策略。第一阶段被称为"绿化阶段"，这一阶段为盐藻的生长提供了充分的条件。当细胞浓度达到一定水平后，利用胁迫条件积累更多的类胡萝卜素，使微藻的颜色由绿色变为橙色（发红阶段）。盐藻中的 β- 胡萝卜素被欧盟委员会批准作为食品着色剂[46]。通过大面积养殖盐藻获得类胡萝卜素已经在澳大利亚和以色列首先达到工业规模。但杜氏盐藻的养殖需要长时期的高温和强烈光照，且需要 10% 以上的高盐浓度。国内许多地方也试着培养，如内蒙古兰太实业股份有限公司生物工程分公司、天津兰泰科技有限公司等几家养殖藻类的企业生产天然 β- 胡萝卜素，但其产品生物量和类胡萝卜素含量都不是太高[44]。

对 D. salina 产 β- 胡萝卜素的研究主要集中在改变发酵条件提高 β- 胡萝卜素产量方面。盐浓度的高低极大影响 β- 胡萝卜素的积累，当培养基中 NaCl 浓度为 5% 到 15% 时，盐藻细胞呈绿色；当浓度上升到 20% 时，细胞颜色呈现黄色；当 NaCl 浓度持续上升至 25% 时，盐藻细胞颜色显示为红橙色，并且计算出每 100 个细胞类胡萝卜素含量达 30mg。而盐浓度过高又会影响细胞的生长，因此，如何权衡细胞生长和 β- 胡萝卜素的积累是一个重要问题，实际生产中选择 22% ~ 24% 浓度较为合理。另外，有学者通过培养基氮磷比的不同来研究 β-胡萝卜素的积累，结果显示，随着氮磷比的增大，盐藻细胞内 β- 胡萝卜素含量减少，在氮磷比低于 15 时，β- 胡萝卜素含量无明显变化，当氮磷比达到 20 时，β- 胡萝卜素含量持续下降[47]。Lers 等发现，将低光照强度下培养的杜氏盐藻放在高强度光照条件下，β- 胡萝卜素的积累有两次突增现象。一次是在进入高光照条件的 24h 之内，另一次是在培养 3 到 4 天后。通过对其进行聚丙烯酰胺凝胶电泳和加入转录抑制剂分析，认为高光照可能诱导激活了 β- 胡萝卜素合成酶编码基因的转录和翻译[48]。

另外，由于极端环境条件下，光抑制、光氧化损伤和旨在产生高细胞密度的培养物的自遮阴，产量和生产力较低[49]。有机碳营养和与代谢途径相关的混合营养化成为提高微藻生物量和目标产物含量的一种新的策略。混合营养系统之所以有吸引力，是因为它们对光的需求低，碳（无机和有机）的可利用性大，有助于提高生长速度、生物量和代谢物的广泛合成。混合营养使光合作用和呼吸作用同时高效进行，微藻中吸收和分配碳和能量的各种代谢途径和亚途径被激活。研究报道优化甘油、光照和盐度的混合营养条件，使盐藻生物量和 β- 胡萝卜素产量有效提高，添加 12.5mmol/L 的甘油，在同等盐浓度和光照条件下，β- 胡萝卜素的产量提高 2 倍，达到 50mg/g[50]。Gonabadi 等优化葡萄糖、肉蛋白胨和 TiO_2 NP（二氧化钛纳米颗粒）浓度，发现在含 22.92g/L 葡萄糖、5g/L 肉蛋白胨和 0.002g/L 的 TiO_2 NP 的培养基中，β- 胡萝卜素产量达到 25.23mg/g[51]。

用于 D. salina 的分子改造技术还不太成熟，对其表达系统的研究主要集中在 D. salina 的转化方法、调控元件的鉴定、基因克隆、外源基因的表达以及天然成分的遗传修饰。虽然已经有几个外源基因被转化到盐藻中，但转化的基因主要集中在报告基因和选择标记上，如 β-葡萄糖醛酸酶、增强型绿色荧光蛋白和双叶枯病菌抗性基因等。但它们在盐藻核系统中均为短暂或低表达[52]。近年来，随着 CRISPR 技术的发展，CRISPR/Cas 系统被用到各种生物体中，Lina 等利用 CRISPR/ Cas 系统成功在 D. salina 中实现基因编辑，并提高其 β-胡萝卜素产量[53]。D. salina 的代谢工程技术需要进一步开发及完善，以期通过代谢工程技术得到高产 β- 胡萝卜素的 D. salina 细胞工厂。

5.5.2.2　三孢布拉氏霉菌产 β- 胡萝卜素的研究进展

三孢布拉氏霉菌属于真菌界，真菌门，毛霉目。其生长迅速，产生发达的菌丝。三孢布拉氏霉菌生长后期时，大量产生 β- 胡萝卜素，存在于一些管状细胞中，使菌体呈黄色至橙红色。合成机理为利用正负菌种混合培养，产生大量性激素类物质——三孢酸，进而转化合成 β- 胡萝卜素[54]。所以研究三孢酸类似物，如青霉素、β- 紫罗酮、脱落酸等都对胡萝卜素产量的提高有很大的帮助。文献报道，三孢布拉氏霉菌培养基中加入 $10^{-4} \sim 10^{-3}$ mol/L 的 β- 紫罗兰酮后，β- 胡萝卜素产量比对照提高了 250%，在对数生长期添加，更有利于菌体产 β- 胡萝卜素，添加太早或太多都会抑制 β- 胡萝卜素的产量[55]。另外，邻苯二酸二甲酯、邻 1,2- 二甲氧基 -4- 丙烯基苯等引起 β- 胡萝卜素的积累；苯乙烯醇、肉桂酸、甲氧基丁香子酚、丁香子酚、黄樟素、1,2- 二甲氧基苯、4- 甲氧基酚等则引起 β- 胡萝卜素和其它不饱和无环中间体的积累。某些无机盐如 KH_2PO_4、$MnSO_4$ 等有利于细胞的生长，而有些酰胺和酰亚胺类物质（如 N, N- 二甲基甲酰胺、琥珀酰亚胺等）、4- 甲酰基吡啶、异胭肼（INH）和伊普龙尼叠氮化合物等皆能刺激菌体合成胡萝卜素，其中以异胭肼和伊普龙尼叠氮化合物最佳[56]。有氧条件下三羧酸循环中间体在代谢反应中起着至关重要的作用，它们参与形成类胡萝卜素的碳链骨架和微生物脂质合成[57]。苹果酸盐和柠檬酸盐作为有效的中间体，是刺激球红假单胞菌和三孢布拉氏霉菌类胡萝卜素合成的重要物质。研究表明，发酵过程中添加适量的苹果酸盐、草酸盐、延胡索酸盐、α- 酮戊二酸均可提高 β- 胡萝卜素的产量，而且番茄红素和 γ- 胡萝卜素的含量明显减少，这在另一个侧面说明三羧酸循环的中间代谢物含量的增多有利于番茄红素环化反应从而促进 β- 胡萝卜素的积累[58]。

除了改变发酵条件和使用促进剂提高 β- 胡萝卜素产量外，有人用诱变的方法，获得提高 β- 胡萝卜素产量的菌株。Wang 等采用 N^+ 离子注入和 N- 甲基 -N'- 硝基 -N- 亚硝基胍（NTG）处理诱变三孢布拉氏霉菌，筛选高产番茄红素突变体。在筛选板中加入一定浓度的洛伐他汀和三孢酸提取物构建高效筛选体系，获得番茄红素高产突变体[59]。任双喜等采用同样方法诱变处理一株三孢布拉氏霉菌优良菌株 SCB201，在优化培养条件下，与 SCB200 结合培养产 β- 胡萝卜素达到 2g/L[60]。

5.5.2.3　红酵母发酵产 β- 胡萝卜素的研究进展

有文献报道利用红酵母发酵技术，制取天然 β- 胡萝卜素。红酵母是酵母菌的一个属，它是一类腐生菌，抗逆性较强。利用红酵母产 β- 胡萝卜素的优点是成本低、周期短、发酵易于控制。据报道，利用高静水压处理过的红酵母，通过响应面分析法优化发酵培养基，可使 β- 胡萝卜素的产量达 13.34mg/L。利用木质纤维素生物质产生的可再生糖，在含有 5%（体积比）糖蜜的生物反应器中，添加酶解和碱预处理的甘蔗渣水解液（35%，体积比），太平洋红酵母 INDKK 可产生 11.8g/L 的油脂、210.4mg/L 的 β- 胡萝卜素和 7.1g 的动物饲料[61]。但目前主要停留在试验阶段，且 β- 胡萝卜素产量低于三孢布拉氏霉菌，还有待于开发利用。

5.5.3　代谢工程菌株合成 β- 胡萝卜素

随着转基因技术的迅速发展，利用基因工程菌生产类胡萝卜素成为研究的热点。近年来，对其主要合成途径的研究取得了重大进展，已从分子水平阐释其生物合成途径，并通过遗传工程技术改变微生物中类胡萝卜素的组成和含量。代谢工程菌株合成 β- 胡萝卜素主要集中在一些模式微生物上，如大肠杆菌、酿酒酵母、解脂耶氏酵母等。

5.5.3.1　大肠杆菌合成 β- 胡萝卜素

大肠杆菌作为外源基因表达的宿主，遗传背景清晰，技术操作简单，培养条件简单，大规模发酵经济，是应用最广泛、最成功的表达体系。以大肠杆菌作为出发菌株，运用代谢工程手段构建产类胡萝卜素基因工程高产菌株，成为包括 β- 胡萝卜素在内的多种类胡萝卜素产品开发的新生产途径。

1990 年，Norihiko Misawa 教授从欧文氏菌中克隆出产胡萝卜素的 *crt* 系列基因，通过重组质粒将其引入大肠杆菌，测得 β- 胡萝卜素的产量为 2mg/g[62]。目前的改造策略主要集中在途径改造，具体包括以下几个方面。

（1）萜类化合物通用合成途径改造提高 IPP 和 DMAPP 供给

野生型大肠杆菌合成 IPP 和 DMAPP 的能力较差。提高大肠杆菌合成 IPP 和 DMAPP 能力的方案主要有两种：一种是引入外源的 MVA 途径[63-65]，另一种是激活大肠杆菌自身的 MEP 途径[66, 67]。Yoon 等以质粒形式过量表达肺炎链球菌（*Streptococcus pneumoniae*）MVA 途径的下游部分基因，即甲羟戊酸激酶基因（*mvaK1*）、磷酸甲羟戊酸激酶基因（*mvaK2*）、二磷酸甲羟戊酸脱水酶基因（*mvaD*）和 *idi* 基因，并且添加中间前体 MVA，番茄红素和 β- 胡萝卜素的产量分别达到 102mg/L 和 503mg/L[64]。Yuan 等通过质粒过表达大肠杆菌 MEP 途径中的各个基因，并检测 β- 胡萝卜素产量的变化，发现 DXS 和 IDI 是 MEP 途径中的关键限速步骤。通过提高这两个基因的表达强度，将 β- 胡萝卜素产量提高了 300%[66]。Suh 用强启动子 T5 调控 MEP 途径的关键基因 *dxs*、*idi* 和 *ispDF* 后，β- 胡萝卜素产量比对照提高了 4.5 倍[68]。研究发现 4- 羟基 -3- 甲基 -2- 丁烯基 - 焦磷酸合成酶（IspG）是 MEP 途径又一限速酶，通过协调表达 *ispG* 和 *ispH* 基因，消除中间体 HMBPP 积累，解除限速，使 β- 胡萝卜素产量提高了 72%[69]。将 MVA 途径和 MEP 途径关键基因协同表达提高萜类化合物合成前体物质含量，β- 胡萝卜素达到 3.6g/L[70]。

（2）增强能量和还原力供给

ATP 和 NADPH 是萜类化合物合成的两个重要辅因子，提高它们的供给有助于萜类化合物的生成。Zhao 等通过调控三羧酸循环、磷酸戊糖途径和 ATP 合成途径等模块，增强了 ATP 和 NADPH 供给，显著提升了大肠杆菌合成 β- 胡萝卜素的能力[33]。

另外，Wu[71] 通过在 *E. coli* 中引入来源于莱氏无胆甾原体（*Acholeplasma laidlawii*）的脂糖基转移酶（Almgs），过表达内源的两种酰基转移酶（PlsB 与 PlsC），改变膜形态并提高细胞膜的合成能力，使 β- 胡萝卜素单位细胞产量提高 2.9 倍。Li 等[72] 利用 CRISPR/Cas9 的方法对 *E. coli* 中的各基因进行改造并组合调控，β- 胡萝卜素的产量达到 2.0g/L。

5.5.3.2　酿酒酵母产 β- 胡萝卜素

酿酒酵母中的 IPP 和 DMAPP 通过 MVA 途径合成，IPP 和 DMAPP 缩合 GPP 后，

在合成酶催化下结合两个 IPP 形成 GGPP。研究人员将不同来源的 β- 胡萝卜素合成基因导入酿酒酵母中，构建了合成 β- 胡萝卜素的菌株[73-76]。研究主要集中于：①整合不同来源的 β- 胡萝卜素合成基因；②过表达 MVA 途径中限速步骤 HMG1 基因的催化区域（tHMG1）；③降低角鲨烯合酶（ERG9）基因的活性，使 FPP 更多地流向 β- 胡萝卜素合成途径。

另外，根据 β- 胡萝卜素的疏水特性，在酿酒酵母中代谢工程改造与脂类合成相关的基因，可以有效提高 β- 胡萝卜素产量。过表达甾醇酯合成基因 ARE1 和 ARE2 可使 β- 胡萝卜素产量增加 1.5 倍，组合敲除磷酸酯磷酸酶（PAP）基因（PAH1、DPP1 和 LPP1），β- 胡萝卜素产量比初始菌株提高 2.4 倍[77]。在酿酒酵母中分别或组合表达来自产油酵母 Yarrowia lipolytica 的胞外脂肪酶（LIP2）和细胞结合脂肪酶（LIP7 和 LIP8），可以增加酿酒酵母中脂质含量，并使 β- 胡萝卜素产量达到 477.9mg/L，比不含脂肪酶菌株产量高 12 倍[78]。

5.5.3.3　解脂耶氏酵母产 β- 胡萝卜素

解脂耶氏酵母（Yarrowia lipolytica）是一种具有典型代表性的非常规酵母。该酵母是严格好氧菌，同时也是一种"安全级"（Generally Regarded as Safe，GRAS）的微生物[79]。与常规酵母——酿酒酵母相比，解脂耶氏酵母具有一些明显不同的代谢特点，显示出更好的工业应用前景：①该酵母自身具有将多种廉价生物质原料快速转化为各种高附加值化学品如柠檬酸、琥珀酸的代谢能力，生产基于脂质的油性化学品的能力也较强；②该酵母对油脂类物质具有较强的降解能力，因此可用于对废油污染的生物修复；③该酵母具有更高效分泌蛋白质和有机酸（如 α- 酮戊二酸和琥珀酸）的能力；④该酵母对生长条件的要求更低，在各种碳源、pH 和盐度条件下均可生长；⑤该酵母并不受葡萄糖效应的影响，因此不会进行有氧酒精发酵。随着解脂耶氏酵母全基因组序列的公布以及基因表达载体、遗传转化方法、合成生物学元件和基因编辑技术的快速发展，该酵母已经成为目前代谢工程及合成生物学研究中备受关注且极具潜力的非模式微生物底盘细胞之一[80]。

2017 年，Gao 等选取来自海洋生物裂殖壶菌的多功能胡萝卜素合酶基因 carS，用于解脂耶氏酵母异源合成 β- 胡萝卜素的研究。该项研究使用了高效 DNA 组装方法将 carS 基因的表达盒（GPD 启动子 -carS 开放阅读框 -lip2 终止子）组装并整合到解脂耶氏酵母的染色体中；同时，通过下调解脂耶氏酵母的非同源末端连接机制（NHEJ）显著提高了目的片段正确重组的效率，通过该方法构建获得的工程菌株最终经过摇瓶发酵产生了 0.41mg/g 的 β- 胡萝卜素[81]。通过定向进化策略来进一步改善这种多功能胡萝卜素合酶的活性，成功实现了 β- 胡萝卜素产量的提高[82]。

2018 年，Larroude 等[83] 在解脂耶氏酵母中构建了一个由 PGM 启动子控制的 GGPP 合成酶（GGPPS）基因、由 GAPDH 启动子控制的 CarB 基因（八氢番茄红素脱氢酶）、由 TEF1 启动子控制的 CarRP 基因（番茄红素环化酶 / 八氢番茄红素合酶）这 3 个基因表达框组成的 β- 胡萝卜素合成途径，成功实现了 β- 胡萝卜素的异源微生物合成；为了增加前体物质的供应量，在组成型 TEF 启动子控制下过表达了截短版本的 HMG1 基因（tHMG1），从而有效提高了 β- 胡萝卜素产量。此外，该研究探索了启

动子强弱变化对 β- 胡萝卜素产量的影响，研究者对启动子进行改组并找到了用于高产 β- 胡萝卜素的最佳启动子集 car TEF，即当 *GGPPS*、*CarB* 和 *CarRP* 这 3 个基因均处于 TEF1 启动子的控制下时，该启动子集可以最大限度地增强目标基因的转录效率，进而增加了各中间产物的产量，终产物 β- 胡萝卜素的产量也随之增加；然后，研究者又将 3 个基因表达盒的拷贝数增加了 1 倍，β- 胡萝卜素的产量得以进一步提高；最后，他们设计了一种含有 2 倍量酵母提取物和蛋白胨的培养基（命名为 Y20P40D），以葡萄糖作为补料分批碳源发酵，在 122h 后，工程菌株中 β- 胡萝卜素的总产量达到了 6.5g/L（90mg/g DCW）。该研究证实了增加途径基因拷贝数以及利用最有利的启动子集来调控多基因的表达量有助于增强目标基因的转录，从而使前体物质供应增加，最终促使解脂耶氏酵母合成 β- 胡萝卜素产量大大提高。

　　Ma 等发现解脂耶氏酵母合成 β- 胡萝卜素过程中，β- 胡萝卜素环化酶活性受底物抑制，通过两种不同的策略去除 β- 胡萝卜素环化酶的番茄红素底物抑制，并得到高类胡萝卜素生产力。首先，结构引导的蛋白质工程产生了一种变体 Y27R，完全消除了底物抑制而不降低酶活性。另外，通过建立一种香叶基香叶基二磷酸酯合成酶介导的代谢流调节机制，也能防止底物抑制作用的发生。即通过选择适当活性的香叶基香叶基焦磷酸合成酶，将代谢流向远离抑制性代谢产物的方向分流，同时保持足够的代谢流朝向产物形成，从而缓解了底物抑制。这两种策略都实现了高浓度的近乎单一的 β- 胡萝卜素生产。最终，所得菌株在生物反应器发酵，其 β- 胡萝卜素产量达到 39.5g/L 生产速率为 0.165g/（L·h），比初始菌株提高 1441 倍。该结果为合成天然产物的工程途径中去除底物抑制提供了有效的方法[84]。这是迄今为止解脂耶氏酵母异源合成 β- 胡萝卜素的最高产量，同时，是报道的代谢工程菌株合成 β- 胡萝卜素的最高产量。

　　大部分植物和微生物中 β- 胡萝卜素积累较普遍，但 α- 胡萝卜素占有的比例较低。现有微生物合成主要针对 β- 胡萝卜素，很少有 α- 胡萝卜素的研究。中国科学院华南植物园申请了一个产 α- 胡萝卜素的基因工程菌构建的专利，用 δ- 环化酶和香蕉番茄红素 β- 环化酶基因联合作用，α- 胡萝卜素的产量可高达 17.21mg/L 且纯度较高[85]。

　　β- 隐黄质是由 β- 胡萝卜素羟基化酶催化 β- 胡萝卜素单边紫罗兰酮环 3 位羟基化形成的，而 β- 胡萝卜素两端紫罗兰酮环 3 位碳原子都羟基化后形成玉米黄素，因为 β- 隐黄质为中间产物，只能在含 β- 胡萝卜素羟基化酶基因的天然或代谢工程有机体中，以中间体的形式少量存在。目前没有看到关于代谢工程合成 β- 隐黄质的研究。

5.6　维生素 A 的工业生产概览

5.6.1　维生素 A 的工业合成

　　维生素 A 及其前体 β- 紫罗兰酮和柠檬醛的工业合成，与维生素 A 下游应用的饲料添加剂、食品饮料和医药化妆品等行业，共同构成维生素 A 产业链。

5.6.2　维生素 A 行业市场竞争格局

目前，市场上的维生素 A 均由化学法合成。据统计，目前全球可稳定生产维生素 A 的仅有六家企业，包括全球龙头帝斯曼、巴斯夫和安迪苏（法国工厂）以及国内企业新和成、浙江医药股份有限公司和金达威集团股份有限公司。数据显示，目前全球维生素 A 年产量约 3 万吨，年消费量约 2.5 万吨，其中帝斯曼、巴斯夫和新和成占率在 20% 以上，安迪苏占率约 16%，排全球第四。

5.6.3　维生素 A 行业进出口现状

目前我国维生素 A 产能主要供应国内市场，基本能够满足市场需求。从进出口数量情况来看，始终处于净出口状态。据统计 2021 年我国维生素 A 进口量为 1360.6 吨，出口量为 5807.7 吨。从出口数量地区分布来看，我国主要向欧洲、北美洲和亚洲出口维生素 A，数量分别占比 39.11%、25.28%、21.31%。具体从国家分布来看，美国和德国是我国主要出口国，分别占比 29.85%、24.31%。

5.7　维生素 A 的专利分析与前景展望

5.7.1　专利分析

目前，维生素 A 相关的专利主要集中在维生素 A 的应用领域（如食品、化妆品和医药等）。与维生素 A 菌株构建相关的专利只有 3 项，其中 CN00818428.3 的优先权号是 EP99125895 和 EP00105822，将一个 β- 胡萝卜素 -15, 15′ - 双加氧酶在大肠杆菌中表达，实现维生素 A 合成，并在美国、日本、中国、澳大利亚等国家申请了专利，优先权日为 2000 年 12 月 22 日，目前已经失效。另外两项专利的专利号分别为 CN202111616076.3 和 CN202111616076.3，申请人分别为江南大学 [86] 和浙江大学 [87]。其主要信息见表 5-1。

表 5-1　代谢工程合成维生素 A 专利

宿主细胞	权利要求关键点	产量	参考文献
酿酒酵母	过表达 MVA 途径和 β- 胡萝卜素合成途径中关键基因，敲除 *ROX1* 基因，过表达维生素 A 合成基因	193.9mg/L	[86]
酿酒酵母	在 β- 胡萝卜素的酿酒酵母中导入维生素 A 合成相关基因。突变 GGPP 合成酶及 NADH 激酶的编码基因，同时敲除甲羟戊酸途径转录抑制因子基因，增加前体和辅酶的供应	视黄醇 401 .65mg/L	[87]

因为 β- 胡萝卜素、α- 胡萝卜素和 β- 隐黄质可以裂解生成维生素 A，被称为维生素 A 原。α- 胡萝卜素和 β- 隐黄质为类胡萝卜素代谢中间体，如 α- 胡萝卜素可以被进一步催化合成 β- 胡萝卜素，β- 隐黄质可以被进一步催化为玉米黄素，所以很少对专一合成这两个物质进行代谢工程研究。β- 胡萝卜素相关专利较多，涉及产 β- 胡萝卜素菌株发现、β- 胡萝卜素合成基因挖掘、菌种构建、发酵工艺开发、分离提取及功能开发等。对菌株改造集中在天然产 β- 胡萝卜素的类球细菌、裂殖壶菌、红发夫酵母和三孢布拉氏酵母，以及非天然产 β- 胡萝卜素菌的重组大肠杆菌、酿酒酵母、解脂耶氏酵母和热带假丝酵母中。对天然产 β- 胡萝卜素菌株改造多集中在利用诱变剂等策略诱变来提高 β- 胡萝卜素产量。对非天然菌株的改造主要建立在引入 β- 胡萝卜素合成途径的基础上，集中在增加前体供应、敲除竞争途径及增加还原力供应等方面；此外，部分专利利用诱变提高非天然产 β- 胡萝卜素菌株的 β- 胡萝卜素产量。

5.7.2　前景展望

维生素 A 广泛应用于非处方药、营养补充剂、饲料添加剂及食品加工业。随着我国人民生活水平的提高，维生素 A 的需求将进一步增大。中国国家公众营养改善项目的食物强化总体构想中确定维生素 A_1、维生素 B_1、维生素 B_2、叶酸、尼克酸、铁、碘、锌和钙为我国营养强化的主要品种。可以预见，随着我国全面推行食物营养强化，维生素 A 的市场需求将大大增加。

随着合成生物技术和代谢工程发展，微生物合成 β- 胡萝卜素产量越来越高，最高产量达到 39.5g/L，但是培养过程需要大量葡萄糖、酵母提取物和胰蛋白胨，底物成本稍高；在生物合成产业中，底物成本约占总工艺成本的 75%，因此提高底物对产物的转化效率，对产品能否实现产业化至关重要。所以提高底物对 β- 胡萝卜素转化效率，降低底物成本，有望实现 β- 胡萝卜素的绿色生物制造。此外，已经在重组大肠杆菌和重组酿酒酵母中实现维生素 A 的生物合成，最高产量达到 3.35g/L。1 分子 β- 胡萝卜素在双脱氧酶作用下，合成 2 分子视黄醛，然后在对应酶催化下合成不同形式的维生素 A。维生素 A 与 β- 胡萝卜素相比，可以分泌胞外，更易于提高产量。因此，优化代谢途径、提高催化 β- 胡萝卜素合成维生素 A 酶的酶活性，必定能进一步提高微生物合成维生素 A 的产量。市场上维生素 A 多为化学合成，成本低、价格便宜，所以降低微生物合成维生素 A 的成本，才有望实现微生物合成维生素 A 的产业化应用。

参 考 文 献

[1] Takahashi N，Saito D，Hasegawa S，et al. Vitamin A in health care：Suppression of growth and induction of differentiation in cancer cells by vitamin A and its derivatives and their mechanisms of action [J]. Pharmacol Ther，2022，230：107942-107959.

[2] 朱志伟. 最早被发现的维生素——维生素 A [J]. 大学化学，2010，25（S1）：54-56.

[3] 汪之顼. 维生素 A：中国营养学会第二次膳食营养素参考摄入量研讨会 [C]. 北京：中国营养学会，2011.

［4］ Ross A C，Moran N E. Our current dietary reference intakes for Vitamin A-Now 20 Years Old ［J］. Curr Dev Nutr，2020，4（10）：1-8.

［5］ Shirakami Y，Lee S A，Clugston R D，et al. Hepatic metabolism of retinoids and disease associations ［J］. Biochim Biophys Acta，2012，1821（1）：124-136.

［6］ Schreiber R，Taschler U，Preiss-Landl K，et al. Retinyl ester hydrolases and their roles in vitamin A homeostasis ［J］. Biochim Biophys Acta，2012，1821（1）：113 123.

［7］ Sun C M，Hall J A，Blank R B，et al. Small intestine lamina propria dendritic cells promote de novo generation of Foxp3 T reg cells via retinoic acid ［J］. J Exp Med，2007，204（8）：1775-1785.

［8］ Surman S L，Jones B G，Sealy R E，et al. Oral retinyl palmitate or retinoic acid corrects mucosal IgA responses toward an intranasal influenza virus vaccine in vitamin A deficient mice ［J］. Vaccine，2014，32（22）：2521-2524.

［9］ Oliveira L M，Teixeira F M E，Sato M N. Impact of retinoic acid on immune cells and inflammatory diseases ［J］. Mediators Inflamm，2018，2018：3067126.

［10］ 郭琇婷，徐芝兰，刘洁薇，等. 维生素 A 及其生理功能的研究现状 ［J］. 微量元素与健康研究，2018，35（06）：62-64.

［11］ Maden M. Retinoic acid in the development，regeneration and maintenance of the nervous system ［J］. Nat Rev Neurosci，2007，8（10）：755-765.

［12］ Pawlikowski B，Wragge J，Siegenthaler J A. Retinoic acid signaling in vascular development ［J］. Genesis，2019，57（7-8）：e23287.

［13］ Quelhas P，Baltazar G，Cairrao E. The neurovascular unit：Focus on the regulation of arterial smooth muscle cells ［J］. Curr Neurovasc Res，2019，16（5）：502-515.

［14］ Pouso M R，Cairrao E. Effect of retinoic acid on the neurovascular unit：A review ［J］. Brain Res Bull，2022，184：34-45.

［15］ Semba R D，Bloem M W. The anemia of vitamin A deficiency：epidemiology and pathogenesis ［J］. Eur J Clin Nutr，2002，56（4）：271-281.

［16］ De Jong J L，Davidson A J，Wang Y，et al. Interaction of retinoic acid and scl controls primitive blood development ［J］. Blood，2010，116（2）：201-209.

［17］ Yu C，Liu Y，Miao Z，et al. Retinoic acid enhances the generation of hematopoietic progenitors from human embryonic stem cell-derived hemato-vascular precursors ［J］. Blood，2010，116（23）：4786-4794.

［18］ Chanda B，Ditadi A，Iscove N N，et al. Retinoic acid signaling is essential for embryonic hematopoietic stem cell development ［J］. Cell，2013，155（1）：215-227.

［19］ Tang D，Liu S，Sun H，et al. All-trans-retinoic acid shifts Th1 towards Th2 cell differentiation by targeting NFAT1 signalling to ameliorate immune-mediated aplastic anaemia ［J］. Br J Haematol，2020，191（5）：906-919.

［20］ Jiang S，Wang C X，Lan L，et al. Vitamin A deficiency aggravates iron deficiency by upregulating the expression of iron regulatory protein-2 ［J］. Nutrition，2012，28（3）：281-287.

［21］ Han L，Liu Y，Lu M，et al. Retinoic acid modulates iron metabolism imbalance in anemia of inflammation induced by LPS via reversely regulating hepcidin and ferroportin expression ［J］. Biochem Biophys Res Commun，2018，507（1-4）：280-285.

［22］ Bushue N，Wan Y J. Retinoid pathway and cancer therapeutics ［J］. Adv Drug Deliv Rev，2010，62（13）：1285-1298.

［23］ Liang C，Qiao G，Liu Y，et al. Overview of all-trans-retinoic acid（ATRA）and its analogues：Structures，activities， and mechanisms in acute promyelocytic leukaemia [J]. Eur J Med Chem，2021，220：113451.

[24] 李留法，闫永波，李妍，等. 维生素类药物在肿瘤治疗中的应用 [J]. 药学进展，2008（11）：493-499.

[25] 孙定人，张石革. 维生素 A（视黄醇）缺乏症（夜盲症）与补充维生素 A [J]. 中国药房，2003（10）：63-64.

[26] Hathcock J N，Hattan D G，Jenkins M Y，et al. Evaluation of vitamin A toxicity [J]. Am J Clin Nutr，1990，52（2）：183-202.

[27] Melhus H，Michaelsson K，Kindmark A，et al. Excessive dietary intake of vitamin A is associated with reduced bone mineral density and increased risk for hip fracture [J]. Ann Intern Med，1998，129（10）：770-778.

[28] 秦迅. 维生素 A 的临床新用途 [J]. 中华养生保健，2001（11）：43.

[29] Fusi S，Kupper T S，Green D R，et al. Reversal of postburn immunosuppression by the administration of vitamin A [J]. Surgery，1984，96（2）：330-335.

[30] 李专成. 维生素 A 合成工艺评述 [J]. 化学工程与装备，2009（02）：95-100.

[31] 沈润溥. 维生素 A 乙酸酯的合成研究 [D]. 杭州：浙江大学，2004.

[32] 赵文恩，李艳杰，崔艳红，等. 类胡萝卜素生物合成途径及其控制与遗传操作 [J]. 西北植物学报，2004（05）：930-942.

[33] Zhao J，Li Q Y，Sun T，et al. Engineering central metabolic modules of *Escherichia coli* for improving beta-carotene production [J]. Metab Eng，2013，17：42-50.

[34] Parker G L，Smith L K，Baxendale I R. Development of the industrial synthesis of vitamin A [J]. Tetrahedron，2016，72（13）：1645-1652.

[35] Peck R F，Echavarri-Erasun C，Johnson E A，et al. Brp and blh are required for synthesis of the retinal cofactor of bacteriorhodopsin in *Halobacterium salinarum* [J]. J Biol Chem，2001，276（8）：5739-5744.

[36] Sabehi G，Loy A，Jung K H，et al. New insights into metabolic properties of marine bacteria encoding proteorhodopsins [J]. PLoS Biol，2005，3（8）：e273.

[37] Martinez A，Bradley A S，Waldbauer J R，et al. Proteorhodopsin photosystem gene expression enables photophosphorylation in a heterologous host [J]. Proc Natl Acad Sci USA，2007，104（13）：5590-5595.

[38] Jang H J，Yoon S H，Ryu H K，et al. Retinoid production using metabolically engineered *Escherichia coli* with a two-phase culture system [J]. Microb Cell Fact，2011，10：59.

[39] Jang H J，Ha B K，Zhou J，et al. Selective retinol production by modulating the composition of retinoids from metabolically engineered *E. coli* [J]. Biotechnol Bioeng，2015，112（8）：1604-1612.

[40] Han M，Lee P C. Microbial production of bioactive retinoic acid using metabolically engineered *Escherichia coli* [J]. Microorganisms，2021，9（7）：1520.

[41] Sun L，Kwak S，Jin Y S. Vitamin A production by engineered *Saccharomyces cerevisiae* from xylose via two-phase in situ extraction [J]. ACS Synth Biol，2019，8（9）：2131-2140.

[42] Lee Y G，Kim C，Sun L，et al. Selective production of retinol by engineered *Saccharomyces cerevisiae* through the expression of retinol dehydrogenase [J]. Biotechnol Bioeng，2022，119（2）：399-410.

[43] 曲蕙名，楚杰，韩利文，等. β- 胡萝卜素提取方法、生理功能及应用研究进展 [J]. 中国食物与营养，2017，23（08）：37-41.

[44] 王岩岩，邢建民，陈红歌. β- 胡萝卜素合成的代谢工程研究进展 [J]. 生物工程学报，2017，33（04）：578-590.

[45] Mata-Gomez L C，Montanez J C，Mendez-Zavala A，et al. Biotechnological production of carotenoids by yeasts：an

overview [J]. Microb Cell Fact, 2014, 13: 12.

[46] Silva S C, Ferreira I, Dias M M, et al. Microalgae-derived pigments: A 10-year bibliometric review and industry and market trend analysis [J]. Molecules, 2020, 25 (15): 3406.

[47] 姜建国, 姚汝华. 氮磷比对盐藻生长及甘油和色素累积的影响 [J]. 热带海洋, 1999 (01): 68-72.

[48] Lers A, Biener Y, Zamir A. Photoinduction of Massive beta-carotene accumulation by the Alga *Dunaliella bardawil*: Kinetics and dependence on gene activation [J]. Plant Physiol, 1990, 93 (2): 389-395.

[49] Xu Y, Harvey P J. Red light control of beta-carotene isomerisation to 9-cis beta-carotene and carotenoid accumulation in *Dunaliella salina* [J]. Antioxidants (Basel), 2019, 8 (5): 148.

[50] Capa-Robles W, Garcia-Mendoza E, Paniagua-Michel J J. Enhanced beta-carotene and biomass production by induced mixotrophy in *Dunaliella salina* across a combined strategy of glycerol, salinity, and light [J]. Metabolites, 2021, 11 (12): 866.

[51] Gonabadi E, Samadlouie H R, Shafafi Zenoozian M. Optimization of culture conditions for enhanced Dunaliella salina productions in mixotrophic culture [J]. Prep Biochem Biotechnol, 2022, 52 (2): 154-162.

[52] Feng S, Hu L, Zhang Q, et al. CRISPR/Cas technology promotes the various application of *Dunaliella salina* system [J]. Appl Microbiol Biotechnol, 2020, 104 (20): 8621-8630.

[53] Hu L, Feng S, Liang G, et al. CRISPR/Cas9-induced beta-carotene hydroxylase mutation in *Dunaliella salina* CCAP19/18 [J]. AMB Express, 2021, 11 (1): 83.

[54] 丁长河, 尹萌, 李鸿莉. 三孢布拉氏霉菌发酵产 β- 胡萝卜素工艺优化 [J]. 食品研究与开发, 2020, 41 (16): 188-194.

[55] 唐玲, 武彦文, 欧阳杰. β- 胡萝卜素生产方法研究进展 [J]. 食品研究与开发, 2009, 30 (01): 169-171.

[56] 唐玲. 三孢布拉氏霉菌发酵 β- 胡萝卜素的研究 [D]. 北京: 北京林业大学, 2009.

[57] Choudhari S M, Ananthanarayan L, Singhal R S. Use of metabolic stimulators and inhibitors for enhanced production of beta-carotene and lycopene by *Blakeslea trispora* NRRL 2895 and 2896 [J]. Bioresour Technol, 2008, 99 (8): 3166-3173.

[58] 胡静. 三孢布拉氏霉菌产类胡萝卜素发酵调控机理的研究 [D]. 北京: 北京化工大学, 2016.

[59] Wang Q, Luo W, Gu Q Y, et al. Enhanced lycopene content in *Blakeslea trispora* by effective mutation-screening method [J]. Appl Biochem Biotechnol, 2013, 171 (7): 1692-1700.

[60] 任双喜, 尹光琳. 三孢布拉氏霉生物合成 β- 胡萝卜素的研究—— I. 三孢布拉氏霉负菌优良菌株 SCB201 的选育 [J]. 微生物学通报, 1998, 25 (1): 4.

[61] Deeba F, Kiran Kumar K, Ali Wani S, et al. Enhanced biodiesel and beta-carotene production in *Rhodotorula pacifica* INDKK using sugarcane bagasse and molasses by an integrated biorefinery framework [J]. Bioresour Technol, 2022, 351: 127067.

[62] Misawa N, Yamano S, Linden H, et al. Functional expression of the *Erwinia uredovora* carotenoid biosynthesis gene crtI in transgenic plants showing an increase of beta-carotene biosynthesis activity and resistance to the bleaching herbicide norflurazon [J]. Plant J, 1993, 4 (5): 833-840.

[63] Yoon S H, Lee S H, Das A, et al. Combinatorial expression of bacterial whole mevalonate pathway for the production of beta-carotene in *E. coli* [J]. J Biotechnol, 2009, 140 (3-4): 218-226.

[64] Yoon S H, Park H M, Kim J E, et al. Increased beta-carotene production in recombinant *Escherichia coli* harboring an

engineered isoprenoid precursor pathway with mevalonate addition [J]. Biotechnol Progr, 2007, 23 (3): 599-605.

[65] Martin V J, Pitera D J, Withers S T, et al. Engineering a mevalonate pathway in *Escherichia coli* for production of terpenoids [J]. Nat Biotechnol, 2003, 21 (7): 796-802.

[66] Yuan L Z, Rouviere P E, Larossa R A, et al. Chromosomal promoter replacement of the isoprenoid pathway for enhancing carotenoid production in *E.coli* [J]. Metab Eng, 2006, 8 (1): 79-90.

[67] Choi H S, Lee S Y, Kim T Y, et al. In silico identification of gene amplification targets for improvement of lycopene production [J]. Appl Environ Microb, 2010, 76 (10): 3097-3105.

[68] Suh W. High isoprenoid flux *Escherichia coli* as a host for carotenoids production [J]. Methods Mol Biol, 2012, 834: 49-62.

[69] Li Q, Fan F, Gao X, et al. Balanced activation of IspG and IspH to eliminate MEP intermediate accumulation and improve isoprenoids production in *Escherichia coli* [J]. Metab Eng, 2017, 44: 13-21.

[70] Gong Z, Wang H, Tang J, et al. Coordinated expression of astaxanthin biosynthesis genes for improved astaxanthin production in *Escherichia coli* [J]. J Agric Food Chem, 2020, 68 (50): 14917-14927.

[71] Wu T, Ye L, Zhao D, et al. Membrane engineering - A novel strategy to enhance the production and accumulation of beta-carotene in *Escherichia coli* [J]. Metab Eng, 2017, 43 (Pt A): 85-91.

[72] Li Y, Lin Z, Huang C, et al. Metabolic engineering of *Escherichia coli using* CRISPR-Cas9 meditated genome editing [J]. Metab Eng, 2015, 31: 13-21.

[73] Verwaal R, Wang J, Meijnen J P, et al. High-level production of beta-carotene in *Saccharomyces cerevisiae* by successive transformation with carotenogenic genes from *Xanthophyllomyces dendrorhous* [J]. Appl Environ Microbiol, 2007, 73 (13): 4342-4350.

[74] Yamano S, Ishii T, Nakagawa M, et al. Metabolic engineering for production of beta-carotene and lycopene in *Saccharomyces cerevisiae* [J]. Biosci Biotechnol Biochem, 1994, 58 (6): 1112-1114.

[75] Yan G L, Wen K R, Duan C Q. Enhancement of beta-carotene production by over-expression of HMG-CoA reductase coupled with addition of ergosterol biosynthesis inhibitors in recombinant *Saccharomyces cerevisiae* [J]. Curr Microbiol, 2012, 64 (2): 159-163.

[76] Xie W, Liu M, Lv X, et al. Construction of a controllable beta-carotene biosynthetic pathway by decentralized assembly strategy in *Saccharomyces cerevisiae* [J]. Biotechnol Bioeng, 2014, 111 (1): 125-133.

[77] Zhao Y, Zhang Y, Nielsen J, et al. Production of beta-carotene in *Saccharomyces cerevisiae* through altering yeast lipid metabolism [J]. Biotechnol Bioeng, 2021, 118 (5): 2043-2052.

[78] Fathi Z, Tramontin L R R, Ebrahimipour G, et al. Metabolic engineering of *Saccharomyces cerevisiae* for production of beta-carotene from hydrophobic substrates [J]. FEMS Yeast Res, 2021, 21 (1): foaa068.

[79] Groenewald M, Boekhout T, Neuveglise C, et al. *Yarrowia lipolytica*: safety assessment of an oleaginous yeast with a great industrial potential [J]. Crit Rev Microbiol, 2014, 40 (3): 187-206.

[80] 孔婧, 朱坤, 刘士琦, 等. 代谢工程改造解脂耶氏酵母合成植物萜类化合物的研究进展 [J]. 微生物学通报, 2021, 48 (04): 1302-1313.

[81] Gao S, Tong Y, Zhu L, et al. Production of beta-carotene by expressing a heterologous multifunctional carotene synthase in *Yarrowia lipolytica* [J]. Biotechnol Lett, 2017, 39 (6): 921-927.

[82] Gao S, Tong Y, Zhu L, et al. Iterative integration of multiple-copy pathway genes in *Yarrowia lipolytica* for heterologous

beta-carotene production [J]. Metab Eng，2017，41：192-201.

［83］ Larroude M，Celinska E，Back A，et al. A synthetic biology approach to transform *Yarrowia lipolytica* into a competitive biotechnological producer of beta-carotene [J]. Biotechnol Bioeng，2018，115（2）：464-472.

［84］ Ma Y，Liu N，Greisen P，et al. Removal of lycopene substrate inhibition enables high carotenoid productivity in *Yarrowia lipolytica* [J]. Nat Commun，2022，13（1）：572.

［85］ 傅秀敏，杨子银，程思华，等．一种生产 α-胡萝卜素的基因工程菌及其构建方法和应用：CN201610530425.2[P]. 2016-11-16.

［86］ 刘龙，石勇，陈坚，等.一种生产维生素 A 的酿酒酵母菌及其构建方法：CN202111616076-3[P]. 2022-05-13.

［87］ 叶丽丹，于洪巍，胡琼越.一种选择性生产视黄醇的基因工程菌及其构建方法和应用：CN202110545875.X[P]. 2021-08-17.

第6章
维生素 K

崔世修，刘龙
江南大学

6.1 概述

6.1.1 维生素 K 的种类

20 世纪 30 年代，丹麦的科学家 Henrik Dam 发现了一种与凝血有关的物质，将其命名为维生素 K（又称凝血维生素）。维生素 K 是一系列 2- 甲基 -1,4- 萘醌环衍生物的总称，具有良好的耐酸性和耐热性，但对紫外线照射较为敏感，光照条件下易被分解，在碱性环境中也易被分解[1]。根据 C3 位支链结构的不同，可以将维生素 K 划分为维生素 K_1、维生素 K_2、维生素 K_3 和维生素 K_4（图 6-1）。

维生素 K_1（phylloquinone），又称叶绿醌、植物甲萘醌，是一种熔点为 -20℃的黄色油状物，化学名为 2- 甲基 -3-（3,7,11,15- 四甲基 -2- 十六碳烯基）-1,4- 萘二酮，CAS 号为 84-80-0，分子式为 $C_{31}H_{46}O_2$，分子量为 450.70，其 C3 位的侧链为单一的不饱和脂肪酸链。维生素 K_1 广泛存在于花椰菜、菠菜、苜蓿等绿色植物中，主要功能是促进血液凝固，用于治疗和预防低凝血因子血症和出血性疾病[2]。

维生素 K_2（menaquinones），是一种熔点为 54℃的淡黄色结晶，是一系列含有甲萘醌母核，且 C3 位上带有数目不等的异戊二烯侧链的化合物的统称，通常用 MK-n 来表示，n 代表的是侧链上异戊二烯单位的数目，共有 14 种形式，其中 MK-4（menaquinone-4）和 MK-7（menaquinone-7）是最为重要的两类亚型，并且具有较高的生物活性和生物利用度。维生素 K_2 主要存在于纳豆等发酵类豆制品中，另外，蛋黄、奶制品中也含有少量的维生素 K_2[3]。

维生素 K_3 和维生素 K_4 通常是由人工合成的。其中，维生素 K_3（menadione），又称甲萘醌，化学名为 2- 甲基 -1,4- 萘醌，CAS 号为 58-27-5，分子式为 $C_{11}H_8O_2$，分子量为 172.18，是白色或类白色的结晶粉末，微溶于热水，易溶于乙醇、苯、氯仿、四氯化碳和植物油等，有特殊臭味[4]。目前市场上的维生素 K_3 主要用作饲料添加剂，常以水溶性的亚硫酸盐的形式存在。维生素 K_4（menadiol diacetate）是维生素 K_3 的氢醌型，又称醋酸甲萘氢醌，化学名为二乙酸 -2- 甲基 -1,4- 萘二酚酯，CAS 号为 573-20-6，分子式为 $C_{15}H_{14}O_4$，分子量为 258.27，用于治疗低凝血因子血症。人工合成的维生素 K_3 和维生素 K_4 需要通过肝脏转化成维生素 K_1 或维生素 K_2 后才能发挥作用[5]。

6.1.2 维生素 K 的来源

维生素 K_1 既可以从绿色植物中获取，亦可以通过化学合成法合成。维生素 K_2 的获取方法主要有三种：天然产物提取法、化学合成法、微生物发酵法[6]。而维生素 K_3 和维生素 K_4 则只能通过人工合成获取。

6.1.3 维生素 K 的功能

维生素 K 在人体多个系统中发挥着重要作用，具有多种生理药理功能，在维持机体骨骼和心血管健康等方面有重要的作用。具体功能如下。

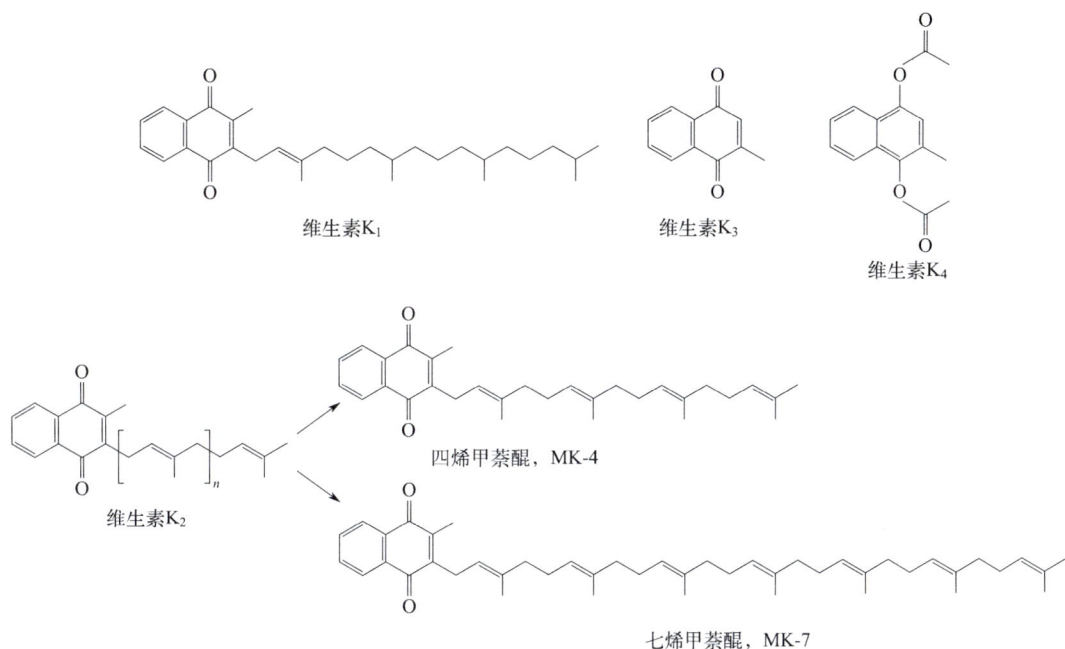

图 6-1　维生素 K 的种类

6.1.3.1　促进骨骼健康

骨质疏松症是一个高频的与脆性骨折相关的疾病，常见于老年人以及绝经后的女性。预估 2050 年，该病的发病人数将达到 626 万人。研究发现，维生素 K_2 能够促进骨形成、抑制骨流失，对骨质疏松症具有预防作用，能够改善骨骼发育和减少骨折的风险[7]。

维生素 K_2 主要通过调控骨钙蛋白（BGP）和基质 Gla 蛋白（MGP）的合成，实现改善骨骼强度的目的。骨钙蛋白又称为骨 Gla 蛋白（含 γ- 羧基谷氨酸的骨基质的蛋白），由成骨细胞产生，然后分泌到骨细胞外基质中，是骨骼内的一种重要非胶原蛋白。骨钙蛋白由 49 个氨基酸残基组成，谷氨酸残基位于蛋白氨基酸序列的第 21、24 和 27 位。在骨钙蛋白成熟的过程中，3 个谷氨酸均被 γ- 羧基化，其中每个残基拥有一个钙结合位点。未羧化的骨钙蛋白不能在骨组织中结合羟基磷灰石，只有羧化的骨钙蛋白才能结合羟基磷灰石晶体中的钙离子，从而发挥其调节骨细胞外基质的组成、羟基磷灰石晶体的大小和形状的作用。在此过程中维生素 K_2 是骨钙蛋白羧基化的关键。基质 Gla 蛋白存在于软骨、骨骼和软组织中，包括血管壁。基质 Gla 蛋白出现早于骨钙素，并与骨的有机物和羟基磷灰石晶体结合，抑制血管钙化。基质 Gla 蛋白可防止不同部位的钙化，包括软骨、血管壁、皮肤弹性纤维[8]。

研究发现，维生素 K_2 不仅能够促进成骨细胞的分化以及骨钙蛋白的合成，还能提高胰岛素样生长因子 -1、骨钙素 2、碱性磷酸酶以及生长分化因子 -15 的水平，进而促进骨细胞的生长。同时，维生素 K_2 还可以减少核因子（nuclear factor κB，NF-κB）配体的受体，进而减少成骨细胞中促凋亡蛋白 FAS 和促凋亡因子 BAX 的表达，降低破骨细胞的分化。此外，维生素 K_2 能显著抑制 miR-133A 的表达，进而促进成骨细胞的分化[9]。

6.1.3.2　维持心血管健康

心血管疾病是一种严重威胁人类，特别是中老年人健康的常见病，具有高致残率和高死亡率的特点。世界卫生组织预测，在 2030 年由该病引起的死亡人数将达到 2330 万。动脉钙化常见于老年个体，在超过 70 岁的人群里，96% 的人存在主动脉和冠状动脉钙化的现象。研究显示摄入较高剂量的维生素 K 能够有效降低冠状动脉的钙化水平，降低发生心血管疾病的风险[10]。

维生素 K 预防心血管钙化的机制可简述为：维生素 K 促进钙在骨骼中沉积，缓解了钙质的流失；通过 MGP 抑制钙质在血管中的沉积；通过调节生长停滞特异性基因的活性，阻止血管平滑肌的凋亡，抑制血管钙化的过程。维生素 K 能够羧化 MGP，并在靶细胞发育旺盛的时候大量表达 MGP。MGP 中含有 3 个丝氨酸残基（残基 3、6 和 9），羧基化的 MGP 会进一步被磷酸化，磷酸化的 MGP 通过带负电荷的磷酸盐基团吸引到羟基磷灰石晶体上，从而在表面形成蛋白包被，阻止钙质在血管中的聚集，抑制钙晶体的形成。同时，相关研究表明 MGP 基因的缺失会引起动脉中层的钙化。MGP 还可以与骨形态发生蛋白以及 β- 转化生长因子结合，并抑制钙质在血管中的沉积。当缺乏 MGP 或者 MGP 活性不高时，骨形态发生蛋白的作用变得明显，并通过刺激血管平滑肌细胞表达成骨素，引起血管广泛的钙化。维生素 K 还可通过调节与钙化相关几种蛋白的基因转录来发挥作用，比如基质 Gla 蛋白、骨桥蛋白和骨保护素[11]。

人体内可以通过维生素 K 循环过程回收维生素 K，循环的过程为维生素 K 在环氧化物还原酶的作用下先还原成酚式结构，后与骨钙蛋白上的谷氨酸残基接触时，酚式结构转化为更稳定的醌式结构。在此过程中维生素 K 会释放一对电子，此电子传递给谷氨酸残基的 α 碳，α 碳得到电子吸收 CO_2 形成羧基，此时形成羧基化的骨钙蛋白[12]。进而，骨钙蛋白解离出氢离子，能够与 Ca^{2+} 静电结合，这样实现了无机钙向有机钙的转变，完成成骨的过程。最后，醌式结构的维生素 K 在环氧化物还原酶的作用下，再被还原成酚式结构，继续羧化下一个骨钙蛋白。

6.1.3.3　在其他疾病中的作用

维生素 K 不仅在强化骨骼和预防心血管钙化方面发挥重要作用，还可诱导肝细胞癌、卵巢癌等实体瘤和白血病癌细胞的凋亡和分化，抑制肝癌、神经胶质瘤细胞、白血病细胞等多种肿瘤细胞的增殖，并参与多种肿瘤细胞的细胞调节周期，具有明显的抗肿瘤作用[13]。

肝癌是全世界最常见的癌症之一，维生素 K 不仅可以预防肝硬化患者肝细胞癌变的发生，还可以降低肝细胞癌的复发率，并提高肝细胞癌患者的生存率。维生素 K 通过 NF-κB 与细胞周期蛋白 D1 基因的启动子结合，抑制细胞周期蛋白 D1 的表达，进而使癌细胞的细胞周期阻滞在 G1 期[14]。NF-κB 存在于正常细胞的胞质中，与 NF-κB 的抑制物（IκB）结合，结合之后不具有调控基因表达的能力。在某些刺激下蛋白激酶作用于 IκB，使其磷酸化，最终 IκB 被降解[15]。NF-κB 从而与靶基因结合并调控基因表达，加速癌细胞的生长。维生素 K

可以抑制蛋白激酶的功能，进而抑制 NF-κB 的功能。蛋白激酶包括蛋白激酶 A（PKA）、蛋白激酶 C（PKC）和蛋白激酶 D1（PKD1）[16]。另一方面，肝细胞癌中维生素 K 可以通过干扰肝癌源性的生长因子（HDGF）基因的转录，使 HDGF 的表达明显下降，从而抑制癌细胞的增殖。

白血病由 30 多个淋巴和髓系恶性肿瘤组成，是一类来源于造血干细胞的血液系统恶性克隆性疾病。近年来，儿童成了白血病的高发人群，目前我国白血病患儿达到 200 多万，并以每年 3 万至 4 万新增患儿的速度增加，白血病预后较差且病死率很高。在白血病细胞中，维生素 K 通过上调 P27 的表达，使细胞周期阻滞在 G_0/G_1 期，从而抑制白血病细胞的增殖[17]。研究发现转录因子 c-MYC 在多种人类实体肿瘤中高效表达，维生素 K 还可以通过抑制 c-MYC 的表达促使白血病细胞发生凋亡。

糖尿病是一种受遗传因素、环境因素及生活习惯影响的慢性代谢性疾病。其主要病因是人体胰腺不能正常产生胰岛素（胰岛素缺乏）或身体不能正常利用胰岛素（胰岛素抵抗），导致血糖高于正常水平。细胞内的骨钙蛋白有利于 B 细胞增殖，增强胰岛素的分泌和敏感性，血清中骨钙蛋白水平与空腹血糖、胰岛素水平等糖代谢相关指标呈负相关[18]。补充维生素 K 后，骨钙蛋白羧化程度升高，有利于缓解胰岛素不足。研究发现，维生素 K 可以与胰岛 B 细胞中的 GPRC6A 蛋白结合，进而调节胰岛 B 细胞增殖及胰岛素分泌，还可与小肠内分泌细胞的 GPRC6A 结合，促进胰高血糖素样肽 -1 表达，间接影响胰岛素的分泌。GPRC6A 同样存在于脂肪细胞表面，与骨钙蛋白结合之后，可以作用于脂连蛋白，间接改善细胞对胰岛素的敏感性[19]。

6.2　维生素 K 的应用

6.2.1　维生素 K 在骨骼健康中的应用

维生素 K 对维持骨骼健康、预防骨质疏松至关重要[20]。维生素 K 是 γ- 羧化酶的辅因子，可将一些蛋白中的谷氨酸（Glu）残基转化为 γ- 羧基谷氨酸（Gla）残基，维生素 K 不足会导致这些蛋白中谷氨酸残基的转化达不到最大化。对于维生素 K 依赖性蛋白来讲，Glu 到 γ-Gla 的转化代表了这类蛋白结合钙离子的能力，这对其活性至关重要[21]。骨骼中含有 3 种参与骨代谢的维生素 K 依赖性蛋白（骨钙素、羧基谷氨酸蛋白、蛋白 S），这些蛋白的功能受损可能对骨骼有不良影响。特别是临床表现维生素 K 不足可能会引发骨质疏松症。另外，一些报告指出，临床使用抗凝血剂导致的维生素 K 拮抗可能会导致骨密度降低，增加骨折风险[22]。

由成骨细胞介导的骨形成以及由破骨细胞介导的骨吸收共同调控骨的再建；如果骨形成与骨吸收的平衡被打破，极易导致骨质疏松。近年来临床已开始应用各种成骨细胞和破骨细胞的生物活性标记。骨标记反映了骨代谢中的变化，因而可以为骨的生理学及病理生理学提供依据。通常认为骨更新的生物标记会被固定和微重力影响，然而宇宙飞行期间获得的数据证实了一些骨更新过程中标记的变化与失重无关，而与缺乏维生素 K 有关[23]。

目前的研究已经报道了维生素 K 摄取、骨量和髋骨骨折之间的关系。骨质疏松性骨折患者的血清维生素 K 浓度低，增加维生素 K 摄入量可以帮助减少更年期后的骨流失[24]。一份针对年龄在 38～63 岁之间的女性身体素质的调查显示，年轻女性髋骨骨折的风险比年长女性低。调查显示，摄入高剂量维生素 K 组比低剂量组的女性髋骨骨折发生率低。

激素取代疗法是一种补充雌激素以治疗更年期综合征的方法，能够防止由雌激素水平降低导致的骨量过度流失。相反，维生素 K 对从未使用过激素取代疗法的个体有很明显的保护作用，能够降低骨折风险。纳豆是一种发酵豆类食品，在日本东部很常见，其维生素 K 含量很丰富（尤其是 MK-7）。日本西部女性的髋骨骨折风险比日本东部高，这一现象表明含有 MK-7 的纳豆产品对降低日本东部女性髋骨骨折风险起到了一定作用[25]。

6.2.2 维生素 K 在血管健康中的应用

维生素 K 作为 γ-亚麻酸蛋白家族如凝血素、凝血因子Ⅶ、凝血因子Ⅸ和凝血因子Ⅹ合成中的辅因子，在凝血系统中扮演了很重要的角色。维生素 K 缺乏可导致新生儿颅内出血。1979 到 2000 年间文献报道的 3970 例维生素 K 缺乏性出血病例中，颅内出血发生率为 92%，病死率 22%。

敲除维生素 K 依赖性蛋白（如 MGP）的编码基因，能够阻止维生素 K 作为辅因子在血管壁上生成 Gla 蛋白，会引起啮齿动物动脉的大量硬化，最终会造成血栓和死亡。Gla 蛋白拥有许多调节功能，包括凝血、骨更新、预防血管钙化、血管修复、细胞周期调控和细胞间黏着以及信号转导[26]。维生素 K 缺乏会导致 Gla 蛋白羧化不全，干扰上述生理过程的进行。迄今为止，需要通过饮食摄取的维生素 K 量被定义为肝脏合成凝血因子所要求的基本量。更多的证据提示，其他组织，尤其是骨骼与动脉，需要摄入更多的维生素 K 以满足局部 Gla 蛋白的羧化需要。

很多证据表明动脉钙化模仿了骨形成过程，这显示了维生素 K 对脉管系统的作用。高维生素 K_1 和维生素 K_2 摄入能够减少主动脉钙化的发生，并且维生素 K_2 摄入与缺血性心脏病和心血管病的发生呈负相关[27]。

口服抗凝剂的潜在副作用是增加血管钙化的发生。在动物模型中，短期使用华法林（一种抗凝血药）后会出现严重的动脉钙化。华法林诱导的动脉钙化能够被维生素 K_2 完全抑制，但维生素 K_1 却不起作用，显示了血管系统中维生素 K_2 扮演了比维生素 K_1 更重要的角色。MGP 在预防过早钙化、抑制软骨和动脉血管壁胞外钙基质沉积中起重要作用[28]。MGP 缺乏的小鼠在出生时正常，但在接下来的几周内所有大动脉都会出现大量钙沉积，并在出生后八周内都死于胸部或腹主动脉破裂。增加维生素 K 摄入量可能通过增加 MGP 羧化来保护血管，进而阻止因年龄增长引起的血管硬化。维生素 K 对骨骼和血管的重要性也表现在使用香豆素拮抗剂来阻止维生素 K 利用的大鼠身上，在这个模型中观察到了骨骼变形和动脉钙化。

6.2.3　维生素 K 在免疫中的应用

在日本，MK-4（四烯甲萘醌）作为预防性治疗剂，每日摄取的量要高于能够保证维生素 K 依赖性骨蛋白正常 γ- 羧化的量。在正常饮食和生理情况下，维生素 K 主要被肝代谢分解为两种主要的脲基：5C 和 7C 羧酸。5C 代谢物占主体，侧链变短（可能大部分通过线粒体 β- 氧化途径）。这两种苷元在维生素 K_1、MK-4 和 MK-7 执行完生理功能后排出的量更多，表明维生素 K 代谢有一个共同的代谢途径。维生素 K 的氧化降解是否发生在非肝组织还未知，但是维生素 K 代谢物本身的增加可能解释了高剂量维生素 K 介入对于改善骨流失的疗效。细胞组织化学中观察到，在骨吸收过程中 β- 羟酰脱氢酶活性（一种 β- 氧化酶）升高，暗示了维生素 K 副产物可能发挥了新的生物活性。例如，在大鼠爪水肿模型中维生素 K 的 7C 羧酸副产物拥有很强的由细胞因子介导的抗炎活性[29]。

白细胞可以释放一系列促炎性及抗炎性细胞因子，如骨骼中的白细胞。最近的研究发现类成骨细胞系 MG-63 在存在脂多糖（LPS）或 1, 25-(OH)$_2$ 维生素 D_3 的情况下可以诱导释放白细胞介素 -6（IL-6）[30]。而 IL-6 被认为是骨吸收中诱导破骨细胞生成的激活剂。因此，诱导 IL-6 水平升高可能会增加骨吸收，降低骨形成，造成骨流失；反之抑制 IL-6 水平则会降低骨流失。

如果为 MG-63 细胞提供脂多糖（LPS）与 5C 的维生素 K 代谢物，在具有高浓度代谢物 $5 \sim 10 mol/L$）时 IL-6 的释放会被抑制。而 7C 羧酸代谢物对 LPS 诱导的 IL-6 释放有更强的抑制作用（浓度为 $10^{-8} \sim 10^{-7} mol/L$）。这个发现暗示了高剂量维生素 K 可能通过调整细胞因子介导的相关事件作用于骨骼。运用高剂量维生素 K 时，维生素 K 的代谢物 7C 羧酸可能会通过抑制细胞因子介导的破骨细胞生成而降低骨吸收、促进骨形成，同时维生素 K 本身会确保骨中的维生素 K 依赖蛋白进行完整的 γ- 羧化[31]。维生素 K 通过控制细胞因子来调节生理反应，这可能为骨代谢疾病的干预治疗提供了新的方法。

6.2.4　维生素 K 在癌症治疗中的应用

最近的一些研究发现，维生素 K_1、维生素 K_2、维生素 K_3 对肝癌、白血病、结肠癌、肺癌、口腔癌、乳腺癌以及膀胱癌都有体外抗癌作用[32]。

维生素 K_2 被证实具有体内和体外抗癌作用。维生素 K_2 在原发性肝癌组织中的含量明显低于癌周组织中的含量，也明显低于转移性肝癌癌组织中的含量。另有报道维生素 K_2 可预防病毒性肝炎向肝癌转变及减慢肝癌经门静脉发生转移[33]。有研究报道，维生素 K_2 可以降低肝癌（原发性肝细胞肝癌，HCC）的复发率，提高患者的生存率[34]。维生素 K_2 可在体外抑制肝癌细胞 HepG2 的生长。Markovits 等[35]发现，一种人工合成的维生素 K 制剂 Cpd5 能降低细胞周期蛋白 1（cyclin 1）、细胞周期蛋白依赖激酶 4（CDK4）、p16、p21 和细胞周期蛋白 B1（cyclin B1）的水平，从而抑制肝癌细胞的生长。Sun 等[36]通过细胞周期阻滞和凋亡实验证实了维生素 K_2 对大鼠和人的胶质瘤细胞增殖有抑制作用。Takami 等[37]的一项研究表明，一位患有骨髓增生异常综合征的 80 岁妇女每日口服 45mg 维生素 K_2，14 个月后再生障碍性贫血有所改善，并且不再需要临床输血。维生素 K_2 可诱导胶质瘤细胞、肝癌细胞及白血病细胞的凋亡，并呈剂量依赖，还可引起这些细胞的细胞周期在 G0/G1 期阻滞。Yaguchi 等[38]检测了 MK-4 对白血病细胞的作用，发现 90% 的细胞发生了凋亡。

由于无法使用电子氧化还原反应循环，维生素 K_2 必须通过非氧化机制来启动凋亡程序，该机制需要转录因子参与。氧化机制是通过氢醌的电子循环生成 ROS，细胞的氧化能力无法负荷增加的 ROS，导致细胞死亡。非氧化机制是细胞周期阻滞和由转录因子调控诱导的细胞凋亡。

一些研究结果显示维生素 C 与维生素 K 共同作用可能会产生毒性[39]。维生素 C 与维生素 K_3 会激活凋亡作用或引起细胞坏死，这与使用剂量、使用时长和随后的氧化应激量有关。当这两种维生素混合时，它们之间的相互作用会导致细胞数量减少。将维生素 C 与维生素 K_3 按 100 : 1 的比例混合，与单独使用维生素 C 与维生素 K_3 比较，较低剂量的混合物对人口腔表皮癌、乳腺癌、子宫内膜癌细胞表现出了特殊的抗癌活性[40]。在另外一项研究中发现维生素 C 与维生素 K_3 的混合物是一种有效的化疗及放疗药物，能够诱导主要器官的病理学疗效。Jamison 等[41]证明了维生素 C 与维生素 K 协同作用对两种激素非依赖性的前列腺癌细胞系及其他泌尿癌细胞系均有抗癌活性。Venugopal 等[42]发现维生素 C 与维生素 K_3 联合使用比单独使用时对前列腺癌细胞的抗癌效果增加 5～20 倍。维生素 C 与维生素 K_3 联合使用所产生的毒性效果表现为一种称为胞质自切的细胞死亡方式，细胞质被挤出，留下完整的细胞核。维生素 K_3 会选择性地在恶性肿瘤细胞内再生碱性 DNA 酶，而维生素 C 仅再生酸性 DNA 酶，人和动物实验中，两种维生素在恶性肿瘤的非坏死细胞和早期癌变细胞中活性均会受到抑制。

6.2.5 维生素 K 在饲料领域内的应用

作为维生素 K 中重要的一类，维生素 K_3 并未批准用于人类食品，通常用于家禽以及宠物食品中，尤其是水产动物，维生素 K_3 能够促进畜禽肠道蠕动和消化液分泌，从而加快动物对食物的消化吸收。维生素 K_3 多用于防治鱼类的出血病、败血病或辅助治疗鱼类的某些慢性疾病。鱼类动物摄入维生素 K_3 量不足会导致组织出血和凝血时间延长等，从而减少鱼类资源。

维生素 K_3 作为饲料添加剂基本上有两大功能，一是作为肝脏合成酶原的必需物质，并参与凝血因子的合成。二是增强肝脏的解毒功能，参与膜的结构形成，降低血压。若鱼类在饲养的过程中摄入维生素 K 不足，生长的过程中会出现组织出血和凝血时间延长等症状[98]。维生素 K 的典型作用是参与血液凝固，其在钙转运中也发挥着重要作用。底鳉（*Fundulus heteroclitus*）摄食缺乏维生素 K 的饲料会导致脊骨畸形率显著增加[99]。奥尼罗非鱼（*Oreochromis niloticus×O. aureus*）和石斑鱼（*Epinephelus* spp.）在饲养的过程中，饲料中维生素 K 含量的增加能够促进鱼体钙含量的沉积，且两者存在正相关的关系[100]。在饲料中添加维生素 K_3，大口黑鲈体内的苏氨酸、亮氨酸和异亮氨酸含量显著增加。这 3 种氨基酸都是人体必需氨基酸，必需氨基酸含量和总氨基酸含量都有增长的趋势[98]。

6.3　维生素 K 的合成方法

6.3.1　维生素 K₂ 的提取制备法

　　提取法生产维生素 K₂ 的主要原料是日本的特色发酵食物——纳豆。每 100g 纳豆中约含有 800 ～ 900μg 的维生素 K₂[43]。纳豆的传统制作方法是先将黄豆清洗后蒸煮，随后将黄豆用稻草包裹，蒸煮的过程导致大部分细菌死亡，能够产生芽孢的芽孢杆菌得以存活并以黄豆为原料进行发酵。发酵完成后黄豆表面会出现黏稠的丝状物，此时便完成了纳豆的制作过程。如今纳豆已经实现工业化生产，生产的效率、风味和安全性都有较大提高。除了纳豆外，研究人员在奶酪、蜂蜜、肉类、牛奶和乳制品等不同食物中也发现了维生素 K₂，然而维生素 K₂ 在自然食物来源中的浓度较低，6.25kg 猪肉或 7.14kg 鸡蛋中仅含有 1mg 的维生素 K₂，MK-7 的含量则更低[44]。

6.3.2　维生素 K₂ 的化学合成法

（1）傅 - 克烷基化反应

　　化学合成维生素 K₂ 的研究最早开始于 1958 年，Isler 等[45] 将 2- 甲基 -1, 4- 萘醌与聚异戊烯结合，然后对萘醌环上的两个羟基氧化获得维生素 K₂，反应式如图 6-2 所示。1977年，Yoji 用甲萘醌与香叶基氯直接反应合成维生素 K₂。但存在的缺点较多，首先，傅 - 克（Friedel-Crafts）烷基化反应的选择性不佳，上述两条路线中异戊二烯对 2 位和 3 位的取代基具有不确定性，导致产物出现较多异构体，降低产物得率。其次，反应过程中异戊二烯的不稳定性，部分异戊二烯由于反式双键的异构化最终产物为顺式的维生素 K₂，反式的维生素 K₂ 具有生物活性，顺式则没有生物活性，对产物的得率和提取造成一定的困难[46]。第二条路线中利用氯代烃虽然能够提高产物得率，但是氯代位的碳原子活泼性大幅提高，容易发生自身环化，增加副产物的种类。此外，反应中涉及的萘醌环的稳定性较差，相关化合物的成本偏高。1980 年，Yoshinor 等利用锡烷与甲萘醌进行烷基化，该法的缺点是反应物锡烷不易制得，且目的产物的产率较低，约占 30%。1997 年，Lipshutz 等[47] 改进了 Yoshinor 和Naruta 的方法，即以镍为催化剂，以铝烷进行烷基化反应进一步合成维生素 K₂。铝烷作为烷基化底物的产率达到 93% 左右，不足之处在于底物铝烷易自燃，且该反应的反应过程中需要使用到镍和丁基锂等催化剂，故反应条件比较苛刻。

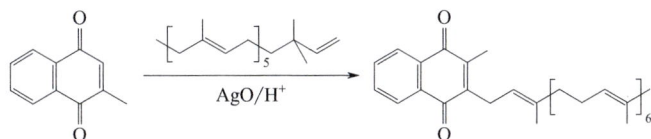

图 6-2　傅 - 克烷基化反应合成维生素 K₂

（2）侧链延长法

1980 年，Chenard 等[48]报道了合成 MK-1 的方法，这种方法通过在萘环的 1 和 4 位上进行甲氧基双取代后产生空间位阻效应，从而保证侧链被引入在 3 位上，但该法所得产物的总产率较低，仅为 47%（图 6-3）。1979 年，Syper 等[49]以 2- 甲基萘为起始物，经过氧化、溴化、还原、保护、制成金属试剂、连接侧链、去保护等系列步骤成功合成 MK-2。

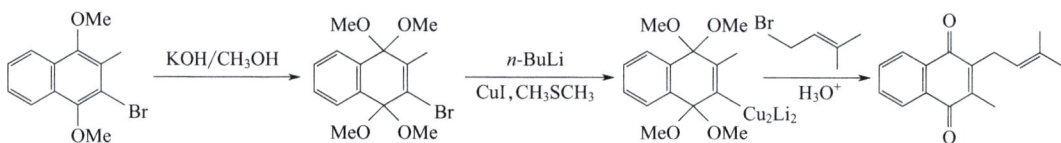

图 6-3 侧链延长法

（3）萘醌 - 环戊二烯合成法

通过逆 Diels-Alder 反应将萘醌、环戊二烯加合生成 MK-4（图 6-4）。该法具备系列优势，即无需过渡金属催化剂，烷基化反应在碱性条件下进行从而保持侧链中双键的立体构型，辅助剂环戊二烯可以回收利用，反应产物收率高达 93%[50]。

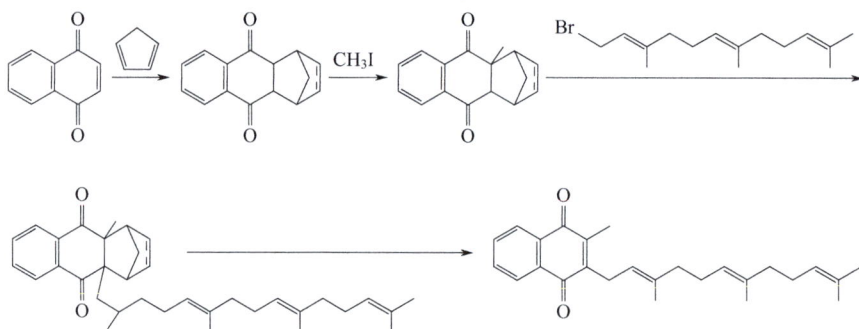

图 6-4 萘醌 - 环戊二烯合成法

此方法同样用来生产维生素 K$_3$，以甲基 -1, 4- 苯醌为原料，通过与辅助剂丁二烯发生 Diels-Alder 环化加成得到 1, 4- 二羟基 -2- 甲基萘，最后被铬酸氧化得到维生素 K$_3$（图 6-5），但是反应的过程中会产生铬废液污染环境。

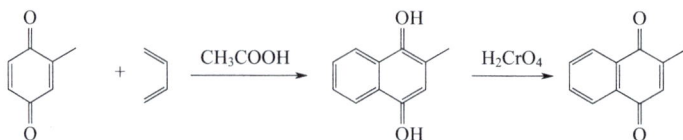

图 6-5 维生素 K$_3$ 合成步骤

6.3.3　维生素 K$_2$ 微生物合成法

目前通过微生物发酵法制备的维生素 K 主要是维生素 K$_2$。微生物发酵原料来源广、价格低，可以极大程度地降低生产成本，此外反应条件温和、易控制，环境污染小，更符合当前绿色生物制造的要求，同时微生物发酵法可以制备生物活性较高的全反式结构的维生素 K$_2$，其具有更高的生物活性、生物相容性以及生物利用度，具有强大的应用潜力[51]。

微生物的发酵生产方式主要包括液态发酵和固态发酵（表 6-1）。以发酵生产 MK-7 为例，固态发酵的菌种以纳豆枯草芽孢杆菌为主，常以大豆、谷物和简单的糖类等为底物[52]。澳大利亚悉尼大学 Berenjian Aydin 课题组以等体积的玉米和大豆为底物利用纳豆枯草芽孢杆菌进行固态发酵培养，得到 MK-7 产量为 67.01μg/g 的培养基[53]。但固态发酵过程具有以下几个缺点：①固态发酵工艺参数难控制，发酵过程中产生大量代谢热难以消除，同时固体培养基的湿度也会影响固体基质的物理性质，湿度低导致营养物质的溶解性减少，底物膨胀减小，渗透压升高；而高湿度由于颗粒团聚限制了生物量的产生，会使 MK-7 的含量降低。②固态发酵还存在周期长、占地面积大、产量少等缺点。因此研究方向逐渐转向能提高菌体生物量、缩小生物反应器体积、提高菌体生长速度、缩短发酵周期的液态发酵。

液态发酵生产 MK-7 的培养基一般以葡萄糖、蔗糖、甘油作为主要碳源，以大豆蛋白胨和酵母提取物为主要氮源[44]。李拖平等[54]对枯草芽孢杆菌培养条件进行了优化，发现甘油对维生素 K$_2$ 的产生与积累有促进作用。2011 年，Berenjian 等[55]利用 50g/L 甘油和 189g/L 大豆蛋白胨在静态条件下发酵，MK-7 产量为 62.3mg/L。

表6-1　不同菌株合成维生素K

菌种	发酵方式	发酵培养基	MK-7 产量	参考文献
纳豆枯草芽孢杆菌	固态发酵	玉米糁、大豆蛋白胨	67.01μg/g，培养基	[53]
枯草芽孢杆菌	固态发酵	酵母提取物、麦芽提取物、甘油、甘露醇	39μg/g，培养基	[75]
解淀粉芽孢杆菌	固态发酵	甘油、大豆提取物	11.3μg/g，培养基	[94]
纳豆枯草芽孢杆菌	液态发酵	酵母提取物、大豆蛋白胨、甘油	86.48mg/L	[55]
纳豆枯草芽孢杆菌	液态发酵	酵母提取物、大豆提取物、甘油	226mg/L	[95]
枯草芽孢杆菌	液态发酵	大豆蛋白胨、葡萄糖、甘油、磷酸二氢钾	360mg/L	[96]

6.4　维生素 K 的生物合成代谢途径

6.4.1　维生素 K 的经典合成途径

自然界中，维生素 K$_1$ 和维生素 K$_2$ 分别由植物和微生物合成，维生素 K$_3$ 和维生素 K$_4$ 则需要通过人工合成。人类和动物不能合成维生素 K，各种生理代谢活动需要的维生素 K 需要从外界获取，但寄居在肠道的微生物能够提供动物所需的维生素 K。

维生素 K 的结构都是由相同的 2- 甲基 -（1，4）- 萘醌核及 C-3 位不同的脂肪侧链组成。维生素 K_1 的支链结构为单一的不饱和脂肪酸链（主要由植物合成），维生素 K_2 的侧链结构是由不同数量的异戊二烯基组成的（主要由微生物合成）。自然界中，多种细菌可以利用葡萄糖或甘油在内的几种碳源，经过发酵合成维生素 K。1971 年，Bentley 等[56] 首先使用同位素示踪方法初步揭示了细菌中维生素 K_2 的生物合成途径。其中萘醌核由莽草酸途径和甲萘醌途径形成，侧链结构由甲基 - 赤藓糖醇 -4- 磷酸途径合成[57]。

6.4.1.1　维生素 K 萘醌核的合成

以葡萄糖为底物合成维生素 K 的 2- 甲基 -1，4- 萘醌核需要经过 EMP-HMP 途径、异戊二烯途径、分支酸途径和维生素 K 途径 4 个途径。其中关键代谢物有葡萄糖 -6- 磷酸、磷酸二羟丙酮、磷酸烯醇式丙酮酸、核酮糖 -5- 磷酸、景天庚酮糖 -7- 磷酸、莽草酸等[58]。

2- 甲基 -1，4- 萘醌核的合成以赤藓糖 -4- 磷酸（E4P）和磷酸烯醇式丙酮酸（PEP）作为起始底物，经过莽草酸途径中七步反应形成分支酸（CHA）（图 6-6）。分支酸在异分支酸合成酶（MenF）的催化下形成异分支酸（ICHA）。随后异分支酸可以在 2- 琥珀酰 -5- 烯醇式丙酮酰 -6- 羟基 -3- 环己烯 -1- 羧酸合成酶（MenD）催化下形成 2- 琥珀酰 -5- 烯醇式丙酮酰 -6- 羟基 -3- 环己烯 -1- 羧酸（SEPHCHC）。SEPHCHC 在 2- 琥珀酰 -6- 羟基 -（2，4）- 环己二烯 -1- 羧酸合酶（YtxM）的催化作用下转化为 2- 琥珀酰 -6- 羟基 -（2，4）- 环己二烯 -1- 羧酸（SHCHC）。在 O- 琥珀酰苯甲酸合酶（MenC）的作用下，SHCHC 被催化为 2- 琥珀酰苯甲酸（OSB），随后 OSB 在 O- 琥珀酰苯甲酸辅酶 A 连接酶（MenE）作用下形成 2- 琥珀酰苯甲酰辅酶 A（OSB-CoA）。OSB-CoA 在 1，4- 二羟基 -2- 萘酰辅酶 A 合酶（MenB）作用下形成 1，4- 二羟基 -2- 萘酰辅酶 A（DHNA-CoA），DHNA-CoA 则由 1，4- 二羟基 -2- 萘酰辅酶 A 水解酶（YuxO）水解后形成 1，4- 二羟基 -2- 萘醌，即为 MK-7 的萘醌核[59, 60]。

其中，*menF*、*menD*、*ytxM*、*menB*、*menE* 和 *menC* 受到一个操纵子的调控[61]，但是此操纵子的调控方式，受到哪些因素的影响，以及响应哪些信号目前均不明确。Chen 等[62] 研究了碱胁迫对纳豆枯草芽孢杆菌发酵性能和基因表达的影响，结果显示经过 pH8.5 胁迫处理 0.5h 后，在 pH8.5 条件下发酵，促进了菌株的生长并抑制了孢子形成率。MK-7 的转化率提高了 1.68 倍，MK-7 的收率提高了 2.10 倍。

6.4.1.2　维生素 K 侧链结构的合成

维生素 K_2 的侧链结构是以 IPP 为单元聚合而成，微生物中的 IPP 主要通过甲基赤藓糖醇 -4- 磷酸途径（MEP）合成，MEP 也被称为非甲羟戊酸途径[63]。该途径存在于大多数细菌、部分真核寄生虫和植物细胞的质体中，是细菌中合成维生素 K_2 侧链结构异戊二烯单元的唯一途径。同时，MEP 途径对萜类化合物的生物合成有重要影响，如：半萜（异戊二烯和异戊烯醇）、单萜（柠檬烯）、倍半萜（法尼烯）、二萜（紫杉二烯）、类胡萝卜素、泛醌和甲萘醌等[64]。

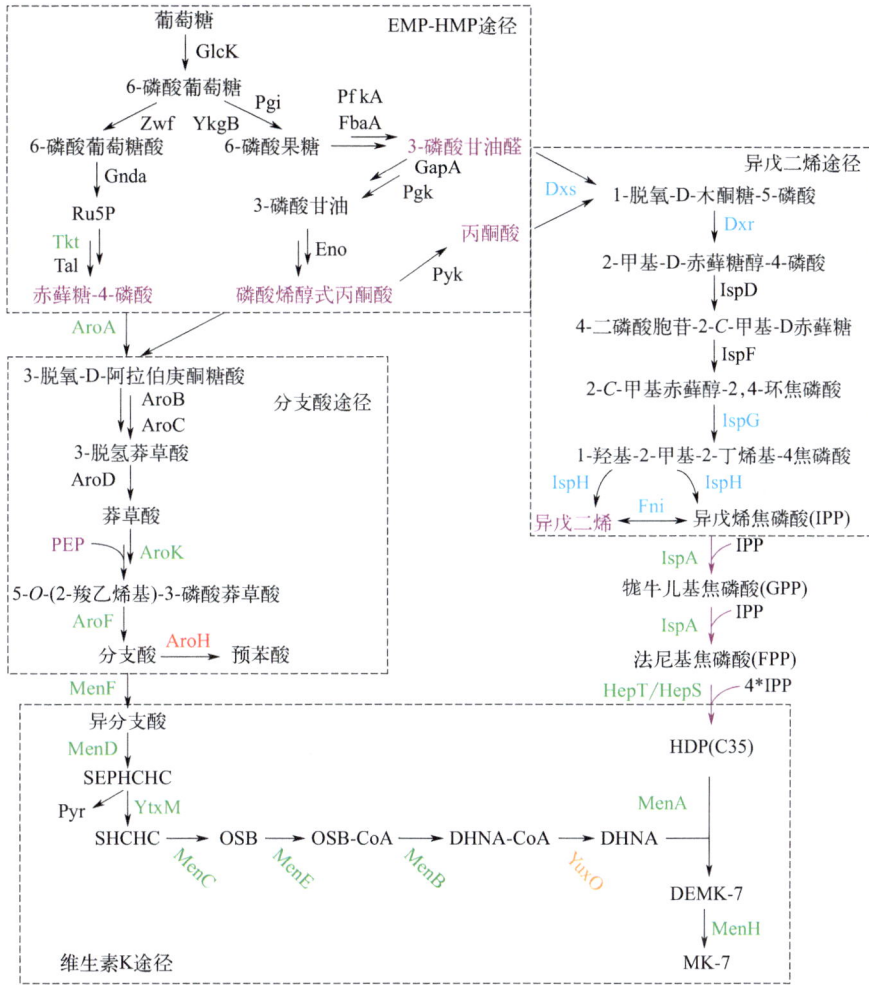

图 6-6　维生素 K₂ 的合成途径

GlcK—葡萄糖激酶；Zwf—6- 磷酸脱氢酶；Pgi—磷酸葡萄糖异构酶；PfkA—磷酸果糖激酶；FbaA—二磷酸果糖醛缩酶；Gnda—6- 磷酸葡萄糖酸脱氢酶；Tkt—转酮醇酶；Tal—转醛醇酶；GapA—三磷酸甘油醛脱氢酶；Pgk—磷酸甘油酸激酶；Eno—烯醇化酶；Pyk—丙酮酸激酶；AroA—3- 脱氧 -D- 阿糖基庚酮酸 -7- 磷酸合酶；AroB—3- 脱氢奎尼酸合酶；AroC—3- 脱氢奎尼酸脱水酶；AroD—脱氢莽草酸还原酶；AroK—莽草酸激酶；AroF—分支酸合酶；MenF—异分支酸合成酶；MenD—2- 琥珀酰 -5- 烯醇式丙酮酸醛 -6- 羟基 -3- 环己烯 -1- 羧酸合成酶；YtxM—2 琥珀酰 -6- 羟基 - (2,4) - 环己二烯 -1- 羧酸合酶；MenC—O- 琥珀酰苯甲酸合酶；MenE—O- 琥珀酰苯甲酸辅酶 A 连接酶；MenB—1,4- 二羟基 -2- 萘酰辅酶 A 合酶；YuxO—1,4- 二羟基 -2- 萘酰辅酶 A 水解酶；MenA—1,4- 二羟基 -2- 萘甲酸七异戊二烯基转移酶；MenH—甲萘醌甲基转移酶；Dxs—1- 脱氧 -D- 木糖 -5- 磷酸合成酶；Dxr—羟酸还原异构酶；IspD—2-C- 甲基赤藓糖醇 -4- 磷酸胞苷酰转移酶；IspF—2-C- 甲基赤藓醇 - (2,4) - 二磷酸胞嘧啶苷合酶；IspG—4- 羟基 -3- 甲基丁烷 -2- 烯基焦磷酸合酶；IspH—4- 羟基 -3- 甲基丁 -2- 烯基焦磷酸还原酶；Fni—异戊烯基焦磷酸异构酶；IspA—法尼基焦磷酸合酶；HepT/HepS—七异戊二烯基焦磷酸合成酶组分 Ⅰ / Ⅱ；Ykgb—6- 磷酸葡萄糖酸内酯酶；AroH—分支酸变位酶

在原核细菌中，MEP 途径以 3- 磷酸甘油醛（G3P）与丙酮酸（PYR）为底物，经过七步酶催化反应得到异戊烯焦磷酸（IPP）及其异构体二甲基烯丙基二磷酸（DMAPP）[65]。首先，丙酮酸与 3- 磷酸甘油醛在 1- 脱氧 -D- 木糖 -5- 磷酸合成酶（Dxs）的催化下缩合生成 1- 脱氧 -D- 木糖 -5- 磷酸（DXP）；随后 DXP 被羟酸还原异构酶（Dxr）转化为 2-C- 甲基 - 赤藓糖醇 -4- 磷酸（MEP），该过程消耗一分子的还原型辅酶Ⅱ（NADPH）。MEP 可由 2-C- 甲基赤藓糖

醇 -4- 磷酸胞苷酰转移酶（IspD）催化形成 4- 二磷酸胞苷 -2-*C*- 甲基 -D- 赤藓糖（CDME），经过磷酸化和环化作用后形成 2-*C*- 甲基赤藓醇 -2，4- 环焦磷酸（MEcPP）。MEcPP 在 4-羟基 -3- 甲基丁烯 -2- 烯基焦磷酸合酶（IspG）催化作用下转变为 1- 羟基 -2- 甲基 -2- 丁烯基 -4-焦磷酸（HMBPP）[66]。最后，HMBPP 经过 4- 羟基 -3- 甲基丁 -2- 烯基焦磷酸还原酶（IspH）的催化作用转为 IPP 和 DMAPP，其中 IPP 和 DMAPP 可以在异戊烯基焦磷酸异构酶（Fni）的催化下互相转化[67]。最终 IPP 和 DMAPP 在法尼基焦磷酸合酶（IspA）和七异戊二烯基焦磷酸合成酶（HepS/HepT）的催化作用下形成含有七个异戊二烯单元的七异戊二烯基焦磷酸（HDP）[68]。萘醌核与脂肪侧链经过 1，4- 二羟基 -2- 萘甲酸七异戊二烯基转移酶（MenA）催化合成脱甲基七烯甲萘醌（DEMK-7），然后被甲萘醌甲基转移酶（MenH）甲基化并形成 MK-7[69]。

维生素 K_1 主要由绿色植物合成，与维生素 K_2 不同的是侧链结构。维生素 K_1 的侧链是由单一的不饱和脂肪酸链构成（C_{20}），在植物中可以通过两种不同的代谢途径合成 C_{20}。第一条途径首先通过 MEP 获得 IPP 的异构体 DMAPP，然后被香叶基香叶基二磷酸合酶催化生成香叶基香叶基二磷酸（GGPP），最后通过香叶基香叶基二磷酸还原酶还原为植物基二磷酸（C_{20}）。第二个途径源于叶绿素水解过程中叶绿醇的释放。通过与叶绿体包膜相关的两种独立激酶（叶绿醇激酶和叶酸磷酸激酶）的催化，游离叶绿醇连续磷酸化为磷酸植酯和二磷酸植酯。叶绿醇激酶优先使用 CTP 作为辅因子，而叶酸磷酸激酶则以 ATP、UTP、GTP 和 CTP 为辅因子。在植物体内获得 C_{20} 后，与合成维生素 K_2 一样需要 MenA 和 MenH 的催化，最终合成维生素 K_1。

6.4.2　维生素 K 的氟他洛辛途径

在原核生物中，存在两条合成维生素 K 萘醌环的途径。除了以分支酸为起始的典型合成途径外，自然界中还存在着其他替代途径[70]。在早期研究中，研究人员通过生物信息学在链霉菌和一些致病物种（如幽门螺杆菌、空肠弯曲菌）中无法找到 *men* 基因簇的同源基因，但是此类微生物同样可以合成各类甲萘醌。研究人员利用 U-$^{13}C_6$ 标记的葡萄糖在天蓝色链霉菌中进行示踪实验，发现了中间代谢物 1，4- 二羟基 -6- 萘甲酸的存在，甲萘醌的标记方式不同于经典途径，这说明在链霉菌中有可变的甲萘醌合成途径[71]。为了进一步找到可替代途径中甲萘醌合成的相关基因，研究人员将幽门螺杆菌、空肠弯曲菌、嗜热链球菌和天蓝色链霉菌的基因组与已知甲萘醌生物合成微生物（大肠杆菌、枯草芽孢杆菌、谷氨酸棒杆菌和结核分枝杆菌）的基因组进行了比较[72]，使用 BLAST（局部比对搜索工具）程序将直系同源基因设置为互为最佳匹配对，其阈值 $e<10^{-10}$，然后搜索在含有 *men* 基因簇的菌种中不存在的基因，最终在天蓝色链霉菌 A3 中鉴定了约 50 个候选基因，排除公认的转录调节因子和膜蛋白后，剩下了四个候选基因：*SCO4326*、*SCO4327*、*SCO4506* 和 *SCO4550*[73]，这些基因的产物被标注为未知功能的蛋白，研究人员将这个新型合成途径称为氟他洛辛途径（图 6-7）[74]。

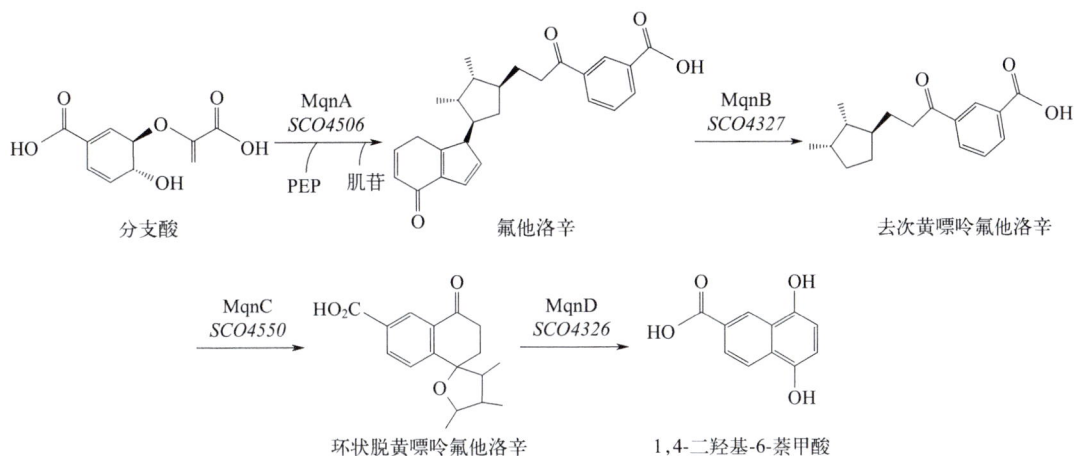

图 6-7　维生素 K 的氟他洛辛途径

6.5　维生素 K 的代谢工程研究进展

6.5.1　传统策略促进 MK-7 合成

为了促进 MK-7 的合成，研究者在发酵方式、优化工艺等方向开展了大量研究。其中，发酵方式主要包括固态发酵、液体发酵和静置培养，而发酵工艺的优化主要包括发酵培养基成分的优化和发酵条件的优化。

固态发酵是指培养基的水分控制在 12% ～ 80% 之间，目前固态发酵已经成功应用到次级代谢产物的生产过程中，主要是因为用于次级代谢产物生产的微生物，其菌丝体的形态更适合在固体培养基上生长。Singh 等使用枯草芽孢杆菌进行固态发酵，并分析了几种培养基成分对 MK-7 产量的影响，发现甘油、甘露醇、酵母提取物、麦芽提取物和氯化钙是生产 MK-7 最优的培养基成分，优化后的培养基每克最高可以生产 39.03μg 的 MK-7[75]。

通常，影响固态发酵的主要因素是微生物菌株、发酵底物、底物预处理方式、粒径和类型、底物的水活度，以及发酵时间和温度的选择[76]。在固态发酵工艺中选择用于 MK-7 生产的底物主要取决于成本和可用性，因此底物的筛选是影响固态发酵的重要因素[6]。同时底物的预处理能够明显减少发酵时间。例如，在发酵的第一阶段使用淀粉酶处理底物可以增加可利用的残糖，这对提高 MK-7 的产量是有利的。

固态发酵具有其自身的优势，生产过程中无需昂贵的有机溶剂萃取，最终产品可以直接干燥制成颗粒作为补充剂使用。然而，固态发酵的工艺参数很难控制，发酵过程中产生的代谢热难以去除，另外过高的湿度会导致基质容易聚集，如果代谢热和湿度控制不当会极大地影响固体基质的物理性能。低湿度会导致底物膨胀减少、养分溶解度降低和渗透压升高；相反，高湿度会引起底物颗粒的团聚，影响微生物的发酵，从而导致 MK-7 含量降低。此外，占地面积大、发酵时间长等特点也限制了固态发酵在大规模发酵中的应用[77]。

液体发酵可以改善细胞生长，缩短发酵周期并减少生物反应器的体积。在液体发酵中，通常选择甘油、麦芽糖和葡萄糖作为碳源，酵母提取物和大豆蛋白胨作为氮源。Berenjian 等[78]还探究了小批量（25mL）和台式规模（3L）发酵罐在发酵过程中分批添加甘油对 MK-7 生产的影响，研究结果表明，在分批补料过程中添加甘油可以明显提高 MK-7 的产量，特别是在发酵的第二天将 2%（质量浓度）甘油添加到发酵培养基中时，MK-7 便能够达到 86.48mg/L 的最大产量。

芽孢杆菌在静置培养的过程中可以形成生物膜，生物膜的形成对培养基的黏度和传质效率会产生负面影响。除了固态和传统的液体发酵外，还开发了许多新的生物反应器用于 MK-7 的生产[79,80]。其中较为典型的一类反应器便是生物膜反应器，也称为被动固定细胞反应器。微生物细胞能够附着在木质纤维素材料、金属合金或塑料复合物等支撑物上从而产生大量的生物膜，借助生物膜微生物能够合成相关的代谢物[81]。Berenjian 等[82]对生物膜形成与 MK-7 合成之间的相关性进行分析，发现两者在静态培养过程中呈现线性关系。Mahdinia 等[83]通过选择不同的培养基和载体材料为细胞附着和生物膜的形成提供支持，评估了使用生物膜反应器生产 MK-7 的可能性，并且比较了四种不同类型的塑料复合材料支架，用来评估不同材料对生物膜生长的影响，发现塑料复合支撑物（PCS）能够促进生物膜的形成。此外，采用响应面法（RSM）优化菌株发酵培养基组分和生长条件，使 MK-7 的产量提高 2.3 倍，达到 28.7mg/L[84]。除了 MK-7 之外，生物膜反应器还被广泛应用于抗生素、生物聚合物等其他高附加值产品的生产。

6.5.2　菌株代谢工程改造高效合成 MK-7

虽然传统的发酵工程策略能够增加 MK-7 的产量，但是仅通过优化发酵过程增加产量，难以满足工业的需求。在基因水平对 MK-7 的合成途径进行改造是提高 MK-7 产量根本途径。基因工程策略调控 MK-7 合成是指在基因水平对 MK-7 的合成途径进行优化，包括通过增强关键基因表达进而增加 MK-7 合成的碳流量，以及通过限制竞争途径等以减少碳流量的损失。从基因水平对 MK-7 的合成进行优化能够从根本上解决 MK-7 合成效率低的问题。

（1）化学试剂诱变

菌株的性能是高效合成 MK-7 的关键，决定了最终产物的浓度和生产效率。MK-7 的生物合成途径涉及多种代谢途径，这些途径受到多种化合物的调节。使用化学试剂对菌株进行突变，然后使用结构类似物筛选正向突变是提高 MK-7 合成的通用方法[85]。常用的化学诱变剂主要包括 NTG（N- 甲基 -N- 硝基 -N- 亚硝基胍），结构类似物有 HNA（1- 羟基 -2- 萘甲酸）、二苯胺和甲萘醌（menadione）等。Sato 等[86]首先通过

NTG 诱变 *B. subtilis*，然后筛选获得耐受二苯胺的突变菌株。结果发现 MK-6 的产量下降，MK-7 的产量明显增加。Tani 等[87]同样利用 NTG 作为诱变剂，筛选获得耐受 HNA 的黄杆菌（*Flavobacterium*），各种类型的甲萘醌总产量达到 55.6mg/L，其中以 MK-6 和 MK-5 居多。尽管化学诱变能够提升菌株合成 MK-7 的能力，但是这种突变是随机的，需要有效的筛选方法才能从大量的突变体中找到正向突变体，因此该方法的使用需要耗费大量的资源。

（2）途径改造

虽然化学诱变可以提高菌株合成 MK-7 的能力，但是突变菌株合成 MK-7 的效率仍然较低，难以实现产量的突破。菌株中 MK-7 含量低的一个关键原因是参与生物合成的关键酶表达水平较低，因此提高关键基因的表达水平或者提高关键酶的催化活性是解决 MK-7 产量低的关键。考虑到枯草芽孢杆菌（*Bacillus subtilis*）具有清晰的基因组注释信息和成熟的遗传操作工具，研究人员试着通过改变 *Bacillus subtilis* 中的代谢途径或在其他模型微生物中构建新的途径来大幅提高 MK-7 的生物合成量。

增强前体供应并抑制副产物的合成是改善菌株性能的常用手段。与 *B. subtilis* 相比，大肠杆菌既能合成泛醌（CoQ-8），又能合成甲萘醌（MK-8），Kong 等[88]通过过表达与前体供应有关的关键酶，使 MK-8 的含量大大提高。进一步过表达 *menA* 或 *menD* 时，MK-8 的产量提高五倍。另外，由于泛醌与甲萘醌共享异戊烯焦磷酸侧链结构，因此当阻断辅酶 Q8 的合成途径后，MK-8 的产量进一步提高了 30%。Liu 等[89]通过定点诱变使泛醌合成途径中的关键酶 4-羟基苯甲酸酯转移酶失活，发现甲萘醌的含量增加了 130%。过表达 MEP 途径中的限速酶 Dxr 和 MenA，并且向培养基中添加丙酮酸和莽草酸等前体物，MK-7 的含量增加了 11 倍[90]。Ma 等[91]在枯草芽孢杆菌中过表达限速酶 Dxs、Dxr、Idi 和 MenA，并进行不同组合，最终使重组菌株中 MK-7 的产量从 4.5mg/L 增加到 50mg/L。途径模块化是另一种提高特定化学物质生物合成的有效方法。使用 *B. subtilis* 168 作为生产 MK-7 的出发菌株，Yang 等[66]首先将 MK-7 生物合成途径分为四个模块，然后过表达甲萘醌模块中的 *menA* 基因、MEP 模块中的 *dxs*、*dxr*、*yacM*、*yacN* 和甘油模块中的 *glpD* 基因。最终突变菌株产生的 MK-7 达到了 69.5mg/L，与起始菌株相比增加了 20 倍以上。

大肠杆菌作为最常见的宿主，维生素 K_2 已经在 *E.coli* 中成功表达。Gao 等[97]通过组合代谢工程和膜工程策略，开发了一种用于 MK-7 合成的高效代谢工程大肠杆菌菌株，在有氧条件下明显增加大肠杆菌菌株中 MK-7 的产量。MK-7 合成途径可以分为三个模块（MVA 途径、DHNA 途径和 MK-7 途径），并系统地优化了每个途径。首先，通过筛选和增强 Idi 表达，MK-7 的数量显著增加。然后，在 MK-7 通路中，内源性 MenA 和外源性 UbiE 的组合过表达，以及微调 HepT/HepS、MenA 和 UbiE 的表达。在放大发酵中，发酵 52h 后，MK-7 的产量达到 1350mg/L，生产率为 26mg/（L·h）。这是有史以来报道的最高效价的 MK-7。

6.6　维生素 K 的工业化生产概览

6.6.1　维生素 K 工业化生产规模

2021 年维生素 K 市场价值为 7.9534 亿美元，预计到 2029 年将达到 13.4624 亿美元，预测期内复合年增长率为 6.80%。其中，2021 年全球维生素 K_2 市场价值为 4.505 亿美元，预计到 2028 年将达到 7.058 亿美元，在 2022—2028 年预测期内复合年增长率为 25.8%。2021 年，全球与中国维生素 K_3 市场规模分别达到 8.22 亿元（人民币）与 2.55 亿元。预计至 2027 年全球维生素 K_3 市场总规模将会达到 9.81 亿元。

作为最重要的一类维生素 K，2017 年我国维生素 K_2 行业产能为 45.91t；2018 年我国维生素 K_2 行业产能为 55.27t，同比增长 20.39%；2019 年我国维生素 K_2 行业产能为 70.02t，同比增长 26.69%；2020 年我国维生素 K_2 行业产能为 89.25t，同比增长 27.46%；2021 年我国维生素 K_2 行业产能约为 137.87t，同比增长 54.48%。

6.6.2　维生素 K 工业化生产与提取

化学法合成维生素 K_2 是将 2- 甲基 -1,4- 萘醌与聚异戊烯结合，然后氧化萘醌环上的两个羟基获得维生素 K_2[45]。1994 年，通过逆 Diels-Alder 反应将萘醌 - 环戊二烯加合生成 MK-4[50]。该法具备系列优势，即无需过渡金属催化剂，烷基化反应在碱性条件下进行从而保持侧链中双键的立体构型，辅助剂环戊二烯可以回收利用，反应产物收率高达 93%。2003 年，利用侧链延长制得 MK-4 的方法，产率为 62%。该方法能维持全反式的侧链构型，但脱除砜基时会存在一定数目的双键迁移。

目前，维生素 K 主要由微生物合成，其是细菌质膜的组成部分，在电子传递和氧化磷酸化系统中起氧化还原剂的作用。乳酸菌已经被用作培养物以制造各种食物，被普遍认为是安全的，并且定性研究已表明一些乳酸菌能够产 MK，但发酵产量较低，难以进行工业化生产[92]。生物发酵法生产维生素 K_2，在 1987 年利用黄杆菌进行发酵优化研究，菌体经过发酵优化生产 MK-4、MK-5 和 MK-6 这 3 种物质，最终菌体 MK 的产量达到 192mg/L[93]。相对而言，乳酸菌生产 MK-7 的产量较低，通常在 29～123μg/L。在 2001 年发现日本传统食品纳豆中含有大量的 MK（600～900μg/100g），而纳豆的制备菌纳豆芽孢杆菌具有生长迅速、产量高、食品安全性高和发酵产物单一等诸多优点，是维生素 K_2 的最佳生产菌株。

市场上销售的维生素 K 分为粉剂和油剂两种形式，经由微生物合成之后，通过高速离心机分离菌体与发酵液，随后通过不同孔径的陶瓷膜与纳滤膜分离发酵液中的维生素 K；随后使用植物油萃取截流物中的维生素 K，此时维生素 K 存在于植物油中，通过减压蒸馏获得维生素 K 的粗提油；最后通过过滤除杂，加入辅料获得粉剂，或者直接获得油剂（图 6-8）。

发酵合成

大豆蛋白胨、葡萄糖、蔗糖、蒸馏水

高压灭菌

发酵罐合成

陶瓷膜固液分离

纳滤膜超滤

分离萃取

浓缩

植物油萃取　←　植物油

油相

减压蒸馏

浓缩纯化

MK-7粗提油

过滤、除杂　→　灭菌分装

辅料　→　制粒干燥　　　油剂

成品制备

粉剂

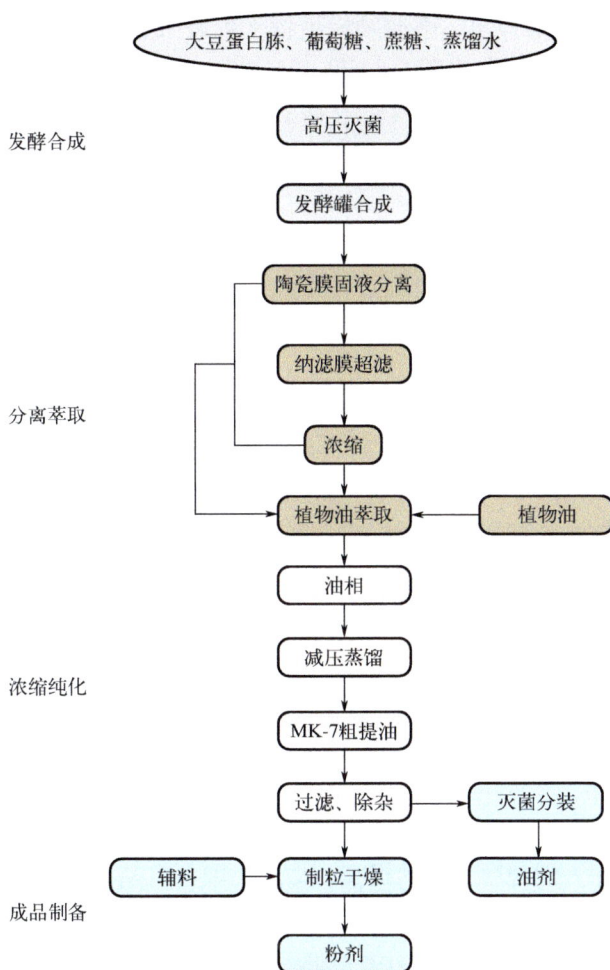

图 6-8　维生素 K 的发酵工艺

6.7　维生素 K 的专利分析与前景展望

根据中国目前市场维生素 K_2 的使用现状及趋势来看，预计到 2026 年维生素 K_2 的市场规模将达约 4 亿美元。随着维生素 K_2 产品需求的增长，未来市场前景更加广阔，更多企业加入维生素 K_2 生产、配套等产业链中，产业投资热度将会不断上升。在国家政策的支持及细化以及下游的需求变化下，未来的维生素 K_2 行业市场需求将会更加多元化，市场潜力大。对维生素 K_2 供应商来说，应该向产业链下游延伸，使发展渠道更加多元化。

6.7.1　专利分析

目前国内生产维生素 K_2 的厂家只有几十家，代表性企业包括深圳固升生物科技有限公司、广东双骏生物科技有限公司、南通励成生物工程有限公司、上海利新生物科技有限公司和西宝生物科技（上海）股份有限公司等。国外主要的生产厂家包括 Kappa Bioscience、NattoPharma、Gnosis。每家公司都有核心专利（表6-2），其中深圳固升生物科技有限公司荣获三项国家发明专利，技术水平跻身国际先进行列。广东双骏生物科技有限公司拥有维生素 K_2 的提纯专利，获得的维生素 K_2 对人体具有非常高的亲和度。

表6-2   国内维生素K_2生产厂商获得专利数量

公司名称	获得维生素 K_2 专利数量 / 个
深圳固升生物科技有限公司	3
广东双骏生物科技有限公司	4
西宝生物科技（上海）股份有限公司	3
厦门金达威集团股份有限公司	4
南通励成生物工程有限公司	5
金颖生物科技股份有限公司	2

注：数据来源于超星发现数据库。

6.7.2　前景展望

与世界发达国家相比，我国维生素整体消费水平较低，人均消费量明显不及发达国家。随着我国经济的发展和人们健康意识的提高，加之我国人口基数大，为我国维生素市场发展提供了机遇。另外随着国内药政法规的健全和质量检查的常态化，国内原料药生产企业的产品质量也日益受到包括欧美发达国家在内的国际市场的认可。

维生素 K_1 是一种人体必需的重要营养物质，逐渐受到国家的重视，《食品安全国家标准　食品营养强化剂使用标准》（GB 14880—2012）中，正式将营养强化剂维生素 K 类别中的植物甲萘醌名称修改为维生素 K_1，并将维生素 K 类营养强化的食品类别从原来的 2 个拓展至 13 个。为维生素 K_1 的生产与应用提供了更广阔的发展前景，也为整个维生素 K_1 产业的发展与深化提供了前所未有的重大行业发展机遇。维生素 K_3 作为畜禽生命活动不可缺少的营养元素，是动物饲料的必加成分，同时我国又是全球最大的饲料生产国，维生素 K_3 需求量较大。

由于自然界中维生素 K_2 的含量很低，难以满足日益增长的需求，寻找更合适的替代技术是亟须解决的关键问题。未来维生素 K_2 的合成主要依赖于微生物的合成，维生素 K_2 具有脂溶性，根据此特点筛选最佳表达宿主是高效合成维生素 K_2 的前提。目前，研究最广泛的合成维生素 K_2 微生物宿主是枯草芽孢杆菌，即使 B. subtilis 体内具有完整的维生素 K_2 合成途径，但存贮空间仅在细胞膜中，其产量仍然较低。维生素 K_2 的调控网络还未能全面揭示，限制了进一步提高维生素 K_2 的产量。自然界中存在多种能合成丰富油脂的菌株，如何在这些菌株中整合维生素 K_2 的合成途径，使合成的维生素 K_2 能够快速溶解到油脂中，从而增加维生素 K_2 的存贮空间，是亟须探索的问题。

　　获得高效合成维生素 K_2 的菌株后，通过发酵工程技术能够使菌株合成维生素 K_2 的能力发挥到最大。发酵过程的优化需要发酵环境和菌体生理特性相协调，综合考虑发酵环境和胞内功能基因的共同作用是规模化生产的前提。而生物反应器中以活细胞为主体的细胞大规模培养生物反应过程，需要进行长期 pH 值、溶氧、温度和补料时间等多因素的正交实验，以使微生物成长曲线更加适合，产品得率更高。整个发酵过程具有多尺度网络状态的输入输出关系，存在信息流、物质流与能量流，具有较宽的空间尺度和时间尺度。机器学习（ML）和人工智能（AI）的结合能够对多尺度的信息进行监控，借助各类机理模型和经验模型，利用"数字孪生"可以让生物过程在计算机虚拟环境中"进行"，使用 ML 增强应用程序来远程监控设备，实现更合理的安排，从而减少人工干预的需要并降低员工的风险。

　　在国家政策支持、人们对自身健康的追求以及下游市场的需求变化下，维生素 K_2 未来的市场需求将会更加多元化，市场潜力大。对维生素 K_2 供应商来说，应根据自身优势，挖掘新的创新点，并向产业链下游延伸，多元化发展渠道继续拓展维生素 K_2 市场。行业内的企业可将维生素 K_2 产品对应的不同客户市场进行分类，再通过不同的销售终端进行产品销售，同时随着企业规模的不断增大，在传统营销渠道的基础之上，企业将进一步发展网络营销。

参 考 文 献

[1] Beulens J W J，Booth S L，van den Heuvel E G H M，et al. The role of menaquinones（vitamin K_2）in human health[J]. Br J Nutr，2013，110（8）：1357-1368.

[2] Dalmeijer G W，van der Schouw Y T，Magdeleyns E，et al. The effect of menaquinone-7 supplementation on circulating species of matrix Gla protein[J]. Atherosclerosis，2012，225：397-402.

[3] Shearer M J，Newman P. Recent trends in the metabolism and cell biology of vitamin K with special reference to vitamin K cycling and MK-4 biosynthesis[J]. J Lipid Res，2014，55：345-362.

[4] Hirota Y，Tsugawa N，Nakagawa K，et al. Menadione（vitamin K_3）is a catabolic product of oral phylloquinone（vitamin K_1）in the intestine and a circulating precursor of tissue menaquinone-4（vitamin K_2）in rats[J]. J Biol Chem，2013，288：33071-33080.

[5] Grober U，Reichrath J，Holick M F，et al. Vitamin K：an old vitamin in a new perspective[J]. Dermato-Endocrinol，2014，6：e968490.

[6] Mahdinia E，Demirci A，Berenjian A. Production and application of menaquinone-7（vitamin K_2），a new perspective[J]. World J Microbiol Biotechnol，2017，33：2.

[7] Shikano K，Kaneko K，Kawazoe M，et al. Efficacy of vitamin K_2 for glucocorticoid-induced osteoporosis in patients with systemic autoimmune diseases[J]. Intern Med，2016，55：1997-2003.

[8] Iwamoto J. Vitamin K_2 therapy for postmenopausal osteoporosis[J]. Nutrients，2014，6：1971-1980.

[9] Beulens J W，Booth S L，van den Heuvel E G，et al. The role of menaquinones（vitamin K_2）in human health[J]. Br J Nutr，2013，110：1357-1368.

[10] Dalmeijer G W，van der Schouw Y T，Magdeleyns E，et al. The effect of menaquinone-7 supplementation on circulating species of matrix Gla protein[J]. Atherosclerosis，2012，225：397-402.

[11] Roumeliotis S，Duni A，Vaios V，et al. Vitamin K supplementation for prevention of vascular calcification in chronic

kidney disease patients: Are we there yet [J]. Nutrients, 2022, 14: 925.

[12] Zhu C, Sun G, Chen X, et al. *Lysinibacillus varians* sp. nov., an endospore-forming bacterium with a filament-to-rod cell cycle[J]. Int J Syst Evol Microbiol, 2014, 64: 3644-3649.

[13] Arachchige G P, Thorstensen E B, Coe M, et al. Absolute quantification of eleven A, D, E and K vitamers in human plasma using automated extraction and UHPLC-Orbitrap MS[J]. Anal Chim Acta, 2021, 1181: 338877.

[14] Jinghe X, Mizuta T, Ozaki I. Vitamin K and hepatocellular carcinoma: The basic and clinic[J]. World J Clin Cases, 2015, 3（9）: 757-764.

[15] Samykutty A, Shetty A V, Dakshinamoorthy G, et al. Vitamin K_2, a naturally occurring menaquinone, exerts therapeutic effects on both hormone-dependent and hormone-independent prostate cancer cells[J]. Evid Based Complement Alternat Med, 2013: 287358.

[16] Shi, J, Zhou S, Kang L, et al. Evaluation of the antitumor effects of vitamin K_2（menaquinone-7）nanoemulsions modified with sialic acid-cholesterol conjugate[J]. Drug Deliv. and Transl Res, 2018, 8: 1-11.

[17] Solmaz I, Ozdemir M A, Unal E, et al. Effect of vitamin K_2 and vitamin D_3 on bone mineral density in children with acute lymphoblastic leukemia: a prospective cohort study[J]. Journal of Pediatric Endocrinology and Metabolism, 2021, 34（4）: 441-447.

[18] Zwakenberg S R, De Jong P A, Bartstra J W, et al. The effect of menaquinone-7 supplementation on vascular calcification in patients with diabetes: a randomized, double-blind, placebo-controlled trial[J]. The American journal of clinical nutrition, 2019, 110（4）: 883-890.

[19] Fusaro M, Gallieni M, Porta C, et al. Vitamin K effects in human health: new insights beyond bone and cardiovascular health[J]. Journal of nephrology, 2020, 33（2）: 239-249.

[20] Tsukamoto Y. Studies on action of menaquinone-7 in regulation of bone metabolism and its preventive role of osteoporosis[J]. Biofactors, 2004, 22（1-4）: 5-19.

[21] Fukuzawa Y, Gotoh K, Uehara S. Roles of vitamin K（phylloquinone and menaquinones）and related proteins（prothrombin, des-γ-carboxyprothrombin, and γ-glutamic acid）in healthy adults[J]. World Journal of Biology Pharmacy and Health Sciences, 2020, 4（2）: 074-084.

[22] Ren R, Liu J, Cheng G, et al. Vitamin K_2（Menaquinone-7）supplementation does not affect vitamin K-dependent coagulation factors activity in healthy individuals[J]. Medicine, 2021, 100: 23.

[23] Iwamoto J, Takeda T, Sato Y. Interventions to prevent bone loss in astronauts during space flight[J]. The Keio journal of medicine, 2005, 54（2）: 55-59.

[24] Knapen M H J, Drummen N E, Smit E, et al. Three-year low-dose menaquinone-7 supplementation helps decrease bone loss in healthy postmenopausal women[J]. Osteoporosis International, 2013, 24（9）: 2499-2507.

[25] Kaneki M, Hedges S J, Hosoi T, et al. Japanese fermented soybean food as the major determinant of the large geographic difference in circulating levels of vitamin K_2: possible implications for hip-fracture risk[J]. Nutrition, 2001, 17（4）: 315-321.

[26] Dalmeijer G W, van der Schouw Y T, Magdeleyns E, et al. The effect of menaquinone-7 supplementation on circulating species of matrix Gla protein[J]. Atherosclerosis, 2012, 225（2）: 397-402.

[27] Van Ballegooijen A J, Beulens J W. The role of vitamin K status in cardiovascular health: Evidence from observational and clinical studies[J]. Curr Nutr Rep, 2017, 6（3）: 197-205.

［28］ Karwowski W，Naumnik B，Szczepański M，et al. The mechanism of vascular calcification - a systematic review［J］. Med Sci Monit，2012，18（1）：RA1-11.

［29］ Vermeer C，Shearer M J，Zittermann A，et al. Beyond Deficiency［J］. European journal of nutrition，2004，43（6）：325-335.

［30］ Saputra W D，Aoyama N，Komai M，et al. Menaquinone-4 suppresses lipopolysaccharide-induced inflammation in MG6 mouse microglia-derived cells by inhibiting the NF-κB signaling pathway［J］. International journal of molecular sciences，2019，20（9）：2317.

［31］ Shearer M J，Newman P. Metabolism and cell biology of vitamin K［J］. Thrombosis and haemostasis，2008，100（10）：530-547.

［32］ Miyazawa S，Moriya S，Kokuba H，et al. Vitamin K_2 induces non-apoptotic cell death along with autophagosome formation in breast cancer cell lines［J］. Breast Cancer，2020，27（2）：225-235.

［33］ Rajagopal S，Gupta A，Parveen R，et al. Vitamin K in human health and metabolism：A nutri-genomics review［J］. Trends Food Sci Technol，2022，119：412-427.

［34］ Buchanan M D，Grant S，Melvin T，et al. Vitamin K_2（menaquinone）supplementation and its benefits in cardiovascular disease，osteoporosis，and cancer［J］. Marshall Journal of Medicine，2016，2（3）：53.

［35］ Markovits J，Wang Z，Carr B I，et al. Differential effects of two growth inhibitory K vitamin analogs on cell cycle regulating proteins in human hepatoma cells［J］. Life sciences，2003，72（24）：2769-2784.

［36］ Sun L K，Yoshii Y，Miyagi K. Cytotoxic effect through fas/APO-1 expression due to vitamin K in human glioma cells［J］. J Neurooncol，2000，47：31-38.

［37］ Takami H，Horikoshi K. Reidentification of facultatively alkaliphilic *Bacillus* spp. C-125 to Bacillus halodurans［J］. Bioscience，biotechnology，and biochemistry，1999，63（5）：943-945.

［38］ Yaguchi M，Miyazawa K，Katagiri T，et al. Vitamin K_2 and its derivatives induce apoptosis in leukemia cells and enhance the effect of all-trans retinoic acid［J］. Leukemia，1997，11（6）：779-787.

［39］ Sakagami H，Satoh K，Hakeda Y，et al.Apoptosis-inducing activity of vitamin C and vitamin K［J］. Cellular and molecular biology（Noisy-le-Grand，France），2000，46（1）：129-143.

［40］ Verrax J，Cadrobbi J，Delvaux M，et al. The association of vitamins C and K_3 kills cancer cells mainly by autoschizis，a novel form of cell death. Basis for their potential use as coadjuvants in anticancer therapy［J］. European journal of medicinal chemistry，2003，38（5）：451-457.

［41］ Jamison J M，Gilloteaux J，Taper H S，et al. Evaluation of the in vitro and in vivo antitumor activities of vitamin C and K_3 combinations against human prostate cancer［J］. The Journal of nutrition，2001，131（1）：158S-160S.

［42］ Venugopal M，Jamison J M，Gilloteaux J，et al. Synergistic antitumor activity of vitamins C and K_3 on human urologic tumor cell lines［J］. Life Sciences，1996，59（17）：1389-1400.

［43］ Song J，Liu H，Wang L，et al. Enhanced production of vitamin K_2 from *Bacillus subtilis*（natto）by mutation and optimization of the fermentation medium［J］. Braz Arch Biol Technol，2014，57：606-612.

［44］ Ren L，Peng C，Hu X，et al. Microbial production of vitamin K_2：current status and future prospects［J］. Biotechnology advances，2020，39：107453.

［45］ Isler O，Rüegg R，Chopard-dit-Jean L H，et al. Synthese und Isolierung von Vitamin K_2 und isoprenologen Verbindungen［J］. Helvetica Chimica Acta，1958，41（3）：786-807.

[46] Yoji T. Direct synthesis of vitamin K_1 and Vitamin K_2[J]. Chem Lett，1977，9（13）：901-902.

[47] Lipshutz B H，Kim S，Mollard P，et al. An expeditious route to CoQn，vitamins K_1 and K_2，and related allylated para-quinones utilizing Ni（0）catalysis[J]. Tetrahedron，1998，54（7）：1241-1253.

[48] Chenard B L，Manning M J，Raynolds P W，et al. Organocopper chemistry of quinone bisketals. Application to the synthesis of isoprenoid quinone systems[J]. The Journal of Organic Chemistry，1980，45（3）：378-384.

[49] Syper L. An improved synthesis of benzo-and naphthoquinones from hydroquinone dimethyl ethers[J]. Synthesis，1979：521-522.

[50] Braasch-Turi M，Crans D C. Synthesis of naphthoquinone derivatives：menaquinones，lipoquinones and other vitamin K derivatives[J]. Molecules，2020，25（19）：4477.

[51] Dairi T. Menaquinone biosyntheses in microorganisms[M]. New York：Academic Press，2012.

[52] Mahanama R，Berenjian A，Talbot A，et al. Effects of inoculation loading and substrate bed thickness on the production of menaquinone 7 via solid state fermentation[J]. Cardiovasc Disord，2011，2（2）：19-22.

[53] Mahanama R，Berenjian A，Kavanagh J M. Enhanced production of menaquinone 7 via solid substrate fermentation from *Bacillus subtilis* [J]. Food Eng，2011，7：2314.

[54] 李拖平，郭梅，王娜，等 . 枯草杆菌发酵生产 VK2 的技术工艺条件初探 [J]. 食品科学，2008，29（11）：379-382.

[55] Berenjian A，Mahanama R，Talbot A，et al. Efficient media for high menaquinone-7 production. response surface methodology approach[J]. N Biotechnol，2011，28：665-672.

[56] Bentley R，campbell I M，Robins D J，et al.Biosyn thesis of bacterial menaquinones（vitamins K_2）[J].Biochemistry，1971，10（16）：3069-3078.

[57] Meganathan R. Biosynthesis of Menaquinone（vitamin K_2）and Ubiquinone（coenzyme Q）：a perspective on enzymatic mechanisms[J]. Vitam Horm，2001，61：173-218.

[58] Hirota Y，Nakagawa K，Sawada N，et al. Functional characterization of the vitamin K_2 biosynthetic enzyme UBIAD1[J]. PLoS One，2015，10：e0125737.

[59] Liu Y，Yang Z M，Xue Z L，et al. Influence of site-directed mutagenesis of UbiA，overexpression of *dxr*，*menA* and *ubiE*，and supplementation with precursors on menaquinone production in *Elizabethkingia meningoseptica*[J]. Process Biochem，2018，68：64-72.

[60] Dairi T. Menaquinone biosynthesis in microorganisms[J]. Methods Enzymol，2012，515：107-122.

[61] Hill K F，Mueller J，Taber H. The *Bacillus subtilis* men CD promoter is responsive to extracellular pH[J]. Arch Microbiol，1990，153：355-359.

[62] Chen X，Shang C，Zhang H，et al. Effects of alkali stress on the growth and menaquinone-7 metabolism of *Bacillus subtilis* natto[J]. Front Microbiol，2022，13：899802.

[63] Johnston J M，Bulloch E M. Advances in menaquinone biosynthesis. Sublocalisation and allosteric regulation[J]. Curr Opin Struct Biol，2020，65：33-41.

[64] Qin X，Taber H W. Transcriptional regulation of the *Bacillus subtilis* menp1 promoter[J]. J Bacteriol，1996，178：705-713.

[65] Driscoll J R，Taber H W. Sequence organization and regulation of the *Bacillus subtilis* menBE operon[J]. J Bacteriol，1992，174：5063-5071.

[66] Yang S，Cao Y，Sun L，et al. Modular pathway engineering of *Bacillus subtilis* to promote *de novo* biosynthesis of

menaquinone-7[J]. ACS Synth biol, 2018, 8: 70-81.

[67] Miller P, Rabinowitz A, Taber H. Molecular cloning and preliminary genetic analysis of the *men* gene cluster of *Bacillus subtilis*[J]. J Bacteriol, 1988, 170: 2735-2741.

[68] Nakagawa K, Hirota Y, Sawada N, et al. Identification of UBIAD1 as a novel human Menaquinone-4 biosynthetic enzyme[J]. Nature, 2010, 468: 117-121.

[69] Suvarna K, Stevenson D, Meganathan R, et al. Menaquinone (vitamin K₂) biosynthesis: localization and characterization of the *menA* gene from *Escherichia coli*[J]. J Bacteriol, 1998, 180: 2782-2787.

[70] Dairi T. An alternative menaquinone biosynthetic pathway operating in microorganisms. An attractive target for drug discovery to pathogenic helicobacter and chlamydia strains[J]. J Antibiot, 2009, 62: 347-352.

[71] Hiratsuka T, Furihata K, Ishikawa J, et al. An alternative menaquinone biosynthetic pathway operating in microorganisms[J]. Science, 2008, 321: 1670-1673.

[72] Seto H, Jinnai Y, Hiratsuka T, et al. Studies on a new biosynthetic pathway for menaquinone[J]. J Am Chem Soc, 2008, 130: 5614-5615.

[73] Joshi S, Fedoseyenko D, Mahanta N, et al. Novel enzymology in Futalosine-dependent menaquinone biosynthesis[J]. Curr Opin Chem Biol, 2018, 47: 134-141.

[74] Bentley S D, Chater K F, Cerdeño-Tárraga A, et al. Complete genome sequence of the model actinomycete *Streptomyces coelicolor* A3 (2) [J]. Nature, 2002, 417: 141-147.

[75] Singh R, Puri A, Panda B. Development of menaquinone-7 enriched nutraceutical: inside into medium engineering and process modeling[J]. J Food Sci Technol, 2015, 52: 5212-5219.

[76] Sharma K M, Kumar R, Panwar, et al. Microbial alkaline proteases. Optimization of production parameters and their properties[J]. J Genet Eng Biotechnol, 2017, 15: 115-126.

[77] Berenjian A, Mahanama R, Kavanagh J, et al. Vitamin K series. current status and future prospects[J]. Crit Rev Biotechnol, 2015, 35: 199-208.

[78] Berenjian A, Mahanama R, Talbot A, et al. Advances in menaquinone-7 production by *Bacillus subtilis* natto: Fed-batch glycerol addition[J]. Am J Biochem Biotechnol, 2012, 8: 105-110.

[79] Mahdinia E, Demirci A, Berenjian A. Optimization of *Bacillus subtilis* natto growth parameters in glycerol-based medium for vitamin K (Menaquinone-7) production in biofilm reactors[J]. Bioprocess Biosyst Eng, 2018, 41: 195-204.

[80] Mahdinia E, Demirci A, Berenjian A. Implementation of fed-batch strategies for vitamin K (menaquinone-7) production by *Bacillus subtilis* natto in biofilm reactors[J]. Appl Microbiol Biotechnol, 2018, 102: 9147-9157.

[81] Fang K, Park O-J, Hong S H. Controlling biofilms using synthetic biology approaches[J]. Biotechnol Adv, 2020, 40: 107518.

[82] Berenjian A, Chan N L C, Mahanama R, et al. Effect of biofilm formation by *Bacillus subtilis* natto on Menaquinone-7 biosynthesis[J]. Mol Biotechnol, 2013, 54: 371-378.

[83] Mahdinia E, Demirci A, Berenjian A. Strain and plastic composite support(PCS)selection for vitamin K(Menaquinone-7) production in biofilm reactors[J]. Bioprocess Biosyst Eng, 2017, 40: 1507-1517.

[84] Mahdinia E, Demirci A, Berenjian A. Enhanced Vitamin K (Menaquinone-7) production by *Bacillus subtilis* natto in biofilm reactors by optimization of glucose-based medium[J]. Curr Pharm Biotechnol, 2018, 19: 917-924.

[85] Tsukamoto Y, Kasai M, Kakuda H. Construction of a *Bacillus subtilis* (natto) with high productivity of vitamin K₂

（Menaquinone-7）by analog resistance[J]. Biosci Biotechnol Biochem，2014，65：2007-2015.

[86] Sato T，Yamada Y，Ohtani Y，et al. Efficient production of Menaquinone（vitamin K₂）by a menadione-resistant mutant of *Bacillus subtilis*[J]. J Ind Microbiol Biotechnol，2001，26：115-120.

[87] Tani Y，Asahi S，Yamada H. Production of Menaquinone（Vitamin K₂）-5 by a hydroxynaphthoate-resistant mutant derived from *Flavohacterium meningosepticum*，a Menaquinone-6 Producer[J]. Agric Biol Chem，1985，49：111-115.

[88] Kong M K，Lee P C. Metabolic engineering of Menaquinone 8 pathway of *Escherichia coli* as a microbial platform for vitamin K production[J]. Biotechnol Bioeng，2011，108：1997-2002.

[89] Liu Y，Ding X M，Xue Z L，et al. Site-directed mutagenesis of UbiA to promote Menaquinone biosynthesis in *Elizabethkingia meningoseptica*[J]. Process Biochem，2017，58：186-192.

[90] Liu Y，Yang Z，Xue Z，et al. Influence of site-directed mutagenesis of UbiA，overexpression of *dxr*，*menA* and *ubiE*，and supplementation with precursors on menaquinone production in *Elizabethkingia meningoseptica*[J]. Process Biochem，2018，68：64-72.

[91] Ma Y，Mc Clure D，Somerville M V，et al. Metabolic engineering of the MEP pathway in *Bacillus subtilis* for increased biosynthesis of menaquinone-7[J]. ACS Synth biol，2018，8：1620-1630.

[92] Brooijmans R，Smit B，Santos F，et al. Heme and menaquinone induced electron transport in lactic acid bacteria[J]. Microbial Cell Factories，2009，8（1）：1-11.

[93] Tani Y，Sakurai N. Menaquinone-4 production by a mutant of *Flavobacterium* sp. 238-7[J]. Agricultural and biological chemistry，1987，51（9）：2409-2415.

[94] Xu J Z，Yan W L，Zhang W G. Enhancing menaquinone-7 production in recombinant *Bacillus amyloliquefaciens* by metabolic pathway engineering[J]. Rsc Advances，2017，7（45）：28527-28534.

[95] Berenjian A，Mahanama R，Talbot A，et al. Designing of an intensification process for biosynthesis and recovery of menaquinone-7[J]. Applied biochemistry and biotechnology，2014，172（3）：1347-1357.

[96] Cui S，Lv X，Wu Y，et al. Engineering a bifunctional Phr60-Rap60-Spo0A quorum-sensing molecular switch for dynamic fine-tuning of menaquinone-7 synthesis in *Bacillus subtilis*[J]. ACS Synthetic Biology，2019，8（8）：1826-1837.

[97] Gao Q，Chen H，Wang G，et al. Highly efficient production of menaquinone-7 from glucose by metabolically engineered *Escherichia coli*[J]. ACS Synthetic Biology，2021，10（4）：756-765.

[98] Wei X，Hang Y，Li X，et al. Effects of dietary vitamin K₃ levels on growth，coagulation，calcium content，and antioxidant capacity in largemouth bass，Micropterus salmoides[J]. Aquaculture and Fisheries，2023，8（2）：159-165.

[99] Udagawa M. The effect of dietary vitamin K（phylloquinone and menadione）levels on the vertebral formation in mummichog *Fundulus heteroclitus*[J]. Fisheries science，2001，67（1）：104-109.

[100] 李贞仪. 吴郭鱼稚鱼与石斑鱼稚鱼对维生素 K 最适需求量之探讨 [D]. 基隆：台湾海洋大学，2003.

第 7 章
维生素 B₁

李国伟 [1,2]

[1] 中国科学院天津工业生物技术研究所，
[2] 天津众泰材料科技有限公司

7.1　概述

维生素 B$_1$（vitamin B$_1$，thiamine，硫胺素），也叫抗脚气病素和抗神经炎素，是最早被人们提纯的水溶性维生素，在 B 族维生素中排第一位。文献中曾经短暂使用过的名字包括水溶性 B、抗脚气病因子、单纯维生素 B 和抗神经炎因子[1]。

维生素 B$_1$ 是第一个被发现的维生素，它由微生物和植物合成，动物和人类则只能从食物中获取。维生素 B$_1$ 主要存在于种子的外皮和胚芽中，如米糠和麸皮中含量较高，酵母菌中含量也很丰富，另外瘦肉、白菜和芹菜中都含有较多的维生素 B$_1$[2]。维生素 B$_1$ 在体内以辅酶形式参与糖的分解代谢，有保护神经系统的作用，还能促进胃肠蠕动，增加食欲。维生素 B$_1$ 缺乏时会引起多种神经炎症，如脚气病等[3]。

7.1.1　维生素 B$_1$ 的发现史

维生素 B$_1$ 的发现是从脚气性心脏病开始的。早在 1592 年，荷兰就有医生记录了脚气病的病例（表 7-1）[4]。脚气病流行于 18 至 19 世纪，当时在中国、日本以及东南亚一带，每年都有几十万人死于维生素 B$_1$ 缺乏所致的脚气病。1873 年，伦特（Van Lent）发现降低荷兰水兵膳食中稻米的配给量可使脚气病病发有减少趋势，首次证明了膳食类型与脚气病起因相关[5]。1882 年，日本海军军医高木兼宽发现在船员的膳食结构中，用大麦代替白米，增加蔬菜、鱼、肉和奶，能大大减少脚气病的发生[6]。1896 年，荷兰医生克里斯蒂安·艾克曼（Christiaan Eijkman）研究证实：用精米喂养小鸡可诱发类似脚气病的多发神经炎，而喂食米糠可以治愈已经诱发的神经炎。他把这一发现引申到脚气病患者，发现米糠的药物作用和脚气病存在关联，并证明了脚气病的病因不是细菌感染，而是由于缺乏米糠中一种未知的"保护素"，后经证实该保护素就是维生素 B$_1$[4]。1910 年，日本化学家铃木梅太郎从米糠中提取出了抗脚气病酸（aberic acid），后经证明它就是硫胺素[6]。1912 年，美籍波兰裔生物化学家卡西米尔·冯克（Kazimierz Funk）博士在伦敦的李斯特（Lister）研究所从米糠中提取出一种胺类的结晶，可以治疗脚气病，冯克将其称为"重要胺类"，所以命名为"vitamine"（后改为 vitamin），这是拉丁文的生命（vita）和氨（amin）合并而创造的词，这也是维生素名称的由来[7]。但后来人们发现冯克得到的晶体对脚气病疗效并不是很好，原因是这种结晶是混合物，主要成分是另一种 B 族维生素成员——烟酸。1916 年，维斯康星大学的麦科勒姆（Elmer McCollum）把能治疗脚气病的浓缩物命名为"水溶性 B"[5]。1926 年，两位荷兰化学家简森（Barend. C. P. Jansen）和多纳斯（Willem. P. Donath）继承了艾克曼的衣钵，在美国人罗杰威廉姆斯（Robert. R. Williams）的帮助下分离得到了抗脚气病的硫胺结晶。威廉姆斯为它取了个正式的英文名称 thiamin，为了体现了它是一种有机胺，美国化学会将其改为 thiamine[8]。1927 年，由英国人命名为维生素 B，B$_1$ 代表在水溶性维生素中位列第一[6]。在美国默克制药公司的帮助下，到 1936 年，经过持续多年的研究，威廉姆斯终于确定了其化学结构，并成功用化学法合成了硫胺素[9, 10]。至此，维生素 B$_1$ 才真正被人们所认知，随着现代医学和营养科学的发展，以及维生素 B$_1$ 的广泛分布，已不太可能发生流行性维生素

B₁ 缺乏。

表7-1　维生素B₁发现的历史事件

年份	历史事件	参考文献
1592	荷兰医生记录脚气病病例	[4]
1873	伦特首次提出了膳食类型与脚气病起因相关	[5]
1882	高木兼宽发现大麦代替白米可减少脚气病	[6]
1896	克里斯蒂安·艾克曼证明了脚气病的病因不是细菌感染	[4]
1910	铃木梅太郎从米糠中提取出了抗脚气病酸	[6]
1912	卡西米尔·冯克米糠中提取出一种胺类的结晶，命名为"vitamine"	[7]
1916	麦科勒姆把浓缩物命名为"水溶性 B"	[5]
1926	简森和多纳斯分离得到了抗脚气病的硫胺结晶，英文名称"thiamin"	[8]
1927	英国人命名为维生素 B	[6]
1936	威廉姆斯确定了维生素 B₁ 化学结构，并成功用化学法合成	[9, 10]

7.1.2　维生素 B₁ 的来源

在自然界中，所有动物和植物的组织都含有维生素 B₁，它存在于所有天然未加工的食材中。在谷物中，维生素 B₁ 分布不均匀，在淀粉胚乳中含量较低，在胚芽中含量较高。在大多数动物组织中，超过 90% 的硫胺素是磷酸化的，以焦磷酸酯（ThDP）形式为主，但是猪骨骼肌中三磷酸酯（ThTP）形式的硫胺素占总量的 70%～80%。牛奶中主要含有游离的非磷酸化的硫胺素。白面包含有 ThDP 是由于面团在用酵母发酵过程中添加的硫胺素的磷酸化作用，以及来自酵母本身的贡献。

维生素 B₁ 含量丰富的食物包括瘦猪肉、葵花籽、强化玉米片、花生、酵母和酵母提取物、米糠、麦芽、棉籽、大豆粉和红花粉等。维生素 B₁ 的良好来源食物包括小麦麸、全麦粉、强化面粉、黑麦粉、坚果（花生除外）、强化玉米粉、强化稻米、强化白面包和大豆芽等。维生素 B₁ 的一般来源食物包括豌豆、油炸豆、蛋黄、牛肝、午餐肉、虾、大马哈鱼、鳕鱼和鲱鱼鱼卵等。维生素 B₁ 的微量来源食物包括精米、多数水果、多数蔬菜、白砂糖、动植物油和脂肪、牛奶、黄油、蛋和酒等[6, 11]。维生素 B₁ 在不同的食物中含量不同，而且会受到收获、加工、浓缩和储存条件的影响，常见食物中维生素 B₁ 的含量见表 7-2。

表7-2　常见食物中维生素B₁的含量

食物	维生素 B₁ 含量 / (mg/100g)	食物	维生素 B₁ 含量 / (mg/100g)
虾	0.01	金针菇	0.15
黄瓜	0.02	玉米	0.16

食物	维生素 B_1 含量 /（mg/100g）	食物	维生素 B_1 含量 /（mg/100g）
绿茶	0.02	鸭蛋	0.17
西瓜	0.02	马铃薯	0.21
番茄	0.03	鸭肉	0.22
梨	0.03	腰果	0.27
苹果	0.03	燕麦	0.30
鲤鱼	0.03	小米	0.33
牛奶（巴氏杀菌）	0.03	黑米	0.33
酸奶	0.03	枸杞	0.35
鳕鱼	0.04	大麦	0.43
草鱼	0.04	小麦粉	0.47
甲鱼	0.07	大米	0.59
鸡肉	0.07	大豆	0.61
橙汁（不加糖）	0.08	芝麻	0.66
羊肉	0.09	豌豆	0.74
鸡蛋	0.09	瘦猪肉	0.98
牛肉	0.10	花生	1.14
西蓝花	0.10	酵母提取物	4.10
三文鱼	0.11	山竹	60.03

维生素 B_1 的含量在食物的收获、加工、烹调和贮藏过程中都会受到影响。导致维生素 B_1 损失的因素有 pH 值、热、氧化作用、无机碱、酶、金属复合物和辐射作用。维生素 B_1 对氧化还原作用敏感，氧化硫、硫化物等很容易打开维生素 B_1 分子里的键，使其丧失维生素的活性。维生素 B_1 在碱性介质或者在水分子存在下加热更容易被破坏，这些损失都与其特定的分子结构和性质密切相关。

7.1.3　维生素 B_1 缺乏症

由维生素 B_1 缺乏所引发的临床症状包括脚气病、消化系统症、神经系统症和心血管系统症等，详见表 7-3。维生素 B_1 的缺乏使糖代谢产生障碍，导致糖代谢所产生的能量减少，而肌肉和神经活动所需能量主要由糖类供应，因此受到的影响最大，可引起神经、循环系统等一系列临床症状。另一方面，维生素 B_1 可抑制胆碱酯酶对乙酰胆碱的水解作用，乙酰胆碱是传递神经冲动的重要物质，缺乏时可导致神经传导障碍，造成胃肠蠕动缓慢、腹胀、消化腺分泌少和食欲缺乏[12]。当维生素 B_1 缺乏时，胆碱酶活性提高，加速乙酰胆碱水解，从而导致一系列胃肠临床症状。

表7-3　维生素B₁缺乏临床症状

临床症状	症状描述
干脚气病	初期症状为烦躁不安、头痛、易激动。继而以多发性神经炎症状为主，表现为脚趾麻木、踝关节极硬、大腿肌肉酸痛、膝关节反应降低、行走困难。后期因神经退化，肌肉缺乏协调作用，会影响到手臂和身体其他部位
湿脚气病	与干脚气病区别是有水肿，尤其是在腿部。临床症状有食欲缺乏、气喘、心脏机能紊乱，心悸、心动过速，严重者表现为心力衰竭
婴儿脚气病	初期食欲缺乏、呕吐、兴奋、心跳快、呼吸急促和呼吸困难。严重时身体出现发绀、心脏扩大、心力衰竭和强直性痉挛，通常发生在2至5个月的婴儿，原因是喂养的膳食或母乳含维生素B₁较低
消化系统症	表现为食欲缺乏、消化不良、便秘、腹胀、呕吐、胃部松弛和盐酸分泌少。这些表现形式主要是由于维生素B₁是能量代谢的一种辅酶，缺乏维生素B₁会导致能量不足
神经系统症	表现为烦躁、疲劳嗜睡、全身无力，刺痛或麻木，严重时可导致肌肉萎缩和瘫痪。原因是中枢神经系统唯一能源就是葡萄糖
心血管系统症	表现为气促、烦躁、出冷汗、心脏扩大、心肌衰弱和心力衰竭

维生素 B₁ 在能量代谢特别是糖类代谢的关键步骤是必不可少的，因人体不能自身合成维生素 B₁，故其来源于外部摄入。维生素 B₁ 的推荐摄入量为：成年男性 1.2 ～ 1.5mg/d，成年女性 1.0 ～ 1.1mg/d，孕妇和哺乳期妇女 1.3 ～ 1.4mg/d。维生素 B₁ 对婴幼儿成长至关重要，而且婴儿、儿童，特别是青少年的生长阶段，维生素 B₁ 的需要量是不断增加的，0 ～ 6 个月 0.3mg/d，6 ～ 12 个月 0.5mg/d，1 ～ 3 岁 0.7mg/d，4 ～ 6 岁 0.9mg/d，7 ～ 10 岁 1.2mg/d，11 ～ 14 岁（男）1.4mg/d，11 ～ 14 岁（女）1.2mg/d[13]。正常情况下，中国人的饮食能提供足够的维生素 B₁，平均每人每天约摄入 2.17mg，其中家禽、肉和鱼占27.1%，乳制品占8.1%，面粉和谷物占 41.2%。

7.2　维生素 B₁ 的结构、性质和应用

7.2.1　维生素 B₁ 的结构

如图 7-1 所示，维生素 B₁ 的结构由嘧啶环和噻唑环通过亚甲基连接而成。商品化的维生素 B₁ 有两种形式：盐酸硫胺和硝酸硫胺，化学名称分别为氯化 3-[（4- 氨基 -2- 甲基 -5- 嘧啶基）- 甲基]-5-（2- 羟基乙基）-4- 甲基噻唑鎓盐酸盐和 3-[（4- 氨基 -2- 甲基 -5- 嘧啶基）- 甲基]-5-（2- 羟基乙基）-4- 甲基噻唑鎓硝酸盐。在生物体细胞内，维生素 B₁ 的生物活性形式一般为磷酸酯形式，例如，成年人体内约含有 30mg 维生素 B₁，其中 80% 是焦磷酸酯形式（ThDP），约 10% 是三磷酸酯形式（ThTP），其余是单磷酸酯形式（ThMP）[14]。

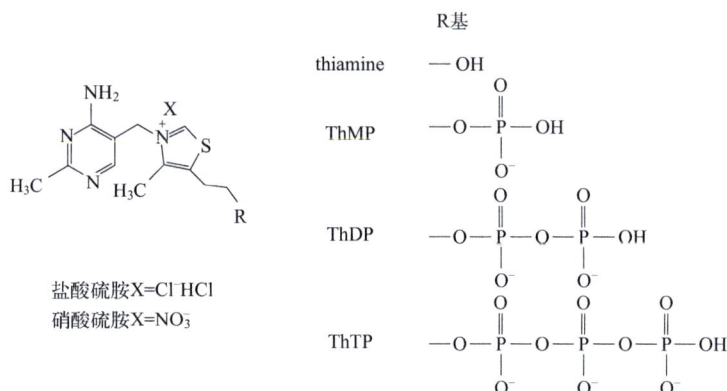

图 7-1　维生素 B_1 的结构式

7.2.2　维生素 B_1 的物化性质

　　维生素 B_1 通常以其盐酸盐的形式出现，又称盐酸硫胺，分子式为 $C_{12}H_{17}ClN_4OS \cdot HCl$，分子量 337.27，白色结晶性粉末，有微弱的特臭，味苦，带有酵母的闷人气味和咸坚果味道。盐酸硫胺干燥时稳定，有潮解性，暴露在空气中，易吸收水分，在酸性溶液中很稳定，在碱性溶液中容易被氧化和受热破坏，高压灭菌和紫外线也能破坏。极易溶于水（约 100g/100mL），溶于丙二醇，微溶于 95% 乙醇（1g/100mL）和乙醇（0.3g/100mL），不溶于乙醚、苯、己烷、氯仿和丙酮。1% 盐酸硫胺溶液的 pH 为 3.13，0.1% 的溶液 pH 为 3.58。盐酸硫胺熔点 250℃，伴随分解，热稳定性相对较好，pH 值为 3.5 时可耐 100℃高温，且在 120℃时加热溶液，对维生素 B_1 没有破坏。盐酸硫胺对光敏感，故应置于避光、阴凉、干燥处保存，且不宜久贮。还原性物质亚硫酸盐和二氧化硫等能使维生素 B_1 失活，有氧化剂存在时容易被氧化得到脱氢硫胺素，其在紫外线照射下呈现蓝色荧光。维生素 B_1 在 200～300nm 处有特征吸收光谱，最大吸收光谱依赖于溶剂和溶液的 pH。在 0.1mol/L 的盐酸溶液中，维生素 B_1 在 245nm 处有最大吸收。硝酸硫胺是另一种商业形式的维生素 B_1，理化性质与盐酸硫胺相似，但也有一些不同之处，如分子式为 $C_{12}H_{17}N_5O_4S$，分子量 327.36，熔点 196～200℃，在水中略溶（2.7g/100mL），易溶于沸水，微溶于氯仿、乙醇和甲醇[6, 14]。

　　维生素 B_1 焦磷酸酯形式（ThDP）在避光冷藏条件下相对稳定，其可在 pH 为 2～6 的水溶液中 0℃稳定储存 6 个月，当在 pH=5 的水溶液中温度达到 38℃放置数月会部分分解为 ThMP 和游离的硫胺素。ThTP 在干燥条件下相比水溶液更加稳定，水溶液受热会分解为 ThDP 和 ThMP。在碱性条件下，ThTP 水溶液会分解为 ThMP 和磷酸。ThMP 在酸性和中性条件下相当稳定。

　　由于维生素 B_1 具有良好的水溶性，过量摄入的维生素 B_1 很容易通过肾脏排出体外。目前没有维生素 B_1 口服中毒的证据，但是大剂量非胃肠道途径进入体内时会有毒性表现。日口服 500mg，持续 1 个月未发现中毒现象。长期口服维生素 B_1 而未引起任何毒副反应，说明其毒性非常低。酸碱度、温度和水分含量等条件的改变，都会促使维生素 B_1 在食物中流失，因此合适的处理方法及烹饪条件是保持食物中维生素 B_1 含量的关键。

7.2.3　维生素 B₁ 的应用

维生素 B₁ 是人和动物维持正常的生理功能且必须从食物中获得的一类微量有机物质，在人和动物生长、代谢、发育过程中发挥着重要的作用。维生素 B₁ 的应用主要包括临床治疗、食品和饲料添加剂、有机仿生合成和驱蚊防虫等方面。

临床治疗应用：①维生素 B₁ 的主要功能是调节体内糖代谢，可促进胃肠蠕动，帮助消化，特别是糖类的消化，增强食欲；②维生素 B₁ 被称为神经性维生素，这是因为维生素 B₁ 对神经组织和精神状态有良好的影响，可消除疲劳和改善精神状况；③维生素 B₁ 能促进神经系统的发育和正常工作，促进大脑的生长和发育，保证心脏的正常跳动；④婴幼儿由于母乳缺乏维生素 B₁ 而易患脚气病，维生素 B₁ 可以治疗该疾病。近年来的临床实践发现维生素 B₁ 除了以上的临床应用外，还有很多新的用途，例如：①维生素 B₁ 有助于减轻晕车、晕船症状；②维生素 B₁ 有助于缓解有关牙齿手术后的痛苦；③维生素 B₁ 对带状疱疹的治疗有利；④维生素 B₁ 有助于提高记忆力；⑤维生素 B₁ 有助于防治铅蓄积中毒；⑥维生素 B₁ 有助于延缓阿尔茨海默病的发展；⑦维生素 B₁ 有助于改善糖尿病并发症[12, 15]。

食品和饲料添加剂应用：由于人体自身不能合成维生素 B₁，因而人体所需的维生素 B₁ 只能通过食物获取，而食物在获取、贮存、运输和烹饪过程中又不可避免地导致维生素 B₁ 的流失，因此在食品中添加人体所需的维生素 B₁ 显得尤为重要。维生素 B₁ 因其具有良好的水溶性可以添加到各类型食品中作为营养强化剂来使用。目前 GB 14880—2012 指出了可以添加维生素 B₁ 的食品和添加量，详见表 7-4。

表7-4　可添加维生素B₁的食品及使用量

食品类别（名称）	使用量 /（mg/kg）
调制乳粉（仅限儿童用乳粉）	1.5 ～ 14
调制乳粉（仅限孕产妇用乳粉）	3 ～ 17
豆粉、豆浆粉	6 ～ 15
豆浆	1 ～ 3
胶基糖果	16 ～ 33
大米及其制品	3 ～ 5
小麦粉及其制品	3 ～ 5
杂粮粉及其制品	3 ～ 5
即食谷物，包括碾轧燕麦（片）	7.5 ～ 17.5
面包	3 ～ 5
西式糕点	3 ～ 6
饼干	3 ～ 6
含乳饮料	1 ～ 2
风味饮料	2 ～ 3
固体饮料类	9 ～ 22
果冻	1 ～ 7

2017 年农业部公告第 2625 号中修订了《饲料添加剂安全使用规范》，其中规范了猪、家禽和鱼类饲料中维生素 B_1 的添加量（表 7-5）。

表7-5　动物饲料中维生素B_1的添加量

适用的动物	饲料中添加量 / (mg/kg)
猪	1～5
家禽	1～5
鱼类	5～20

有机仿生合成应用：有机化学仿生合成是近年来新兴的一种合成方法，其优点包括反应温和、无污染、催化速度快、产率高、立体专一性强、所需能量低等，因此成为绿色化学的重要合成方法。酶和辅酶都是生物催化剂，酶的利用和化学模拟是有机仿生合成的核心。很多实验借助维生素 B_1 的辅酶作用，利用仿生合成技术成功合成了有机物。张艺川等[16]发现利用维生素 B_1 作催化剂可在不同的条件下成功合成糠偶姻、芳偶姻、二苯基羟乙酮、2-噻吩偶姻、糠醛和苯妥英钠等化合物，具有催化活性高、反应温和、环保节能、收率高等优势。

驱蚊防虫应用：生活中，我们可以利用维生素 B_1 及其代谢产物的特殊气味驱蚊。孙宁岳[17]实验表明，向黄瓜秧上喷洒维生素 B_1 溶液，不仅可以驱赶七星瓢虫，促进黄瓜秧生长，还能吸引蜜蜂飞到花上传粉。向长有桑树桑螟（俗名青虫）的白菜上喷洒维生素 B_1 溶液，青虫很快消失，但不能促进白菜的生长。研究还发现利用维生素 B_1 驱虫无残留危害，是一种无害的良好选择。

7.3　维生素 B_1 的合成方法

7.3.1　维生素 B_1 的产品标准

维生素 B_1 可以作为临床药物来使用，主要有片剂和注射液两种剂型。《中国药典》2020 年版二部对维生素 B_1 作为药物的标准规定，如表 7-6 所示，维生素 B_1 作为药品主要是盐酸硫胺形式，对于性状、有关物质、含量、重金属等都有明确的标准。目前国内生产维生素 B_1 的药企都是依照此标准来执行的。

表7-6　《中国药典》2020年版二部维生素B_1

项目	指标
外观	白色结晶或结晶性粉末
气味	有微弱的特臭，味苦
溶解性	水中易溶，乙醇微溶，乙醚不溶

续表

项目	指标
维生素 B₁（以 $C_{12}H_{17}ClN_4OS \cdot HCl$ 计，以干基计）	≥ 99.0%
pH（25g/L 溶液）	2.8 ~ 3.3
溶液的颜色	通过试验
有关物质	≤ 0.5%
干燥失重	≤ 5.0%
炽灼残渣	≤ 0.1%
重金属	≤ 10mg/kg
总氯量	20.6% ~ 21.2%

如表 7-7 所示，维生素 B₁ 主要以盐酸硫胺形式作为食品添加剂，目前现行的国标为 2010 年发布版，在 1993 版基础上增加了砷指标和铅指标，取消了重金属指标。

表7-7　《食品安全国家标准　食品添加剂　维生素B₁（盐酸硫胺）》GB 14751—2010

项目	指标
色泽	白色
气味	通常具有微弱的特殊臭味
组织状态	结晶或结晶性粉末
熔点	约248℃熔融，同时分解
维生素 B₁（以 $C_{12}H_{17}ClN_4OS \cdot HCl$ 计，以干基计），w/%	98.5 ~ 101.5
pH（25g/L 溶液）	2.7 ~ 3.4
溶液的颜色	通过试验
硝酸盐（20g/L）	通过试验
干燥减量，w/%	≤ 5.0
灼烧残渣，w/%	≤ 0.1
铅（Pb）/（mg/kg）	≤ 2
砷（As）/（mg/kg）	≤ 2

饲料添加剂维生素 B₁ 以盐酸硫胺和硝酸硫胺两种形式存在（表 7-8 和表 7-9），标准都是 2018 版。饲料添加剂盐酸硫胺现行标准在 2008 版基础上增加重金属技术指标和总砷技术指标。饲料添加剂硝酸硫胺现行标准在 2008 版基础上将铅指标改为重金属指标，增加了总砷技术指标，灼烧残渣指标由"≤ 0.2%"提高到"≤ 0.1%"。饲料添加剂国家标准变更的趋势是项目越来越全面，指标的要求越来越高[18]。

表7-8   饲料添加剂　盐酸硫胺（维生素B$_1$）GB 7295—2018

项目	指标
外观	白色结晶或结晶性粉末
盐酸硫胺（以 C$_{12}$H$_{17}$ClN$_4$OS・HCl 干基计）/%	98.5 ～ 101.0
干燥失重 /%	≤ 5.0
灼烧残渣 /%	≤ 0.1
酸度	2.7 ～ 3.4
硫酸盐（以 SO$_4^{2-}$ 计）/%	≤ 0.03
重金属（以 Pb 计）/（mg/kg）	≤ 10.0
总砷（以 As 计）/（mg/kg）	≤ 2.0
溶液色泽	不得比 0.012g/L 重铬酸钾溶液更深

表7-9   《饲料添加剂　硝酸硫胺（维生素B$_1$）》GB 7296—2018

项目	指标
外观	白色或类白色结晶或结晶性粉末
硝酸硫胺（以 C$_{12}$H$_{17}$N$_5$O$_4$S 干基计）/%	98.0 ～ 101.0
干燥失重 /%	≤ 1.0
灼烧残渣 /%	≤ 0.1
酸度	6.0 ～ 7.5
氯化物（以 Cl 计）/%	≤ 0.06
重金属（以 Pb 计）/（mg/kg）	≤ 10.0
总砷（以 As 计）/（mg/kg）	≤ 2.0

7.3.2　化学合成法

维生素 B$_1$ 的化学结构是由嘧啶环和噻唑环通过亚甲基连接而成，国内外文献报道了多种化学合成路线，经归纳总结可以分为两大类：汇聚式和直线式。汇聚式路线一般先独立构建嘧啶环和噻唑环，再将两个环结合[19]。直线式路线一般在已经构建好的嘧啶环上构建噻唑环。

1937 年约瑟夫（Joseph K Cline）在《晶体维生素 B$_1$ 的研究》一文中首次报道了维生素 B$_1$ 的全合成[9,10]。该路线以 3- 乙氧基丙酸乙酯（2）为起始物料与甲酸乙酯反应生成烯醇钠盐（3），再与盐酸乙脒（4）环合得到嘧啶环结构（5），其羟基经卤代、氨化得到嘧啶胺结构（7），经氢溴酸溴代后与 4- 甲基 -5-（β- 羟乙基）噻唑（9）反应生成季铵盐（10），最后经氯化银置换生成目标产物维生素 B$_1$（1）。该路线采用汇聚式合成方法，原子经济性好，步骤短，但缺点在于起始物料（2）至中间体（5）以及中间体（9）至中间体（10）的反应收率低，特别是路线起始两步收率非常低，限制了该路线工业化应用（图 7-2）。

直线式路线是工业上生产维生素 B$_1$ 常用的方法，该路线一般都是先构建一个嘧啶环，再在此基础上逐步构建噻唑环，其中涉及关键嘧啶环中间体（11）：2- 甲基 -4- 氨基 -5-（氨基甲基）嘧啶。此关键中间体的合成路线较多，根据起始物料的不同可分为两大类：活泼亚甲基化合物路线和丙烯腈路线。

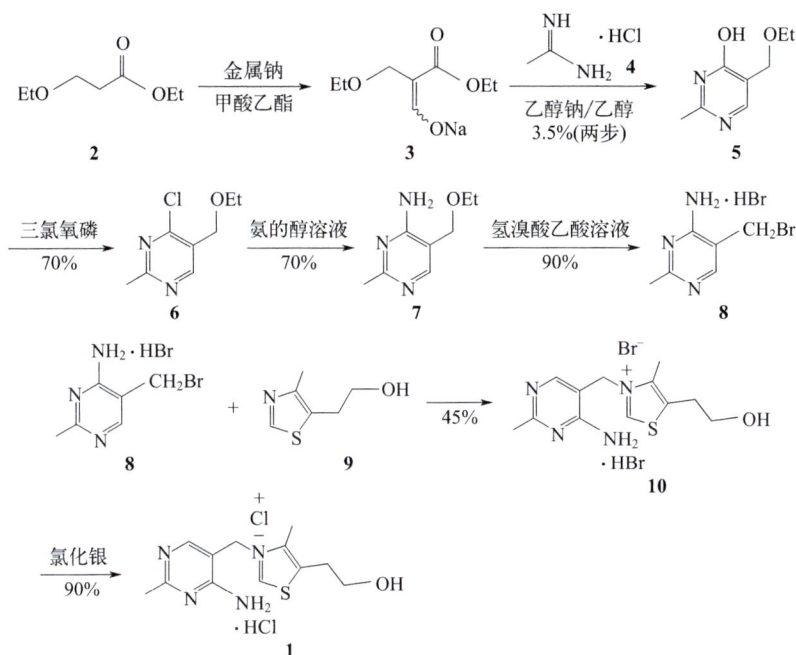

图 7-2　汇聚式路线（维生素 B₁ 的化学合成）

活泼亚甲基化合物路线：这类路线的起始物料为活泼亚甲基化合物如丙二腈和氰乙酰胺。罗氏公司开发的路线以丙二腈（**12**）为起始物料，经 Knoevenagel 缩合反应得到（**13**），再经胺化、环合、还原得到关键中间体（**11**）（见图 7-3）[20, 21]。该路线优点是合成步骤短，总收率 79%，缺点是起始物料丙二腈和环合步骤所用的乙基乙酰亚胺盐酸盐（**15**）价格昂贵，导致整个路线生产成本较高，限制了该路线在国内的工业应用。

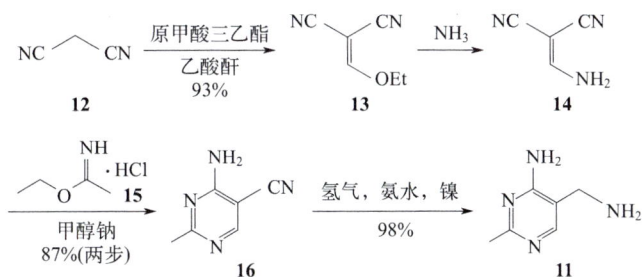

图 7-3　丙二腈路线

2012 年，复旦大学陈芬儿课题组报道了以氰乙酰胺（**17**）为起始物料，经过 Vilsmeier-Haack 反应形成中间体（**18**），再经环合、还原得到关键中间体（**11**）（见图 7-4）。该路线在丙二腈路线基础上对起始物料和环合步骤的试剂都做了优化，用较为廉价的氰乙酰胺和盐酸乙脒代替，降低了生产成本，同时还缩短了反应步骤，路线总收率 65.2%，具有较大的工业应用潜力[22]。

丙烯腈路线：这类路线的起始物料是廉价易得的丙烯腈。由日本宇部兴产株式会社（UBE）开发的路线（图 7-5）以丙烯腈（**19**）为起始物料，甲氧基化后得到 2, 2-二甲氧基乙腈（**20**），在甲醇钠催化下与甲酸甲酯反应生成烯醇钠盐（**21**），再经正丁基保护、盐酸乙脒环合、盐酸羟胺成肟，最后镍氢还原得到关键中间体（**11**）。该路线优点是起始物料价格低廉，成本低，缺点是路线步骤较长，且最后一步加氢还原反应需要压力设备，安全成本较高，总收率只有 61.8%[23]。

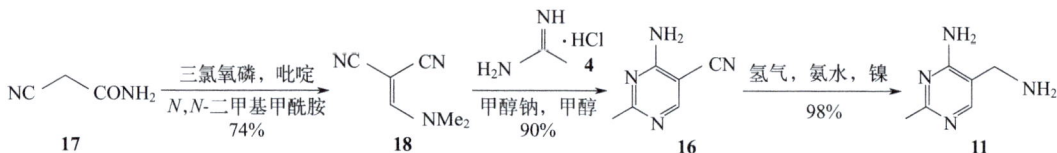

图 7-4   氰乙酰胺路线

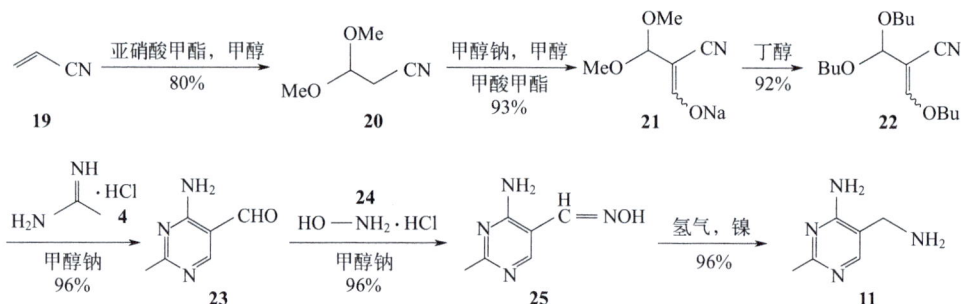

图 7-5   丙烯腈路线（UBE 公司）

国内工业化路线（图 7-6）一般以丙烯腈为起始物料，也可直接采用氨基丙腈（**26**）为起始物料[24,25]。丙烯腈首先经 Michael 加成反应得到 2- 氨基丙腈（**26**），再经甲醇钠催化与甲酸甲酯反应得到烯醇钠盐（**27**），再经邻氯苯胺（**28**）保护、盐酸乙脒环合、氢氧化钠水解后得到关键中间体（**11**）。该路线的优点是反应条件温和，总收率 64.1%，缺点是使用具有致癌性的邻氯苯胺作为保护基团，且脱去的邻氯苯胺不能循环使用造成浪费和污染。

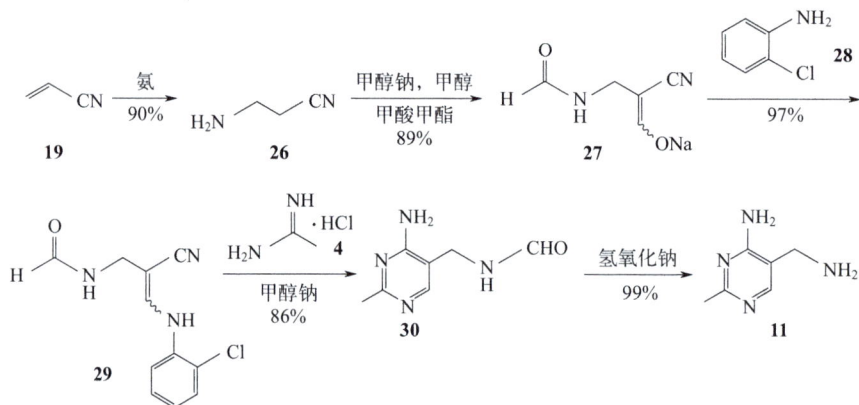

图 7-6   丙烯腈路线（国内公司）

为了避免有毒保护基的使用，在传统的合成方法中，可由烯醇钠盐（**27**）与盐酸乙脒（**4**）在有机碱 N,N- 二异丙基乙胺（DIPEA）作为缚酸剂条件下反应，但是反应效果不理想。2013 年，Ulla 等[26]首次尝试用路易斯酸催化该环合反应，并通过筛选确定了氯化锌作为催化剂，反应产率较高，两步总收率 75%，避免了有毒保护基的使用，缩短反应步骤，提高了反应原子经济性，工业化前景好（图 7-7）。

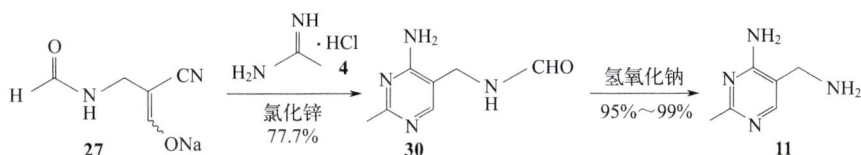

图 7-7　丙烯腈路线（Ulla 改进路线）

维生素 B₁ 的直线式合成路线是在嘧啶环（**11**）的基础上逐步构建噻唑环，方法主要有两种：Taizo 路线和罗氏公司路线。

Taizo 等[27]以嘧啶环（**11**）为底物（图 7-8），与 3- 氯 -5- 乙酰氧基 -2- 戊酮（**31**）和二硫化碳环合，再经 NaOH 水解得到前体化合物（**33**），最后经过氧化氢氧化，盐酸成盐得到维生素 B₁（**1**），三步反应总收率 49.3%。此后该小组在此基础上进行了改进，利用 3- 氯 -5-羟基 -2- 戊酮直接与中间体（**11**）一步反应得到前体化合物（**33**），简化了合成路线，将反应总收率提高到 60.6%。该路线是目前维生素 B₁ 工业化主要采取的路线，缺点是使用二硫化碳试剂，该试剂具有沸点低、易挥发和腐败臭味的特点。

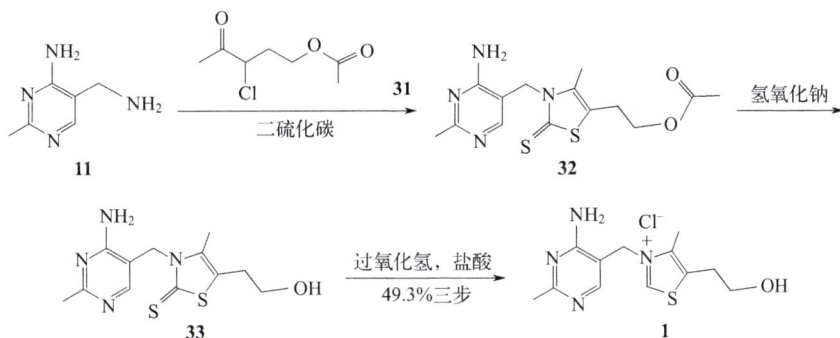

图 7-8　Taizo 路线（维生素 B₁ 的合成）

1990 年，由罗氏公司开发的新路线（图 7-9）[28]，用对甲苯磺酸催化（**11**）与 N, N- 二甲基甲酰胺二甲基缩醛（DMF-DMA）环合得到前体化合物（**34**），再与 3- 巯基 -5- 乙酰氧基 -2-戊酮（**35**）缩合，最后盐酸成盐得到维生素 B₁（**1**），路线反应总收率 67.2%，路线更为简洁，为维生素 B₁ 的工业化提供了新的思路。

在维生素 B₁ 的合成方法中，汇聚式路线开发较早，但是因反应收率低限制了其在工业化上的应用，直线式路线逐渐成为工业上常用的合成方法。国内外学者针对各个路线的不足之处进行了大量研究，不断进行改进，取得了较好的成果，如在丙烯腈路线环合步骤去除有毒保护基团的使用，为工业化降低生产成本、提高生产安全性方面提供了好的思路。汇聚式路线作为有机合成中符合有机合成策略的方法，如能在环合与季铵化反应上取得突破，维生素 B₁ 的生产成本还有较大的下降空间。因此，继续开发一种步骤短、操作简单、高收率、绿色低成本的合成方法意义重大。

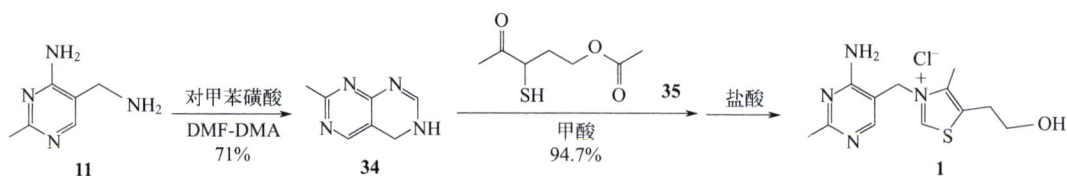

图 7-9　罗氏公司路线（维生素 B₁ 的合成）

7.3.3　微生物合成法

由于微生物自身能够合成所需的维生素 B₁，因此微生物法合成维生素 B₁ 具有理论上的可行性，但是微生物所合成的维生素通常不会超过其自身的需要。近年来利用生物法合成维生素取得了长足的进步，目前可以用发酵法或半发酵合成法生产的维生素有维生素 C、维生素 B₁₂、维生素 D 和 β- 胡萝卜素。

微生物法合成维生素 B₁ 是首先分别合成嘧啶环和噻唑环结构后，再经酶反应聚合而成，类似于化学法中的汇聚式路线。如图 7-10 所示，丙氨酸（**37**）与甲硫氨酸（**36**）反应生成 3-（4- 甲基 -5- 噻唑啉基）丙氨酸（**38**），然后反应生成 4- 甲基 -5-（β- 羟乙基）噻唑单磷酸（**39**），至此噻唑环部分完成生物合成。嘧啶环部分则由氨甲酰磷酸（**41**）与 β- 甲基天冬氨酸（**40**）缩合形成 N- 氨甲酰 -β- 甲基天冬氨酸（**42**），转化为甲基二氢乳清酸（**43**）后，再转化为焦磷酸酯（**44**）。最后噻唑环中间体（**39**）和嘧啶环中间体（**44**）两部分在硫胺素单磷酸合成酶存在下缩合成单磷酸硫胺素（**ThMP**）[29]。

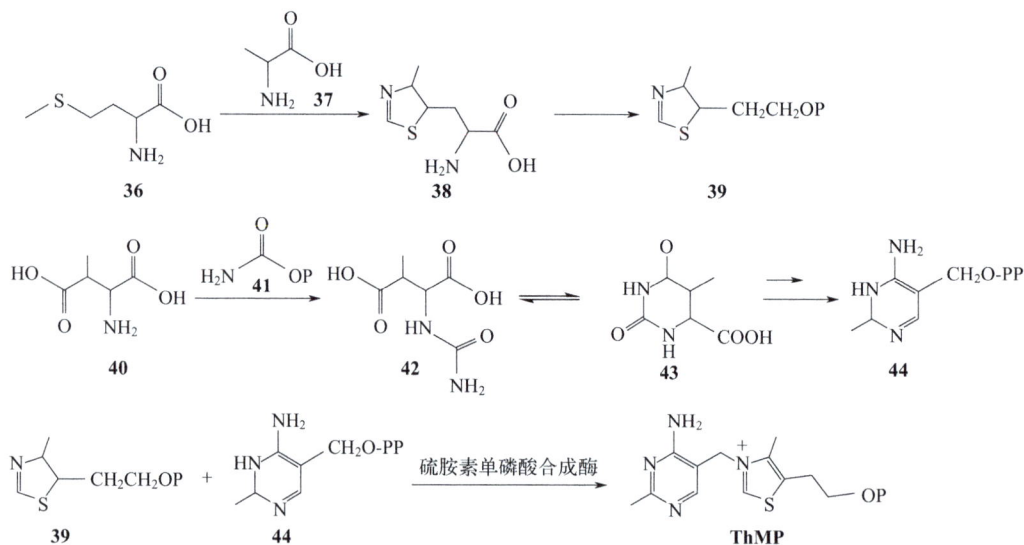

图 7-10　维生素 B₁ 的生物合成法

大肠杆菌和啤酒酵母均是维生素 B₁ 的生产菌，它们能合成 2- 甲基 -4- 氨基 -5- 羟基嘧啶和 4- 甲基 -5-（β- 羟乙基）噻唑。培养基中添加一些芳香族氨基酸对大肠杆菌产生维生素 B₁ 有促进作用，如培养基添加 10mmol/L 的苯丙氨酸，硫胺素的产量提高 5 倍[30]。将大肠杆菌腺嘌呤或维生素 B₁ 缺陷型菌株接种于含有限量维生素 B₁ 的培养基中，在其中生长的细胞即可解除其生物合成维生素 B₁ 的阻遏，使维生素 B₁ 高产。从啤酒酵母中分离的产生维生素 B₁ 突变型菌株，可用于生产富含维生素 B₁ 的啤酒[31]。此外有文献报道乳酸菌也可以产生维生素 B₁[32]。

目前维生素 B₁ 的工业化方法主要是化学合成法，生物合成法虽然合成途径已经明确，但是微生物合成过程中的转录因子调控以及生物合成限制步骤仍需进一步研究，目前还无法应用于工业生产。

7.4　维生素 B₁ 的生物合成代谢途径

7.4.1　维生素 B₁ 在细菌中的合成途径

图 7-11 是[33]维生素 B₁ 在细菌中的生物合成途径。ThiC（HMP-P 合成酶，EC 4.1.99.17）是细菌合成维生素 B₁ 结构中氨基嘧啶环的主要酶[34, 35]。该酶将氨基咪唑中间体 AIR（5- 氨基咪唑核苷酸）转化为 4- 氨基 -5- 羟甲基 -2- 甲基嘧啶磷酸酯（HMP-P），从而将嘌呤结构中的碳 / 氮骨架转移到维生素 B₁ 的生物合成中。结构域蛋白 ThiD（HMP-P 激酶，EC 2.7.4.7）将 HMP-P 磷酸化得到 HMP-PP，此外它还可以通过补救途径将 HMP 连续磷酸化得到 HMP-PP。在细菌中还发现了一种特殊的结构域蛋白 ThiD2（单独或结合于 ThiE），它只能使 HMP-P 激酶活化，而避免可能有毒的 HMP 混入 ThDP 依赖的酶中而造成损伤。ThiD 同源物（IPR004399）广泛存在于生命的各个领域，包括那些只能合成 HMP 而不能从头合成维生素 B₁ 的生物。

细菌中，噻唑环结构的生物合成主要涉及三种底物：脱氢甘氨酸、1- 脱氧 -D- 葡萄糖 -5-磷酸酯（DXP）和硫代羧酸化的 ThiS。脱氢甘氨酸是由氧依赖型酶 ThiO（EC 1.4.3.19）或自由基酶 ThiH（EC 4.1.99.19）催化合成的，这两种酶在细菌中广泛存在，但是一般不存在于古细菌和真核生物。利用 ThDP 依赖型酶 Dxs（EC 2.2.1.7）将丙酮酸与 3- 磷酸甘油醛缩合并脱羧得到 1- 脱氧 -D- 葡萄糖 -5- 磷酸酯。Dxs 同系物 IPR005477 广泛存在于细菌、绿藻、高等植物和原生生物中，但在古生物中很少见。ThiG 依赖型途径利用基于蛋白质的系统将硫转运至噻唑环：硫从 L- 半胱氨酸转移到硫化物酶中间体（IscS-S-SH）。在另一个反应中，ThiF（EC 2.7.7.73）将 ThiS 的碳端活化，为硫转移步骤做好准备。最后硫通过 ThiI RHD（EC 2.8.1.4）从 IscS-S-SH 传递到 ThiS 形成硫代羧酸化的 ThiS。细菌中这三种底物在噻唑合酶 ThiG（EC 2.8.1.10）的作用下共同构建噻唑环结构。至此，细菌通过 6 步生物合成反应实现了噻唑环中间体 THZ-P 的合成，ThiG 也仅在细菌体中发挥作用。

嘧啶环中间体 HMP-PP 和噻唑环中间体 THZ-P 通过 ThMP 合成酶 ThiE 或 ThiDN（EC 2.5.1.3）缩合成 ThMP。ThiE 型合成酶 IPR036206 广泛存在于生命的各个领域，在细菌、植物和酵母中可以代替 ThiE 用于催化 HMP-PP 与 THZ-P 合成 ThMP，并释放焦磷酸（PPi）和二氧化碳。ThiDN 型合成酶广泛存在于细菌和古细菌中，但是不存在于真核生物中。

ThDP（硫胺素焦磷酸）是维生素 B₁ 的生物活性形式，在细菌中，ThMP 通常被 ATP 依赖的 ThiL 激酶（EC 2.7.4.16）磷酸化为 ThDP。

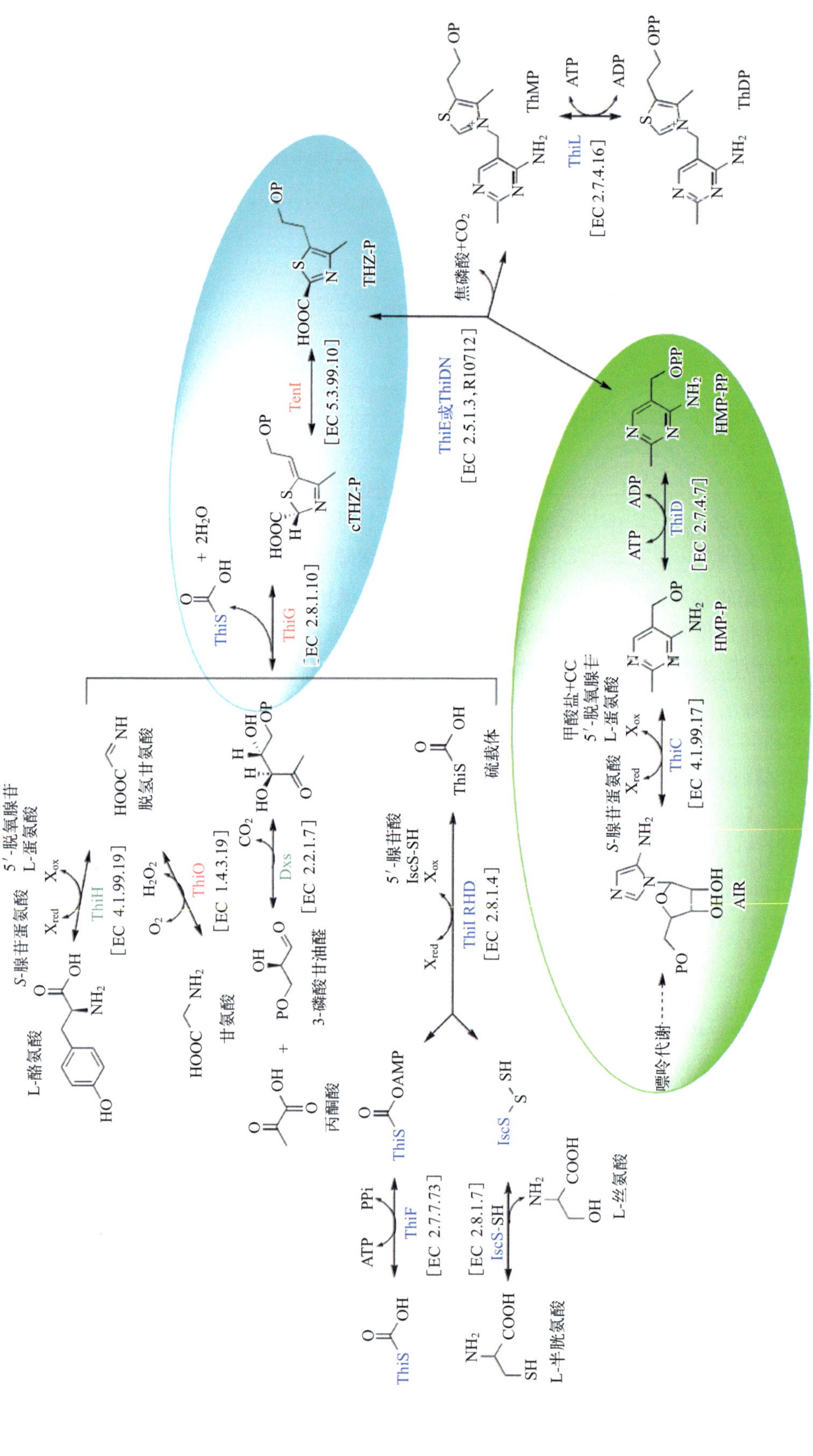

图 7-11　维生素 B₁ 在细菌中的生物合成途径

7.4.2　维生素 B₁ 在真核生物中的合成途径

在真菌中（图 7-12）[36]，氨基嘧啶环的合成途径除了与细菌相同的 ThiC 催化 AIR 到 HMP-P 以外，还有另外一种途径，即来源于维生素 B₆（PLP）和组氨酸。这种途径只有部分 THI5 家族的蛋白（IPR027939）具有合成 HMP-P 所需的组氨酸残基的能力，且仅限于酵母、真菌、植物（非叶绿体）和 γ- 变形菌。

与细菌不同的是，真核生物中噻唑环的构建与酶 THI4（R10685）有关。虽然 THI4 与 THIG 在名称上相似，但是这两类噻唑合酶在结构和功能上区别很大。在真核生物中，利用噻唑合成酶 THI4，仅通过两步反应就将甘氨酸和 NAD 转化为关键噻唑环中间体 THZ-P，与细菌相比途径更加简洁。THI4 同系物 KEGG K03146 更为广泛地存在于生命的各个领域，在酵母和古细菌中的噻唑环合成中发挥作用。

在真核生物中，只存在 ThiE 型合成酶催化 HMP-PP 与 THZ-P 合成 ThMP。与细菌不同，真核生物中 ThMP 首先被水解为硫胺素，然后再被 Mg^{2+} 依赖的硫胺焦磷酸激酶 THI80（EC 2.7.6.2）催化连续磷酸化得到 ThDP。

7.4.3　维生素 B₁ 在古细菌中的合成途径

维生素 B₁ 在古细菌中的生物合成途径如图 7-13 所示，其嘧啶环 HMP-PP 的合成途径与细菌中类似，而噻唑环 THZ-P 的合成途径与真核生物相似[37]。

古细菌与细菌类似，都缺少硫胺焦磷酸激酶和 ThiK 同系物，因此 ThMP 到 ThDP 的生物转化方式一致，但是实验表明向古细菌中添加硫胺素而不添加 THZ 和 HMP 的情况下，其能够生长并将硫胺素转化为 ThDP，这说明某些古细菌中还存在一种替代途径来补救硫胺素到 ThDP 的途径[38, 39]。如图 7-14 所示，无论在细胞内还是细胞外都可以补充和修复 ThDP。维生素 B₁ 的补救途径克服了从头合成的种种问题，广泛存在于生命体内，主要是利用维生素 B₁ 分解产物和类似物来合成维生素 B₁。研究发现古细菌能从环境中回收维生素 B₁ 及其衍生物，并在维生素 B₁ 水平足够时抑制其生物合成。古细菌的补救途径不仅包括常规途径中的生物合成酶如 ThiD、ThiE、ThiDN 和 ThiL，还有其特有的生物合成酶如 ThiM（THZ 激酶，EC 2.7.1.50）、TenA（氨基嘧啶氨基水解酶，EC 3.5.99.2）和 YlmB（甲酰胺基嘧啶脱甲酰基酶）。ThiM 是细菌、原生生物和植物中普遍存在的 THZ 激酶，基于保守的活性位点残基推断在古细菌中也存在 ThiM。根据保守的活性位点残基的不同（半胱氨酸残基和谷氨酸残基），TenA 被分为 TenA_C 和 TenA_E 两种类型，这两种类型的 TenA 蛋白在古细菌中都是保守的。TenA_C 是一种氨基水解酶，它与 YlmB 协同作用，从维生素 B₁ 的降解产物中再生 HMP，并且在细菌中像硫胺酶 Ⅱ 一样具有水解维生素 B₁ 为 THZ 和 HMP 的功能。需要注意的是某些细菌分泌的降解硫胺酶 Ⅰ（EC 2.5.1.2）与 TenA 并不相同。TenA_E 具有催化脱甲酰基酶和氨基水解酶的双重功能，从而实现以硫胺素分解产物再生 HMP，而避免 YlmB 酶的使用。维生素 B₁ 的补救途径可以快速补救以维持维生素 B₁ 的正常水平，对生物体具有非常重要的意义。

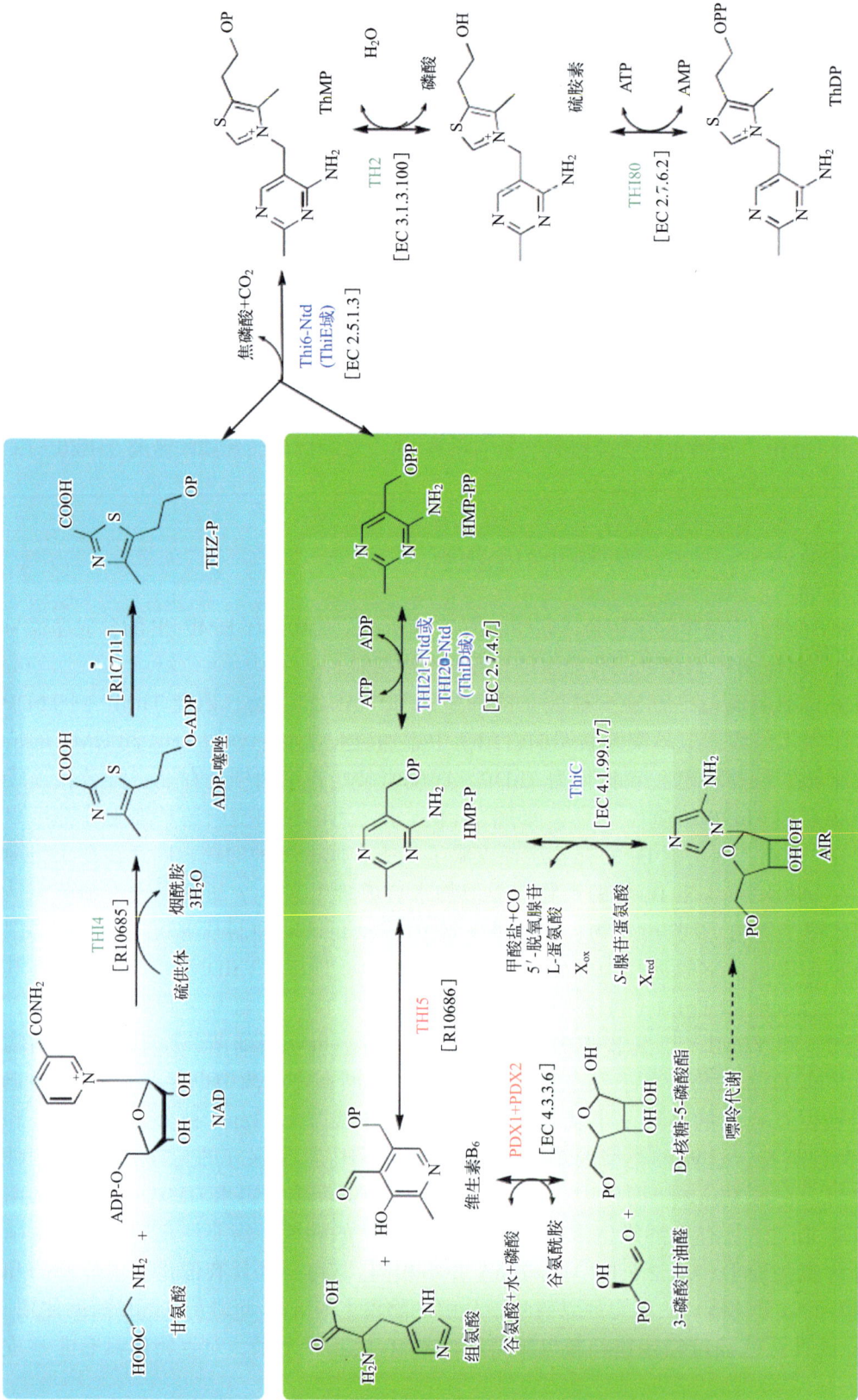

图 7-12　维生素 B₁ 在真核生物中的生物合成途径

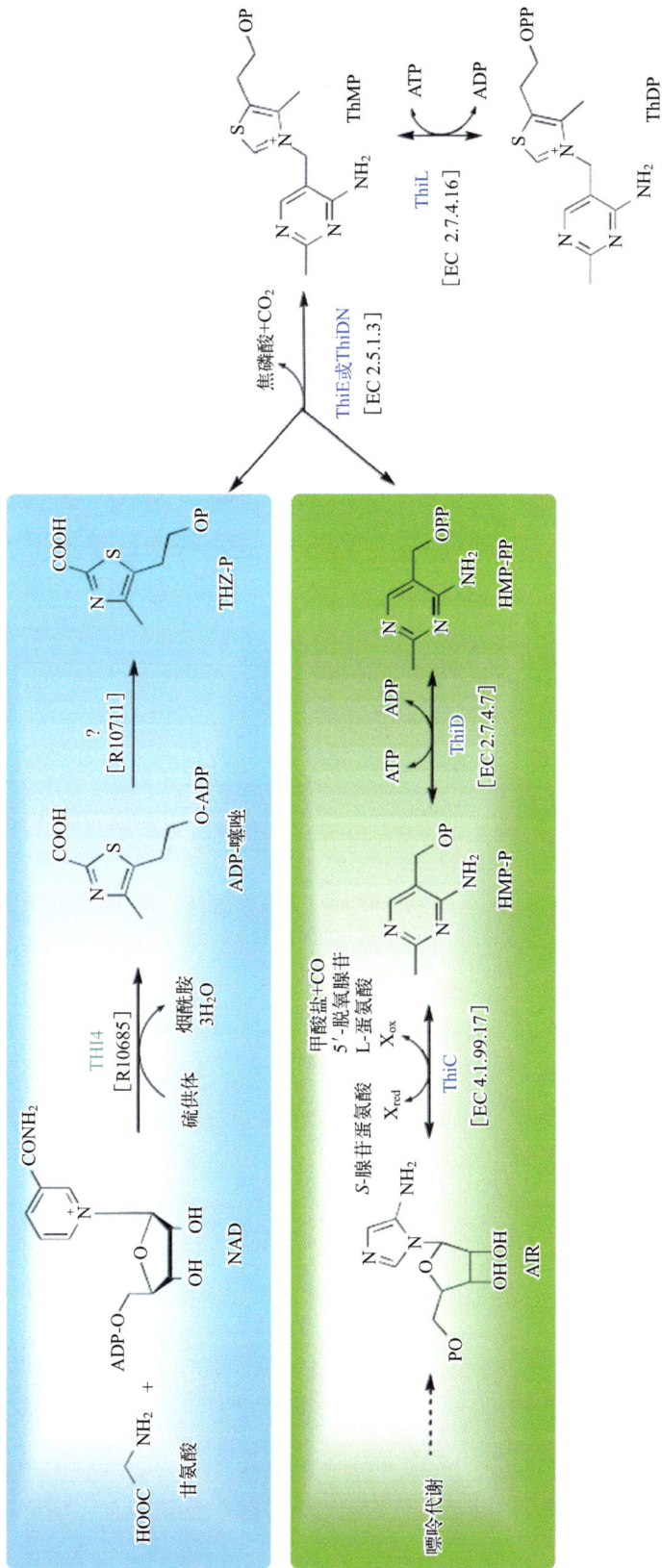

图 7-13　维生素 B₁ 在古细菌中的生物合成途径

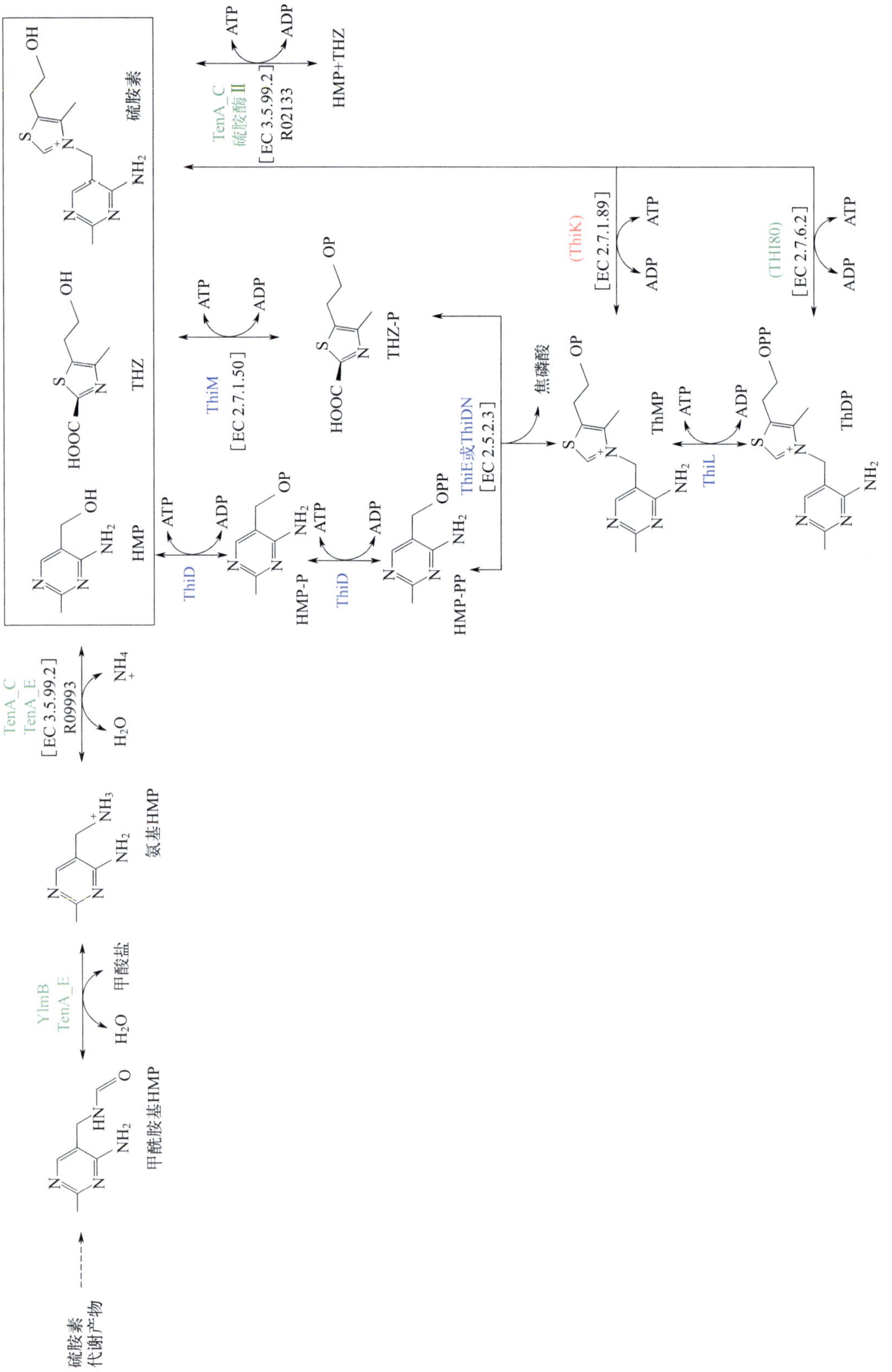

图7-14 维生素 B₁ 在古细菌中的补救合成途径

7.5　维生素 B_1 的代谢工程研究进展

7.5.1　维生素 B_1 的体内代谢

植物和某些低等动物自身能合成维生素 B_1，哺乳动物消化道中的细菌也能合成一些维生素 B_1，合成量与食物的摄取等许多因素有关。在大多数情况下，哺乳动物几乎完全依靠食物提供维生素 B_1。在所有维生素中，维生素 B_1 在体内贮存量最少，成年人体内约含有 30mg，且 80% 是焦磷酸酯，约 10% 是三磷酸酯，其余是单磷酸酯。肝、肾、心、大脑和骨骼肌肉里的维生素 B_1 浓度稍高于血液，各组织维生素 B_1 的需要量随身体代谢要求而增加（如发热、增加肌肉活动、妊娠和哺乳）。

人体从食物中摄入的维生素 B_1 主要在小肠被吸收。人体进餐后，绝大多数维生素 B_1 以游离形式存在于人的肠腔内，这种维生素在肠液中的浓度一般不超过 $2\mu mol/L$。肠道对维生素 B_1 的吸收具有很强的规律性，遵循饱和作用的动力学原则，即高浓度时被动扩散型的吸收占优势，低浓度时（$1\mu mol/L$ 以下）则为一种主动摄取的方式，由载体介导进行吸收。过多的维生素 B_1 则不会被吸收，直接由肠道排出体外。维生素 B_1 的吸收需要消耗机体能量，而 Na^+ 的正常浓度和 ATP 酶的正常活性也是吸收过程所必需的。维生素 B_1 进入细胞后，在多种酶的参与下被磷酸化成为磷酸酯，参与体内的代谢后，维生素 B_1 被分解或降解，形成 $25 \sim 30$ 种代谢产物随尿液排出。肾脏（也可能在其他器官）中会发生脱磷酸化反应，使过剩的游离维生素 B_1 和嘧啶从尿中排出 [11]。

7.5.2　维生素 B_1 的生理功能

糖类代谢：维生素 B_1 以焦磷酸酯形式（ThDP）参与糖类的正常代谢过程。维生素 B_1 作为丙酮酸脱氢酶和 α- 酮戊二酸脱氢酶复合体的辅酶，主要参与羧酸的氧化脱羧过程（图 7-15）：从葡萄糖、脂肪酸、支链氨基酸衍生得到的丙酮酸转化为乙酰辅酶 A（活性乙酸），α- 酮戊二酸转化为琥珀酰辅酶 A（活性琥珀酸）。乙酰辅酶 A 在细胞代谢中发挥重要作用，它进入柠檬酸代谢循环（三羧酸循环），受柠檬酸与呼吸链的联合作用氧化为二氧化碳和水，因此糖类的中间产物丙酮酸借助于维生素 B_1 的氧化脱羧作用实现了完全氧化代谢。乙酰辅酶 A 同样是脂肪酸和甾体化合物的基本构成单元，因此维生素 B_1 也是糖类转化为脂类所必不可少的。α- 酮戊二酸经氧化脱羧形成琥珀酰辅酶 A 是柠檬酸循环的重要组成反应，它的功能是让乙酸在氧化降解中释放的能量得到最佳利用。维生素 B_1 与糖类代谢非常密切，富含糖类的膳食能使维生素 B_1 的正常需要量增加 [6]。

抗神经炎素：在维生素 B_1 缺乏时，由于丙酮酸脱氢酶复合体活性降低，血液和组织中丙酮酸和乳酸累积。此时丙酮酸依赖维生素 B_1 转化为乙酰辅酶 A，并为乙酰胆碱提供乙基，而乙酰胆碱参与神经传导作用。维生素 B_1 的缺乏导致大脑中乙酰胆碱水平降低，因此维生素 B_1 被称为抗神经炎素。

　　能量和糖代谢的辅酶： 维生素 B_1 作为一种辅酶因子在能量代谢过程中发挥作用。在能量的代谢过程中，丙酮酸的转变和乙酰辅酶 A 的生成都需要焦磷酸硫胺素，乙酰辅酶 A 进入三羧酸循环，而 α- 酮戊二酸氧化脱羧转变为琥珀酸的三羧酸循环过程也有维生素 B_1（作为辅酶因子）的参与，该过程产生维持生命所必需的能量。除维生素 B_1 外，还需要一些辅助因素包括含有泛酸的辅酶 A、含有烟酸的烟酰胺腺嘌呤二核苷酸（NAD）、镁离子和硫辛酸。

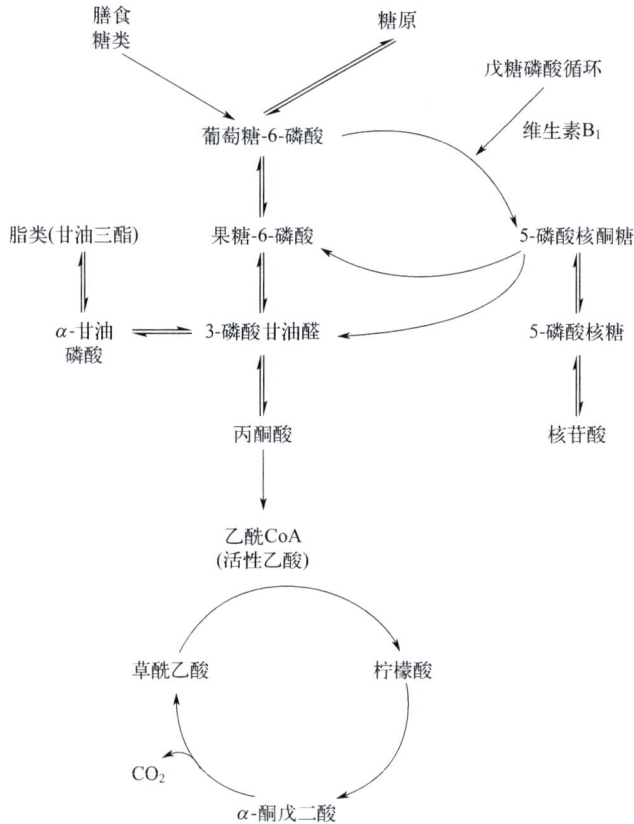

图 7-15　维生素 B_1 在糖类代谢过程中的作用

　　维生素 B_1 在葡萄糖转化为脂肪的过程中作为辅酶，能把来自 5- 磷酸木酮糖的 α- 酮基转移给 5- 磷酸核糖，形成 7- 磷酸景天庚酮糖和 3- 磷酸甘油醛，这一过程被称为酮转移作用，此反应是可逆的。虽然不是葡萄糖氧化供能的重要途径，但却是核酸合成所需戊糖及脂肪和类固醇合成所需 NADPH 的重要来源。在通过戊糖分路提供 3- 磷酸甘油醛的重要反应里，维生素 B_1 也是一种和丙酮糖转化酶共同起作用的辅酶。维生素 B_1 是关键的活化剂，它提供高能磷酸键，将果糖 -6- 磷酸转化为活化的甘油醛，Mg^{2+} 是与维生素 B_1 共同参与的另外一个辅助因子。此外，维生素 B_1 与糖的代谢有着密切关系，为糖代谢提供组织所需的能量，维持糖的正常代谢，加强神经和心血管的紧张度，防止神经组织萎缩退化，维持组织和心肌的正常功能。

7.6　维生素 B₁ 的工业生产概览

维生素 B₁ 属于维生素家族中的小品种，全球总产能约 1 万吨 / 年，主要的生产厂家包括天新药业、华中药业、兄弟科技、新发药业和帝斯曼。行业集中度较高，呈寡头垄断格局。维生素 B₁ 生产工艺复杂，且环保要求严格，不存在较大的恶性竞争，供给端情况相对稳定。这 5 家维生素 B₁ 的主要生产厂家中 4 家为中国企业，中国产能占全球产能的 93%，其中兄弟科技占有约 20% 市场份额，其维生素 B₁ 产能超过 3000t/ 年，2020 年维生素 B₁ 的销售额超 2.4 亿元人民币。

国内外维生素 B₁ 的工业生产主要采用化学合成法，包括丙二腈氨甲基嘧啶路线和丙烯腈甲酰胺甲基嘧啶路线这两种路线。国外常用丙二腈氨甲基嘧啶路线，此路线简短，但原料价格贵、成本高。国内主要采用丙烯腈甲酰胺甲基嘧啶路线，虽然路线较长，但是原料便宜，成本较低。随着国内各个维生素 B₁ 的生产厂家对研发的不断投入，维生素 B₁ 的生产方法不断优化，未来成本还会不断下降。

维生素 B₁ 主要用于饲料添加剂、医药化妆品及食品三个领域，占比分别为 37%、51% 和 12%，据统计 2019 年维生素 B₁ 全球总需求量约 7000t，需求产能比约 70%。据海关总署统计，2000 年至今，除 2002 年、2008 年、2014 年及 2018 年由于金融危机和环保问题供应受限及经济疲弱等原因出口量下降之外，我国维生素 B₁ 出口量基本呈现连续上升趋势，维生素 B₁ 国外需求量稳步提升。

7.7　维生素 B₁ 的专利分析与前景展望

7.7.1　专利分析

截至 2022 年 3 月，共检索到与维生素 B₁ 相关的专利 52599 条，共 33306 个专利族，其中排名前三位的是中国专利族 21507 个，占比 64.57%，美国专利族 2198 个，占比 6.60%，日本专利族 2025 个，占比 6.08%。维生素 B₁ 的专利中 57.62% 的专利已经失效，只有 17.52% 的专利有效，另外 15.36% 的专利在审核中。与维生素 B₁ 合成相关专利共检索到 8402 条，共 5718 个专利族，其中排名前三位的是中国专利族 3801 个，占比 66.47%，日本专利族 469 个，占比 8.20%，韩国专利族 292 个，占比 5.11%。维生素 B₁ 合成专利中 70.18% 的专利已经失效，只有 12.59% 的专利有效，另外 12.28% 的专利在审核中。有效专利 1506 条，共 755 个专利族。与维生素 B₁ 生物合成相关专利共检索到 1551 条，共 998 个专利族，其中排名前三位的是中国专利族 593 个，占比 59.42%，韩国专利族 101 个，占比 10.12%，日本专利族 76 个，占比 7.62%，从专利数量可以看出我国近 20 年在维生素 B₁ 的生物合成方面进行了大量的研究工作。维生素 B₁ 生物合成专利中 67.43% 的专利已经失效，只有 14.13% 的专利有效，另外 12.53% 的专利在审核中。有效的专利共 318 条，共 150 个专利族。

图 7-16 为国内维生素 B_1 生物合成相关专利申请和公开趋势，由图可见 2011 年之前，专利申请和公开数量都处于较低水平，增长也相对平稳，2011—2018 年申请和公开趋势急剧上升，专利申请和公开数量都达到较高水平，此时间段正是国内生物医药领域快速发展的时期。2018 年后内维生素 B_1 生物合成相关专利申请和公开趋势急剧下降，这可能是因为疫情的影响，以及全世界维生素 B_1 供需关系的平衡，对于维生素 B_1 生物合成领域的投入逐渐减少，未来可能一段时间都会处于低位。但相信国内科研机构会持续投入维生素 B_1 的生物合成相关研究，维生素 B_1 生物合成相关专利申请和公开仍然有大幅度增加的可能。从国内专利的 ICP 分类来看（表 7-10，图 7-17）专利申请较多的分类是 A23L（218 个）、C12N（195 个）、C12P（185 个）和 C12R（164 个），占比 50% 以上，涉及微生物和酶、食品、饮料和啤酒加工、发酵合成手性化合物及酶、核酸和微生物检测领域。除此之外专利申请分类为 A61K 和 A23K 数量也都超过了一百，涉及医用、牙科用或梳妆用的配制品和动物饲料。

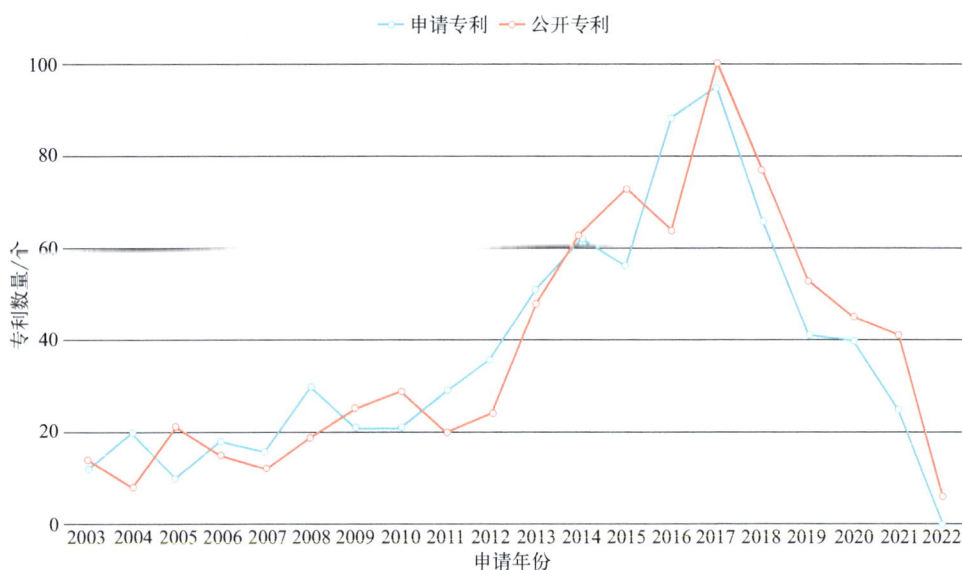

图 7-16   中国维生素 B_1 生物合成相关专利申请和公开趋势

表7-10   专利IPC分类说明

IPC 分类号（小类）	描述
C12N	微生物或酶；其组合物；繁殖、保藏或维持微生物；变异或遗传工程；培养基（微生物学的试验介质入 C12Q1/00）
A23L	不包含在 A21D 或 A23B 至 A23J 小类中的食品、食品原料或非酒精饮料；它们的制备或处理，例如烹调、营养品质的改进、物理处理（不能为本小类完全包含的成型或加工入 A23P）；食品或食品原料的一般保存（用于烘焙的面粉或面团的保存入 A21D）
C12R	与涉及微生物的 C12C 至 C12Q 小类相关的引得表
C12P	发酵或使用酶的方法合成目标化合物或组合物或从外消旋混合物中分离旋光异构体

续表

IPC 分类号（小类）	描述
A61K	医用、牙科用或梳妆用的配制品（专门适用于将药品制成特殊的物理形式或服用形式的装置或方法 A61J3/00；空气除臭，消毒或灭菌，或者绷带、敷料、吸收垫或外科用品的化学材料，或材料的使用入 A61L；肥皂组合物入 C11D）
A23K	A23K（专门适用于动物的喂养饲料及其生产方法）
A61P	化合物或药物制剂的特定治疗活性
A01G	园艺；蔬菜、花卉、稻、果树、葡萄、啤酒花或海菜的栽培；林业；浇水（水果、蔬菜、啤酒花等类植物的采摘入 A01D46/00；繁殖单细胞藻类入 C12N1/12）
C05G	分属于 C05 大类下各小类中肥料的混合物；由一种或多种肥料与无特殊肥效的添加剂组分的混合物（含有细菌培养物、菌丝或类似物的有机肥料入 C05F11/08；含植物维生素或激素的有机肥料入 C05F11/10）；以形状为特征的肥料
A23C	乳制品，如奶、黄油、干酪；奶或干酪的代用品；其制备（从食品原料中取得食用蛋白质组合物入 A23J1/00；一般肽的制备，如蛋白质入 C07K1/00）

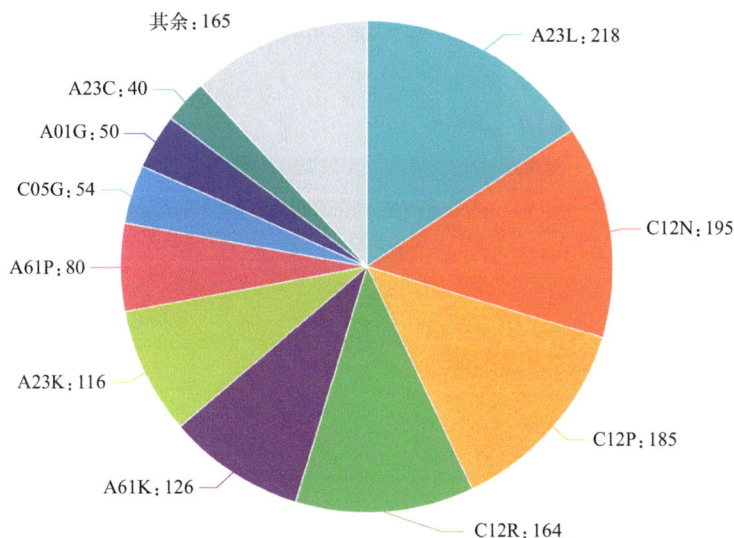

图 7-17　中国维生素 B₁ 生物合成相关专利技术构成

7.7.2　前景展望

近年来，随着人民生活水平的大幅度提高，人民自身的保健意识正在不断增强，维生素保健品市场正快速形成，市场潜力十分广阔。我国生产的维生素 B₁ 能在国际市场畅销，主要得益于产品质优价廉，市场竞争力不断增强。我国维生素 B₁ 的生产工艺经多年改革（主要指化学法），已十分成熟，具有一定的优势。各种原料和中间体均有配套生产，生产水平不断提高，成本不断降低，具有价格优势，在全球市场上有着日益增强的主导地位。现如今国际市场医药原料药的生产正由发达国家向发展中国家转移，化学合成法逐渐向生物合成法转移，今后我国维生素 B_1 生产和出口还会稳步增加，我国将成为全球主要生产国和出口国。

　　目前化学法合成维生素 B_1 工业化生产较为成熟，各企业都有自己相对比较稳定的生产工艺，形成了一定程度的技术壁垒，并且企业在工艺研发改进上也不断加大投入，化学法仍然是现阶段乃至很长一段时间国内外企业的主要生产方法。生物法合成维生素 B_1 虽然具有较多的优点，且科研人员也在不断努力研究，但是生物法仍然有很多工作要做，包括：①确定微生物合成维生素 B_1 的途径，以及合成途径中的相关酶和基因簇；②改造合成途径中的关键步骤以及阻遏步骤的酶，解除合成过程中的抑制作用；③构建维生素 B_1 体外合成途径，实现维生素 B_1 的体外酶催化合成；④通过分子生物学对工程菌株进行基因改造，实现维生素 B_1 工程菌株的构建。相信凭借政府和企业在这一领域的不断投入，通过生物化学家们的潜心钻研，借鉴已经实现生物合成的维生素品种如维生素 C、维生素 B_2、维生素 B_{12}、维生素 D 和 β- 胡萝卜素的经验，消除维生素 B_1 合成过程中的各种困难，维生素 B_1 的生物合成一定可以早日实现。

参 考 文 献

[1] 王璇.营养大讲堂之维生素 B_1[J].食品与健康，2007，05：10-11.

[2] 贺楚良.营养神经的维生素 B_1[J].长寿，2019，02：7-11.

[3] 张学斌.关于维生素 B_1 的那些事儿[J].饮食科学，2016，12：16.

[4] 方可，甄橙.孤岛破解脚气病——维生素 B_1 的发现[J].中国卫生人才，2015，12：82-83.

[5] Vandamme E J. Biotechnology of vitamins，pigements and growth factors Ⅱ Microbial synthesis of vitamin B_1（thiamine）[M].Netherland：Elsevier Science Publishers Ltd，1989.

[6] 顾军华.维生素传[M].北京：中国农业科学技术出版社，2018.

[7] 张丰，张振明，杨德红，等.追昔抚今话 VB$_1$——脚气病的克星[J].大学化学，2020，35（11）：110-114.

[8] Moore T. The discovery of vitamin B_1[J]. Br Med J，1962，1（5283）：991-992.

[9] Williams R R，Cline J K. Synthesis of vitamin B_1[J]. J Am Chem Soc，1936，58（8）：1504-1505.

[10] Cline J K，Williams R R，Finkelstein J. Studies of crystalline vitamin B_1. XVII Synthesis of vitamin B_1[J]. J Am Chem Soc，1937，59（6）：1052-1054.

[11] George F M B. Vitamins in foods：analysis，bioavailability，and stability[M]. Oxford：Taylor ＆Francis Group，2006.

[12] 简林凡.维生素 B_1 缺乏与防治[J].井冈山医专学报，2004，11（3）：68-70.

[13] 顾翠，郭亚萍.提高对维生素 B_1 缺乏的认识[J].中国医药导刊，2008，10（6）：942-944.

[14] Fattal-Valevski A. Thiamin（Vitamin B_1）[J]. J Altern Complement Med，2011，16（1）：12-20.

[15] 宋禹霏，毕满月，陆佳彤，等.简析维生素 B_1 对糖尿病的影响[J].科学大众，2017，10：131.

[16] 张艺川，李文军，李善伟，等.维生素 B_1 在有机仿生合成中的应用[J].广东化工，2008，35（10）：106-108.

[17] 孙宁岳.维生素 B_1 作为农药的新应用[J].发明与创新（中学时代），2012，12：16-17.

[18] 王仁华，邢磊.饲料中维生素 B_1 的应用进展[J].饲料与畜牧，2016，11：60-61.

[19] 白云强，钟松鹤，施湘君.维生素 B_1 合成研究进展[J].浙江化工，2015，46（6）：13-16.

[20] Hromatka O. Derivatives of pyrimidine：US2235638[P]. 1941-03-18.

［21］ Wuest H M，Hoffer M. Derivatives of 2-methyl-4-aminopyrimidine：US2271503［P］. 1942-01-27.

［22］ Zhao L，Ma X D，Chen F E. Development of two scalable syntheses of 4-amino-5-aminomethyl-2-methylpyrimidine：Key intermediate for vitamin B₁［J］. Org Process Res Dev，2012，16（1）：57-60.

［23］ Yoshida H. Development of new methods for the manufacture of vitamin B₁ intermediates［J］. Nikkakyo Geppp，1992，45（2）：6-11.

［24］ Bonrath W，Fischesser J，Giraudi L，et al. Process for the manufacture of a precursor of vitamin B₁：WO2006079504A2［P］. 2006-08-03.

［25］ Hansgeorg E，Wolfgang L，Joachim P. α-（O-Chlorophenyl）-aminomethyl-lene-β- formylaminopropionitrile：US4716243［P］. 1987-12-29.

［26］ Ulla L，Jan S，Ralph H，et al. Lewis acid-catalyzed synthesis of 4-aminopyrimidines：A scalable industrial process［J］. Org Process Res Dev，2013，17（3）：427-431.

［27］ Taizo M，Takeo I. On the mechanism of vitamin B₁ activities. II. The oxidation of vitamin B₁［J］. Yakugaku Zasshi，1950，70（1）：28-32.

［28］ Contant P，Forzy L，Hengartner U，et al. A new convergent synthesis of thiamine hydrochloride［J］. Helv Chim Acta，1990，73（5）：1300-1305.

［29］ Spenser I D，White R L. Biosynthesis of vitamin B₁（thiamin）：An instance of biochemical diversity［J］. Angew Chem Int Ed Engl，1997，36（10）：1032-1046.

［30］ Shimomura F，Ogata J，Nakayama H，et al. Thiamine biosynthesis in bacteria［J］. J Vitaminol，1957，3（2）：96-105.

［31］ 李东. 提高啤酒中 B 族维生素含量的研究［J］. 食品科学，1995，16（11）：31-34.

［32］ 常若毅，吕嘉枥，余芳. 乳酸菌发酵产维生素 B₁ 和 B₆ 的研究［J］. 中国调味品，2018，43（2）：4-7.

［33］ LeBlanc J G，Maupin-Furlow J A，Subki A，et al. B Group vitamins-Current uses and perspectives［M］. London：IntechOpen，2018：9-31.

［34］ Palmer L D，Downs D M. The thiamine biosynthetic enzyme ThiC catalyzes multiple turnovers and is inhibited by S-adenosylmethionine［J］. J Biol Chem，2013，288（42）：30693-30699.

［35］ Cecilia Martinez-Gomez N，Downs D M. ThiC is an ［Fe-S］ cluster protein that requires adomet to generate the 4-amino-5-hydroxymethyl-2-methylpyrimidine moiety in thiamin synthesis［J］. Biochemistry，2008，47（35）：9054-9056.

［36］ Paul D，Chatterjee A，Begley T P，et al. Domain organization in Candia glabrata THI6，abifunctional enzyme required for thiamin biosynthesis in eukaryotes［J］. Biochemistry，2010，49（45）：9922-9934.

［37］ Hwang S，Cordova B，Abdo M，et al. ThiN as a versatile domain of transcriptional repressors and catalytic enzymes of thiamine biosynthesis［J］. J Bacteriol，2017，199（7）：e00810-16.

［38］ Melnick J，Lis E，Park J H，et al. Identification of the two missing bacterial genes involved in thiamine salvage：Thiamine pyrophosphokinase and thiamine kinase［J］. J Bacteriol，2004，186（11）：3660-3662.

［39］ Jenkins A H，Schyns G，Potot S，et al. A new thiamin salvage pathway［J］. Nat Chem Biol，2007，3（8）：492-497.

第8章
维生素 B$_2$

夏苗苗，张大伟

中国科学院天津工业生物技术研究所

8.1　概述

8.1.1　维生素 B_2 的发现史

1879 年英国著名化学家布鲁斯发现牛奶的上层乳清中存在一种黄绿色的荧光色素，具有预防皮肤炎症的作用。几十年中，尽管世界上各个国家的许多科学家从不同来源的动物、植物里都发现这种物质，并试图分离鉴定该化合物，但始终没能够提取出这种物质。

1932 年，沃伯格和克里斯蒂安最先发现黄素蛋白是在酵母水溶液中抽提出的"黄色酶"，他们认为这种物质在呼吸中具有重要的作用，是氧化还原系统中的一部分，它携带氧分子到被氧化底物中。后来他们又把这种"黄色酶"分离为两个组成部分，一个为蛋白质，另一个为色素，这种具有黄绿色荧光的色素，当时被称为"黄素"，并先后在不同的食物中被分离出来，当时依据被抽提的食物命名，如：乳黄素、卵黄素、肝黄素等，最后这些黄素被鉴定为是同一物质，即核黄素。

1933 年，美国科学家哥尔倍格等从 1000kg 以上的牛奶中分离提纯得到了 18mg 这种物质，2 年后成功地确定了其化学结构，并完成了人工合成。Karrer 等在同年也独立完成了同样的工作，因其分子式上有一个核糖醇，故将其命名为核黄素，1952 年，该名称被国际生物化学命名委员会正式采纳。由于核黄素是维生素 B 族大家庭中发现的第 2 个成员，所以科学家又将其命名为维生素 B_2。

8.1.2　维生素 B_2 的来源与吸收代谢

维生素 B_2 在各类食物中广泛存在，通常动物性食物中含量高于植物性食物，如：各种动物的肝脏、肾脏、心脏、蛋黄以及奶类等。猪肝中维生素 B_2 的含量达到了 2.08mg/100g，鸡蛋黄中维生素 B_2 的含量达到了 0.32mg/100g。许多绿叶蔬菜和豆类中维生素 B_2 的含量也较多，如：菠菜和油菜中维生素 B_2 的含量大约为 0.11mg/100g，黄豆中维生素 B_2 的含量大约为 0.20mg/100g。

膳食中的大部分维生素 B_2 是以黄素单核苷酸（FMN）和黄素腺嘌呤二核苷酸（FAD）辅酶形式和蛋白质结合存在。维生素 B_2 是水溶性维生素，容易消化和吸收，进入胃后，在胃酸的作用下，与蛋白质分离，在上消化道转变为游离型维生素 B_2 后，在小肠上部被吸收。当摄入量较大时，在肝肾中常有较高的浓度，但身体贮存维生素 B_2 的能力有限，超过肾阈值即通过泌尿系统以游离形式排出体外，因此每日身体组织需要的维生素 B_2 必须由饮食供给。

8.2   维生素 B₂ 的结构、性质、功能和应用

8.2.1   维生素 B₂ 的结构与性质

维生素 B₂ 又名核黄素，为黄色、黄绿色至橙黄色结晶性粉末，略带臭味或苦味，分子式为 $C_{17}H_{20}O_6N_4$，分子量为 376.36。IUPAC 英文名：7, 8-dimethyl-10-ribitylisoalloxazine。IUPAC 中文名：7,8- 二甲基 -10-（1′-D- 核糖基）- 异咯嗪。如图 8-1 所示，维生素 B₂ 的结构由异咯嗪环和核糖醇侧链组成。

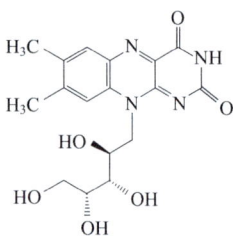

图 8-1   维生素 B₂ 的化学结构式

维生素 B₂ 是一种水溶性 B 族维生素，但微溶于水，27.5℃下在水中溶解度为 12mg/100mL，水溶液呈黄色并显绿色荧光；可溶于氯化钠溶液，极易溶于稀碱液（如稀的氢氧化钠溶液），微溶于乙醇、环己醇、乙酸戊酯、苯甲醇和酚，不溶于乙醚、氯仿、丙酮和苯。在稀碱液中呈左旋，在稀酸溶液中呈右旋。干燥品性质稳定，且不受漫射光影响；在中性及酸性溶液中稳定；在碱液中不稳定，受光和紫外线照射易产生不可逆分解。在 pH 值为 3.5～7.5 时，产生强的荧光，遇还原剂失去荧光和黄色。维生素 B₂ 耐热、耐氧化，熔点为 275～282℃（分解），约 240℃时色泽变暗。维生素 B₂ 在 223nm、267nm、374nm 和 444nm 等波长处具有吸收峰，最大吸收波长为 444nm，通常可通过测定维生素 B₂ 溶液在 444nm 处的光吸收强度来计算维生素 B₂ 溶液的浓度。

8.2.2   维生素 B₂ 的生理功能

维生素 B₂ 的生理功能主要与其分子中异咯嗪上特定位置（包括 1 和 5 位 N 参与的）的活泼共轭双键有关，既可作氢供体，又可作氢递体。维生素 B₂ 在生物体内的两种生物活性形式是 FMN 和 FAD，作为机体中一些重要氧化还原酶（如琥珀酸脱氢酶、黄嘌呤氧化酶及 NADH 脱氢酶等）的辅酶或辅基，参与机体组织呼吸链电子传递及氧化还原反应，起到递氢的作用；在呼吸和生物氧化中起着重要的作用，主要参与的生化反应有：糖类、蛋白质、脂肪的生物氧化，呼吸链能量的产生，嘌呤碱转化为尿酸，芳香族化合物的羟化，蛋白质与某些激素的合成，铁的转运、储存及动员，叶酸、维生素 B₆、烟酸的代谢等，是维持机体正常代谢和生理功能所必需的营养物质。

核黄素的主要生理功能有：促进发育和细胞的再生；促使皮肤、指甲、毛发的正常生长；帮助消除口腔、唇、舌的炎症；提高视力，减轻眼睛的疲劳；通过和其他的物质相互作用来促进糖类、脂肪、蛋白质的代谢。

8.2.3   维生素 B₂ 的应用

维生素 B₂ 在各个领域中有着广泛的应用，是人们生活中必不可少的一种化工产品。维

生素 B₂ 能提高肌体对蛋白质的利用率，促进动物的生长、发育和繁殖，因而被广泛应用于饲料添加剂中；在临床上，核黄素用作多种疾病的治疗药物；在食品工业中用作营养添加剂和色素；由于维生素 B₂ 具有保护皮肤毛囊黏膜、皮脂腺和促进细胞再生的功能，也被应用于化妆品领域。其中饲料添加剂占核黄素总用途的 70% 以上。

8.2.3.1 核黄素在畜牧业中的应用

核黄素是动物体自身不能合成的低分子有机化合物，具有多种生理功能，动物获取核黄素的方式主要通过外源摄取，所以在动物饲料中添加核黄素对于动物的生长发育有非常重要的作用。例如，在齐口裂腹鱼饲料中添加一定量的核黄素可有效提升其饲料的消化及利用效率，提高免疫及抗氧化能力，促进其生长 [1]。家禽类动物饲养过程中维生素 B₂ 缺乏的现象较为常见，在饲料中添加适量维生素 B₂ 可以提高家禽的产蛋率以及蛋类孵化效率，可有效减少家禽肉质水分流失的情况，减少肉质在存放中出现的脂质过氧化问题 [2,3]。烟酸以及核黄素可共同提高奶牛的采食量、产奶率，增强奶牛的免疫力，具有增加血液免疫相关细胞参数及免疫球蛋白含量的趋势 [4,5]。维生素 B₂ 能有效增加母猪的窝产仔数，主要是提高早期胚胎存活率，改善母猪的繁殖性能 [6]。由于低温下动物能量代谢增强，核黄素直接参与这一过程，可引起蛋白质和核黄素损失增多，寒冷条件下补充一定量的核黄素，可以促进机体内的氧化磷酸化过程，使产热升高，有利于机体耐寒力的增强 [6]。

8.2.3.2 核黄素在临床上的应用

大多数微生物和植物可自主合成维生素 B₂，而人和动物只能从食物中摄取，推荐人体核黄素膳食摄入量（RDA）为 0.4 ～ 0.6mg/d [7]。由于核黄素是一种水溶性的维生素，容易通过汗液、尿液等形式排出体外，且在人体内的利用率也较低，故维生素 B₂ 通常用于治疗因缺乏维生素 B₂ 而引发的各种疾病，如口角炎、舌炎、结膜炎、脂溢性皮炎、放射性黏膜炎、肿瘤、白内障、帕金森病、偏头痛、脱髓鞘性神经病变、轻中度缺铁性贫血等。此外，维生素 B₂ 在临床领域的其他方面也有很多应用。核黄素具有抗氧化的功能，可应用于癌症的预防，降低食管癌、宫颈癌、胃癌等恶性肿瘤的发病风险 [8]。核黄素具有促进细胞发育及再生，可用于及时修复患者损伤的胃黏膜细胞，减轻其他药物不良反应的功能 [9]。核黄素在糖代谢中起着重要的作用，并且间接促进了人体细胞的增殖，在烧伤创面涂抹核黄素等药物可以促进皮肤组织愈合，并减少抗生素的使用 [10]。

8.3 维生素 B₂ 的合成方法

8.3.1 维生素 B₂ 的化学合成法

维生素 B₂ 的化学合成法分为化学合成和化学半合成两种方法。维生素 B₂ 是一个结构较复杂的异咯嗪衍生物，其结构可以分解为核糖、二甲苯胺、巴比妥酸三部分。

化学合成法一般以 D- 葡萄糖为起始原料，经过氧化、转化、酸化、内酯化，还原成核糖，核糖与二甲苯胺缩合，经氢化后生成核糖胺，再经偶合与巴比妥酸环合成维生素 B_2。

化学半合成法以 D- 葡萄糖为原料经微生物发酵生成 D- 核糖，再以 D- 核糖为原料通过化学合成法生产维生素 B_2。该方法的关键在于 D- 核糖发酵水平的高低。在获得 D- 核糖后，从 D- 核糖开始，经氢化等各步反应获得维生素 B_2 的过程与化学合成法是一样的。

化学合成法和化学半合成法的缺点是效率低、成本高、能耗高、工艺复杂且反应条件苛刻，并且在异构化反应过程中会产生大量的副产物，对终产物的分离纯化造成困难，使得维生素 B_2 的总收率低；在汞齐的还原过程中采用大量的汞会造成严重的环境污染；偶合物含量测定用甲酸作溶剂，甲酸具有强烈的刺激性和腐蚀性，且价格昂贵。虽然化学合成维生素 B_2 的工艺经过多次改进，但仍无法避免生产工艺过程中的腐蚀性和污染性[11]。

8.3.2　维生素 B_2 的生物合成法

8.3.2.1　维生素 B_2 的植物合成法

自然界的生命体中只有植物和微生物可以从头合成核黄素，而人和动物体内不能合成，只能从食物中获取。植物源食物是人体获取核黄素的重要渠道，但现有作物中核黄素含量普遍较低，豆类、菠菜和一些坚果等中含有较丰富的核黄素。因此，利用生物强化思路培育富含核黄素的作物可大幅减少人体核黄素缺乏症的出现。目前，对植物核黄素的研究多局限于合成相关基因的功能鉴定，而其合成、代谢调控的分子机制还不清楚，导致无法直接利用植物自身基因来培育富含核黄素的作物[12]。

8.3.2.2　维生素 B_2 的微生物合成法

相较于化学合成法，微生物发酵法生产核黄素具有原料来源丰富、生产成本低、发酵条件温和、生产周期短、能耗低、产品纯度高、环境污染小、工艺流程易于控制等诸多优点，是一种易于实现大规模工业化生产的方法，并且通过菌种选育及发酵调控技术可定向提高菌株的单位产量，此法已完全取代化学合成法成为维生素 B_2 的主要生产方法。

可以代谢产生核黄素的微生物有很多，但真正应用于维生素 B_2 发酵生产的菌株却有限，真菌主要有：阿舒假囊酵母、棉阿舒囊霉（*Ashbya gossypii*）等[13, 14]，但这些真菌经过基因工程、代谢工程及合成生物学育种后获得的高产维生素 B_2 的菌株具有原料要求复杂、发酵周期长、菌体黏度大等缺陷。

现今的微生物发酵法生产核黄素主要通过诱变筛选和基因工程、代谢工程、合成生物技术定向改造，而生产使用的主要菌株也从棉阿舒囊霉等真菌逐渐替换为枯草芽孢杆菌。相比于初期微生物发酵法使用的真菌，枯草芽孢杆菌具有发酵周期短、基因改造技术完善、原料要求简单等优势，其基因组测序和菌株特异性数据库已得到完整的研究，此外枯草芽孢杆菌代谢及遗传背景清楚，便于确定代谢改造靶点[15]。因此，枯草芽孢杆菌具有较高的发展潜力和研究价值。

8.4　维生素 B₂ 的生物合成途径及代谢调控机制

8.4.1　维生素 B₂ 在植物中的合成途径

植物中核黄素的生物合成经过多步酶促反应催化，参与植物核黄素合成途径的大多数酶的典型结构特征与原核生物相似，与真菌之间的相似性不太明显。此外，植物中的核黄素生物合成途径在生物中高度保守[16]。目前普遍认为植物核黄素的合成主要在质体中完成，其在拟南芥中的合成通路研究得较为清晰。磷酸戊糖途径提供前体物核酮糖 -5- 磷酸（Ru-5-P），嘌呤代谢途径提供另一前体物鸟苷三磷酸（GTP）。2 分子 Ru-5-P 和 1 分子 GTP 在核黄素合成相关酶的催化下经 7 步反应合成 1 分子核黄素[12]。

植物中核黄素合成的第 1 步是以 GTP 为底物，由 GTP 环水解酶 Ⅱ（GCH Ⅱ）催化 GTP 咪唑环开环水解，脱去 1 个甲基和 2 分子磷酸基，裂解成 2, 5- 二氨基 -6- 核糖氨基 -4(3*H*)- 嘧啶酮 -5- 磷酸，然后嘧啶中间体通过 3 种酶促反应转导：①嘧啶环经嘧啶脱氨酶（PYRD）脱氨生成 5- 氨基 -6- 核糖氨基 -2, 4（1*H*, 3*H*）- 嘧啶二酮 -5- 磷酸；②核糖基侧链被嘧啶还原酶（PYRR）还原为 5- 氨基 -6- 核糖醇氨基 -2, 4（1*H*, 3*H*）- 嘧啶二酮 -5- 磷酸；③利用嘧啶磷酸酶（PYRP）催化去磷酸化生成 5- 氨基 -6- 核糖醇氨基 -2, 4（1*H*, 3*H*）- 嘧啶二酮（ArP）。在 GTP 转化为 ArP 的过程中，3, 4- 二羟基 -2- 丁酮 -4- 磷酸合酶（DHBPs）催化 Ru-5-P 生成 3, 4- 二羟基 -2- 丁酮 -4- 磷酸（DHBP）。ArP 和 DHBP 在二氧四氢蝶啶合成酶（LS）的催化下生成 6, 7- 二甲基 -8- 核糖醇基 -2, 4- 二氧四氢蝶啶（DRL）。最后一步由核黄素合成酶（RS）催化 2 分子 DRL 转化为 1 分子核黄素和 1 分子 ArP，释放的 ArP 被循环到核黄素生物合成途径中[12]。该通路的 GCH Ⅱ、DHBPs 和 LS 为植物核黄素合成的限速酶，编码这些酶的基因突变会导致植株生长发育异常，严重的会导致植株死亡[17]。

8.4.2　维生素 B₂ 在细菌中的合成途径及代谢调控机制

在枯草芽孢杆菌中，需要经过二十多步反应才能将葡萄糖转化为维生素 B₂，整个反应过程需要多种来自不同代谢通路的前体物质（如核酮糖 -5- 磷酸、鸟苷三磷酸、谷氨酰胺、甘氨酸、天冬氨酸等）的参与。因此，枯草芽孢杆菌中维生素 B₂ 生物合成途径可以细分为三个模块：氧化磷酸戊糖（OPP）途径——合成核酮糖 -5- 磷酸；嘌呤从头合成途径——合成 GTP；核黄素合成途径——两个前体物质核酮糖 -5- 磷酸和 GTP 经七步酶促反应最终转化为维生素 B₂[18, 19]。

8.4.2.1　氧化磷酸戊糖途径

氧化磷酸戊糖（OPP）途径——合成核酮糖 -5- 磷酸：葡萄糖经 PTS 转运系统进入胞内生成葡萄糖 -6- 磷酸，同时，葡萄糖经非 PTS 转运系统（磷酸烯醇丙酮酸糖磷酸转移酶系统）进入胞内，并在 *glcK* 编码的葡萄糖激酶的催化下生成葡萄糖 -6- 磷酸；葡萄糖 -6- 磷酸绝大部分进入糖酵解（EMP）途径和三羧酸（TCA）循环生成细胞生长所必需的能量和还原力，少部分进入氧化磷酸戊糖途径，并在 *zwf*、*ykgB*、*gntZ* 三个基因编码的酶的催化下生成核酮糖 -5- 磷酸（Ru-5-P）——维生素 B$_2$ 生物合成的第一个直接前体物（图 8-2）。此外，葡萄糖经非 PTS 转运系统进入胞内后还可以在 *gdh*、*gnl*、*gntK*、*gntZ* 四个基因编码的酶的催化下生成 Ru-5-P。

随后，核酮糖 -5- 磷酸在 *ywlF* 编码的核糖 -5- 磷酸异构酶催化下生成核糖 -5- 磷酸；核糖 -5- 磷酸在 *prs* 编码的磷酸核糖焦磷酸激酶的催化下，在 ATP 的参与下，生成磷酸核糖焦磷酸（PRPP），PRPP 进入嘌呤从头合成途径、嘧啶从头合成途径以及组氨酸合成途径代谢。

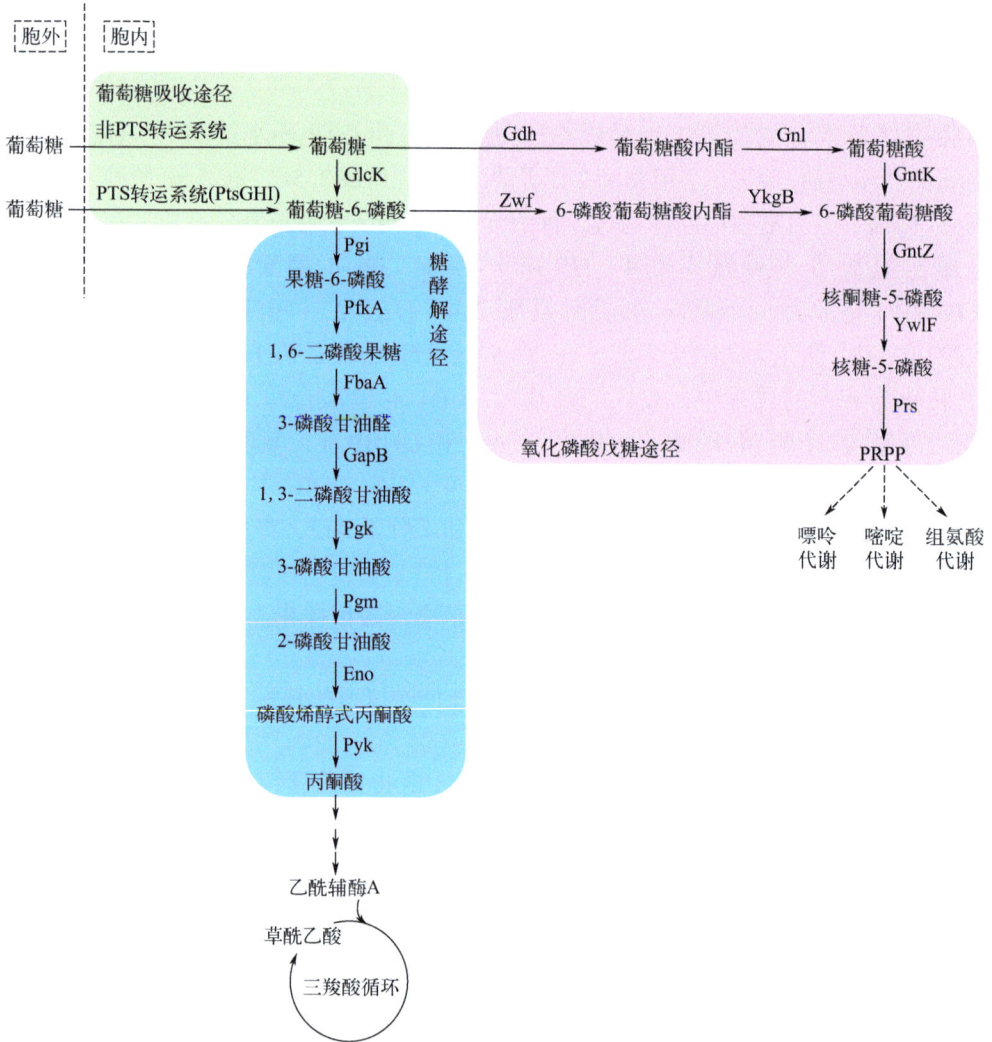

图 8-2   枯草芽孢杆菌中心碳代谢途径

GlcK—葡萄糖激酶；Pgi—葡萄糖 -6- 磷酸异构酶；PfkA—果糖 6- 磷酸激酶；FbaA—果糖二磷酸醛缩酶；GapB—甘油醛 -3- 磷酸脱氢酶；Pgk—磷酸甘油酸激酶；Pgm—2,3- 二磷酸甘油酸非依赖性磷酸甘油酸变位酶；Eno—烯醇化酶；Pyk—丙酮酸激酶；Gdh—葡萄糖脱氢酶；Gnl—葡萄糖酸内酯酶；GntK—葡萄糖酸激酶；Zwf—葡萄糖 -6- 磷酸脱氢酶；YkgB—6- 磷酸葡萄糖醇内酯酶；GntZ—6- 磷酸葡萄糖酸脱氢酶；YwlF—核糖 -5- 磷酸异构酶；Prs—磷酸核糖焦磷酸激酶

8.4.2.2　嘌呤从头合成途径及代谢调控机制

（1）嘌呤从头合成途径

嘌呤从头合成途径——合成鸟苷三磷酸（GTP）：氧化磷酸戊糖途径生成的 PRPP 进入嘌呤合成途径，并在嘌呤操纵子（*pur* 操纵子）编码的多个酶的催化下经过多步酶促反应生成次黄嘌呤核苷酸（IMP）。生成的 IMP 并不堆积在细胞内，而是迅速转变为腺嘌呤核苷酸（AMP）和鸟嘌呤核苷酸（GMP）。GMP 的生成由两步反应完成，IMP 由 *guaB* 编码的 IMP 脱氢酶催化，以 NAD⁺ 为氢受体，氧化生成黄嘌呤核苷酸（XMP）；然后 XMP 中 C2 上的氧被谷氨酰胺提供的酰胺基取代，氨基化生成 GMP，此反应由 *guaA* 编码的 GMP 合成酶催化，由 ATP 水解供能。GMP 由 *gmk* 编码的鸟苷酸激酶催化生成鸟苷二磷酸（GDP），然后 GDP 由 *ndk* 编码的核苷二磷酸激酶催化生成 GTP（图 8-3）。

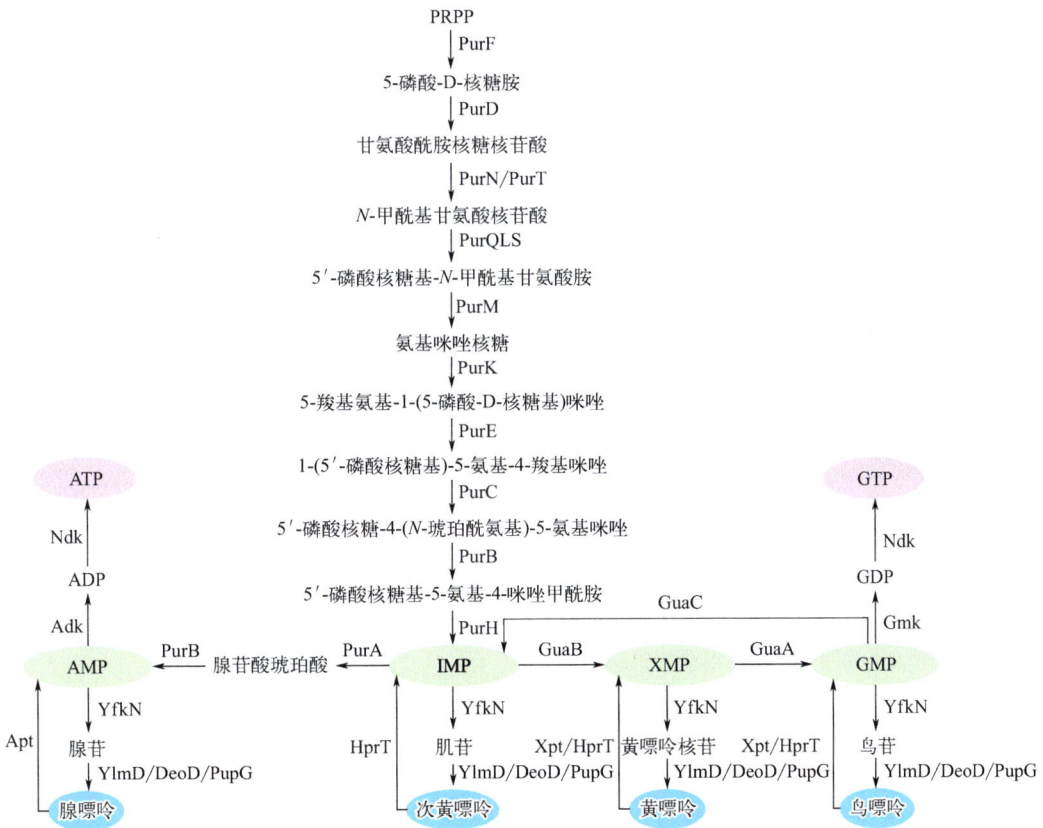

图 8-3　枯草芽孢杆菌嘌呤从头合成途径

PurF—酰胺磷酸核糖基转移酶；PurD—磷酸核糖胺 - 甘氨酸连接酶；PurN/PurT—磷酸核糖基甘氨酰胺甲酰转移酶；PurQLS—磷酸核糖基甲酰基缩水甘油胺合酶亚基 PurQ、PurL、PurS；PurM—磷酸核糖基甲酰基缩水甘油胺环连接酶；PurK—5-（羧基氨基）咪唑核糖核苷酸合酶；PurE—5-（羧基氨基）咪唑核糖核苷酸变位酶；PurC—磷酸核糖氨基咪唑琥珀酰胺合酶；PurB—腺苷酸琥珀酸裂解酶；PurH—双功能磷酸核糖氨基咪唑甲酰胺甲酰转移酶和 IMP 环水解酶；PurA—腺苷酸琥珀酸合成酶；Adk—腺苷酸激酶；Ndk—核苷二磷酸激酶；YfkN—5'- 核苷酸酶；YlmD/DeoD/PupG—嘌呤核苷磷酸化酶；Apt—腺嘌呤磷酸核糖转移酶；HprT—次黄嘌呤磷酸核糖基转移酶；GuaB—肌苷 -5'- 单磷酸脱氢酶；Xpt—黄嘌呤磷酸核糖转移酶；GuaA——GMP 合成酶；GuaC—GMP 还原酶；Gmk—鸟苷酸激酶

（2）嘌呤操纵子的转录起始阻遏调控和转录弱化调控

在枯草芽孢杆菌中，大多数用于 AMP 和 GMP 合成的嘌呤基因在转录水平受到负调控。枯草芽孢杆菌 *pur* 操纵子编码 IMP 从头合成所需的十种酶，含有 12 个基因的 *pur* 操纵子（*purEKBCSQLFMNHD*）的转录起始于 *purE* 上游 242 个核苷酸，并受到双重调控，即 PurR 蛋白介导的转录起始阻遏调控及鸟嘌呤介导的转录弱化调控[20, 21]。

编码嘌呤生物合成酶（*pur* 操纵子和 *purA*）的大多数基因、*purR* 基因自身以及用于嘌呤转运（*pbuG*、*pbuO* 和 *pbuX*）、嘌呤补救（*guaC* 和 *xpt*）和辅因子生物合成（*glyA* 和 *folD*）的基因都受到 PurR 蛋白的调控[22]。PurR 蛋白对 *pur* 操纵子的转录起始阻遏作用机制，与 *pur* 操纵子启动子上游存在的 PurBoxes 序列有关，枯草芽孢杆菌中 *pur* 操纵子启动子上游的 PurBoxes 序列为位于转录起始位点上游 -145 和 -29 之间的核苷酸序列，具体为 AWWWCCGAACWWT（W 是 A 或 T 核苷酸）[20, 23-25]。

枯草芽孢杆菌中 PurR 蛋白的效应物为 PRPP，当胞内 PRPP 浓度较高时，PRPP 与 PurR 结合后阻碍了 PurR 与 PurBoxes 的结合，使 RNA 聚合酶能与启动子结合而起始转录；腺嘌呤的摄取导致胞内腺嘌呤核苷酸池的增加，ADP 对 PRPP 合成酶的变构抑制降低了细胞内 PRPP 的浓度，促进了 PurR 与 PurBoxes 的结合，从而阻碍了 RNA 聚合酶与启动子的结合，阻遏了转录的起始（图 8-4）。

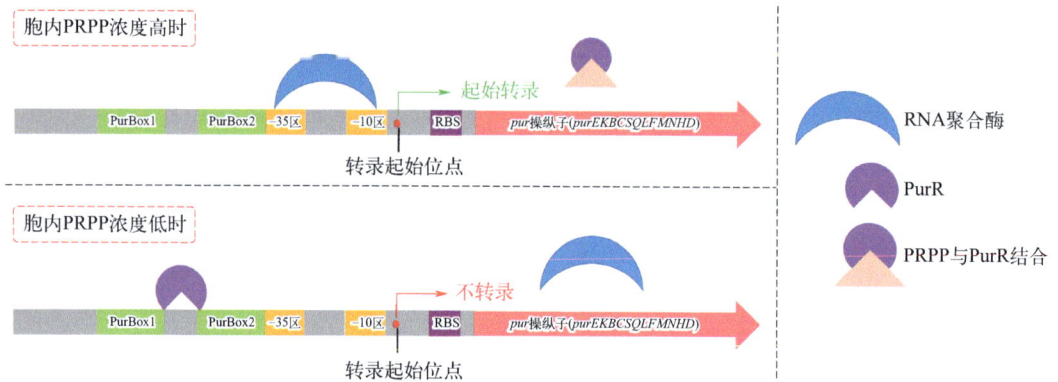

图 8-4　*pur* 操纵子的转录起始阻遏调控机制

此外，枯草芽孢杆菌中 *pur* 操纵子的转录还受到鸟嘌呤感应核糖开关（riboswitch）的转录弱化调控。*pur* 操纵子 mRNA 的 5′- 非翻译区包含感应胞内鸟嘌呤浓度的"核糖开关"，当胞内鸟嘌呤浓度较高时，鸟嘌呤与核糖开关结合后 5′- 非翻译区形成终止子结构，RNA 聚合酶脱落，转录提前终止；当胞内鸟嘌呤浓度低时，5′- 非翻译区形成抗终止子结构，转录继续进行[26]（图 8-5）。

（3）酶水平的反馈抑制

枯草芽孢杆菌嘌呤从头合成途径中的部分酶，其活性受到终产物的反馈抑制，如：*prs* 编码的 PRPP 合成酶受到底物核糖 -5- 磷酸的激活和终产物 ADP、GDP 的反馈抑制，*purF* 编码的 PRPP 氨基转移酶受到底物 PRPP 的激活和终产物 AMP、ADP、ATP、GMP、GDP、GTP 的反馈抑制，*purA* 编码的腺苷琥珀酸合成酶受到 GTP 的激活和 AMP 的反馈抑制，

guaB 编码的 IMP 脱氢酶受到 ATP 的激活和 GMP 的反馈抑制（图 8-6）。

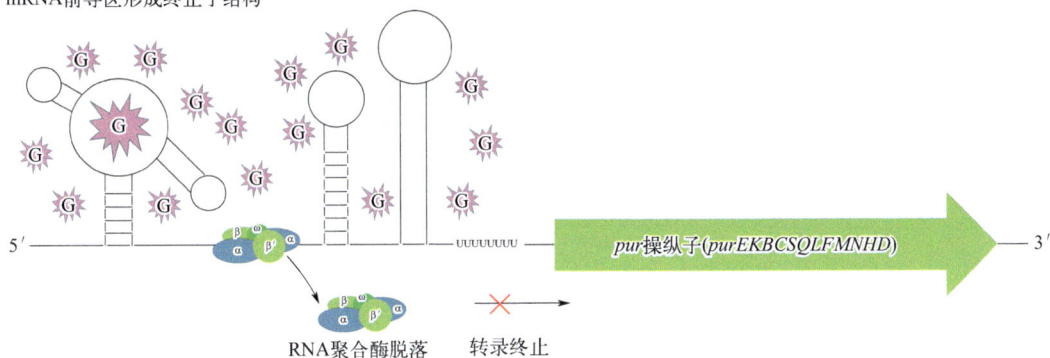

图 8-5 *pur* 操纵子的转录弱化调控机制

purF 编码的 PRPP 氨基转移酶催化嘌呤从头合成途径的起始反应，是该途径的关键调控酶。据报道，枯草芽孢杆菌 PRPP 氨基转移酶的结构特征已被描述，并且几个残基的突变使其可解除终产物的反馈抑制[27]。

8.4.2.3 核黄素合成途径及代谢调控机制

（1）核黄素合成途径

核黄素合成途径——两个前体物质核酮糖 -5- 磷酸和 GTP 经七步酶促反应最终转化为维生素 B₂：在核黄素操纵子编码的四个酶及一种非专一性磷酸酶的催化下，经过如下 7 步反应生成维生素 B₂[18]（图 8-7）。

① GTP 咪唑环的开环水解：在 *ribA* 基因编码的 GTP 环水解酶 Ⅱ 的催化下，GTP 的咪唑环开环水解，脱去一个甲基和两个磷酸基团，生成 2, 5- 二氨基 -6- 核糖氨基 -4（3*H*）- 嘧啶酮 -5- 磷酸（DARPP）。

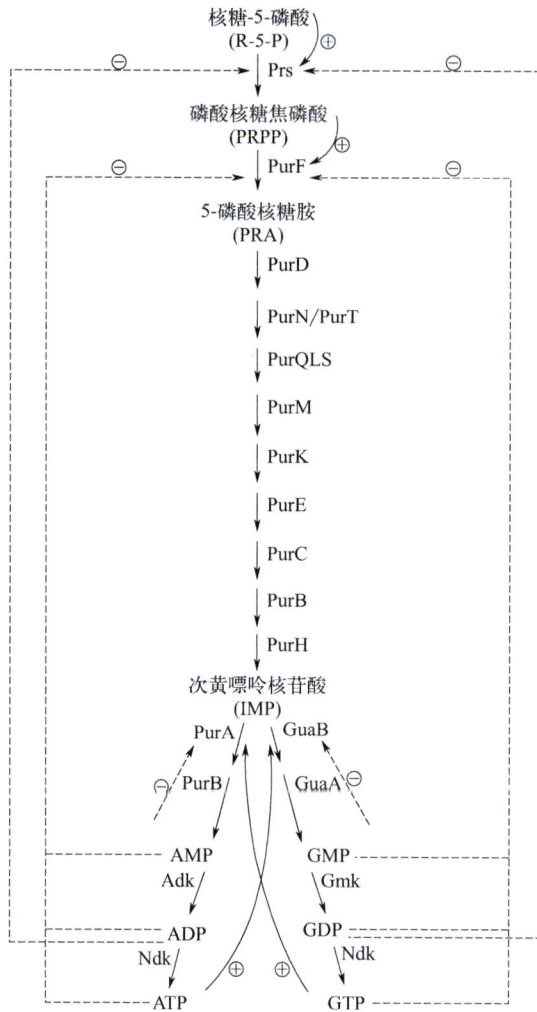

图 8-6   酶水平的反馈抑制

② 脱氨基反应：在 *ribD* 基因编码的二氨基羟基磷酸核糖氨基嘧啶脱氨酶的催化下，DARPP 脱去嘧啶环第二位的氨基，生成 5- 氨基 -6- 核糖氨基 -2,4-（1*H*,3*H*）- 嘧啶二酮 -5- 磷酸（ARPP）。

③ 还原反应：在 *ribD* 基因编码的 ARPP 还原酶的催化下，ARPP 的呋喃核糖基被还原而开环，消耗 NADPH，形成 5- 氨基 -6- 核糖醇氨基 -2,4（1*H*,3*H*）- 嘧啶二酮 -5- 磷酸（ArPP）。

④ 脱磷酸反应：在一种非专一性的磷酸酶的催化下，ArPP 脱去磷酸基团，生成 5- 氨基 -6- 核糖醇氨基 -2,4（1*H*,3*H*）- 嘧啶二酮（ArP）。

⑤ C₄ 单位的生成：C₄ 单位来源于核酮糖 -5- 磷酸，在 *ribA* 基因编码的 DHBP 合成酶的催化下，核酮糖 -5- 磷酸裂解，生成 L-3,4- 二羟基 -2- 丁酮 -4- 磷酸（DHBP）。

⑥ 二氧四氢蝶啶的合成：在 *ribH* 基因编码的 DRL 合成酶的催化下，DHBP 与 ArP 反应，生成 6,7- 二甲基 -8- 核糖醇基 -2,4- 二氧四氢蝶啶（DRL）。

⑦ 维生素 B₂ 的合成：在 *ribE* 基因编码的核黄素合成酶的催化下，两分子的 DRL 发生歧化反应，生成维生素 B₂。

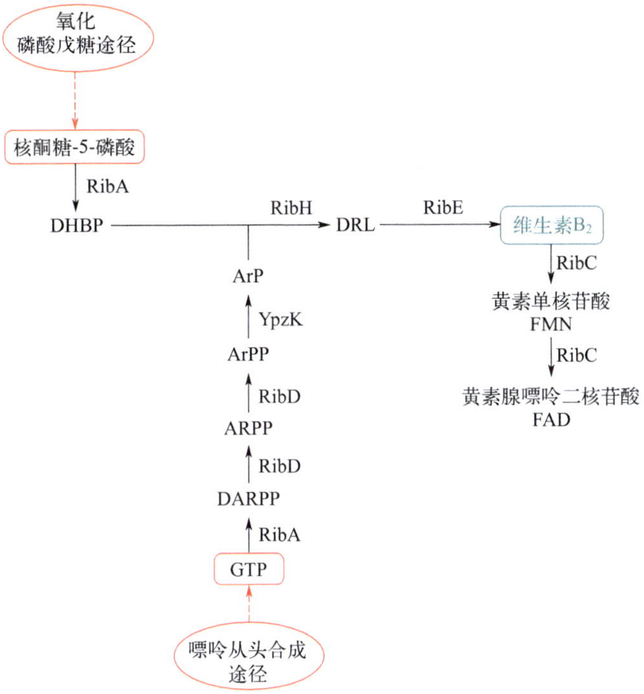

图 8-7　枯草芽孢杆菌维生素 B₂ 生物合成途径

（2）核黄素合成途径的代谢调控机制

枯草芽孢杆菌中核黄素操纵子（*rib* 操纵子）的转录受到 FMN 感应核糖开关的转录弱化调控[28]。*rib* 操纵子 mRNA 的 5′- 非翻译区存在与 FMN 直接结合的序列（RFN 元件），还存在能够形成终止子或抗终止子结构的序列，这二者构成了 *rib* 操纵子的感应核糖开关调控元件。当胞内维生素 B₂ 的浓度较高时，维生素 B₂ 在 *ribC* 基因编码的黄素激酶的催化下生成 FMN，使得胞内的 FMN 水平维持在较高的浓度，FMN 与 RFN 元件结合，mRNA 的 5′- 非翻译区形成终止子结构，导致 RNA 聚合酶脱落，*rib* 操纵子的转录提前终止；当 FMN 水平降低时，FMN 与 RFN 元件解离，mRNA 的 5′- 非翻译区形成抗终止子结构，转录继续进行，*rib* 操纵子得以表达（图 8-8）。

8.4.3　维生素 B₂ 在真菌中的合成途径

棉阿舒囊霉是第一种用于核黄素工业生产的微生物，它是具有天然合成核黄素能力的植物病原体。为过量生产核黄素，棉阿舒囊霉将油作为底物，利用胞外脂肪酶将其分解为脂肪酸和甘油。脂肪酸被运输到细胞中，并通过位于过氧化物酶体中的 β- 氧化途径进一步转化为乙酰辅酶 A。乙酰辅酶 A 通过乙醛酸循环、三羧酸循环和糖异生途径转化为葡萄糖 -6- 磷酸（G6P），随后，G6P 通过磷酸戊糖途径、嘌呤合成途径和核黄素合成途径转化为核黄素。

棉阿舒囊霉核黄素末端生物合成由从两个不同分支开始的总共七个酶促反应组成。首先 G6P 经由磷酸戊糖途径生成两分子核酮糖 -5- 磷酸（Ru-5-P），一分子 Ru-5-P 在 DHBP 合成酶催化下生成 L-3,4- 二羟基 -2- 丁酮 -4- 磷酸（DHBP）；另一分子 Ru-5-P 经由嘌呤合成途径生成 GTP 后，通过 GTP 环水解酶 Ⅱ 催化 GTP 开环水解，并脱去磷酸基团以及甲基生成 2, 5- 二氨基 -6- 核糖氨基 -4（3*H*）- 嘧啶酮 -5- 磷酸（DARPP），该酶由 *RIB1* 基因编码。随后，由 *RIB7* 基因编码的 DARPP 还原酶及 *RIB2* 基因编码的 DARPP 脱氢酶将中间体 DARPP 催化形成 5- 氨基 -6- 核糖醇氨基 -2, 4-（1*H*, 3*H*）- 嘧啶二酮 -5- 磷酸（ArPP）。下一步反应由水解酶催化（*RIB7* 基因编码），该水解酶催化 ArPP 脱去磷酸基团，转化为 5- 氨基 -6- 核糖醇氨基 -2, 4（1*H*, 3*H*）- 嘧啶二酮（ArP）。最后，中间产物 DHBP 和 ArP 经过缩合反应，形成核黄素的直接前体 6, 7- 二甲基 -8- 核糖醇基 -2, 4- 二氧四氢蝶啶（DRL），由 *RIB4* 基因编码的核黄素合酶催化生成最终产物核黄素。

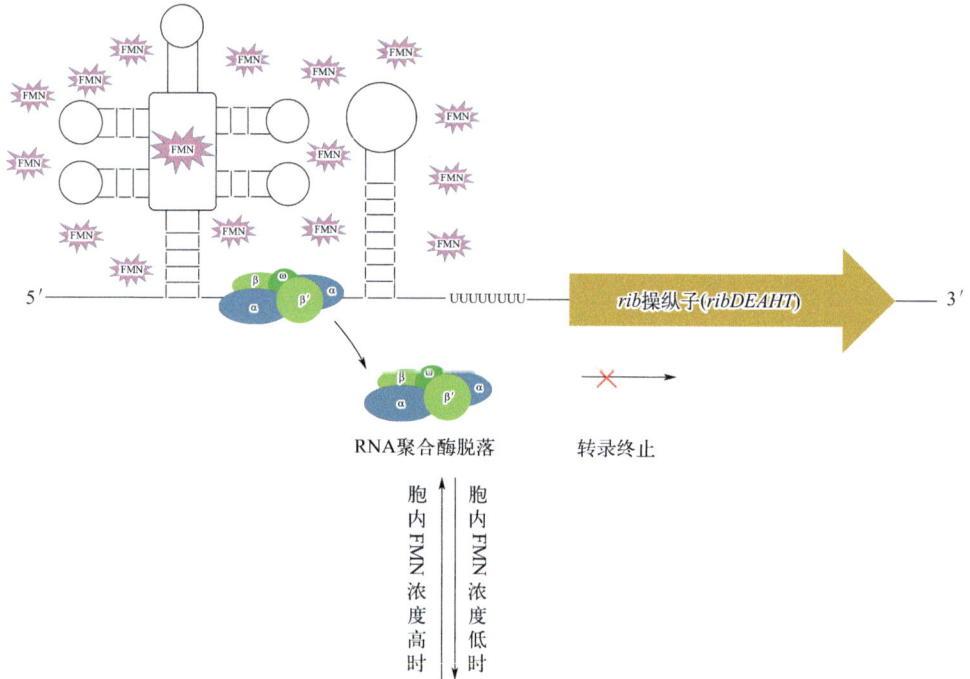

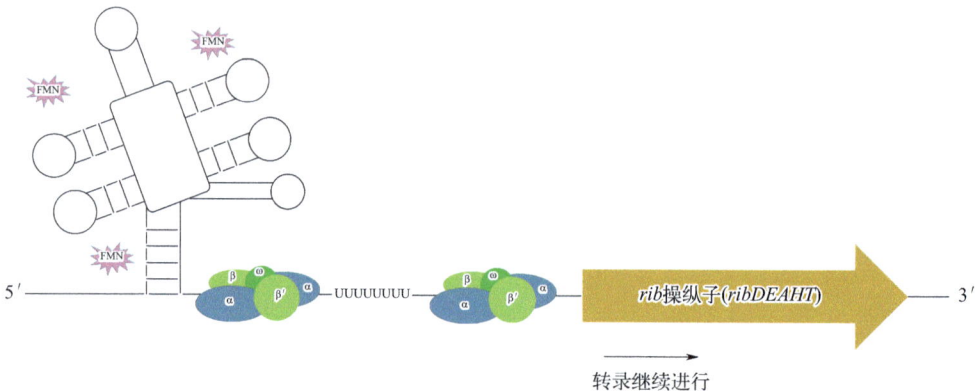

图 8-8　*rib* 操纵子的转录弱化调控机制

8.5 不同菌种中维生素 B₂ 的代谢工程研究进展

8.5.1 枯草芽孢杆菌

在自然界中，所有植物、真菌和大多数细菌都可以合成核黄素，无法合成核黄素的细菌通过核黄素转运系统从外部获得核黄素以满足自身的需求。核黄素是微生物工业的典型产品，在工业规模上可以通过细菌和真菌成功合成。在工业上，核黄素主要由棉阿舒囊霉和枯草芽孢杆菌生产，从生物物质合成核黄素的研究大多是在这两种微生物中进行的[29]。

枯草芽孢杆菌工业化生产核黄素除了发酵过程中显而易见的优势外，还具有代谢及遗传背景清晰、基因改造技术完善、基因组测序和菌株特异性数据库已得到完整研究等优点，这些都将有利于确定代谢改造靶点，通过基因工程、代谢工程、合成生物技术改造，可定向提高菌株的单位产量。

通过对维生素 B₂ 合成途径及相关的代谢通路进行系统的分析，然后采用代谢通量优化、解除调控抑制和反馈抑制、多基因协同表达、平衡合成代谢和细胞生长等代谢工程策略增加合成核黄素的前体池。通过组学分析、¹³C 代谢通量分析及高通量筛选等系统代谢工程方法可获得高产维生素 B₂ 的菌株。

8.5.1.1 代谢工程策略增加合成核黄素的前体池

核黄素由一个 GTP 分子和两个核酮糖 -5- 磷酸分子通过七步酶催化反应合成。前体物质的供应是制约核黄素生产的最重要因素，增加前体物质的供应可以有效地增加核黄素的产量[29]。

（1）代谢通量优化

启动子工程和基因敲除是将代谢流重新分配到目标产物的最直接有效的代谢工程方法。作为基因表达的第一步，合适启动子的成功转录是代谢工程的关键。在枯草芽孢杆菌中，将强启动子 P43 插入到 *purF* 基因的上游，使核黄素的产量增加了 10%，核黄素产量达到 688.42mg/L[21]。强启动子 P43 已广泛用于枯草芽孢杆菌中基因的过表达，并且通过将其转入核黄素工程菌株中，核黄素的产量显著增加[30-32]。在枯草芽孢杆菌 RH33 中通过强启动子 P_{veg1} 过表达突变体 *zwf243* 和 *gnd361* 导致核黄素产量显著增加 39%，在流加发酵中产量达到 15.7g/L。

基因敲除是代谢工程中一种常用的方法，用于重新分配代谢流并增加目标产物的合成。敲除枯草芽孢杆菌呼吸链中效率较低的细胞色素 bd 氧化酶，将呼吸链中的电子流转移到更有效的分支，使呼吸链的电子传递效率升高，提高了能量的产率，该策略将细胞维持代谢降低了约 40%，核黄素产量增加了 38%[33]。为了增加前体 GTP，枯草芽孢杆菌中黄嘌呤磷酸核糖基转移酶（*xpt*）、腺嘌呤磷酸核糖基转移酶（*apt*）和腺嘌呤脱氨酶（*adeC*）基因的敲除使核黄素的产量分别增加了 6.78%、14.02% 和 41.50%[34]。

（2）解除调控抑制和反馈抑制

解除葡萄糖到核黄素合成途径中的调控抑制和中间代谢物的反馈抑制，可有效提高核黄素的产量和得率。

Bacillus subtilis 是第一个通过经典育种获得的核黄素过量生产者。为了增强嘌呤核苷酸的生物合成，*pur* 操纵子阻遏物 PurR 和 *pur* 操纵子的 5′-UTR（其中含有鸟嘌呤核糖开关）被破坏，解除了 *pur* 操纵子的转录阻遏和转录弱化调控；然后对 *pur* 操纵子启动子的 -10 区序列进行了优化，提高了 *pur* 操纵子的转录水平[35-39]。核糖开关工程应用 sRNA 靶向核糖开关以促进抗终止折叠并防止转录终止的发生，解调嘌呤合成途径将工程菌株的核黄素总产量提高了 44%[40]。此外，嘌呤从头合成途径中的部分酶的酶活还受到终产物的反馈抑制（图 8-6）。*purF* 编码的 PRPP 氨基转移酶催化嘌呤从头合成途径的起始反应，是该途径的关键酶。研究表明，在枯草芽孢杆菌 PRPP 氨基转移酶中成功引入几个突变残基（S283A、K305Q、R307Q 和 S347A）后，解除了终产物的反馈抑制[27]。

枯草芽孢杆菌中 *rib* 操纵子编码维生素 B_2 生物合成途径的酶（*ribDEAHT*），*rib* 操纵子的转录受到 FMN 介导的转录弱化调控（图 8-8）。在枯草芽孢杆菌中，FMN 核糖开关中 *ribD*+（G39+A）的突变显著增加了 *rib* 操纵子的表达（超过 50 倍），从而将核黄素的产量从 50.15mg/L 增加到 170.91mg/L[41]。*ribC* 基因编码双功能的黄素激酶和 FAD 合成酶，它们能将核黄素转化为黄素辅酶 FMN 和 FAD，*ribC* 基因的突变使其酶活降低，一方面导致细胞中 FMN 的合成减少，从而解除 *rib* 操纵子的转录弱化调控[42]，另一方面还使枯草芽孢杆菌中维生素 B_2 的分解减少，导致维生素 B_2 的积累[43]。

由 *ribR* 基因编码的 RibR 蛋白与 FMN 核糖开关的二级结构结合，抑制 FMN 核糖开关的调节，促进细胞内核黄素的合成。*ribR* 的表达与细胞内硫代谢有关。当细胞内存在硫时，对 FMN 的需求会增加，即使 FMN 水平很高，也会表达 *rib* 操纵子[44]。研究表明，与野生型菌株相比，在 *ribR* 敲除菌株中，FMN 核糖开关的调节略有提升，在稳定期的核黄素产量显著增加（25%）[45]。

（3）多基因协同表达

在枯草芽孢杆菌中，前体供应不足是限制核黄素产量的主要因素。因此，平衡核黄素合成的前体物质供应是提高核黄素产量的有效途径。饶志明老师研究团队[46]开发了协调操纵子中多基因表达的 TIGR（基因间可协调文库）系统，该系统基于基因间 mRNA 工程调节 mRNA 的稳定性和二级结构来调节基因表达。在核黄素合成过程中，核酮糖 -5- 磷酸是核黄素合成途径和嘌呤途径的共同前体，因此合理分配核酮糖 -5- 磷酸的代谢流对提高核黄素前体供应至关重要。在枯草芽孢杆菌中，葡萄糖 -6- 磷酸酶脱氢酶（由 *zwf* 编码）和 6- 磷酸葡萄糖酸脱氢酶（由 *gnd* 编码）通过磷酸戊糖途径将葡萄糖 -6- 磷酸转化为核酮糖 -5- 磷酸。基因 *ribA* 编码的双功能 DHBP 合成酶 /GTP 环水解酶Ⅱ催化核酮糖 -5- 磷酸合成 DHBP 和 GTP 合成 DARPP。基因 *zwf* 的过度表达可以使通过磷酸戊糖途径的碳代谢流量增加，导致核黄素产量显著提高。由 *ribA* 编码的 DHBP 合成酶 /GTP 环水解酶Ⅱ是枯草芽孢杆菌中核黄素生物合成的关键限速酶。因此，利用 TIGR 系统协调核黄素合成关键基因 *zwf*、*ribA* 和 *ywlF* 的表达水平可提高核黄素的产量。

首先，构建含有 TIGR 的双报告基因操纵子文库，并确定 TIGR 对两个报告基因表达的调控作用。TIGR 序列可协调双报告基因在大肠杆菌中的表达比例范围在 180 倍以上，在枯草芽孢杆菌中的表达比例范围在 70 倍以上。接下来，使用 TIGR 文库调节磷酸戊糖途径基因表达，增加前体物质核酮糖 -5- 磷酸供应，并对该前体物质进行重新分配，从而达到平衡细胞内代谢的目的。根据核黄素具有荧光的特性，利用 96 孔板高通量筛选最佳组合突变体。筛选得到的最佳工程菌株在摇瓶发酵过程中，核黄素产量达到 2.7g/L，提高 64.35%。中间代谢产物分析显示，工程菌株细胞内的核黄素合成前体 PRPP 浓度显著增加，表明充足的前体供应保证了核黄素的大量合成。在 5L 分批补料发酵中，核黄素产量达到 11.77g/L，提高了 59.27%。由此表明，TIGR 系统用于协调操纵子内关键基因表达可有效提高目标产物的产量。

（4）平衡合成代谢和细胞生长

上述代谢途径优化策略虽然已广泛应用于代谢工程，但存在明显缺陷，酶的持续表达对细胞造成很大负担[47]。因此，开发了依赖细胞内代谢物浓度实时控制基因表达水平的动态调节系统，实现细胞内代谢通量的精确控制。这种策略不仅减少了代谢负担，而且最大限度地减少了副产物的形成。

群体感应（QS）允许细菌的行为基于种群密度来协调基因表达，这被广泛用于构建基因调节电路[48,49]。在枯草芽孢杆菌中，构建了一个由群体感应系统介导的基因表达自主监测系统，可以在没有人监督的情况下监测和诱导 rib 操纵子的表达。这种动态调控策略已成功应用于核黄素的合成[50]。

8.5.1.2　系统代谢工程

系统代谢工程将系统生物学、进化工程、组学分析、合成生物学的优势与传统代谢工程相结合，促进了优良菌种的发展[51]。近十年来，这一跨学科战略对优秀工业菌种的转化发挥了重要作用，并不断得到完善。使用的系统代谢工程策略包括组学分析、基因工程和进化工程等[29]。

（1）组学分析

监测实验室进化菌株和引入外源基因的工程菌株细胞中的代谢变化将极大地帮助确定有益基因靶标。在这方面，来自组学数据的证据可以提供代谢和调控网络的整体视图，这对制定其它代谢工程策略很有用。各种组学技术已用于分析和优化工程菌株的特性，且使用基因工程进一步提高目标产物的产量。

在一项关于枯草芽孢杆菌生产核黄素的研究中，通过结合基因组学、转录组学和逆向代谢工程，确定了多个有益的突变位点，从而将核黄素的产量提高了 3.4 倍[41]。比较转录组可用于分析核黄素生产菌株 *Bacillus subtilis* RH33 和野生型菌株 *Bacillus subtilis* 168 之间的基因表达差异[52]。通过结合转录组学、^{13}C 代谢通量和代谢组学分析，揭示了不同溶解氧条件下枯草芽孢杆菌核黄素合成的调控机制[53]。在低溶解氧条件下，双组分系统 ResD-ResE 被激活为溶解氧张力的信号接收器和基因调节器，该系统抑制 *ykgB* 基因的表达并减少流向 PP 途径的代谢流，从而降低核黄素的产量。多组学分析从系统层面阐明细胞调控和代谢，进而促进优秀工业菌株的开发。

江南大学饶志明团队[54]基于转录组数据分析，鉴定溶氧对核黄素合成过程中关键基因的影响，并通过代谢改造和动态调控相结合的策略缓解溶氧对核黄素合成的限制，为缓解溶氧限制、进一步提高核黄素产量提供新的思路和方向。通过比较转录组分析了不同溶氧条件下枯草芽孢杆菌全基因组范围内基因表达变化。氧气供应不足导致了枯草芽孢杆菌基因组上超过 1628 个基因的表达水平存在显著差异，其中包括嘌呤代谢、氮代谢、能量代谢等代谢途径相关的基因。核黄素的前体物质 GTP 是通过嘌呤代谢途径合成的，该途径关键酶由 pur 操纵子的基因编码。低溶氧下 pur 操纵子基因发生显著变化，其中，基因 purD 和 purF 表达下调最为明显，分别为 69.55 和 23.92 倍，这与 RT-qPCR 分析结果一致。而嘌呤途径抑制因子 purR 表达水平上调 2.64 倍，这可能是导致嘌呤途径基因下调的主要因素。因此，敲除基因 purR、解除对嘌呤途径的限制，使核黄素产量提高 16.21%。溶氧供应不足导致氮代谢的两个全局调节因子 TnrA 和 GlnR 表达水平显著上调，这两个调控因子参与细胞内氮代谢。在缺氧条件下，许多细菌具有表达呼吸和同化硝酸盐还原酶的能力，利用环境中丰富的氮源作为呼吸底物和营养物质促进生长。因此，利用反义 RNA 策略抑制基因 tnrA 和 glnR 的表达使核黄素的产量分别提高 12.05% 和 23.37%。为了进一步缓解溶氧限制，在枯草芽孢杆菌中过表达 vgb 基因（编码血红蛋白 VHb）以缓解溶氧限制，且利用基因 tnrA 的启动子动态控制 vgb 基因的表达。在摇瓶发酵中动态控制基因 vgb 表达使核黄素产量提高 18.62%。最后，利用组合代谢工程策略解除嘌呤代谢限制，平衡细胞内氮代谢并过表达基因 vgb，使核黄素产量在摇瓶发酵水平提高 50.78%，达到 2.5g/L。工程菌株的核黄素产量在 5L 发酵罐水平提高 45.51%，效价达到 10.71g/L。

（2）^{13}C 代谢通量分析

能够精确量化生物系统中的代谢途径通量将极大地帮助指导生物技术、微生物代谢、代谢工程和人类健康领域的研究。^{13}C 代谢通量分析（^{13}C-MFA）是用于确定细胞内通量的主要技术[55]。使用 ^{13}C-MFA 可以跟踪细胞中代谢途径的方向，并且可以量化由遗传或环境干预引起的代谢途径的通量变化[56]。在枯草芽孢杆菌核黄素高产菌株中，采用 ^{13}C 示踪法分析不同溶氧条件对核黄素代谢通量分布的影响。在低氧压力下，细胞需要通过 EMP 途径底物磷酸化产生 ATP，因此通过 EMP 途径的葡萄糖代谢通量比高溶解氧条件下高 14.82%[53]。

（3）高通量筛选

近年来，高通量筛选技术被广泛应用于目标产物的筛选。例如，为了确定核黄素生产代谢工程的新靶点，转座子插入技术被用于构建枯草芽孢杆菌核黄素生产菌株的转座子突变文库。大多数已确认的突变体是低产的。因此，有必要开发更有效的诱变方法，如 CRISPR 干扰（CRISPRi）敲低文库[57]、sRNA 敲低文库[58]和 PACE 系统[59]。由于核黄素是天然的荧光物质，温和的诱变策略与基于流式细胞仪的胞内荧光高通量筛选技术、基于液滴微流控的胞外荧光高通量筛选技术相结合，可有效地识别和分选出高产核黄素的突变体。温和的诱变策略与基于液滴微流控技术的高通量筛选相结合后筛选出的分泌核黄素的乳酸菌突变体将核黄素含量从 0.99mg/L 增加到 2.81mg/L[60]。

8.5.2　大肠杆菌

大肠杆菌是一种相对安全的微生物，其在微生物生产领域已经被广泛作为生产菌株，是最重要的"平台菌株"。目前在生物化学、分子生物学以及生理学等方面已对大肠杆菌有深入的研究，此外还建立了完备的菌株特异性数据库，进行了完整的基因组测序[61]。这为大肠杆菌代谢靶点的确定、高价值工业菌株的构建，提供了详细的基础知识。同时，针对大肠杆菌的基因编辑技术最为成熟，并且其合成生物学组件也最齐全，便于进行基因工程改造。目前，大肠杆菌已经被成功地用于高产鸟苷以及肌苷等产品。由于这些产品与核黄素的生物合成具有共同的重要前体物，显示大肠杆菌也具有核黄素工业化生产的潜力[62,63]。

此外，大肠杆菌具有良好的快速生长动力学，并且很容易实现高细胞密度培养，从而可以高效生产生物产品。一些大肠杆菌菌株如 MG1655 表现出较低的维持代谢能力，这有利于生产需要高效能量的化学品，如核黄素[64]。大肠杆菌已被用于高效生产生物燃料、氨基酸和大宗化学品[65-67]。虽然野生型大肠杆菌在自然条件下不会积累核黄素，但由于其明确的遗传背景、快速生长以及便捷的代谢工程工具的存在，它很有可能是生产核黄素的有效宿主。

2014 年，陈涛团队[68]构建了一种生产核黄素的大肠杆菌基因工程菌。系统设计了核黄素合成途径、磷酸戊糖（PP）途径、中枢代谢途径和核黄素消耗途径，将葡萄糖直接高效地转化为核黄素。研究中首先在大肠杆菌 MG1655 中构建了来自大肠杆菌的核黄素合成途径。在诱导型 *trc* 启动子（P$_{trc}$）的控制下，将来自大肠杆菌的核黄素合成途径基因（*ribA*、*ribB*、*ribD*、*ribE*、*ribC*）组装成称为 EC10 的人工操纵子。为了测试操纵子对核黄素产生的剂量效应，将 EC10 插入具有不同拷贝数的质粒中（分别具有 pSC101、p15A 和 pBR322 复制起点）。携带 p20C-EC10（pBR322 复制起点）的菌株 RF01S 显示出最高的核黄素生产力［（229.1±5.7）mg/L 核黄素］。

核酮糖 -5- 磷酸是核黄素生物合成的重要前体，过表达氧化 PP 途径的基因可增加核酮糖 -5- 磷酸的供应。将来自谷氨酸棒杆菌的去除反馈抑制的编码葡萄糖 -6- 磷酸脱氢酶和 6- 磷酸葡萄糖酸脱氢酶的突变基因 *zwf*、*gnd* 和大肠杆菌的 *pgl* 基因（编码 6- 磷酸葡糖酸内酯酶）在菌株 RF01S 中通过质粒进行共表达，使得核黄素效价和产率分别提升 18.9% 和 38.7%。

此外，还采用消除竞争途径将碳通量重新定向到氧化 PP 途径的策略来提高核黄素的产量。编码磷酸葡萄糖异构酶基因 *pgi* 的破坏导致葡萄糖 -6- 磷酸进入糖酵解途径受阻，并迫使葡萄糖 -6- 磷酸仅通过 PP 途径代谢。破坏 MG1655 中的 *pgi* 并含有 p20C-EC10 的菌株核黄素产量比菌株 RF01S 高 72.4%。

同时，修饰 ED 途径以进一步增加进入 PP 途径的碳通量，可改善核黄素的合成。已知 ED 途径在野生型大肠杆菌中以葡萄糖作为碳源无活性，但在 *pgi* 突变菌株中被激活。因此，破坏 ED 途径的 *edd* 和 *eda* 基因可进一步增加 6- 磷酸葡萄糖酸盐到 Ru-5-P 的通量。破坏 MG1655 中的 *pgi*、*edd*、*eda* 并含有 p20C-EC10 的菌株可产（559.88±8.99）mg/L 核黄素。

乙酸盐是这些重组菌株的主要副产物，会导致生长迟缓，故选择过表达编码乙酰辅酶 A 合成酶的 *acs* 基因的策略来减少乙酸盐的分泌。对破坏了 *pgi*、*edd*、*eda* 并含有 p20C-EC10 的菌株，将 *trc* 启动子插入 *acs* 基因的上游，获得的菌株核黄素产量没有显著变化，但乙酸盐产量从 4.0g/L 下降到 1.5g/L。

随后在该菌株的基础上，通过调节 *ribF* 的表达，核黄素的生产显著增加。先前的研究表明，在枯草芽孢杆菌中引入 *ribC* 基因突变可以降低酶活性并导致工程菌株中核黄素的过度生产。在大肠杆菌中，这个酶由 *ribF* 基因编码，*ribF* 是菌株生长的必需基因，为了调节 *ribF* 的表达，使用 RBS 计算器设计了一个 RBS 序列库，其强度比天然 *ribF* RBS 弱。将染色体上 *ribF* 的天然 RBS 替换为设计的 RBS 文库，与亲本菌株相比，大多数菌株的核黄素产量增加，这表明通过弱化 RBS 可以有效地增加核黄素的产量，核黄素的产量最高提高了 77.0%，其无细胞提取物中黄素激酶的活性是野生型的 65%。

最后，优化了核黄素生产的发酵条件，如培养基配方、发酵温度、酵母提取物的最优添加浓度、甘氨酸的最优添加浓度等，在优化的分批发酵条件下，最终的重组菌株产生 2702.8mg/L 核黄素，产率为 137.5mg/g。

在此基础上，陈涛团队于 2016 年 [69] 构建了产生核黄素的大肠杆菌菌株 LS02T，它可以在 5 L 发酵罐中生产 10g/L 核黄素。该菌株含有人工 *rib* 操纵子表达质粒 pLS01，弥补了之前需要添加 IPTG（异丙基 -*β*-D- 硫代半乳糖苷）诱导核黄素操纵子表达的缺点。此外，通过敲除 6- 磷酸果糖激酶 I（*pfkA*）基因削弱了 EMP 途径，并且通过破坏 *edd* 和 *eda* 基因阻断了 ED 途径。在这项研究中，这种特殊的 *pfkA-edd-eda* 三重突变体被用作进一步提高核黄素产量的基础。该突变体中来自葡萄糖 -6- 磷酸的大部分碳通量被引导到 PP 途径，该途径可以为嘌呤和核黄素合成提供足够的 R-5-P/Ru-5-P。

最近，陈涛团队 [64] 在之前菌株的基础上进一步改造，通过整合多种优化条件（流加培养）使核黄素浓度达到 21g/L，具体如下。

首先，为了进一步增加通过 PP 途径的相对通量，通过在菌株 LS02T 中过表达 *fbp* 基因构建菌株 LS31T 减弱了 EMP 中的相对通量（天然启动子被强启动子 P*trc* 取代）。与 LS02T 相比，LS31T 中 FBP 酶的酶活性提高了 28.3%，但摇瓶中 LS31T 的核黄素产量与 LS02T 几乎相同。可能主要限制因素从 Ru-5-P 供应转移到嘌呤前体供应或其他因素。为了提高嘌呤前体供应，在 LS31T 中删除了 *pur* 操纵子阻遏蛋白编码基因 *purR*。测试了 *purF*、*guaB*、*guaA*、*gmk* 和 *ndk* 这些嘌呤合成基因的共过表达，根据发酵结果，整合 4 个嘌呤基因 *prs-purF-gmk-ndk* 是提高核黄素产量的最佳选择。

其次，为了使氧化还原再平衡，破坏 LS52T 中的 *pntAB* 基因，可将过量的 NADPH 转化为 NADH，降低了 NADPH/NADH 比例；在该菌株中，为了提高呼吸链活性，对 *ndh* 和 *appB* 进行了敲除，菌株 LS55T（Δ*ndh*）和 LS56T（Δ*ndh* 和 Δ*appB*）的核黄素效价与 LS54T 相比分别提高了 18.4% 和 10.6%。最佳菌株 LS55T 与原始菌株 LS31T 相比增加了 71.1%。

然后，通过核糖体结合位置换降低了 LS31T 中 *guaC* 基因的表达水平，核黄素产量增加了 10.6%。先前的几项研究表明，大肠杆菌中 *ribF*（编码核黄素激酶 /FAD 合成酶）、*purA*（编码腺苷酸琥珀酸合成酶）和 *guaC*（编码 GMP 还原酶）基因的下调对核黄素合成有积极影响，通过微调它们的 RBS 来下调这三个基因的表达。

将所有有利的修饰整合在一起，得到的菌株 LS72T 在摇瓶发酵中产生了 1339mg/L 的核黄素，在发酵罐中通过流加培养积累了 21g/L 的核黄素，得率为 110mg/g，是目前理性改造菌株中分批补料发酵获得的核黄素浓度和得率均较高的菌株。

8.5.3　棉阿舒囊霉

通常通过自适应实验室进化和代谢途径改造的方法获得高产维生素 B$_2$ 的棉阿舒囊霉菌株。

8.5.3.1　自适应实验室进化

自适应实验室进化（ALE）已成功用于改善微生物表型、研究生物现象以及研究细菌种群的进化。它主要用于潜在的代谢途径激活、表型优化和环境适应。

在以植物油作为碳源的培养基上，异柠檬酸裂解酶（ICL）催化异柠檬酸裂解为琥珀酸和乙醛酸，在棉阿舒囊霉的生长和核黄素生产中起关键作用是乙醛酸循环的一部分。衣康酸盐和草酸盐抑制 ICL 活性。衣康酸抗性突变体在大豆油培养基上的核黄素产量比野生型高 25 倍，ICL 活性高 15%。此外，在含有 100mmol/L 衣康酸盐的培养基中分离出的另一个突变体使用含有菜籽油的培养基培养后核黄素产量比野生型高 8 倍[71]。与野生型相比，从在含草酸盐培养基上生长的孢子中自然分离的突变体在优化的培养基中产生的核黄素量是野生型的 5 倍[72]。

通过差异诱变分离的核黄素过量生产突变体[70]：视差诱变由 Furusawa 和 Doi 在使用计算机模拟发展视差理论之后引入。该技术提高了错误阈值，而不会丢失许多细胞分裂时发生的遗传信息，也不会损害细胞生长，并产生了大量有利的突变体[73]。为了产生遗传多样性，使用失去了其 DNA 修复功能的 DNA 聚合酶 δ 变体，导致在合成滞后链期间突变率增加[74]。差异诱变技术允许发生基因组突变，并在每次传代时积累基因组中的突变。

使用差异诱变[75] 分离出过量产生核黄素的突变体。将突变诱导载体 YCpG418/pold^{exo-} 转化到棉阿舒囊霉中，该载体含有在其天然启动子控制下的突变棉阿舒囊霉 DNA 聚合酶 δ。直到第 30 次继代培养时，收集转化体，然后培养。在继代培养期间，观察到深黄色菌落，并在每次继代培养中挑取单菌落进行第一次和第二次筛选。菜籽油培养基中核黄素产量逐渐增加，至第 22 代，核黄素产量大约是 2g/L（比野生型高 15 倍），但从第 23 次到第 30 次传代，核黄素产量减少。这表明在棉阿舒囊霉基因组中积累到第 22 代次培养的突变促进了核黄素的产生。在第 22 次传代筛选步骤中获得的菌株 W122032 产生了最高的核黄素产量：在使用 3L 发酵罐的优化菜籽油培养基中，核黄素得率比野生型高 9 倍，并且核黄素产量高达 13.7g/L。

8.5.3.2　代谢途径改造

基于对棉阿舒囊霉核黄素生物合成途径的了解，通过代谢工程策略确定修饰的目标基因。gly1 在棉阿舒囊霉中编码与酿酒酵母同源的苏氨酸醛缩酶，将其过表达并将苏氨酸外源添加到生长培养基中至 50mmol/L 后，使其产生过量的甘氨酸，并将核黄素生物合成提高 8 倍[76]。Jiménez 和 Silva 等[77,78]对棉阿舒囊霉磷酸戊糖、甘氨酸和嘌呤途径的代谢工程进行了研究，研究表明磷酸核糖焦磷酸合成酶和 PRPP 氨基转移酶（ADE4）基因过度表达，增加了通过磷酸戊糖和嘌呤/GTP 生物合成途径的碳通量。增加甘氨酸前体供应的一个成功策略是破坏编码棉阿舒囊霉丝氨酸羟甲基转移酶的 SHM2 基因，将甘氨酸转化为丝氨酸。

SHM2 破坏的突变体降低了这种转移酶的活性，从而导致从丝氨酸到核黄素前体甘氨酸的代谢转移，使核黄素产量增加 10 倍[79]。此外，与野生型棉阿舒囊霉相比，肌苷 -5′- 单磷酸脱氢酶（IMPDH）基因的过度表达增加了通过鸟嘌呤途径的代谢通量，并最终使核黄素的产量增加了 40%[80]。

8.6　工业生产概览

8.6.1　发酵工艺过程

　　工业上主要通过枯草芽孢杆菌发酵生产维生素 B_2，具有原料来源丰富、生产成本低、发酵条件温和、生产周期短、能耗低、产品发酵单位高、产品纯度高、环境污染小、工艺流程易于控制等诸多优点。发酵一般采用分批补料发酵。维生素 B_2 发酵生产中的碳源主要以葡萄糖或蔗糖为主；氮源一般是玉米浆、酵母粉、硫酸铵等；参与酶促反应的一些离子，如 Mg^{2+}、Zn^{2+} 等，需要在培养基中加入其盐形式的成分，如七水硫酸镁、硫酸锌等；磷酸氢二钾和磷酸二氢钾通常用来建立维持 pH 的缓冲体系；碳酸钙常用来维持 pH。现阶段枯草芽孢杆菌生产维生素 B_2 的水平为 20g/L 左右（200m³ 发酵罐），转化率为 0.08 ～ 0.1g（核黄素）/g（葡萄糖）。

　　枯草芽孢杆菌工业化生产车间发酵生产维生素 B_2 的工艺一般包括一级种子罐培养、二级种子罐培养、发酵罐发酵等，具体流程如下。

　　一级种子罐培养：将 -80℃ 保存的菌液置于 37℃ 水浴中迅速融化，取 5mL 接种于含有 10L 一级种子培养基的 50L 罐中，一级种子罐培养 18 ～ 26h，温度 37℃，起始 pH 调至 7.2，发酵过程 pH 不低于 6.4，起始转速 300r/min，溶氧 20% ～ 30%。

　　二级种子罐培养：将一级种子罐中的菌液全部注入含有 5m³ 二级种子培养基的 25m³ 罐中，二级种子罐培养 22 ～ 26h，温度 37℃，起始 pH 调至 7.2，发酵过程 pH 不低于 6.4，起始转速 400r/min，溶氧 30% ～ 40%。

　　发酵罐发酵：将二级种子罐中的菌液全部注入含有 50m³ 发酵培养基的 200m³ 发酵罐中，发酵时间 36 ～ 46h（具体时间根据产量定）；发酵温度 41℃，起始 pH 调至 7.2，发酵过程中 pH 维持在 6.8 ～ 7.2，起始转速 400r/min，溶氧 20% ～ 40%，残糖控制在 0.8% ～ 1.0%。发酵过程中，采用传感器测定发酵罐中的培养温度、pH、溶解氧等参数的情况，并定时取样测定发酵液中的菌体浓度、维生素 B_2 的产量、残糖、溶磷、氨基氮，及时进行碳源的补加，使生产菌种处于产物合成的优化环境之中。

8.6.2　分离纯化工艺过程

　　在工业上，维生素 B_2 一般通过微生物发酵生产，然后通过后续提取、分离和纯化得到纯净的维生素 B_2。分离纯化维生素 B_2 的常用方法有滗析分离法、微膜过滤法、Morehouse

法、絮凝法、酸解法、碱溶法等。其中，碱溶法为工业生产中分离纯化维生素 B_2 的主要方法，该方法利用维生素 B_2 在碱性溶液中的高溶解度，通过调节发酵液的 pH 值来溶解维生素 B_2，随后去除细菌、蛋白质、培养基残渣等杂质，再经过氧化、酸化、结晶、重结晶等步骤得到维生素 B_2。所有操作都可以在碱溶罐中进行，利用碱溶罐分离纯化维生素 B_2 的主要步骤如下。

（1）碱溶

使用饱和氢氧化钠溶液将发酵液的 pH 调到 11.5 ～ 12.2 之间，温度控制在 35℃以下，以溶解发酵液中结晶的维生素 B_2。碱溶后的中层溶液为维生素 B_2 溶液，下层的沉淀为菌体和培养基残渣，上层为油状物。

（2）固液分离

利用碱溶罐进行固液分离。

（3）氧化

向得到的溶液中加入双氧水，使维生素 B_2 处于氧化状态。

（4）酸化沉淀

pH 值为 6.9 时，维生素 B_2 的溶解度很低，会形成悬浮液。故向上述溶液中逐步加入盐酸，使溶液 pH 降到 6.9。

（5）悬浮液固液分离

悬浮液经过固液分离得到结晶母液和维生素 B_2 湿晶体。

（6）干燥

晶体干燥后即得到成品，而结晶母液浓缩后得到高浓度结晶母液，再重复结晶。

8.7　维生素 B₂ 的专利分析与前景展望

8.7.1　专利分析

目前与微生物发酵生产维生素 B_2 相关的专利共 169 件，主要涉及 C12R、C12N（微生物或酶；繁殖、保藏或维持微生物；变异或遗传工程；培养基）及 C12P（发酵或使用酶的方法合成目标化合物 / 组合物或从外消旋混合物中分离旋光异构体）三个专利族。目前，维生素 B_2 专利申请国 / 组织分布比较分散。申请数量前 5 的国家和组织如下：中国专利 24 件（占比 14.2%），日本 21 件（占比 12.4%），英国 20 件（占比 11.8%），德国 17 件（占比 10%），世界知识产权组织 15 件（占比 8.8%）。其中在我国的主要授权单位是：湖北广济药业股份有限公司、天津大学、中国科学院天津工业生物技术研究所。国外的主要授权单位包括荷兰帝斯曼和德国巴斯夫。

2002 年，Mironov 等[81] 发明了使用含有过表达解调控枯草芽孢杆菌核黄素操纵子的菌株生产核黄素的方法，其产量在 40 ～ 48h 可以达到 1.6 ～ 4.5g/L。在该方法开发之前，核黄素产量较低，生物合成法无法与化学合成法相竞争。经过对该菌株的诱变驯化，尤其是脯氨酸类似物抗性突变株及苏氨酸类似物抗性突变株的筛选及发酵测试[82,83]。发酵培养基中含有 20g/L 的干酵母，5g/L 玉米浆液，2g/L 硫酸铵，5g/L 七水硫酸镁，17.5g/L 磷酸二氢钾，7.5g/L 磷酸氢二钾。经过 60 ～ 70h 发酵，菌株的核黄素的产量达到了 26.8g/L 和 26.5g/L。相关的菌株专利已经转让给广济药业，并使广济药业成了国内最人的核黄素生产企业。2021 年广济药业采用阿舒假囊酵母菌未经过任何基因重组、诱变、构建或改造制备纯天然核黄素，所得核黄素成品完全满足国家非转基因产品法律法规要求，并且能满足欧洲药典（EP）10.0、中国药典（CP）2020 的标准规定，且核黄素产品呈球状晶形。此外，通过优化培养基的配方解决了由阿舒假囊酵母菌发酵发酵液黏度大、提取难的问题。

除广济药业外，荷兰帝斯曼公司作为另一家核黄素的主要生产企业在该领域发表了多篇相关专利。2005 年，在一篇专利中提到，通过突变失活糖异生转录调控因子 YqzB/YqfL 后，菌株中糖异生相关基因表达量降低，菌株的核黄素产量提高了 30% ～ 90%[84]。2009 年，一篇专利中一株枯草芽孢杆菌调节三羧酸循环基因活性的转录因子 CcpC 的活性下降 25%，而该菌株的核黄素 / 葡萄糖转化率相应提高了 20%。值得注意的是，该菌株和通常使用的核黄素生产菌株不同，仍然具有芽孢形成基因 *spo0A* 的活性[85]。2016 年申请的专利中报道了转录终止因子 Rho 失活后，枯草芽孢杆菌的核黄素产量提高了 30%，造成 Rho 失活的原因包括核糖体结合位点、冷休克结构域以及 RNA 结合位点的缺失。专利中菌株除 Rho 因子突变外还含有核黄素操纵子前导区序列的突变[86]。同年申请的专利中报道了在枯草芽孢杆菌中过表达苜蓿根瘤菌来源的 *PdxP* 基因可以将菌株的核黄素产量至少提高 5%[87]。

除企业外，国内高校与研究所也发表了数篇核黄素相关的专利。2019 年，中国科学院天津工业生物技术研究所张大伟等[88]申请了通过基因工程技术和液滴微流控技术获得高产核黄素枯草芽孢杆菌的专利。2021 年，张大伟等[89]申请了通过基因工程技术从头构建的高产核黄素枯草芽孢杆菌的专利，其中核酮糖 -5- 磷酸差向异构酶基因（*rpe*）为一处关键的突变，此外敲除嘌呤转运蛋白基因后也有助于提高菌株的核黄素产量。2020 年，张大伟等[90-92]发表了三篇关于突变基因、突变酶提高枯草芽孢杆菌核黄素产量的专利，披露了包括 GntR 家族转录抑制因子突变体、核糖核苷酸还原酶转录调控因子突变体、过氧化物转录调控因子突变体的特点。天津大学陈涛等[93]2021 年发表了关于从头构建大肠杆菌核黄素高产菌株的专利，其主要保护过表达嘌呤途径的磷酸核糖焦磷酸激酶（Prs）以及磷酸核糖氨基转移酶（PurF）。

8.7.2　前景展望

目前，广济药业是全球最大的维生素 B_2 生产企业，年产能达 3000t 左右，帝斯曼和巴斯夫的维生素 B_2 产能仅次于广济药业（年产能约 2000t），维生素 B_2 年需求约 8000t，广济药业占据了全球 37% 以上的维生素 B_2 产能。目前，微生物发酵法已经完全取代化学合成法成为工业上维生素 B_2 的主要生产方法。

随着分子生物学、各类组学技术和生物信息学的迅速发展，枯草芽孢杆菌基因组测序和菌株特异性数据库早已得到完整的研究，目前，用于工业化生产维生素 B$_2$ 的枯草芽孢杆菌菌株，大多是经过多轮诱变获得的高产维生素 B$_2$ 的菌株，对其进行遗传转化、遗传操作都已极其困难，大大增加了通过理性方法改造菌株以进一步提升维生素 B$_2$ 产量的难度。

通过解析高产工业菌株的代谢机制，寻找菌株过量合成目标产物的关键突变点，结合菌株的代谢网络模型，利用逆向代谢工程在野生型菌株中重塑高产菌株代谢网络。通过异源挖掘合成途径关键酶、检测酶学性质和代谢表型、挑选性状最优的异源酶，而后利用蛋白质工程改造、基因组表达元件优化等技术进一步提高合成关键酶的效果，同时系统性削弱副产物合成途径、调节细胞中辅因子供给，突破目标产物合成瓶颈。通过从自然界存在的酶、反应出发进行设计，利用蛋白质工程和酶的定向进化开发新的酶和反应，在体内体外对新的反应进行组装构建新合成途径，缩短合成步骤，巧妙绕开合成瓶颈，提高目标产物生物合成反应的理论转化率。最终从野生型菌株出发，构建高产维生素 B$_2$ 的枯草芽孢杆菌，并且构建的菌株最终将无质粒、无抗性基因，所有操作都在基因组上，与目前工业菌株相比，具有更好的菌种稳定性、生产稳定性。

近年来，为增加遗传多样性而开发的工具和策略极大地促进了实验室工业菌株的进化，例如噬菌体辅助连续进化（PACE）[94]、体内连续进化（ICE）[95] 和多重自动化基因组工程（MAGE）[96]。随着 DNA 测序技术的发展，这些菌株的优良性状得到了分析。通过 ALE 获得的进化菌株的 DNA 测序数据将被广泛用于逆向工程以开发高性能菌株[97]。此外，结合实验室进化、基因工程、逆向代谢工程等生物技术优化工业生产的目标菌株，将进一步提高工业菌株的开发水平。

参 考 文 献

[1] 杨理想，向枭，周兴华，等. 核黄素对齐口裂腹鱼生长性能、体组成、免疫及抗氧化能力的影响 [J]. 水产学报，2020，44（5）：836-844.

[2] 黄树平. 家禽养殖中维生素 B$_2$ 的应用分析 [J]. 湖北畜牧兽医，2018，39（10）：2.

[3] 张博. 核黄素对种母鸭繁殖性能及子代胚胎生长发育的影响 [D]. 北京：中国农业科学院，2020.

[4] 蒋亚军. 烟酸、核黄素对奶牛生产性能、抗氧化能力和免疫力的影响 [D]. 石河子：石河子大学，2011.

[5] 李宁，李梦雅，彭全辉. B 族维生素在反刍动物营养中的研究进展 [J]. 动物营养学报，2021，33（9）：11.

[6] 杜留云，裴娟萍. 核黄素在动物中的作用 [J]. 江西饲料，2002，2：17-19.

[7] Cisternas I S, Salazar J C, García-Angulo V A. Overview on the bacterial iron-riboflavin metabolic axis[J]. Front Microbiol, 2018, 7（9）: 1-7.

[8] 罗贤懋，林培中，刘雨菁，等. 核黄素预防恶性肿瘤的研究进展 [J]. 癌症进展，2020，18（04）：325-330.

[9] 耿蕾，洪恩四，樊亚崑. 小柴胡汤加减联合维生素 B$_2$ 治疗肝郁犯胃型慢性胃炎的疗效分析 [J]. 当代医学，2021，27（34）：44-47.

[10] 张建明，王玉莲，刘群，等. 核黄素在烧伤创面上的应用 [J]. 中国医院药学杂志，2009，29（03）：217-219.

[11] 孙文敬，高润香，谢红，等. 核黄素合成路线的优化 [J]. 中国药学杂志，1999，34（8）：562-564.

[12] 胡海涛，郭龙彪. 植物核黄素的生物合成及其功能研究进展 [J]. 植物学报，2023，58（4）：638-655.

[13] 陈佩林，赵春. 微生物发酵产核黄素研究进展 [J]. 畜牧与兽医，2005，37（4）：54-56.

[14] 张兆昆，周文学，李永丽，等. 核黄素发酵菌种改造研究进展 [J]. 生物技术进展，2021，11（1）：54-60.

[15] 张会图，姚斌，范云六. 核黄素基因工程研究进展 [J]. 中国生物工程杂志，2004，24（12）：32-38.

[16] Fischer M，Bacher A. Biosynthesis of vitamin B₂ in plants[J]. Physiologia Plantarum，2006，126：304-318.

[17] Tian Q Z，Wang G，Ma X X，et al. Riboflavin integrates cellular energetics and cell cycle to regulate maize seed development[J]. Plant Biotechnol J，2022，20（8）：1487-1501.

[18] Averianova L A，Balabanova L A，Son O M，et al. Production of vitamin B₂（riboflavin）by microorganisms：An overview[J]. Front Bioeng Biotechnol，2020，8：1-23.

[19] Schwechheimer S K，Park E Y，Revuelta J L，et al. Biotechnology of riboflavin[J]. Appl Microbiol Biotechnol，2016，100（5）：2107-2119.

[20] Weng M，Nagy P L，Zalkin H. Identification of the *Bacillus subtilis* pur operon repressor[J]. Proc Natl Acad Sci USA，1995，92（16）：7455-7459.

[21] Shi T，Wang Y C，Wang Z W，et al. Deregulation of purine pathway in *Bacillus subtilis* and its use in riboflavin biosynthesis[J]. Microb Cell Fact，2014，13（101）：1-16.

[22] Sinha S C，Krahn J，Shin B S，et al. The purine repressor of *Bacillus subtilis*：a novel combination of domains adapted for transcription regulation[J]. J Bacteriol，2003，185（14）：4087-4098.

[23] Xuan J S，Zalkin H，Weng M L. Mutations in PurBox1 of the *Bacillus subtilis* pur operon control site affect adenine-regulated expression *in vivo*[J]. Sci China C Life Sci，2005，48（2）：133-138.

[24] Ebbole D J，Zalkin H. Interaction of a putative repressor protein with an extended control region of the *Bacillus subtilis* pur operon[J]. J Biol Chem，1989，264（6）：3553-3561.

[25] Kilstrup M，Martinussen J. A transcriptional activator，homologous to the *Bacillus subtilis* PurR repressor，is required for expression of purine biosynthetic genes in *Lactococcus lactis*[J]. J Bacteriol，1998，180（15）：3907-3916.

[26] Lobanov K V，Korol'kova N V，Eremina S I，et al. Mutation analysis of the purine operon leader region in *Bacillus subtilis*[J]. Genetika，2011，47（7）：890-899.

[27] Chen S，Tomchick D R，Wolle D，et al. Mechanism of the synergistic end-product regulation of *Bacillus subtilis* glutamine phosphoribosylpyrophosphate amidotransferase by nucleotides[J]. Biochemistry，1997，36（35）：10718-10726.

[28] Thakur K，Tomar S K，De S. *Lactic acid* bacteria as a cell factory for riboflavin production[J]. Microb Biotechnol，2016，9（4）：441-451.

[29] You J J，Pan X W，Yang C，et al. Microbial production of riboflavin：Biotechnological advances and perspectives[J]. Metab Eng，2021，68：46-58.

[30] Shi S B，Shen Z，Chen X，et al. Increased production of riboflavin by metabolic engineering of the purine pathway in *Bacillus subtilis*[J]. Biochem Eng J，2009，46（1）：28-33.

[31] Wang Z W，Chen T，Ma X H，et al. Enhancement of riboflavin production with *Bacillus subtilis* by expression and site-directed mutagenesis of *zwf* and *gnd* gene from *Corynebacterium glutamicum*[J]. Bioresour Technol，2011，102（4）：3934-3940.

[32] Zhu Y B，Chen X，Chen T，et al. Over-expression of glucose dehydrogenase improves cell growth and riboflavin production in *Bacillus subtilis*[J]. Biotechnol Lett，2006，28（20）：1667-1672.

[33] Zamboni N，Mouncey N，Hohmann H P，et al. Reducing maintenance metabolism by metabolic engineering of respiration

improves riboflavin production by *Bacillus subtilis*[J]. Metab Eng，2003，5（1）：49-55.

[34] Sun Y W，Liu C，Tang W Z，et al. Manipulation of purine metabolic networks for Riboflavin production in *Bacillus subtilis*[J]. ACS Omega，2020，5（45）：29140-29146.

[35] Li X J，Chen T，Chen X，et al. Redirection electron flow to high coupling efficiency of terminal oxidase to enhance riboflavin biosynthesis[J]. Appl Microbiol Biotechnol，2006，73（2）：374-383.

[36] Wannier T M，Kunjapur A M，Rice D P，et al. Adaptive evolution of genomically recoded *Escherichia coli*[J]. Proc Natl Acad Sci USA，2018，115（12）：3090-3095.

[37] Lehmann M，Degen S，Hohmann H P，et al. Biosynthesis of riboflavin. Screening for an improved GTP cyclohydrolase II mutant[J]. Febs J，2009，276（15）：4119-4129.

[38] Wang X Y，Wang G L，Li X L，et al. Directed evolution of adenylosuccinate synthetase from *Bacillus subtilis* and its application in metabolic engineering[J]. J Biotechnol，2016，231：115-121.

[39] Asahara T，Mori Y，Zakataeva N P，et al. Accumulation of gene-targeted *Bacillus subtilis* mutations that enhance fermentative inosine production[J]. Appl Microbiol Biotechnol，2010，87（6）：2195-2207.

[40] Boumezbeur A H，Bruer M，Stoecklin G，et al. Rational engineering of transcriptional riboswitches leads to enhanced metabolite levels in *Bacillus subtilis*[J]. Metab Eng，2020，61：58-68.

[41] Wang G L，Shi T，Chen T，et al. Integrated whole-genome and transcriptome sequence analysis reveals the genetic characteristics of a riboflavin-overproducing *Bacillus subtilis*[J]. Metab Eng，2018，48：138-149.

[42] Mack M，van Loon A P，Hohmann H P. Regulation of riboflavin biosynthesis in *Bacillus subtilis* is affected by the activity of the flavokinase/flavin adenine dinucleotide synthetase encoded by *ribC*[J]. J Bacteriol，1998，180（4）：950-955.

[43] Coquard D，Huecas M，Ott M，et al. Molecular cloning and characterisation of the *ribC* gene from *Bacillus subtilis*：a point mutation in *ribC* results in riboflavin overproduction[J]. Mol Gen Genet，1997，254（1）：81-84.

[44] Pedrolli D B，Kühm C，Sévin D C，et al. A dual control mechanism synchronizes riboflavin and sulphur metabolism in *Bacillus subtilis*[J]. Proc Natl Acad Sci USA，2015，112（45）：14054-14059.

[45] Higashitsuji Y，Angerer A，Berghaus S，et al. RibR，a possible regulator of the *Bacillus subtilis* riboflavin biosynthetic operon，*in vivo* interacts with the 5′-untranslated leader of rib mRNA[J]. FEMS Microbiol Lett，2007，274（1）：48-54.

[46] You J J，Du Y X，Pan X W，et al. Increased production of riboflavin by coordinated expression of multiple genes in operons in *Bacillus subtilis*[J]. ACS Synth Biol，2022，11（5）：1801-1810.

[47] Lian J Z，Mishra S，Zhao H M. Recent advances in metabolic engineering of *Saccharomyces cerevisiae*：new tools and their applications[J]. Metab Eng，2018，50：85-108.

[48] Dinh C V，Prather K L J. Development of an autonomous and bifunctional quorum-sensing circuit for metabolic flux control in engineered *Escherichia coli*[J]. Proc Natl Acad Sci USA，2019，116（51）：25562-25568.

[49] Hauk P，Stephens K，Virgile C，et al. Homologous quorum sensing regulatory circuit（hQSRC）：a dual-input genetic controller for modulating quorum sensing（QS）-mediated protein expression in *E. coli*[J]. ACS Synth Biol，2020，9（10）：2692-2702.

[50] Correa G G，Costa Ribeiro Lins M R D，Silva B F，et al. A modular autoinduction device for control of gene expression in *Bacillus subtilis*[J]. Metab Eng，2020，61：326-334.

[51] Choi K R，Jang W D，Yang D S，et al. Systems metabolic engineering strategies：integrating systems and synthetic biology with metabolic engineering[J]. Trends Biotechnol，2019，37（8）：817-837.

［52］ Shi S B，Chen T，Zhang Z G，et al. Transcriptome analysis guided metabolic engineering of *Bacillus subtilis* for riboflavin production［J］. Metab Eng，2009，11（4-5）：243-252.

［53］ Hu J L，Lei P，Mohsin A，et al. Mixomics analysis of *Bacillus subtilis*：effect of oxygen availability on riboflavin production［J］. Microb Cell Fact，2017，16（1）：150.

［54］ You J J，Yang C，Pan X W，et al. Metabolic engineering of *Bacillus subtilis* for enhancing riboflavin production by alleviating dissolved oxygen limitation［J］. Bioresour Technol，2021，333：125228.

［55］ Long C P，Antoniewicz M R. High-resolution（13）C metabolic flux analysis［J］. Nat Protoc，2019，14（10）：2856-2877.

［56］ Antoniewicz M R. Methods and advances in metabolic flux analysis：a mini-review［J］. J Ind Microbiol Biotechnol，2015，42（3）：317-325.

［57］ Camsund D，Lawson M J，Larsson J，et al. Time-resolved imaging-based CRISPRi screening［J］. Nat Methods，2020，17（1）：86-92.

［58］ Noh M，Yoo S M，Kim W J，et al. Gene expression knockdown by modulating synthetic small RNA expression in *Escherichia coli*［J］. Cell Syst，2017，5（4）：418-426.

［59］ Packer M S，Rees H A，Liu D R. Phage-assisted continuous evolution of proteases with altered substrate specificity［J］. Nat Commun，2017，8（1）：956.

［60］ Chen J，Vestergaard M，Jensen T G，et al. Finding the needle in the haystack-the use of microfluidic droplet technology to identify vitamin-secreting lactic acid bacteria［J］. mBio，2017，8（3）：e00526-17.

［61］ Blattner F R，Plunkett III G，Bloch C A，et al. The complete genome sequence of *Escherichia coli* K-12［J］. Science，1997，277（5331）：1453-1462.

［62］ Shimaoka M，Takenaka Y，Kurahashi O，et al. Effect of amplification of desensitized *purF* and *prs* on inosine accumulation in *Escherichia coli*［J］. J Biosci Bioeng，2007，103（3）：255-261.

［63］ Matsui H，Kawasaki H，Shimaoka M，et al. Investigation of various genotype characteristics for inosine accumulation in *Escherichia coli* W3110［J］. Biosci Biotechnol Biochem，2001，65（3）：570-578.

［64］ Liu S，Hu W Y，Wang Z W，et al. Rational engineering of *Escherichia coli* for high-level production of riboflavin［J］. J Agric Food Chem，2021，69（41）：12241-12249.

［65］ Zhang F Z，Rodriguez S，Keasling J D. Metabolic engineering of microbial pathways for advanced biofuels production［J］. Curr Opin Biotechnol，2011，22（6）：775-783.

［66］ Floras N，Xiao J，Berry A，et al. Pathway engineering for the production of aromatic compounds in *Escherichia coli*［J］. Nat Biotechnol，1996，14（5）：620-623.

［67］ Wendisch V F，Bott M，Eikmanns B J. Metabolic engineering of *Escherichia coli* and *Corynebacterium glutamicum* for biotechnological production of organic acids and amino acids［J］. Curr Opin Biotechnol，2006，9（3）：268-274.

［68］ Lin Z Q，Xu Z B，Li Y F，et al. Metabolic engineering of *Escherichia coli* for the production of riboflavin［J］. Microb Cell Fact，2014，13（1）：1-12.

［69］ Liu S，Kang P，Cui Z Z，et al. Increased riboflavin production by knockout of 6-phosphofructokinase I and blocking the Entner-Doudoroff pathway in *Escherichia coli*［J］. Biotechnol Lett，2016，38（8）：1307-1314.

［70］ Kato T，Park E Y. Riboflavin production by *Ashbya gossypii*［J］. Biotechnol Lett，2012，34（4）：611-618.

［71］ Park E Y，Zhang J H，Tajima S，et al. Isolation of *Ashbya gossypii* mutant for an improved riboflavin production targeting for biorefinery technology[J]. J Appl Microbiol, 2007, 103（2）: 468-476.

[72] Sugimoto T, Morimoto A, Nariyama M, et al. Isolation of an oxalate-resistant *Ashbya gossypii* strain and its improved riboflavin production[J]. J Ind Microbiol Biotechnol, 2010, 37（1）: 57-64.

[73] Shimoda C, Itadani A, Sugino A, et al. Isolation of thermotolerant mutants by using proofreading-deficient DNA polymerase delta as an effective mutator in *Saccharomyces cerevisiae*[J]. Genes Genet Syst, 2006, 81（6）: 391-397.

[74] Aoki K, Furusawa M. Promotion of evolution by intracellular coexistence of mutator and normal DNA polymerases[J]. J Theor Biol, 2001, 209（2）: 213-222.

[75] Park E Y, Ito Y, Nariyama M, et al. The improvement of riboflavin production in *Ashbya gossypii* via disparity mutagenesis and DNA microarray analysis[J]. Appl Microbiol Biotechnol, 2011, 91（5）: 1315-1326.

[76] Schwechheimer S K, Becker J, Peyriga L, et al. Metabolic flux analysis in *Ashbya gossypii* using 13C-labeled yeast extract: industrial riboflavin production under complex nutrient conditions[J]. Microb Cell Fact, 2018, 17（1）: 162.

[77] Jiménez A, Santos M A, Revuelta J L. Phosphoribosyl pyrophosphate synthetase activity affects growth and riboflavin production in *Ashbya gossypii*[J]. BMC Biotechnol, 2008, 8: 67.

[78] Silva R, Aguiar T Q, Domingues L. Blockage of the pyrimidine biosynthetic pathway affects riboflavin production in *Ashbya gossypii*[J]. Biotechnol, 2014, 193: 37-40.

[79] Schlüpen C, Santos M A, Weber U, et al. Disruption of the *SHM2* gene, encoding one of two serine hydroxymethyltransferase isoenzymes, reduces the flux from glycine to serine in *Ashbya gossypii*[J]. Biochem J, 2003, 369（2）: 263-273.

[80] Buey R M, Ledesma-Amaro R, Balsera M, et al. Increased riboflavin production by manipulation of inosine 5′-monophosphate dehydrogenase in *Ashbya gossypii*[J]. Appl Microbiol Biotechnol, 2015, 99（22）: 9577-9589.

[81] Mironov A S, Korol Kova N V, Ehrrajs L L. Method for preparing riboflavin, strains *Bacillus Subtilis* as producers of riboflavin（variants）: RU20020130592[P]. 2002-11-15.

[82] Park Y H, Han J K, Park J H. Microorganism for producing riboflavin and method for producing riboflavin using the same: AU2003228121A1[P]. 2004-06-23.

[83] 郭韶智, 高峰, 洪果媛, 等. 一种纯天然核黄素的制备方法: 113801910A[P]. 2021-12-17.

[84] Aymerich S, Hohmann H P, Sauer U. Method for producing a fermentation product using a genetically modified microorganism with a mutation to relieve carbon catabolite repression: US8722360B2[P]. 2014-05-13.

[85] Kirkner F, Mücher K, Schmidt Z. Method for production of riboflavin: 102245781B[P]. 2015-11-25.

[86] Michael H, Hans-Peter H, Martin L, et al. Improved vitamin production: WOEP16070049 [P]. 2017-03-09.

[87] Farrell C M, Potot S E, Prágai Z, et al. Improved production of riboflavin: US20220010291A1[P]. 2022-01-13.

[88] 张大伟, 夏苗苗, 刘川. 一株高产核黄素工程菌株及其应用: 110591990B[P]. 2021-09-07.

[89] 张大伟, 苏媛, 杨彬, 等. 高产维生素 B₂ 枯草芽孢杆菌工程菌株、其构建及应用: 113025550B[P]. 2021-06-25.

[90] 张大伟, 孙宜文, 刘川. GntR 家族转录抑制因子突变体、突变基因及其在制备维生素 B₂ 中的应用: 112225785B[P]. 2021-01-15.

[91] 张大伟, 夏苗苗, 刘川, 等. 核糖核苷酸还原酶转录抑制因子突变体、突变基因及其在制备维生素 B₂ 中的应用: 111393515B[P]. 2020-08-21.

[92] 张大伟, 孙宜文, 夏苗苗, 等. 过氧化物转录抑制因子突变体、突变基因及其在制备维生素 B₂ 中的应用: 111393514B[P]. 2020-07-10.

［93］ 陈涛，刘双，户文亚，等.高产核黄素大肠杆菌工程菌株及构建方法：113564190A［P］. 2021-10-29.

［94］ Esvelt K M，Carlson J C，Liu D R. A system for the continuous directed evolution of biomolecules［J］. Nature，2011，472（7344）：499-503.

［95］ Crook N，Abatemarco J，Sun J，et al. *In vivo* continuous evolution of genes and pathways in yeast［J］. Nat Commun，2016，7：13051.

［96］ Wang H H，Isaacs F J，Carr P A，et al. Programming cells by multiplex genome engineering and accelerated evolution［J］. Nature，2009，460（7257）：894-898.

［97］ Yang D S，Park S Y，Park Y S，et al. Metabolic engineering of *Escherichia coli* for natural product biosynthesis［J］. Trends Biotechnol，2020，38（7）：745-765.

第 9 章
维生素 B$_3$

王亚军，翁春跃

浙江工业大学

9.1 概述

维生素 B_3，又称维生素 PP、烟酸、尼克酸、抗癞皮病因子，属于水溶性 B 族维生素，分子式为 $C_6H_5NO_2$，化学名称为吡啶 -3- 甲酸（图 9-1），是人体必需的十三种维生素之一。广义的维生素 B_3 是吡啶 -3- 甲酸及表现出烟酸生物活性的衍生物统称，有时特指烟酸或饮食中烟酸和烟酰胺的总量。烟酸和烟酰胺具有相同的维生素功效，烟酸在体内能转化成具有生物活性的烟酰胺，后者经代谢生成烟酰胺腺嘌呤二核苷酸（NAD）和烟酰胺腺嘌呤二核苷酸磷酸（NADP），两者是细胞代谢过程中氧化还原酶系统的主要辅酶，为糖类、脂肪、蛋白质等代谢过程所必需[1,2]。

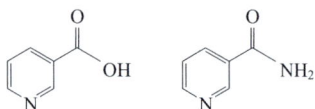

图 9-1 烟酸（左）和烟酰胺（右）的化学结构

维生素 B_3 是细胞呼吸所必需的物质，有助于能量释放，糖类、脂肪和蛋白质新陈代谢，血液循环，维持皮肤健康，保持神经系统运行以及胆汁和胃液的正常分泌。在临床中主要用于治疗糙皮病（又称癞皮病，一种以皮炎、腹泻和精神障碍为特征的维生素 B_3 缺乏症）、精神分裂症和其他精神障碍，还可以作为记忆增强剂。以药物剂量给药的维生素 B_3 可降低血液胆固醇和甘油三酯浓度，因此可用于治疗心血管疾病。在市场中，维生素 B_3 主要作为饲料添加剂，可提高饲料蛋白质的利用率，提高奶牛产奶量及鱼、鸡、鸭、牛、羊等禽畜肉产量和品质。烟酸还是一种广泛应用的医药中间体，以其为原料，可以合成多种药物，如尼可刹米和烟酸肌醇等。此外，烟酸还在发光材料、染料、电镀等领域具有重要的应用[3]。

9.1.1 维生素 B_3 的发现史

维生素 B_3 是第三种被发现的水溶性维生素。1867 年，有机化学家就已了解维生素 B_3。早在人们认识到其作为必需营养素的重要性之前，许多学者已报道维生素 B_3 的发现史及缺乏维生素 B_3 可能造成的影响。1867 年，Huber 首次通过重铬酸钾催化烟碱氧化制备烟酸，此后，许多研究者从各种天然产物中分离出烟酸。1894 年和 1912 年，Suzuki 和 Funk 分别从米糠和酵母中分离出烟酸。Funk 在研究水溶性抗脚气病维生素的过程中，发现烟酸单独使用时不能治愈脚气病，但它与抗脚气病维生素（维生素 B_1）联合使用会加快治愈速度。由于烟酸单独使用对脚气病无效，因此，人们并没有深入研究烟酸。

由于玉米中缺乏烟酸和色氨酸，长期单一食用玉米可能引起糙皮病，因此在主食以玉米为主的地区，如意大利北部、法国和西班牙，糙皮病是地区性流行病。1937 年，Spies 和 Frostig 发现烟酸缺乏是糙皮病的病因。Elvehjem 等研究者发现肝脏提取物可有效预防和治疗糙皮病之后，几家诊所很快就报道烟酸在人类糙皮病治疗中有显著疗效。1945 年，Krehl 及其同事发现色氨酸在治疗糙皮病方面具有与烟酸类似的疗效。随后，Heidelberger 通过实验证明 L-[^{14}C] 色氨酸能在大鼠体内转化为 ^{14}C 标记的烟酸，并解释为什么富含动物蛋白（例如牛奶）的食物可以预防和治疗糙皮病。色氨酸是动物体内合成烟酸的前体，人体细胞可以利用必需氨基酸色氨酸合成烟酸，但合成量很少[4]。

烟酸在谷物籽和动物蛋白质中广泛存在，在谷物中一般易与多聚糖、肽类形成结合型烟酸，不利于机体消化吸收，吸收利用率仅 30% 左右。研究证实，人工合成的烟酸能完全被动物利用，因此，饲料中直接添加人工合成的烟酸有助于提高动物生产性能[5]。

9.1.2 维生素 B₃ 的来源

维生素 B₃ 是一种重要的水溶性维生素，以两种形式出现在食物中——烟酸和烟酰胺。维生素 B₃ 的食物来源非常丰富，动物性食物中烟酸的主要存在形式是烟酰胺，富含烟酰胺的动物性食物有火鸡肝、猪瘦肉、羊肝、猪肝、牛肉、三文鱼、鲑鱼、猪肾、鸭肝等。蛋奶制品如乳酪、鸡蛋中的烟酸含量虽然不高，但是这两种食物中的色氨酸含量高，在人体内可以转化为烟酸，所以也可以被视作补充烟酸的食物。烟酸含量较高的蛋奶制品有牛奶、干酵母、奶酪、鸡蛋等。谷物中维生素 B₃80%～90% 存在于种皮中，所以精加工的谷物，维生素 B₃ 的损耗比较大。富含烟酸的谷物有花生、黑米、黄豆、小麦、大米等。富含烟酸的蔬菜主要是真菌类蔬菜，有口蘑、香菇、红菇、羊肚菌、草菇、榛蘑、银耳等。一些常见的食物中维生素 B₃ 的含量如表 9-1 所示。

表9-1 常见食物中维生素B₃的含量

食物	烟酸 /（mg/100g）	烟酰胺 /（mg/100g）	烟酸 /%	烟酰胺 /%
苹果	0.059	0.067	47.0	53.0
香蕉	0.221	0.660	25.0	75.0
柑橘	0.159	0.213	43.0	57.0
桃子	0.468	0.476	50.0	50.0
茄子	0.249	0.561	31.0	69.0
西蓝花	0.755	0.059	93.0	7.0
胡萝卜	0.816	0.021	97.0	3.0
豇豆	0.678	0.107	86.0	14.0
番茄	0.555	0.128	81.0	19.0
南瓜	0.741	0.223	77.0	23.0
柠檬	0.098	0.152	39.0	61.0
蚕豆	0.651	0.180	78.0	22.0

9.1.3 维生素 B₃ 的缺乏症

人体吸收的维生素 B₃ 在身体组织中主要代谢转化为辅酶形式 [NAD(P)⁺ 和 NAD(P)H]，烟酰胺辅酶是电子载体，在许多酶促氧化 - 还原反应中起着重要作用。人体内超过 400 种酶都需要 NAD(P)⁺ 或其还原型 NAD(P)H 来进行催化反应，这比其他维生素衍生辅酶参与的反应都要多。除此之外，NAD$^+$还参与能量代谢并在细胞分解代谢功能中起着关键作用；而NAD(P)$^+$则促进合成代谢反应，如胆固醇和脂肪酸的合成，并在维持细胞抗氧化功能方面发挥着重要作用[2]。

9.1.3.1　维生素B$_3$对皮肤及神经中枢的作用

玉米中的烟酸为结合型，在体内不能被机体吸收，严重的烟酸缺乏会导致糙皮病，其常见于生活极端贫困及蛋白质摄入量不均衡的人群。糙皮病的起初表现是皮炎、腹泻、失眠等皮肤、消化系统、神经系统症状，皮肤症状为暴露部位出现对称性皮炎，表现为急性红斑、慢性萎缩、色素沉着等，消化系统症状包括舌炎、口角炎、呕吐、慢性胃炎、便秘或腹泻等。当皮肤和消化系统症状明显时，会出现烦躁、抑郁、健忘及失眠等神经系统症状。维生素B$_3$对神经中枢系统具有一定的维护作用[6]，研究发现，精神分裂症并不是单一行为或精神异常，其发病也有生物化学平衡紊乱的基础，特别是烟酸的缺乏。一种临床应用的精神分裂症治疗方法——"纠正失衡法"疗法，就是使用大剂量的烟酸或烟酰胺进行治疗。

9.1.3.2　维生素B$_3$对机体代谢的作用

国内外许多研究表明，没有补充足够的维生素B$_3$时，机体内很多重要的代谢过程都将延缓或停止，人体容易疲劳[6,7]。维生素B$_3$是葡萄糖耐量因子的成分，葡萄糖耐量因子是由Cr^{3+}、烟酸、谷胱甘肽组成的复合体，具有增加葡萄糖利用量及促进葡萄糖转化为脂肪的作用。葡萄糖耐量因子对糖代谢和脂肪代谢有明显效果，相反如果体内缺乏这几种成分，靶组织对胰岛素的响应降低，葡萄糖代谢中的磷酸酶失去活性，三羧酸循环中的琥珀酸酶活性下降，从而降低葡萄糖的利用率，影响机体代谢。

9.1.3.3　维生素B$_3$对血胆固醇的作用

大量临床流行病学研究发现，人血浆高密度脂蛋白胆固醇（HDLC）水平与冠心病发生率呈负相关，这表明高密度脂蛋白（HDL）具有抗动脉粥样硬化作用，这与HDL参与胆固醇逆转运过程有关。相关研究表明，烟酸可加速胆固醇在线粒体中的氧化，降低血浆胆固醇的浓度，因此，烟酸早在20世纪60年代就作为调脂类药物应用于临床，其具有全面而独特的调脂作用，可有效地升高HDLC[8]。

9.2　维生素B$_3$的结构、性质和应用

9.2.1　维生素B$_3$的结构

如图9-1所示，维生素B$_3$的结构分别由吡啶环和羧基，吡啶环与羧基、胺相连而成。商品化的维生素B$_3$有两种形式：烟酸片和烟酰胺片，维生素B$_3$作为NAD$^+$/NADH和NADP$^+$/NADPH的前体，在活细胞中起着重要的代谢作用。维生素B$_3$以二核苷酸的形式在

能量代谢中起着核心作用，如氧化磷酸化以及蛋白质、脂肪和糖类代谢。它负责调节神经和酶的功能，并积极参与预防许多病理过程。

9.2.2　维生素 B₃ 的物化性质

9.2.2.1　维生素 B₃ 的物理性质

维生素 B₃ 为白色或淡黄色针状结晶固体，味微苦。分子量为 123.12，在水中的溶解度约为 16.7g/L，易溶于沸水、热乙醇、甘油，能溶于氯仿和碱溶液，不溶于醚、脂类溶剂等。密度为 1.473g/mL，熔点为 236℃，并在高温下升华。1% 烟酸水溶液的 pH 值为 3.0 ～ 4.0，等电点为 4.23 ～ 4.25。在 pH 值 1.28 ～ 1.30 之间时，烟酸的特征性紫外吸收波长为 261.5nm[9]。

9.2.2.2　维生素 B₃ 的化学性质

维生素 B₃ 是结构最简单的维生素之一。其在空气中具有轻微的毒性，致死剂量为 5000 ～ 7000mg/kg。烟酸无吸湿性，干燥状态下极稳定，在水溶液中亦相当稳定，对热、空气、光和碱性条件有很强的耐受性，即使 120℃暴露 20min 也不被破坏。烟酸在酸性溶液中易形成季铵盐化合物，如烟酸盐（易溶于水）。在碱性溶液中，烟酸很容易形成羧酸盐。烟酸很容易与铝、钙、铜和钠等金属离子形成盐。与重金属反应也易形成难溶于水的重金属盐，盐与硫化氢则又反应生成烟酸。烟酸的汞盐则不溶于水，可利用此性质使用氯化汞盐检测微量的烟酸[9]。

9.2.3　维生素 B₃ 的应用

9.2.3.1　维生素 B₃ 在医药领域的应用

烟酸作为药品能够促进人体新陈代谢、防治皮肤病和类似的维生素缺乏症，也有扩张血管的作用，用于治疗末梢神经血管痉挛、动脉硬化等疾病[10]。烟酸作为医药中间体，可合成多种酰胺类和脂类衍生物，具有重要的医药用途。例如，以烟酸和二乙胺为原料合成尼可刹米[11]，其多作为中枢性呼吸及循环衰竭治疗药物、麻醉药以及其他中枢抑制类药物；烟酸与肌醇反应得到烟酸肌醇，其具有降低胆固醇、扩张末梢血管的作用，临床上多用于高脂血症、胆固醇血症及动脉粥样硬化症、冠心病、各类末梢血管障碍性疾病的辅助治疗[12]。

9.2.3.2　维生素 B₃ 作为助剂的应用

（1）食品添加剂

烟酸参与人体的脂质代谢、氧化过程和厌氧分解过程[13,14]，可由体内的色氨酸转化生成，人体一般不易发生烟酸缺乏症，但是当主食不含烟酸，或是主食中存在分解烟酸的物质时，易引发糙皮病。因此，烟酸被广泛应用于面食加工、乳制品和玉米粉的制作中，在食品中加入一定量的烟酸可有效预防病症的发生。国家标准 GB 14880—2012 对烟酸使用范围及使用剂量有相关规定。

（2）饲料添加剂

谷物类饲料中的烟酸主要以结合态的形式存在，动物很难将其吸收，故不能产生足够的辅酶。因此，向动物饲料中加入适量的烟酸，能使仔鸡（猪）迅速增加体重，提高产蛋鸡产蛋率，并且增加所产鸡蛋中的烟酸含量，提高其营养价值。

9.2.3.3　维生素 B₃ 在染料工业的应用

烟酸因具有使纤维的染色持久、适用范围广、均匀性好等特点，是多种活性染料的中间体。1984 年，日本化药公司以烟酸三嗪为活性基团开发新的活性染料，其特点是染色时不需要碱，只需将染浴加热到一定温度就能与棉纤维发生反应，大大缩短染色周期、降低染色成本，为烟酸的应用开辟了新的领域。

9.2.3.4　其他应用

在日用化学品工业中，烟酸能与其他日用化工原料一起配制成性能优异的产品，如染发助剂、洗涤剂等。烟酸也是重要的化工助剂和缓蚀抑制剂，在感光材料中可作为抗氧化剂和灰雾抑制剂。在电镀中，也是极佳的光亮添加剂，电镀液中只需添加 1 ～ 10g/L 烟酸就有显著的效果[11]。

9.3　合成方法

9.3.1　化学合成法

烟酸最初是在实验室中通过氧化尼古丁制备而得，工业上通常以 3- 甲基吡啶（3-MP）、2- 甲基 -5- 乙基吡啶（MEP）或喹啉等为原料在有催化剂或无催化剂条件下，通过液相或气相氧化制备得到。具体的合成方法分为：试剂氧化法、喹啉氧化法、氨氧化法、电解氧化法、液相催化氧化法、空气直接氧化法以及其他氧化法。氧化剂包括高锰酸钾、硝酸、过氧化氢、空气、氧或臭氧等[15-18]。

9.3.1.1　试剂氧化法

试剂氧化法是发展最早的制备烟酸方法之一，使用的氧化剂有 $KMnO_4$、HNO_3 或 NO_2、浓 H_2SO_4 或 SO_3、臭氧或 H_2O_2 等[19-21]，如图 9-2 所示。其中以 HNO_3 作为氧化剂最为普遍。3- 甲基吡啶、2- 甲基 -5- 乙基吡啶、喹啉以及 6- 羟基喹啉均可在上述氧化剂作用下氧化生成烟酸。

在醋酸锰、溴化铵等催化剂存在下，用硝酸氧化 3- 甲基吡啶，转化率为 97%，烟酸得率达 85%。2- 甲基 -5- 乙基吡啶和硝酸的混合物通入钛管反应器，控制温度在 330℃，压力

29.0MPa，反应物经浓缩、冷却、结晶、离心分离后得到烟酸粗品；经脱色，重结晶得到成品烟酸，转化率达 99% 以上，化学反应选择性为 95%；反应过程中生成的 NO_x 化合物，可通过与空气作用转化为硝酸，返回系统中重新利用。瑞士龙沙公司曾采用该工艺生产烟酸。而使用喹啉硝酸氧化，收率仅 40%，因此，不适合工业化大规模生产。

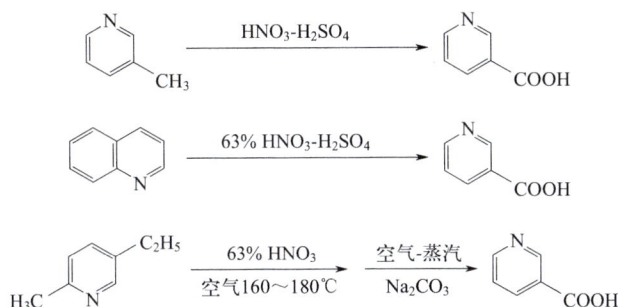

图 9-2　试剂氧化法制备烟酸 [34-36]

试剂氧化法虽然操作简单，且氧化剂来源广泛，但一般需要较高温度和压力，产品纯度低，色泽欠佳，"三废"污染问题严重，目前已被发达国家淘汰。

9.3.1.2　喹啉氧化法

喹啉氧化合成烟酸也是常用方法，分为三酸氧化、臭氧氧化、空气氧化三种方法。

（1）三酸氧化法

工艺过程为：将硫酸和喹啉加入反应釜中，加热至 150 ~ 160℃并保持 5h，使之成盐，然后继续升温至 180℃，滴加盐酸与硝酸混合液，滴加温度控制在 180 ~ 220℃，滴加完毕保持一段时间后即得烟酸粗品（图 9-3）[22, 23]。

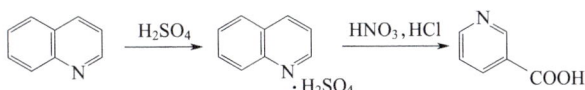

图 9-3　三酸氧化法制备烟酸 [22, 23]

（2）臭氧氧化法

将喹啉置于反应器中，加入冰乙酸与乙酸乙酯混合液后，缓慢滴加浓硫酸，通入一定量臭氧与空气混合气体，在最优条件下，2,3-吡啶二羧酸收率可稳定在 66% 以上，脱羧后烟酸产率高于 96%[24]。此方法无明显的腐蚀，三废少，劳动强度低，收率高，显著优于三酸氧化法。主要缺点是臭氧价格昂贵，或者需要新建制取臭氧的装置。

（3）空气氧化法

空气氧化法一般在催化剂存在下进行，常用的催化剂是以硅胶为载体的 V_2O_5[25, 26]。空气氧化法原料费用低，也不需要专门的制取臭氧装置。因此，该法优于臭氧氧化法，不足之处是生产技术条件要求高。

9.3.1.3 氨氧化法

氨氧化法主要以 3- 甲基吡啶或 2- 甲基 -5- 乙基吡啶为原料（图 9-4），在催化剂作用下，氨和空气的混合物进行高温氧化，生成 3- 氰基吡啶，然后在碱性条件下水解得烟酸[27, 28]。

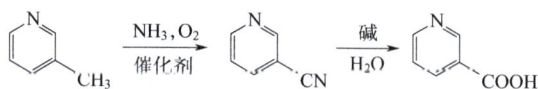

图 9-4　氨氧化法制备烟酸[27, 28]

氨氧化在固定床或沸腾床中进行。催化剂可以为锑、钒、钛或其氧化物，单独使用或用它们的混合物，也可将 V_2O_5 作催化剂的活性组分，以 $SiO_2\text{-}Al_2O_3$ 为载体制得。例如，采用 40% 的 V_2O_5 作催化剂的活性组分，以 $SiO_2\text{-}Al_2O_3$（87 : 13）作载体制得的催化剂，粒径为 $60\mu m$，孔隙率为 $0.75cm^3/g$，比表面积为 $200.0m^2/g$，在 440℃下氨氧化 2- 甲基 -5- 乙基吡啶，得率为 63% ～ 75%。以钒和钛氧化物为催化剂活性组分，在 300℃下，每小时通入催化剂量为 1000L 空气和 250L 氨气，100g 3- 甲基吡啶转化成 3- 氰基吡啶的产率为 95%[37]。此外，有报道称，以氧化锡、氧化钨作为 V_2O_5 的助催化剂，取得了较好的收率。采用碱（如氢氧化钠或氨）水溶液水解 3- 氰基吡啶，选择合适条件、控制水解程度，可分别得到烟酰胺或烟酸。

氨氧化法原料价廉易得，可连续大规模生产。在常压或低压下反应，产率高、纯度高，生产安全可靠，是工业上广泛采用的烟酸制备工艺方法。然而，其明显的缺点是从原料烷基吡啶制得产品至少需要两步独立的化学反应，需加大设备的投资。

9.3.1.4 电解氧化法

电解氧化法最早出现在 20 世纪 30 年代，Yokogama 和 Fichier 等人利用二氧化铅电极电解氧化 3- 氰基吡啶的硫酸溶液以获得烟酸，但由于当时电解槽工作效率低、收率低等问题使得该法的推广受到极大限制。近年来，由于离子膜的开发和使用，显著提高电解槽的工作效率，使电解法合成烟酸有望付诸实际生产。

以尼古丁为原料（图 9-5），经 $Cr_2O_7^{2-}$ 氧化制备烟酸，所得 Cr^{3+} 经电解氧化成为 $Cr_2O_7^{2-}$ 循环利用[29-31]。尼古丁氧化成烟酸的反应为：

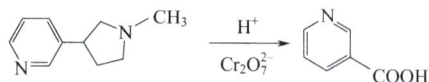

图 9-5　电解氧化法制备烟酸

Cr^{3+} 经阳极氧化再生成 $Cr_2O_7^{2-}$ 的电极反应为：

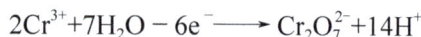

$$2Cr^{3+}+7H_2O-6e^- \longrightarrow Cr_2O_7^{2-}+14H^+$$

3- 甲基吡啶可以在不同体系中电解氧化合成烟酸，喹啉与 2- 甲基 -5- 乙基吡啶也可以电解氧化制取烟酸[44, 46]。电化学直接氧化法是较好的方法，仅消耗电能，不需氧化剂，对环境无污染。但电极材料是一个重要问题，由于电解时伴有氧气析出，所以提高电流效率是实现工业化的关键。

9.3.1.5 液相催化氧化法

印度 Sudip Mukhopadhyay 等[47] 使用 SeO₂ 催化剂在吡啶溶剂中将 2- 甲基吡嗪和甲基吡啶氧化为相应的羧酸，有较高的转化率和选择性（图 9-6）。反应中的副产物 Se 可以用硝酸氧化为 SeO₂ 循环使用，选择性为 100%。

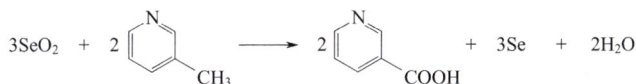

$$3SeO_2 + 2\,(吡啶-CH_3) \longrightarrow 2\,(吡啶-COOH) + 3Se + 2H_2O$$

图 9-6 液相催化法制备烟酸[32]

液相催化氧化法一般是以醋酸锰、醋酸钴以及溴化物作为催化剂，在高温、高压条件下，3- 甲基吡啶在醋酸介质中被空气选择性氧化为烟酸。日本 Nissan 化工公司采用此法，在醋酸介质中，反应温度 180℃、压力 10MPa 条件下，用空气作为氧化剂，反应 2h 生成烟酸，转化率达 97.8%[33,34]。也有研究者将钴和锰的溴化物作为烟酸液相催化氧化合成的催化剂，由于醋酸的腐蚀性较强，采用醋酸为介质的液相氧化催化工艺的设备需要使用钛材，该材料价格昂贵，投资较大，工业化应用较困难。针对以上问题，日本 Nissan 公司又研发无溶剂液相催化氧化工艺，氧化产物经过冷却、结晶、过滤、甲苯洗涤处理后，再干燥即可得到烟酸成品，3- 甲基吡啶的单程转化率约为 32%，烟酸的单程收率仅为 6%。该工艺虽然收率较低，但未反应的底物可循环使用，且使用普通不锈钢就能满足反应设备的要求。使用液相催化氧化法，虽然产物的后处理工序较繁杂，但它有利于工业规模的生产操作，如果产率能达到生产要求，此法将有一定的发展前景。

9.3.1.6 空气直接氧化法

气相氧化法的特点是以空气或富氧空气为氧化剂，在催化剂作用下，直接氧化 3- 甲基吡啶制得烟酸[50]，如图 9-7 所示。虽然气固相反应的文献报道比较多，但迄今为止有关应用的报道不多。尽管如此，采用空气或富氧空气作氧化剂，催化剂可长期循环使用，一步氧化到位，且制备过程中无有害废气和废液生成，是一种低成本、高效率、可与氨氧化法相竞争的具有潜在发展前景的方法。

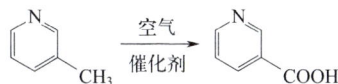

图 9-7 空气直接氧化法制备烟酸[35]

以空气或富氧空气作氧化剂，高温催化氧化 3- 甲基吡啶制得烟酸。所用的催化剂多数是 V_2O_5 与铬、锡、铅、钛、铝、锆等氧化物的组合物或含氧酸化合物，如改性的 V_2O_5、V_2O_5/ZrO_2、V_2O_5/SnO_2、V_2O_5/TiO_2，还有用 $Cr_{1-x}Al_xVO_4$ 和 $CrV_{1-x}P_xO_4$ 等作催化剂的情况[36,37]。由于催化剂不同，反应温度不同，一般烟酸的收率在 61% ～ 86.8%。将 V_2O_5 浸入到 TiO_2 中作催化剂，并使用一种蒸汽处理过的 H-[Al]-ZSM-5 分子筛，在特定的反应釜中反应，可以提高烟酸收率到 98%。以 3- 甲基吡啶和 2- 甲基 -5- 乙基吡啶为原料，以 KVTS-116-800（V-Ti 的氧化物）为催化剂，烟酸的收率分别为 85% ～ 88% 和 55% ～ 60%。

空气作为氧化剂，来源便宜、方便，且反应可以一步完成，比氨氧化法的污染小，是一种经济高效的方法。但该反应温度较高，对设备要求较高，动力消耗较大，催化剂工艺研究亦尚未完全成熟。

9.3.1.7 其他方法

除上述几种研究较多的化学方法外，还有光化学氧化法、吡啶烷基化法、生物催化法等。Matsumura Michio 报道应用光化学氧化法合成烟酸的新工艺[38]。吡啶烷基化法要用到 LiAlH$_4$、NaH 等昂贵的试剂，无实际工业应用价值[33]。与化学合成法相比，生物催化法一般在常温常压下反应，且具有安全低耗、易操作、转化率高、副产物少、产物纯度高、环境友好等优势。生物催化法的研究报道日益增多，目前已引起人们的重视。

9.3.2 生物合成法

9.3.2.1 腈水解酶法制备维生素 B$_3$

腈水解酶（nitrilase）也称氰基水解酶，作为腈转化酶的一种，能够将腈类化合物一步水解为相应的酸类，近年来该酶已经成为生物催化领域的研究热点。腈水解酶可以将 3-氰基吡啶水解为维生素 B$_3$。印度 Nitya 和 Sharma 等报道以 3-氰基吡啶为原料，在微生物表达的腈水解酶作用下将 3-氰基吡啶水解生成烟酸[39]（图 9-8）。

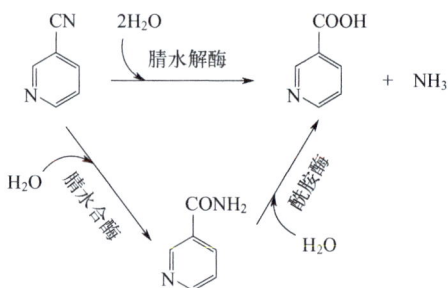

图 9-8 腈转化酶生物催化合成烟酸

该方法能够避免化学方法中的高温、高压条件，并在温和条件下使 3-氰基吡啶快速水解生成烟酸，也使产品的纯度大大提高[55]。通过使用球形诺卡氏菌 NHB-2 将 3-氰基吡啶转化为维生素 B$_3$，此工艺反应条件温和（温度为 10～60℃，pH 为 4～9，常压）、选择性好、流程简单、产物得率和纯度高等，具有化学合成法不可比拟的优点，而且生物体如微生物细胞和植物细胞都能将腈转化成具有旋光活性的羧酸或酰胺，是一种非常环保、高效的合成方法。

9.3.2.2 腈水解酶的催化机制

在腈水解酶活性位点或其附近有催化所必需的半胱氨酸残基，半胱氨酸残基上的巯基具有很强的亲核性，使整个水解过程类似于一般化学反应中碱催化下的氰基水解。腈水解酶的活性部位不含金属离子，绝大多数金属离子及金属离子螯合剂，如氰基、重氮基和 EDTA（乙二胺四乙酸）等对酶活力都没有抑制作用，但银离子、汞离子等能够与巯基反应的金属离子对酶有强烈的抑制作用，可见腈水解酶半胱氨酸残基上的巯基在催化反应中起着非常关键的作用。

腈水解酶的催化机制如图 9-9 所示，腈水解酶上的巯基首先亲核攻击—C≡N—共价键，形成酶和底物共价结合的四面体结构中间体，之后通过两个水分子的攻击和氮原子的质子化，使氮原子以氨的形式释放并形成相应的酸[15,40,41]。

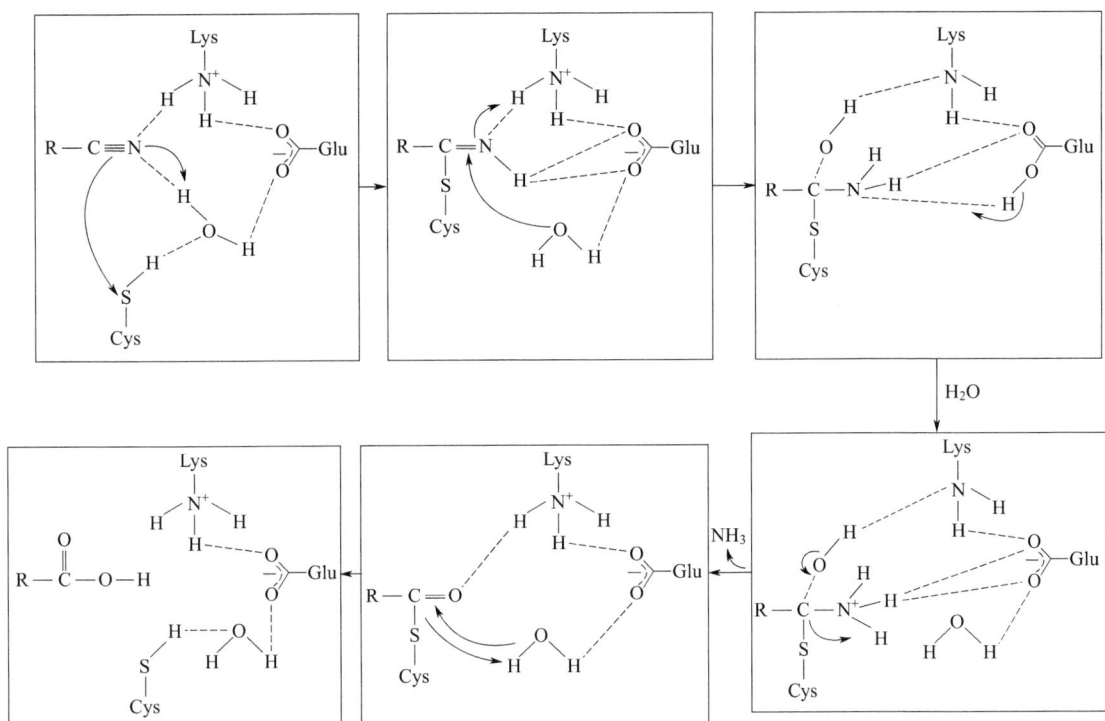

图 9-9   腈水解酶法制备烟酸的催化机制 [40]

9.3.3 分离提取法

9.3.3.1 食品级维生素 B₃ 的分离提取

为了获得高纯度的烟酸（纯度高于 99.5%），可以采取基于生物转化的食品级烟酸分离提取的方法。在此过程之中，将生物转化液经陶瓷膜或板框过滤去除菌体，处理后的烟酸溶液再通过大孔树脂吸附、洗脱、浓缩、干燥，从而获取相应的目的产物。其具体的操作方式如下 [42, 43]。

① 将烟酸溶液经过陶瓷膜或者板框预处理之后于强碱性阴离子交换树脂中进行上柱吸附，经纯水洗柱，之后再用 60～70℃ 的热水进行解析，从而得到烟酸解析液。

② 大孔树脂在连续使用 5～10 批后，需要对其进行树脂再生。首先将树脂填充进树脂柱之中，之后再通入 50% 乙醇溶液、5%NaOH 溶液，用纯水洗涤至 pH8.0，之后再通入 5% 的 HCl 溶液，最后用纯水洗涤至 pH3.5。

③ 为了获得烟酸成品，需要对解析液进行浓缩、干燥等处理。首先将脱色液泵入薄膜蒸发器，在 35～55℃ 下进行真空浓缩；之后将浓缩液置于结晶罐中，搅拌、冷却降温至 15～30℃，控温结晶；最后离心收集晶体，用纯水进行洗涤，晶体置于远红外干燥箱中干燥，从而获得目的产物。

④ 晶体离心收集后，结晶母液需要回收，依次进行挂柱、洗柱、解析等步骤，并按照步骤③中的操作进行浓缩、结晶、干燥、获得成品。

9.3.3.2 饲料级维生素 B_3 的分离提取

为了实现高效无污染的生产目的，还可以采取基于生物转化的饲料级维生素 B_3 的分离提取法。使用该法分离提取烟酸不仅能够实现催化稳定、速度快、产量高的目的，还能够在一定程度上降低污染物的排放，既节约生产成本，又保护环境，还可以有效地提高烟酸的纯化收率（99.90%），而且产品质量符合国家标准，对大规模生产烟酸具有广泛应用前景。其具体的操作方法如下[44,45]。

① 首先，选定枯草芽孢杆菌固定化细胞为催化剂，以 3-氰基吡啶为底物进行生物转化（优选的底物 3-氰基吡啶浓度为 3 ～ 6g/L），进行含烟酸转化液的制备；之后将转化液升温至 75 ～ 80℃，在 600 ～ 700r/min 下离心 20 ～ 30min，得到离心转化液。

② 在离心转化液中逐滴加入酸溶液进行沉淀，调节其 pH 介于 3.5 ～ 4 之间，再对其进行 600 ～ 700r/min 离心 5min，之后采用微滤过滤，去除转化液中的颗粒物，并将得到的滤饼烘干，从而得到所需的晶体。

③ 在步骤②中得到的晶体中加入 10 ～ 15 倍的去离子水，待其溶解后加入占总溶液质量 0.2% ～ 0.5% 的活性炭粉末；之后采用微滤、超滤、纳滤三级膜分离方法，来除去可溶性杂蛋白、色素等杂质；最后烘干得到目的产品。

在实验过程中，过滤方法如下：

① 微滤过滤的操作为，控制转化液温度在 35 ～ 45℃，压力为 0.1 ～ 0.2MPa，采用微滤膜去除颗粒物、活性炭粉末等杂质。

② 超滤过滤的操作为，控制转化液温度为 25 ～ 50℃，压力为 0.5 ～ 1.5MPa，采用截留分子量为 300 ～ 400Da 的超滤膜除去悬浮物等杂质。

③ 纳滤过滤的操作为，控制转化液温度为 15 ～ 40℃，采用截留分子量为 150 ～ 300Da 的纳滤膜去除色素、核苷酸等小分子杂质。

9.4 生物合成代谢途径

9.4.1 动物合成途径

维生素 B_3 广泛存在于植物来源的饲料原料和动物副产品当中。在动物饲料中，牧草较谷物中的维生素 B_3 含量高[41]，而维生素 B_3 主要通过胃肠道黏膜吸收进入体内代谢，反刍动物还可以通过瘤胃中的微生物合成途径获取烟酸[42]。

除了从饲料中获取烟酸外，几乎在所有动物体内，烟酸都可以通过肝脏或者肾脏中色氨酸的降解获得[43]。在动物体内，摄入的色氨酸一部分参与合成代谢，合成组织蛋白质；另一部分参与分解代谢，产生多种代谢物。色氨酸在吲哚胺-2,3-双加双氧酶（IDO）和色氨酸-2,3-双加氧酶（TDO）的催化下氧化生成 N-甲酰-L-犬尿氨酸，在芳犬尿氨酸甲酰胺酶（AFMID）的作用下水解为犬尿氨酸[44-46]，进一步生成 3-羟基犬尿氨酸和 3-羟基邻氨基苯甲酸以及喹啉酸，其中喹啉酸在吡啶环代谢中通过喹啉酸磷酸核糖转移酶（QPT）催化，转化成烟酸单核苷酸并进入吡啶核苷酸循环，最终形成烟酸（图 9-10）。文献报道，60mg 色氨酸大约可转化成 1mg 烟酸，不同个体转化色氨酸的能力不同，而且色氨酸优先用于蛋白质的合成[47, 48]。

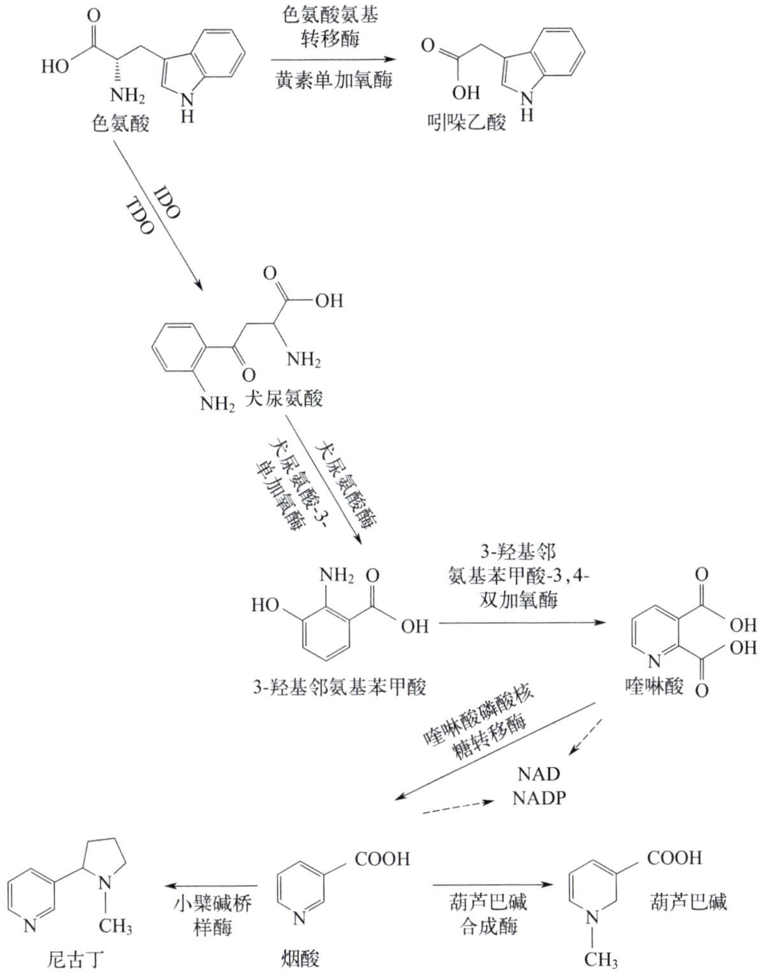

图 9-10　色氨酸途径合成烟酸[50]

迄今为止，研究者普遍认为喹啉酸是烟酸的前体，但是喹啉酸的强极性导致其难以穿透肝脏细胞从而很难被检测到。Wilson 和 Henderson 采用标记的喹啉酸，在 6d 和 12d 鸡胚胎内分别稀释了 98 倍和 69 倍[49]。Andreoli 和 Ikeda 的研究也表明，NAD(P) 是由烟酸经烟酸核糖核苷酸合成，喹啉酸是大鼠肝脏中色氨酸转化为烟酸核糖核苷酸的关键中间体。因此，喹啉酸是色氨酸转化成烟酸代谢途径的关键中间体。

9.4.2　植物合成途径

在植物如烟草中，烟酸主要来源于 L- 天冬氨酸的降解，L- 天冬氨酸被 L- 天冬氨酸氧

化酶氧化形成 α- 亚氨基琥珀酸，喹啉酸合成酶催化 3- 磷酸甘油醛与 α- 亚氨基琥珀酸缩合成喹啉酸（图 9-11）[49]。随后，喹啉酸通过喹啉酸磷酸核糖转移酶（QPT）转化为烟酸单核苷酸（NaMN），作为产生烟酸的吡啶核苷酸循环的入口点。与腐胺 N- 甲基转移酶（PMT）在甲基吡咯啉途径中的关键作用相似，大多数早期研究指出，QPT 是尼古丁生物合成的吡啶 - 核苷酸分支途径中的限速酶[50,51]。NaMN 转化为烟酸，可能通过三种不同的途径：①由 NaMN 腺苷转移酶和 NADH 合成酶催化吡啶核苷酸循环；②由 NaMN 转移酶直接催化合成烟酸；③通过中间体烟酸核苷、烟酸核苷激酶与核苷磷酸化酶连续核糖化和磷酸化合成烟酸[52]。

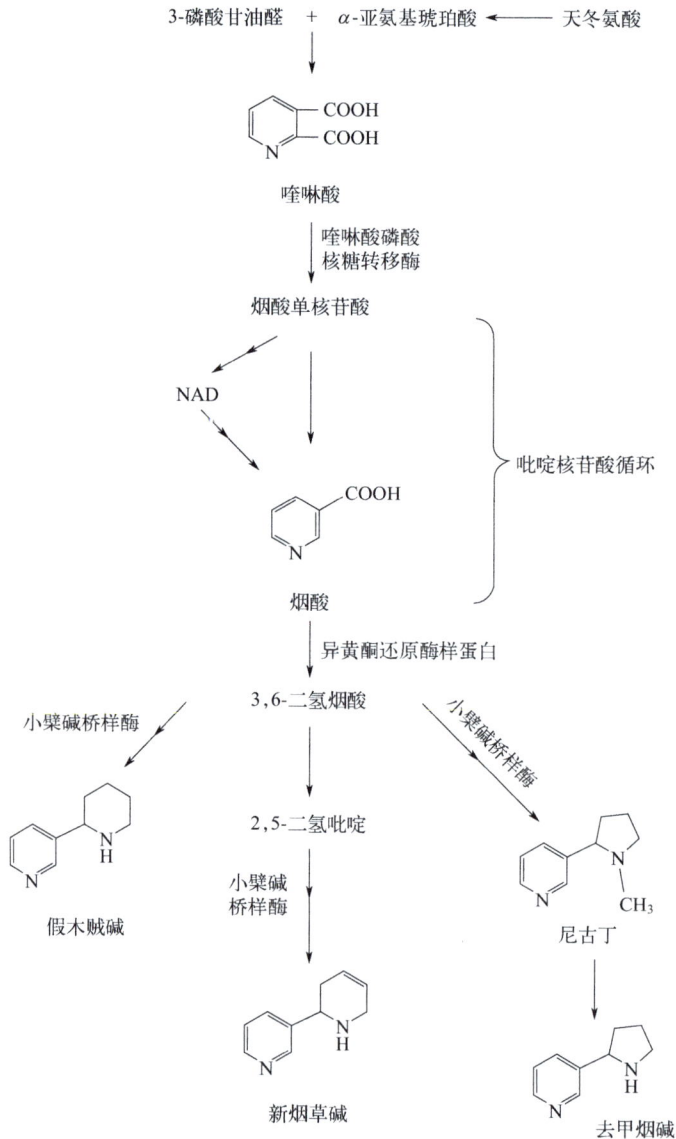

图 9-11　天冬氨酸途径合成烟酸[54]

在大部分的藻类植物如衣藻中，烟酸的合成是通过色氨酸途径进行的，但是并非所有藻类均通过色氨酸途径合成烟酸，例如组囊藻和蛋白核小球藻就不能从色氨酸途径合成烟酸。这表明藻类并不通过单一途径合成烟酸[53]。

9.4.3　微生物合成途径

同哺乳动物类似，微生物如假单胞菌属、黄单胞菌属、芽孢杆菌属和伯克霍尔德菌属，能促进色氨酸沿着犬尿氨酸途径代谢产生烟酸。部分细菌还能采用酰胺酶水解烟酰胺得到部分烟酸。图 9-12 是细菌中从天冬氨酸开始的 NAD 生物合成的示意图，其中包括烟酸的循环，烟酰胺被细菌的酰胺酶水解成烟酸进入循环。

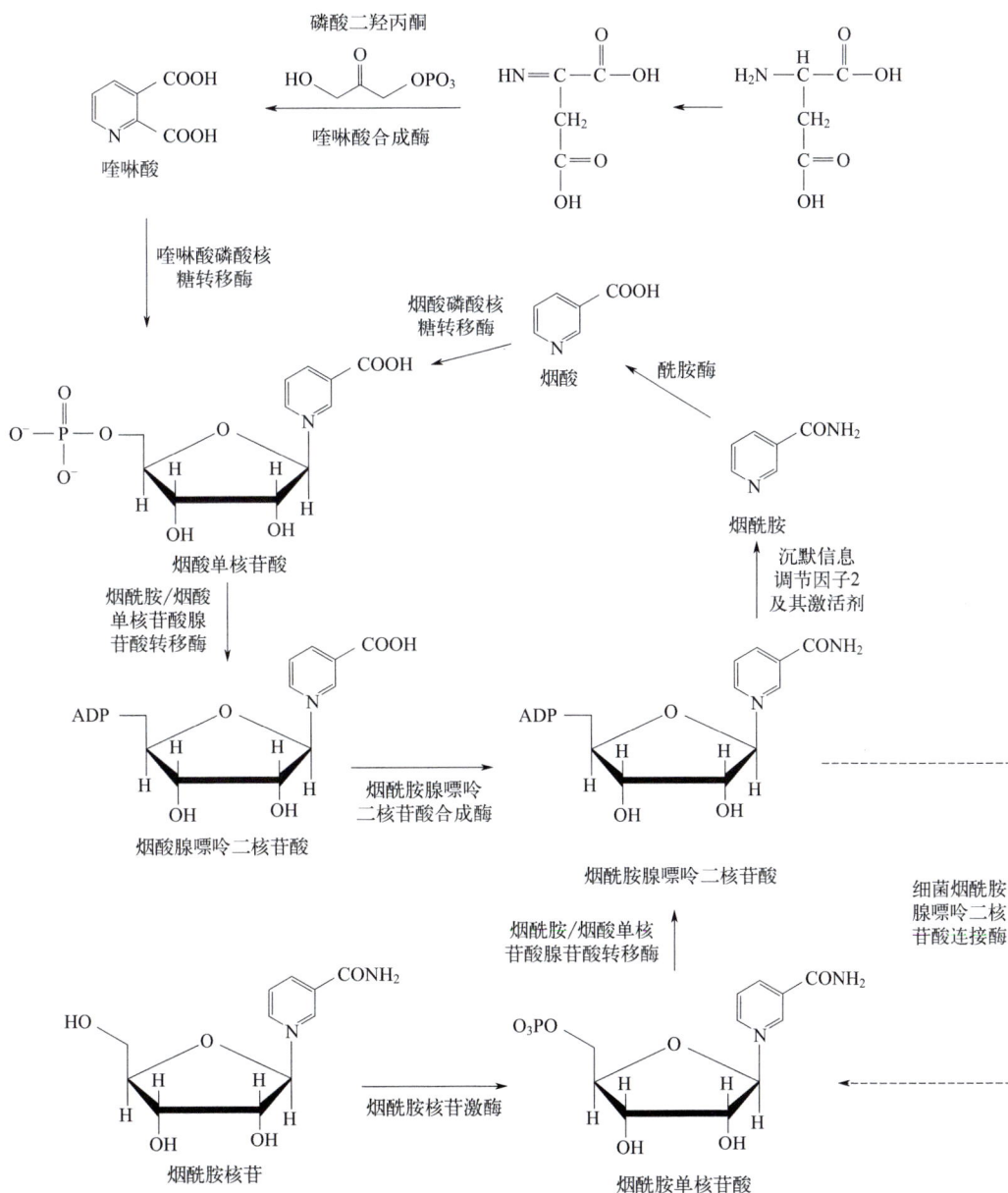

图 9-12　细菌烟酸生物合成途径[55]

9.5 维生素 B$_3$ 的工业生产概览

9.5.1 国内外生产状况

随着国民生活水平日益提高以及饲料需求的增长，烟酸的重要性也随之增加，其不仅为人类和动物提供营养物质，而且广泛应用于食品、饲料、医药、化妆品和化工领域。受需求影响，全球烟酸产业的发展迅速。据有关数据统计，全球对烟酸及其衍生物的需求量快速提升。2014 年，全球生产 34000 吨烟酸，其中饲料添加剂约占 63%，食品添加剂和药品用途约占 22%，工业应用约占 15%[56]。2019 年，全球市场规模为 6.14 亿美元，最大的烟酸生产商龙沙年产 18000 吨[57]。在饲料工业领域，烟酸／烟酰胺作为饲料添加剂在不同的地区存在差异，欧美国家以烟酸为主要添加形式，而在中国以烟酰胺为主要添加形式[58, 59]。维生素 B$_3$ 主要生产国有瑞士、美国、中国、比利时、日本、德国及印度等，其中规模和产量较大的企业有瑞士的龙沙、美国的凡特鲁斯、印度吉友联公司、日本有机合成药品工业株式会社以及中国台湾长春石油化学股份有限公司。瑞士龙沙公司的产能长达十余年位居全球第一，约占世界总产能的 50%[60, 61]。

美国是全球最大的烟酸消费国，是世界第二大烟酸生产国和第一大烟酸进口国。2016 年，美国年烟酸消耗量将近 110000 吨。美国本土生产的烟酸供不应求，很少用于出口。其中，75% 用于饲料添加剂，18% 用于食品和保健品，6% 用于医药及其辅料，1% 用于日化和个人护理品[62]。美国也是世界上将烟酸、烟酰胺用于日化和个人护理比例最大的国家，尤其美国的雅诗兰黛集团旗下高端生产线用量最大，技术应用最成熟。我国现阶段是烟酸生产量较大的国家，2016 年产量达 9000t/a，其中每年出口 4000 ～ 5000 吨。我国烟酸主要作为饲料添加剂，达到总消耗量的 85%，其他方面的消费量较低[60]。

目前，我国烟酸和烟酰胺生产企业有十余家（包括美国和瑞士在中国的生产企业），主要有兄弟科技股份有限公司、南通醋酸化工股份有限公司、天津市兽药二厂、潍坊祥维斯化学品有限公司、浙江新赛科药业有限公司、安徽瑞邦生物科技有限公司、浙江兰博生物科技股份有限公司、浙江爱迪亚营养科技开发有限公司、杭州胜大药业有限公司以及襄阳市裕昌精细化工有限公司等。由于原料供应问题，以及装置规模、生产成本、产品质量均难以与国外大公司抗衡，尤其在近几年国外大型公司如瑞士龙沙与美国凡特鲁斯公司等陆续在国内投资建立合资或独资企业，原有国内生产烟酸的企业面临着严峻的市场考验。

9.5.2 维生素 B$_3$ 的典型生产工艺

合成烟酸的基本原料主要有 3- 甲基吡啶、2- 甲基 -5- 乙基吡啶和喹啉，都来自煤焦油的副产品，在煤焦油中的含量分别为 0.04% ～ 0.08%、0.03% ～ 0.07%、0.2% ～ 0.4%。这三种化合物也可采用化学法合成。其中，3- 甲基吡啶主要以乙醛、甲醛、氨为原料，经气相催化法合成。2- 甲基 -5- 乙基吡啶主要由乙醛合成三聚乙醛后，再和液氨经气相催化法合成，瑞士的龙沙公司即采用该法生产。喹啉可由苯胺和甘油合成，3-甲基吡啶被认为是合成烟酸的最佳原料[3]。

　　烟酸的工业生产方法有液相氧化法和气相氨氧化法。液相氧化法包括高锰酸钾氧化法、硝酸氧化法和硝酸-硫酸氧化法等。高锰酸钾氧化法是以 3-甲基吡啶为起始原料，生产 1t 烟酸需耗 2.5～4.0t 高锰酸钾，生产成本高，经济效益低，目前很少采用。硝酸-硫酸氧化法也是以 3-甲基吡啶为原料，虽然原料成本低，但腐蚀性大、三废污染严重，不适合大规模工业生产，也已被淘汰。硝酸氧化法是目前瑞士龙沙公司采用的合成路线，早年以喹啉为起始原料，现采用 2-甲基-5-乙基吡啶为原料经硝酸氧化生产烟酸，印度制药公司也采用该工艺[19]。该法的特点是生产成本低、规模大，技术成熟，产品纯度高，有较强的竞争力。但必须在高压、高温的条件下进行，对设备的要求高，而且排出大量氮氧化物，对环境造成一定污染，投资规模大，必须达到 5000t/a 以上的规模才能有较好的经济效益。

　　氨氧化法是目前世界上采用较多的一种工艺，美国凡特鲁斯公司、德国德固赛公司和日本有机合成公司等均采用该工艺。氨氧化法以 3-甲基吡啶或 2-甲基-5-乙基吡啶为原料，在催化剂作用下，与氨、氧气按一定比例进行气固相催化氧化，生成 3-氰基吡啶后，水解纯化得到烟酸（图 9-13）。该工艺使 3-甲基吡啶的单程转化率提高到 99%，3-氰基吡啶水解制备烟酸的选择性在 99% 以上。该法所用的催化剂多为钒或钛的氧化物，如采用 40% 的 V_2O_5 为催化剂。

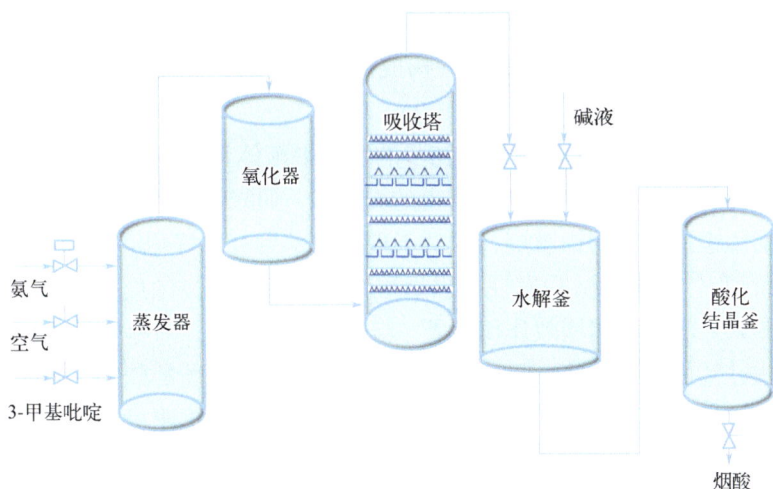

图 9-13　3-甲基吡啶生产烟酸工艺流程[3, 11]

　　原料 3-甲基吡啶，价格低廉，来源广泛，投资规模相对较小且反应条件相对温和，在常压或低压条件下即可进行，生产安全可靠，现有技术单程转化率较高，选择性较好，得到的产品纯度高，可实现连续化合成，适合大规模工业化生产，已成为目前工业上制备烟酸应用最广泛的方法之一。其缺点在于需要 300℃ 以上高温，且包含氨氧化和水解两个步骤，在一定程度上增加了生产成本。除此之外，产品分离过程较复杂，副产物为含氯化钠的废水，影响产品纯度和收率，还会生成微量的剧毒氢氰酸，这需要较为严格的处理过程。我国现有的烟酸生产装置多采用 3- 氰基吡啶水解工艺生产烟酸，原料价格受国际市场行情的控制，生产规模较小，造成国内烟酸产品一直供不应求，价格较高，部分依赖进口以满足国内市场的需求。

9.5.3 新产品研究与开发

随着人们生活的多样化，人们对于烟酸的需求也日益多元化。烟酸有以下几种商品规格，即饲料级、食品级、工业级和医药级。若在食品中加入一定量的烟酸可以有效预防因烟酸缺乏而造成的糙皮病。烟酸主要作为饲料添加剂，也可用于食品、医药、染料的中间体，同时用作电镀液的添加剂及生化试剂。有关烟酸及其衍生物的新产品研究正在逐年增多。

双子表面活性剂是通过特殊的连接基团在其头基或靠近头基处以化学键方式将两个传统的表面活性剂分子连接而成的一种新型表面活性剂[63]。1980 年，Mori 等以烟酸为原料，进行 α-置换反应，生成的烟酰氯再与乙二胺进行酰胺化反应，且其结构中含有吡啶环，可以与卤代烃反应形成吡啶鎓盐[64,65]。Jiaul 等合成含有酰胺基的双子表面活性剂，酰胺键的引入使其较传统表面活性剂杀菌性更强，而且细胞毒性较低[66]。2016 年，刘佳等人以烟酸为原料，通过卤置换、酰胺化、季胺化系列反应，合成一种以酰胺键为连接基团的新型表面活性剂 [3,3-（对苯二氨甲酰基）] 双 N- 烷基吡啶溴盐[67]，具有无毒、可生物降解特性，在金属防腐蚀、石油工业、日用化工、工业分离和生物医药等诸多领域有着广阔的应用前景[68]。除此之外，研究发现，对不同生产周期的番鸭饲喂添加烟酸等多种成分的饲料，以及针对性饲养饲喂方式，番鸭成活率、料肉比及肉制品等各项营养指标均明显提高[69]。

研究报道，利用配位剂、缓冲液形成初步的缓冲平衡体系，然后配合独特组成的分散剂，即可实现石墨烯的均匀一致分散，制备所得的石墨烯 - 烟酸镀银液能够充分满足电镀过程要求。含有烟酸的镀银液电镀的银镀层，相对于现有技术具有更好耐磨性和抗烧蚀性，具有良好的推广应用价值[70]。体外试验发现，以烟酸为活性成分的高浓度护眼微量营养素预混料乳剂中各种营养素之间的协同增效作用显著，与对照样品相比，细胞中琥珀酸脱氢酶（SDH）活性、谷胱甘肽过氧化物酶活性、超氧化物歧化酶（SOD）活性都较高，而丙二醛（MDA）含量降低，在室温（25℃）阳光直射的条件下，照射 2h 后，护眼微量营养素预混料乳剂中叶黄素酯的衰减率为 17.91%[71]。

近年来，国内外工作者对天然有机酸进行了大量调查研究，发现有机酸与金属络合后，形成双活性中心的配合物，能提高配体有机酸的生物活性。研究人员以烟酸、硫酸锌、硫酸铜和氯化锰为原料，合成烟酸锌、烟酸铜和烟酸锰 3 种配合物，采用果实针刺法和盆栽法测定其对番茄灰霉病和黄瓜白粉病的抑菌效果。结果显示，对番茄灰霉病和黄瓜白粉病有效的室内药剂浓度为 1.0g/L 和 0.5g/L，而且三种化合物的保护作用均优于治疗作用[72]。部分研究显示，通过体内补充或体外添加烟酸可以有效提高肥胖女性的生育力，降低成熟卵子中减数分裂装置异常紊乱的比例和氧化应激的水平，促进受精后的早期胚胎发育至囊胚阶段，在治疗或预防女性不孕不育中发挥作用[73]。

9.6　维生素 B₃ 专利分析与前景展望

9.6.1　相关专利

根据世界知识产权组织的数据，目前欧洲共有 4945 项与烟酸相关的专利，中国有 8845 项，美国专利商标局（USPTO）有 500 多项，其中与烟酸生物法合成有关的专利超过 500 项。这些专利主要涵盖了烟酸在制药、食品与营养、化妆品等行业中的应用，以及烟酸在其他各种产品中的生产、配方和应用。欧洲和美国的主要烟酸专利持有企业是诺华、拜耳、默克、强生和雅培等，中国烟酸专利的主要持有企业有国药集团、上海医药集团股份有限公司和华润医药集团有限公司等。

烟酸生产大多采用 3-甲基吡啶氧化工艺，已经用于工业生产的方法有以下几种：①化学试剂氧化法，高锰酸钾、重铬酸钾、二氧化硒、过氧化氢和硝酸作为氧化剂；②电解氧化法，工艺耗电量高，且电解液中的副产物较难处理，美国专利 US 44824369（1989）、欧洲专利 EP 253439（1988）和波兰专利 PL 167985（1995）均有相关报道；③氨氧化法，世界专利 WO 9520577（1995）曾报道该方法，优点是可在常压或低压下大规模连续化生产，使用空气作为氧化剂，成本低，但对原料纯度要求高，反应温度高，产生的焦油及有毒气体污染环境，原料转化率 85%～90%，烟酸的反应选择性在 90% 左右。1996 年以后，中国引进氨氧化法的生产设备和技术，烟酸的产率在 70%～80%。

20 世纪 90 年代，世界各国开始研究液相氧化法制备烟酸。在小分子有机酸中，由过渡金属钴盐、锰盐和溴化物催化，氧气或者含氧气体氧化 3-烷基吡啶制备烟酸。此法无三废排放、环境友好，催化剂对原料纯度要求不高，利于控制，产品纯度高，后处理工艺简单，反应液可以循环使用。但是，由于吡啶环是强吸电子基团，烷基吡啶难以氧化。当有机酸作为溶剂，烷基吡啶与有机酸形成盐，吸电子作用进一步加强，使烷基吡啶的氧化更加困难。所以液相氧化法制备烟酸，反应要在高温、高压 [210℃，100atm（1atm=101.325kPa）] 下进行，产率低（60% 左右）。另外，小分子羧酸在反应温度下，对设备腐蚀较严重。

为解决上述问题，化学工作者付出了许多努力。专利 WO 9305022（1993）在钴-锰-溴催化剂体系中加入氯化氢气体进行反应，3-甲基吡啶的转化率达 98.7%，烟酸的选择性为 97.1%，烟酸产率得到显著提高。但是，氯化氢气体的加入加剧溶剂对不锈钢设备的腐蚀。2011 年公开了一种 3-氰基吡啶水解合成烟酰胺并联产烟酸的工艺，该工艺实现 3-氰基吡啶 100% 转化率，烟酰胺的收率达 90%，烟酸的总收率为 99.8%[74]。2012 年安徽泰格生物技术股份有限公司研究报道了一种制备烟酸的方法，将常见的氧化剂（如硝酸、高锰酸钾、重铬酸盐）替换成较廉价的过硫酸铵，反应产物为烟酸和硫酸铵，整体反应条件要求不高，避免了强腐蚀性氧化剂的使用，减少了三废的产生。反应后生成的硫酸铵经电氧化后可再生为过硫酸铵，可以重新再利用[75]。

2014 年报道了一种新的烟酸制备方法，向 3-氰基吡啶溶液中滴加氢氧化钠溶液获得烟酸钠，将纯化后获得的高纯度烟酸钠溶液蒸干即可得到烟酸，烟酸含量为 99.28%，摩尔收率为 94%[76]。与现有技术相比，该法的优点在于设备要求低，且对设备腐蚀小、操作方便、浪费更少、成本更低、转化率高。2016 年，研究人员直接以二氧化碳作为化工原料合成烟酸，该方法以 3- 卤代吡啶、二氧化碳为原料，乙醇为溶剂，以醋酸钯与二乙基锌复配组成催化剂，在 100 ～ 250℃下，控制反应压力 1 ～ 10MPa，直接合成烟酸。产品的收率和化学选择性较高，有利于降低烟酸的生产成本，具有很好的工业应用价值[77]。

2019 年，利用腈水解酶制备的烟酸颗粒，烟酸含量高，腈水解酶来自枯草芽孢杆菌经发酵培养获得含酶细胞，制备过程具有高效性、高选择性、反应条件温和、环境污染小、成本低等优点，符合我国绿色化学的发展方向。此外，在制备过程中未使用腐蚀设备的物质，设备的使用寿命得到延长，适合大规模工业化生产[77]。目前，微生物转化法生产烟酸尚未在工业上得到大规模的应用，仍有很多技术难题需要解决。例如，如何解决腈水解酶酶活较低的问题、如何解决底物与产物对腈水解酶的酶活的抑制作用、产物的分离纯化问题以及反应介质对酶活的影响等。

2021 年，研究发现了一种可将烟酰胺高效转化为烟酸的菌种，通过生物催化将烟酰胺转化为烟酸，进行小试放大实验验证，可解决传统化学方法的高能耗和高污染问题[78]。2022 年，研究人员采用化学合成方法制备烟酸，所制备的烟酸产品满足高标准的医药生产的需要。该方法可节能降耗，技术含量高且具有显著的环保意义[79]。

9.6.2　前景展望

随着我国国民经济的迅速发展，人民生活水平的提高，食品结构正从植物型转变为动物型，饲料工业随之迅速发展，中国饲料工业协会统计数据，2021 年国内工业饲料产量为 2.93 亿吨，同比增长 16.1%[80]。另外，我国人口众多，如果在医药和食品中适当加入烟酸，对防治心血管病和皮肤病、提高人们的身体素质和健康水平具有重要的意义，在食品领域中的应用也有待开发。医药级和食品级烟酸会逐年增加，该产品不仅有巨大的现有市场，还有广阔的潜在市场，发展前景良好。

如前文所述，烟酸的合成工艺试剂氧化法因"三废"高、能耗大、成本高等缺点，成为趋于淘汰的工艺；液相氧化法虽然减少"三废"排放，但单程转化率过低，所用试剂造成设备腐蚀严重、不适合工业化生产；氨氧化法是应用较广泛的方法，但随着技术革新，这一工艺竞争力逐渐下降；空气氧化法如果能开发高效、寿命长、价格低廉的催化剂，提升选择性和收率，有望取代氨氧化法；电解氧化法是较为前沿的烟酸合成技术，受电解槽所用隔离膜选择渗透性差影响，电解效率低，所以距离实现工业化目标还有很大的差距；生物转化法目前应用逐渐增加，具有很强的市场竞争力。当今社会对"可持续发展"、"绿色化学"以及"环境友好制造"的呼声越来越高，因此利用腈水解酶制备烟酸受到前所未有的重视，具有重大的社会意义和经济效益。

全球对降低成本、提高质量、安全、健康、环保的工业过程的需求，促进生物催化技术在化学和生物技术领域的发展。腈水解酶在精细化工、腈化合物的生物降解中起着举足轻重的作用，因此腈水解酶的开发引起广泛关注。与传统的化学过程相比，腈水解酶催化反应条件温和、选择性强、废物少、产率高、原子经济性高，对实现绿色生产具有巨大的经济和社会效益。随着烟酸合成技术研究及其下游产品开发的不断深入，烟酸及其衍生物在医药、农药、化工、印染等领域的应用日渐增长，其重要性也逐渐凸显出来。只有不断扩大烟酸的生产规模，改进其生产工艺，才能使我国的烟酸行业在激烈的市场竞争中处于优势地位。随着生物工程技术的发展和日益严峻的环境形势，以生物转化法生产化学品成为当今绿色化学发展趋势，因此，采用生物法生产烟酸具有良好的发展前景。

参 考 文 献

[1] 廖翠婷 . NAD 激酶在对乙酰氨基酚致急性肝损伤中的作用研究 [D]. 重庆：重庆医科大学，2022.

[2] Kirkland J B，Meyer-Ficca M L. Niacin[M]. Cambridge，Massachusetts：Academic Press，2018.

[3] 王留成，徐海升，王福安 . 烟酸合成技术研究进展 [J]. 精细化工，2004（21）：133-136.

[4] 辛琳 . 色氨酸对应激小鼠抗氧化能力和行为的影响 [D]. 无锡：江南大学，2013.

[5] 李萍 . 日粮添加烟酸和日粮精粗比对奶水牛生产性能、瘤胃发酵和纤维降解菌数的影响 [D]. 南宁：广西大学，2014.

[6] 赵丽霞 . 川芎嗪烟酸酯对神经细胞的保护作用研究 [D]. 济南：山东大学，2005.

[7] Chand T，Savitri B. Vitamin B₃，Niacin[M]. Weinheim，Germany：Wiley-VCH，2016.

[8] Carlson L A. Nicotinic acid：the broad-spectrum lipid drug. A 50ᵗʰ anniversary review [J]. Journal of Internal Medicine，2005，258（2）：94-114.

[9] 许晶 . 烟酰胺、烟酸化学法制备工艺优化及分离新工艺研究 [D]. 青岛：中国海洋大学，2011.

[10] 王谦，刘传玉，冯维佳 . 烟酸的应用与发展 [J]. 化学与粘合，1996（1）：39- 41.

[11] 王佳，吴李瑞，史玉龙，等 . 烟酸合成及应用研究进展 [J]. 安徽化工，2019，45（3）：13-15.

[12] Mitchell O W. Niacin and berberine compositions and methods of use thereof：US 2019358211[P]. 2019-11-28.

[13] 路百程 . 烟酸的合成与应用 [J]. 辽宁化工，1994（3）：9-12.

[14] 何轶 . 烟酸的合成与应用 [J]. 河南化工，2002（7）：8-10.

[15] 王奇昌，白金泉，郭丰艳，等 . 烟酸制备的研究进展 [J]. 广东化工，2008（03）：32-35.

[16] 赵东江，马松艳 . 烟酸的合成方法与开发前景 [J]. 江苏化工，2005（01）：53-56.

[17] 吕民主，潘浦敦 . 烟酸的化学合成 [J]. 饲料研究，2001（03）：36-38.

[18] 张玉敏，张恒彬，姬长征 . 烟酸的合成工艺和研究进展 [J]. 化工文摘，2005（01）：44-46.

[19] Chuck R. Technology development in nicotinate production[J]. ChemInform，2005，36（1）：75-82.

[20] Zhou P P，Sun X B，Qiu W Y. Nicotinic acid and its derivatives：Synthetic routes，crystal forms and polymorphs[J]. Current Drug Discovery Technologies，2014，11（2）：97-108.

[21] Stocker A，Pfammatter T，Schreiner G，et al. Process for the production of pyridine carboxylic acids：US 3657259[P]. 1972-04-18.

[22] 朱冰春 . 烟酸的绿色合成与催化剂研究 [D]. 杭州：浙江工业大学，2004.

[23] 王玲运 . 烟酸和烟酰胺的国内外生产简况及合成路线 [J]. 海峡药学，1995（03）：132-133.

[24] 黄成坤，周聪晓，李涛，等 . 喹啉臭氧化 - 脱羧合成烟酸 [J]. 化工进展，2007，26（8）：1125-1128.

[25] 黄海凤，朱冰春，卢晗锋，等 . 气相催化氧化法烟酸的绿色合成研究 [J]. 高校化学工程学报，2004，18（3）：334-338.

[26] Chuck R. A catalytic green process for the production of niacin[J]. CHIMIA International Journal for Chemistry，2000，54（9）：508-513.

[27] Shimizu S，Watanabe N，Kataoka T，et al. Pyridine and pyridine derivatives[M]. Germany：Weinheim：Wiley-VCH，2012.

[28] Chuck R J，Zacher U. Process for the preparation of nicotinic acid：EP1440967 A1[P].2004-04-28.

[29] 张玉敏，张恒彬，曹学静，等. 3-甲基吡啶电氧化合成烟酸的研究 [J]. 高等学校化学学报，2003，24（03）：509-512.

[30] 陆旭. 烟碱电化学合成烟酸的研究 [J] 精细化工，2000，17（8）：453-455.

[31] 詹豪强. 直接电解合成烟酸和 L-半胱氨酸盐酸盐 [J]. 化工技术与开发，1996，25（2）：17-22.

[32] Mukhopadhyay S，Chandalia S B. Kinetics of the highly selective liquid-phase oxidation of side chain alkyl groups in 2-methylpyrazine and picolines by selenium dioxide[J]. Organic Process Research and Development，2000，3（6）：455-459.

[33] 王利民. 烟酸的合成和应用 [D]. 哈尔滨：哈尔滨工程大学，2003.

[34] Hatanaka M，Tanaka N. Process for producing pyridine carboxylic acid：WO 1993005022 A[P]. 2016-08-10.

[35] Vorobyev P B，L I Saurambaeva. Oxidation of 3- and 4-methylpyridines on modified vanadium oxide catalysts[J]. Russian Journal of General Chemistry，2013，83（5）：972-978.

[36] Tabanelli T，Mari M，Folco F，et al. Reactivity of vanadyl pyrophosphate catalyst in ethanol ammoxidation and β-picoline oxidation：Advantages and limitations of bi-functionality[J]. Applied Catalysis A：General，2021，619：118139.

[37] Song Z，Matsushita T，Shishido T，et al. Crystalline CrV_1-$xPxO_4$ catalysts for the vapor-phase oxidation of 3-picoline[J]. Journal of Catalysis New York，2003，218（1）：32-41.

[38] Dr M P. Process for the preparation of 2-halogene-alkyl nicotinic acid alkyl-esters：EP 1340747[P]. 2003-02-17.

[39] Group F. Refinery catalysts market by type，ingredient and region - global forecast to 2025[J]. Focus on Catalysts，2020，2020（8）：2.

[40] 王大明. 烟酸的生物转化与提取工艺研究 [D]. 石家庄：河北师范大学，2012.

[41] Chen J，Yang Z，Dong G. Niacin nutrition and rumen-protected niacin supplementation in dairy cows：an updated review[J]. British Journal of Nutrition，2019，122（10）：1-28.

[42] Niehoff I，Hüther L，Lebzien P. Niacin for dairy cattle：A review [J]. British Journal of Nutrition，2008，101（1）：5-19.

[43] Nishizuka Y，Hayaishi O. Enzymic synthesis of niacin nucleotides from 3-hydroxyanthranilic acid in mammalian liver[J]. Journal of Biological Chemistry，1963，238（1）：483-485.

[44] Meininger D，Zalameda L，Liu Y，et al. Purification and kinetic characterization of human indoleamine 2，3-dioxygenases 1 and 2（IDO1 and IDO2）and discovery of selective IDO1 inhibitors[J]. Biochimica et Biophysica Acta（BBA）- Proteins and Proteomics，2011，1814（12）：1947-1954.

[45] Pilotte L，Larrieu P，Stroobant V，et al. Reversal of tumoral immune resistance by inhibition of tryptophan 2，3-dioxygenase[J]. Proceedings of the National Academy of Sciences of the United States of America，2012，109（7）：24-97.

[46] Frye T M，Williams S N，Graham T W，et al. Vitamin deficiencies in cattle[J]. Veterinary Clinics of North America：Food Animal Practice，1991，7（1）：217-275.

[47] Benavente A C，Jacobson K M，Jacobson L E. NAD in skin：Therapeutic approaches for niacin[J]. Current Pharmaceutical Design，2009，15（1）：19-38.

[48] Waller G R，Henderson L M. Biosynthesis of the pyridine ring of ricinine [J]. Journal of Biological Chemistry，1961，

236：1186-1191.

[49] Akira K. Early steps in the biosynthesis of NAD in arabidopsis start with aspartate and occur in the plastid[J]. Plant Physiology，2006，141（3）：851-857.

[50] Saunders J W，Bush L P. Nicotine biosynthetic enzyme activities in nicotiana tabacum *L. Genotypes* with different alkaloid levels[J]. Plant Physiology，1979，64（2）：236-240.

[51] Wagner R，Wagner F. The pyridine-nucleotide cycle in tobacco[J]. Planta，1986，167（2）：226-232.

[52] Guo Y F，Hiatt E.，Bonnet，C，et al. Molecular regulation and genetic manipulation of alkaloid accumulation in tobacco plants [J]. Studies in Natural Products Chemistry，2021，70：119-149.

[53] Arditti J，Tarr J B. Niacin biosynthesis in plants[J]. American Journal of Botany，1979，66（9）：1105-1113.

[54] Dewey R E，Xie J. Molecular genetics of alkaloid biosynthesis in *Nicotiana tabacum*[J]. Phytochemistry，2013，94：10-27.

[55] Sauve A A. NAD⁺ and Vitamin B₃：From metabolism to therapies[J]. Journal of Pharmacology and Experimental Therapeutics，2008，324（3）：883-893.

[56] Blum R. Niacin（nicotinic acid，nicotinamide）[M]. Germany：Weinheim Wiley-VCH，2015.

[57] Lisicki D，Nowak K，Orli'nska B. Methods to produce nicotinic acid with potential industrial applications [J]. Materials，2022，15：765.

[58] 李峰. 国内外烟酸 / 烟酰胺的发展动态 [J]. 甲醛与甲醇，2004（5）：1-6.

[59] 王斐英，张伟，谢海蓉，等 . 2 种不同维生素 B₃ 补充物质的理化性状及稳定性对比研究 [J]. 中国畜牧杂志，2013，49（22）：30-34.

[60] 杨耐德，黄晓亮，高振华，等 . 烟酸对热应激奶牛营养物质表观消化率及血清生化指标的影响 [J]. 中国饲料，2010（12）：20-23.

[61] 孙辉，华建飞，王嘎，等 . 烟酸市场及其生产技术 [J]. 精细与专用化学品，2003（01）：6-8.

[62] Maciejewski-Lenoir D，Richman J G，Hakak Y，et al. Langerhans Cells release prostaglandin D₂ in response to nicotinic acid[J]. Journal of Investigative Dermatology，2007，126（12）：2637-2646.

[63] 侯宝峰，王业飞，刘宏刚，等 . 对称型双子表面活性剂的合成研究进展 [J]. 日用化学工业，2014，44（2）：94-99.

[64] Mori T，Takaku S，Matsuura F，et al. 1，2-Bis（nicotinamide）propane，process for preparing the same and pharmaceutical composition containing the same：EP 0029602B1[P]. 1982-12-28.

[65] Kuperkar K，Bahadur P，Chavda S. Formation and growth of gemini surfactant（12-*s*-12）micelles as a modulate by spacers：A thermodynamic and small-angle neutron scattering（SANS）study[J]. Journal of Chemical and Engineering Data，2011，56（5）：2647-2654.

[66] Jiaul H，Padma A，Venkateswarlu Y，et al. Cleavable cationic antibacterial amphiphiles synthesis mechanism of action and cytotoxicities [J]. Langmuir，2012，28（33）：12225-12234.

[67] 刘佳，王丽艳，张玥，等 . 烟酸类表面活性剂的合成研究 [J]. 化学试剂，2016，38（4）：367-370.

[68] 候士立，许家喜 . 二烷基苯基不饱和羧酸钠盐双尾表面活性剂的合成及性能研究 [J]. 化学试剂，2013，35（4）：297-299.

[69] 黄永强，徐厚斌，赵巧珍，等 . 一种番鸭饲料及其在番鸭养殖中的应用：202110741368.3 [P]. 2021-08-17.

[70] 周铭，李虓，陈鑫，等 . 一种石墨烯 - 烟酸镀银液及制备方法：202110668125.1 [P]. 2021-11-02

[71] 张烜，索爽，孙程 . 护眼微量营养素预混料乳剂及其制备方法研究 [J]. 中国食品添加剂，2021，32（3）：57-62.

［72］ 高欣 . 烟酸金属络合物的合成及抑菌活性研究［D］. 杨凌：西北农林科技大学，2012.

［73］ 王强，祝帅，葛娟 . 烟酸在制备治疗和 / 或预防肥胖女性生育障碍的药物中的应用：202110565781.9［P］. 2021-09-21.

［74］ 丁彩峰，朱小刚，刘芳，等 . 3- 氰基吡啶水解合成烟酰胺并联产烟酸的工艺：200910031484.5［P］. 2011-01-12.

［75］ 朱森阳 . 一种制备烟酸的方法：201010546003.7［P］. 2012-04-25.

［76］ 黄卜马，应国海，陈启明 . 一种烟酸的制备方法：CN201110122629.X［P］. 2014-05-07.

［77］ 帅放文，王向峰，章家伟 . 一种利用二氧化碳合成烟酸的方法：201610992599.0［P］. 2016-09-25.

［78］ 周媛，胡昊，齐勇，等 . 烟酰胺高效率转化为烟酸的菌种的方法：202110924953.7［P］. 2021-11-12.

［79］ 薛艳军，张洪圆，孙宽宽，等 . 一种烟酸的制备方法：202210801432.7［P］. 2022-09-27.

［80］ 陶莎，张峭，张晶 . 2021 年饲料市场形势、展望和对策建议［J］. 中国畜牧杂志，2022，58（05）：269-272.

第 10 章
维生素 B$_5$

温廷益，刘树文
中国科学院微生物研究所

10.1　概述

10.1.1　维生素 B$_5$ 的历史

维生素 B$_5$（vitamin B$_5$）也称作 D- 泛酸（pantothenic acid）[1,2]，最早由美国生物学家罗杰·威廉姆斯（Roger J. Williams）发现。1919 年，威廉姆斯观察到一种酸性物质能够刺激酵母的生长，但他未能分离提取这一物质，所以并不了解它的性质[3]。直到 1933 年，他才分离到这一酸性化合物，并命名为 D- 泛酸[4,5]。D- 泛酸源于希腊语"Pantothen"，有"广泛存在"的意思，恰好与 D- 泛酸在食物中广泛存在的特点一致。

威廉姆斯于 1933 年和 1939 年，先后两次从肝脏中成功分离到维生素 B$_5$，并完成了维生素 B$_5$ 的部分合成。在这期间，因发现缺乏这种维生素可以使老鼠毛色由黑变为灰白[6]，维生素 B$_5$ 被认为是一种"抗灰发因子"而受到人们的广泛关注，但后续的研究结果表明其无法改变人类头发的色泽。

1940 年，默克公司的化学家 Karl Folkers 及其同事成功完成了维生素 B$_5$ 的化学合成[7]。1947 年，生物学家李普曼及其同事发现维生素 B$_5$ 与 CoA 结合成的中间体在代谢中发挥着重要作用。

20 世纪 50 年代，泛酸的一种功能形式辅酶 A 被发现是磺酰胺和胆碱乙酰化所必需的辅因子[8]。20 世纪 60 年代中期，泛酸被确定为脂肪酸合成复合物中酰基载体蛋白（ACP）的一种成分[9]。这些进展，加上在这段时间内对泛酸缺乏对人类和其他动物的影响进行的一系列持续观察，为我们目前对这种维生素的理解奠定了基础。

10.1.2　维生素 B$_5$ 的来源

维生素 B$_5$ 广泛存在于食物中。其中，脏器肉（肝、肾和心）、粗制谷物及其制品、麦麸和米糠、绿叶蔬菜、啤酒等食物中维生素 B$_5$ 的含量较为丰富。人类或动物以及一些细菌缺乏合成这种维生素的能力，因此，它们依赖于其外源性供应。食物和饲料中的维生素 B$_5$ 含量如表 10-1 所示[10]。

维生素 B$_5$ 的含量因食物的种类和加工方法的不同而有较大差异，大部分高度加工的食品，其维生素 B$_5$ 含量会大幅降低。例如，肉类在烹饪过程中损失 15% ～ 30% 维生素 B$_5$；在粉碎、制粒或经热、酸、碱处理等方式加工时，饲料会损失 50% 维生素 B$_5$；食品在干燥过程中会损失 50% 以上维生素 B$_5$。在避免高温和氧化的情况下，天然食物中的维生素 B$_5$ 在贮藏过程中非常稳定，谷物可以贮藏一年而无明显损失[10]。

表10-1　食物和饲料中的维生素B$_5$含量

食物	维生素 B$_5$ 含量 /（μg/g）	参考文献
燕麦	800 ～ 1350	[11]

续表

食物	维生素 B₅ 含量 /（μg/ g）	参考文献
小麦	950 ～ 1200	[11]
大麦	280	[11]，[12]
大米	800 ～ 1000	[11]，[13]，[14]，[15]
玉米	420 ～ 650	[11]，[15]
小米	850	[11]
马铃薯	350 ～ 440	[16]
胡萝卜	270	[17]
野甘蓝	210	[17]
番茄	290 ～ 320	[16]
花椰菜	1010 ～ 1040	[16]
菠菜	280	[16]
高粱	1550 ～ 1630	[18]
大豆	793 ～ 1431	[19]
扁豆	1030 ～ 1430	[19]
花生	1412 ～ 1767	[20]
橘子	240 ～ 370	[21]
核桃	470 ～ 600	[22]
开心果	470 ～ 500	[22]
榛子	900	[22]
杏仁	300 ～ 471	[22]
草莓	300 ～ 370	[16]，[18]
苹果	31 ～ 100	[16]
梨	70	[16]
猪肉	500 ～ 700	[23]
牛肉	500 ～ 750	[23]
鸡肉	870 ～ 1500	[23]
鸡蛋	1350 ～ 1600	[21]，[24]
酸奶	450 ～ 500	[24]
蘑菇	1300	[25]
牛奶	320 ～ 580	[24]

10.1.3 维生素 B_5 的生理功能

维生素 B_5 在生物体内可转变成辅酶 A（CoA）和酰基载体蛋白（ACP），参与脂肪酸代谢。维生素 B_5 在体内主要以 CoA 参与糖、脂肪、蛋白质等代谢，起到转移基团的功能。CoA（图 10-1）是由维生素 B_5、半胱氨酸、3- 磷酸腺苷（ATP）、焦磷酸和 β- 巯乙胺（含有—SH）在 Mg^{2+} 参与下经过一系列酶促反应合成的，是动物体代谢中最重要的物质之一。维生素 B_5 是 4′- 磷酸泛巯乙胺生物合成的关键前体，4′- 磷酸泛巯乙胺是非核糖体肽合成酶和聚酮合酶的重要辅基。CoA 在体内的降解产物是泛酰巯乙胺和维生素 B_5，其降解产物又可进入 CoA 合成路径转化成 CoA，维持体内 CoA 的稳定，确保反应的正常进行。维生素 B_5 以 CoA 的形式在体内脂肪酸代谢中必不可少，脂肪消耗使机体对 CoA 的需要量大大增加。CoA 参与任何一个有乙酰基（—CH_3CO）形成或转移的反应。除乙酰基以外，其他酰基也需要 CoA，凡是有琥珀酰基、苄基或脂肪酰基形成或转移的反应都需要 CoA。ACP 是由泛酰巯乙胺通过磷酸基和蛋白相连，它与 CoA 都是细胞中脂肪酸的生物合成所需的。

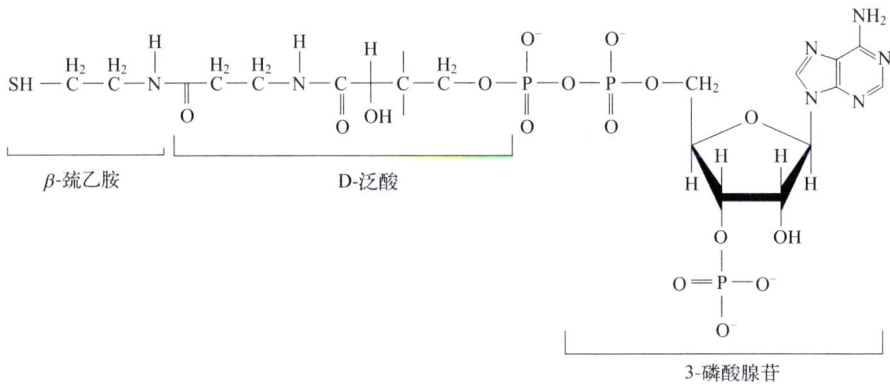

图 10-1　辅酶 A（CoA）的分子结构

第二次世界大战期间，日本和菲律宾曾对战俘进行了缺乏维生素 B_5 的试验。给战俘们吃维生素 B_5 含量低的半合成食物，或者吃添加了维生素拮抗剂的食物 10 周以上。这些战俘的脚有极为强烈的烧灼感，同时伴有烦躁不安、厌食、消化不良、头痛、疲劳、手足刺痛、抽筋、步伐趔趄等症状。在服用维生素 B_5 后，所有症状全部消除[26]。维生素 B_5 被添加到婴儿或运动员食品中，以防止营养不良或营养缺乏[27, 28]。正常成年人所需的维生素 B_5 很容易从大多数天然饮食来源中得到满足，一般不存在维生素 B_5 缺乏症[14]。

玉米中维生素 B_5 含量很低，长期饲喂玉米的养殖动物可患维生素 B_5 缺乏症。禽类不像反刍动物可在瘤胃中合成维生素 B_5，较易引起维生素 B_5 缺乏。养殖动物缺乏维生素 B_5 有生长缓慢、皮肤及羽毛损伤、神经紊乱、胃肠失调和抗体不易形成等症状。例如缺乏维生素 B_5 的肉仔鸡，羽毛生长缓慢松乱，头部羽毛易脱落，脚底和趾间皮肤发炎，表皮皴裂脱落，行走困难，脚部皮肤角质化增生，有时会形成疣性突起[28]。缺乏维生素 B_5 的老鼠，皮毛由黑色变为灰白色[6]。啮齿动物缺乏维生素 B_5 毛发会变白[29]。维生素 B_5 曾一度被认为是一种"抗灰发因子"，有防止白发产生的可能，但后续的研究无法证实其与人的灰白发有关[30]。

包含维生素 B₅ 的某些 B 族维生素的组合，对人类角质形成细胞和成纤维细胞有积极的影响。维生素促进成纤维细胞迁移并诱导角质形成细胞增殖，含维生素 B₅ 的载药敷料有利于伤口成功愈合[31]。泛酸酶可以调节和促进未分化间充质细胞的软骨形成，并可能在病理性的骨骼周围软组织钙化中发挥作用[32]。维生素 B₅ 可以用来改善免疫系统损伤，还可用来治愈风湿病[7,27]。长期以来，在系统性硬化患者中测量维生素 B₅ 的水平，以阐明维生素 B₅ 在其发病机制中的作用[33]。泛酸酶的活性将保护血管的维生素 B₅ 转化为纤维化维生素 B₅。泛酸酶在纤维化、血管病变、自身免疫和氧化应激控制中起着关键作用[34]。此外，随着维生素 A 和维生素 D 用于感染的辅助治疗[35,36]，维生素 B₅ 正在成为伤口愈合以及免疫调节和风湿病领域的先驱，在临床治疗中提供了潜在的重要治疗意义。

10.1.4　维生素 B₅ 的理化性质

维生素 B₅ 是 D（+）-N-（2, 4- 二羟基 -3, 3- 二甲基丁酰基）-β- 氨基丙酸，是由 D- 泛解酸内酯和 β- 氨基丙酸组成的一类酰胺化合物，分子式为 $C_9H_{17}NO_5$，其结构式如图 10-2 所示。

维生素 B₅ 的结构解析是基于泛酸降解形成的内酯的鉴定。初步分析工作表明，α- 羟基酸容易乳糖化。Stiller 等人[7] 使用图 10-3 中总结的结构证据，将内酯确定为 α- 羟基 -β, β- 二甲基 -γ- 丁内酯（泛酰内酯或泛内酯）。这导致泛酸的结构迅速形成，随后是外消旋泛酸和两种组成对映体的全合成。外消旋体的生物活性约为右旋对映体的一半，左旋对映物完全不活泼。

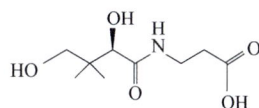

图 10-2　维生素 B₅ 的分子结构式

天然泛酸皆为 D 型（右旋），[α]=+37.5°，且只有 D- 泛酸具有生物活性。D- 泛酸具有吸湿性，同时在酸碱光热等条件下都不稳定[37,38]。因此，游离 D- 泛酸不具有实际应用价值，它主要以钙盐或钠盐的形式被利用，主要实际应用形式为 D- 泛酸钙、D- 泛酸钠和 D- 泛醇。

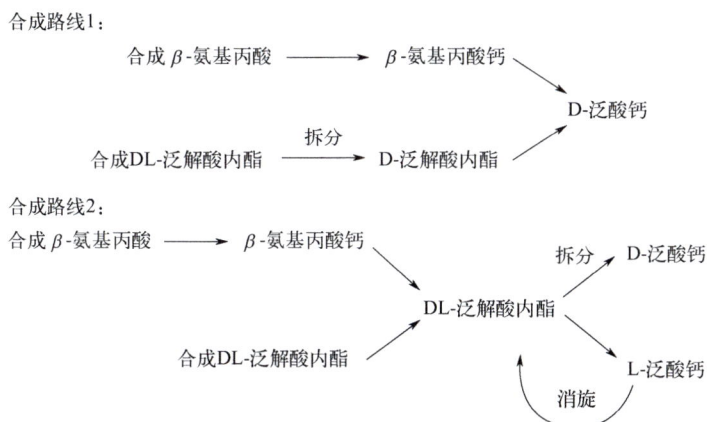

图 10-3　维生素 B₅ 及其常见衍生物

纯泛酸是一种黏性液体。其 pK_a 为 4.41。它在微碱环境中比在酸性环境中更稳定，在酸性环境中将被水解，高温会加速其降解。泛酸在 pH 5～7 时具有最大稳定性。在干燥的情况下，它对大气中的氧气和光线具有中等的稳定性。泛酸通常以泛酸钙的形式使用，泛酸钙是固体，在光、热和氧的作用下比泛酸更稳定，但在碱性和酸性条件下都不稳定。泛酸的另一种固体形式是泛酸钠。然而，由于其吸湿性，其使用受到限制。D-泛醇，即维生素原 B_5，在皮肤药剂类、护肤、毛发类化妆品中较广泛应用[10,39]（表 10-2）。

表10-2 D-泛酸钙、D-泛酸钠和D-泛醇的理化性质

性质	D-泛酸钙	D-泛酸钠	D-泛醇
分子式	$(C_9H_{16}O_5N)_2Ca$	$C_9H_{16}NNaO_5$	$C_9H_{19}NO_4$
分子量	476.5	241.2	205.3
性状	白色粉末，无臭，味微苦，有吸湿性	白色粉末，无臭，味微苦，有吸湿性	无色，黏稠油状
溶解度	易溶于水，溶于甘油，难溶于乙醇，不溶于丙酮和氯仿	易溶于水，微溶于乙醇，不溶于乙醚、丙酮和氯仿	极易溶于水，易溶于乙醇，微溶于氯仿，不溶于乙醚
旋光率	+26.0～+28.0 在水中 c=4g/mL	+26.5～+28.5 在水中 c=4g/mL	+29.5～+31.5 在水中 c=4g/mL
熔点 /℃	178～179		
稳定性	三种化合物对大气中氧及光都稳定，吸湿性强。它们的水溶液遇热不稳定，易水解。D-泛醇在酸性介质中相对稳定		

10.2 维生素 B_5 的化学合成

10.2.1 国内外生产维生素 B_5 的化学合成方法

Stiller 等最早于 1940 年报道使用奎宁作为手性拆分试剂，对泛解酸内酯进行了手性拆分[7]。1945 年 Frank 等使用麻黄碱对外消旋的泛解酸内酯进行拆分[40,41]。1948 年默克公司报道了用马钱子碱为拆分剂对外消旋的泛解酸内酯的拆分。由于奎宁、麻黄碱、马钱子碱价格昂贵，大量工业化应用成本较高，在工业生产上竞争优势不大。1974 年专利报道使用氯霉素中间体的副产物左旋氨基物，即 L-对硝基苯基 -2 氨基 -1,3-丙二醇作为手性拆分试剂拆分泛解酸内酯的方法，相比前几种拆分剂而言左旋氨基物对泛解酸内酯的拆分效果比较好，但随着氯霉素停产后，该方法失去了优越性，逐渐被淘汰。

目前维生素 B_5 主要有两种合成技术路线（图 10-4），一种是先拆分后合成，首先拆分出合成维生素 B_5 的原料 D-泛解酸内酯，再与 β-氨基丙酸钙进行酰胺化反应，生成 D-泛酸钙。另一种是先合成后拆分的策略，直接将外消旋的 DL-泛解酸内酯与 β-氨基丙酸钙进行

酰胺化反应，生成 DL- 泛酸钙，再通过结晶拆分得到 D- 泛酸钙。DL- 泛解酸内酯可以采用手性试剂进行拆分（前拆分），得到 D- 泛解酸内酯后直接与 β- 丙氨酸钙缩合即得 D- 泛酸钙，但手性试剂价格昂贵，现在已很少用。国内通常在 DL- 泛解酸内酯与 β- 丙氨酸钙缩合得到 DL- 泛酸钙后采用物理方法进行拆分（后拆分），即加入 D- 泛酸钙晶种诱导溶液中 D- 泛酸钙结晶。诱导结晶法比较成熟，目前被国内外大部分厂家所采用，但是该方法只能生产泛酸钙，不能用于生产泛醇等其他泛酸衍生物。

合成路线1:

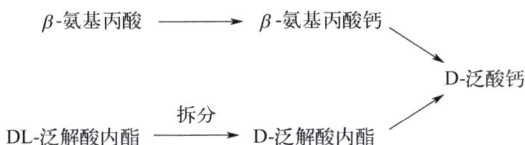

合成路线2:

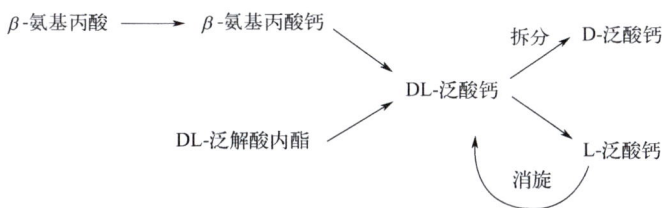

图 10-4　D- 泛酸钙的合成线路

关键合成前体 DL- 泛解酸内酯的方法可分为三类：①异丁醛 - 甲醛法（即 stiller 法）；②异丁醛 - 羟乙腈法；③异丁醛 - 乙醛酸法。国外罗氏、日本第一制药采用 stiller 法，日本宇部兴产曾报道过异丁醛 - 乙醛酸法，国内基本采用异丁醛 - 甲醛 - 氰化钠法。stiller 法应用最为广泛，现在改进的 stiller 法已不再使用剧毒 NaCN。现有的生产工艺对设备要求高，且无法避免合成过程中存在的环境污染问题。

10.2.2　化学合成维生素 B₅ 的产业概述

维生素 B₅ 的主要形式为 D- 泛酸钙，大约 75% 的 D- 泛酸钙会被用于饲料行业，剩下的则用于医药以及食品行业，另外一种维生素 B₅ 的形式 D- 泛醇，主要应用于医药、食品以及化妆品行业。中国是全球最大的维生素生产国和出口国，与德国、荷兰共同为全球前三大维生素生产国，2019 年中国维生素产量全球占比约 77%，其中国内生产的维生素近 80% 用于出口。2020 年维生素 B₅ 全球产能超过 4 万吨。全球维生素 B₅ 市场呈高度寡头垄断格局，全球主要生产企业仅 6 家，亿帆医药、新发药业有限公司、山东华辰生物化学有限公司、兄弟科技、帝斯曼、巴斯夫。据统计，2020 年全球泛酸钙市场按产能来划分，亿帆医药为全球龙头。

近几年我国经济发展进入绿色环保新常态，环保对维生素 B₅ 产业的影响已经逐步显现。国家和地方相继出台了工业环保政策法规，数轮环保核查覆盖浙江、山东等维生素 B₅ 主产区。维生素 B_5 行业龙头厂商新发和山东华辰停产，第一大企业浙江亿帆医药也部分装置停产检修。近期新建和扩产化工项目的环评和安评批准已经暂停，计划新建但仍未审批的泛酸钙项目近期获得批准的可能性较小。在大规模高强度的环保治理下，高污染的维生素 B_5 企业限产甚至停产，市场供应短缺，价格暴涨，限制了下游饲料、食品和医药行业的健康发展。在高污染的维生素 B_5 生产技术没有重大改进之前，这样的供需局面仍会长期持续，因此，维生素 B_5 绿色合成技术的创新迫在眉睫。随着环保问题日益严峻，以绿色可再生资源为原料的微生物发酵法生产维生素 B_5 受到越来越多的关注[42]。

10.2.3　维生素 B_5 的产品标准

2006 年发布 GB/T 7299—2006《饲料添加剂　D- 泛酸钙》，代替 GB 7299—87《饲料添加剂　D- 泛酸钙》，并于 2007 年正式实施。具体标准见表 10-3。

表10-3　GB/T 7299—2006的技术指标

项目	指标
泛酸钙含量（$C_{18}H_{32}CaN_2O_{10}$，以干燥品计）/%	98.0 ～ 101.0
钙含量（Ca, 以干燥品计）/%	8.2 ～ 8.6
氮含量（以干燥品计）/%	5.7 ～ 6.0
比旋光度（$[\alpha]_D$，以干燥品计）	+25.0° ～ +28.5°
重金属（以 Pb 计）/%	≤ 0.002
干燥失重 /%	≤ 5.0
甲醇 /%	≤ 0.3

2021 年发布 GB 1903.53—2021《食品安全国家标准　食品营养强化剂　D- 泛酸钙》，并于 2022 年正式实施。具体标准见表 10-4。

表10-4　食品营养强化剂的D-泛酸钙国家标准

项目	指标
色泽	白色
状态	粉末
气味	无臭
D- 泛酸钙含量（以干基计），w/%	97.0 ～ 103.0
钙含量（以干基计），w/%	8.2 ～ 8.6
比旋光度，$[\alpha]_D^{20℃}/[(°)\cdot dm^2\cdot kg^{-1}]$	+25.0 ～ +27.5
pH(50g/L 水溶液)	6.8 ～ 8.0
生物碱试验	通过试验

续表

项目	指标
碱度 (50g/L)	通过试验
干燥减量，w/%	≤ 5.0
氯化物（以 Cl 计）/(mg/kg)	≤ 200
β- 丙氨酸，w/%	≤ 0.5
铅 (Pb)/(mg/kg)	≤ 2.0
总砷（以 As 计）/(mg/kg)	≤ 0.5

10.3　维生素 B₅ 的生物合成

10.3.1　维生素 B₅ 生物合成途径的关键酶及代谢调控机制

维生素 B₅ 是由两个前体缩合而成，包括 β- 丙氨酸和 D- 泛解酸（图 10-5）。① D- 泛解酸合成：D- 泛解酸是以丙酮酸为前体，通过大肠杆菌中的六种酶合成，包括由 ilvC 编码的乙酰羟酸合酶（AHAS）、酮醇酸还原异构酶（KARI），由 ilvD 编码的二羟酸脱水酶（DAD），由 panB 编码的 α- 酮异戊酸羟甲基转移酶（KPHMT）和由 panE 编码的酮泛解酸还原酶（KPR）[43]。AHAS 是 D- 泛解酸生物合成的第一个关键步骤中的必需酶，催化生成 α- 酮异戊酸（α-KIVA）。它由三种同工酶组成，乙酰羟酸合酶 I（由 ilvBN 编码）、乙酰羟酸合酶 II（由 ilvGM 编码）和乙酰羟酸合酶 III（由 ilvHI 编码）。一分子葡萄糖通过糖酵解途径产生两分子丙酮酸，两分子的丙酮酸脱羧合成 5 个碳原子的乙酰乳酸，乙酰乳酸进一步通过两步反应生成 2- 酮异戊酸，作为合成维生素 B₅ 的 C₅ 前体[1,44]。C₅ 前体 2- 酮基异戊酸在 PanB 的催化下，由 C₁ 载体 5,10- 亚甲基四氢叶酸提供羟甲基，生成含有 6 个碳原子的酮泛解酸，并进一步还原成 D- 泛解酸，作为维生素 B₅ 合成的 C₆ 前体。② β- 丙氨酸合成：一分子草酰乙酸在天冬氨酸转氨酶（由 aspC 编码）催化下或一分子延胡索酸在天冬氨酸酶（由 aspA 编码）催化下生成天冬氨酸。天冬氨酸在 L- 天冬氨酸 α- 脱羧酶（由 panD 编码）催化下生成 β- 丙氨酸。最后，C₆ 前体 D- 泛解酸和 C₃ 前体 β- 丙氨酸通过 PanC 催化合成 9 个碳原子的维生素 B₅。

C₅ 前体 2- 酮基异戊酸还是合成缬氨酸的代谢节点，过表达 ilvBNCDE 基因增强合成途径以及阻断支路代谢途径，缬氨酸的积累量可以达到 150g/L[45-48]。理论上，通过类似的代谢工程改造可以实现从葡萄糖到 C₅ 前体的充足供应，据此推断 C₅ 前体不是限制维生素 B₅ 合成的代谢瓶颈。此外，以 C₆ 前体 D- 泛解酸和 C₃ 前体 β- 丙氨酸作为底物，使用过表达 panC 基因的大肠杆菌进行全细胞催化，维生素 B₅ 产量达到 97.1g/L[49]，据此推断 C₆+C₃ 的终端碳架连接反应也不是限制维生素 B₅ 合成的代谢瓶颈。大肠杆菌中泛酸合成酶的高水平

活性表明泛酸或 β- 丙氨酸的供应在菌内泛酸生物合成中是限速的[50]。在体外泛酸盐和 CoA 抑制 KPHMT 酶活性的基础上，Powers 和 Snell[50] 提出该酶是限制性的，而 Cronan[51] 认为 β- 丙氨酸的形成是限制性步骤。Jackowski[52] 证明，尽管 β- 丙氨酸的供应限制了泛酸的生物合成，但这些代谢物都不限制 CoA 的合成。

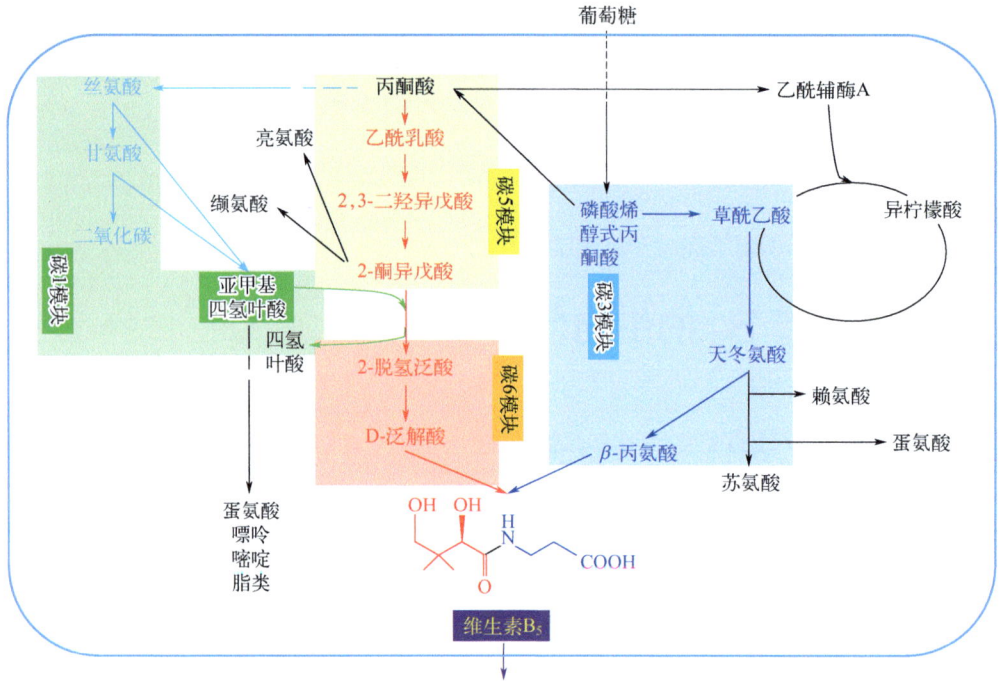

图 10-5　维生素 B₅ 的生物合成途径

β- 丙氨酸作为 C_3 底物与 D- 泛解酸合成维生素 B₅。β- 丙氨酸由 *panD* 基因编码的 l- 天冬氨酸 -α- 脱羧酶催化天冬氨酸产生。最初翻译合成的 PanD 是没有催化活性的酶原，酶原在 Gly-Ser 键上自发剪切产生两个亚基，其中含有丙酮酰基的 N 端亚基具有催化作用。成熟的 PanD 丙酮酰基与底物形成过渡中间态，容易发生氨基转移，导致不可逆的酶活性丧失[53]。此外，β- 丙氨酸的积累量还受维生素 B₅ 下游代谢产物辅酶 A 浓度的调控，辅酶 A 与 PanD/PanZ 形成的蛋白复合物，反馈负调控 PanD 的表达[54]。PanD 不仅翻译后修饰的成熟过程缓慢，还存在催化性失活和反馈抑制的问题，导致维生素 B₅ 的 C_3 前体 β- 丙氨酸的合成效率非常低，限制了维生素 B₅ 高效合成。谷氨酸杆菌生产泛酸的限制因素是 β- 丙氨酸的合成。补充 β- 丙氨酸导致泛酸产量增加。谷氨酸棒状杆菌过表达 *panD* 所达到的泛酸产量与 β- 丙氨酸补充所能达到的水平相当。而大肠杆菌 *panD* 的过度表达没有导致相同的结果；这可能是由于该基因的 Shine-Dalgarno 序列中的核糖体结合部位较差和 / 或该蛋白的翻译后激活较慢，为了提高维生素 B₅ 的发酵产量，需要在发酵培养基中外源补加大量的 β- 丙氨酸[55-57]。上述结果表明，C_3 供给模块是限制维生素 B₅ 高效生物合成的关键代谢瓶颈之一。

生化反应中的一碳单位需要通过载体从 C_1 供体转移给 C_1 受体，使后者增加一个碳原子。5,10-亚甲基四氢叶酸（CH_2-THF）是维生素 B₅ 合成途径的 C_1 载体，丝氨酸和甘氨酸代为 C_1 供体。由 glyA 基因编码的丝氨酸羟甲基转移酶催化 l-丝氨酸分解产生 1 分子 CH_2-THF 和甘氨酸，甘氨酸进一步通过由 gcvTHP 操纵子编码的甘氨酸裂解系统裂解产生 1 分子 CH_2-THF[58]。除了维生素 B₅，CH_2-THF 还用于合成蛋氨酸、嘌呤、嘧啶、胆碱和脂类，具有重要的生理作用，因此 glyA 和 gcvTHP 基因的表达调控机制复杂，在转录起始水平受 CRP、FNR、Lrp、MetR 和 PurR 等多个调控因子和代谢物调控[59,60]，其 mRNA 稳定性也受外界环境条件变化影响[61]。此外，丝氨酸上游合成途径的 serA 和 serC 基因也存在多重反馈抑制和转录起始调节[58,62]。CH_2-THF 还参与多种重要基础生命物质的合成，其再生途径存在多靶点多层级的负效应调控，以最小需求速率（minimal necessary rate）合成[63]。过表达 glyA、serA 和 serC 基因可增强维生素 B₅ 的合成效率[64-68]，表明最小需求速率的 C_1 供体合成也是限制维生素 B₅ 高效生物合成的关键代谢瓶颈之一。

10.3.2　发酵法生产维生素 B₅ 的代谢工程研究进展

微生物发酵法生产维生素 B₅，不仅以可再生的葡萄糖为原料，而且生产过程中形成的废渣、废水和废气易于处理和资源化利用，可有效解决维生素 B₅ 产业的高污染问题。微生物利用葡萄糖合成维生素 B₅ 的代谢途径的调控机制复杂，发酵产量极低。1992 年，日本武田化学工业株式会社最早公开了维生素 B₅ 发酵菌种选育的专利技术[69]，该技术通过筛选多重代谢拮抗物（如水杨酸、D-酮基异戊酸、α-酮基丁酸、β-羟基天冬氨酸和 O-甲基苏氨酸）抗性的突变株，解除维生素 B₅ 和分支途径缬氨酸等代谢物的反馈调节。国内直到 2010 年才开始发酵法生产维生素 B₅ 的菌种选育的研究，中国科学院沈阳应用生态研究所从植物根际土壤中分离到一株恶臭假单胞菌，维生素 B₅ 产量为 24.1mg/L[70]。传统诱变筛选的发酵菌种选育方法效率低，而且容易积累负效应突变，难以进一步提升菌种的生产性能。近年来代谢工程育种在维生素领域（如维生素 A[71]、维生素 B₁₂[72] 和维生素 H[73] 等）取得了很大的进展。

在维生素 B₅ 代谢工程育种方面，德国于利希研究中心[59,74]、法国巴黎南大学[54] 等研究团队通过弱化或敲除竞争途径的 ilvA 和 ilvE 基因，过表达合成途径 ilvBNCD 和 panBCD 基因，使谷氨酸棒杆菌的维生素 B₅ 积累量达到 1g/L 左右，比野生株提高了数千倍；2005 年德国比勒费尔德大学研究团队[75] 对谷氨酸棒状杆菌进行了以下改造：敲除 ilvA 基因以阻断异亮氨酸合成；引入弱启动子减弱 ilvE 表达，从而提高酮异戊酸的可用性；基于两个兼容性质粒过表达 ilvBNCD 和 panBC 操纵子。在 pH 调节的分批培养过程中，实现了 8mmol/L 泛酸的积累，这是谷氨酸棱菌的最高值。泛酸的最终效价达到 1.75g/L。2019 年，浙江工业大学研究团队[58] 通过弱化或敲除竞争途径的 ilvA、ilvE、coaA 和 avtA 基因，过表达合成途径 ilvC、ilvG 和 panBCE 基因，系统改造了大肠杆菌维生素 B₅ 合成途径的 9 个基因，在没有外源添加前体物 β-丙氨酸的发酵条件下，工程菌的维生素 B₅ 产量达到 12.3g/L。德国巴斯夫公司在枯草芽孢杆菌中过表达 ilvBN、ilvC、panB、panC、panD、glyA、serA、ylmA 和 gcv 等基因，敲除 coaX 并下调 coaA 等基因，维生素 B₅ 产量达到

$82g/L^{[65,66]}$。

在外源添加前体物 β- 丙氨酸的发酵条件下，浙江工业大学研究团队[46] 通过系统化多模块工程与组学策略相结合的方式，开发出一种 D- 泛酸生产菌株 DPA-21。该研究基于三大代谢模块。①前体（S）-2- 乙酰乳酸供应模块：降低 L- 异亮氨酸生物合成的竞争途径碳通量，同时使用强启动子替换增强 AHAS I 的表达。②一碳单位再生模块：过表达 serA 和 glyA 来增强一碳单位的供给，又通过定点突变减少 L- 丝氨酸对 PHGDH 的反馈抑制。③辅因子 NADPH 和 ATP 再生模块：基于染色体，通过启动子置换过度表达了编码吡啶核苷酸转氢酶的 pntAB、编码细胞色素 - 布比喹诺氧化酶的 cyoA、编码 NADH 醌氧化还原酶的 nuoA。该研究团队又通过进行比较转录组和代谢组学分析，实施基于组学的策略，菌株 DPA-21 在 5L 发酵罐中分批补料发酵，获得了较高效价（45.35g/L）的维生素 B$_5$。最近，该研究团队[76] 为了消除对维生素 B$_5$ 生产的代谢压力，提出了一种氨基节流系统，并通过一步调节 gdhA 成功地减弱了四种竞争性氨基酸的合成。通过敲除 pta 进一步降低醋酸盐合成，并通过改进 β- 丙氨酸的吸收系统来提高其利用率。最后，在添加外源 β- 丙氨酸的补料分批发酵中，工程菌 DPAL8 的维生素 B$_5$ 的产量达到 66.39g/L。

目前发酵法生产维生素 B$_5$ 的菌种构建的研究仍以传统代谢工程策略为主，集中在弱化支路竞争代谢途径以及增强终端合成途径这两个方面（图 10-6），维生素 B$_5$ 产量虽然有一定幅度提高，但离工业生产应用还存在较大的差距。中国科学院微生物研究所温廷益研究团队利用合成生物学、化学生物学和系统生物学助力的微生物代谢工程育种，构建了以葡萄糖为唯一碳源的一步法发酵生产维生素 B$_5$ 的菌种，产量超过 85g/L，转化率超过 25%，达到工业应用水平，2022 年已独家许可企业建设工业生产线。该技术是典型的前瞻性、引领性和变革性技术。

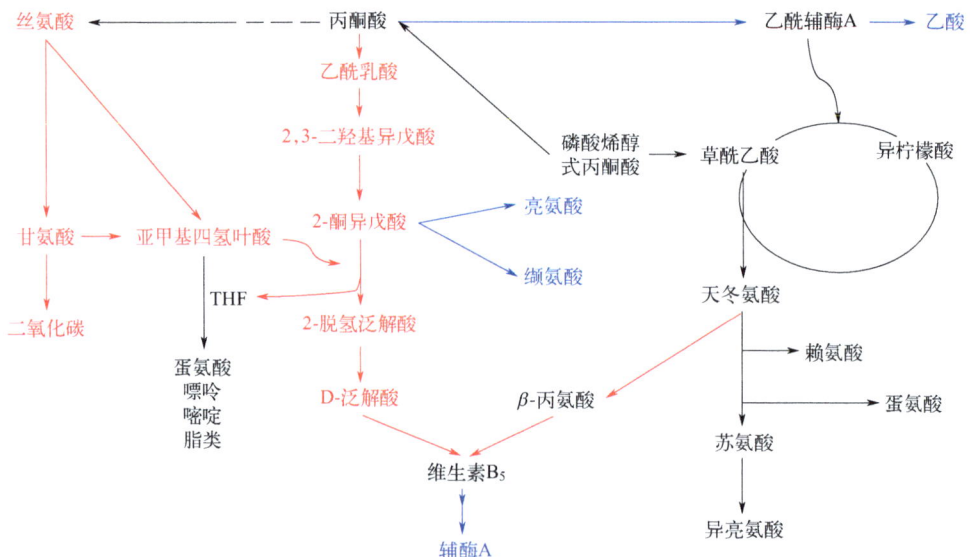

图 10-6　发酵法生产维生素 B$_5$ 的代谢工程策略

红色表示增强的代谢途径，蓝色表示弱化或阻断的代谢途径

10.4　维生素 B₅ 的专利分析与前景展望

10.4.1　专利分析

使用 incoPat 数据库检索了发酵法生产泛酸的专利。总共检索到 615 项专利，包括专利申请和公开年份、申请人排名、全球地域排名、技术功效趋势、全球分布和国民经济领域发酵法生产维生素 B₅ 的专利。

早期专利以化工法为主，直到 2003 年欧洲企业开始研发发酵法生产维生素 B₅ 的技术之后，专利才爆发式增长（图 10-7）。专利申请 - 公开趋势图表展示的是专利申请量和公开量的发展趋势。专利公开和专利申请相比有一定滞后，一般发明专利在申请后 3 ～ 18 个月公开，通过趋势可以从宏观层面把握分析对象在各时期的专利布局变化。除了 2003 年爆发式公开了近 80 项专利，此后每年申请和公开 10 ～ 20 项专利。近二十年来，发酵法生产维生素 B₅ 的技术一直处于实验室研发阶段，预计进入工业生产阶段时，专利申请会大幅增长。

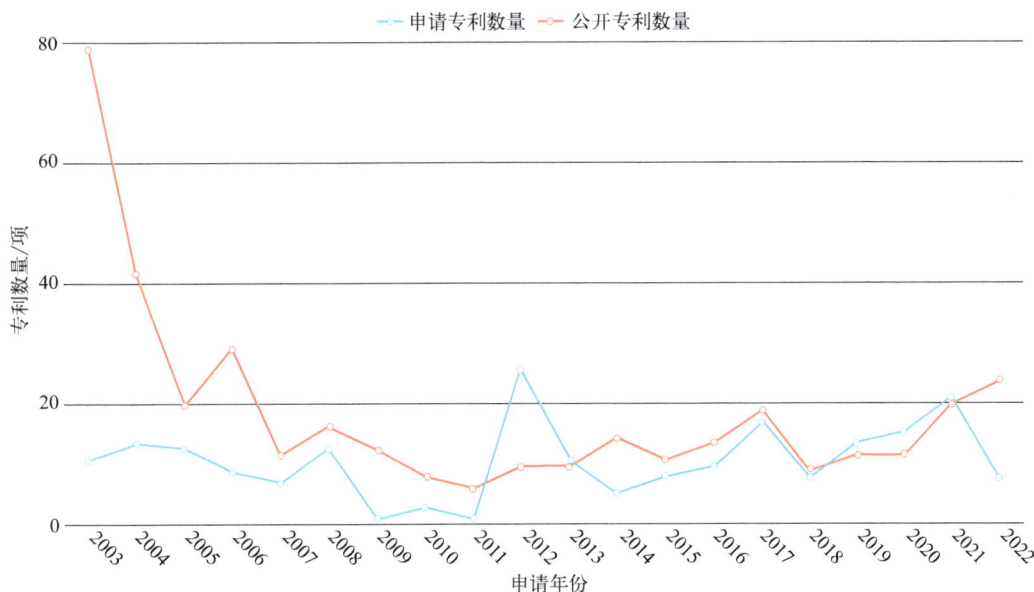

图 10-7　专利申请 - 公开趋势

从技术功效趋势图（图 10-8）分析了每年技术功效的分布情况和变化趋势，有助于了解各时期的技术特征，从而掌握技术在实际应用中功效的变化，对研发路线进行适应性调整。发酵技术的目标仍以降低成本和提高生产效率为主，说明维生素 B₅ 的发酵生产成本仍是限制工业应用的最主要因素。特别是近十年来，专利功效分布基本保持一致。所以未来发酵法生产维生素 B₅ 的关键核心技术一定要实现区别于现在的飞跃性突破，才有可能与百年迭代升级的化工法竞争成本，实现工业化生产。

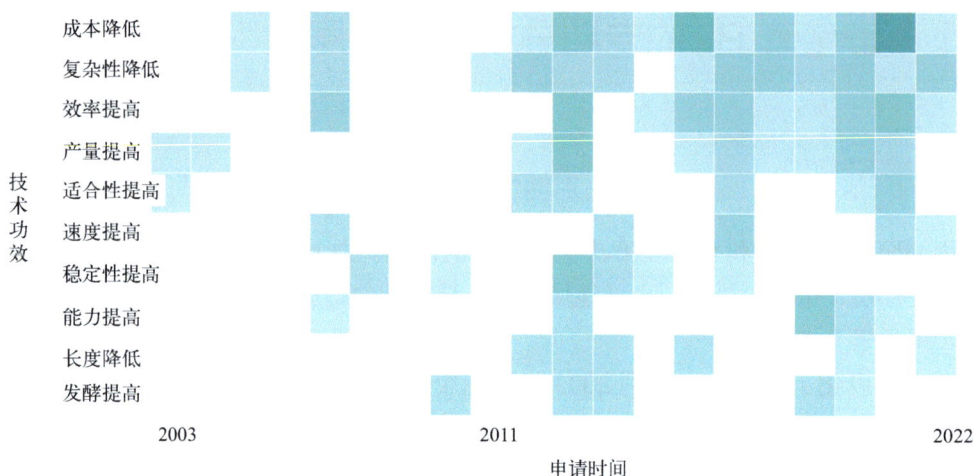

图 10-8　技术功效趋势

　　申请人排名表（图 10-9）展示的是按照所属申请人（专利权人）的专利数量统计的申请人排名情况。该分析可以发现创新成果积累较多的专利申请人，并据此进一步分析其专利竞争实力。德国 DEGUSSA、荷兰 DSM、日本 TAKEDA 和 AJINOMOTO 等欧洲和日本跨国企业的专利数量遥遥领先，特别是排名第一的德国 DEGUSSA 的专利数量是第二名的 5 倍，但是申请日期较早，面临专利权失效的风险。国内浙江工业大学的发酵法生产维生素 B_5 专利申请数量排在第二名，具有较强的研发竞争力。

　　各个国家或地区的专利数量分布情况表明虽然专利权人数量集中在欧洲和日本企业（图 10-9），但是从专利全球地域排名来看，全球 30% 的专利在中国布局，说明中国是维生素 B_5 最大的生产国或销售市场。

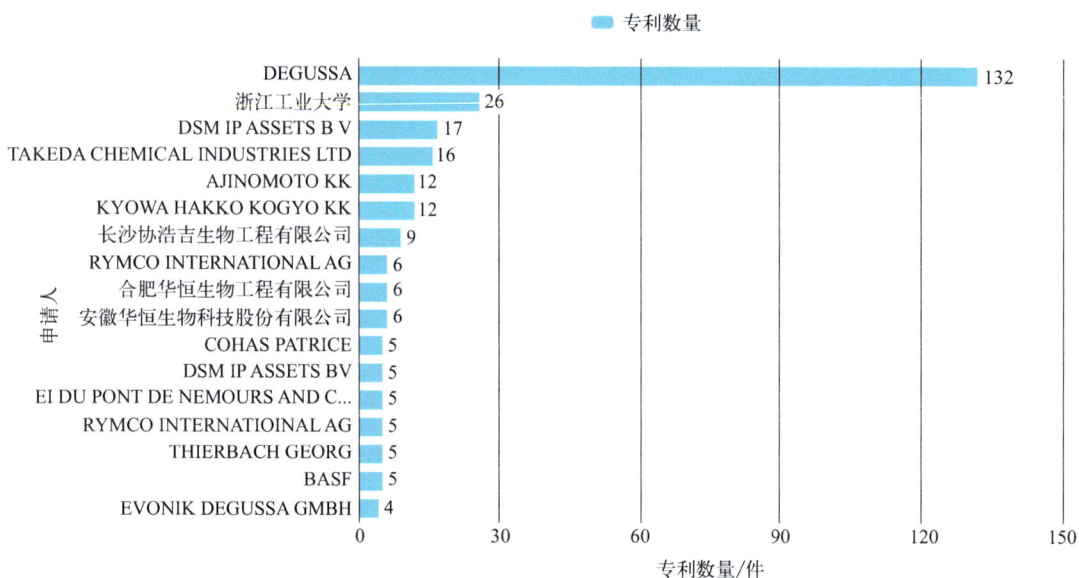

图 10-9　申请人排名

近年来，随着对泛酸生物合成途径的深入研究，越来越多关于发酵法合成的专利已经公布。但是相对于传统的化学法或者酶催化法来说，发酵生产维生素 B₅ 的产量仍有很大的进步空间。相信未来不久，发酵法维生素 B₅ 的工业化生产将会实现。

10.4.2　前景展望

维生素 B₅ 的合成与微生物其他种类的维生素合成一样，如核黄素、硫胺素、吡哆醇和生物素[11, 76-80]，是一个日益受到学术和工业关注的领域。维生素 B₅ 主要用于动物饲料添加剂、食品添加剂和医药原料药，分别占市场份额的 75%、15% 和 10%。随着维生素 B₅ 新功能的发现和应用领域的拓展[27]，维生素 B₅ 的市场需求仍将呈现稳定增长的趋势。

化学法生产维生素 B₅ 已有近 80 年的历史。早在 1942 年德国 DSM 公司就实现了化学合成维生素 B₅ 的工业化；直到 1958 年，我国上海才开始生产维生素 B₅，化学合成工艺落后。近年来我国经济发展进入绿色环保新常态，在大规模高强度的环保治理下，高污染的化学法生产维生素 B₅ 的企业限产甚至停产，维生素 B₅ 市场供应短缺，因此，亟须开展维生素 B₅ 绿色制造技术的研发。

开展高效生物合成维生素 B₅ 的代谢瓶颈解析、代谢途径设计和细胞工厂构建的研究，研发环境友好、资源可持续的发酵法生产维生素 B₅ 的关键核心技术，形成与化工法竞争生产成本的变革性技术，不仅可以实现维生素产业的绿色升级，促进维生素 B₅ 及其下游饲料、食品和医药产业的健康发展，还将改写近 80 年的维生素 B₅ 工业生产史，在合成生物学驱动碳中和经济发展方面具有重大经济价值和颠覆性意义。

参 考 文 献

[1] Acevedo-Rocha C G，Gronenberg L S，Mack M，et al. Microbial cell factories for the sustainable manufacturing of B vitamins [J]. Curr Opin Biotech，2019，56：18-29.

[2] Yan-Hui Y，Chun-Ling X. The functions and biosynthesis of pantothenate [J]. Chemistry of Life，2008，28（4）：448-452.

[3] Williams R J. The vitamine requirement of yeast [J]. J Biol Chem，1919，38（3）：465-486.

[4] Williams R J，Lyman C M，Goodyear G H，et al. "Pantothenic acid"，a growth determinant of universal biological occurrence [J]. J Am Chem Soc，1933，55：2912-2927.

[5] Weinstock H H，Mitchell H K，Pratt E F，et al. Pantothenic acid IV. Formation of beta-alanine by cleavage [J]. J Am Chem Soc，1939，61：1421-1425.

[6] Woolley D W. Identification of the Mouse Antialopecia Factor [J]. J Biol Chem，1941，139（1）：29-34.

[7] Stiller E T，Harris S A，Finkelstein J，et al. Pantothenic acid Ⅷ. The total synthesis of pure pantothenic acid [J]. J Am Chem Soc，1940，62：1785-1790.

[8] Plesofskyvig N，Brambl R. Pantothenic-acid and coenzyme-A in cellular modification of proteins [J]. Annu Rev Nutr，1988，8：461-482.

[9] Melton E M，Watkins P，Jia Z Z，et al. Identification of two splice variants of human FATP2，which distinguish fatty acid

transport and activation activities [J]. Faseb J, 2007, 21 (5): A236.

[10] Hrubsa M, Siatka T, Nejmanova I, et al. Biological properties of vitamins of the B-complex, Part 1: Vitamins B_1, B_2, B_3, and B_5 [J]. Nutrients, 2022, 14 (3): 1-84.

[11] Capozzi V, Russo P, Duenas M T, et al. Lactic acid bacteria producing B-group vitamins: a great potential for functional cereals products [J]. Appl Microbiol Biot, 2012, 96 (6): 1383-1394.

[12] Kerfoot D. In Ullmann's Encyclopedia of Industrial Chemistry [M] Wiley-VCH Verlag GmbH & Co KGaA: Weinhcim, 2012.

[13] Tiozon R N, Fernie A R, Sreenivasulu N. Meeting human dietary vitamin requirements in the staple rice via strategies of biofortification and post-harvest fortification [J]. Trends Food Sci Tech, 2021, 109: 65-82.

[14] Garg M, Sharma A, Vats S, et al. Vitamins in cereals: A critical review of content, health effects, processing losses, bioaccessibility, fortification, and biofortification strategies for their improvement [J]. Front Nutr, 2021, 8: 1-15.

[15] Saleh A S M, Wang P, Wang N, et al. Brown rice versus white rice: Nutritional quality, potential health benefits, development of food products, and preservation technologies [J]. Compr Rev Food Sci F, 2019, 18 (4): 1070-1096.

[16] Wellard L, Hughes C, Tsang Y W, et al. Investigating fruit and vegetable claims on Australian food packages [J]. Public Health Nutr, 2015, 18 (15): 2729-2735.

[17] Schroeder H A. Losses of vitamins and trace minerals resulting from processing and preservation of foods-reply [J]. Am J Clin Nutr, 1972, 25 (7): 648.

[18] Adebo O A. African sorghum-based fermented foods: past, current and future prospects [J]. Nutrients, 2020, 12 (4): 1111.

[19] Hoppner K, Lampi B. Pantothenic-acid and biotin retention in cooked legumes [J]. J Food Sci, 1993, 58 (5): 1084-1085.

[20] King J G, Blumberg J, Ingwersen L, et al. Tree nuts and peanuts as components of a healthy diet [J]. J Nutr, 2008, 138 (9): 1736S-1740S.

[21] Bates C J. Pantothenic acid-sciencedirect [M]. Amsterdam: Elsevier Ltd, 2005.

[22] Sathe S K, Monaghan E K, Kshirsagar H H, et al. Chemical composition of edible nut seeds and its implications in human health [M]. Oxford: Taylor & Francis Group, 2009.

[23] Polawska E, Cooper R G, Jozwik A, et al. Meat from alternative species nutritive and dietetic value, and its benefit for human health a review [J]. Cyta-J Food, 2013, 11 (1): 37-42.

[24] Gahruie H H, Eskandari M H, Mesbahi G, et al. Scientific and technical aspects of yogurt fortification: A review [J]. Food Sci Hum Well, 2015 (1): 1-8.

[25] Feeney M J, Dwyer J, Hasler-Lewis C M, et al. Mushrooms and health summit proceedings [J]. J Nutr, 2014, 144 (7): 1128S.

[26] Walsh J H, Wyse B W, Hansen R G. Pantothenic acid content of 75 processed and cooked foods [J]. J Am Diet Assoc, 1981, 78 (2): 140.

[27] Woollard D C, Indyk H E, Christiansen S K. The analysis of pantothenic acid in milk and infant formulas by HPLC [J]. Food Chem, 2000, 69 (2): 201-208.

[28] Lu B Y, Ren Y P, Huang B F, et al. Simultaneous determination of four water-soluble vitamins in fortified infant foods by ultra-performance liquid chromatography coupled with triple quadrupole mass spectrometry [J]. J Chromatogr Sci, 2008,

46 (3)：225-232.

[29] Sullivan，Maurice. Nutritional dermatoses in the rat vi the effect of pantothenic acid deficiency [J]. Arch Dermatol，1942，45 (5)：917.

[30] Gheita A A，Gheita P，Kenawy S A. The potential role of B$_5$：A stitch in time and switch in cytokine [J]. Phytother Res，2020，34 (2)：306-314.

[31] Rembe J D，Fromm-Dornieden C，Stuermer E K. Effects of vitamin B complex and vitamin C on human skin cells：Is the perceived effect measurable [J]. Adv Skin Wound Care，2018，31 (5)：225-233.

[32] Johnson K A，Yao W，Lane N E，et al. Vanin-1 pantetheinase drives increased chondrogenic potential of mesenchymal precursors in ank/ank mice [J]. Am J Pathol，2008，172 (2)：440-453.

[33] Kavian，Niloufar，Mehlal，et al. Imbalance of the Vanin-1 pathway in systemic sclerosis [J]. J Immunol，2016，197 (8)：3326-3335.

[34] Ambanelli U，Rosati G F. Blood concentrations of pyridoxine and pantothenic acid in rheumatoid arthritis [J]. Reumatismo，1971，23 (2)：76-79.

[35] Kunisawa J，Kiyono H. Vitamin-mediated regulation of intestinal immunity [J]. Front Immunol，2013，4：189.

[36] Grobler L，Nagpal S，Sudarsanam T D，et al. Nutritional supplements for people being treated for active tuberculosis [J]. Cochrane Db Syst Rev，2016；52 (3)：CD006086.

[37] 陈国峰 . d- 泛酸钙的生产应用与开发前景 [J]. 中国氯碱，1999 (6)：28-30.

[38] 徐林祥，冯晓亮，孔诚 . d- 泛醇的应用及合成方法 [J]. 化工生产与技术，2002，9 (2)：3.

[39] Revuelta J L，Buey R M，Ledesma-Amaro R，et al. Microbial biotechnology for the synthesis of（pro）vitamins，biopigments and antioxidants：challenges and opportunities [J]. Microb Biotechnol，2016，9：564-567.

[40] 丁玉琴 . 泛酸在脂肪酸代谢中的作用 [J]. 国外医学（卫生学分册），2000（05）：304-306.

[41] Beutel R，Tishler M. Resolution of racemic α-hydroxy-β，β-dimethyl-γ-butyrolactone [J]. J Am Chem：soc，1946，68 (8)：1463-1465.

[42] 姜骅，唐成康 . 泛酸研究及其应用 [J]. 四川食品与发酵，2004，40 (1)：11-13.

[43] Webb M E，Smith A G，Abell C. Biosynthesis of pantothenate [J]. Nat Prod Rep，2004，21 (6)：695-721.

[44] Miyatake K，Nakano Y，Kitaoka S. Enzymological properties of pantothenate synthetase from *Escherichia-coli-b* [J]. J Nutr Sci Vitaminol，1978，24 (3)：243-253.

[45] Revuelta J L，Buey R M，Ledesma-Amaro R，et al. Microbial biotechnology for the synthesis of（pro）vitamins，biopigments and antioxidants：challenges and opportunities [J]. Microb Biotechnol，2016，9：564-567.

[46] Hasegawa S，Suda M，Uematsu K，et al. Engineering of *Corynebacterium glutamicum* for high-yield l-valine production under oxygen deprivation conditions [J]. Appl Environ Microb，2013，79 (4)：1250-1257.

[47] Chen C，Li Y Y，Hu J Y，et al. Metabolic engineering of *Corynebacterium glutamicum* ATCC13869 for l-valine production [J]. Metab Eng，2015，29：66-75.

[48] 刘树文，温廷益，肖海涵，等 . ilv 衰减子的突变体、相关工程菌及其在生产缬氨酸中的应用：107287196A[P]. 2017-10-24.

[49] Tigu F，Zhang J L，Liu G X，et al. A highly active pantothenate synthetase from *Corynebacterium glutamicum* enables the production of d-pantothenic acid with high productivity [J]. Appl Microbiol Biot，2018，102 (14)：6039-6046.

[50] Powers S G，Snell E E. Ketopantoate hydroxymethyltransferase 2 physical，catalytic，and regulatory properties [J]. J

Biol Chem, 1976, 251 (12): 3786-3793.

[51] Cronan J E. Beta-alanine synthesis in *Escherichia coli* [J]. J Bacteriol, 1980, 141 (3): 1291-1297.

[52] Jackowski S, Rock C O. Regulation of coenzyme-a biosynthesis [J]. J Bacteriol, 1981, 148 (3): 926-932.

[53] Qian Y Y, Lu C, Liu J, et al. Engineering protonation conformation of l-aspartate-alpha-decarboxylase to relieve mechanism-based inactivation [J]. Biotechnol Bioeng, 2020, 117 (6): 1607-1614.

[54] Monteiro D C F, Patel V, Bartlett C P, et al. The structure of the PanD/PanZ protein complex reveals negative feedback regulation of pantothenate biosynthesis by coenzyme A [J]. Chem Biol, 2015, 22 (4): 492-503.

[55] Zhang B, Zhang X M, Wang W, et al. Metabolic engineering of *Escherichia coli* for d-pantothenic acid production [J]. Food Chem, 2019, 294: 267-275.

[56] Sahm H, Eggeling L. D-pantothenate synthesis in Corynebacterium glutamicum and use of panBC and genes encoding l-valine synthesis for D-pantothenate overproduction [J]. Appl Environ Microb, 1999, 65 (5): 1973-1979.

[57] Dusch N, Puhler A, Kalinowski J. Expression of the Corynebacterium glutamicum panD gene encoding l-aspartate-alpha-decarboxylase leads to pantothenate overproduction in *Escherichia coli* [J]. Appl Environ Microb, 1999, 65 (4): 1530-1539.

[58] Zhang Y, Shang X L, Lai S J, et al. Reprogramming one-carbon metabolic pathways to decouple l-serine catabolism from cell growth in Corynebacterium glutamicum [J]. Acs Synth Biol, 2018, 7 (2): 635-646.

[59] Lorenz E, Stauffer G V. RNA polymerase, PurR and MetR interactions at the glyA promoter of Escherichia coli [J]. Microbiology, 1996, 142 (7): 1819-1824.

[60] Stauffer L T, Fogarty S J, Stauffer G V. Characterization of the *Escherichia coli* gcv operon [J]. Gene, 1994, 142 (1): 17-22.

[61] Plamann M D, Stauffer G V. *Escherichia coli* glyA messenger-Rna decay - the role of 3'-secondary structure and the effects of the pnp and rnb mutations [J]. Mol Gen Genet, 1990, 220 (2): 301-306.

[62] 邓辉, 陈存武, 孙传伯, 等. 大肠杆菌磷酸甘油酸脱氢酶突变体的构建及抗反馈抑制效应 [J]. 生物工程学报, 2016, 32 (04): 468-477.

[63] Hartl J, Kiefer P, Meyer F, et al. Longevity of major coenzymes allowsminimal de novo synthesis in microorganisms [J]. Nat Microbiol, 2017, 2 (7): 17073.

[64] Daniela K, Georg T. Process for The fermentative preparation of pantothenic acid and/or salts there of: US7262034B2 [P]. 2007-08-29.

[65] Yocum R R, Thomas A P, Janice G P, et al. Microorganisms and processes forenhanced production of pantothenate: US 2008/0166777 [P]. 2008-07-10.

[66] 约卡姆, 帕特森, 佩罗, 等. 用于提高泛酸产量的微生物和方法: 1639349A [P]. 2005-07-13.

[67] Adkins J, Jordan J, Nielsen D R. Engineering *Escherichia coli* for renewable production of the 5-carbon polyamide building-blocks 5-aminovalerate and glutarate [J]. Biotechnol Bioeng, 2013, 110 (6): 1726-1734.

[68] Jin H P, Lee K H, Kim T Y, et al. Metabolic engineering of *Escherichia coli* for the production of l-valine based on transcriptome analysis and in silico gene knockout simulation [J]. PNAS, 2007, 104 (19): 7797-7802.

[69] Hiroshi M, Takamasa Y, Yuichi H, et al. Production method of d-pantothenic acid and plasmids and microorganisms thereof [J]. EP, 1993.

[70] 徐慧, 李东升, 李娜娜, 等. D-泛酸高产菌株 C21 的筛选及鉴定 [J]. 微生物学杂志, 2010, 30 (03): 30-34.

［71］ Liang，Sun，Suryang，et al. Vitamin A Production by engineered Saccharomyces cerevisiae from xylose via two-phase in situ extraction ［J］. Acs Synth Biol，2019，8（9）：2131-2140.

［72］ Fang H，Li D，Kang J，et al. Metabolic engineering of *Escherichia coli* for de novo biosynthesis of vitamin B$_{12}$ ［J］. Nat Commun，2018，9（1）：4917.

［73］ Xiao F，Wang H，Shi Z，et al. Multi-level metabolic engineering of Pseudomonas mutabilis ATCC31014 for efficient production of biotin ［J］. Metab Eng，2020，61：406-415.

［74］ Reaves M L，Rabinowitz J D. Characteristic phenotypes associated with ptsn-null mutants in Escherichia coli K12 are absent in strains with functional ilvG ［J］. J Bacteriol，2011，193（18）：4576-4581.

［75］ Huser A T，Chassagnole C，Lindley N D，et al. Rational design of a Corynebacterium glutamicum pantothenate production strain and its characterization by metabolic flux analysis and genorne-wide transcriptional profiling ［J］. Appl Environ Microb，2005，71（6）：3255-3268.

［76］ Li B，Zhang B，Wang P，et al. Targeting metabolic driving and minimization of by-products synthesis for high-yield production of d-pantothenate in Escherichia coli ［J］. Biotechnol J，2022，9：564-567.

［77］ Bacher A，Eberhardt S，Fischer M，et al. Biosynthesis of vitamin B$_2$（riboflavin）［J］. Annu Rev Nutr，2000，20：153-167.

［78］ Settembre E，Begley T P，Ealick S E. Structural biology of enzymes of the thiamin biosynthesis pathway ［J］. Curr Opin Struc Biol，2003，13（6）：739-747.

［79］ Sakai A，Kita M，Tani Y. Recent progress of vitamin B$_6$ biosynthesis ［J］. J Nutr Sci Vitaminol，2004，50（2）：69-77.

［80］ Schneider G，Lindqvist Y. Structural enzymology of biotin biosynthesis ［J］. Febs Lett，2001，495（1-2）：7-11.

第 11 章
维生素 B$_6$

刘林霞，张大伟

中国科学院天津工业生物技术研究所

11.1　概述

11.1.1　维生素 B₆ 的发现

　　1926 年发现除因烟酸缺乏引起糙皮病（pellagra）外，另一种维生素在饲料中的缺乏也会诱发小鼠糙皮病，这一物质就是维生素 B₆。维生素 B₆ 的分子式由 Ohdake 于 1932 年首次公布，他一直致力于从米糠中分离出称之为"谷维酸"（维生素 B₁）的物质，并发现了一种副产物——维生素 B₆[1,2]。Ohdake 描述了这个分子式，但他并不知道自己发现了一种维生素，也没有意识到它在生理上的重要性。当时，几位科学家正在研究维生素 B 家族成员的特征，寻找称为"大鼠糙皮病预防因子"的物质，它可以治疗大鼠的一种与糙皮病类似的皮肤病——肢端痛[1,2]。他们发现，通过在饮食中添加一种特殊的酵母洗脱液可以治愈肢端痛。匈牙利科学家 György 首次将维生素 B₆ 描述为酵母洗脱液中活性的"大鼠糙皮病预防因子"[3]。在 1938 年，包括 György 在内的五个独立研究小组从酵母中分离出了结晶状的维生素 B₆[4]。György 在 1939 年确定了维生素 B₆ 的结构，由于其与吡啶的结构同源，故将其命名为维生素 B₆ 吡哆醇（pyridoxine，PN）[5]，它有抗皮炎的功效，因而又被叫作抗皮炎维生素。同年，Harris 和 Folkers[1,6] 完成了维生素 B₆ 的人工合成。进一步的研究表明，维生素 B₆ 吡哆醇能够以其他两种化学形式存在，与吡哆醇不同之处在于 4 位上的取代基不同（图 11-1）。在体内这三种物质都主要以磷酸化形式存在，其中吡哆醛 -5′- 磷酸（PLP）是主要的生物活性形式，并被用作许多重要酶促反应的辅助因子[7,8]。

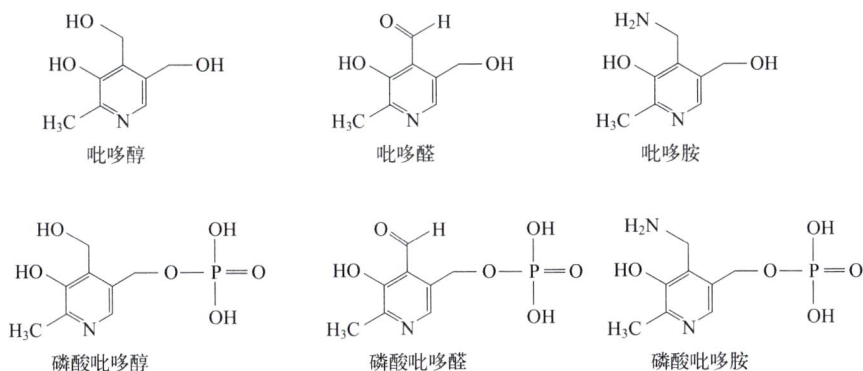

图 11-1　维生素 B₆ 的化学结构形式

11.1.2　维生素 B₆ 的食物来源

　　一般而言，人与动物的肠道中微生物（细菌），可合成维生素 B₆，但其量甚微。PLP 在人体中并不能从头合成，需要从各种食物中获得补充，包括肉类、奶制品、豆类、坚果、马铃薯等。成年人每天大约需要摄入 1.6mg 维生素 B₆。维生素 B₆ 含量较高的食物，包括开心果 1.7mg/100g、香蕉 0.4mg/100g、玉米 0.6mg/100g、小麦 0.3mg/100g、大米 0.16mg/100g、牛肉 0.38mg/100g、鸡蛋 0.12mg/100g 等。

11.1.3　维生素 B$_6$ 的功能

维生素 B$_6$ 是能量产生、氨基酸和脂肪代谢、中枢神经系统的活动等必不可少的一种重要物质。维生素 B$_6$ 主要作为辅酶，通常以磷酸吡哆醛（PLP）或者磷酸吡哆胺（PMP）的形式参与多种代谢反应，包括蛋白质、脂肪以及糖类的代谢。维生素 B$_6$ 还参与了辅酶 A、抗体和信使核糖核酸的合成，并与核酸代谢和内分泌腺有关。同时，维生素 B$_6$ 也在中枢神经系统代谢过程中起作用，它被认为有助于脑和神经组织中的能量转化，与中枢神经系统的功能有关。此外，维生素 B$_6$ 与维生素 B$_1$、维生素 B$_2$ 合作共同完成食物的消化分解及帮助皮肤维持健康，与铁共用治疗贫血，另外，它能促进人体合成胰岛素等。

PLP 依赖性酶催化超过 140 种不同的酶促反应，包括由国际酶学委员会定义的六种酶类别中的五种（氧化还原酶 EC1、转移酶 EC2、水解酶 EC3、裂解酶 EC4、异构酶 EC5）。其中，许多 PLP 依赖性酶催化氨基酸代谢中的重要步骤，如共催化转氨基、外消旋、脱羧和 α- 消除反应、β- 消除反应。例如，转氨酶介导 α- 酮酸转化为氨基酸，氨基酸外消旋酶促使 L- 氨基酸生成 D- 氨基酸。其他还包括脂肪酸代谢，如 δ-6 去饱和酶（EC 1.14.19.3）分别通过亚油酸和 γ- 亚麻酸的去饱和来催化合成重要的多不饱和脂肪酸[9]，这说明 PLP 依赖性酶在生物体中可促进多种化学反应，并显示了维生素 B$_6$ 的功能重要性[9-11]。除了这些作用外，PLP 还是糖原等贮藏糖类降解的重要辅助因子。PLP 依赖的糖原磷酸化酶（EC 2.4.1.1）通过糖原释放葡萄糖介导糖原的分解。此外，两种 PLP 依赖的酶参与血红蛋白的形成和叶绿素的生物合成，在这些反应中，限速步骤是 δ- 氨基乙酰丙酸的生成，相关的合成酶包括哺乳动物和鸟类来源的 δ- 氨基乙酰丙酸合成酶（EC 2.3.1.37）、植物和藻类来源的 δ- 氨基乙酰丙酸合成酶（EC 5.4.3.8）[12]。此外，在植物中，植物激素乙烯的生物合成受 PLP 依赖酶 1- 氨基环丙烷 -1- 羧酸合成酶（EC 4.4.1.14）的控制[13]。除了作为 PLP 依赖酶的辅助因子，维生素 B$_6$ 还被认为是对抗活性氧的直接保护剂。虽然真菌、植物、古细菌和大多数真细菌都能从头合成维生素 B$_6$，但包括人类在内的大多数动物都缺乏这种能力，需要依赖于外部维生素 B$_6$ 的供应[1]。

11.1.4　维生素 B$_6$ 的催化机制

从化学结构来看，PLP 具有一个吡啶环、一个醛基、一个羟基和一个磷酸基（图 11-1）。PLP 的醛基可以与游离氨基形成亚胺（例如，内部醛亚胺，在 PLP 和保守的赖氨酸残基之间形成，外部醛亚胺在 PLP 和底物氨基之间形成）。在某些例外情况下，还可观察到 PLP 通过磷酸基团与活性位点结合。另一个未质子化的伯氨基可以攻击形成的内部醛亚胺或外部醛亚胺，使内部或外部醛亚胺可逆，形成可逆亚胺的能力允许 PLP 的结合、底物的结合、产物的释放和在活性位点具有 PLP 键的酶的再生[14]。

PLP 的杂芳族吡啶环使其能够稳定大多数 PLP 依赖性酶形成的碳负离子中间体，但除了氨基变位酶家族（自由基引发的反应）[15]。碳负离子中间体的电子通过 PLP 的电子池共振稳定和离域。醌类中间体被认为是许多 PLP 依赖的催化机制中的关键中间体，是碳负离子中间体的共振形式，但在某些反应中，如丙氨酸消旋酶催化的反应中并未真正观察到醌类中间体。在丙氨酸消旋酶中，未质子化的吡啶氮使其难以形成醌类中间体，该中间体可能不稳定，在丙氨酸消旋酶催化的反应中可能处于过渡态[16]。

PLP 的羟基可以作为质子供体或受体，而 5′- 磷酸基团的作用很少被提及或阐述。有人提出，PLP 的磷酸基团在糖原磷酸化酶催化的反应中作为一般酸 / 碱接受或提供质子[17]。PLP 的磷酸基团与底物磷酸盐非常接近，在正向反应中，糖苷氧被正磷酸盐质子化，PLP 通过将一个质子提供给底物磷酸盐而变成二价阴离子，然后底物磷酸盐与中间体的共价连接导致葡萄糖 -1- 磷酸盐的形成，并且 PLP 被转化回单价阴离子[17]。最近还有报道使用吡哆醛和 PLP 作为丝氨酸棕榈酰转移酶中的辅因子的比较分析研究了磷酸基团在 PLP 中的重要性[18]。尽管吡哆醛可以与一个保守的活性位点赖氨酸残基结合并进行转醛化反应，但用吡哆醛代替 PLP 会使其酶活性减少为原来的 1/10 以下[18]。有人提出 PLP 的磷酸基团与底物L- 丝氨酸羟基相互作用，并有助于关键中间体的形成和形成的醌或碳负离子中间体的立体定向。磷酸基团可用作酸 / 碱催化剂以促进质子转移以帮助外部醛亚胺形成和加速犬尿氨酸酶介导的水解裂解反应中同碳二醇中间体的形成[19]。

由于 PLP 的化学作用和与酶环境的不同相互作用（例如，活性位点残基），依赖于 PLP 的酶的反应方向不同（例如脱羧、外消旋、转氨基、消除、取代等）。酶分类中大约 4% 的酶活性依赖于 PLP。消旋是通过一侧去质子化和另一侧 Cα 再质子化，而在 Cα 去质子化后PLP 的 C4′ 再质子化是酮亚胺中间体形成的转氨基的关键步骤。α- 消除、β- 消除取决于 β 位置的离去基团。脱羧是通过从外部醛亚胺中去除—COO—基团以形成碳负离子或醌类中间体，然后在 Cα 处质子化中间体以形成胺。反式羟醛缩合是通过 Cα 和 Cβ 之间的键断裂形成碳负离子中间体[20]。一些酶催化不同反应类型的组合，例如二烷基甘氨酸脱羧酶催化脱羧依赖性转氨[21]。

11.2　维生素 B₆ 的性质和应用

11.2.1　维生素 B₆ 的理化性质

维生素 B₆ 是吡哆醇、吡哆醛、吡哆胺的总称。它们在生物体内可相互转化且都具有维生素 B₆ 的活性。维生素 B₆ 的盐酸盐（盐酸吡哆醇）为白色或类白色的结晶或结晶性粉末，化学名 2- 甲基 -3- 羟基 -4, 5- 二羟甲基吡啶，又名吡哆辛、吡哆醇，通常用其盐酸盐为制剂，CAS 号 58-56-0（HCl），分子式 $C_8H_{11}NO_3 \cdot HCl$，分子量 205.64，熔点 205～209℃（分解），无臭，味酸苦，有升华性，易溶于水（0.1g/mL，20℃，澄清，无色），微溶于乙醇（1∶90）、丙酮，可溶于氯仿，不溶于醚。水溶液呈酸性，10% 的水溶液 pH 约为 3.2。在碱性溶液中，遇光或高温时均易被破坏。

11.2.2　维生素 B$_6$ 的临床应用

医药级维生素 B$_6$ 可用于注射，治疗皮炎和周围神经炎等。在维生素 B$_6$ 与烟酸或烟酰胺缺乏症的临床治疗中，药物与维生素 B$_6$ 合用以提高疗效。此外，维生素 B$_6$ 制剂在临床上用于防治妊娠和放射性疾病引起的呕吐。维生素 B$_6$ 是维生素 B 复合物中的一种营养素，有助于保持神经和皮肤健康、对抗感染、保持正常血糖水平、产生红细胞以及保证一些酶的正常工作。维生素 B$_6$ 不足会导致口腔和舌头溃疡以及神经紊乱[22]。维生素 B$_6$ 本身还有许多其他用途，对保持身体健康和大脑发育很重要，例如以下几种临床应用：回乳、原发性痛经、复发性阿弗他性口腔炎、抑郁症、老年性皮肤瘙痒症、吡哆醇依赖性癫痫[23]、脑血管疾病等。

11.2.3　维生素 B$_6$ 在其他领域的应用

近年来，除医药使用外，维生素 B$_6$ 也被越来越多地应用于食品、化妆品等领域，如婴幼儿配方乳粉、保健食品、功能饮料等，代表性的保健食品如褪黑素、维生素 B$_6$ 片等，两者搭配服用可以提高睡眠质量，改善人体的免疫功能等。另外，维生素 B$_6$ 主要和皮脂分泌有关，它能够抑制皮脂腺活动，减少皮脂分泌，从而对毛孔、黑头、皮炎、暗疮等都有相当大的功效，因此维生素 B$_6$ 软膏和其它护肤品搭配使用可以有效改善皮肤问题。

在畜牧业中，增加饲料中维生素 B$_6$ 的含量可以增强动物的免疫力和抗应激能力。维生素 B$_6$ 是动物正常代谢过程中不可缺少的有机物质，在大多数情况下，动物机体本身不能合成维生素 B$_6$。预混料、混合料和饲料中的维生素饲料添加剂用于治疗盐酸吡哆醇缺乏引起的疾病，具有增强畜禽体质和促进家禽生长的作用。2019 年，在饲料、医药以及食品应用领域的市场份额分别为 51.83%、15.68% 以及 26.34%，饲料领域的应用已经超过 50%，未来随着畜牧业的大力发展，维生素 B$_6$ 的需求也将进一步扩大。

11.3　维生素 B$_6$ 的合成方法

11.3.1　维生素 B$_6$ 的化学合成法

1939 年，Harris 和 Folkers[6] 首次报道了以缩合反应为关键步骤制备吡哆醇的"吡啶酮法"，该方法通过酯化、取代、环合等九步反应合成维生素 B$_6$。合成的维生素 B$_6$ 与天然维生素 B$_6$ 盐酸盐在化学结构与性质上相同，并且具有生物活性。虽然这是一次开创性的探索，但该法合成时间长，产物得率低，后来发展的"噁唑法"逐渐取代"吡啶酮法"成为工业上采用的主流方法。

20 世纪 60 年代初，美国默克公司和瑞士罗氏公司报道了一种新的制备吡哆醇的"噁唑法"[24, 25]，该方法采用 4- 甲基 -5- 乙氧基噁唑和过量的马来酸二乙酯的混合物，进行 Diels-Alder 环加成反应，有原料易得、收率高等优点，吡哆醇的工业产量和生产成本因此而大幅下降（图 11-2）。然而，在合成关键中间体 4- 甲基 -5- 乙氧基噁唑的过程中，使用了五氧化二磷作为脱水剂。五氧化二磷具有刺激性，而且对设备有腐蚀性，它能够与水和含水物质发生剧烈反应，形成坚硬或粉末状的团块，使螺旋桨无法工作，损坏设备[26]。国内外研究团队对这种方法进行了大量的改进，其中周后元等报道，在三乙胺存在条件下，采用三氯氧磷为脱水剂，生成噁唑环的环化反应能够避免上述缺陷，而且收益率较高（56.2%），该方法得到了发展和简化，最终形成了六个步骤的路线（图 11-2）[27]。虽然许多企业从新脱水剂的发现中获益，但该工艺仍存在一些缺点，会产生安全、环境和健康问题，如使用有毒的苯作溶剂，以及使用腐蚀性和污染严重的盐酸和氯氧磷等试剂等。上海罗氏制药有限公司为了解决有毒溶剂的问题，开发了国内第一条无苯参与的维生素 B$_6$ 生产线[28]，但由于更换的替代溶剂价格略高，使得生产成本上升。江西天新药业股份有限公司在六步路线的基础上进一步简化，首创"一锅法"制备维生素 B$_6$，该法利用高压加氢，将苯替换为低碳醇作为溶剂，工艺流程缩短，原料简单易得，更利于工业化生产[29]。

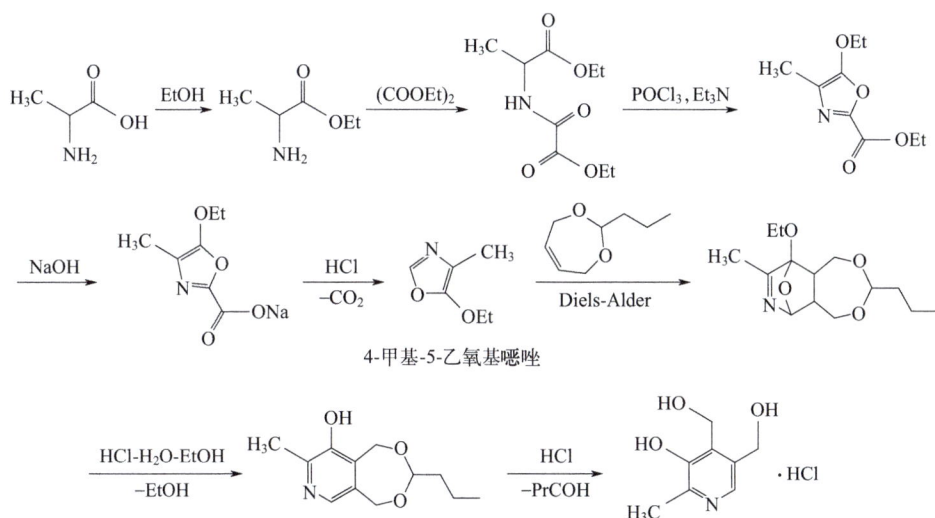

图 11-2　"噁唑法"合成维生素 B$_6$[27, 31]

除了上述两种方法外，Werner[30] 等创建了"炔基醚法"，但是该法以乙腈和较难获得的二（3- 取代基 -2- 丙炔基）醚为原料，而且反应条件苛刻，目前并没有进行工业化生产。

11.3.2　维生素 B$_6$ 的生物合成法

目前，业界主要采用"噁唑法"生产维生素 B$_6$，研究也主要集中在"噁唑法"合成工艺的改进上，而发酵法受限于产量较低，无法进行大规模的工业化生产。本书在 11.5 节将详细叙述利用微生物发酵生产维生素 B$_6$ 的尝试。

11.3.3 维生素 B$_6$ 不同合成方法的优劣势

维生素 B$_6$ 化学合成过程中间体噁唑合成过程中用到强腐蚀性的三氯氧磷和有毒溶剂苯，反应控制难，潜在安全隐患大；制备工艺繁琐，能耗高，废水量大，废盐含量高，不利于环境保护，原子经济性差，产品成本高；另外，所得产品着色较重，精制工艺较为复杂等[32]。虽经国内外的研究取得了一些成果，但在无毒原料替代、副产物综合利用上仍有待进一步的工艺革新。利用微生物制备维生素 B$_6$ 的过程具有原料无毒、反应过程温和、安全隐患小和环境友好等优点，目前受制于产量低下，暂无法进行工业化生产，但从绿色生物制造和合成生物技术发展来看，微生物细胞工厂合成维生素 B$_6$ 是未来的重要方向，具有重要的经济价值和安全环保意义。

11.4   维生素 B$_6$ 的生物合成代谢途径

11.4.1 维生素 B$_6$ 的两条从头生物合成途径

维生素 B$_6$ 的从头合成途径包括：5- 磷酸脱氧木酮糖（DXP）依赖性途径和 DXP- 非依赖性途径[33]。最早在革兰氏阴性模式菌大肠杆菌中发现了较长的依赖于 DXP 的维生素 B$_6$ 生物合成途径，该途径由两个分支和七步酶反应组成。在较长分支中，来自磷酸戊糖途径的前体赤藓糖 -4- 磷酸（E4P）经 E4P 脱氢酶（Epd）、4- 磷酸赤藓酸酯脱氢酶（PdxB）和 3- 磷酸丝氨酸转氨酶（SerC）转化生成 4- 磷酸羟基 -L- 苏氨酸（4HTP）（图 11-3）。随后 4HTP 被 4HTP 脱氢酶（PdxA）氧化生成 2- 氨基 -3- 氧代 -4（磷羟基）丁酸，再经自发脱羧生成 3- 磷羟基 -1- 氨基丙酮（PHA）。在较短分支中，前体丙酮酸（pyruvate）和 3- 磷酸甘油醛（G3P）由 DXP 合成酶（由 *dxs* 编码）生成 DXP。DXP 和长分支生成的 PHA 经 PNP 合成酶（由 *pdxJ* 编码）环化生成维生素 B$_6$ 形式之一的 PNP。生成的 PNP 有两条去路，一是通过 PNP 氧化酶（由 *pdxH* 编码）催化生成具生物活性形式的 PLP，另外一条途径是通过磷酸酶将 PNP 去磷酸化形成吡哆醇（图 11-3）。尽管依赖于 DXP 的维生素 B$_6$ 途径已经在大肠杆菌中得到了深入的研究，但计算机辅助分析表明，它只存在于 γ- 蛋白细菌中，这些细菌在其祖先谱系中失去了 DXP- 非依赖性途径后，通过 PdxB 的功能获得了维生素 B$_6$ 合成功能[34]。此外，该途径也可由获得 PdxR 功能的 α- 蛋白细菌成员构成，PdxR 与 PdxB 并不是同源的，但具有相同的酶功能。另外，依赖于 DXP 的维生素 B$_6$ 途径中有两种酶参与了其他代谢途径，SerC 对于丝氨酸的从头合成是必不可少的，而 Dxs 为细胞提供 DXP 作为硫胺素和异戊二烯类化合物的合成前体[35]。

DXP- 非依赖性合成途径较短，仅涉及 PdxST 酶复合体，它是由 12 个 PdxS 和 12 个 PdxT 亚基组成，在植物中命名为 Pdx1/2，酵母中是 SNZ/SNO。PdxT 是一种谷氨酰胺酶（glutaminase），它利用谷氨酰胺生成氨，而氨是 PLP 合成酶 PdxS 的底物（图 11-3）。PdxS 催化 5- 磷酸核酮糖与 3- 磷酸甘油醛反应生成 PLP。然而，由于其具有三糖异构酶和戊糖异构酶的活性，该酶可以催化 3- 磷酸甘油醛或二羟丙酮磷酸和核酮糖 5- 磷酸或核糖 5- 磷酸发生反应。因此，该酶包含了三种酶的活性：丙糖异构酶、戊糖异构酶以及亚胺酶。尽管 DXP 非依赖的维生素 B$_6$ 途径发现的时间并不长，但到目前为止，在自然界中，DXP 非依赖的维生素 B$_6$ 途径比 DXP 依赖的途径要丰富得多，它存在于细菌、真菌、植物、疟原虫以及海绵中[37]。

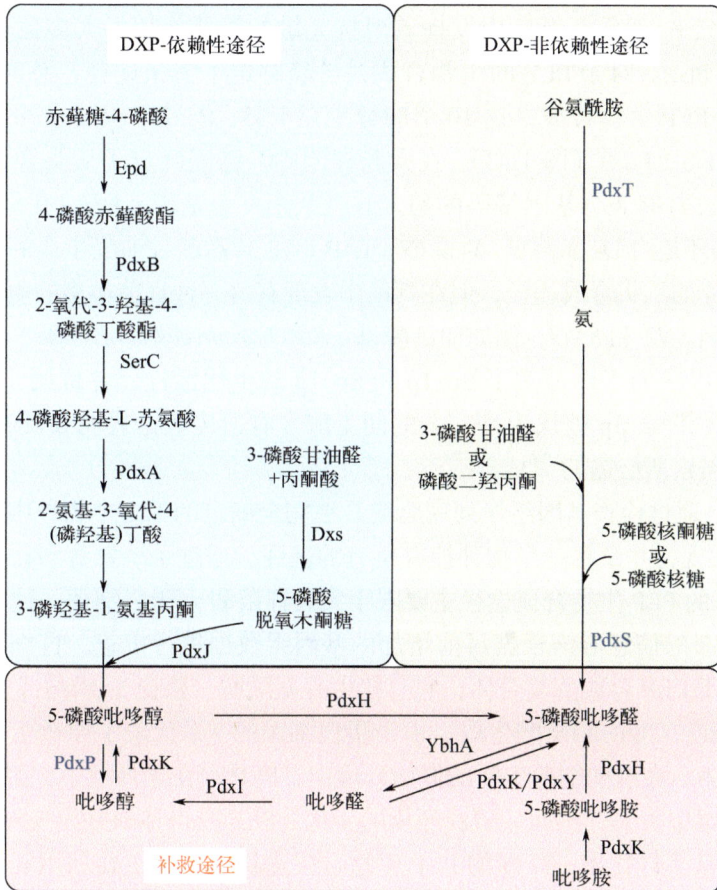

图 11-3　维生素 B$_6$ 从头合成途径与补救途径 [36]

Epd—赤藓糖 -4- 磷酸脱氢酶；PdxB—4- 磷酸赤藓酸酯脱氢酶；SerC—3- 磷酸丝氨酸转氨酶；PdxA—4- 磷酸羟基 -L- 苏氨酸脱氢酶；Dxs—5- 磷酸脱氧木酮糖合成酶；PdxJ—5- 磷酸吡哆醇合成酶；PdxP—5- 磷酸吡哆醇磷酸酶；PdxK—吡哆醇 / 醛 / 胺激酶；PdxT—谷氨酰胺酶；PdxS—5- 磷酸吡哆醛合成酶；PdxH—5- 磷酸吡哆醇氧化酶；YbhA—5- 磷酸吡哆醛磷酸酶；PdxY—吡哆醛激酶；PdxI—吡哆醛还原酶

　　到目前为止，并未发现同时具有两条维生素 B$_6$ 生物合成途径的生物体。然而，在许多能够合成维生素 B$_6$ 或需要摄入维生素 B$_6$ 的生物中，如哺乳动物和人类，存在一条补救途径，允许维生素 B$_6$ 之间的相互转化（图 11-3），例如，大肠杆菌和枯草芽孢杆菌合成激酶 PdxK，它可以使 PN、PM 和 PL 磷酸化以供细胞生长所用。因此，只携带补救途径的生物有机体须将维生素 B$_6$ 运输到细胞中，其中在真核生物中已经描述了两种维生素 B$_6$ 转运蛋白：酿酒酵母中的 Tpn1p 和拟南芥中的 PUP1[37-39]。Tpn1p 转运体在人体中也是保守的。细菌的营养缺陷可以通过补充维生素 B$_6$ 来克服，但到目前为止并没有细菌摄取系统的描述。

11.4.2　维生素 B$_6$ 生物合成途径的系统进化分析

PLP 是维生素 B$_6$ 的活性形式，作为一种多功能的辅因子，主要参与氨基酸化合物的代谢。此外，维生素 B$_6$ 似乎在真菌中发挥着对抗光敏的重要作用。大多数单细胞生物和植物自己生物合成 PLP。对于 PLP 的生物合成，已经鉴定了三条途径，总共有 10 个酶参与了细菌和真菌的 PLP 生物合成，这 10 个酶分别是 Epd、PdxB、SerC、PdxA、PdxJ、Dxs、PdxK、PdxH、PdxS、PdxT（图 11-3）。在大肠杆菌中，已经确定了从头合成途径和补救途径，这两条途径总共有 8 个基因编码的酶，并且共用一个基因 pdxH。在从头合成途径中，维生素 B$_6$ 的吡啶环是由 D- 赤藓糖 -4- 磷酸（E4P）和 3- 磷酸甘油醛生成的。在真菌或植物中还没有发现相应的从头合成途径，但在真菌中发现有另一种真菌类型的生物合成途径，该途径包含两个基因 SNZ 和 SNO，例如酿酒酵母（Saccharomyces cerevisiae）含有三个双组分的 PLP 合成酶。以往的工作证实了 Snz1p 和 Sno1p 的生化活性，并证明了 SNZ1 参与 PLP 生物合成，Snz2p 和 Snz3p 被认为是多余的同工酶，有遗传数据表明 SNZ2 或 SNZ3 是酿酒酵母高效合成硫胺素所必需的[40]。

Tanaka 等[41]通过检查基因组序列完全或几乎完全确定的 122 个物种中是否存在途径中的 10 个基因时发现，并没有一个物种拥有所有的基因。通过系统发育和比较基因组学分析表明，依赖 DXP 的 PLP 生物合成途径主要限于大肠杆菌和 γ- 蛋白细菌。这些关于维生素 B$_6$ 生物合成途径分布的信息应该根据目前增加的基因组数据进行审查。古细菌、真菌、植物和许多细菌依赖于 PLP 合成酶复合体，它直接由谷氨酰胺、核糖 5- 磷酸或核酮糖 5- 磷酸以及 3- 磷酸甘油醛或二羟丙酮磷酸生成。由于蛋白细菌的 γ 系代表了原核生物进化的最新谱系，因此有人认为，在这些细菌生活的原始环境中，PLP 存在于环境中，因此 Pdx1-Pdx2 功能从它们的基因组中丢失；然而，随着环境的变化，PLP 变得稀缺并出现对它的需求时，γ- 蛋白细菌并没有从头进化出一条新的 PLP 生物合成途径，而是主要利用现有的代谢来创建一条产生 PNP 的途径[34]。补救途径在此事件之前已经进化完成，因此 PNP 氧化酶即 PdxH 已经存在，它可以将 PNP 转化为 PLP。另一方面，PdxJ 在进化上是不同的，但在结构和机制方面与 Pdx1 高度相似，这表明它是趋同进化的。Dxs 的功能不仅限于 PLP 生物合成，还涉及类异戊二烯以及硫胺素的生物合成[42]。PLP 生物合成的第一个分支可能源自丝氨酸生物合成途径的基因募集，很容易看出，这两条路线的中间体很相似（图 11-4）[43]。此外，这两种途径共用酶 SerC，并且 PdxB 和 SerA 是同源的[44]。有实验证实，在没有补充维生素 B$_6$ 的情况下，PdxB 敲除的菌株仍然能够在 30℃ 下缓慢生长，这表明 PLP 可以通过其他途径合成[45]。2010 年，Kim 等[45]通过过表达不同的大肠杆菌基因发现了一种在没有 PdxB 的情况下可合成 PLP 的偶然途径，该途径使用了丝氨酸生物合成的中间体 -3- 磷酸羟基丙酮酸和三种酶来绕过 PLP 生物合成中 PdxB 和 SerC 催化的反应。这三种酶包括 NudL（一种推测的 CoA 焦磷酸水解酶），可将 3- 磷酸羟基丙酮酸水解为 3- 羟基丙酮酸（3HP），后者会自发脱羧生成羟乙醛；LtaE 是一种生理功能未知的低特异性苏氨酸醛缩酶，可将羟乙醛和甘氨酸缩合为 4- 羟基苏氨酸和 4- 羟基 - 别苏氨酸的混合物；最后，一种混杂的高丝氨酸激酶（ThrB），可产生 4- 磷酸羟基苏氨酸。

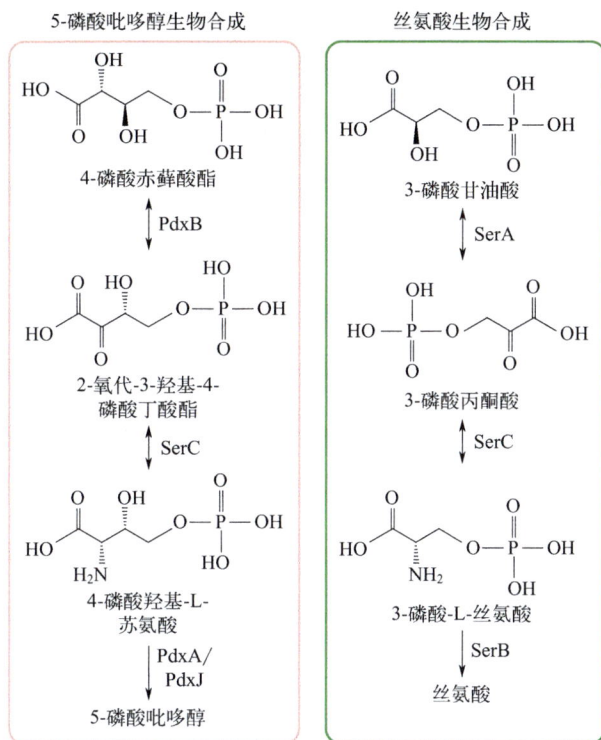

图 11-4　丝氨酸合成途径与 5- 磷酸吡哆醛合成途径的比较 [43]

SerA—磷酸甘油酸脱氢酶；SerB—磷酸丝氨酸磷酸酶

11.4.3　维生素 B$_6$ 潜在的合成新途径研究

大肠杆菌中七个不同的天然基因（*aroA*、*hisB*、*nudL*、*pdxA*、*php*、*thrB* 和 *yjbQ*）的过表达可缓解 *pdxB* 缺失突变株的 PLP 缺乏问题（图 11-5）[45]。但是，并没有一个编码蛋白质可充当 PdxB 酶的替代物。因此，过表达的蛋白质必须具有混杂酶活性，而这些活性对于它们在"野生型"大肠杆菌细胞的代谢网络中的主要功能来说并不是必需的。此外，这些潜在的途径将中间体从其他代谢途径中转移出来，并将其转化为一种代谢物，将 PdxB 的下游途径输送到依赖 DXP 的维生素 B$_6$ 途径中。事实上，对于由 NudL、LtaE、SerA 和 ThrB 组成的潜在途径之一，这四种酶将丝氨酸与 PLP 生物合成连接起来，通过 3- 磷酸 - 甘油酸、3- 磷酸羟基丙酮酸、3- 羟基丙酮酸形成羟乙醛，并结合甘氨酸形成 4HT（图 11-5）[45, 51]。

Kim 等 [43] 将大肠杆菌 *pdxB* 缺失菌株的平行谱系进化了多达 150 代，这种适应性进化实验发现了一种新的潜在途径，该途径由三种混杂的酶组成，一种是使 4PE 去磷酸化所需的未知磷酸酶、3- 磷酸甘油酸（3PG）脱氢酶 SerA 和高丝氨酸激酶 ThrB。这四步潜在途径将 PdxB 的下游输送到被破坏的途径中，并使细菌能够产生野生型水平的 PLP（图 11-5）[43]。

对突变体的详细表征表明，一些菌株的突变促进了 3PG 脱氢酶 SerA 将赤藓酸氧化为 3,4-二羟基 -2- 氧代丁酸，该酶通常在丝氨酸生物合成中具有活性，一种突变导致 3PG（SerA 的天然底物）的细胞浓度降低，另一种突变降低了丝氨酸的细胞水平，从而阻止了丝氨酸对 SerA 的反馈抑制。此外，一些突变体在编码 PLP 磷酸酶 ybhA 基因中携带突变，它是防止 PLP 去磷酸的酶[47]。因此，由混杂酶引起的所谓"地下代谢"使大肠杆菌可以通过将天然混杂酶拼凑在一起来组装合成必需辅因子的新途径。

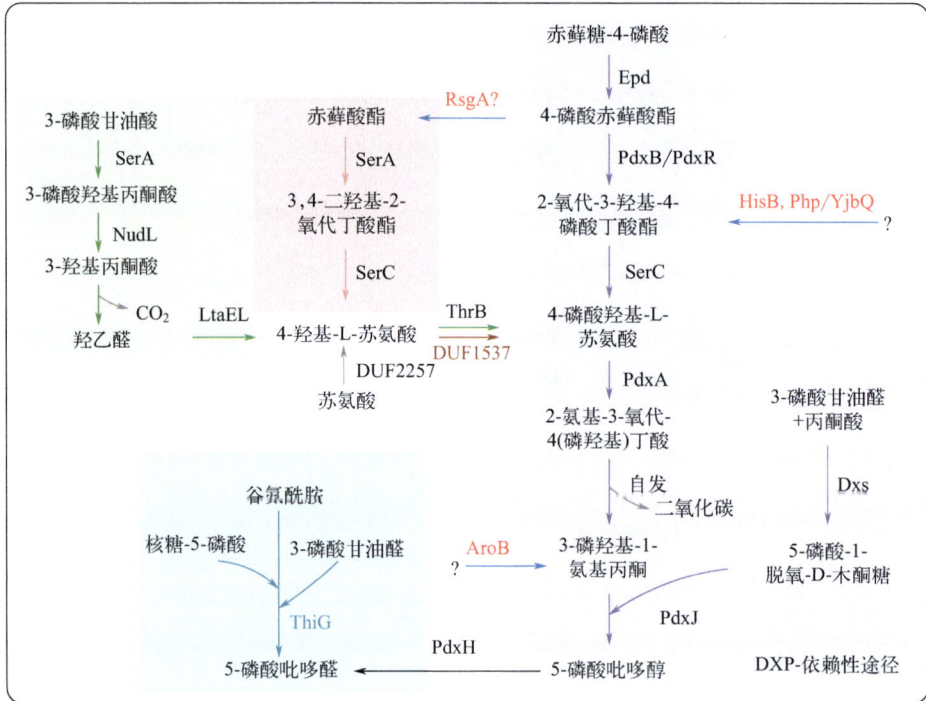

图 11-5   维生素 B₆ 合成的潜在途径[52]

NudL—推测的 NUDIX 水解酶；LtaEL—别苏氨酸醛缩酶；ThrB（和 DUF1537）—高丝氨酸激酶；DUF2257—L- 苏氨酸双加氧酶；AroB—3- 脱氢奎尼酸合成酶；HisB—咪唑甘油磷酸脱水酶和组氨醇磷酸酶；Php/YjbQ—未知功能；ThiG—噻唑合酶；RsgA——种参与大肠杆菌核糖体成熟的 GTP 酶

大肠杆菌存在另一种混杂酶，它可能会取代整个依赖 DXP 的维生素 B₆ 途径。通过全系统的计算机辅助分析预测，ThiG 可能在大肠杆菌的 PLP 合成中发挥作用[53]。通常，ThiG 参与硫胺素噻唑部分的合成[54]。通过过表达 thiG 基因，证明 ThiG 表达确实恢复了大肠杆菌 pdxB 突变体的 PLP 营养缺陷。对比枯草芽孢杆菌 PLP 合酶 PdxS 结构和 ThiG 结构模型显示，这些蛋白质在活性位点具有相同的折叠和可能重叠的残基[53]，而且，在缺乏 pdxH 的大肠杆菌突变体中，实验证实 ThiG 在体内与 PdxS PLP 合酶亚基具有相同的功能（图 11-5）。

DUF2257 蛋白家族的成员可以将苏氨酸转化为 4HT，DUF1537 蛋白家族的成员可以将 4HT 转化为 4HTP，而 4HTP 是 DXP 依赖性维生素 B₆ 途径中 PdxA 的底物[51,55,56]。然而，DUF2257 和 DUF1537 蛋白家族成员的混杂活性可以作为通过定向进化增强酶的双加氧酶和 4HT 激酶活性的起点，这些酶变体可能有助于通过偶然途径增强 PNP 或 PLP 的产生，这些途径将作为大肠杆菌 PdxA 上游的 DXP 依赖性维生素 B$_6$ 途径的一部分。事实上，在许多情况下，用于实际应用的新型酶通常是从混杂功能开始并通过定向进化产生的[43]。

11.5 维生素 B$_6$ 的代谢工程研究进展

11.5.1 维生素 B$_6$ 合成代谢相关酶的介绍

参与维生素 B$_6$ 新陈代谢的基因不是成簇在一起的形式，而是分散分布在整个大肠杆菌的染色体中。其中，仅有 *pdxH* 和 *pdxY* 是共转录的。同时，几乎所有参与 PLP 生物合成和补救途径的编码酶的基因都是复杂操纵子的一部分[44]。由于细菌操纵子通常包含具有相关功能的基因，因此有人提出，在复杂的多功能操纵子中包含 PLP 生物合成基因可能会在遗传上将 PLP 的生物合成整合到中间代谢的几个分支中。下面详细介绍了大肠杆菌中与维生素 B$_6$ 合成相关酶的基本特征及动力学参数等（表 11-1）。

表11-1 维生素B$_6$合成途径相关酶的基本特征及动力学参数

酶	活性形式	EC 号	K_m/（μmol/L）	K_{cat}/sec^{-1}	辅因子	参考文献
Epd	四聚体	1.2.1.72	约 510$_{基底}$ 约 800$_{NAD}$	约 20	NAD$^+$	[57]
Dxs	二聚体	2.2.1.7	约 96$_{丙酮酸盐}$ 约 240$_{G3P}$	约 270	焦磷酸硫胺素	[58]
PdxB	二聚体	1.1.1.290	1.4$_{基底}$	2.9	NAD$^+$	[59]
SerC	二聚体	2.6.1.52	110$_{基底}$	0.15	PLP	[60]
PdxA	二聚体	1.1.1.262	85$_{4HTP}$	1.66	NAD$^+$	[61]
PdxJ	八聚体	2.6.99.2	27$_{DXP}$	0.067		[62]
PdxH	二聚体	1.4.3.5	2$_{PNP}$ 105$_{PMP}$	0.8$_{PNP}$ 1.7$_{PMP}$	FMN	[63]
PdxS	十二聚体		68$_{R5P}$ 77$_{G3P}$	0.0003		[64]
PdxT	十二聚体	3.5.1.2	0.99$_{基底}$	0.13		[64]

11.5.1.1 Epd

epd 基因（或称 *gapB*）编码赤藓糖 -4- 磷酸脱氢酶（UniProt P0A9B6），它依赖

NAD$^+$ 催化 D- 赤藓糖 -4- 磷酸氧化反应，是催化 PLP 从头合成的第一步反应（图 11-3）。Epd 与糖酵解过程中的关键酶甘油醛 -3- 磷酸脱氢酶（GAPDH）同源，其氨基酸序列的同源性超过 40%[57]。Epd 显示出高效的非磷酸化赤藓糖 -4- 磷酸脱氢酶活性和低的磷酸化甘油醛 -3- 磷酸脱氢酶活性；相反，GAPDH 显示出高效的磷酸化甘油醛 -3- 磷酸脱氢酶活性和低的非磷酸化赤藓糖 -4- 磷酸脱氢酶活性[65]。在 epd 缺失突变体中，高度丰富的 gapA 编码的 GAPDH 的低非磷酸化赤藓糖 -4- 磷酸脱氢酶活性可替代 Epd 维持细胞生长[66]。

11.5.1.2 PdxB

pdxB 基因编码 4- 磷酸赤藓糖酸脱氢酶（UniProt P05459），它依赖 NAD$^+$ 催化 4- 磷酸赤藓糖酸酯氧化为 2- 氧代 -3- 羟基 -4- 磷酸丁酸酯，催化 PLP 生物合成途径的第二步反应（图 11-3）。PdxB 蛋白与 D-3- 磷酸甘油酸脱氢酶 SerA 同源，SerA 催化 L- 丝氨酸生物合成途径的第一步反应（图 11-4）。

在大肠杆菌中，pdxB 缺失突变体是维生素 B$_6$ 营养缺陷型。上面章节已介绍了通过敲除 pdxB 基因来对维生素 B$_6$ 合成潜在途径进行研究的实例。

11.5.1.3 SerC

serC 基因编码磷酸丝氨酸转氨酶（UniProt P23721），该酶通过催化不同的底物参与 PLP 和 L- 丝氨酸的生物合成[67]。在 PLP 生物合成途径中，基因 serC 在 2- 氧代 -3- 羟基 -4- 磷酸丁酸酯上加氨基，形成 4HTP（图 11-3）；在丝氨酸合成途径中，SerC 向 3- 磷酸 - 丙酮酸加氨基，形成 3- 磷酸 -L- 丝氨酸（图 11-4）。在这两个转氨基反应中，氨基供体是谷氨酸，然后被转化为 α- 酮戊二酸，该酶与非磷酸化底物无任何活性[60]。有趣的是，由于 SerC 需要 PLP 作为其酶活性的辅助因子，因此 PLP 参与了其自身的生物合成途径[60]。

基因 serC 与 aroA 形成操纵子，aroA 编码 3- 磷酸 -1- 羧基乙烯基转移酶（UniProt P0A6D3）[44]。这个酶参与分支酸途径，并参与芳香氨基酸的生物合成。serC 缺失突变体对 L- 丝氨酸和 PN 具有营养缺陷性，而 aroA 突变体的正常生长需要芳香氨基酸的供应；因此，这两个基因对于在基本培养基中的生长都是必不可少的[67]。基因 serC 和 aroA 在单个操纵子中的排列似乎不是偶然的，因为它可以协调调节 PLP、丝氨酸和分支酸生物合成途径。事实上，这些路径是由三个重要的特征连接起来。首先，PLP 和分支酸途径共用赤藓糖 -4- 磷酸作为起始底物。第二，铁螯合剂肠菌素的生物合成需要等分子的量的丝氨酸和分支酸。第三，PLP、丝氨酸和芳香族化合物也在中间代谢的许多步骤和分支中相关联。例如，分支酸是四氢叶酸的前体，当 L- 丝氨酸被 PLP 依赖的酶丝氨酸羟甲基转移酶切割成甘氨酸时，四氢叶酸捕获一个碳单元[68]。

11.5.1.4 PdxA

4- 磷酸羟基 -L- 苏氨酸脱氢酶（UniProt P19624）由 pdxA 基因编码，催化 PLP 生物合成途径的第四步（图 11-3）。PdxA 是一种依赖于 NAD$^+$ 的脱氢酶，负责转化 4- 磷酸羟基 -L-

苏氨酸。*pdxA* 突变体只有在添加了 PN 或 PL 的情况下才能在基本培养基上生长。有研究报道，*pdxA* 和 *pdxB* 基因以及 *ksgA* 基因（编码 rRNA 修饰酶并部分与 *pdxA* 共转录）的转录受到大肠杆菌 K-12 的正增长速率调节[69]。

脱氢酶 PdxA 形成紧密结合的二聚体，每个单体具有 α/β/α- 折叠和中心的 12 链混合 β- 折叠，两侧形成 α- 螺旋，活性部位位于二聚体界面的裂隙中，涉及两个单体的残基。PdxA 的催化效率较低，中国科学院天津工业生物技术研究所的张大伟研究团队通过分析 PdxA 的晶体结构及其底物结合方式，对酶进行了改造，发酵产量有了明显提高。

11.5.1.5　Dxs

必需基因 *dxs* 编码 5- 磷酸脱氧木酮糖合成酶（UniProt P77488），它催化丙酮酸和 3- 磷酸甘油醛依赖焦磷酸硫胺素（TPP）缩合反应生成 DXP（图 11-3）。该代谢物也是异戊二烯和硫胺素生物合成途径的中间产物[42, 62]。

含有 *dxs* 的转录本是 *xseB-ispA-dxs-yajO* mRNA，它来自 *PxseB* 启动子（图 11-6）。基因 *xseB* 产物是外切酶Ⅶ（UniProt P0A8G9）的小亚基。和 *dxs* 一样，*ispA* 基因也参与了类异戊二烯的生物合成，它是编码香叶基二磷酸 / 法尼基二磷酸合成酶（UniProt P22939）的必需基因，催化异戊二烯生物合成途径中的两个连续反应[70]。基因 *yajO* 也可以从它自己的启动子中转录成一个单一的转录单位，它在功能上与 *dxs* 相似，其编码的酶催化核酮糖 5- 磷酸合成 DXP，提供了一种效率较低的替代性 DXP 合成途径[71]。

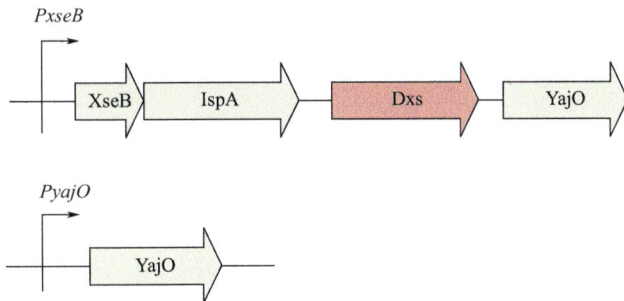

图 11-6　含 *dxs* 操纵子的两种转录本形式

11.5.1.6　PdxJ

5- 磷酸吡哆醇合成酶（PdxJ，UniProt P0A794）催化 DXP 与 3- 氨基 -1- 羟丙酮 1- 磷酸发生复杂的分子内缩合反应生成 PNP（图 11-3）[72]。PdxJ 与 PdxA 是 DXP- 依赖性途径中催化 PNP 生物合成的最后步骤中的连续反应。由于 PdxA 酶反应的产物 3- 氨基 -1- 羟基丙酮磷酸（PHA）高度不稳定而无法测定单独酶的催化参数，因此，PdxJ 酶的分析通常必须与 PdxA 的酶相结合，从而使动力学参数的推导变得复杂。PdxJ 晶体结构包含折叠（β/α）8 或 TIM 桶，其中八元圆柱形 β- 折叠被八个 α- 螺旋包围（图 11-7）。与其他这类结构类似，桶的 C- 末端的 β- 折叠和 α- 螺旋之间的环形成活性部位，该酶为同源八聚体结构，由 4 个二聚单元组成，活性区域位于两个单体的聚合面上，除了经典的（α）8 桶外，亚基间的接触还由三个螺旋（α1a、α6a 和 β/α8a）介导。

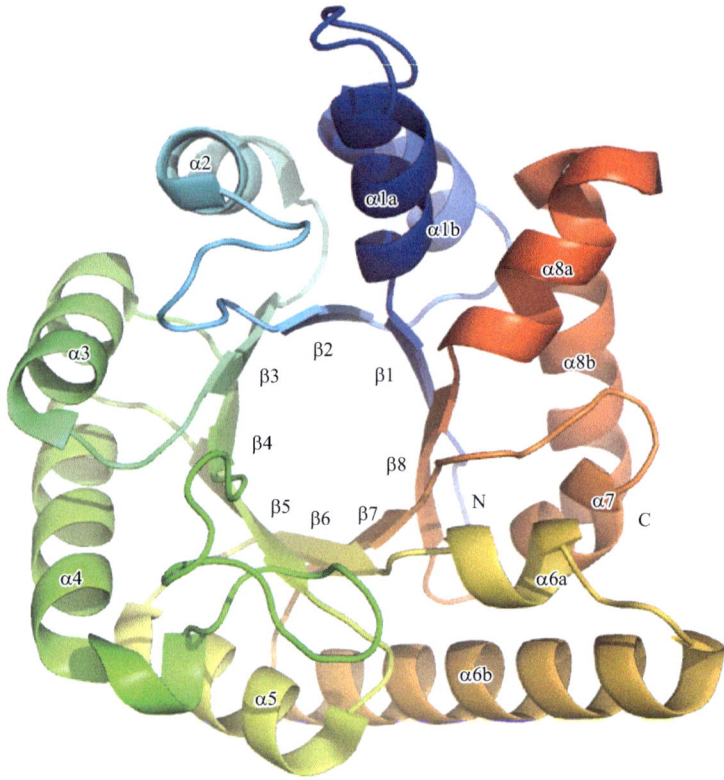

图 11-7   PdxJ 的单体结构图（PDB:1IXP）

PdxJ 酶有八个不同的结合部位，可观察到三种不同的结合状态。这三种状态共同支持一种机制，即肽环和活性部位残基的精确构象变化调节结合和特异性。当一个或两个底物结合时，蛋白质构象的差异可能与导致 PNP 形成的缩合机制有关。从载脂蛋白形式到单一占据的"过渡结合"状态以及随后进入完全占据的反应状态揭示了酶结构的变化与合理的催化机制以及有利的反应能量学有关。中国科学院天津工业生物技术研究所的张大伟研究团队通过中间过渡态理论对 PdxJ 酶进行理性改造，突变体酶的过表达将发酵产量提高了 18 倍左右[73]。

11.5.1.7   PdxH

pdxH 基因编码黄素单核苷酸依赖酶（UniProt P0AFI7），使 PNP 氧化成 PLP，这是 PLP 生物合成的最后一步，也是 PLP 补救途径中 PMP 氧化成 PLP 的最后一步（图 11-3）。在这个反应中，最终的电子受体是氧，氧被还原为过氧化氢，而且 *pdxH* 在有氧或无氧的情况下都是一个必需基因，这表明在没有 O_2 的情况下，一种未知的化合物可充当电子受体[74]。

在 *pdxH* 操纵子中发现了两个不同的转录单位（*pdxH-tyrS-pdxY* 和 *tyrS-pdxY*），这是唯一一个参与 PLP 生物合成和补救途径的基因被共转录的情况。*tyrS* 是一必需基因，编码酪

氨酰 -tRNA 合成酶，其下游是负责将 L- 酪氨酸连接到 tRNA（Tyr）的编码吡哆醛激酶 2 的 *pdxY* 基因。大约 20% 的 *tyrS* 转录本来自 PpdxH 启动子，其余 80% 来自 PtyrS 启动子，后一种启动子的强度大约是 PpdxH 的四倍，这解释了 *pdxH-tyrS* 和 *tyrS-pdxY* 转录本的稳态量不同[74]。如果没有后一个启动子，*pdxY* 的转录将只来自 PpdxH 和 PtyrS 启动子。因此，*tyrS* 和 *pdxY* 总是共转录的。阻断 PpdxH 的转录将使酪氨酸转录本的数量减少约 20%，同时使磷脂酸激酶活性降低约 25%，这表明 *pdxH* 和 *pdxY* 的转录之间存在低水平的偶联，大约 92% 的 *tyrS* 转录本终止于 *tyrS* 和 *pdxY* 之间的终止子，只有大约 8% 读入 *pdxY*，因此，与 *tyrS* 相比，该终止子减弱了 *pdxY* 的表达，然而，*pdxY* 和 *tyrS* 的共转录可能提供一个遗传整合点，协调氨基酸与 PLP 辅酶供应到蛋白质的结合[50]。

11.5.1.8　*pdxK* 和 *pdxY*

pdxK 是维生素 B₆ 合成途径中作为单个转录单位转录的基因之一。它编码吡哆醛激酶 1（UniProt P40191），该酶的催化依赖于 ATP 的 PL、PN 和 PM 的磷酸化（图 11-3）。吡哆醛激酶 2（由 *pdxY* 编码）具有显著的磷酸化活性。因此，在大肠杆菌中，存在两种能够使维生素 B₆ 磷酸化的激酶[75]，特别是，*pdxB-pdxK* 突变体在添加微量 PL 的基本培养基中生长，而在添加 PN 的基本培养基上不生长，而 *pdxB-pdxY* 突变体在 PL 或 PN 存在的情况下生长。相反，只有当存在绕过 *pdxB* 需要的前体时，才能观察到 *pdxB-pdxK-pdxY* 三重突变体的生长，而不是在含有 PL、PN 或 PM 的培养基上观察到。这些实验清楚地表明，PdxK 和 PdxY 是大肠杆菌中唯一具有生理意义的 PL、PN 和 PM 激酶，其中 PdxY 是 PL 所特有的激酶[75]。

11.5.1.9　*ybhA*

基因 *ybhA* 编码一种磷酸酶（UniProt P21829），属于卤酸脱卤酶（HAD）样水解酶超家族。在体外，YbhA 对 PLP、赤藓糖 -4- 磷酸 E4P、1,6- 二磷酸果糖 FBP、黄素单核苷酸 FMN、硫胺素焦磷酸 TPP、葡萄糖 -6- 磷酸 F6P 和核糖 -5- 磷酸 R5P 等均具有磷酸酶活性。然而，在上述的底物中，纯化的酶对 PLP 的 K_m 最低[76]。在体内，YbhA 的过表达会降低细胞内 PLP 水平，引起细胞生长抑制，可以通过在培养基中添加 PL 来补救[47]。因此，YbhA 被认为是大肠杆菌中 PLP 的一种特异性磷酸酶，它的活性平衡了 PdxK 和 PdxY 的活性。

11.5.1.10　*pdxI*

pdxI（UniProt P25906）编码依赖 NADPH 的 PL 还原酶，可将 PL 转换为 PN（图 11-3），该酶也称为吡哆醇 4′- 脱氢酶，属于醛酮还原酶家族（AKR 家族）[49]。在缺乏 *pdxI* 以及另外两个参与 PLP 合成基因（*pdxJ* 和 *pdxH*）的菌株中，细胞内的 PN 量显著较低，外源添加的 PL 没有像野生型菌株那样转化为 PN。维生素 B₆ 通量的动力学特性表明，PdxI 将 PL 转化为 PN，并且 PL 还原为 PN 比 PL 直接磷酸化为 PLP 更有利。因此，在大肠杆菌中，外源添加的 PL 转化为 PLP 推测是通过 PdxI（PL → PN → PNP → PLP）途径而不是通过 PdxK 和 PdxY 激酶（PL → PLP）途径进行的[49]。

11.5.2 维生素 B₆ 的合成代谢调控

11.5.2.1 转录调控

由于 PLP 在大肠杆菌代谢中有着很重要的作用但用量很少，因此 PLP 的合成受到了细胞的严谨调控。在转录层次，目前已知有三种全局调控因子参与了基因 epd 和 serC 的表达调控。由于基因 epd 编码蛋白与 GAPDH 同源，而 GAPDH 受到分解代谢抑制 - 活化因子（Cra）蛋白和环磷酸腺苷受体蛋白（CRP）参与的转录调控，因此 Epd 同样受到了其调控[77]，具体来说，epd 的表达受到 Cra 的负调控，Cra 结合在 epd 启动子的 -6/+12 区域，并且被结合在 -81/-60 区域的 CRP-cAMP 调节因子激活[78]。serC-aroA 操纵子被 CRP-cAMP 复合体抑制，并通过与特定保守的启动子序列结合，被亮氨酸应答调控蛋白 Lrp 激活转录[79]。当维生素和代谢物的快速合成对细胞生长有利时，CRP 和 Lrp 联合作用可最大限度地提高在含微量葡萄糖培养基中生长细胞的 serC-aroA 操纵子的表达，并在富含氨基酸的培养液如 L- 丝氨酸和维生素 B₆ 存在的条件下，减弱 serC-aroA 操纵子的表达[68]。另外，启动子 PpdxA 的转录单位 pdxA-rsmA-apaGH 和 pdxA-rms 通过 Fis 蛋白的表达受到生长速度的正调控[69]。Fis 是一种类核相关蛋白，它的缺失会影响 21% 的大肠杆菌基因的转录[80]。

到目前为止，还没有在大肠杆菌中发现参与 PLP 生物合成和补救途径基因的特定转录调节因子。但有报道，鼠伤寒沙门菌 pdxK 基因的表达受到 MocR 样调节因子 PtsJ 的抑制，PLP 作为这一调节因子的效应分子，它与 PtsJ 结合后引起了蛋白质构象的变化，从而增加了对 DNA 的亲和力，并加强了抑制作用[81]。另外，在几种通过 DXP 非依赖途径合成 PLP 的细菌如谷氨酸棒杆菌中，编码 PLP 合成酶的 pdxST 操纵子的转录受到另一种 MocR-TF（PdxR）的调控[82]。

11.5.2.2 翻译调控

转录水平调控是细菌基因表达控制的要点，但同样会发生翻译水平的调节，尤其在操纵子的基因表达中翻译调控非常重要，所涉及的开放阅读框（ORF）的翻译速率可能不同[83,84]，鉴于 PLP 生物合成途径中的基因多为操纵子形式，因此这种调控模式在维生素 B₆ 生物合成中发挥重要作用，如基因 epd、pdxB、pdxA 和 pdxJ，它们均是复杂操纵子的成员。然而，这些基因的实际翻译控制以及它可能发生的分子机制还没有被表征。基因 epd、pdxB 和 pdxA 含有稀有密码子，这表明密码子使用的机制可能会对翻译效率产生负面影响，并导致相应蛋白的水平较低。此外，在 epd 翻译起始区（TIR），位于核糖体结合位点（RBS）上游的核苷酸可以形成茎环结构，而 RBS 与起始密码子 AUG 之间的距离非常短，这两个结构特征导致了其 ORF 的低水平表达[66]。此外，Roa 等[85]人发现 pdxA 缺乏 Shine-Dalgarno 序列，这可能导致核糖体对翻译起始点的亲和力较小。

此外，在基因 pdxB、pdxA 和 pdxJ 的起始密码子附近有一个保守的基序 ACGT（G/T）AAAATCC，命名为"PDX 框"[85-87]。值得注意的是，在 pdxJ 编码序列中发现了其他 PDX 框。有人认为，这个共识基序可能在翻译调控中发挥作用，被特定的调节蛋白所识别，或者可能形成影响核糖体活性的特定二级结构。但可以肯定的是，PDX 框介导的翻译调控可能

代表了 *pdxB*、*pdxA*、*pdxJ* 在细胞内表达的一种协调机制。

综上所述，*epd*、*pdxB*、*pdxA* 和 *pdxJ* 编码 DNA 序列的结构特性可能限制了它们的翻译，允许相对于同一多顺反子单元中存在的其他编码序列的差异表达。

11.5.3　维生素 B₆ 生物合成的国内外研究进展

通过微生物来发酵生产维生素 B₆ 是未来的发展趋势，但目前受限于产量低，进展较慢。第一次尝试发酵生产维生素 B₆ 是用自然界直接分离的细菌和真菌进行的，包括 *Achromobacter*、*Bacillas*、*Flavobacterium*、*Klebsiella*、*Vibrio*、*Kluveromyces*、*Pichia*（表 11-2）[37]。在没有对微生物进行基因工程改造的情况下，使用毕赤酵母 *Pichia guilliermondii* NK-2 获得的维生素 B₆ 的最高含量约为 25mg/L[88]。

表11-2　野生型及工程菌株产维生素B₆[37]

微生物	基因型①	培养基	同效维生素②	效价 /(mg/L)	时间 /h	参考文献
Klebsiella spp.	—	MM+CAA	vitamin B₆	2	60(引言)或 40（结果与讨论）	[89]
Kluyveromyces marxianus	—	MM	vitamin B₆	2	96	[90]
Saccharomyces microsporus	—	MM	vitamin B₆	3	168	[91]
Achromobacter cycloclastes	—	MM+CAA	vitamin B₆	3 ～ 4	36 ～ 42	[92]
Vibrio spp. M31	isolate	蛋白胨，甘油，盐	vitamin B₆	5	100	[93]
Flavobacterium spp. 238-7	isolate	蛋白胨，甘油，盐，Mn	vitamin B₆	18	70	[93]
Flavobacterium	—	MM+CAA	PL	4	60	[89]
Pichia guilliermondii NK-2	isolate	MM+碳氢化合物，酵母膏，Tween80	vitamin B₆	25	144 ～ 216	[88]
Escherichia coli	*pdxST-Bs*	MM+酵母膏	vitamin B₆	> 60	48	[94]
Escherichia coli	*epd-*, *pdxJ-*, *dxs-Ec*	MM+酵母膏	vitamin B₆	>78	31	[95]
Sinorhizobium meliloti IFO14782	—	MM+酵母膏	PN	103	168	[96]
Sinorhizobium meliloti IFO14782	*pdxP-Sm*, *pdxJ-Ec*	MM+酵母膏	PN	149	216	[97]

续表

微生物	基因型①	培养基	同效维生素②	效价 /(mg/L)	时间 /h	参考文献
Sinorhizobium meliloti IFO14782	*Mut, pdxJ-Sm*	MM+ 酵母膏	PN	362	168	[98]
Sinorhizobium meliloti IFO14782	*epd-Ec, pdxJ-Sm*	MM+ 酵母膏	PN	1300	168	[96]
Bacillus subtilis	*Mut*	MM	vitamin B$_6$	2 ～ 5	96	[99]
Bacillus subtilis	*epd-Ec, pdxR-, serC-, pdxA-, pdxJ-Sm*	MM+ 酵母膏	PN	41	72	[100]
Bacillus subtilis	*pdxA-Ec, pdxJ-Sm*	MM+amino acid cocktail+ 4HT	PN	65	72	[101]

① *Bs = Bacillus subtilis*；*Ec = Escherichia coli*；*Sm = Sinorhizobium meliloti*；Mut =传统诱变；MM = 基本培养基。
② "vitamin B$_6$" 是指维生素 B$_6$ 的混合形式。

在 2004 年，第一个用于生产维生素 B$_6$ 的菌株工程方法被报道。在大肠杆菌中导入和过表达枯草芽孢杆菌 *pdxST* 基因可在培养 48 小时内产生 60mg/L 的维生素 B$_6$[94]。通过在大肠杆菌中过表达自身来源的 *epd*、*pdxJ* 和 *dxs* 基因，在培养 31h 内维生素 B$_6$ 的产量提高到 78mg/L[95]。同年，天然高产维生素 B$_6$ 的苜蓿根瘤菌 IFO14782 被证明在 168h 内产生约 100mg/L 的维生素 B$_6$[96]。在该苜蓿根瘤菌中表达自身来源的 *dxs* 基因和大肠杆菌来源的 *epd* 基因，维生素 B$_6$ 产量提高到 1.3g/L[96]。此外，枯草芽孢杆菌是一种广泛用于发酵工业的细菌，已经通过异源 DXP- 依赖性途径进行维生素 B$_6$ 生产。在首次尝试中，对大肠杆菌 *epd* 基因和来自苜蓿根瘤菌 IFO14782 菌株的 *pdxR*、*serC*、*pdxA* 和 *pdxJ* 基因进行了密码子优化后组装成人工操纵子，其表达由强启动子驱动，并以单拷贝形式导入枯草芽孢杆菌染色体，工程菌在 72h 内产生约 41mg/L 的吡哆醇（表 11-2）[100]。但在枯草芽孢杆菌中表达整个非天然 DXP- 依赖性途径在遗传上是不稳定的，这可能是异源途径的酶的不平衡表达和有毒中间体的积累造成的，其中两个低效率的酶 PdxA 和 PdxJ 在枯草芽孢杆菌中的表达不足。然而，从 4HTP 合成 PNP 需要这两个酶的催化，4HTP 是一种中间代谢产物，对细菌具有强毒性，它可抑制苏氨酸和异亮氨酸的生物合成。因此，高活性的 Epd 酶的过表达，与 PdxR 酶和 SerC 一起，产生 4HTP，这可能是针对异源维生素 B$_6$ 途径的强大选择压力的原因[100]，同时观察到了新的维生素 B$_6$ 代谢途径与大肠杆菌天然代谢网络之间的抑制相互作用[51]。因此，必须对异源或新的维生素 B$_6$ 合成途径酶的表达水平进行微调，以防止中间体积累到有毒水平。枯草芽孢杆菌还被设计用于将 4- 羟基苏氨酸（4HT）转化为 PN[101]。枯草芽孢杆菌将 4HT 转化为 PN 需要细菌的适应性进化，因为与 4HTP 一样，4HT 也干扰苏氨酸和异亮氨酸的生物合成。通过在 4HT 耐受的进化枯草芽孢杆菌中表达天然 *thrB* 基因（编码将 4HT 转化为 4HTP 的混杂高丝氨酸激酶 ThrB）以及大肠杆菌来源 *pdxA* 和苜蓿根瘤菌的 *pdxJ* 基因，外源添加 120mg/L 4HT，工程菌株可产生 65mg/L PN[101]。令人惊讶的是，尽管工程菌完全消耗 4HT，但它们并没有将其全部转化为 PN。这一观察表明，宿主中存在未知的代谢途径与异源途径竞争 4HT。鉴于发酵工业上大量生产维生素 B$_6$ 尝试的失败，我们对维生素 B$_6$ 的功能、毒性及其新陈代谢的调节仍知之甚少。国内也有研究团队进行维生素 B$_6$ 的生物合成研究，例如张大伟团队正在进行途径的改造、酶的挖掘以及理性改造、发酵工艺优化等工作，维生素 B$_6$ 产量已经达到克级水平，并获得了第六届中国创新挑战赛（天津）生物产业赛现场赛金种子奖，相关成果发表在《自然通讯》。正如 Hoshino 等人所表明的那样，优化的潜力是巨大的。要克服目前的障碍并找出限速瓶颈还需要有关代谢物流入和流出相关合成途径的信息。下面介绍维生素 B$_6$ 合成的瓶颈及研究新思路，期望能够对其发酵生产提供借鉴。

11.5.4　维生素 B$_6$ 生物合成的瓶颈及研究新思路

DXP- 非依赖性途径的关键酶是 PdxST，与依赖 DXP 的维生素 B$_6$ 途径的酶相比，PdxST 酶复合物的催化速率很低。PdxST 是由 12 个 PdxS 和 12 个 PdxT 亚基组成的一个巨大的多聚体，其执行多样化的酶促功能，包括丙糖异构酶和戊糖异构酶活性以及用于 PLP 合成的亚胺形成活性，巨大复合体使得理性改造的方法非常复杂且不可预测，因为轻微的序列变化可能会对复合物的结构和功能造成重大影响。因此，DXP- 依赖性途径的工程改造更适合维生素 B$_6$ 高产菌株[37]。

在 DXP- 依赖性生物合成过程中，Epd 酶与底物结合能力很低（K_m=960μmol/L），该酶催化维生素 B$_6$ 生物合成途径中与底物 DXP 结合的第一步。而 PdxJ 酶的催化活性很低（K_{cat}=0.07s^{-1}），该酶催化的反应步骤是维生素 B$_6$ 生物合成途径中的限速步骤。中间代谢产物 4- 磷酸羟基苏氨酸（4HTP）具有细胞毒性，也是生物合成的主要瓶颈（图 11-3）。维生素 B$_6$ 的 DXP- 依赖性途径的限制酶包括 PdxA 和 PdxJ。从大肠杆菌中结合途径其他酶的常数及表达量来看，整条途径的合成酶的催化效率均不高，且部分酶在菌内的表达量很低，这导致了维生素 B$_6$ 高产菌株的构建十分困难。

随着代谢工程和酶工程技术的不断发展，酶的理性改造成为提高酶活及稳定性的重要工具，结合启动子文库、RBS 文库以及动态调控技术等，避免有害中间代谢产物的积累，并使酶的生产水平得到严格调控。此外，代谢通量分析可用于识别和消除工程微生物中异源途径的潜在瓶颈。另外，还可以挖掘生物合成新途径，寻找混杂酶活性，新路线合成维生素 B$_6$ 也可能将成为一种有效的方法。

11.5.5　维生素 B$_6$ 的补救途径

在大肠杆菌及其他大部分的生物中，除从头合成外，PLP 可以通过补救途径由 PL、PN 和 PM 转化获得，也可以从环境中或从蛋白质周转过程中回收（图 11-3）。这个途径使用以下酶来相互转化不同形式的维生素：5- 磷酸吡哆醇（吡哆胺）氧化酶（PdxH），非特异性磷酸酶（如 YbhA），也能磷酸化 PL、PN 和 PM 的激酶 PdxK，以及 PL 所特有的激酶 PdxY[46-48]。有研究报道，将 PN 转化为 PL 的 PL 还原酶 PdxI 被认为是补救途径的重要组成部分[49,50]，大肠杆菌使用涉及 PdxI、PdxK 和 PdxH 的迂回途径（PL → PN → PNP → PLP）从外源 PL 合成 PLP，而不是涉及 PdxK/PdxY 激酶的直接途径（PL → PLP）（图 11-3）。

11.6　维生素 B$_6$ 的工业生产概览

11.6.1　维生素 B$_6$ 的主要生产厂家概述

　　维生素 B$_6$ 主要应用于医疗药品、保健食品、饲料添加等方面，目前国际上维生素 B$_6$ 在饲料添加剂中的用量很大，已超过医药方面的用量。我国作为维生素 B$_6$ 的最大生产国，维生素 B$_6$ 出口量整体呈逐年上升趋势。截至 2020 年全国维生素 B$_6$ 的生产能力达到 9000 余吨，为全球第一大生产国。2018 年全球维生素 B$_6$ 全球总产量为 7970t，其中中国厂商生产超过 6000t，年产量占全球 81% 份额；帝斯曼虽然是产能较大的荷兰企业，但其维生素 B$_6$ 生产基地同样位于中国上海。2019—2021 年，国内产能恢复，中国维生素 B$_6$ 出口量逐渐提高，2021 年维生素 B$_6$ 出口量达到了 7920.26t，是 2018 年的出口量的 1.4 倍，创下历史新高[102]。

　　由于维生素 B$_6$ 产业生产格局相对集中，龙头企业均位于沿海省份。当前国内维生素 B$_6$ 年产能约为 9500t，年产量能够达到 7300t 左右，产能主要来源于天新药业、DSM、华中药业、上海海嘉诺医药发展股份有限公司、广济药业、新发药业和江西森泰药业有限公司等，其中天新药业产能占比较高，达到 63% 左右，其次是 DSM 占比约为 17%，其余企业占比均未超过 10%。在产量方面，天新药业也以 5200t 左右的维生素 B$_6$ 生产产量占据市场主导地位，为国内维生素 B$_6$ 市场的龙头企业。2010—2018 年出现过几次价格大幅波动均与环保政策有关；2018—2021 年，由于受到国际油价及海运价格上涨影响，上游基础化工原料成本和产品运输成本增加，推动维生素 B$_6$ 出口价格小幅上涨，饲料级维生素 B$_6$ 价格基本维持在 160 元/kg 左右，而食品级以及医用级维生素 B$_6$ 价格多在 285 元/kg 左右。

11.6.2　维生素 B$_6$ 的工业生产路线

　　维生素 B$_6$ 的工业生产路线已在本章 11.3.1 节描述。《中国药典》对于药用维生素 B$_6$ 有着明确的质量标准：按干燥晶计量，含 $C_6H_{11}NO_3 \cdot HCl$ 应为 98.0% ～ 102.0%；酸度检测，取 1.0g 样品，溶于 20mL 水中，溶液 pH 范围 2.4 ～ 3.0；干燥与灼烧失重检测，在 105℃ 加热条件下将样品干燥至恒重，剩余质量应大于 99.5%，灼烧后残渣不得超过 0.1%；重金属检测，重金属含量不得超过 10mg/kg；液相检测，以十八烷基硅烷键合硅胶为填充剂，以 0.04% 戊烷磺酸钠溶液（冰醋酸调 pH=3.0）、85% 甲醇为流动相，检测波长为 291nm，进样体积为 10μL，杂质峰面积之和应小于 0.1%[103]。

　　维生素 B$_6$ 的生产工艺（图 11-8），投入草酸、丙二酸、乙醇等，升温至 70 ～ 90℃，保温溶解。补加乙醇、苯，升温回流分水进行酯酰化反应，至水分为 0.5%。水分合格后，升温回收苯和乙醇，至釜内温度为 140～150℃，再通过减压浓缩回收草酸二乙酯。投入 N-乙氧草酰 - 丙氨酸乙酯、甲苯、三氯氧磷，缓慢滴加三乙胺，滴加结束，控制釜内温度 85～95℃保温 9h，保温结束，投入水，搅拌后静置分层，水层使用甲苯进行萃取，合并有机层减压浓缩回收甲苯，回收结束，加入液碱和水，调节 pH 为 10.5～11.5，控制物料 40℃保温搅拌，反应结束，降温至 30℃，使用盐酸调节 pH 为 1.5～2.5，升温至 60～70℃保温 2h，保温结束，使用水汽进行精馏，精馏结束，静置分层，油层即为 4- 甲基 -5- 乙氧基噁唑。

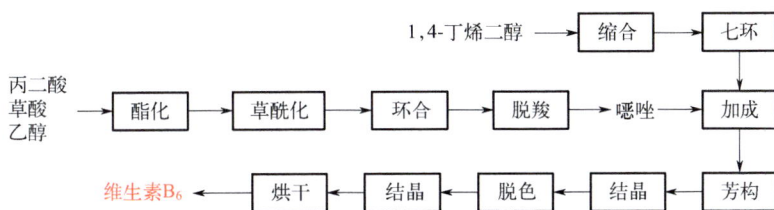

图 11-8　维生素 B₆ 生产工艺流程

投入丁烯二醇等，搅拌下控制温度 50℃滴加甲醛，滴加结束，回流分水至反应合格，反应结束，精馏，得异丙基二氧七环。

投入异丙基二氧七环，升温蒸馏低沸物，降温至 130℃后投入噁唑，升温至 148～150℃保温 1～2h 后升温至 155～158℃，继续保温 16h，保温结束，减压浓缩回收异丙基七环，浓缩至物料呈糊状后，降温至 60℃，加入乙醇搅拌溶解。

在芳构反应瓶内投入盐酸水溶液，加入加成物，室温下保温搅拌 2h，保温结束，减压回收乙醇，再使用盐酸调节 pH 为 1～2，控制物料温度 60～70℃，收集异丁醛，将物料进行减压浓缩，加入 95% 酒精，70～80℃保温 1h，转入结晶釜，降温至 30℃以下结晶，离心并淋洗，得到维生素 B₆ 粗品。

将维生素粗品、水、活性炭投入反应瓶，70℃进行脱色，滤除滤渣后，减压浓缩，至有晶体析出，缓慢降温至 25℃以下，离心干燥得到维生素 B₆ 成品。

11.7　维生素 B₆ 的专利分析与前景展望

11.7.1　专利分析

目前维生素 B₆ 的合成专利主要集中在化学合成工艺的改善、含量测定以及含维生素 B₆ 的药物组合物的制备等，维生素 B₆ 相关生物合成的专利较少，主要集中于以根瘤菌、枯草芽孢杆菌等为底盘细胞的研究，产量较低。在 2020—2023 年，张大伟团队，在微生物合成维生素 B₆ 技术策略构建高产工程菌种方面，申请了多项专利，对其合成途径、关键酶突变体等进行了保护，发酵产量得到了明显的提升。

通过分析近 20 年的专利发现，从 2013 年到 2022 年中国几乎是全球维生素 B$_6$专利申请数量最多的国家（图 11-9），而国外近十年关于维生素 B$_6$的专利相对较少。

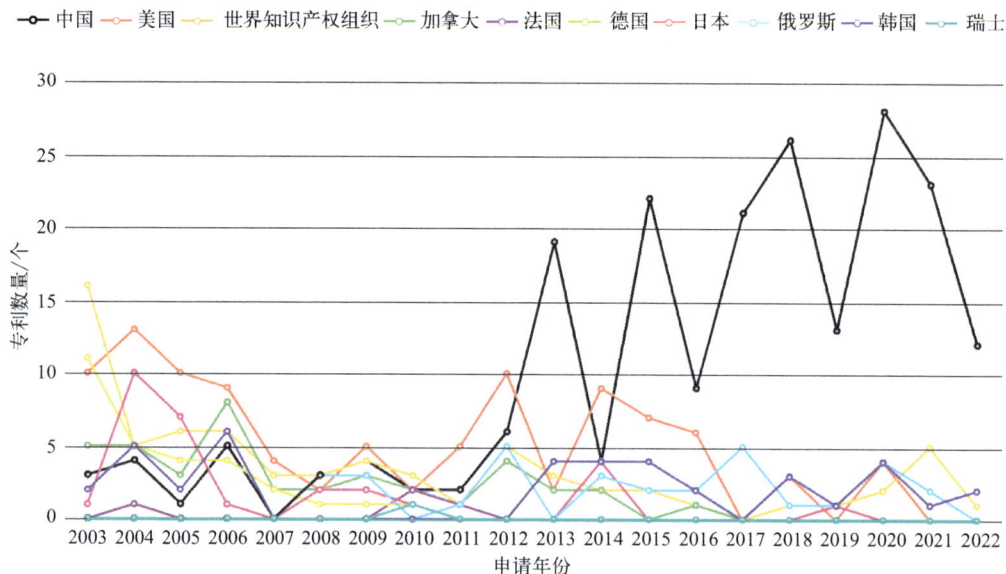

图 11-9　维生素 B$_6$专利申请情况

从中国申请省级行政区域来看，中国申请专利主要分布在东南沿海，较多的省份是湖北和山东，分别是 24 项和 21 项，其次是安徽 17 项、江苏 12 项，上海和天津各 9 项，其中，申请最多的单位包括湖北惠生药业有限公司、新发药业有限公司、山东新和成精化科技有限公司、中国科学院天津工业生物技术研究所以及武汉工程大学等，这些公司或科研单位具有较强的研发竞争力。

11.7.2　前景展望

维生素 B$_6$是一种市场需求较大，但价格相对低廉的维生素产品，虽然通过化学合成法进行维生素 B$_6$生产的技术非常成熟，但其面临着潜在的安全隐患和严重的环保等问题。微生物法不使用有毒有害原料，环境友好性强，因此发酵生产维生素 B$_6$符合绿色生产的要求，是未来工业化生产的发展趋势。但目前发酵法生产局限于产量，工业化有一定难度。随着技术的发展以及工程理念的创新，代谢工程更是在过去的 30 年与分子生物学、系统生物学和合成生物学发生深度的交叉融合，并获得了飞速发展，这极大地促进了生物技术产业的进步。因此，开展维生素 B$_6$绿色制造技术的研发具有很大的潜力。

利用先进的代谢工程手段诊断代谢瓶颈，通过维生素 B$_6$合成途径酶的理性改造以及新途径、新酶的挖掘是未来维生素 B$_6$高产菌株产生的有效方式之一。结合经典的代谢工程手段，例如蛋白支架改变酶的空间组织形式、启动子工程微调酶的转录以及动态调控等改变酶的时空表达形式等，结合发酵工程技术等提高维生素 B$_6$的发酵产量，积极推进以生物法代替化学合成的研究进程，相信在不远的未来，现有的生产模式将会颠覆，维生素 B$_6$的绿色工业化生产将会实现。

参 考 文 献

[1] Sutton M，Jan-Erik L，Christopher H，et al. Vitamin B$_6$：A long known compound of surprising complexity[J]. Molecules，2009，14（1）：329-351.

[2] Odake S. Isolation of oryzanin crystals（antineuritic vitamin）from rice polishings[J]. Proc Imp Acad，2008，7（3）：102-5.

[3] György P. Vitamin B$_2$ and the pellagra-like dermatitis in rats[J]. Nature，1934，133（3361）：498-499.

[4] György P. Crystalline vitamin B$_6$[J]. J Am Chem Soc，1938，60（4）：983-984.

[5] György P，Eckardt R E. Vitamin B$_6$ and skin lesions in rats[J]. Nature，1939，144：512.

[6] Harris S A，Folkers K. Synthetic vitamin B$_6$[J]. Science，1939，89（2311）：347.

[7] Calori I R，Gusmão L A，Tedesco A C. B$_6$ vitamers as generators and scavengers of reactive oxygen species[J]. J Photochem，2021，7：100041.

[8] Huang S，Zhang J，Tao Z，et al. Enzymatic conversion from pyridoxal to pyridoxine caused by microorganisms within tobacco phyllosphere[J]. Plant Physiol Biochem，2014，85：9-13.

[9] Liang J，Han Q，Tan Y，et al. Current advances on structure-function relationships of pyridoxal 5′-phosphate-dependent enzymes[J]. Front Mol Biosci，2019，6：4.

[10] Kronenberger T，Lindner J，Meissner K A，et al. Vitamin B$_6$-dependent enzymes in the human malaria parasite *Plasmodium falciparum*：a druggable target[J]. Biomed Res Int，2014：108516.

[11] Percudani R，Peracchi A. A genomic overview of pyridoxal-phosphate-dependent enzymes[J]. EMBO Rep，2003，4（9）：850-854.

[12] Cheltsov A V，Guida W C，Ferreira G C. Circular permutation of 5-aminolevulinate synthase：effect on folding, conformational stability，and structure[J]. J Biol Chem，2003，278（30）：27945-27955.

[13] Rottmann W H，Peter G F，Oeller P W，et al. 1-aminocyclopropane-1-carboxylate synthase in tomato is encoded by a multigene family whose transcription is induced during fruit and floral senescence[J]. J Mol Biol，1991，222（4）：937-961.

[14] Eliot，Andrew，C.，et al. Pyridoxal phosphate enzymes：mechanistic，structural，and evolutionary considerations[J]. Annu Rev Biochem，2004，73：383-415.

[15] Perry，A.，Radical mechanisms of enzymatic catalysis[J]. Annu Rev Biochem，2001，70：121-148.

[16] Major D，Gao J. A combined quantum mechanical andmolecular mechanical study of the reaction mechanism and alpha-amino acidity in alanine racemase[J]. J Am Chem Soc，2006，128（50）：16345.

[17] Livanova N B，Chebotareva N A，Eronina T B，et al. Pyridoxal 5′-phosphate as a catalytic and conformational cofactor of muscle glycogen phosphorylase B[J]. Biochemistry（Mosc）2002，67（10）：1089.

[18] Beattie A E，Clarke D J，Wadsworth J M，et al. Reconstitution of the pyridoxal 5′-phosphate（PLP）dependent enzyme serine palmitoyltransferase（SPT）with pyridoxal reveals a crucial role for the phosphate during catalysis[J]. Chem Commun，2013，49（63）：7058-7060.

[19] Phillips R S，Scott I，Paulose R，et al. The phosphate of pyridoxal‐5′‐phosphate is an acid/base catalyst in the mechanism

of *Pseudomonas fluorescens* kynureninase[J]. FEBS J，2014，281（4）：1100-1109.

[20] Toney M D. Controlling reaction specificity in pyridoxal phosphate enzymes [J]. Biochim Biophys Acta，2011，1814（11）：1407-1418.

[21] Percudani R，Peracchi A. The B_6 database：a tool for the description and classification of vitamin B_6-dependent enzymatic activities and of the corresponding protein families[J]. BMC Bioinformatics，2009，10：273.

[22] Ueland P M，McCann A，Midttun O，et al. Inflammation，vitamin B_6 and related pathways[J]. Mol Aspects Med，2017，53：10-27.

[23] Dowa Y，Shiihara T，Akiyama T，et al. A case of pyridoxine-dependent epilepsy with novel ALDH7A1 mutations[J]. Oxf Med Case Reports，2020（3）：omaa008.

[24] Ueno K，Ishikawa F，Naito T. A new synthesis of vitamin B_6 group[J]. Tetrahedron Lett，1969（16）：1283-1286.

[25] Firestone R A，Harris E E，Reuter W. Synthesis of pyridozine by diels-alder reactions with 4-methyl-5-alkoxy oxazoles[J]. Tetrahedron，1967，23（2）：943-955.

[26] Ye Z，Shi X，Zhang G，et al. Improved "oxazole" method for the practical and efficient preparation of pyridoxine hydrochloride（vitamin B_6）[J]. Org Process Res Dev，2013，17（12）：1498-1502.

[27] 周后元，方资婷. 维生素 B_6 噁唑法合成新工艺 [J]. 中国医药工业杂志，1994，25（9）：385.

[28] 罗氏（上海）维生素有限公司. 罗氏建成国内首条不用苯作溶剂的维生素 B_6 生产线 [J]. 食品工业科技，2003（09）：15.

[29] 戚聿新，成鹏飞，李新发，等，一锅法制备维生素 B_6 的方法：201210572781.2[P]. 2012-12-24.

[30] Wener B，Barbara H. 维生素 B_6 的制备：1556813A[P]. 2004-12-22.

[31] 范卫东，章根宝，党登峰，等，维生素 B_6 合成中的 Diels_Alder 反应及重排机理研究 [J]. 广东化工，2012，12（39）：73-74.

[32] 郭军，魏欣，章根宝. 维生素 B_6 的制备方法：101402600A[P]. 2008-11-17.

[33] di Salvo M L，Contestabile R，Safo M K. Vitamin B_6 salvage enzymes：mechanism，structure and regulation[J]. Biochim Biophys Acta，2011，1814（11）：1597-1608.

[34] Mittenhuber G. Phylogenetic analyses and comparative genomics of vitamin B_6（pyridoxine）and pyridoxal phosphate biosynthesis pathways[J]. J Mol Microbiol Biotechnol，2001，3（1）：1-20.

[35] Brammer L A，Smith J M，Wade H，et al. 1-Deoxy-D-xylulose 5-phosphate synthase catalyzes a novel random sequential mechanism[J]. J Biol Chem，2011，286（42）：36522-36531.

[36] Fitzpatrick T B，Amrhein N，Kappes B，et al. Two independent routes of de novo vitamin B_6 biosynthesis：not that different after all[J]. Biochem J，2007，407（1）：1-13.

[37] Rosenberg J，Ischebeck T，Commichau F M. Vitamin B_6 metabolism in microbes and approaches for fermentative production[J]. Biotechnol Adv，2017，35（1）：31-40.

[38] Stolz J，Vielreicher M. Tpn1p，the plasma membrane vitamin B_6 transporter of *Saccharomyces cerevisiae*[J]. J Biol Chem，2003，278（21）：18990-18996.

[39] Szydlowski N，Burkle L，Pourcel L，et al. Recycling of pyridoxine（vitamin B_6）by PUP1 in *Arabidopsis*[J]. Plant J，2013，75（1）：40-52.

[40] Paxhia M D，Downs D M. SNZ3 encodes a PLP synthase involved in thiamine synthesis in *Saccharomyces cerevisiae*[J]. G3（Bethesda），2019，9（2）：335-344.

［41］ Tanaka T，Tateno Y，Gojobori T. Evolution of vitamin B$_6$（pyridoxine）metabolism by gain and loss of genes［J］. Mol Biol Evol，2005，22（2）：243-250.

［42］ Kirby J，Dietzel K L，Wichmann G，et al. Engineering a functional 1-deoxy-D-xylulose 5-phosphate（DXP）pathway in *Saccharomyces cerevisiae*［J］. Metab Eng，2016，38：494-503.

［43］ Kim J，Flood J J，Kristofich M R，et al. Hidden resources in the *Escherichia coli* genome restore PLP synthesis and robust growth after deletion of the essential gene *pdxB*［J］. Proc Natl Acad Sci USA，2019，116（48）：24164-24173.

［44］ Tramonti A，Nardella C，di Salvo M L，et al. Knowns and unknowns of vitamin B$_6$ metabolism in *Escherichia coli*［J］. EcoSal Plus，2021，9（2）：ESP-0004-2021.

［45］ Kim J，Kershner J P，Novikov Y，et al. Three serendipitous pathways in *E. coli* can bypass a block in pyridoxal-5′-phosphate synthesis［J］. Mol Syst Biol，2010，6：436.

［46］ Ankisettypalli K，Cheng J J，Baker E N，et al. PdxH proteins of mycobacteria are typical members of the classical pyridoxine/pyridoxamine 5′-phosphate oxidase family［J］. FEBS Lett，2016，590（4）：453-460.

［47］ Sugimoto R，Saito N，Shimada T，et al. Identification of YbhA as the pyridoxal 5′-phosphate（PLP）phosphatase in *Escherichia coli*：Importance of PLP homeostasis on the bacterial growth［J］. J Gen Appl Microbiol，2018，63（6）：362-368.

［48］ Park J H，Burns K，Kinsland C，et al. Characterization of two kinases involved in thiamine pyrophosphate and pyridoxal phosphate biosynthesis in *Bacillus subtilis*：4-amino-5-hydroxymethyl-2methylpyrimidine kinase and pyridoxal kinase［J］. J Bacteriol，2004，186（5）：1571-1573.

［49］ Ito T，Downs D M. Pyridoxal reductase，PdxI，is critical for salvage of pyridoxal in *Escherichia coli*［J］. J Bacteriol，2020，202（12）：e00056-00020.

［50］ Yang Y，Tsui H C T，Man T K，et al. Identification and function of the *pdxY* gene，which encodes a novel pyridoxal kinase involved in the salvage pathway of pyridoxal 5′-phosphate biosynthesis in *Escherichia coli* K-12［J］. J Bacteriol，1998，180（7）：1814-1821.

［51］ Kim J，Copley S D. Inhibitory cross-talk upon introduction of a new metabolic pathway into an existing metabolic network［J］. Proc Natl Acad Sci USA，2012，109（42）：E2856-2864.

［52］ Richts B，Commichau F M. Underground metabolism facilitates the evolution of novel pathways for vitamin B$_6$ biosynthesis［J］. Appl Microbiol Biotechnol，2021，105（6）：2297-2305.

［53］ Oberhardt M A，Zarecki R，Reshef L，et al. Systems-wide prediction of enzyme promiscuity reveals a new underground alternative route for pyridoxal 5′-phosphate production in *E. coli*［J］. PLoS Comput Biol，2016，12（1）：e1004705.

［54］ Jurgenson C T，Ealick S E，Begley T P. Biosynthesis of thiamin pyrophosphate［J］. EcoSal Plus，2009，3（2）：10-1128.

［55］ Zhang X，Carter M S，Vetting M W，et al. Assignment of function to a domain of unknown function：DUF1537 is a new kinase family in catabolic pathways for acid sugars［J］. Proc Natl Acad Sci USA，2016，113（29）：E4161-4169.

［56］ Thiaville J J，Flood J，Yurgel S，et al. Members of a novel kinase family（DUF1537）can recycle toxic intermediates into an essential metabolite［J］. ACS Chem Biol，2016，11（8）：2304-2311.

［57］ Zhao G，Pease A J，Bharani N，et al. Biochemical characterization of *gapB*-encoded erythrose 4-phosphate dehydrogenase of *Escherichia coli* K-12 and its possible role in pyridoxal 5′-phosphate biosynthesis［J］. J Bacteriol，1995，177（10）：2804-2812.

［58］ Kuzuyama T，Takagi M，Takahashi S，et al. Cloning and characterization of 1-deoxy-D-xylulose 5-phosphate synthase from *Streptomyces* sp. Strain CL190，which uses both the mevalonate and nonmevalonate pathways for isopentenyl diphosphate biosynthesis[J]. J Bacteriol，2000，182（4）：891-897.

[59] Rudolph J，Kim J，Copley S D. Multiple turnovers of the nicotino-enzyme PdxB require alpha-keto acids as cosubstrates[J]. Biochemistry，2010，49（43）：9249-9255.

[60] Christel Drewke M K，Dorothee C，Ansgar A，et al. 4-*O*-phosphoryl-l-threonine，a substrate of the *pdxC*（*serC*）gene product involved in vitamin B_6 biosynthesis[J]. FEBS Letters，1996，390：179-182.

[61] David E C，Yuju H，Julie A C，et al. Biosynthesis of vitamin B_6-The oxidation of 4-（phosphohydroxy）-L-threonine by PdxA[J]. J Am Chem Soc，1998，120：1936-1937.

[62] Cane D E，Du S，Robinson J K，et al. Biosynthesis of vitamin B_6：enzymatic conversion of 1-deoxy-D-xylulose-5-phosphate to pyridoxol phosphate[J]. J Am Chem Soc，1999，121（33）：7722-7723.

[63] Zhao G，Winkler M E. Kinetic limitation and cellular amount of pyridoxine（pyridoxamine）5′-phosphate oxidase of *Escherichia coli* K-12[J]. J Bacteriol，1995，177（4）：883-891.

[64] Raschle T，Amrhein N，Fitzpatrick T B. On the two components of pyridoxal 5′-phosphate synthase from *Bacillus subtilis*[J]. J Biol Chem，2005，280（37）：32291-32300.

[65] Boschi-Muller S，Azza S，Pollastro D，et al. Comparative enzymatic properties of GapB-encoded erythrose-4-phosphate dehydrogenase of *Escherichia coli* and phosphorylating glyceraldehyde-3-phosphate dehydrogenase[J]. J Biol Chem，1997，272（24）：15106-15112.

[66] Yang Y，Zhao G，Man T K，et al. Involvement of the *gapA*- and *epd*（*gapB*）-encoded dehydrogenases in pyridoxal 5′-phosphate coenzyme biosynthesis in *Escherichia coli* K-12[J]. J Bacteriol，1998，180（16）：4294-4299.

[67] Lam H M，Winkler M E. Metabolic relationships between pyridoxine（vitamin B_6）and serine biosynthesis in *Escherichia coli* K-12[J]. J Bacteriol，1990，172（11）：6518-6528.

[68] Man T K，Pease A J，Winkler M E. Maximization of transcription of the *serC*（*pdxF*）-*aroA* multifunctional operon by antagonistic effects of the cyclic AMP（cAMP）receptor protein-cAMP complex and Lrp global regulators of *Escherichia coli* K-12[J]. J Bacteriol，1997，179（11）：3458-3469.

[69] Pease A J，Roa B R，Luo W，et al. Positive growth rate-dependent regulation of the *pdxA*，*ksgA*，and *pdxB* genes of *Escherichia coli* K-12[J]. J Bacteriol，2002，184（5）：1359-1369.

[70] Fujisaki S，Nishino T，Katsuki H，et al. Isoprenoid synthesis in *Escherichia coli*. separation and partial purification of four enzymes involved in the synthesis[J]. J Biochem，1986，99（5）：1327-1337.

[71] Kirby J，Nishimoto M，Chow R W，et al. Enhancing terpene yield from sugars via novel routes to 1-deoxy-D-xylulose 5-phosphate[J]. Appl Environ Microbiol，2015，81（1）：130-138.

[72] Yeh J I，Du S，PohiE，et al. Multistate binding in pyridoxine 5′-phosphate synthase：1.96 Å crystal structure in complex with 1-deoxy-D-xylulose phosphate[J]. Biochemistry，2002，41（39）：11649-11657.

[73] 张大伟，刘林霞，王岩岩，等. 磷酸吡哆醇合酶 PdxJ 突变体及其在制备维生素 B_6 中的应用：114438051B[P]. 2022-04-07.

[74] Lam H M，Winkler M E. Characterization of the complex *pdxH-tyrS* operon of *Escherichia coli* K-12 and pleiotropic phenotypes caused by *pdxH* insertion mutations[J]. J Bacteriol，1992，174（19）：6033-6045.

[75] Yang Y，Zhao G，Winkler M E. Identification of the *pdxK* gene that encodes pyridoxine（vitamin B_6）kinase in *Escherichia coli* K-12[J]. FEMS Microbiol Lett，1996，141（1）：89-95.

[76] Kuznetsova E，Proudfoot M，Gonzalez C F，et al. Genome-wide analysis of substrate specificities of the *Escherichia coli* haloacid dehalogenase-like phosphatase family[J]. J Biol Chem，2006，281（47）：36149-36161.

[77] Ramseier T M. Cra and the control of carbon flux via metabolic pathways[J]. Res Microbiol，1996，147（6-7）：489-493.

[78] Zheng D，Constantinidou C，Hobman J L，et al. Identification of the CRP regulon using in vitro and in vivo transcriptional profiling[J]. Nucleic Acids Res，2004，32（19）：5874-5893.

[79] Calvo J M，Matthews R G. The leucine-responsive regulatory protein，a global regulator of metabolism in *Escherichia coli*[J]. Microbiol Rev，1994，58（3）：466.

[80] Cho B K，Knight E M，Barrett C L，et al. Genome-wide analysis of Fis binding in *Escherichia coli* indicates a causative role for A-/AT-tracts[J]. Genome Res，2008，18（6）：900-910.

[81] Tramonti A，Milano T，Nardella C，et al. *Salmonella typhimurium* PtsJ is a novel MocR‐like transcriptional repressor involved in regulating the vitamin B$_6$ salvage pathway[J]. Febs Journal，2017，284（3）：466-484.

[82] Jochmann N，Gotker S，Tauch A. Positive transcriptional control of the pyridoxal phosphate biosynthesis genes *pdxST* by the MocR-type regulator PdxR of *Corynebacterium glutamicum* ATCC 13032[J]. Microbiology，2011，157（Pt 1）：77-88.

[83] Lu P，Vogel C，Wang R，et al. Absolute protein expression profiling estimates the relative contributions of transcriptional and translational regulation[J]. Nat Biotechnol，2007，25（1）：117-124.

[84] Picard F，Milhem H，Loubière P，et al. Bacterial translational regulations：high diversity between all mRNAs and major role in gene expression[J]. BMC Genomics，2012，13（1）：528.

[85] Roa B B，Connolly D M，Winkler M E. Overlap between *pdxA* and *ksgA* in the complex *pdxA-ksgA-apaG- apaH* operon of *Escherichia coli* k-12[J]. J Bacteriol. 1989，171（9）：4767-4777.

[86] Schoenlein P V，Roa B B，Winkler M E. Divergent transcription of *pdxB* and homology between the *pdxB* and *serA* gene products in *Escherichia coli* K-12[J]. J Bacteriol，1989，171（11）：6084-6092.

[87] Lam H M，Tancula E，Dempsey W B，et al. Suppression of insertions in the complex *pdxJ* operon of *Escherichia coli* K-12 by lon and other mutations[J]. J Bacteriol，1992，174（5）：1554-1567.

[88] Nishio N，Sakai K，Fujii K，et al. Utilization of n-paraffins and vitamin B$_6$ production by *Pichia guilliermondii* Wickerham[J]. Agric Biol Chem，1973，37（3）：553-559.

[89] Suzue R，Haruna Y. Biosynthesis of vitamin B$_6$ Incorporation of ^{14}C-glycerol，aspartic acid and leucine into vitamin B$_6$[J]. J Vitaminol，1970，16（2）：154-159.

[90] Pardini R S，Argoudelis C J. Biosynthesis of vitamin B$_6$ by a yeast mutant[J]. J Bacteriol，1968，96（3）：672-677.

[91] Scherr G. The directed isolation of mutants producing increased amounts of metabolites[J]. J Appl Microbiol，2008，25：187-194.

[92] Ishida M，Shimura K. Studies on the biosynthesis of vitamin B$_6$：Part I. vitamin B$_6$ production with a cell-suspension of *Achromobacter cycloclastes*[J]. Agric Biol Chem，1970，34（3）：327-334.

[93] Tani Y，Nakamatsu T，Izumi Y，et al. Studies on vitamin B$_6$ metabolism in microorganisms Part XI：Extracellular formation of vitamin B$_6$ by marine and terrestrial microorganisms and itscontrol[J]. Agric Biol Chem，1972，36（2）：189-197.

[94] Yocum R R，Williams M K，Pero J G，Methods and organisms for production of B$_6$ vitamers：US20060127992A1[P]. 2005-09-09.

［95］ Hoshino T，Ichikawa K，Tazoe M，Recombinant microorganism for the production of vitamin B$_6$：US20060127992A1［P］. 2005-09-09.

［96］ Hoshino T，Ichikawa K，Nagahashi Y，et al. Microorganism and process for preparing vitamin B$_6$：EP1543139A1［P］. 2003-09-18.

［97］ Nagahashi Y，Tazoe M，Hoshino T. Cloning of the pyridoxine 5′-phosphate phosphatase gene（*pdxP*）and vitamin B$_6$ production in *pdxP* recombinant *Sinorhizobium meliloti*［J］. Biosci Biotechnol Biochem，2008，72（2）：421-427.

［98］ Hoshino T，Nagatani Y，Ichikawa K，et al. Process for producing vitamin B$_6$：US20060216798A1［P］. 2005-03-23.

［99］ Pflug W，Lingens F. Vitamin B$_6$ biosynthesis in *Bacillus subtilis*［J］. Hoppe Seylers Z Physiol Chem，1978，359（5）：559-570.

［100］ Commichau F M，Alzinger A，Sande R，et al. Overexpression of a non-native deoxyxylulose-dependent vitamin B$_6$ pathway in *Bacillus subtilis* for the production of pyridoxine［J］. Metab Eng，2014，25：38-49.

［101］ Commichau F M，Alzinger A，Sande R，et al. Engineering *Bacillus subtilis* for the conversion of the antimetabolite 4-hydroxy-l-threonine to pyridoxine［J］. Metab Eng，2015，29：196-207.

［102］ 平安证券研究所医疗健康组. 维生素行业深度报告：13 个主要维生素品种生产工艺与市场格局解析［R/OL］.（2020-04-26）. http：//www.eastmoney.com.

［103］ 国家药典委员会. 中华人民共和国药典：一部［M］. 北京：中国医药科技出版社，2020.

第12章
维生素 B_7

杜广庆，张大伟

中国科学院天津工业生物技术研究所

12.1 概述

维生素 B_7 是一种水溶性 B 族维生素，是维持人体自然生长、发育和正常生理机能所必需的营养物质。维生素 B_7 作为酶的辅助因子，主要通过一个连接蛋白将其与相关酶的一个专一赖氨酸共价连接，参与生物代谢的羧化、脱羧和转羧反应[1]。依赖维生素 B_7 的羧化酶主要有乙酰 CoA 羧化酶、丙酮酸羧化酶、丙酰 CoA 羧化酶和甲基丁酰 CoA 羧化酶，参与生物体内糖异生、脂肪酸代谢和氨基酸代谢等重要反应，在维持生物体代谢平衡和各类物质相互转化中发挥重要的功能[2]。维生素 B_7 在动植物体内普遍存在，然而哺乳动物不能合成维生素 B_7，只有体内的肠道菌群会合成微量的维生素 B_7，因此需要从食物中摄取维生素 B_7来维持正常生理健康[3]。

12.1.1 维生素 B_7 的命名与结构

维生素 B_7，作为 B 族维生素之一，又名生物素、维生素 H 和辅酶 R，最早作为酵母生长因子被发现，生物素是目前应用较为广泛的名称[4]。1942 年，du Vigneaud 等[5]解析出维生素 B_7 的结构，但是对于维生素 B_7 的三个不对称碳原子的构型问题解析不是很清楚。直到 1956 年，Traub[6] 将维生素 B_7 的晶体结构解析出来，它是含 3 个手性碳原子的双环化合物，共有 8 种同分异构体，只有全顺式结构的维生素 B_7 具有生理活性。维生素 B_7 是一种含硫的脂肪酸衍生物，由一个脲基环、一个四氢噻吩环和一条戊酸单链组成，其化学结构式如图 12-1 所示。

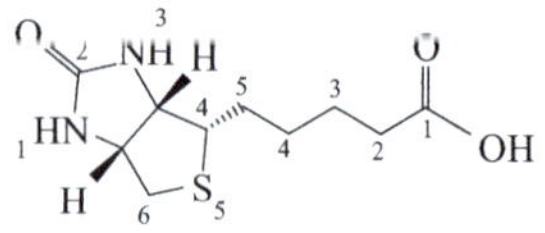

图 12-1 维生素 B_7 结构式

12.1.2 维生素 B_7 的来源与分类

1901 年，德国科学家 Wildiers[4] 发现了可以促进酵母生长的生长因子，被称为 bios。1933 年，Allison 等[7] 分离出一种辅因子，证明该辅因子存在时，可以促进多种根瘤菌的生长，被命名为辅酶 R。1936 年，Kögl 和 Tönnis[8] 从蛋黄中提取出一种结晶的生长因子，认为这种生长因子可能为维生素类物质。1941 年，du Vigneaud 等[9] 在肝脏中发现了具有治疗皮肤病功能的物质，命名为维生素 H（H 源于德语 Haut，皮肤的意思）。最终，György 等[10] 经过研究确认维生素 H、辅酶 R 和从蛋黄中分离出来的维生素是同一种物质。维生素 B_7 是维生素字母命名方法中的名字，在化妆品领域则用维生素的化学名称生物素，在其他领域现在也更倾向于使用其化学名称。

维生素 B_7 在细胞内主要有两种存在形式，游离态和蛋白质结合态，生物体不能直接吸收结合态的维生素 B_7，需要在胃肠道内先通过蛋白酶或者肽酶降解形成生物胞素以及含维生素 B_7 的短肽，再通过维生素 B_7 降解酶进行降解释放游离维生素 B_7[11]。维生素 B_7 主要在小肠和结肠被吸收，随后扩散到全身组织细胞，在肝脏和肾脏中富集得最多。哺乳动物每天都需要几毫克的维生素 B_7，但是不能自身合成，只能通过食物摄取或者肠道菌群合成获得，从而保证自身代谢对维生素 B₇ 的需求。

12.2 维生素 B₇ 的性质和应用

12.2.1 维生素 B₇ 的性质

维生素 B₇ 分子式 $C_{10}H_{16}N_2O_3S$，熔点 232 ～ 233℃，分子量 244.3032，呈无色或白色针状结晶，等电点为 3.5，微溶于水（22mg/100mL，25℃）和乙醇（80mg/100mL，25℃），在热水或者稀碱溶液中溶解度提高，不溶于其它有机溶剂。维生素 B₇ 在稀酸和中性溶液中较稳定，在强碱溶液中稳定性降低，常温下不易被酸、碱等破坏，高温和氧化剂可使其丧失生物活性，遇强碱或氧化剂则会分解。

12.2.2 维生素 B₇ 的应用

维生素 B₇ 作为羧化酶辅因子参与脂肪酸合成、糖代谢、蛋白合成和核酸代谢等多个生理过程，基于维生素 B₇ 的结构特点和在生物的生理代谢调控中的作用，其具有广泛的应用价值，主要包括医药、饲料、食品和代谢调控等方面。

12.2.2.1 在畜禽生产中的应用

维生素 B₇ 可以影响动物的生长、发育和繁殖等生理活性，过去认为动物通过饲料摄取和肠道微生物合成的维生素 B₇ 足够满足动物生长的需求，但是伴随维生素 B₇ 缺乏症状的出现，维生素 B₇ 在畜牧业中的应用得到重视。Rosendo 等[12] 发现在奶牛饲料中添加维生素 B₇ 可以提高牛奶中的蛋白质含量，降低肝脏中的甘油三酯含量。在奶牛饲料中添加 20mg/d 的维生素 B₇ 可以提高牛奶的产量，并且提高奶牛胰岛素的分泌[13]。在猪饲料中添加维生素 B₇，可以显著提高饲料利用率和猪的瘦肉率，改善肉色，使肉质更加鲜嫩[14]。目前工业生产的维生素 B₇，80% 用于饲料行业，维生素 B₇ 在畜禽行业的应用促进了维生素 B₇ 产业的发展，是维生素 B₇ 工业生产的巨大推动力之一。

12.2.2.2 在医药中的应用

维生素 B₇ 可以促进人体内脂肪代谢，使脂肪快速分解并转化为人体所需要的能量，为机体正常生长和运作供能，维生素 B₇ 缺乏会导致人体免疫机能降低，所以维生素 B₇ 在减肥保健品中的应用越来越广泛[15]。近年来，国内外市场大力推销含维生素 B₇ 的保健品，导致其价格大幅上涨，有利于促进维生素 B₇ 产业的发展。维生素 B₇ 是羧化酶的辅因子，参与糖、蛋白质和脂肪的代谢调控，机体缺乏维生素 B₇ 可导致疲劳、呕吐、贫血、脱发等一系列症状，临床上可以口服维生素 B₇ 缓解以上症状[16]。维生素 B₇ 相关酶基因突变导致患者体内维生素 B₇ 缺失会引发一种染色体隐性遗传病多种羧化酶缺乏症

（multiple carboxylase deficiency，MCD）[17]。多种羧化酶缺乏症可以在患者患病早期通过维生素 B_7 进行治疗，否则会引起代谢紊乱，对中枢神经系统造成不可逆的伤害，甚至造成死亡[18]。由于对人体健康越来越多的关注，维生素 B_7 在医药保健领域的应用具有广阔的前景。

12.2.2.3　在代谢调控方面的应用

维生素 B_7 广泛参与糖类、脂肪酸和蛋白质合成，参与细胞内基因和代谢水平的调控。维生素 B_7 是糖酵解途径中激酶（包括葡萄糖激酶、磷酸果糖激酶和丙酮酸激酶）以及羧化酶（丙酮酸羧化酶）活性调控的重要作用物质，维生素 B_7 的缺乏会导致葡萄糖利用率降低[19]。葡萄糖与胰岛素分泌相关，Sone 等[20]发现在小鼠中灌注维生素 B_7 可以增强葡萄糖的氧化，促进胰岛素分泌，证明维生素 B_7 可以影响糖代谢过程。维生素 B_7 作为羧化酶的辅酶，可以催化乙酰 CoA 生成丙二酰 CoA，丙二酰 CoA 参与脂肪酸的合成，所以维生素 B_7 在脂肪酸合成中发挥重要的调控作用。在维生素 B_7 供给不足的情况下，脂肪酸代谢会出现异常，表现为饱和脂肪酸合成量降低，甘油三酯积累量增加，肝肾的脂含量增加[21]。维生素 B_7 也参与蛋白质代谢调控，可以和组蛋白的赖氨酸 ε- 残基共价结合，发生蛋白质生物素酰化，以表观遗传形式参与 DNA 甲基化、组蛋白甲基化和去乙酰化等过程[22]。有研究表明，缺乏维生素 B_7 的大鼠，其大脑、肝脏以及皮肤等组织会出现 mRNA 合成减少的情况，注射维生素 B_7 后，mRNA 的合成可以恢复到正常水平[23]。维生素 B_7 也可以在翻译后修饰水平调控基因表达。丙酮酸羧化酶是糖异生途径的关键酶，其活性高度依赖于维生素 B_7，在缺乏维生素 B_7 时，丙酮酸羧化酶的活性显著降低，导致丙酮酸到葡萄糖代谢途径受阻[24]。

12.2.2.4　在生物检测方面的应用

维生素 B_7 的脲基环可以和亲和素的色氨酸残基结合，两者之间的作用是目前已知强度最高的非共价作用，亲和常数达到 10^{15}mol/L，是抗原抗体亲和力的一万多倍[25]。两者特异结合极其稳定，专一性强，不受酸碱、变性剂、高温等因素影响[26]。维生素 B_7 戊酸侧链的末端羧基经过化学修饰，与大部分生物大分子，如蛋白质、核酸、多糖和脂类等进行偶联，可用于这些物质的定量和定性检测[27]。

12.3　维生素 B_7 的化学合成方法

早在 1944 年，已经实现了以 L- 半胱氨酸为起始原料的维生素 B_7 的全合成，但是该合成路线存在明显缺陷，例如立体选择性差、产物的总收率低、最终产物为同分异构体混合物，需要经过复杂的拆分才能得到具有生物活性的维生素 B_7[28]。因此，该领域的相关学者不断探索并优化维生素 B_7 的化学合成过程，从而缩短合成步骤、提高产率、降低成本，实现维生素 B₇ 工业化生产。下面介绍了以不同物质作为初始原料进行维生素 B₇ 合成的路线。

12.3.1　以富马酸为起始原料合成维生素 B₇

1949 年，Sternbach 和 Goldberg 首次提出了维生素 B₇ 的化学合成路线，被命名为 Sternbach 路线[29]。如图 12-2 所示，此路线以富马酸 **1** 为起始原料，经溴加成 **2**、苄胺化 **3**、环合三步反应生成具有两个手性中心的咪唑环环酸 **4**，环酸与醋酸和醋酸酐反应生成酸酐 **5**，酸酐 **5** 经过还原、硫代两步化学反应合成硫酮 **7**，再经过格氏反应引入四个碳的侧链，并经过氢化后得到 **9**。**9** 在氢溴酸酸化作用下得到含硫的鎓盐 **10**，鎓盐中的溴在被樟脑磺酸基取代后，与丙二酸二乙酯缩合，最后在氢溴酸的作用下得到维生素 B₇ **11**。该路线具有多方面优势，包括立体专一性强、产物收率高、反应容易实现等，建立了维生素 B₇ 的工业化生产基础，也在很长一段时间奠定了西方国家在维生素 B₇ 合成领域的垄断地位。但是，该路线也存在一些明显的缺陷，例如需要使用有毒气体光气、工序比较复杂、设备投资大等弊端，需要进一步改进。

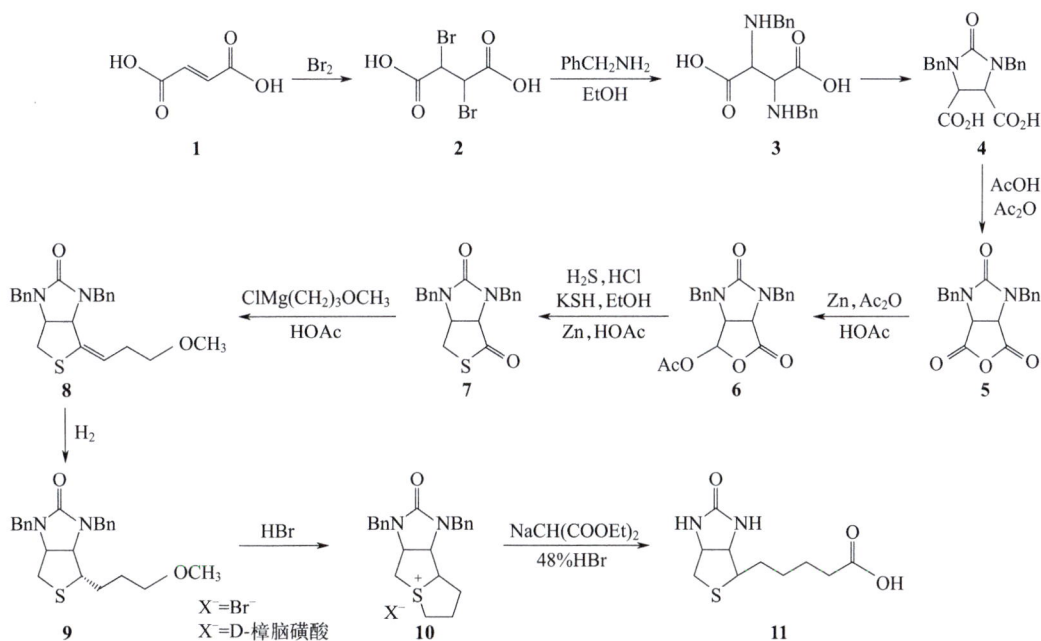

图 12-2　Sternbach 路线合成维生素 B₇[29]

图 12-3 所示改良的合成路线是国外生产维生素 B₇ 的主要方法，该方法将 1949 年 Goldberg 和 Sternbach 的合成法进行改良，从而实现维生素 B₇ 的工业生产[30]。以富马酸 **1** 为起始原料，经过溴加成、二溴化物被苄胺取代以及光气闭环反应，生成咪唑烷酮顺二甲酸 **12**，然后脱去一个水分子转变为酸酐 **13**。酸酐 **13** 被环己醇开环为外消旋单酯 **14**，再经（＋）-麻黄碱拆分为所需的旋光异构体 **15**，**15** 的对映体循环返回酸酐 **13**。氢化硼锂将 **15** 中的酯键进行还原，使之成为醇羟基并转变为所需构型的内酯 **16**，用硫代乙酸钾处理

生成硫代内酯 **17**，再经格氏反应和脱水得到在侧链导入 3 个碳原子的中间体 **18**。催化加氢使侧链烯键饱和并立体专一性地确立了第 3 个手性中心 **19**，并用氢溴酸处理成为环状锍盐 **20**，利用锍正离子的吸电性在其邻位碳原子上导入丙二酸酯残基而得到维生素 B$_7$ 前体 **21**。最后经酸性水解，脱去保护两个氨基的苄基并使丙二酸酯成为二酸，然后经过脱羧反应制得维生素 B$_7$。相对于 Sternbach 路线，此过程的优势在于总收率提高，可以达到 25%，每步反应平均收率在 90% 以上，但是该方法仍然存在成本较高、需要使用有毒气体光气的缺点。

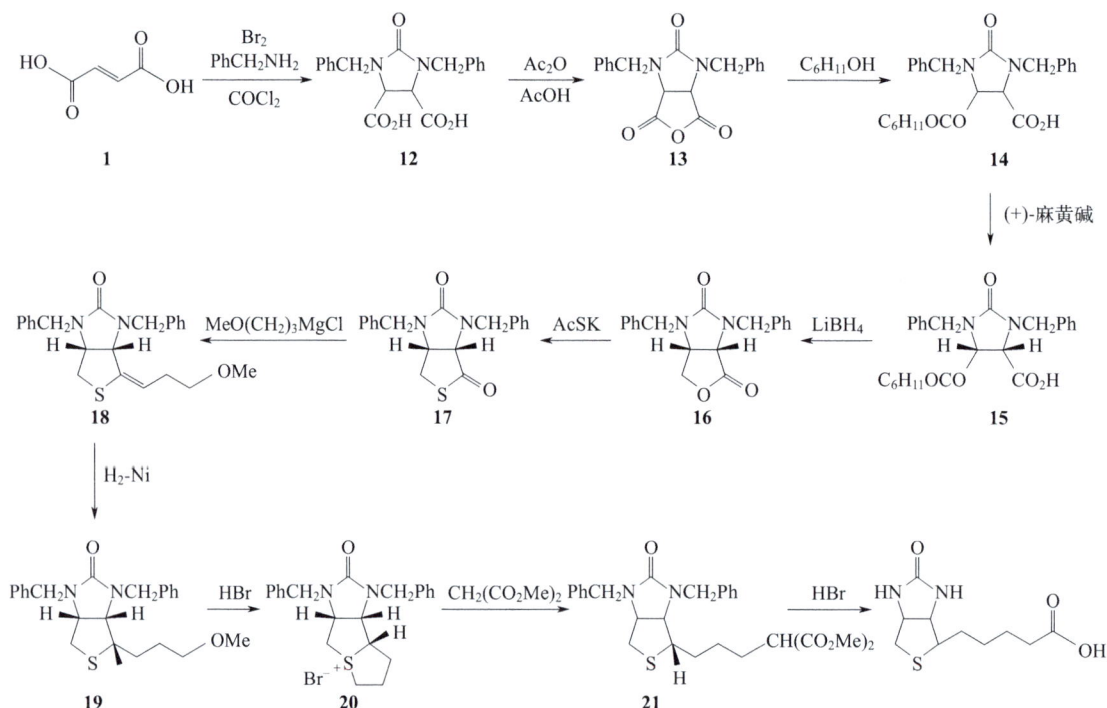

图 12-3　Sternbach 改良路线合成维生素 B$_7$[30]

12.3.2　以 L- 氨基酸为起始原料合成维生素 B$_7$

　　L- 半胱氨酸和 L- 胱氨酸的结构中含有巯基，是合成维生素 B$_7$ 理想的氨基酸类底物。1977 年，Confalone 等 [31] 报道了以半胱氨酸盐酸盐 **22** 为初始底物（图 12-4），通过苯甲醛和氯甲酸甲酯保护氨基和巯基，经还原和氧化将底物羧基转变为醛基 **26**，然后与格氏试剂反应生成侧链烯丙醇 **27**，合成产物与乙酸三甲酯反应，得到含反式戊烯酸酯侧链的中间体 **28**。中间体经水解开环、溴代和巯基对烯键加成，重新组环形成四氢噻吩衍生物 **29**。水解后氨基游离 **30**，经重排和成环生成二环化合物 **31**。用叠氮基取代二环化合物中的溴，获得的中间体 **32** 被氢化和水解后得到二胺 **35**，**35** 用光气环化形成咪唑烷酮 **36**，侧链成酯，酯键经过还原转化为醇 **37**，被酸催化后成环状锍盐 **38**。最后经丙二酸酯处理得到维生素 B$_7$。该合成路线构思新颖，缺点是个别反应步骤收率低。

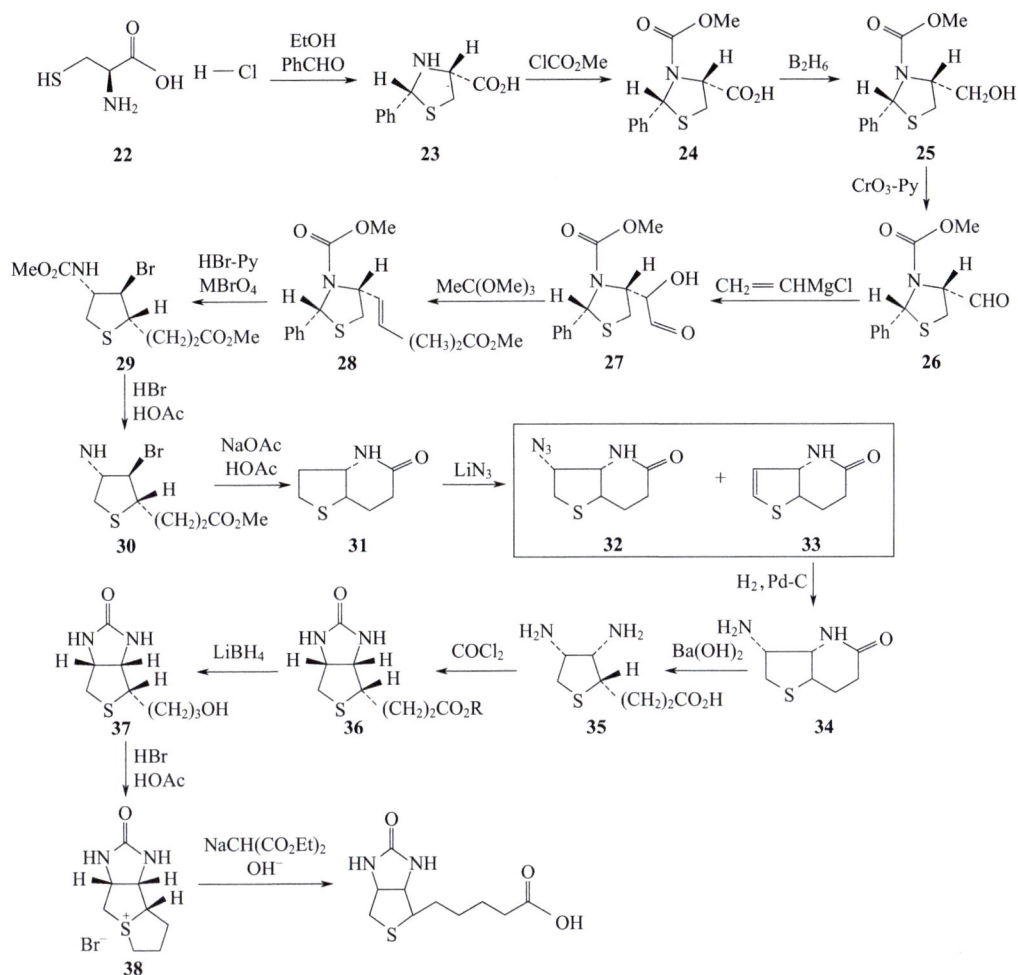

图 12-4　以 L- 半胱氨酸盐酸盐为原料的维生素 B₇ 合成路线

随后，也有新的以 L- 半胱氨酸为底物合成维生素 B₇ 的报道。2001 年，Chavan 等[32] 报道了以 L- 胱氨酸为生产原料的维生素 B₇ 合成过程，但是该路线合成步骤比较多，产物生产率相较于图 12-4 的路线没有显著提高。2002 年，Seki 等[33] 以 L- 半胱氨酸为生产原料，大幅减少了维生素 B₇ 合成步骤，但是中间反应需要的原料价格高且不易获得，增加了原料成本。

我国圣达生物与新和成是全球最大的两家维生素 B₇ 供应商。新和成在 2019 年公开了以半胱氨酸盐酸盐为起始原料，经过 9 步反应合成维生素 B₇ 的方法，该方法是目前最适合我国工业化生产维生素 B₇ 的路线[34]。具体反应步骤如图 12-5 所示，半胱氨酸盐酸盐 **22** 和苯甲醛反应得到（2S, 4R）-2- 苯基噻唑 -4- 羧酸 **39**，再与异氰酸苄酯反应得到（3S, 7aR）-6- 苄基 -3- 苯基二氢咪唑并 [1, 5-c] 噻唑 -5, 7（3H, 6H）- 二酮 **40**。化合物 **40** 与锌粉进行还原反应得到（3S, 7aR）-6- 苄基 -7- 羟基 -3- 苯基四氢咪唑并 [1, 5-c] 噻唑 -5（3H）- 酮 **41**，然后与 2-{[（三甲基硅基）氧] 甲烯基 } 环己酮进行缩合反应，得到缩合中间体 [（3S, 7aR）-6- 苄基 -5- 氧代 -3- 苯基四氢咪唑并 [1, 5-c] 噻唑 -7- 基]-2- 氧代环己基甲醛 **42**。缩合中间

体 **42** 与空气或者氧气发生氧化反应，生成 6-[（3S,7aR）-6- 苄基 -5- 氧代 3- 苯基四氢咪唑并 [1,5-c] 噻唑 -7- 基]-6- 氧代己酸 **43**。在碱性条件下，化合物 **43** 用锌粉或者铝粉还原，得到 6-[（5R）-1,3- 二苄基 -5-（巯甲基）-2- 氧代咪唑 -4- 基]-6- 氧代己酸盐 **44**。化合物 **44** 进行环合消去得到 5-[（3aS,6aR）-1,3- 二苄基 -2- 氧代四氢 -1H- 噻吩并 [3,4-d] 咪唑 -4（2H）- 烯基] 戊酸 **45**。化合物 **45** 在钯和碳催化剂存在下进行催化加氢，得到 5-[（3aS,4S,6aR）-1,3- 二苄基 -2- 氧代六氢 -1H- 噻吩并 [3,4-d] 咪唑 -4- 基] 戊酸 **46**。最后，化合物 **46** 用离子液体脱苄基，得到维生素 B7。该合成路线大大缩减了反应步骤，提高了整体的反应收率，与国外的维生素 B7 合成路线相比具有明显的进步，并逐渐取代了国外的维生素 B7 合成方法。

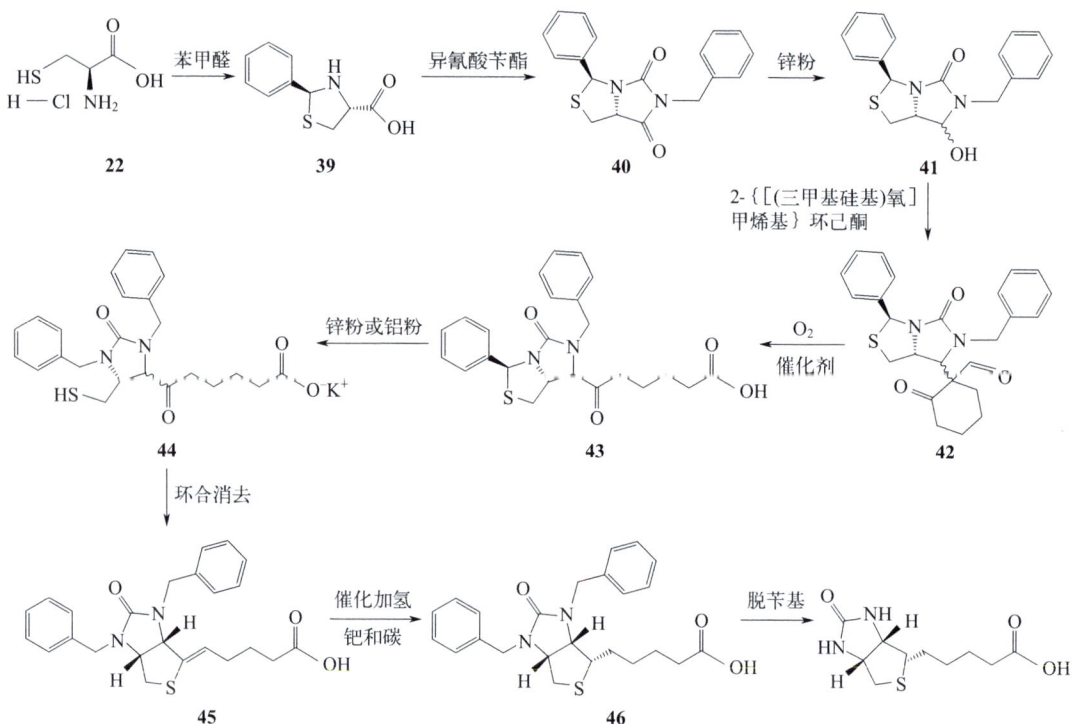

图 12-5　新和成药业的维生素 B7 合成路线[34]

12.3.3　以单糖为起始原料合成维生素 B7

单糖（包括 D- 葡萄糖、D- 甘露糖、D- 氨基葡萄糖和 D- 阿拉伯糖）结构中存在多个手性中心，可以作为合成维生素 B7 的起始原料。Ohrui 等[35] 报道了以 D- 甘露糖为手性源合成维生素 B7 的方法，首先将 D- 甘露糖用丙酮和苯甲酰氯化，再经过选择性水解和邻二醇丢失碳原子并氧化生成醛，与 Wittig 试剂反应及加氢得到的产物经酯交换脱去苯甲酰基，经过还原、甲磺酰化，再与硫化钠反应形成四氢噻吩结构的化合物，然后导入两个甲磺酰基并引入两个叠氮基，经还原、酰化后将酰化产物水解回二胺，光气闭环获得维生素 B7。该方法具有每步反应收率高、立体选择性较好等优势，但是合成步骤仍然较多，总收率只能维持在

13% 左右，所以收率低是该合成路线的主要缺陷。Ogawa 等[36] 报道了以 D- 葡萄糖为生产原料合成维生素 B₇ 的方法，但是该合成方法总共需要进行 23 步反应，导致收率更低，仅有 10% 左右。Ravindranathan 等[37] 对上述方法进行改良，将反应缩短到 18 步，但是对产物收率的提升有限。所以，以单糖为起始原料进行维生素 B₇ 的合成，存在的主要问题是合成路线过长，导致产物的收率低。

12.3.4　其他原料合成维生素 B₇

Vasilevskis 等[38] 报道了用己醛酸甲酯、硝基甲烷和巯基乙酸为原料，经过缩合、手性胺催化缩合、还原、取代、水解反应制得维生素 B₇。该路线合成维生素 B₇ 使用原料比较廉价，但是关键化学反应收率较低，产物总收率只有 7%。Volkmann[39] 报道了以庚醛酸酯为原料合成维生素 B₇ 的路线，然而其总收率仍然只有 9%。Whitney[40] 报道了以含烯键化合物进行光环加成合成维生素 B₇，但是存在收率低、立体选择性差等缺点。综上，以 L- 半胱氨酸和富马酸为起始原料的化学合成路线是收率相对高、比较经济的维生素 B₇ 生产方式。

12.4　维生素 B₇ 的生物合成

维生素 B₇ 是生命体正常活动必不可少的一种维生素。通常而言，只有部分细菌、真菌和植物具备从头合成维生素 B₇ 的能力，而哺乳动物在进化中丧失了该能力，只能依赖肠道菌群的从头合成或从食物中摄取。细菌中生物素合成过程已经被广泛研究，而真核生物中生物素合成过程的研究还处于起始阶段，集中于真菌酵母和植物拟南芥中与生物素合成相关基因的挖掘[41]。真核生物中，生物素杂环组装的过程是保守的，在酵母和拟南芥中生物素的合成过程与细菌完全一致[41]。以下将对研究最为广泛的模式微生物中维生素 B₇ 的合成路线进行介绍。

12.4.1　维生素 B₇ 的生物合成代谢途径

12.4.1.1　前体物质庚二酸单酰 ACP 和庚二酰 CoA 合成途径

多数微生物可以从头合成维生素 B₇，合成过程分为两个阶段，第一阶段是维生素 B₇ 前体物质（庚二酸单酰 ACP 或庚二酰 CoA）的合成。在微生物中已经发现有三条途径可以合成庚二酸单酰 ACP 或庚二酰 CoA，分别是以大肠杆菌（*Escherichia coli*）为代表的 BioC/BioH 途径、以枯草芽孢杆菌（*Bacillus subtilis*）为代表的 BioI/BioW 途径以及以 α- 变形菌（*Alphaproteobacteria*）为代表的 BioZ 途径，以下将对三条代谢途径进行介绍。

（1）BioC/BioH 途径

大肠杆菌通过 BioC/BioH 催化合成庚二酸单酰 ACP 的过程如图 12-6 所示，其合成途径的主要难点在于如何形成奇数碳的脂肪酸。丙二酸单酰 ACP 甲基转移酶 BioC（EC 2.1.1.197）在变形菌门中高度保守，是一种依赖 S- 腺苷甲硫氨酸（SAM）的甲基转移酶，催化丙二酸单酰 ACP 和 SAM 反应生成丙二酸单酰 ACP 甲酯。目前，对大肠杆菌中 BioC 的结构和性质的研究最为广泛，同时也发现除变形菌门外，其他一些菌株也含有 BioC 蛋白，例如在敲除 *bioC* 基因的大肠杆菌中过表达蜡样芽孢杆菌（*Bacillus cereus*）的 *bioC* 基因，可以恢复菌株的维生素 B₇ 合成能力[42]。后来研究发现，相对于丙二酰 CoA，丙二酸单酰 ACP 更适合作为甲基受体，接收 SAM 的甲基基团。甲基化消除了自由羧基电荷，在脂肪酸生物合成酶的作用下，利用丙二酸单酰 ACP 甲酯作为前体，进行脂肪酸链延长的第一个循环，包括缩合、还原、脱氢反应合成五碳单酰 ACP 甲酯，然后通过第二个循环将其延长为七碳，生成庚二酸单酰 ACP 甲酯[43]。通过短链脂肪酸酯酶 BioH 去甲基化去除庚二酸单酰 ACP 甲酯的甲基，得到庚二酸单酰 ACP[43]。

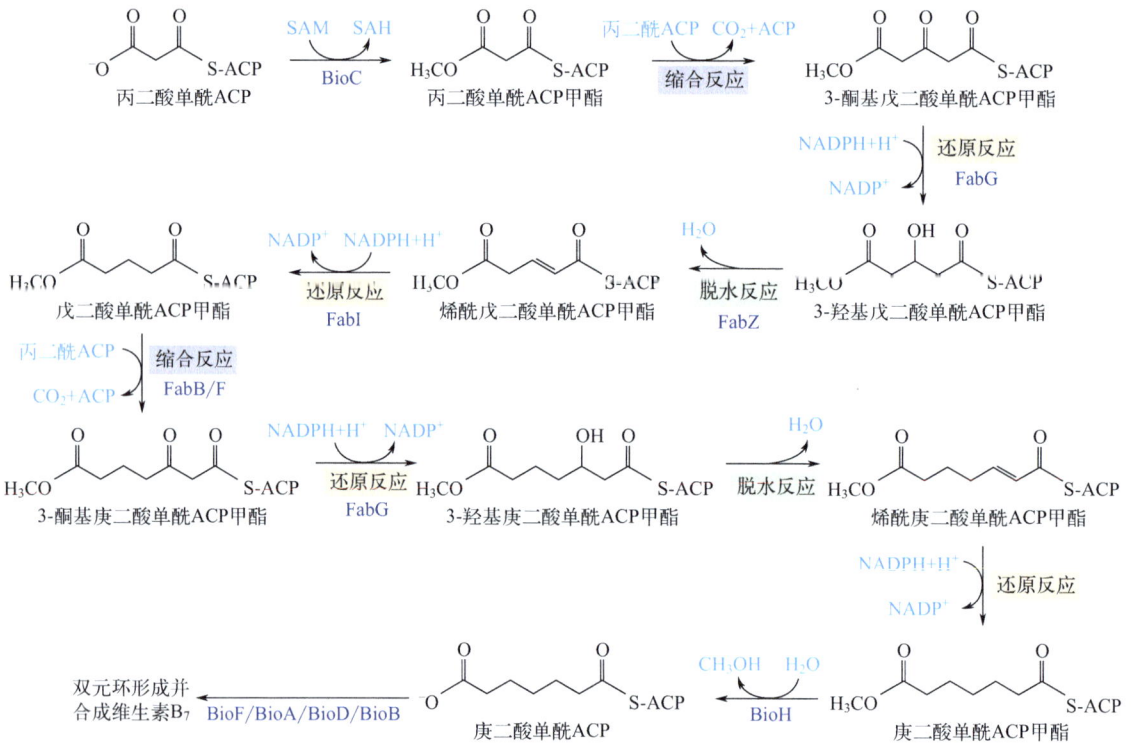

图 12-6　BioC/BioH 途径合成庚二酸单酰 -ACP

FabG—3- 酮脂酰 ACP 还原酶；FabI—烯脂酰 ACP 还原酶；FabZ—3- 羟基脂酰 ACP 脱水酶；FabB—3- 酮脂酰 ACP 合成酶Ⅰ；FabF—3- 酮脂酰 ACP 合成酶Ⅱ

在大肠杆菌中表达不同菌株（包括大肠杆菌）来源的 BioC 同工酶基因，均会形成包涵体，只有蜡样芽孢杆菌的 BioC 可溶，但是尚未得到其晶体结构[44]。另一种同工酶 BioT，源自埃希菌属，具有与大肠杆菌的 BioC 相同的催化功能，是一种可溶、稳定的蛋白质，可能更容易结晶[45]。BioT 与大肠杆菌 BioC 只有 28% 的同源序列，存在甲基转移酶结构域。不同于 BioC，BioH（EC 3.1.1.85）的晶体结构已经被解析出来，是分子质量为 28.5kDa

的单体蛋白。BioH 属于 α/β 折叠水解酶家族蛋白成员，含有经典的水解酶三联体催化活性中心（Ser-82、His-235、Asp-207）和五肽序列（Gly-X-Ser-X-Gly），五肽序列包含亲核的丝氨酸[46]。

在进化过程中，已经发现七种不同的庚二酸单酰 ACP 甲基酯酶，包括 BioH、BioG、BioJ、BioK、BioV、BtsA 和 BioUh[47]。其中 BioH 和 BioG 广泛分布于各种细菌中，而其他 5 个甲基酯酶都只存在于特定物种。报道发现一种存在于古细菌中的水解酶，具有 Ser-His-Asp 三联体活性中心和 GSSXGG 基序，可以代替大肠杆菌 BioH 的催化功能[48]。到目前为止，所有已知的能裂解庚二酸单酰 ACP 甲酯的酯酶都是 α/β- 水解酶家族的成员，并含有标志性的 Ser-His-Asp 活性中心。需要注意的是，有的细菌可以同时编码两个酯酶基因（*bioH* 和 *bioG*），还有一些细菌编码一个功能性的 BioG-BioC 融合蛋白。

（2）BioW/BioI 途径

芽孢杆菌是一种可以形成芽孢的革兰氏阳性菌，包括蜡样芽孢杆菌和枯草芽孢杆菌两大类。这两类芽孢杆菌具有不同的庚二酸合成途径，如前所述，蜡样芽孢杆菌通过 BioC/BioH 途径合成庚二酸单酰 ACP，而枯草芽孢杆菌基因组缺乏 BioC 和 BioH 编码基因，但其维生素 B₇ 合成操纵子中包含两个新的前体物质合成基因 *bioW* 和 *bioI*，其催化反应如图 12-7 所示[49]。BioI 是一种细胞色素 P450 酶（CYP107H），可以通过裂解长链脂肪酸和脂肪酰 ACP，从而得到庚二酸单酰 ACP，但是枯草芽孢杆菌本身不能利用该前体物质合成维生素 B₇[50]。庚二酰 CoA 合成酶 BioW，在前体物质合成过程中发挥次要作用，其底物庚二酸合成途径未知。随后研究表明，BioW 是合成维生素 B₇ 必需的蛋白，而 BioI 是非必要的，BioI 的缺失对维生素 B₇ 的合成和微生物生长没有明显的影响，相反，敲除 BioW 编码基因，导致维生素 B₇ 营养缺陷型出现[51]。细胞色素 P450 酶的催化活性需要氧气参与，不添加外源维生素 B₇，野生型枯草芽孢杆菌在厌氧条件下仍然可以正常生长，进一步证明 BioI 对维生素 B₇ 合成不起主导作用[52]。

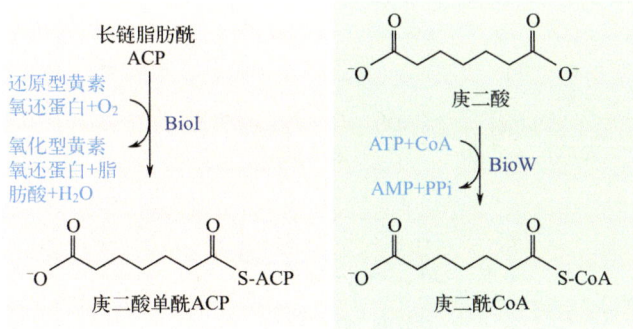

图 12-7 BioW/BioI 途径合成庚二酰 CoA

BioW 作为庚二酰 CoA 合成酶，其蛋白大小只有典型的酰 CoA 合成酶的一半左右，而且缺乏这个酶家族所特有的保守序列。基于其特殊的序列和结构，Manandhar 和 Cronan 对 BioW 的催化机制进行研究，发现 BioW 的反应机制与典型的酰基 CoA 合成酶是相同的[53]。BioW 催化过程需要 ATP、辅酶 A 和金属离子 Mg²⁺ 的参与，形成庚二酸单酰 - 腺苷中间体，然后将庚二酸单酰转移给辅酶A，同时释放单磷酸腺苷（AMP）和焦磷酸。目前，枯草芽孢杆菌和超嗜热菌的BioW的晶体结构已经被解析出来，并且两个不同菌株来源的酶结构非常一致，对七碳二元酸具有高度专一性[54,55]。由于BioW对维生素 B_7 合成起主导作用，其催化底物庚二酸理论上是由菌株代谢产生，但是还未有相关报道阐明枯草芽孢杆菌中庚二酸的合成途径。已有研究表明，庚二酸与脂肪酸合成的模式相同，说明庚二酸合成的前体物质可能是脂肪酸合成过程中的某个中间代谢物。

（3）BioZ 途径

前体物质庚二酸单酰ACP的BioZ合成途径存在于变形菌门，包括根癌农杆菌（*Agrobacterium tumefaciens*）、布鲁氏杆菌（*Brucella melitensis*）和费氏中华根瘤菌（*Sinorhizobium fredii*）等。这些细菌缺乏大肠杆菌和枯草芽孢杆菌中的前体合成基因，其基因组含有一个3-酮脂酰ACP合成酶编码基因 *bioZ*，与参与脂肪酸合成的FabH具有较高同源性[56]。BioZ蛋白的氨基酸序列表明其具有保守的Cys-His-Asn活性中心，在根癌农杆菌中失活BioZ蛋白均会导致维生素 B_7 营养缺陷型，证明BioZ参与维生素 B_7 的合成[56,57]。此外，将BioZ的C115亲核体的半胱氨酸替换为丝氨酸，也会导致该蛋白失活，出现维生素 B_7 营养缺陷型。在敲除 *bioH* 或者同时敲除 *bioC* 和 *bioH* 的大肠杆菌中表达 *bioZ*，不添加维生素 B_7 的条件下，菌株可以正常生长，证明BioZ参与前体物质的合成[56]。

借鉴FabH酶的催化反应，BioZ途径合成维生素 B_7 前体物质庚二酸单酰-ACP反应过程如图12-8所示，BioZ催化戊二酰CoA与丙二酸单酰ACP进行Claisen缩合反应，脱去辅酶A基团和 CO_2 形成3-酮基庚二酸单酰ACP，然后进入脂肪酸合成途径经过还原、脱氢和还原反应合成庚二酸单酰ACP，通过BioF催化反应终止碳链延长[57]。戊二酰CoA合成底物谷氨酰CoA可能是由谷氨酸转化而来，谷氨酸在降解L-赖氨酸的过程中形成，需要一种酶将谷氨酸转化为谷氨酰CoA。根癌农杆菌中存在一个Ⅲ型酰基CoA转移酶CaiB，能以琥珀酰CoA为底物，将其CoA基团转移到谷氨酸形成谷氨酰CoA[57]。同时，敲除 *caiB* 基因导致维生素 B_7 营养缺陷型出现，进一步证明其在维生素 B_7 合成过程中的作用[57]。

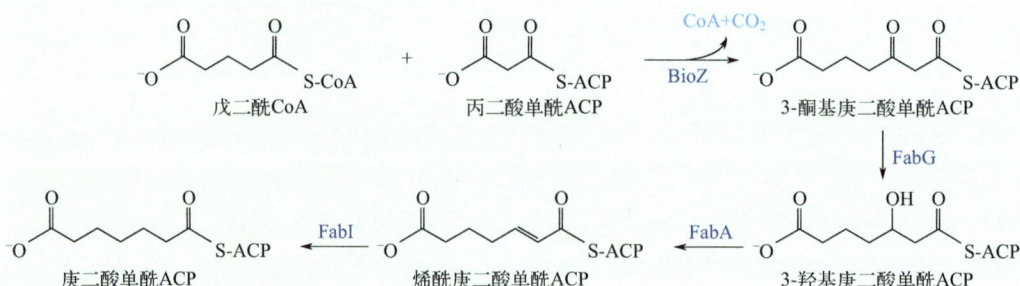

图 12-8　BioZ 途径合成庚二酸单酰 -ACP

12.4.1.2　前体物质庚二酸单酰 ACP 和庚二酰 CoA 合成维生素 B_7

维生素 B_7 合成的第二阶段是杂环的形成。庚二酸贡献两个环碳原子和戊酸侧链的碳原子，其余碳原子由 L- 丙氨酸和 CO_2 提供，[Fe-S] 簇提供硫原子，S- 腺苷 -L- 甲硫氨酸或者赖氨酸提供氮原子。维生素 B₇ 合成的第二阶段相对保守，从前体物质庚二酸单酰 ACP 或庚二酰 CoA 到维生素 B₇ 的途径是基本一致的，皆由 BioF/BioA/BioD/BioB 这 4 个酶依次催化完成（图 12-9）。这部分反应的大体过程为，7- 酮基 -8- 氨基壬酸合成酶（BioF）催化庚二酸单酰 -ACP 反应生成 7- 酮基 -8- 氨基壬酸（KAPA），随后在 7,8- 二氨基壬酸合成酶（BioA）作用下生成 7,8- 二氨基壬酸（DAPA），在脱硫生物素合成酶（BioD）作用下生成脱硫生物素（DTB），最后 DTB 在维生素 B₇ 合成酶（BioB）的作用下合成维生素 B₇。

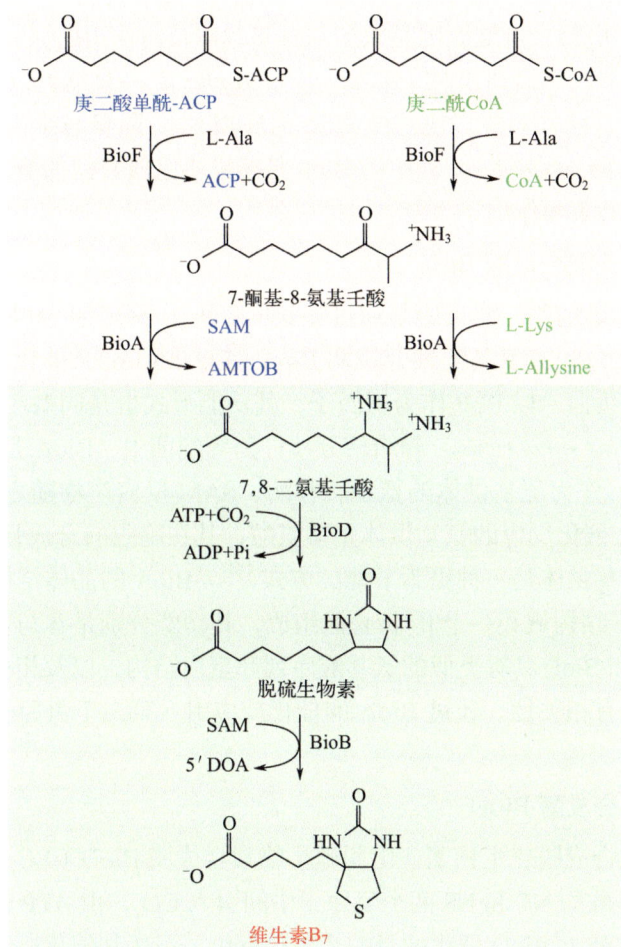

图 12-9　前体物质庚二酸单酰 ACP 和庚二酰 CoA 合成维生素 B₇ 的代谢途径

（1）7- 酮基 -8- 氨基壬酸合成酶 BioF

维生素 B₇ 双环组装的第一步反应是将前体物质庚二酸单酰 ACP 或者庚二酰 CoA 通过 7- 酮基 -8- 氨基壬酸合成酶 BioF（EC 2.3.1.47）催化合成 7- 酮基 -8- 氨基壬酸，BioF 也因此被认为是维生素 B₇ 合成途径的"守门人"。BioF 是一种 5- 磷酸吡哆醛（PLP）依赖酶，属于氨基转移酶家族蛋白，具有保守的 PLP 依赖酶的活性中心[58]。辅因子 PLP 通过亚胺键与 BioF 保守的赖氨酸共价结合，在催化反应中作为质子供体和受体[59]。大肠杆菌和耻垢分枝杆菌（*Mycobacterium smegmatis*）的 BioF 晶体结构显示 BioF 在发挥功能时为二聚体状态，组成二聚体的单体含有三个结构域，分别为 N 端结构域、中间核心结构域和 C 端结构域，外形类似于半开的手掌，其活性中心位于手指和手掌的交界处[60]。7- 酮基 -8- 氨基壬酸通过丙氨酸、庚二酸单酰 -ACP 和质子进行脱羧缩合反应生成，硫酯键被切断，同时合成 CO_2。该反应最终引入了丙氨酸的两个碳原子和一个氮原子，从七碳的维生素 B_7 前体物质转化为九碳的含氮化合物。由于枯草芽孢杆菌和大肠杆菌使用的前体物质分别为庚二酰 CoA 和庚二酸单酰 ACP，两个菌株的 BioF 表现出不同的底物特异性。体内试验表明，大肠杆菌的 BioF 可以催化两种前体物质用于合成 7- 酮基 -8- 氨基壬酸，而枯草芽孢杆菌只能以庚二酰 CoA 作为反应底物，可能原因是缺少与酰基载体蛋白作用的保守氨基酸残基[60]。最近一项研究发现，富养罗尔斯通氏菌（*Ralstonia eutropha*），一种能够以 CO_2 和 H_2 作为碳源和能量生长的微生物，同样只能以庚二酰 CoA 为底物[61]。除参与维生素 B_7 合成，结核分枝杆菌（*Mycobacterium tuberculosis*）中的 BioF 是感染小鼠所必需的酶，说明其在毒性物质分泌和感染方面也具有重要作用[62]。

(2) 7,8- 二氨基壬酸合成酶 BioA

维生素 B_7 双环组装的第二步反应是通过转氨反应将 7- 酮基 -8- 氨基壬酸转化为 7, 8- 二氨基壬酸，该反应由 7, 8- 二氨基壬酸合成酶 BioA（EC 2.6.1.62）催化。BioA 和 BioF 一样属于氨基转移酶家族蛋白，以 PLP 作为辅因子，其功能形式也是同型二聚体。在大肠杆菌、球形芽孢杆菌（*Bacillus sphaericus*）和结核分枝杆菌等细菌中，DioA 是已知唯一使用 SAM（通常作为甲基供体）作为氨基供体的氨基转移酶，SAM 反应产物随之被降解[63]。而在枯草芽孢杆菌中，BioA 催化反应的氨基供体是赖氨酸，其在胞内的合成强度要高于 SAM，所以使用赖氨酸作为氨基供体是一种更为节能的方式[64]。BioA 的晶体结构显示，其二聚体的亚基由一个小的 N- 端结构域和一个 β- 折叠区组成，其功能分别是参与蛋白二聚化和结合辅因子 PLP[65]。BioA 和 BioF 具有类似的氨基酸序列和蛋白结构，以及相似的催化机制，说明两个蛋白在进化上具有相关性。通过 BioA 的催化反应引入第二个氮原子，为双环的形成提供了原子基础。

(3) 脱硫生物素合成酶 BioD

7, 8- 二氨基壬酸合成脱硫生物素，由脱硫生物素合成酶 BioD（EC 6.3.3.3）催化。通过该反应在 7, 8- 氨基壬酸的 N7 和 N8 两个氮原子中间引入 CO_2，由 ATP 供能，从而形成一个脲基环[66]。所以，实质上 BioD 催化的是一个羧化反应，虽然其催化机制尚未解析出来，但是不同于常规维生素 B_7 依赖型的羧化反应。BioD 二聚体的亚基包含 7 个 β- 折叠结构，每个 β- 折叠结构由 α- 螺旋连接，其活性中心位于二聚体的交接面[67]。与 ATP 和 GTP 结合蛋白类似，BioD 包含保守的 P-loop motif（Gly-X-X-Gly-X-Gly-Lys-Thr/Ser），特异性结合核苷酸的磷酸基团[68]。BioD 催化的羧化反应可以划分为三个步骤，第一步反应是 7, 8- 二氨基壬酸的 N7 与 CO_2 反应生成氨基酸甲酯，通过与 H 结合形成稳定结构，从而保证在低浓度 CO_2 条件下该反应可以顺利进行；第二步和第三步反应分别是与 ATP 的磷酸基团反应、磷酸基团的释放、N8 的引入，从而形成闭合的脲基环[69]。结核分枝杆菌的 BioD 对 CTP 具有很强的亲和性，而对其他核苷三磷酸的亲和性较差[70]。根据 BioD 的晶体结构分析，发现不同菌种来源的 BioD，结构差异主要在 C 端结构域[71]。

（4）维生素 B$_7$ 合成酶 BioB

维生素 B$_7$ 合成的最后一步反应是在 C6 和 C9 之间插入一个硫原子，从而形成噻吩环，由维生素 B$_7$ 合成酶 BioB（EC 2.8.1.6）催化该反应，BioB 属于 SAM 自由基酶家族，包含保守的铁硫簇结合序列 Cys-X-X-X-Cys-X-X-Cys[72]。BioB 与底物脱硫生物素和辅因子 SAM 复合体的晶体结构显示其为同型二聚体，BioB 反应的进行需要两个铁硫簇参与，在空气中不稳定的 [4Fe-4S]$^{2+}$ 簇和稳定的 [2Fe-2S]$^{2+}$ 簇，均是维持其生物催化活性所必需的[73]。虽然 BioB 催化反应的分子机制尚未完全被解析出来，但其大体催化反应包括三个步骤：依赖于 SAM 的脱硫生物素脱氢、[2Fe-2S]$^{2+}$ 簇的脱硫和催化酶的再生[74]。反应起始于一个电子从黄素氧化还原蛋白，通过 [4Fe-4S]$^{2+}$ 簇，转移到 SAM，并合成甲硫氨酸和 5′-脱氧腺苷自由基，用于切断脱硫生物素 C9 的 C-H 键[75]。在 C9 产生碳自由基攻击 [2Fe-2S]$^{2+}$ 簇的硫原子，产生 [2Fe-2S]$^{2+}$ 和脱硫生物素的复合物。第二个 5′-脱氧腺苷自由基从 C6 甲基切断氢原子，产生另一个碳自由基，攻击同一个 [2Fe-2S]$^{2+}$ 簇的硫原子。脱硫生物素的 C6 和 C9 位硫原子的插入形成噻吩环，并最终破坏了 [2Fe-2S]$^{2+}$ 簇[76]。体内和体外试验均表明，BioB 是一个催化效率很低的酶，[2Fe-2S]$^{2+}$ 簇再生也是一个重要的问题，两个因素是维生素 B$_7$ 高效合成的最大瓶颈。同时，BioB 催化反应也需要 5′-甲硫腺苷核苷酶 Mtn，降解 SAM 反应产物 5′-脱氧腺苷，解决其产物抑制作用问题[77]。

12.4.2　维生素 B$_7$ 的生物合成调控

在微生物生长过程中，有两种方式可以获取维生素 B$_7$ 维持细胞生长，一是直接从环境中摄取；二是通过自身代谢从头合成。通常，合成维生素 B$_7$ 的所有或者部分基因组成一个操纵子，保证在维生素 B$_7$ 缺乏的情况下，这些基因可以同时表达进行维生素 B$_7$ 的生产。当环境中存在维生素 B$_7$ 时，微生物细胞倾向于直接摄取外源维生素 B$_7$ 来代替自身合成过程，因为维生素 B$_7$ 合成是一个极其耗能的过程，合成 1mol 维生素 B$_7$ 需要消耗 20mol ATP[78]。同时，需要辅因子 SAM 参与，维生素 B$_7$ 合成酶的催化活性都比较低，这些决定了维生素 B$_7$ 的合成需要受到精密的调控。目前，已知的可以调控维生素 B$_7$ 合成的调控蛋白有 BirA、BioR 和 BioQ[79-81]。

12.4.2.1　BirA 蛋白调控功能

BirA 是最早被发现的维生素 B$_7$ 合成的调控因子，包含两个功能：一是编码生物素蛋白连接酶，负责蛋白质的生物素化；二是具有 DNA 结合结构域，可以与维生素 B$_7$ 结合并抑制维生素 B$_7$ 合成基因表达，形成维生素 B$_7$ 合成的反馈抑制[82]。后来研究发现，并不是所有的 BirA 蛋白都具有 DNA 结合结构域，据此将 BirA 分为两种类型：Ⅰ型 BirA 仅具有蛋白质生物素化的保守催化部分，不具有 DNA 结合功能域，存在于 α-变形菌和放线菌等菌种；而Ⅱ型 BirA 同时具有两个功能域，是一种双功能蛋白，存在于大肠杆菌和芽孢杆菌等菌种[79]。

如图 12-10 所示，在 BirA 参与下，维生素 B$_7$ 与 ATP 反应先合成 BirA 蛋白-维生素 B$_7$-

5′-AMP 中间体。在含有Ⅱ型 BirA 的生物中，中间体有两种功能，一是形成二聚体并结合维生素 B_7 合成操纵子的 *bioO* 序列，抑制维生素 B_7 合成相关基因表达；二是与维生素 B_7 和羧基载体蛋白（BCCP）的赖氨酸残基结合，使蛋白质生物素化[83]。当微生物细胞中维生素 B_7 浓度较高时，BirA 蛋白-维生素 B_7-5′-AMP 中间体形成二聚体，并且结合到维生素 B_7 合成操纵子的启动子区域，抑制基因表达。另一方面，当维生素 B_7 依赖酶没有充分生物素化时，中间体优先与 BCCP 结合，阻止了二聚化和与 DNA 的结合，解除对维生素 B_7 合成的负调控作用[84]。Ⅱ型 BirA 编码基因在大肠杆菌、枯草芽孢杆菌和金黄色葡萄球菌中都是必需基因，并且具有相同的调控功能。不同的是，BirA 蛋白在枯草芽孢杆菌和金黄色葡萄球菌中还参与调控维生素 B_7 的跨膜吸收[85]。

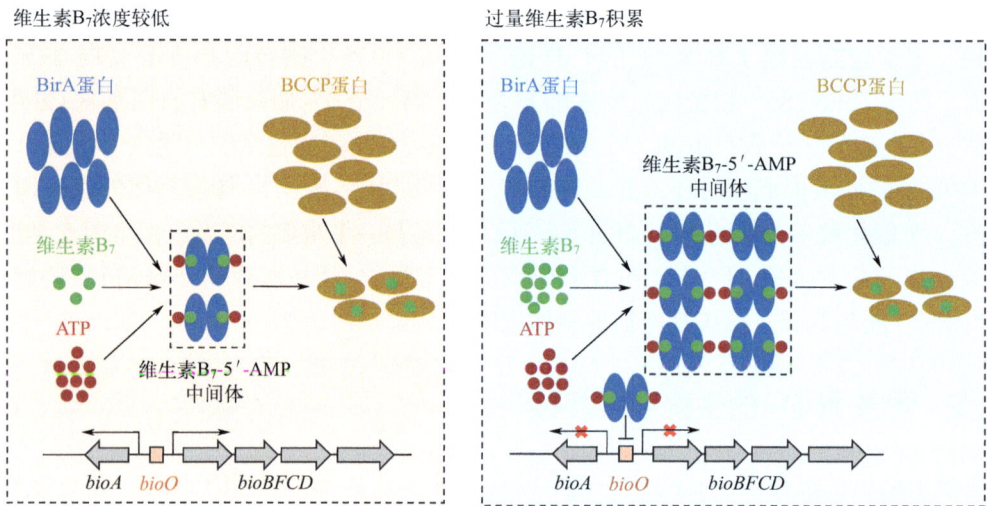

图 12-10　BirA 调控过程

12.4.2.2　BioR 蛋白调控功能

在分枝杆菌属多数细菌中 BirA 蛋白不存在 DNA 结合域，所以维生素 B_7 合成的调控由其他调控因子完成。目前已经发现 BioR 可以调控维生素 B_7 合成和转运，属于 GntR 家族转录调控因子[80]。在维生素 B_7 转运蛋白编码基因 *bioY* 上游，发现了 BioR 特异性识别序列。在脱氮副球菌（*Paracoccus denitrificans*）和布鲁氏杆菌中，*bioR* 自身基因启动子区域含有 BioR 识别序列，证明 BioR 蛋白可以调控自身表达[86, 87]。但是这种自我调控功能在不同的细菌中不具有保守性，根癌农杆菌的 *bioR* 基因不存在 BioR 特异性的识别序列[88]。同时，其 BioR 可以结合维生素 B_7 合成酶 BioB 编码基因启动子区域的结合位点，对该基因的转录起抑制作用[88]。在布鲁氏杆菌中，BioR 识别位点存在于 *bioR* 和 *bioY* 基因的上游，而且，维生素 B_7 合成操纵子 *bioBFDAZ* 的启动子区域也包含两个 BioR 识别序列，起到转录抑制作用[87]。综上，BioR 具有多效调控功能，通过调控自身表达水平参与调控维生素 B_7 合成和转运。

12.4.2.3　BioQ 蛋白调控功能

BioQ 多存在于分枝杆菌属，例如脓肿分枝杆菌（*Mycobacterium abscessus*）、耻垢分枝杆菌，但是不存在于结核分枝杆菌和牛型结核分枝杆菌（*Mycobacterium bovis*）中，也存在于放线菌，例如谷氨酸棒状杆菌（*Corynebacterium glutamicum*）中，属于 TetR 家族的转录因子[89]。Brune 等在谷氨酸棒状杆菌中发现 *bioQ* 和 *bioY* 两个基因的启动子区域均含有 BioQ 识别位点，证明 BioQ 可以调控这两个基因表达，对于没有完整维生素 B₇ 合成途径的菌株来说，维生素 B₇ 转运蛋白的表达调控对吸收外源维生素 B₇ 维持细胞生长至关重要[90]。在耻垢分枝杆菌中，BioQ 识别位点存在于 *bioF*、*bioQ* 和 *bioB* 启动子区域，并通过实验证明 BioQ 对维生素 B₇ 合成基因的转录起到抑制作用，随维生素 B₇ 积累增加，维生素 B₇ 合成相关基因，包括 *bioF*、*bioD* 和 *bioB* 的表达水平显著降低，说明 BioQ 能够感知维生素 B₇ 浓度变化并作出响应[81]。最近，耻垢分枝杆菌的 BioQ 晶体结构被解析出来，发现其第 47 位赖氨酸的乙酰化对于结合特定 DNA 序列抑制基因表达具有主导作用[91]。所以，BioQ 的调控模式类似于 BioR，主要作用同样是调控维生素 B₇ 合成和转运。

12.5 维生素 B₇ 的代谢工程研究进展

多数微生物含有维生素 B₇ 合成途径基因，如大肠杆菌、枯草芽孢杆菌、球形芽孢杆菌、库特氏菌属（*Kurthia* spp.）等，其维生素 B₇ 合成基因通过相关基因的敲除和回补确定。目前，用于生产维生素 B₇ 的菌株的代谢工程改造工作报道较少，主要集中于模式菌株大肠杆菌、枯草芽孢杆菌以及易变假单胞菌（*Pseudomonas mutabilis*）等。下面将对维生素 B₇ 生产菌株的代谢工程研究进展进行介绍（表 12-1）。

表12-1 改造菌株生产维生素B₇总结

底盘细胞	菌株改造方法	培养基	产物浓度 /(mg/L)	参考文献
大肠杆菌	过表达 *bioXWF* 和 *bioDAYB*	PC1.2	27.0[S]；45[FB]	[92]
	过表达 *bioABFHCD*、*bioW* 和 *sam2*	—	8.3[S]；417.1[FB]	[93]
	iscR 点突变	MOPS	2.0[S]	[94]
枯草芽孢杆菌	过表达 *bioB*	GP + 脱硫生物素	15[S]	[96]
	过表达 *bioWAFDB*	CA	5[S]	[97]
	过表达 *bioWAFDBI-ytbQ*	BMM	20[S]	[64]
	化学诱变	M-1	9.5[S]	[98]
黏质沙雷氏菌	化学诱变	F2	20[S]	[99]
	化学诱变后过表达 *bioABFCD*	F2	200[S]	[100]
	两轮化学诱变后过表达 *bioABFCD*	F2	250[S]；500[FB]	[101]

续表

底盘细胞	菌株改造方法	培养基	产物浓度 /(mg/L)	参考文献
生根根瘤菌	过表达 bioBFCDA	NYB + 200mg/L 7,8- 二氨基壬酸	110[FB]	[102]
易变假单胞菌	化学诱变后过表达 bioABFHCD	—	15000[B]	[105]
	过表达 bioA 和 bioBFHCD，敲除 yigM，替换 birA 和 iscR，过表达 metK 和 bioWIAFD	M-2 + 庚二酸	87.2[S]；271.9[FB]	[106]

注：S 为摇瓶；B 为批次发酵；FB 为流加培养；"—"代表培养基没有固定名称。

12.5.1　大肠杆菌产维生素 B_7 的代谢工程研究进展

大肠杆菌中的维生素 B_7 从头合成途径是最早被发现的，通过脂肪酸合成途径合成戊酸碳链，然后通过去甲基化酶阻止碳链延长，进行维生素 B_7 前体物质庚二酸单酰 ACP 的合成。Sabatie 等[92] 以大肠杆菌作为宿主，通过游离质粒 pTG3410 表达球形芽孢杆菌 IFO3525 的维生素 B_7 合成操纵子 bioXWF 和 bioDAYB，在 1L 发酵罐中进行批次发酵，维生素 B_7 产量可以达到 27.0mg/L，在 10L 发酵罐中进行批次 - 补料发酵，维生素 B_7 产量进一步提高至 45.0mg/L。毕晨光[93] 以大肠杆菌 BL21（DE3）为宿主，分别表达了枯草芽孢杆菌 168 的维生素 B_7 合成操纵子 bioWAFDB 和恶臭假单胞菌（Pseudomonas putida）KT2440 的维生素 B_7 合成操纵子 bioBFHCD 和 bioA 基因，构建了两株重组菌株 BM01 和 PM01，结果表明 PM01 合成维生素 B_7 的能力较强，维生素 B_7 产量为 7.0mg/L。在 PM01 基础上，再引入枯草芽孢杆菌 168 的庚二酰 CoA 合成酶基因 bioW 和酿酒酵母 ZJU001 的 S- 腺苷蛋氨酸（SAM）合成酶基因 sam2，获得重组菌株 PM02，维生素 B_7 产量提高到 8.3mg/L。经过培养基优化，尤其是经过庚二酸前体物质、L- 蛋氨酸和初始葡萄糖浓度优化后，PM02 菌株的维生素 B_7 产量最高可达到 146.0mg/L，在批次补料发酵中维生素 B_7 产量为 417.1mg/L，是通过代谢工程改造得到的产量最高的重组菌株。IscR 是大肠杆菌中的全局转录调控因子，通过抑制 isc 操纵子并激活 suf 操纵子调控铁硫簇的组装，通过点突变将大肠杆菌中 IscR 的第 107 位组氨酸替换为酪氨酸，维生素 B_7 产量相对于野生型菌株提高了 2.2 倍，达到 2.0mg/L，证明该转录因子对维生素 B_7 合成具有调控作用[94]。目前，通过代谢工程提高大肠杆菌维生素 B_7 产量的研究并不多，主要通过表达异源维生素 B_7 合成操纵子来提高产量，但是在摇瓶发酵中维生素 B_7 产量仍然维持在较低的水平，产量的提高主要还是通过培养基优化和发酵过程调控获得。

12.5.2　枯草芽孢杆菌产维生素 B_7 的代谢工程研究进展

相对于大肠杆菌，枯草芽孢杆菌是更适合用于维生素 B_7 合成的底盘细胞，因为枯草芽孢杆菌是国际公认的生物安全菌株[95]。同时，维生素 B_7 合成的前体物质庚二酸非常廉价，可以通过外源添加保证前体物质的供给，所以其他菌株也通过外源添加庚二酸并表达枯草芽孢杆菌的 BioW 来增强维生素 B₇ 合成[51]。Ohsawa 等[96] 将球形芽孢杆菌中包含 *bioB* 基因的 8.2kb 的 DNA 片段连接到 pSB01 质粒上，然后转入枯草芽孢杆菌，维生素 B₇ 产量从对照菌株的 2mg/L 提高到 15mg/L，证明 *bioB* 基因表达水平提高有利于维生素 B₇ 的合成。Wu 等[97] 将维生素 B₇ 合成操纵子 *bioWAFDB* 的启动子替换为 *groE* 启动子，通过葡萄糖酸酯诱导表达，维生素 B₇ 产量提高到 5mg/L。Van Arsdell 等[64] 使用组成型启动子 SP01-15 表达自身维生素 B₇ 合成的操纵子 *bioWAFDB-ytbQ*，并且外源添加庚二酸前体，重组菌株可合成大量的 7- 酮基 -8- 氨基壬酸，但是只有微量的维生素 B₇ 合成，证明催化 7- 酮基 -8- 氨基壬酸合成 7,8- 二氨基壬酸的 BioA 可能是限速酶。进一步使用强启动子表达 *bioA* 基因，7- 酮基 -8- 氨基壬酸、脱硫生物素产量并没有显著变化，维生素 B₇ 产量从 5mg/L 提高到 20mg/L，虽然维生素 B₇ 产量有所提高，但是 7- 酮基 -8- 氨基壬酸并没有高效地转化为脱硫生物素，证明过表达 *bioA* 基因不能提高其转化率。最后通过外源添加赖氨酸，证明赖氨酸为 BioA 催化反应的氨基供体，可以大幅提高脱硫生物素的产量，达到 750mg/L，但是维生素 B₇ 产量只有 5mg/L。该研究提供了一种有效提高脱硫维生素 B₇ 产量的方法，但是从脱硫生物素到维生素 B₇ 转化率低的瓶颈问题仍然没有解决。

12.5.3　其它细菌产维生素 B₇ 的代谢工程研究进展

除了模式菌株大肠杆菌和枯草芽孢杆菌外，其他维生素 B₇ 生产菌株包括库特氏菌属、球形芽孢杆菌、黏质沙雷氏菌、易变假单胞菌、酵母等，这些菌株是非模式菌株，缺乏有效的基因编辑手段，所以提高维生素 B₇ 产量的方法多是化学诱变，或者化学诱变结合游离质粒表达维生素 B₇ 合成操纵子。Yamada 等[98] 通过亚硝基胍诱变，结合维生素 B₇ 类似物放线噻唑酸和 5-（2- 噻吩基）戊酸筛选，得到维生素 B₇ 产量为 9.5mg/L 的球形芽孢杆菌，与出发菌株相比提高了 11.9 倍。Sakurai 等[99] 对黏质沙雷氏菌进行亚硝基胍诱变处理，通过维生素 B₇ 结构类似物进行高产维生素 B₇ 菌株筛选，筛选到两株突变菌株 SB304 和 SB412，维生素 B₇ 产量分别达到 5mg/L 和 20mg/L。后续研究中，使用低拷贝质粒将 SB304 菌株中的维生素 B₇ 合成操纵子 *bioABFCD* 转入 SB412 菌株中，维生素 B₇ 产量达到 200mg/L[100]。为了进一步提高维生素 B₇ 产量，Sakurai 等[101] 使用 S- 腺苷蛋氨酸结构类似物乙硫氨酸和 S-（2-氨基乙基）-L- 半胱氨酸盐酸盐处理 SB412 进行二轮筛选，得到突变菌株 ETA23，维生素 B₇ 产量达到 33mg/L，在此基础上过表达 SB304 菌株的 *bioABFCD* 操纵子，维生素 B₇ 产量在摇瓶发酵中达到 250mg/L，在分批 - 补料发酵中维生素 B₇ 产量达到 500mg/L。Shaw 等[102] 对大肠杆菌中的维生素 B₇ 合成基因进行修饰：包括整合基因到一个操纵子、使用 *tac* 启动子表达、去除 *bioD* 和 *bioA* 基因间的茎环结构、使用人工 RBS 序列表达 *bioB*，最后在生根根瘤菌中表达，在 2L 发酵罐中维生素 B₇ 产量达到 110mg/L。

易变假单胞菌自身具有 Entner-Doudoroff（ED）途径相关基因，细胞内具有较高水平的 NADPH，所以在合成需要消耗 NADPH 的产物时具有突出的优势[103]。另外，易变假单胞菌能够耐受高浓度的维生素 B₇，并且没有维生素 B₇ 降解途径，是最具有前景的维生素 B₇ 合成菌株之一[104]。Clack 等[105] 对易变假单胞菌进行亚硝基胍诱变，并添加维生素 B₇ 结构类似物生物素甲酯、4- 氨基苯甲酸、二氨基生物素等，解除维生素 B₇ 对其合成相关基因的负调控作用，然后在一株突变菌株中过表达铜绿假单胞菌的维生素 B_7 合成基因 *bioABFHCD*，可以实现脱硫生物素向维生素 B_7 的高效转化，最终维生素 B_7 产量可高达 15g/L。Xiao 等[106]以易变假单胞菌 ATCC 31014 作为宿主，通过强启动子表达自身维生素 B_7 合成基因并引入枯草芽孢杆菌中维生素 B_7 前体物质合成基因 *bioWI*、解除维生素 B_7 合成负调控、敲除维生素 B_7 摄取基因、增强辅因子供给等多种代谢调控手段，使维生素 B_7 产量从 10μg/L 提高到 4632μg/L，经过培养基优化，在分批补料发酵后维生素 B_7 产量达到 271.88mg/L，这是目前通过代谢工程改造可以达到的较高的维生素 B_7 产量，从产量结果来看，培养基组分和发酵工艺也是影响维生素 B_7 产量的关键因素。综上，通过化学诱变结合维生素 B_7 结构类似物筛选的方法，可能有效解除了维生素 B_7 的反馈抑制作用，在此基础上过表达维生素 B_7 合成操纵子，是目前提高维生素 B_7 产量最有效的方法。

12.6   维生素 B_7 的工业生产概览

维生素 B_7 的工业生产方式为化学合成，由于维生素 B_7 合成工艺路线长、反应要求高，1949 年罗氏公司实现维生素 B_7 工业生产后，很长一段时间没有其他企业可以打破技术壁垒，国内维生素 B_7 严重依赖进口。2001 年，复旦大学陈芬儿院士团队开发了 D- 生物素不对称合成的新工艺，将国外通用的 11 步维生素 B_7 合成过程缩减到 8 步，使得生物素的生产成本从 1.5 万元 /kg 大幅降低到 0.25 万元 /kg[107-109]。随后，浙江医药股份有限公司利用该技术建成了我国的维生素 B_7 生产装置，打破了罗氏公司在维生素 B_7 生产的长期垄断格局，将生物素的销售价格从 5.5 万元 /kg 降低到 0.55 万元 /kg，一举成为世界上最大的维生素 B_7 生产商，到 2006 年，市场占有率达到 60%。陈芬儿院士团队在维生素 B_7 生产工艺上的成功，获得了国家的高度认可，不仅打破了国外的技术垄断，解决了我国维生素 B_7 长期依赖进口的局势，而且使维生素 B_7 价格大幅下跌，迫使国外厂商因没有利润而停产。陈芬儿院士也因此被授予 2005 年国家技术发明奖二等奖、中国专利金奖、何梁何利基金科学与技术进步奖等科技大奖。

得益于下游市场需求不断释放，维生素 B_7 的市场需求和产量逐年提高。根据中国产业信息网数据，从 2015 年到 2019 年，中国维生素 B_7 产量从 233t 提高到 335t，增长达到 43.8%。2020 年，受疫情影响和环境影响，维生素 B_7 相关企业产能降低，供给端缩减，市场供需问题越发严峻，导致维生素 B_7 价格上涨。饲料是维生素 B_7 最主要的应用领域，占比达到 80%，另外，医药化妆品和食品功能性饮料分别占维生素 B_7 应用的 15% 和 5%。下游需求，尤其是饲料行业的稳定发展，有效带动了维生素 B_7 的需求量。由于维生素 B_7 需求稳定，并且生产厂家相对固定，其价格主要受供给端影响，目前，中国是维生素 B_7 的主要生产国，生产的维生素 B_7 除供给国内需求外，主要出口欧美和东南亚国家，在 2018 年，美国和德国出口量占比 50% 左右。综上，自浙江医药建成维生素 B_7 生产装置，我国在维生素 B_7 合成领域一直处于世界领先地位。

12.6.1　维生素 B₇ 的主要生产厂家概述

维生素 B₇ 行业存在一定的技术壁垒，行业的准入门槛较高，因此新进入市场的企业数量较少。目前，我国的维生素 B₇ 生产厂家主要集中在浙江省，生产企业主要包括浙江新和成股份有限公司、浙江圣达生物药业股份有限公司、上海海嘉诺医药发展股份有限公司、浙江医药股份有限公司和杭州科兴生物化工有限公司，其维生素 B₇ 产量分别占市场总量的29%、27%、20%、10% 和 9%，共占市场份额的 90% 以上。虽然目前已经形成了产业高度集中的格局，但是由于维生素 B₇ 具有市场需求小、单价高的特点，各生产企业仍然存在较为激烈的竞争关系。

12.6.2　维生素 B₇ 的工业生产路线

如前所述，浙江新和成公开了以半胱氨酸盐酸盐和苯甲醛为原料的维生素 B₇ 合成路线，是目前最具有效益的维生素 B₇ 工业生产方法[34]。圣达生物将双苄基生物素和三卤化硼在有机溶剂环境和惰性气体保护下，通过一锅煮的方法合成维生素 B₇，该单步反应提供了适合维生素 B₇ 工业化生产的简便、安全、高收率制备方法，但是并未公开其完整的生产路线[110]。其他维生素 B₇ 生产厂家并未公布其生产工艺。

12.7　维生素 B₇ 的专利分析与前景展望

12.7.1　专利分析

维生素 B₇ 合成的第一篇专利出现于 1949 年，Goldberg[29] 提出了维生素 B₇ 的化学合成路线，为维生素 B₇ 的工业化生产奠定了基础，后续的维生素 B₇ 合成途径均是在此基础上进行改进。此后，关于维生素 B₇ 生产的专利集中于 2000 年前后，主要是通过菌株的化学诱变提高维生素 B₇ 产量。达雄星野等[111] 在 1998 年公布专利，对库特氏菌株进行生物素结构类似物抗性筛选，得到维生素 B₇ 产量为 126mg/L 的突变菌株。同时也公布了通过 BioB 与 NIFS/NIFU 酶反应系统接触，高效催化脱硫生物素合成维生素 B₇ 的方法[112]。Kanzaki 等[113, 114] 分别在 2000 和 2001 年公布专利，对大肠菌株进行 β- 羟基正缬氨酸抗性筛选，提高细胞内甲硫氨酸供给用于 SAM 合成，筛选到一株突变大肠杆菌，维生素 B₇ 产量达到970mg/L，是已知报道维生素 B₇ 产量最高的大肠杆菌突变菌株。同一时间，Bower 等[115-117] 公布专利，解析了枯草芽孢杆菌的维生素 B₇ 合成操纵子，用于指导高产维生素 B₇ 菌株的构建。自复旦大学开发维生素 B₇ 不对称合成新技术后，维生素 B₇ 生产相关专利主要由浙江圣达生物和新和成两家企业公布。浙江新和成分别于 2010 年、2013 年和 2018 年公布了维生素 B₇ 的化学合成路线，对工艺路线进行优化，从而提高收率、降低生产成本[34, 118, 119]。圣达生物将双苄基生物素经过一步反应脱去双苄基得到维生素 B₇，提供了简单、安全、收率高的一锅煮维生素 B$_7$ 制备方法[110]。同时，圣达生物也开始关注微生物发酵生产维生素 B$_7$ 的研究领域，在 2019 年公布两项专利，在易变假单胞菌中表达枯草芽孢杆菌的维生素 B$_7$ 合成操纵子，并通过辅因子优化和发酵工艺优化提高维生素 B$_7$ 产量[120, 121]。

12.7.2　前景展望

　　维生素 B$_7$ 是一种市场需求较小、单价高昂的维生素产品，鉴于其在生物饲料、食品添加剂、化妆品和医药行业的广泛应用，具有很高的研究价值。虽然通过化学合成方法进行维生素 B$_7$ 生产的技术相对成熟，但是不可避免地面临着化学污染物排放以及由此导致的间歇性停产问题。维生素 B$_7$ 是微生物生长和代谢所必需的辅因子，由于其需求量很小，所以多数天然微生物的维生素 B$_7$ 产量均维持在微克级别。维生素 B$_7$ 合成是一个高能耗的过程，合成 1mol 的维生素 B$_7$ 需要消耗 20mol 的 ATP，所以当环境中存在维生素 B$_7$ 时，微生物会优先通过膜转运蛋白吸收环境中的维生素 B$_7$ 代替自身合成。同时，维生素 B$_7$ 合成相关酶催化效率低，尤其是 BioB 过表达对细胞的毒性抑制以及铁硫簇再生问题，是限制维生素 B$_7$ 产量提高的主要原因。但是，目前市场上 80% 的维生素 B$_7$ 用于饲料行业，通过生物安全菌株生产维生素 B$_7$，其浓度不需要达到很高，可以和生物菌体一起用作饲料，可以大大降低后续分离成本，所以微生物生产维生素 B$_7$ 仍然具有广阔的发展前景。近年来，伴随基因组学技术、基因编辑技术、生物信息学以及蛋白质工程的快速发展，可以进行高效维生素 B$_7$ 合成相关酶元件的挖掘以及微生物合成维生素 B$_7$ 的调控机制研究，并通过计算机软件对关键限速基因进行分析和设计，以提高关键酶的催化活性，如对限速酶 BioB 进行理性设计或者蛋白质定向进化，提高其催化效率，解决脱硫生物素向维生素 B$_7$ 转化效率低的瓶颈问题。随着合成生物技术的进步，相信很快可以得到高产维生素 B$_7$ 菌株，以生物法代替化学合成，实现维生素 B$_7$ 的绿色生产。

参 考 文 献

[1] Lardy H A，Potter R L，Burris R H. Metabolic functions of biotin 1. The role of biotin in bicarbonate utilization by *Lactobacillus arabinosus* studied with 14C[J]. J Biol Chem，1949，179：721-731.

[2] Wakil S J，Titchener E B，Gibson D M. Evidence for the participation of biotin in the enzymic synthesis of fatty acids[J]. Biochim Biophys Acta，1958，29：225-226.

[3] León-Del-Río A. Biotin in metabolism，gene expression，and human disease[J]. J Inherit Metab Dis，2019，42：647-654.

[4] Wildiers E. Nouvelle substance indispensable au developpement de la levure[J]. Cellule，1901，18：313-331.

[5] du Vigneaud V，Hofmann K，Melville D B，et al. The preparation of free crystalline biotin[J]. J Biol Chem，1941，140（3）：763-766.

[6] Traub W. Crystal structure of biotin[J]. Nature，1956，178（4534）：649-650.

[7] Allison F E，Hoover S R，Burk D. A respiratory coenzyme[J]. Science，1933，78：217-218.

[8] Kögl F，Tönnis B. Über das bios-problem. Darstellung von krystallisiertem Biotin aus Eigelb[J]. Z Physiol Chem，1936，242：43-73.

［9］ du Vigneaud V，Hofmann K，Melville D B，et al. Isolation of biotin（vitamin H）from liver［J］. J Biol Chem，1941，140（2）：643-651.

［10］ György P，Rose C S，Eakin R E，et al. Egg-white injury as the result of nonabsorption or inactivation of biotin［J］. Science，1941，93（2420）：477-478.

［11］ Said H M，Redha R. A carrier-mediated system for transport of biotin in rat intestine in vitro［J］. Am J Physiol-Gastr L，1987，252（1）：G52-G55.

［12］ Rosendo O，Staples C R，Mcdowell L R，et al. Effects of biotin supplementation on peripartum performance and metabolites of Holstein cows［J］. J Dairy Sci，2004，87（8）：2535-2545.

［13］ Queiroz P J B，Silva D C，Borges P A C，et al. Effect of biotin supplementation on milk yield of Girolando cows reared in a tropical climate［J］. Trop Anim Health Pro，2019，51（6）：1661-1665.

［14］ Martelli G，Sardi L，Parisini P，et al. The effects of a dietary supplement of biotin on Italian heavy pigs（160 kg）growth，slaughtering parameters，meat quality and the sensory properties of cured hams［J］. Livest Prod Sci，2005，93（2）：117-124.

［15］ 刘记成，房欢，董会娜，等 . D- 生物素合成研究进展［J］.中国酿造，2020，39（12）：10-14.

［16］ Baumgartner M R. Vitamin-responsive disorders：cobalamin，folate，biotin，vitamins B1 and E［J］. Handb Clin Neurol，2013，113：1799-1810.

［17］ Nyhan W L. Multiple carboxylase deficiency［J］. Int J Biochem，1988，20（4）：363-370.

［18］ Seymons K，De Moor A，De Raeve H，et al. Dermatologic signs of biotin deficiency leading to the diagnosis of multiple carboxylase deficiency［J］. Pediatr Dermatol，2004，21（3）：231-235.

［19］ Dakshinamurti K，Tarrago-Litvak L，Hong H C. Biotin and glucose metabolism［J］. Can J Biochem，1970，48（4）：493-500.

［20］ Sone H，Sasaki Y，Komai M，et al. Biotin enhances ATP synthesis in pancreatic islets of the rat，resulting in reinforcement of glucose-induced insulin secretion［J］. Biochem Bioph Res Commun，2004，314（3）：824-829.

［21］ Oloyo R A，Ogunmodede B K. Preliminary investigation on the effect of dietary supplemental biotin and palm kernel oil on blood，liver and kidney lipids in chicks［J］. Arch Anim Nutr，1992，42（3-4）：263-272.

［22］ Pestinger V，Wijeratne S S，Rodriguez M R，et al. Novel histone biotinylation marks are enriched in repeat regions and participate in repression of transcriptionally competent gene［J］. J Nutr Biochem，2011，22（4）：328-333.

［23］ Maeda Y，Kawata S，Inui Y，et al. Biotin deficiency decreases ornithine transcarbamylase activity and mRNA in rat liver［J］. J Nutr，1996，126（1）：61-66.

［24］ Kuroishi T，Sugawara S. Metabolomic analysis of liver from dietary biotin deficient mices［J］. J Nutr Sci Vitaminol，2020，66（1）：82-85.

［25］ Wilchek M，Bayer E A. The avidin-biotin complex in immunology［J］. Immunol Today，1984，5（2）：39-43.

［26］ Wilchek M，Bayer E A. The avidin-biotin complex in bioanalytical applications［J］. Anal Biochem，1988，171（1）：1-32.

［27］ Madri J A，Barwick K W. Use of avidin-biotin complex in an ELISA system：a quantitative comparison with two other immunoperoxidase detection systems using keratin antisera［J］. Lab Invest，1983，48（1）：98-107.

［28］ Harris S A，Wolf D E，Mozingo R，et al. Biotin. Ⅱ. Synthesis of biotin［J］. J Am Chem Soc，1944，66（10）：1756-1757.

［29］ Goldberg M W，Montelair U，Sternbach L H. Synthesis of biotin：US 2489232A［P］. 1949-11-22.

[30] Uskokovic M R. Kifk-Othmer Encycl Chem Technology[M]. New York：John wiley & Sons，1984.

[31] Confalone P N，Pizzolato G，Baggiolini E G，et al. Stereospecific total synthesis of D-biotin from L（+）-cysteine[J]. J Am Chem Soc，1977，99（21）：7020-7026.

[32] Chavan S P，Tejwani R B，Ravindranathan T. A switch of reactivity profile in ionic intramolecular annulation reactions：A short and efficient synthesis of D-（+）-biotin[J]. J Org Chem，2001，66（18）：6197-6201.

[33] Seki M，Mori Y，Hatsuda M，et al. A Novel Synthesis of（+）-Biotin from l-Cysteine[J]. J Org Chem，2002，67（16）：5527-5536.

[34] 钱洪胜，车来滨，张甲奇，等. 一种 D- 生物素的合成方法：CN109503619A[P]. 2019-03-22.

[35] Ohrui H，Emoto S. Stereospecific synthesis of（+）-biotin[J]. Tetrahedron Lett，1975，16（32）：2765-2766.

[36] Ogawa T，Kawano T，Matsui M. A biomimetic synthesis of（+）-biotin from D-glucose[J]. Carbohyd Res，1977，57：C31-C35.

[37] Ravindranathan T，Shivajat V，Hiremath D，et al. A modified synthesis of（+）-biotin from D-glucose [J]. Carbohyd Res，1984，134：332-336.

[38] Vasilevskis J，Gualtieri J A，Hutchings S D，et al. Synthesis of D-biotin via dehydrobiotin [J]. J Am Chem Soc，1978，100（23）：7423-7424.

[39] Volkmann R A，Davis J T，Metltz C N. A novel synthesis of D-biotin[J]. J Am Chem Soc，1983，105（18）：5946-5948.

[40] Whitney R A. A total synthesis of（D）-biotin[J]. Can J Chem，1983，61：1158-1160.

[41] Streit W R，Entcheva P. Biotin in microbes，the genes involved in its biosynthesis，its biochemical role and perspectives for biotechnological production[J]. Appl Microbiol Biotechnol，2003，61：21-31.

[42] Lin S，Cronan J E. The BioC O-methyltransferase catalyzes methyl esterification of malonyl-acyl carrier protein，an essential step in biotin synthesis[J]. J Biol Chem，2012，287：37010-37020.

[43] Lin S，Hanson R E，Cronan J E. Biotin synthesis begins by hijacking the fatty acid synthetic pathway[J]. Nat Chem Biol，2010，6：682-688.

[44] Lin S，Cronan J E. The BioC O-methyltransferase catalyzes methyl esterification of malonyl-acyl carrier protein，an essential step in biotin synthesis[J]. J Biol Chem，2012，287：37010-37020.

[45] Zeng Q，Yang Q，Jia J，et al. A Moraxella virulence factor catalyzes an essential esterase reaction of biotin biosynthesis[J]. Front Microbiol，2020，11：148.

[46] Rodionov D A，Mironov A A，Gelfand M S. Conservation of the biotin regulon and the BirA regulatory signal in Eubacteria and Archaea[J]. Genome Res，2002，12：1507-1516.

[47] Shapiro M M，Chakravartty V，Cronan J E. Remarkable diversity in the enzymes catalyzing the last step in synthesis of the pimelate moiety of biotin[J]. PLoS One，2012，7：e49440.

[48] Chow J，Danso D，Ferrer M，et al. The Thaumarchaeon N. gargensis carries functional bioABD genes and has a promiscuous *E. coli* DeltabioH-complementing esterase EstN1[J]. Sci Rep，2018，8：13823.

[49] Bower S，Perkins J B，Yocum R R，et al. Cloning，sequencing，and characterization of the *Bacillus subtilis* biotin biosynthetic operon[J]. J Bacteriol，1996，178：4122-4130.

[50] Cryle M J，De Voss J J. Carbon-carbon bond cleavage by cytochrome p450（BioI）（CYP107H1）[J]. Chem Commun，2004，1：86-87.

［51］ Manandhar M，Cronan J E. Pimelic acid，the first precursor of the *Bacillus subtilis* biotin synthesis pathway，exists as the free acid and is assembled by fatty acid synthesis［J］. Mol Microbiol，2017，104：595-607.

［52］ Meunier B，de Visser S P，Shaik S. Mechanism of oxidation reactions catalyzed by cytochrome p450 enzymes［J］. Chem Rev，2004，104：3947-3980.

［53］ Manandhar M，Cronan J E. Proofreading of noncognate acyl adenylates by an acyl-coenzyme a ligase［J］. Chem Biol，2013，20：1441-1446.

［54］ Estrada P，Manandhar M，Dong S H，et al. The pimeloyl-CoA synthetase BioW defines a new fold for adenylate-forming enzymes［J］. Nat Chem Biol，2017，13：668-674.

［55］ Wang M，Moynie L，Harrison P J，et al. Using the pimeloyl-CoA synthetase adenylation fold to synthesize fatty acid thioesters［J］. Nat Chem Biol，2017，13：660-667.

［56］ Hu Y，Cronan J. α-proteobacteria synthesize biotin precursor pimeloyl-ACP using the BioZ 3-ketoacyl-ACP synthase and lysine catabolism［J］. Nat Commun，2020，11：5598.

［57］ Alexeev D，Alexeeva M，Baxter R L，et al. The crystal structure of 8-amino-7-oxononanoate synthase：a bacterial PLP-dependent，acyl-CoA-condensing enzyme［J］. J Mol Biol，1998，284（2）：401-419.

［58］ Ploux O，Marquet A. Mechanistic studies on the 8-amino-7-oxopelargonate synthase，a pyridoxal-5′-phosphate-dependent enzyme involved in biotin biosynthesis［J］. Eur J Biochem，1996，236（1）：301-308.

［59］ Webster S P，Alexeev D，Campopiano D J，et al. Mechanism of 8-amino-7-oxononanoate synthase：spectroscopic，kinetic，and crystallographic studies［J］. Biochemistry，2000，39（3）：516-528.

［60］ Manandhar M，Cronan J E. A canonical biotin synthesis enzyme，8-amino-7-oxononanoate synthase（BioF），utilizes different acyl chain donors in *Bacillus subtilis* and *Escherichia coli*［J］. Appl Environ Microbiol，2018，84（1）：e02084-02117.

［61］ Hu Z，Cronan J E. The primary step of biotin synthesis in mycobacteria［J］. Proc Natl Acad Sci USA，2020，117（38）：23794-23801.

［62］ Sassetti C M，Boyd D H，Rubin E J. Genes required for mycobacterial growth defined by high density mutagenesis［J］. Mol Microbiol，2003，48（1）：77-84.

［63］ Eisenberg M A，Stoner G L. Biosynthesis of 7，8-diaminopelargonic acid，a biotin intermediate，from 7-keto-8-aminopelargonic acid and S-adenosyl-L-methionine［J］. J Bacteriol，1971，108（3）：1135-1140.

［64］ Van Arsdell S W，Perkins J B，Yocum R R，et al. Removing a bottleneck in the *Bacillus subtilis* biotin pathway：BioA utilizes lysine rather than S-adenosylmethionine as the amino donor in the KAPA-to-DAPA reaction［J］. Biotechnol Bioeng，2005，91（1）：75-83.

［65］ Käck H，Sandmark J，Gibson K，et al. Crystal structure of diaminopelargonic acid synthase：evolutionary relationships between pyridoxal-5′-phosphate-dependent enzymes［J］. J Mol Biol，1999，291（4）：857-876.

［66］ Lin S，Cronan J E. Closing in on complete pathways of biotin biosynthesis［J］. Mol BioSyst，2011，7（6）：1811-1821.

［67］ Huang W，Jia J，Gibson K J，et al. Mechanism of an ATP-dependent carboxylase，dethiobiotin synthetase，based on crystallographic studies of complexes with substrates and a reaction intermediate［J］. Biochemistry，1995，34（35）：10985-10995.

［68］ Huang W，Lindqvist Y，Schneider G，et al. Crystal structure of an ATP-dependent carboxylase，dethiobiotin synthetase，at 1.65 Å resolution［J］. Structure，1994，2（5）：407-414.

［69］ Gibson K J，Lorimer G H，Rendina A R，et al. Dethiobiotin synthetase：the carbonylation of 7, 8-diaminononanoic acid proceeds regiospecifically via the N7-carbamate［J］. Biochemistry，1995，34（35）：10976-10984.

［70］ Thompson A P，Salaemae W，Pederick J L，et al. *Mycobacterium tuberculosis* dethiobiotin synthetase facilitates nucleoside triphosphate promiscuity through alternate binding modes［J］. ACS Catal，2018，8（11）：10774-10783.

［71］ Porebski P J，Klimecka M，Chruszcz M，et al. Structural characterization of *Helicobacter pylori* dethiobiotin synthetase reveals differences between family members［J］. FEBS J，2012，279（6）：1093-1105.

［72］ Berkovitch F，Nicolet Y，Wan J T，et al. Crystal structure of biotin synthase，an *S*-adenosylmethionine-dependent radical enzyme［J］. Science，2004，303（5654）：76-79.

［73］ Ugulava N B，Gibney B R，Jarrett J T. Biotin synthase contains two distinct iron-sulfur cluster binding sites：chemical and spectroelectrochemical analysis of iron-sulfur cluster interconversions［J］. Biochemistry，2001，40（28）：8343-8351.

［74］ Guianvarc'h D，Florentin D，Bui B T S，et al. Biotin synthase，a new member of the family of enzymes which uses *S*-adenosylmethionine as a source of deoxyadenosyl radical［J］. Biochem Bioph Res Commun，1997，236（2）：402-406.

［75］ Escalettes F，Florentin D，Tse Sum Bui B，et al. Biotin synthase mechanism：evidence for hydrogen transfer from the substrate into deoxyadenosine［J］. J Am Chem Soc，1999，121（15）：3571-3578.

［76］ Ugulava N B，Sacanell C J，Jarrett J T. Spectroscopic changes during a single turnover of biotin synthase：destruction of a ［2Fe-2S］ cluster accompanies sulfur insertion［J］. Biochemistry，2001，40（28）：8352-8358.

［77］ Choi-Rhee E，Cronan J E. A nucleosidase required for in vivo function of the *S*-adenosyl-L-methionine radical enzyme，biotin synthase［J］. Chem Biol，2005，12（5）：589-593.

［78］ Feng Y，Zhang H，Cronan J E. Profligate biotin synthesis in alphaproteobacteria-a developing or degenerating regulatory system［J］. Mol Microbiol，2013，88：77-92.

［79］ Satiaputra J，Shearwin K E，Booker G W，et al. Mechanisms of biotin-regulated gene expression in microbes［J］. Syn Syst Biotechnol，2016，1（1）：17-24.

［80］ Rodionov D A，Gelfand M S. Computational identification of BioR，a transcriptional regulator of biotin metabolism in *Alphaproteobacteria*，and of its binding signal［J］. FEMS Microbiol Lett，2006，255（1）：102-107.

［81］ Tang Q，Li X，Zou T，et al. *Mycobacterium smegmatis* BioQ defines a new regulatory network for biotin metabolism［J］. Mol Microbiol，2014，94（5）：1006-1023.

［82］ Beckett D. Biotin sensing：universal influence of biotin status on transcription［J］. Annu Rev Genet，2007，41：443-464.

［83］ Pendini N R，Bailey L M，Booker G W，et al. Microbial biotin protein ligases aid in understanding holocarboxylase synthetase deficiency［J］. Biochim Biophys Acta，2008，1784：973-982.

［84］ Wang J，Beckett D. A conserved regulatory mechanism in bifunctional biotin protein ligases［J］. Protein Sci，2017，26（8）：1564-1573.

［85］ Ye H，Cai M，Zhang H，et al. Functional definition of BirA suggests a biotin utilization pathway in the zoonotic pathogen *Streptococcus suis*［J］. Sci Rep，2016，6：26479.

［86］ Feng Y，Xu J，Zhang H，et al. Brucella BioR regulator defines a complex regulatory mechanism for bacterial biotin metabolism［J］. J Bacteriol，2013，195（15）：3451-3467.

［87］ Feng Y，Kumar R，Ravcheev D A，et al. Paracoccus denitrificans possesses two BioR homologs having a role in regulation of biotin metabolism［J］. Microbiologyopen，2015，4（4）：644-659.

［88］ Feng Y，Xu J，Zhang H，et al. Brucella BioR regulator defines a complex regulatory mechanism for bacterial biotin metabolism[J]. J Bacteriol，2013，195（15）：3451-3467.

[89] Sirithanakorn C，Cronan J E. Biotin, a universal and essential cofactor：synthesis, ligation and regulation[J]. FEMS Microbiol Rev，2021，45：fuab003.

[90] Brune I，Götker S，Schneider J，et al. Negative transcriptional control of biotin metabolism genes by the TetR-type regulator BioQ in biotin-auxotrophic *Corynebacterium glutamicum* ATCC 13032[J]. J biotechnol，2012，159（3）：225-234.

[91] Wei W，Zhang Y，Gao R，et al. Crystal structure and acetylation of BioQ suggests a novel regulatory switch for biotin biosynthesis in *Mycobacterium smegmatis*[J]. Mol Microbiol，2018，109：642-662.

[92] Sabatie J，Speck D，Reymund J，et al. Biotin formation by recombinant strains of *Escherichia coli*：influence of the host physiology[J]. J Biotechnol，1991，20（1）：29-49.

[93] 毕晨光. 生物素高产菌株的构建及其发酵工艺优化 [D]. 杭州：浙江大学，2017.

[94] Bali A P，Lennox-Hvenekilde D，Myling-Petersen N，et al. Improved biotin, thiamine, and lipoic acid biosynthesis by engineering the global regulator IscR[J]. Metab Eng，2020，60：97-109.

[95] Galano M，van den Dungen M W，van Rij T，et al. Safety evaluation of food enzymes produced by a safe strain lineage of *Bacillus subtilis*[J]. Regul Toxicol Pharm，2021，126：105030.

[96] Ohsawa I，Speck D，Kisou T，et al. Cloning of the biotin synthetase gene from *Bacillus sphaericus* and expression in *Escherichia coli* and *Bacilli*[J]. Gene，1989，80（1）：39-48.

[97] Wu S C，Wong S L. Engineering of a *Bacillus subtilis* strain with adjustable levels of intracellular biotin for secretory production of functional streptavidin[J]. Appl Environ Microbiol，2002，68（3）：1102-1108.

[98] Yamada H，Osakai M，Tani Y，et al. Biotin overproduction by biotin analog-resistant mutants of *Bacillus sphaericus*[J]. Agri Biol Chem，1983，47（5）：1011-1016.

[99] Sakurai N，Imai Y，Masuda M，et al. Construction of a biotin-overproducing strain of *Serratia marcescens*[J]. Appl Environ Microbiol，1993，59（9）：2857-2863.

[100] Sakurai N，Imai Y，Masuda M，et al. Molecular breeding of a biotin-hyperproducing *Serratia marcescens* strain[J]. Appl Environ Microbiol，1993，59（10）：3225-3232.

[101] Sakurai N，Imai Y，Masuda M，et al. Improvement of a D-biotin-hyperproducing recombinant strain of *Serratia marcescens*[J]. J Biotechnol，1994，36（1）：63-73.

[102] Shaw N M，Lehner B，Fuhrmann M，et al. Biotin production under limiting growth conditions by *Agrobacterium/ Rhizobium* HK4 transformed with a modified *Escherichia coli* bio operon[J]. J Ind Microbiol Biot，1999，22（6）：590-599.

[103] Ogino S，Fujimoto S，Wada H，et al. Microbial Production of Biotin：US 3859167A [P]. 1975-01-07.

[104] Iwahara S，Takasawa S，Tochikura T，et al. Studies on biosynthesis of biotin by microorganisms. Part IV Conversion of desthiobiotin to biotin by various kinds of microorganisms[J]. Agric Biol Chem，1966，30（4）：385-392.

[105] Clack B A，Youngblood A B. Nucleic acid for biotin production：US7423136B2[P]. 2008-09-09.

[106] Xiao F，Wang H，Shi Z，et al. Multi-level metabolic engineering of *Pseudomonas mutabilis* ATCC31014 for efficient production of biotin [J]. Metab Eng，2020，61：406-415.

[107] 陈芬儿，彭作中，邵兰英，等. D- 生物素的不对称全合成研究 [J]. 药学学报，1999，34（11）：822-827.

[108] 陈芬儿，凌秀红，吕银祥，等. D- 生物素的不对称全合成研究（Ⅱ）[J]. 高等学校化学学报，2001，22（7）：

1141-1146.

[109] 陈芬儿，傅晗，孟歌，等 . D- 生物素的不对称全合成研究（Ⅴ）[J]. 高等学校化学学报，2002，23（6）：1060-
    1064.

[110] 刘露，陈蒙，庞正查，等 . 一种 D- 生物素的制备方法：CN109627254A[P]. 2019-04-16.

[111] 达雄星野，昭文野吕，正明田副 . D- 生物素的发酵生产：CN1172165A[P]. 1998-02-04.

[112] 星野达雄，朝仓明，喜安达也，等 . 生物素的发酵生产 . CN 1170762Λ[P]. 1998-01-21.

[113] Kanzaki N，Kawamoto T，Matsui J，et al. Microorganism resistant to threonine analogue and production of biotin：
    US6020173A[P]. 2000-02-01.

[114] Kanzaki N，Kawamoto T，Matsui J，et al. Microorganism resistant to threonine analogue and production of biotin：
    US6284500A[P]. 2001-09-04.

[115] Bower S G，Perkins J B，Yocum R R，et al. Biotin biosynthesis in *Bacillus subtilis*：US6057136A[P]. 2000-05-02.

[116] Bower S G，Perkins J B，Yocum R R，et al. Biotin biosynthesis in *Bacillus subtilis*：US6303377A[P]. 2001-10-16.

[117] Bower S G，Perkins J B，Yocum R R，et al. Biotin biosynthesis in *Bacillus subtilis*：US6841366A[P]. 2005-01-11.

[118] 车来滨，钱洪胜，姜延平，等 . 一种 D- 生物素的制备方：CN102250113A[P]. 2011-11-23.

[119] 张谦，吴英，李松松，等 . 一种 D- 生物素的合成方法：CN103772410A[P]. 2011-11-23.

[120] 徐志南，朱勇刚，周斌，等 . 促进生物素合成的方法、促进生物素合成的重组细胞和基因工程菌：
    CN112175983A[P]. 2021-01-05.

[121] 徐志南，朱勇刚，周斌，等 . 一种促进生物素合成的方法、促进生物素合成的重组细胞和基因工程菌：
    CN112176010[P]. 2021-01-05.

第13章
维生素 B₈

维生素 B_8

孙新晓，袁其朋

北京化工大学

13.1   概述

13.1.1   维生素 B_8 的发现

维生素 B_8 又称肌醇、环己六醇，是一种具有旋光活性及生物活性的化合物。1850 年，Scherer 首次发现了维生素 B_8。他将牛的肌肉组织破碎后用沸水浸提，利用醋酸铜沉淀后经硫酸溶解，再向溶解液加入乙醇结晶，得到了其晶体。1870 年，Strauss 发现产气乳杆菌发酵可在胞外积累维生素 B_8。1933 年，研究者在从柑橘类水果中分离己糖醛酸时，总能得到一种不溶于甲醇的物质，其光学性质与维生素 B_8 相同[1]。之后在柠檬、橘子和葡萄等的果汁中均检测到了不同浓度的维生素 B_8。相关研究表明维生素 B_8 在动物、植物和微生物中广泛存在。后续研究发现维生素 B_8 可与脂肪酸、磷脂成酯，发挥类似胆碱的作用，可促进肝脏和组织中脂肪代谢，降低血脂。此后，它作为人体细胞生长的必需因子引起了广泛关注。

13.1.2   维生素 B_8 的类型及日常来源

维生素 B_8 含有 6 个羟基，根据羟基相对于环平面的取向不同，可分为 9 种同分异构体：肌肉肌醇（*myo*-inositol）、鲨肌醇（*scyllo*-inositol）、黏质肌醇（*muco*-inositol）、表肌醇（*epi*-inositol）、新肌醇（*neo*-inositol）、异肌醇（*allo*-inositol）、D- 手性肌醇（D-*chiro*-inositol）、L- 手性肌醇（L-*chiro*-inositol）和顺式肌醇（*cis*-inositol），其结构如图 13-1 所示。肌肉肌醇因其存在于肌肉组织中而得名，在自然界中最常见且含量最丰富。

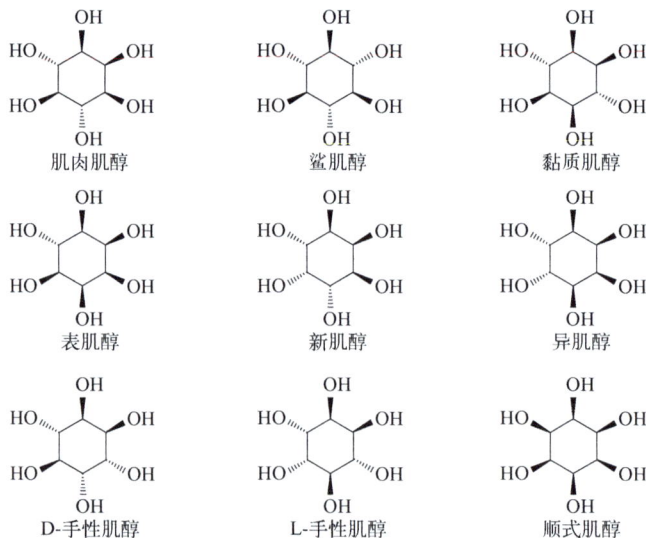

图 13-1   维生素 B_8 的 9 种同分异构体

几乎所有的生物都含有游离态或结合态的维生素 B_8。在动物和微生物细胞内，维生素 B_8 常以磷脂酰肌醇的形式构成细胞的组成成分，而在植物中则以肌醇六磷酸盐的形式存在。

游离态的维生素 B_8 主要存在于肌肉、心脏、肺脏、肝脏中。富含维生素 B_8 的食物有动物肝脏、葡萄、麦芽、花生、甘蓝、全麦谷物和柑橘类水果等。同时，人体可以合成维生素 B_8，也可以通过肠道吸收肠道细菌合成的维生素 B_8。

13.1.3　维生素 B_8 的生理功能

1934 年，Williams 和 Saunders[2] 证实了维生素 B_8 具有与维生素 B_1 类似的功能。1943 年，Laszlo 和 Leuchtenberger[3] 发现维生素 B_8 可以抑制肿瘤生长。1944 年，Beveridge[4] 发现维生素 B_8 可以促进小鼠体内的脂肪消耗。2019 年，Shimada[5] 等研究表明维生素 B_8 抑制了调控糖酵解和脂肪生成的重要转录因子碳水化合物反应元件结合蛋白（ChREBP）的表达，使整个脂肪合成酶系和糖酵解酶系的表达水平下降，阻碍脂肪的合成和糖分解代谢供能，进而迫使机体偏向通过脂肪降解途径获得能量。1944 年，Woolley[6] 发现维生素 B_8 可促进微生物生长，并将其认定为微生物生长因子。1969 年，Benesch[7] 发现血红细胞内的肌醇六磷酸可增加血红蛋白对氧气的载量，甘油 -2, 3- 二磷酸可降低血红蛋白对氧气的亲和度。它们成对调节血红蛋白对氧气的吸收和释放，对氧气在生物体内的运输起到重要作用。1983 年，Berridge[8] 发现肌醇 -1, 4, 5- 三磷酸参与动物细胞内钙信号的调控，并确定其可以作为胞内第二信使。

近年来，流行病学及动物实验研究表明维生素 B_8 对于维持细胞正常功能至关重要。动物缺乏维生素 B_8 易造成激素水平紊乱，导致食欲缺乏、饲料转化率降低、生长停滞等不良生理反应和代谢疾病。维生素 B_8 缺乏会降低鱼的肠道免疫能力，饲料中添加少量的维生素 B_8 会促进生长[9]。此外，有研究发现，钠 - 肌醇共转运体（SMIT-1）缺失对小鼠周围神经，包括臂丛神经、面部神经、肋间神经及膈神经的发育有严重影响，SMIT-1 缺失小鼠出生后不久便死于呼吸衰竭，但新生儿死亡率可通过产前补充维生素 B_8 来预防，可见其对周围神经的发育至关重要[10]。维生素 B_8 在脑组织中还参与神经元信号转导和渗透调节，其六磷酸和焦磷酸化衍生物可能在 DNA 修复、核 RNA 输出和突触膜刺激等多种细胞功能中发挥作用[11]。此外，维生素 B_8 还具有模拟胰岛素功能的活性，能有效降低血糖水平，有望预防或治疗胰岛素抵抗和 2 型糖尿病[12]。

13.2　维生素 B_8 的性质和应用

13.2.1　维生素 B_8 的性质

维生素 B_8 的分子式为 $C_6H_{12}O_6$，分子量为 180.16，微溶于乙醇、乙酸、甘油和乙二醇，不溶于乙醚、氯仿、丙酮等有机溶剂。其水溶液呈中性，且无旋光性。其相对密度为 1.7529，熔点为 224 ～ 227℃，沸点为 319℃。无臭、味微甜，甜度约为蔗糖的一半。在空气中较稳定，但易吸潮，常温下为白色晶体或结晶状粉末，有二水结构和无水结构两种晶型。在35℃以下，其水溶液会发生结晶，变成无色单斜棱晶体的二水化合物，在干燥空气中50℃开始风化，70℃开始脱水，100℃完全失去结晶水变成粉末状。

13.2.2 维生素 B_8 的应用

(1) 饲料领域

在饲料中添加维生素 B_8 可促进牲畜生长，防止死亡。其添加量通常为0.2%～0.5%。除了反刍动物和禽类，维生素 B_8 在水产养殖业的应用更加广泛。维生素 B_8 摄入不足会导致水产动物食欲缺乏、生长阻滞、背鳍断裂、患脂肪肝综合征及腹胀等。维生素 B_8 是鲑、鲤、罗非鱼、大黄鱼和虾，特别是幼鱼所必需的微量营养素。饲料中添加维生素 B_8 和氯化胆碱对幼虾的存活率、增重比例、特定生长率、蛋白质效率比等均有显著的影响[13]。维生素 B_8 可作为鱼类和甲壳类动物的饲料添加剂。此外，肌醇可以调节动物体内的新陈代谢，在饲料中添加适量的肌醇能促进乳汁的合成与分泌，提高牛羊的产奶量。

(2) 食品领域

维生素 B_8 能促进细胞生长，参与体内新陈代谢活动，还能合成肌醇磷脂、膜磷脂、鞘脂等前体物质，是维持动物生理功能所必需的营养素。早在1987年，美国就推荐婴儿奶制品中加入一定量的维生素 B_8。我国也针对保健品、饮料、奶粉中的维生素 B_8 添加量制定了相关标准。在食品领域维生素 B_8 广泛用作营养强化剂。同时，它还能促使脂肪快速转化消耗，防止其在人体内特别是心血管内沉积，因此也用于减肥降脂产品。

(3) 医药领域

肌醇属于一种B族维生素，与维生素H（生物素）具有相似的作用，可治疗各种维生素缺乏症，是人类与动物维持正常生理功能不可缺少的有机物。此外，由于肌醇能促进肝和脂肪的代谢，可用于治疗肝硬化、脂肪肝、血管硬化、胆固醇过高等多种疾病。肌醇可模拟胰岛素活性，能有效降低血糖浓度，可用于辅助治疗糖尿病。肌醇也是一种具有中等抗癌活性的天然成分，一项试点临床试验显示，肌醇六磷酸加肌醇可增强常规化疗的抗癌作用，控制癌症转移[14]。此外，肌醇在治疗抑郁症、阿尔茨海默病、恐慌症、强迫症、孤独症、创伤后应激障碍和疼痛控制等方面具有潜在的临床应用[15]。肌醇烟酸酯常被用作食品补充剂和营养强化剂来提供人体所需的维生素 B_3。高糖高脂肪低纤维饮食的人群，会由于维生素 B_8 摄入不足患许多疾病。临床上，维生素 B_8 一般制成片剂使用。

(4) 化妆品领域

肌醇是制造综合维生素的原料，具有促进细胞生长和防止衰老的功效。除了用于药物、食品和饲料，现在也常被用作化妆品添加剂。近年来，许多高端品牌会在化妆品中添加肌醇，使其具有抑制黑色素产生、防止雀斑形成的功效。此外，肌醇也被列为一种抗静电剂、保湿剂和头发调理剂，可促进毛发再生，防止脱发。

(5) 其他领域

将肌醇进行深度加工，可制成肌醇片、肌醇甲基醚、肌醇肽、肌醇有机酸酯、肌醇无机酸酯、卤代肌醇、磷酸肌醇酯、甘油三酯、氨基环糖醇、富硒抗癌药物等产品，在医药、电力、交通、能源、电子、化工等工业上都有很高的实用价值。例如，由于可以促进菌体生长，在酿酒工业中肌醇经常作为酒类酵母培养的增殖剂。在化学工业中将肌醇作为螯合剂、软水剂使用。此外，肌醇作为中间体可用来合成 D- 葡萄糖醛酸等其他化学品。

13.3　维生素 B₈ 的合成方法

13.3.1　化学合成法

化学合成法主要以六羟基苯、葡萄糖、山梨醇等为原料制得肌醇。六羟基苯经氢化可生成肌醇异构体的混合物，其中肌肉肌醇产率仅为 17%。以葡萄糖作为原料合成肌醇，先经脱氧、硝化生成中间体 6- 硝基 -6- 脱氧 - 葡萄糖；再在碱性溶液中环化、水解，实现"磺酸化 - 羟基化"转化过程，同时转变构型，生成肌醇。整个工艺在常压下进行，葡萄糖到肌肉肌醇的转化率约为 60%[16]。

由化学合成法制得的产物一般都以同分异构体存在。为提高产率，常添加贵金属钯作为催化剂。化学合成法工艺复杂，成本高、产量低，未得到广泛应用。

13.3.2　植酸钙酸水解法

传统的肌醇生产方法是植酸钙加压酸水解。植酸广泛存在于植物种子中，目前主要以脱脂米糠、麦麸及玉米淀粉浸泡液等为原料，通过酸浸泡、中和、过滤等一系列的步骤获得植酸钙；然后，在高温高压下，使用无机酸水解植酸钙生成肌醇；再经浓缩结晶得到精制肌醇。由于高温高压对于设备要求严格，后来开发了植酸钙常压水解新工艺。在常压下，将催化剂（由甘油、尿素和碳酸钙组成）以 1 : 5.5 的质量比加入 40% 的植酸钙水溶液中，140℃水解 3h，冷却至 90℃，趁热过滤，室温结晶，用无水乙醇洗涤，90℃干燥，得到精制的肌醇。相比加压水解法，该方法避免了加压对设备的严格要求，可以缩短生产周期，降低设备运行费用，但催化剂回收利用困难且增加了后续分离难度。总体上，植酸钙酸水解法工艺成熟，但是原材料资源利用率低（2000t 玉米生产 1t 肌醇）、生产投入大、酸浸和加压等步骤对设备要求严格、催化剂的回收利用困难。因为原料供给有限和长途运输困难，千吨级肌醇厂要求在 100km 范围内有几个大型玉米深加工工厂提供原料。同时，传统植酸制肌醇有着一个重大缺点，它的生产和原料运输过程中排放大量恶臭。

13.3.3　植酸酶水解法

植酸酶水解法就是利用植酸酶将植酸或其盐水解转化为肌醇的方法。植酸酶是一类磷酸单酯酶，可将植酸及其盐中的磷酸基团逐一水解。植酸酶是一个广义概念，所有能够水解植酸产生无机磷的酶均可称为植酸酶。人类首次发现植酸酶是在100多年前，当时从稻谷和黑曲霉的菌丝中分离到了此酶；后来又从20余种土壤真菌中分离到了植酸酶；目前，从发芽的小麦、绿豆、大豆、水稻、玉米种子分离提取植酸酶已得到广泛研究，对微生物如真菌（尤其是曲霉属）、细菌中分泌植酸酶的研究亦日趋深入。微生物由于生长周期短、产酶量高、分离提纯较容易，已成为获取植酸酶的主要来源。工业上制取植酸酶的微生物主要是曲霉菌属，尤其是无花果曲霉和黑曲霉。

目前植酸酶具有不同的分类方法。根据来源不同，植酸酶可分为细菌植酸酶、真菌植酸酶和植物植酸酶；根据最适pH，可分为酸性植酸酶和碱性植酸酶；根据水解底物的立体专一性，可分为3-植酸酶、6-植酸酶和5-植酸酶，其中，3-植酸酶首先水解C3位的磷酸基团，随后释放其它磷酸基团，而6-植酸酶和5-植酸酶则分别从C6和C5位开始水解植酸；根据三维结构和催化机制，可分为组氨酸磷酸酶、半胱氨酸磷酸酶、β-螺旋桨磷酸酶等（图13-2）。其中，最后一种分类方法被广泛采纳。植酸酶在饲料中应用广泛。在植物性动物饲料中添加适量的植酸酶，可提高钙、磷、钠、镁、锌和氨基酸利用率，对降低饲料成本，提高畜禽业生产效益及降低磷对环境的污染有重要意义。

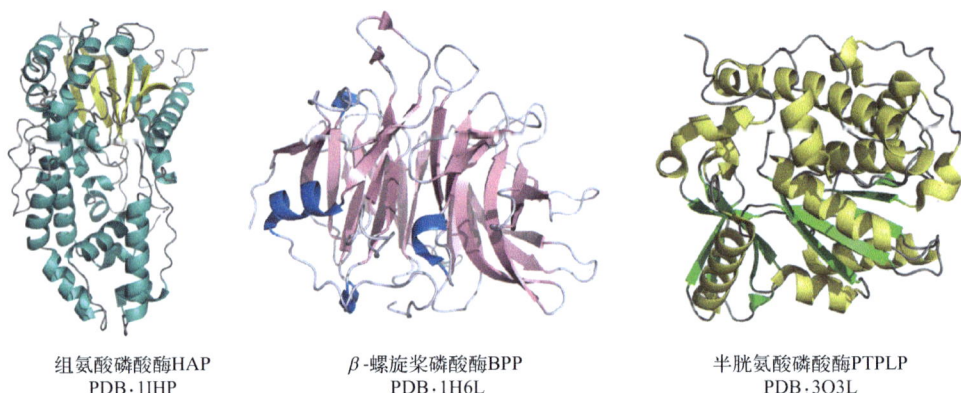

组氨酸磷酸酶HAP　　　　　　β-螺旋桨磷酸酶BPP　　　　　半胱氨酸磷酸酶PTPLP
PDB:1IHP　　　　　　　　　　PDB:1H6L　　　　　　　　　　PDB:3O3L

图13-2　根据三维结构和催化机制分类的植酸酶举例——三类植酸酶的蛋白结构

为了满足生产及应用的要求，研究者对生产植酸酶的微生物菌种进行了系统挖掘。例如，中国农业科学院饲料研究所姚斌课题组构建了高效筛选平台，从多种特殊或极端环境中筛选获得了具有不同性质的优质植酸酶[17]。研究表明黑曲霉3-植酸酶对植酸盐的水解是逐步进行的，主要产物为2-磷酸肌醇。酸性3-植酸酶很难脱去C2的磷酸基，需酸性磷酸酶的协同作用方可生成肌醇。王建玲等[18]对无花果曲霉产生的植酸酶和磷酸酯酶优化的研究表明，在pH 5.5、55℃条件下，植酸酶和磷酸酯酶活力分别达到5.7U/mL和0.53U/mL，用所得发酵液水解植酸盐，反应2h后经20min高压灭酶（消除活性），肌醇的收率为10.3%。

相比于酸水解法，酶水解法反应条件更加温和，对环境污染更小。但由于植酸盐是不溶于水的固体，酶水解反应速度受到固-液界面限制，导致转化时间长、转化率较低，不利于扩大生产，同时酶的活性与重复使用次数还需要进一步优化，以降低生产成本。

13.3.4　体外多酶分子机器转化法

体外多酶分子机器转化法利用不同来源的多种纯化或部分纯化的酶和／或人工酶和／或辅酶构建人造反应途径来生产所需产物，被认为是新生物制造平台之一[19]。它可以实现复杂的生物转化，与微生物发酵相比，具有高产量、高反应速率、高度的工程灵活性、易于工业化放大和更好的系统稳定性等优势；同时，它可以突破微生物繁殖与代谢的限制。

体外多酶分子机器转化法可用淀粉、纤维素、蔗糖、木糖和葡萄糖等原料产生肌醇。张以恒课题组[20]首次构建了一个四酶催化途径将淀粉高效转化肌醇，途径设计不用 ATP 即实现葡萄糖磷酸化且磷酸盐自循环。仔细挑选了嗜热微生物来源的 α- 葡聚糖磷酸化酶（αGP）、磷酸葡萄糖变位酶（PGM）、肌醇 3- 磷酸合成酶（I3P）和肌醇单磷酸酶（IMP），其中肌醇3- 磷酸合成酶包括辅基 NAD$^+$。在不添加辅酶条件下，通过四酶途径实现淀粉到肌醇的转化（图 13-3）。为提高淀粉利用率，引入热球菌的 4-α- 葡聚糖转移酶和高温硫化叶菌的异淀粉酶可将支链淀粉或线性淀粉转化为肌醇，转化率可达 98.9%。同时，该论文包含在 20000L反应器中的大规模催化结果，是体外合成生物学平台的第一次工业化示范[20]。详细介绍见13.6.2。

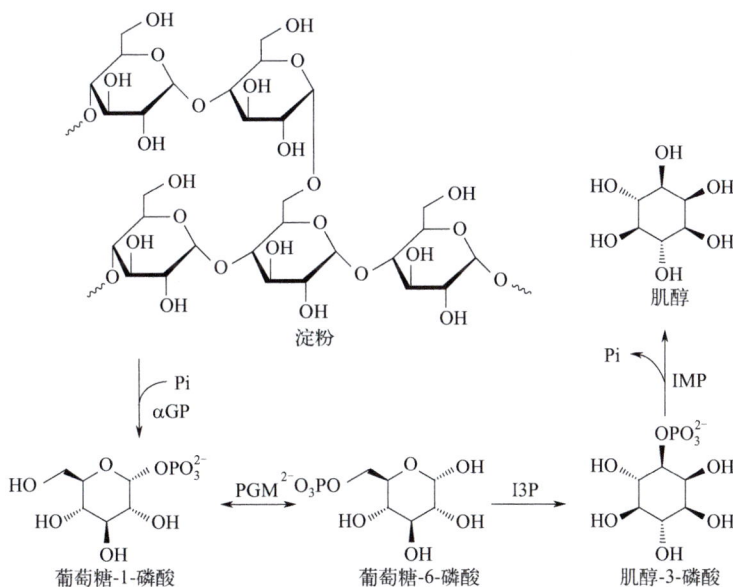

图 13-3　体外多酶催化淀粉合成肌醇

αGP—葡聚糖磷酸化酶；PGM—磷酸葡萄糖变位酶；I3P—肌醇 3- 磷酸合成酶；IMP—肌醇单磷酸酶

随后，日本 Fujisawa 及其同事[21]构建了相似多酶转化系统，以淀粉为原料生产肌醇。该途径同样使用了四种超嗜热酶，包括来自 T. kodakarensis 的麦芽糊精磷酸化酶（MalP，属于 αGP）和 PGM，来自 A. fulgidus 的 IPS（肌醇 1- 磷酸合成酶）和来自 T. maritima 的 IMP。首先，在大肠杆菌中表达了这四种酶，并通过热处理纯化。然后，在含有直链淀粉、磷酸盐和 NAD$^+$ 的体系中，在 90℃下四种酶可催化产生 74mmol/L 肌醇，产率为 93%。通过每 2 小时添加 1mmol/L NAD$^+$，可由 2.9g 淀粉生成 2.9g 肌醇，摩尔转化率为 96%。因为反应温度更高，作为 IPS 的辅酶 NAD[+] 必须反复添加。最后，将来自 *T. maritima* 的普鲁兰酶（等同于异淀粉酶）整合到该系统中，以可溶性淀粉和马铃薯淀粉为原料，肌醇产量分别可达到 10.4g/L 和 26.3g/L，相应的转化率分别为 73% 和 61%。为了实现更高的生产效率，还需要进一步解决酶制备成本、稳定性、重复使用及 NAD[+] 的热降解等问题。

纤维素体外酶法生产肌醇。纤维素是由脱水葡萄糖单元组成的天然高聚物，是地球上最丰富的可再生资源。张以恒和游淳等[22]设计体外多酶分子机器以纤维素生物质为原料生产肌醇。首先，利用浓酸将纤维素部分水解成纤维寡糖[23,24]。然后，参照热纤梭菌（*Clostridium thermocellum*）的胞内纤维寡糖磷解途径[25,26]，使用三种级联磷酸水解酶，即 *Clostridium thermocellum* 来源的纤维糊精磷酸化酶（CDP）、纤维二糖磷酸化酶（CBP）和 *Thermobifida fusca* 来源的多磷酸依赖性葡萄糖激酶（PPGK）[27]，转化纤维糊精生成 G1P 和 G6P。进一步，在反应中添加了三种酶，包括 *T. kodakarensis* 的 PGM、*A. fulgidus* 的 IPS 和 *T. maritima* 的 IMP，将 G1P 和 G6P 转化成肌醇和磷酸。以 10g/L 纤维糊精为原料，在 55℃加入 6 种酶进行一锅法反应，肌醇产量仅为 6.91g/L。通过优化 Mg^{2+} 浓度，反应 60h 肌醇产量提高到 9.81g/L。8h 后，将反应温度从 55℃切换至 70℃，反应时间缩短至 24h，肌醇产量达到 9.90g/L。以高浓度的纯纤维糊精和两种类型的天然生物质水解物为底物生产肌醇，产率分别为 72.6%、27.2% 和 30.6%。为了进一步提高产量，未来需要解决以下几个问题：获得可高效磷酸化长链纤维糊精的 CDP[28]；构建包含 CDP 和 PGM 的酶复合物以提高 G6P 的产量；改善 CDP、CBP 和 PPGK 的热稳定性。

蔗糖体外酶法生产肌醇。蔗糖是由葡萄糖和果糖组成的最丰富的双糖。最近，张以恒课题组[29]通过含有四种嗜热酶［蔗糖磷酸化酶（SP）、PGM、IPS 和 IMP］的体外多酶系统以蔗糖为原料合成肌醇与果糖（图 13-4）。第一步反应由热厌氧杆菌（*Thermoanaerobacterium thermosaccharolyticum*）的 SP 催化蔗糖和磷酸盐生成 G1P 和果糖，后三步的催化步骤与文献 19 相同。该路径的总吉布斯自由能为 -108.7kJ/mol，表明具备达到理论得率的潜力。以 50mmol/L 蔗糖为底物，四种酶按照 1：1：2：1.5 的比例在 50℃反应，肌醇的产量逐渐

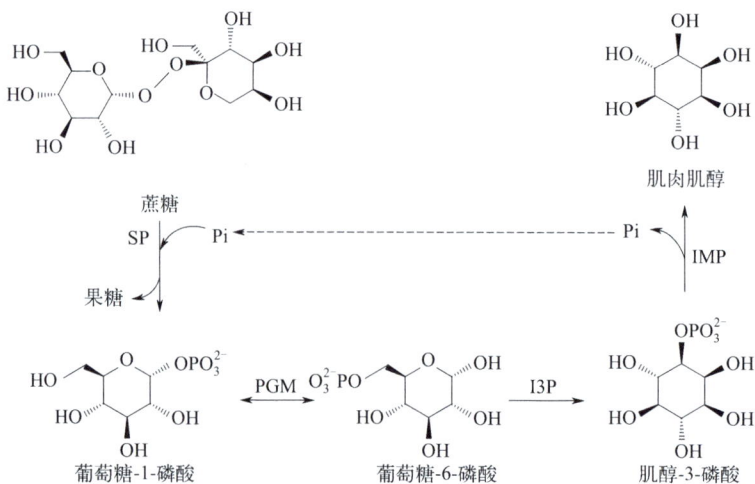

图 13-4　体外多酶催化蔗糖合成肌醇

SP—蔗糖磷酸化酶；PGM—磷酸葡萄糖变位酶；I3P—肌醇 3- 磷酸合成酶；IMP—肌醇单磷酸酶

增加，到 72h 可产生 18.5mmol/L 肌醇；当温度提升至 70℃，在 2h 内即可产生 12mmol/L 肌醇，但由于该温度下 SP 快速失活，后续产量不再增加。该研究表明利用这四种酶可以由蔗糖生物合成肌醇，但存在嗜热 SP 和三种超嗜热酶之间热稳定性不一致的问题。为了解决该问题，研究者将 SP 固定在含有磁性纳米粒子的纤维素上。通过使用磁场开关，将这种固定化的 SP 添加到 50℃ 的反应中，并在 70h 移除以保持其活性。最后，生成 48mmol/L 肌醇，产率为每 mol 蔗糖生成 0.98mol 肌醇。

葡萄糖体外酶法生产肌醇。葡萄糖生物合成肌醇由三个步骤组成：ATP 依赖性葡萄糖激酶催化葡萄糖和 ATP 生成 G6P；I3P 催化 G6P 生成肌醇 -3- 磷酸；IMP 催化肌醇 -3- 磷酸产生肌醇和磷酸。Tao 等 [30] 利用节杆菌 OY3WO11 来源的多磷酸盐依赖性 PPGK、布鲁氏锥虫来源的 IPS（TbIPS）和大肠杆菌的 IMP，构建了一条从葡萄糖产生肌醇的体外途径。以聚磷酸盐代替 ATP 作为 G6P 生产的原料，可降低成本。当分别以低浓度葡萄糖或六偏磷酸钠为原料时，转化率均超过 90%。然而，随着葡萄糖 / 六偏磷酸钠浓度的增加，转化率急剧下降。六偏磷酸钠可抑制 I3P 的活性，限制 G6P 向肌醇 -3- 磷酸的生物转化。在 15mmol/L 六偏磷酸钠存在下，TbIPS 活性降低 50%，在 20mmol/L 时几乎完全失活。为此，构建了两步级联反应以减轻六偏磷酸钠对 IPS 的抑制作用，可由 50mmol/L 葡萄糖生成 45.2mmol/L 肌醇，转化率为 90.4%。然而，由于第一步生成的 G6P 没有完全转化为肌醇，肌醇产量并没有随着葡萄糖浓度的增加而提高。通过检测磷酸盐对 IPS 的抑制作用，发现磷酸浓度为 50mmol/L 时，TbIPS 活性降低约 50%，125mmol/L 磷酸盐几乎完全抑制了 TbIPS 的活性。此外，磷酸盐对其他五种纯化的 IPS 也有同样的抑制作用。未来，需要继续开展研究以消除六偏磷酸钠和磷酸盐的抑制作用，包括通过酶工程提高 IPS 的活性和耐受性，并通过使用超嗜热酶和 / 或酶固定化降低酶的生产成本。

木糖体外酶法生产肌醇。木糖是自然界含量最丰富的戊糖，通常用作生产木糖醇的原料。张以恒课题组和陈红歌课题组 [31] 合作构建了木糖生产肌醇的体外多酶途径。该途径包括三个步骤：①木糖磷酸化，木糖异构酶（XI）和 D- 木酮糖激酶（XK）催化木糖和 ATP 生成 D- 木酮糖 5- 磷酸（Xu5P）；②碳碳重排和循环，由核酮糖 5- 磷酸异构酶（RPE）、核糖 5- 磷酸异构酶（RPI）、转酮酶（TK）、转醛醇酶（TAL）、磷酸三糖异构酶（TIM）、果糖二磷酸醛缩酶（ALD）、果糖 1,6- 二磷酸酶（FBP）和葡萄糖 6- 磷酸异构酶（PGI）催化 Xu5P 生成 G6P；③去磷酸化，IPS 和 IMP 催化 G6P 生成肌醇。这些酶都是从超嗜热微生物中筛选出来的。使用 12 酶混合物在 20mmol/L 木糖上进行一锅反应，在 70℃ 反应仅产生 4.25mmol/L 肌醇。通过对反应条件的各个因素逐一优化，由 20mmol/L 木糖可生成 16.1mmol/L 肌醇。进一步，D- 木酮糖激酶（XK）可以利用聚磷酸，不需要 ATP 即可从木糖生产肌醇 [31]。

13.3.5 发酵法

1976 年，研究揭示了酿酒酵母生物合成肌醇的路径：以 G6P 为前体，在 I3P 的催化下合成中间体肌醇 -3- 磷酸，然后 IMP 催化肌醇 -3- 磷酸脱磷酸生成肌醇。以此为基础，人们对微生物发酵法合成肌醇进行了系统研究，已取得了显著进展。目前，主要以大肠杆菌作为宿主，通过代谢调控，以葡萄糖和甘油为碳源，最高产量已达 106g/L[32]，有望不久实现工业生产。详细介绍见后续 13.5 部分。

13.4   维生素 B_8 的生物合成代谢途径

13.4.1   维生素 B_8 的合成及分解途径

维生素 B_8 在细菌、真菌、植物和动物中的生物合成均以葡萄糖 -6- 磷酸为前体，葡萄糖 6- 磷酸在肌肉肌醇 3- 磷酸合成酶的催化作用下生成肌醇 3- 磷酸。具体反应过程见图 13-5：C5 和 C1 位羟基脱氢变成羰基和醛基；C6 位羟基与 C1 位碳发生醇醛缩合成环；C5 位羰基加氢变为羟基，形成肌肉肌醇 3- 磷酸。肌醇 3- 磷酸通过肌肉肌醇单磷酸酶水解释放磷酸得到肌肉肌醇。

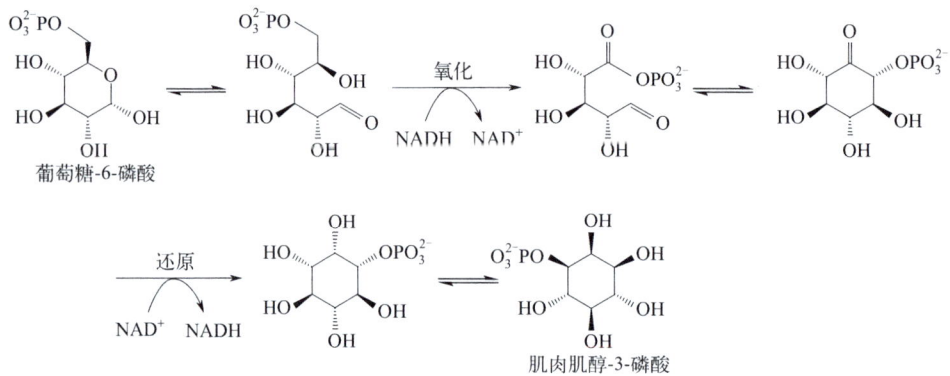

图 13-5   肌肉肌醇 3- 磷酸合酶的催化机理

枯草芽孢杆菌、谷氨酸棒杆菌、干酪乳杆菌、产气肠杆菌等许多微生物可以利用肌醇作为唯一碳源生长。目前，枯草芽孢杆菌中肌醇降解途径研究得最为清楚，包括两个操纵子 *iolABCDEFGHIJ* 和 *iolRS* 以及 *iolT* 基因。目前，许多细菌的基因组序列中都有 *iol* 基因注释，但注释仅基于与枯草芽孢杆菌 *iol* 基因的相似序列。

在枯草芽孢杆菌中，由 *iolR* 编码的阻遏蛋白负责调节所有 *iol* 基因。在培养基中没有肌醇时，IolR 结合到启动子区域的操纵位点以抑制转录。当存在肌醇时，肌醇被细胞吸收并转化为分解代谢中间产物，该中间产物拮抗 IolR 从而诱导降解基因的表达。因此，*iolR* 的失活可使相关降解操纵子及基因组成型表达。

枯草芽孢杆菌的肌醇分解代谢包括七步反应（图 13-6）。第一步由 IolG 催化肌醇脱氢生成鲨肌糖；第二步是 IolE 催化鲨肌糖脱水生成 3D-3, 5/4- 三羟基环己烷 -1, 2- 二酮（THcHDO）；第三步是 THcHDO 在水解酶 IolD 催化下开环生成 5- 脱氧葡萄糖醛酸（5DG）；第四步是 5DG 在 IolB 催化下异构化生成 2- 脱氧 -5- 酮 -D- 葡萄糖酸（DKG）；第五步是通过 IolC 对 DKG 进行磷酸化，生成 2- 脱氧 -5- 酮 -D- 葡萄糖酸 -6- 磷酸（DKGP）；第六步是通过 IolJ 进行醛缩酶反应，将 DKGP 切割成磷酸二羟丙酮（DHAP）和丙二酸半醛（MSA）；最后第七步由甲基丙二酸半醛脱氢酶 IolA 催化，将 MSA 转化为乙酰辅酶 A 和 CO_2。枯草芽孢杆菌肌醇分解代谢途径的最终结果是一个肌醇分子转化为 1 个 DHAP、1 个乙酰辅酶 A 和 1 个 CO_2 分子，获得 2 个 NADH 分子并消耗 1 个 ATP 分子。

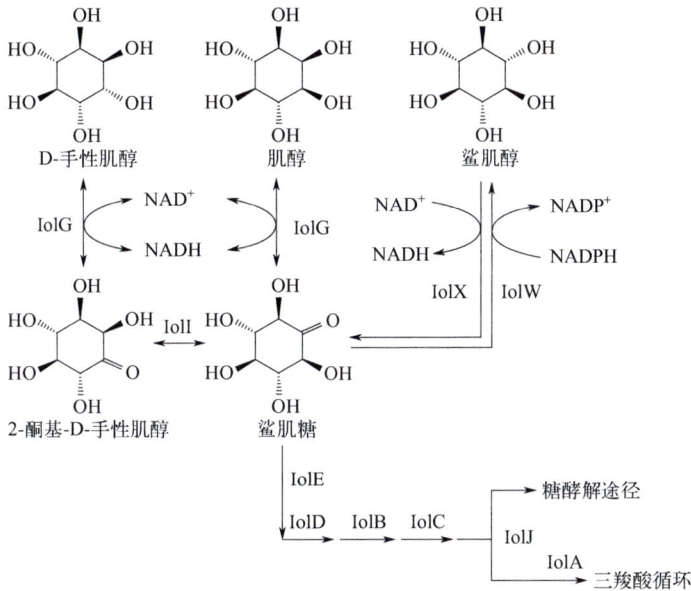

图 13-6 肌醇异构体的转化及降解途径（以肌肉肌醇为例）

IolG—肌醇 -2- 脱氢酶；IolX—鲨肌醇 -2- 脱氢酶（NAD^+）；IolW—鲨肌醇 -2- 脱氢酶（$NADP^+$）；IolI—2- 酮肌醇异构酶；IolE—肌醇六糖脱水酶；IolD—3D-3, 5/4- 三羟基环己烷 -1, 2- 二酮酰基水解酶（解环化）；IolB—5- 脱氧葡萄糖醛酸异构酶；IolC—5- 脱氢 -2- 脱氧葡萄糖激酶；IolJ—6- 磷酸 -5- 脱氢 -2- 脱氧 -D- 葡萄糖酸醛缩酶；IolA—甲基丙二酸半醛脱氢酶（酰化）

13.4.2 维生素 B₈ 异构体的转化

相比传统的化学合成法，生物法制备肌醇异构体具有优势。肌肉肌醇通过肌醇 2- 脱氢酶产生鲨肌糖，通过鲨肌糖 2- 脱氢酶（IolX）加氢可产生鲨肌醇。鲨肌糖也可通过 IolI 异构再由 IolG 还原得到 D- 手性肌醇。鲨肌醇是肌醇同分异构体之一，存在于动物、植物和一些细菌中，但其在自然界中的含量远低于肌肉肌醇。鲨肌醇具有抑制淀粉样 β 蛋白聚集的作用，可调节肌肉肌醇依赖的中枢神经信号，是治疗阿尔茨海默病的潜在药物，还可以改善唐氏综合征患者的认知水平；可以降低尿酸水平，用于治疗高尿酸血症；可抑制端粒酶活性，是抑制肿瘤细胞增殖的特效药。D- 手性肌醇可提高细胞对胰岛素的灵敏度，可用于治疗 2 型糖尿病及其并发症（如高血脂、高尿酸血症、内分泌失调等）。

鲨肌醇的传统合成方式主要是以肌肉肌醇为原料化学合成，然而该方法需要羟基的保护和脱保护，步骤繁琐，不利于规模化生产。随着基因工程技术的发展，生物法制备鲨肌醇成为新的发展趋势。有报道利用枯草芽孢杆菌的细胞工厂来生产鲨肌醇[33]。通过删除枯草芽孢杆菌所有与肌醇代谢相关的基因，并过表达关键酶 IolG 和 IolW，构建了可将肌肉肌醇转化为鲨肌醇的工程菌株，在 48h 内可将 10g/L 肌肉肌醇完全转化为鲨肌醇。当肌肉肌醇的初始浓度增加到 50g/L 时，鲨肌醇产量为 15.1g/L。通过同时过表达 IolT 和 PntAB，并在转化培养基中添加 4%（质量浓度）大豆素，鲨肌醇产量达到 27.6g/L。D- 手性肌醇可以提高身体使用胰岛素的效率，并促进排卵，是治疗 2 型糖尿病和多囊卵巢综合征的候选药物。目前，使用浓盐酸水解大豆来源的松果醇是获得 D- 手性肌醇的主要方式。通过敲除枯草芽孢杆菌的 *iolE* 基因，使肌肉肌醇经 IolI 和 IolG 转化生成 D- 手性肌醇，转化率为 6%[34]。

13.4.3　维生素 B$_8$ 衍生物的合成

肌肉肌醇在生物体内的代谢途径繁多，包括氧化、磷酸化、甲基化修饰等。由此产生许多重要的衍生物，包括对机体的代谢、信号转导和生理功能调控起着重要作用的三磷酸肌醇（IP3）、磷脂酰肌醇（PI）、二磷酸磷脂酰肌醇（PIP2）、三磷酸磷脂酰肌醇（PIP3）等。其中，PIP3 还是细胞内重要的第二信使，对基因表达、细胞代谢和骨架重排起着重要的调节和控制作用。

（1）氧化途径

肌醇的氧化途径可分加氧和脱氢两类。肌肉肌醇通过肌醇氧化酶（MIOX）产生 D- 葡萄糖醛酸。D- 葡萄糖醛酸参与细胞壁的合成，还具有肝脏解毒及皮肤抗炎作用，可降低异常血浆胆固醇或甘油三酯浓度，并有助于消化，作为添加剂广泛应用于食品、饮料和化妆品中。D- 葡萄糖醛酸主要通过淀粉硝酸氧化法生产，存在选择性差、副产物较多、原料利用率低等缺点。为了实现生物法合成 D- 葡萄糖醛酸，研究者选择了 5 个不同来源的 MIOX 编码基因，分别在大肠杆菌中表达。其中，来自嗜热菌 *Thermothelomyces thermophilus* 的 MIOX（TtMIOX）具有高活性，可有效地将肌醇转化为 D- 葡萄糖醛酸；通过敲除 *uxaC* 基因减少了产物降解；最终，含有 TtMIOX 的 BWΔuxaC 全细胞生物催化剂在 1L 生物反应器中 12h 内产生 106g/L D- 葡萄糖醛酸，转化率为 91%，产率为 8.83g/（L·h）[35]。D- 葡萄糖醛酸经醛酸脱氢酶可进一步转化为葡萄糖二酸［图 13-7（a）］。2004 年，葡萄糖二酸被美国能源部（DOE）确定为 12 种"最具有价值的生物炼制产品"之一。

（2）磷酸化途径

肌醇的磷酸化途径是肌醇在生物体内最重要的代谢途径，它涉及磷酸和能量的储存、矿物元素的储存、Ca^{2+} 信号的调节及细胞膜磷脂的合成等。肌肉肌醇 3- 激酶将 ATP 上的磷酸转移到肌醇的羟基上形成植酸，植酸还可以继续通过肌醇六磷酸激酶多重结合磷酸。通过这种方式，肌醇在植物种子形成期间大量合成并结合磷酸。这些结合的磷酸可以配位键结合 Mg^{2+}、Ca^{2+}、Fe^{3+}、Zn^{2+}、Mn^{2+} 等金属离子，作为细胞酶促反应的辅助因子。在磷酸磷脂酰肌醇合酶的催化下将 CDP- 磷脂上的磷脂酰基转移到肌肉肌醇 -1- 磷酸并锚定在细胞膜上，成为 D- 磷脂酰肌醇 - 磷酸［图 13-7（b）］。在细胞受到刺激，如神经递质、激素或生长因子的刺激，细胞膜上的 G 蛋白偶联受体（GPCRs）和酪氨酸激酶受体（PTKRs）会激活磷脂酶 C（PLC）磷酸化细胞膜上的磷脂酰肌醇，释放出肌醇三磷酸（Ins P3），Ins P3 结合内质网上的 Ins P3 受体，将内质网中的 Ca^{2+} 释放到细胞质中。该途径与细胞膜上的受体操纵性钙通道、电压操纵性钙通道和内质网上的兰尼碱受体共同调节细胞内 Ca^{2+} 信号。

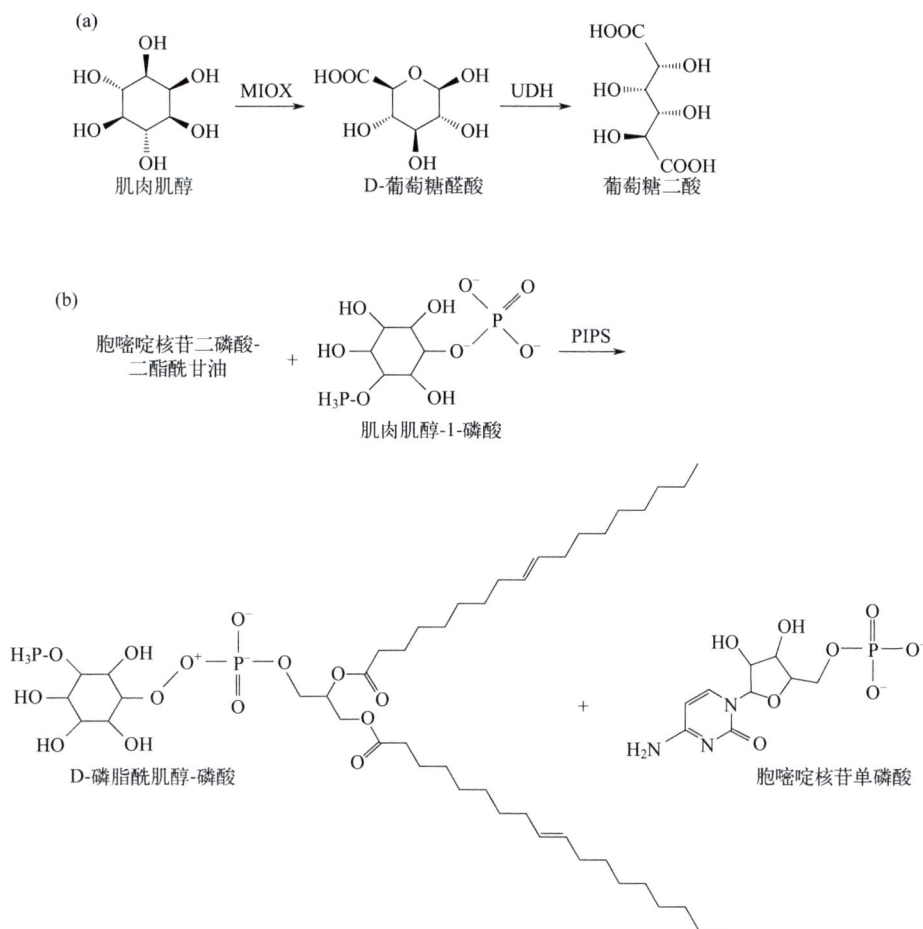

图 13-7　维生素 B$_8$ 衍生物的合成途径

（a）葡萄糖二酸的合成途径；（b）磷脂酰肌醇合成途径；MIOX—肌醇氧化酶；UDH—糖醛酸脱氢酶；PIPS—磷脂酰肌醇 - 磷酸合成酶

（3）结合有机分子参与运输

　　肌醇可以通过基团置换的方式与生物分子连接将极性基团消除或包埋在融合后的分子内部，在疏水作用力的帮助下分子更容易融合穿过磷脂双分子层，在通过膜后由相关的酶水解释放，行使生物功能。例如，在植物中，UDP- 半乳糖的 UDP 和肌醇置换形成肌醇半乳糖苷帮助半乳糖向果实运输[36]。肌醇半乳糖苷进入细胞后肌醇基团可与蔗糖分子互换，释放出游离态的肌醇并形成棉籽糖，帮助植物应对干旱、高盐、低温、高温、脱落酸等外界刺激。吲哚乙酸形成吲哚乙酸肌醇酯可帮助吲哚乙酸进入细胞增强生长素的功效。

（4）甲基化修饰

肌醇甲基化是肌醇甲基转移酶将甲硫氨酸上的甲基转移到肌醇上的过程。肌醇甲基化以后形成的肌醇甲醚在不同生物体内形态有差异但功能相似，主要有 D- 手性肌醇甲醚、L- 手性肌醇甲醚。肌醇甲醚是肌醇的单甲基或双甲基衍生物，具有众多同分异构体。肌醇甲醚可以影响动物体内的生理过程，具有降血糖、抗炎及抗肿瘤等活性。肌醇的单甲醚类衍生物存在于多种高等植物中，典型化合物包括 D- 松醇、白坚木皮醇和红杉醇。肌醇甲醚类物质可以通过植物提取、化学合成、微生物转化等方法获得。由于肌醇有 6 个羟基，甲基衍生物众多，化学合成法难以得到高纯度的单一衍生物。因此，目前肌醇甲醚类化合物主要通过植物提取法制备。D- 松醇最早是从阿拉伯金合欢中提取得到，广泛存在于松属植物和豆类植物中，植物来源丰富。目前，D- 松醇仍主要从荞麦等植物的种子中提取。白坚木皮醇最早从南美洲居民用来治病的白坚木树皮的浸提液中分离获得，还存在于沙棘等其他植物中。红杉醇主要从红豆杉类植物中提取。然而，此方法因红豆杉是保护植物而受到限制。目前，肌醇甲醚的微生物合成还鲜有报道。

13.5　维生素 B_8 的代谢工程研究进展

13.5.1　大肠杆菌代谢工程产维生素 B_8 的研究进展

1999 年，研究者在大肠杆菌中表达了酿酒酵母的 *INOI* 基因及内源 *suhB* 基因，构建了肌醇的人工合成路径，工程菌株能以葡萄糖为底物合成肌醇；分批补料发酵，肌醇产量达到 21g/L 并伴随 4g/L 的 I3P 积累，总碳收率为 11%[37]。细胞生长与生产之间竞争碳源是实现肌醇高效生物合成需要解决的关键问题。Brockman 等[38] 开发了一种动态调控系统来调节肌醇合成与细胞生长之间的碳源分配。该系统通过控制诱导剂的加入时间来触发糖酵解的关键酶磷酸果糖激酶（Pfk-I）的降解，使细胞从生长模式转为生产模式；肌醇产量随诱导剂加入时间的不同而变化，最高产量达到 1.31g/L，是无诱导剂对照组的 2 倍。中国科学院微生物研究所陶勇团队构建了高产肌醇的重组大肠杆菌菌株。通过表达布氏锥虫来源的 *INOI* 基因及内源 *suhB* 基因，构建了肌醇的合成途径；敲除关键基因 *pgi*、*pfkA*、*pykF* 和 *pgm*，并利用不同强度的 RBS 调控基因 *zwf* 的表达；进一步引入酿酒酵母来源的 *INOI* 基因并对质粒表达水平进行了优化。最终在发酵罐中以甘油和葡萄糖作为混合碳源实现了高密度发酵，肌醇产量达到了 106.3g/L，1mol 葡萄糖可产生 0.82mol 肌醇[32]。北京化工大学袁其朋团队[39] 通过碳源协同利用策略实现了大肠杆菌中葡萄糖到肌醇的完全转化（图 13-8）。具体地，敲除了糖酵解及磷酸戊糖途径的关键基因 *pgi* 和 *zwf*，使葡萄糖只能作为底物合成肌醇，同时引入甘油作为第二碳源维持细胞生长；通过敲除基因 *gldA*、*pykF* 和 *pykA* 来阻断磷酸烯醇式丙酮酸（PEP）的消耗途径，使生长和生产通过磷酸转移酶系统（PTS）偶联；通过关联中心代谢，强化合成驱动力，实现生长生产协同，发酵罐中分批补料发酵，肌醇产量达到 76g/L，葡萄糖到肌醇的转化率达到 100%，总碳转化率 0.65g/g。

目前该技术已经在山东福洋生物科技股份有限公司进行中试及产业化示范，吨级发酵罐产量达到 120g/L，得率 0.60g/g。

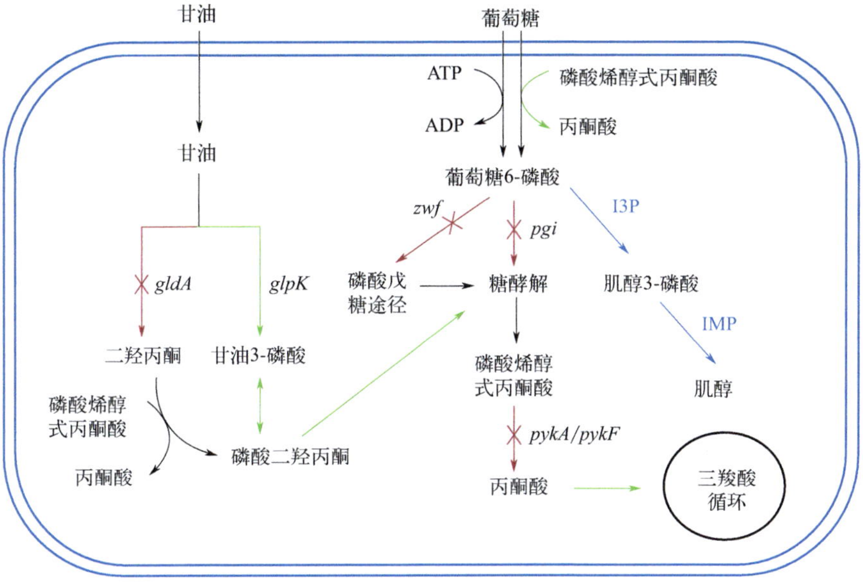

图 13-8　大肠杆菌碳源协同利用合成肌醇
蓝色—肌醇合成途径；绿色—甘油代谢用于细胞生长；红色—基因敲除

13.5.2　酵母代谢工程产维生素 B₈ 的研究进展

人们对微生物发酵法合成肌醇的研究始于对酵母菌肌醇代谢途径的理解。酵母存在有天然肌醇合成途径。肌醇缺陷型酿酒酵母菌株细胞活力下降，在培养基中添加肌醇可恢复正常生长，进一步研究表明缺陷型菌株缺乏 IPS 活性[40]。IPS 催化 G6P 转化为 I1P，是酵母生物合成肌醇的关键酶之一。1982 年，Greenberg 等[41] 在酵母中发现了积累高浓度内源性肌醇的突变体，突变定位于三个基因位点，即 *OPI1*、*OPI2*、*OPI4*，由此推测三者会抑制 IPS 的合成[42]。1991 年，研究表明酿酒酵母 *OPI1* 基因是磷脂生物合成的负调控因子，抑制编码磷脂生物合成相关基因的表达，*OPI1* 突变菌株 *INOI* mRNA 的水平比野生型提高 2 ~ 3 倍。酿酒酵母生物合成肌醇受到严格的调控，通过敲除 *OPI1* 基因和发酵优化，肌醇产量达到 9g/L[43]。巴斯德毕赤酵母（以下简称毕赤酵母）是食品安全菌株，广泛应用于重组蛋白的生产。近年来也被改造成化学品的生产平台。毕赤酵母本身存在肌醇合成途径，但产量较低。为实现肌醇的高效生产，研究者对毕赤酵母菌株进行了一系列的改造。首先，利用高效的无痕基因编辑技术对毕赤酵母中肌醇合成途径及主要碳代谢通路进行了多轮改造；其次，为了进一步提高肌醇的产量，在毕赤酵母中过表达了酿酒酵母的 *INO1* 和大肠杆菌的 *suhB* 两个外源基因，并通过甘油诱导启动子动态调控 *pgi*、*zwf* 和 *pfk1* 三个基因弱化糖酵解和磷酸戊糖途径的碳通量。最终菌株摇瓶发酵肌醇产量可达到 5.04g/L，在 10L 发酵罐中进行高密度发酵，肌醇最高产量可达 30.71g/L[44]。

13.6　维生素 B$_8$ 的工业生产概览

中国是水稻生产大国，因为肌醇生产的主要原料为玉米和米糠，所以多年来，一直是全球肌醇的第一大生产国和出口国。目前我国肌醇行业主要生产企业有四川博浩达生物科技有限公司、诸城市浩天药业有限公司、邹平西土生物工程有限公司、河北宇威生物制剂有限公司等。四川博浩达生物科技有限公司是第一大肌醇生产厂家，年产肌醇 10000t；诸城市浩天药业有限公司是国内第二大肌醇生产厂家，年产肌醇 6000t。日本也是肌醇生产大国，主要生产企业有筑野公司、三井化学株式会社等。四川博浩达生物科技有限公司利用体外多酶分子机器转化法从淀粉生产肌醇，摆脱对植酸分离的依赖，可以将肌醇来源扩大千倍。

13.6.1　植酸盐酸水解法

目前，国内外主要采用植酸盐（一般为植酸钙镁钾复合盐）加压水解法生产肌醇。水解法的原料为天然作物中提取的植酸盐，可利用的资源有：米糠、玉米浸泡水、麦麸、豆荚饼、菜籽饼、亚麻饼、蓖麻籽、棉籽饼、花生壳、甜菜提糖废水等。鉴于种植面积、植酸盐含量等因素，主要采用前 3 种原料。常用的提取方法是先用稀酸浸泡原料进行萃取，后加碱（氢氧化钙等）中和沉淀，得到膏状植酸盐产品。后续的生产工艺流程可参考图 13-9。

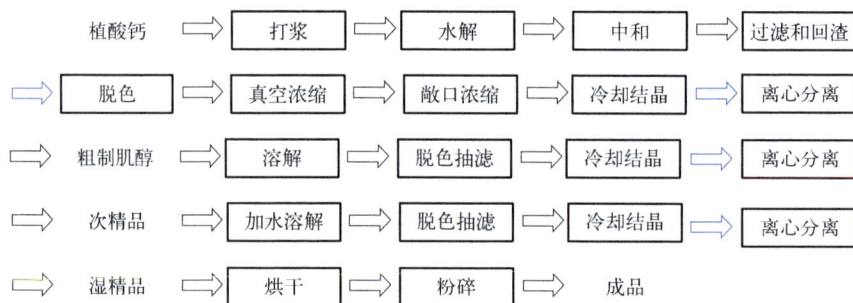

图 13-9　加压水解法生产肌醇的工艺流程

① 打浆：水膏状的植酸钙与水按（1：3）～（1：4）的比例加入打浆锅中，充分搅拌至糊状。

② 水解：打浆后的植酸钙通过真空吸入水解锅中，搅拌并通过蒸汽及夹层油浴加热，打开排气阀排掉锅内空气，待压力升至 6kg/cm^2 时关闭蒸汽，通过油浴加热保持锅内压力。在水解料浆 pH 值为 4.5、温度 170 ～ 180℃、压力 0.7 ～ 0.8MPa 的条件下，水解 8 ～ 9h，收率可达 95% 以上。

③ 中和：水解料液中除肌醇外，还有不溶性的磷酸盐及水溶性的磷酸氢钙/磷酸二氢钙和少量磷酸等，因此需要中和沉淀。利用水解锅内压力将水解液压入中和锅，边搅拌边加入石灰乳，形成磷酸钙沉淀。

④ 过滤和回渣：中和液通过压缩机压入过滤机中，过滤后含有肌醇的溶液送入脱色锅，

滤渣经重新加水加压进行水洗，回收其中残存的肌醇。残渣为磷酸钙和磷酸氢钙的混合物，可作磷肥。

⑤ 脱色：利用活性炭吸附去除溶液中的色素及水溶性杂质，得到较纯净的肌醇溶液。脱色后滤液泵入贮存锅中。

⑥ 浓缩：经前道工序处理，已去除了大部分杂质。为了使肌醇结晶，还需进行升温真空浓缩，比例一般为（1∶10）～（1∶15），浓缩液进一步泵入敞口锅中进行升温浓缩，当浓缩相对密度达 1.28～1.30 时，放入冷却结晶锅中。

⑦ 冷却结晶、离心分离：浓缩后的肌醇溶液放入冷却结晶锅中，边搅拌边用夹层冷却水冷却，待冷却至 30℃以下，肌醇大量结晶析出，之后离心分离。

⑧ 母液回收：结晶母液回收后，再次经敞口浓缩，按 1∶1 比例加入乙醇进行强制结晶分离。

⑨ 精制：结晶后的粗肌醇仍含有少量色素杂质等。为了进一步提高纯度，可用活性炭、蒸馏水、氢氧化钡等进行精制处理。

⑩ 烘干：精制后的肌醇经干燥、过筛、粉碎后进行质检、包装。

生产时肌醇质量检查方法：硫酸根的检查，取混匀样品 5g，加水 25mL，加热使其完全溶解，之后加入稀盐酸 2mL 摇匀，再加入 25% 氯化钡，摇匀静置 10min 后观察，不发生浑浊即为合格。氯根的检查，取样品 1g，加水至 25mL，加热溶解后，加入稀硝酸 10mL 摇匀，再加入硝酸根试液 1mL，摇匀放暗处静置 10min 后观察，不发生浑浊即为合格。钡盐的检查，取混匀样品 1g，加水至 10mL，加热溶解后，加入稀硫酸 2mL，摇匀静置 30min 后观察，不发生浑浊即为合格。钙盐的检查方法，取混合样品 1g，加水 10mL 加热溶解后，加入草酸铵试液 1mL 摇匀，静置 1min 后观察，不发生浑浊即为合格。

植酸酸水解法生产工艺成熟、原料丰富，但步骤复杂繁琐，产量低，生产投入高，酸浸、加压等步骤对设备要求严格，原料利用率受工艺压力限制。

13.6.2　体外多酶分子机器转化法

淀粉是最丰富的可再生资源之一。张以恒等[20]建立了一种体外多酶途径，将淀粉转化为肌醇。该途径包括四步反应：超嗜热菌 *T. maritima* 的 α- 葡聚糖磷酸化酶（αGP）催化淀粉和磷酸盐生成 G1P；超嗜热古生菌 *T. kodakarensis* 的磷酸葡萄糖变位酶转化 G1P 产生 G6P；由超嗜热古生菌 *Archaeoglobus fulgidus* 的 IPS 催化 G6P 生成 I1P 以及超嗜热细菌 *T. maritima* 的 IMP 催化 I1P 生成肌醇和磷酸盐。四步反应的总吉布斯能为 -80.1kJ/mol，可以推动从淀粉到肌醇的完全转化。上述四种酶在大肠杆菌 BL21（DE3）的高密度发酵中高效表达，并通过热处理简单纯化。在 70℃、不添加 NAD^+ 的条件下，催化 10g/L 麦芽糊精仅生成 4.5g/L 肌醇，并伴随麦芽糖的积累。进一步，向反应体系中添加两种辅助酶，即 *Thermococcus litoralis* 的 4-α- 葡聚糖转移酶（4GT）和 *Sulfolobus tokodaii* 的异淀粉酶（IA），将支链或线性淀粉转化为肌醇，产量达到 9.89g/L，产率为 98.9%。该技术已经成功地在 60000L 的反应器上运行，以多酶分子机器将价格低廉淀粉转化为肌醇，原料转化率超过了 80%，产品浓度超过 100g/L，生产成本约为 1.5 万元 /t。四川博浩达生物科技有限公司从中国科学院天津工业生物技术研究所获得该技术的专利以及技术工艺包，建设了生产基地，已实现年产 10000t，该公司已成为全球最大肌醇生产商。张以恒教授领导整个肌醇项目的全过程创新（包括选品、构建途径、选择高温酶、多酶催化、产品分离、中试等），这是全球第一个体外工程生物学的产业化成功范例。

利用 αGP 和 PGM 从淀粉和磷酸生产葡萄糖 6- 磷酸，可以避免使用 ATP，实现磷酸盐循环，是工业化生产的关键之一。此外，与植酸酸水解相比，该方法具有成本低、原料多、投资少、磷污染低、根除恶臭污染、产品分离容易、产品质量好等优势。

目前，张以恒课题组继续发展肌醇生产关键技术，比如开发低成本多酶共固定技术、关键酶挖掘和酶改造技术、低成本酶发酵技术等。现在，他们已经将酶生产成本降低到 250 元 /kg（干重），固定化酶成本降低到 50 元 /kg，肌醇浓度提高到 230g/L，生产成本降低到 8000 元 /t（基于肌醇）。他的最终目标是将肌醇生产成本降低到 5000 元 /t 以下，从而证明多酶分子机器技术相对于微生物发酵技术的优势，摆脱生物体的自我繁殖（浪费资源）、固定化酶可以实现长期催化（进一步降低生产成本）。综上所述，这种从淀粉制肌醇的新方法具有巨大的潜力，为其它工业产品（如甘露糖、绿氢、纤维素、淀粉）的生物制造提供新方法。

13.7   维生素 B$_8$ 的专利分析与前景展望

13.7.1   专利分析

根据万方中外专利数据库数据，维生素 B$_8$ 相关专利的申请国家主要是中国和日本，生产方法与本章前述一致，包括植酸钙酸水解法、植酸酶水解法、以淀粉 / 纤维素 / 蔗糖为原料的体外多酶分子机器转化法以及重组菌株发酵法。国内外主要的专利汇总见表 13-1。植酸水解工艺已十分成熟，相关新专利较少。微生物发酵法目前仍处于技术开发阶段，结合文献报道，目前中国科学院微生物研究所和北京化工大学在重组菌株开发方面取得了显著进展，报道的发酵产量分别达到 106g/L 和 76g/L，有望不久实现工业应用。考虑到大肠杆菌的食品安全风险及相关审批政策问题，也已有利用枯草芽孢杆菌、酿酒酵母等食品安全菌株合成肌醇的专利的申请，但目前产量远不及大肠杆菌，还需加大科研攻关，突破关键瓶颈。在申请单位方面，中国科学院天津工业生物技术研究所在酶转化法生产肌醇方面有系统的专利布局，以淀粉为原料的工艺已实现了工业生产，年产量可达 10000t。其他单位的相关专利还比较零散，未形成该专利群。

表13-1   维生素B$_8$生产工艺主要的相关专利

专利名称	申请人	申请号	技术内容
一种利用菲汀制备肌醇的工艺方法	诸城市浩天药业有限公司	201911000268.4	利用植酸酸水解制备肌醇及后续分离精制的工艺方法

专利名称	申请人	申请号	技术内容
一种通过植酸酶得到肌醇的方法	浙江工业大学	202110564186.3	采用机械化学酶解技术从植酸钙制备肌醇
采用菲汀制备肌醇的方法	四川省农业科学院农产品加工研究所	201410158450.3	超声波辅助植酸酶水解联合固体超强酸水解，由植酸产肌醇
肌醇的制备方法	成都远泓生物科技有限公司	201510184621.4	在一个多酶反应体系中，以淀粉、纤维素或它们的衍生物为底物，通过体外多酶高效催化将底物转化为肌醇
由食用微生物表达的多酶反应体系制备肌醇的方法	四川博浩达生物科技有限公司	201910266375.5	用食品工业用菌种表达异淀粉酶、葡聚糖磷酸化酶、葡萄糖磷酸变位酶、肌醇 3-磷酸合成酶和肌醇单磷酸酶，用于催化淀粉合成肌醇
一种枯草芽孢杆菌全细胞催化淀粉制备肌醇的方法	中国科学院天津工业生物技术研究所	201911282987.X	利用透性化的重组枯草芽孢杆菌将淀粉转化为肌醇
一种以蔗糖为原料的肌醇制备方法	中国科学院天津工业生物技术研究所	201611035068.9	在多酶反应体系中，通过体外多酶高效催化将蔗糖及其衍生物转化为肌醇
一种用于生产肌醇的固定化多酶体系以及生产肌醇的方法	中国科学院天津工业生物技术研究所	201910952897.0	多孔多巴胺微球固定化多酶体系催化淀粉转化为肌醇
一种生产肌醇的毕赤酵母工程菌及发酵方法	中国农业科学院北京畜牧兽医研究所	202110537610.5	重组毕赤酵母菌株发酵法产肌醇
一种高产肌醇酿酒酵母工程菌的构建方法	山东福洋生物科技股份有限公司	202010652543.7	重组酿酒酵母菌株发酵法产肌醇
一株产肌醇的巴斯德毕赤酵母工程菌的构建方法	山东福洋生物科技股份有限公司	202010653538.8	重组巴斯德毕赤酵母菌株发酵法产肌醇
一种高效利用葡萄糖合成肌醇的大肠杆菌重组菌及其构建方法与应用	中国科学院微生物研究所	202010407618.5	重组大肠杆菌协同利用葡萄糖和甘油发酵产肌醇
生产肌醇的工程菌及其构建方法和应用	北京化工大学	201910957229.7	重组大肠杆菌协同利用葡萄糖和甘油发酵产肌醇
肌肉肌醇和肌肉肌醇衍生物的制造方法	旭化成株式会社	201510784435.4	重组菌株发酵法产肌醇
一种鲨肌醇的制备方法	中国科学院天津工业生物技术研究所	201810973696.4	利用微生物全细胞和／或其裂解液催化肌肉肌醇制备鲨肌醇的方法，包括构建表达耐热肌肉肌醇脱氢酶和／或耐热鲨肌醇脱氢酶基因的工程菌

续表

专利名称	申请人	申请号	技术内容
鲨肌醇的制造方法	旭化成株式会社	201380006347.0	重组菌株由葡萄糖发酵法产鲨肌醇
一种 D- 手性肌醇的制备方法	中国科学院天津工业生物技术研究所	201711009920.X	利用微生物全细胞和 / 或其裂解液催化肌肉肌醇制备 D- 手性肌醇的方法，包括构建表达耐热肌肉肌醇脱氢酶和 / 或耐热肌醇单酮异构酶基因的工程菌

13.7.2 前景展望

虽然肌醇不是人类必需的维生素，但它对许多动物都是必不可少的，如鱼、虾、蟹、宠物和鸟类，因为它们缺乏合成能力。考虑全球动物饲料的市场规模（近 10 亿吨），按照 0.1% ~ 0.3% 的添加量估算，未来肌醇的市场规模有望达到数百万吨。目前肌醇的全球需求量每年在 15000t 左右。我们国家一直都是肌醇原料生产大国和肌醇产品生产大国，我国共有几十家企业生产肌醇。2020 年，我国肌醇出口量为 6777.1t，同比增长 13.8%。就出口地而言，亚欧美三洲是我国肌醇主要出口市场。国外肌醇消费领域主要是以饲料行业、医药保健品和化妆品为主，约占肌醇总消费量一半以上，食品行业用量占总消费量 20% 左右。我国肌醇消费领域主要是医药方面，如肌醇酯、心脑康和脉通等药品，但消费量较少。近年来，肌醇应用逐渐扩大到高级饮料、高级化妆品及高档奶粉中，但总的看来，肌醇在国内消费量远没有国外多。随着人们对肌醇功能特性认识的深入和肌醇应用领域不断拓展，肌醇需求量将会大幅提高。对于肌醇生产，我国具有体外多酶分子机器技术优势，我们应当把握住目前的优势，既要增大对其他国家的销售量，也应在国内扩大内需。同时，我们应该利用现有局面的优势，加大对技术的投入，不断改进、完善肌醇的生产工艺，用资源和口碑紧抓国外市场，并不断探索肌醇的新用途，激发国内市场活力。

目前，通过植酸的化学酸水解、微生物发酵和体外多酶分子机器等方法，可以很好地生产肌醇。植酸盐是在农产品加工过程中从玉米浸泡水和米糠浸泡水中提取的生产肌醇的底物。该植酸在化学生产过程中经酸水解成肌醇，生产成本高，污染严重。然而，由于该法具有丰富的原料资源和成熟的工业生产经验，在中国和日本仍采用这种化学方法生产肌醇。利用生物技术，在肌醇的微生物生产方面取得了高效价和高产量的巨大成果。对于肌醇的生产，在酿酒酵母和大肠杆菌中葡萄糖 6- 磷酸的生物合成途径都是由肌醇 -1- 磷酸合酶和肌醇单磷酸酶催化的。由于葡萄糖 -6- 磷酸是中枢代谢的关键节点，只有少量的葡萄糖 -6- 磷酸可以作为肌醇生产的前体。葡萄糖和甘油的协同利用是实现肌醇高效生产和高密度发酵的有效策略。此外，采用无支架酶组装法构建酶复合物是防止中间扩散、提高产物产量和控制体内外代谢产物通量的有效策略。一些短肽相互作用标签，如 RIAD、RIDD、SpyTag 等，可以用来创建无支架的酶复合物。通过将关键酶肌醇 3- 磷酸合成酶与肌醇生物合成途径中的级联酶进行无支架组装，将促进通路节点的形成和改善肌醇的产生。另一方面，应始终重视利用大肠杆菌突变株进行肌醇的生物合成。为了避免食品安全问题，未来需要考虑食品级表达宿主如枯草芽孢杆菌、毕赤酵母、酿酒酵母或乳球菌等。淀粉体外酶促法生产肌醇已应用于市场制造，该方法已在四川博浩达生物科技有限公司用于肌醇工业生产。然而，体外酶促平台仍需要在以下几个方面进行改进：多酶超级固定化，延长寿命到 1000h 以上；构建多酶复合物加速反应速率；提高酶比酶活等。

参 考 文 献

[1] Nelson E，Keenan G L. I-Inositol in citrus fruits[J]. Science，1933，77（2006）：561.

[2] Williams R J，Saunders D H. The effects of inositol，crystalline vitamin B_1 and "pantothenic acid" on the growth of different strains of yeast[J]. Biochem J，1934，28（5）：1887.

[3] Laszlo D，Leuchtenberger C. Inositol a tumor growth inhibitor[J]. Science，1943，97（2527）：515-515.

[4] Beveridge J. Essential fatty acids and lipotropic action of inositol[J]. Science，1944，99（2583）：539-540.

[5] Shimada M，Ichigo Y，Shirouchi B，et al. Treatment with *myo*-inositol attenuates binding of the carbohydrate-responsive element-binding protein to the ChREBP-β and FASN genes in rat nonalcoholic fatty liver induced by high-fructose diet[J]. Nutr Res，2019，64：49-55.

[6] Woolley D. The nutritional significance of inositol[J]. J Nutr，1944，28：305-314.

[7] Benesch R，Benesch R E. Intracellular organic phosphates as regulators of oxygen release by haemoglobin[J]. Nature，1969，221（5181）：618-622.

[8] Berridge M J. Rapid accumulation of inositol trisphosphate reveals that agonists hydrolyse polyphosphoinositides instead of phosphatidylinositol[J]. Biochem J，1983，212（3）：849-858.

[9] Li S A，Jiang W D，Feng L，et al. Dietary *myo*-inositol deficiency decreased intestinal immune function related to NF-κB and TOR signaling in the intestine of young grass carp（*Ctenopharyngodon idella*）[J]. Fish Shellfish Immunol，2018，76：333-346.

[10] Chau J F，Lee M，Law J W，et al. Sodium/*myo*-inositol cotransporter-1 is essential for the development and function of the peripheral nerves[J]. The FASEB Journal，2005，19（13）：1887-1889.

[11] Fisher S K，Novak J E，Agranoff B W. Inositol and higher inositol phosphates in neural tissues：homeostasis，metabolism and functional significance[J]. J Neurochem，2002，82（4）：736-754.

[12] Croze M L，Vella R E，Pillon N J，et al. Chronic treatment with *myo*-inositol reduces white adipose tissue accretion and improves insulin sensitivity in female mice[J]. J Nutr Biochem，2013，24（2）：457-466.

[13] Michael F R，Koshio S. Biochemical studies on the interactive effects of dietary choline and inositol in juvenile Kuruma shrimp，*Marsupenaeus japonicus* Bate[J]. Aquaculture，2008，285（1-4）：179-183.

[14] Vucenik I，Shamsuddin A M. Cancer inhibition by inositol hexaphosphate（IP6）and inositol：from laboratory to clinic[J]. J Nutr，2003，133（11）：3778S-3784S.

[15] Colodny L，Hoffman R. Inositol-clinical applications for exogenous use[J]. Altern. Med. Rev，1998，3：432-447.

[16] 秦玉楠. 前景广阔的肌醇产品和新技术——常压化学合成新工艺 [J]. 适用技术市场，2001，4：29-30.

[17] 丁强，杨培龙，黄火清，等. 植酸酶发展现状和研究趋势 [J]. 中国农业科技导报，2010，3：27-33.

[18] 王建玲，王敏，王春霞，等. 利用酶法生产肌醇初步研究 [J]. 天津轻工业学院学报，1998，2：15-19.

[19] Zhang Y H P. Production of biocommodities and bioelectricity by cell-free synthetic enzymatic pathway biotransformations：challenges and opportunities[J]. Biotechnol Bioeng，2010，105（4）：663-677.

［20］You C，Shi T，Li Y，et al. An *in vitro* synthetic biology platform for the industrial biomanufacturing of *myo*-inositol from starch［J］. Biotechnol Bioeng，2017，114（8）：1855-1864.

［21］Fujisawa T，Fujinaga S，Atomi H. An *in vitro* enzyme system for the production of *myo*-inositol from starch［J］. Appl Environ Microbiol，2017，83（16）：e00550-17.

［22］Meng D，Wei X，Zhang Y，et al. Stoichiometric conversion of cellulosic biomass by *in vitro* synthetic enzymatic biosystems for biomanufacturing［J］. ACS Catal，2018，8（10）：9550-9559.

［23］Zhang Y H P，Cui J，Lynd L R，et al. A transition from cellulose swelling to cellulose dissolution by o-phosphoric acid：evidence from enzymatic hydrolysis and supramolecular structure［J］. Biomacromolecules，2006，7（2）：644-648.

［24］Zhang Y H P，Lynd L R. Cellodextrin preparation by mixed-acid hydrolysis and chromatographic separation［J］. Anal Biochem，2003，322（2）：225-232.

［25］Zhang Y H P，Lynd L R. Cellulose utilization by *Clostridium thermocellum*：bioenergetics and hydrolysis product assimilation［J］. Proc Natl Acad Sci USA，2005，102（20）：7321-7325.

［26］Zhang Y H P，Lynd L R. Kinetics and relative importance of phosphorolytic and hydrolytic cleavage of cellodextrins and cellobiose in cell extracts of *Clostridium thermocellum*［J］. Appl Environ Microbiol，2004，70（3）：1563-1569.

［27］Zhou W，Huang R，Zhu Z，et al. Coevolution of both thermostability and activity of polyphosphate glucokinase from *Thermobifida fusca* YX［J］. Appl Environ Microbiol，2018，84（16）：e01224-01218.

［28］Ye X，Zhu Z，Zhang C，et al. Fusion of a family 9 cellulose-binding module improves catalytic potential of *Clostridium thermocellum* cellodextrin phosphorylase on insoluble cellulose［J］. Appl Microbiol Biotechnol，2011，92（3）：551-560.

［29］Zhong C，You C，Wei P，et al. Thermal cycling cascade biocatalysis of *myo*-inositol synthesis from sucrose［J］. ACS Catal，2017，7（9）：5992-5999.

［30］Lu Y，Wang L，Teng F，et al. Production of *myo*-inositol from glucose by a novel trienzymatic cascade of polyphosphate glucokinase，inositol 1-phosphate synthase and inositol monophosphatase［J］. Enzyme Microb Technol，2018，112：1-5.

［31］Cheng K，Zheng W，Chen H，et al. Upgrade of wood sugar D-xylose to a value-added nutraceutical by *in vitro* metabolic engineering［J］. Metab Eng，2019，52：1-8.

［32］You R，Wang L，Shi C，et al. Efficient production of *myo*-inositol in *Escherichia coli* through metabolic engineering［J］. Microb Cell Fact，2020，19（1）：1-10.

［33］Tanaka K，Natsume A，Ishikawa S，et al. A new-generation of *Bacillus subtilis* cell factory for further elevated *scyllo*-inositol production［J］. Microb Cell Fact，2017，16（1）：1-8.

［34］Yoshida K-i，Yamaguchi M，Morinaga T，et al. Genetic modification of *Bacillus subtilis* for production of *D-chiro*-inositol，an investigational drug candidate for treatment of type 2 diabetes and polycystic ovary syndrome［J］. Appl Environ Microbiol，2006，72（2）：1310-1315.

［35］Teng F，You R，Hu M，et al. Production of D-glucuronic acid from *myo*-inositol using *Escherichia coli* whole-cell biocatalyst overexpressing a novel *myo*-inositol oxygenase from *Thermothelomyces thermophile*［J］. Enzyme Microb Technol，2019，127：70-74.

［36］Mukherjee S，Sengupta S，Mukherjee A，et al. Abiotic stress regulates expression of galactinol synthase genes post-transcriptionally through intron retention in rice［J］. Planta，2019，249（3）：891-912.

［37］Hansen C A，Dean A B，Draths K，et al. Synthesis of 1, 2, 3, 4-tetrahydroxybenzene from D-glucose：exploiting *myo*-inositol as a precursor to aromatic chemicals［J］. J Am Chem Soc，1999，121（15）：3799-3800.

［38］ Brockman I M，Prather K L. Dynamic knockdown of *E. coli* central metabolism for redirecting fluxes of primary metabolites［J］. Metab Eng，2015，28：104-113.

［39］ Tang E，Shen X，Wang J，et al. Synergetic utilization of glucose and glycerol for efficient *myo*-inositol biosynthesis［J］. Biotechnol Bioeng，2020，117（4）：1247-1252.

［40］ Culbertson M R，Donahue T F，Henry S A. Control of inositol biosynthesis in *Saccharomyces cerevisiae*：inositol-phosphate synthetase mutants［J］. J Bacteriol，1976，126（1）：243-250.

［41］ Greenberg M L，Reiner B，Henry S A. Regulatory mutations of inositol biosynthesis in yeast：isolation of inositol-excreting mutants［J］. Genetics，1982，100（1）：19-33.

［42］ White M J，Hirsch J P，Henry S A. The OPI1 gene of *Saccharomyces cerevisiae*，a negative regulator of phospholipid biosynthesis，encodes a protein containing polyglutamine tracts and a leucine zipper［J］. J Biol Chem，1991，266（2）：863-872.

［43］ Agrawal P. Microbial method of producing inositol：US5296364［P］. 1992-07-21.

［44］ 张齐全. 代谢工程改造毕赤酵母生产肌醇［D］. 北京：中国农业科学院，2021.

第 14 章
维生素 B$_9$

张腾月，付刚，张大伟

中国科学院天津工业生物技术研究所

14.1　概述

维生素 B₉ 是一种水溶性 B 族维生素，其最初从菠菜叶子中分离提取出来，因此得名叶酸，又称维生素 M、维生素 Bc、蝶酰谷氨酸和抗贫血因子等，由蝶啶、对氨基苯甲酸和谷氨酸（一个或多个）组成。维生素 B₉ 的生物活性形式为四氢叶酸（THF）。自然界中，植物和微生物可自主合成叶酸，因此叶酸广泛分布于绿叶植物中。而人类自身缺乏合成叶酸的基因，只能从外界摄取，可通过膳食补充天然来源的叶酸或摄入合成的叶酸药品以补充叶酸。

14.1.1　维生素 B₉ 的发现

1931 年，印度孟买产科医院的医生发现，酵母或肝脏浓缩物对改善妊娠妇女的巨幼红细胞性贫血症状有一定的作用，认为这些提取物中有某种抗贫血因子；1935 年，有人发现酵母和肝脏提取液对猴子贫血症状有一定的作用，描述其为 VM；1939 年，有人在肝中发现了抗鸡贫血的因子，称为 VBc；1941 年，有学者发现菠菜中有乳酸链球菌的一个因子，称作叶酸。1945 年，研究者在合成叶酸时，发现以上所有的因子都是同一种物质，并完成了结构测定[1]，之后常称之为叶酸。

14.1.2　维生素 B₉ 的结构与理化性质

维生素 B₉ 中文化学名 *N*-[4-[(2-氨基-4-羟基-6-蝶啶基）甲氨基] 苯甲酰基]-L-谷氨酸，分子式 $C_{19}H_{19}N_7O_6$，分子量 441.4，是一组化学结构相似、生化特征相近的化合物的统称，由蝶啶、对氨基苯甲酸与一个或多个谷氨酸结合而成（图 14-1）。维生素 B₉ 因吡嗪环上有不同形式的取代物及其邻位一氨基苯甲酰谷氨酸部分结合不同数量的谷氨酸残基而形成了不同形式：吡嗪环被部分还原——二氢叶酸；吡嗪环被完全还原——四氢叶酸；吡嗪环被甲酸氧化——5-甲酰基-四氢叶酸或 10-甲酰基-四氢叶酸或

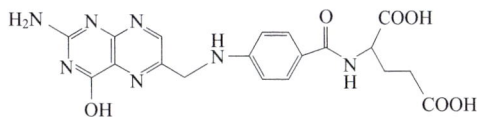

图 14-1　维生素 B₉ 结构

5,10-次甲基-四氢叶酸；吡嗪环被甲醛氧化——5,10-亚甲基-四氢叶酸；吡嗪环被甲醇氧化——5-甲基-四氢叶酸。四氢叶酸（THF）是其在体内最活泼形式，因为四氢叶酸是多谷氨酰化的最适底物[2]。

维生素 B₉ 为黄色至橙黄色结晶性粉末，无臭无味，空气中可稳定存在。通过热水对维生素 B₉ 进行重结晶可得板状晶体。其无明确的熔点，约于 250℃ 时碳化。微溶于水，25℃ 时水中的溶解度仅为 1.6mg/100mL，易溶于碱性氢氧化物和碳酸盐溶液、盐酸、硫酸、苯酚、吡啶、冰醋酸，不溶于甲醇、乙醇、丙酮、乙醚、氯仿和苯等常见的有机溶剂。叶酸在碱性和中性溶液中具有良好的热稳定性，而在酸性溶液中稳定性较差。维生素 B₉ 对光不稳定，其具有特殊的吸收光谱及氧化还原性，易在强光照、辐射的条件下分解，降解产物具有较强的荧光特性[3,4]。

14.1.3   维生素 B₉ 的来源、吸收与需要量

维生素 B₉ 广泛分布于绿叶植物中，如菠菜、甜菜等绿叶蔬菜，在众多绿叶蔬菜中，东风菜、马蹄叶、山尖菜、柳叶蒿、刺五加、右刀柏等维生素 B₉ 含量最高，分别为 36.195μg/g、23.478μg/g、20.137μg/g、67.600μg/g、59.553μg/g、22.032μg/g。除了绿叶蔬菜，维生素 B₉ 在动物性食品（如肝脏、肾、蛋黄等）、水果（柑橘、猕猴桃等）和酵母中也广泛存在，但在根茎类蔬菜、玉米和米等谷物、猪肉中含量较少。进入机体内的维生素 B₉ 是多谷氨酸形式，小肠黏膜上皮中的 γ-L- 谷氨酰羧肽酶可水解多谷氨酸叶酸，从而使多谷氨酸形式的维生素 B₉ 降解为游离维生素 B₉，方可被机体吸收。叶酸结合蛋白在叶酸的消化、分布和贮存中起关键作用，已发现的维生素 B₉ 结合蛋白包括三类：高亲和力维生素 B₉ 结合蛋白、与膜有关的结合蛋白和细胞质结合蛋白。高亲和力维生素 B₉ 结合蛋白使维生素 B₉ 在血液中能够稳定存在，还可能控制了血浆中叶酸盐分布的专一性。

一般情况下，正常人的维生素 B₉ 需要量为 100 ~ 200μg/d，世界卫生组织（WHO）的推荐量为：成人 200μg/d，孕妇和乳母 400μg/d。美国食品药品监督管理局（FDA）的最新叶酸食用量标准如表 14-1 所示[2]。

表14-1   FDA维生素B₉食用量标准

人群类别	维生素 B₉ 食用量标准 /（μg/d）
25 ~ 50 岁男性	240
25 ~ 50 岁女性	190
哺乳期女性	400
孕妇	400
婴幼儿	200 ~ 400

14.2   维生素 B₉ 的生物学功能和应用

14.2.1   维生素 B₉ 的体内代谢

人类自身缺乏合成维生素 B₉ 的基因，只能从外界摄取维生素 B₉ 或由肠道中的微生物代谢合成。人们补充维生素 B₉ 的形式主要有两种：一是补充膳食来源的天然维生素 B₉；二是补充合成维生素 B₉。然而越来越多的研究发现了过量摄入合成维生素 B₉ 的危害，如掩盖维生素 B₁₂ 缺乏症、改变肝脏二氢叶酸还原酶活性、导致胎儿亚甲基四氢叶酸多态性（衰弱性疾病相关）、增加结直肠癌的发病风险等。相比之下，天然来源的维生素 B₉ 安全性更高，且在机体代谢功能缺陷（如甲基四氢叶酸合成相关基因突变）的情况下也可被机体吸收利用（图 14-2）。

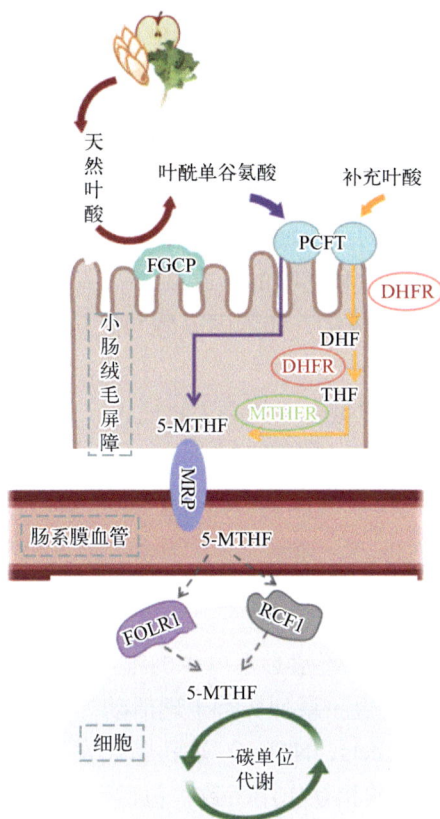

图 14-2　维生素 B₉ 在人体的吸收机制

FGCP—叶酰多谷氨酰羧肽酶；PCFT—质子对叶酸转运载体；DHFR—二氢叶酸还原酶；MTHFR—亚甲基四氢叶酸还原酶；MRP—多药耐药相关蛋白；FOLR1—叶酸受体蛋白 1；RCF1—还原型叶酸载体 1；DHF—二氢叶酸；THF—四氢叶酸；5-MTHF—5- 甲基四氢叶酸

　　人体在吸收维生素 B₉ 前需将多谷氨酸形式的维生素 B₉ 水解为单谷氨酸形式，其吸收过程主要发生在十二指肠及近端空肠部位，由谷氨酸羧肽酶 Ⅱ（GCP Ⅱ）催化；维生素 B₉ 进入人体后在二氢叶酸还原酶（DHFR）的作用下生成四氢叶酸，四氢叶酸和丝氨酸在丝氨酸羟甲基转移酶（SHMT）的催化作用下生成 5,10- 亚甲基四氢叶酸和甘氨酸；5,10- 亚甲基四氢叶酸还原酶（MTHFR）进一步催化 5,10- 亚甲基四氢叶酸生成 5- 甲基四氢叶酸；5- 甲基四氢叶酸可以在维生素 B₁₂ 和甲硫氨酸合成酶（MTRR）的参与下为高半胱氨酸生成甲硫氨酸提供甲基[5]（图 14-3）。

图 14-3　维生素 B₉ 体内代谢途径

14.2.2   维生素 B$_9$ 的生物学功能

维生素 B$_9$ 作为细胞中 DNA、RNA 合成的重要活性生长因子，直接影响着核酸、氨基酸、蛋白质的生物合成与代谢，是细胞修复和新细胞产生的必需物质。维生素 B$_9$ 在生物体内的功能主要有：

① 是介导体内一碳单位转移的重要辅助因子；

② 在核酸合成过程中参与嘌呤和嘧啶的形成；

③ 参与并促进氨基酸之间的转化，如苯丙氨酸与酪氨酸、组氨酸与谷氨酸、半胱氨酸与蛋氨酸的转化；

④ 是血红蛋白、肾上腺素、胆碱合成的必需物质；

⑤ 可使乙醇胺顺利转化为 N- 甲基烟酰胺；

⑥ 维生素 B$_9$ 为制造神经末梢提供大量的碳离子确保人体神经系统的正常发育[4]。

14.2.3   维生素 B$_9$ 对健康的重要作用

维生素 B$_9$ 作为机体细胞生长和繁殖必不可少的维生素之一，对人体具有十分重要的作用。缺乏维生素 B$_9$ 会引起体内产生一系列异常生理活动，影响人体的健康。

神经管畸形（neural tube defects，NTDs）是胚胎在发育过程中神经管闭合不全而引起的一组缺陷，主要由基因与环境的相互作用所致，包括无脑儿、脑膨出、脊柱裂等，是最常见的新生儿缺陷疾病之一。1991 年，英国医学研究委员会首次证实了妊娠前后补充维生素 B$_9$ 可以预防 NTDs 的发生，可降低 50% ～ 70% 的发病率。

巨幼细胞贫血（megaloblastic anemia，MA）是缺乏维生素 B$_9$ 或维生素 B$_{12}$ 引起的 DNA 合成障碍而导致的一种贫血，在婴幼儿与孕妇中多见。正常发育的胎儿要求母亲体内有大量的维生素 B$_9$ 储备，如果在临产或产后早期维生素 B$_9$ 储备耗尽，则会导致胎儿和母亲巨幼细胞贫血。

唇腭裂（cleft lip and palate，CLP）是最常见的先天性出生缺陷畸形之一，尤其是在中国的发病率高达 0.182%，我国平均每年有 4 万～ 5 万唇腭裂患儿出生。唇腭裂的发病原因还不明确，事实证明母亲孕早期补充维生素 B$_9$ 可预防胎儿唇腭裂。有学者研究了 179 例唇腭裂家庭和 204 例对照家庭，发现未补充维生素 B$_9$ 或者低维生素 B$_9$ 饮食的母亲，生出唇腭裂孩子的风险比正常补充维生素 B$_9$ 的家庭大约高 6 倍。

除此之外，维生素 B$_9$ 缺乏会给孕妇及胎儿带来很大伤害，例如，习惯性流产、早产、婴儿出生体重过低、胎儿消化不良及生长迟缓等。许多文献报道，老年期痴呆、抑郁症及新生儿的神经系统发生异常等有关脑病变疾病，都与维生素 B$_9$ 的缺乏有着一定的关联。另外，缺乏维生素 B$_9$ 还可能引起肿瘤（子宫癌、支气管癌、食管癌、大肠癌等）、慢性萎缩性胃炎、结肠炎、冠心病和脑血管疾病等多种疾病，以及其他症状如舌炎、生长不良、智力退化等。成年人若缺乏维生素 B$_9$ 又饮酒过量可能会改变其肠黏膜的结构[1]。

大量临床研究表明，维生素 B$_9$ 可用于肿瘤、心血管病、精神科疾病、胃肠功能异常、免疫学缺陷等疾病的治疗[4]。

14.2.4   维生素 B$_9$ 在养殖业的开发应用

在猪的养殖方面，有学者研究发现，初产母猪繁殖性能几乎不受维生素 B$_9$ 补充的影响，但是补充维生素 B$_9$ 能够显著提高初产母猪和新生仔猪血清中维生素 B$_9$ 含量。添加 2.5mg/kg 维生素 B$_9$，仔猪的全期日增重较基础日粮组有显著提高，血清中蛋白质浓度，肝脏中 DNA、RNA 及蛋白质含量都有显著升高，血清中尿素氮浓度极显著降低。但更高水平的维生素 B$_9$ 添加剂量反而降低了仔猪生长性能[2]。

在乳牛的养殖方面，有学者指出，经产乳牛在妊娠阶段对维生素 B$_9$ 的需要量很大，需要从日粮中添加。在高产乳牛的组织代谢中，维生素 B$_9$ 和胆碱可以为乳牛体组织提供一碳基团，用于能量与蛋白质代谢、嘌呤与 DNA 的合成，从而改善乳牛的生产性能[2]。

在肉仔鸡的养殖方面，有实验证实，在鸡的日粮中适量添加维生素 B$_9$ 能有效增加肉仔鸡的采食量和平均日增重，并能显著降低料重比，且发现维生素 B$_9$ 与烟酸联用能极显著提高肉仔鸡的平均日增重；另有研究表明烟酸与维生素 B$_9$ 联用能显著降低肉仔鸡的腹脂重和腹脂率，显著提高胸肌重、腿肌重和腿肌率，并能显著提高肉仔鸡的胸腺指数、脾脏指数和法氏囊指数，还能在一定程度上提高血清中免疫球蛋白的含量，显著降低血清中的胆固醇含量，且能提高干物质、粗蛋白、粗脂肪、粗纤维、有机物和无氮浸出物的表观消化率[2]。

14.2.5   维生素 B$_9$ 在生物医药中的开发应用

现有的研究报道都表明维生素 B$_9$ 对人类的健康有着极其重要的作用。维生素 B$_9$ 缺乏有导致新生儿神经畸形，血栓闭塞性心、脑血管疾病，厌食症与神经性厌食症，巨幼红细胞贫血，老年血管性痴呆，抑郁症等疾病的危险。

经过中美预防神经管畸形合作项目验证，准妈妈在备孕期间就服用 0.4mg 维生素 B$_9$ 可以使胎儿神经管畸形率下降 85%，此项结果至今仍被全球 50 多个国家广泛应用。

研究表明，维生素 B$_9$ 强化食品的食用与中老年人血清维生素 B$_9$ 水平的提高有本质性联系。维生素 B$_9$ 可以降低无痛风史人群患痛风的概率。

维生素 B$_9$ 缺乏会出现机体多系统受损，在消化系统主要是会发生结肠炎、慢性萎缩性胃炎，增加结肠癌和胃癌的危险。维生素 B$_9$ 补充剂能够抑制结肠直肠癌的复发率。一定浓度的维生素 B$_9$ 可以通过影响维生素 B$_9$ 代谢而抑制卵巢癌细胞的生长，维生素 B$_9$ 可能是通过增强化疗药物对卵巢癌的细胞毒性作用，从而增强卵巢癌化疗敏感性[2]。

14.2.6   产维生素 B$_9$ 益生菌在食品中的应用

随着食品科学技术水平的不断提高，营养强化食品的出现能够更好地满足人们的营养需求。欧盟建议成年人每日维生素 B$_9$ 摄入量为 400μg，孕期和哺乳期妇女的每日维生素 B$_9$ 推荐摄入量为 400 ~ 600μg。在发酵过程中，产维生素 B$_9$ 乳酸菌会将合成的维生素 B$_9$ 分泌到食品中，从而增加食品中的维生素 B$_9$ 含量。有研究称，维生素 B$_9$ 在生乳中的含量仅为

50 ～ 100μg/L，但发酵后它的浓度可能会增加到超过 200μg/L。有研究者发现使用乳球菌发酵乳，可以使乳中的维生素 B$_9$ 含量提高 4 倍。同时，使用产维生素 B$_9$ 的益生菌与嗜热链球菌或保加利亚乳杆菌联合发酵乳，维生素 B$_9$ 含量高于原乳和传统发酵乳。在发酵乳中，维生素 B$_9$ 通过与蛋白质结合，增强了其稳定性，提高了 5- 甲基四氢叶酸的生物利用度。除了可以提高发酵乳中的维生素 B$_9$ 含量，产维生素 B$_9$ 的乳酸菌还可以应用于其他发酵制品。有学者使用清酒乳杆菌 CRL 2209 和 CRL 2210 来提高发酵马铃薯制品的营养价值，在发酵 24h 之后马铃薯制品中的维生素 B$_9$ 含量达到 730 ～ 1484ng/g。研究发现，通过发酵可以将谷物发酵制品中的维生素 B$_9$ 含量提高 7 倍。由此可见，通过选择适宜的菌种和培养条件，产叶酸乳酸菌可以广泛地应用于维生素 B$_9$ 强化食品的开发，这种维生素 B$_9$ 强化食品含有高水平的天然维生素 B$_9$，具有更好的稳定性和生物利用度，与化学合成维生素 B$_9$ 相比具有一定优势[6]。

14.3　维生素 B$_9$ 的合成与检测方法

14.3.1　提取法制备维生素 B$_9$

由于自然界中的新鲜蔬菜水果、动物肝脏、蚕沙、酵母菌中均含有维生素 B$_9$，因此维生素 B$_9$ 可从天然物质中提取。常见食品维生素 B$_9$ 含量如表 14-2 所示[4]。

表14-2　常见食品维生素B$_9$含量

食品名称	维生素 B$_9$ 含量 /（μg/100g）
鸡肝	770
小麦粉	329
精米	192
菠菜	193
鸡蛋	65
番茄	39
苹果	240
雪梨	124

维生素 B$_9$ 提取是指提取天然型的叶酸，它主要是以酵母和绿叶为原料，利用维生素 B$_9$ 易溶于热水和稀碱溶液且在上述溶液中对热稳定的特点，采用不同工艺制得（图 14-4）。常见方法有氯仿沉淀法、离子交换法和吸附色谱法等。氯仿沉淀法是利用氯仿与氨水间有一定的溶解度，加入大量氯仿能使叶酸在水中的溶解度显著降低而得到产品沉淀的一种方法。离

子交换法的主要原理是：离子交换剂中的可交换基团和溶液中不同离子间的离子交换能力不同。吸附色谱法是一种物理的分离方法，其原理是利用混合物中各组分吸附能力的差别，使各组分以不同程度分布在固定相（一般是硅胶）和流动相中，从而使各组分以不同速度洗脱而达到分离的目的。此外，维生素 B$_9$ 的提取还可根据维生素 B$_9$ 分子量大小，采用凝胶色谱分离或膜分离技术。如果要求纯度更高，可以将上述两种分离技术进行组合[1]。

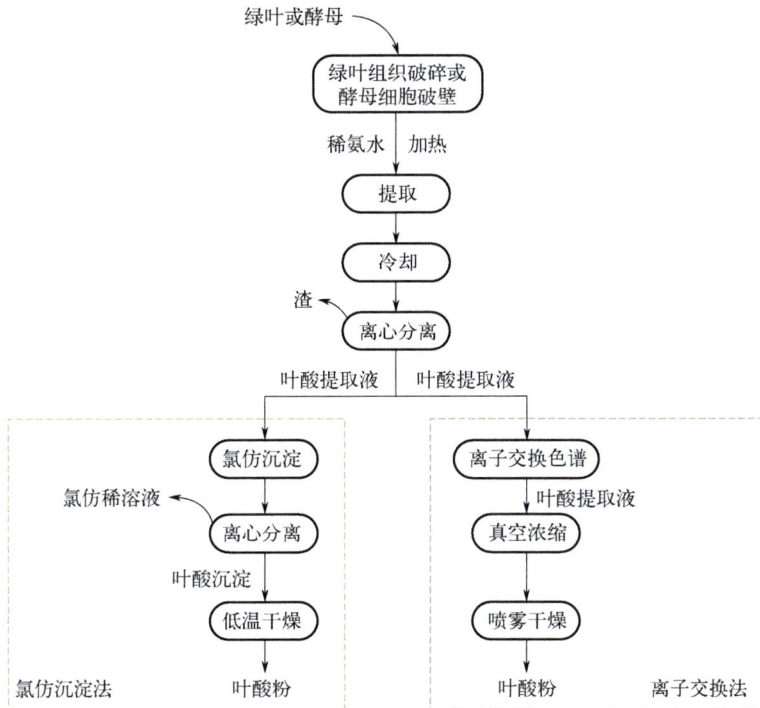

图 14-4　叶酸提取流程

14.3.2　化学法合成维生素 B$_9$

（1）以硝基苯甲酸为原料合成维生素 B$_9$

传统的维生素 B$_9$ 合成方法是利用硝基苯甲酸，经过酰氯化、缩合、还原、环合四个步骤最终得到维生素 B$_9$。该方法虽然可合成维生素 B$_9$，但合成路线复杂，生产时间长，生产成本高，且收率低，不利于大规模生产[3]（图 14-5）。

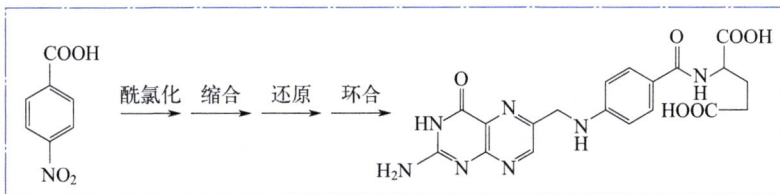

图 14-5　以硝基苯甲酸为原料合成维生素 B$_9$

（2）以2-羟基丙二醛为中间体合成维生素B$_9$

1994年，有学者提出以2-羟基丙二醛为中间体，采用一锅法合成维生素B$_9$。用2-羟基丙二醛与两分子的L-N-对氨基苯甲酰谷氨酸反应得到相应的二亚胺结构，然后在亚硫酸盐（如Na$_2$SO$_3$、K$_2$SO$_3$、Na$_2$S$_2$O$_5$等）的存在下，于pH值3～8、0～100℃的条件下与6-羟基-2,4,5-三氨基嘧啶反应制得叶酸。该反应可在水溶液中进行，也可在与水混溶的惰性有机溶剂如乙腈、二甲基甲酰胺、四氢呋喃、甲醇、乙醇溶剂中进行。优先选择以水为溶剂，当使用混合溶剂时，惰性溶剂应与水混溶，且含水量应该大于30%[3]（图14-6）。

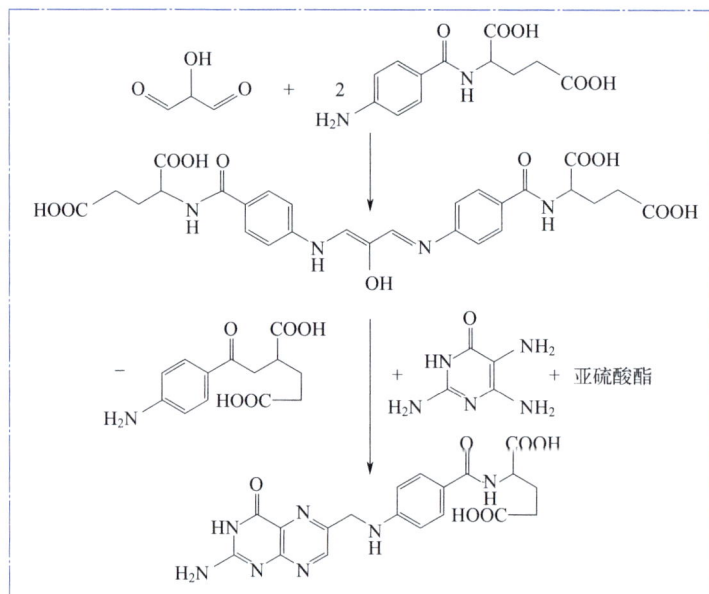

图14-6　以2-羟基丙二醛为中间体合成维生素B$_9$

具体操作如下：氮气保护下，将5.32g对氨基苯甲酰谷氨酸、20mL 0.1mol/L HCl加入100mL的五口瓶中，再加入0.88g 2-羟基丙二醛和3mL水，室温搅拌1h。然后加入2.52g Na$_2$SO$_3$搅拌升温至38℃，将2.39g三氨基嘧啶硫酸盐在1h内分批加入反应瓶，用2mol/L的Na$_2$SO$_3$溶液调pH值维持在6.0，反应4h结束。用醋酸调节反应液pH至3.0，析出叶酸沉淀，过滤，得到3.08g维生素B$_9$粗品，纯化后收率63.5%。该方法虽然收率有所提高，但其生产成本很高，需氮气保护，且2-羟基丙二醛难于制备[3]。

研究者在上述基础上再次尝试，用1,1,3,3-四甲氧基丙醇在酸性条件下水解得到2-羟基丙二醛。2-羟基丙二醛与对氨基苯甲酰基-L-谷氨酸反应得到了相应的二亚胺固体，然后将制得的二亚胺固体与三氨基嘧啶硫酸盐反应制得维生素B$_9$。该方法是在1,1,3,3-四甲氧基丙醇和盐酸的混合物中加入对氨基苯甲酰谷氨酸，在50℃下搅拌1h后向混合物中加水并在室温下静置24h。充分析出晶体后过滤，滤饼水洗后干燥，得到二亚胺固体。将制得的二亚胺固体与三氨基嘧啶硫酸盐反应，对反应混合物进行活性炭吸附、硅胶柱分离、浓缩、结晶，最后得到纯度为98%的维生素B$_9$。此工艺虽然和硝基苯甲酸生成维生素B$_9$的方法相比，合成步骤简单易行，且收率较高，但制得的维生素B$_9$粗品提纯操作较为复杂，需要利用硅胶柱进行分离操作，无法应用于大规模生产[3]。

2001 年，有学者报道了在 N₂ 保护下，由 1, 1, 3, 3- 四甲氧基丙醇在酸性条件下水解后，与 L-N- 对氨基苯甲酰基谷氨酸反应，生成二亚胺。此二亚胺再与 2, 4, 5- 三氨基 -6- 羟基嘧啶硫酸盐在室温下进行环合反应，用 Na₂CO₃ 维持 pH=6，反应生成棕红色维生素 B₉ 粗品。该反应两步收率为 65.5%，且需要 N₂ 保护，生产成本很高[3]。

（3）以 2,2,3,3- 四甲氧基丙醇为中间体合成维生素 B₉

2002 年，有学者报道了以 2, 2, 3, 3- 四甲氧基丙醇为中间体合成维生素 B₉ 的方法。

第一步反应，控制 pH<4，酸可用盐酸、甲酸、乙酸；溶剂为乙腈、四氢呋喃（THF）、N, N- 二甲基甲酰胺（DMF）、甲醇、乙醇等水溶性的惰性溶剂。第二步，将第一步反应得到的中间体与三氨基嘧啶硫酸盐在亚硫酸盐如 Na₂SO₃、K₂SO₃、NaHSO₃、Na₂S₂O₅ 等存在下，于 pH=3 ~ 8、0 ~ 100℃下反应得到维生素 B₉[3]（图 14-7）。

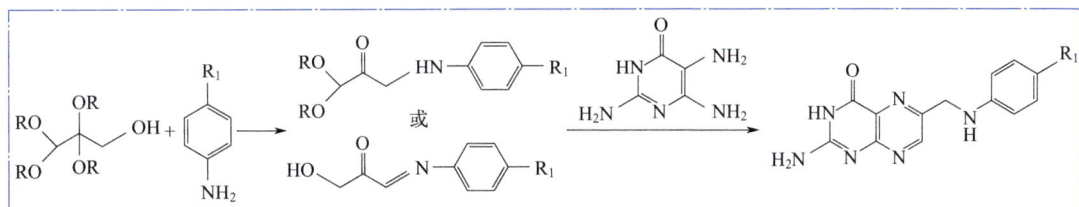

图 14-7　以 2,2,3,3- 四甲氧基丙醇为中间体合成维生素 B₉

（4）以卤代丙酮醛为中间体合成维生素 B₉

以丙酮醛缩二甲醇为原料，以甲醇、乙腈的混合溶液为溶剂，反应液降至 -5℃，向反应液中缓慢滴加溴素，<10℃反应。溴素滴加完毕后室温搅拌过夜。反应结束后用饱和碳酸氢钠水溶液中和反应液，过滤，减压除去溶剂得溴代丙酮醛缩二甲醇，收率 71%[3]（图 14-8）。

1948 年，美国专利 US2436073 中，以丙酮醛二甲缩醛为原料、二硫化碳为溶剂，向反应液中缓慢滴加溴素，滴加完毕后真空浓缩，干醚萃取，碳酸氢钠溶液洗，干燥浓缩后得溴代丙酮醛缩二甲醇[3]。

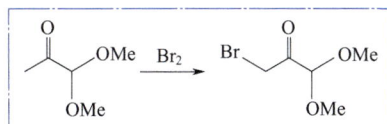

图 14-8　丙酮醛缩二甲醇的溴化反应

有文献介绍了一种以溴化铜为溴源合成溴代丙酮醛缩二甲醇的方法。以丙酮醛缩二甲醇为原料，乙酸甲酯作溶剂，加入溴化铜，在氮气保护下回流反应两小时，冷却至室温，饱和碳酸氢钠水溶液中和反应液，过滤得黄色滤液，水洗、饱和食盐水洗，无水 Na₂SO₄ 干燥，除去溶剂得溴代丙酮醛二甲缩醛，收率 29%。

2001 年，有学者采用加入自由基引发剂过氧二苯甲酰和适当加热的方法合成了 2-溴 -1, 1, 3, 3- 四乙氧基丙烷，然后水解得到了溴代丙二醛，收率 60%[3]（图 14-9）。

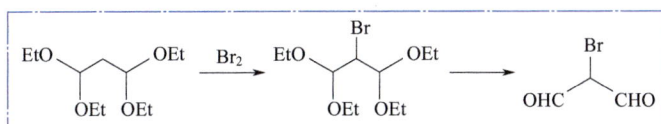

图 14-9　2- 溴丙二醛的合成

1948 年，有学者以卤代丙酮醛为中间体合成了维生素 B₉。将 1g 溴代丙酮醛溶解在乙醇中，倒入溶有 1g L- 对氨基苯甲酰谷氨酸和 1g 碳酸钠的 90℃的水溶液中，冷却后加入 2, 4, 5- 三氨基 -6- 羟基嘧啶、乙酸酸化反应液，室温反应，得到维生素 B₉[3]（图 14-10）。

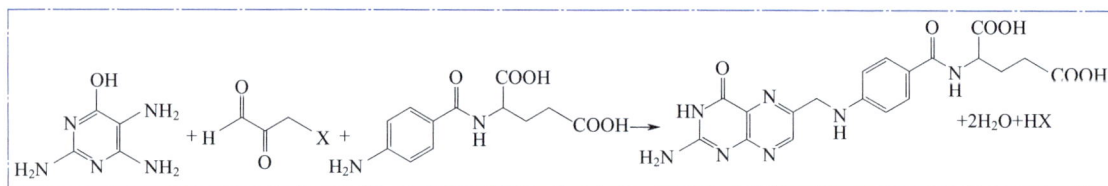

图 14-10   以卤代丙酮醛为中间体合成维生素 B₉

1950 年，研究报道介绍了一种以卤代丙酮醛为中间体合成维生素 B₉ 的方法，操作如下：3mol 溴代丙酮醛，3mol 对氨基苯甲酰谷氨酸，乙醇作溶剂，回流反应 1h，加入 2, 4, 5- 三氨基 -6- 羟基嘧啶 1.5mol，1.7mol 醋酸钠，回流反应 4h。冷却，以 30 倍水稀释反应液，盐酸调 pH<2。回流反应 1h 后，反应液降至室温，将 pH 调至 3 ～ 5，产品析出，收率 37%。此反应可实现一锅法操作，但存在用水量较大、收率较低的问题，且溴代丙酮醛不易制得。

而后又以 α, β- 二溴丙醛合成了维生素 B₉。以 L- 对氨基苯甲酰谷氨酸、α, β- 二溴丙醛、2, 4, 5- 三氨基 -6- 羟基嘧啶为原料，以乙酸 - 乙酸钠缓冲液为溶剂，反应得到叶酸，粗品精制后得到带有结晶水的叶酸。此合成方法存在工艺复杂、条件要求苛刻、反应周期长、收率低、成本高以及原料不易得等缺点[3]。

（5）以三氯丙酮为中间体合成维生素 B₉

1948 年，有研究者用 1, 1, 3- 三氯丙酮与 2, 4, 5- 三氨基 -6- 羟基嘧啶缩合制得 4- 氨基 -4- 羟基 -6- 氯代甲基蝶啶。

现国内主要以三氯丙酮、2, 4, 5- 三氨基 -6- 羟基嘧啶硫酸盐和对氨基苯甲酰谷氨酸为原料合成维生素 B₉。将三氯丙酮、L- 对氨基苯甲酰谷氨酸、6- 羟基 -2, 4, 5- 三氨基嘧啶硫酸盐在焦亚硫酸钠和碳酸钠存在下，保持 pH 为 3.0 ～ 3.5，于 40 ～ 45℃的反应温度条件下，反应 5h，得维生素 B₉[3]（图 14-11）。

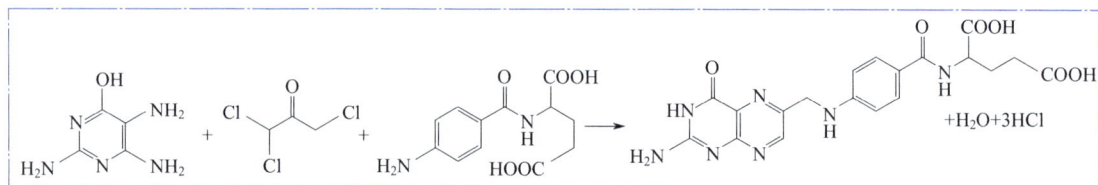

图 14-11   以三氯丙酮为中间体合成维生素 B₉

此操作工艺简单，反应时间短，条件容易控制，生产成本低。但存在废水废气量大的缺点。在生产三氯丙酮的过程中也存在较大污染，主要存在以下两方面问题。

第一，废水污染严重。制得的氯代混合物需用大量水进行水提操作，以得到浓度可用于生产的三氯丙酮水提液，致使产生大量废水。

第二，废气污染严重。工厂普遍采用丙酮和氯气反应制备三氯丙酮，同时生成大量氯化氢气体。对这些废气如不充分回收处理，将导致严重的废气污染。除制备三氯丙酮存在废水和废气的污染，在合成维生素 B₉ 的步骤中，同样存在此类问题。由于 2,4,5- 三氨基 -6- 羟基嘧啶硫酸盐的溶解性差，反应过程中水量较大，滴加的三氯丙酮水提液也在反应体系中带入大量水。除此之外，在最后的提纯操作中，需进行酸溶水析，这些操作共同导致整体反应废水污染严重。

比较上述合成维生素 B₉ 的方法可发现，虽然合成维生素 B₉ 的工艺在不断进步，路线逐渐缩短且操作愈发简单易行，但国内主要以三氯丙酮为中间体与 2,4,5- 三氨基 -6- 羟基嘧啶硫酸盐和对氨基苯甲酰谷氨酸反应合成维生素 B₉，污染严重、废水量大的问题仍未解决，这也是目前国内维生素 B₉ 合成项目受到严格限制的主要原因。基于上述问题，寻找三氯丙酮的替代物，减少维生素 B₉ 生产对环境的污染是非常迫切和必要的[3]。

14.3.3　酶法合成维生素 B₉

在化学合成工艺中用生物酶替代原有化学试剂进行反应，可以使反应定向进行，减少副反应的发生，反应条件较温和，能提高产品纯度。

（1）二氢叶酸还原酶法

二氢叶酸还原酶法是利用二氢叶酸还原酶作为催化剂生产维生素 B₉ 的方法。由于酶具有高效性和专一性的特点，此法生产维生素 B₉ 可定向反应，生成的维生素 B₉ 纯度较高。有学者从鸡肝脏透析液中分离出一种能还原叶酸 - 二氢叶酸 - 四氢叶酸的酶系统，证明 NADPH 是叶酸还原所必需的。用二氢叶酸为原料，以 6- 磷酸葡萄糖、葡萄糖 -6- 磷酸脱氢酶和 NADP 作为 NADPH 的再生系统在二氢叶酸还原酶的作用下生成维生素 B₉，通过 DEAE- 纤维素离子交换柱色谱法，用含 2- 巯基乙醇的 Tris 缓冲液将维生素 B₉ 洗脱，可制得维生素 B₉。还可用二氢叶酸、NADPH 和粪链球菌的透析液反应，用巯基乙醇在 SephadexG-25 柱中洗脱，得到维生素 B₉。利用锌粉也可将叶酸还原为二氢叶酸，在二氢叶酸中加入二氢叶酸还原酶（DHFR）、葡萄糖脱氢酶，反应得到维生素 B₉。利用酶法可以获得高纯度的维生素 B₉，但此法需要大量的酶及 NADPH，成本较高，不适宜大规模工业化生产[5]。酶法制备四氢叶酸见图 14-12。

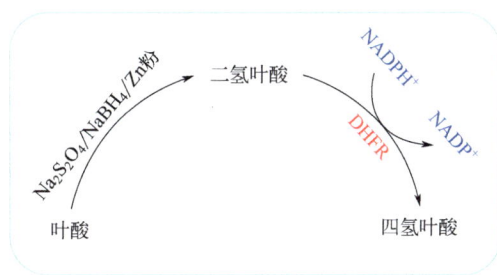

图 14-12　酶法制备四氢叶酸流程图

（2）酶法拆分手性化合物

具有生物活性的维生素 B₉ 形式是 L-5- 甲基四氢叶酸。而化学合成的维生素 B₉ 是外消旋的混合物，因此需要通过手性拆分进行纯化。酶法拆分属于动力学拆分，由于酶具有立体异构专一性，因此酶法拆分具有反应条件较为温和、反应副产物少、产率高、对环境和人体无毒害作用等优点，适用于大规模工业生产。但是酶通常只催化整个合成过程的一部分反应，还需结合有机合成的方法，有机试剂的加入可能会影响酶的催化活性，因此，需要不断开发新技术，优化酶的反应环境[5]。

虽然酶法相比化学合成法合成维生素 B$_9$ 已有了一定的优势，但是由于酶只能应用于整体反应的一到两步，还需大量的化学试剂，因此酶法还存在较大局限性。若能用微生物发酵法直接生产维生素 B$_9$，则能大大降低合成成本，简化生产步骤，还会避免对环境、人体的危害，真正实现绿色安全生产。

14.3.4　微生物发酵法合成维生素 B$_9$

微生物发酵法为维生素 B$_9$ 的制备开辟了一个新的途径，相比于化学合成法，微生物发酵法绿色环保、能耗低，且理论上可以通过微生物发酵途径实现维生素 B$_9$ 的大规模生产。

目前研究较多的生产菌种主要有酵母菌、乳酸菌、双歧杆菌、植物乳杆菌和嗜酸乳杆菌。有研究利用嗜酸乳杆菌以及乳酸乳球菌发酵合成维生素 B$_9$，系统地研究了菌种培养时间、pH 值、对氨基苯甲酸质量浓度对乳酸菌合成维生素 B$_9$ 产量的影响，使乳酸菌代谢合成维生素 B$_9$ 的产率达到 17 ～ 100μg/L。还有实验对筛选得到的 36 株乳酸菌进行维生素 B$_9$ 的发酵生产，结果表明植物乳杆菌、嗜酸乳杆菌、戊糖乳杆菌的维生素 B$_9$ 产量最高，含量均在 70μg/L 左右。尽管目前微生物发酵法已逐渐兴起，但利用微生物发酵制备维生素 B$_9$ 仍处在实验阶段，其产量的提高仍需要做进一步探究[4]。

14.3.5　维生素 B$_9$ 的检测

维生素 B$_9$ 的检测方法多种多样，主要包括紫外可见分光光度法、微生物测定法、高效液相色谱法、比色法、薄层色谱法、化学发光测定法、同位素放射免疫法、离子捕获法、气相色谱 - 质谱检测法和生物传感器法，一般根据测定试样的性质来决定其测定方法。如测定食品或植物组织中的维生素 B$_9$，一般用微生物法；测定维生素 B$_9$ 制品或药剂中的维生素 B$_9$，通常用高压液相色谱法、比色法、紫外可见分光光度法、荧光分析法及薄层色谱法等。

（1）紫外可见分光光度法

紫外可见分光光度法又叫直接比色法，适用于维生素 B$_9$ 针剂和药剂的测定，其原理为维生素 B$_9$ 在浓度为 0.1mol/L 的 NaOH 溶液中有最大紫外吸收，吸收的最佳波长是在 260nm 和 283nm 处，此法是通过维生素 B$_9$ 的测定最大吸收峰来定量分析样品中维生素 B$_9$ 的浓度，再分析药物中维生素 B$_9$ 的质量[1]。

（2）微生物测定法

微生物法是检测生物体中维生素 B$_9$ 的经典方法，其检测原理是在一定条件下，粪链球菌、啤酒小球菌属等微生物对不同形式维生素 B$_9$ 的敏感度不同。微生物法不仅可以用来检测血清和全血等组织中维生素 B$_9$，还可以用来检测纸血片标本中的维生素 B$_9$。检测结果为维生素 B$_9$ 与血红蛋白的比值。纸血片标本制备技术简单且稳定性好，此法对大规模人群维生素 B$_9$ 营养状况的流行病学调查有重要的研究意义。2005 年，Bedhomme 等运用微生物法检测出野生型拟南芥叶片中维生素 B$_9$ 的含量。微生物法的操作步骤简单、灵敏性高，但此法试验周期长、检测结果重复性差。

(3) 高效液相色谱法

高效液相色谱法（HPLC 法）测定主要是根据维生素 B₉在不同食物中的存在形式不同，HPLC 可分离不同存在形式下的维生素 B₉并进行定量分析。方法是将称取研细的食物置于离心管中，加入流动相溶液超声后，再加入流动相定容，最后摇匀过滤，滤液用 HPLC 分析。2005 年，有学者以菠菜为材料研究了 LC-MS/MS 的检测条件，并分离检测出含量低的 5- 甲基四氢叶酸（5-MTHF）、5- 甲酰基四氢叶酸（5-CHO-THF）和 10- 甲酰基叶酸（10-CHO-Pte Glu）等不同形式的维生素 B₉衍生物。HPLC 法适用于各种食物的维生素 B₉分析，并且操作具有简便、速度快、灵敏度高和测定结果准确等优点，是近年来发展较快的分析维生素 B₉的方法[1]。

(4) 比色法

衍生比色法主要分为三种形式：Folin-cioalten 衍生法、高锰酸钾衍生法和茚三酮衍生法。

Folin-cioalten 衍生法适用于测定纯品种的维生素 B₉。它的主要依据是维生素 B₉与 Folin-cioalten 试剂在室温、碱性条件下反应产生蓝色络合物，此化合物的最大吸收强度是在 760nm 处。该衍生物可稳定存在 1.5h，其浓度在 4.4 ~ 44mg/L 的浓度范围内符合 Beer 定律。

高锰酸钾衍生法适用于复合维生素制剂中维生素 B₉的测定。主要是因为高锰酸钾在酸性条件下能把维生素 B₉氧化成 α- 氨基 -4- 羟基 -6- 羧酸蝶啶，其强度与维生素 B₉的浓度成正相关，因此用硅藻土处理得到不含其他维生素的样品后，就可根据荧光强度对维生素 B₉进行定量分析。

茚三酮衍生法主要用于测定药剂中的维生素 B₉。其原理为在锌粉和盐酸存在下，维生素 B₉被还原为 2, 4, 5- 三氨基 -6- 羟基嘧啶，它能与茚三酮反应生成一个在波长 555nm 处有最大吸收峰的紫色络合物。此法比较简单，但容易受到氨基酸类物质和维生素 B₂的影响，测定范围窄[1]。

(5) 其他检测方法

薄层色谱法的原理是维生素 B₉在醋酸乙酯、氢氧化铵和正丙醇混合液中爬板，然后将斑点洗下，用高锰酸钾去杂质，进行重氮化反应，得到的衍生物在 550nm 波长下有较强吸收峰，通过吸光度可求含量。化学发光测定法适用于低浓度维生素 B₉样品的检测，其易于自动化，重现性好，灵敏度较高，影响因素较多。同位素放射免疫法具有快速和简便的特点，适用于临床实验室检测血清中的维生素 B₉。离子捕获法是维生素 B₉测定的最新方法，现处于探索之中，有研究证实，在测定红细胞或血清中的维生素 B₉时，实验结果与同位素放射免疫法有良好的相关性[1]。

(6) 小结

目前，国际国内流行的维生素 B₉检测方法有两种，HPLC 法和微生物法。HPLC 法灵敏度高且可重复性较好，适用于检测各种低水平维生素 B₉及其衍生物的含量。微生物法灵敏但重复性较差，且只能检测总维生素 B₉含量，但由于其成本较 HPLC 法低，更适用于大批量样品的检测，因此同样十分常用。随着化工行业的不断发展，维生素 B₉的检测技术也会不断更新，未来供选择的检测方法也将越来越完善[1]（表 14-3）。

表14-3   叶酸检测法[4]

检测方法	检测适用范围	优点	缺点
比色法	测定原料维生素 B_9、纯维生素 B_9 制品或药品制剂中维生素 B_9 的质量分数	操作简单	影响因素多，不够灵敏、准确
薄层色谱法	测定纯化样品中的维生素 B_9	操作方便、设备简单	对生物高分子的分离效果不甚理想
微生物测定法	检测血清和全血维生素 B_9 和纸血片维生素 B_9，食品中游离维生素 B_9、植物材料中得到的维生素 B_9	灵敏度高，结果准确	实验周期长、检测结果重复性差，检测结果受样品中所含维生素 B_9 药物或抗生素成分的影响
同位素放射免疫法	检测血清维生素 B_9、红细胞或血浆	快速简便，可评价维生素 B_9 的营养状况	难以得到准确的维生素 B_9 质量分数值
气相色谱 - 质谱检测	检测血清或红细胞中的维生素 B_9	特异性好。灵敏度高，且结果准确	—
高效液相色谱法	检测低质量分数的物质，如蔬菜、血浆、保健品等的检测	灵敏度高，可将维生素 B_9 的多种异构体分离开，能同时检测出几种维生素	—
离子捕获法	检测血清或红细胞中的维生素 B_9	结果与同位素放射免疫法的结果有良好的相关性	检测成本高
生物传感器法	检测生物体内维生素 B_9 的质量分数	检测精度高	检测成本高

14.4   维生素 B_9 的生物合成代谢途径

维生素 B_9 广泛存在于动植物与微生物中。在自然界中，植物和微生物可自主合成叶酸，而动物缺乏叶酸合成相关基因，需要通过外界获取。

14.4.1   维生素 B_9 在植物中的合成途径

植物合成叶酸途径由 3 个分别定位在细胞质、质体和线粒体的分支组成：蝶啶分支、对氨基苯甲酸（pABA）分支和谷氨酸分支（图 14-13）。

在细胞质中合成蝶呤类复合物。蝶啶环组分的合成是以 GTP 为底物，在特异的 GTP 环化水解酶（GTPCHI）的作用下合成蝶呤类复合物。

在质体中合成 pABA。pABA 的合成从分支酸（CHA）开始，CHA 首先在氨基脱氧分支酸合成酶（ADCS）的催化下生成氨基脱氧分支酸，再在氨基脱氧分支酸裂解酶（ADCL）

的催化下合成 pABA。

在线粒体内最终合成叶酸。蝶呤化合物 6-甲基二氢蝶呤（HMDHP）在羟甲基二氢蝶呤焦磷酸酶（HPPK）的催化作用下，生成焦磷酸羟甲基二氢蝶呤，以此为底物，由二氢蝶呤合成酶（DHPS）催化，与来自质体的 pABA 相连生成二氢蝶酸，之后依赖 ATP，在二氢叶酸合成酶（DHFS）催化作用下，形成单谷氨酸二氢叶酸，在二氢叶酸还原酶（DHFR）和 NADPH 作用下又还原成单谷氨酸四氢叶酸，最后，通过多聚谷氨酸合成酶（FPGS）的催化，合成了代谢途径终产物——多谷氨酸四氢叶酸，这种形式的叶酸分子存在于植物的细胞质、线粒体和质体区室内，是参与一碳代谢的叶酸依赖型酶所偏爱的形式[7,8]。

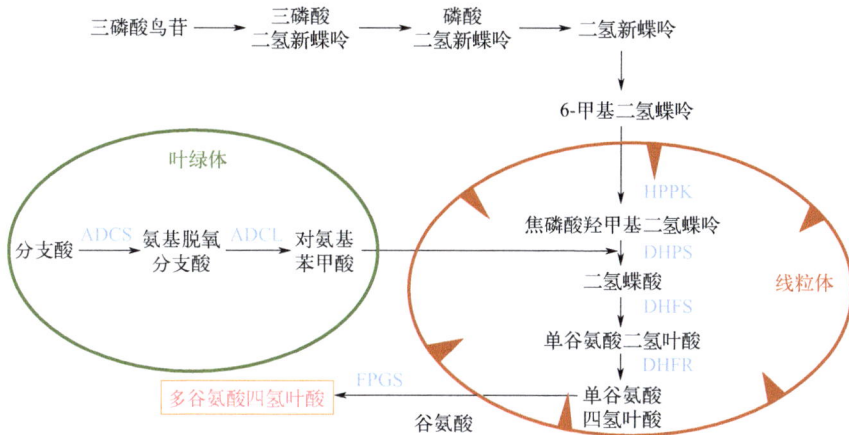

图 14-13　维生素 B$_9$ 植物合成途径

14.4.2　维生素 B$_9$ 在单一菌株中的合成途径

在一项基于生物信息学方法，并结合 Seed 数据库中相关数据的研究中发现，微生物中具有和植物近乎相同的从头合成维生素 B$_9$ 的途径，都是由蝶呤分支和对氨基苯甲酸（pABA）分支组成。蝶呤分支的第一种生物酶是 GTP 环氢化酶 I（GCHY-I，folE 基因编码），其催化打开 GTP 的五元咪唑环，C$_8$ 被排出转化为甲酸盐，并使用 GTP 核糖部分的 C1 和 C2 形成二氢吡嗪环。然后通过特定的焦磷酸酶（DHNTPase，folQ 基因编码）将得到的 7,8-二氢雄甾酮三磷酸转化为相应的单磷酸，然后，二氢蝶呤醛缩酶（DHNA，folB 基因编码）释放羟乙醛，产生 6-羟甲基-7,8-二氢蝶呤，并通过羟甲基二氢蝶呤焦磷酸激酶（DHPPK，folK 基因编码）将其焦磷酸化。DHNA 使 7,8-二氢苏式新蝶呤和 7,8-二氢新蝶呤相互转化，并将后者切割成 6-羟甲基-7,8-二氢蝶呤焦磷酸盐（DHPPP）。在 pABA 分支途径中，使用谷氨酰胺的酰胺基团作为氨基供体，通过 ADC 合酶（pabA 基因编码）将分支酸胺化为氨基脱氧分支酸（ADC）。然后通过 ADC 裂解酶（pabB 基因编码）将 ADC 转化为 pABA[9]。

DHPPP 与 pABA 通过二氢蝶酸合成酶（DHPS，folP 基因编码）缩合，得到的二氢丙酸盐，再通过二氢叶酸合成酶（DHFS，folC 基因编码）进行谷氨酰化，得到二氢叶酸（DHF），再通过二氢叶酸还原酶（DHFR），还原至四氢叶酸（THF）。然后，多聚谷氨酸合成酶（FPGS，*folC*基因编码）添加 γ- 谷氨酰尾[9]。

　　以乳酸菌为例。在乳酸菌合成维生素 B$_9$ 的通路中有两条重要的代谢途径：一条是嘌呤代谢途径，另一条是莽草酸途径。如图 14-14 所示，乳酸菌通过嘌呤代谢途径形成三磷酸鸟苷（GTP）最终合成二磷酸羟甲基二氢蝶呤（DHPPP）。DHPPP 的生物合成是由 GTP 通过连续 4 个步骤转化而来的，第一步是由 GTP 环化水解酶 I 催化，通过阿马道里重排，形成蝶呤环结构。脱磷酸化后，蝶呤分子发生醛缩酶和焦磷酸激酶反应，产生活化的焦磷酸化 DHPPP。赤藓糖 -4- 磷酸和磷酸烯醇式丙酮酸通过莽草酸途径最终合成分支酸，赤藓糖 -4- 磷酸可通过磷酸戊糖途径合成，而磷酸烯醇式丙酮酸可通过糖酵解途径合成。分支酸是芳香氨基酸和对氨基苯甲酸（pABA）生物合成的分支点，通过氨基脱氧分支酸合成酶转化为氨基脱氧分支酸。随后，氨基脱氧分支酸被氨基脱氧分支酸裂解酶裂解得到 pABA，最终用于维生素 B$_9$ 的生物合成。而后，通过形成 C—N 键将 DHPPP 连接到 pABA，该缩合反应由二氢蝶酸合成酶催化，得到二氢蝶酸（DHP）。DHP 经二氢叶酸合成酶谷氨酰胺化，生成二氢叶酸（DHF）。然后通过 DHF 还原酶还原为具有生物活性的辅因子四氢叶酸（THF），再通过多聚谷氨酸合成酶加入多个谷氨酸片段，得到 T 多谷氨酸四氢叶酸。多谷氨酸化也可能发生在还原步骤发生之前，由 DHF 合成酶催化，或者在许多乳酸菌中，由同时负责二氢叶酸合成酶和多聚谷氨酸合成酶活性的双功能酶催化[6]。

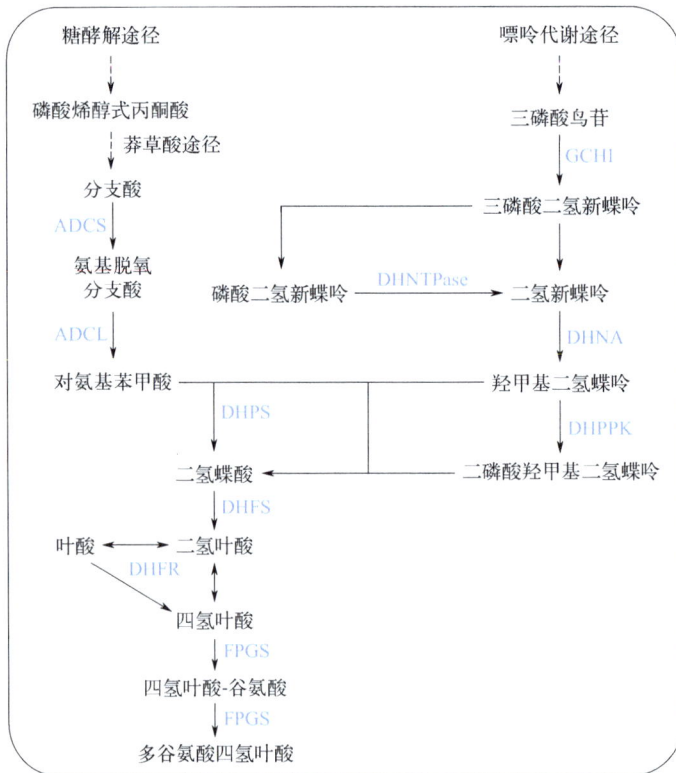

图 14-14　维生素 B$_9$ 乳酸菌合成途径

ADCS—氨基脱氧分支酸合成酶；ADCL—氨基脱氧分支酸裂解酶；GCH Ⅰ—GTP 环化水解酶 I；DHNTPase—三磷酸二氢新蝶呤焦磷酸水解酶；DHNA—二氢蝶呤醛缩酶；DHPS—二氢蝶酸合成酶；DHPPK—羟甲基二氢蝶呤焦磷酸激酶；DHFS—二氢叶酸合成酶；DHFR—二氢叶酸还原酶；FPGS—多聚谷氨酸合成酶

14.5　维生素 B₉ 的代谢工程研究进展

食物中叶酸含量较少，且微生物合成叶酸效率低，因此通过传统的提取和微生物发酵法不能实现叶酸的大规模生产。随着合成生物学的发展，对公认安全的微生物进行叶酸生物合成的代谢工程改造有望建立一种高效、绿色和可持续的叶酸生产方法，特别是用于生产可直接供人类吸收的 5- 甲基四氢叶酸（5-MTHF）。

14.5.1　生物合成 5- 甲基四氢叶酸的代谢工程策略

利用微生物发酵方法生产叶酸的菌株主要是天然乳酸菌，其产量通常低于 200μg/L。此外，5- 甲基四氢叶酸（5-MTHF）作为人类可直接吸收的叶酸形式，利用发酵法生产叶酸的过程中其含量较低并且产量难以控制。由于核黄菌能高效地合成前体 GTP，因此将其改造为合成 5-MTHF 的宿主。通过过表达三个 AgFOL 基因，叶酸产量增加了 11 倍以上。通过敲除多聚谷氨酸合成酶（FPGS）基因，解除了由聚谷氨酰化引起的无法从细胞中排泄叶酸的情况，以及 FPGS 酶的产物——多聚谷氨酸对叶酸合成的关键酶的抑制，叶酸产量提高了 5.7 倍。通过敲除 GTP 分支通路中的一个关键基因从而增加流向合成叶酸的代谢通量，叶酸产量提高了 11.9 倍。最后，结合上述的所有策略，叶酸产量达到 6.6mg/L，其中 5-MTHF 约含有 1.2mg/L[10]。

在乳杆菌中，增强编码关键酶 MTHFR 和 FolE 在内的途径基因，过表达葡萄糖 6- 磷酸脱氢酶提升 NADPH 的供应，通过过表达 5- 甲基四氢叶酸环连接酶，将 5- 甲基四氢叶酸转化为 5,10- 甲基四氢叶酸。在添加叶酸前体的发酵条件下，5-MTHF 的产量达到 300μg/L[11]。

在许多生产过程中，代谢工程已经成为传统化学合成法的替代方案。分析维生素 B₉ 合成途径，通过观察中间代谢产物的积累情况以及测定粗酶液酶活等方式，寻找工程菌发酵生产维生素 B₉ 的限制因素，通过基因工程手段改变内源或外源基因的转录水平、蛋白的表达水平，对工程菌进行不断改造优化，进一步提高其维生素 B₉ 产量（图 14-15）。

14.5.2　乳酸菌合成叶酸的代谢工程调控

目前，乳酸菌合成维生素 B₉ 的相关基因调控主要分为两个方面：一是采用过表达维生素 B₉ 生物合成途径中的关键基因来提高维生素 B₉ 产量；二是根据生物工程原理将维生素 B₉ 生物合成相关的基因簇，整体导入到乳酸菌中构建高产维生素 B₉ 的工程菌株。GTP 环化水解酶 I 是维生素 B₉ 生物合成途径中的限速酶，由 folE 编码。在某些乳酸乳球菌中，由 folKE 基因编码双蛋白 2- 氨基 -4- 羟基 -6- 羟甲基二氢蝶啶焦磷酸激酶（DHPPPK）和 GTP 环化水解酶 I（GCHI）。有研究发现，通过对乳酸乳球菌 MG1363 中的 folKE 基因过量表达，可以实现 DHPPPK 和 GCHI 的过表达，从而使该菌株胞外维生素 B₉ 的产量提高近 10 倍，总维生素 B₉ 产量提高 3 倍。*folC* 基因是调节维生素 B₉ 多谷氨酸尾长度的关键基因，*folC* 基因的过表达会增加多谷氨酸尾的长度，从而增加维生素 B₉ 在细胞内的保留时间。有学者以 *L.lactis* NZ9000 为载体，以 nisA 为启动子，过表达了 *folC* 和 *folKE* 基因，并通过动物实验证明这种工程菌株可以部分恢复由维生素 B₉ 缺乏引起的巨红细胞贫血症[6]。

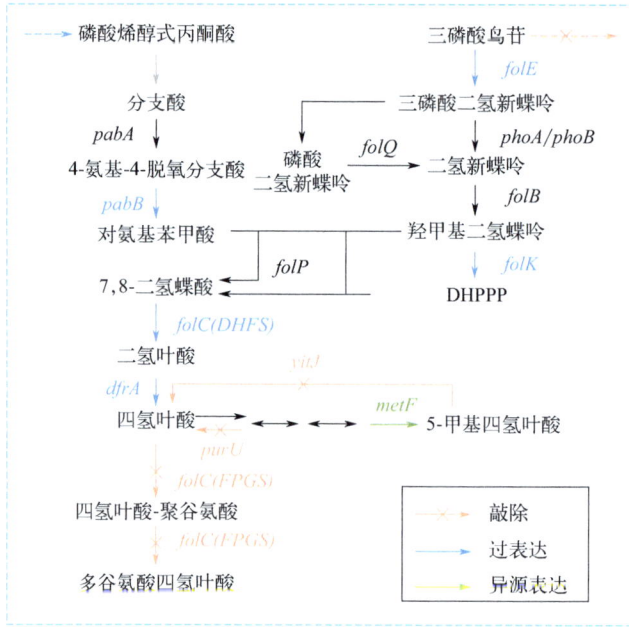

图 14-15　生物合成 5- 甲基四氢叶酸的代谢工程策略

　　研究发现，*folK*（编码 2- 氨基 -4- 羟基 -6- 羟甲基二氢蝶呤焦磷酸激酶）和 *folE*（编码 GTP 环化水解酶Ⅰ）在乳双歧杆菌 MG1363 菌株中的过表达可使细胞外叶酸产量增加 8 倍，达到 80μg/L，总叶酸产量增加 3 倍，达到约 170μg/L[12]。*folC*（编码双蛋白叶酸合成酶——聚谷氨酰叶酸合成酶）的过表达会增加聚谷氨酰基尾部的长度，导致叶酸分泌减少。因此，*folK*、*folE* 和 *floC* 基因表达的调节可以控制叶酸的细胞内和细胞外浓度分布。过表达 *folK*、*folE* 基因以增强合成途径的策略被有效地用于构建一种同时产生核黄素和叶酸的工程菌菌株，产生约 180μg/L 的叶酸[13]。叶酸和 PABA 基因簇的过表达可产生一种可以产生 2.7mg/L 叶酸的菌株[14]（图 14-16）。

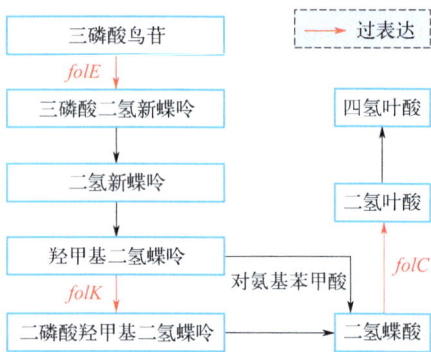

图 14-16　乳酸菌合成叶酸的代谢工程调控

14.5.3　双歧杆菌合成叶酸的代谢工程调控

　　在无叶酸培养基中多次传代发酵筛选能够为增殖的结肠细胞提供叶酸的益生菌，在备选菌株发现中有 4 株青春双歧杆菌（MB 114、MB 115、MB 227 和 MB 239）和 2 株伪双歧杆菌（MB116 和 MB237）符合条件，其中叶酸产量最高可达到 100μg/L[15]。通过验证 19 种双歧杆菌的不同发酵条件，发现双歧杆菌菌株 ATCC 27539 的最高叶酸产量为 9295μg/100g 干物质（DM）。同时，双歧杆菌产生的合成叶酸的含量和组成是动态的，并根据菌株和培养基的特异性而变化[16]。

由此我们可以推断叶酸是由三个关键前体合成的：分别是 GTP、pABA 和谷氨酸。同时增强关键途径基因 *purF*、*purM*、*purN*、*purH* 和 *purD* 的表达，可以实现 GTP 的有效供应[17]。抑制糖酵解途径的 *pyk* 等基因，可以大大增加 pABA 的前体也是芳香化合物合成的关键前体——胆碱酯的供应。因此，5-MTHF 途径高效合成的瓶颈主要在于以 GTP、pABA 和谷氨酸为前体的 DHF 的合成和以 DHF 为前体的 5-MTHF 的合成。通过过度表达合成途径的关键基因，即 *folC*、*pabB*、*folE*、*dfrA* 和 *yciA*，可以显著提高 5-MTHF 的合成效率。

然而，上述以已知途径基因为目标的基因工程改造只产生了毫克级的 5-MTHF。这是因为叶酸是微生物的次级代谢产物，其代谢途径的复杂性使得改造微生物生产叶酸的研究受到阻碍，也提升了通过代谢工程进行合理的设计从而提高叶酸产率的难度。因此，平衡细胞生长和生物合成是构建高效合成 5-MTHF 的代谢工程菌株所要解决的核心问题之一[18]。

14.5.4　枯草芽孢杆菌合成叶酸的代谢工程调控

用大肠杆菌的 *metF* 取代天然 *yitJ* 基因，敲除 *purU*，过表达 *dfrA*，同时以二氢叶酸为前体增强 5-MTHF 合成途径，从而将代谢通量转移到 5-MTHF 生物合成。在枯草芽孢杆菌中，5-MTHF 的细胞内水平提高了 26.4 倍，达到 271.64μg/L。随后，*folC*、*pabB*、*folE* 和 *yciA* 的共表达增强了 5-MTHF 前体的供应途径，使 5-MTHF 的产量增加到 960.27μg/L。最后，利用簇状规则间隔短回文重复干扰系统来抑制分支途径基因的表达并优化发酵，实现了 3.3mg/L 的叶酸总产量和 1.78mg/L 的 5-MTHF 产量[19]（图 14-17）。

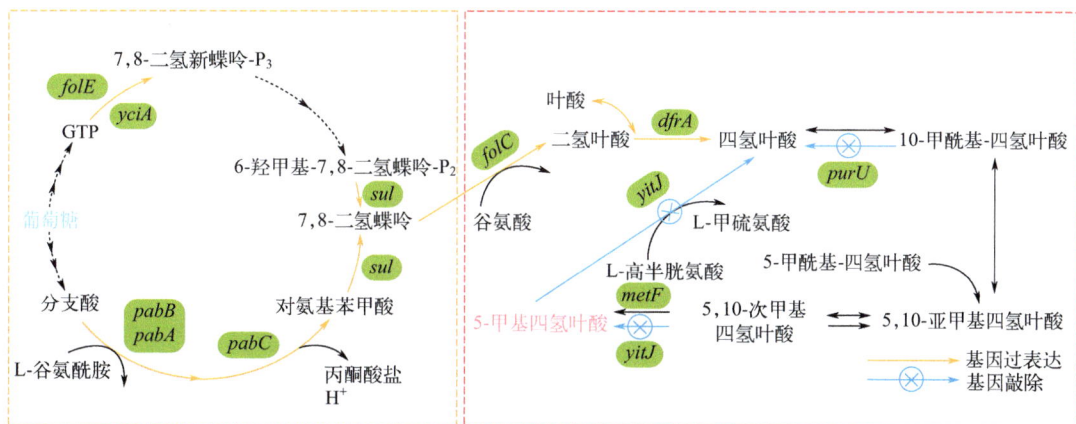

图 14-17　枯草芽孢杆菌中 5-MTHF 的代谢途径

另一种策略首先通过模块化工程优化了三个前体供应模块以加强鸟苷-5-三磷酸（GTP）和对氨基苯甲酸（pABA）的供应。其次，利用转录组分析评估了全基因组基因表达对5-MTHF 生物合成的影响，以确定进一步提高 5-MTHF 产量的靶基因。最后，将这两种策略结合起来，提高 5-MTHF 的合成效率；5-MTHF 的浓度达到（3.41±0.10）mg/L，是微生物合成达到的最高水平[20]（图 14-18）。

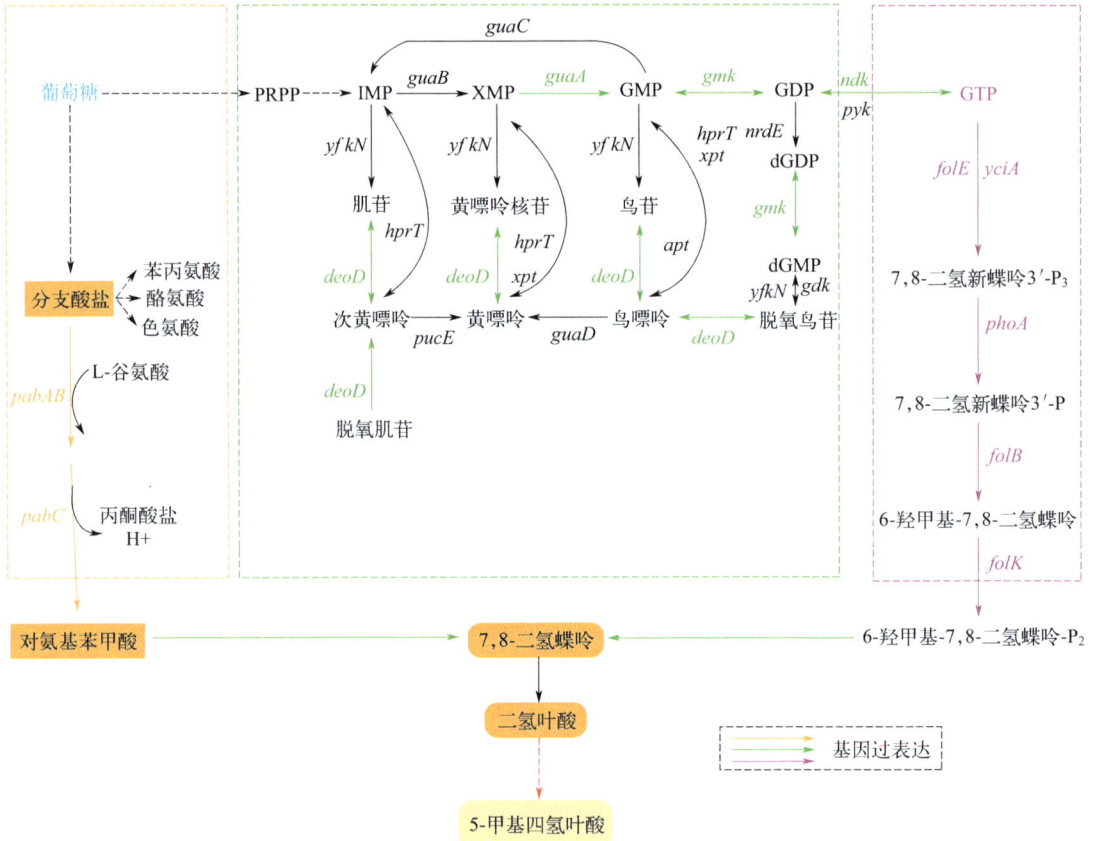

图 14-18　枯草芽孢杆菌从葡萄糖合成 5-MTHF 的代谢调控途径

在许多生产过程中，代谢工程已经成为传统化学合成法的替代方案。分析维生素 B_9 合成途径，通过观察中间代谢产物的积累情况以及测定粗酶液酶活等方式，寻找工程菌发酵生产维生素 B_9 的限制因素，通过基因工程手段改变内源或外源基因的转录水平、蛋白的表达水平，对工程菌进行不断的改造优化，进一步提高其维生素 B_9 产量。

综上所述，近年来对维生素 B_9 在生物体内的合成过程有了更深的研究，利用基因工程方法对维生素 B_9 合成途径中的酶进行克隆和过量表达，促使生物体内维生素 B_9 的水平有了大幅提高。但对蝶呤、pABA 和维生素 B_9 的转运还知之甚少，这也是阻碍维生素 B_9 水平增长的重要因素之一。另外，pABA 是安全的食品添加剂，而过量的蝶呤摄入是否对人体有害还是未知数，因此由基因工程改良得到的植物和微生物是否能够真的用于人类日常饮食和药品开发还需要进一步的论证。

14.6　维生素 B₉ 的工业生产概览

14.6.1　维生素 B₉ 工业化生产的现状

中国是维生素 B₉ 生产大国，目前维生素 B₉ 生产主要依靠化学合成法，以三氯丙酮、对氨基苯甲酰 -L- 谷氨酸等为原料。该生产方式会产生较多酸性废水，且用三氯丙酮生产提纯后仍旧会剩余大量的氯丙酮废液，对环境危害性较高，环保压力较大。

从生产方面来看，最初全球维生素 B₉ 产能主要被德国拜耳、瑞士罗氏和美国默克等大企业垄断，但随着发达国家产业结构优化，部分企业退出维生素 B₉ 市场竞争，全球维生素 B₉ 产能逐渐向我国转移。

当前全球维生素 B₉ 供应大半来自中国，主要供应商有常州市新鸿医药化工技术有限公司、常州市牛塘化工厂有限公司、天新药业、圣达生物、新发药业、河北冀衡药业股份有限公司、常州市康瑞化工有限公司。由于 2007 年以来，叶酸市场价格低，厂家环保压力大，冀衡药业、康端化工主要做出口业务，产量较低，国内供应以牛塘化工、新鸿医药、新发药业为主[21]。

在 2019 年新鸿医药产量占比较高，约为 26%，其次是牛塘化工占比约为 22%，天新药业占比 21%，剩余几家企业占比未超过 20%。2019 年我国维生素 B₉ 产量占全球总产量的 90% 左右。

叶酸是合成其下游产品鸟嘌呤、四氢叶酸钙等的重要原料。鸟嘌呤是合成抗病毒药物阿昔洛韦（无环鸟苷）、更昔洛韦、泛昔洛韦等药物的中间体，以及合成抗癌药物硫鸟嘌呤、6- 氯鸟嘌呤、8- 氮杂鸟嘌呤的原料。而阿昔洛韦因其对 DNA 的合成有抑制作用，其抗毒活性比阿糖尿苷强 160 倍，对水痘病毒、带状疱疹病毒、巨细胞病毒、乙型肝炎病毒均有疗效，现被列为国家基本药物，临床用于治疗单纯疱疹性脑炎、疱疹病毒角膜炎、外生殖器感染及慢性乙型肝炎等。随着阿昔洛韦用途的拓宽和用量的增加对鸟嘌呤的需求也大幅增加，据医学专家预测，世界鸟嘌呤的需求量正以 8% ～ 10% 的年均增长率递增[22]。

叶酸因被一些国家列为法定食品添加剂，其消耗量大大提高。叶酸可供货源短缺，许多外商询盘频繁、购货热切，市场活跃。因此，对我国叶酸生产企业及出口企业来说，正面临市场新机遇。

14.6.2　维生素 B₉ 的生产与精制工艺

（1）维生素 B₉ 的生产工艺

目前，国内采用三氯丙酮与对氨基苯甲酰谷氨酸和 2,4,5- 三氨基 -6- 羟基嘧啶硫酸盐反应的方式合成维生素 B₉ 粗品。其工艺路线为：在一定量的焦亚硫酸钠存在的条件下，以 2,4,5- 三氨基 -6- 羟基嘧啶硫酸盐、对氨基苯甲酰谷氨酸、三氯丙酮为主要原料，反应液温度控制在 20 ～ 60℃之间，采用一定浓度醋酸钠或碳酸钠溶液维持反应液的 pH 值为

3.4 ～ 3.6，环合反应 3 ～ 8h，过滤即得橙红色维生素 B$_9$ 粗品 [3,4]（图 14-19）。

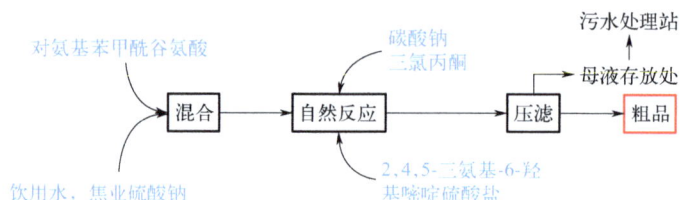

图 14-19   维生素 B$_9$ 生产流程图

(2) 维生素 B$_9$ 的精制工艺

维生素 B$_9$ 精制方法主要有两类：酸精制法、碱精制法（盐精制）。这是由维生素 B$_9$ 易溶于稀释的强酸和碱性溶液中，难溶于水及 pH 值在 1 ～ 5 范围的溶液中决定的，维生素 B$_9$ 的精制方法亦是从这点出发的。

碱精制方法：在一定温度下，利用维生素 B$_9$ 盐（如钠盐、镁盐、钙盐、锌盐、钡盐等）与粗品维生素 B$_9$ 中杂质具有不同的溶解度的原理，使维生素 B$_9$ 盐分离提纯，再与盐酸进行沉淀反应得到维生素 B$_9$。其工艺路线为：将合成的维生素 B$_9$ 粗品置于一定温度的水中，用碱性物质调节溶液至碱性使维生素 B$_9$ 溶解，加入活性炭或硅藻土进行吸附脱色，过滤得澄清维生素 B$_9$ 钠盐滤液，用 HCl 调节滤液的 pH 值至 3.0 ～ 3.5，静置、冷却、过滤得一定纯度的产品维生素 B$_9$。[4]

酸精制方法：采用溶液析出结晶的方法，对维生素 B$_9$ 粗品进行精制。其原理是利用维生素 B$_9$ 和杂质在稀释的强酸水溶液中具有不同的溶解度，使维生素 B$_9$ 纯化，最终可得到纯度为 80% ～ 90% 的维生素 B$_9$。工艺路线为：将合成的维生素 B$_9$ 粗品溶于一定体积稀释的强酸中，再用水进行水析结晶，随着水的加入溶液的酸度改变，维生素 B$_9$ 会从溶液中析出而部分杂质留在溶剂中，过滤可得一定纯度的维生素 B$_9$。[4]

但叶酸粗品单纯的只通过酸精制或碱精制难以得到高纯度的产品叶酸。文献报道可通过多次的酸精制或多次碱精制对叶酸进行提纯获得较高纯度的叶酸。但酸、碱精制皆存在一些局限性。目前，国内现行的叶酸精制工艺是先将叶酸粗品进行酸精制，将所得到的叶酸酸精制物再进一步进行碱精制后可制得纯度较高的叶酸产品。有研究首先以盐酸作为酸精制的溶剂，再以氧化镁与氢氧化钠作为碱精制的溶剂将叶酸粗品进行精制；或以稀硫酸作为酸精制的溶剂，液碱作为碱精制的溶剂将叶酸粗品进行精制；还有首先利用 18% 盐酸对叶酸进行酸精制，用氨水进行碱精制来精制叶酸的 [4]。

基于叶酸研究报道可以看出，目前叶酸皆是采用化学合成法制取。根据我们的调研，目前国内叶酸生产行业普遍存在着凭经验操作、产品质量不高和废水量较大等问题 [4]。

14.6.3   维生素 B$_9$ 的制剂与添加应用

目前全球范围内维生素 B$_9$10% 为药用维生素 B$_9$，90% 用于食品添加及畜禽饲料等。

补充维生素 B$_9$ 可帮助妊娠期妇女预防新生儿先天性心脏病缺陷，预防栓闭塞性心、脑血管疾病，巨幼红细胞贫血，老年血管性痴呆，抑郁症等疾病。

除此之外，维生素 B_9 也常与其他药物成分组合发挥作用。5- 甲基四氢维生素 B_9 与姜黄素组合物可用于治疗、缓解或预防因急性酒精中毒和慢性酒精中毒导致的各种疾病或症状[23]；维生素 B_9- 小檗碱纳米药物可用于癌症治疗，能够实现药物在肿瘤部位的靶向释药，具有成本低、稳定性强、无免疫原性、减少毒性的积累、降低耐药性等优点[24]；维生素 B_9 与芹菜籽提取物的组合物针对痛风患者，具有预防、缓解或治疗痛风的作用[25]。

14.7　维生素 B_9 的专利分析与前景展望

14.7.1　专利分析

利用 incoPat 数据库检索维生素 B_9 相关有效专利，共检索到 801 项专利，从专利申请和公开年份、全球分布与地域排名、全球申请趋势、技术趋势等方面分析维生素 B_9 的专利。

21 世纪初，维生素 B_9 的化学合成方法逐渐推广优化，维生素 B_9 的专利申请开始缓慢进行。如图 14-20 所示专利申请 - 公开趋势图表展示的是专利申请量和公开量的发展趋势。专利公开和专利申请相比有一定滞后，一般发明专利在申请后 3 ~ 18 个月公开，通过趋势可以观察各时期的专利布局变化与增长趋势。2010 年前，每年专利申请数基本低于 20 项，2011 年专利申请数产生了二倍增长，此后四年，专利申请数基本呈持续增长趋势，2015 年产生较大回落后，在 2016 年与 2017 年达到峰值。而近几年维生素 B_9 相关专利申请与公开数有所减少，考虑到目前发酵法生产维生素 B_9 正是热门方向，预计未来十年关于维生素 B_9 发酵生产的相关专利申请会大幅增长。

图 14-20　专利申请 - 公开趋势

　　全球分布图展示了目前为止各个国家的专利数量分布情况。通过该图可以了解维生素 B_9 在不同国家的技术创新情况，从而发现主要的目标市场。由图 14-21 可以看到，美国是维生素 B_9 专利申请最多的国家，占据全球 27% 的维生素 B_9 专利，中国占据 13% 位居第二，说明中国在维生素 B_9 方面的研究仍有巨大潜力。

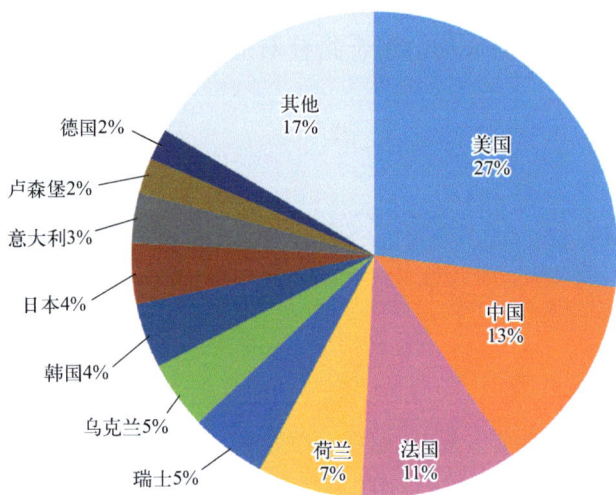

图 14-21　全球分布排名

　　图 14-22 为维生素 B_9 专利的全球申请趋势，通过分析发现 2020 年前美国常年占据专利申请量榜首，而 2021 年起，中国的专利申请数超过美国，成为申请数最多的国家，这也暗示维生素 B_9 的研发重心正逐渐转向中国，再次说明了中国拥有巨大的维生素 B_9 研发生产潜力与广阔市场前景。

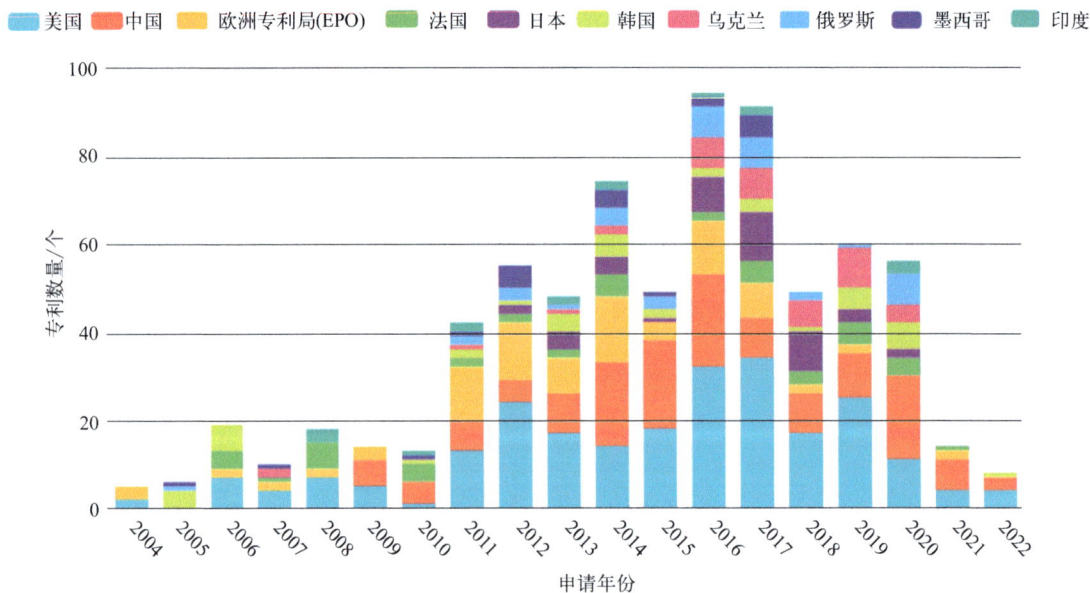

图 14-22　全球申请趋势

技术功效趋势图可展示近十年技术功效的分布情况和变化趋势，有助于了解各时期的技术特征与技术侧重方向的改变，对研发路线进行适应性的调整。近几年维生素 B$_9$ 相关专利更加注重稳定性与效率，提示维生素 B$_9$ 的生产与应用可能存在效率低下等问题。最近两年并未出现有关成本的专利申请，而工业生产中成本又是极其重要的一项，因此要继续加强核心技术，优化生产成本，实现效益最大化（图 14-23）。

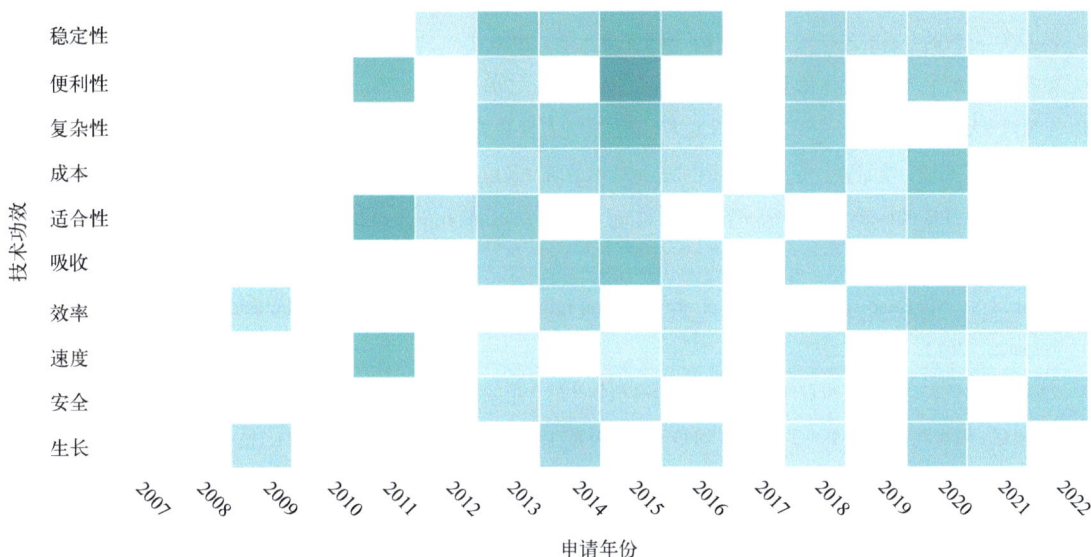

图 14-23　技术功效趋势

14.7.2　前景展望

随着发达国家产业结构优化，全球维生素 B$_9$ 产能逐渐向我国转移，当前全球维生素 B$_9$ 供应大半来自中国，维生素 B$_9$ 的市场需求呈现稳定增长趋势，未来发展前景广阔。

维生素 B$_9$ 的医疗保健方面可持续优化。目前市场上的维生素 B$_9$ 产品主要是合成维生素 B$_9$，缺乏天然维生素 B$_9$ 产品，并且大部分集中在药用级别。合成维生素 B$_9$ 的长期使用对人体是有害的，因此天然维生素 B$_9$ 产品有待进一步研究开发。如何让合成维生素 B$_9$ 通过动物机体的消化、吸收，转化为天然维生素 B$_9$，更大程度地储存在动物产品中，为人类提供更多天然维生素 B$_9$，是畜牧业工作者的一个努力方向。另外，维生素 B$_9$ 在医药方面对不同疾病的具体用量仍有待进一步研究[2]。

维生素 B$_9$ 的生物合成方面，微生物发酵法为维生素 B$_9$ 的制备开辟了一个新的途径，相比于化学合成法，微生物发酵法绿色环保、能耗低，且理论上可以通过微生物发酵途径实现维生素 B$_9$ 的大规模生产。除此之外，微生物发酵生产维生素 B$_9$ 避免了化学合成中的手性拆分问题，可直接产生维生素 B$_9$ 的活性形式 5- 甲基四氢叶酸，避免了能耗与环境污染。

通过代谢工程优化生产菌株，构建细胞工厂，实现通往节能高效、绿色环保工业化生产的伟大革命。

参 考 文 献

[1] 王维 . 叶酸的绿色合成工艺研究 [D]. 南京：东南大学，2016.

[2] 许丽惠，谢丽曲，林丽花 . 叶酸的研究进展 [J]. 福建畜牧兽医，2013，35（02）：34-36.

[3] 强玉钗 . 叶酸的合成工艺研究 [D]. 天津：河北工业大学，2016.

[4] 梁雪松 . 叶酸生产工艺的优化 [D]. 石家庄：河北科技大学，2014.

[5] 王煜博 . 大肠杆菌合成 L-5- 甲基四氢叶酸工程菌的构建及发酵条件的初步研究 [D]. 济南：山东大学，2021.

[6] 焦雯姝，关嘉琦，李慧臻，等 . 乳酸菌生物合成叶酸的研究及应用进展 [J]. 食品科技，2019，44（10）：1-7.

[7] Hirakawa K. Fluorometry of hydrogen peroxide using oxidative decomposition of folic acid [J]. Anal Bioanal Chem，2006，386（2）：244-248.

[8] Liang X S，Ma Chao H，Li P X，et al. Research on refining process of synthetic folic acid [J]. Advanced Materials Research，2012，549：74-77.

[9] 刘晓宁 . 过量表达 PTR1 和 GTPCHI 基因对提高植物叶酸含量的研究 [D]. 兰州：兰州大学，2010.

[10] 张思遥 . 植物乳杆菌 YML4-3 菌株的 folQ 基因在叶酸生物合成途径中的功能研究 [D]. 昆明：昆明理工大学，2019.

[11] Serrano-Amatriain C，Ledesma-Amaro R，López-Nicolás R，et al. Folic Acid Production by Engineered *Ashbya gossypii* [J]. Metab Eng，2016，38：473-482.

[12] Lu C，Liu Y，Li J，et al. Engineering of biosynthesis pathway and NADPH supply for improved L-5-methyltetrahydrofolate production by *Lactococcus lactis* [J]. J Microbiol Biotechnol，2019，31（1）：154-162.

[13] Sybesma W，Starrenburg M，Kleerebezem M，et al. Increased production of folate by metabolic engineering of Lactococcus lactis [J]. Appl Environ Microbiol，2003，69（6）：3069-3076.

[14] Sybesma W，Burgess C，Starrenburg M，et al. Multivitamin production in *Lactococcus lactis* using metabolic engineering [J]. Metab Eng，2004，6（2）：109-115.

[15] Wegkamp A，van Oorschot W，de Vos W M，et al. Characterization of the role of para-aminobenzoic acid biosynthesis in folate production by *Lactococcus lactis* [J]. Appl Environ Microbiol，2007，73（8）：2673-2681.

[16] Pompei A，Cordisco L，Amaretti A，et al. Folate production by bifidobacteria as a potential probiotic property [J]. Appl Environ Microbiol，2007，73（1）：179-185.

[17] D'Aimmo M R，Mattarelli P，Biavati B，et al. The potential of bifidobacteria as a source of natural folate [J]. J Appl Microbiol，2012，112（5）：975-984.

[18] Shi S，Shen Z，Chen X，et al. Increased production of riboflavin by metabolic engineering of the purine pathway in *Bacillus subtilis* [J]. Biochemical Engineering journal，2009，46（1）：28-33.

[19] Yang H，Zhang X，Liu Y，et al. Synthetic biology-driven microbial production of folates：Advances and perspectives [J]. Bioresour Technol，2021，324：124624.

[20] Yang H，Liu Y，Li J，et al. Systems metabolic engineering of *Bacillus subtilis* for efficient biosynthesis of 5-methyltetrahydrofolate [J]. Biotechnol Bioeng，2020，117（7）：2116-2130.

[21] Rodionova I A，Goodacre N，Do J，et al. The uridylyltransferase GlnD and tRNA modification GTPase MnmE

allosterically control *Escherichia coli* folylpoly-γ-glutamate synthase FolC [J]. J Biol Chem, 2018, 293（40）：15725-15732.

[22] 李菲，马桂燕. 1 ～ 8 月叶酸市场回顾及后期走势预测 [J]. 中国畜牧业，2015（19）：34-35.

[23] 孙辉. 叶酸市场分析与发展前景 [J]. 现代化工，2003（4）：50-52.

[24] 成永之，连增林. 5- 甲基四氢叶酸的用途及其组合物：CN112294821B［P］. 2022-06-17.

[25] 吉远辉，吴东旭，程宇. 叶酸 - 黄连素纳米药物及其制备方法与应用：CN111298126B［P］. 2022-06-14.

第 15 章
维生素 B$_{12}$

房欢，康倩，张大伟
中国科学院天津工业生物技术研究所

15.1　概述

15.1.1　维生素 B₁₂ 的结构

维生素 B₁₂ 主要包括 5′- 脱氧腺苷钴胺素、甲基钴胺素、氰基钴胺素和羟基钴胺素，结构如图 15-1 所示。其中氰基钴胺素结构比较稳定，是主要的商品化形式；5′- 脱氧腺苷钴胺素、甲基钴胺素是有生理活性的主要形式。维生素 B₁₂ 是结构最复杂的维生素，也是唯一含有金属元素的维生素。5′- 脱氧腺苷钴胺素的化学结构包括一个中心咕啉环（钴胺酰胺）、上配体（腺苷基团）和下配体 5,6- 二甲基苯并咪唑（DMBI）。维生素 B₁₂ 中的三价钴与四吡咯环上的四个 N 配位，第 5 个配位与 DMBI 的 N7 相连，第 6 个配位与 4 种 R 基团相连。D 环含有一个异丙醇基、一个磷酸基、一个核糖基和 DMBI。

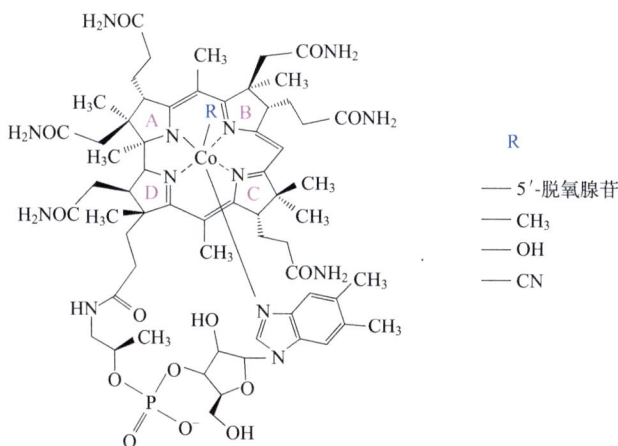

图 15-1　维生素 B₁₂ 结构

15.1.2　维生素 B₁₂ 的来源

只有微生物可以合成维生素 B₁₂ 的两种形式：5′- 脱氧腺苷钴胺素、甲基钴胺素。维生素 B₁₂ 主要存在于牛肉、动物肝脏、牛奶、鱼和蛋等动物性食品中。反刍动物胃中的微生物可以将植物发酵合成维生素 B₁₂，因而其维生素 B₁₂ 含量高于其他单胃动物如家禽和猪。因为维生素 B₁₂ 是水溶性维生素，瘦肉相比肥肉含有更多维生素 B₁₂。常见含有维生素 B₁₂ 的食物见表 15-1[1]。

表15-1　不同食物中的维生素B₁₂含量　　　　　　单位：μg/100g

数值	牛肉	猪肉	鸡肉	羊肉	火鸡肉	牛犊肉
平均值	2.66	0.56	0.42	2.3	0.4	1.6
范围	1.73～4.33	0.38～0.74	0.25～0.62	2.04～2.53	0.39～0.42	1.04～2.46

注：按照食物份额估计浓度。

素食者和老人应补充维生素 B_{12}。维生素 B_{12} 主要存在于动物性食品，因而素食者容易缺乏该维生素。老人因为萎缩性胃炎所致的胃酸缺乏，使维生素 B_{12} 不能从食物蛋白质中解离出来，导致能被吸收的游离维生素 B_{12} 减少。

15.2　维生素 B_{12} 的性质和应用

15.2.1　维生素 B_{12} 的性质

氰基钴胺素粉末呈深红色结晶，溶于水、醇、乙酸，不溶于三氯甲烷和乙醚[2]。氰基钴胺素具有热稳定性，熔点高于 300℃。5′- 脱氧腺苷钴胺素在光下不稳定，会转化为羟基钴胺素。

15.2.2　维生素 B_{12} 的应用

维生素 B_{12} 在人体中的主要作用是作为辅酶，参与体内 DNA 合成、氨基酸代谢、脂肪酸代谢等重要的生命活动。人体细胞中有两种维生素 B_{12} 依赖的酶。一种是利用甲基钴胺素作为辅酶的甲硫氨酸合成酶。它利用 5- 甲基四氢叶酸作为供体催化同型半胱氨酸合成甲硫氨酸。甲硫氨酸合成酶是连接叶酸循环和同型半胱氨酸——甲硫氨酸循环的关键酶[3]。另一种是利用脱氧腺苷钴胺素作为辅酶的甲基丙二酰辅酶 A 变位酶[4]。它可以将甲基丙二酰辅酶 A 异构化为琥珀酰辅酶 A 从而进入三羧酸循环。

维生素 B_{12} 广泛作为饮食增强剂，作为治疗血液和神经紊乱的药物，以及促进家禽和牲畜生长的饲料添加剂[5]。维生素 B_{12} 缺乏可引起巨幼红细胞贫血、神经功能障碍和神经病变[6]。维生素 B_{12} 缺乏通过多种机制损害神经功能。首先，S- 腺苷甲硫氨酸（SAM）参与 DNA、RNA、蛋白质、髓磷脂和诸多神经递质等的甲基化过程，一旦体内维生素 B_{12} 缺乏，甲硫氨酸不足则 SAM 生成受阻，引起神经髓鞘形成障碍和脱失等神经病变[6]。其次，因转化受阻而积聚的同型半胱氨酸通过刺激 N- 甲基 -D- 天冬氨酸受体和激活凋亡相关蛋白 Bax 和 p53 等机制产生细胞毒性作用，损害神经功能[6]。然后，甲硫氨酸不足使甲基四氢叶酸不能转化为四氢叶酸，从而导致亚甲基四氢叶酸生成减少，造成 DNA 合成受阻。最后，维生素 B_{12} 缺乏使 S- 腺苷同型半胱氨酸积聚，后者是多种甲基转移酶的强力抑制剂，势必导致甲基化过程受阻，影响神经细胞的正常代谢[6]。维生素 B_{12} 可以调控机体内多项生化反应的辅酶活性，DNA 转录的甲基化修饰，包括内质网、线粒体、溶酶体等细胞器的正常功能，从而影响神经细胞的活性和正常功能[7]。维生素 B_{12} 缺乏将会引起机体多方面的损伤，如神经功能损伤及相关认知功能的障碍，从而引起阿尔茨海默病或相关症状。

维生素 B_{12} 还可以用于治疗男性不育。它能增加精子数量，提高精子活力和减少精子的 DNA 损伤；同时也可以增强男性生殖器官的功能，从而提高男性的生育能力。原因在于它可以减弱同型半胱氨酸的毒性，降低 DNA 甲基化的水平，减轻精子氧化损失的程度，减少炎症诱导的精液质量的损害，控制细胞核因子 κB 的活化[8]。维生素 B$_{12}$ 缺乏的疾病远不止这些。近年来维生素 B$_{12}$ 还被应用到肿瘤、肥胖以及糖尿病的研究以及诊断与治疗[9]。

15.3　维生素 B$_{12}$ 的合成方法

15.3.1　化学合成法

在 1972 年，美国哈佛大学的 Woodward 研究团队与瑞士联邦理工学院的 Eschenmoser 研究团队一起合作完成了维生素 B$_{12}$ 的全合成，这被认为是有机合成史上的一座里程碑。早在 1960 年 Friedrich、Gross、Bernhauer 和 Zeller 从钴啉胺酸中合成了维生素 B$_{12}$，因此全合成的重心就是钴啉胺酸的合成。经过协商，Woodward 团队负责含有四吡咯环中 A/D 的片段溴化氰（cyanobromide）的合成研究，Eschenmoser 团队负责含有四吡咯环中 B/C 片段 thiodextrolin（硫代右前体）的合成研究[2, 10]。Woodward 由间甲氧基苯胺和乙偶姻起始合成了 A 环，从手性的（S）-樟脑合成了 D 环，然后 AD 环偶联完成了 cyanobromide 的全合成。Eschenmoser 以丁二烯和 3- 甲基 -4- 羰基 - 戊 -2- 烯酸为起始物完成了 thiodextrolin 的全合成。最后，又完成了这 2 个片段的会聚合成以及尾链的合成[2, 10]。化学合成法因工艺极其复杂、成本高一直未发展成为工业生产方式。

15.3.2　微生物发酵法

维生素 B$_{12}$ 最初的生产方式是从动物肝脏等组织中提取，但效率低下。后来从链霉素发酵废液中提取，但是产能依旧十分有限。直到 20 世纪 70 年代，微生物发酵生产维生素 B$_{12}$ 的产能逐步提高。目前维生素 B$_{12}$ 的工业生产菌种主要是好氧发酵的脱氮假单胞菌（*Pseudomonas denitrifican*）、厌氧发酵的费氏丙酸杆菌（*Propionibacterium freudenreichii*）和费氏丙酸杆菌谢氏亚种（*P. freudenreichii* subsp. *shermanii*）。*P. denitrifican* 好氧发酵生产维生素 B$_{12}$ 产能最高时已接近 300mg/L，是我国的主要生产工艺[11]。近几年，好氧发酵工业生产菌种也有鉴定为苜蓿中华根瘤菌（*Sinorhizobium meliloti*）或黏着剑菌（*Ensifer adhaerens*）。

国内华北制药集团有限责任公司、石药控股集团有限公司、河北玉星生物工程有限公司、宁夏金维制药股份有限公司多采用脱氮假单胞菌好氧发酵工艺。以蔗糖、甜菜糖蜜、麦芽糖为碳源，以玉米浆及酵母膏为氮源，培养基中还添加无机盐及钴离子，以及前体甜菜碱及 DMBI[11]。发酵温度 32℃，发酵周期 160 ～ 180h。

石药集团还保留有厌氧生产维生素 B$_{12}$ 发酵生产线，以费氏丙酸杆菌为生产菌株，培养基主要以葡萄糖为碳源，玉米浆为氮源，添加无机盐、钴离子，并添加前体 DMBI，最适温度为 30℃，最适 pH 值为 6.5，发酵周期为 90h 左右。厌氧发酵的产物 80% 以上为腺苷钴胺素，虽产能较低，但是在生产腺苷钴胺素时有明显优势，而且产品杂质少、易分离，还可从发酵液中提取丙酸等副产品[11]。

菌种是维生素 B$_{12}$ 生产能力的核心，用于维生素 B$_{12}$ 工业生产的脱氮假单胞菌特点是容易发生突变，导致发酵生产维生素 B$_{12}$ 的产量降低。湖北广济药业股份有限公司针对该菌种建立了一种菌株复壮的筛选方法和筛选培养基[12]。筛选培养基包括一级、二级、三级固体种子培养基，摇瓶液体种子培养基，摇瓶液体发酵培养基和摇瓶发酵补料培养基。一级固体种子培养基的组成至少包括：红糖 56～64g/L，甜菜碱 1～2g/L，磷酸氢二钾 1.4～2.1g/L，硫酸铵 0.2～0.3g/L，硫酸镁 0.6～0.8g/L，硫酸锌 0.73～0.92g/L，琼脂 20～30g/L。其他 4 种培养基的配方在此基础上变动。将菌株从一级平板接种到二级、三级试管斜面，再接种到四级摇瓶种子，最后接种到五级摇瓶发酵，逐级传代。其中前三级培养时间为 2～3d，第四级培养时间为 20～28h，第五级发酵由于补料，培养时间延长为 7～10d，然后取样检测不同菌株的维生素 B$_{12}$ 产量。这种利用筛选培养基维持菌种活力的方法对工业化生产是至关重要的。

15.4 维生素 B$_{12}$ 的生物合成代谢途径

15.4.1 合成代谢途径

动物、人类、植物都不能自身从头合成维生素 B$_{12}$，只有某些细菌和古细菌具有维生素 B$_{12}$ 从头合成途径。按照合成过程中钴螯合的先后和合成过程中是否需要氧气的参与，从头合成途径分为好氧途径和厌氧途径两种（合成途径见图 15-2）。好氧途径中钴螯合后发生，需要钴螯合酶亚基 CobN、钴螯合酶亚基 CobS、钴螯合酶亚基 CobT 组成的复合体来催化反应；厌氧途径中钴螯合先发生，只需要一个酶催化。另外，好氧途径中有一步 CobG 催化的反应需要氧气参与来完成四吡咯环的收缩，而厌氧途径对应的这一步不需要氧气参与。好氧途径与厌氧途径在前咕啉 -2 到钴（Ⅱ）啉酸 a, c- 二酰胺（CBAD）这一部分是不同的。厌氧途径比好氧途径更普遍，好氧途径多存在于 α- 变形菌。下面按照合成途径从前往后不同阶段进行介绍。

（1）早期合成途径

δ- 氨基乙酰丙酸（ALA）的合成是从头合成途径的第一步。ALA 同时也是血红素、西罗血红素等四吡咯化合物的共同前体。ALA 可以通过 C$_4$ 或 C$_5$ 途径合成。C$_4$ 途径存在于哺乳动物、鸟类、酵母、一些原生动物和紫色非硫光合细菌中，只需要一步反应，底物甘氨酸和琥珀酰 CoA 在以磷酸吡哆醛作为辅因子的 ALA 合成酶（HemA）的催化下可以生成 ALA[13]。在高等植物、藻类和许多细菌中存在的 C$_5$ 途径需要 3 步反应：谷氨酸作为底物，在谷氨酰 -tRNA 合成酶（GltX）的催化下结合到 tRNA 分子生成谷氨酰 -tRNA，然后在谷氨酰 -tRNA 还原酶（HemA）的作用下，还原成谷氨醛，再经谷氨醛氨基转移酶（HemL）的催化生成 ALA[13,14]。注意谷氨酰 -tRNA 通常的作用是合成蛋白质，这是谷氨酰 -tRNA 发挥其他功能的少数例子之一[15]。

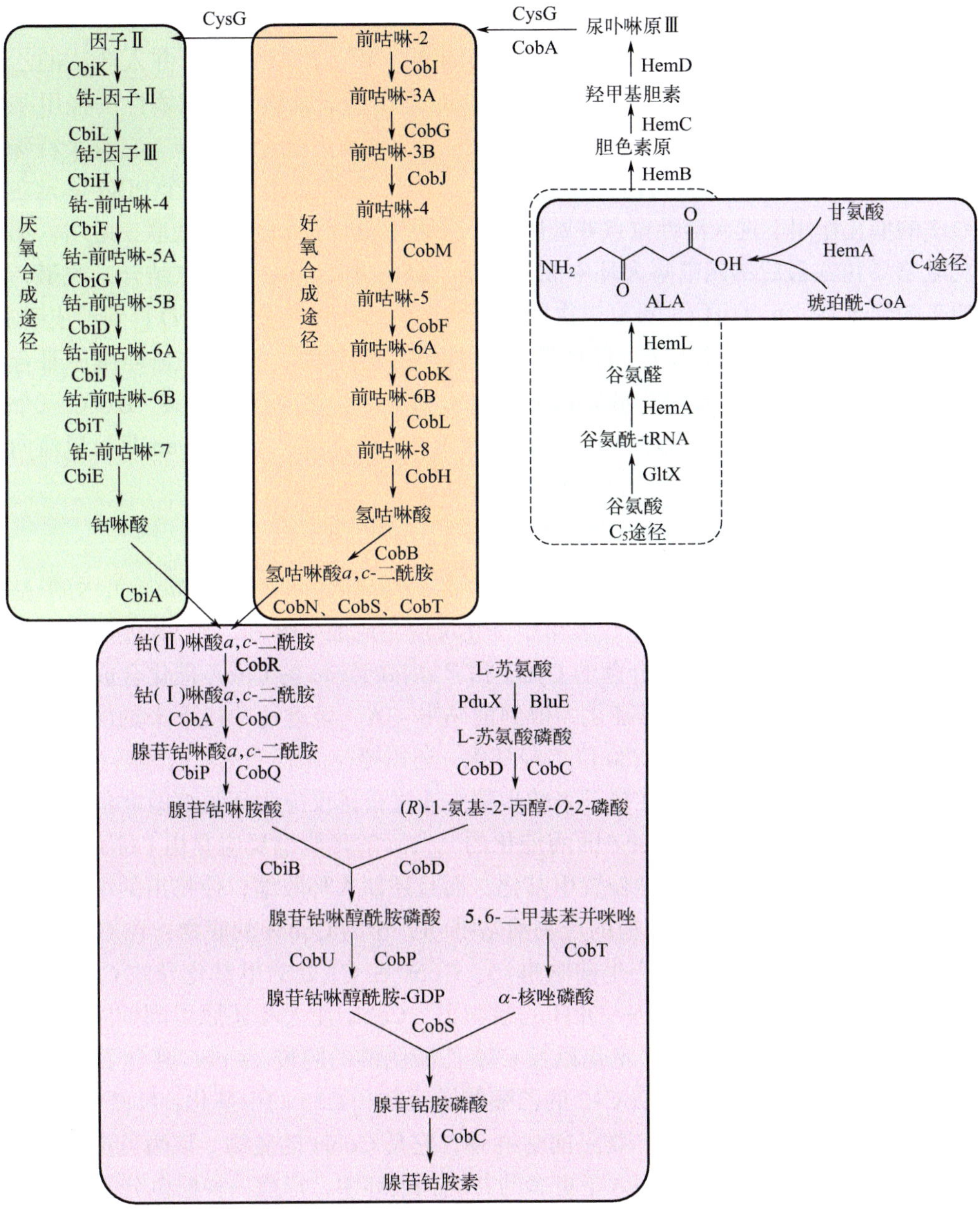

厌氧合成途径：

因子Ⅱ
↓ CbiK
钴-因子Ⅱ
↓ CbiL
钴-因子Ⅲ
↓ CbiH
钴-前咕啉-4
↓ CbiF
钴-前咕啉-5A
↓ CbiG
钴-前咕啉-5B
↓ CbiD
钴-前咕啉-6A
↓ CbiJ
钴-前咕啉-6B
↓ CbiT
钴-前咕啉-7
↓ CbiE
钴咕啉酸
↓ CbiA

好氧合成途径：

前咕啉-2
↓ CobI
前咕啉-3A
↓ CobG
前咕啉-3B
↓ CobJ
前咕啉-4
↓ CobM
前咕啉-5
↓ CobF
前咕啉-6A
↓ CobK
前咕啉-6B
↓ CobL
前咕啉-8
↓ CobH
氢咕啉酸
↓ CobB
氢咕啉酸 a,c-二酰胺
↓ CobN、CobS、CobT

CysG（因子Ⅱ ← 前咕啉-2）

CysG ← 尿卟啉原Ⅲ
CobA
↑ HemD
羟甲基胆素
↑ HemC
胆色素原
↑ HemB

C₄途径：
ALA ← 甘氨酸 + 琥珀酰-CoA（HemA）
NH₂ ... O ... OH ... O

↑ HemL
谷氨醛
↑ HemA
谷氨酰-tRNA
↑ GltX
谷氨酸
C₅途径

钴(Ⅱ)啉酸 a,c-二酰胺
↓ CobR
钴(Ⅰ)啉酸 a,c-二酰胺
↓ CobA｜CobO
腺苷钴啉酸 a,c-二酰胺
↓ CbiP｜CobQ
腺苷钴啉胺酸

L-苏氨酸
↓ PduX｜BluE
L-苏氨酸磷酸
↓ CobD｜CobC
(R)-1-氨基-2-丙醇-O-2-磷酸

↓ CbiB　CobD ↓
腺苷钴啉醇酰胺磷酸　　5,6-二甲基苯并咪唑
↓ CobU｜CobP　　　　 ↓ CobT
腺苷钴啉醇酰胺-GDP　　α-核唑磷酸
↓ CobS
腺苷钴胺磷酸
↓ CobC
腺苷钴胺素

图 15-2　维生素 B₁₂ 从头合成途径

GltX—谷氨酰-tRNA 合成酶；HemA—谷氨酰-tRNA 还原酶（或 ALA 合成酶）；HemL—谷氨醛氨基转移酶；HemB—ALA 脱水酶；HemC—胆色素原脱氨酶；HemD—尿卟啉原Ⅲ合成酶；CysG—尿卟啉原Ⅲ转甲基酶/前咕啉-2 脱氢酶/西罗叶绿三酸铁螯合酶；CobA—尿卟啉原Ⅲ转甲基酶；CbiK—西罗叶绿三酸钴螯合酶；CbiL—钴-因子Ⅱ C20-转甲基酶；CobI—前咕啉-2 C20-转甲基酶；CbiH—钴-因子Ⅲ转甲基酶；CobG—前咕啉-3B 合酶；CobJ—前咕啉-3B C17-转甲基酶；CbiF—钴-前咕啉-4 C11-转甲基酶；CobM—前咕啉-4 C11-转甲基酶；CbiG—钴-前咕啉-5A 水解酶；CobF—前咕啉-6A 合酶；CbiD—钴-前咕啉-5B(C1)-转甲基酶；CbiJ—钴-前咕啉-6A 还原酶；CobK—前咕啉-6A 还原酶；CbiT—钴-前咕啉-6B(C15)-转甲基酶；CobL—前咕啉-6B C5,15-甲基酶；CbiE—钴-前咕啉-7(C5)-转甲基酶；CobH—前咕啉-8 甲基变位酶；CbiA—钴咕啉酸合酶；CobB—氢咕啉酸 a,c-二酰胺合酶；CobN—钴螯合酶亚基；CobS—钴螯合酶亚基；CobT—钴螯合酶亚基；CobR—钴(Ⅱ)啉酸 a,c-二酰胺还原酶；CobA/CobO—钴(Ⅱ)胺素腺苷转移酶；CbiP/CobQ—腺苷钴啉胺酸合酶；PduX/BluE—L-苏氨酸激酶；CobD/CobC—L-苏氨酸磷酸脱羧酶；CbiB/CobD—腺苷钴啉醇酰胺磷酸合酶；CobU/CobP—腺苷钴啉醇酰胺激酶/腺苷钴啉醇酰胺磷酸鸟苷酸转移酶；CobT—烟酸-核苷酸-二甲基苯并咪唑磷酸核糖转移酶；CobS—腺苷钴啉醇酰胺-GDP 核唑转移酶；CobC—腺苷钴胺素磷酸酶

　　2 分子 ALA 在 ALA 脱水酶（HemB）催化下发生 Knorr-type 缩合反应生成胆色素原（PBG）[16]。第一个 ALA 分子作为产物的丙酸侧链，第二个 ALA 分子并入产物的乙酸侧链[15]。4 分子胆色素原在胆色素原脱氨酶（HemC）作用下脱氨聚合成线性的羟甲基胆素（HMB）。胆色素原脱氨酶是第一个获得晶体结构的四吡咯合成途径的酶，它有个特殊的辅因子双吡咯甲烷。辅因子的 α 自由位作为 HMB 合成的延伸位点。第一个 PBG 单元在天冬氨酸残基的催化作用下进入活性位点并被脱氨。产物与辅因子反应，形成联三吡咯。第一个结合的吡咯单位在最后的四吡咯大环中成为环 A。新的 PBG 在活性位点结合，脱氨，并附着在原来的聚吡咯的 α 自由位，重复三次加入最终大环的环 B、环 C、环 D 直到形成四吡咯。此时，环 A 与双吡咯甲烷辅因子之间的连接被水解生成 HMB。HMB 在尿卟啉原Ⅲ合成酶（HemD）的催化下环化生成尿卟啉原Ⅲ（Urogen Ⅲ）[17]。这个过程中 A、B、C 三个环中丙酸和乙酸侧链顺序不变，而 D 环中丙酸和乙酸侧链发生颠倒[15]。Urogen Ⅲ 可以流向 4 种四吡咯化合物：血红素、叶绿素、西罗血红素和钴胺素。

（2）好氧合成途径

　　好氧途径方面研究最多的细菌是脱氮假单胞菌（*Pseudomonas denitrifican*），好氧基因的前缀是 cob。Urogen Ⅲ 在 C2 和 C7 位发生甲基化反应生成前咕啉 -2，而 SAM 在这个反应中提供甲基。这个反应分别由大肠杆菌的 CysG 和 *P. denitrifican* 的 CobA 催化合成。该途径中的下一个酶 CobI，在 C20 位置甲基化，得到前咕啉 -3A。该途径中接下来的酶 CobG 是一种单加氧酶，它不仅需要氧气使 C20 位点羟基化，还需要与 A 环上的乙酸侧链形成 λ 内酯。这就产生了中间体前咕啉 -3B，在接下来的步骤中通过重排反应为环收缩做准备。在荚膜红细菌中，这个反应是由被称为 CobZ 的酶催化的。实际的环收缩反应是由 CobJ 催化的，它不仅以依赖于 SAM 的方式使 C17 位置甲基化，而且还使大环收缩，使挤出的甲基化的 C20 碳作为乙酰基连接到 C1。这个反应的产物前咕啉 -4，作为 CobM 的底物，在 C11 的大环上加入另一个 SAM 衍生的甲基，产生前咕啉 -5。CobF 在 C1 处的甲基化导致 C20 受挤压丢失并产生前咕啉 -6A。在辅因子 NADPH 的参与下，CobK 使大环还原得到前咕啉 -6B。下一个酶 CobL 介导 C5 和 C15 的甲基化以及 C12 乙酸侧链的脱羧。CobL 融合了两种不同的甲基转移酶功能，C 端结构域负责 C12 的乙酸侧链脱羧和 C15 的甲基化，N 端结构域在 C5 进行后续的甲基化。反应的最终产物是前咕啉 -8，它是 CobH 的底物。该酶负责甲基从 C11 迁移到 C12。在这个过程中，它引入了更多的共轭到大环中，形成一种橙色分子，叫作氢咕啉酸（HBA）。甲基化完成后，一些侧链的酰胺化就开始了。在 ATP 和谷氨酰胺的参与下，CobB 使 HBA 的 a 和 c 侧链酰胺化，生成氢咕啉酸 *a, c*- 二酰胺（HBAD）。接下来利用依赖于 ATP 的三个酶组成的钴螯合酶（CobN、CobS、CobT）催化钴离子螯合到 HBAD 的咕啉环中心，从而得到具有钴元素的中间体。钴螯合后是一个还原反应，这涉及通过一种名为 CobR 的黄素依赖性酶将钴（Ⅱ）离子还原为钴（Ⅰ）。钴（Ⅰ）非常具有亲核性，因而这个反应产物非常不稳定，随后与腺苷转移酶 CobO 迅速反应，生成腺苷钴啉酸 *a, c*- 二酰胺。

（3）厌氧合成途径

　　在厌氧途径方面研究最多的是肠道沙门菌肠道亚种鼠伤寒血清型，厌氧基因的前缀是 cbi。与好氧途径一样，该途径始于 Urogen Ⅲ 的双甲基化，产生前咕啉 -2（precorrin-2）[15]。

通过去除两个质子和两个电子，大环氧化生成西罗叶绿三酸（sirohydrochlorin），也被称为因子Ⅱ。Ⅱ类螯合酶 CbiK 或 CbiX 将钴插入到因子Ⅱ中，产生钴 - 因子Ⅱ。CbiL 以依赖于 SAM 的方式使钴 - 因子Ⅱ的 C20 位置发生甲基化，从而得到钴 - 因子Ⅲ。其次由 CbiH 催化进行环收缩，CbiH 催化在 C17 处甲基化，并在环 A 上形成 σ- 内酯，生成钴 - 前咕啉 -4。CbiF 是该途径中的下一个酶，在 SAM 存在的情况下，它催化钴 - 前咕啉 -4 的 C11 处甲基化，产生钴 - 前咕啉 -5A。CbiG 使 σ- 内酯环断裂，生成钴 - 前咕啉 -5B，并将挤出的 C20 碳以乙醛的形式释放。CbiD 随后在 C1 处甲基化，生成钴 - 前咕啉 -6A。CbiJ 在 NADH 存在的情况下还原大环，然后产生钴 - 前咕啉 -6B。在 CbiT 介导的反应中，附着在 C12 上的乙酸侧链脱羧，C15 发生甲基化产生钴 - 前咕啉 -7。CbiE 在 C5 上进一步甲基化生成钴啉酸。CbiA 对钴啉酸大环的 a 和 c 侧链进行酰胺化，生成钴（Ⅱ）啉酸 a, c- 二酰胺[15]。钴（Ⅱ）啉酸 a, c- 二酰胺在腺苷转移酶作用下生成腺苷钴啉酸 a, c- 二酰胺。在具有厌氧途径的生物体中，似乎至少存在三种类型的腺苷转移酶。第一个是 CobA，该酶与好氧途径中的 CobO 同源。另外两种腺苷转移酶，PduO 和 EutT，分别在与丙二醇和乙醇胺利用相关的途径中被发现，并且能够替代 CobA。

（4）后期合成途径

在钴（Ⅱ）啉酸 a, c- 二酰胺之后的途径中，好氧和厌氧合成路径又趋于一致，只是利用的酶有所差异[18]。钴（Ⅱ）啉酸 a, c- 二酰胺经过咕啉环还原然后才能发生腺苷化。1992 年 Blanche 等在 *P. denitrifican* 中发现了这个钴（Ⅱ）啉酸 a, c- 二酰胺还原酶，遗憾的是，他们只得到了这个酶 N 端的部分氨基酸序列 MEKTRL[19]。直到十几年以后 Lawrence 等在 *Brucella melitensis*（羊型布鲁氏菌）bv. 1 str. 16M 中通过 BLAST 得到一个可能编码钴（Ⅱ）啉酸 a, c- 二酰胺还原酶。接着在依赖 ATP 的 CobQ/CbiP 的催化下，谷氨酰胺提供氨基，腺苷钴啉酸 a, c- 二酰胺的 b、d、e 和 g 位发生酰胺化生成腺苷钴啉胺酸（AdoCby）[20]。腺苷钴啉胺酸在 CobD/CbiB 的作用下结合（R）-1- 氨基 -2- 丙醇 -O-2- 磷酸生成腺苷钴啉醇酰胺磷酸（AdoCbi-P）。（R）-1- 氨基 -2- 丙醇 -O-2- 磷酸（APP）是以 L- 苏氨酸为底物，在 L- 苏氨酸激酶（如 *R. capsulatus* 的 BluE 和 *Salmonella typhimurium* 的 PduX）的作用下磷酸化，再在 L- 苏氨酸磷酸脱羧酶（如 *R. capsulatus* 的 CobC 和 *Salmonella typhimurium* 的 CobD）的作用下脱氨而来。AdoCbi-P 在 CobU 的催化下结合 GMP 生成腺苷钴啉醇酰胺 -GDP（AdoCbi-GDP）。再经过两步反应将下配体 DMBI 结合到 AdoCbi-GDP 上，最终得到腺苷钴胺素。DMBI 是由一种叫作 BluB[21] 的酶在氧存在下还原黄素或在缺氧条件下由 5- 氨基咪唑核糖核酸（硫胺素和嘌呤生物合成的一个分支点中间体）四步合成的[22]。在 CobU、CobT 催化下，将 DMBI 与烟酰胺单核苷酸连接，生成 α- 核唑磷酸[23]。然后，在 CobV/CobS 催化的反应中，α- 核唑磷酸取代 AdoCbi-GDP 的 GDP 部分，生成腺苷钴胺磷酸。最后在 AdoCbl-5-P 磷酸酶（CobC）催化下脱羧生成腺苷钴胺素。CobT 催化 DMBI 或其他下配体结合到咕啉环上，下配体的不同使钴胺素多样性。

15.4.2　补救途径

许多微生物，包括具有从头合成途径的生物能够将不完整的钴啉化合物如钴啉醇酰胺转化为腺苷钴胺素，这一途径称为补救途径。补救途径相比从头合成途径步骤大大缩短，对生物来说是一种更经济的方式。在革兰氏阴性菌中，胞外钴咻化合物通过 ATP 结合盒转运体（ABC）转运系统运输到胞内。这个转运系统包括 BtuC、BtuD 和 BtuF，分别代表膜透过酶、ATP 酶和周质结合蛋白[24]。BtuB 是一种位于细胞外膜上的 TonB 依赖的转运蛋白，它将钴咻类化合物传递给周质中钴咻类结合蛋白 BtuF。然后 BtuF 将钴咻类化合物传递给位于内膜的 BtuC、BtuD 复合体。如图 15-3 所示为 *S. typhimurium* 和古细菌的补救合成途径示意图。钴咻醇酰胺转运到胞内后被腺苷转移酶催化得到 AdoCbi。AdoCbi 有两种方式进一步转化：一种是只在细菌内发现的途径，AdoCbi 在一种具有激酶和鸟苷转移酶活性的双功能酶（*S. typhimurium* 的 CobU 或 *P. denitrifican* 的 CobP）的作用下得到 AdoCbi-GDP[25]。此外，*S. typhimurium* 含有一个激酶 YcfN 可以在 ATP 参与下将 AdoCbi 磷酸化生成 AdoCbi-P[26]。在缺少这种双功能酶的古细菌中，一种特别的酰胺水解酶 CbiZ 将腺苷钴咻醇酰胺脱去 (*R*)-1- 氨基 -2- 丙醇（AP）转化为 AdoCby。AdoCby 然后在 AdoCbi-P 合成酶（CbiB）的催化作用下结合 1- 氨基 -2- 丙醇 -*O*-2- 磷酸产生腺苷钴咻醇酰胺磷酸。因为古细菌缺少具有 AdoCbi 激酶活性的酶，它用一种具有 GTP：AdoCbi-P 鸟苷转移酶活性的 CobY 来催化鸟苷转移到 AdoCbi-P 上[25]。值得注意的是：*Rhodobacter sphaeroides* 2.4.1 同时具有上面这两种 AdoCbi 合成途径[25]。与从头合成途径相同，补救合成途径也经过两步反应将下配体转移到 AdoCbi-GDP 上生成腺苷钴胺素。

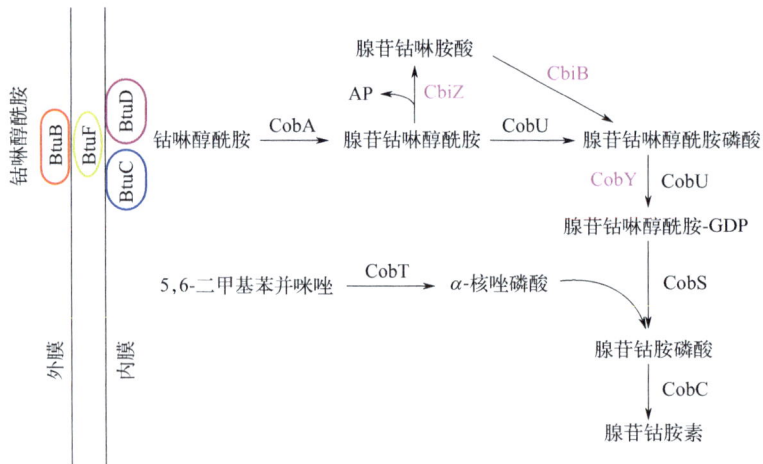

图 15-3　维生素 B$_{12}$ 补救合成途径

紫色代表古细菌酶

15.4.3　维生素 B$_{12}$ 生物合成的调节机制

钴胺素核糖开关是维生素 B$_{12}$ 生物合成最主要的调节工具，分布在维生素 B$_{12}$ 生物合成途径基因和咕啉类化合物转运基因 mRNA 的 5′ 非翻译区，如 *S. typhimurium* 的 *cob* 操纵子和大肠杆菌 *btuB* 前面的核糖开关[27]。这类核糖开关包括两个功能域：专一性结合配体的适体结构域和下游用于调节相邻基因或操纵子的结构域，这两个结构域有时会有重叠[28]。不同核糖开关可以特异性识别特定的钴胺素或其衍生物。核糖开关通过控制翻译起始效率、mRNA 的转录延伸效率，或者 mRNA 转录本的稳定性和剪接实现基因的表达调控。

钴胺素核糖开关有两种调控机制[28]：第一种机制调节 RNA 转录，包括配体依赖的内在终止子茎。当辅酶 B₁₂ 量很少时，不与配体结合的适体结构域形成抗终止子茎，阻止内在终止子茎的形成，mRNA 可以正常转录；当辅酶 B₁₂ 量多时，与配体结合后适体结构域发生构象改变，形成终止子茎，mRNA 不能转录。另一种调节机制发生在翻译起始，当辅酶 B₁₂ 量很少时，核糖体结合位点正常与核糖体结合，翻译可以起始；当辅酶 B₁₂ 量多时，核糖体结合位点形成茎环结构，翻译不能起始。除此之外，还有少数酶水平上的调控。例如，CobA 受到底物 Urogen Ⅲ 的抑制，钴胺素和其中间体的反馈抑制[29]。

15.5　维生素 B₁₂ 的生物合成技术研究进展

15.5.1　天然维生素 B₁₂ 合成菌的代谢工程研究

对目的化合物合成途径以及相关代谢基因过表达可以提高目的化合物代谢流。外源基因的表达通常是用来克服天然菌自身基因的缺陷。为了提高腺苷钴胺素的产量，腺苷钴胺素合成途径基因是最容易想到的基因过表达靶点。在 *P. freudenreichii* 菌中通过质粒表达 *cobA*、*cbiLF* 或 *cbiEGH* 后，与表达空质粒的菌株相比，维生素 B₁₂ 的产量分别提高了 1.7 倍、1.9 倍和 1.5 倍[30]。在 *P. freudenreichii* 中表达 *cobU* 和 *cobS* 后，维生素 B₁₂ 的产量有了少量提高。ALA 是合成维生素 B₁₂ 的前体，是限制维生素 B₁₂ 产量的一个重要因素，一个直接的策略是提高 ALA 产量。*P. freudenreichii* 表达外源的来源于 *R. sphaeroides* 的 *hemA*、*hemB* 和 *cobA* 后，维生素 B₁₂ 的产量有了 2.2 倍的提高[30]。为了提高四吡咯化合物的产量，*R. sphaeroides* 的 *hemA* 基因和 *P. freudenreichii* subsp. *shermanii* 的 *hemB* 基因通过单顺反子或多顺反子在 *P. freudenreichii* subsp. *shermanii* 中表达，重组菌能积累大量的 ALA 和 PBG，与表达空质粒 pPK705 的 *P. freudenreichii* subsp. *shermanii* 相比，porphyrinogens（卟啉原）产量有 28 到 33 倍提高[31]。钴胺素核糖开关可以抑制微生物过量合成维生素 B₁₂。将去掉钴胺素核糖开关的 *cbi* 操纵子在巨大芽孢杆菌（*B. megaterium*）中以质粒形式表达后，在以甘油为唯一碳源的最小培养基中，钴胺素产量有了明显提高，最高达到 200μg/L[32]。所有这些策略都是将维生素 B₁₂ 生物合成途径的基因作为靶点。

另一种代谢工程常用的策略是敲除或下调副产物和竞争性化合物的合成基因，提高前体供应。位于代谢途径节点的酶是很好的靶点。针对不能敲除的必需基因，CRISPR 干扰（CRISPRi）、sRNA 或调节 RNA 可以用来抑制这些基因[33,34]。许多基因组编辑工具，比如传统的同源重组系统和 ZFN（锌指核酸酶）、TALEN（转录激活因子样效应物核酸酶）、CRISPR/Cas9 为基础的方法能迅速完成基因编辑。血红素和西罗血红素是维生素 B₁₂ 合成的竞争副产物。为了降低血红素分支的通量，反义 RNA 被用来沉默 *B. megaterium* 的 *hemZ*（编码原卟啉氧化酶 3 抗体）。这个策略使维生素 B₁₂ 的产量有了 20% 提高[32]。

与在质粒上进行过表达相比，在染色体上进行无痕基因编辑优势更明显。中国科学院天津工业生物技术研究所张大伟团队将 Cas12k 与转座酶结合构建了一个不依赖同源重组的基因编辑工具 C12KGET[35]，可以在维生素 B$_{12}$ 生产菌 Sinorhizobium meliloti 中实现 10kb 的大片段的插入，效率最高达 100%，还可以实现基因的转录调控，效率可达 92%。通过整合表达荚膜红细菌（Rhodobacter capsulatus）来源的维生素 B$_{12}$ 的途径基因 cobA，维生素 B$_{12}$ 的产量提高了 25%。

在改造菌株生产化合物的过程中经常遇到的一个问题是酶的底物和反馈抑制，或不能在宿主中正常发挥功能。蛋白质工程是一种提高酶的专一性、可溶性和稳定性的有效工具。它包括定向进化、半理性设计和理性设计。谷氨酰基 -tRNA 还原酶（HemA）催化血红素生物合成的第一步反应。这个酶受血红素的反馈抑制。在这个酶 N 端第三、四位增加带正电荷的赖氨酸残基能解决这个问题[36]。另外，CobA 是进入维生素 B$_{12}$ 合成途径支路的第一个酶，它受到底物尿卟啉原（urogen）Ⅲ 的抑制、钴胺素和其中间体的反馈抑制[29]。设计 CobA 突变体解除底物抑制或产物的反馈抑制，或寻找新的不受这种抑制的酶可能会提高维生素 B$_{12}$ 的产量。

除此之外，张大伟团队利用 Salmonella typhimurium 的维生素 B$_{12}$ 转运基因 btuB 上游的核糖开关，乳糖操纵子元件 lacI、lacO，报告基因 gfp 等组装响应腺苷钴胺素的基因回路，建立了一种借助流式细胞仪对常温常压等离子体诱变后的维生素 B$_{12}$ 生产菌 Sinorhizobium meliloti 进行高通量筛选的方法[37]。

15.5.2　大肠杆菌异源合成维生素 B$_{12}$ 的代谢工程研究

目前大肠杆菌是唯一异源合成维生素 B$_{12}$ 的菌种。2018 年中国科学院天津工业生物技术研究所张大伟、房欢等[38]通过对 5 种不同物种来源的 28 个基因进行组装，首次实现了大肠杆菌从头合成维生素 B$_{12}$。对大肠杆菌的代谢网络进行分析，发现大肠杆菌可以合成前咕啉 -2，并且具有维生素 B$_{12}$ 的补救途径基因 cobU、cobT、cobS、cobC。为了实现从头合成腺苷钴胺素，需要表达从前咕啉 -2 合成 AdoCbi-P 的基因。理论上大肠杆菌既可以通过好氧合成途径也可以通过厌氧合成途径合成腺苷钴胺素。考虑到大肠杆菌通过好氧发酵可以大量合成 HBA，选择通过好氧途径合成腺苷钴胺素的细菌作为异源合成的来源，主要有根瘤菌、P. denitrifican 和 R. capsulatus 等。

将需要表达的基因分成 5 个模块（见图 15-4）：HBA 模块催化 Urogen Ⅲ 生成 HBA，包含 cobA、cobI、cobG、cobJ、cobM、cobF、cobK、cobL、cobH；Cby 模块负责 CBAD 的合成，包含 cobB、cobN、cobS、cobT、cobW（备选）；钴离子模块负责钴离子吸收，包含 cbiM、cbiN、cbiQ、cbiO；Cbi 模块负责 AdoCbi-P 的合成，包含 cobR、cobD、cobA、cbiP、pduX、cbiB；前体模块负责 Urogen Ⅲ 合成，包括 hemO、hemB、hemC、hemD 四个基因。

在大肠杆菌中从头合成维生素 B$_{12}$ 需要解决以下几个难题：①从前咕啉 -2 合成维生素 B$_{12}$ 过程中的中间产物的标准品几乎都无法获得，因此不能设计平行的实验单独研究酶的功能，而只能按照自下而上的研究策略逐步往腺苷钴胺素的方向推进；②维生素 B$_{12}$ 和中间代谢物主要在胞内积累，但是浓度很低，这就需要收集足够多的发酵培养的菌体，在菌体裂解后，纯化富集得到产物；③产物鉴定困难，多数中间产物的产量低，而且没有标准品作对照，这就决定了通过常规的 HPLC 方法无法对产物进行鉴定，可以选择 LC-MS 鉴定中间产物。

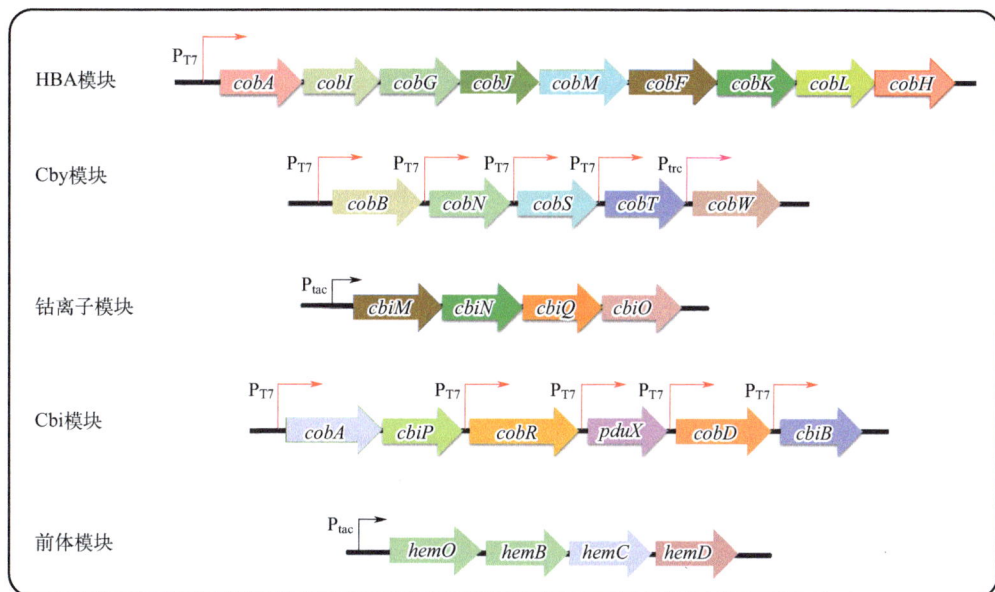

图 15-4　用于合成维生素 B$_{12}$ 的 5 个合成模块组成

选择大肠杆菌 K12 MG1655 作为宿主，首先用 red 重组方法在大肠杆菌 MG1655 的 *lacZ* 基因位点整合 T7 RNA 聚合酶，新菌株命名为 MG1655（DE3）。首先组装诱导合成型的 HBA 模块：将 pET3a-AIGJMFKLH 质粒上的 HBA 合成操纵子克隆到 pET28a 质粒上得到 pET28-HBA 质粒，将这个质粒转化到 MG1655（DE3）后得到的 FH001 菌可以合成 HBA。向 MG1655（DE3）菌中转化 pET28-HBA 质粒和表达 *R. capsulatus* 的 *cobB* 基因的 pCDF-RccobB 质粒，得到工程菌 FH109。它在 2YT 培养基中发酵 24h 后，将胞内产物通过离子交换色谱纯化处理后做 LC-MS 分析。LC-MS 分析结果表明能够合成 HBAD。在此基础上，在大肠杆菌中表达羊种布鲁氏菌（*B. melitensis*）的钴螯合酶基因 *cobN*、*cobS*、*cobT*，结果却不能合成 CBAD。

分析这个现象的原因，自然想到异源表达蛋白经常会遇到的一个问题是蛋白的表达量过低。在大肠杆菌中利用 pET 系列载体表达蛋白的时候，有时在目的基因的 N 端添加有助于提高蛋白可溶性与表达量的标签，将目的蛋白与标签融合表达常常比单独表达蛋白的效果更好。在 BmcobN 的 5′ 端添加 his 标签后表达量明显提升。添加 his 标签能提高 CobN 的表达原因可能是：①原来 *cobN* 基因的 N 端序列和上游序列易于形成二级结构，添加 his 标签后破坏了二级结构，有利于核糖体结合，从而提高了翻译效率；② his 标签起到相当于保护氨基酸的作用，防止蛋白质翻译后被蛋白酶降解。

虽然 *cobN* 的表达通过在 N 端添加 his 标签得以提高，大肠杆菌仍然不能合成 CBAD，说明还有其它因素限制了 CBAD 的合成。我们在体外验证发现 CobN、CobS、CobT 是有活性的，说明这些酶能在大肠杆菌中表达并发挥功能。体外与体内结果的差异说明在体内不能合成 CBAD 的原因不在于酶，而是底物的供给存在问题。事实上，大肠杆菌自身吸收钴离子的能力很低，这就导致胞内缺乏钴离子来参与 CBAD 的生成。研究表明在大肠杆菌中表达 *R. capsulatus* 或 *S. typhimurium* 的钴吸收蛋白 CbiMNQO 能极大提高其胞内钴离子浓度[39]。为了验证我们的假设，在大肠杆菌中表达 *R. capsulatus* 的 *cbiMNQO* 基因。将 pET28-HBA、Cby 模块质粒 pCDF-RccobB-BmcobN-his-BmcobS-BmcobT 和钴离子模块质粒 p15ASI-cbiMNQO 共转到大肠杆菌 MG1655（DE3）中，得到 FH164 菌株。FH164 在添加 20mg/L CoCl$_2$·6H$_2$O 的 2YT 培养基中发酵的产物经 LC-MS 鉴定，有微量的 CBAD 生成。这里还发现不同细菌来源的 CobN、CobS-CobT 组合也能发挥功能。表达钴螯合酶的同时表达钴伴侣蛋白 BioW 能够大幅提高维生素 B$_{12}$ 产量，后来有研究者证实这个酶具有传递钴离子的作用为此提供了依据[40]。同时发现工程菌中的 HBA 已经被完全消耗，说明 HBA 的合成已经成为 CBAD 合成的瓶颈，因而将进一步通过提高 HBA 的产量来提高 CBAD 产量。

通过强化 urogen III 前体合成途径和弱化血红素竞争途径来提高 HBA 的产量。表达异源的前体合成模块基因 *hemA/hemO*、*hemB*、*hemC* 与 *hemD* 可以提高 HBA 的前体 urogen III 的积累，而通过 sRNA 弱化 *hemE*、*hemF*、*hemG* 与 *hemH* 可以降低血红素合成途径通量，从而进一步提高 HBA 产量。然后整合前体 urogen III 生成模块和血红素弱化模块到 HBA 合成模块的质粒上，得到 FH228 菌株。这个菌株实现了 HBA 产量与生物量的共同提高。但是当钴离子模块与 Cby 模块整合到一个质粒上，将这个质粒转化 FH228 后，质粒不稳定导致无法合成咕啉化合物。通过敲除非特异性核酸内切酶编码基因 *endA* 以提高外源质粒的稳定性，基因组上整合 urogen III 生成模块和钴吸收转运模块减小质粒，成功解决了该问题。

接下来讲维生素 B$_{12}$ 的支路前体 APP 的合成。在 *S. typhimurium* 中，APP 与 AdoCby 在 CbiB 的作用下生成 AdoCbi-P。APP 的合成前体是 L-苏氨酸。L-苏氨酸经过一种 L-苏氨酸激酶 PduX 的催化生成 L-苏氨酸磷酸[41]，然后在另一个酶 L-苏氨酸磷酸脱羧酶 CobD 的作用下脱羧生成 APP。有研究者在体外证明了 *S. typhimurium* 的 CobD 的 L-苏氨酸磷酸脱羧酶功能[42]。PduX 是经过报道的第一种生物中存在的 L-苏氨酸激酶。在此之前，AP 被认为是合成维生素 B$_{12}$ 的支路前体。

在通过好氧途径合成维生素 B$_{12}$ 的 *P. denitrifican* 中，以往研究认为通过蛋白 α，以及由 CobC 和 CobD 组成的 β 双组分系统催化（*R*）-1-氨基 -2-丙醇结合到 AdoCby 上生成 AdoCbi，但是蛋白 α 一直未知[43]。我们惊喜地发现 *R.capsulatus* 的 *BluE*、*CobC*、*CobD* 与 *S. typhimurium* 的 *PduX*、*CobD*、*CbiB* 具有比较高的一致性，推测它们实际上是直系同源基因。

为了验证这个假设，需要在大肠杆菌中表达这些酶合成 APP，并且验证 APP 可以参与维生素 B$_{12}$ 的合成。因为无法获得 APP 的标准品，我们将其去磷酸化衍生到 AP。这样我们设计了一个从 L-苏氨酸出发经过 L-苏氨酸激酶、L-苏氨酸磷酸脱羧酶和大肠杆菌碱性磷酸酶 PhoA 的新途径。由于大肠杆菌具有内源的（*R*）-1-氨基 -2-丙醇合成途径，首先将 MG1655（DE3）的（*R*）-1-氨基 -2-丙醇合成相关基因 *gldA* 敲除，得到 FH291，将这个菌作为出发菌验证异源的 APP 合成途径。在 FH291 中表达 BluE、RccobC 后的大肠杆菌能合成（R）-1- 氨基 -2- 丙醇。这充分说明好氧与厌氧合成维生素 B$_{12}$ 的途径都具有相同的 APP 合成途径。

大肠杆菌可以通过补救合成途径合成腺苷钴胺素，只需要合成 AdoCbi-P，大肠杆菌就可以利用后面内源的酶合成腺苷钴胺素。接下来的任务是完成 Cbi 模块的组装，并在大肠杆菌中从头合成维生素 B$_{12}$。Cbi 模块包括六个酶：钴（Ⅱ）啉酸 a, c- 二酰胺还原酶、钴（Ⅰ）啉酸 a, c- 二酰胺转腺苷酶、腺苷钴啉胺酸合酶、L- 苏氨酸激酶、L- 苏氨酸磷酸脱羧酶与腺苷钴啉醇酰胺磷酸合成酶。我们在 pACYCduet-1 质粒上组装得到 2 个不同 Cbi 模块的质粒并分别转化到合成 CBAD 的底盘细胞 FH274 中，得到 2 个合成维生素 B$_{12}$ 的菌株，其中 FH218 含有 $S.$ $typhimurium$ 的厌氧途径合成基因 $pduX$、$cobD$、$cbiB$，FH219 含有 $R.$ $capsulatus$ 的好氧途径合成基因 $bluE$、$cobC$、$cobD$。最终得到了表达 28 个外源基因的工程菌，这些基因分布在 3 个不同抗性的质粒上，质粒可以兼容存在。通过几个模块的共同作用，成功在大肠杆菌中从头合成了维生素 B$_{12}$。FH218 和 FH219 菌株分别能够合成 2.18μg/g、1.22μg/g DCW 维生素 B$_{12}$。这些结果表明好氧与厌氧合成途径中 APP 是维生素 B$_{12}$ 的前体，好氧与厌氧合成途径从 CBAD 到维生素 B$_{12}$ 这些步骤完全相同。

钴螯合是一步热力学上不利的反应，而且这一步反应的关键基因 $cobN$ 基因表达量较低，因而对三种菌株 $B.$ $melitensis$、$S.$ $meliloti$、$R.$ $capsulatus$ 来源的 $cobN$、$cobST$ 进行组合，发现当表达 $B.$ $melitensis$ 的 $cobN$、$S.$ $meliloti$ 的 $cobS$、$cobT$ 时维生素 B$_{12}$ 的产量最高，这里也证明了这些物种的钴螯合酶组成部分具有结构相似性，功能上可以相互替代。然后表达具有钴离子传递作用的 $cobW$ 后菌株的维生素 B$_{12}$ 产量有了 14.9 倍的提高。

由于目前构建的从头合成维生素 B$_{12}$ 的重组菌产量很低，为了提高重组菌的维生素 B$_{12}$ 的产量，接下来对诱导时 IPTG 的浓度与培养温度进行优化。选择这两个参数的原因如下：合成途径中的基因都采用 IPTG 诱导的 T7、tac、trc 启动子表达，异源基因的表达受 IPTG 浓度影响可能较大，同时也要考虑到 IPTG 过量对菌体产生的毒性作用；温度会影响蛋白折叠，这对异源表达的酶的功能有重要影响，同时也要兼顾其对生物量的影响。考虑到以上几方面因素，对这两个参数的优化如下：在 OD$_{600}$ 达到 0.8 时，IPTG 添加浓度设为 0.1mmol/L、0.4mmol/L、1mmol/L、2mmol/L。诱导后温度从 37℃更换到以下温度：24℃、28℃、32℃、37℃进行，培养 21h 后收集 30mL 发酵液进行定量检测。

结果表明：IPTG 浓度对生物量影响较小，当 IPTG 浓度超过 1mmol/L 时，OD$_{600}$ 略有降低。相对而言，培养温度对生物量影响很大。总体趋势是从 24℃到 32℃重组菌的生物量逐渐上升，但是温度上升到 37℃时重组菌的生物量急剧降低。推测原因可能是温度适度升高，接近重组菌的最佳生长温度，短时间内细菌可能生物量会升高，但是温度高导致异源蛋白短时间大量表达，一方面竞争细菌自身的代谢资源，另一方面异源蛋白可能对菌体有毒性。大约在接近 32℃时，异源蛋白的表达与菌体自身的生长达到平衡。

IPTG 浓度对维生素 B$_{12}$ 的产量影响因温度而变化，在 24℃培养时，IPTG 浓度为 1mmol/L 时，维生素 B$_{12}$ 的产量达到最高，但是总体对产量影响不大。在 28℃与 32℃培养时，IPTG 浓度与维生素 B$_{12}$ 的产量基本呈正相关关系。在 37℃培养时，IPTG 浓度与维生素 B$_{12}$ 的产量呈现微弱的负相关关系。而温度对维生素 B$_{12}$ 的产量影响更大，由于 IPTG 浓度的不同，维生素 B$_{12}$ 的产量在 28℃或 32℃达到最大值。对于维生素 B$_{12}$ 的产量的最佳参数是在 32℃添加 1mmol/L IPTG 诱导，最佳工程菌株 FH364 的维生素 B$_{12}$ 的产量达到 307.00μg/g DCW。从上面可以看出，IPTG 浓度、培养温度与重组菌的生长、异源蛋白的表达存在着相互影响的复杂关系，要协调这些因素才能实现生物量与维生素 B$_{12}$ 的产量共同提高。

第一代维生素 B$_{12}$ 生产菌株的性能仍需提高。为了最大限度地提高产品的产量，需要对菌株的代谢状态进行诊断、确定和优化，以消除代谢瓶颈。在转录或翻译水平上协调异源代谢途径中多种酶的胞内活性是至关重要的，以便在避免有毒中间体过量积累前提下使途径通量最大化。通过 HPLC 对 FH364 的维生素 B$_{12}$ 合成途径的代谢产物进行分析发现有 640μg/g DCW 的 HBA、270μg/g DCW 的 HBAD，证明 CobB、CobNST 催化的反应是限速步骤。经过表达 *Bacillus megaterium*、*Rhodobacter sphaeroides* 和 *P. denitrifican* 的 CobB 发现表达 *P. denitrifican* 的 CobB 能够最大程度将 HBA 转化为 HBAD。接下来解决另一个限速步骤 CobNST 催化的反应。考虑到在 *cobN* 的 N 端添加 his 标签有可能会影响其功能，采用增强其 RBS 和在 5′ 端添加一个 his 顺反子而非融合的形式都可以提高其表达量。由于这一步反应涉及三个酶，它们的理想的浓度比是 1∶1∶1。在采用 his 顺反子表达 *cobN* 的同时，通过 RBS 工程调节 *cobS*、*cobT* 的表达。当 *cobN* 与中等强度 RBS 表达的 *cobS*、*cobT* 组成操纵子时，维生素 B$_{12}$ 产量达到最高。接下来对下游从 CBAD 合成 AdoCbi-P 的途径进行优化，保留目前唯一已知的 *B. melitensis* 编码钴（Ⅱ）啉酸 a, c- 二酰胺还原酶的 *cobR* 基因，之前评价效果最好的 *S. typhimurium* 的 *cobA*、*cbiP* 不变，筛选不同来源的 APP 和 AdoCbi-P 合成基因，通过调节 APP 与 AdoCby 代谢流比例以及二者聚合生成 AdoCbi-P 的酶的筛选得到高产维生素 B$_{12}$ 的另一个菌株。

培养基优化是工程菌走向工业生产的必经之路。经过对维生素 B$_{12}$ 合成的前体甘氨酸、琥珀酸、甜菜碱的比例，碳源、氮源的种类和比例进行优化，得出最佳的培养基组成是 30g/L 葡萄糖、20g/L 玉米浆、5g/L 酵母提取物、20g/L 蛋白胨、5g/L KH$_2$PO$_4$、20mg/L CoCl$_2$·6H$_2$O、90mg/L DMBI、2g/L 甘氨酸、10g/L 琥珀酸、5g/L 甜菜碱、0.5g/L 苏氨酸、0.5g/L 谷氨酰胺 [38, 44]。

15.5.3　无细胞多酶催化合成维生素 B$_{12}$ 的研究

随着体外合成生物技术多酶体系的发展，与微生物细胞工厂相比，无细胞多酶体系具有很多优势。张大伟、康倩等利用 36 个酶在体外无细胞体系中，通过多模块设计、多酶比例优化、酶表达策略优化、辅因子循环再生与调控等一系列改进，从廉价底物 5- 氨基乙酰丙酸（5-ALA）开始，经过 30 多步催化合成维生素 B$_{12}$[45]。与依赖于微生物遗传改造的体内合成优化策略不同，体外催化合成体系可以更直观、更实时地监测催化反应的进行，并发现瓶颈反应步骤、催化不平衡节点及酶活性较差反应步骤，及时快速地定点改进与优化。

体外合成体系对比依赖微生物改造的发酵体系，虽然有上述潜在优点，但是由于维生素 B$_{12}$ 合成途径冗长且复杂，反应种类多，辅因子及储能化合物需求量大，所以体外多酶合成维生素 B$_{12}$，需要面对不同的问题。首先，合成维生素 B$_{12}$ 基本中心结构——HBA 的过程中，需要经过 8 步 S- 腺苷甲硫氨酸（SAM）依赖的甲基转移酶催化作用，以对卟啉环进行逐步的甲基化修饰。在这一系列甲基化催化过程中，SAM 的化学不稳定性及其副产物 SAH

对甲基化酶的反馈抑制，明显阻碍了级联反应的顺利进行，所以，额外添加级联酶催化用于 SAM 再生，以保证 SAM 持续供给，防止 SAH 大量积累，这一措施至关重要。在以 HBA 为催化起始位点，合成腺苷钴啉胺酸的模块反应中，中心钴离子的还原反应需要还原性强的反应环境，以防止中间产物的再氧化；另外，该级联反应中，涉及多步催化反应需要消耗 ATP 及 L-谷氨酰胺（L-glutamine，Gln），所以在体外合成过程中，ATP 及辅因子的再生，可以一定程度上缓解级联反应中供能物质的大量缺乏及竞争，保证反应平衡，且持续进行。在以腺苷钴啉胺酸合成维生素 B₁₂ 的级联催化中，涉及两步膜蛋白催化反应，所以，增强膜蛋白的表达且保证膜蛋白的催化活性，也是确保体外合成维生素 B₁₂ 的重要条件。此外，体外酶催化体系可以有效地开发维生素 B₁₂ 合成中间产物的测定方法，以提供更多检测节点，方便检测反应组中实时情况，及进行关键步骤催化酶筛选，为体外及体内方法合成维生素 B₁₂ 的进步提供有力的研究工具（图 15-5）。

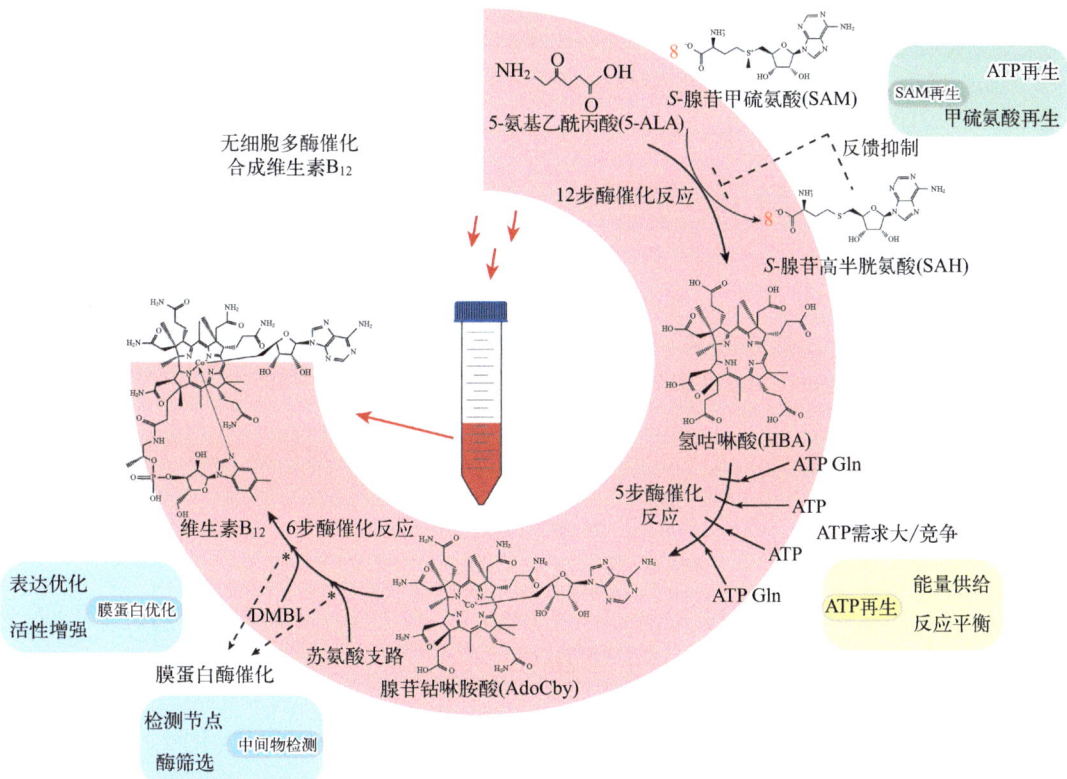

图 15-5 无细胞多酶催化合成维生素 B₁₂

最近，一个新型开发的 SAM 再生体系，被应用于优化体外多酶催化合成维生素 B₁₂ 关键中间产物氢咕啉酸（HBA）[46]。该 SAM 再生体系通过消耗 L-甲硫氨酸和多聚磷酸，为 HBA 的合成提供适当浓度的甲基供体 SAM，并有效地阻止副产物 SAH 的积累，避免了 SAH 对甲基转移酶的反馈抑制，以增强体外多酶催化合成 HBA 的产量。除此之外，在针对体外催化合成维生素 B₁₂ 的全合成体系中，SAM 及 SAH 问题还可以用线性催化解决，即使用甲硫氨酸腺苷转移酶（MetK）催化 L-甲硫氨酸合成 SAM，再以 SAH 核苷酶（MtnN）

催化 SAH 转化为 *S*- 核苷高半胱氨酸，以消除 SAH 的反馈抑制。另外，合成维生素 B$_{12}$ 过程中大量消耗的 ATP 和 L- 谷氨酰胺（Gln），分别可以通过消耗额外添加的廉价聚磷酸和副产物 L- 谷氨酸（Glu）以再生。通过消耗副产物 Glu 及 NAD$^+$，经过多步酶催化，可以实现还原力 NADH 的再生；NADH 再生之后，通过消耗额外添加的甘氨酸，还可使底物 5-ALA 再生，以强化多酶催化体系中底物的供给。此外，副产物焦磷酸（三磷酸、二磷酸）被引入的焦磷酸酶（PpA）分解为磷酸，以消除该副产物的反馈抑制（图 15-6）。

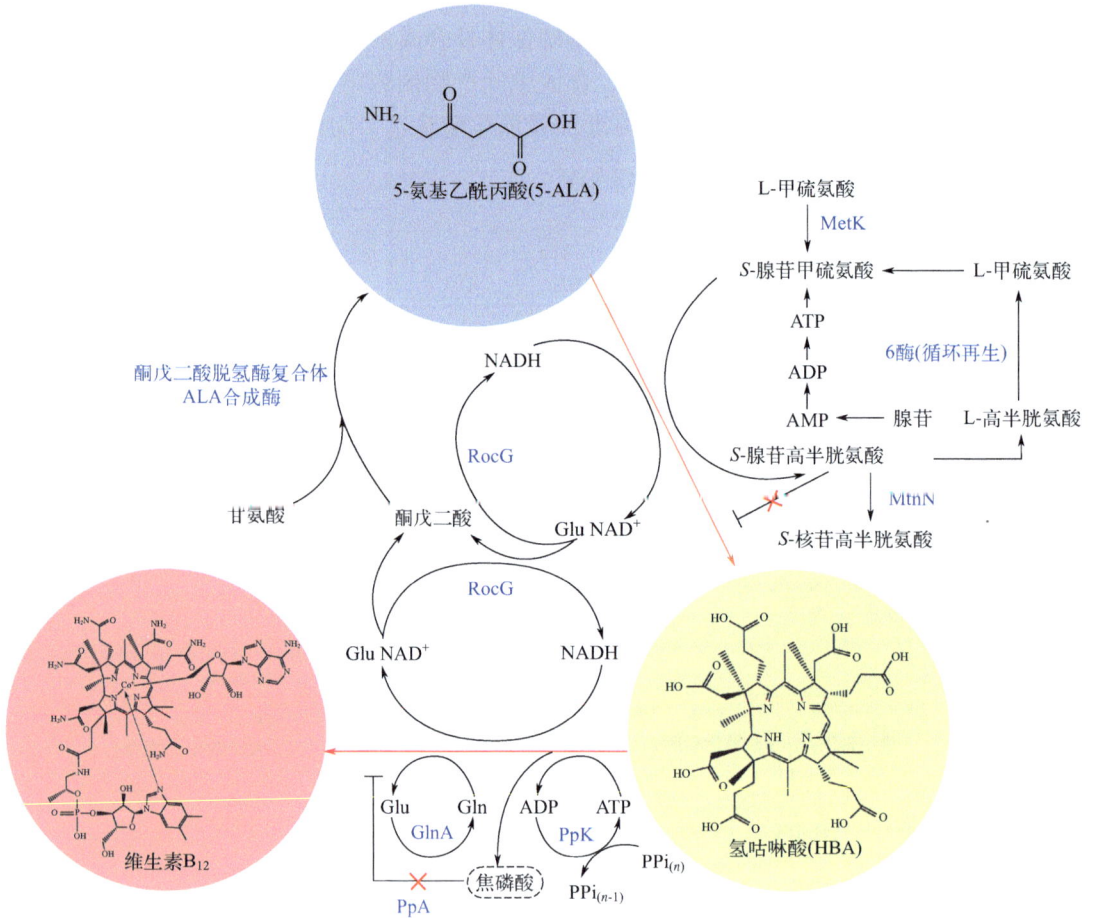

图 15-6　体外催化合成维生素 B$_{12}$ 的辅因子再生

15.6　维生素 B$_{12}$ 的工业生产概览

15.6.1　发酵工序的简述

不同生产企业的维生素 B$_{12}$ 发酵培养基成分会略有差别，但是总体的发酵工艺基本相同，下面以宁夏多维药业有限公司的发酵工序作为例子进行介绍[47]。

　　首先，一级种子培养：向 1m^3 一级种子罐中加入如下物料，麦芽糖 2.0 ～ 2.2g/L，硫胺素 0.007 ～ 0.008g/L，核黄素 0.007 ～ 0.008g/L，生物素 0.007 ～ 0.008g/L，玉米浆 14.0 ～ 16.0mL/L，磷酸氢二铵 0.040 ～ 0.045g/L，硫酸锌 0.04 ～ 0.05g/L，氧化镁 0.018 ～ 0.022g/L，5,6- 二甲基苯并咪唑 0.018 ～ 0.022g/L，碳酸钙 0.02 ～ 0.03g/L 和甜菜碱 0.10 ～ 0.11g/L，120 ～ 122℃灭菌 31min 冷却后用无菌空气保压（压力控制 0.01 ～ 0.02MPa），将脱氮假单胞菌母瓶种子在火焰保护下以 5% ～ 10% 比例接种，温度控制在 29 ～ 33℃，培养时间 20 ～ 30h。

　　然后，二级种子培养：向 10m^3 一级种子罐中加入如下物料，麦芽糖 2.6 ～ 2.7g/L，硫胺素 0.008 ～ 0.009g/L，核黄素 0.008 ～ 0.009g/L，生物素 0.008 ～ 0.009g/L，玉米浆 20.0 ～ 22.0mL/L，磷酸氢二铵 0.04 ～ 0.05g/L，硫酸锌 0.05 ～ 0.06g/L，氧化镁 0.02 ～ 0.03g/L，5,6- 二甲基苯并咪唑 0.07 ～ 0.08g/L，碳酸钙 0.08 ～ 0.09g/L，甜菜碱 0.30 ～ 0.32g/L 和尿素 0.004 ～ 0.005g/L。120 ～ 124℃灭菌 32min 冷却后用无菌空气保压（压力控制 0.01 ～ 0.02MPa），将一级种子全部转接到 10m^3 二级种子罐，温度控制在 29 ～ 33℃，培养时间 60 ～ 80h。

　　最后，发酵培养：向 100m^3 一级种子罐中加入如下物料，麦芽糖 4.2 ～ 4.3g/L，硫胺素 0.013 ～ 0.015g/L，核黄素 0.013 ～ 0.015g/L，生物素 0.013 ～ 0.015g/L，玉米浆 30.0 ～ 32.0mL/L，磷酸氢二铵 0.04 ～ 0.06g/L，硫酸锌 0.05 ～ 0.06g/L，氧化镁 0.04 ～ 0.06g/L，5,6- 二甲基苯并咪唑 0.07 ～ 0.08g/L，碳酸钙 0.07 ～ 0.08g/L，甜菜碱 2.4 ～ 2.6g/L 和尿素 0.01 ～ 0.02g/L。122 ～ 123℃灭菌 38min 冷却后用无菌空气保压（压力控制 0.01 ～ 0.02MPa），将二级种子全部转接到含有发酵培养基的 100m^3 发酵罐中进行培养。当发酵液中总糖含量低于 7% 时，补入人工糖蜜（由麦芽糖 2.6 ～ 2.7g/L，硫胺素 0.008 ～ 0.009g/L，核黄素 0.008 ～ 0.009g/L，生物素 0.008 ～ 0.009g/L 组成）至总糖含量为 7% ～ 7.5%。发酵罐温度控制在 30 ～ 33℃，培养时间 160 ～ 200h。

　　黑龙江新和成生物科技有限公司[48] 对维生素 B$_{12}$ 生产菌为黏着剑菌（*Ensifer adhaerens*）的好氧发酵工艺进行了改进：好氧发酵开始后，控制发酵液的氧化还原电位（ORP）值处于 50 ～ 75mV 之间，至发酵液中溶氧降至 30% ～ 50%，再将发酵液的 ORP 值调整到 -140 ～ -120mV 之间，至发酵过程结束。利用调节 pH 值、搅拌转速和通气量以及添加氧化剂（硫酸铁或铁氰化钾）与还原剂（胱氨酸、半胱氨酸、维生素 C、维生素 E 和富马酸中的任意一种或至少两种的组合）对维生素 B$_{12}$ 的发酵过程进行多阶段 ORP 调控，达到提高维生素 B$_{12}$ 的产量、降低原料葡萄糖和甜菜碱消耗的目的。

15.6.2　分离提取工序的简述

（1）氰基钴胺素的分离提取工艺

　　氰基钴胺素制备过程中需要氰化钠的参与，河北美邦工程科技股份有限公司发明了一种降低氰化钠使用量的相对环保的分离提取工艺[49]，其流程如下（图 15-7）。

　　第 1 步：水解

　　向生产维生素 B$_{12}$ 的发酵液中加入等质量的水，加热至 90 ～ 100℃使细胞裂解释放出细

胞内的维生素 B_{12}，得到水解液。

第 2 步：一次膜过滤

采用金属膜或陶瓷膜系统过滤水解液，滤除蛋白、菌体碎片等。当过滤速度明显下降时，向膜系统中加入水继续过滤。当水解液中维生素 B_{12} 含量低于 5μg/L 时，停止加水，过滤结束，收集一次膜透过液和一次膜浓缩液。

第 3 步：二次膜过滤

将一次膜透过液采用截留分子量为 10000 ～ 80000 的超滤膜系统进行过滤除杂，当过滤速度明显下降时，向膜系统中加入水继续过滤，当水解液中维生素 B_{12} 含量低于 5μg/L 时，停止加水，过滤结束，收集二次膜透过液和二次膜浓缩液。

第 4 步：预涂转鼓脱蛋白

将二次膜透过液采用立式吸附硅藻土和珍珠岩质量比 1 ：10 的预涂层的转鼓离心机脱除蛋白。当蛋白积累至一定厚度后被刮刀刮下，收集刮下的无助滤剂蛋白；当脱蛋白结束时，调节刮刀间距，刮下少量的有助滤剂蛋白并收集，同时收集转鼓滤液。

第 5 步：蛋白吸附

采用蛋白吸附树脂柱吸附转鼓滤液中的蛋白杂质，得到精制滤液，采用酸液、碱液或次氯酸钠对蛋白吸附树脂柱进行解吸，并收集蛋白。

第 6 步：纳滤浓缩

将精制滤液采用纳滤膜进行浓缩，得到大分子液和小分子液，其中，部分小分子液进入步骤 2 一次膜过滤工序，剩余小分子液进入步骤 3 二次膜过滤工序。

第 7 步：氰化钠转化

向步骤 6 得到的大分子液中加入适量氰化钠得到含氰基钴胺素的精制滤液。

第 8 步：三级吸附柱除杂结晶

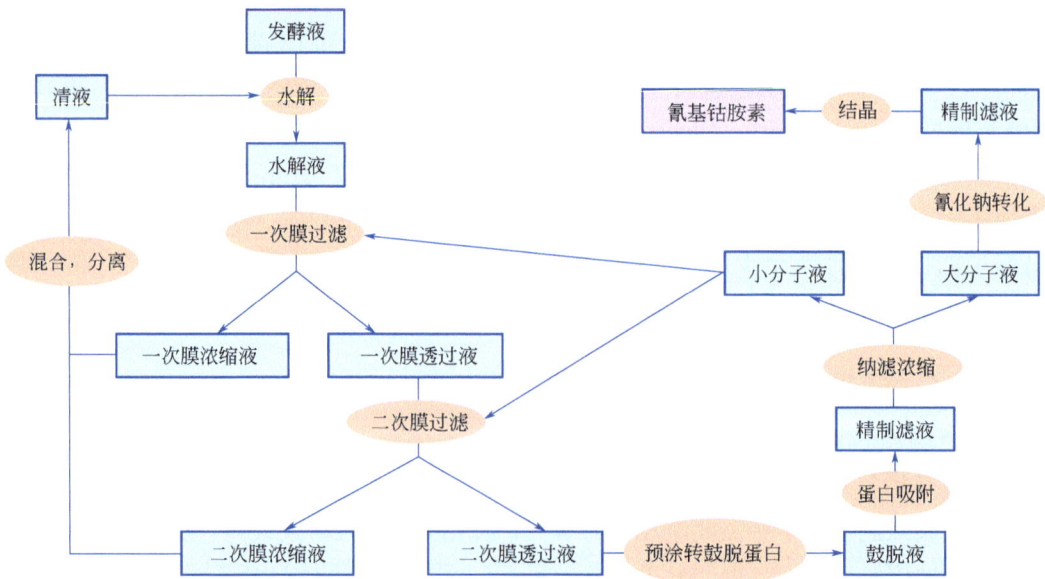

图 15-7   氰基钴胺素的分离提取工艺示意图

将含氰基钴胺素的精制滤液进行三级吸附树脂柱除杂结晶，最终得到纯品氰基钴胺素（维生素 B₁₂）。

第 9 步：将步骤 2 一次膜过滤工序收集到的一次膜浓缩液和步骤 3 二次膜过滤工序收集到的二次膜浓缩液混合后进行分离，分离出的清液进入步骤 1 水解工序，浓渣无助滤剂菌体与步骤 4 预涂转鼓脱蛋白工序得到的无助滤剂蛋白和步骤 5 蛋白吸附工序得到的蛋白一起收集，用于深加工。

第 10 步：将步骤 4 预涂转鼓脱蛋白工序得到的无助滤剂蛋白进行焚烧处理。

使用该方法氰化钠使用量降低了 90% 以上，节省了阳离子交换树脂柱吸附步骤，降低了生产成本，所需时间节约 10h 以上，氰基钴胺素总回收率达 83% 左右。

（2）腺苷钴胺素的分离提取工艺

河北玉星生物工程有限公司是国内主要的腺苷钴胺素生产企业，他们采用一种全树脂精炼提取腺苷钴胺素的制备方法（示意图见图 15-8）[50]。

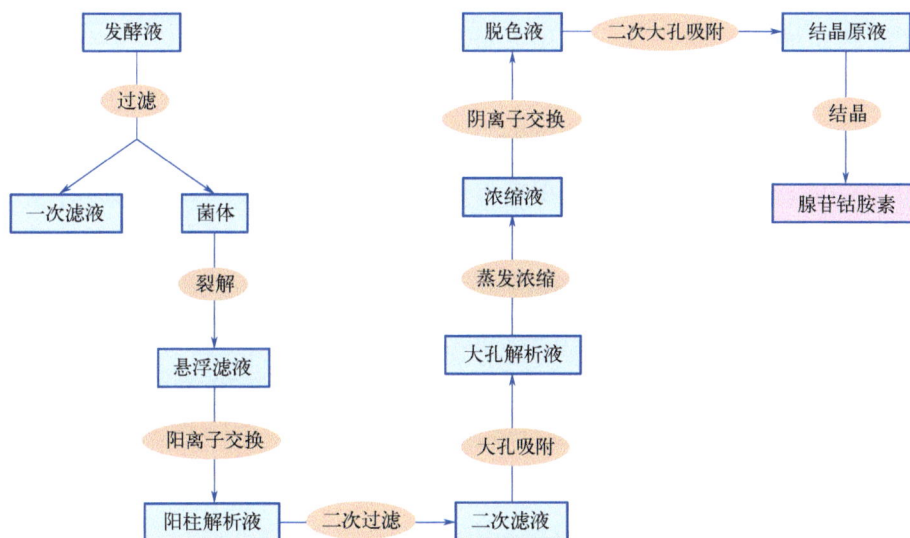

图 15-8 腺苷钴胺素的分离提取工艺示意图

第 1 步（过滤）：向生产腺苷钴胺素的发酵液中加入絮凝剂（如二价锌离子）和助滤剂（如二价钙离子），过滤得到菌体和一次滤液。

第 2 步（裂解）：向菌体中加 4～6 倍质量的水重悬，加入 0.2%～0.4% 菌体质量的沉降剂，调节 pH 为 4.5～6.0，80～92℃加热 20～40min 裂解细胞，过滤得到悬浮滤液。

第 3 步（阳离子交换）：悬浮滤液经阳离子交换树脂进行交换，并用弱碱（如 5%～8% 氨水）置换得到阳柱解析液。

第 4 步（二次过滤）：向阳柱解析液中加入聚合氯化铝和氯化镁 1：1 混合的沉降剂（用量 6～10kg/m³），用 7% 盐酸调节 pH 为 4.5～6.0，过滤得到二次滤液。

第 5 步（大孔吸附）：二次滤液经大孔树脂柱吸附、展层、解析得到大孔解析液。

第 6 步（蒸发浓缩）：大孔解析液经蒸发去除丙酮得到浓缩液。

第7步（阴离子交换）：浓缩液经阴离子交换树脂交换，得到脱色液。

第8步（二次大孔吸附）：先用20%醋酸调节脱色液 pH 为 4.5～6.0，再经过大孔树脂吸附，解析得到结晶原液。

第9步（结晶）：向结晶原液中加入 0.79～0.81g/mL 的丙酮，经动态结晶、静态结晶，得到成品腺苷钴胺素。

这种工艺首先将菌体和发酵液分离，菌体用于腺苷钴胺素制备，发酵液用于氰基钴胺素制备。采用全树脂提取和精制，整个过程操作简便，周期短，稳定性高，对环境友好，产品纯度高。通过该工艺将腺苷钴胺素的收率提高到 90% 以上，总收率大于 55%，维生素 B_{12} 总收率大于 92%，降低了生产成本。

（3）甲基钴胺素的制备方法

甲基钴胺素的制备方法见河北玉星生物工程有限公司专利 CN201110336279.7[51]。详情如下。

①将氰基钴胺素、氯化钴、三甲基碘化亚砜［三者比例为 1 ：（0.12～0.17）：（0.25～0.32）］溶解于去离子水中，充分搅拌，得到待反应液，此时可以充氮气除去反应液中的氧气；②将氰基钴胺素质量 0.34～0.39 倍的硼氢化钠溶于无水乙醇中配成浓度 0.042～0.048g/mL 的硼氢化钠溶液（溶液可以充氮气除去氧气），加入上步所得待反应液进行反应；③上步反应结束后，用醋酸调节溶液的 pH 值为 5.0～7.0；④上步反应液离心得过滤液；⑤真空蒸发过滤液得浓缩液；⑥浓缩液经 CAD45 或 XAD1180 大孔树脂柱吸附、水洗、展层（展层剂为 0.98～0.99g/mL 丙酮水溶液）、解析得结晶原液（解析剂为 0.92～0.94g/mL 丙酮水溶液）；在搅拌下向结晶原液中加入 0.79～0.80g/mL 丙酮，搅拌 1～2h 进行动态结晶，静置 2～4h 进行静态结晶，过滤、洗涤、干燥得甲基钴胺素成品。本发明在反应中采用低浓度的反应液，采用离心、真空蒸发、树脂提取、结晶等步骤获得高收率、高纯度、低成本的甲钴胺工业化制备方法。

（4）羟基钴胺素的制备方法

羟基钴胺素的制备方法见河北玉星生物工程有限公司[52]专利 CN201110207725.4。详情如下：

①取甲基钴胺素，溶解，调节 pH 为 3.0～5.0，得到待反应液；②搅拌状态下，经强光照射，使甲基钴胺素转化为羟基钴胺素，得到反应液；③反应液经苯乙烯大孔吸附树脂吸附（速度 100L/h）、水洗、3%～10% 丙酮水溶液展层剂展层（速度 100L/h）、30%～50% 丙酮水溶液解析剂解析（速度 100～250L/h）后得到结晶原液；④30～70r/min 转速搅拌状态下，向结晶原液中加入丙酮，动态结晶 1～2h 后，静置 4～5h，抽滤、洗涤、干燥，得到羟基钴胺素成品。这种方法操作简单，稳定性高，所用有机试剂少，对环境友好，生产周期短，能够极大地提高产品的收率和纯度，同时降低生产成本。

（5）维生素 B$_{12}$ 的精制方法

该方法来源于上海科黛生物科技有限公司[53] 的专利 CN202011400144.8。将维生素 B$_{12}$ 粗品与有机溶剂如甲醇、乙醇进行混合，降温至 0～5℃，然后加入占维生素 B$_{12}$ 粗品质量 10%～15% 的还原剂氰基硼氢化钠，在室温下搅拌 1～2h，过滤，然后在 40～60℃下真空干燥，得到精制后的维生素 B$_{12}$ 纯品，纯度大于 99%。

15.7　维生素 B$_{12}$ 的专利分析与前景展望

15.7.1　专利分析

目前已公布的维生素 B$_{12}$ 相关专利共 457 个专利家族，其中 79 个有效。排名前五的国家是中国 104 件、美国 90 件、日本 62 件、法国 37 件、比利时 11 件。这些专利内容主要集中在生产成本降低、复杂性降低、能力提高、价值提高、产量提高、效率提高上。从 2016 年开始申请数量有上升趋势。关于维生素 B$_{12}$ 合成与生产的相关专利共 163 个专利家族（25 个有效），主要掌握在美国默克、日本石油株式会社、日本大赛璐化学工业株式会社、宁夏泰瑞制药股份有限公司、广济药业（孟州）有限公司等企业手中。国内张大伟团队[54-58] 截至 2023 年，在维生素 B$_{12}$ 方面布局了 12 个专利。这些专利集中在酶和突变体、转录调控因子和突变体应用于苜蓿中华根瘤菌提高维生素 B$_{12}$ 产量[59]，以及利用大肠杆菌合成维生素 B$_{12}$[60]。

15.7.2　前景展望

维生素 B$_{12}$ 下游生产工艺创新已经达到顶点，未来发展主要依赖上游源头生产菌种的创建和改造。与其它品种的维生素相比，维生素 B$_{12}$ 产量极低，虽然其合成途径很长，代谢调控复杂，但还有很大的上升空间，以往制约天然菌种 *P. denitrifican* 育种的主要障碍是其同源重组效率低，缺乏有效的基因编辑工具。近几年合成生物学迅速发展，各种 CRISPR 基因编辑技术应用于细菌的报道越来越多，其应用于维生素 B$_{12}$ 天然生产菌也必将加速天然菌种的革新。另一方面，人工合成维生素 B$_{12}$ 菌种也非常值得关注。中国科学院天津工业生物技术研究所张大伟团队开发的大肠杆菌合成维生素 B$_{12}$ 技术，相比工业生产菌种，虽然目前产量还较低，但发酵周期比天然工业菌种从 180h 缩短到 40～50h，而且大肠杆菌遗传改造非常便利，具有颠覆原有生产工艺的潜力。但是大肠杆菌工程菌的 3 个质粒非常不稳定，未来将部分甚至全部维生素 B$_{12}$ 合成途径基因整合到染色体上将会解决这个问题。2023 年，张大伟团队在《自然通讯》报道了 36 个酶体外合成维生素 B$_{12}$，虽然产量没有明显应用优势，但多酶催化的周期只有 12～24h，将来进行酶低成本制备和固定化酶技术开发，以及底物、辅因子与能量再生系统优化，也具有应用前景。

2018 年大肠杆菌中引入 28 个异源基因从头合成维生素 B_{12} 与 2023 年 36 个酶体外合成维生素 B_{12}，都被合成生物学领域科学家张先恩研究员选入中国合成生物学代表性工作，实现了合成生物的"造物致知"，增加了对维生素 B_{12} 生物合成的理解，将促进其产量提高，最终希望实现"造物致用"。合成生物技术更加完善了我们对维生素 B_{12} 生物合成的理解和认知，也促进复杂长途径天然产物及其相关产品领域的发展。

参 考 文 献

[1] Gianluca R，Laganà A S. Chapter 6 - A review of vitamin B_{12}[M]. New York：Academic Press，2020.

[2] 付炎，李力更，王于方，等. 天然药物化学史话：维生素 B_{12}[J]. 中草药，2015，46（09）：1259-1264.

[3] Chanarin I. The megaloblastic anaemia 2nd edition[M]. London：Blackwell Scientific Oxford，1979.

[4] Sumedha G，Lawrence C B，Ruma B. Posttranscriptional regulation of mammalian methionine synthase by B_{12}[J]. Biochemical and Biophysical Research Communications，1999，259：436-442.

[5] Larissa B，Liudmila A，Maksim M，et al. Microbial and genetic resources for cobalamin（vitamin B_{12}）biosynthesis：from ecosystems to industrial biotechnology[J]. International Journal of Molecular Sciences，2021，22（9）：4522.

[6] 王宇卉，邵福源. 提高对维生素 B_{12} 缺乏性神经病变的认识[J]. 临床神经病学杂志，2007，20（4）：241-244.

[7] 黄亦依，冯潇，朱炫，等. 膳食维生素 B_{12} 添加与阿尔茨海默病的防治[J]. 中国老年学杂志，2018. 38（07）：1761-1765.

[8] 江兴，邓锴，张昌军. 维生素 B_{12} 在男性不育中的研究进展[J]. 医学综述，2018，24（02）：362-366.

[9] 罗凤勇，陈帅，周艳. 维生素 B_{12} 在肿瘤、肥胖和糖尿病中的研究及诊治进展[J]. 中国当代医药，2020，27（18）：30-33.

[10] Woodward R B. The total synthesis of vitamin B_{12}[J]. Pure and Applied Chemistry，1973，33（1）：145-178.

[11] 宋晓伟，黄勋. 维生素 B_{12} 的发酵生产及应用[J]. 产业与科技论坛，2015，14（03）：50-52.

[12] 卢正东，陈情，夏炜铠，等. 一种脱氮假单胞菌发酵生产维生素 B_{12} 高产菌株的筛选方法和筛选培养基：CN 111254173A[P]. 2020-06-09.

[13] Kang Z，Zhang Z，Zhou J，et al. Recent advances in microbial production of delta-aminolevulinic acid and vitamin B_{12}[J]. Biotechnol Adv，2012，30（6）：1533-1542.

[14] Raux E，Schubert H L，Warren M J. Biosynthesis of cobalamin（vitamin B_{12}）：a bacterial conundrum[J]. Cellular and Molecular Life Sciences CMLS，2000，57（13-14）：1880-1893.

[15] Bryant D A，Hunter C N，Warren M J. Biosynthesis of the modified tetrapyrroles-the pigments of life[J]. J Biol Chem，2020，295（20）：6888-6925.

[16] Warren M J，Cooper J B，Woodet S P，et al. Lead poisoning，haem synthesis and 5-aminolaevulinic acid dehydratase[J]. Trends Biochem Sci，1998，23（6）：217-221.

[17] Roessner C A，Huang K X，Warren M J，et al. Isolation and characterization of 14 additional genes specifying the anaerobic biosynthesis of cobalamin（vitamin B_{12}）in *Propionibacterium freudenreichii*（*P. shermanii*）[J]. Microbiology，2002，148（6）：1845-1853.

[18] Scott A I, Roessner C A. Biosynthesis of cobalamin (vitamin B₁₂) [J]. Biochemical Society Transactions, 2002, 30: 613-620.

[19] Blanche F, Maton L, Debussche, et al. Purification and characterization of cob (Ⅱ) yrinic acid a, c-diamide reductase from *Pseudomonas denitrificans*[J]. Journal of Bacteriology, 1992, 174 (22): 7452-7454.

[20] Blanche F, Couder M, Debussche L, et al. Biosynthesis of vitamin B₁₂: stepwise amidation of carboxyl groups b, d, e, and g of cobyrinic acid a, c-diamide is catalyzed by one enzyme in *Pseudomonas denitrificans*[J]. Journal of bacteriology, 1991, 173 (19): 6046-6051.

[21] Taga M E, Larsen N A, Howard-Jones A R, et al. BluB cannibalizes flavin to form the lower ligand of vitamin B₁₂[J]. Nature, 2007, 446 (7134): 449-453.

[22] Hazra A B, Han A W, Mehta A P, et al. Anaerobic biosynthesis of the lower ligand of vitamin B₁₂[J]. Proc Natl Acad Sci U S A, 2015, 112 (34): 10792-10797.

[23] Cameron B, Blanche F, Rouyez M C, et al. Genetic analysis, nucleotide sequence, and products of two *Pseudomonas denitrificans cob* genes encoding nicotinate-nucleotide: dimethylbenzimidazole phosphoribosyltransferase and cobalamin (5′-phosphate) synthase[J]. J Bacteriol, 1991, 173 (19): 6066-6073.

[24] Escalante-Semerena J C. Conversion of cobinamide into adenosylcobamide in bacteria and archaea[J]. J Bacteriol, 2007, 189 (13): 4555-4560.

[25] Gray M J, Escalante-Semerena J C. *In vivo* analysis of cobinamide salvaging in *Rhodobacter sphaeroides* strain 2.4.1[J]. J Bacteriol, 2009, 191 (12): 3842-3851.

[26] Otte M M, Woodson J D, Escalante-Semerena J C. The thiamine kinase (YcfN) enzyme plays aminor but significant role in cobinamide salvaging in *Salmonella enterica*[J]. J Bacteriol, 2007, 189 (20): 7310-7315.

[27] Fang, H, Kang J, Zhang D W. Microbial production of vitamin B₁₂: a review and future perspectives [J]. Microbial Cell Factories, 2017, 16 (1): 15.

[28] Mandal M, Breaker R R. Gene regulation by riboswitches [J]. Nature Reviews Molecular Cell Biology, 2004, 5 (6): 451-463.

[29] Blanche F, Debussche L, Thibaut D, et al. Purification and characterization of S-adenosyl-L-methionine: uroporphyrinogen Ⅲ methyltransferase from *Pseudomonas denitrificans*[J]. Journal of Bacteriology, 1989, 171 (8): 4222-4231.

[30] Piao Y, Yamashita M, Kawaraichi N, et al. Production of vitamin B₁₂ in genetically engineered *Propionibacterium freudenreichii*[J]. Journal of Bioscience and Bioengineering, 2004, 98 (3): 167-173.

[31] Piao Y, Kiatpapan P, Yamashita M, et al. Effects of expression of *hemA* and *hemB* genes on production of porphyrin in *Propionibacterium freudenreichii*[J]. Appl Environ Microbiol, 2004, 70 (12): 7561-7566.

[32] Moore S J, Mayer M J, Biedendieck R, et al. Towards a cell factory for vitamin B₁₂ production in *Bacillus megaterium*: bypassing of the cobalamin riboswitch control elements[J]. N Biotechnol, 2014, 31 (6): 553-561.

[33] Larson M H, Gilbert L A, Wang X, et al. CRISPR interference (CRISPRi) for sequence-specific control of gene expression[J]. Nat Protoc, 2013, 8 (11): 2180-2196.

[34] Na D, Yoo S M, Chung H, et al. Metabolic engineering of *Escherichia coli* using synthetic small regulatory RNAs[J]. Nat Biotechnol, 2013, 31 (2): 170-174.

[35] Cui Y L, Dong H N, Tong B S, et al. A versatile Cas12k-based genetic engineering toolkit (C12KGET) for metabolic

engineering in genetic manipulation-deprived strains[J]. Nucleic Acids Research, 2022, 50 (15): 8961-8973.

[36] Wang L, Wilson S, Elliott T. A mutant hemA protein with positive charge close to the n terminus is stabilized against heme-regulated proteolysis in *Salmonella typhimurium*[J]. Journal of Bacteriology, 1999, 181 (19): 6033-6041.

[37] Cai Y, Xia M, Dong H, et al. Engineering a vitamin B$_{12}$ high-throughput screening system by riboswitch sensor in *Sinorhizobium meliloti*[J]. BMC Biotechnology, 2018, 18 (1): 27.

[38] Fang H, Li D, Kang J, et al. Metabolic engineering of *Escherichia coli* for de novo biosynthesis of vitamin B$_{12}$[J]. Nature Communications, 2018, 9 (1): 4917.

[39] Rodionov D A, Hebbeln P, Gelfand M S, et al. Comparative and functional genomic analysis of prokaryotic nickel and cobalt uptake transporters: evidence for a novel group of ATP-binding cassette transporters[J]. J Bacteriol, 2006, 188 (1): 317-327.

[40] Young T R, Martini M A, Foster A W, et al. Calculating metalation in cells reveals CobW acquires Co (Ⅱ) for vitamin B$_{12}$ biosynthesis while related proteins prefer Zn (Ⅱ)[J]. Nat Commun, 2021, 12 (1): 1195.

[41] Fan C, Bobik T A.The PduX enzyme of *Salmonella enterica* is an l-threonine kinase used for coenzyme B$_{12}$ synthesis[J]. J Biol Chem, 2008, 283: 11322-11329.

[42] Brushaber K R. CobD, a novel enzyme with L-threonine-*O*-3-phosphate decarboxylase activity, is responsible for the synthesis of (*R*)-1-amino-2-propanol *O*-2-phosphate, a proposed new intermediate in cobalamin biosynthesis in *Salmonella typhimurium* LT2[J]. Journal of Biological Chemistry, 1998, 273 (5): 2684-2691.

[43] Blanche F, Cameron B, Crouzet J, et al. Vitamin B$_{12}$: how the problem of its biosynthesis was solved[J]. Angewandte Chemie International Edition in English, 1995, 34 (4): 383-411.

[44] Li D, Fang H, Gai Y, et al. Metabolic engineering and optimization of the fermentation medium for vitamin B$_{12}$ production in *Escherichia coli*[J]. Bioprocess Biosyst Eng, 2020, 43 (10): 1735-1745.

[45] Kang Q, Fang H, Xiang M, et al. A synthetic cell-free 36-enzyme reaction system for vitamin B$_{12}$ production[J]. Nat Commun, 2023, 14: 5177.

[46] Xiao K, Kang Q, Xiang M, et al. Optimization of hydrogenobyrinic acid synthesis in a cell-free multienzyme reaction by novel S-adenosyl-methionine regeneration[J]. ACS Synth Biol, 2023, 12 (4): 1339-1348.

[47] 任勇, 冷晓红, 王友善, 等. 脱氮假单胞菌发酵生产维生素 B$_{12}$ 的培养基及发酵方法 CN102453740B[P]. 2013-12-11.

[48] 高显星, 郑亚峰, 张永杰, 等. 一种基于氧化还原电位调控好氧发酵生产维生素 B$_{12}$ 的方法: CN113502308A[P]. 2021-04-15.

[49] 刘东, 吕志, 张玉新, 等. 一种维生素 B$_{12}$ 的制备方法: CN105017360A[P]. 2015-07-22.

[50] 张拴兵, 王玉锋. 一种腺苷钴胺的制备方法: CN102321137A[P]. 2012-01-18.

[51] 张拴兵, 王玉峰. 一种甲钴胺的制备方法: CN102391340A[P]. 2012-03-28.

[52] 张拴兵, 王玉锋. 一种制备羟钴胺盐的方法: CN102351933A[P]. 2012-02-15.

[53] 张红夺, 金峰, 金涛, 等. 一种维生素 B$_{12}$ 的精制方法及所得产品的应用: CN112442095B[P]. 2022-07-22.

[54] 张大伟, 董会娜, 马延和. 尿卟啉原Ⅲ合成酶突变体、突变基因及其在制备维生素 B12 中的应用: CN110819615B[P]. 2020-04-07.

[55] 张大伟, 董会娜. 甲硫氨酸合成酶突变体、突变基因及其在制备维生素 B$_{12}$ 中的应用: CN110819605B[P]. 2020-04-07.

［56］张大伟，董会娜 . 前咕啉 -2C（20）- 甲基转移酶突变体、突变基因及其在制备维生素 B12 中的应用：CN110804598B［P］. 2020-04-07.

［57］张大伟，董会娜 . β- 呋喃果糖苷酶突变体、突变基因及其在制备维生素 B$_{12}$ 中的应用：CN110904079B［P］. 2020-05-19.

［58］张大伟，董会娜 . 异柠檬酸裂合酶突变体、突变基因及其在制备维生素 B$_{12}$ 中的应用：CN111041020B［P］. 2021-09-07.

［59］张大伟，董会娜 . 转录调控因子和其突变体及其在制备维生素 B$_{12}$ 中的应用：CN110904126B［P］. 2020-05-12.

［60］张大伟，房欢 . 从头合成维生素 B$_{12}$ 的大肠杆菌重组菌及其构建方法与应用：CN109897810B［P］. 2020-06-09.

第 16 章
辅酶 Q₁₀

朱永强 [1,2]，叶丽丹 [3]，于洪巍 [3]

[1] 宿迁学院，

[2] 浙江新和成股份有限公司，

[3] 浙江大学

16.1　概述

16.1.1　辅酶 Q₁₀ 的命名与结构

辅酶 Q_n（coenzyme Q_n，CoQ_n）是一类具有高氧化还原电势的脂溶性物质[1]，因其广泛存在于动物、植物及微生物体内所以又称泛醌（ubiquinone）。CoQ_n 分子由一个醌环母核和聚异戊二烯侧链组成，n 的值随着物种不同而变化，在哺乳动物细胞内为 10，即以辅酶 Q_{10}（2,3- 二甲氧基 -5- 甲基 -6- 癸异戊烯基苯醌）的形式存在。

辅酶 Q_{10} 分子在细胞中存在还原型和氧化型两种结构，如图 16-1 所示。辅酶 Q_{10} 的分子式为 $C_{59}H_{90}O_4$，分子量 863，在常温下为黄色或淡黄色结晶性粉末，对温度和湿度较稳定但光照条件下易分解为红色物质，熔点为 48 ～ 50℃，无臭无味。

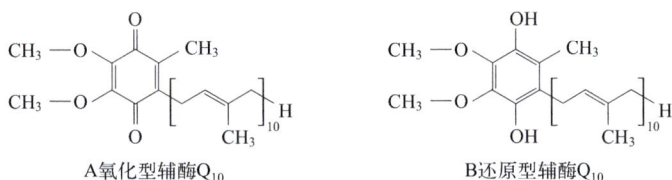

A氧化型辅酶Q10　　　　　　　　B还原型辅酶Q10

图 16-1　辅酶 Q₁₀ 结构

16.1.2　辅酶 Q₁₀ 的来源

1957 年 Frederick Crane 教授[2] 从牛的心脏细胞中首次分离获得辅酶 Q_{10}；1958 年，Karl Folkers 博士因确定辅酶 Q_{10} 的结构并首次用化学方法合成辅酶 Q_{10} 而获得了美国化学学会的最高荣誉普利斯特里奖，被称为辅酶 Q_{10} 研究之父。1972 年，Karl Folkers 课题组和 Gian Paolo Littarru 课题组通过研究分别独立提出心脏病等心血管疾病是辅酶 Q_{10} 缺乏所致。1977 年，日本协和发酵化学株式会社通过发酵法生产辅酶 Q_{10}。1976 年，Peter Mitchell[3] 用化学渗透理论解释了生物能量转移，包括在能量转移系统中辅酶 Q_{10} 起重要的质子转移作用，获得诺贝尔奖。辅酶 Q_{10} 在生物体内广泛分布于各种生物膜中，包括线粒体膜、细胞膜、高尔基体膜。

16.2　辅酶 Q₁₀ 的功能和应用

16.2.1　辅酶 Q₁₀ 的功能

（1）细胞抗氧化功能

细胞在代谢过程中都会产生大量的氧自由基，氧自由基会氧化破坏蛋白质、脂质和

DNA 的结构[4,5]。在细胞体内氧化型辅酶 Q_{10} 和还原型辅酶 Q_{10} 是可以互相转化的。辅酶 Q_{10} 的还原态（$CoQ_{10}H_2$）可以保护细胞避免其被氧化破坏。作为一种抗氧化剂，还原态的辅酶 Q_{10} 可以通过将质子传递给自由基，将其还原而中断连锁反应，从而抑制蛋白质、脂质和 DNA 的过氧化。半还原态的辅酶 Q_{10} 在胞内经过相关代谢途径重新被还原[6]。辅酶 Q_{10} 和生育酚在抗氧化功能上存在协同效应，生育酚直接清除氧自由基而辅酶 Q_{10} 则使生育酚再生来提高细胞整体的抗氧化能力[7]。

（2）细胞电子传递链的必要组成部分

电子在呼吸链复合体之间的传递主要依靠辅酶 Q_{10} 和可溶性的细胞色素 C。在呼吸链中，复合体 I 将 NADH 的电子用来还原氧化态辅酶 Q_{10} 形成还原态辅酶 Q_{10}。复合体 III 持续地利用还原态辅酶 Q_{10} 来还原细胞色素 C，然后复合体 IV 从细胞色素 C 得到电子来还原最终的电子受体氧分子，释放的能量通过复合体 V 以 ATP 的形式保存起来[8]，如图 16-2 所示。

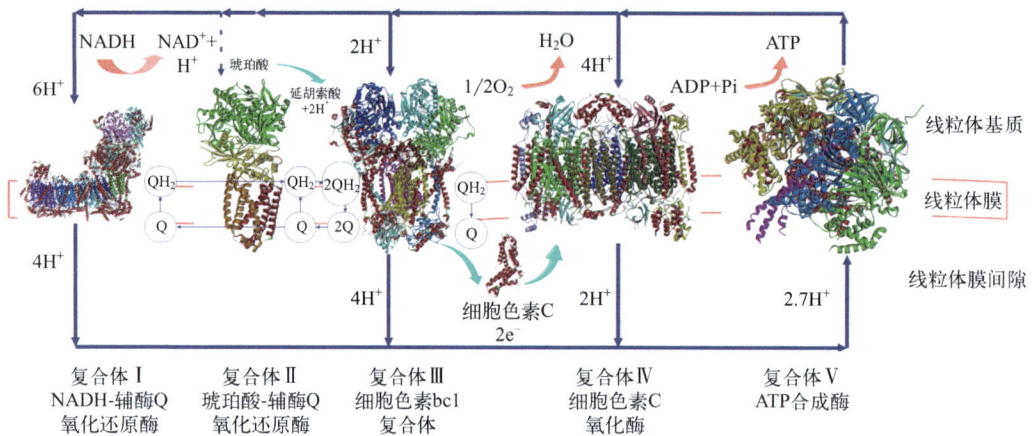

图 16-2　电子传递链

（3）参与胞内蛋白质二硫键的形成

二硫键的形成对于很多蛋白质的结构及其稳定性都是非常重要的。在真核细胞内，二硫键在内质网上形成，而在原核细胞里则是在周质区。二硫键的形成需要很多蛋白共同参与催化，比如 DsbA、DsbB、DsbC、DsbD 与 DsbG[9]。在二硫键的形成过程中，电子从 DsbA 传递至 DsbB，然后在有氧条件下通过辅酶 Q_{10} 将电子最终传递至氧受体[10]。

（4）控制基因表达

多项研究表明，辅酶 Q_{10} 和许多基因的表达之间存在非常紧密的联系。比如在单核细胞和淋巴细胞中的辅酶 Q_{10} 通过调节信号控制相关基因的表达，从而起到增强机体消炎的功能[11]。而在海拉细胞的研究过程中发现辅酶 Q_{10} 可以诱发脂类代谢的响应[12]。

16.2.2　辅酶 Q_{10} 的应用

（1）食品及保健品领域的应用

正常情况下人体合成辅酶 Q_{10} 在 20 岁左右达到高峰，之后随年龄的增长合成量下降，到 80 岁左右时辅酶 Q$_{10}$ 的合成量只剩 60%。由于辅酶 Q$_{10}$ 的显著功效和随年龄增长而合成减少的特性，自 2003 年开始美国和日本先后将其批准作为食品添加剂使用。2006 年，我国正式批准辅酶 Q$_{10}$ 可以作为保健食品原料使用。值得注意的是辅酶 Q$_{10}$ 可以使维生素 E 的抗氧化作用再生[7]，所以在保健品中辅酶 Q$_{10}$ 经常同维生素 E 同时使用。

（2）医药领域的应用

辅酶 Q$_{10}$ 在医药领域的应用也非常广泛，在很多疾病的治疗和缓解方面都有很突出的疗效。

辅酶 Q$_{10}$ 是呼吸链产生 ATP 的必要组成部分，而心肌组织对能量的需求特别大，所以辅酶 Q$_{10}$ 可以用来治疗早期的充血性心力衰竭、心绞痛和急性心肌梗死等病症[13-16]。

氧自由基可破坏线粒体，从而导致与线粒体功能障碍有关的神经系统相关疾病，如帕金森综合征和阿尔茨海默病等[17-20]。而辅酶 Q$_{10}$ 所具有的清除氧自由基和改善线粒体的功能使辅酶 Q$_{10}$ 能对相关神经性疾病起到抑制和缓解作用[21-24]。

糖尿病是由于胰岛素分泌缺陷或其生物作用受损，或两者兼有引起的葡萄糖代谢障碍。糖尿病使血糖浓度升高，从而导致机体处于氧化应激状态。辅酶 Q$_{10}$ 的抗氧化作用能够及时调整机体的氧化应激状态，对糖尿病及其并发症具有改善作用[25, 26]。

除此之外，辅酶 Q$_{10}$ 对肿瘤和高血压等病症也有非常好的辅助疗效[27, 28]。

（3）化妆品领域的应用

辅酶 Q$_{10}$ 的强抗氧化作用使其在化妆品市场上受到越来越多的关注。如添加到面霜中，在皮肤表层可以除去自由基，使肌肤皱纹减少更加光滑年轻，在深层则可以维持肌肤弹性[29]。

16.3　辅酶 Q$_{10}$ 生产方法的演变

16.3.1　直接提取法

辅酶 Q$_{10}$ 最初的来源是动植物细胞，因为其提供能量的作用，在动物体内呼吸强度高的组织和部位辅酶 Q$_{10}$ 含量最高，如动物的肝脏。在一些植物中辅酶 Q$_{10}$ 的含量也非常可观，如烟草、大豆等。辅酶 Q$_{10}$ 的提取方法根据技术路线不同分成三种：皂化法、溶剂萃取法和吸附法[30]。

动植物提取法的缺点非常明显，首先是原材料中辅酶 Q$_{10}$ 的含量太低，使提取工艺的要求非常严苛。其次是原材料的来源受地理和季节的限制，难以实现连续化。所以该方法只是应用在早期少量的辅酶 Q$_{10}$ 生产上，现已基本被完全淘汰。

16.3.2　化学合成法

辅酶 Q_{10} 是由醌环和聚十异戊二烯焦磷酸侧链缩合而成，所以合成法的基本策略都是先聚合得到侧链然后和修饰过的醌环进一步缩合。根据是否以茄尼醇为原料，工艺路线又可分为：全化学合成和半化学合成。化学合成途径中存在的两个主要问题为立体选择性差和产品收率低。为了解决立体选择性差的问题，新的工艺条件和新型的催化剂被不断地开发出来，最终使辅酶 Q_{10} 的光学纯度达到 99% 以上[31]。

化学合成法虽然解决了直接提取法中原料来源的问题，但是因其反应路线步骤一般在10 步以上，所以其收率一直偏低。同时因为原材料的价格也较高，导致化学合成法的成本居高不下，远远无法满足社会对辅酶 Q_{10} 日益增长的需求。

16.3.3　微生物发酵法

随着近代生物技术的发展，利用微生物来制造结构相对复杂的高附加值产品受到越来越多的关注。辅酶 Q_{10} 广泛存在于微生物和动植物细胞中，这使得发酵法生产辅酶 Q_{10} 成为可能。但是辅酶 Q_{10} 在天然细胞中的含量较低，必须通过分子生物学的手段对天然生产菌株进行改造。1977 年，日本日清株式会社[32]利用化学诱变的方法获得并筛选出了辅酶 Q_{10} 产量较高的生产菌株。

生物发酵法生产辅酶 Q_{10} 具有动植物组织提取法和化学合成法所不具备的优点。首先，可以利用葡萄糖、盐类等常见的原料生产辅酶 Q_{10}，这大大克服了空间和时间的限制；其次，发酵生产的辅酶 Q_{10} 均为有活性的反式结构；第三，发酵的成本较低。这些优势使得辅酶 Q_{10} 可以实现大规模连续化的生产，目前国际市场上的绝大部分辅酶 Q_{10} 均采用发酵法生产[33,34]。我国发酵法生产的辅酶 Q_{10} 占据了大部分国际市场份额，国内外较大的辅酶 Q_{10} 生产企业有中国的浙江新和成股份有限公司、厦门金达威集团股份有限公司、浙江医药股份有限公司及日本的协和发酵株式会社等。

辅酶 Q_{10} 的生产菌株众多，但是产量的差异较大[35,36]。从目前行业现状看，辅酶 Q_{10} 要实现工业化，产量至少达到 3000mg/L。不同的发酵菌种或菌株所需的发酵工艺不尽相同。

16.4　辅酶 Q_{10} 的生物合成代谢途径

在初期的研究中，生产辅酶 Q_{10} 的菌株主要是从自然界筛选的天然菌株，对于辅酶 Q_{10} 在生物体的合成路径并不清楚。随着生物技术的发展，辅酶 Q_{10} 在细胞内的代谢途径已被研究得非常透彻，辅酶 Q_{10} 的生物合成主要包括三个步骤：醌环合成、聚异戊二烯侧链合成和醌环修饰（图 16-3）。

16.4.1　醌环合成途径

辅酶 Q_{10} 的醌环经莽草酸途径合成，该途径利用 4- 磷酸赤藓糖（E4P）和磷酸烯醇式丙酮酸（PEP）为起始底物合成莽草酸，见图 16-3。莽草酸途径产生的芳香族分支酸是细胞内合成芳香氨基酸、叶酸和其他多种芳香族化合物的前体。分支酸在分支酸裂合酶 UbiC 的作用下转化成对羟基苯甲酸（PHB）。PHB 是辅酶 Q_{10} 合成的第一个直接前体物质。

16.4.2　聚异戊二烯侧链合成途径

辅酶 Q_{10} 的侧链为萜类物质，其在原核细胞和真核细胞内的合成途径是不同的，见图 16-3。在原核细胞内，由 2- 甲基 -D- 赤藓醇 4- 磷酸途径（MEP 途径）合成前体物质异戊烯基焦磷酸（IPP）和二甲基丙烯基焦磷酸（DMAPP），而在真核细胞中则是通过甲羟戊酸途径（MVA 途径）提供 IPP 和 DMAPP。IPP 和 DMAPP 首先聚合成香叶基焦磷酸，然后在法尼基焦磷酸合酶 IspA 的催化下，DMAPP 作为单体结合到香叶基焦磷酸上，形成 15 个碳原子的异戊二烯法尼基焦磷酸。然后，法尼基焦磷酸作为多聚异戊二烯焦磷酸合酶的底物，进一步延伸，最终形成辅酶 Q_{10} 合成的前体异戊二烯侧链。因为辅酶 Q_{10} 的侧链合成单体异戊烯基焦磷酸为萜类、半萜类和多萜类物质如异戊二烯、类胡萝卜素及叶绿素的共同前体 [1, 37, 38]，所以这些萜类物质及其衍生物的合成是辅酶 Q_{10} 合成的竞争途径。

16.4.3　醌环修饰途径

聚异戊二烯焦磷酸侧链和对羟基苯甲酸在 UbiA 的作用下缩合形成 3- 聚戊烯基 -4- 羟基苯甲酸，然后进入醌环修饰途径。在原核细胞的醌环修饰途径中，底物 3- 聚戊烯基 -4- 羟基苯甲酸首先在 UbiD 和 UbiX 的催化下脱羧生成 2- 聚戊烯基苯酚。接下来 2- 聚戊烯基苯酚经过羟化生成 2- 聚戊烯基 -6- 羟基苯酚。通过对大肠杆菌的基因分析，认为该反应是由 UbiB 催化的。但是 UbiB 是一个类激酶蛋白，没有任何与已知羟化酶同源的序列。所以关于 UbiB 在该步羟化反应中的特殊作用仍有待阐明。2- 聚戊烯基 -6- 甲基苯酚在 UbiG 的作用下发生甲基化，形成 2- 聚戊烯基 -6- 甲氧基苯酚，然后在 UbiH 作用下进一步羟化形成 2- 聚戊烯基 -6- 甲氧基 -1, 4- 苯醌。下一步反应是在第二个甲基转移酶 UbiE 作用下，把 S- 腺苷甲硫氨酸的甲基转移到 2- 聚戊烯基 -6- 甲氧基 -1, 4- 苯醌上形成 2- 聚戊烯基 -3- 甲基 -6- 甲氧基 -1, 4- 苯醌。以 2- 聚戊烯基 -3- 甲基 -6- 甲氧基 -1, 4- 苯醌为底物，羟化酶 UbiF 添加一个羟基形成 2- 聚戊烯基 -3- 甲基 -5- 羟基 -6- 甲氧基 -1, 4- 苯醌，然后在 UbiG 的催化下进行第二次甲基化反应生成辅酶 Q_{10}，见图 16-3。在此途径中，UbiA、UbiE 和 UbiG 为关键酶 [39-41]。

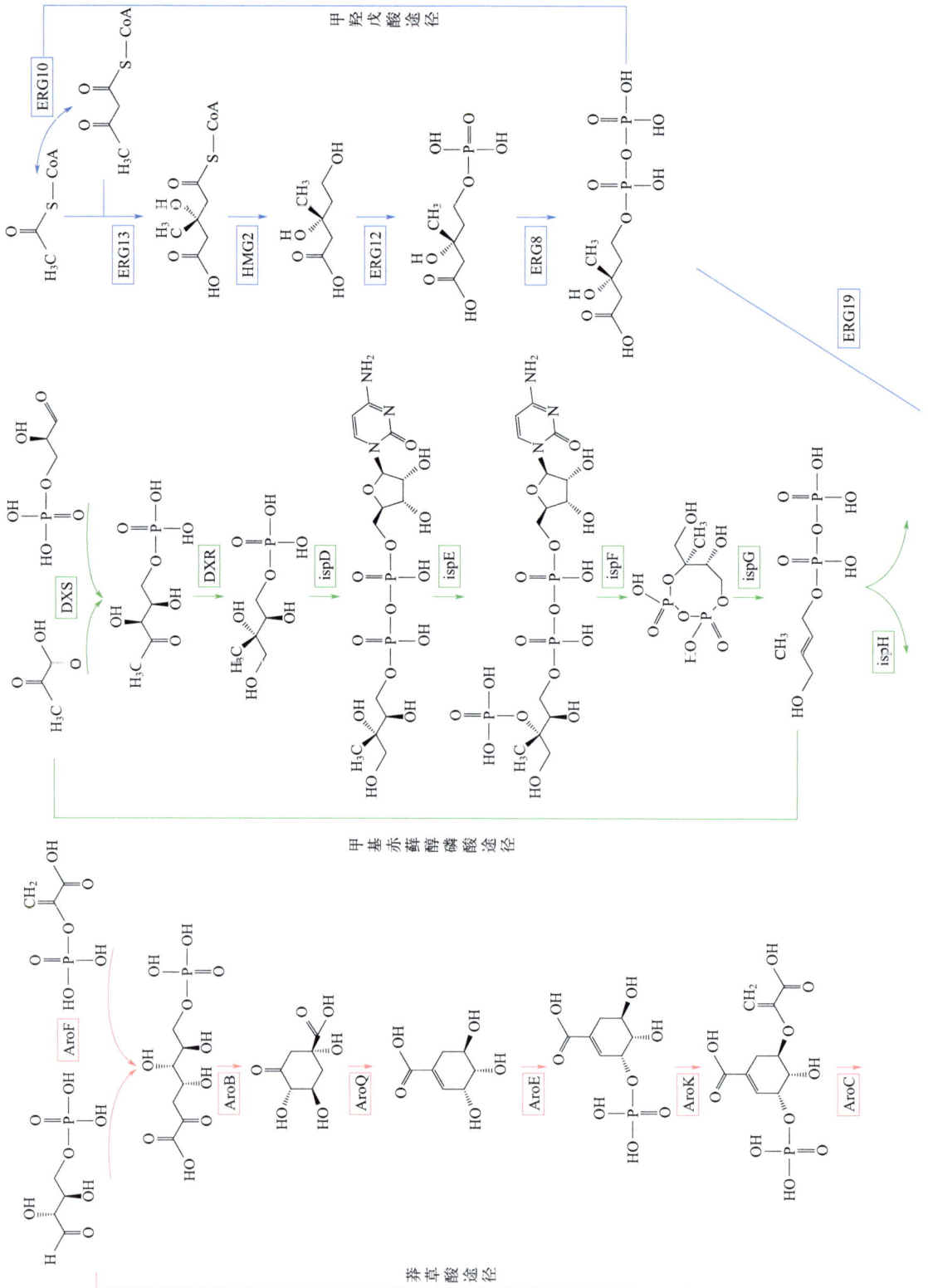

甲羟戊酸途径

甲基赤藓醇磷酸途径

莽草酸途径

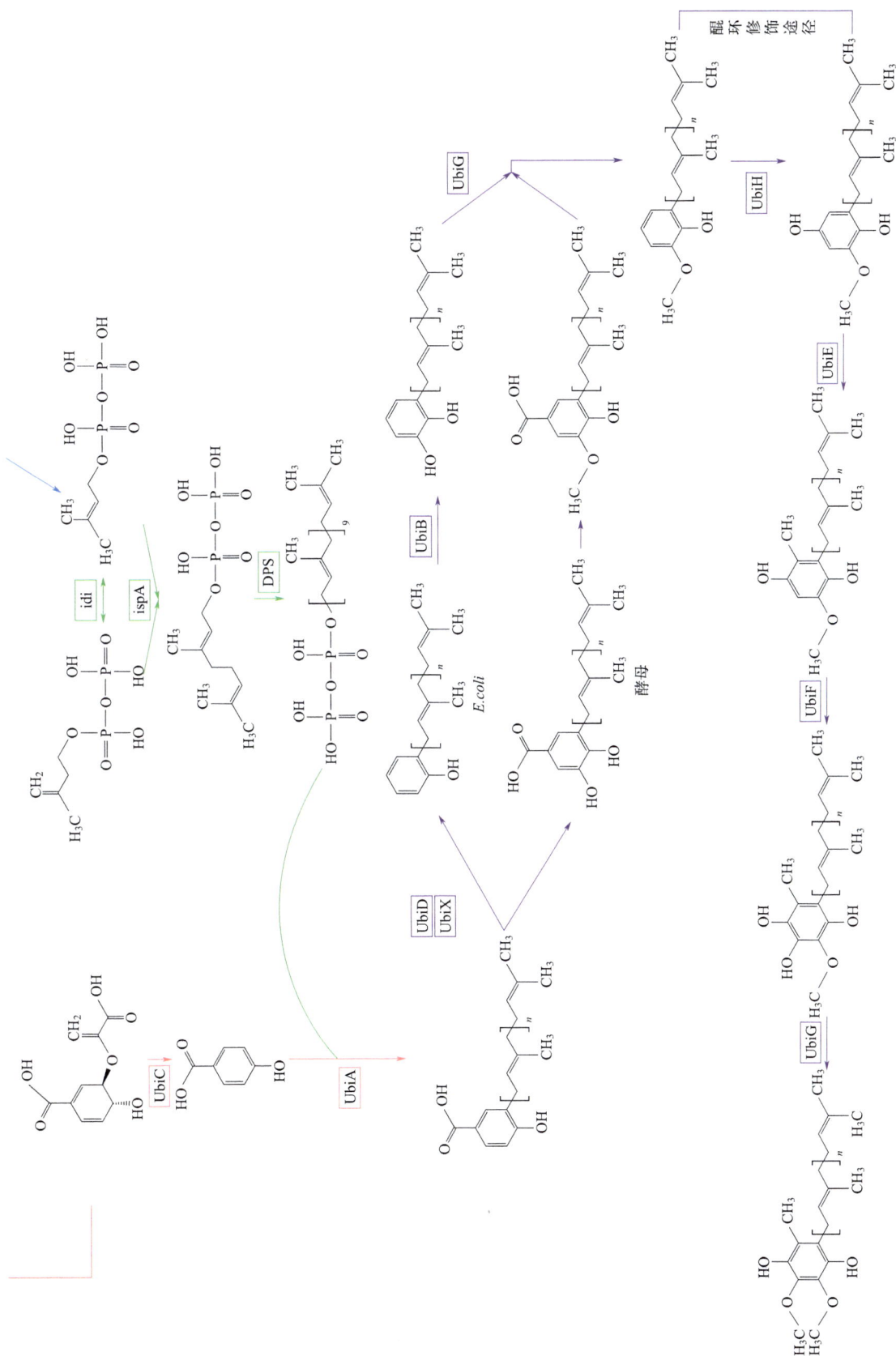

图16-3 辅酶Q₁₀生物合成途径

16.5   辅酶 Q_{10} 的代谢工程研究进展

通过对辅酶 Q_{10} 合成途径的研究可以发现，辅酶 Q_{10} 的生物合成是一个复杂的过程。该过程需要整合中心代谢途径不同分支途径的各种前体物，涉及的酶和基因数量众多。相关基因的表达时间也非常重要，因为这对代谢途径中酶的正确折叠非常有必要。充分理解辅酶 Q_{10} 代谢途径的不同反应步骤及其调控机制是改造和提高辅酶 Q_{10} 产量的基础，只有在此基础上才能更加高效地构建工业化辅酶 Q_{10} 生产菌株。

16.5.1   天然合成菌的代谢工程研究

辅酶 Q_{10} 的天然合成菌包括：类球红细菌（*Rhodobacter sphaeroides*）、根癌土壤杆菌（*Agrobacterium tumefaciens*）、脱氮副球菌（*Paracoccus denitrificans*）、放射型根瘤菌（*Rhizobium radiobacter*）、弱氧化葡糖杆菌（*Gluconobacter suboxydans*）、查朴图鞘氨醇盒菌（*Sphingopyxis baekryungensis*）、约翰逊锁掷酵母（*Sporidiobolus johnsonii*）等。对辅酶 Q_{10} 天然合成菌的改造方法主要包括：辅酶 Q_{10} 合成途径改造与调控、调控氧化还原水平（NADH/NAD$^+$ 及 NADPH/NADP$^+$）及阻断竞争性分支代谢途径等方法。

16.5.1.1   醌环合成途径的调控

目前在辅酶 Q_{10} 天然合成菌中，对醌环合成途径的研究很少。但是有研究表明在约翰逊锁掷酵母发酵过程中添加适量的对羟基苯甲酸（PHB），辅酶 Q_{10} 产量会有显著提高[42]。然而，在用甲基杆菌生产辅酶 Q_{10} 的过程中，添加对羟基苯甲酸能够促进类胡萝卜素和甾醇的生物合成，但辅酶 Q_{10} 的产量却变得更低了。陆文强[43]对不同辅酶 Q_{10} 产量的类球红细菌菌株进行考察，发现类球红细菌中对羟基苯甲酸的产量并不是辅酶 Q_{10} 合成的瓶颈。

这些研究结果表明，虽然都是辅酶 Q_{10} 的天然合成菌，但这些菌对羟基苯甲酸的相对通量需求是不同的。

16.5.1.2   聚异戊二烯侧链合成途径

在辅酶 Q_{10} 天然合成菌中过表达 MEP 途径中各关键酶，能有效地提高异戊二烯侧链的供给。比如，通过对辅酶 Q_{10} 侧链代谢的分析，确定了过表达类球红细菌内源的 *dxs*、*dxr*、*idi*、*ispD*、*ispF* 和 *ispG* 等基因能显著地提高侧链前体物质二甲基焦磷酸（DMAPP）的供应量[41, 44]。但是 DMAPP 在胞内的过量积累反而导致了辅酶 Q_{10} 产量的下降。为了解决该问题，其进一步通过引入 LacIq 调控蛋白和不同强度的核糖体结合位点，构建了自反馈调控系统控制侧链前体物质的适度供给，使辅酶 Q_{10} 的产量从野生型的 50mg/L 提升至 80mg/L 左右。

除了整体调节外，提高异戊二烯前体合成途径中个别限速酶的表达量也是有针对性地提高辅酶 Q$_{10}$ 产量的有效手段。Lee 等[45] 在克隆表达了根癌土壤杆菌（KCCM 10413）中的 dxs11 后解析了其酶学性质，其反应时需要二磷酸硫胺和二价金属离子，如镁离子和锰离子，最适反应温度和 pH 为 37℃和 8.0，K_{cat} 值为 26.8s^{-1}，底物为丙酮和 D- 甘油醛 -3- 磷酸时 K_{cat}/K_m 值分别为 0.67 和 1.17s^{-1}/M^{-1}。在根癌土壤杆菌（KCCM 10413）中过表达 dxs11 后，辅酶 Q$_{10}$ 的产量和产率分别提高至 502.4mg/L 和 8.3mg/g，对比出发菌株分别提高了 21.9% 和 23.9%。

在真核细胞中，3- 羟基 -3- 甲基戊二酰 -CoA 还原酶（HMG-CoA 还原酶）不可逆地催化 3- 羟基 -3- 甲基戊二酰 -CoA 产生甲羟戊酸，并最终生成异戊二烯焦磷酸。据报道，在酵母中 MVA 途径是合成异戊二烯前体的唯一途径[38,46]，因此 HMG-CoA 还原酶被认为是 MVA 途径中的一个关键限速酶。Cheng 等[47] 通过在裂殖酵母中过表达 HMG-CoA 还原酶，使辅酶 Q$_{10}$ 的含量提高了 2.68 倍。最后通过添加花生四烯酸到发酵培养基中促进 HMG-CoA 还原酶的表达，最终使辅酶 Q$_{10}$ 的含量提高了 3.09 倍。

16.5.1.3 醌环修饰途径

醌环修饰途径包括异戊烯化、脱羧反应、三步羟基化和三步甲基化，这些反应的步骤由 Ubi 系列基因催化，在真核及原核生物中反应发生的顺序不尽相同[46]。陆文强[43] 将类球红细菌内源的甲基转移酶（UbiG）过表达之后，辅酶 Q$_{10}$ 的产量从 47.6mg/L 提高至 65.8mg/L。确定了 UbiG 为辅酶 Q$_{10}$ 合成的限速酶后，为了进一步考察醌环修饰途径中各种酶对辅酶 Q$_{10}$ 合成的影响，对一系列的 ubi 基因，包括：ubiA、ubiB、ubiD、ubiX、ubiDX、ubiE、ubiF、ubiH 分别进行了诱导型表达和组成型表达。确定了 UbiE 也是辅酶 Q$_{10}$ 合成的限速酶。最终通过 UbiG 和 UbiE 的融合表达并用 pufX 将其定位到细胞膜，使辅酶 Q$_{10}$ 的产量达到 108mg/L，产率为 8.9mg/g。

16.5.1.4 调控氧化还原水平

辅酶 Q$_{10}$ 在细胞代谢中的主要作用是作为呼吸链上的递氢体，其将 NADH 脱氢酶或琥珀酸脱氢酶脱下的电子传递到下游，氧气作为电子的最终受体并产生 ATP[48]（图 16-4）。

Bong-Seong Koo 等[49] 通过诱变根癌农杆菌筛选出高产辅酶 Q$_{10}$ 菌株 A603-35，并分析辅酶 Q$_{10}$ 合成途径、呼吸链体系和 NAD$^+$- 依赖性酶系的基因转录水平。结果发现高产辅酶 Q$_{10}$ 菌株中 NAD$^+$- 依赖性酶的表达量显著增加，胞内的 NADH/NAD$^+$ 比值与辅酶 Q$_{10}$ 含量之间存在正相关。为了进一步提高辅酶 Q$_{10}$ 的产率，在根癌农杆菌 A603-35 中过表达甘油醛 3- 磷酸脱氢酶（gapA）使 48h 的 NADH/NAD$^+$ 比值从 0.8 提高到 1.2，对应的辅酶 Q$_{10}$ 产率从 2.16mg/g 提高到 3.63mg/g DCW。通过在培养基中添加羟基丁酸使胞内 NADH/NAD$^+$ 比值从 1.2 提高至 1.4，辅酶 Q$_{10}$ 的含量得到进一步提高，达到 5.27mg/g DCW。Zhu 等[48] 在类球红细菌中，也发现了相同的规律。过表达 gapA-1 基因提高 NADH/NAD$^+$ 的比例后，辅酶 Q$_{10}$ 的含量及产率分别提高了 29% 和 58%。并通过外源表达透明颤菌的血红蛋白（VHB），来进一步提高类球红细菌的生物量。最后将 gapA-1 和编码 VHB 的基因 vgb 进行共表达，辅酶 Q$_{10}$ 含量提高了 71%。

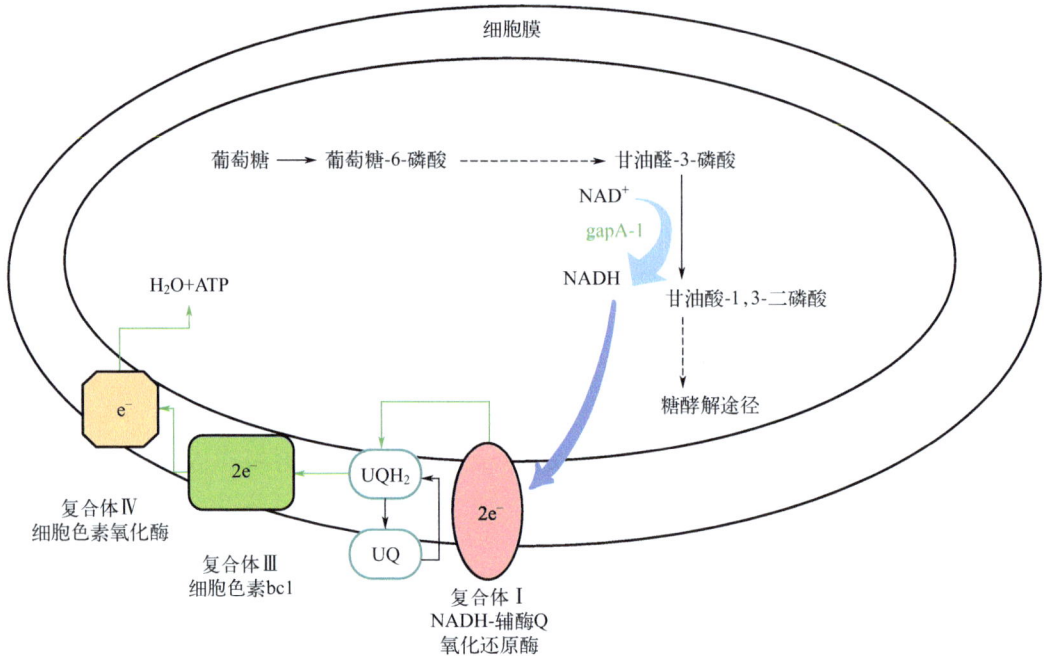

图 16-4　甘油醛 3- 磷酸：NAD$^+$ 氧化还原反应途径和呼吸链之间的关系

UQ—氧化型辅酶 Q_{10}；UQH$_2$—还原型辅酶 Q_{10}

16.5.1.5　阻断竞争性分支代谢途径

类球红细菌是一种光合细菌，胞内含有多种高附加值物质，如：菌绿素、5- 氨基乙酰丙酸、类胡萝卜素和辅酶 Q_{10} 等[50]。辅酶 Q_{10} 和类胡萝卜素的合成途径中都需要用到共同前体物质香叶基焦磷酸（GGPP）。所以如果能有效地抑制类胡萝卜素的合成，则将减小其对 GGPP 的竞争力，从而提高用于辅酶 Q_{10} 合成的前体供应。

Zhu 等[51]发现完全敲掉类胡萝卜素合成途径后辅酶 Q_{10} 的产量会大幅下降。该现象的产生可能是因为类胡萝卜素可以保护细胞免受过氧化反应的破坏，在类球红细菌中单独将类胡萝卜素合成途径完全阻断使细胞的代谢和生长整体受到抑制。而采用弱化类胡萝卜素合成途径的方式则有利于辅酶 Q_{10} 的积累。朱永强等通过类球红细菌光氧调控机制中的 PpsR 抑制编码类胡萝卜素途径的 *crt* 系列基因表达强度，使类胡萝卜素的合成受到抑制，达到减少类胡萝卜素途径对辅酶 Q_{10} 合成前体物质 GGPP 竞争的同时维持类球红细菌细胞正常生长的目的，如图 16-5 所示。辅酶 Q_{10} 的产量提高了近 28%。由于 crtE 是辅酶 Q_{10} 和类胡萝卜素共同前体 GGPP 的关键酶，为了解除 PpsR 对 *crtE* 转录的阻遏，进一步利用外源强启动子过表达 *crtE*，最终辅酶 Q_{10} 的产量提高 55%。

16.5.1.6　综合调控提高辅酶 Q_{10} 的产量

朱永强等研究了在类球红细菌中，综合调控氧化还原水平、阻断竞争性分支途径、异戊二烯侧链合成途径和醌环修饰途径对其辅酶 Q_{10} 产量的影响。结果表明，上述各策略均能提

高辅酶 Q_{10} 产量，当综合调控氧化还原水平、异戊二烯侧链合成途径和醌环修饰途径时，辅酶 Q_{10} 产率提高了 2.76 倍。

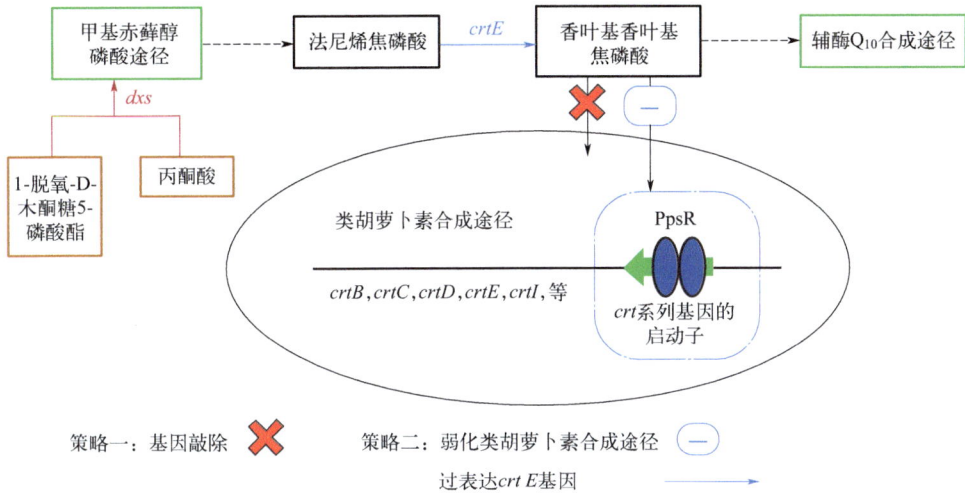

图 16-5　辅酶 Q_{10} 和类胡萝卜素生物合成途径和调控策略

策略一——敲除 crtB、crtC、crtD 和 crtI；策略二—在抑制 crt 系列基因表达的同时过表达 ppsR 和 crtE 基因

16.5.2　非天然合成菌的代谢工程研究

由于辅酶 Q_{10} 天然合成菌的分子生物学操作工具有限，并且有的基因背景不够清晰。导致很多研究者将目光投向大肠杆菌和酿酒酵母等操作工具丰富、基因背景清晰的非天然合成菌。在实际生产中，大肠杆菌和酿酒酵母生长较快的优点，也使这两种微生物受到科学家们的青睐。

16.5.2.1　聚十异戊二烯侧链的引入

由于大肠杆菌和酿酒酵母的天然辅酶 Q 分别为辅酶 Q_8（侧链由 8 个异戊二烯结构单元组成）和辅酶 Q_6（侧链由 6 个异戊二烯结构单元组成），因此改造非天然合成菌的第一步就是导入外源聚十异戊二烯合成酶（DPS）基因。该酶催化异戊烯基焦磷酸和法尼基焦磷酸形成聚十异戊二烯侧链。在此基础上还必须要敲除大肠杆菌或酿酒酵母内源的异戊烯基合成酶，以阻止内源的辅酶 Q_8 或辅酶 Q_6 的生成。在这一点上，对酿酒酵母和大肠杆菌的代谢调控思路是一致的。所以下面以大肠杆菌为例来说明。

将外源聚十异戊二烯合成酶基因导入敲除内源侧链合成酶的大肠杆菌后，辅酶 Q_{10} 会迅速在胞内积累。但是，同时也会产生微量的辅酶 Q_8、辅酶 Q_9 或辅酶 Q_{11}，具体的辅酶 Q 类型主要取决于外源聚十异戊二烯合成酶的来源。比如查朴图鞘氨醇盒菌的 DPS 在大肠杆菌中异源表达时会积累辅酶 Q_{10} 和辅酶 Q_{11}，而查朴图鞘氨醇盒菌合成辅酶 Q_{10} 时，只有极其痕量的辅酶 Q_9，且没有辅酶 Q_{11} 产生[39]。这表明聚十异戊二烯合成酶除了具有催化形成聚十异戊二烯的能力外，一般还能够催化形成其它形式的聚异戊二烯。实际上大多数微生物在生产内源辅酶 Q 的同时，也会产生一些异戊二烯侧链较短的辅酶 Q。值得注意的是，在大肠杆菌中异源表达时，DPS 酶催化形成聚十异戊二烯的专一性会相对更低一些。

从产业化的角度，在生产辅酶 Q_{10} 过程中产生的其他种类辅酶 Q 会带来两个问题。一是与辅酶 Q_{10} 竞争共同的前体，导致产量下降；二是结构类似物增多，增加分离难度，导致成本上升。

16.5.2.2   提高异戊二烯代谢流

大肠杆菌等原核生物产生异戊二烯是通过 MEP 途径，该途径的第一步就是丙酮酸和甘油醛 -3- 磷酸在 1- 脱氧 -D- 木酮糖 -5- 磷酸合成酶（DXS）的作用下缩合成 1- 脱氧 -D- 木酮糖 -5- 磷酸（DXP）。在大肠杆菌中表达异源 DPS 的同时，过表达 DXS，辅酶 Q_{10} 的产量要比单独表达 DPS 提高 1.8 倍[52]。通过敲除丙酮酸激酶，同时过表达 PEP 羧激酶（pck），使碳代谢流重新分配从而增强 MEP 途径，辅酶 Q_{10} 的产量可以提高 1.7 倍左右。

另外一种提高异戊二烯前体的方法为异源表达甲羟戊酸（MVA）途径。MVA 途径存在于真核微生物中。在原核微生物中异源表达 MVA 途径还有一个特殊的优点，即能够避开底物抑制等反馈调控的影响。MVA 途径可以分成两个部分：上游途径，将乙酰辅酶 A 转化成甲羟戊酸；下游途径，将甲羟戊酸转化成二甲基丙烯基焦磷酸（DMAPP）和异戊烯基焦磷酸（IPP）。将上下游途径同时异源表达，辅酶 Q_{10} 的产量提高 1.5 倍[53]。同理，异源表达下游途径，同时添加甲羟戊酸，也可将辅酶 Q_{10} 的产量提高 2 倍[39]。

16.5.2.3   提高芳香族前体的通量

从代谢通路上看，合成辅酶 Q_{10} 醌环的第一个芳香族前体是 PHB。PHB 由分支酸通过莽草酸途径形成。由于分支酸是许多代谢途径所必需的关键前体物，所以分支酸到 PHB 可能是辅酶 Q_{10} 积累的限速步骤。在大肠杆菌中，共同过表达分支酸裂解酶 UbiC 和 PHB 聚异戊二烯转移酶 UbiA，辅酶 Q_{10} 的产量得到有效提升。外源单独添加 PHB 并不能提高辅酶 Q_{10} 产量，但是当提高异戊二烯前体通量的同时再添加 PHB，辅酶 Q_{10} 的产量有显著提高。在大肠杆菌中过表达莽草酸途径的限速酶和 UbiC，结果表明辅酶 Q_{10} 的产量只是稍微提升，而当协同提高异戊二烯通量时，辅酶 Q_{10} 的产量提高了 2.6 倍[39]。因此一般认为在大肠杆菌合成辅酶 Q_{10} 的过程中单独增强 PHB 合成途径并不能有效提高辅酶 Q_{10} 产量。

16.5.2.4   优化醌环修饰途径

在大肠杆菌中，辅酶 Q_{10} 合成的限速步骤为对羟基苯甲酸和聚十异戊烯基焦磷酸缩合反应，该反应由 UbiA 催化。与单独表达 *dps* 相比，过表达 *ubiA* 和 *dps* 后辅酶 Q_{10} 的产量提高了 3.4 倍[54]。另外，为了防止出现内部调控导致的潜在限速步骤，同时过表达了 *ubiB*、*ubiH* 和 *ubiG*。结果显示对于辅酶 Q_{10} 产量的进一步提高效果有限。大肠杆菌中的这种现象和辅酶 Q_{10} 天然合成菌并不一致。推测这种不一致出现的原因在于大肠杆菌辅酶

Q_{10} 产量本身偏低，其前体代谢流通量太小，导致醌环修饰途径有可能不是限制步骤。一旦大肠杆菌的辅酶 Q_{10} 产量提升到天然合成菌的水平，醌环修饰途径的优化才有可能发挥其作用。

在过表达芳香族和异戊二烯前体以提高辅酶 Q_{10} 产量的过程中，代谢中间产物 2- 十异戊烯基苯酚（10P-Ph）会出现积累。在野生型大肠杆菌厌氧发酵条件下或是 *ubiB*、*ubiH* 和 *ubiG* 基因发生突变时，也都会出现 2- 八异戊烯基苯酚（8P-Ph）积累。该现象的出现可能是当芳香族和异戊二烯前体上调之后，代谢通量也随之提升，从而导致醌环修饰途径的 Ubi 酶变成限速酶。当过表达 UbiA 的时候，该中间代谢物的积累会得到缓解，促使辅酶 Q_{10} 产量提升。该现象表明，UbiA 可能具有调节下游 Ubi 酶活性或是表达的功能。在酿酒酵母中，UbiA 同系物 Coq2p 的催化产物 3- 六异戊烯基 -4- 对羟基苯甲酸具有组装或者稳定 Ubi 酶系的作用。在酵母中，单加氧酶 UbiF 的同系物 Coq7p 催化 2- 六异戊烯基 -3- 甲基 -6- 甲氧基 -1, 4- 苯氢醌转化为 2- 六异戊烯基 -3- 甲基 -5 羟基 -6- 甲氧基 -1, 4- 苯氢醌。该酶的调节是一个磷酸化过程：磷酸化状态的 Coq7p 会失去活性，导致辅酶 Q_6 较少积累；其逆过程，即去磷酸化过程则会引起辅酶 Q_6 合成的提高。因此，在代谢工程改造大肠杆菌生产辅酶 Q_{10} 过程中，除了可以过表达醌环修饰途径的各种酶，还可以通过蛋白质工程或发酵条件优化完全发挥酶的活性。

16.6　辅酶 Q$_{10}$ 的工业化生产概述与专利分析

16.6.1　发酵工序的简述

到目前为止，在工业化过程中辅酶 Q_{10} 的生产菌基本都是类球红细菌。其发酵生产工序同一般的好氧发酵类似，如图 16-6 所示。

挑取合格的类球红细菌单菌落在摇瓶中进行活化、培养，制备种子。然后进行一级种子液和二级种子液的扩大培养。最后接种到发酵培养基中，生产发酵。

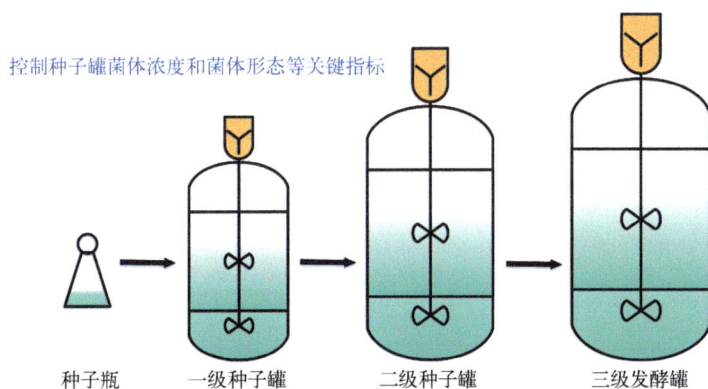

图 16-6　发酵流程图

16.6.1.1　优化基础培养基及补料工艺

辅酶 Q_{10} 发酵培养基中碳源随发酵菌株不同而不尽相同，常规的碳源如蔗糖、葡萄糖、果糖、木糖、乳糖和半乳糖都可以用来发酵生产辅酶 Q_{10}。在氮源的选择上，植物来源的氮源如玉米浆干粉和大豆蛋白胨比酵母提取物、肉膏和胰蛋白胨更有利于辅酶 Q_{10} 的积累。在培养基中添加钙离子能有效提高辅酶 Q_{10} 产量。通过该现象推测，提升钙离子浓度会使胞内氧化压力增大，导致脂肪过氧化和活性氧增加，促使具有抗氧化活性的辅酶 Q_{10} 的合成量加大。在根癌农杆菌的培养基中添加过氧化氢来提高氧化压力，同样能够提高辅酶 Q_{10} 产量，该现象证实了对于钙离子作用的推测[55]。Ha 等[56]通过对根癌农杆菌 KCCM 10413 的发酵工艺进行优化，确定了 pH 为 7.0、溶氧水平控制在 0 ～ 10% 之间辅酶 Q_{10} 产量最高的工艺。经过工艺优化之后，根癌农杆菌辅酶 Q_{10} 产量可以达到 320mg/L。再进一步通过补加蔗糖的方式使辅酶 Q_{10} 产量最终达到 458mg/L。在该优化工艺的基础之上，Ha 等[33]继续考察蔗糖浓度及添加方式对辅酶 Q_{10} 积累的影响，同时确定了 pH 恒定流加为最优的发酵控制方式，辅酶 Q_{10} 的产量得到进一步的提高，达到 626mg/L。类球红细菌是另外一种天然高产的辅酶 Q_{10} 生产菌，通过对类球红细菌的发酵工艺优化也得到了很好的效果。Sakato 等[57-60]通过优化发酵培养基中碳氮比，确定了葡萄糖浓度为 8%（质量浓度）、铵态氮浓度为 0.16% ～ 0.26% 且发酵液黏度最低的时候辅酶 Q_{10} 的含量最高。

16.6.1.2　优化供氧工艺

氧对辅酶 Q_{10} 的影响主要体现在以下几个方面：

① 氧与辅酶 Q_{10} 生理功能的关系。辅酶 Q_{10} 在细胞代谢中主要作用是作为呼吸链上的递氢体，其将 NADH 脱氢酶或琥珀酸脱氢酶脱下的电子传递到下游，最后氧气作为电子的最终受体，在此过程中生成 ATP。

② 辅酶 Q_{10} 作为呼吸链的重要组成部分，位于原核细胞的细胞膜上或真核细胞的线粒体膜上，属于胞内产物。因此提高其产量非常重要的前提是细胞的大量积累且维持较好的生理状态。除了严格厌氧的微生物，氧的供应对大多数细胞正常代谢功能的维持具有非常重要的意义，所以保证充足的氧供给是辅酶 Q_{10} 在胞内积累的前提。

③ 辅酶 Q_{10} 合成途径中需要氧的参与。如醌环修饰途径中 UbiH 催化 2- 聚戊烯基 -6- 甲氧基苯酚生成 2- 聚戊烯基 -6- 甲氧基 -1，4- 苯醌、UbiI 催化 2- 聚戊烯基苯酚生成 2- 聚戊烯基 -6- 羟基苯酚、UbiF 催化 2- 聚戊烯基 -3- 甲基 -6- 甲氧基 -1，4- 苯醌生成 2- 聚戊烯基 -3- 甲基 -5- 羟基 -6- 甲氧基 -1，4- 苯醌时都需要氧作为底物直接参与反应。

但是氧的供给并不是越高越好。Sakato 等和 Cluis 等[57,61]研究发现，发酵初期氧化还原电位（ORP）为 -150mV 时细胞的生长速率最高，在发酵后期辅酶 Q_{10} 生产菌处于 ORP 较低时（-200mV）即微限氧的状态下，辅酶 Q_{10} 的产率最高。通过将发酵最后一个阶段的 ORP 维持在 -200mV，在工业化规模的 80t 发酵罐中经过 150h 的发酵，辅酶 Q_{10} 最终产量达到 770mg/L，辅酶 Q_{10} 产率为 14mg/g DCW。这可能是由于降低 ORP 会使氧化型还原型辅酶 Q_{10} 之间的比例向还原型辅酶 Q_{10} 倾斜，从而刺激细胞合成更多的辅酶 Q_{10} 来维持氧化型和还原型之间的平衡，以便保持呼吸链的功能，消除电子对细胞膜的伤害。Wang 等[62]也从

OUR（氧消耗速率）的角度，阐述了利用搅拌、通气及补加氨根离子的方式，将 OUR 控制在（45±2.2）mmol/（L·h）时，辅酶 Q_{10} 的产量达到最高。

$$OUR=F/V（O_{2in}-O_{2out}）$$

式中，F 为进气流量，L/h；V 为发酵液体积，L；O_{2in} 和 O_{2out} 分别为进气和尾气中氧气的物质的量浓度，mmol/L。

在类球红细菌发酵生产辅酶 Q_{10} 过程中，供氧还会影响细胞形态、细胞膜的厚度，从而影响到辅酶 Q_{10} 产量。Yoshida 等[32] 利用化学诱变筛选到的绿色类球红细菌突变株进行发酵时发现，在摇瓶实验中低供氧条件下的辅酶 Q_{10} 产量为 350mg/L，而高供氧条件下的辅酶 Q_{10} 产量则为 130mg/L 左右。通过电镜观察细胞形态，发现高辅酶 Q_{10} 产量时的细胞内膜厚度远大于低辅酶 Q_{10} 产量时的细胞内膜厚度。细胞膜厚度的增加，是因为膜褶皱产生。细胞膜是辅酶 Q_{10} 合成及发挥作用的场所，细胞膜厚度的增加意味着会有更多的空间可供辅酶 Q_{10} 合成及装载[40]。在供氧相对较低的时候细胞内膜褶皱现象较为明显，体现在细胞膜厚度增加，而在供氧较高的时候细胞膜厚度较小，所以供氧条件的改变可以通过影响细菌的生长形态来影响辅酶 Q_{10} 的合成。

16.6.2　分离提取工序的简述

辅酶 Q_{10} 的分离提取，在产业化过程中非常重要，同时难度也比较大。这是因为辅酶 Q_{10} 是胞内产物，提取的前提是必须破胞；细胞内含有与之性质相似的脂质杂质，成分复杂，包括结构高度类似的物质如辅酶 Q_9、辅酶 Q_{11} 及 5- 脱甲氧基辅酶 Q_{10} 等。

细胞破壁一般采用比较传统的酸热法。该方法的优点在于成本较低，操作简单，破胞效果也比较好。缺点在于对设备存在腐蚀性，同时会引入额外的废盐。脂质、辅酶 Q_9、辅酶 Q_{11} 及 5- 脱甲氧基辅酶 Q_{10} 等杂质的分离，一般采用萃取和色谱分析相结合的方法。分离提取的工艺如图 16-7 所示。

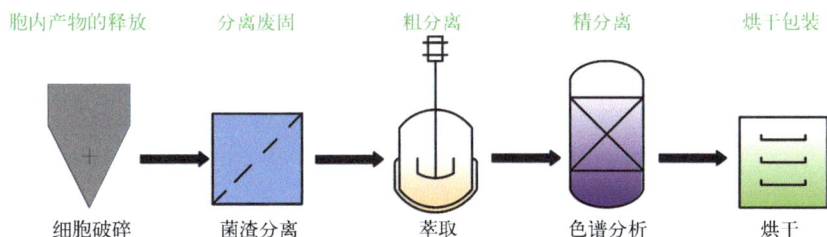

胞内产物的释放　　分离废固　　粗分离　　精分离　　烘干包装

细胞破碎　　菌渣分离　　萃取　　色谱分析　　烘干

图 16-7　分离提取工艺流程图

16.6.3　三废处理及资源化利用

辅酶 Q_{10} 的废气主要来源于发酵尾气，一般可用的处理方式包括：碱吸收、光催化、焚烧等。在这些技术中，分子筛转轮处理尾气，以其显著的优点，愈发受到发酵工厂的青睐。分子筛转轮处理发酵尾气的优点包括：首先，分子筛转轮可以高效地去除尾气中的有害气体，减少环境污染；其次，分子筛转轮具有较好的稳定性和耐久性，可以在较宽的温度和湿度范围内运行；此外，分子筛转轮可以实现自动化控制，减少了人工干预的需求；最后，分子筛转轮可以利用吸附的有害气体再生吸附剂，实现能源的回收和环境保护。

然而，分子筛转轮技术也存在一些缺点。比如，制造和维护分子筛转轮的成本较高，需要一定的技术和资金支持。其次，分子筛转轮的性能受湿度影响较大，需要进行湿度控制。此外，分子筛转轮的操作较为复杂，需要专业人员进行操作和维护。同时，分子筛转轮吸附的有害气体可能会在再生过程中释放，存在二次污染的风险。

所以发酵尾气具体采用哪种处理方法，需要在满足国家相关法律法规的基础上，由尾气成分、处理效果及处理成本等因素决定。

废液主要来源于发酵过程。发酵液的 COD 及 BOD 高，目前处理方式主要采取传统的厌氧和耗氧相结合方式。

废固主要是菌渣，即类球红细菌菌体。以前，该菌渣一直作为一般废固处理。2017 年，我国农业部正式批准其以类球红细菌蛋白粉的名称列入《饲料原料目录》，实现了菌渣蛋白的资源化利用。

16.7　辅酶 Q_{10} 的专利分析与前景展望

16.7.1　专利分析

与辅酶 Q_{10} 相关的专利非常多，涉及菌种的构建、发酵工艺的控制、分离提取工艺及功能开发等全产业链的每个环节。菌种构建方面，主要有将不同来源的聚十异戊二烯合成酶基因导入大肠杆菌、将真核细胞的 MVA 途径引入大肠杆菌或者类球红细菌、过表达代谢途径限速酶基因、敲除竞争途径等方法，如表 16-1 所示。

表16-1　辅酶Q_{10}菌种构建相关专利

专利名称	权利要求关键点	专利号	申请人
类异戊二烯的生产方法[63]	在类球红细菌中，外源表达 MVA 途径的关键酶或其突变体，增强侧链通量	CN101044243B	帝斯曼知识产权资产管理有限公司
一种基因工程菌及其在生产辅酶 Q_{10} 中的应用[64]	在类球红细菌中，过表达 ubiE、ubiG、ubiF 增强醌环修饰途径	CN105441371B	上虞新和成生物化工有限公司
一种重组微生物、其制备方法及其在生产辅酶 Q_{10} 中的应用[65]	外源导入编码全局调控蛋白 irrE 的基因来构建适用于生产氧化型辅酶 Q_{10} 菌种	CN109055417B	浙江新和成股份有限公司；黑龙江新和成生物科技有限公司；上虞新和成生物化工有限公司；浙江大学

续表

专利名称	权利要求关键点	专利号	申请人
一种类球红细菌的接合转移方法[66]	抑制类球红细菌色素和光合膜的形成，显著提高了类球红细菌的接合转移效率	CN111073883B	黑龙江新和成生物科技有限公司；浙江新和成股份有限公司
一种高产辅酶 Q$_{10}$ 类球红细菌及其诱变选育和应用[67]	利用空间和常压等离子进行物理诱变类球红细菌	CN109762757B	神舟生物科技有限责任公司；清华大学无锡应用技术研究院
辅酶 Q$_{10}$ 高产菌株选育快速筛选的方法[68]	利用亚硝基胍和叠氮钠进行化学诱变类球红细菌	CN103196860B	厦门金达威集团股份有限公司；内蒙古金达威药业有限公司

值得注意的是，在产业化过程中，知识产权的诉讼往往不是来自菌种的构建，而是来自分离提取工艺。所以要想在市场竞争中脱颖而出，一定要构建一整套完整的专利池。

16.7.2　前景展望

辅酶 Q$_{10}$ 的工业化生产水平在过去 10 多年，一直没有太大的提升。其原因主要在于：天然合成菌虽然基础产量较高，但是缺乏高效的改造工具和高通量筛选手段；而非天然合成菌虽然具备高效的改造工具，但是其基础产量较低且存在某些未知的因素限制了其产量提升。随着合成生物学工具的不断推陈出新，以及高通量筛选和各种检测技术的不断进步，我们相信在不远的未来，辅酶 Q$_{10}$ 工业化生产菌的发酵水平一定会突破瓶颈，带动相关产业的快速发展。

在应用市场方面，随着人们生活水平的提高，保健意识逐渐增强，对于抗氧化剂的需求也逐渐增加。辅酶 Q$_{10}$ 作为一种天然的抗氧化剂，可以帮助人体抵抗自由基的侵害，防止细胞老化和疾病的发生。其次，随着人口老龄化的加剧，辅酶 Q$_{10}$ 在医学领域的应用也越来越广泛。辅酶 Q$_{10}$ 可以帮助心脏保持健康、增强免疫力、改善肌肉疲劳等，已经被广泛用于心脏病、糖尿病、高血压等疾病的治疗和预防。此外，随着科技的不断发展，辅酶 Q$_{10}$ 的应用领域也在不断创新和发展。例如，近年来，辅酶 Q$_{10}$ 在化妆品中的应用也越来越广泛，可以改善皮肤弹性、减轻皱纹和细纹等，因此也被称为"美容维生素"。由于这些领域的需求旺盛，辅酶 Q$_{10}$ 产量也保持每年较大幅度持续增长。全球辅酶 Q$_{10}$ 合成产量从 2020 年 800t 提高到 2022 年 1400t，全球市场销售达到每年约 30 亿元。

过去辅酶 Q$_{10}$ 的主要市场在欧美和日韩等国家，随着中国国民生活水平的持续提高，人们对于高质量生活的向往必将进一步推动我国辅酶 Q$_{10}$ 需求量的不断提升。

参 考 文 献

[1] Cluis C P, Pinel D, Martin V J. The production of coenzyme Q$_{10}$ in microorganisms [J]. Subcell Biocnem, 2012, 64: 303-326.

[2] Crane F L, Hatefi Y, Lester R L, et al. Isolation of a quinone from beef heart mitochondria [J]. Bba-gen Subjects, 1957,

25：220-221.

[3] Mitcnell P. Possible molecular mechanisms of the protonmotive function of cytochrome systems [J]. Theor Biol，1976，62（2）：327-367.

[4] Inui M，Ooe M，Fujii K，et al. Mechanisms of inhibitory effects of CoQ_{10} on UVB-induced wrinkle formation in vitro and in vivo [J]. Biofactors，2008，32（1-4）：237-243.

[5] Agmo Hernández V，Eriksson E K，Edwards K. Ubiquinone-10 alters mechanical properties and increases stability of phospholipid membranes [J]. Bba-biomembranes，2015，1848（10，Part A）：2233-2243.

[6] Lenaz G，Fato R，Formiggini G，et al. The role of Coenzyme Q in mitochondrial electron transport [J]. Mitochondrion，2007，7：S8-S33.

[7] Lass A，Sohal R S. Electron transport-linked ubiquinone-dependent recycling of α-tocopherol inhibits autooxidation of mitochondrial membranes [J]. Arch Biochem Biophys，1998，352（2）：229-236.

[8] Leonid A S. A giant molecular proton pump：structure and mechanism of respiratory complex I [J]. Nat Rev Mol Cell Bio，2015，16（6）：375-388.

[9] Xie T，Yu L，Bader M W，et al. Identification of the ubiquinone-binding domain in the disulfide catalyst disulfide bond protein B [J]. J Biol Chem，2002，277（3）：1649-1652.

[10] Kawamukai M. Biosynthesis，bioproduction and novel roles of ubiquinone [J]. J Biosci Bioeng，2002，94（6）：511-517.

[11] Döring F，Schmelzer C，Lindner I，et al. Functional connections and pathways of coenzyme Q_{10} inducible genes：An in-silico study [J]. Iubmb Life，2007，59（10）：628-633.

[12] Gorelick C，Lopez-Jones M，Goldberg G L，et al. Coenzyme Q_{10} and lipid-related gene induction in HeLa cells [J]. Am J Obstet Gynecol，2004，190（5）：1432-1434.

[13] Langsjoen P H，Folkers K，Lyson K，et al. Effective and safe therapy with coenzyme Q_{10} for cardiomyopathy [J]. Klin Wochenschr，1988，66（13）：583-590.

[14] Kumar A，Kaur H，Devi P，et al. Role of coenzyme Q_{10}（CoQ_{10}）in cardiac disease，hypertension and Meniere-like syndrome [J]. Pharmacol Therapeut，2009，124（3）：259-268.

[15] Fragaki K，Cano A，Benoist J F，et al. Fatal heart failure associated with CoQ_{10} and multiple OXPHOS deficiency in a child with propionic acidemia [J]. Mitochondrion，2011，11（3）：533-536.

[16] Islam J，Uretsky B F，Sierpina V S. Heart failure improvement with CoQ_{10}，hawthorn，and magnesium in a patient scheduled for cardiac resynchronization-defibrillator therapy：A case study [J]. Explore-NY，2006，2（4）：339-341.

[17] Mischley L K，Allen J，Bradley R. Coenzyme Q_{10} deficiency in patients with Parkinson's disease [J]. J Neurol Sci，2012，318（1-2）：72-75.

[18] Facecchia K，Somayajulu-Nitu M，Dadwal P，et al. Protection of sNpc neurons by water soluble CoQ_{10} in a paraquat induced rat model of Parkinson's disease：the role of neurotrophic factors [J]. Free Radical Bio Med，2010，49：S182.

[19] Nezhadi A，Ghazi F，Rassoli H，et al. BMSC and CoQ_{10} improve behavioural recovery and histological outcome in rat model of Parkinson's disease [J]. Pathophysiology，2011，18（4）：317-324.

[20] Yoritaka A，Kawajiri S，Yamamoto Y，et al. Randomized，double-blind，placebo-controlled pilot trial of reduced coenzyme Q_{10} for Parkinson's disease [J]. Parkinsonism Relat D，2015，21（8）：911-916.

[21] Park J，Park H H，Choi H，et al. Coenzyme Q_{10} protects neural stem cells against hypoxia by enhancing survival signals [J].

Brain Res, 2012, 1478: 64-73.

[22] Choi H, Park H H, Koh S H, et al. Coenzyme Q$_{10}$ protects against amyloid beta-induced neuronal cell death by inhibiting oxidative stress and activating the P13K pathway [J]. Neurotoxicology, 2012, 33 (1): 85-90.

[23] Beal M F. Therapeutic effects of coenzyme Q$_{10}$ in neurodegenerative diseases [M]. New York: Academic Press, 2004.

[24] Kašparová S, Sumbalová Z, Bystrický P, et al. Effect of coenzyme Q$_{10}$ and vitamin E on brain energy metabolism in the animal model of Huntington's disease [J]. Neurochem Int, 2006, 48 (2): 93-99.

[25] De Blasio M J, Huynh K, Qin C, et al. Therapeutic targeting of oxidative stress with coenzyme Q$_{10}$ counteracts exaggerated diabetic cardiomyopathy in a mouse model of diabetes with diminished PI3K (p110α) signaling [J]. Free Radical Bio Med, 2015, 87: 137-147.

[26] Forsberg E, Xu C, Grünler J, et al. Coenzyme Q$_{10}$ and oxidative stress, the association with peripheral sensory neuropathy and cardiovascular disease in type 2 diabetes mellitus [J]. J Diabetes Complicat, 2015, 29 (8): 1152-1158.

[27] Cammer W. Protection of cultured oligodendrocytes against tumor necrosis factor-α by the antioxidants coenzyme Q$_{10}$ and N-acetyl cysteine [J]. Brain Res Bull, 2002, 58 (6): 587-592.

[28] Yang Y K, Wang L P, Chen L, et al. Coenzyme Q$_{10}$ treatment of cardiovascular disorders of ageing including heart failure, hypertension and endothelial dysfunction [J]. Clin Chim Acta, 2015, 450: 83-89.

[29] Kaci M, Arab-Tehrany E, Dostert G, et al. Efficiency of emulsifier-free emulsions and emulsions containing rapeseed lecithin as delivery systems for vectorization and release of coenzyme Q$_{10}$: physico-chemical properties and in vitro evaluation [J]. Colloid Surface B, 2016, 147: 142-150.

[30] Wu H S, Tsai J J. Separation and purification of coenzyme Q$_{10}$ from *Rhodobacter sphaeroides* [J]. J Taiwan Inst Chem E, 2013, 44 (6): 872-878.

[31] Lipshutz B H, Mollard P, Pfeiffer S S, et al. A short, highly efficient synthesis of coenzyme Q$_{10}$ [J]. J Am Chem Soc, 2002, 124 (48): 14282-14283.

[32] Yoshida H, Kotani Y, Ochiai K, et al. Production of ubiquinone-10 using bacteria [J]. J Gen Appl Microbiol, 1998, 44 (1): 19-26.

[33] Ha S J, Kim S Y, Seo J H, et al. Controlling the sucrose concentration increases Coenzyme Q$_{10}$ production in fed-batch culture of *Agrobacterium tumefaciens* [J]. Appl Microbiol Biot, 2007, 76 (1): 109-116.

[34] Kien N B, Kong I S, Lee M G, et al. Coenzyme Q$_{10}$ production in a 150-L reactor by a mutant strain of *Rhodobacter sphaeroides* [J]. J Ind Microbiol Biot, 2010, 37 (5): 521-529.

[35] Balakumaran P A, Meenakshisundaram S. Modeling of process parameters for enhanced production of coenzyme Q$_{10}$ from *Rhodotorula glutinis* [J]. Prep Biochem and Biotech, 2015, 45 (4): 398-410.

[36] Qiu L, Ding H, Wang W, et al. Coenzyme Q$_{10}$ production by immobilized *Sphingomonas sp.* ZUTE03 via a conversion-extraction coupled process in a three-phase fluidized bed reactor [J]. Enzyme Microb Tech, 2012, 50 (2): 137-142.

[37] Xie W, Lv X, Ye L, et al. Construction of lycopene-overproducing *Saccharomyces cerevisiae* by combining directed evolution and metabolic engineering [J]. Metab Eng, 2015, 30: 69-78.

[38] Lv X, Xie W, Lu W, et al. Enhanced isoprene biosynthesis in *Saccharomyces cerevisiae* by engineering of the native acetyl-CoA and mevalonic acid pathways with a push-pull-restrain strategy [J]. J Biotechnol, 2014, 186: 128-136.

[39] Cluis C P, Ekins A, Narcross L, et al. Identification of bottlenecks in *Escherichia coli* engineered for the production of CoQ$_{10}$ [J]. Metab Eng, 2011, 13 (6): 733-744.

［40］ Lu W，Shi Y，He S，et al. Enhanced production of CoQ$_{10}$ by constitutive overexpression of 3-demethyl ubiquinone-9 3-methyltransferase under tac promoter in *Rhodobacter sphaeroides* ［J］. Biochem Eng J，2013，72：42-47.

［41］ Lu W，Ye L，Lv X，et al. Identification and elimination of metabolic bottlenecks in the quinone modification pathway for enhanced coenzyme Q$_{10}$ production in *Rhodobacter sphaeroides* ［J］. Metab Eng，2015，29：208-216.

［42］ Dixson D D，Boddy C N，Doyle R P. Reinvestigation of coenzyme Q$_{10}$ isolation from *Sporidiobolus johnsonii* ［J］. Chem Biodivers，2011，8（6）：1033-1051.

［43］ 陆文强. 类球红细菌中辅酶Q$_{10}$的代谢工程研究及应用［D］. 杭州：浙江大学，2014.

［44］ Lu W，Ye L，Xu H，et al. Enhanced production of coenzyme Q$_{10}$ by self-regulating the engineered MEP pathway in *Rhodobacter sphaeroides* ［J］. Biotechnol Bioeng，2014，111（4）：761-769.

［45］ Lee J K，Oh D K，Kim S Y. Cloning and characterization of the dxs gene，encoding 1-deoxy-d-xylulose 5-phosphate synthase from *Agrobacterium tumefaciens*，and its overexpression in *Agrobacterium tumefaciens* ［J］. J Biotechnol，2007，128（3）：555-566.

［46］ Meganathan R. Ubiquinone biosynthesis in microorganisms ［J］. Fems Microbiol Lett，2001，203（2）：131-139.

［47］ Cheng B，Yuan Q P，Sun X X，et al. Enhanced production of coenzyme Q$_{10}$ by overexpressing HMG-CoA reductase and induction with arachidonic acid in *Schizosaccharomyces pombe* ［J］. Appl Biochem Biotech，2010，160（2）：523-531.

［48］ Zhu Y，Ye L，Chen Z，et al. Synergic regulation of redox potential and oxygen uptake to enhance production of coenzyme Q$_{10}$ in *Rhodobacter sphaeroides* ［J］. Enzyme Microb Tech，2017，101：36-43.

［49］ Koo B S，Gong Y J，Kim S Y，et al. Improvement of coenzyme Q$_{10}$ production by increasing the NADH/NAD$^+$ ratio in *Agrobacterium tumefaciens* ［J］. Biosci Biotech Bioch，2010，74（4）：895-898.

［50］ Tran U C，Clarke C F. Endogenous synthesis of coenzyme Q in eukaryotes ［J］. Mitochondrion，2007，7：S62-S71.

［51］ Zhu Y，Lu W，Ye L，et al. Enhanced synthesis of coenzyme Q$_{10}$ by reducing the competitive production of carotenoids in *Rhodobacter sphaeroides* ［J］. Biochem Eng J，2017，125：50-55.

［52］ Kim S J，Kim M D，Choi J H，et al. Amplification of 1-deoxy-d-xyluose 5-phosphate（DXP）synthase level increases coenzyme Q$_{10}$ production in recombinant *Escherichia coli* ［J］. Appl Microbiol Biot，2006，72（5）：982-985.

［53］ Zahiri H S，Yoon S H，Keasling J D，et al. Coenzyme Q$_{10}$ production in recombinant *Escherichia coli* strains engineered with a heterologous decaprenyl diphosphate synthase gene and foreign mevalonate pathway ［J］. Metab Eng，2006，8（5）：406-416.

［54］ Zhang D，Shrestha B，Li Z，et al. Ubiquinone-10 production using *Agrobacterium tumefaciens* dps gene in *Escherichia coli* by coexpression system ［J］. Mol Biotechnol，2007，35（1）：1-14.

［55］ Seo M J，Kim S O. Effect of limited oxygen supply on coenzyme Q$_{10}$ production and its relation to limited electron transfer and oxidative stress in *Rhizobium radiobacter* T6102 ［J］. J Microbiol Biotechn，2010，20（2）：346-349.

［56］ Ha S J，Kim S Y，Seo J H，et al. Optimization of culture conditions and scale-up to pilot and plant scales for coenzyme Q$_{10}$ production by *Agrobacterium tumefaciens* ［J］. Appl Microbiol Biot，2007，74（5）：974-980.

［57］ Sakato K，Tanaka H，Shibata S，et al. Agitation-aeration studies on coenzyme Q$_{10}$ production using *Rhodopseudomonas spheroides* ［J］. Biotechnol Appl Bioc，1992，16：19-28.

［58］ Choi J H，Ryu Y W，Seo J H. Biotechnological production and applications of coenzyme Q$_{10}$ ［J］. Appl Microbiol Biot，2005，68（1）：9-15.

［59］ Jeya M，Moon H J，Lee J L，et al. Current state of coenzyme Q$_{10}$ production and its applications ［J］. Appl Microbiol

Biot, 2010, 85 (6): 1653-1663.

[60] De Dieu Ndikubwimana J, Lee B H. Enhanced production techniques, properties and uses of coenzyme Q$_{10}$ [J]. Biotechnol Lett, 2014, 36 (10): 1917-1926.

[61] Cluis C P, Burja A M, Martin V J J. Current prospects for the production of coenzyme Q$_{10}$ in microbes [J]. Trends Biotechnol, 2007, 25 (11): 514-521.

[62] Wang Z J, Zhang X, Wang P, et al. Oxygen uptake rate controlling strategy balanced with oxygen supply for improving coenzyme Q$_{10}$ production by *Rhodobacter sphaeroides* [J]. Biotechnol Bioproc E, 2020, 25 (3): 459-469.

[63] 阿兰·贝利, 克利斯汀·曼哈特, 彼得拉·斯米克. 类异戊二烯的生产方法: CN101044243B[P]. 2011-12-28.

[64] 陈召峰, 胡伟江, 于凯, 等. 一种基因工程菌及其在生产辅酶 Q$_{10}$ 中的应用: CN105441371B[P]. 2018-11-30.

[65] 于洪巍, 袁慎峰, 朱永强, 等. 一种重组微生物、其制备方法及其在生产辅酶 Q$_{10}$ 中的应用: CN109055417B[P]. 2020-07-07.

[66] 陈召峰, 朱永强, 于凯, 等. 一种类球红细菌的接合转移方法: CN111073883B[P]. 2021-10-08.

[67] 韩沛君, 邹荣松, 李佳, 等. 一种高产辅酶 Q$_{10}$ 类球红细菌及其诱变选育和应用: CN109762757B[P]. 2020-01-07.

[68] 郑毅, 朱志春, 陈金卿, 等. 辅酶 Q$_{10}$ 高产菌株选育快速筛选的方法: CN103196860B [P]. 2015-09-30.

第17章
硫辛酸

孙益嵘

中国科学院广州生物医药与健康研究院

17.1 概述

α- 硫辛酸（α-lipoic acid）具有还原型（DHLA）和氧化型结构。分子式为 $C_8H_{14}O_2S_2$，分子量为 206.326，中文学名为 1, 2- 二噻茂烷基 -3- 戊酸，是含有八个碳原子的饱和脂肪酸，其中硫原子连接 6 位和 8 位碳原子（图 17-1），兼具脂溶性与水溶性。

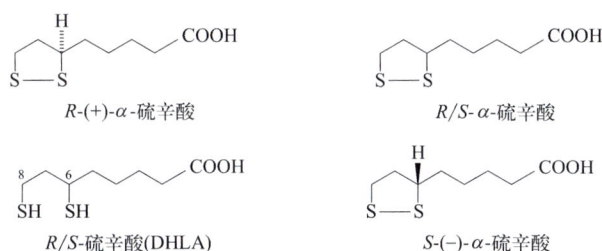

图 17-1 硫辛酸结构

硫辛酸是一种在自然界广泛存在的酶辅助因子，广泛分布于动植物、微生物中。马铃薯、菠菜、花椰菜、番茄等蔬菜含有丰富的硫辛酸，动物的肝脏、肾脏和心脏组织硫辛酸含量最为丰富。人体也可合成硫辛酸，但随着年龄增加，合成能力逐渐降低。生物体中硫辛酸依赖的酶复合体主要有丙酮酸脱氢酶、α- 酮戊二酸脱氢酶、支链酮酸脱氢酶、3- 羟基丁酮脱氢酶和甘氨酸裂解系统，在生物体中发挥重要的功能作用。

17.2 硫辛酸的性质、功能和应用

17.2.1 硫辛酸的性质与生理功能

α- 硫辛酸是一种安全有效的强抗氧化剂，为维生素 B 族化合物，被称为"万能抗氧化剂"。硫辛酸在体内经肠道吸收后进入细胞，由于兼具脂溶性与水溶性，因此可以在全身畅行无阻。α- 硫辛酸含有双硫五元环结构，电子密度很高，具有显著的亲电子性和与自由基反应的能力，可通过清除自由基以及再生其他抗氧化剂等多种机制发挥抗氧化作用，比维生素 C 和维生素 E 的抗氧化性强 400 倍左右，具有极高的医用价值和保健功能。

硫辛酸作为多种脱氢酶复合体的辅基，参与有机体的能量代谢、一碳单位形成以及为脂肪酸和氨基酸的合成提供前体物质的反应。五种硫辛酸依赖的酶复合体都含有多拷贝的三种亚基：E1、E2 和 E3，每种亚基催化部分反应。其中，硫辛酸的羧基与 E2 亚基上赖氨酸残基的 ε- 氨基共价结合，起到在多酶复合体的各个活性中心之间传递中间产物的作用。硫辛酸可以与丙酮酸的乙酰基形成一个硫酯键，然后将乙酰基转移到辅酶 A 分子的硫原子上。

形成辅基的二氢硫辛酰胺可再经二氢硫辛酰胺脱氢酶（需要 NAD$^+$）氧化，重新生成氧化型硫辛酰胺。

17.2.2　硫辛酸的应用

细胞需要氧气来辅助代谢，约有 2% 的氧气会变成带负电的活性氧（O^{2-}），即自由基，硫辛酸能够清除氧自由基，可还原维生素 E、维生素 C 和辅酶 Q$_{10}$。

在医药领域里，有"万能抗氧化剂"之称的硫辛酸目前主要应用于预防和辅助治疗糖尿病及糖尿病慢性并发症、脑和神经退化性疾病，全球每年约有 380 万人死于糖尿病及糖尿病并发症，用于糖尿病并发症治疗的费用要比无并发症的费用高 3～4 倍，硫辛酸是各大权威指南一致推荐的糖尿病神经病变一线治疗药物。此外还广泛应用于治疗肝病、艾滋病、牛皮癣、湿疹、帕金森病、风湿病、心脏病等疾病。硫辛酸也能消除疲劳和改善痴呆，包括阿尔茨海默病与帕金森病。近年来有关硫辛酸在疾病治疗，尤其是目前难治疾病等领域的应用报道越来越多，最近研究表明硫辛酸对癌症的治疗也有一定的效果[1]，推测由于硫辛酸也是葡萄糖和能量代谢一个重要的辅基，因此对于肿瘤能量代谢 Warburg 效应有一定的抑制作用，从而导致肿瘤细胞的凋亡。随着将肿瘤当慢性病治疗的兴起，硫辛酸在未来肿瘤的治疗中将发挥更加重要的作用。此外，硫辛酸的巯基很容易进行氧化还原反应，故可保护巯基酶免受重金属离子的毒害。目前，硫辛酸已经成为医学界研究的重点之一。

目前，硫辛酸的应用还主要集中在医学领域，对于其他如材料、化妆品等领域的应用才刚刚开始，硫辛酸的应用领域需要进一步扩宽。在保健品领域，硫辛酸主要用于清除体内自由基、防止脂质过氧化，以达到预防和辅助治疗某些疾病的目的。同时，由于其在美容方面效果确切、安全可靠，在日本等国家硫辛酸也被添加到化妆品中。各国在硫辛酸分类管理方面存在着差异，如在美国作为膳食补充剂，在我国与欧洲作为药品，而在日本同时作为药品、保健品、化妆品原料。

硫醇类化合物：半胱氨酸、胱氨酸、谷胱甘肽、硫脲、金属硫蛋白、谷胱甘肽过氧化物酶等的抗氧化、清除自由基、抑制脂质过氧化的良好效果向来为人们所重视。但是大分子的硫醇类化合物存在免疫原性、难于吸收、价格昂贵、制剂的不稳定性问题；受人们青睐的小分子硫醇类，包括乙酰半胱氨酸、谷胱甘肽虽然能被生物组织吸收，但只能注射不能口服，且有一定的毒性和副作用。α-硫辛酸可以作为食品口服，生物组织很易吸收利用，并能透过血脑屏障发挥多功能的所谓"通用性抗氧化剂"作用，其毒性很低。

全球硫辛酸产业在经历了多年的快速增长后，未来仍然将保持 10% 左右的稳定增长。全球的硫辛酸原料及中间体主要来自中国，而硫辛酸的需求主要来自国际市场，国内药品市场总的规模较小，但在集采后需求量有望逐步放大。另外，胶囊和片剂如未来进入医保目录，则将有着更广阔的市场空间。长远来看，国内尚未启动的保健品市场潜力则更值得期待。硫辛酸在医药领域的不断探索和应用，引领着在保健品、化妆品领域市场空间的扩展。2023 年价格突发性上涨，但同时也可能引来一些新进入者的过度扩展。未来的发展趋势主要是高端 R-α-硫辛酸的产品结构升级，特别是在合成生物学技术上的进步。而目前 R-α-硫辛酸的使用比例尚小，未来有着较大的升级替代空间。

17.3　硫辛酸的合成方法概述

1951 年，Reed 等[2]初次从猪肝中成功提取出（R）-α- 硫辛酸。目前已经发现菠菜、酵母以及动物肝脏等硫辛酸含量较高，但从有机体直接提取硫辛酸，需要消耗的动植物量太大，成本太高，远远满足不了日益增长的需求。

目前硫辛酸主要通过化学合成生产，根据原料的不同分为两种：己二酸法和环己酮法。化学法合成的硫辛酸主要是混旋硫辛酸，右旋硫辛酸具有生物活性，但左旋硫辛酸对人体健康有一定的危害，尤其是眼睛。因此，硫辛酸生产目前处于 R- 硫辛酸（右旋）取代混旋硫辛酸的过程之中。

生物合成硫辛酸潜力巨大，包括微生物发酵法以及酶法合成等。生物合成硫辛酸主要生产的是 R- 硫辛酸，因此，这将给生物转化生产硫辛酸带来巨大的市场机遇。

17.3.1　硫辛酸的化学合成

己二酸法是目前技术成熟且已工业化的技术路线。主要由氯化铝催化乙烯和氯酰基己二酸一甲酯缩合，得到氯酮体。再经还原、卤化、二硫酚化和水分解得到二硫代羧酸体。最后经碘氧化得到目的产物硫辛酸，收率达 35%。该法使用硫化钠，产物纯度较低[3]（图 17-2）。

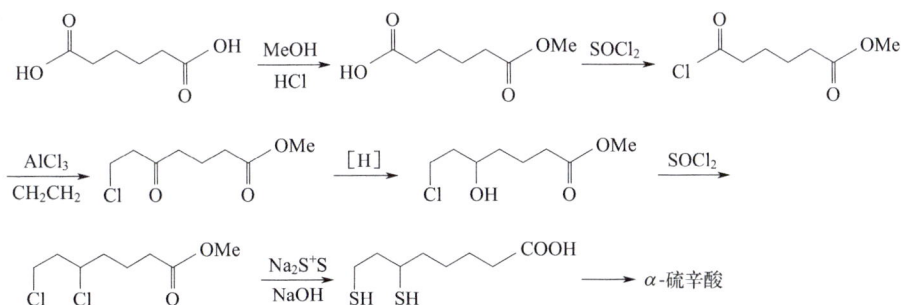

图 17-2　己二酸法合成硫辛酸

后续在此基础上研究人员使用己二酸衍生物进行了改进，主要有 4- 氯甲酰戊酸乙酯法和己二酸单乙酯酰氯法两种方法。前者使用苯甲硫醇替代硫化钠，制得的产物纯度较高，达 82%，但需要在液氨中与钠反应，操作费用高，且总收率 30% 以下。后者以己二酸单乙酯酰氯为原料，经还原、氢溴酸溴代、甲酯化后收率较高，但合成过程成本较其他方法高。

环己酮法：以环己酮为起始原料，经烯胺化、加成、过氧化、取代、氧化共 5 步反应得到硫辛酸。该法收率较高、操作简单、反应步骤短[4]（图 17-3）。

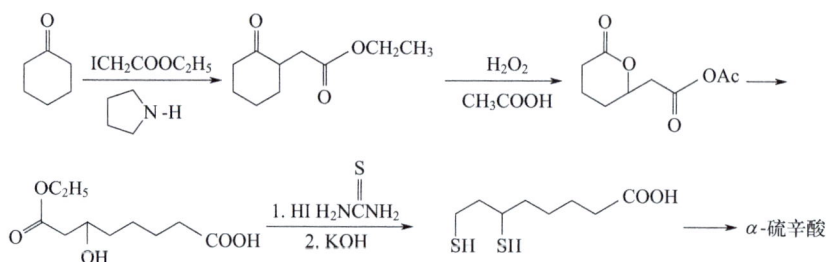

图 17-3 环己酮法合成硫辛酸

1999 年，Naturforsch 以乙烯基乙醚代替 2- 碘代乙酸乙酯合成 α- 硫辛酸，该合成反应步骤少，收率较高，产物纯度达 99%。

化学合成生产硫辛酸的缺点：步骤繁琐，工艺复杂，且均采用化工原料，并在合成过程中大量使用有毒催化剂，产品的安全性受到严重质疑。同时对环境造成严重的污染，是环境非友好性工艺。另外，化学合成的硫辛酸是由等量 R-(+)-α- 硫辛酸和 S-(+)-α- 硫辛酸构成的混合体，需进一步拆分，才能得到有生物活性的 R-(+)-α- 硫辛酸。研究表明 S-(+)-α- 硫辛酸对人的健康和眼睛有一定的危害作用。

从生产厂家来看，美国公司 GeroNova Research、德国公司 Degussa 和意大利公司 Labochim 都先后推出了 R- 硫辛酸产品，其中 GeroNova 最早实现技术突破，是老牌的硫辛酸生产厂家。国内能够生产 R- 硫辛酸的厂家不多，形成规模生产的只有上海现代制药股份有限公司，并大部分销往美国市场。其他如苏州富士莱医药股份有限公司、江苏同禾药业有限公司和浙江一些药厂虽然也具备 R- 硫辛酸生产能力，但现阶段还没有形成规模。

17.3.2 硫辛酸的生物合成现状

目前硫辛酸的生物合成主要有酶法合成与微生物发酵合成方法。酶法合成主要有酶促不对称合成方法和酶促手性拆分方法。

（1）酶法合成硫辛酸

1989 年，Aravamudan 等以酵母催化 β- 酮酯类化合物的不对称还原反应实现了 (R)-α- 硫辛酸的不对称合成[3,5]。该反应以乙酰乙酯为原料，与碘代化合物发生 α 烷基化得到 7- 氰基 -3- 羰基庚酸酯。经面包酵母催化的不对称还原反应生成手性羟基酯（图 17-4）。

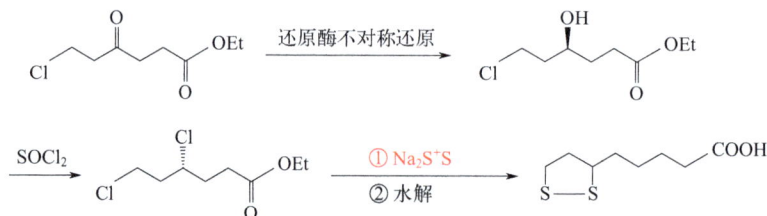

图 17-4 酵母不对称还原氰基 β - 酮酯合成 (R)- α - 硫辛酸

1990 年，Aravamudan 等报道了一种选择性更高的酵母酶促反应路线[6]。该路线以酵母催化 6- 氯 -3- 羰基己酸酯中羰基的不对称还原反应。氯代 β- 酮酯经酵母还原得到产物构型为 S 的手性羟基化合物，收率为 62%（图 17-5）。

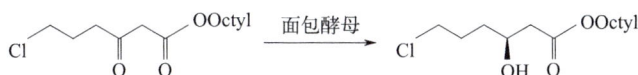

图 17-5　氯代 β- 酮酯酵母还原

2015 年，韩修等[3] 从近平滑念珠菌（*C.parapsilosis*）中分离得到一种还原酶 CpAR2，该还原酶对 8- 氯 -6- 羰基辛酸酯中的酮羰基的不对称还原具有很高的活性和手性选择性，底物转化率超 99%[7]（图 17-6）。

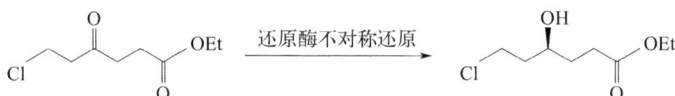

图 17-6　还原酶 CpAR2 催化反应

1997 年，Fadnavis 等[8] 发现皱褶假丝酵母（*Candia rugosa*）的一种脂肪酶对催化 α- 硫辛酸外消旋体中的（R）对映体 - 和（S）- 对映体的酯化反应具有选择性。其中对（S）- 对映体的酯化反应速度更快，利用这一性质可以通过手性拆分法实现（R）-α- 硫辛酸的制备[9]。2009 年，Wang 等[10] 报道了米曲霉 WZ007 脂肪酶催化外消旋 α- 硫辛酸选择性酯化的方法。

目前，研究人员也利用酶法制备出多种新型硫辛酸衍生物。2015 年，KAKI 等以物质的量比为 1 : 30 的 1,2- 二油酰基 -sn- 丙三基 -3- 胆碱磷酸和硫辛酸作为底物，来自疏棉状嗜热丝孢菌和假丝酵母的固定化酶为催化剂，合成了新化合物 1- 硫酰基 -2- 棕榈酰磷脂。2018 年，Wang 等[10] 以硫辛酸和植物甾醇为底物，以南极洲假丝酵母脂肪酶 CALB、热霉菌的脂肪酶 TL-IM（脂肪酶）、米黑霉脂肪酶 RML 和皱褶假丝酵母脂肪酶 CRL 为催化剂，建立了植物甾醇硫辛酸酯的酶法制备方法。

（2）硫辛酸的代谢工程及生物发酵法合成硫辛酸研究进展

发酵法相对于酶法生产硫辛酸在成本上将更具有优势。目前生物发酵法合成硫辛酸仍在探索阶段。

2009 年，Moon 等[11] 报道在大肠杆菌中共表达荧光假单胞菌来源的 LipA 和 LplA，能提高大肠杆菌硫辛酸 2 倍产量。2017 年，Sun 等[12] 通过过表达硫辛酸合成载体多肽硫辛酸结构域，并调控表达硫辛酸合成途径，实现了硫辛酸产量的大幅提升，产量提高了近 200 倍，达到 5mg/g 细胞干重。2020 年 Chen 等[13] 报道在酵母中表达粪肠球菌的硫脂酰胺酶，游离硫辛酸产量增加约 3 倍。最近有文章报道在大肠杆菌中从头合成硫辛酸，同时导入粪肠球菌的硫脂酰胺酶获得游离硫辛酸产量达 87mg/L[14]。合成菌株经 LB 和 LYT 培养的硫辛酸产量见图 17-7。

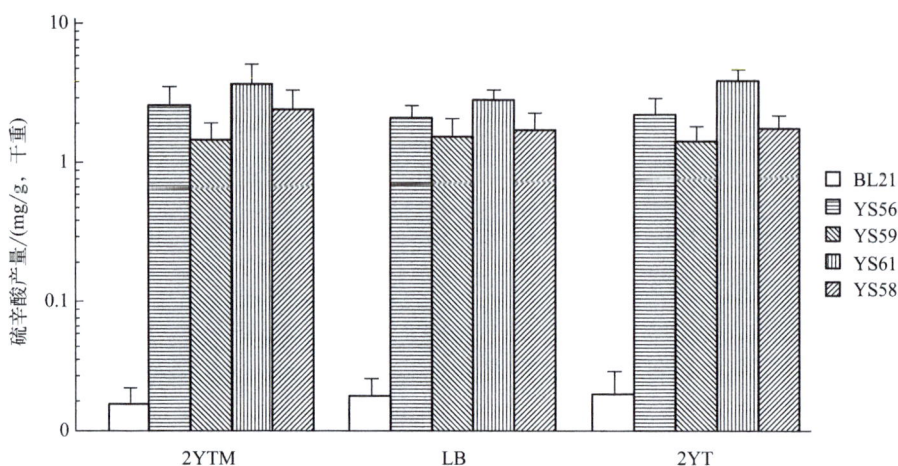

图 17-7   合成菌株经 LB 和 2YT 培养的硫辛酸产量[12]

17.4   硫辛酸的生物合成代谢途径

17.4.1   大肠杆菌和其他细菌硫辛酸生物合成代谢途径

细菌有五种硫辛酸作为辅基的脱氢酶复合体：丙酮酸脱氢酶、α- 酮戊二酸脱氢酶、分支酮酸脱氢酶、3- 羟基丁酮脱氢酶和甘氨酸裂解系统。在这些酶中，硫辛酸通过共价键与特殊亚基上保守的赖氨酸的 ε- 氨基结合，作为一个摇摆的长臂在各复合体活性位点传递底物。

丙酮酸脱氢酶（PDH）催化丙酮酸生成乙酰 CoA，对于机体能量代谢非常重要，它为三羧酸循环（TCA）提供乙酰 CoA 且直接产生还原性能源产物，乙酰 CoA 是氨基酸和脂肪酸合成代谢的基本底物。α- 酮戊二酸脱氢酶（KGDH）催化 α- 酮戊二酸生成琥珀酰 CoA，是三羧酸循环的关键酶之一。

丙酮酸脱氢酶（PDH）和 α- 酮戊二酸脱氢酶是两个相关的多酶复合体，有相似的结构和催化活性（图 17-8）。都含有三种亚基，每种亚基都催化具体的部分反应。第一个亚基二磷酸硫胺素依赖的底物专一性脱羧酶（decarboxylase）（E1p 或 E1o），它催化丙酮酸或 α- 酮戊二酸的氧化脱羧，并相应地使第二个亚基（E2）上的硫辛酸基团发生还原性酰基化。硫辛酸基团通过共价酰胺键与 E2 亚基上保守的赖氨酸残基的 ε- 氨基结合[15]。E2（E2p 或 E2o）是二氢硫辛酸酰胺转酰基酶，将酰基从硫辛酰基上转给 CoA，产生乙酰 CoA 或琥珀酰 CoA。第三个亚基（E3）是二氢硫辛酸酰胺脱氢酶，二氢硫辛酸通过 FAD^+ 被氧化，并以 NAD^+ 为最终电子受体氧化硫辛酸基团[16]。E1 和 E2 具有底物专一性，而 E3 在一种生物中，被多个脱氢酶复合体共有[17]。甘氨酸裂解系统中的 L 蛋白也具有类似情况[18]，但也存在例外[19]。

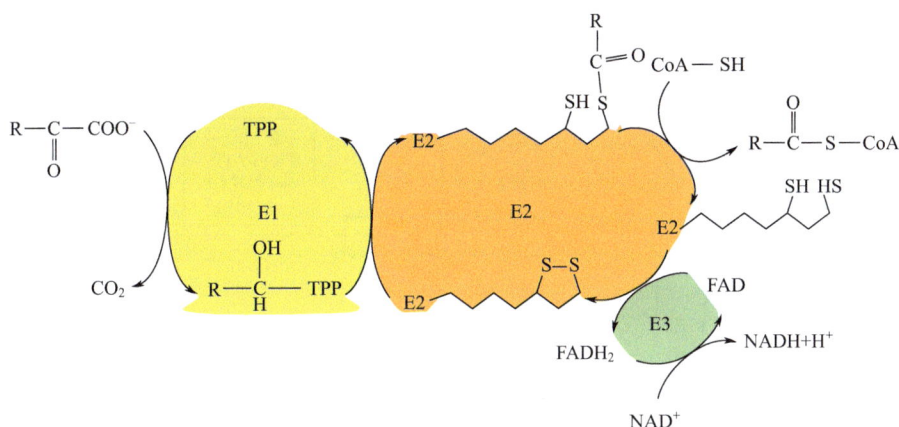

图 17-8 α- 酮戊 - 酸脱氢酶催化的反应

E1—催化二磷酸硫胺 (TPP) 依赖的氧化脱羧反应；E2—将酰基从硫辛酰基转移至 CoA 形成 acyl-CoA；E3—催化硫辛酰基再氧化

E2 在亚基装配和底物传递中起着关键核心作用。首先，E2 亚基转酰基酶结构域聚合成 24 聚集体或 60 聚集体的核心。所有来自革兰氏阴性细菌 PDH 都组成 24 聚集体核，而其他生物的 KGDH 和 BCDH 以及来自真核生物的 PDH 组成 60 聚集体核[16,20]。多拷贝的 E1 和 E2 与核心通过非共价键紧密结合，形成多酶复合体，通过电镜可看到多酶复合体的较大颗粒物。其次，E2 亚基上硫辛酸化的赖氨酸残基对于整个酶的活性是非常重要的。多酶复合体的一个优点是反应中间产物可以在不受其他酶竞争和丢失中间产物的影响下，完成要完成的反应。在 PDH 和 KGDH 多酶复合体中，与硫辛酸结构域连接的硫辛酸基团，硫辛酸结构域间的连接区域以及催化结构域构成了一条长的摇摆臂，它为远处的 E1 和 E3 的活性位点传递反应中间产物[15]，没有硫辛酸化的脱辅酶 PDH 是无活性的。

(1) 大肠杆菌的硫辛酸代谢途径

大肠杆菌的硫辛酸合成遗传和生化研究比较清晰。大肠杆菌可以通过两种方式获取硫辛酸：一是从环境中直接吸收，二是体内从头合成（图 17-9）。从环境中吸收的硫辛酸或辛酸在硫辛酸连接酶作用下与脱氢酶复合体 E2 亚基硫辛酸结构域上的赖氨酸残基连接，完成靶酶的硫辛酰基化，成为有活性的脱氢酶复合体。硫辛酸从头合成首先是将脂肪酸合成代谢产生的辛酰 ACP 中的辛酰基通过辛酰 ACP（蛋白辛酰基转移酶）的催化转移到脱氢酶复合体 E2 亚基硫辛酸结构域上。然后，辛酰基的 6 位和 8 位的碳原子在硫辛酸合成酶作用下各与一个硫原子结合，完成硫辛酸的合成和 E2 亚基的硫辛酰基化。因此，大肠杆菌硫辛酸的从头合成是在靶酶（脱氢酶复合体）或硫辛酸结构域上进行的。

丙酮酸脱氢酶的 E2 亚基的结构及序列已通过部分蛋白酶切方法和相应的 DNA 序列分析阐明。E2 亚基多具有一个分节结构（图 17-10）。从肽链的氮端开始，首先是一到三个由 80 个氨基酸残基组成的高度保守的硫辛酸结构域，接着是一个外围亚基结合结构域，负责与 E1 和 E3 亚基结合，最后是一个大的酰基转移酶结构域，它聚集形成整个结构的核心。所有这些结构域都通过柔性且伸展的连接区连接，这一区域由 20 ～ 30 个氨基酸残基构成，富含丙氨酸、脯氨酸和带电氨基酸[14,21]。

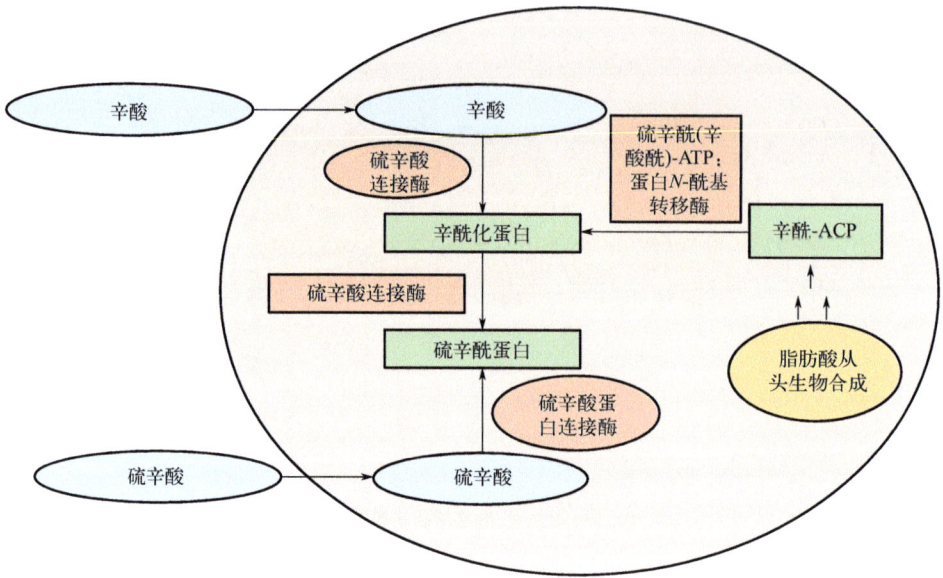

图 17-9   大肠杆菌硫辛酸合成代谢途径

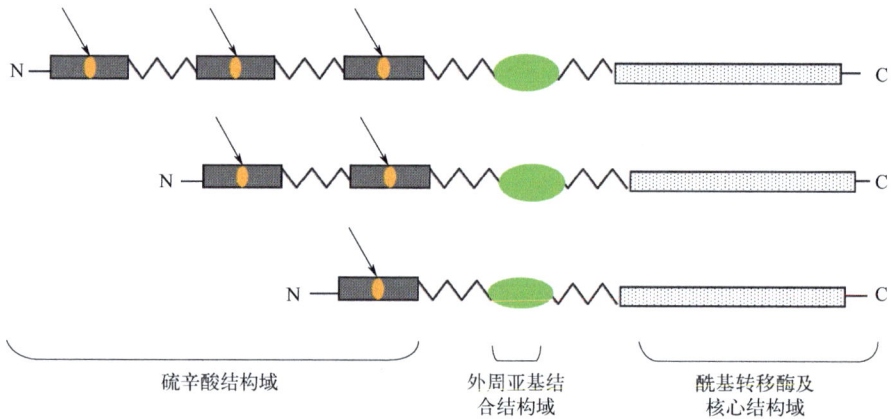

硫辛酸结构域   外周亚基结   酰基转移酶及
                    合结构域   核心结构域

图 17-10   丙酮酸脱氢酶复合体 E2 亚基的分段结构示意图

　　不同的脱氢酶 E2 亚基中的硫辛酸结构域的数目是有变化的。革兰氏阴性细菌有三个（*E.coli* 和棕色固氮菌 *Azotobacter vinelandii*）或两个（流感嗜血杆菌 *Haemophilus influenzae* 和脑膜炎奈瑟菌 *Neisseria meningitidis*），而革兰氏阳性细菌一般含有一个[22]。然而也有例外，如革兰氏阴性细菌运动发酵单胞菌 *Zymomonas mobilis* 只有一个[23]，而革兰氏阳性细菌粪肠球菌 *Enterococcus faecalis* 有两个[24]。真核生物的 PDH 常有 1 个（酵母）或 2 个（哺乳动物）。已知的 KGDH 和 BCDH 中 E2 亚基仅有一个[15]。另外，硫辛酸结构域不仅存在于 E2 亚基中，一些细菌如真氧产碱菌 *Alcaligenes eutrophus*、*Neisseria meningitides* 和山羊支原体 *Mycoplasma capricolum* 的 PDH 的 E3 亚基在氮端也有一个硫辛酸结构域[25, 26]，另有一个特殊例子是 *Z. mobilis* 的 E1β，其上也有一个硫辛酸结构域[27]。

　　硫辛酸结构域从 1 个到 3 个进行变化（图 17-10），每个结构域含有一个保守的赖氨酸残基连接硫辛酸。来自不同生物的硫辛酸结构域编码亚基因已被克隆并在大肠杆菌中表达。有一些硫辛酸结构域的三维结构也被解析，其中包括嗜热脂肪芽孢杆菌 *B. stearothermophilus* 的 E2p 上唯一的硫辛酸结构域，*E. coli* E2p 上的硫辛酸结构域，*E. coli* E2o 和 *A. vinelandii* E2o 上单一来源硫辛酸结构域，*A. vinelandii* E2p 上三个硫辛酸结构域中外在的一个和人 E2p 上两个中的一个内在的硫辛酸结构域[28-32]。所有这些结构域的结构是十分相近的（图 17-11），由一个扁平的 β 折叠桶和一个准对称二折叠轴组成，包括：两个四链 β 折叠片，这使结构域的氮端和碳端靠近集中在一个片层中，而且使赖氨酸残基处在第四和第五折叠片连接的 β 转角上。甘氨酸裂解系统的 H 蛋白上的硫辛酸结构域的结构也与上述一致[32-34]。

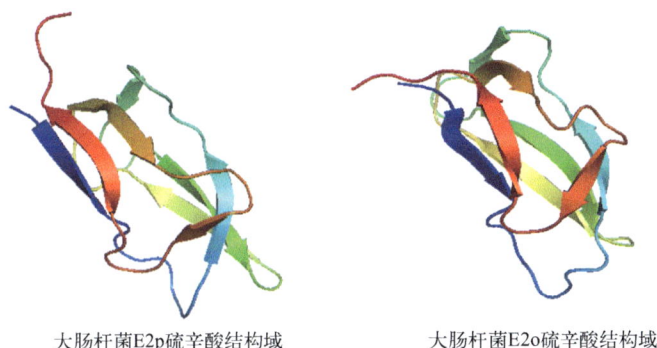

大肠杆菌E2p硫辛酸结构域　　大肠杆菌E2o硫辛酸结构域

图 17-11　大肠杆菌硫辛酸结构域蛋白结构[25, 34]

硫辛酸结构域的结构与它在底物传递和活性位点中的催化功能相关。首先，尽管自由的硫辛酸也可以作为 E2p 的底物，但是硫辛酸结构域是更好的底物[35]。伸出的 β- 转角上连接的硫辛酸更易接触活性中心。连接硫辛酸结构域与催化结构域的柔性和伸展连接结构域为摇摆臂的催化活动提供了很大便利，这一区域的缺失将引起整个活性的丧失，但不影响各自的酶活性[36]。其次，*E. coli* 和 *A. vinelandii* 的 E1p 和 E1o 只能转移脂酰基到同源的 E2p 和 E2o，这是底物精准传递的机制，也就是说，还原性脂酰化只发生在与延伸的 E2 亚基上特殊的赖氨酸共价连接的硫辛酸基团上。第三，尽管以往认为连接的硫辛酸基团可以自由旋转[36]，但是结构研究表明，在赖氨酸残基硫辛酸化后，结构域上的硫辛酸 - 赖氨酸 -β 转角柔性变小[37]。活动受限制的硫辛酸基团有利于 E1 和 E2 的相互作用，这是由于硫辛酸基团采取了有利于 E1 的取向，因此提高了催化活性。这与 *P. putida* 的 BCDH 的 E1 组分的结晶结构一致。根据这一结构，连接焦磷酸硫胺素的活性位点处于长漏斗状通道的底部，为了与底部的 TPP 接近，连接在硫辛酸结构域上的硫辛酸基团必须完全伸展和准确定位。这一定位的氨基酸残基已被确定，是在 lipoyl-lysine[38] 两旁的两个残基。最后，突出表面连接 1, 2 两个 β 折叠的环，空间上接近 lipoyl-lysine，是另一个主要的决定硫辛酸结构域与 E1 相互作用的因素。缺失这一环节会产生部分折叠的结构域，并且使硫辛酸化和还原性脂酰化功能完全丧失，表明这一环参与维持结构的完整性[39]。这一环状结构对于稳定脂酰 - 硫辛酰中间产物的硫脂也很重要。

分支酮酸脱氢酶复合体中的 E2 亚基含多个结构域，从其 N 端开始依次是硫辛酸结构域（lipoyl domain，lipD）、亚基结合结构域和酰基转移酶结构域（图 17-10）。硫辛酸结构域含有 80 多个氨基酸残基。来自多种生物的编码硫辛酸结构域的亚基因（subgenes）已被克隆，且在大肠杆菌中得到了过量表达。研究发现虽然这些多肽来源不同，但它们具有保守的空间结构，直接参与催化反应中的底物传递和活性偶联，也是 E2 亚基在翻译后被硫辛酸修饰的识别位点。另外，体内体外的研究还证明这些硫辛酸结构域多肽同 E2 亚基一样可以通过硫辛酸连接酶（LplA）或辛酰 ACP：蛋白辛酰基转移酶的催化发生硫辛酰基化或辛酰基化。辛酰化的硫辛酸结构域由硫辛酸合成酶（LipA）催化合成硫辛酸（图 17-9）。

酵母硫辛酸合成突变株最早被分离，并定位在染色体 14.5 分钟处[40]。大肠杆菌 lipA 基因是硫辛酸合成酶基因，已被鉴定和克隆[41-43]。遗传学的研究表明大肠杆菌 lipA 的产物催化硫原子的插入[42]，然而，生化研究较为滞后，因为过量表达和纯化 LipA 存在着问题。LipA 易形成包涵体[44]，并且 LipA 中的铁硫簇对氧化损伤十分敏感[45]。研究人员将 LipA 从包涵体纯化，并在有铁和硫的存在下重新折叠和重建，纯化蛋白每一条多肽含有一个（2Fe-2S），并在厌氧还原条件下转化成（4Fe-4S）。在厌氧条件下，LipA 也可从可溶裂解物中纯化，获得单体和同质二聚体，每条肽链含有一个（4Fe-4S）[46]。

Miller[46] 首次证明了 LipA 的催化反应，他们把连接有二亚硫酸钠还原的 LipA 与辛酰 ACP、LipB、apo-PDH 和 AdoMet 一起温育。然后通过分光光度法检测 PDH 的活性。通过质谱分析确定了直接出现的含硫辛酸产物，证明是新合成的硫辛酸基团被转移到脱硫辛酸的结构域上形成硫辛酸化的结构域。另外，LipA 的催化效率很低（每摩尔 LipA 多聚蛋白催化得到 0.017mol 产物）。这与铁硫簇是硫供体，在完成一轮反应后需要再生的假设是一致的。LipA 的体外催化反应分析的生化证据，证明了 LipA 负责两个硫的插入，并且 LipA 的反应涉及铁硫簇和 AdoMet 的自由基化学反应。

美国伊利诺伊州立大学 Cronan 实验室的卓越工作使硫辛酸生物合成研究得到突破[47, 48]。在这一系列研究中，培养基通过补充氘标记的辛酸，氘标记的辛酸化的 E2 结构域在 lipA⁻ lipB⁻ fadE⁻ 的突变株中积累，接着用携带 lipA 基因的噬菌体颗粒感染细菌，发现氘标记的辛酸化的 E2 结构域被转化成氘标记的硫辛酸化的 E2 结构域。质谱分析证明了纯化氘标记的硫辛酸化的 E2 结构域是正确的。用类似的方法也证明了在体内 lipA 的引入可将辛酸化的 2-氧酸脱氢酶转化成硫辛酸化的 2- 氧酸脱氢酶。这些体内数据证明了辛酸化的蛋白可替代辛酰 ACP 作为 LipA 底物，并且证明硫辛酸的合成是在相关酶上进行的。然而，这些结果也还不能排除辛酰 ACP 作为 LipA 底物的可能性，因为虽然硫辛酰 ACP 的形成量低于分析方法的检出量，但是辛酰 ACP 可以诱导 SAM 的裂解[48]。因此，仍不清楚辛酸化 -PDH 在体内是不是唯一的 LipA 底物，或这只是一种硫辛酸合成的修复途径。此外，Booker's 小组的研究发现，甘氨酸裂解系统的辛酸化的 H 蛋白的硫辛酸结构域也可以作为 LipA 的底物[49]。他们同样证明 2 当量的 Ado-Met 在合成 1 当量硫辛酸时被降解[49]，并且两个硫原子都是由同一个 LipA 多肽贡献的[50]。

硫辛酸连接酶（LPL）的活性是在研究人员在研究 Enterococcus faecalis[51-53] 的硫辛酸代谢时发现的。发现有一种能使 apo-PDH 在有硫辛酸盐、ATP 和二价金属离子如 Mg^{2+} 存在时活化的硫辛酸活化酶。一种可能的酶结合中间体，硫辛酸化腺苷酸，可以替代硫辛酸盐和 ATP。这种酶活性可被分级成两个组分，一个是热稳定的（PS-2A），另一个是热不稳定的（PS-2B）。PS-2A 在 ATP 存在时能活化硫辛酸盐，PS-2B 则无此活性。但是两个组分对催化活性都是必需的。作者也观察到大肠杆菌也有类似活性，但当时没有分离得到该酶。后来，在大肠杆菌中观察到了两种 LPL 活性，LPL-A 和 LPL-B，它们对底物和金属离子有不同的要求[54]。然而，这可能是由于蛋白酶的存在而人为造成的假象。

LplA 基因已被鉴定，该酶催化 ATP 依赖的硫辛酸蛋白连接反应，是一个单体蛋白[54]。这个基因位于染色体 99.6 分钟处，编码一个分子质量为 38kDa 的单体蛋白。这个蛋白已被克隆和在大肠杆菌中过量表达[55]。LplA 催化两步 ATP 依赖的反应（图 17-12）。第一步，形成 lipoyl-AMP 中间产物，第二步 lipoyl 基团从 lipoyl-AMP 上转移到目标蛋白保守的赖氨酸残基的 ε- 氨基上。尽管 *Enterococcus faecalis* 的 LPL 有两个组分，而且这种形式的 LPL 在大肠杆菌中也已报道，但是已经证明 *lplA* 基因产物负责大肠杆菌的这两步反应，而且 LPL-A 和 LPL-B 都是 *lplA* 基因产物[51]。

另一个基因 *lipB* 和 *lipA*（硫辛酸酶）处在大肠杆菌的 *lip* 区。位于染色体 14.5 分钟处[42,43]。*lipB* 编码硫辛酰（辛酸酰）-ATP：蛋白 *N*- 酰基转移酶，它把硫辛酰（辛酸酰）从 ACP 上转移到目标蛋白上（图 17-12）[56]。LipB 和 LplA 都能以辛酸作为合成硫辛酸的底物（LipB 以辛酸酰 -ACP 为底物）[54]。

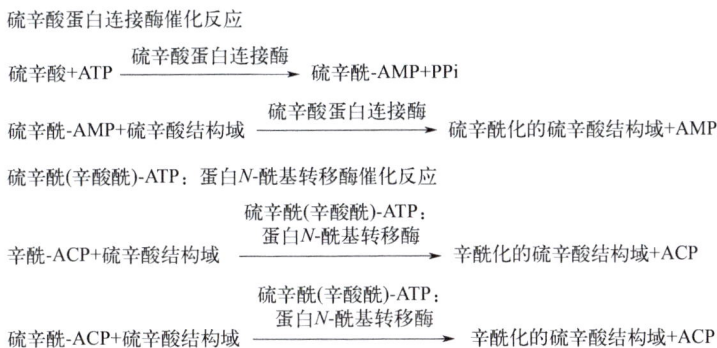

硫辛酸蛋白连接酶催化反应

$$硫辛酸+ATP \xrightarrow{\text{硫辛酸蛋白连接酶}} 硫辛酰\text{-}AMP+PPi$$

$$硫辛酰\text{-}AMP+硫辛酸结构域 \xrightarrow{\text{硫辛酸蛋白连接酶}} 硫辛酰化的硫辛酸结构域+AMP$$

硫辛酰(辛酸酰)-ATP：蛋白 *N*-酰基转移酶催化反应

$$辛酰\text{-}ACP+硫辛酸结构域 \xrightarrow{\substack{\text{硫辛酰(辛酸酰)-ATP：}\\\text{蛋白}N\text{-酰基转移酶}}} 辛酰化的硫辛酸结构域+ACP$$

$$硫辛酰\text{-}ACP+硫辛酸结构域 \xrightarrow{\substack{\text{硫辛酰(辛酸酰)-ATP：}\\\text{蛋白}N\text{-酰基转移酶}}} 辛酰化的硫辛酸结构域+ACP$$

图 17-12　LplA 以及 LipB 的催化反应

有证据显示在大肠杆菌中有两种硫辛酸的连接途径。图 17-9 所示是大肠杆菌中硫辛酸的代谢途径。在这一模型中，LplA 利用外源的硫辛酸，把硫辛酰基团从 lipoyl-AMP 中间体转移到特异的赖氨酸上，LipB 的反应是内在性的，它把硫辛酰基团从辛酰基 -ACP（octanoyl-ACP）上转移到特异的 E2 的赖氨酸上，随后 LipA 将两个硫插入。octanoyl-ACP 是脂肪酸合成的中间产物。目前对硫辛酸如何进出细胞以及是否涉及转运蛋白仍不清晰，但其兼具水溶性和脂溶性的特性使其进出细胞相对容易。如前所述，最近证明的一条途径是在酶上进行的，不是先合成硫辛酸然后再将其连到酶上[48,49]。体外，LipB 可以将硫辛酰基团从 lipoyl-ACP 转移到 E2 上，但是在体内并没有得到实验证据证明这一方式。另外，体内体外 LplA 都有低的 LipB 活性。*lplA* 的缺失突变株无表现型，*lipB* 的缺失突变株显示微弱的生长，添加硫辛酸或辛酸可恢复生长。仅仅在 *lplA* 和 *lipB* 的双突变中，发现 PDH 和 KGDH 的缺陷生长型，补充醋酸盐和琥珀酸盐才能恢复生长 [54]。

第三个硫辛酸依赖多酶复合体是分支酮酸脱氢酶（BCDH）。它有 E1b、E2b 和 E3 三个亚基，用与 PDH 和 KGDH 类似的方式催化分支酮酸的氧化脱羧 [15]，产生分支酰 CoA。BCDH 的底物是分支酮酸，是由分支氨基酸转氨作用产生的，如缬氨酸、亮氨酸和异亮氨酸。虽然，在大肠杆菌中无此酶活性，但在许多细菌中有此酶，如：恶臭假单胞菌 *Pseudomonas putida*、铜绿假单胞菌 *Pseudomonas aeruginosa*、*E. faecalis*、*Bacillus subtilis*、阿维链霉菌 *Streptomyces avermitilis* 和黄色黏球菌 *Myxococcus xanthus*[57-65]。另外，在古细菌 *Haloferax volcanii* 发现了该酶活性 [64]。在酵母和动物中也有该酶 [66,67]。BCDH 在不同物种间有不同的功能，在枯草芽孢杆菌中它参与分支脂肪酸的合成 [68]，在 *Myxococcus xanthus* 中参与细胞间的信号传递 [68]，而在 *Streptomyces avermitilis* 中参与除虫菌素的生物合成 [62]。

3- 羟基丁酮脱氢酶是第四个硫辛酸依赖多酶复合体，它也与 PDH 和 KGDH 类似。很早就发现一些细菌可以用 3- 羟基丁酮为唯一碳源生长。在这些细菌中，3- 羟基丁酮脱氢酶催化 3- 羟基丁酮氧化裂解生成乙酰 CoA 和乙醛。同样，三亚基的聚集方式也与 PDH 和 KGDH 类似。已经知道可以利用 3- 羟基丁酮的细菌包括：真氧产碱菌 *Alcaligenes eutrophus*、大梭菌 *Clostridium magnum*、*Pelobacter carbinolicus*、*Klebsiella pneumoniae*、*P. putida* 和 *B. sultilis* [69-75]。

第五个硫辛酸依赖多酶复合体是甘氨酸裂解系统（GCV）。它广泛地存在于细菌和植物线粒体中。GCV 催化甘氨酸可逆裂解生成 CO_2、NH_3、NADH、H^+ 和一碳单位亚甲四氢叶酸。虽然，该复合体包含四种不同的蛋白（P、H、T 和 L 蛋白），但它展现了与 PDH 和 KGDH 组分的相似性。P 蛋白是磷酸吡哆醛依赖的脱羧酶，它把甘氨酸转化成氨甲基和 CO_2，H 蛋白的硫辛酸基团接受来自 P 蛋白的氨甲基，T 蛋白用四氢叶酸接受来自 H 蛋白的亚甲基一碳单位，同时，释放 NH_3，双氢硫辛酸脱氢酶氧化 H 蛋白上的双氢叶酸 [76]。这四个蛋白作用松散，但化学反应通过与 H 蛋白的联系协调进行。GCV 提供了一种氧化分解甘氨酸的方式，并作为一碳单位的共体。

（2）其他细菌硫辛酸代谢途径

E. faecalis 的硫辛酸代谢与 *E. coli* 的不同。首先，*E. faecalis* 是硫辛酸自然营养缺陷 [77]。这已被在 *E. faecalis* 的基因组中没有 *lipA* 的同源基因所证明。第二，*lipB* 的硫辛酸转移酶活性与硫辛酸合成紧密联系，但是该基因组中也没有 *lipB* 的同源基因。然而该基因组中的确有两个 *lplA* 同源基因。过去已证明，*E. faecalis* 的 LPL 活性需两个组分，第二个组分是热稳定的 [52]。有人提出可能第二个组分不是蛋白质，而是含辅因子的物质，对第一组分是必需的 [55]。另外，*E. faecalis* 的 LPL 与哺乳动物的 LPL 相似，需要两个独立的酶，而这两个不同的酶由这两个 *lplA* 基因编码。一个证据支持这一假说，热稳定的组分对蛋白酶敏感 [52]，因此认为它是一个蛋白组分。当然，在 *E. faecalis* 和 *E. coli* 之间最大的不同是，前者有硫脂酰胺酶的存在。虽然，这个酶在 *E. faecalis* 的生理功能仍不清楚，但是有理由相信它与该菌是硫辛酸自然营养缺陷有关，可能参与该菌

硫辛酸的抢救过程。

　　E. faecalis 通过糖酵解降解葡萄糖，*E. faecalis* 没有 TCA 循环，因此也没有 α- 酮戊二酸脱氢酶。已经被证明的硫辛酸化的酶有丙酮酸脱氢酶和支链酮酸脱氢酶，3- 羟基丁酮脱氢酶也被检测到。乳酸菌不能合成血红素，因此不含细胞色素和其他含血红素的蛋白。缺乏呼吸链，使丙酮酸脱氢酶成为一个在有氧条件下产能重要的酶，在这里由 PDH 产生的 ATP 是通过底物水平磷酸化进行的，同时产生乳酸[59, 60]。

　　粪肠球菌的硫辛酸酰胺酶也非常有趣，这个酶催化与蛋白结合的硫辛酸的解离，产生脱辅酶的无活性的酶蛋白。它催化硫辛酸蛋白连接酶的逆反应。更有趣的是，这种酶仅在粪肠球菌中存在，大肠杆菌中没有此酶。粪肠球菌的硫辛酸代谢与大肠杆菌的有很大的差异。粪肠球菌是自然的硫辛酸营养缺陷菌，没有硫辛酸合成途径。硫辛酸酰胺酶最早是 20 世纪 50 年代在 *Streptococcus faecalis* 10C1（这一菌株现在称为 *E. faecalis*）中发现的，从培养物中已部分纯化该酶。它的功能是从蛋白质结合形式上解离硫辛酸[51, 52]。然而，进一步的信息却非常有限。由于在粪肠球菌中的丰度低，一直没有得到均质体，编码序列也未知。因此，早期除了确定了酶活测定外，生理生化研究都未进行。2005 年，Jiang 报道了编码硫辛酸酰胺酶的基因[78]。在粪肠球菌中发现了硫酯酰胺酶 Lipoamidase（LPA），其是一个 Ser-Ser-Lys 家族的酰胺水解酶，可以将硫辛酸从大肠杆菌的丙酮酸脱氢酶等复合体的硫辛酰结构域解离下来。

　　在阐明结构之前，硫辛酸被称为丙酮酸氧化因子，是 *E. faecalis* 在合成培养基生长时，丙酮酸脱氢酶功能所必需的。后来发现 *E. faecalis* 是硫辛酸自然营养缺陷型[77]。因为合成培养基不包含硫辛酸，所以在活化 *E. faecali* 无细胞抽提物中的脱辅基丙酮酸脱氢酶时，需要添加硫辛酸。事实是硫辛酸的添加必须在加底物之前，并且丙酮酸脱氢酶的活性并不因为透析而减弱，这表明硫辛酸已被转化成酶结合形式[48]。这一假设 1960 年被 Nawa 进一步证实[52]。这一系列的观察发现有两种酶活参与 *E. faecali* 丙酮酸脱氢酶活化和去活化。起活化作用的酶是 LplA，另一个，起去活化的酶，称为 lipoyl-X 水解酶，它可以从大肠杆菌和粪肠球菌丙酮酸脱氢酶上去除硫辛酸，产生脱辅基丙酮酸脱氢酶和硫辛酸。这个酶被纯化了 100 倍，并重新命名为硫辛酸酰胺酶。

　　在原核和真核生物均发现了硫辛酸酰胺酶活性。在细菌中，只在 *E. faecali* 中发现，大肠杆菌是硫辛酸原养型，没有此酶活性[79]。在真核细胞，类似的酶在面包酵母和鸽子肝的丙酮制粉中检测到[80, 81]。用 PDH 为底物，在牛心脏、肝或肾中没有发现此酶活性。在最初的研究报道后，有关此酶的文献报道有二十年之多的断层，在这些年中仅有在兔血清和鼠肝中发现此酶活性的很少报道[82]。似乎这个酶被遗忘了很多年。20 世纪 80 年代后期，几个研究小组发现此酶活性存在的范围很广，如鼠的肝和血清，人的体液（血清和乳），豚鼠的肝、肾、心脏和大脑以及猪的大脑[83-86]。

　　E. faecali 中部分纯化的酶可以水解简单的硫辛酰胺和脂，如：硫辛酰胺、甲基硫辛酸和一些硫辛氨基酸和肽，包括硫辛赖氨酸[79]。另外，从面包酵母菌、鼠肝、鸽子肝丙酮粉得到的硫辛酸酰胺酶也能从内源的 PDH 上水解硫辛酰胺键[80, 82]。然而，据报道多数动物来源的硫辛酸酰胺酶是以小分子化合物为底物。最常用的底物是一种叫作 lipoyl-p-aminobenzoic acid（硫酰基对氨基苯甲酸，LPAB）的合成化合物。一种天然的化合物硫辛

酰赖氨酸（lipoyllysine）在一些情况下也用作底物。如从人体血清检测到硫辛酸酰胺酶可以 LPAB 和 lipoyllysine 为底物，而从人乳检测到的硫辛酸酰胺酶仅利用 LPAB[87]。后面要讲到人乳中的硫辛酸酰胺酶是一种胰岛素胆固醇酯酶（胆汁盐激活酯酶）[88]。这些水解小分子的酶都没有检测是否能从硫辛化的蛋白上解离硫辛酸，Oizumi 和 Hayakawa 发现人体血清硫辛酸酰胺酶不能从牛心的 PDH 上解离硫辛酸[89]。尽管 E. faecalis 的硫辛酸酰胺酶可用小分子化合物也可用大分子，但是可能有两种酶活性，因为分析时是用的部分纯化的酶。因此，所有的证据都支持可能有两种形式的酶活性，一种可利用小分子化合物，一种可利用大分子蛋白。应该用两个名字来区分这两种不同的酶活性。值得注意的是可利用小分子为底物的酶是一种多功能酶，它可以水解酰胺键（LPAB、硫辛酰胺和硫辛酰赖氨酸）、酯键（脂酰基甲基酯和脂酰基乙基酯）[86]。

虽然 E. faecalis 的硫辛酸酰胺酶已被发现 40 多年，但是许多阐明这一酶特性的工作一直没有进行。因为编码这一蛋白的基因序列还未知，因此这一蛋白没有被过量表达，也没有被纯化到均质，以便进行生理生化的进一步研究。一些研究小组使用从 E. faecalis 提取的粗提物作为工具从内源的 PDH 或重组的硫辛化的 E2 亚基上解离硫辛酸，这也从另一方面证明了这种酶活性的存在[90]。Radke 等[91]人的试验是个好的例子，他们用质谱分析检测重组 E2 亚基分子量的减少和非变性胶蛋白迁移率的减小来证明脱硫辛化的存在。尽管缺乏有关大分子酶的有关信息，但是已得到了一些用小分子做底物酶的信息。从豚鼠分离的硫辛酸酰胺酶已被纯化，是一个 60kD 的蛋白，等电点为 5.7，而且与膜联系。类似，来自猪脑的硫辛酸酰胺酶也被纯化，为一个 140kD 的糖蛋白，也与膜联系。猪脑的硫辛酸酰胺酶被认为是一种脱锚酶，它可从膜上把脂酰化的抛锚蛋白解离下来。上述两种情况，蛋白序列和基因序列仍不知道。然而，抑制剂试验表明，这些酶的活性涉及苏氨酸和半胱氨酸。从这些酶得到的信息可能对像来自 E. faecalis 的酶用处有限。

17.4.2　酵母及其他真核生物硫辛酸合成代谢途径

除上述五种硫辛酸依赖的多酶复合体外，还有一种硫辛酸化的蛋白，蛋白 X。它是哺乳动物和酵母的 PDH 的一个小的组分[92, 50]，酵母的 PDH 基因已经被克隆得到[50]。它包含一个硫辛酸结构域、一个外周亚基结合结构域和一个酰基转移酶核心结构域。它的硫辛酸基团可被还原性乙酰化，并在多酶复合体周转时脱乙酰化[93]。蛋白 X 的功能被认为是连接和把 E3 亚基定位在 E2 核心上，进而维持 PDH 的结构[94]。

酵母中有三个已知的硫辛酸依赖的脱氢酶复合体：丙酮酸脱氢酶、α-酮戊二酸脱氢酶和甘氨酸裂解系统。Lip2p 和 Lip3p 编码辛酰转移酶将辛酰 -ACP 或者辛酰 -CoA 连接到硫辛酸依赖的蛋白结构域，硫辛酰合成酶 Lip5p 催化两个硫原子插入辛酰碳链从而合成硫辛酸（图 17-13）。

除了大肠杆菌等细菌外，酵母和其他真核生物体也能合成硫辛酸。LipA 的同源物已经从酵母、植物线粒体和质体中克隆到了[95, 96]。并认为是在植物线粒体和酵母中能进行脂肪酸的合成而导致硫辛酸的合成[97-99]。

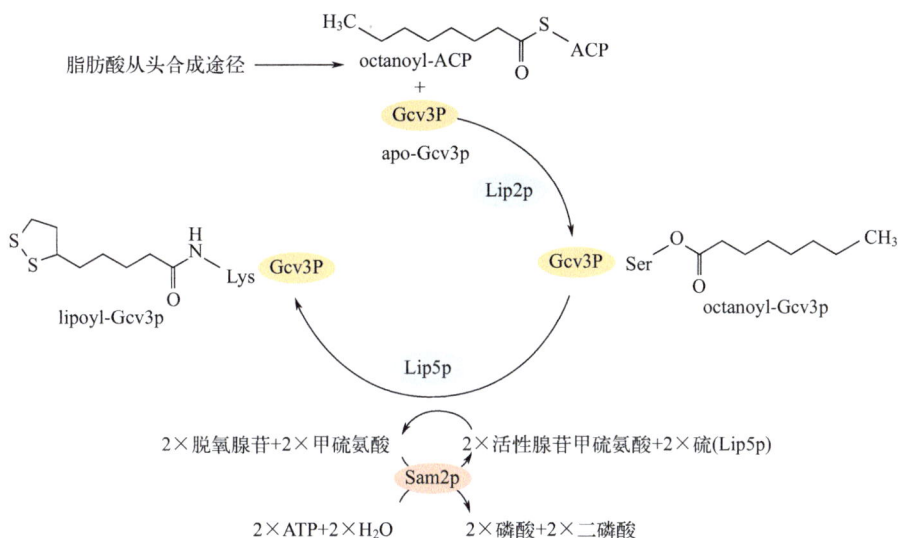

图 17-13　酵母硫辛酸合成机制 [6]

　　LipB 的同源蛋白在酵母菌 *Kluyvermyces lactis* 和 *Saccharomyces cerevisiae*，植物线粒体和质体中被鉴定 [100-102]。他们与大肠杆菌的 LipB 有 30% 的同源性，而且酵母中的两个 *lipB* 基因编码的酶是该菌中主要的硫辛酸代谢的酶，缺失这两个基因引起细胞生长严重障碍。在哺乳动物中也有 *lplA* 同类基因的报道。与大肠杆菌不同的是哺乳动物需要两个独立的酶来完成两步 ATP 依赖的修饰反应。lipoyl-AMP：*N*- 赖氨酸硫辛酰转移酶已在牛肺线粒体 [103, 104] 和人体中被鉴定 [105]。这个酶催化硫辛酰基团从 lipoyl-AMP 转移到保守的赖氨酸上，并且显示在有 lipoyl-AMP 存在时能够硫辛酰化甘氨酸裂解系统的 H 蛋白和哺乳动物 PDH、KGDH 和 BCDH 的 E2 组分 [106]。另一方面，很早以前就报道过一个在 ATP 存在时能够活化硫辛酸的酶 [107]，最近克隆了该基因的 cDNA。显示它与中长度的脂肪酸 CoA 连接酶一致，可能没有上述生理功能 [108]。

　　哺乳动物从饮食中获取硫辛酸，是通过一个 Na 离子依赖的载体蛋白 [109]，但也可能自身合成辅酶 [110, 111]。小鼠和人的硫辛酸合成酶的 cDNA 已被鉴定 [112, 113]。硫辛酸在线粒体的合成主要涉及前体八碳脂肪酸合成以及三个硫辛酸合成特异步骤：辛酰基转移酶 2（LIPT2）将辛酸转移到甘氨酸切割 H 蛋白，通过辛酸合成酶（LIAS）合成辛酸酯，以及通过辛酰基转移酶 1（LIPT1）转移辛酸酯合成硫辛酸 [111]（图 17-14）。

　　由于哺乳动物的复杂性，目前仍不清楚硫辛酸的合成是否被调控以及其具体调控机制。已经报道了硫辛酸结构域的另外两种功能。第一，硫辛酸结构域参与哺乳动物 PDH 的调节 [114]。所有 PDH 的 E1 受正效应物丙酮酸和负效应物乙酰 CoA 的变构调节。另外，哺乳动物的 PDH 还受通过 E1 的磷酸化（去活）和脱磷酸化（生活）的严格控制。由于的硫辛酸结构域结合激酶和磷酸酶使 E2 更接近 E1，从而大幅度地提高了催化活性 [115-117]。第二，硫辛酸结构域可用作抗原。在人类自身免疫疾病初生性胆硬化中，主要的自身抗原就是硫辛酸化的 E2 硫辛酸结构域 [114]。硫辛酸化的 E3BP（X 蛋白）也是一种自身抗原 [119, 120]。有趣的是 *Neisseria meningitides* 的表面抗原 p64K 是一种带有硫辛酸结构域的蛋白，它通过连接区与二氢硫辛酸酰胺脱氢酶连接[121]。

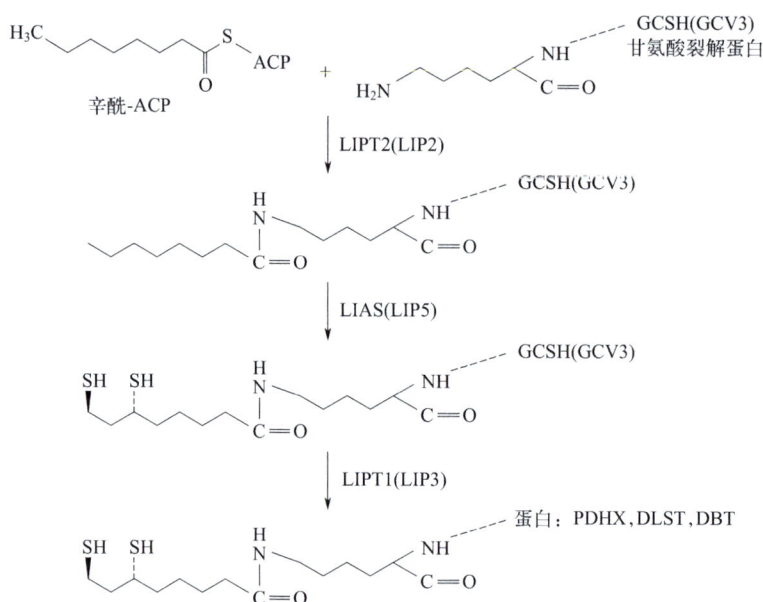

图 17-14　哺乳动物硫辛酸合成机制

PDHX—丙酮酸脱氢酶复合体；DLST—2- 氧代酸脱氢酶；DBT—分支酮酸脱氢酶复合体

17.5　硫辛酸的工业生产概览

硫辛酸最初于 1950 年由美国 Reed 等人[2]从猪肝中分离提取得到。硫辛酸主要包括 DL- 硫辛酸（混旋体）、R- 硫辛酸（右旋）和 S- 硫辛酸（左旋）。目前硫辛酸主要通过化学合成生产，根据原料的不同分为两种：己二酸法和环己酮法。己二酸法：氯化铝催化乙烯和氯酰基己二酸一甲酯缩合，得到氯酮体。再经还原、卤化、二硫酚化和水分解得到二硫代羧酸体。最后经碘氧化得到目的产物硫辛酸。环己酮法：以环己酮为起始原料，经烯胺化、加成、过氧化、取代、氧化共 5 步反应得到硫辛酸。化学合成生产硫辛酸的缺点：步骤繁琐，工艺复杂，且均采用化工原料，并在合成过程中大量使用有毒催化剂，产品的安全性受到严重的质疑。同时对环境造成严重的污染，是环境非友好性工艺。另外，化学合成的硫辛酸是由等量 R-(+)-α- 硫辛酸和 S-(+)-α- 硫辛酸构成的混合体，需进一步拆分，才能得到有生物活性的 R-(+)-α- 硫辛酸。研究表明 S-(+)-α- 硫辛酸对人的健康和眼睛有一定的危害作用。目前混旋硫辛酸的市场报价和 R- 硫辛酸价格相差巨大。硫辛酸生产目前处于 R- 硫辛酸（右旋）取代混旋硫辛酸的过程之中，微生物转化生产的硫辛酸是 R- 硫辛酸，因此，这将给微生物转化生产硫辛酸带来巨大的市场机遇。

国内拆分手性硫辛酸分子的工艺技术瓶颈仍没有解决，不能大量拆分手性分子，国内目前只有少数企业掌握小规模拆分硫辛酸手性分子的技术。

在当今生物技术迅速发展并转化为商品的时代，生物化工产业的发展十分迅猛，据有关方面预测，未来将有 20% ~ 30% 的化学工艺过程将会被生物技术过程所取代。同时，随着技术改造和替代传统化工工艺的趋势越来越引起人们的重视，为传统技术或常规技术所不能解决的重大问题带来新的曙光，例如，化学方法生产的产物为混旋硫辛酸，而生物法生产的产物为具有天然生物活性的右旋分子。微生物转化生产硫辛酸顺应了这一要求，而人们对天然保健品的青睐，促成天然 R-(+) 硫辛酸高价格，这些原因使得生物转化法生产 R- 硫辛酸成为一个颇有吸引力的研究发展趋势。

17.6　硫辛酸的专利分析与前景展望

17.6.1　专利分析

国际上报道的硫辛酸相关的专利主要集中在硫辛酸化学生产和硫辛酸的功能应用上。国内目前关于硫辛酸生产的专利主要集中在硫辛酸化学生产工艺以及硫辛酸制剂工艺。

如图 17-15 所示，硫辛酸的相关专利目前主要集中在硫辛酸的相关应用专利上，占绝大多数。合成专利主要集中在化学合成上，生物方法生产硫辛酸专利主要集中在用酶法消旋以及生物制剂上，纯粹微生物发酵生产硫辛酸的专利相对较少。

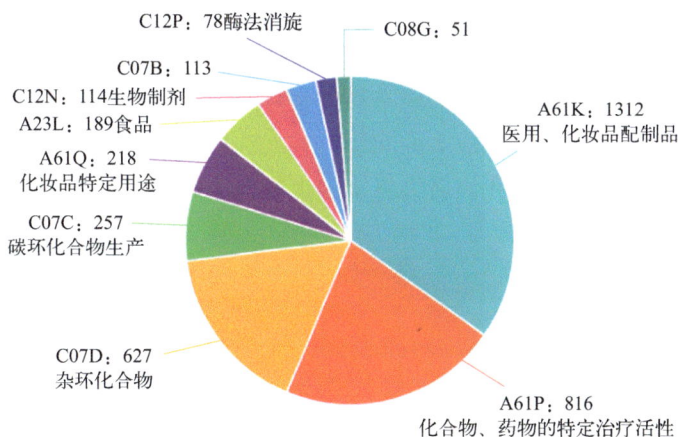

图 17-15　硫辛酸相关专利分布

目前硫辛酸相关专利的申请呈上升趋势，尤其是在国内，表明国内对硫辛酸的重视程度越来越高，预计硫辛酸的市场应用也将越来越广泛（图 17-16）。

除了 Sun 等人[12]申请及获批的硫辛酸发酵合成专利，目前国际和国内均没有关于生物法合成硫辛酸的专利及授权，只有少量酶法提高 α- 硫辛酸产量的专利。

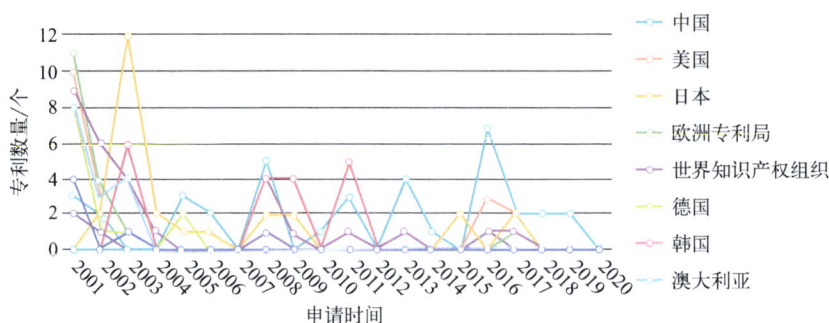

图 17-16　硫辛酸相关专利申请数量趋势

当然，硫辛酸的发酵生产目前还受制于生产成本等问题，随着生物合成技术的改进，相信在不久的将来，能够达到工业发酵生产硫辛酸。

17.6.2　前景展望

当前，全球硫辛酸（含颗粒硫辛酸、高纯无溶剂硫辛酸、R-硫辛酸等）市场容量约1200～1500t/a；另外，相关中间体及衍生物（含6,8-二氯辛酸乙酯、R-硫辛酸氨基丁三醇盐等）市场容量600t到1000t。总体，硫辛酸系列产品市场容量合计1800t到2500t，年均复合增长率10%。

硫辛酸在中国主要作为药物制剂用于治疗糖尿病神经病变并发症，尚处于起步阶段，中国消费量约占全球总消费量的5%。2015年，硫辛酸药物在抽样医院销售额将近4.3亿元，近五年的复合增长率42.5%。随着硫辛酸抗肿瘤、抗衰老、病毒感染辅助治疗等新的应用功能的发现[122,123]，预计硫辛酸的应用和销量将进一步增强。

化学合成逐渐被生物合成替代，但硫辛酸的生物合成生产，目前仍面临着许多需要克服的问题，首先，需要解决生物合成成本的问题；其次，仍需要对相关合成途径进行改进和研究。相信随着生物技术的进步，我们最终将实现生物合成硫辛酸的工业化应用。

参 考 文 献

[1] Dfabc D，Hlabc E. Lipoic acid a multi-level molecular inhibitor of tumorigenesis[J]. Biochimica et Biophysica Acta （BBA）-Reviews on Cancer，2020，1873（1）：1-4.

[2] Reed L，DeBusk B，Gunsalus I C，et al. Crystalline alpha-lipoic acid；a catalytic agent associated with pyruvate dehydrogenase [J]. Science，1951，114（2952）：93-94.

[3] 韩修，康传清 .（R）-α-硫辛酸合成方法的研究进展 [J]. 应用化学，2020，37（11）：1236-1248.

[4] Segre A，Viterbo R，Parisi G. A new synthesis of 6-thioctic acid （DL-2-Lipoic acid）[J]. J Ame Chem Soc，1957，79：3503-3505.

[5] 孙菁，王旻，陈代杰 . R-（+）-硫辛酸关键手性中间体的微生物转化进展 [J]. 药物生物技术，2002，3：165-170.

[6] Gopalan A，Jacobs H，Bakers' yeast reduction of alkyl6-chloro-3-oxohexanoates：Synthesis of （R）-（+）-α-lipoic acid[J]，J Chem Soc，1990，1：1897-1990.

［7］ Zhang Y，Zhang W，Zheng G，et al. Identification of an ε-keto ester reductase for the efficient synthesis of an（R）-α-lipoic acid precursor［J］.Advanced Synthesis & Catalysis，2015，357（8）：1697-1702.

［8］ Fadnavis N，Koteshwar K. Remote control of stereoselectivity：lipase catalyzed enantioselective esterification of racemic α-lipoic acid［J］. Tetrahedron：Asymmetry，1997，8（2）：337-339.

［9］ Kaki S，Balakrishna M，Prasad R. Enzymatic synthesis and characterization of 1-lipoyl-2-palmitoyl phosphatidylcholine：A novel phospholipid containing lipoic acid［J］. European Journal of Lipid Science and Technology，2014，116：1347-1353.

［10］ Wang H，Jia C，Xia X，et al. Enzymatic synthesis of phytosteryl lipoate and its antioxidant Properties［J］. Food Chemistry，2018，240（1）：736-742.

［11］ Moon H J，Jeya M，Yu I S，et al. Chaperone-aided expression of LipA and LplA followed by the increase in alpha-lipoic acid production［J］.Appl Microbiol Biotechnol，2009，83（2）：329-337.

［12］ Sun Y，Zhang W，Ma J，et al. Overproduction of α-Lipoic acid by gene manipulated Escherichia coli［J］. PLoS One，2017，12（1）：e0169369.

［13］ Chen B，Foo J L，Ling H，et al. Mechanism-driven metabolic engineering for bio-based production of free R-Lipoic acid in Saccharomyces cerevisiae mitochondria［J］. Front Bioeng Biotechnol，2020，20（8）：965.

［14］ Lennox-Hvenekilde D，Bali A P，Gronenberg L S，et al. Metabolic engineering of Escherichia coli for high-level production of free lipoic acid［J］. Metab Eng，2023，76：39-49.

［15］ Nawa H，Brady W T，Koike M，et al. Studies on the nature of protein-bound lipoic acid［J］. J Am Chem Soc，1960，82：896-903.

［16］ Perham R N. Swinging arms and swinging domains in multifunctional enzymes：catalytic machines for multistep reactions［J］. Annu Rev Biochem，2000，69：961-1004.

［17］ Ali S T，Guest J R. Isolation and characterization of lipoylated and unlipoylated domains of the E2p subunit of the pyruvate dehydrogenase complex of Escherichia coli［J］. Biochem J，1990，271：139-145.

［18］ Bourguignon J V，Merand S R，Forest E，et al. Glycine decarboxylase and pyruvate dehydrogenase complexes share the same dihydrolipoamide dehydrogenase in pea leaf mitochondria：evidence from mass spectrometry and primary-structure analysis ［J］. Biochem J，1996，313：229-234.

［19］ Palmer J A，Madhusudhan K T，Hatter K，et al. Cloning，sequence and transcriptional analysis of the structural gene for LPD-3，the third lipoamide dehydrogenase of Pseudomonas putida［J］. Eur J Biochem，1991，202：231-240.

［20］ Berg A，de Kok A. 2-Oxo acid dehydrogenase multienzyme complexes. The central role of the lipoyl domain［J］. Biol Chem，1997，378：617-634.

［21］ Reed L J，Hackert M L. Structure-function relationships in dihydrolipoamide acyltransferases［J］. J Biol Chem，1990，265：8971-8974.

［22］ Neveling U S，Bringer-Meyer S，Sahm H. Gene and subunit organization of bacterial pyruvate dehydrogenase complexes ［J］. Biochim Biophys Acta，1998，1385：367-372.

［23］ Neveling U，Klasen R，Bringer-Meyer S，et al. Purification of the pyruvate dehydrogenase multienzyme complex of Zymomonas mobilis and identification and sequence analysis of the corresponding genes［J］. J Bacteriol，1998：1540-1548.

［24］ Allen A G，Perham R N. Two lipoyl domains in the dihydrolipoamide acetyltransferase chain of the pyruvate dehydrogenase multienzyme complex of Streptococcus faecalis[J]. FEBS Lett，1991，287：206-210.

[25] Ala' Aldeen D A，Westphal A H，de Kok A，et al. Cloning，sequencing，characterisation and implications for vaccine design of the novel dihydrolipoyl acetyltransferase of Neisseria meningitidis[J]. J Med Micorbiol，1996，45：419-432.

[26] Zhu P P，Peterkofsky A. Sequence and organization of genes encoding enzymes involved in pyruvate metabolism in Mycoplasma capricolum[J]. Protein Sci，1996，5：1719-1736.

[27] Neveling U，Klasen R，Bringer-Meyer S，et al. Purification of the pyruvate dehydrogenase multienzyme complex of Zymomonas mobilis and identification and sequence analysis of the corresponding genes[J]. J Bacteriol，1998，180（6）：1540-1548.

[28] Dardel F，Davis A L，Laue E D，et al. Three-dimensional structure of the lipoyl domain from Bacillus stearothermophilus pyruvate dehydrogenase multienzyme complex [J]. J Mol Biol，1993，229：1037-1048.

[29] Green J D，Laue E D，Perham R N，et al. Three-dimensional structure of a lipoyl domain from the dihydrolipoyl acetyltransferase component of the pyruvate dehydrogenase multienzyme complex of *Escherichia coli* [J]. J Mol Biol，1995，248：328-343.

[30] Ricaud P M，Howard M J，Roberts E L，et al. Three-dimensional structure of the lipoyl domain from the dihydrolipoyl succinyltransferase component of the 2-oxoglutarate dehydrogenase multienzyme complex of *Escherichia coli* [J]. J Mol Biol，1996，264：179-190.

[31] Berg A，Vervoort J，de Kok A. Three-dimensional structure in solution of the *N*-terminal lipoyl domain of the pyruvate dehydrogenase complex from Azotobacter vinelandii[J]. Eur J Biochem，1997，244：352-360.

[32] Howard M J，Fuller C，Broadhurst R W，et al. Three-dimensional structure of the major autoantigen in primary biliary cirrhosis[J]. Gastroenterology，1998，115：139-146.

[33] Macherel D，Bourguignon J，Forest E，et al. Expression，lipoylation and structure determination of recombinant pea H-protein in Escherichia coli [J]. Eur J Biochem，1996，236：27-33.

[34] Pares S，Cohen-Addad C，Sieker L，et al. X-ray structure determination at 2.6-A resolution of a lipoate-containing protein：the H-protein of the glycine decarboxylase complex from pea leaves[J]. Proc Natl Acad Sci USA，1994，91：4850-4853.

[35] Graham L D，Packman L C，Perham R N. Kinetics and specificity of reductive acylation of lipoyl domains from 2-oxo acid dehydrogenase multienzyme complexes [J]. Biochemistry，1989，28：1574-1581.

[36] Miles J S，Guest J R，Radford S E，et al. Investigation of the mechanism of active site coupling in the pyruvate dehydrogenase multienzyme complex of *Escherichia coli* by protein engineering[J]. J Mol Biol，1988，202：97-106.

[37] Jones D D，Stott K M，Howard M J，et al. Restricted motion of the lipoyl-lysine swinging arm in the pyruvate dehydrogenase complex of *Escherichia coli* [J]. Biochemistry，2000，39：8448-8459.

[38] Wallis N G，Perham，R N. Structural dependence of post-translational modification and reductive acetylation of the lipoyl domain of the pyruvate dehydrogenase multienzyme complex[J]. J Mol Biol，1994，236：209-216.

[39] Jones D D，Horne H J，Reche P A，et al. Structural determinants of post-translational modification and catalytic specificity for the lipoyl domains of the pyruvate dehydrogenase multienzyme complex of Escherichia coli[J]. J Mol Biol，2000，295：289-306.

[40] Behal R H，Browning K S，Hall T B，et al. Cloning and nucleotide sequence of the gene for protein X from Saccharomyces cerevisiae[J]. Proc Natl Acad Sci USA，1989，86（22）：8732-8736.

［41］ Hayden M A, Huang D E, Bussiere, et al. Cloning of lip, a lipoate biosynthetic locus of Escherichia coli ［J］. J Biol Chem, 1989, 267: 9512-9515.

［42］ Reed K E, Cronan J E Jr. Lipoic acid metabolism in Escherichia coli: sequencing and functional characterization of the lipA and lipB genes［J］. J Bacteriol, 1993, 175: 1325-1336.

［43］ Vanden Boom T J, Reed K E, Cronan J E Jr. Lipoic acid metabolism in *Escherichia coli*: isolation of null mutants defective in lipoic acid biosynthesis, molecular cloning and characterization of the E. coli lip locus, and identification of the lipoylated protein of the glycine cleavage system ［J］. J Bacteriol, 1991, 173: 6411-6420.

［44］ Ollagnier-de Choudens S, Fontecave M. The lipoate synthase from Escherichia coli is an iron-sulfur protein ［J］. FEBS Lett, 1999, 453: 25-28.

［45］ Ollagnier-De Choudens S, Sanakis Y, Hewitson K S, et al. Iron-sulfur center of biotin synthase and lipoate synthase［J］. Biochemistry, 2000, 39: 4165-4173.

［46］ Miller J R, Busby R W, Jordan S W, et al. *Escherichia coli* LipA is a lipoyl synthase: in vitro biosynthesis of lipoylated pyruvate dehydrogenase complex from octanoyl-acyl carrier protein［J］. Biochemistry, 2000, 39: 15166-15178.

［47］ Booker S J. Unraveling the pathway of lipoic acid biosynthesis ［J］. Chem Biol, 2004, 11: 10-12.

［48］ Zhao X, Miller J R, Jiang Y, et al. Assembly of the covalent linkage between lipoic acid and its cognate enzymes［J］. Chem Biol, 2003, 10: 1293-1302.

［49］ Cicchillo R M, Iwig D F, Jones A D, et al. Lipoyl synthase requires two equivalents of S-adenosyl-L-methionine to synthesize one equivalent of lipoic acid［J］. Biochemistry, 2004, 43: 6378-6386.

［50］ Cicchillo R M, Booker S J. Mechanistic investigations of lipoic acid biosynthesis in *Escherichia coli*: both sulfur atoms in lipoic acid are contributed by the same lipoyl synthase polypeptide ［J］. J Am Chem Soc, 2005, 127: 2860-2871.

［51］ Reed L J, Koike M, Levitch M E, et al. Studies of the nature and reactions of protein-bound lipoic acid ［J］. J Biol Chem, 1958, 232: 143-158.

［52］ Reed L J, Leach F R, Koike M. Studies on a lipoic acid-activating system［J］. J Biol Chem, 1958, 232: 123-142.

［53］ Brookfield D E, Green J, Ali S T, et al. Evidence for two protein-lipoylation activities in Escherichia coli［J］. FEBS Lett, 1991, 295: 13-16.

［54］ Morris T W, Reed K E, Cronan J E Jr. Identification of the gene encoding lipoate-protein ligase A of *Escherichia coli*. Molecular cloning and characterization of the lplA gene and gene product［J］. J Biol Chem, 1994, 269: 16091-16100.

［55］ Green D E, Morris T W, Green J, et al. Purification and properties of the lipoate protein ligase of *Escherichia coli* ［J］. Biochem J, 1995, 309 (Pt 3): 853-862.

［56］ Jordan, S W, Cronan J E Jr. The *Escherichia coli* lipB gene encodes lipoyl (octanoyl) -acyl carrier protein: protein transferase［J］. J Bacteriol, 2003, 185: 1582-1589.

［57］ Sykes P J, Burns G, Menard J, et al. Molecular cloning of genes encoding branched-chain keto acid dehydrogenase of Pseudomonas putida［J］. J Bacteriol, 1987, 169: 1619-1625.

［58］ McCully V, Burns G, Sokatch J R. Resolution of branched-chain oxo acid dehydrogenase complex of Pseudomonas aeruginosa PAO ［J］. Biochem J, 1986, 233: 737-742.

［59］ Ward D E, Ross R P, van der Weijden C C, et al. Catabolism of branched-chain alpha-keto acids in Enterococcus faecalis: the bkd gene cluster, enzymes, and metabolic route ［J］. J Bacteriol, 1999, 181: 5433-5442.

［60］ Ward, D E, van Der Weijden C C, van Der Merwe M J, et al. Branched-chain alpha-keto acid catabolism via the gene products of the bkd operon in Enterococcus faecalis: a new, secreted metabolite serving as a temporary redox sink [J]. J Bacteriol, 2000, 182: 3239-3246.

[61] Wang G F, Kuriki T, Roy K L, et al. The primary structure of branched-chain alpha-oxo acid dehydrogenase from Bacillus subtilis and its similarity to other alpha-oxo acid dehydrogenases[J]. Eur J Biochem, 1993, 213: 1091-1099.

[62] Denoya, C D, Fedechko R W, Hafner E W, et al. A second branched-chain alpha-keto acid dehydrogenase gene cluster (bkdFGH) from Streptomyces avermitilis: its relationship to avermectin biosynthesis and the construction of a bkdF mutant suitable for the production of novel antiparasitic avermectins[J]. J Bacteriol, 1995, 177: 3504-3511.

[63] Skinner D D, Morgenstern M R, Fedechko R W, et al. Cloning and sequencing of a cluster of genes encoding branched-chain alpha-keto acid dehydrogenase from Streptomyces avermitilis and the production of a functional E1 alpha beta. component in *Escherichia coli*[J]. J Bacteriol, 1995, 177: 54183-54190.

[64] Toal D R, Clifton S W, Roe B A, et al. The esg locus of Myxococcus xanthus encodes the E1 alpha and E1 beta subunits of a branched-chain keto acid dehydrogenase[J]. Mol Microbiol, 1995, 16: 177-189.

[65] Wanner C, Soppa J. Functional role for a 2-oxo acid dehydrogenase in the halophilic archaeon Haloferax volcanii[J]. J Bacteriol, 2002, 184: 3114-3121.

[66] Dickinson J R. Branched-chain keto acid dehydrogenase of yeast[J]. Methods Enzymol, 2000, 324: 389-398.

[67] Paxton R. Branched-chain alpha-keto acid dehydrogenase and its kinase from rabbit liver and heart[J]. Methods Enzymol, 1988, 166: 313-320.

[68] Oku H, Kaneda T. Biosynthesis of branched-chain fatty acids in Bacillus subtilis. A decarboxylase is essential for branched-chain fatty acid synthetase[J]. J Biol Chem, 1988, 263: 18386-18396.

[69] Downard J, Toal D. Branched-chain fatty acids: the case for a novel form of cell-cell signalling during Myxococcus xanthus development[J]. Mol Microbiol, 1995, 16: 171-175.

[70] Priefert H, Hein S, Kruger N, et al. Identification and molecular characterization of the Alcaligenes eutrophus H16 aco operon genes involved in acetoin catabolism[J]. J Bacteriol, 1991, 173: 4056-4071.

[71] Kruger N, Oppermann F B, Lorenzl H, et al. Biochemical and molecular characterization of the Clostridium magnum acetoin dehydrogenase enzyme system[J]. J Bacteriol, 1994, 176: 3614-3630.

[72] Oppermann F B, Steinbuchel A. Identification and molecular characterization of the aco genes encoding the Pelobacter carbinolicus acetoin dehydrogenase enzyme system [J]. J Bacteriol, 1994, 176: 469-485.

[73] Deng W L, Chang H Y, Peng H L. Acetoin catabolic system of Klebsiella pneumoniae CG43: sequence, expression, and organization of the aco operon[J]. J Bacteriol, 1994, 176: 3527-3535.

[74] Huang M, Oppermann F B, Steinbuchel A. Molecular characterization of the Pseudomonas putida 2, 3-butanediol catabolic pathway[J]. FEMS Microbiol Lett, 1994, 124: 141-150.

[75] Huang M, Oppermann-Sanio F B, Steinbuchel A. Biochemical and molecular characterization of the Bacillus subtilis acetoin catabolic pathway[J]. J Bacteriol, 1999, 181: 3837-3841.

[76] Douce R, Bourguignon J, Neuburger M, et al. The glycine decarboxylase system: a fascinating complex [J]. Trends Plant Sci, 2001, 6: 167-176.

[77] Deibel R H. The Group D Streptococci [J]. Bacteriol Rev, 1964, 28: 330-366.

[78] Jiang Y, Cronan J E. Expression cloning and demonstration of Enterococcus faecalis lipoamidase (pyruvate dehydrogenase inactivase) as a Ser-Ser-Lys triad amidohydrolase[J]. J Biol Chem, 2005, 280 (3): 2244-2256.

[79] Suzuki K，Reed L J. Lipoamidase[J]. J Biol Chem，1963，238：4021-4025.

[80] Seaman G R. Purification of an enzyme from yeast which liberates protein-bound thioctic acid [J]. J Biol Chem，1959，234：161-164.

[81] Seaman G R，Naschke M D. Removal of thioctic acid from enzymes[J]. J Biol Chem，1955，213：705.

[82] Saito J. The conversion of thioctamide to thioctic acid in biological systems. Ⅲ. Rat liver lipoamidase[J]. Vitamins（Japan），1970，41：216-221.

[83] Mesavage W C，Wolf B. Human lipoamidase：its deficiency may be a cause of unexplained lactic acidosis[J]. Am J Hum Genet，1985，37：13-18.

[84] Hayakawa K，Oizumi J. Human serum lipoamidase[J]. Enzyme，1988，40：30-36.

[85] Oizumi J，Hayakawa K. Biotinidase and lipoamidase in guinea pig livers [J]. Biochim Biophys Acta，1989，991：410-414.

[86] Oizumi J，Hayakawa K. Lipoamidase（lipoyl-X hydrolase）from pig brain [J]. Biochem J，1990，266：427-434.

[87] Backman-Gullers B，Hannestad U，Nilsson L，et al. Studies on lipoamidase：characterization of the enzyme in human serum and breast milk [J]. Clin Chim Acta，1990，191：49-60.

[88] Hui D Y，Hayakawa K，Oizumi J. Lipoamidase activity in normal and mutagenized pancreatic cholesterol esterase（bile salt-stimulated lipase）[J]. Biochem J，1993，291：65-69.

[89] Oizumi J，Hayakawa K. Liberation of lipoate by human serum lipoamidase from bovine heart pyruvate dehydrogenase [J]. Biochem Biophys Res Commun，1989，162：658-663.

[90] Liu S，Baker J C，Andrews P C，et al. Recombinant expression and evaluation of the lipoyl domains of the dihydrolipoyl acetyltransferase component of the human pyruvate dehydrogenase complex[J]. Arch Biochem Biophys，1995，316：926-940.

[91] Radke G A，Ono K，Ravindran S，et al. Critical role of a lipoyl cofactor of the dihydrolipoyl acetyltransferase in the binding and enhanced function of the pyruvate dehydrogenase kinase[J]. Biochem Biophys Res Commun，1993，190：982-991.

[92] De Marcucci O，Lindsay J G. Component X. An immunologically distinct polypeptide associated with mammalian pyruvate dehydrogenase multi-enzyme complex[J]. Eur J Biochem，1985，149：641-648.

[93] Patel M S，Harris R A. Mammalian alpha-keto acid dehydrogenase complexes：gene regulation and genetic defects [J]. Faseb J，1995，9：1164-1172.

[94] Neagle J C，Lindsay J G. Selective proteolysis of the protein X subunit of the bovine heart pyruvate dehydrogenase complex. Effects on dihydrolipoamide dehydrogenase（E3）affinity and enzymic properties of the complex[J]. Biochem J，1991，278：423-427.

[95] Sulo P，Martin N C. Isolation and characterization of LIP5. A lipoate biosynthetic locus of Saccharomyces cerevisiae[J]. J Biol Chem，1993，268：17634-17639.

[96] Yasuno R，Wada H. The biosynthetic pathway for lipoic acid is present in plastids and mitochondria in Arabidopsis thaliana[J]. FEBS Lett，2002，517：110-114.

[97] Brody S，Oh C，Hoja U，et al. Mitochondrial acyl carrier protein is involved in lipoic acid synthesis in Saccharomyces cerevisiae[J]. FEBS Lett，1997，408：217-220.

[98] Gueguen V，Macherel D，Jaquinod M，et al. Fatty acid and lipoic acid biosynthesis in higher plant mitochondria [J]. J

Biol Chem, 2000, 275: 5016-5025.

[99] Wada H, Shintani D, Ohlrogge J. Why do mitochondria synthesize fatty acids? Evidence for involvement in lipoic acid production[J]. Proc Natl Acad Sci U S A, 1997, 94: 1591-1596.

[100] Chen X J. Cloning and characterization of the lipoyl-protein ligase gene LIPB from the yeast Kluyveromyces lactis: synergistic respiratory deficiency due to mutations in LIPB and mitochondrial F1-ATPase subunits[J]. Mol Gen Genet, 1997, 255: 341-349.

[101] Marvin M E, Williams P H, Cashmore A M. The isolation and characterisation of a Saccharomyces cerevisiae gene (LIP2) involved in the attachment of lipoic acid groups to mitochondrial enzymes [J]. FEMS Microbiol Lett, 2001, 199: 131-136.

[102] Wada M, Yasuno R, Jordan S W, et al. Lipoic acid metabolism in Arabidopsis thaliana: cloning and characterization of a cDNA encoding lipoyltransferase[J]. Plant Cell Physiol, 2001, 42: 650-656.

[103] Fujiwara K, Okamura-Ikeda K, Motokawa Y. Cloning and expression of a cDNA encoding bovine lipoyltransferase[J]. J Biol Chem, 1997, 272: 31974-31978.

[104] Fujiwara K, Okamura-Ikeda K, Motokawa Y. Purification and characterization of lipoyl-AMP: N epsilon-lysine lipoyltransferase from bovine liver mitochondria[J]. J Biol Chem, 1994, 269: 16605-16609.

[105] Fujiwara K, Suzuki M, Okumachi Y, et al. Molecular cloning, structural characterization and chromosomal localization of human lipoyltransferase gene[J]. Eur J Biochem, 1999, 260: 761-767.

[106] Fujiwara K, Okamura-Ikeda K, Motokawa Y. Lipoylation of acyltransferase components of alpha-ketoacid dehydrogenase complexes[J]. J Biol Chem, 1996, 271: 12932-12936.

[107] Tsunoda J N, Yasunobu K T. Mammalian lipoic acid activating enzyme[J]. Arch Biochem Biophys, 1967, 118: 395-401.

[108] Fujiwara K, Takeuchi S, Okamura-Ikeda K, et al. Purification, characterization, and cDNA cloning of lipoate-activating enzyme from bovine liver[J]. J Biol Chem, 2001, 276: 28819-28823.

[109] Prasad P D, Wang H, Kekuda R, et al. Cloning and functional expression of a cDNA encoding a mammalian sodium-dependent vitamin transporter mediating the uptake of pantothenate, biotin, and lipoate[J]. J Biol Chem, 1998, 273: 7501-7506.

[110] Carreau J P, Biosynthesis of lipoic acid via unsaturated fatty acids [J]. Methods Enzymol, 1979, 62: 152-158.

[111] Mayr J A, Feichtinger R G, Tort F, et al. Lipoic acid biosynthesis defects [J]. J Inherit Metab Dis, 2014, 37 (4): 553-563.

[112] Morikawa T, Yasuno R, Wada H. Do mammalian cells synthesize lipoic acid? Identification of a mouse cDNA encoding a lipoic acid synthase located in mitochondria [J]. FEBS Lett, 2001, 498: 16-21.

[113] Habarou F, Hamel Y, Haack T B, et al. Biallelic mutations in LIPT2 cause a mitochondrial lipoylation defect associated with severe neonatal encephalopathy [J]. Am J Hum Genet, 2017, 101, 283-290.

[114] Solmonson A, DeBerardinis R J. Lipoic acid metabolism and mitochondrial redox regulation[J]. J Biol Chem, 2018, 293 (20): 7522-7530.

[115] Chen G, Wang L, Liu S, et al. Activated function of the pyruvate dehydrogenase phosphatase through Ca^{2+}-facilitated binding to the inner lipoyl domain of the dihydrolipoyl acetyltransferase[J]. J Biol Chem, 1996, 271: 28064-28070.

[116] Ravindran S, Radke G A, Guest J R, et al. Lipoyl domain-based mechanism for the integrated feedback control of the

pyruvate dehydrogenase complex by enhancement of pyruvate dehydrogenase kinase activity[J]. J Biol Chem, 1996, 271: 653-662.

[117] Yang D, Gong X, Yakhnin A, et al. Requirements for the adaptor protein role of dihydrolipoyl acetyltransferase in the up-regulated function of the pyruvate dehydrogenase kinase and pyruvate dehydrogenase phosphatase[J]. J Biol Chem, 1998, 273: 14130-14137.

[118] Rowley M J, Scealy M, Whisstock J C, et al. Prediction of the immunodominant epitope of the pyruvate dehydrogenase complex E2 in primary biliary cirrhosis using phage display[J]. J Immunol, 2000, 164: 3413-3419.

[119] Dubel L, Tanaka A, Leung P S, et al. Autoepitope mapping and reactivity of autoantibodies to the dihydrolipoamide dehydrogenase-binding protein (E3BP) and the glycine cleavage proteins in primary biliary cirrhosis[J]. Hepatology, 1999, 29: 1013-1018.

[120] Palmer J M, Jones D E, Quinn J, et al. Characterization of the autoantibody responses to recombinant E3 binding protein (protein X) of pyruvate dehydrogenase in primary biliary cirrhosis[J]. Hepatology, 1999, 30: 21-26.

[121] Tozawa K, Broadhurst R W, Raine A R, et al. Solution structure of the lipoyl domain of the chimeric dihydrolipoyl dehydrogenase P64K from Neisseria meningitidis[J]. Eur J Biochem, 2001, 268: 4908-4917.

[122] Du G, Qiao Y, Zhuo Z, et al. Lipoic acid rejuvenates aged intestinal stem cells by preventing age-associated endosome reduction[J]. EMBO Rep, 2020, 21 (8): e49583.

[123] Rochette L, Ghibu S. Mechanics insights of alpha-lipoic acid against cardiovascular diseases during COVID-19 infection[J]. Int J Mol Sci, 2021, 22 (15): 7979.

第18章
生物类黄酮

王益娜，祝晓熙，刘佳钰，张磊，卢丽娜，
刘晓楠，江会锋
中国科学院天津工业生物技术研究所

18.1　概述

生物类黄酮，即维生素 P，是植物次级代谢产物，色原烷或色原酮的衍生物，具有 C_6-C_3-C_6 的基本骨架，即由两个芳香环 A 和 B，通过中央三碳链互相连接而成的一系列化合物。

18.1.1　命名与结构

黄酮类化合物的核心结构有一个三环二苯丙烷（C_6-C_3-C_6）单元，一个十五碳骨架（图 18-1），包含两个苯环（A 环和 B 环），通过 C_3 部分相连。C_3 部分形成脂肪链或连接在环 A 上的六元杂环（环 C），C 环可以连接到第二芳环（环 B，苯基取代基）上，分别在 C-2、C-3 或 C-4 位置形成黄酮类、异黄酮类或新黄酮类。在查耳酮中，六元杂环吡喃环（C 环）分别被五环部分或五元杂环呋喃环取代。与苯环缩合的六元环既可以是黄酮类和异黄酮类的 4-吡喃酮，也可以是黄烷酮和黄烷醇等二氢衍生物（图 18-1）。

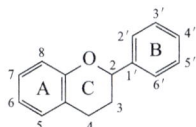

图 18-1　黄酮类化合物的基本结构

18.1.2　来源与分类

目前已发现的天然黄酮类化合物有 2000 多种，来源于被子植物、裸子植物、苔藓植物等。其中豆科、蔷薇科、芸香科、伞形科、杜鹃花科、报春花科、唇形科、玄参科、马鞭草科、菊科、蓼科、鼠李科、冬青科、桃金娘科、桑科、大戟科、兰科、莎草科及姜科尤为富集。而动物和五谷杂粮中的豆类中黄酮类化合物含量较多[1]。根据中央三碳链的氧化程度、B-环连接位置以及三碳链是否构成环状等特点，可将主要的天然黄酮类化合物分为：黄酮类、黄酮醇、二氢黄酮类、二氢黄酮醇类、花色素类、黄烷 -3,4 二醇类、双苯吡酮类、查耳酮和双黄酮类等十五种（图 18-2）。

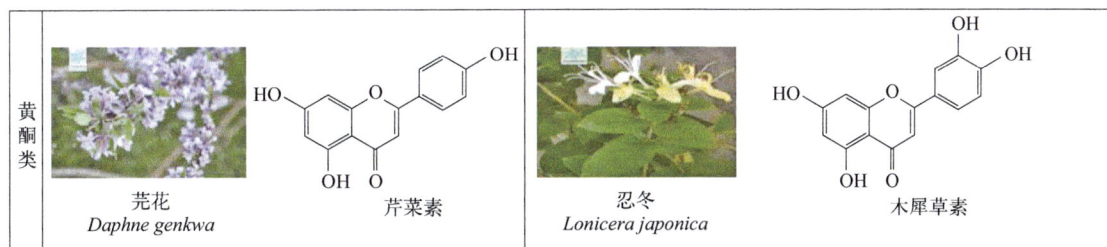

| 黄酮类 | 芫花 *Daphne genkwa* / 芹菜素 | 忍冬 *Lonicera japonica* / 木犀草素 |

图 18-2

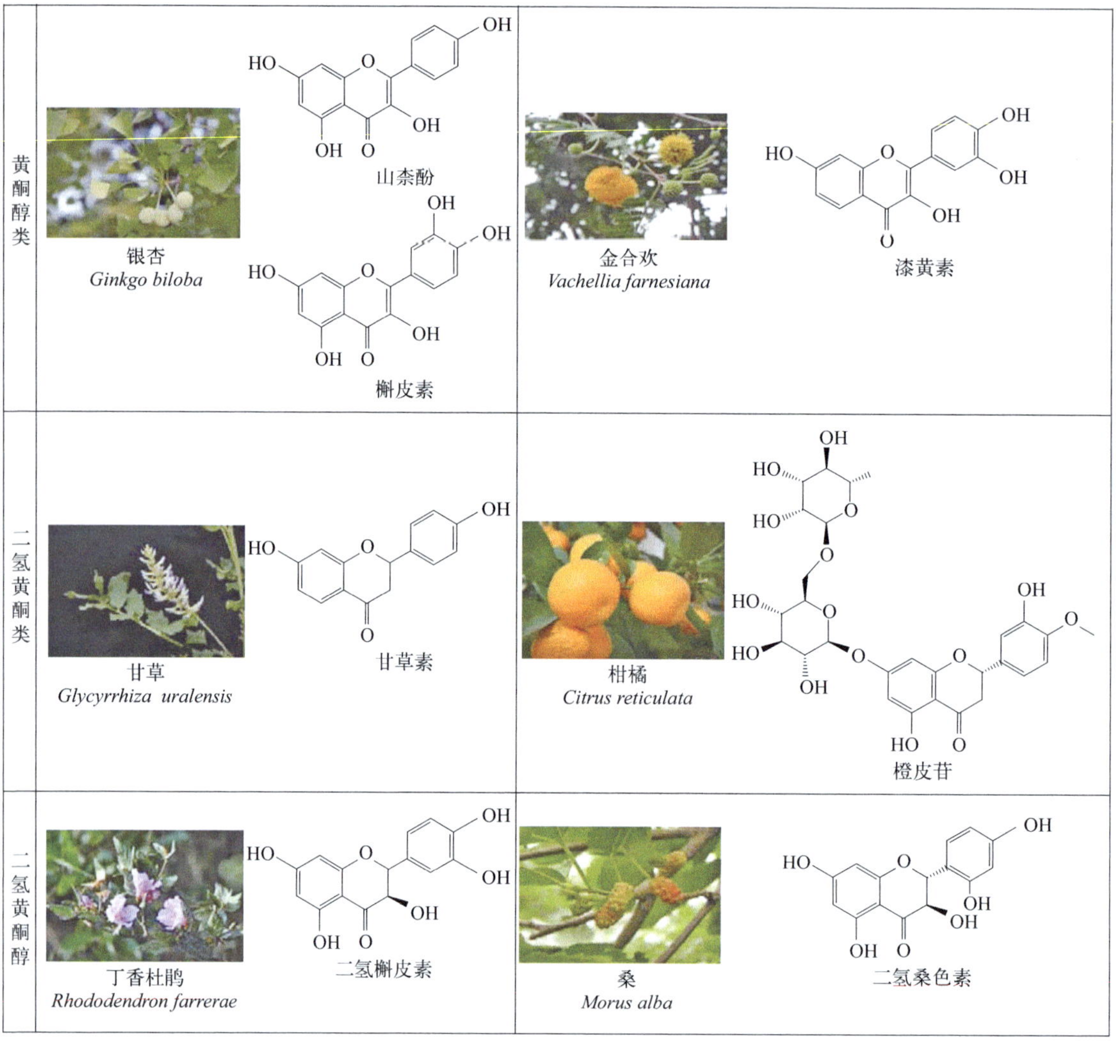

图 18-2　黄酮的来源与分类

18.2　性质和应用

18.2.1　性质

　　天然黄酮类化合物多以苷类形式存在，由于糖的种类（单糖、双糖、三糖和酰化糖）、数量、连接位置及连接方式不同而组成各种各样黄酮苷类。黄酮苷固体为无定形粉末，其余多为结晶性固体。黄酮类化合物不同的颜色是由于其母核内形成交叉共轭体系，并通过电子转移、重排，使共轭链延长。一般易溶于水、乙醇、甲醇等极性强的溶剂中；但难溶于或不溶于苯、氯仿等有机溶剂中，糖链越长则水溶度越大。黄酮类化合物因分子中多具有酚羟基，故显酸性，酸性强弱因酚羟基数目、位置而异。

(1) B 环羟基基团的抗氧化性 [2]

黄酮类化合物抗氧化性取决于羟基位置和羟基化数量。很多物质均含羟基，随羟基增多及位置差异而显示不同的抗氧化性。B-4′-OH 是强抗氧化性基，即强活性基，是决定抗氧化性强弱第一位的因素。当 B-4′-OH 存在时，此时 B-3′-OH 或 B-5′-OH 属增效基，由于它与 B-4′ 酚基自由基形成分子内氢键，稳定了酚基自由基，从而增加了 B-4′-OH 的抗氧化性，如杨梅酮（含 B-3′-OH、B-4′-OH、B-5′-OH）比槲皮素（含 B-3′-OH、B-4′-OH）抗氧化性强，圣草酚（含 B-3′-OH、B-4′-OH）也比柚苷配基（仅含 B-4′-OH）抗氧化性强。当无 B-4′-OH 时，如橙皮素、橙皮苷、黄豆苷元，B-2′-OH、B-3′-OH、B-5′-OH、B-6′-OH 均属弱活性基，只具一定的抗氧化性。

(2) A 环 OH 基的影响 [2]

A-7-OH 在黄酮化合物中属增效基，起增强抗氧化作用的效果，A-5-OH 等对清除自由基也起一定作用，如 A-7-OH 和 A-5-OH 能抑制黄嘌呤氧化酶起到抗氧化的作用 [3]。

(3) C 环抗氧化性的表现 [2]

生物类黄酮化合物抗氧化性强的活性基是 B-4′-OH，增加 B-3′-OH 和 B-5′-OH 两个基团可加强其氧化活性；C-2,3 双键虽能稳定酚基自由基，但其对化合物抗氧化性的影响效果无异于 C-2,3 单键，它的有无与抗氧化性无关，C-3-OH 对抗氧化性无效应，如槲皮素的 C-3-OH 糖苷化为栎皮苷后，抗氧化性与未糖苷化的槲皮素相当；另外有无 C-2,3 双键，化合物总的抗氧化性变化甚微或根本不变 [3]。

18.2.2 应用

(1) 黄酮类化合物在食品工业中的应用

① 天然甜味剂：柚皮苷属于二氢黄酮经过氢化处理可以转变为具有甜味的二氢查耳酮，甜度是蔗糖的 100 倍且具有性质稳定、口感清爽等优点，已应用于口香糖。但由于水溶性差、后味太长且有轻微的苦后味，至今仍未广泛应用，为了弥补这些弊端，研究人员进行了创新，将柚皮苷与异香兰素作用得到新橙皮苷，新橙皮苷经过氢化转变为新橙皮苷二氢查耳酮，其甜度为蔗糖的 1500 ～ 2000 倍，而且此 2 种甜味剂回味均无苦味可直接用于各种食品并具保健作用。

② 天然色素：天然色素色泽自然柔和、资源丰富、安全无毒，具有广阔的应用前景。黄酮类天然色素广泛存在于植物组织中，多呈浅黄色至无色，少数为橙黄色，具有良好的溶解性，可根据食品加工的实际情况选择合适的黄酮类色素用作食品着色剂。姜黄色素、高粱色素、葡萄皮色素、洋葱色素等具有二酮结构、黄酮结构和花青素结构的黄酮类化合物均可作为天然色素使用 [4]。

③ 天然食品防腐剂：黄酮类化合物同时具有抑菌和抗氧化特性，可用作食品天然防腐剂，使食品较长时间保鲜。蜂胶可作为天然食品防腐剂使用，其中含有一定的黄酮类物质和多种活性成分，能够对细菌、病毒等起到有效的抑制作用 [5]。研究发现甘草黄酮具有一定

的防腐作用，可用作食品防腐剂，延长保存期。

④ 天然抗氧化剂：黄酮作为抗氧化剂可以提高食品的稳定性同时延长食品保藏期。目前，市场上以合成抗氧化剂为主，大量研究表明，BHA（丁基羟基茴香醚）、BHT（二丁基羟基甲苯）等合成氧化剂具有一定的毒性，在使用过程中存在安全隐患。因此，人们发现并研制了天然抗氧化剂，黄酮类化合物作为天然抗氧化剂的一种，具有廉价、高效、低毒、抗氧化性强等优点。阳荷总黄酮[6]、甘草黄酮[7]、葵盘总黄酮[8] 具有一定的抗氧化作用，且其羟自由基清除能力显著高于BHT。此外，茶多酚、儿茶素、生姜、菊花等物质中的黄酮类化合物也表现出抗氧化作用，若通过适宜的手段将其开发成食品天然抗氧化剂，不仅可以防止食品氧化，还能增强食品的保健功效，极具开发价值。

⑤ 保健食品：张丝柳等[9] 利用银杏外种皮研制了保健饮料，其中含有一定量的黄酮类物质，属于调节机能活性的营养性保健饮料；以法国桦树皮和葡萄籽中提取的总黄酮为原料制成的"碧萝芷"为食用黄酮类营养保健品，且通过FDA认定。此外，人们还利用荞麦生产加工出十几种保健产品，其中富含黄酮类物质。黎乃维等[10] 研制的洋葱醋保健饮料，将洋葱中黄酮类物质的降血糖、降血脂等作用与醋的软化血管、防动脉硬化等功能相结合，对人体健康和疾病的治疗有极大益处。

(2) 黄酮类化合物在医药中的应用

医药产品：由于生物类黄酮具有抗癌、抗衰老、降脂、降压等作用，所以人们开发出许多以其为主要功能成分的药品如国内外医药工业用芦丁作原料生产出芦丁镁络盐、羟乙基槲皮素等心血管药物。北京市粮食科学研究院有限公司从苦荞麦中提取出具有很高药用价值的天然生物类黄酮并用其配成了疗效极佳的多种内服和外用药物如生物类黄酮散、生物类黄酮软膏、生物类黄酮Ⅰ（Ⅱ）号胶囊[11]。

(3) 黄酮类化合物在化妆品中的应用

占晨等[12] 利用天然野生植物葛根中的黄酮提取物制作美白霜，人体临床试验结果表明，以葛根中黄酮提取物制作的美白霜美白效果良好，用后无红、肿、痛、痒等不良反应。朱昌玲等[13] 对一种以大豆异黄酮为主要成分的新型豆渣面膜进行了研究，结果表明其雌激素样作用可以促进骨胶原和透明质酸的合成，同时抑制皮脂腺的过度分泌对皮肤造成的损伤，异黄酮还可通过吸收紫外线作用减少皮肤的光老化。此外，竹叶黄酮用作新型护肤因子[14, 15]，木犀草素用作化妆品中的防腐剂[15]，冰叶日中花黄酮用作化妆品中的天然抗氧化剂、抑菌剂[16] 等，以黄酮类物质为主要成分的化妆品逐渐被开发出来，为黄酮类化合物应用于化妆品工业提供理论支持。

18.3 合成方法

在植物次生代谢中，生物类黄酮合成酶有：苯丙氨酸解氨酶（PAL）、酪氨酸解氨酶（TAL）、4-肉桂酸羟化酶（C4H）、4-香豆酸CoA连接酶（4CL）、查耳酮合酶

（CHS）、查耳酮异构酶（CHI）、黄酮合酶（FNS）、异黄酮合酶（IFS）、类黄酮 3′- 羟化酶（F3′H）等。

黄酮类化合物生物合成途径涉及醋酸盐途径（A 环合成）和莽草酸盐途径（B 环和中间 C3 合成），A 环由葡萄糖转化生成的 3 个丙二酰 -CoA 分子合成，B 环由苯丙氨酸生成的 4- 香豆酰 -CoA 通过莽草酸途径合成。A 环和 B 环在 CHS 催化下缩合成查耳酮，查耳酮再经 CHI 催化生成二氢黄酮。二氢黄酮是大部分黄酮类化合物的共同前体，可通过 FNS、IFS、F3′H 等酶的催化，生成其他黄酮类化合物[17]。

18.3.1　植物提取法

近年来用来提取黄酮类化合物的主要方法有：有机溶剂提取法、微波辅助提取法、超声辅助提取法、半仿生提取法、酶提法、蒸汽爆破法、超临界 CO_2 萃取法和亚临界流体萃取法等[18]。

（1）有机溶剂提取法

近年来提取黄酮类化合物多数采用有机溶剂提取，其原理是利用黄酮类物质易溶于有机溶剂的特点，采用浸提、回流提取及索氏提取法等提取方法将黄酮类物质从植物组织内部溶解出来[18]。

（2）微波辅助提取法

微波辅助提取植物黄酮的机理是微波产生的高频电磁波穿透有机溶剂，使植物细胞破裂，细胞内黄酮类物质可自由流出，更易于将黄酮类物质从植物组织内部溶解出来；同时微波产生的磁场还可加速黄酮类物质的溶解，使植物黄酮可以更快捷地被分离提取[19]。

（3）超声辅助提取法

超声辅助提取黄酮的主要机理是利用超声波产生的机械作用、热作用和空化作用，在植物样品中产生强压和温度梯度，促使细胞结构破坏，细胞内黄酮类物质可自由流出，更易于将黄酮类物质从植物组织内部溶解出来[20]。

（4）酶提法

酶法提取植物黄酮是一种新兴提取技术，其原理是利用酶解作用，对植物基质进行酶解，以完成对目标物质的提取。一般来说，酶法提取黄酮类化合物主要采用细胞壁降解酶如纤维素酶和果胶酶等来酶解植物细胞壁，使得细胞内的黄酮类化合物更易于溶解[21]。

（5）半仿生提取法

半仿生提取法是张兆旺等[22]根据"灰思维方式"提出的新提取方法，它是一种遵循人体胃肠环境特点的特殊提取工艺。它从生物药剂学的角度出发，将待提取液经过不同酸碱度的溶剂连续提取，模拟口服给药及药物经胃肠转运的过程，在提取液中加入人体消化系统内的多种消化酶，目的是使提取过程模拟待提取物在人体中的吸收过程，以便于更好地保留有效成分。

（6）蒸汽爆破法

将植物样品置于蒸汽中并加压，保证反应时间，使得蒸汽可以渗入植物细胞中，然后通过瞬间降低气压，使热能转化成机械能，至细胞破裂，使提取物可与提取溶剂更充分接触，有利于进一步加工处理[23]。

（7）超临界 CO_2 萃取法

超临界 CO_2 萃取法的原理是在高压状态下使二氧化碳达到超临界，利用超临界 CO_2 对黄酮类物质的特殊溶解作用将其溶解，再经过减压使 CO_2 气化，从而得到黄酮类物质，这种方法极大地解决了有机溶剂残留问题[24]。

（8）亚临界流体萃取法

亚临界流体萃取法是植物黄酮分离提取研究中的新兴提取技术，原理是将提取剂加热至亚临界状态，即沸点之上但仍保持为液态的状态，改变溶剂分子的极性和表面张力，使一些原本难溶于溶剂的黄酮类物质溶解度显著增加，更利于提取分离[25]。

18.3.2　化学合成法

黄酮类化合物的化学合成主要方法有 β-丙二酮酸化关环（BK-VK）法、Fries 重排、Auwers 法和查耳酮氧化关环（AFO）法、光催化合成等[17]。BK-VK 法是传统的合成方法，该法利用碱催化芳甲酰卤与 2-羟基苯乙酮生成酯，然后在碱处理下生成 β-内二酮，β-丙二酮再经酸催化生成黄酮类化合物。但是 BK-VK 法在化学合成中遇到过诸多问题，如产物回收率低且难纯化以及催化效力低等。为克服这些问题，作者在 BK-VK 法基础上进行了优化[26, 27]。图 18-3 所示为 BK-VK 过程[17]，Fries 重排是指酚酯在路易斯酸的催化下，酰基发生重排的过程。Fries 重排常用的催化剂有三氯化铝、氯化锌、三氟化硼、氯化铁、四氯化锡、四氯化钛等，其产物有邻位和对位两种。不同催化剂、不同反应条件都会影响其产物类型，例如，四氯化钛作催化剂主要产物为邻位产物，低温更容易形成对位产物等[28-37]。

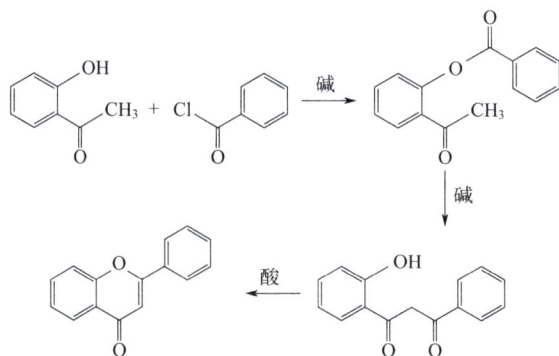

图 18-3　BK-VK 过程[17]

黄酮类化合物合成中常用芳基丙炔酸和苯酚为底物生成酯，在吡啶溶液中滴加 N, N'-

二环己基碳二亚胺（DDC），所得酯再经 Fries 重排生成邻羟基苯乙酮，然后经环合得到黄酮类化合物，过程如图 18-4 所示[17]。

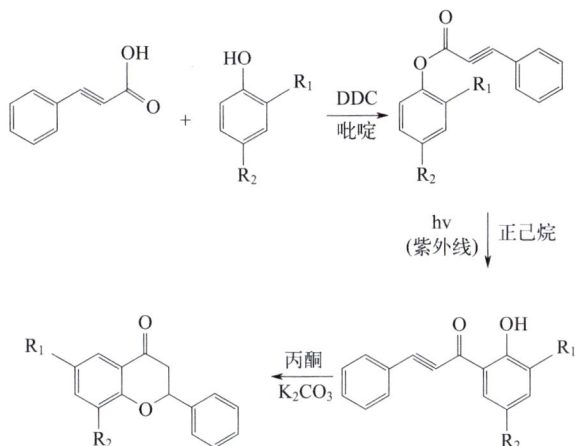

图 18-4　Fries 重排合成黄酮类化合物

Auwers 法和查耳酮氧化关环法（AFO）是比较传统的合成黄酮醇类化合物的方法。Auwers 法用苯甲醛和苯并呋喃缩合再经溴化生成 2 溴 -2-（α- 溴苄基）苯并呋喃酮，2 溴 -2-（α- 溴苄基）苯并呋喃酮通过碱处理生成黄酮醇[38-46]。由于 Auwers 法反应繁琐、产率低等，其实际应用较少，过程如图 18-5 所示。

AFO 法基本原理是 2′- 羟基查耳酮与 H_2O 在碱性溶液中发生氧化环合，生成黄酮醇，其原料 2′- 羟基查耳酮常由苯甲醛衍生物与苯乙酮缩合生成，AFO 法是经典的黄酮醇合成方法，应用较为广泛[17]。

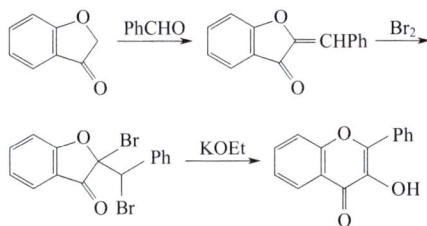

图 18-5　Auwers 法合成黄酮类化合物

18.3.3　生物发酵法

微生物发酵为黄酮类化合物提供了可持续的来源。微生物细胞工厂依靠可再生和廉价的原料在控制良好的生物反应器中合成黄酮类化合物。与单一培养相比，在消除途径瓶颈和提高代谢效率方面具有许多优势：如代谢分工，分担基因表达负担，以及能够使代谢物交叉喂养来提高途径效率和代谢稳健性（图 18-6）。18.4.2 部分将对现有的发酵菌株进行详细描述。

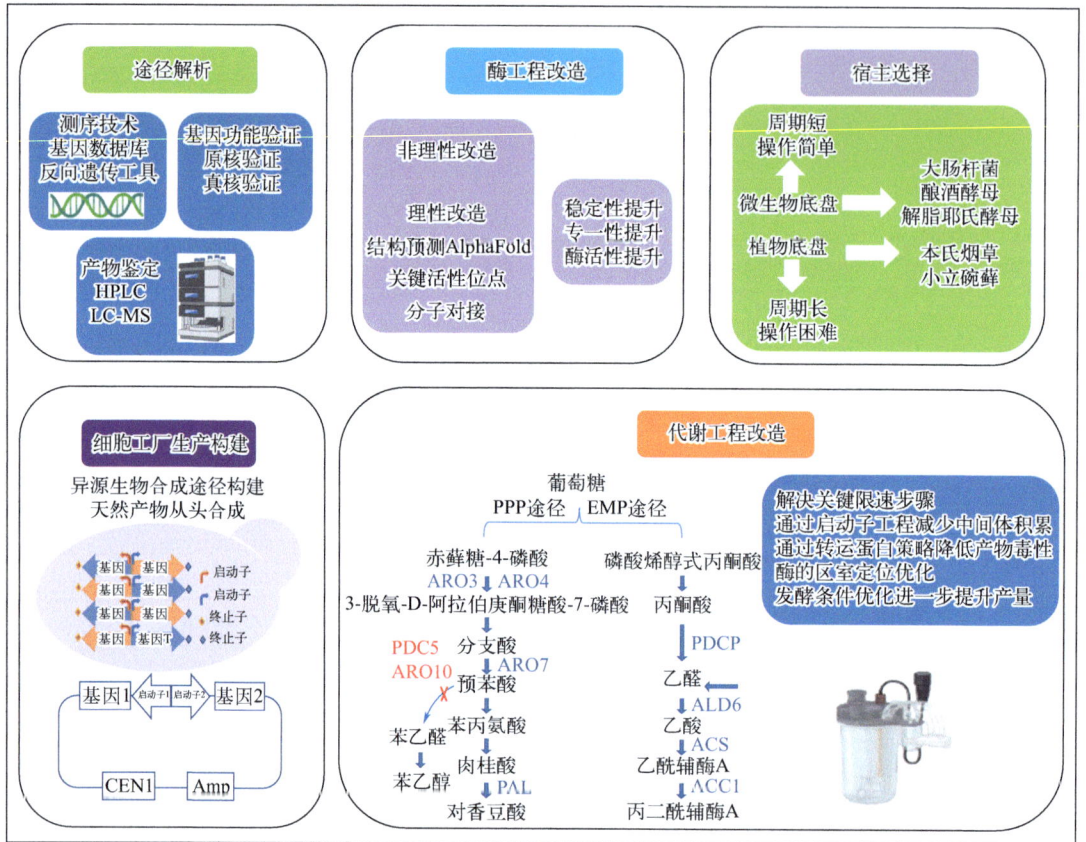

图 18-6　发酵法合成黄酮类化合物过程

CEN1—酵母中的复制起始位点；Amp—氨苄抗性；PPP 途径—磷酸戊糖途径；EMP 途径—糖酵解途径；ARO3 及 ARO4—DAHP 合酶；ARO7—分支酸异构酶；ARO10—苯丙酮酸脱羧酶；PDC5 和 PDCP—丙酮酸脱羧酶；ALD6—乙醛脱氢酶；ACS—乙酰辅酶 A 合成酶；ACC1—乙酰辅酶 A 羧化酶；PAL—苯丙氨酸解氨酶

18.4　生物合成代谢途径

经典的黄酮合成途径已经在 18.3 部分详细描述[56]并在图 18-6 进行展示。松属素和柚皮素作为主要的代谢产物进入其他黄酮合成途径，经过各类型的修饰，如羟基化、甲基化和糖基化等，从而生成不同种类的黄酮化合物。羟基化是植物黄酮的一种重要修饰形式，主要由 P450 酶催化。活性基团羟基的引入增加了黄酮分子的反应性，对黄酮分子的进一步修饰以及增加其分子多样性具有重要意义。甲基化是植物次级代谢产物的一种常见的修饰手段，黄酮在植物体内通常被 S- 腺苷 -L- 甲硫氨酸（SAM）依赖的氧甲基转移酶（OMT）催化甲基化。植物尿苷二磷酸糖基转移酶（UGT）催化黄酮类化合物生物合成的最后一步，从而形成多种多样的糖苷衍生物，这进一步增加了其化学多样性而且改变了其生理生化性质[57-59]（图 18-7）。

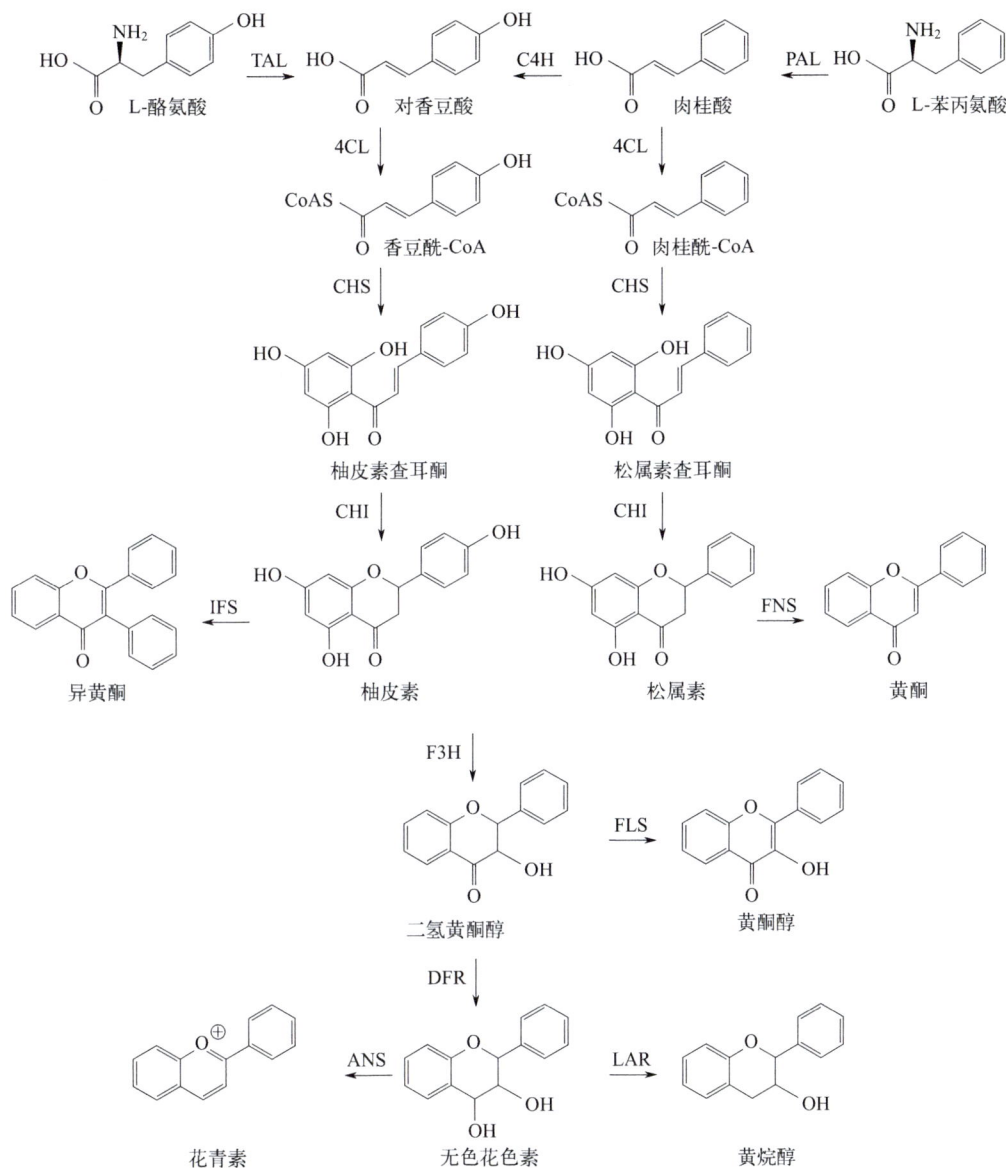

图 18-7 生物类黄酮的生物合成途径

PAL—苯丙氨酸脱氨酶；TAL—酪氨酸脱氨酶；C4H—4-肉桂酸羟化酶；4CL—4-香豆酸 CoA 连接酶；CHS—查耳酮合酶；CHI—查耳酮异构酶；FNS—黄酮合酶；IFS—异黄酮合酶；F3H—类黄酮 3-羟化酶；DFR—二羟基黄烷酮还原酶；LAR—无色花青素还原酶；ANS—花青素合成酶；FLS—黄酮醇合成酶

18.4.1 合成途径解析

生物合成途径中关键催化元件的挖掘是异源生产有价值的黄酮类化合物的基础。到目前为止，只有部分黄酮类化合物的生物合成途径被完全阐明。关键催化元件的缺乏成为解析黄酮类化合物生物合成的最大障碍。随着二代测序技术、计算生物学和合成生物学的发展，大量的基因挖掘技术得到了开发[60]。

（1）二代测序技术

高通量测序技术的迅速发展，使得揭示许多重要植物物种的遗传图谱以及种群水平上个体间的基因变异成为可能。植物基因组序列已经成为挖掘基因和研究植物次生代谢物质生物合成机制的基础。物种的全基因组序列包含物种起源、进化、生长发育及其活性成分合成代谢的遗传信息。从数万个基因中筛选可能参与特定天然产物合成的候选基因一直是一项重大挑战。对于特定代谢途径的分析，物种的转录组数据往往更高效。通过对目标途径中具有不同代谢物成分的样品进行比较分析，可以识别候选基因。这些样本可能来自不同的植物物种、突变体，或来自目标途径刺激诱导的植物。在不同的样本上进行差异转录分析，可以获得候选基因并进行进一步的功能分析。

微生物的次生代谢途径通常以染色体上的基因簇的形式存在，这对代谢物生物合成途径的分析、生物组分的挖掘以及后续的工程设计有极大的帮助。近年来，随着对植物基因组研究的深入，研究者发现，一些特定植物次生代谢产物的生物合成基因也会在植物染色体上成簇排列。最近，许多计算工具被开发出来，促进了越来越多的预测植物基因簇的识别，从而加速了天然产物的生物合成途径的发现和异源宿主合成途径的设计。这些工具包括plantiSMASH、PhytoClust、PlantClusterFinder 和 MIBiG[61-64] 等。

Liu 等[65] 利用合成生物学和生物信息学技术，成功从灯盏花基因组中筛选到了灯盏花素合成途径中的关键基因（P450 酶 EbF6H 和糖基转移酶 EbF7GAT），并在酿酒酵母底盘中成功构建了灯盏花素合成的细胞工厂。Zhao 等[66] 通过对黄芩基因组测序，揭示了汉黄芩素完整的生物合成途径。根据基因组数据共注释了 28930 个基因，并在黄芩特有的串联重复区内找到 5 个氧甲基转移酶（PFOMT1-5）候选基因。为了探索半枝莲中松属素衍生物的生物合成途径，Liu 等[67] 采用 Illumina 深度 RNA 测序技术对半枝莲根、茎和叶组织的转录组进行测序，发现了一种新的黄酮 7-O- 甲基转移酶（F7OMT）和一种活性更高的黄酮 8- 羟化酶（F8H）。红花中黄酮类化合物含量丰富，其中羟基红花黄色素 A 具有缓解炎症、抗肿瘤、活血化瘀等功效。Wu 等[68] 通过比较基因组学和转录组学的手段，研究了红花中黄酮类化合物合成的分子调控机制，加速了红花药用、食用价值的提升和改良。Zhou 等[69] 解析了两种不同花色的寒兰转录组数据，鉴定出控制寒兰花色的关键基因，为兰花的花色分子机制提供了新线索。吉林农业大学从转录组和代谢组两个层面对五味子中的黄酮类成分的变化和途径的转录调控变化进行了分析。他们通过分析得到了黄酮生物合成途径化合物动态积累模式，对注释到黄酮生物合成途径上的基因表达模式进行了挖掘。并通过与 WGCNA 结果联合分析最终筛选到 8 个参与黄酮生物合成的重要基因[70]。

（2）基因数据库

目前，提供大量基因组数据的各种在线数据库也有助于新基因的鉴定。例如 1KP 项目、10KP 项目、JGI 开放绿色基因组计划和 PhytoMetaSyn 项目等[71]。此外，药用植物基因组学资源（Medicinal Plant Genomics Resource）提供药用植物的转录组和代谢组资源[72]。Phytozome 是绿色植物基因组学的一个比较平台，提供每种植物基因进化史的视图，以及序列和功能注释[73]。研究人员还可以利用 KEGG[74] 等生物信息学数据库，根据从不同物种中鉴定的反应，根据有关基因、酶、反应及其调控的详细信息，构建植物天然产物的综合代谢网络。

此外，针对特定催化功能的酶数据库也逐渐发展起来。例如 P450 酶数据库。P450 基因家族是基因数量最多的基因家族之一，到目前为止，只有大约 200 个植物 P450 基因功能被解析。因此，从数量众多的候选基因中鉴定出正确的 P450 基因，是针对植物天然产物生物合成途径解析的瓶颈问题。1996 年，第一个 P450 数据库出现。它系统地命名了现有的 481 个 P450 基因。2007 年，一种搜索和预测 P450 蛋白家族的工具 CYPED 被开发出来[75]。CYPED 包括 8613 个序列和 47 个蛋白质结构，并集成了多序列比对、系统发育树和 HMM（Hidden Markov Model）分析等工具，可用于分析序列、结构及其与生化特性的关系。随后，Nelson 的实验室构建了 Cytochrome P450 Homepage，该网站通过系统命名和序列信息手动组织和收集 P450 基因[76]。除了收集 P450 序列外，Preissner 等[77]还开发了一个 CYP 药物交互分析数据库（SuperCYP），重点研究 P450 与药物之间的代谢关系。P450 基因数据库已经发展了几十年，在基因挖掘、注释和功能分析方面做出了很大贡献。目前，越来越多的 P450 基因从一些模式物种的基因组数据库中被注释[78, 79, 83]。通过对数据库中的基因进行注释分析，可以从这些数据库中解析天然产物合成途径，挖掘不同物种的基因，以构建天然途径未知的黄酮类化合物人工生物合成途径。

（3）反向遗传工具

反向遗传学被认为是评估植物天然产物合成的基因功能和确定基因靶点的有力工具。反向遗传学将生物体上的特定表型与特定的遗传序列联系起来。该策略包括基因沉默（RNA 干扰或 RNAi），识别和筛选突变群体如插入突变、敲除、点突变或目标诱导的基因组局部损伤（TILLING），以及基因靶向和使用转基因进行异位表达[80]。目前，通过基因缺失或表达沉默来抑制所有或部分酶的功能，然后检测次级代谢产物的变化，以确定候选途径基因的功能，是对原始植物中目标途径进行功能验证的主要方法。基因表达沉默技术是一种广泛应用的反向遗传学方法，可以验证植物基因的功能。每种策略都有自己的优势和劣势。近年来，通过分析特异工程基因的表型效应，探索基因功能序列和确定相关表型的工作进展迅速。

西北农林科技大学[81]基于同源克隆和转录组数据，从丹参花瓣中克隆得到了 5 个关键酶基因。研究者通过对关键基因 *SmANS* 进行 RNA 干扰从而降低了总花青素的合成，下调了大部分黄酮类基因的表达。*SmANS* 基因不仅控制花青素的合成积累，还能影响丹酚酸支路和原花青素支路的生物合成。TILLING 策略已经被用于拟南芥体系中。研究人员通过比较拟南芥的器官、雌蕊、雄蕊、花瓣和花萼，以及野生型和雄性不育突变体花朵中黄酮类化合物积累，来鉴定花粉特异性黄酮类化合物生物合成基因。实验结果证明 UGT79B6 是一种决定花粉特异性黄酮醇的调节酶[82]。近年来，随着 CRISPR/Cas9 系统的兴起，该基因编辑技术因其效力、通用性和敲除多个基因的能力而被广泛应用于关键酶和调控元件的功能验证途径通路的构建。与以往的基因组编辑方法相比，CRISPR/Cas9 能够以高准确度和精密度进行设计，并且所需位点的纯合突变可以稳定地遗传给下一代。利用 CRISPR/Cas9 编辑植物基因组以进行转录调控和基因操作已经在许多植物中获得成功。

总的来说，阐明黄酮类化合物的生物合成途径是一个艰难的过程，通常需要多种策略的组合。多种技术的联合使用，往往能够达到更好的效果，比如 Wang 等[83] 利用基因定位、蛋白纯化结合质谱分析以及转录组等手段，挖掘出苹果属三叶苷合成基因 PGT2，并通过遗传转化和种质资源验证了相关基因的生物学功能，进一步丰富了植物类黄酮代谢途径基因信息。Zhao 等[84] 人基于转录组测序、进化树等数据分析，结合毛状根 RNAi、酵母验证、转基因拟南芥、烟草等功能验证体系，挖掘并鉴定出黄芩根中特有的、具有生物活性的 4′- 脱氧黄酮的生物合成途径。

18.4.2 代谢工程优化

（1）大肠杆菌

近年来，大肠杆菌已经被广泛应用于植物次级代谢产物的微生物合成中。利用大肠杆菌进行生物合成的优势在于其生长迅速、遗传背景清晰且具有成熟的遗传操作方法。目前，利用大肠杆菌作为底盘生物合成黄酮类化合物的研究已取得一定进展。丙二酰辅酶 A 是黄酮类化合物生物合成的重要前体物质。由于大肠杆菌内丙二酰辅酶 A 的供应有限，黄酮类化合物、聚酮类化合物和生物燃料的生物合成受到了严重的限制。

Wu 等[85] 利用 CRISPRi 系统下调重组大肠杆菌中 fabF、fumC、fabB、sucC 和 adhE 基因的表达水平，用于从转录水平微调大肠杆菌的中枢代谢途径，有效地将碳通量引导到丙二酰辅酶 A，最终柚皮素效价增加到 421.6mg/L，比对照菌株高 7.4 倍。利用数学模型进行动态调控也是协调微生物细胞工厂中能量分布的有效策略。许多研究人员开发代谢网络模型和化学计量模型以增加前体的供应，并动态调节细胞生长和生产之间的关系。例如，Fowler 等[86] 提出了一种综合计算和实验的方法，将大肠杆菌中丙二酰辅酶 A 的细胞内利用率提高，从而使黄酮总产量增加 560%（474mg/L）。结合进化搜索将化学计量网络在预测改进的大肠杆菌基因型上应用，这种基因型可以更有效地将碳流引导到丙二酰辅酶 A 和特定的黄酮生产。最后，优化的工程菌株的柚皮素的含量增加了 660% 以上。朱屹东[87] 以一株苯丙氨酸高产大肠杆菌菌株（酪氨酸缺陷型）为出发菌株，敲除了 AroF 基因和 PheA 基因，过表达抗反馈抑制的 tyrAfb 基因，同时将白藜芦醇合成的必需基因 tal、4cl、sts 整合至大肠杆菌基因组上，构建了一株强化了酪氨酸合成的白藜芦醇生产菌株。在以葡萄糖为底物进行发酵培养后，检测到白藜芦醇产量达到了 71.6mg/L，相比全质粒体系的基因工程菌产量提高了 20.3 倍。启动子工程是协调各种酶和氧化还原系统表达的一种常见方法。例如，通过将 IPTG 诱导启动子（pT7）替换为组成型启动子（pGAP），并允许更高效的基因在组成型启动子的控制下表达，避免了添加诱导剂，并且最终使大肠杆菌中白藜芦醇的产量提高到 2.3g/L[88]。

辅因子和辅酶工程常被用来为代谢途径中的关键酶提供合适的催化环境。研究者们使用两种不同的模型目标来鉴定可能的基因型，将 NADPH 产量与生物量偶联，最终工程菌株积累了高达 817mg/L 的无色花青素和 39mg/L 的儿茶素，与野生型对照相比分别增加了 4 倍和 2 倍[89]。适当的辅酶也有利于关键酶行使它的作用，代谢途径中的许多辅酶已被鉴定出来。例如，两种查耳酮异构酶（CHIL1 和 CHIL2）不具有催化活性，但参与并调控啤酒花黄烷醇的生物合成，发现 CHIL2 可与黄烷醇合成途径中的查耳酮合成酶（CHS）和膜定位异戊烯基转移酶（IPT）相互作用，使 CHS 和 IPT 的活性提高[90]。黄芩素（5, 6, 7- 三羟基黄酮）和野黄芩素（4′,5,6,7-四羟基黄酮）也在大肠杆菌中被合成。将红酵母的 PAL、薯蓣的 4CL 和 FNS、杂交稻的 CHS、水稻的 CHI、黄芩的 F6H（黄酮 -6- 羟化酶）以及拟南芥的 CPR 进行密码子优化并转入大肠杆菌中，黄芩素和野黄芩素就分别可以由酪氨酸和苯丙氨酸产生。为了消除限速步骤，将亲水性修饰 2B1 与 N- 端截短的 F6H 结合以增加其在大肠杆菌中的溶解度，在摇瓶实验中得到 8.5mg/L 黄芩素和 47.1mg/L 野黄芩素。进一步提高丙二酰辅酶 A 的利用率，可将黄芩素的效价提高到 23.6mg/L，野黄芩素的效价提高到 106.5mg/L[91]（图 18-8）。

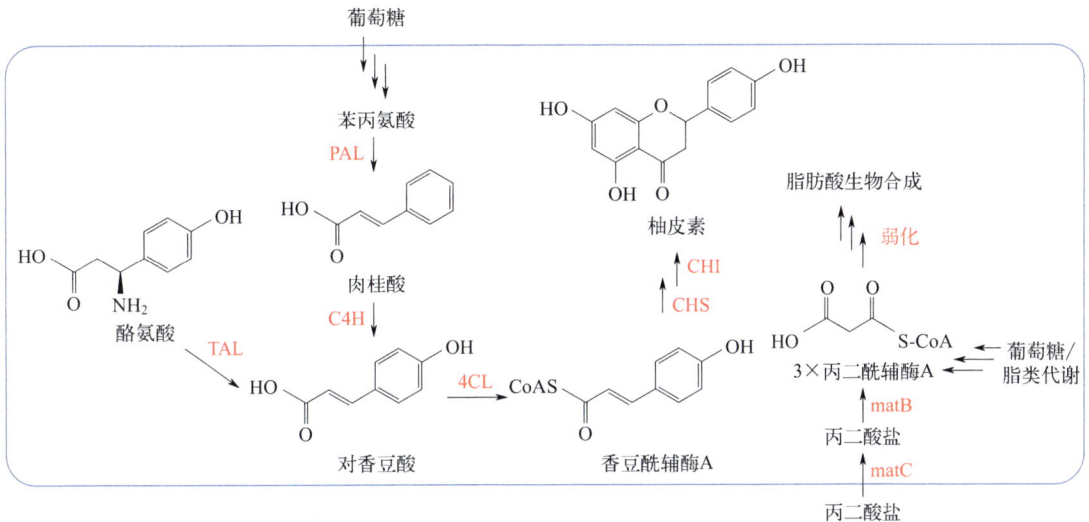

图 18-8　大肠杆菌生物合成黄酮

PAL—苯丙氨酸解氨酶；C4H—4- 肉桂酸羟化酶；TAL—酪氨酸解氨酶；4CL—4- 香豆酸 CoA 连接酶；CHS—查耳酮合酶；CHI—查耳酮异构酶；matB—丙二酰辅酶 A 合成酶；matC—丙二酸盐转运蛋白

（2）链霉菌

近年来，链霉菌已经成为生产各种黄酮的潜在宿主。委内瑞拉链霉菌（*Streptomyces venezuela*）目前是黄酮类化合物生产的常用宿主，因为它是一种生长迅速的链霉菌，易于遗传操作，且拥有丰富的参与黄酮生物合成的重要底物，如丙二酰辅酶 A。然而，与细菌宿主的培养时间相比，委内瑞拉链霉菌的培养时间较长，平均为 3～4d，因此利用链霉菌生产类黄酮具有一定的挑战性。Park 等[92]人最先报道了使用链霉菌产生类黄酮和二苯乙烯的研究。采用了多种策略，如补充所需前体对香豆酸或肉桂酸、给每个基因（*Scccl*、*chs*、*chi* 和 *sts*）配备单独的启动子并进行植物来源基因的密码子优化。从皮克罗霉素聚酮合成酶缺失菌株 DHS2001 出发，获得了效价分别为 4.0mg/L、6.0mg/L、0.4mg/L 和 0.6mg/L 的柚皮素、松属素、白藜芦醇和银松素。该工程菌株后来被用于异源表达密码子优化的 FNSI、F3H 和 FLS，以产生各种黄酮类化合物，如芹菜素、白杨素、山奈酚等[93]。通过将分别编码丙二酰辅酶 A 合成酶的 *matB* 和 *matC* 基因（来自 *S. coelicolor*）整合到委内瑞拉链霉菌突变体 DHS2001 的染色体 DNA 中，并通过外源补充丙二酸等前体，进一步促进了链霉菌中黄酮类化合物的产生。通过这些改造，链霉菌中柚皮素和松柏素的产量分别为 35.6mg/L 和 44.1mg/L，比缺乏 matB 和 matC 的工程菌株分别增加了 7 倍和 6 倍。同时，转入 *FNS* 基因的突变体后，芹菜素和白杨素的产量增加了 9 倍，分别达到 15.3mg/L 和 30.9mg/L[94]。Laura 等[95] 最近报道了工程链霉菌生产芹菜素、木犀草素等黄酮类化合物的情况。通过饲喂柚皮素前体提高了芹菜素的生产水平以及操纵孢子从而提前二次代谢的沉降时间等各种方式来增加目标产物的生成量，然而芹菜素（0.384mg/L）、鹿茸醇（0.002mg/L）和木犀草素（0.09mg/L）的产率依然较低。

（3）谷氨酸棒杆菌

谷氨酸棒杆菌（*Corynebacterium glutamicum*）是工业生物技术中用于微生物生产氨基酸等化学品的重要微生物。然而，由于谷氨酸棒杆菌具有复杂的降解芳香族化合物的代谢网络，因此无法将其作为具有制药及生物技术价值的芳香族化合物的生产宿主。在构建适合植物多酚生产的谷氨酸菌平台菌株的过程中，敲除 4 个基因簇，包括 21 个参与芳香族化合物分解代谢的基因。在该菌株背景下，通过植物来源并经密码子优化的 *CHS* 和 *CHI* 基因的表达，可以从添加的苯基丙氨酸对香豆酸和咖啡酸中分别生成 35mg/L 的柚皮素和 37mg/L 的圣草酚。此外，通过表达 *4CL* 和 *STS* 基因，分别添加苯丙素类肉桂酸、对香豆酸和咖啡酸，产生二苯乙烯、松叶素、白藜芦醇等。其中，生成二苯乙烯的浓度可达 158mg/L。氨基酸代谢的代谢工程改造使谷氨酸棒杆菌能够直接从葡萄糖中生产白藜芦醇，从而实现了与合成植物多酚途径的最佳对接[96]。构建这些用于合成植物多酚的谷氨酰胺平台菌株，为利用这种微生物用廉价的碳源生产高价值芳香化合物打开了大门。花青素作为食品着色剂，在工业上有着广泛的应用，目前的生产严重依赖于从植物组织中提取。此前，以大肠杆菌为基础的微生物生产花青素已被广泛研究。但出于对大肠杆菌生产食品着色剂的安全考虑，需要采用安全的生产宿主。研究者引入一株 GRAS 细菌谷氨酸棒状杆菌作为宿主菌来合成 C3G，采用逐步代谢工程策略提高 C3G 的产量。通过酶的选择与组合，将密码子优化后的牵牛花青素合成酶（ANS）和拟南芥 3-*O*-葡糖基转移酶（3GT）共表达于谷氨酸棒杆菌中，可完成儿茶素向 C3G 的转化。ANS 和 3GT 的优化表达使 C3G 效价提高了 1～15 倍。进一步优化工艺和提高 UDP-葡萄糖的利用率，C3G 的产量达到 40mg/L，与未优化的菌株相比产量提高了 100 倍以上[97]。

（4）酿酒酵母

酿酒酵母（*Saccharomyces cerevisiae*）是目前研究最多的真核微生物，被公认为食品级安全的微生物；酿酒酵母是第一个完成全基因组测序的真核生物；具有高等真核生物细胞器，更有利于表达有功能的植物源的 P450 酶系基因；酿酒酵母细胞本身产生的次级代谢有限，减少了天然路径对工程路径的干扰或竞争；目前已经建立了酵母代谢过程的详细模型，能够在一定程度上预测由代谢网络改变而带来的影响。基于以上种种优势，酿酒酵母被广泛用于植物类黄酮的生产。

例如，基于多种羟基酶在酿酒酵母中的共表达，在 5L 生物反应器中获得了 246.4mg/L 的二氢杨梅素，总黄酮量为 528.9mg/L[98]；通过建立白杨素的生产平台实现了黄芩素、汉黄芩素等在酿酒酵母中的从头合成[99]。模块化也是一种常用的合成生物学策略。Lyu 等[100] 试图通过将柚皮素生物合成途径分为三个模块来提高酿酒酵母中的柚皮素效价：第一个模块包含 TAL、4CL、CHS 和 CHI，用于柚皮素的生物合成；第二个模块携带乙酰辅酶 A 合成酶、ATP-柠檬酸裂解酶和 ACC1，用于丙二酰辅酶 A 的积累；而第三个模块携带 ARO4[K229L] 突变体，用于生产更多的酪氨酸。将这三个模块整合到最终菌株中，可以实现从葡萄糖合成

90mg/L 的柚皮素。

　　基因的拷贝数极可能是影响生产效率的一个关键因素，异源途径基因的单拷贝整合限制了黄酮类化合物的生产。Li 等[101]发现在柚皮素代谢途径中酿酒酵母必需基因 *4CL* 和 *CHS* 的拷贝数越高，它们的转录量越高，柚皮素的生产效率越高，对柚皮素代谢途径的基因多拷贝整合可以有效提高黄酮产量。使用高效价的对香豆酸菌株作为底盘，消除了酪氨酸的反馈抑制，下调了竞争通路，并进一步优化，最优菌株的柚皮素产量为 149.8mg/L。黄酮类化合物途径基因的多拷贝整合有效地提高了酿酒酵母中柚皮素的产量。通过 qPCR 证明，柚皮素代谢途径基因拷贝数越多，*4CL* 和 *CHS* 转录量越大，柚皮素生产效率越高。

　　在酿酒酵母中，启动子工程是常用的代谢工程手段。研究者们构建了启动子文库，并筛选出了最佳启动子，使柚皮素的产量提高到 1.21g/L。并通过使用启动子调节氧化还原系统，使最终圣草酚效价提高到 3.3g/L[102]。综上所述，启动子工程、氧化还原适应、匹配通路关键酶、充足的辅因子或适当的辅酶，可以协调关键酶之间的关系，维持良好的催化环境，解决代谢通量不平衡的问题。以黄酮为前体，共表达 *F3H* 和 *FLS* 可实现黄酮醇的生物合成。Lyu[103]等通过筛选多种 *F3H* 和 *FLS* 基因，从柚皮素中生物合成山奈酚，发现其中 *CitF3H* 和 *AtFLS* 是在酿酒酵母中生产山奈酚的最佳组合，并在酵母中实现了从头生产黄酮类化合物，从蔗糖和甘油中生产山奈酚的效价为 4.98mg/L，二氢山奈酚的效价为 4.51mg/L，柚皮素的效价为 10.01mg/L。并采用多种策略来提高生产效价：通过敲除 *PDC5* 和 *ARO10* 来去除苯乙醇生物合成分支，补充 PEP/E4P，以及过表达山奈酚生物合成途径酶等。这些策略的组合使得最优的一个工程酵母菌株产生高达 86mg/L 的山奈酚，这是迄今为止已知的从酵母从头生物合成山奈酚的最高生产效价（图 18-9）。

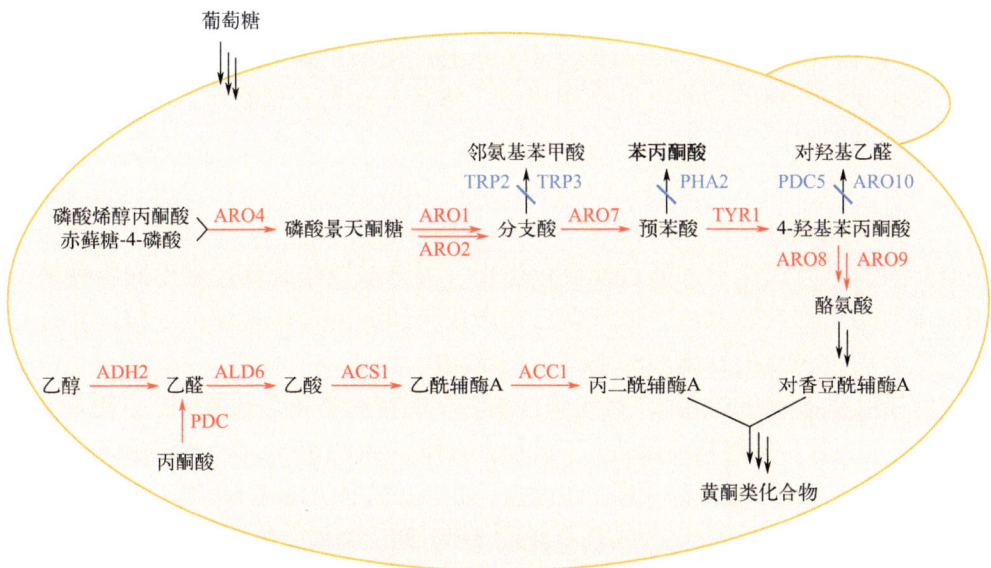

图 18-9　酿酒酵母生物合成黄酮

ARO4—DAHP 合酶；ARO1—五功能芳香酶；ARO2—分支酸合酶；ARO7—分支酸变位酶；ARO8、ARO9 —转氨酶；TRP2—邻氨基苯甲酸合成酶；TRP3—吲哚-3-甘油磷酸合酶；PHA2—预苯酸脱水酶；PDC、PDC5—丙酮酸脱羧酶；TYR1—苯丙酮酸酯脱氢酶；ARO10—苯丙酮酸脱羧酶；ACC1—乙酰辅酶 A 羧化酶；ACS1—乙酰辅酶 A 合成酶；ALD6—乙醛脱氢酶；ADH2—乙醇脱氢酶

(5) 解脂耶氏酵母

近年来,非模式菌株解脂耶氏酵母由于其广泛的底物谱、前体物质充足、良好的耐受性、无 Crabtree 效应,脱颖而出成为一个有吸引力的宿主。到目前为止,已有大量文献报道解脂耶氏酵母生产黄酮类物质,包括柚皮素、圣草酚和花旗松素等。同时关于解脂耶氏酵母生产白藜芦醇的文献报道也很多,其中通过整合异源白藜芦醇途径、过表达莽草酸途径中关键基因的反馈不敏感突变体以及增加基因拷贝数在生物反应器中产生(12.4±0.3)g/L 白藜芦醇,这是迄今为止报道的从头生产白藜芦醇的最高效价[47]。传统上,柚皮素在大肠杆菌、谷氨酸棒杆菌和酿酒酵母中最高效价分别为 191.9mg/L[48]、35mg/L[49] 和 648.63mg/L[50]。通过将柚皮素途径基因分别导入解脂耶氏酵母中构建了一个高效价(71.2mg/L)的异源柚皮素生产平台[51]。该工程菌通过调节前体丙二酰辅酶 A、乙酰辅酶 A 和莽草酸的积累,以及优化查耳酮合成酶(OptCHS),生产 252.4mg/L 柚皮素[52]。Lv 等提出了通过将化学成瘾与负反馈调控相结合来提高代谢稳定性和产量的策略。Wei 等在解脂耶氏酵母中同时表达木糖利用和柚皮素生物合成途径,以葡萄糖和木糖为底物产生 715.3mg/L 柚皮素。Alper 等人最近报道了通过改造解脂耶氏酵母 β 氧化途径、PKS1 和乙酰辅酶 A 途径获得 898mg/L 柚皮素,这是目前报道的异源宿主中柚皮素的最高效价[46]。圣草酚是通过表达编码黄酮 -3- 羟化酶的 F3H 基因和编码细胞色素 P450 还原酶的 CPR 基因直接从柚皮素中产生的[53]。据报道,大肠杆菌、谷氨酰胺杆菌和酿酒酵母中的圣草酚效价分别为 114mg/L、35mg/L 和 200mg/L[53-55]。通过将柚皮素途径基因、不同物种的 F3H 和 CPR 整合到基因组中生成圣草酚,杂交棉的 F3H 和长春花的 CPR 的最佳组合产生了 39mg/L 的圣草酚。此外,最近的一项研究表明 CPR 在圣草酚的合成中起着重要的作用,并且 CPR 拷贝数的增加以及碳氮比、缓冲介质和抑制脂肪酸合成的优化使其效价提高到 134.2mg/L[52]。花旗松素被称为二氢槲皮素,具有广泛的生物活性,可治疗各种疾病,包括炎症、皮肤病、心血管疾病、肝病和癌症。将番茄和茄子植物来源的 F3H 和 CPR 整合到解脂菌株基因组中产生了 48.1mg/L 的花旗松素[51]。通过调节前体丙二酰辅酶 A 和乙酰辅酶 A 以及莽草酸(分支酸)的积累,结合 OptCHS 和羟基化模块,能够在解脂耶氏酵母中产生 110.5mg/L 的花旗松素[52]。以解脂耶氏酵母 W29(ΔKU70)作为出发菌株,整合灯盏乙素合成途径并通过模块化优化、关键基因组合筛选和不同物种来源的同工酶筛选等代谢工程改造方法,使灯盏乙素产量为酿酒酵母中报道的 3 倍,并且灯盏乙素的生产比例从 36.9% 提升到 80% 以上(图 18-10)。

与植物提取和化学合成相比,微生物细胞工厂在黄酮类化合物的生产方面具有一些明显的优势。例如,这种策略是环保的,下游加工方便,生产稳定。微生物菌株容易培养,复杂的代谢工程工具可用于精细的代谢工程改造。此外,这种方法还有可能生产新的黄酮衍生物,这些衍生物可能具有新的医药或营养食品应用。微生物代谢工程用于生产黄酮类化合物已经进行了 20 年,工程微生物包括大肠杆菌、酿酒酵母、链霉菌和谷氨酸棒杆菌。在这些微生物菌株中已经成功合成了多种黄酮类化合物。然而,其效价、收率和生产率等生产能力还不能满足工业要求。

生物合成黄酮类化合物代谢工程优化实例见表 18-1。

表18-1　生物合成黄酮类化合物代谢工程优化实例

宿主	底物	产物	产量	参考文献
大肠杆菌	酪氨酸	柚皮素	421.6mg/L	[85]
	香豆酸	白藜芦醇	2.3g/L	[88]
	葡萄糖	无色花青素	817mg/L	[89]
	葡萄糖	儿茶素	39mg/L	[89]
	酪氨酸	野黄芩素	106.5mg/L	[91]
	酪氨酸	黄芩素	23.6mg/L	[91]
	对香豆酸	芹菜素	30mg/L	[104]
	苯基丙氨酸	松属素	58mg/L	[105]
链霉菌	葡萄糖	柚皮素	4.0mg/L	[92]
	葡萄糖	松属素	6.0mg/L	[92]
	葡萄糖	白藜芦醇	0.4mg/L	[92]
	葡萄糖	银松素	0.6mg/L	[92]
	葡萄糖	柚皮素	35.6mg/L	[94]
	葡萄糖	松属素	44.1mg/L	[94]
	葡萄糖	芹菜素	15.3mg/L	[94]
	葡萄糖	白杨素	30.9mg/L	[94]
谷氨酸棒杆菌	肉桂酸	二苯乙烯	158mg/L	[96]
	儿茶素	花青素	40mg/L	[97]
	对香豆酸	柚皮素	37mg/L	[106]
	咖啡酸	圣草酚	12mg/L	[106]
	对香豆酸	白藜芦醇	158mg/L	[106]
	肉桂酸	银松素	121mg/L	[96]
酿酒酵母	葡萄糖	二氢杨梅素	246.4mg/L	[98]
	葡萄糖	柚皮素	90mg/L	[100]
	葡萄糖	柚皮素	149.8mg/L	[101]
	对香豆酸	柚皮素	648.63mg/L	[107]
	葡萄糖	山奈酚	86mg/L	[103]
	葡萄糖	黄芩素	108mg/L	[108]
	葡萄糖	水飞蓟宾	104.9mg/L	[109]
解脂耶氏酵母	葡萄糖	白藜芦醇	48.8mg/L	[110]
	葡萄糖	白藜芦醇	12.4g/L±0.3g/L	[47]
	葡萄糖	柚皮素	252.4mg/L	[52]
	葡萄糖	柚皮素	898mgL	[110]
	葡萄糖	圣草酚	134.2mg/L	[52]
	葡萄糖	花旗松素	110.5mg/L	[52]

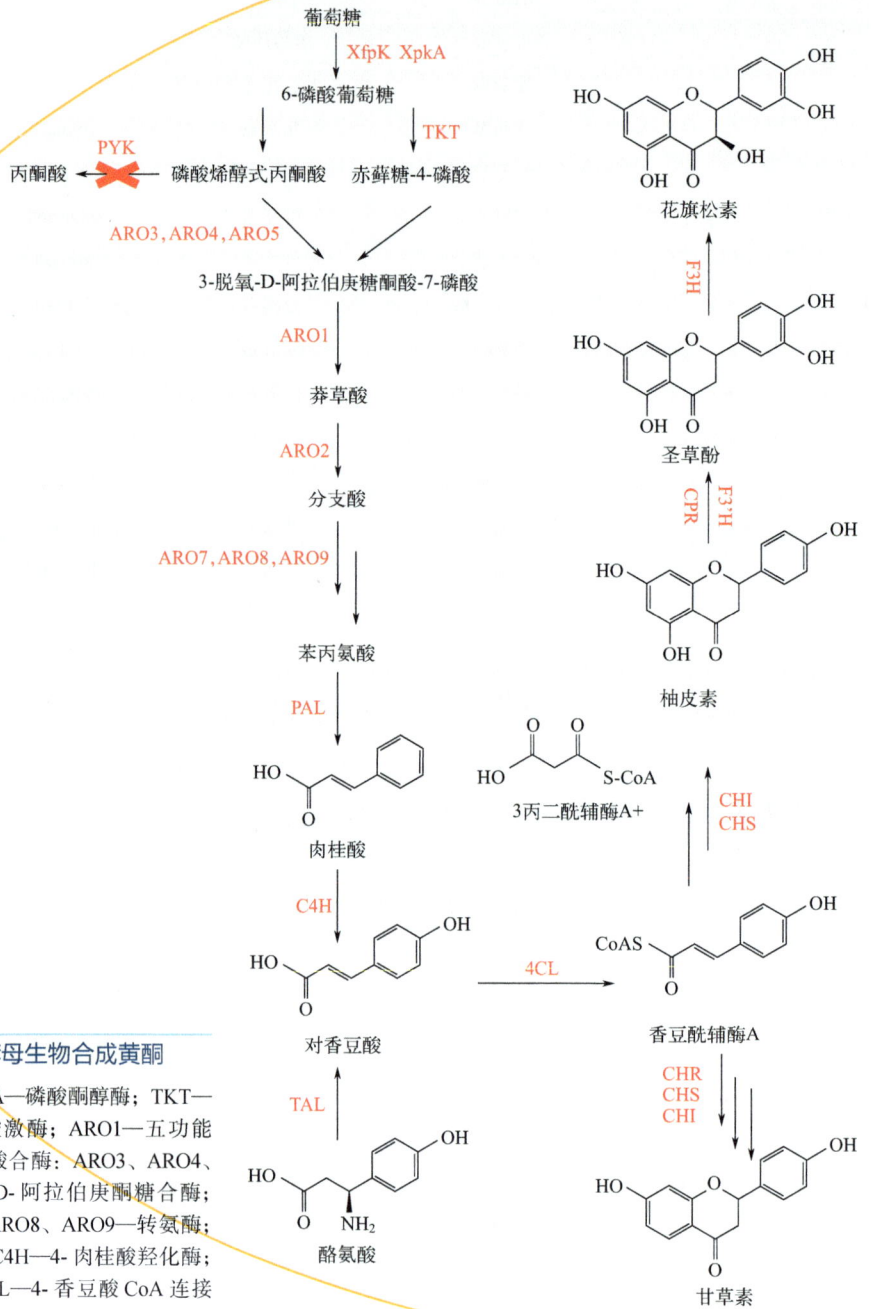

图 18-10 解脂耶氏酵母生物合成黄酮

XfpK—磷酸转酮酶；XpkA—磷酸酮醇酶；TKT—转酮醇酶；PYK—丙酮酸激酶；ARO1—五功能芳香化酶；ARO2—分支酸合酶；ARO3、ARO4、ARO5—7- 磷酸 -3- 脱氧 -D- 阿拉伯庚酮糖合酶；ARO7—分支酸变位酶；ARO8、ARO9—转氨酶；PAL—苯丙氨酸脱氨酶；C4H—4- 肉桂酸羟化酶；TAL—酪氨酸脱氨酶；4CL—4- 香豆酸 CoA 连接酶；CHS—查耳酮合成酶；CHI—查耳酮异构酶；CHR—查耳酮还原酶；CPR—细胞色素 P450 还原酶；FSⅡ—黄酮合成酶Ⅱ；F6H—类黄酮 6- 羟化酶；ATR2—拟南芥细胞色素还原酶；F7GAT—类黄酮 7-O- 葡萄糖醛酸基转移酶；UDPGDH—UDP- 葡萄糖脱氢酶；STS—芪合酶；BAS—苯亚甲基丙酮合酶；CUS—姜黄素合酶；F3'H—类黄酮 3'- 羟化酶

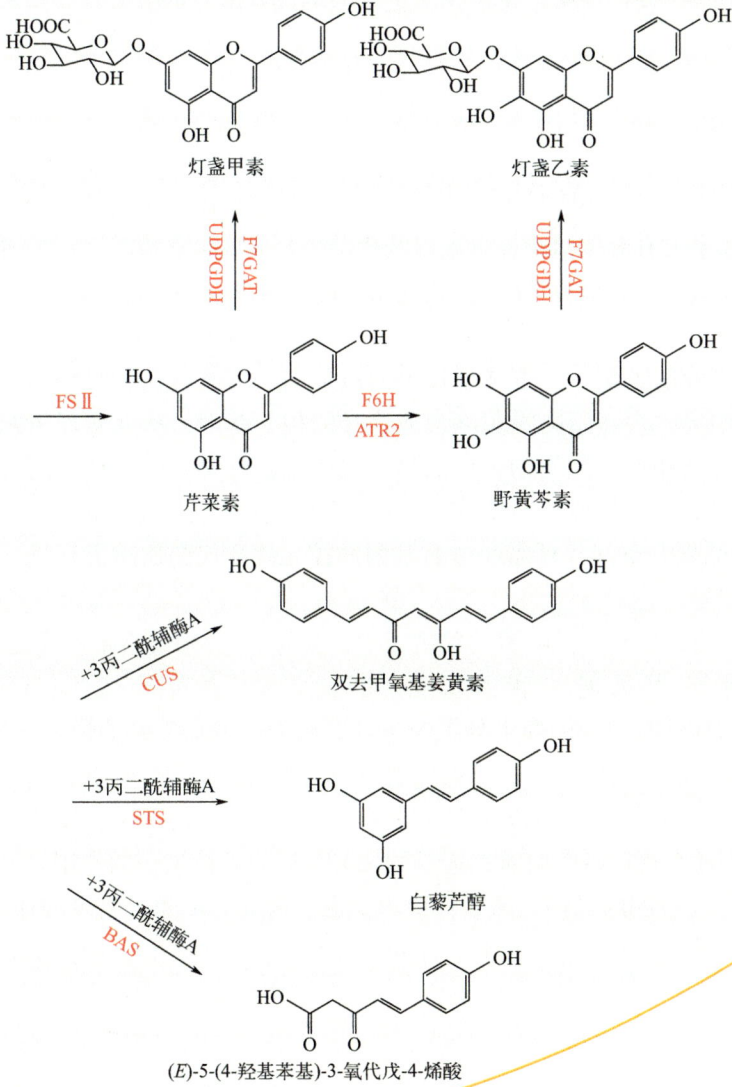

灯盏甲素

灯盏乙素

UDPGDH　F7GAT

UDPGDH　F7GAT

FS Ⅱ

芹菜素

F6H
ATR2

野黄芩素

+3丙二酰辅酶A
CUS

双去甲氧基姜黄素

+3丙二酰辅酶A
STS

白藜芦醇

+3丙二酰辅酶A
BAS

(E)-5-(4-羟基苯基)-3-氧代戊-4-烯酸

18.5   生物类黄酮的工业生产概览

18.5.1   生产工艺路线

目前工业生产生物类黄酮主要是从不同的植物组分中提取[111]，主要包括：植物前处理，包括净制、拣选、干燥、粉碎等；提取，根据正交实验的最优数据，采用适合的工艺提取生产；浓缩收膏，成品入库。

18.5.2   生产、贮藏条件

近些年来，生物类黄酮的市场需求不断扩大，这对它的生产工艺提出了更高的要求。传统上，生物类黄酮的生产方法主要有天然植物提取法以及化学全合成或半合成法，但前者存在有效成分含量低、分离难度大、生成季节局限的问题；后者在合成过程中需要用到多种有毒试剂，反应条件也较难控制[112]；且两者都存在生产成本高、环境破坏力大[113]的缺点。随着生物技术的不断发展，当前的黄酮生产方法聚焦于通过代谢工程改造在大肠杆菌、酿酒酵母等安全工业生产菌株中异源表达生物类黄酮合成途径的相关基因，从而实现黄酮的微生物工业化生产。与传统方法相比，微生物生产法具有提取工艺简单、产物纯度高、生产成本低、环境友好等诸多优势，但目前针对生物类黄酮的微生物生产法的产量较低，仅能达到 1.2g/L[114]，存在巨大的提升空间，还需通过对基因调控元件和代谢通路进行进一步的优化，进一步提高黄酮的产量。

环境温度以及氧气浓度一直是影响产品贮藏的关键因素，食物中生物类黄酮的贮藏也会受到此类因素的影响。刘汉珍等[115]发现，当贮藏温度为 0℃时滁菊中的黄酮含量维持稳定的时间最长，可达 11d，且总有机酸含量下降十分缓慢，可以认为是滁菊贮藏的最佳温度。李维新等[116]的研究表明随着贮藏时间的延长，刺葡萄酒中的黄酮类物质含量降低，这可能是因为贮藏温度的升高以及酒中溶氧量的增加导致黄酮类物质发生氧化反应和缩合反应，最终使其含量降低。此外，他们还发现在贮藏时添加适量的 SO_2 可以起到抗氧化的作用。

综合以上研究分析，生物类黄酮的最佳贮藏条件应为低温、避光、干燥、通风的环境。基本的物质贮藏要求是远离火种、热源，包装密封，避免阳光直射，与酸类和食用化学品分开存放等。

18.6   生物类黄酮的专利分析与前景展望

18.6.1   专利分析

由于天然类黄酮种类繁多且复杂，本部分生物类黄酮的专利分析主要根据前述 18.1.2 部

分天然黄酮类化合物的几大分类分别进行阐述，据不完全统计，目前天然黄酮类化合物的生物合成专利主要集中在如下几方面。

（1）黄酮类化合物生物合成专利分析

目前检索到的黄酮类生物合成专利有很多，涉及中国、美国、韩国、日本及欧洲等很多个国家或地区，主要集中在以微生物作为人工细胞工厂生物合成黄酮类和以植物作为人工细胞工厂生物合成黄酮类两方面。

① 以微生物作为人工细胞工厂生物合成黄酮类。在以微生物为人工细胞工厂生物合成黄酮类方面比较有代表性的发明专利为：a. 法国 Abolis Biotechnologies 公司于 2020 年 2 月 11 日申请了名称为"在酵母中生物合成枇杷叶醇和 / 或木犀草素的方法"（公开号 WO2020165178A1）的发明专利；b. 美国 CB Therapeutics 公司于 2019 年 8 月布局了 4 个发明专利，该系列专利主要保护一种包括黄酮类在内数百种化合物的生物合成方法；c. 中国科学院天津工业生物技术研究所于 2020 年 2 月、7 月分别布局了两个发明专利（公开号 CN113373125A、CN113046333A），分别提供了一种黄酮 -O- 甲基转移酶、黄酮 -8- 羟化酶的氨基酸序列，及其在黄酮类化合物合成中的应用。

② 以植物作为人工细胞工厂生物合成黄酮类。在以植物为人工细胞工厂生物合成黄酮类方面比较有代表性的发明专利为：a. 澳大利亚 Agriculture Victoria Services Pty Ltd 公司于 2001—2013 年期间布局了 13 个发明专利，该系列专利主要涉及类黄酮生物合成酶在植物中的应用；b. 美国 Agriculture and Agri Food Canada 公司于 2003 年 5 月 16 日申请了名称为"利用玉米调控基因调节苜蓿中类黄酮的表达"（公开号 US20040103456A1）的发明专利，在农业、动物养殖和食品技术领域具有各种益处；c. 中国合肥工业大学于 2019 年 7 月 3 日申请了名称为"一种提高植物类黄酮含量的基因及应用"的发明专利，该专利公开了一种提高植物类黄酮含量的基因及应用。

（2）黄酮醇生物合成专利分析

与前述黄酮类化合物生物合成不同，黄酮醇生物合成的专利并不多且主要以国内高校及科研机构为主。例如以微生物作为人工细胞工厂生物合成黄酮醇的发明专利，公开号分别为 CN111518818B、CN109234337B、CN112852843A、CN112662641A、CN110760490A、CN108486136B、CN108559755B、CN111500601B、CN105087612A 等。

（3）查耳酮生物合成专利分析

查耳酮生物合成的专利也不多且主要以国内高校及科研机构为主。据不完全检索，其中瑞士 Evolva SA 公司分别于 2016 年 6 月 6 日、2018 年 1 月 5 日在瑞士、中国、美国布局了 3 项发明专利（公开号 IN201817000519A、CN108138151A、US20180142216A1），该系列专利主要提供了用于在微生物中产生苯丙素类衍生物（例如查耳酮和芪）和二氢苯丙素类衍生物（例如二氢查耳酮和二氢芪）的方法和组合物。中国人民解放军海军军医大学分别于 2017 年、2019 年申请了 2 项发明专利（公开号：CN106967735A、CN109593737A），该两项发明专利主要介绍了红花 *CtCHS1* 基因、*CtACO3* 基因参与红花黄酮生物合成途径相关基因的调控，将上述两种基因分别通过转基因的方法转入红花中，可以提高醌式查耳酮类化合物的含量。还有一些专利是国内高校、科研院所或个人申请的以微生物作为人工细胞工厂生物合成查耳酮的发明专利，公开号分别为 CN113502278A、CN110117582A 等。

（4）其他生物类黄酮生物合成专利分析

其他生物类黄酮的生物合成专利不再一一赘述，只列出各类生物类黄酮生物合成的几个典型案例：二氢黄酮类生物合成比较典型的专利是日本的 RIKEN 于 2014 年 4 月 4 日在美国申请的发明专利（公开号 US20160046912A1），主要提供了一种甘草酸生物合成系统中涉及的酶、该酶的基因及其用途，以稳定、连续地提供大量甘草酸；法国的施维雅药厂于 2020 年 2 月 11 日申请的发明专利（公开号 US20220042061A1），主要涉及经修饰以能够生产地奥司明和橙皮苷的重组微生物及其用于生产地奥司明和 / 或橙皮苷的用途；法国施维雅药厂于 2020 年 2 月 11 日在中国申请了名称为 "在微生物中生物合成香叶木苷和 / 或橙皮苷的方法" 的发明专利（公开号 CN113574177A），该专利主要涉及被修饰以便能够产生香叶木苷和橙皮苷的重组微生物及其用于生产香叶木苷和 / 或橙皮苷的用途。花色素类生物合成比较典型的专利是西南大学于 2012 年 5 月 25 日申请的名称为 "桑树花青素生物合成三个关键基因及应用" 的发明专利（公开号 CN102660561A），主要公开了来源于桑树的花青素生物合成途径三个关键基因的基因序列及应用，这三个关键基因可以应用到植物中调控花青素的含量，改善植物的品质；沈阳师范大学于 2017 年 2 月 10 日申请的名称为 "*Nemesia strumosa* KLM 花青素生物合成基因及编码蛋白和应用" 的发明专利（公开号 CN106636145A），主要公开了来源于 *Nemesia strumosa* KLM 的花青素生物合成途径六个关键基因，可以应用到植物中调控花青素的含量，改善植物的品质。异黄酮类生物合成比较典型的专利是吉林农业大学于 2013 年 5 月 30 日同日申请了两项发明专利（公开号 CN103333905B、CN103333904B），主要公开了大豆查耳酮还原酶的两个基因及应用，试验证明该两个基因的分别表达产物能够催化合成异甘草素，可作为目的基因导入植物，催化合成作为大豆苷元生物合成必需前体物质的异甘草素，进而提高植物中的大豆苷元含量。

18.6.2　前景展望

随着市场对天然药物需求的增加，药物供求矛盾日益突出。生物技术是解决这一矛盾的有效方式。研究药用植物天然产物生物合成途径的最终目的是为药用植物资源的可持续利用和开发创造一条新的有效途径。虽然大多数植物代谢的次级产物都有共同前体，但它们后续的代谢途径具有很大的特异性和多样性。植物天然产物的合成生物学研究的重点和难点之一就是从大量候选基因中快速识别催化特定途径的基因，从而解析植物天然产物的生物合成途径。

随着分子生物学、各类 "组学" 技术和生物信息学的迅速发展，天然产物的生物合成途径的鉴定取得了重大突破。采用基因组学、转录组学、蛋白质组学、代谢组学等方法的结合来解析黄酮类化合物生物合成途径，通过结构生物学对获得的关键酶进行改造修饰，然后应用合成生物学方法将外源途径整合到宿主当中，再通过代谢工程和发酵工程手段来提高其目标化合物产量，这一系列的研究手段的应用已经使得越来越多的黄酮类化合物实现了异源高效合成。尽管黄酮类化合物的途径解析与生物合成还有很长的路要走，但这一领域的发展一定会推动药用植物天然产物提取、合成、临床应用等各领域的进步，并为未来的农业和工业发展提供巨大的机遇。

参 考 文 献

[1] 谢棒祥，张敏红．生物类黄酮的生理功能及其应用研究进展 [J]．动物营养学报，2003，15（2）：11-15.

[2] 张红雨．黄酮类抗氧化剂结构 - 活性关系的理论解释 [J]．中国科学（B 辑），1999（1）：91-96.

[3] 张甘良，汪钊，鄢洪德．生物类黄酮化合物的结构与生物活性的关系 [J]．生物学杂志，2005，22（1）：4-7.

[4] 王威．常用天然色素抗氧活性的研究 [J]．食品科学，2003，24（6）：96-100.

[5] 钟永恒，贾仕杰，郝同江，等．甘草黄酮类化合物生理功能及其在食品中应用研究 [J]．中国林副特产，2016（3）：91-94.

[6] 张海涛，马明兰，全青，等．阳荷总黄酮对食用油脂的抗氧化作用研究 [J]．山东化工，2018，47（6）：2.

[7] Kim Y M，Kim T H，Kim Y W，et al. Inhibition of liver X receptor-α-dependent hepatic steatosis by isoliquiritigenin, a licorice antioxidant flavonoid，as mediated by JNK1 inhibition[J]. Free Radical Biol Med，2010，49（11）：1722-1734.

[8] 许中畅，卢晓霆．葵盘总黄酮对油脂抗氧化作用研究 [J]．中国油脂，2016，41（2）：44-47.

[9] 张丝柳，雷家珩，杜小弟，等．新鲜银杏外种皮制备保健饮料研究 [J]．保鲜与加工，2018，18（3）：92-96.

[10] 黎乃维．洋葱黄酮类化合物及其功能食品的研究 [D]．青岛：中国海洋大学，2010.

[11] 王建军，王莉花，伍绍云．荞麦—值得加快开发利用的作物 [J]．云南农业科技，1999（6）：12-15.

[12] 占晨，周琪，刘光，等．天然野生植物葛根黄酮的提取及其在化妆品中的应用 [J]．应用化工，2019，48（6）：1351-1353.

[13] 朱昌玲，孙达峰，张卫明．一种新型豆渣面膜 [J]．中国野生植物资源，2014，33（3）：58-61.

[14] 杨舒琪，姜春鹏．竹叶提取物竹叶黄酮的研究进展 [J]．日用化学品科学，2019，42（3）：41-44.

[15] 杨子佳，祝钧．金银花的功效成分及其在化妆品中的应用 [J]．日用化学品科学，2013，36（11）：28-31.

[16] 李婷婷．冰菜中黄酮的营养价值及开发利用前景 [J]．现代农村科技，2018（3）：60.

[17] 田杰，张传博，孙云子．类黄酮基因工程与化学合成及其结构修饰研究进展 [J]．食品与发酵工业，2021，47（3）：252-258.

[18] 徐赫，李荣华，夏岩石，等．黄酮类化合物提取，分离纯化方法研究现状及展望 [J]．应用化工，2021，50（6）：1677-1682.

[19] 付荣霞，周学永，李航，等．藜麦黄酮类化合物的提取及测定方法研究进展 [J]．中国调味品，2019，44（10）：3.

[20] Yao Q，Shen Y，Bu L，et al. Ultrasound-assisted aqueous extraction of total flavonoids and hydroxytyrosol from olive leaves optimized by response surface methodology[J]. Prep Biochem Biotechnol，2019，49（9）：837-845.

[21] Bi W，Yoon C H，Row K H. Ultrasound-assisted enzymatic ionic liquid-based extraction and separation of flavonoids from chamaecyparis obtusa[J]. J Liq Chromatogr Relat Technol，2013，36（14）：2029-2043.

[22] 张兆旺，孙秀梅．试论"半仿生提取法"制备中药口服制剂 [J]．中国中药杂志，1995，20（11）：670-673.

[23] 张棋，易军鹏，李欣，等．蒸汽爆破预处理对粉葛总黄酮及抗氧化性的影响 [J]．食品科学，2016，37（9）：40-44.

[24] 吕小健，许引，董攀飞，等．响应面优化超临界 CO_2 萃取陈皮多甲氧基黄酮研究 [J]．食品研究与开发，2019，40（11）：16-20.

[25] 李振艳，张永忠，赵昇辛，等．亚临界水法提取萌发大豆中的异黄酮 [J]．中国油脂，2010（3）：63-66.

[26] 康帅涛，李晓东，许环军，等．黄酮及其衍生物的高效合成和抗肿瘤活性 [J]．沈阳药科大学学报，2011，28（11）：

862-867+881.

[27] 段新方，张站斌，段新红. 5, 3′, 4′- 三羟基 -6, 7- 二甲氧基黄酮的另法全合成 [J]. 有机化学，2003，23（4）：353-355.

[28] Roell G W，Zha J，Carr R R，et al. Engineering microbial consortia by division of labor [J]. Microb Cell Fact，2019，18（1）：35.

[29] Zhang H R，Wang X N. Modular co-culture engineering, a new approach for metabolic engineering [J]. Metab Eng，2016，37：114-121.

[30] Jones J A，Vernacchio V R，Collins S M，et al. Complete biosynthesis of anthocyanins using *E. coli* polycultures [J]. mBio，2017，8（3）：10-1128.

[31] Jones J A，Vernacchio V R，Sinkoe A L，et al. Experimental and computational optimization of an *Escherichia coli* co-culture for the efficient production of flavonoids [J]. Metab Eng，2016，35：55-63.

[32] Wang R，Zhao S，Wang Z，et al. Recent advances in modular coculture engineering for synthesis of natural products [J]. Curr Opin Biotechnol，2020，62：65-71.

[33] Ganesan V，Li Z，Wang X，et al. Heterologous biosynthesis of natural product naringenin by coculture engineering [J]. Synth Syst Biotechnol，2017，2（3）：236-242.

[34] Camacho-Zaragoza J M，Hernandez-Chavez G，Moreno-Avitia F，et al. Engineering of a microbial coculture of *Escherichia coli* strains for the biosynthesis of resveratrol [J]. Microb Cell Fact，2016，15（1）：163.

[35] Li Z，Wang X，Zhang H. Balancing the nonlinear rosmarinic acid biosynthetic pathway by modular co-culture engineering [J]. Metab Eng，2019，54：1-11.

[36] Akdemir H，Silva A，Zha J，et al. Production of pyranoanthocyanins using *Escherichia coli* co-cultures [J]. Metab Eng，2019，55：290-298.

[37] Qiao K，Wasylenko T M，Zhou K，et al. Lipid production in Yarrowia lipolytica is maximized by engineering cytosolic redox metabolism [J]. Nat Biotechnol，2017，35（2）：173-177.

[38] Xu P，Qiao K，Ahn W S，et al. Engineering Yarrowia lipolytica as a platform for synthesis of drop-in transportation fuels and oleochemicals [J]. Proc Natl Acad Sci USA，2016，113（39）：10848-10853.

[39] Peng X，Qiao K，Stephanopoulos G. Engineering oxidative stress defense pathways to build a robust lipid production platform in *Yarrowia lipolytica* [J]. Biotechnol Bioeng，2017，114（7）：1521-1530.

[40] Xie D M，Miller E，Tyreus B，et al. Sustainable production of omega-3 eicosapentaenoic acid by fermentation of metabolically engineered yarrowia lipolytica [M]. Berlin：Springer Group，2016.

[41] Davis M S，Solbiati J，Cronan J E. Overproduction of acetyl-CoA carboxylase activity increases the rate of fatty acid biosynthesis in *Escherichia coli* [J]. J Biol Chem，2000，275（37）：28593-28598.

[42] Kaneko M，Ohnishi Y，Horinouchi S. Cinnamate：coenzyme A ligase from the filamentous bacterium *Streptomyces coelicolor A3*（2）[J]. J Bacteriol，2003，185（1）：20-27.

[43] Wu J，Liu P，Fan Y，et al. Multivariate modular metabolic engineering of *Escherichia coli* to produce resveratrol from L-tyrosine [J]. J Biotechnol，2013，167（4）：404-411.

[44] Liu D，Li B Z，Liu H，et al. Profiling influences of gene overexpression on heterologous resveratrol production in *Saccharomyces cerevisiae* [J]. Front Chem Sci Eng，2016，11（1）：117-125.

[45] Braga A，Oliveira J，Silva R，et al. Impact of the cultivation strategy on resveratrol production from glucose in engineered

Corynebacterium glutamicum[J]. J Biotechnol, 2018, 265：70-75.

[46] Palmer C M, Miller K K, Nguyen A, et al. Engineering 4-coumaroyl-CoA derived polyketide production in *Yarrowia lipolytica* through a beta-oxidation mediated strategy[J]. Metab Eng, 2020, 57：174-181.

[47] SáEZ-SáEZ J, Wang G, Marella E, et al. Engineering the oleaginous yeast *Yarrowia lipolytica* for high-level resveratrol production[J]. Metab Eng, 2020, 62：51-61.

[48] Zhou S, Lyu Y, Li H, et al. Fine-tuning the（2S）-naringenin synthetic pathway using an iterative high-throughput balancing strategy[J]. Biotechnol Bioeng, 2019, 116（6）：1392-1404.

[49] Kraus G A, Wanninayake U K, Bottoms J. Triacetic acid lactone as a common intermediate for the synthesis of 4-hydroxy-2-pyridones and 4-amino-2-pyrones[J]. Tetrahedron Lett, 2016, 57（11）：1293-1295.

[50] Gao S, Lyu Y, Zeng W, et al. Efficient biosynthesis of（2S）-naringenin from p-coumaric acid in Saccharomyces cerevisiae[J]. J Agric Food Chem, 2020, 68（4）：1015-1021.

[51] Lv Y, Edwards H, Zhou J, et al. Combining 26s rDNA and the cre-loxP system for iterative gene integration and efficient marker curation in *yarrowia lipolytica*[J]. ACS Synthetic Biology, 2019, 8（3）：568-576.

[52] Lv Y, Marsafari M, Koffas M, et al. Optimizing oleaginous yeast cell factories for flavonoids and hydroxylated flavonoids biosynthesis[J]. ACS Synth Biol, 2019, 8（11）：2514-2523.

[53] Amor L B, Hehn A, Guedone E, et al. Biotransformation of naringenin to eriodictyol by saccharomyces cerevisiae functionally expressing flavonoid 3′ hydroxylase[J]. Nat Prod Commun, 2010, 5（12）：1893-1898.

[54] Fowler Z L, Gikandi W W, Koffas M A G. Increased malonyl coenzyme a biosynthesis by tuning the *Escherichia coli* metabolic network and its application to flavanone production[J]. Appl Environ Microbiol, 2009, 75（18）：5831-5839.

[55] Kallscheuer N, Vogt M, Stenzel A, et al. Construction of a *Corynebacterium glutamicum* platform strain for the production of stilbenes and（2S）-flavanones[J]. Metab Eng, 2016, 38（9）：47-55.

[56] 孙文涛, 李春. 微生物合成植物天然产物的细胞工厂设计与构建[J]. 化工进展, 2021, 40（03）：1202-1214.

[57] Pandey R P, Parajuli P, Koffas M A G, et al. Microbial production of natural and non-natural flavonoids：Pathway engineering, directed evolution and systems/synthetic biology[J]. Biotechnol Adv, 2016, 34（5）：634-662.

[58] Cao H, Chen X Q, Jassbi A R, et al. Microbial biotransformation of bioactive flavonoids[J]. Biotechnol Adv, 2015, 33（1）：214-223.

[59] 解林峰, 任传宏, 张波, 等. 植物类黄酮生物合成相关 UDP- 糖基转移酶研究进展 [J]. 园艺学报, 2019, 46（9）：1655-1669.

[60] Zhu X X, Liu X N, Liu T, et al. Synthetic biology of plant natural products：From pathway elucidation to engineered biosynthesis in plant cells[J]. Plant Commun, 2021, 2（5）.

[61] Schlapfer P, Zhang P, Wang C, et al. Genome-wide prediction of metabolic enzymes, pathways, and gene clusters in plants[J]. Plant Physiol, 2017, 173（4）：2041-2059.

[62] Topfer N, Fuchs L M, Aharoni A. The PhytoClust tool for metabolic gene clusters discovery in plant genomes[J]. Nucleic Acids Res, 2017, 45（12）：7049-7063.

[63] Kautsar S A, Duran H G S, Blin K, et al. PlantiSMASH：automated identification, annotation and expression analysis of plant biosynthetic gene clusters[J]. Nucleic Acids Res, 2017, 45（W1）：W55-W63.

[64] Medema M H, Kottmann R, Yilmaz P, et al. Minimum information about a biosynthetic gene cluster[J]. Nat Chem Biol, 2015, 11（9）：625-631.

[65] Liu X，Cheng J，Zhang G，et al. Engineering yeast for the production of breviscapine by genomic analysis and synthetic biology approaches[J]. Nature Commun，2018，9（1）：448.

[66] Zhao Q，Yang J，Cui M Y，et al. The reference genome sequence of scutellaria baicalensis provides insights into the evolution of wogonin biosynthesis[J]. Mol Plant，2019，12（7）：935-950.

[67] Liu X N，Cheng J，Zhu X X，et al. De novo biosynthesis of multiple pinocembrin derivatives in *saccharomyces* cerevisiae[J]. Acs Synth Biol，2020，9（11）：3042-3051.

[68] Wu Z，Liu H，Zhan W，et al. The chromosome-scale reference genome of safflower（Carthamus tinctorius）provides insights into linoleic acid and flavonoid biosynthesis[J]. Plant Biotechnol J，2021，19（9）：1725-1742.

[69] Zhou Z，Ying Z，Wu Z，et al. Anthocyanin genes involved in the flower coloration mechanisms of cymbidium kanran[J]. Front Plant Sci，2021，12：737815.

[70] 陈春宇. 基于转录组和代谢组解析五味子木脂素和黄酮生物合成途径[D]. 长春：吉林农业大学，2020.

[71] Liu X，Zhu X，Wang H，et al. Discovery and modification of cytochrome P450 for plant natural products biosynthesis[J]. Synth Syst Biotechnol，2020，5（3）：187-199.

[72] Chen S，Xiang L，Guo X，et al. An introduction to the medicinal plant genome project[J]. Front Med，2011，5（2）：178-184.

[73] Goodstein D M，Shu S，Howson R，et al. Phytozome：a comparative platform for green plant genomics[J]. Nucleic Acids Research，2012，40（D1）：D1178-D1186.

[74] Kanehisa M，Goto S. KEGG：Kyoto encyclopedia of genes and genomes[J]. Nucleic Acids Res，2000，28（1）：27-30.

[75] Fischer M，Knoll M，Sirim D，et al. The cytochrome P450 engineering database：a navigation and prediction tool for the cytochrome P450 protein family[J]. Bioinformatics，2007，23（15）：2015-2017.

[76] Nelson D R. Cytochrome P450 diversity in the tree of life[J]. BBA-Proteins and Proteomics，2018，1866（1）：141-154.

[77] Preissner S，Kroll K，Dunkel M，et al. SuperCYP：a comprehensive database on Cytochrome P450 enzymes including a tool for analysis of CYP-drug interactions[J]. Nucleic Acids Res，2010，38：D237-D243.

[78] Paquette S M，Jensen K，Bak S. A web-based resource for the Arabidopsis P450，cytochromes b（5），NADPH-cytochrome P450 reductases，and family 1 glycosyltransferases[J]. Phytochemistry，2009，70（17-18）：1940-1947.

[79] Bak S，Beisson F，Bishop G，et al. Cytochromes P450[J]. The Arabidopsis Book，2011，9.

[80] Marsafari M，Samizadeh H，Rabiei B，et al. Biotechnological production of flavonoids：An update on plant metabolic engineering，microbial host selection，and genetically encoded biosensors[J]. Biotechnol J，2020，15（8）：1900432.

[81] 李红艳. 丹参类黄酮合成途径关键酶基因的克隆与功能分析[D]. 杨凌：西北农林科技大学，2019.

[82] Yonekura-Sakakibara K，Nakabayashi R，Sugawara S，et al. A flavonoid 3-O-glucoside：2″-O-glucosyltransferase responsible for terminal modification of pollen-specific flavonols in Arabidopsis thaliana[J]. Plant J，2014，79（5）：769-782.

[83] Wang Y，Yauk Y K，Zhao Q，et al. Biosynthesis of the dihydrochalcone sweetener trilobatin requires phloretin glycosyltransferase2[J]. Plant Physiol，2020，184（2）：738-752.

[84] Zhao Q，Zhang Y，Wang G，et al. A specialized flavone biosynthetic pathway has evolved in the medicinal plant，Scutellaria baicalensis[J]. Sci Adv，2016，2（4）：e1501780.

[85] Wu J，Du G，Chen J，et al. Enhancing flavonoid production by systematically tuning the central metabolic pathways based

on a CRISPR interference system in *Escherichia coli*[J]. Sci Rep, 2015, 5 (1): 13477.

[86] Fowler Z L, Gikandi W W, Koffas M A G. Increased malonyl coenzyme A biosynthesis by tuning the *Escherichia coli* metabolic network and its application to flavanone production[J]. Appl Environ Microbiol, 2009, 75 (18): 5831-5839.

[87] 朱屹东. 代谢工程改造大肠杆菌生产白藜芦醇 [D]. 无锡：江南大学, 2016.

[88] Lim C G, Fowler Z L, Hueller T, et al. High-yield resveratrol production in engineered *Escherichia coli*[J]. Appl Environ Microbiol, 2011, 77 (10): 3451-3460.

[89] Chemler J A, Fowler Z L, Mchugh K P, et al. Improving NADPH availability for natural product biosynthesis in *Escherichia coli* by metabolic engineering[J]. Metab Eng, 2010, 12 (2): 96-104.

[90] Ban Z, Qin H, Mitchell A J, et al. Noncatalytic chalcone isomerase-fold proteins in Humulus lupulus are auxiliary components in prenylated flavonoid biosynthesis[J]. Proc Natl Acad Sci USA, 2018, 115 (22): E5223-E5232.

[91] Li J, Tian C, Xia Y, et al. Production of plant-specific flavones baicalein and scutellarein in an engineered *E. coli* from available phenylalanine and tyrosine[J]. Metab Eng, 2019, 52: 124-133.

[92] Park S R, Jin A Y, Ji H P, et al. Engineering of plant-specific phenylpropanoids biosynthesis in Streptomyces venezuelae[J]. J Biotechnol, 2009, 141 (3-4): 181-188.

[93] Ahn E Y, Kim E J, Ban Y H, et al. Biosynthesis of plant-specific flavones and flavonols in streptomyces venezuelae[J]. Journal of microbiology and biotecnnology, 2010, 20 (9): 1295-1299.

[94] Park S R, Ahn M S, Han A R, et al. Enhanced flavonoid production in streptomyces venezuelae via metabolic engineering[J]. J Microbiol Biotechnol, 2011, 21 (11): 1143-1146.

[95] Laura M, Ignacio G, Paula Y, et al. De Novo biosynthesis of apigenin, luteolin, and eriodictyol in the actinomycete streptomyces albus and production improvement by feeding and spore conditioning[J]. Front Microbiol, 2017, 8: 921.

[96] Kallscheuer N, Vogt M, Stenzel A, et al. Construction of a Corynebacterium glutamicum platform strain for the production of stilbenes and (2S) -flavanones[J]. Metab Eng, 2016, 38: 47-55.

[97] Zha J, Zang Y, Mattozzi M, et al. Metabolic engineering of *Corynebacterium glutamicum* for anthocyanin production[J]. Microb Cell Fact, 2018, 17 (1): 143.

[98] Li G, Li H, Lyu Y, et al. Enhanced biosynthesis of dihydromyricetin in *Saccharomyces cerevisiae* by coexpression of multiple hydroxylases[J]. J Agric Food Chem, 2020, 68 (48): 14221-14229.

[99] Liu X, Cheng J, Zhu X, et al. De novo biosynthesis of multiple pinocembrin derivatives in *Saccharomyces cerevisiae*[J]. ACS Synthetic Biology, 2020, 9 (11): 3042-3051.

[100] Lyu X, Ng K R, Lee J L, et al. Enhancement of naringenin biosynthesis from tyrosine by metabolic engineering of *Saccharomyces cerevisiae*[J]. J Agric Food Chem, 2017, 65 (31): 6638-6646.

[101] Li H, Gao S, Zhang S, et al. Effects of metabolic pathway gene copy numbers on the biosynthesis of (2S) -naringenin in *Saccharomyces cerevisiae*[J]. J Biotechnol, 2020, 325.

[102] Gao S, Xu X, Zeng W, et al. Efficient biosynthesis of (2S) -eriodictyol from (2S) -naringenin in saccharomyces cerevisiae through a combination of promoter adjustment and directed evolution[J]. ACS Synthetic Biology, 2020, 9 (12): 3288-3297.

[103] Lyu X, Zhao G, Ng K R, et al. Metabolic engineering of *Saccharomyces cerevisiae* for de novo production of kaempferol[J]. J Agric Food Chem, 2019, 67 (19): 5596-5606.

[104] Lee H, Kim B G, Kim K, et al. Biosynthesis of two flavones, apigenin and genkwanin, in *Escherichia coli*[J]. J

Microbiol Biotechnol，2015，25（9）：1442-1448.

[105] Miyahisa I，Kaneko M，Funa N，et al. Efficient production of（2S）-flavanones by *Escherichia coli* containing an artificial biosynthetic gene cluster[J]. Appl Microbiol Biotechnol，2005，68（4）：498-504.

[106] Kallscheuer N，Vogt M，Bott M，et al. Functional expression of plant-derived O-methyltransferase，flavanone 3-hydroxylase，and flavonol synthase in *Corynebacterium glutamicum* for production of pterostilbene，kaempferol，and quercetin[J]. J Biotechnol，2017，258：190-196.

[107] Gao S，Lyu Y，Zeng W，et al. Efficient biosynthesis of（2S）-naringenin from p-coumaric acid in *Saccharomyces cerevisiae*[J]. J Agric Food Chem，2020，68（4）：1015-1021.

[108] Liu X，Lin Q，Fu C，et al. Association between XPA gene rs1800975 polymorphism and susceptibility to lung cancer：a meta-analysis[J]. The Clinical Respiratory Journal，2018，12（2）：448-458.

[109] Yang J. The ethno-metapragmatics of CHOSEN/CHOSUN：The intertextual gap and post-colonial politics in Asia[J]. Language & Commun，2020，72：44-52.

[110] Palmer C M，Miller K K，Nguyen A，et al. Engineering 4-coumaroyl-CoA derived polyketide production in *Yarrowia lipolytica* through a beta-oxidation mediated strategy[J]. Metab Eng，2019，57：174-181.

[111] 李颖君．西番莲黄酮类化合物提取工艺研究及生产设计［J］．广州化工，2011，39（13）：3.

[112] Wang Y C，Chen S，Yu O. Metabolic engineering of flavonoids in plants and micro-organisms[J]. Appl Microbiol Biot，2011，91（4）：949-956.

[113] Lee M H，Lin C C. Comparison of techniques for extraction of isoflavones from the root of Radix Puerariae：Ultrasonic and pressurized solvent extractions[J]. Food Chem，2007，105（1）：223-228.

[114] Gao S，Zhou H，Zhou J，et al. Promoter-library-based pathway optimization for efficient（2S）-naringenin production from p-coumaric acid in *Saccharomyces cerevisiae*[J]. J Agric Food Chem，2020，68（25）：6884-6891.

[115] 刘汉珍，俞浩，毛斌斌，等．不同贮藏温度对滁菊鲜品有机酸、黄酮类成分的影响［J］．安徽科技学院学报，2014，28（5）：34-37.

[116] 李维新，郭艳波，何志刚，等．贮藏条件对刺葡萄酒主要黄酮类物质的影响［J］．食品科学技术学报，2013，31（6）：36-40.

第 19 章
维生素 B_T

董会娜，张大伟

中国科学院天津工业生物技术研究所

19.1　概述

19.1.1　维生素 B_T 的命名与结构

维生素 B_T，也叫 L- 肉碱、左旋肉碱、L- 卡尼汀、左卡尼汀、肉毒碱。化学名为（ R)-3-羧基 -2- 羟基 -N, N, N- 三甲基丙铵内盐，或者 L-β- 羟基 -γ- 三甲胺丁酸。英文名为 L-carnitine，分子式：$C_7H_{15}NO_3$，结构式见图 19-1。维生素 B_T 通过酰基转移酶的作用，可被酰化成乙酰肉碱或肉碱酯。

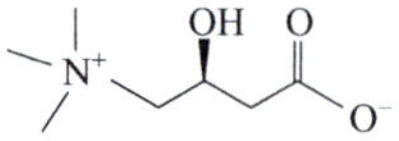

图 19-1　维生素 B_T 的化学结构式

19.1.2　维生素 B_T 的研究简史

维生素 B_T 的研究始于 20 世纪初。1905 年，俄国的两位学者 Gulewitsch 和 Krimberg 从肉浓缩液中发现了左旋肉碱。其化学结构在 1927 年被 Tomita 和 Sendju 证实。1947 年，Fraenkel 用炭分离酵母液时发现一种能影响昆虫生长的化学物质，并命名为维生素 B_T；1952年，美国伊利洛伊州立大学的 Carter 等 [1] 人确证维生素 B_T 即是左旋肉碱。从 1953 年开始，左旋肉碱列在美国《化学文摘》中的维生素 B_T 的索引栏目下。

20 世纪 80 年代左旋肉碱开始作为商品在国外上市，由于右旋肉碱的毒副作用，1993 年起 FDA 禁止销售右旋肉碱和混旋肉碱。1996 年我国第 16 次食品添加剂标准化技术委员会通过决议，允许饮料、乳饮料、饼干和固体饮料中添加左旋肉碱。2010 年 3 月 16 日中华人民共和国卫生部发布 2010 年第 4 号公告，批准左旋肉碱为扩大使用范围及使用量的食品营养强化剂 [2]。L- 肉碱是目前应用最为广泛的名称，在以下正文（不含各级标题）中均以 L-肉碱命名。

19.2　维生素 B_T 的功能和应用

19.2.1　维生素 B_T 的性质与功能

（1）维生素 B_T 的性质

L- 肉碱为白色晶状体或白色透明细粉，略有特殊腥味。其极易溶于水、乙醇、甲醇，微溶于丙酮，不溶于乙醚、苯、三氯甲烷、乙酸乙酯等。L- 肉碱的组合键和结合团具有较好的溶水性和吸水性，极易吸潮，暴露在空气中会潮解。可在 pH 值 3 ～ 6 的溶液中放置 1 年以上，能耐 200℃ 以上的高温[3]。

L- 肉碱属于两性离子，当 pH 为中性时，L- 肉碱以内酯的形式存在，稳定性较好。与普通的氨基酸不同，L- 肉碱不带氨基，而是携带一个带正电的季铵基团，不受 pH 条件影响，它可以与许多金属离子形成多种稳定的螯合物，例如铜、锌、锰、镁、钙等，而且螯合过程不仅可以发生在其羧基上形成四元环，还能发生在羟基和羧基上形成六元环。实际使用时，由于 L- 肉碱吸湿性强，在室温下易结块，通常会将其制备成非吸湿性的盐，例如 L- 肉碱酒石酸盐、L- 肉碱富马酸酯等，方便储存运输以及包装使用。

（2）维生素 B$_T$ 的生理功能

L- 肉碱广泛存在于自然界中，人体所需肉碱主要通过膳食摄入和 / 或内源合成。哺乳动物以赖氨酸为原料可合成肉碱，同时需要维生素 C、烟酸、维生素 B$_6$ 和铁协助。维生素 C 对肉碱的生物合成是必需的，且维生素 C 是所有营养辅助因子中对肉碱生物合成速度影响最大的[4]。

在生物体内，L- 肉碱的基本功能是促进脂肪酸氧化供能。线粒体可以代谢脂肪，使之释放能量，但是长链脂肪酸不能穿过线粒体膜。L- 肉碱是转运脂肪酸的载体，可以促进脂肪酸进入线粒体进行氧化分解（图 19-2）。长链脂肪酸在细胞液中被激活形成酰基 -CoA 形式（acyl-CoA）。这个酰基 -CoA 长链与 L- 肉碱结合形成酰基 L- 肉碱，这个反应由 L- 肉碱十六烷酰 - 转移酶Ⅰ（CAT Ⅰ）催化。酰基 L- 肉碱被转入线粒体基质，由 L- 肉碱十六烷酰 - 转移酶Ⅱ（CAT Ⅱ）催化产生酰基 -CoA 形式，然后进行进一步的氧化。

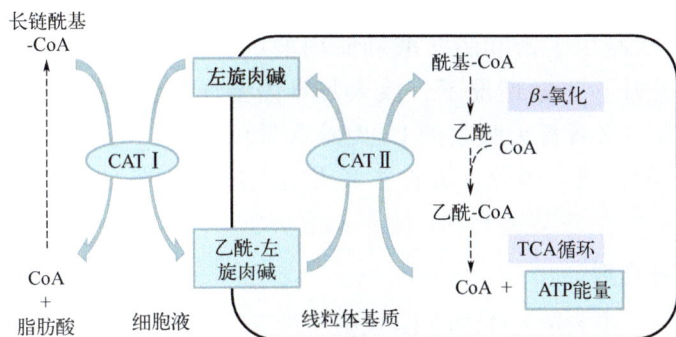

图 19-2 L- 肉碱在长链脂肪酸代谢中发挥作用的示意图

CAT Ⅰ—L- 肉碱十六烷酰 - 转移酶Ⅰ；CAT Ⅱ—L- 肉碱十六烷酰 - 转移酶Ⅱ

L- 肉碱也可将脂肪酸、支链氨基酸（亮氨酸、异亮氨酸和缬氨酸）和葡萄糖氧化的共同产物乙酰辅酶 A 以乙酰肉碱的形式转运通过细胞膜，促进乙酰乙酸的氧化利用[5]。L- 肉碱可以增强细胞内丙酮酸脱氢酶的活性，从而促进葡萄糖的氧化，有利于延缓运动时的疲劳发生。运动时乳酸产生过多会增加血液组织液的酸性，减少 ATP 的生成，导致疲劳发生，补充 L- 肉碱可以清除过多的乳酸，提高运动能力，促进运动性疲劳的恢复[5]。L- 肉碱可以维持细胞膜的稳定性，提高人体的免疫力，避免一些疾病的侵袭，可以对亚健康的防治起到一定的预防作用。适当补充 L- 肉碱可以为机体提供能量，细胞有足够的能量就会充满活力，可以延缓衰老的过程。

19.2.2　维生素 B$_T$ 的应用

研究发现，L-肉碱有多种保健功能，如减肥、改善缺血性心肌功能和代谢、降血脂、增强精子活力等，将其作为功能性食品添加或服用将有重大意义。

（1）作为减肥药物

L-肉碱主要功能是帮助长链脂肪酸进行 β-氧化，有利于机体对脂肪的利用，可以燃烧多余的脂肪用作能量，而且对身体无副作用。同时加强锻炼，将体内多余的脂肪消耗掉，可以起到减肥作用，是优良的减肥活性物质，而且属于一种不用节食、不厌食、不乏力、不腹泻的减肥方法[6]。把 L-肉碱作为减肥药物用于治疗肥胖症始于 20 世纪 70 年代。

（2）作为营养强化剂

L-肉碱在维持婴儿生命及促进婴幼儿发育的一些生理过程等方面具有一定的功能，如生酮作用和糖代谢等。婴儿合成 L-肉碱的能力较弱，不像成年人可以自己合成维持正常代谢所需的量，尤其是早产儿[6]。婴儿生长发育快，所需 L-肉碱急剧增加，自身合成不能满足其正常代谢需要，适当补充外源性 L-肉碱对婴儿正常生长发育有利。母乳中 L-肉碱含量较高，靠母乳喂养的婴儿所获得的 L-肉碱一般能够满足机体需要。然而，对于不能用母乳喂养的婴儿，需采用市售配方食品，这些配方食品需要强化适量 L-肉碱。在众多豆类配方食品中，加入的强化 L-肉碱含量不尽相同，但强化 L-肉碱并非多多益善，能够满足婴儿需要即可，过多则会加重婴儿肾脏负担，造成浪费和危害[7]。

素食主义者虽然减少了饱和脂肪酸和胆固醇的摄入，但蔬菜中 L-肉碱含量很少，会引起 L-肉碱缺乏症。正常情况下，成人每日需要通过饮食摄入的 L-肉碱含量约为50mg，而绝对素食主义者每天吸收的 L-肉碱含量仅为 5mg 左右，对 L-肉碱的需求几乎完全依赖于机体的合成，因此，素食主义者需要适当补充 L-肉碱来维持机体的正常代谢[6]。

（3）作为营养补充剂

随着年龄的增长，中老年人体内的 L-肉碱含量不断减少，同时，其合成能力逐渐下降。缺乏 L-肉碱会导致心肌细胞活力减退，进而增加心血管疾病及心脏病的发病率。L-肉碱是中老年人的重要营养补充剂，心肌能量源于脂肪酸的氧化，L-肉碱可增加心肌能力，增加心脏血液输出量，对心脏起到明显的保护作用[6]。而糖尿病人和患有肾功能疾病的人尿液排泄过多，导致体内 L-肉碱的消耗量过大，仅靠其自身的合成不能满足需要，容易导致 L-肉碱的缺乏，故需要长期补充 L-肉碱以满足身体的需求[8]。

体育运动后人体肌肉组织中的游离 L-肉碱浓度下降约 20%，补充 L-肉碱可以增加游离脂肪酸进入线粒体及促进其氧化来节省肌糖原，进一步推理为可提高有氧能力[6]。有研究报道，L-肉碱可通过降低乙酰 CoA/CoA 的比值激活丙酮酸脱氢酶的活性，从而促进丙酮酸氧化，减少乳酸堆积，进而改善无氧运动的持续能力[9]。L-肉碱还可以提高疾病患者在练习中的耐受力，如练习时间、最大氧吸收和乳酸阈值等指标[9]。

（4）作为饲料添加剂

L- 肉碱作为饲料添加剂广泛应用于多种动物养殖中。在水产动物养殖中，L- 肉碱可以提高水产动物的增重率，提高鱼类繁殖率，降低水产动物体脂，提高肉品质；节约饲料蛋白质，降低饵料系数，提高水产动物的成活率[10]。在家禽养殖中，能显著改善肉鸡生长和蛋鸡产蛋性能，提高饲料转化效率，降低死亡率；在仔猪生长方面，L- 肉碱可以显著提高仔猪体重、日增重和饲料转化效率[11]。

19.3　维生素 B_T 的化学合成及生物 – 化学组合合成方法研究进展

19.3.1　维生素 B_T 的化学合成法

19.3.1.1　消旋体拆分法

（1）以环氧氯丙烷为原料

20 世纪 70 年代，Wiegand 等[12]以环氧氯丙烷为原料，经过氨化、酸化、氰化、水解及去离子化得到了混旋的肉碱（DL-carnitine）（图 19-3 中路径 A）。后来研究发现只有 L-肉碱具有生理活性，而右旋肉碱会对肉碱乙酰转移酶和肉碱脂肪酰转移酶有竞争性抑制作用，因此，需要制备出纯的 L- 肉碱。

消旋体拆分法是常用的旋光物质制备方法，最常见的是用一种光学纯的酸去拆分一种碱，或用一种光学纯的碱去拆分一种酸，酸碱形成盐进行重结晶。以 Wiegand 的工艺路线为基础，衍生出了多种利用消旋体拆分法以混旋肉碱及其前几步的前体为底物的工艺路线（图 19-3）。

① 以外消旋体 4 为底物进行拆分

Lorenz 等[13]以 D-（＋）- 酒石酸、D-（＋）- 樟脑 - 磺酸和二苯甲酰基 -D-（－）- 酒石酸为旋光活性酸对外消旋体 4 进行了拆分获得了 L- 肉碱。Takenaka 等[14]使用 D（－）- 扁桃酸或 L（＋）-扁桃酸作为拆分剂，乙基醇作为拆分溶剂对外消旋体 4 进行拆分。Kikuchi 等[15]与 Iannella 等[16]分别利用二苯甲酰基 -L（＋）酒石酸和二苯甲酰基 -D（－）酒石酸为拆分剂对外消旋体 4 进行拆分制得了 L- 肉碱。李全等[17]以左旋乙酰谷氨酸为拆分剂对外消旋体 4 进行拆分获得了 L- 肉碱。

肉碱转化为旋光活性盐或酸的方法相对复杂，因为它们包括添加分离剂和在分离过程后将其去除的步骤。这使整个过程相对费时费力。LONZA 公司依据 D- 肉碱和 L- 肉碱在试剂中溶解度的差异开发了一种方便分离高纯度 L- 肉碱的方法[18]，包括以下步骤：a. 将 D- 肉碱和 L- 肉碱的混合物溶解在第一溶剂中，浓度至少为 5%（质量比）；b. 在溶液中接种 L- 肉碱晶体；c. 添加第二溶剂，其中所述 L- 肉碱为不溶性或具有低溶解度；d. 分离 L- 肉碱晶体。L- 肉碱的 ee 值可达 99% 以上。第一种试剂为乙醇、甲醇、水、乙腈或者它们的混合物，L-

肉碱在其中的溶解度至少为 5%。第二种试剂为丙酮、异丙醇、异丁醇、2- 丙醇、1- 戊醇、2- 丁酮、乙酸甲酯、乙酸乙酯、乙酸丁酯、四氢呋喃、甲苯或其混合物，L- 肉碱在其中的溶解度小于 2%。最优组合为第一种试剂为乙醇，第二种试剂为丙酮。

为了充分利用工业上拆分后剩余的副产物右旋肉碱，王从敏等[19] 在有机酸或无机酸的酸性环境中，以右旋肉碱为原料，以二苯甲酰 -L- 酒石酸等手性酸为催化剂，在乙醇等极性溶剂中，通过加热到 50 ～ 100℃ 来制取混旋肉碱，L- 肉碱的收率达 77% 以上。胥波等[20] 将拆分出的右旋肉碱通过先氧化后还原进而得到混旋肉碱，进行回收利用（图 19-3 中路径 B ）。

Sigma Tau 公司开发了 3 个由 D-（+）- 肉碱或其衍生物制备 L-（-）- 肉碱的方法（图 19-4）。第一个方法[21] 为了保护羧基，D-（+）- 肉碱被酯化，随后被转化为酰基衍生物。然后将酰基衍生物酸水解，获得酰基 D-（+）- 肉碱，进一步内酯化为 L-（-）- 肉碱的内酯。最后，将内酯重新打开，得到 L-（-）- 肉碱。第二个方法[22] 则是先将 D-（+）- 肉碱酰胺在酸性介质中与直链或支链脂肪醇反应形成 D-（+）- 肉碱酯，用酸酐 R₂O 酰化 D-（+）- 肉碱酯，从而形成酰化酯中间体。酸水解酰基肉碱酯的酯基，从而获得酰基 D-（+）- 肉碱，酰基 D-（+）- 肉碱内酯化为 L-（-）- 肉碱的内酯，最后使内酯与碱反应形成 L- 肉碱。第三个方法[23] 首先用

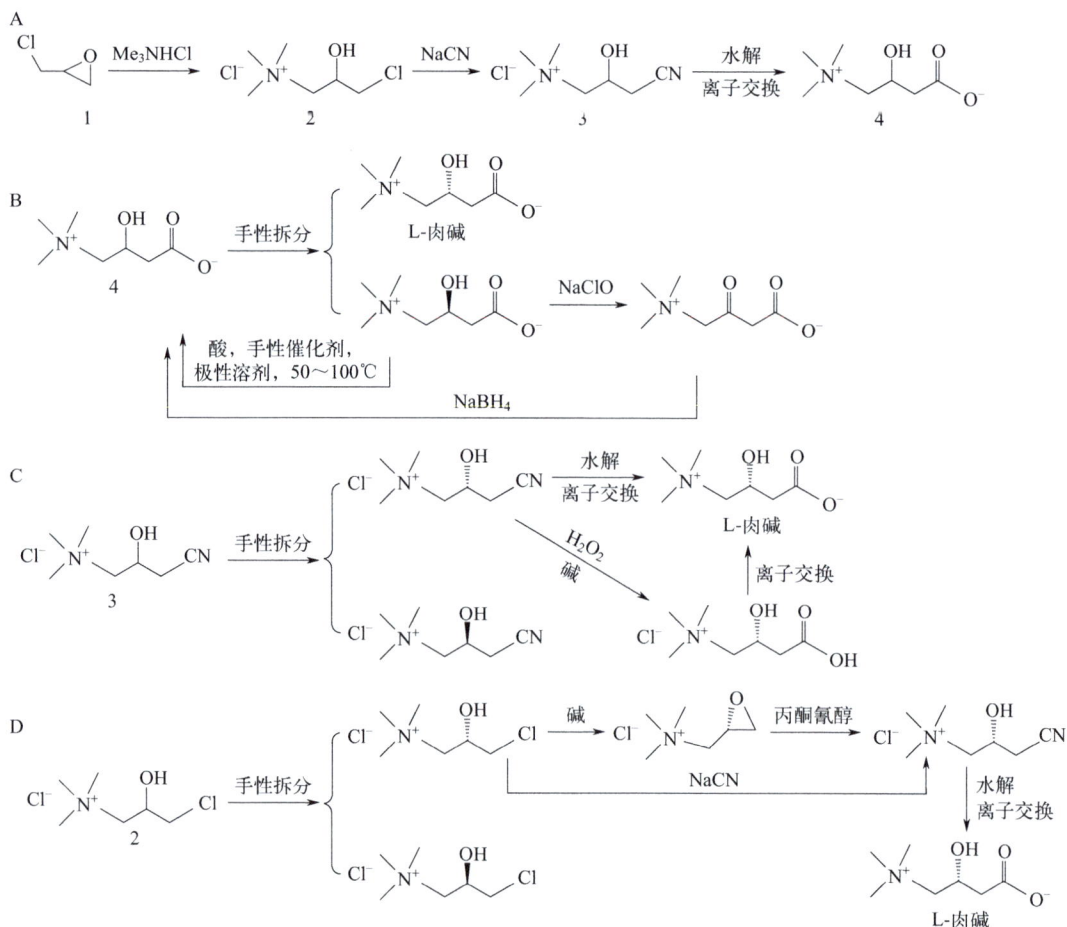

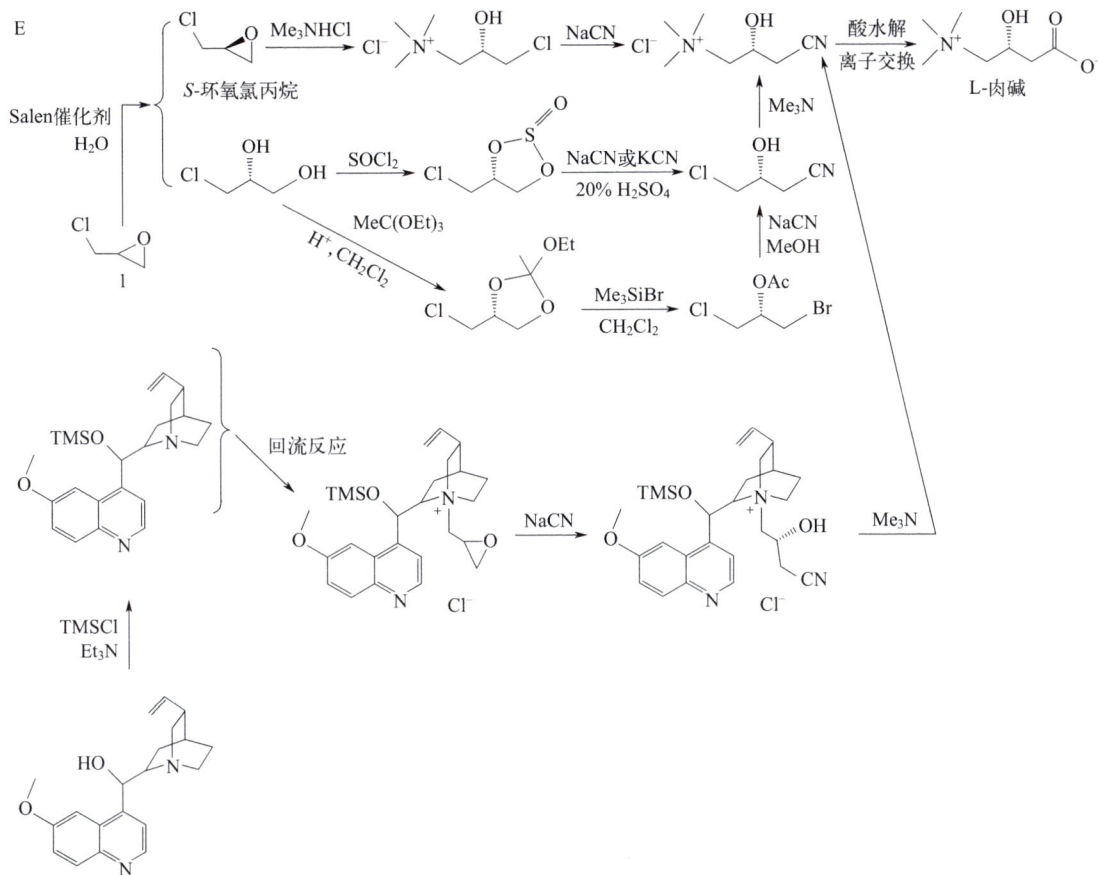

图 19-3　环氧氯丙烷制备 L- 肉碱

A—以环氧氯丙烷为原料制备混旋肉碱；B—以外消旋体 4 为原底物制备 L- 肉碱；C—以外消旋体 3 为底物制备 L- 肉碱；
D—以外消旋体 2 为底物制备 L- 肉碱；E—以外消旋体 1 为底物制备 L- 肉碱

酰化剂酰化 D-（＋）- 肉碱酰胺得到其酰基衍生物，再通过酸水解获得酰基 D-（＋）- 肉碱，酰基 D-（＋）- 肉碱内酯化为 L-（－）- 肉碱的内酯，该内酯与碱反应形成 L-（－）- 肉碱。

　　② 以外消旋体 3 为底物进行拆分

　　利用光学活性酸（如樟脑 -10- 磺酸）[24] 对外消旋体 3 进行拆分得到 L/D- 肉碱腈，其左旋体经进一步的水解、去离子化可制取 L- 肉碱（图 19-3 中路径 C）。L- 肉碱腈在碱性水溶液中，用过氧化氢水解，后经中和，过 Amberlite 阴离子交换树脂，洗脱后进行浓缩，重结晶，亦可得到 L- 肉碱（图 19-3 中路径 C）[25]。

　　Sigma Tau 公司首先用酰化剂酰化 D- 肉碱腈得到其酰基衍生物，再通过酸水解获得酰基 D- 肉碱，酰基 D- 肉碱内酯化为 L- 肉碱的内酯，该内酯与碱反应形成 L- 肉碱（图 19-4）[22]。

　　③ 以外消旋体 2 为底物进行拆分

　　采用 L-（＋）- 酒石酸对 2 的外消旋体进行拆分，获得的左旋体经碱处理获得其环氧丙基盐，进一步与丙酮氰醇反应生成 L- 肉碱腈，其拆分获得的左旋体亦可与氰化物反应直接获得 L- 肉碱腈，L- 肉碱腈再经水解，离子交换制得 L- 肉碱（图 19-3 中路径 D）[26]。

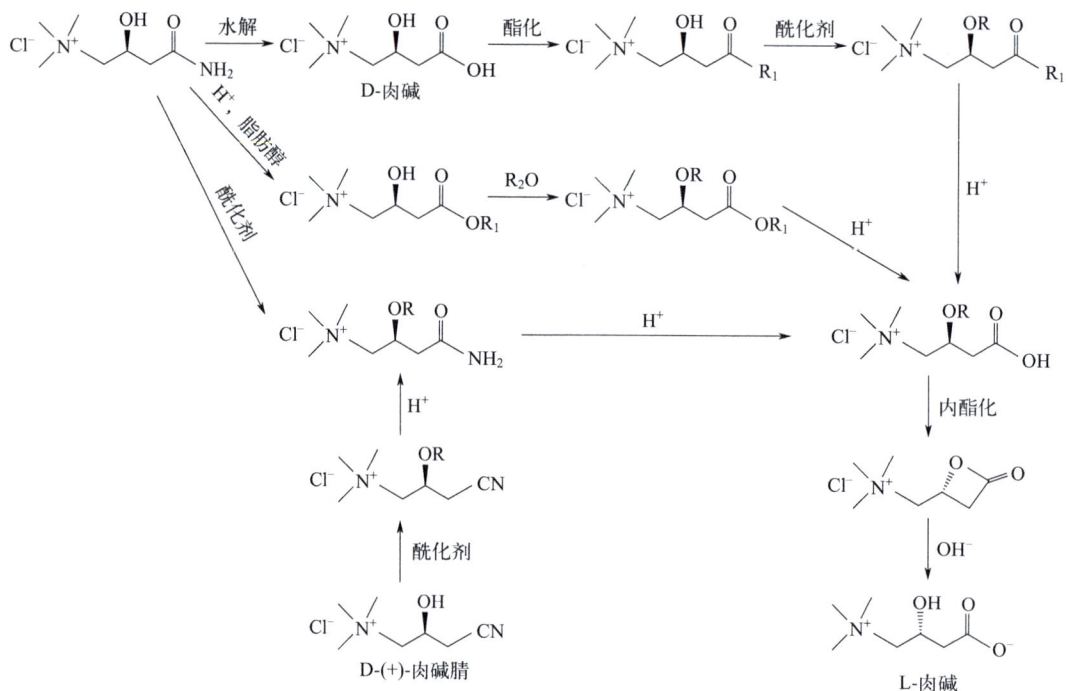

图 19-4   D- 肉碱或其衍生物制备 L- 肉碱

④ 以外消旋体 1 为底物进行拆分

Schaus 等[27] 发现以手性 salen-Co[Ⅲ] 为催化剂能将外消旋化的环氧氯丙烷通过水解动力学拆分出左旋环氧氯丙烷。沈大冬等[28] 以手性 salen-Co[Ⅲ] 为催化剂，水解动力学拆分外消旋体 1，得到高光学纯度的 (S)-(+)- 环氧氯丙烷，再经季胺化、氰化、水解及离子交换制得 L- 肉碱，总收率为 69.6％。目前工业上主要采用 (S)-(+)- 环氧氯丙烷为原料制取 L- 肉碱。在以 (S)-(+)- 环氧氯丙烷为原料的工艺中，顾书华等[29] 通过对生产环节的质量控制，使生产出的 L- 肉碱的旋光纯度达到 97% 以上，右旋体含量在 2% 以下。Salen 催化剂的研究广泛且较深入[30]，目前已开发出单核 Salen 催化剂、双核 Salen 催化剂、聚合 Salen 催化剂和负载型 Salen 催化剂。其中，单核 Salen 催化剂已工业化生产。这些催化剂可使合成左旋环氧氯丙烷的产率达 45%，ee 值达 99%。但 Salen 催化剂价格昂贵，左旋环氧氯丙烷的产率较低。副产品 (R)-(-)- 氯代甘油产率 50% ～ 52%，整体为低原子经济过程。

为了充分利用拆分后的副产物 (R)-(-)- 氯代甘油，杨云旭等[31] 开发出一条以它为手性起始原料制取 L- 肉碱的工艺，第一步先将 (R)-(-)- 氯代甘油和亚硫酰氯反应，生成环状亚磺酸酯中间体；第二步，此环状中间体和 KCN 或 NaCN 发生开环反应，生成 L-(-)-4- 氯 -3- 羟基丁腈；第三步，L-(-)-4- 氯 -3- 羟基丁腈在三甲胺溶液中反应，制得氰盐；第四步，氰盐在酸性溶液里水解，并经离子交换脱去氯离子，最终获得产物 L- 肉碱（图 19-3 中路径 E）。同时，他们还开发出了另一条以副产物 (R)-(-)- 氯代甘油为手性起始原料制取 L- 肉碱的工艺，以 p-TsOH 为催化剂，(R)-(-)- 氯代甘油与正乙酸三乙酯反应，随后去除挥发物，得到粗环正酯[32]。随后用 Me₃SiBr 在室温下处理 2h，得到乙酰氧基溴，产率为 90%。乙酰氧基溴与氰化钠在 30℃下进行选择性亲核取代反应 6h，得到 90% 的 L-(-)-4- 氯 -3- 羟基丁腈。其后两步骤同杨云旭开发的第一个方法。

消旋环氧氯丙烷与由奎宁和三甲基氯硅烷反应生成的奎宁衍生物反应得到奎宁衍生物季铵盐，之后奎宁衍生物季铵盐与氰化无机盐反应手性开环，生成的产物与三甲胺发生离子交换反应，获得 L- 氯化肉碱腈，酸性水解，离子交换除盐后得到 L- 肉碱（图 19-3 中路径 E）[33]。该方法所用的手性诱导剂奎宁是常用的有机手性化合物，与手性钴金属络合物催化剂相比制备方法简单，且无金属离子残留。

亦有研究者以（R）- 环氧氯丙烷为手性起始原料合成 L- 肉碱（图 19-5）。由（R）- 环氧氯丙烷、氢氰酸、三甲胺为原料，在碱催化剂作用下一步合成 L- 氯化肉碱腈，然后再在酸性条件下水解得到 L- 肉碱[34]。但是该方法中的三个原料之间均存在反应的可能，会导致副产物较多，收率较低。而且氢氰酸和三甲胺均过量，后处理复杂。用气态氰化氢将（R）- 环氧氯丙烷开环得到 L-(-)-4- 氯 -3- 羟基丁腈，而后进一步经三甲胺胺化获得 L- 氯化肉碱腈，然后酸水解，离子交换获得 L- 肉碱[35]。这种方法安全性较高、三废较少、后处理简单，且产物纯度和收率均较高。以上两个方法均需用到氰化物，为了避免用剧毒氰化物，有方法将（R）- 环氧氯丙烷通过羰基化反应制得（R）-4- 氯 -3- 羟基丁酸酯，而后再经季铵化、酸水解和离子交换获得 L- 肉碱[36]。

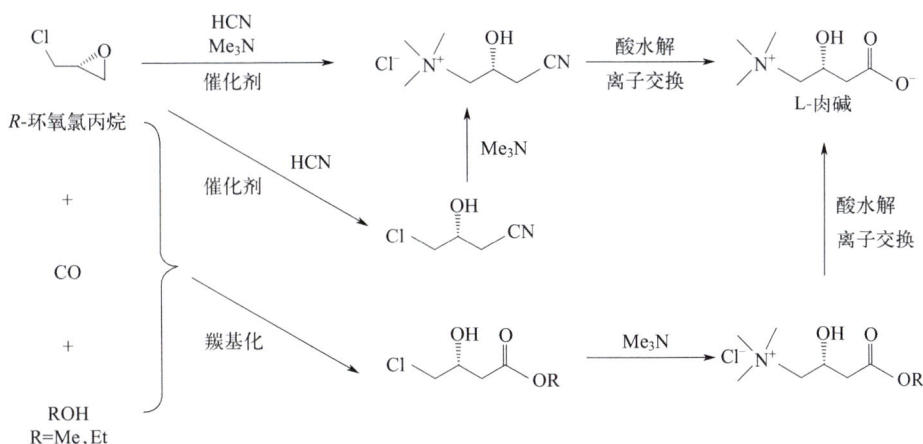

图 19-5 （R）- 环氧氯丙烷制 L- 肉碱

（2）以双乙烯酮为原料

以双乙烯酮（即 3- 羟基丁烯酸 -β- 内酯）为原料制 L- 肉碱[37]，首先，将双乙烯酮氯化，而后与一种氨基酸的甲酯产物在三甲胺存在下进行酰胺化，其产物再经过还原得到一个混合物，经拆分剂拆分后，用甲醇将氨基酸的甲酯产物替换出，然后再进行季胺化、水解及离子交换即可制得 L- 肉碱（图 19-6）。但产品收率不高，主要原因是拆分率不高（35% ～ 45%），要得到旋光纯度好的拆分体必须反复重结晶，收率损失较大。双乙烯酮与工业环氧氯丙烷相比价格略便宜，且不需要用氰化物等有毒试剂。

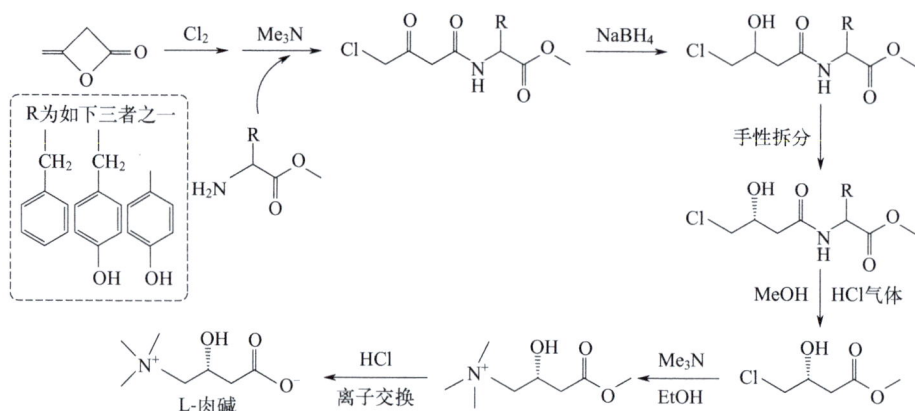

图 19-6　双乙烯酮制备 L- 肉碱

（3）以氯乙酸乙酯为原料

以氯乙酸乙酯为原料制 L- 肉碱 [38]，需先合成 R- 氯乙酰乙酸乙酯，然后经还原、胺化、水解等步骤得到消旋体肉碱，再以左旋二苯甲酰 -D- 酒石酸为拆分剂，拆分制得 L- 肉碱（图 19-7）。该方法无须使用氰化物和离子交换树脂，但收率不足 5%。

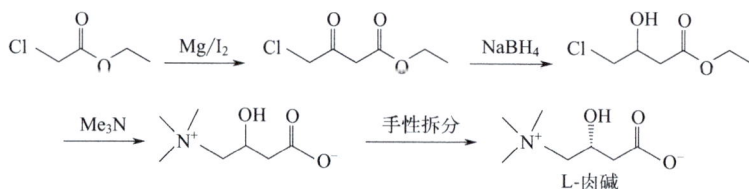

图 19-7　氯乙酸乙酯制备 L- 肉碱

19.3.1.2　手性原料化学合成法

手性原料化学合成法主要采用自然界中存在并易获取的手性物质为原料来合成 L- 肉碱。与消旋体拆分法相比，全过程原子经济性较高。

（1）以 (S)-3- 羟基 -γ- 丁内酯为原料

以（S）-3- 羟基 -γ- 丁内酯为原料制备 L-(－)- 肉碱的方法（见图 19-8 中路径 A）。Mccarthy 等 [39] 以（S）-3- 羟基 -γ- 丁内酯为原料，首先将（S）-3- 羟基 -γ- 丁内酯转化为羟基活化的形式，然后在水中用三甲胺处理羟基活化的（S）-3- 羟基 -γ- 丁内酯将其转化为 L- 肉碱，ee 值超过 90%。Byun 等 [40] 在上述工艺基础上，以（S）-3- 羟基 -γ- 丁内酯为原料，经开环反应、手性中心反转的环氧化反应、三甲胺亲核取代反应制取 L- 肉碱，经纯化后制得 L- 肉碱，收率为 55%。Sigma Tau 公司也开发了一种由（S）-3- 羟基 - 丁内酯制备 L-(－)- 肉碱的方法 [41]，首先（S）-3- 羟基 - 丁内酯与一种直链或支链 C_1-C_7 的脂肪醇反应生成烷基（S）-4- 卤 -3- 羟基 - 丁酸，用 CN 基团替代卤素，然后与 NH_3 反应得到（R）-4- 氰基 -3- 羟基丁酸胺，而后与 PIFA 反应进行环化，经酸水解开环后进行氨基的三甲基化获得最终产品

L-（－）- 肉碱。

（S）-3- 羟基 -γ- 丁内酯可以 L- 苹果酸作原料将其转化为苹果酸二甲酯或苹果酸二乙酯，采用硼烷或金属硼氢化物还原得（S）-3- 羟基 -γ- 丁内酯[42]（图 19-8 中路径 B）。但该方法不可避免地存在过度还原，且硼烷有毒，价格昂贵，不宜操作。将 L- 苹果酸转化为乙酰基苹果酸酐，然后以金属硼氢化物为还原剂、Lewis 酸为催化剂将乙酰基苹果酸酐催化还原为（S）-3- 羟基 -γ- 丁内酯，提高了还原的区域选择性进而避免了过度还原产物的出现[43]。L- 苹果酸二酯经催化加氢反应也可合成（S）-3- 羟基 -γ- 丁内酯（图 19-8 中路径 B）。2004 年，WO 2004/026223 报道了将 L- 苹果酸二酯在连续反应器中，以钌多相催化剂（Ru/SiO$_2$）在 120℃以上和 230 个大气压下制备（S）-3- 羟基 -γ- 丁内酯[44]。而后，高汉荣等[45]在上述方法上进行了改进，将催化剂换为了均相 - 多相复合催化剂（RhLn/M-SiO$_2$），将反应压力降为 50 ～ 150 个大气压，反应温度降为 50 ～ 100℃，提高了收率和产物的旋光纯度。另外，（S）-3- 羟基 -γ- 丁内酯也可以麦芽糖、乳糖或淀粉等糖类物质或其他手性化合物经氧化制得。但是这些方法的反应在水中进行且混合物成分复杂，不利于产物的分离。（S）- 肉碱在惰性试剂中，与碱在 100 ～ 190℃反应 0.5 ～ 5h 可一步制得（S）-3- 羟基 -γ- 丁内酯[46]。

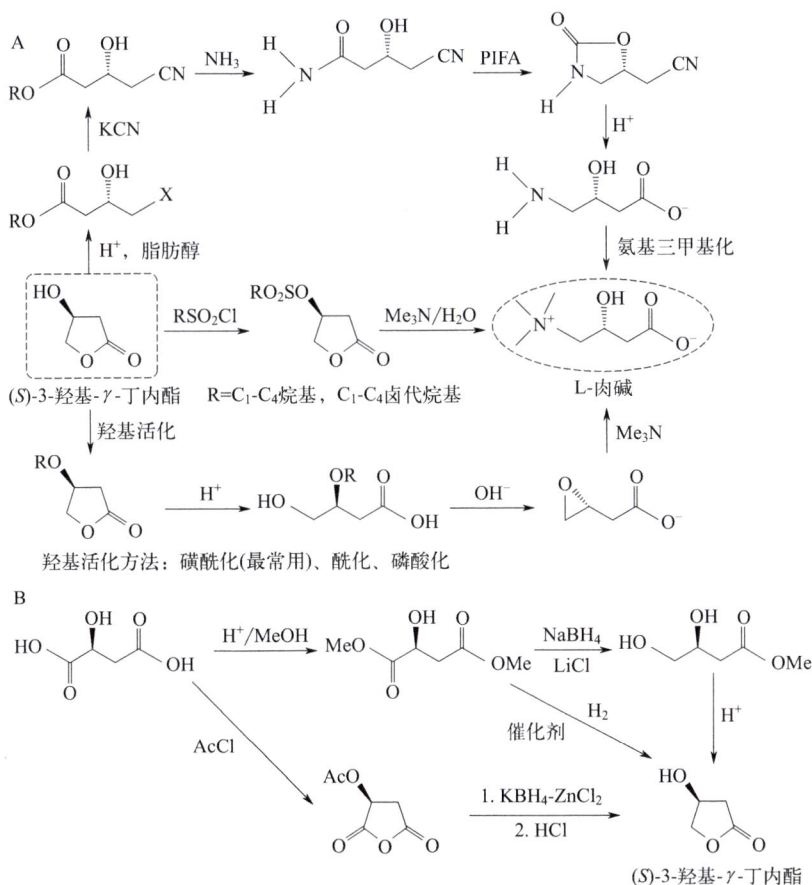

图 19-8　（S）-3- 羟基 -γ- 丁内酯制 L- 肉碱和 L- 苹果酸合成（S）-3- 羟基 -γ- 丁内酯

（2）以其他手性底物为原料

除了以（S）-3-羟基-γ-丁内酯为原料外，还可以 D-甘露醇、维生素 C、阿拉伯糖、苹果酸、3-脱氧-D 半乳糖酸-1,4-内酯、S-（−）-氯代琥珀酸或其衍生物、烯丙基溴等手性底物为原料生产 L-肉碱，因需要经多步反应、反应步骤多、产品得率较低或转化率低等原因研究较少，也不具备产业化前景。

19.3.1.3 不对称合成法

不对称合成法可以将潜手性的物质转化成目标产物，避免了手性拆分，提高了原料的利用率。

（1）以 4-氯-3-羰基丁酸酯为底物

Noyori 等[47]开发了一系列高效的手性还原催化剂钌光活性磷配合物，以 4-氯/溴-3-羰基丁酸烷基酯为底物经不对称催化制得（R）-4-氯/溴-3-羟基丁酸烷基酯，产物进一步经三甲胺化、酸化、水解等步骤制取 L-肉碱（图 19-9 中路径 A）。反应过程需在 100℃、9.8MPa 下进行，收率不足 50%。针对此反应压力过高的情况，孙果宋等[48]进行了工艺条件改进，采用 {RuCl（cymene）（S-BINAP）Cl［氯代［（S）-（−）-2,2′-双（二苯基膦)-1,1′-联萘］（p-伞花素）氯化钌（Ⅱ)]} 为催化剂，在 1MPa 以下获得了中间体（R）-4-氯-3-羟基丁酸乙酯，然后再经胺化、水解等步骤制得了 L-肉碱。丁迪等[49]使用自制的催化剂，0.5MPa 下催化底物 4-氯-3-羰基丁酸乙酯制取（R）4 氯 3 羟基丁酸乙酯，后与二甲胺水溶液反应制得 L-肉碱，L-肉碱的总产率为 65%～70%。

陈新滋等[50]在第二步反应时采用相转移、碱性催化剂和低温反应条件，将肉碱的总收率提高到 70%（图 19-9 中路径 B）。陈本顺等[51]将第二步反应改进，在碱性条件下，催化 R-4-氯-3-羟基丁酸乙酯环合生成（2R）-2-环氧乙烷乙酸乙酯，再与三甲胺发生开环反应，制得 L-肉碱，避免了在离子交换树脂中去除卤素离子的步骤，便于除去氯化钠等副产物。胡建荣[52]以价格较低的 L-酒石酸修饰的 Ni-B/SiO₂ 替代价格较高的 Ru 系催化剂将 4-氯-3-羰基丁酸乙酯催化为（R）-4-氯-3-羟基丁酸乙酯，然后在氢氧化钠存在条件下，将（R）-4-氯-3-羟基丁酸乙酯和三甲胺反应生成 L-肉碱，产品收率达 61%（图 19-9 中路径 B）。

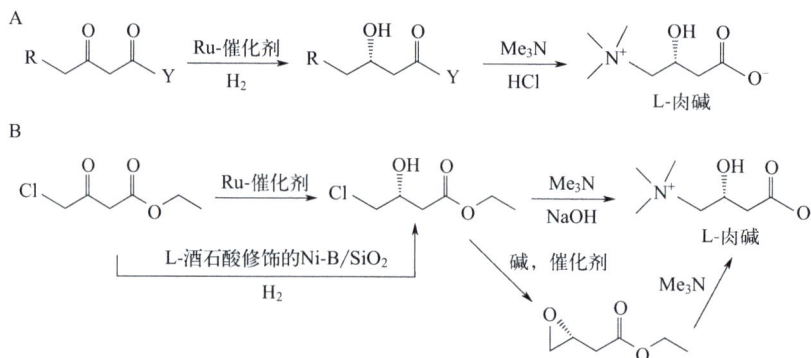

图 19-9 以 4-氯/溴-3-羰基丁酸烷基酯为底物制备 L-肉碱和以 4-氯-3-羰基丁酸乙酯制备 L-肉碱
R= 卤素或磺酸酯基；Y=OR₁、NH-R₁ 或 N（R₁R₂)，R₁ 和 R₂ 分别独立选自氢、C₁-C₁₀ 烷基或 C₆-C₁₀ 芳基，R₁ 和 R₂ 可以相同或不同

（2）以乙烯酮为底物

Song[53] 报道了从三氯乙醛和乙烯酮合成 L- 肉碱的方法（图 19-10 中路径 A）。该方法在开环反应后，必须从肉碱前体中除去两个氯原子。在最终转化为肉碱之前，三氯酯转化为相应的一氯需要几个步骤。这使得整个过程既耗时又复杂。此外，该方法需要三氯醛和锡的有机反应物，它们是有毒的。而且 n-Bu$_3$SnH 必须原位生产，这相对复杂。因此，这一途径的工业适用性受到严重限制。

LONZA 公司[54] 报道了一个不对称合成 L- 肉碱的路线，其手性 β- 内酯肉碱前体是在手性催化剂存在下，用氯乙醛和乙烯酮在奎宁衍生物（TMSQ）或其他手性催化剂与路易斯酸共同催化的 [2+2] 环加成得到的。同时，他们还提供了从三甲基三氧杂环己烷到氯乙醛的合成路线及用三甲胺乙醛和乙烯酮合成 L- 肉碱的路线（图 19-10 中路径 B）。该方法中的路线较三氯乙醛的路线做了一定的改进，而且可以得到理想的产品和收率，但乙烯酮易聚合成双乙烯酮，保存过程中极易变质损失，在使用过程中也容易出现泄漏，工业生产的危险性较大。申永存等[55] 将乙酰氯在低温和有机碱催化下原位生成乙烯酮，然后不经分离直接与氯乙醛在路易斯酸和手性催化剂存在下经不对称分子间 [2+2] 环加成反应得到手性 β- 内酯肉碱前体，β- 内酯肉碱前体与三甲胺溶液反应得到高对映选择性的 L- 肉碱。该方法可以避免或者减少烯酮的变质和保存过程的损失以及安全性等问题，产物收率高于80%。

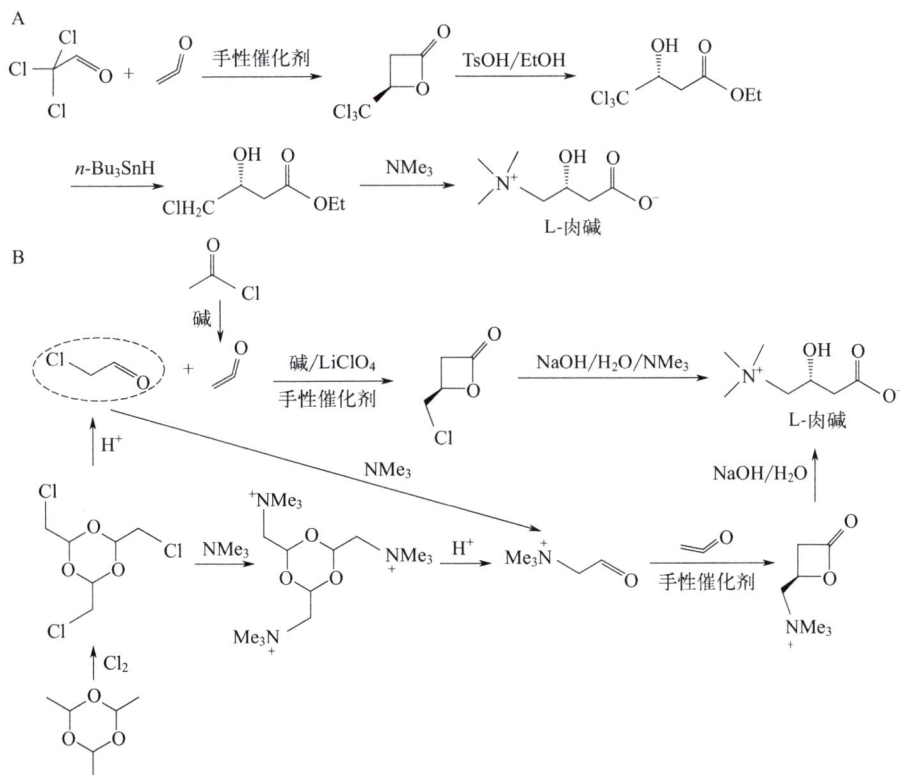

图 19-10　乙烯酮制备 L- 肉碱

A 三氯乙醛和乙烯酮合成 L- 肉碱；B 氯乙醛和乙烯酮合成 L- 肉碱

19.3.2 维生素 B$_T$ 的化学 – 生物组合合成法

19.3.2.1 以环氧氯丙烷为底物

有研究团队用产环氧水解酶的黑曲霉菌株对外消旋的环氧氯丙烷进行手性拆分获得了 S- 环氧氯丙烷（图 19-11）[56]。但该反应是在水相中进行的，而环氧氯丙烷在水中会出现自发的、无立体选择性的开环水解，因而 S- 环氧氯丙烷的产率较低，ee 值仅为 24%。该团队后来又将该菌在有机溶剂中进行反应，发现在环己烷体系中具有较好的催化效果，虽然产率仍然较低仅有 20%，但 ee 值达到了 100%[57]。2004 年，该团队将来自黏红酵母（*Rhodotorula glutinis*）的产环氧水解酶基因在毕赤酵母（*Pichia pastoris*）中进行了表达[58]，发现酶浓度的增加可显著缩短反应时间，而添加表面活性剂则可提高 S- 环氧氯丙烷的 ee 值至 100%。生成的 S- 环氧氯丙烷则可以按照图 19-3 中路径 E 中后续的步骤进一步生产 L- 肉碱。

图 19-11 环氧氯丙烷的酶法拆分

19.3.2.2 以 4- 氯乙酰乙酸乙酯为底物

（R）-4- 氯 -3- 羟基丁酸乙酯 [（R）-ECHB] 是以 4- 氯 -3- 羰基丁酸乙酯（ECOB）为底物制备 L- 肉碱线路的重要中间体，但化学合成工艺繁琐，环保压力大；且化学法不对称还原 ECOB 需要贵金属手性催化剂，价格昂贵，也需要很高的氢气压，耗能大，污染大，产物的旋光纯度不够高。许多学者用酶法替代化学催化剂将 ECOB 还原为（R）-ECHB（图 19-12）。催化用的酶可以是醇脱氢酶或还原酶，该反应体系需要外源添加还原力（NADH 或 NADPH），或者偶联能够产生还原力的酶[59-61]。

图 19-12 酶法还原 ECOB 生产 (R)-ECHB

19.3.2.3 以乙烯酮为底物

龙沙公司[62] 用氯乙醛和乙烯酮在催化剂催化下通过 [2+2] 环加成得到 β- 内酯外消旋体，得到的 β- 内酯外消旋体在脂肪酶的酶促环切割催化下获得（R）-4- 氯 -3- 羟基丁酸（以水作为溶剂）或（R）-4- 氯 -3- 羟基丁酸酯（以醇作为溶剂），然后与三甲胺溶液反应得到高对映选择性的 L- 肉碱。（R）-4- 氯 -3- 羟基丁酸或（R）-4- 氯 -3- 羟基丁酸酯的 ee 值大于 90%（图 19-13），但是，（R）-4- 氯 -3- 羟基丁酸或（R）-4- 氯 -3- 羟基丁酸酯的总产率仅相当于 β- 内酯总初始量的 40% ～ 50%，总产率较低。

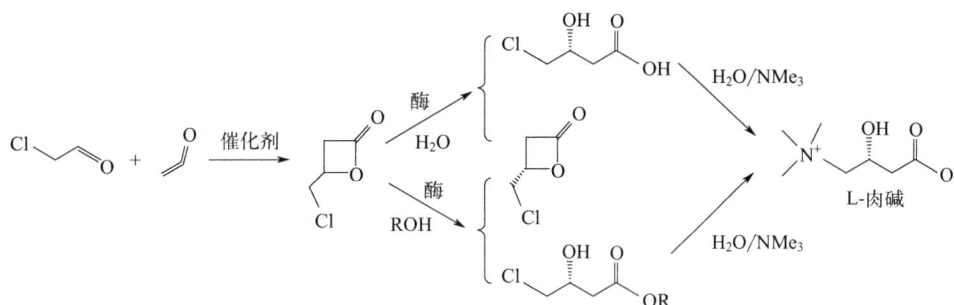

图 19-13　乙烯酮化学－生物法结合制备 L- 肉碱

19.4　维生素 B$_T$ 的生物合成进展

19.4.1　维生素 B$_T$ 在哺乳动物体内的合成途径

维生素 B$_T$ 在哺乳动物体内的合成途径见图 19-14 中路径 A[63]。维生素 B$_T$ 的合成起始于赖氨酸，经甲基转移酶催化得到三甲基赖氨酸，然后经线粒体的羟化酶催化合成 β- 羟基三甲基赖氨酸，而后经醛缩酶催化成丁酰甜菜碱醛，然后丁酰甜菜碱醛经脱氢酶催化生成 γ- 丁酰甜菜碱，最后经胞质的羟化酶催化生成维生素 B$_T$。

19.4.2　维生素 B$_T$ 在微生物中的合成代谢途径及代谢改造

19.4.2.1　维生素 B$_T$ 在丝状真菌粗糙脉孢菌中的合成途径

维生素 B$_T$ 在丝状真菌粗糙脉孢菌的合成途径见图 19-14 中路径 B[64]，跟哺乳动物的合成途径类似，最主要的区别就是羟化酶所用的辅因子和底物有所不同。Kugler 等[64] 将来自粗糙脉孢菌的三甲基赖氨酸合成 L- 肉碱的 4 个酶在大肠杆菌中进行了过表达，实现了在大肠杆菌中用三甲基赖氨酸合成 L- 肉碱，但是产量仅有 15.9μmol/L。

19.4.2.2　维生素 B$_T$ 在细菌中的合成途径

目前，在细菌中还未鉴定出从赖氨酸合成 L- 肉碱的合成途径。在 E.coli 中存在三甲胺化合物的厌氧生物转化途径（图 19-15）。大肠杆菌中的 caiTABCDEF 操纵子包含了三甲胺化合物厌氧生物转化途径的相关编码基因，其中 caiT 编码 L- 肉碱 /γ- 丁酰甜菜碱 / 巴豆甜菜碱的转运蛋白，caiA 编码巴豆甜菜碱还原酶，caiB 编码 CoA 转移酶，caiC 编码 L- 肉碱 /γ- 丁酰甜菜碱 / 巴豆甜菜碱 CoA 连接酶，caiD 编码烯酰辅酶 A 水合酶或肉碱消旋酶，caiE 的功能尚未鉴定出来，caiF 编码一个转录调控因子。

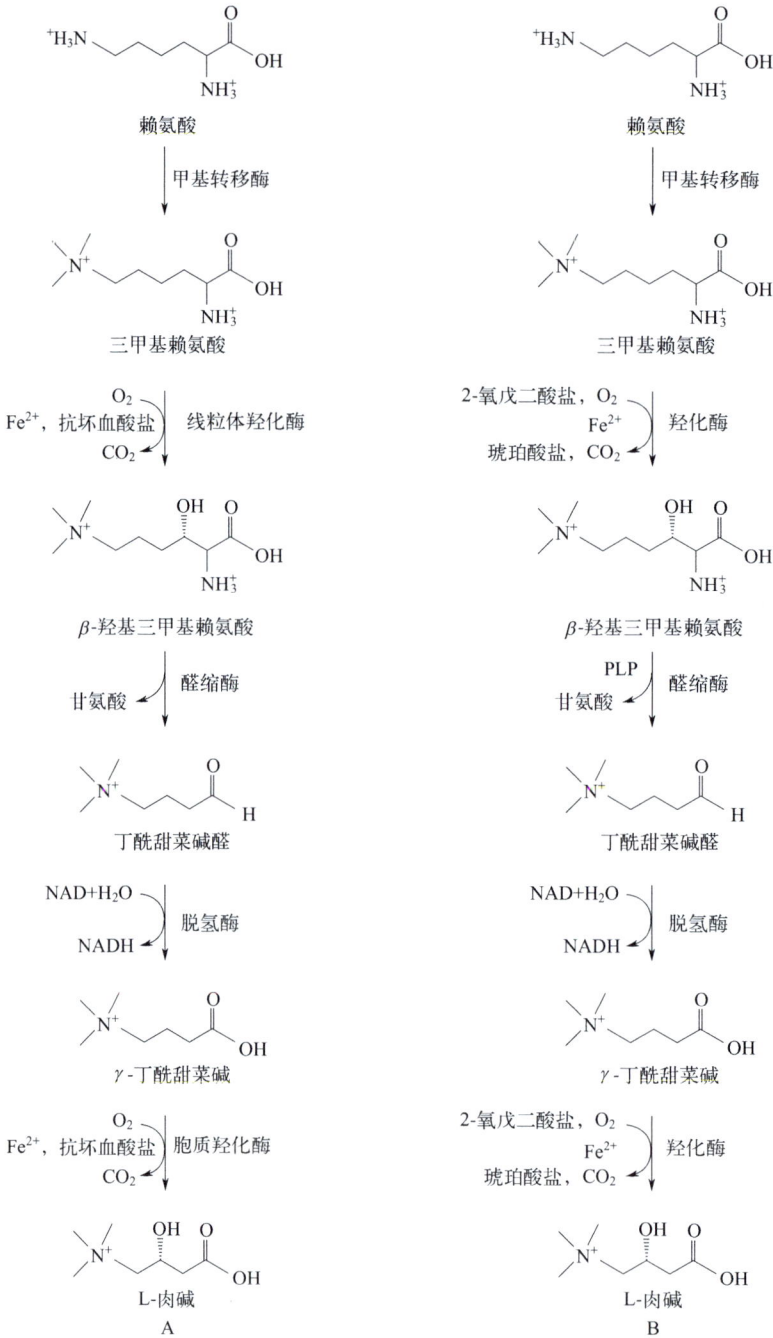

图 19-14   维生素 B_T 在哺乳动物体内的合成途径 A 和维生素 B_T 在丝状真菌粗糙脉孢菌中的合成途径 B

当细胞在厌氧条件下和在没有葡萄糖作为碳源的情况下生长时 CaiF 表达。在 L- 肉碱的存在下，CaiF 开始活跃，并能够诱导 cai 操纵子基因的表达[65]。在大肠杆菌中已经证实了这种代谢的高调控作用。在 L- 肉碱存在的情况下，cai 操纵子的转录在厌氧生长过程中被诱导，并作为一个多顺反子 mRNA 发生。当细胞在厌氧条件下生长时，caiF-lacZ 和 caiT-lacZ 融合物的表达分别增强了 20 倍和 200 倍[66]。

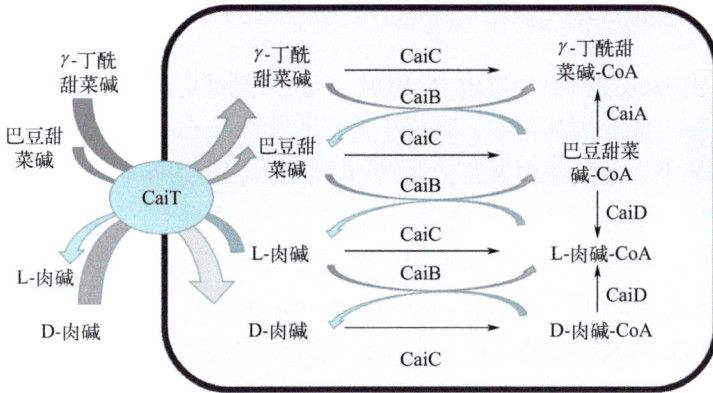

图 19-15 大肠杆菌中完整的三甲胺化合物厌氧转化途径

CaiA—巴豆甜菜碱还原酶；CaiB—CoA 转移酶；CaiC—L- 肉碱 /γ- 丁酰甜菜碱 / 巴豆甜菜碱 CoA 连接酶；CaiD—烯酰辅酶 A 水合酶或肉碱消旋酶；CaiT—L- 肉碱 /γ- 丁酰甜菜碱 / 巴豆甜菜碱的转运蛋白

在大肠杆菌中，在 *cai* 位点的 5′ 端发现了另一个由 4 个 orf 组成的操纵子 *fixABCX*。结果表明，该蛋白在同一启动子 / 操作区共转录 [67]，与固氮根瘤菌和苜蓿根瘤菌的 *fixABCX* 操纵子编码的多肽具有显著的序列同源性，因此命名为 *fix*。该操纵子已被证实参与了向巴豆甜菜碱的电子转移 [68]。缺失研究也表明，部分 *fix* 序列对于 *cai* 操纵子的正确表达是必要的 [66]。

19.4.3 维生素 B$_T$ 的生物合成法研究进展

维生素 B$_T$ 的生物合成法主要分为三类：从 D- 肉碱合成，从消旋混合物合成，及从非手性前体合成。最常用的合成原料（图 19-16）主要有：D- 肉碱、D, L- 肉碱、D, L- 酰基肉碱、D, L- 肉碱酰胺、D, L- 肉碱腈、巴豆甜菜碱、γ- 丁酰甜菜碱、3- 脱氢肉碱。

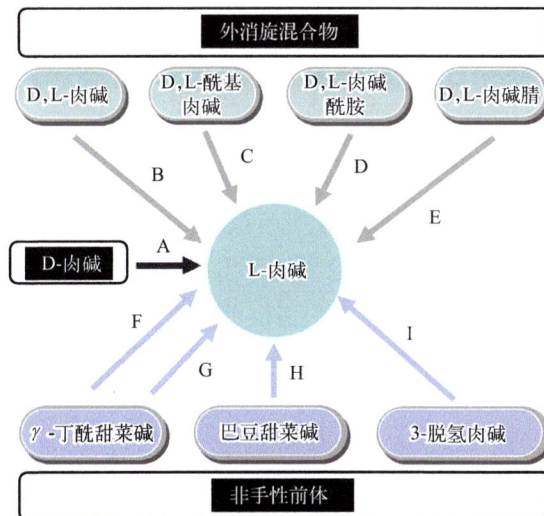

图 19-16 不同的底物生产 L- 肉碱

A—D- 肉碱消旋酶；B—D- 肉碱同化吸收酶；C—L- 肉碱酰基转移酶；D—L- 肉碱酰胺酶；E—L- 肉碱腈水解酶；F—L- 肉碱羟化酶；G—合成酶、脱氢酶、水解酶和硫酯酶；H—L- 肉碱脱水酶；I—L- 肉碱脱氢酶

19.4.3.1　D- 肉碱的酶法转化

化学合成 L- 肉碱的过程中会形成 D- 肉碱，而 D- 肉碱可通过肉碱消旋酶或肉碱脱氢酶转化为 L- 肉碱，提高废物的利用率，降低生产成本。*Pseudomonas* spp. AK 1 可以在好氧条件下将 D- 肉碱作为唯一的碳源和氮源，在以 D- 肉碱为原料条件下会诱导一个肉碱解旋酶和一个 NAD$^+$ 依赖的 L- 肉碱脱氢酶，可将 D- 肉碱转化为 L- 肉碱[69]。农杆菌属（*Agrobacterium* spp.）DSM8888 休止细胞、渗透性细胞产生肉碱脱氢酶，可将 D- 肉碱转化为 L- 肉碱，转化率为 50%[70]。Setyahadi 等[71] 联合 *Agrobacterium* spp. 的 D- 肉碱脱氢酶和 L- 肉碱脱氢酶（图 19-17），以 D- 肉碱为底物生产 L- 肉碱，最高转化率达到 64%。但是脱氢还原过程中需要用到较昂贵的辅酶 NADH，为了解决这个问题，降低生产成本，Lin 等[72] 利用纳米滤膜反应器固定肉碱脱氢酶，再生辅酶 NADH 连续生产 L- 肉碱。

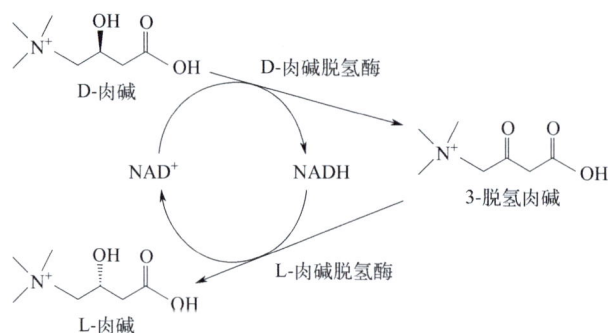

图 19-17　D- 肉碱生产 L- 肉碱

19.4.3.2　消旋混合物生产 L- 肉碱

D, L- 肉碱混合物可用来生产 L- 肉碱。一些微生物可以对映选择性地同化吸收 D, L- 肉碱混合物中的 D- 肉碱进而获得 L- 肉碱。据报道醋酸钙不动杆菌（*Acinetobacter calcoaceticus*）可以分解 D- 肉碱的 C—N 键[73]。Sih 报道了一个从 D, L- 肉碱混合物中优先降解 D- 肉碱进而获得 L- 肉碱的回收过程[74]。将 *A. calcoaceticus* ATCC 39647 在 D, L- 肉碱混合物中进行好氧培养，对映选择性获得的 L- 肉碱的纯度达到 96.5%。但是由于 D- 肉碱也可以转化为 L- 肉碱，该方法将 D- 肉碱同化吸收就显得非常不经济。

D, L- 肉碱衍生物的对映选择性水解也可生产 L- 肉碱。该过程通过微生物或酶的活性定向水解 D, L- 肉碱衍生物。D, L- 肉碱衍生物可以非常容易地从环氧氯丙烷获得，包括 D, L- 肉碱酰胺、D, L- 肉碱酯和 D, L- 肉碱腈。常用的用来从 D, L- 肉碱衍生物定向生产 L- 肉碱的微生物见表 19-1。

表 19-1　常用的用来从手性和非手性底物生产 L- 肉碱的微生物（含酶活性）[75]

类型	底物	酶	微生物
消旋混合物	D- 肉碱	肉碱消旋酶	*Pseudomonas* spp., *E.coli*
	D,L- 肉碱	D- 肉碱同化吸收	*A. calcoaceticus*

续表

类型	底物	酶	微生物
消旋混合物	D,L- 辛酰肉碱	酰基肉碱酯酶	尖孢镰刀菌（*Fusarium oxysporum*）
	D,L- 肉碱酰胺	肉碱酰胺酶	*Pseudomonas* spp., DSM6320（*Agrobacterium* 或 *Sphingomonas* spp.）
	D,L- 肉碱腈	腈水解酶	*Corynebacterium* spp.
手性前体	巴豆甜菜碱	L- 肉碱脱水酶	*E. coli*, 奇异变形杆菌（*Proteus mirabilis*），鲁氏不动杆菌（*Acinetobacter lwoffi*），木糖氧化无色杆菌（*Achromobacter xylosoxydans*）
	γ- 丁酰甜菜碱	γ- 丁酰甜菜碱羟基化酶	粗糙脉孢菌（*Neurospora crassa*）HK4
	3- 脱氢肉碱	L- 肉碱脱氢酶	*Pseudomonas* spp., *Agrobacterium* spp.

定向水解 D, L- 肉碱烷基酯是从消旋混合物生产 L- 肉碱的一个方法。*Fusarium oxysporum* 可以将 D,L- 辛酰肉碱对映选择性水解为 L- 肉碱，得率可以达到 40%[76]。日本一个专利报道使用一种属于假单胞菌、芽孢杆菌或谷氨酸棒杆菌的菌种也可以将肉碱烷基酯转化成肉碱[77]。

定向水解 D, L- 肉碱酰胺是从消旋混合物生产 L- 肉碱的另一个方法。以 D, L- 肉碱酰胺作为碳源和氮源筛选出含有肉碱酰胺酶的菌株 DSM6230，该酶能单一性地水解 L- 肉碱酰胺得到 L- 肉碱，产物纯度达 97%[78]。该酶受非反应性对映体底物和产物 L- 肉碱的竞争性抑制，在分批反应中，当 D,L- 肉碱酰胺浓度为 1mol/L 时，其中的 L- 肉碱酰胺可以完全转化为 L- 肉碱（ee>99%）[79]。

L- 肉碱也可以用腈水解酶（EC 3.5.5.1）或具有腈水解酶活性的微生物以 D, L- 肉碱腈为底物生产。Nakayama 等[80] 开发了以 D, L- 肉碱腈为底物用腈水解酶或具有腈水解酶活性的谷氨酸棒杆菌属生产肉碱的方法，得率最高可以达到 78%。

19.4.3.3　手性前体的酶法转化

（1）巴豆甜菜碱制备 L- 肉碱

L- 肉碱可以由巴豆甜菜碱经肉碱脱水酶的立体定向水化获得。该方法的优势为巴豆甜菜碱可以很容易地由消旋肉碱经化学脱水获得。在微生物中，巴豆甜菜碱是 L- 肉碱代谢途径中的前体，多种微生物都含有将巴豆甜菜碱水解为 L- 肉碱的肉碱脱水酶，例如变形杆菌、大肠杆菌、假单胞菌、霉菌、酵母菌等。

Yokozeki 等[81] 从 686 个菌种里筛选出 *Proteus* 和 *Escherichia* 可以从巴豆甜菜碱有效地合成 L- 肉碱。他们建立了 *Proteus mirabilis* AJ-2772 和 AJ-12137 两个菌形成酶的最佳条件。当细胞在含葡萄糖的培养基中培养时会抑制酶的形成，而富马酸的添加可以显著促进酶的形成。反式巴豆甜菜碱和氯化 L- 肉碱都可以诱导酶的形成，而氯化 D- 肉碱不会。在最优培养条件下（30℃，pH 6.5），L- 肉碱的最大产量可以达到 40g/L，摩尔得率为 50%。1991 年，意大利的 Sigma-Tau 公司报道了一种用来自 *Proteus mirabilis* 的脱水酶将巴豆甜菜碱进行生物催化合成 L- 肉碱的方法[82]。日本的 Seitetsu Chem 公司描述了一个在 *P. mirabilis* ATCC 12453 厌氧培养条件下将巴豆甜菜碱合成 L- 肉碱的过程[83, 84]。瑞士的 Lonza 公司报道了一个以菌种 *Achromobacter xylosoxydans* DMJ 3225 连续生产 L- 肉碱的工艺[85]。发酵液经过一个细胞分离器，然后从上清液回收 L- 肉碱。最佳培养基以巴豆甜菜碱、二甲基甘氨酸、胆碱、谷氨酸盐和乙酸盐作为生长底物。日本的 Ajinomoto 公司报道用 *Acinetotacter lwoffi* ATCC 9036 从 15g/L 的巴豆甜菜碱硫酸盐生产了 3.4g/L 的 L- 肉碱[86]。

　　Escherichia coli 也被广泛用来从巴豆甜菜碱生产 L- 肉碱。Seim 等[87] 报道了一个通过 *E. coli* O44 K74 的生长细胞或诱导的休止细胞进行 L- 肉碱积累的研究。当生长的细胞在厌氧条件下合成 L- 肉碱的时候，巴豆甜菜碱不止合成 L- 肉碱，还可以合成 γ- 丁酰甜菜碱。巴豆甜菜碱还原酶将巴豆甜菜碱还原为 γ- 丁酰甜菜碱导致了合成 L- 肉碱的前体的消耗。而在培养基中加入电子受体如延胡索酸盐可以抑制该反应。通过诱导的休止细胞以巴豆甜菜碱为底物合成 L- 肉碱的浓度比生长细胞要高。培养基中加入硝酸盐会强烈抑制 L- 肉碱的形成，但却不会对休止细胞产生抑制作用。这表明转运蛋白和 / 或 L- 肉碱脱水酶受氧或硝酸盐的抑制，它们均不受终电子受体的代谢抑制。Obon 等[88] 报道了用固定化的大肠杆菌细胞以巴豆甜菜碱为底物连续合成 L- 肉碱的过程。细胞被固定在玻璃珠（孔径 0.15mm）或聚氨酯泡沫（孔径 0.75mm）上，在 37℃厌氧条件下培养，虽然 L- 肉碱的得率只有 26%，但其产率均可高达 1.8g。虽然固定化的休止细胞的产率与生长细胞相当，但是转化率得到了增强。随后，Obon 等[89] 又用 *E. coli* O44 K74 开发了一个高密度培养系统来连续生产 L- 肉碱。该反应在一个膜细胞循环系统中 37℃下进行，通过添加培养基起始反应。在反应器稀释率在 2.0h⁻¹，细胞浓度达到每升 26g 细胞干重，培养基添加 25mmol/L 延胡索酸盐和 5g/L 的蛋白胨条件下，L- 肉碱的产率可高达 6.2g/(L·h)。

　　我国的孙志浩[90] 等将化学法和微生物酶法转化相结合，以环氧氯丙烷合成 DL- 肉碱，拆分后将废弃的 D- 肉碱化学脱水制得巴豆甜菜碱，再利用微生物酶法转化生产 L- 肉碱，在 150L 的酶反应器中可产 15g/L 的 L- 肉碱。

(2) γ- 丁酰甜菜碱制备 L- 肉碱

　　γ- 丁酰甜菜碱经过 γ- 丁酰甜菜碱羟基化酶（EC 1.14.11.1）的羟基化也可以合成 L- 肉碱。Sigma Tau 申请了一个用酶法从 γ- 丁酰甜菜碱制备 L- 肉碱的过程的专利[91]。该过程使用的是来源于 *Nocardia crassa* 的羟基化酶，还需要谷氨酸钠、一个还原剂和一个亚铁离子源作为羟基化催化剂，L- 肉碱的得率可以达到 80%。

　　从 20 世纪 80 年代开始，瑞士的 Lonza 公司就在 γ- 丁酰甜菜碱合成 L- 肉碱的发展过程中发挥了先锋作用[92-94]。Lonza 公司从土壤中分离鉴定了一个可以将 γ- 丁酰甜菜碱转化为 L- 肉碱的微生物，命名为 HK4。这个菌种在分类学上介于 *Agrobacterium* 和 *Rhizobium* 之间。为了防止 L- 肉碱的降解，他们敲除了 HK4 的 L- 肉碱脱氢酶获得了 HK13。从 HK13 出发筛选获得了抗性突变耐受菌株 HK1349，其可以产 70g/L 的 L- 肉碱。然后，他们开发了一个带有细胞循环的连续生产系统，可以保留一个带有高代谢活性的高浓度的生物量。输入的培养基以 γ- 丁酰甜菜碱和甘油作为碳源，甜菜碱作为氮源，并且不含任何辅因子。

细胞循环系统的 L- 肉碱的产量可以达到 60g/L，产率达到 5.4g/（L·h），这个过程成功放大到 450L 的发酵罐。然而，连续操作有一个缺陷，就是 γ- 丁酰甜菜碱和 L- 肉碱会一起留在发酵罐中，这就增加了后续的分离成本。为了解决这个问题，可以选用分批发酵，分批发酵过程几乎可以将 γ- 丁酰甜菜碱完全转化为 L- 肉碱。分批发酵过程的成本比连续转化过程的成本低 40%，其中最主要的成本差异就是生物转化后的下游过程的分离成本。因此，虽然分批发酵过程的整体体积产率只有连续过程的一半，但分批发酵过程仍然是最经济的生产方法。

（3）3- 脱氢肉碱制备 L- 肉碱

L- 肉碱脱氢酶可将 3- 脱氢肉碱（EC 1.1.1.108）在 NADH 存在时还原为 L- 肉碱。L- 肉碱脱氢酶最早是在 *Pseudomonas* 中发现的，后来研究者从其他微生物物种中也发现了 L- 肉碱脱氢酶[95]。*Agrobacterium* 来源的 L- 肉碱脱氢酶含有 2 到 4 个亚基，分子质量在 88 ～ 100kDa 之间。而 *Pseudomonas* 种属来源的 L- 肉碱脱氢酶是二聚体。所以分离出来的 L- 肉碱脱氢酶对 L- 肉碱都非常专一，大部分酶有相对较高的米氏常数（5 ～ 10mmol/L）。

从 3- 脱氢肉碱生产 L- 肉碱需要 NADH 作为辅酶。葡萄糖脱氢酶（EC 1.1.1.47）或甲酸脱氢酶（EC 1.2.1.2）被广泛用来产辅酶。在一个反应器中用葡萄糖、NAD 和 3- 脱氢肉碱同时激活 L- 肉碱脱氢酶和葡萄糖脱氢酶获得的 L- 肉碱，得率可以达到 95%[96]。法国的 Elf-Aquitaine 披露了一系列专利在反应器中用甲酸脱氢酶产 NADH 及 L- 肉碱脱氢酶生产 L- 肉碱。3- 脱氢肉碱分批次加入反应液中，培养基的离子强度从开始的 0.1mol/L 增加到反应终止时的 0.8 ～ 2.5mol/L，反应过程中通过加入氨水来中和反应液。高的离子强度稳定了反应系统，可以允许使用更少量的酶，获得更高的时空得率。

19.5 维生素 B~T~ 专利分析与前景展望

19.5.1 专利分析

国际上报道的维生素 B~T~ 相关的专利主要集中在维生素 B~T~ 化学合成上，而且时间都比较早，生物方法生产维生素 B~T~ 专利主要集中在酶法或全细胞催化法，纯粹微生物发酵生产维生素 B~T~ 的专利较少。

通过分析专利技术所处的发展阶段，推测未来技术发展方向。从 2011 年到 2020 年专利申请量稍有波动（图 19-18）。我国从 2011 年研究开始增加，2013 年以后趋于稳定。而国外近十年对维生素 B~T~ 的研究很少。

19.5.2 前景展望

近年来，持续增长的食品和饮料市场有望在未来几年推动 L- 肉碱市场的快速增长。而且，由于 L- 肉碱对糖尿病、心血管疾病等具有预防或治疗作用，越来越多的消费者选择使用 L- 肉碱作为营养补充剂。2018 年，全球 L- 肉碱市场规模为 1.72 亿美元，美国依然是 L- 肉碱最大的消费市场，占全球 33.57% 的市场份额，中国占全球 8.28% 的市场份额。2019 年至 2027 年，L- 肉碱全球市场规模预计将保持 4.79% 的复合增长率，2027 年，全球市场规模将达到 2.63 亿美元。

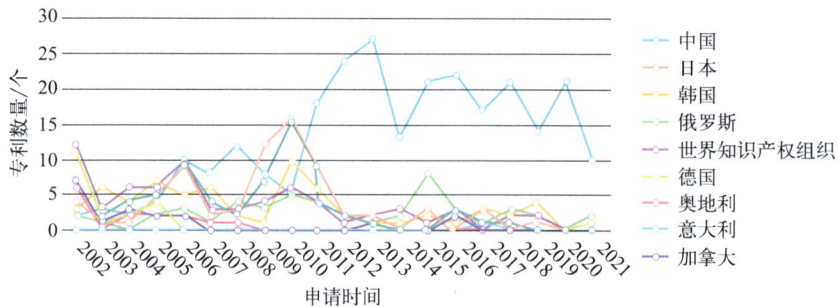

图 19-18　维生素 B_T 专利申请情况

　　虽然 L- 肉碱的化学合成法有被生物合成法替代的趋势，但是 L- 肉碱的生物合成生产目前仍面临着许多需要克服的问题。首先，需要解决生物合成成本的问题；其次，仍需要对相关合成途径进行改进和研究。随着合成生物学、酶工程、代谢工程等技术进步，将来有望实现绿色、低成本生物合成 L- 肉碱的工业化应用。

参 考 文 献

[1] Carter H E，Bhattacharyya P K，Weidman K R，et al. Chemical studies on vitamin BT. Isolation and characterization as carnitine [J]. Arch Biochem Biophys，1952，38（1）：405-416.

[2] 向忠权，蒲国荣，韦志明，等 . 左旋肉碱的合成与应用 [J]. 化工技术与开发，2013，42（2）：15-34.

[3] 李建颖，刘静 . 食品添加剂速查手册 [M]. 天津：南开大学出版社，2017.

[4] 李新兰，朱建如，李汉帆 . 保健食品开发及应用 [M]. 武汉：华中理工大学出版社，1999.

[5] 余海忠，黄升谋 . 食品营养学概论 [M]. 北京：中国农业大学出版社，2018.

[6] 杨静 . 左旋肉碱的生理功能及在功能性食品中的应用 [J]. 农业工程，2012，2（01）：54-59.

[7] 仸万里，贾春华 . 美食与药膳 [M]. 北京：科学普及出版社，1998.

[8] 范青生 . 老年进补与食品保健 [M]. 南昌：江西科学技术出版社，2002.

[9] 仲山民，黄丽 . 食品营养学 [M]. 武汉：华中科技大学出版社，2017.

[10] 白加德，高俊杰 . 淡水养殖及病害防治 [M]. 北京：中国社会出版社，2008.

[11] 蔡辉益，刘国华 . 左旋肉碱对仔猪生长的作用 [J]. 中国饲料，1998（03）：22-24.

[12] Wiegand K E. Carnitine nitrile halide preparation：US4070394[P]. 1978-01-24.

[13] Lorenz I. Production of pure D-and L-carnitine：US3151149[P]. 1964-09-29.

[14] Takenaka，Shigekazu. Production of L-（-）and D-（+）-carnitine：JP59231048A[P]. 1984-12-25.

[15] Kikuchi，Haruhiko，Kamifukuoka，et al. Verfahren zur Herstellung von L-Carnitin und Salzen davon：DE 3536093[P].

1985-10-09.

[16] Iannella V. Process for the preparation of L-carnitine hydrochloride of L-（-）-carnitine inner salt：US 4933490A[P]. 1990-06-12.

[17] 李全，张焕祥，赵京浦，等. L- 肉毒碱盐盐的合成 [J]. 中国医药工业杂志，1992，（23）：55-56.

[18] Gesa P，Thomas B. Methods for the production of L-carnitine：WO2011060903A1[P]. 2011-05-26.

[19] 王从敏，李浩然，马璐，等. 肉碱的合成工艺：CN1634870A[P]. 2005-07-06.

[20] 胥波，程国侯. R- 卡尼丁的合成和改进 [J]. 化学世界，2000（9）：459-472.

[21] Giannessi F，Bolognesi M，Tinti M O，et al. Process for manufacturing L-（-）-carnitine from a waste product having opposite configuration EP609643A1 [P]. 1994-08-10.

[22] Giannessi F，Scafetta N，Bernabei I，et al. Improved process for manufacturing L-（-）-carnitine from a waste product having opposite configuration：EP624568A1[P]. 1994-11-17.

[23] Giannessi F，Castagnani R，Tinti M O，et al. Improved process for manufacturing L-（-）-carnitine from waste products having opposite configuration：EP623588A1[P]. 1994-11-09.

[24] Tsuyoshi M，Masao K，Sellchi A，et al. Production of opticallyactive cyanocarnitine salt：JP 62286959A[P]. 1987-12-12.

[25] 陈志卫，苏为科，毕建豪，等. 一种左旋肉碱的合成方法：CN102020575A[P]. 2011-04-20.

[26] Voeffray R，Perlberger J C，Tenud L. L- Carnitine. Novel synthesis and determination of the optical purity [J]. Helvetica Chemca Acta，1987，70：2058- 2064.

[27] Schaus S E，Brandes B D，Larrow J F，et al. Highly selective hydrolytic kinetic resolution of terminal epoxides catalyzed by chiral（salen）Co Ⅲ complexes. Practical synthesis ofenantioenriched terminal epoxides and 1，2-diols [J]. J Am Chem Soc，2002，124（7）：1307-1315.

[28] 沈大冬，朱锦桃. L-（-）- 肉碱的合成 [J]. 中国医药工业杂志，2007，37（12）：801-802.

[29] 顾书华，王学成，李庆宜. 一种制备高纯度左旋卡尼汀的方法：101723843A[P]. 2010-06-09.

[30] 卢定强，涂清波，凌岫泉，等. 手性环氧氯丙烷的制备及其药物应用 [J]. 有机化学，2009，29（8）：1209-1216.

[31] 杨云旭，王伟力. 一种以（R）-（-）- 氯代甘油为手性起始原料合成 L- 肉碱的制备方法：CN101823974A[P]. 2010-09-08.

[32] Yang Y，Wang W，Wumaier A，et al. Practical and efficient utilisation of（R）-3-chloro-1,2-propanediol in synthesis of L-carnitine [J]. Journal of Chemical Research，2011，35（6）：371-372.

[33] 张龑，熊澍维. 一种左旋肉碱的新型制备方法：106316873A[P]. 2017-01-11.

[34] 彭琼，游霞，马毅，等. 肉碱盐酸盐的制备方法：102516105A[P]. 2012-06-27.

[35] 虞小平，尹文娟. 左卡尼汀中间体 L-（-）- 氯化 3- 氰基 -2- 羟丙基三甲胺的合成方法：108484441A[P]. 2018-09-04.

[36] 陈静，刘建华，夏春谷，等. L- 肉碱的制备方法：103420861A[P]. 2013-12-04.

[37] Paolo Casati M，Claudio Puganti M. Process for the preparation of L- Carnitine ：4664852A[P]. 1987-05-12.

[38] 李全，黄锐，李万亥，等. 左旋肉毒碱盐酸盐新的合成方法（Ⅱ）[J]. 中国药物化学杂志，1995，5（4）：276-278.

[39] Mccarthy J R，Beach S. Process for the preparation of L-carnitine：US5473104A[P]. 1995-12-05.

[40] Byun I，Kim K，Bong C. Process for the prepration of L-carnitine：WO9905092A1[P]. 1999-04-02.

[41] Giannessi F，Tinti M O，De Angelis F. Process for the preparation of R-（-）-Carnitine：WO0006532A2[P]. 2000-02-10.

508 维生素的生物合成

[42] Rawle I H. Process for the preparation of hydroxy substituted gamma butyrolactones：US5808107A[P]. 1998-09-15.

[43] 龚流柱，刘全忠，蒋耀忠，等.（S）-3- 羟基 -γ- 丁内酯的合成方法：1425658A[P]. 2002-6-25.

[44] Sung K B，Nam C K，Yun K T，et al. Continuous process for the production of optically pure（S）-β-hydroxy-γ-butyrolactone：0210147A1[P]. 2001-01-17.

[45] 高汉荣，林英虎，赵世强.一种 L- 苹果酸二酯催化加氢反应合成（S）-3- 羟基 -γ- 丁内酯的方法：101029035A[P]. 2007-9-5.

[46] Giannessi F，De Angelis F. Process for the preparation of（S）-β–Hydroxy- Gamma-Butyrolactone：2181012A1[P]. 1997-03-30.

[47] Noyori R，Kitamura M，Ohkuma T. Process for preparing carnitine：0339764B1[P]. 1989-02-17.

[48] 孙果宋，韦志明，阮恒，等.一种制备左旋肉碱的方法：102633664A[P]. 2012-08-15.

[49] 丁迪 M O，皮克罗 O，邦尼法西奥 F，等.生产 L- 肉碱的工业方法：1326435A[P]. 2001-12-12.

[50] 陈新滋，陈建.一种制备 L- 肉碱的方法：1727328A[P]. 2006-02-01.

[51] 陈本顺，李大伟，徐春涛，等.一种左旋肉碱的制备方法：113735725A[P]. 2021-12-03.

[52] 胡建荣.一种左卡尼汀化合物及其新制法：101875616A[P]. 2010-11-03.

[53] Song C E，Lee J K，Lee S H，et al. New method for the preparation of（R）-carnitine（Ⅵ）[J]. Tetrahedron：Asymmetry 6，1995，5：1063-1066.

[54] Paul H，Ellen K，Stephan E，et al. Process for the production of carnitine by cycloaddition：8563752B2[P]. 2013-10-22.

[55] 申永存，李天成，邹颖，等.L- 肉碱的不对称合成方法：110483316A[P]. 2019-11-22.

[56] Choi W J，Huh E C，Park H J，et al. Kinetic resolution for optically active epoxides by microbial enantioselective hydrolysis [J]. Biotechnol Techniques，1998，12（3）：225-228.

[57] Lee E Y，Biocatalytic production of chiral epichlorohydrin in organic solvents [J]. J Biosci Bioeng，1999，88（3）：339-341.

[58] Kim H S，Lee J H，Park S，et al. Biocatalytic Preparation of chiral epichlorohydrins using recombinat Pichia pastoris expressing epoxide hydrolase of Rhodotorula glutinis [J]. Biotechnol Bioprocess Eng，2004，9：62-64.

[59] 严明，许琳，顾金海，等.一种醇脱氢酶在催化生成（R）-4- 氯 -3 羟基丁酸乙酯中的应用：103160547A[P]. 2013-06-19.

[60] Park H J，Jung J，Choi H，et al. Enantioselective bioconversion using *Escherichia coli* cells expressing *Saccharomyces cerevisiae* reductase and Bacillus subtilis glucose dehydrogenase [J]，J Microbiol Biotechnol，2010，20（9）：1300-1306.

[61] 张学义，李斌水，米造吉，等.一种合成左旋肉碱的 R-4- 氯 -3- 羟基制备方法：112322668A[P]. 2021-02-05.

[62] 阿维 M，克莱格拉夫 E. 采用脂肪酶自 β- 内酯产生 L- 肉碱的方法：103703138A[P]. 2014-04-02.

[63] Naidu G S N，Lee I Y，Lee E G，et al. Microbial and enzymatic production of L-carnitine [J]. Bioprocess Eng 2000，23：627-635.

[64] Kugler P，Trumm M，Frese M，et al. L-Carnitine production through biosensor-guided construction of the *Neurospora crassa* biosynthesis pathway in *Escherichia coli* [J]. Front Bioeng Biotechnol，2021，9：1-12.

[65] Buchet A，Nasser W，Eichler K，et al. Positive co-regulation of the *Escherichia coli* carnitine pathway cai and fix operons by CRP and the CaiF activator [J]. Mol Microbiol，1999，34：562-575.

[66] Buchet A，Eichler K，MandranD-Berthelot M A. Regulation of the carnitine pathway in *Escherichia coli*：investigation of

the cai-fix divergent promoter region [J]. J Bacteriol, 1998, 180: 2599-2608.

[67] Eichler K, Buchet A, Bourgis F, et al. The fix *Escherichia coli* region contains four genes related to carnitine metabolism [J]. J Basic Microbiol, 1995, 35: 217-227.

[68] Walt A, Kahn M. The *fixA* and *fixB* genes are necessary for anaerobic carnitine reduction in *E. coli* [J]. J Bacteriol, 2002, 184: 4044-4047.

[69] Monnich K, Hanschmann H, Kleber H P. Utilization of mxumitine by *Pseudomonas* sp. AK 1 [J]. FEMS Microbiol Lett, 1995, 132: 51-55.

[70] Hanschmann H and Kleber H P. Conversion of D-carnitine into L-carnitine with stereospecifific carnitine dehydrogenases [J]. Biotechnol Lett, 1997, 19 (7): 679-682.

[71] Setyahadi S, Harada E, Mori N, et al. Production of L-carnitine from D-carnitine by partially purified D- and L-carnitine dehydrogenase of *Agrobacterium* sp. 525a [J]. J Mol Catal B Enzym, 1998, 4 (4): 205-209.

[72] Lin S S, Miyawaki O, Nakamura K. Continuous production of L-carnitine with NADH regeneration by a nanofiltration membrane teactor with coimmobilized L-carnitine dehydrogenase and glucose dehydrogenase [J]. J Biosci Bioeng, 1999, 87 (3): 361-364.

[73] Kleber H P, Seim H, Aurich H, et al. Verwertung von Trimethylammoniumverbindungen durch *Acinetobacter calcoaceticus* [J]. Arch Microbiol, 1977, 112: 201-206.

[74] Sih Charles I. Process for preparing L-carnitine from DL-carnitine: 4751182A[P]. 1988-06-14.

[75] Naidu G S N, Lee I Y, Lee E G, et al. Microbial and enzymatic production of L-carnitine [J]. Bioprocess Eng, 2000, 23: 627-635.

[76] Aragozzini F, Manzoni M, Cavazzoni V, et al. D, L-carnitine resolution by *Fusarium Oxysporum* [J]. Biotechnol Lett, 1986, 8 (2): 95-98.

[77] Kiyoshi N, Yukie O, Akiko M, et al. Production of carnitine: 62134092A[P]. 1987-06-17.

[78] Joeres U and Kula M R. Screening for a novel enzyme hydrolysing L-carnitine amide [J]. Appl Microbiol Biotechnol, 1994, 40: 599-605.

[79] U. Joeres A S, Bommarius J T, Kula M R. Studies on the kinetics and application of L-carnitine amidase for the production of L-carnitine [J]. Biocatalysis and Biotransformation, 1995, 12: 21-36.

[80] Nakayama K, Uukie O, Honda H, et al. Method of producing carnitine: 319344A2[P]. 1989-06-07.

[81] Yokozeki K, Takahashi S, Hirose Y, et al. Asymmetric production of L-carnitine from trans-crotonobetaine by *Proteus mirabilis* [J]. Agric Biol Chem, 1988, 52 (10): 2415-2421.

[82] Sigma-Tau ind farmaceuti. Biocatalytic process for the production of L- (-) -carnitine from crotonobetaine and strains of Proteeae for use in said process: 457735A1[P]. 1991-05-13.

[83] Seitetsu Kagaku Co LTD. Production of L-carnitine: 61234794A[P]. 1986-10-20.

[84] Seitetsu Kagaku Co LTD. Production of L-carnitine: 61271995A[P]. 1986-12-02.

[85] Lonza Ltd. Process for the continuous production of L-carnitine: 4708936A[P]. 1987-11-24.

[86] Ajinomoto Company. Method of producing L-carnitine: 4650759A[P]. 1987-03-17.

[87] Seim H and Kleber H P. Synthesis of L (-) -carnitine by hydration of crotomobetaine by enterobacteria [J]. Appl Microbiol Biotechnol, 1988, 27: 538-544.

[88] Obon J M, Maiquez J R, Canovas M, et al. L-carnitine production with immobilized *Escherichia coli* in continuous

reactors[J]. Enzyme Microbiol Technol, 1997, 21: 531-536.

[89] Obon J M, Maiquez J R, Canovas M, et al. High-density *Escherichia coli* cultures for continuous L-carnitine production[J]. Appl Microbiol Biotechnol, 1999, 51: 760-764.

[90] 孙志浩, 郑璞, 王蕾, 等. L-肉碱的酶法生产[J]. 精细与专用化妆品, 2002, 3 (4): 15-17.

[91] Sigma Tau. Process for enzymatically producing L-carnitine: US4371618A[P]. 1983-02-01.

[92] Brass J M, Hoeks F W, Rohner M. Application of modelling techniques for the improvement of industrial bioprocesses[J]. J Biotechnol, 1997, 59: 63-72.

[93] Hans K, Pavel L, Armand S. Process for the continuous preparation of L-carnitine: 195944A2[P]. 1986-10-01.

[94] Hoeks F W, Muhle J, Bohlen L, et al. Process integration aspects for the production of fine chemicals illustrated with the biotransformation of γ-butyrobetaine into L-carnitine [J]. Chem Eng J, 1996, 61: 53-61.

[95] Naidu G S N, Lee I Y, Lee E G, et al. Microbial and enzymatic production of L-carnitine [J]. Bioprocss Engin, 2000, 23: 627-635.

[96] Inst Francais Du Petrole. Production of glucose dehydrogenase and use of the resultant enzyme in the enzymatic synthesis of L-carnitine: 4542098A[P]. 1985-09-17.